Technikpionier Karl Maybach

Erik Eckermann · Wilhelm Treue · Stefan Zima
(Hrsg.)

Technikpionier Karl Maybach

Antriebssysteme, Autos, Unternehmen

4., korrigierte Auflage

Ursprünglich erschienen unter Treue, W., Zima, S.:
Hochleistungsmotoren - Karl Maybach und sein Werk

Springer

Hrsg.
Erik Eckermann
Dießen am Ammersee, Deutschland

Stefan Zima
Gießen, Deutschland

Wilhelm Treue
Göttingen, Deutschland

ISBN 978-3-658-37064-0
ISBN 978-3-658-37065-7 (eBook)
https://doi.org/10.1007/978-3-658-37065-7

Die Deutsche Nationalbibliothek verzeichnet diese Publikation in der Deutschen Nationalbibliografie; detaillierte bibliografische Daten sind im Internet über http://dnb.d-nb.de abrufbar.

Verantwortlich im Verlag: Markus Braun

Springer ist ein Imprint der eingetragenen Gesellschaft Springer Fachmedien Wiesbaden GmbH und ist ein Teil von Springer Nature.
Die Anschrift der Gesellschaft ist: Abraham-Lincoln-Str. 46, 65189 Wiesbaden, Germany

»Ein Konstrukteur muss auch etwas riskieren. Wenn er nichts riskiert, ist er kein Konstrukteur und nicht am richtigen Platz«.
Prof. Dr.-Ing. E. h. Karl Maybach (1879–1960)

Vorwort zur 1. Auflage (1992)

In den Morgenstunden des 5. August 1908 ankert das Zeppelin-Luftschiff LZ 4 zur Motorenreparatur bei Echterdingen südlich von Stuttgart. Am Nachmittag zieht ein Gewitter herauf. Plötzlich reißt eine unvermittelt einsetzende Sturmbö das Schiff aus seiner Verankerung. Es treibt ab, prallt am Boden auf und fängt Feuer. Wenige Minuten später ist das stolze Luftschiff nur noch ein ausgeglühtes Gerippe verkrümmter und zerschmolzener Träger.

Dieses Unglück rief einen Ingenieur auf den Plan, der bereits im Jahre 1900 – damals noch im Dienst der Daimler-Motoren-Gesellschaft (DMG) – die Motoren für das erste Zeppelin-Luftschiff konstruiert hatte: Wilhelm Maybach. Er schrieb Graf Zeppelin einen Brief mit dem Hinweis, dass sein Sohn Karl in Frankreich an einem neuen Automobilmotor arbeite – mit eben jenen technischen Charakteristika, auf welche die Luftschiffe angewiesen waren: hohe Leistung, geringe Masse und Brandsicherheit des Vergasers.

Mit diesem Brief beginnt ein bedeutendes Kapitel in der Geschichte der Motorentechnik. Schon einige Monate später kam es zur Gründung der »Luftfahrzeug-Motorenbau-Gesellschaft« (LMG) als Tochterfirma des Luftschiffbau Zeppelin (LZ). Karl Maybach wurde zum Technischen Geschäftsführer berufen. Noch während des Ersten Weltkrieges benannte der LZ das junge Unternehmen – in Würdigung der Ingenieurleistungen der beiden Maybachs – in »Maybach-Motorenbau GmbH« (MM) um. Durch den Bau von Hochleistungsmotoren für Luft-, Land- und Wasserfahrzeuge erwarb sich das Werk schon bald über Deutschlands Grenzen hinaus Ruhm und Ansehen. Karl Maybach stand zunächst im Schatten seines berühmten Vaters, der als ehemaliger Chefkonstrukteur und Technischer Direktor der DMG neben vielen zukunftweisenden Motorkonstruktionen das erste »echte« Automobil, den Mercedes-Wagen, entwickelt hatte und damit als einer der Väter der weltweiten Motorisierung gilt. Für seinen Sohn Karl wurde Wilhelm Maybach zum großen Lehrmeister; beide arbeiteten bis zum Ende des Ersten Weltkrieges intensiv zusammen.

Im Laufe seines langen, schöpferischen Berufslebens wurde Karl Maybach zum Wegbereiter moderner Antriebstechnik – eine Tatsache, die heute kaum mehr bekannt ist. Zahlreiche technische Pionierleistungen verbinden sich mit dem Namen Karl Maybach und seinem »Motorenbau« in Friedrichshafen: Den Anfang machten Luftschiffmotoren; während des Ersten Weltkrieges kamen Flugzeugmotoren hinzu. Hier ist vor allem der 1917 entwickelte Mb-IVa-Motor zu nennen. Er war der erste überbemessene und überverdichtete Motor der Welt mit besonderer Höheneignung und wurde in Höhenaufklärer und die sogenannten Riesenflugzeuge eingebaut. Als der Versailler Vertrag 1919 deutschen Firmen die Herstellung von Flugzeugen und jeglichem Fluggerät, also auch Motoren, untersagte, musste Karl Maybach sein Produktionsprogramm umstellen: Neben Benzinmotoren für Automobile und Nutzfahrzeuge entwickelte er den ersten schnelllaufenden Dieselmotor hoher Leistung samt Getriebe für Triebwagen. So schuf er die Voraussetzungen dafür, dass in Deutschland Schnelltriebwagenstrecken eingerichtet werden konnten, die in der ganzen Welt als vorbildlich galten. Doch nicht nur der »Fliegende Hamburger« und die anderen schnellen Dieseltriebzüge sorgten in den dreißiger Jahren für Aufsehen. Es waren vor allem die von Maybach-Motoren angetriebenen Luftschiffe LZ 126 und LZ 127, welche die Zeitgenossen begeisterten: Besonders LZ 127 »Graf Zeppelin« wurde mit seiner Fahrt um den Globus im Jahre 1929 und dem ersten interkontinentalen Linienverkehr von Europa nach Südamerika weltberühmt. Unvergessen bleiben Karl Maybachs Automobile, die bis zum Ende der dreißiger Jahre für eine exklusive Kundschaft gebaut wurden; zunächst übrigens nur als »Verlegenheitslösung«, weil keine deutsche Automobilfirma bereit war, Maybach-Motoren in ihre Fahrzeuge einzubauen, und ein ausländischer Großabnehmer in Zahlungsschwierigkeiten kam. Die Maybach-Wagen bestachen durch technische Spitzenleistungen sowie Größe und Komfort. Von manchen Maybach-Modellen wurden nur sehr wenige, insgesamt nicht mehr als 2200 Wagen, gebaut. Dies tut der Faszination, die von ihnen auch heute noch ausgeht, keinen Abbruch.

Durch ihre hohe Leistung boten sich die Pkw-Motoren auch für Nutzfahrzeuge, Omnibusse und für den Einbau in Heeresfahrzeugen der Reichswehr an. Es war gerade ihr Hochleistungscharakter, der die Maybach-Motoren den Militärs empfahl. Im Zweiten Weltkrieg fertigte man in Friedrichshafen und bei den Nachbaufirmen Tausende von Motoren für Halbketten-Zugmaschinen und Panzer der Wehrmacht. Diese Schlüsselstellung innerhalb der deutschen Heeresrüstung führte zwangsläufig dazu, dass Friedrichshafen zum Ziel schwerer alliierter Bombenangriffe wurde, welche die Stadt und das Werk weitgehend zerstörten. Nach Kriegsende stand das Fortbestehen des »Motorenbaus« auf Messers Schneide; völlige Demontage und Schließung des Werkes schienen unabwendbar.

Doch schließlich wog für die Siegermächte – in diesem Fall die Franzosen – Maybachs technisches Können mehr als das Bedürfnis nach Vergeltung: Er sollte in Frankreich für den ehemaligen Kriegsgegner Panzermotoren bauen. Karl Maybach willigte unter der Bedingung ein, dass sein Werk in Friedrichshafen weiter Motoren bauen durfte. Der nunmehr 70-Jährige begann außerdem mit der Entwicklung einer neuen Dieselmotoren-Baureihe für die Schienentraktion und legte so das Fundament für das Weiterbestehen und den Erfolg seines Unternehmens in den fünfziger und sechziger Jahren.

Das vorliegende Buch über Karl Maybach und seinen »Motorenbau« schildert ein außergewöhnliches Ingenieursleben vor dem Hintergrund der bewegten Zeit von 1900 bis 1960. Er war ein besessener Ingenieur, der im Konstruieren von Motoren und Getrieben seine Lebensaufgabe sah. Welche Auswirkungen seine Arbeit für die Politik, d. h. für die Rüstung in den beiden großen Kriegen dieses Jahrhunderts hatte, scheint ihm nie bewusst gewesen zu sein. Unabhängig von der jeweiligen Regierung wollte er seine »Staatsbürgerpflicht erfüllen«, wie er selbst es nannte. Karl Maybach, 1879 geboren, wuchs mit dem Automobil auf, das sein Vater damals zusammen mit Gottlieb Daimler entwickelte. Auf den ersten Motorkutschen durfte er als Sechsjähriger neben seinem Vater Platz nehmen. Gut 40 Jahre später baute er in seinem Friedrichshafener Werk den Maybach »Zeppelin«, mit Zwölfzylinder-Motor und halbautomatischem Doppel-Schnellgang-Getriebe, das exklusivste deutsche Automobil der dreißiger Jahre. Nicht weniger als 50 Jahre sollten vergehen, bevor sich die beiden deutschen Automobilfirmen BMW und Daimler-Benz wieder daran wagten, Zwölfzylinder-Automobile auf den Markt zu bringen. War es der Hang zu technischer Perfektion, der Karl Maybach zu seinen außergewöhnlichen Ingenieursleistungen antrieb, oder spielte auch die Rivalität zu Daimler-Benz eine Rolle? Karl Maybach bekannte im Alter, dass es ihm eine Genugtuung war, wenn er Chassis, Motoren und Getriebe entwickeln konnte, die denen aus Stuttgart technisch überlegen waren. Zeitlebens hat er dafür gekämpft, dass die konstruktiven Leistungen, die sein Vater als erster Mitarbeiter Gottlieb Daimlers erbracht hatte, von den Technikhistorikern richtig dargestellt und gewürdigt wurden. Was hätte Karl Maybach dabei empfunden, wenn er noch hätte erfahren können, dass Daimler-Benz wenige Monate nach seinem Tod im Jahre 1960 die Mehrheit am »Motorenbau« erwarb? Sechs Jahre später wurde eine Firma mit dem Namen Maybach Mercedes-Benz Motorenbau GmbH gegründet, und 1969 stand schließlich der neue Name MTU über dem Werk in Friedrichshafen. Doch wahrscheinlich hätte sogar Karl Maybach diese Zusammenschlüsse gebilligt, wenn auch widerstrebend. Denn nur so ist gewährleistet, dass dort bis heute Hochleistungsmotoren gebaut und in alle Welt verkauft werden können und somit sein Erbe weiterlebt.

Die Idee für dieses Buch reicht in die Jahre 1985/86 zurück. In der Reihe »Klassiker der Technik« erschienen damals die Bücher »Die großen Zeppeline« von Peter Kleinheins und als Reprint »Zwei Männer – ein Stern«, ohne dass darin auf Wilhelm und Karl Maybachs

Schaffen näher eingegangen wurde. Da im Gegensatz zu seinem Vater Wilhelm über Karl Maybach bisher keine Biografie existierte, lag es für den VDI-Verlag nahe, diesem großen deutschen Ingenieur und seinem »Motorenbau« in der Reihe »Klassiker der Technik« einen Band zu widmen.

In dem Wirtschaftshistoriker Wilhelm Treue und dem Technikhistoriker Stefan Zima fand man sachkundige Verfasser, die den umfangreichen Stoff in drei Teilen behandeln: einer Biografie, einer Unternehmensgeschichte sowie einer Darstellung der technischen Entwicklungen des Maybach-Motorenbaus. Dass es dabei zu Überschneidungen kam, war unvermeidlich.

Die MTU Friedrichshafen, Nachfolgefirma der Maybach-Motorenbau GmbH, hat den Verfassern ihr Firmenarchiv geöffnet und Zugang zu allen Unterlagen gewährt. Zahlreiche ehemalige Maybach-Mitarbeiter halfen durch Interviews, das Charakteristische an der Persönlichkeit Karl Maybachs herauszuarbeiten. Darüber hinaus hat die Familie Maybach den Autoren erstmals Karl Maybachs Privatarchiv zur Auswertung überlassen. So ist eine umfangreiche Text-/Bild-Dokumentation entstanden, die sich an ein breites Publikum wendet: an zeit- und technikgeschichtlich Interessierte ebenso wie an Autoliebhaber oder Luftschiff-, Heeresfahrzeug- oder Eisenbahn-Kenner. Gerade am Beispiel Karl Maybachs und seines »Motorenbaus« wird deutlich, wie eng die Technikgeschichte auch immer mit der Zeitgeschichte verflochten ist.

Leverkusen und Haan/Rheinland
im September 1992

Prof. Dr.-Ing. Kurt Mauel
Siegfried Binder

Vorwort zur 2. Auflage (1995)

Die erfreulich große Nachfrage machte bereits nach drei Jahren eine zweite Auflage des Werks erforderlich. In ihr wurde eine Anzahl sachlicher Berichtigungen vorgenommen, ansonsten blieb der Inhalt unverändert.

Leverkusen und Haan/Rheinland
im Juli 1995

Prof. Dr.-Ing. Kurt Mauel
Siegfried Binder

Vorwort zur 4. Auflage (2022)

Eine Neuauflage nach rund einem Vierteljahrhundert herauszubringen, ist sicherlich kein übereilter Schritt, sind doch inzwischen Ereignisse eingetreten, die der breiten Öffentlichkeit den Namen Maybach wieder ins Gedächtnis gerufen haben. Deshalb haben Verlag und Herausgeber das Buch mit einigen Beiträgen aktualisiert, es ansonsten aus Respekt vor den Arbeiten der früheren Herausgeber und Autoren Wilhelm Treue, Stefan Zima und Gustav Burr bis auf Bildtextergänzungen und die unvermeidlichen Druckfehler unangetastet gelassen. Darüber hinaus sind Herausgeberschaft und Buchtitel geändert worden. Hieß der Titel bei der ersten und zweiten Auflage noch »Hochleistungsmotoren – Karl Maybach und sein Werk«, haben wir uns bei der hier vorliegenden vierten Auflage dazu entschieden, einen schlagkräftigeren Titel zu verwenden und im Untertitel auf die Maybach-Autos und die involvierten Unternehmen hinzuweisen. Das bisher in drei Teile gegliederte Werk haben wir auf fünf Teile erweitert, in denen über das Design der Zwischenkriegs-Maybach, über den Neuen Maybach sowie über die Traditionspflege berichtet wird, während der letzte und sechste Teil den erweiterten Referenzapparat aufnimmt. Überschneidungen waren auch hier unvermeidlich, doch kann es ja durchaus seinen Reiz haben, einen Sachverhalt aus einer weiteren Perspektive zu betrachten.

Die mir persönlich bekannten früheren Herausgeber und Autoren Wilhelm Treue und Stefan Zima hatten mit ihrem Werk über die Maybach-Hochleistungsmotoren die Möglichkeit, auf private und firmeneigene Archive zurückzugreifen. Das war im Fall des Neuen Maybach, der offiziell übrigens nie so bezeichnet wurde, nicht der Fall, sodass auf Sekundärquellen und Angaben von Beteiligten ausgewichen werden musste – eine für einen Historiker unbefriedigende Ausgangslage.

Meine Lust am Schreiben, die Befriedigung über neue Erkenntnisse und die Bereicherung dank neuer oder intensivierter Bekanntschaften erhielten durch den Tod der Co-Autoren Alfred Gottwaldt, Klaus Schellenberger und Hartmut Seeger sowie des Maybach-Club-Begründers und -Buchautoren Michael Graf Wolff Metternich einen kräftigen Dämpfer. Gottwaldt hatte mir sein Manuskript in aller Eile eingereicht, als wenn er seinen nahen Tod geahnt hätte, Graf Metternich hinterlässt besonders bei den Maybach-Freunden eine Lücke, die nicht zu schließen ist.

Autoren und Herausgeber werden den erwähnten Historikern ein ehrendes Andenken bewahren.

Dießen am Ammersee
im Januar 2022

Erik Eckermann

Inhaltsverzeichnis

Teil II Von Maybach bis zur MTU

Teil IV Transportation-Design und der Neue Maybach

Teil V Maybach-Traditionspflege

Teil I
Karl Maybach und sein Werk
Biografie eines Ingenieurs

Von Prof. Dr. Dr. h. c. Wilhelm Treue VDI

Einführung

1

Wilhelm Treue

Bei wenigen Menschen standen persönliche Neigung und berufliche Tätigkeit so in Einklang wie bei Karl Maybach. Von seinem Vater, Wilhelm Maybach, hatte er die ingeniös-konstruktive Begabung geerbt. Das Umfeld, in dem er aufwuchs, die Anregungen und Förderung, die ihm durch den Vater zuteil wurden, vertieften seine Neigung zur Technik und richteten sie auf eine besondere Maschinenart, die Verbrennungsmotoren. Die Motorentechnik nahm Karl Maybach gefangen und ließ ihn nicht mehr los; sie bestimmte sein Leben mehr als alles andere.

Ferdinand Graf Zeppelin hatte ihm die Chance gegeben, Motoren eigenverantwortlich zu entwickeln, und Karl Maybach nutzte sie. Er wurde Technischer Direktor und später auch Mitgesellschafter einer neu gegründeten Motorenfabrik, die seinen Namen trug und Weltruhm erlangte. Er war aber nie ein »Entrepreneur«, ein Unternehmer im eigentlichen Sinne. Stets erschienen Karl Maybach technische Belange wichtiger als wirtschaftliche: Die Technik hatte für ihn Vorrang vor allem anderen. Anspruchsvoll konzipierte und qualitativ hochwertige Motoren und Fahrzeuge, oft an der Grenze des technisch Möglichen, waren sein Ziel. Aus dieser Haltung erwuchsen nicht wenige Konflikte, innerhalb seines Unternehmens wie auch im Spannungsfeld zwischen Technik und Wirtschafts- bzw. Wehrpolitik. Gerade seine Erfolge auf dem Gebiet der Motoren und Antriebe zogen den Maybach-Motorenbau in den Mahlstrom der großen politisch-militärischen Katastrophen unseres Jahrhunderts. Andererseits war es aber eben das überragende technische Können Karl Maybachs, das seinem Werk das Überleben ermöglichte und diesem schließlich den Fortbestand sicherte.

W. Treue (✉)
Göttingen, Deutschland
E-Mail: customerservice@springernature.com

E. Eckermann, W. Treue, S. Zima (Hrsg.), *Technikpionier Karl Maybach*, https://doi.org/10.1007/978-3-658-37065-7_1

2 Jugend-, Lehr- und Wanderjahre

Wilhelm Treue

2.1 Der Vater

Karl Maybach wurde am 6. Juli 1879 in Köln-Deutz als Sohn des Konstrukteurs August Wilhelm Maybach und seiner Ehefrau Bertha Wilhelmine, Tochter des Posthalters und Wirtes Karl Gottfried Habermaß, geboren. Die Familie Maybach war seit dem 16. Jahrhundert in Löwenstein bei Heilbronn ansässig. Bereits 1628 ist der Tod eines Michael Maybach urkundlich erwähnt. 1813 wurde Christian Karl Maybach, der Vater Wilhelm Maybachs und Großvater Karl Maybachs, in Löwenstein bei Heilbronn geboren. Der gelernte Schreiner starb aber schon 1856 durch einen Unfall. Damit wurden seine fünf Söhne, unter ihnen der am 9. Februar 1846 in Heilbronn geborene Wilhelm, Vollwaisen, da ihre Mutter Luise Barbara bereits drei Jahre zuvor, 1853, gestorben war.

Freunde der Familie suchten über einen Aufruf an »edle Menschenfreunde« im »Stuttgarter Anzeiger« Hilfe für die Kinder. Die Zeitung veröffentlichte am 20. März 1856 einen Aufruf mit der »herzlichen Bitte an wohlthätige Menschen, sich fünf armer vater- und mutterloser Knaben von zwölf bis vier Jahren durch Liebesgaben annehmen zu wollen«. Schon nach kurzer Zeit waren die Kinder untergebracht; Wilhelm wurde im Reutlinger Bruderhaus aufgenommen – bei Gustav Albert Werner (Tafel 6.1), der 1840 dieses Unternehmen und drei Fabriken gegründet hatte. Er wurde als »Vater Werner« einer der Väter der Inneren Mission in Württemberg. Seine Fabriken sollten »Tempel Gottes« werden, Behinderte beschäftigen und die materielle Grundlage für die »Bruderhäuser« sein, deren es bei seinem Tode 1887 bereits 33 mit

Abb. 2.1 Wilhelm Maybach (1846–1929), der Vater Karl Maybachs, entwickelte und baute zusammen mit Gottlieb Daimler nicht nur den ersten schnelllaufenden Benzinmotor; er ist auch der Schöpfer des Mercedes-Wagens

W. Treue (✉)
Göttingen, Deutschland
E-Mail: customerservice@springernature.com

E. Eckermann, W. Treue, S. Zima (Hrsg.), *Technikpionier Karl Maybach*, https://doi.org/10.1007/978-3-658-37065-7_2

Abb. 2.2 Gottlieb Daimler (1834–1900) gilt als der Vater des schnelllaufenden Verbrennungsmotors. Bei seiner Tätigkeit im Bruderhaus in Reutlingen wurde er auf den zwölf Jahre jüngeren Wilhelm Maybach aufmerksam und erkannte dessen außergewöhnliche Begabung

rund 1.000 betreuten Menschen gab. Gustav Werner sollte den weiteren Lebensweg Wilhelm Maybachs nachhaltig beeinflussen. In einem Brief aus dem Jahre 1921 erinnerte sich Wilhelm Maybach (Abb. 2.1):

> »Zuhause wie auch im Bruderhaus wurde ich schon früh neben Unterrichtszeit und Spielen auch zur Arbeit angehalten, wie auch früh zu Bett gehen und früh wieder heraus, 15 Jahre alt kam ich in die Lehre und – weil im Zeichnen gut – im technischen Büro der zum Bruderhaus gehörenden Maschinenfabrik. Während der fünfjährigen Lehrzeit besuchte ich abends die Städtische Fortbildungsschule in Physik und Freihandzeichnen, in welch letzterem ich mit Hilfe meines technischen Zeichnens es zur Anfertigung perspektivistisch konstruierter Anlagen brachte. Am Ende meiner Lehrzeit durfte ich die mathematischen Fächer der Oberrealschule besuchen, was mir dann das Privatstudium technischer Werke ermöglichte. Sprachunterricht erteilte mir und meinen Freunden ein kaufmännischer Angestellter unserer Fabrik. In meinem letzten Lehrjahr befasste ich mich schon mit Erfindungen. So habe ich unter anderem im Geschäft die Vergolderpresse eines Buchbinders mit Petroleumheizung eingerichtet. Während meiner Lehrzeit durfte ich die Ausführung aller meiner Konstruktionen in der Werkstätte in der Ausführung verfolgen und auch ein halbes Jahr lang praktisch arbeiten. Im Jahr 1865 kam Herr Daimler als Vorstand in die Maschinenfabrik zum Bruderhaus. Im Jahre 1869 verließ ich nach 13jährigem Aufenthalt das Bruderhaus und ging nach Karlsruhe ...«

Gottlieb Daimler (Abb. 2.2) war die zweite Persönlichkeit, die Wilhelm Maybachs Leben beeinflussen sollte. 1834 in Schorndorf geboren, hatte dieser nach einer Lehre bei der renommierten Lokomotivfabrik in Grafenstaden/Elsass praktische Erfahrungen gesammelt. Danach hatte er am Polytechnikum in Stuttgart studiert, mit Max Eyth in Paris den Lenoir-Motor kennengelernt und dort ebenso wie in Leeds, Manchester und Coventry gearbeitet. Bei seiner Tätigkeit im Bruderhaus wurde er auf den zwölf Jahre jüngeren Wilhelm Maybach aufmerksam und erkannte dessen außergewöhnliche Begabung, sodass beide bald eine gute Freundschaft verband.

1869 trat Daimler bei der Maschinenbaugesellschaft Karlsruhe als Vorstand sämtlicher Werkstätten ein, und Wilhelm Maybach folgte ihm. Drei Jahre später engagierte die Gasmotorenfabrik Deutz bei Köln Daimler und übertrug ihm die Leitung der Werkstätten und der Zeichenbüros. Zehn Monate später folgte ihm Wilhelm Maybach neuerlich und wurde dort Chef des Konstruktionsbüros (Abb. 2.3). Dieser Wechsel war eines der entscheidenden Ereignisse im Leben des jungen Ingenieurs, der – was in dieser Zeit noch die Regel war – nicht wissenschaftlich studiert, sondern ausschließlich eine vielseitige und intensive praktische Ausbildung absolviert hatte. Die mehr als elf Jahre bei Deutz waren angefüllt mit Entwicklungsarbeiten, zunächst auf dem Gebiet der atmosphärischen Gasmaschine von Nikolaus August Otto und Eugen Langen. 1876 bot sich Wilhelm Maybach die Möglichkeit, die Weltausstellung in Philadelphia (USA) zu besuchen. Hier erhielt er wertvolle Anregungen, wie sein mit vielen Zeichnungen versehenes Tagebuch zeigt.

Kurz nach seiner Rückkehr heiratete er am 5. September 1878 in Maulbronn, also in der Region seiner Herkunft und nicht im Rheinland, die Posthalterstochter Bertha Habermaß, die er bereits elf Jahre zuvor auf Daimlers Hochzeit kennengelernt hatte. Zehn Monate später wurde am 6. Juli 1879 Karl Wilhelm Maybach in Köln geboren.

Differenzen mit der Gasmotorenfabrik Deutz führten 1882 zum Ausscheiden des herzkranken Daimler aus diesem Unternehmen. Er übersiedelte nach Cannstatt und begann, selbstständig und unabhängig von allen Zwängen einen kleinen schnelllaufenden Benzinmotor zu entwickeln. Maybach wäre zwar gerne in Köln geblieben, wo er, ein vermögensloser Mann, gute Berufsaussichten zu haben glaubte. Doch folgte er schließlich auch diesmal Daimler, dem er sich zu Dankbarkeit verpflichtet fühlte und dessen bedeutende Fähigkeiten als Erfinder und Entwickler er hoch schätzte. Daimler sah für ihn eine Beteiligung an seiner Versuchswerkstätte vor (Abb. 2.4). Aus dieser entstand eine Fabrik: die spätere Daimler-Motoren-Gesellschaft (DMG) (Abb. 2.12). Damit wurde Cannstatt zum dauernden Wohnsitz Wilhelm Maybachs und zur Heimat seines damals dreijährigen Sohnes Karl. Zunächst wohnte man in der Ludwigsburger Straße, dann in der Pragstraße, auf dem heutigen Firmengelände der Kolbenfabrik Mahle GmbH. Eine Gedenktafel erinnert an diese für die Technikgeschichte so bedeutsame Tatsache.

Abb. 2.3 Die Gasmotorenfabrik Deutz im Jahre 1886. Gottlieb Daimler war dort 1872 eingetreten und leitete die Werkstätten und Zeichenbüros. Wilhelm Maybach folgte ihm wenige Monate später dorthin und wurde Chef des Konstruktionsbüros. Während seiner Kölner Zeit kam am 6. Juli 1879 sein Sohn Karl zur Welt. Als Gottlieb Daimler 1882 aus der Gasmotorenfabrik Deutz ausschied und sich in Cannstatt selbstständig machte, folgte ihm Wilhelm Maybach auch diesmal

Abb. 2.4 In seinem Gewächshaus in Cannstatt ließ Daimler eine Werkstatt einrichten, in der Wilhelm Maybach den schnelllaufenden Benzinmotor entwickelte. Die beschauliche Idylle des Bildes trügt: Hier wurden die Grundlagen unserer heutigen Motoren erarbeitet, die Voraussetzung für eine weltweite Motorisierung geschaffen

Abb. 2.5 Der zweizylindrige Phönix-Motor leistete 1,47 kW (2 PS) bei 750 min^{-1}. Das Neuartige an ihm war der von Wilhelm Maybach erfundene Spritzdüsenvergaser, der die Basis für weitere Leistungssteigerungen darstellte

Abb. 2.6 Die Familie Maybach um 1895. *Von links nach rechts*: Wilhelm und Bertha Maybach mit Tochter Emma; die Söhne Karl, damals etwa 16 Jahre alt, und Adolf

2.2 Lehrjahre

Karl Maybach (Abb. 2.6) war ein eigenwilliges, nicht leicht erziehbares, stark auf den Vater fixiertes Kind, für dessen Arbeit er schon früh Interesse zeigte. In der Schule hingegen klagte man über ihn. Was der Junge zu Hause im Alltag einer streng protestantischen Familie mit einem Oberhaupt, das ganz und gar Erfinder und Entwickler war, mit wachsendem Verständnis aufnahm, wurde in den Achtziger- und Neunzigerjahren des 19. Jahrhunderts in einer kleinstädtischen Realschule eher als vorzeitige und skurrile Belastung eines Kindes empfunden. Und was die Schule Karl Maybach bot bzw. abverlangte, stieß bei ihm auf Unverständnis und Ablehnung, beim Vater auf Gleichgültigkeit. Auch dürfte es in der Cannstatter »guten Gesellschaft« Befremden erregt haben, dass der Vater den siebenjährigen Sohn bei seinen ersten Probefahrten im Jahre 1886 in Motorkutschen mitnahm (Abb. 2.5 und 2.7).

Mit 17 Jahren verließ Karl Maybach die städtische Realschule mit der Mittleren Reife. Das Privileg, mit diesem Schulabschluss nur ein Jahr dienen zu müssen, brauchte Karl Maybach nicht in Anspruch zu nehmen, weil er bei der Musterung für wehruntauglich befunden wurde. Es wird berichtet, dass er von Cannstatt zur Musterung nach Stuttgart im Eilschritt gegangen, dort überhitzt angekommen sei und wegen seines unregelmäßigen Herzschlages als zum Wehrdienst ungeeignet eingestuft wurde. Da Karl Maybach nicht die Absicht hatte, am Polytechnischen Institut in Stuttgart zu studieren, trat er als Praktikant in die Daimler-Motoren-Gesellschaft ein, d. h., er wurde sozusagen ein »gehobener Lehrling« seines Vaters. Es zeigte sich, dass Karl Maybach komplizierte technische Zusammenhänge ebenso klar zu erkennen vermochte und dass er ebenso gut zu zeichnen verstand wie sein Vater.

Im Herbst 1897 schickte ihn der Vater zu der angesehenen Maschinenfabrik Esslingen. Das war etwas ganz Neues: Aus Daimlers kleinem, fast noch familiärem Betrieb mit dem eigenen Vater als Chef und Lehrherr kam er in ein Großunternehmen des Maschinenbaus mit rund 2.500 Beschäftigten, von denen ihn keiner kannte und förderte. Hier blieb Karl Maybach als Eleve oder Volontär, gleichsam als Student der Praxis bis zum Frühjahr 1900. In den annähernd zweieinhalb Jahren arbeitete er je einen Monat in der Modellschreinerei, Schmiede, Kesselschmiede, Schlosserei, Dreherei und Montage sowie erstaunlicherweise 13 Monate in der elektrotechnischen Abteilung. Diese befand sich in Cannstatt, sodass er also rund die Hälfte dieser Zeit in enger täglicher Verbindung mit dem Vater blieb. Dagegen scheint er nicht einen einzigen Monat in einem der kaufmännischen Büros des Esslinger Betriebes tätig gewesen zu sein; diese für die Existenz eines Unternehmens so wichtige Seite der

Abb. 2.7 2,9-kW-(4-PS-)Wagen von Daimler mit Riemenantrieb aus dem Jahr 1895. An der Lenkkurbel Wilhelm Maybach (*ganz rechts*), *daneben* Gottlieb Daimler; *ihnen gegenüber* Prokurist Bernhard und Direktor Gross von der Maschinenfabrik Esslingen

industriellen Tätigkeit hat er während seiner ganzen Ausbildungszeit nie kennengelernt – eine Lücke, die bis zum Ende seiner Lebensarbeit ihm selber und vielen Menschen, mit denen er zusammenarbeitete, erhebliche, zuweilen existenzgefährdende Schwierigkeiten bereiten sollte. Im April 1900 verließ Karl Maybach die Esslinger Maschinenfabrik. Das Zeugnis bescheinigte ihm, dass er »eifrig bemüht« gewesen war, »sich Kenntnisse zu erwerben«, und dass man mit seinen »Leistungen und seinem Betragen sehr zufrieden« gewesen war. Karl Maybach war jetzt 21 Jahre alt (Abb. 2.8).

Vielleicht hatte er durch seine praktische Tätigkeit den Nutzen einer theoretischen Ausbildung erkannt, da er anschließend auf die »Königliche Baugewerkschule, Abteilung Maschinenbau« in Stuttgart überwechselte. Die genauen Gründe für diesen Schritt kennen wir jedoch nicht. Hielt der Vater nach der Mittleren Reife von 1896 einen höheren, fast akademischen Abschluss für nötig? Empfand Karl Maybach selbst jetzt das Bedürfnis, durch ein Studium an diesem angesehenen Institut über seine praktische Lehr- und gewissermaßen Gesellenzeit hinauszukommen? Wie dem auch gewesen sein mag – im Jahre 1901 bestand er in Stuttgart die Diplomprüfung für Maschinentechniker mit der Gesamtnote »gut« (Abb. 2.9). Wenn dies auch nur die vierte von sechs erreichbaren Zeugnisstufen war, so hatte er doch sich selbst und dem Vater bewiesen, dass er auch in der Schule bestehen konnte. Im Kreise seiner Kommilitonen galt er als kenntnisreich, ehrgeizig und fleißig – wie der Vater, der inzwischen technischer Leiter und Chefkonstrukteur der Daimler-Motoren-Gesellschaft geworden war.

Am 6. März 1900 war Gottlieb Daimler wenige Tage vor seinem 66. Geburtstag in Cannstatt gestorben. Sein Name ist untrennbar mit der Entwicklung des Ottomotors und des Kraftwagens verbunden, ähnlich wie der von Karl Benz, der als Erster das als Einheit entwickelte Motorfahrzeug schuf. Gottlieb Daimler hatte einen entscheidenden Beitrag zur Motorisierung des Verkehrs geleistet. Für Wilhelm und Karl Maybach bedeutete Daimlers Tod einen schweren Verlust; beide hatten ihm viel zu verdanken.

2.3 Wanderjahre

Karl Maybachs Ausbildungszeit war mit der Diplomprüfung in Stuttgart noch nicht beendet. Zum Wesen des pietistischen Protestantismus gehören nicht nur eine ernste Frömmigkeit und das Gefühl der Verpflichtung, diese mit guten Werken für die Mitmenschen zu verbinden, sondern auch ein starkes Streben nach religiöser und beruflicher Erkenntnis. Mit diesem Verlangen nach stetiger Verbesserung der Berufsausbildung hing es wohl zusammen, dass Wilhelm Maybach damals nicht nach einer guten Anstellung für seinen Sohn suchte, sondern ihn noch einmal zur Fortbildung anhielt. Anfang 1901 verließ Karl Maybach zum ersten Mal seine schwäbische Heimat und ging für ein halbes Jahr nach Berlin, das bereits eine der europäischen Industriemetropolen war. Im Industriekonzern Ludwig Loewe & Co., einem im Maschinenbau und der Waffen- und Munitionsherstellung tätigen Unternehmen mit rund 4.000 Beschäftigten, arbeitete er als Konstrukteur. Dort konnte er einen Produktions- und Finanzkomplex kennenlernen, der hinsichtlich Größe, Arbeitsweise und Ergebnis in Deutschland einzigartig war. Der Ruf der Firma beruhte auf den unternehmerischen Fähigkeiten der Gebrüder Loewe, die sich große Verdienste um die Einführung einer durchrationalisierten Präzisionsfertigung nach amerikanischem Vorbild in Deutschland erworben hatten. Nach seiner sechsmonatigen Tätigkeit zog Karl Maybach in Preußens zweite Residenzstadt Potsdam, wo er ein halbes Jahr als Versuchsingenieur bei der 1898/99 gegründeten »Centralstelle wissenschaftlich-technischer Untersuchungen« in Neubabelsberg, einem Vorort von Potsdam, arbeitete. Diese war auf Betreiben des einflussreichen Waffen-, Munitions- und Pulverfabrikanten Max Wilhelm von Duttenhofer, dem Aufsichtsratsvorsitzenden der Daimler-Motoren-Gesellschaft, gegründet worden.

Bis zu diesem Zeitpunkt war der nun 22 Jahre alte Karl Maybach noch nicht im Ausland gewesen. Nach seiner Potsdamer Tätigkeit ging er deshalb für einige Monate nach Lausanne und dann nach Oxford, hauptsächlich um sich Sprachkenntnisse anzueignen, ohne aber im eigentlichen Sinne zu studieren.

Nach Daimlers Tod war es bei der DMG zu Veränderungen gekommen. Gottlieb Daimlers Sohn Paul, der bisher unter der Leitung Wilhelm Maybachs an der Entwicklung des Mercedes-Wagens (Abb. 2.11) mitgearbeitet hatte, übernahm

Abb. 2.8 Karl Maybach im Alter von 20 Jahren. Damals arbeitete er – gewissermaßen als Volontär – bei der angesehenen Maschinenfabrik Esslingen

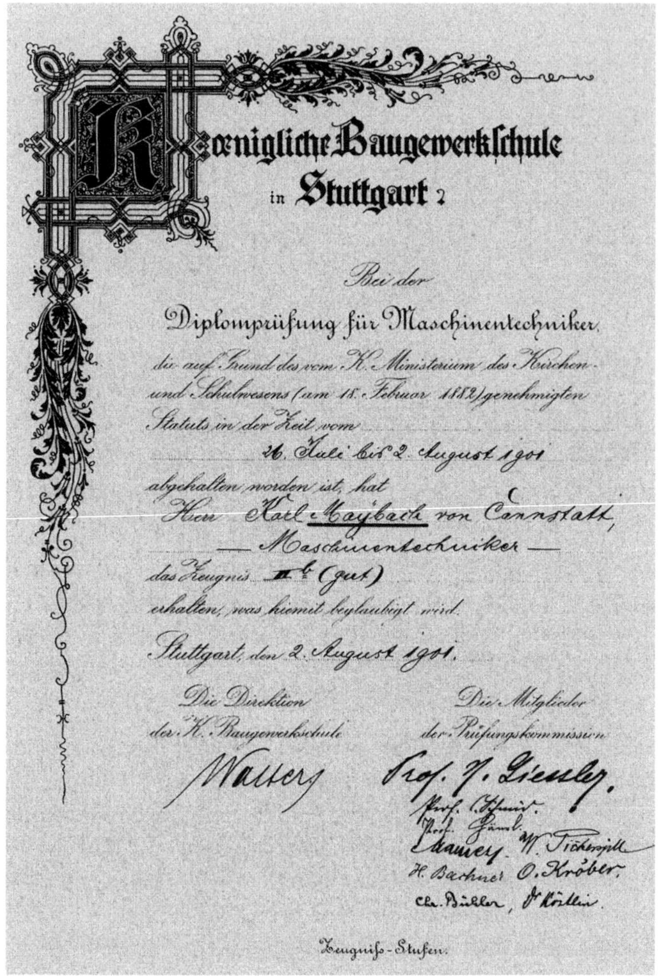

Koenigliche Baugewerkschule in Stuttgart

Bei der

Diplomprüfung für Maschinentechniker,

die auf Grund des vom K. Ministerium des Kirchen- und Schulwesens (am 18. Februar 1882) genehmigten Statuts in der Zeit vom

26. Juli bis 2. August 1901

abgehalten worden ist, hat

Herr Karl Maybach von Cannstatt,

— Maschinentechniker —

das Zeugnis II (gut)

erhalten, was hiemit beglaubigt wird.

Stuttgart, den 2. August 1901.

Die Direktion der K. Baugewerkschule

Die Mitglieder der Prüfungskommission

Zeugniß-Stufen.

Abb. 2.9 Im Jahre 1901 bestand Karl Maybach in Stuttgart die Diplomprüfung für Maschinentechniker mit der Gesamtnote »gut«

1902 die technische Leitung der österreichischen Daimler-Motoren-Gesellschaft in Wiener Neustadt. Im Jahre 1903 errang die DMG mit dem Mercedes-Wagen im Gordon-Bennett-Rennen einen großartigen Sieg, der ihren Ruhm und ihre wirtschaftlichen Erfolge begründen sollte. Damit war auch Wilhelm Maybach als Motoren- und Automobilkonstrukteur berühmt geworden. In dieser Situation holte er seinen Sohn Karl nach Hause zurück (Abb. 2.10). In Untertürkheim, wohin das Unternehmen inzwischen übergesiedelt war, schien sich für Karl Maybach eine aussichtsreiche berufliche Zukunft an der Seite seines Vaters abzuzeichnen.

Aber gerade jetzt begann eine Serie von Unglücksfällen, die solchen Überlegungen die Grundlage entzog. Zunächst verursachte ein Großbrand bei der Daimler-Motoren-Gesellschaft verheerende Verluste; in einer Zeit hervorragender Konjunktur waren damit Fertigungskapazitäten vernichtet. Dann starb überraschend gerade erst 60-jährig Max Wilhelm von Duttenhofer, von dessen politischen und wirtschaftlichen Verbindungen das Unternehmen ebenso profitiert hatte wie Wilhelm Maybach, der dessen Wertschätzung gewonnen hatte. Damit verringerte sich Maybachs Einfluss in der Gesellschaft. Und als dann auch noch im Jahre 1904 der Mercedes-Wagen beim Gordon-Bennett-Rennen nur auf den zweiten Platz kam, legte man diese Niederlage hauptsächlich ihm zur Last. All diese Ereignisse setzten dem Erfolg gewohnten Wilhelm Maybach zu. 1904 erkrankte er an einer Herz- und Nervenschwäche; am 28. Februar begab er sich zur Kur nach Arco nahe dem Gardasee. Als ihn der Sohn dort besuchte, begann man eine neue Zukunft zu planen. Denn inzwischen war es auch unter Daimlers Erben und deren Ratgebern zu Auseinandersetzungen gekommen.

Zunächst einmal arbeitete Karl Maybach als Assistent seines Vaters bei der DMG. Das Verhältnis zwischen beiden war und blieb bis zu Wilhelm Maybachs Tod fachlich und menschlich sehr eng. Gemeinsam unternahmen sie 1905/06 Fahrzeug-Versuchsfahrten sowie Erkundungsreisen – z. B. nach Clermont-Ferrand zum Gordon-Bennett-Rennen (Tafel 6.2), wo sie durch die Leistungen der Konkurrenz angespornt wurden, einen völlig neuartigen Sechszylinder-Rennmotor zu konstruieren. Aus diesen gemeinsamen Interessen und Neigungen erwuchs in den folgenden Jahren gleichsam eine enge technische »Denk- und Konstruktionsgemeinschaft«.

Wilhelm Maybach hat sich nach dem gesundheitlichen Zusammenbruch Anfang 1904 lange Zeit weder ganz erholen noch seine frühere Arbeitskraft zurückgewinnen können. Diese hätte er gerade jetzt umso mehr gebraucht, als die Ge-

Abb. 2.10 Die Familie Maybach beim Halma-Spiel, 1902. *Von links nach rechts*: Sohn Karl, in die Lektüre der »Automobil-Zeitung« vertieft, Vater Wilhelm, Tochter Emma, Sohn Adolf und Mutter Bertha

Abb. 2.11 Der »Mercedes-Wagen« von 1900/01, den Wilhelm Maybach auf Anregung des Konsuls Emil Jellinek entwickelt hatte, war eine technische Sensation. Fahrzeug und Antriebsanlage waren »aus einem Guss«, organisch konzipiert und sorgsam aufeinander abgestimmt

gensätze und Auseinandersetzungen an der Spitze der DMG zunahmen. Wiederholt musste er seine Arbeit im Betrieb unterbrechen. Im Laufe des Jahres 1905 erkannten Vater und Sohn (Abb. 2.14), dass sich durch die Situation im Unternehmen auch Karl Maybachs Zukunftsaussichten entscheidend verschlechtert hatten. Man beschloss deshalb, dass er die Gesellschaft verlassen sollte.

Die französische Automobilindustrie genoss in jenen Jahren international höchstes Ansehen. Der Salon de l'Automobile in Paris galt als das weithin bekannte »Schaufenster« dieser jungen Industrie. Die Namen Daimler und Maybach waren bekannt geworden, seit die beiden Männer 1889 auf der Weltausstellung den viel bestaunten Stahlradwagen (Abb. 2.13) vorgestellt hatten. Wilhelm Maybach hatte fortlaufend Kontakte zu französischen Erfindern und Konstrukteuren – z. B. zu Panhard, Levassor sowie zum Comte Henri de Lavalette, der in der Nähe von Paris interessante Versuche unternahm. So kam es, dass Karl Maybach, der recht gut Französisch sprach, zu einer eben erst gegründeten Studiengesellschaft in Paris überwechselte, die sich den Bau eines Motorwagens großer Leistung zum Ziel gesetzt hatte. Der damals 27-jährige Jungingenieur konnte nicht ahnen, dass er nach dem Zweiten Weltkrieg im Alter von fast 70 Jahren wieder in Frankreich arbeiten würde – allerdings unter ganz anderen Umständen (vgl. auch Abschn. 5.2 und 12.7).

Am 1. April 1907 trennte sich auch Wilhelm Maybach aus menschlichen und gesundheitlichen Gründen von der Daimler-Motoren-Gesellschaft, obwohl man ihm die Position eines »Delegierten des Aufsichtsrates« angeboten hatte. Er war im Laufe der Jahre nicht zuletzt dank seiner Patente ein wohlhabender Mann geworden und konnte angesichts seiner bisherigen Leistungen darauf vertrauen, dass er mit seiner Familie den Rest seines Lebens als freischaffender Ingenieur in Unabhängigkeit würde verbringen können – in gemeinsamer Arbeit mit seinem Sohn Karl.

Abb. 2.12 Der Stolz auf die eigene Arbeit, die Identifikation mit dem Produkt war in der Zeit vorwiegend handwerklicher Fertigung stark ausgeprägt. Sichtbaren Ausdruck fand diese Haltung in den damals so beliebten Gruppenbildern, bei denen sich die Werktätigen mit ihren Erzeugnissen fotografieren ließen

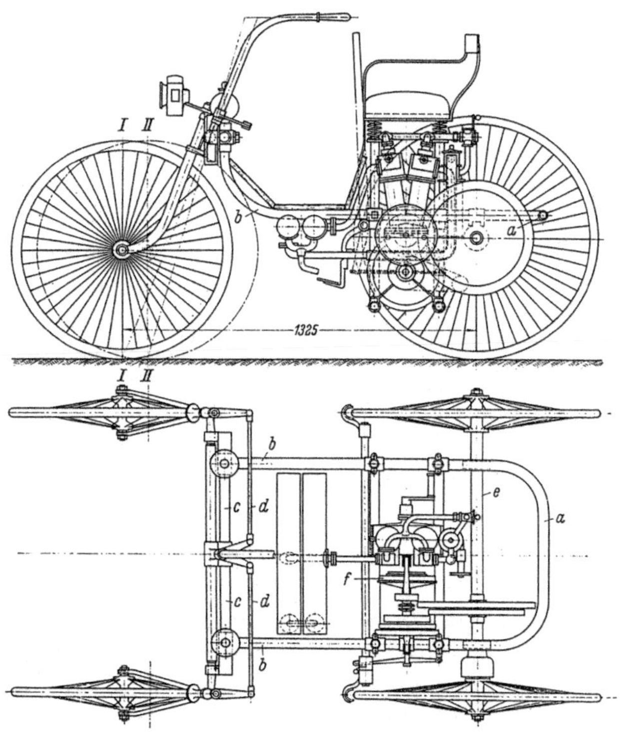

Abb. 2.13 Wilhelm Maybachs Stahlrad-Wagen von 1889 war das erste Fahrzeug mit Zahnrad-Wechselgetriebe und Differential. Als »Quadricycle« wurde das Fahrzeug im gleichen Jahr auf der Pariser Weltausstellung gezeigt. (*a*, *b*, *c* Stahlrohrrahmen; *d* Lenkvorrichtung; *e* Hinterachse; *f* Reibkupplung)

Abb. 2.14 Karl Maybach mit Freunden im Jahre 1905

2.4 Frankreich-Aufenthalt 1906 bis 1908

Seit September 1906 arbeitete Karl Maybach bei der Société d'Atelier de Construction des Grafen de Lavalette in Saint-Ouen bei Paris. Er erhielt den Auftrag, einen Automobilmotor mit 150 PS zu entwickeln – eine Aufgabe also, mit der sich sein Vater und er bereits in den letzten Jahren gedanklich beschäftigt hatten. Vom März 1907 bis zum Ende seines Frankreich-Aufenthalts führten Vater und Sohn Maybach einen sehr intensiven Briefwechsel – nicht selten zwei oder gar drei Briefe aus Cannstatt und Paris am gleichen Tage –, der praktisch ausschließlich die Arbeit des Sohnes betraf. Der erste der erhalten gebliebenen Briefe des Vaters vom 23. März 1907 ist mehr als sieben Seiten lang, bestätigt zwei Schreiben des Sohnes vom 16. und 20. und beschreibt eingehend mithilfe detaillierter Zeichnungen eine Konstruktion, mit der sich der Vater seit längerer Zeit beschäftigte. Der nächste Brief folgte am 25., ein weiterer am 26. März – und beide bildeten gewissermaßen Fortsetzungen des Schreibens vom 23., gingen aber auch sehr genau auf das ein, was der Sohn inzwischen über seine Entwicklungsarbeit berichtet hatte. So ging es weiter und weiter, gelegentlich mit knappen Einschüben über die Mutter und andere Personen: Zwei ganz der Arbeit hingegebene Konstrukteure unterschiedlichen Alters arbeiteten gewissermaßen gemeinsam an einer großen Aufgabe in Paris und Cannstatt.

Da zwischen der Daimler-Motoren-Gesellschaft in Untertürkheim und der »Mercedes«-Gesellschaft in Paris geschäftliche Beziehungen bestanden, reisten Mitglieder der Geschäftsführung der DMG gelegentlich in die französische Hauptstadt. Vater Maybach konnte auch, nachdem er sich selbstständig gemacht hatte, den Sohn über solche Geschehnisse unterrichten. Das Gleiche geschah, nachdem er in einem Prozess von Amerikanern gegen die DMG als Zeuge aufgetreten war. Da fügte er anderen Informationen hinzu, er habe dort Gelegenheit gehabt, festzustellen, »dass ich der Erfinder … der meisten heute in Gebrauch befindlichen Einrichtungen an Motorwagen bin und dass ich meine theoretische und praktische Ausbildung dem Privatinstitut verbunden mit Maschinenfabrik und Gießerei im Bruderhaus in Reutlingen verdanke«.

Liest man all diese Briefe, von denen also fast täglich einer hier oder dort mit Neuigkeiten und Antworten geschrieben wurde (von denen des Sohnes sind nur einige wenige erhalten geblieben, vgl. Abb. 2.15), dann gewinnt man den Eindruck, dass Wilhelm Maybach sich mit seinem Sohn schriftlich intensiver und engagierter unterhalten hat als mündlich mit seiner Familie daheim. Und wenn er verreiste, z. B. im April 1907 nach Lausanne, dann versuchte er eine kurze Begegnung mit dem Sohn zu arrangieren. Die Mutter hängte gelegentlich lange, klar formulierte und gut geschriebene familiäre Mitteilungen an die Briefe ihres Mannes an.

[Seite 1]

Paris, 19. Febr. 08

Lieber Vater!

Meinen Brief von gestern sowie die Drucksache wirst Du inzw. erhalten haben.

Betreffs Vergaser glaube ich nun heute die wichtigste u. wirksamste Abhilfe gefunden zu haben. Bestärkt durch die Tatsache[,] daß seit Abschrägung der unteren Eintrittskante x vom Cyl. der vor dem erzielte Verbrauch nicht mehr erzielt wurde[,] bin ich der festen Überzeugung[,] daß es lediglich an der genügenden Vergasung der Mischung fehlt. Trotz der schmalen Platte wird das Benzin in der Hauptsache eben durch 2 od. 3 Lamellen hindurch … u. die übrigen sind

[Seite 2]

dann ohne Wirkung. Aus untenstehender Skizze wirst Du ersehen[,] wie dem wirksam abzuhelfen ist. Zuerst wird die Benzindüse E mögl. weit nach außen u. tief angebracht[,] so daß es möglich ist[,] eine schräge Ebene in der Weise anzubringen[,] daß das Benzin durch die zunächst eingeleitete horizontale Strömung mit Wucht darauf auftrifft[,] um sich dort mögl. auszubreiten und was durch die bei E eintretende seitliche Strömung unterstützt wird; um diese seitliche Strömung möglichst zum Ausdruck zu bringen[,] wird das Stück G bis H verlängert u. nach J entsprechend abgeschrägt.

[Seite 3]

Der Querschnitt c × d ist wieder so groß wie a × b[,] so daß dort über die Kante K eine möglichst gleichm. Verteilung des Benzins in die Scheiden stattfindet. Ich bin fest überzeugt[,] daß dadurch etwas zu erreichen ist[,] da ja wie schon gesagt die Abschrägung bei x eine wesentliche Verschlechterung herbei geführt hat insofern[,] als das Benzin wie … angegeben auf kürzerem Weg durch die Scheiden gelangen konnte. Durch die Abänderung wird nun zweierlei erreicht 1. eine bessere Verteilung in die einzelnen Scheiden u. 2tens ein längerer Weg durch dieselben. Die Abänderung wird 2 Tage in Anspruch nehmen.

Herzl. Gruß Karl

[Seite 1 quer überschrieben:]

Deinen Brief vom 18. habe erhalten. Der Weg x–y ist schon jetzt annähernd …

Dieser rege Briefwechsel zwischen Cannstatt und Paris sowie die gelegentlichen Begegnungen von Vater und Sohn im Ausland führten zu Spekulationen unter den privaten und beruflichen Bekannten der Maybachs. Im Mai 1907 z. B. schrieb der Vater, es ginge »das Gerede … überall herum, dass ich Geld zur Verfügung bekommen habe von einer französischen Gesellschaft zum Zweck, hier eine Auto-Fabrik zu errichten«. Sofort sei ihm daraufhin ein Bauplatz angeboten worden. »Ich sage aber allen, dass ich froh sei, aus dem Fabrikgetriebe heraus zu sein …« Nicht selten besuchten auch französische Konstrukteure Wilhelm Maybach – im Mai 1907 z. B. der Comte de Lavalette und Emil Jellinek, mit denen er und sein Sohn auch Briefe wechselten. Mitte 1907 war der Vater so sehr an den Konstruktionen des Sohnes beteiligt, dass er einmal schrieb: »Meinen Brief von heute früh habe ich etwas zu früh abgesandt, ich finde nach weiterem Studium, dass die obere Achse links innen einen Bund haben sollte wie in meiner Skizze angedeutet …« Und ein paar Tage später ähnlich: »… Ich finde nachträglich, dass die Auspuffdüsen nach beifolgender Skizze gemacht werden müssen.«

Während man so ständig an konkreten Projekten arbeitete, trug man sich darüber hinaus auch mit größeren Plänen.

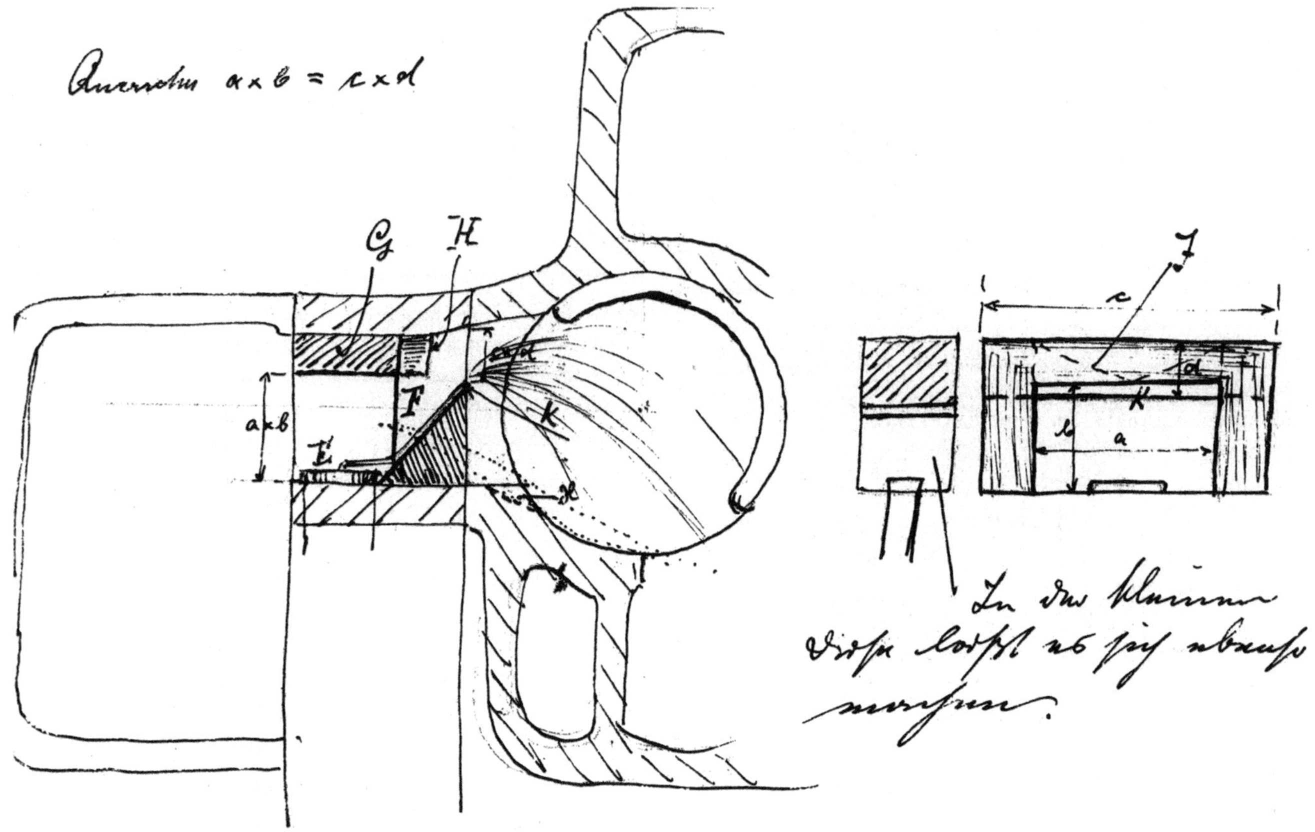

Abb. 2.15 Brief Karl Maybachs an seinen Vater vom 19. Februar 1908. Das Verhältnis zwischen Wilhelm und Karl Maybach war eng und herzlich. Während Karls Aufenthalt in Frankreich führten beide eine ausgedehnte Korrespondenz, bei der es fast ausschließlich um die Arbeit des Sohnes ging. Die anstehenden technischen Probleme wurden bis ins Detail erörtert und häufig durch Skizzen verdeutlicht

Als im Sommer 1907 nicht nur eine Geschäftsflaute, sondern nach Wilhelm Maybachs Auffassung auch Schwächen in der Geschäftsführung und namentlich das Fehlen eines guten Konstrukteurs die DMG zur Kürzung der Arbeitszeit und zu Entlassungen zwangen, fügte er dieser Mitteilung an den Sohn hinzu:

> »Wir können demgegenüber etwas ruhiger der Zukunft entgegengehen, wenn wir uns auch vielleicht etwas viel Neues vorgenommen haben … Nur alles gut überlegen und auch gleich auswägen für den Fall, daß das eine oder das andere nicht gleich einschlägt. Je ruhiger wir dabei bleiben, um so besser, und wir können ruhig sein, wir werden ja nicht getrieben und haben auch keine Fabrik zu beschäftigen. Dein Vater.«

Und als er dies geschrieben hatte, fügte er nachträglich zwischen »auch« und »keine« interessanterweise das Wörtchen »noch« hinzu! Plante man zu diesem Zeitpunkt, im Sommer 1907, bereits den Bau und Betrieb einer Motorenfabrik?

Im August 1907 machte das Ehepaar Maybach Ferien im Schweizer Ort Heiden am Bodensee. Die Ansichtskarte, mit der Wilhelm Maybach dies seinem Sohn in Paris, Pension de Famille, 85 avenue d'Orléans, am 6. August mitteilte, begann: »Gestern gut hier angekommen. Cyl. Dichtung wird besser mit rundem Querschn. Besonders bei Anwendung der Zwinge. Wetter sehr schön, Luft angenehm …« Deutlich wurden die Briefe aus dem Feriendomizil von Tag zu Tag länger, auch enthielten sie mehr Zeichnungen als die aus Cannstatt, wohin man am 26. August wieder zurückkehrte. Dort hatte Wilhelm Maybach wenig später die Genugtuung, im Geschäftsbericht der DMG nach der Mitteilung seines Ausscheidens zu lesen: »Seine langjährige verdienstvolle Tätigkeit sichert ihm ein dankbares Andenken im Kreise unserer Gesellschaft wie in der Automobilindustrie überhaupt.« Nach einer kritischen Analyse des Geschäftsberichtes zögerte er nicht, seinem Sohn auch diesen Satz mitzuteilen. Am 22. Oktober 1907 schrieb der Vater nach Paris: »Beiliegend zwei Bilder des Zeppelin'schen neuen Ballons (Abb. 2.16), mit dem *er* so aufsehenerregende Fahrten schon gemacht hat. Z. ist jetzt der Held des Tages.«

> [Seite 1]
>
> Cannst. d. 29. Febr. 08
>
> L. Karl! Brief nebst 2 Imprimé heute nachmittag erhalten. Vergaserversuche sind noch stets sehr langweilig [gemeint ist wohl langwierig] gewesen. Benzindämpfe sind schwer zu mischen mit Luft[,] weil sie einen sehr kleinen Raum einnehmen. Anders bei Steinkohlengas[,] wo 1 Raumteil Gas und 8 Raumteile Luft zusammenkommen. Man sollte meinen, die größere Entfernung der Düse von der Mischkam̄er sollte schon eine bessere Wirkung hervorbringen, weil das Benzin beim Austritt aus der Düse in horizontaler Richtung keine Geschwindigkeit hat u. eine um

Abb. 2.16 Luftschiff LZ 3, angetrieben von zwei Daimler-Motoren von je 63 kW (85 PS), auf dem Oberwiesenfeld in München im Jahre 1907. Mit LZ 3 gelang dem Grafen Zeppelin der Durchbruch, da es gegenüber seinen Vorgängern eine Reihe von Verbesserungen aufwies, besonders in Bezug auf Steuerfähigkeit und Stabilität. Später wurde LZ 3 vom Heer übernommen und diente unter der Bezeichnung Z 1 als Schulschiff zur Ausbildung von Luftschiffbesatzungen

so größere Geschwindigkeit erlangt, je weiter die Düse zurücksteht. Ich bin sehr begierig[,] was Du mit der Mittelstellung der Benzin-Mündung erreichst.

[Seite 2]

Ich habe mir auch schon gedacht[,] ob das Benzin nicht besser verteilt würde[,] wenn man direkt hinter der Benzindüse noch eine Luftdüse von etwa 7 $^{m}/_{m}$ lichter Weite senkrecht in die Höhe richten würde, so daß dort das Benzin nicht in den Wirbel abwärts gezogen wird, dagegen durch den senkrechten Aufprall auf die horizontale Luftströmung eine Verteilung der Benzinschichten bewirkt. Bei Deinem Rennwagen-Vergaser hattest Du offenbar auch eine schlechte Verteilung, deñ dort war das Knallen sehr stark; aber auch die Entfernungen der Entnahmestellen verschieden lang[,]

[Seite 3]

was dort ein Nachteil für sich war.

Meine Bemerkungen in einem meiner Briefe der vorigen Woche über den Kühlapparat hast Du, wie es scheint, außer Acht gelassen. Ich halte es für sehr ratsam[,] die Vorder- u. die Hinterwand aus je einem Stück Blech zu machen, so daß eine richtige Versteifung entsteht. Wie man dañ diese mit den Verbindungsstreifen verbindet, ist eine Sache für sich. Man kañ diese Bleche auch ohne Bördel-Rand außen und iñen ganz glatt annehmen u. dañ die iñere Verbindung mit Winkeln a machen, die auch schon Verzierung sind[,] u.

die äußere Verbindung mit runden Winkeln b machen[;] das giebt sogar eine sehr schöne und u. einfache Verzierung u. es lässt sich leicht löten.

Die Ecken des Kühlapp. sollten doch so abgerundet sein[,] daß sie auf die Scharniere des Klappkastens passen.

Diese Dinge alle musst Du mit einem geschickten Meister einer Fabrik besprechen, es muss der App. durchlauf etwas …

Bei der Ausarbeitung der Gabelkonstr. hast Du offenbar meinen einschlägigen

[Seite 4 quer überschrieben:]

Brief noch nicht gehabt. Bitte studiere diesen. Mit herzl. Gruß Dein Vater.

Den Kühlapp. dürfte man 100 lang machen bei 5 ^{m}/m …

[Seite 3 quer überschrieben:]

Den iñeren Rahmen mit den Lamellen würde man am besten machen aus einem Stück u. so die Scheiben aufgelötet. Freilich können dann Heñungen [Rest unleserlich].

[Seite 2 quer überschrieben:]

Ein Vergaser für alle Cyl. würde durch die längere Rohrleitung schon … besser … laufen u. köñte man in diese noch ein … einbauen[,] das das Gemisch ein Stück weit eine Wirbelbewegung macht.

Weihnachten 1907 verbrachte Karl Maybach bei den Eltern in Cannstatt. Am 1. Januar 1908 schrieb er schon wieder aus Paris. Im Februar 1908 reiste der Comte de Lavalette nach Cannstatt, anschließend Wilhelm Maybach nach Paris, wo man zu dritt technische Fragen besprach. Nach seiner Rückkehr setzte Wilhelm Maybach die Arbeitskorrespondenz mit seinem Sohn fort – Tag für Tag ein Brief und fast ausschließlich über Karls Tätigkeit in Paris. Man kann sagen, dass von dem, was er während seines ersten Aufenthalts in Frankreich leistete, ein wesentlicher Teil auf der Mitarbeit des Vaters beruhte. Deutlich lassen die mehr als 250 Briefe, die Wilhelm Maybach 1907/08 mit Hunderten von Zeichnungen nach Paris schickte, die Intensität dieser Mit- und Zusammenarbeit erkennen. Nur selten gab es in ihnen einmal ein paar Zeilen über das Leben der Familie in Cannstatt, über Einladungen, Begegnungen mit Verwandten, Gesundheit und Krankheit des Bruders oder der Schwester – und diese dann gewöhnlich in Form von kurzen Anhängen der Mutter an die vier oder sechs, zuweilen auch zwölf und vierzehn Seiten, die der Vater geschrieben hatte. In diesen Briefen findet man keine Zeile Klatsch oder Schwatz über den Alltag in Cannstatt und Stuttgart. Ihnen lässt sich auch nicht entnehmen, wie der Kreis von Menschen zusammengesetzt war, mit denen man verkehrte. Es waren wohl immer noch hauptsächlich jene Männer, mit denen Wilhelm Maybach bei der DMG zusammengearbeitet hatte, sowie deren Angehörige: gut situierte, fleißige, ganz in ihren technischen und kaufmännischen Berufen sowie der Erziehung der Kinder aufgehende Familien. Politik, Wirtschaft, das Leben im Ausland – dies alles interessierte Wilhelm Maybach anscheinend wenig und auch seinen Sohn nicht sonderlich.

Auch wenn sie reisten, ging es dabei immer um das Thema Motor und Auto sowie deren Fabrikation in Stuttgart und Paris, um Automobil-Rennen, Probefahrten (Abb. 2.17) – und um nicht ganz seltene schwere Unfälle, sodass denn auch Wilhelm Maybach von Zeit zu Zeit seinen Sohn zur Vorsicht ermahnte. Nicht ohne Grund: Im Firmenarchiv der Maschinenfabrik Alfing Keßler GmbH existiert eine »Polizeiliche

Abb. 2.17 Karl Maybach (*links*) am Steuer des Sechszylinder-Mercedes-Rennwagens 1906

Strafverfügung« gegen die Ingenieure Karl Maybach und Karl Keßler (Abb. 2.18), der zufolge die beiden »mit einem Motorwagen (Rennwagen) in solch rasendem Tempo (weit über 200 m in der Minute)[1] durch den hiesigen Ort gefahren, dass hiesige Leute die größte Mühe hatten, eine Anzahl kleine Kinder noch aus dem Weg zu bringen«. Die Mitteilung am Anfang des Briefes vom 30. März 1908, dass man »gestern eine schöne Confirmationsfeier« bei »prächtigem Wetter« und in »angenehmer Gesellschaft« gehabt habe, bildet unter all diesen technischen Schreiben eine ebenso seltene Ausnahme wie diejenige am 31. Mai 1908, dass die 55 Aktien der DMG, für die Wilhelm Maybach früher einmal 18.000 Mark bezahlt hatte, nun 68.000 Mark wert waren.

Und dies alles also Tag für Tag – nicht selten mehrfach – und viele Seiten lang. Noch einmal sei dafür ein Beispiel genannt: Am Mittag des 21. Februar 1908 schickte Wilhelm Maybach 14 Seiten mit mehreren Zeichnungen auf separaten Blättern nach Paris. Am Abend des gleichen Tages begann er den nächsten Brief mit dem Satz: »Meinen allzu langen Brief von heute mittag wirst Du inzwischen erhalten haben. Die lange Auseinandersetzung über den Unterschied unserer Anmeldung gegen die angeführten englischen Patente sind meiner Ansicht nach gar nicht verlangt ...« Und am Tage darauf: »Meine beiden gestrigen [Briefe] nebst Geschäftspapieren wirst Du inzwischen erhalten haben. Einliegend übersende ich Dir eine Skizze des Bremshebels ...« Und am nächsten Tage, also am 24. Februar, begann der erste Brief (Abb. 2.19): »Meine sieben Briefe der vorigen Woche wirst Du inzwischen erhalten haben«, am Nachmittag der zweite: »Meinen Brief von heute früh wirst Du erhalten haben.« Nicht selten sandte er einem Brief wenige Stunden später eine Postkarte oder sogar ein Telegramm mit ergänzenden Notizen hinterher, woraus deutlich hervorgeht, dass die Gedanken von Wilhelm und Karl Maybach ununterbrochen um Auto und Motor gekreist sind.

Als Folge dieser geradezu besessenen Tätigkeit (Abb. 3.3) erlitt Karl Maybach Mitte Mai 1908 einen Anfall akuter Erschöpfung, sodass die Eltern ihn dringend baten, nach Hause zu kommen und sich zu erholen. Aber er blieb in Paris. Durch seine engagierte Arbeit hatte er sich eine vorzügliche Position bei dem Pariser Unternehmen geschaffen – auf Kosten seiner Gesundheit, wie früher einmal auch sein Vater. Dieser schrieb am 4. Juni:

> »Ich glaube, es wäre viel richtiger, wenn Du auf etwa acht Tage von Deinem Geschäft ganz weggingest und kämst zu uns, um Dich zu erholen und zu besprechen. Man darf an ein und derselben Sache nicht immer fortmachen. Die Sache ist einmal etwas schwierig, und Du hast eine große Aufgabe zu lösen, und da muss man notwendig einmal wieder ganz weggehen. Ich habe das schon oft an mir bemerkt, und Anderen geht es kein Haar besser. So spannt sich Herr Lechler etwa alle Vierteljahr einmal aus und dadurch fasst dieser Herr immer wieder neuen Mut. Bespreche Dich darüber ganz offen mit Herrn Lavalette, er wird ja kein Barbar sein und wird Dir gerne zu Deiner Erholung zustimmen. Ich sehe aus Deinen Briefen Deine Mutlosigkeit und ganz

[1] Anm. d. Verf.: Die Geschwindigkeit betrug demnach 12 km/h. Beide mussten je 12 Mark Strafe bezahlen.

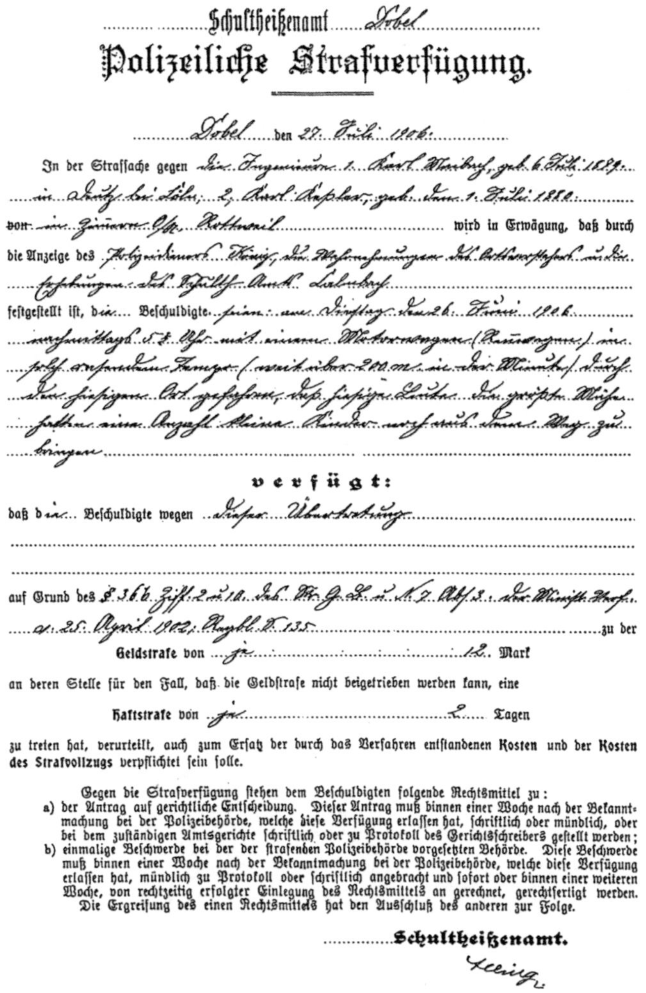

Schultheißenamt Dobel

Polizeiliche Strafverfügung.

Dobel den 27. Juli 1906.

In der Strafsache gegen

wird in Erwägung, daß durch

die Anzeige des

festgestellt ist, d… Beschuldigte

verfügt:

daß d… Beschuldigte wegen

auf Grund des

zu der

Geldstrafe von 12. Mark

an deren Stelle für den Fall, daß die Geldstrafe nicht beigetrieben werden kann, eine

Haftstrafe von 2 Tagen

zu treten hat, verurteilt, auch zum Ersatz der durch das Verfahren entstandenen Kosten und der Kosten des Strafvollzugs verpflichtet sein solle.

Gegen die Strafverfügung stehen dem Beschuldigten folgende Rechtsmittel zu:

a) der Antrag auf gerichtliche Entscheidung. Dieser Antrag muß binnen einer Woche nach der Bekanntmachung bei der Polizeibehörde, welche diese Verfügung erlassen hat, schriftlich oder mündlich, oder bei dem zuständigen Amtsgerichte schriftlich oder zu Protokoll des Gerichtsschreibers gestellt werden;

b) einmalige Beschwerde bei der der strafenden Polizeibehörde vorgesetzten Behörde. Diese Beschwerde muß binnen einer Woche nach der Bekanntmachung bei der Polizeibehörde, welche diese Verfügung erlassen hat, mündlich zu Protokoll oder schriftlich angebracht und sofort oder binnen einer weiteren Woche, von rechtzeitig erfolgter Einlegung des Rechtsmittels an gerechnet, gerechtfertigt werden.

Die Ergreifung des einen Rechtsmittels hat den Ausschluß des anderen zur Folge.

Schultheißenamt.

Abb. 2.18 Der Strafzettel, heute jedem automobilen Verkehrsteilnehmer sattsam bekannt, war im Jahre 1906 als »polizeiliche Strafverfügung« eine unerhörte Begebenheit. Für die beiden Ingenieure Maybach und Keßler bedeutete die Anzeige des Polizeidieners König je 12 Mark Geldbuße oder ersatzweise zwei Tage Haft dafür, dass sie mit etwa 12 km/h durch den Ort gerast waren

gewiss liegt die Schuld nicht an vermeintlichen Fehlkonstruktionen, sondern ganz sicher in Deiner nervösen Abspannung. Mach also kurzen Prozess und komm heraus, bespreche Dich aber offen mit Lavalette darüber ...«

Offensichtlich war Karl Maybach gesundheitlich angeschlagen, und auch bei seiner Arbeit gab es gewisse Schwierigkeiten. Aber dann verlief eine mehrtägige Probefahrt mit »seinem« neuen Wagen von Paris zur Kanalküste zur vollen Zufriedenheit des Comte de Lavalette (Abb. 2.20). Außerdem standen Vater und Sohn mit ihren eigenen Projekten kurz vor dem Abschluss. Wilhelm Maybach überlegte im Juli 1908, wem man die industrielle Verwertung für ein ganz neuartiges Automobil übertragen sollte. Er hatte volles Vertrauen zu Lavalettes Loyalität, der mit der DMG zusammenarbeitete und daher immer wieder nach Cannstatt kam, aber auch die Verhältnisse in England gut kannte. Wilhelm

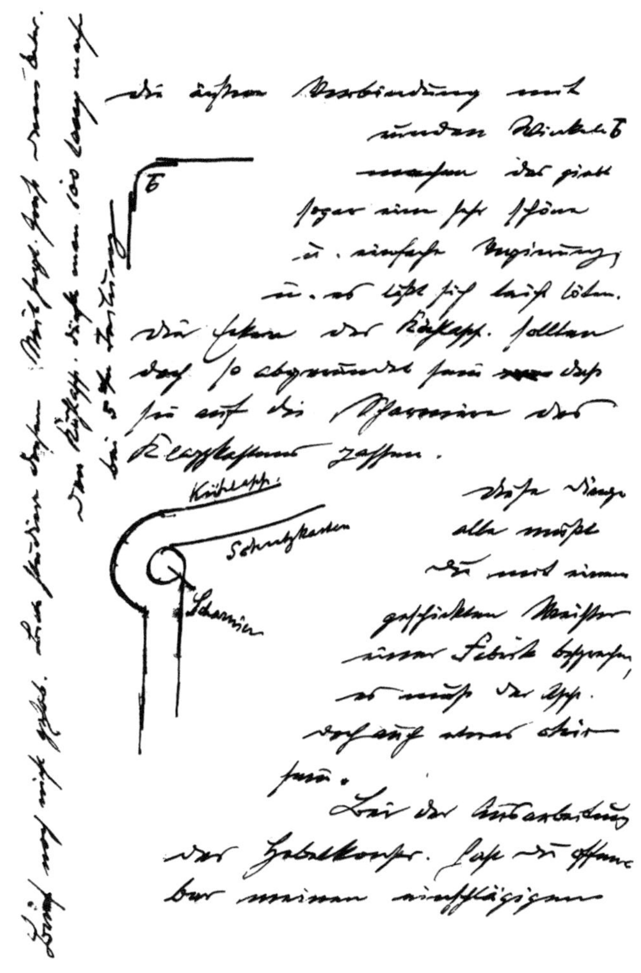

Abb. 2.19 Brief Wilhelm Maybachs an den Sohn vom 24. Februar 1908

Maybachs Ehrgeiz war es zu dieser Zeit, »über die DMG zu kommen ... und ich bin fest überzeugt, dass uns dies gelingt, wenn nur Lavalette die richtigen Leute zur Ausbeutung findet, und da wäre ja die Firma Oppel [er meinte Opel!] ganz recht: sie sind ja auch von hier aus leicht zu erreichen. Rüsselsheim liegt ja nicht allzu weit von Frankfurt entfernt. Nach dem Bild der Fabrik zu schließen, ist sie wenigstens noch einmal so groß wie die DMG«.

Im Sommer 1908 war der 62-jährige Wilhelm Maybach also im Begriff, gemeinsam mit seinem 29-jährigen Sohn Karl bei Opel in Rüsselsheim mit dem Bau eines Automobils zu beginnen, das in wesentlichen Teilen während der jüngsten Zeit von den beiden entwickelt worden war. Lavalette war kürzlich in Rüsselsheim gewesen, und »die Oppelsche« Fabrik und die Menschen hatten ihm gefallen:

»Und wenn man in Betracht zieht, daß diese Firma noch andere Fabrikate hat, Nähmaschinen und Fahrräder, die ja nur durch raffinierte Fabrikation hergestellt werden können, um etwas dabei zu verdienen, so kann man annehmen, daß sie auch die Motoren und Wagen ebenso raffiniert herzustellen in der Lage sind. Was den Leuten noch fehlt, ist eine gute Construktion, und wenn unsere Constr. heute noch nicht in allen Teilen ganz fertig ist, so

Abb. 2.20 1907 in Paris: Karl Maybach am Steuer eines Wagens, der von der Société d'Atelier de Construction des Comte Henri de Lavalette in Saint-Ouen bei Paris entwickelt wurde. Bei den Fahrgästen dürfte es sich um Mitarbeiter des Konstruktionsbüros handeln

glaube ich doch ganz bestimmt, daß wir sie noch auf den höchsten Stand bringen werden, namentlich, wenn uns Gelegenheit gegeben würde, einen neuen Wagen zu konstruieren, bei dem die Mängel des jetzigen behoben sind ... Die Hauptfrage ist nur die: sind wir auf dem rechten Wege betreffs Vergaser und Kupplung?«

Da ereignete sich am 5. August 1908 das Luftschiff-Unglück des Grafen Zeppelin bei Echterdingen. LZ 4 war am 4. August in Friedrichshafen zu einer 24-Stunden-Fahrt aufgestiegen (Abb. 2.21) und über Basel, Straßburg und Mannheim nach Mainz gefahren. Am folgenden Tag, auf der Rückfahrt zum Bodensee, wurde wegen eines Motorschadens bei Echterdingen in der Nähe von Stuttgart eine Zwischenlandung notwendig. Bei einem aufkommenden Gewittersturm erfasste eine Bö das Luftschiff und riss es vom Boden hoch. Dabei streifte es eine Baumgruppe, fing Feuer und verbrannte (Abb. 2.22). Am Tag darauf berichtete Wilhelm Maybach seinem Sohn: »Soeben von dem vergeblichen Versuch, an die Zeppelin'sche Unglücksstätte zu gelangen, zurückgekehrt ... «

Abb. 2.21 Das Luftschiff LZ 4 hatte ein Gasvolumen von 15.000 m^3 und wurde von zwei Daimler-Motoren mit je 77 kW (105 PS) angetrieben. Während einer 24-Stunden-Fahrt musste es am 5. August 1908 bei Echterdingen wegen eines Motorschadens zwischenlanden. Bei einem aufkommenden Gewittersturm wurde das Luftschiff von einer Bö erfasst, fing Feuer und wurde völlig zerstört

Abb. 2.22 Die rauchenden Überreste des LZ 4 nach der Katastrophe. Als Folge dieses Unglücks wurde die Luftfahrzeug-Motorenbau GmbH gegründet, Vorgängerin des späteren Maybach-Motorenbaus

Abb. 2.23 Werbeanzeige der Gothaer Waggonfabrik, die ein Flugzeug vom Typ Gotha G V zeigt. Dieser Typ war mit zwei Mercedes-D-IV-a-Motoren ausgerüstet. Einige der Gotha-Fernaufklärer vom Typ G VII und VIII hatten Maybach-Mb-IVa-Motoren

Von der Luftfahrzeug-Motorenbau-Gesellschaft bis zum Ende des Ersten Weltkrieges

3

Wilhelm Treue

3.1 Die Idee

Graf Zeppelin (Abb. 3.1) stand vor dem finanziellen Ruin. Die Rettung kam vom deutschen Volk: Hunderttausende, die von seiner Idee begeistert waren, Vereine, Schulen, Unternehmen, Städte und Gemeinden, spendeten spontan Geld (Abb. 3.2). Am 8. August 1908 teilte Wilhelm Maybach seinem Sohn mit, dass die Sammlung für Zeppelins Unternehmen schon über 200.000 M. erbracht habe:

> »Es sind damit dem Grafen Mittel an die Hand gegeben, ein neues Luftschiff und auch zwei zu bauen. Wie Du wissen wirst, haben die Daimler-Motoren sich nicht bewährt und wird Zeppelin wohl an eine andere Fabrik herantreten[1]. Nun kam mir heute der Gedanke, daß ich mich durch Dich dem Grafen zur Construktion neuer entsprechender Motoren anbieten soll. Deine Sache müsste natürlich vorher an eine deutsche Fabrik vergeben sein (Opel), so daß man dem Grafen mit deutscher Waare dienen kann. Durch eine solche Gelegenheit könnte also La Valette an Opel herantreten u. ihm sagen, Du werdest Deine Sache Zeppelin anbieten und Oppel [sic!] könne sie dañ machen. Zeppelin hat mich ja in gutem Gedächtnis und würde er mir sicher das Vertrauen schenken[,] daß ich Deine Sache richtig leite und controlliere. Das wäre eine Sache, mit der wir rascher auch mit den Wagenmotoren ans Ziel kämen. Man köñte also nächste Woche mit dem Wagen nach Friedrichshafen fahren, den Motor zeigen und sagen, wie wir den Luftschiff-Motor bauen würden. Dafür habe ich nun schon meine bestiñten Pläne. Spreche also einmal mit L. V darüber. Bevor aber mit Oppel [sic!] verhandelt würde, müssten wir mit dem Grafen sprechen.«

Abb. 3.1 Ferdinand Graf Zeppelin (1838–1917) in seinem Arbeitszimmer. Ungeachtet aller Rückschläge gab er nicht auf, seine Vision vom Luftschiff zu verwirklichen. Dabei hatte er zunächst weniger den Passagierverkehr, sondern mehr die militärische Nutzung der Luftschiffe im Auge

Der Sohn sollte also mit Lavalette sprechen und dieser mit nach Friedrichshafen fahren, denn Zeppelin spreche »gerne französisch und kann es wie seine Muttersprache«. Karl antwortete, Lavalette sei ein paar Tage verreist gewesen, sodass er mit diesem erst am 11. August über »das Projekt Z.« habe reden können. Lavalette wäre für eine »derartige Componierung« Feuer und Flamme. Nach Karl Maybachs Ansicht müsse man sich jedoch erst davon überzeugen, »wie sich Zeppelin dazu stellt, und erst dann würde er an Oppel mit einem Auftrag herantreten und nicht mit einem Anerbieten, was ein großer Vorteil wäre. Für mich jedoch besteht der große Zweifel, ob sich Zeppelin auf eine neue Sache einlassen wird, ob er nicht sichere Wege vorzieht, d. h. bei DMG bleibt und einfach genauere Konstruktionsbedingungen stellt, namentlich in puncto Schmierung«. Ferner erwähnte er, dass die Firma Lanz in Mannheim 40.000 M. für die Zeppelin-

[1] Anzumerken ist dabei, dass Wilhelm Maybach auf die Konstruktion der letzten DMG-Zeppelinmotoren bereits keinen Einfluss mehr gehabt hatte.

W. Treue (✉)
Göttingen, Deutschland
E-Mail: customerservice@springernature.com

E. Eckermann, W. Treue, S. Zima (Hrsg.), *Technikpionier Karl Maybach*, https://doi.org/10.1007/978-3-658-37065-7_3

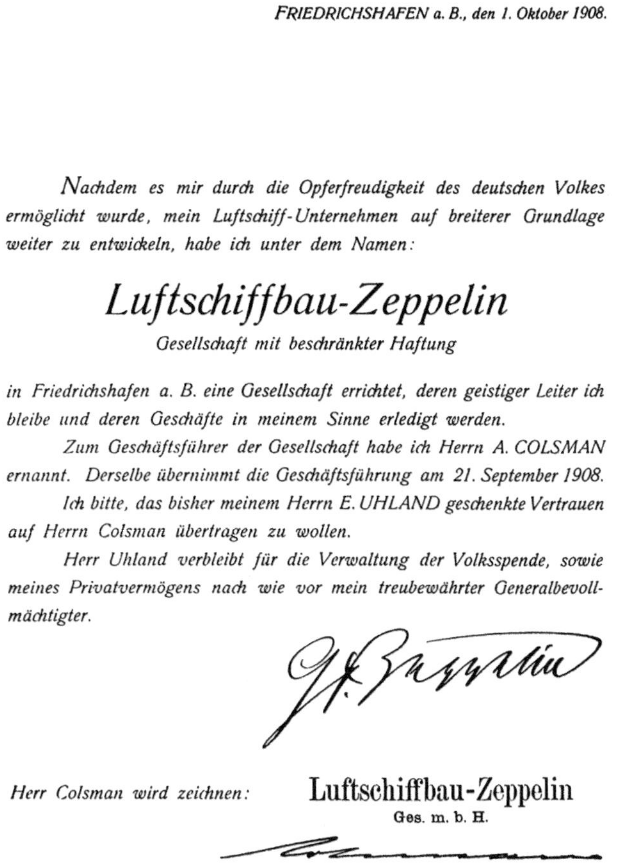

FRIEDRICHSHAFEN a. B., den 1. Oktober 1908.

Nachdem es mir durch die Opferfreudigkeit des deutschen Volkes ermöglicht wurde, mein Luftschiff-Unternehmen auf breiterer Grundlage weiter zu entwickeln, habe ich unter dem Namen:

Luftschiffbau-Zeppelin

Gesellschaft mit beschränkter Haftung

in Friedrichshafen a. B. eine Gesellschaft errichtet, deren geistiger Leiter ich bleibe und deren Geschäfte in meinem Sinne erledigt werden.

Zum Geschäftsführer der Gesellschaft habe ich Herrn A. COLSMAN ernannt. Derselbe übernimmt die Geschäftsführung am 21. September 1908.

Ich bitte, das bisher meinem Herrn E. UHLAND geschenkte Vertrauen auf Herrn Colsman übertragen zu wollen.

Herr Uhland verbleibt für die Verwaltung der Volksspende, sowie meines Privatvermögens nach wie vor mein treubewährter Generalbevollmächtigter.

Herr Colsman wird zeichnen: Luftschiffbau-Zeppelin Ges. m. b. H.

Abb. 3.2 Neben der Gabe, hervorragende Fachleute für die richtige Aufgabe zusammenzubringen, war eine der wichtigsten Fähigkeiten des Grafen Zeppelin, sich über Spendenaufrufe immer wieder die finanziellen Mittel für sein Unternehmen zu beschaffen

Abb. 3.3 Neben Fahrzeugen und Fahrzeugmotoren entwickelte Wilhelm Maybach auch diesen NL-1-Motor (12 kW [16 PS]; NL = Normalleistung). Zwei davon trieben LZ 1, das erste Luftschiff des Grafen Zeppelin, an. Das gesonderte, kräftige Kegelradgetriebe mit Vorwärts- und Rückwärtsgang wirkte über Gelenkwellen auf jeweils zwei Propeller

Spende gezeichnet hatte – »wahrscheinlich aus bestimmten Gründen« – und schloss: »So schön es ja wäre, für so unwahrscheinlich halte ich eine derartige Combination wenigstens für die nächste Zeit. Ehe Du mit Graf Zeppelin darüber sprichst, wird es wohl besser sein, zu warten, bis wir dort sind.«

Eine optimistische Einstellung auf der Seite des Vaters, Skepsis hingegen beim Sohn, der durch seine Arbeit mit Lavalette die Sache realistischer zu betrachten schien als jener. Mit diesem 198. Brief von Wilhelm Maybach und dem 56. erhalten gebliebenen Brief seines Sohnes schloss der Briefwechsel der beiden in den Jahren 1907/08.

Graf Zeppelin konnte noch im selben Jahr sein Werk fortsetzen. Durch die Volksspende waren innerhalb weniger Wochen 6,25 Mio. Goldmark zusammengekommen. Am 8. September 1908 wurde die »Luftschiffbau Zeppelin GmbH« (LZ) gegründet (Tafel 6.3), am 30. Dezember die »Zeppelin-Stiftung«, in die Graf Zeppelin den größten Teil des gespendeten Geldes einbrachte und deren Ertrag zur Förderung der Luftfahrt und der Wissenschaft verwendet werden sollte.

3.2 Vater und Sohn 1908 bis 1914

Karl Maybachs Zweifel, ob der Graf auf das Angebot seines Vaters eingehen würde, waren nicht unberechtigt. Die Bekanntschaft seines Vaters mit Graf Zeppelin bestand anscheinend ausschließlich darin, dass Wilhelm Maybach dem Grafen einige Monate vor seinem Ausscheiden aus der DMG anlässlich der Ablieferung von Motoren in Friedrichshafen begegnet war und ein entsprechendes berufliches Gespräch mit diesem geführt hatte. Dabei schien der Graf Vertrauen zu ihm gewonnen zu haben. Aber durfte man auf dieser schmalen Grundlage hoffen, er werde sich nach dem Unfall bei Echterdingen nun sofort von der DMG mitsamt ihren erfahrenen Konstrukteuren und Arbeitern ab- und dem jungen Maybach zuwenden, der gute Motoren für Automobile, aber noch nicht einen einzigen Motor für Luftschiffe auf dem Papier konstruiert, geschweige denn gebaut und erprobt hatte?

Abb. 3.4 Kaiser Wilhelm II. besucht am 10. November 1908 die Werksanlagen von Graf Zeppelin (*rechts*, mit abgezogener Mütze) in Manzell bei Friedrichshafen

Und was sollte aus den so energisch betriebenen Plänen in Bezug auf Opel werden?

Doch die beiden Maybachs hatten Erfolg. Am 22. August 1908, also elf Tage nach Karls letztem Brief aus Paris und wahrscheinlich nach Gesprächen mit ihm und Lavalette, schrieb Wilhelm Maybach an den Grafen mit dem Pathos, das ihm bei dem großen Anliegen und der bedeutenden Persönlichkeit angemessen erschien: »... im Interesse der nationalen Sache erachte ich es nun als meine Pflicht, Euer Exzellenz Aufmerksamkeit auf eine Neuheit in Motoren zu lenken, die geeignet ist, in dieser Richtung die denkbar größte Sicherheit zu bieten.« Vor längerer Zeit habe er sich von der DMG getrennt und dabei verpflichten müssen, drei Jahre lang »nichts gegen die Interessen der DMG zu unternehmen, mein Sohn dagegen, den ich ganz zu meiner Unterstützung in der DMG ausgebildet habe und der kurz vor mir aus den Diensten der DMG ohne Vertragsverpflichtungen ausschied, hat sich einer französischen Studiengesellschaft angeschlossen«. Dort habe er einen Motorwagen »nach den neuesten Gesichtspunkten konstruiert und ausgeführt«. Dessen Motor sei »in allen Teilen so gut durchdacht und ausgeführt ..., dass er sich für Dauerleistungen besonders eignet«. Er beschrieb den Motor und insbesondere die Stärken derjenigen Teile – »den Vergaser ohne Schwimmer« (Abschn. 17.1 und S. 308f.) –, von denen der Graf an den Daimler-Motoren enttäuscht war, und bat um die Möglichkeit zu einem ausführlichen Vortrag.

Graf Zeppelin beauftragte seinen soeben angestellten kaufmännischen Direktor, den 35-jährigen Alfred Colsman (Abb. 3.6), mit den beiden Maybachs zu sprechen. Colsman war mit der DMG unzufrieden und zeigte daher Interesse an den Vorschlägen des angesehenen Wilhelm Maybach. Gespräche und Verhandlungen seit dem September 1908 zwischen Graf Zeppelin, dem Luftschiffkonstrukteur Ludwig Dürr sowie Ingenieuren, mit denen die beiden Maybachs in Stuttgart zusammenarbeiteten, führten am 23. März 1909 in Stuttgart zur Gründung der »Luftfahrzeug-Motorenbau-Gesellschaft m. b. H.« mit Sitz in Bissingen an der Enz (LMG) als Tochterunternehmen des »Luftschiffbau Zeppelin« in Friedrichshafen (Abb. 3.4 und 3.5). Diese Gesellschaft sollte die Aufgabe haben, die Patente und Erfahrungen Karl Maybachs (und, unausgesprochen, auch die seines Vaters), »die sich auf einen neuen Explosionsmotor beziehen, ... für den Bau der Motoren für Luftschiffe (in Deutschland) nutzbar zu machen«. Maybach sollte eine Lizenzgebühr erhalten und das Recht haben, diese Motoren auch für »Kraftfahrzeuge zu Lande und zu Wasser« zu verwenden. Die Gesellschafter der sieben Monate nach Wilhelm Maybachs Brief an Graf Zeppelin gegründeten LMG mit einer Einlage von je 10.000 M (d. h. je 20 %) waren:

1. Wilhelm Deurer, Kaufmann, Königl. Württ. Konsul in Hamburg, namens der offenen Handelsgesellschaft unter der Firma Deurer & Kaufmann in Hamburg;

Abb. 3.5 Friedrichshafen war die Sommerresidenz der württembergischen Könige. König Wilhelm II. von Württemberg im Gespräch mit Graf Zeppelin vor dem Königlichen Schloss

Abb. 3.6 Kommerzienrat Dr.-Ing. E. h. Alfred Colsman (1873–1955), der eigentliche Gründer des Luftschiffbau Zeppelin (1908) und des Zeppelin-Konzerns. 1909 war er auch an der Gründung der DELAG (Deutsche Luftschiffahrts-Aktiengesellschaft) und der Luftfahrzeug-Motorenbau GmbH (LMG) Bissingen beteiligt, der späteren Maybach-Motorenbau GmbH. Bis 1929 fungierte Colsman als Generaldirektor des Zeppelin-Konzerns

2. die »Maschinenfabrik Bissingen a. d. Enz, G. F. Grotz«, die als Herstellerfirma des Sechszylinder-Motors nach den Konstruktionen von Karl Maybach, Typ AZ (mit einer Leistung von 103 kW [140 PS] bei 1200 min^{-1}), vorgesehen war;
3. Albert Stiewing, Ingenieur in Schleifmühle, Kreis Saarbrücken;
4. Karl Kessler, Ingenieur in Wasseralfingen;
5. die Luftschiffbau Zeppelin GmbH, Friedrichshafen.

Da Karl Maybach noch bis zum Herbst 1909 an seine französischen Arbeitgeber gebunden war, wurde zunächst Karl Kessler Geschäftsführer der neuen Firma. Mit Wirkung vom 1. November 1909 fungierte dann R. Haecker, Teilhaber der Firma Grotz in Bissingen, als kaufmännischer Geschäftsführer, während Karl Maybach zum »Geschäftsführer für den technischen Teil der Gesellschaft« bestellt wurde und am 27. Dezember 1909 auch den Gesellschafteranteil von Kessler übernahm.

Ab 1909 arbeitete Karl Maybach also an Luftschiffmotoren. Vormittags konstruierte er in seiner Stuttgarter Wohnung, am Nachmittag überwachte er den Bau des ersten Motors mit der Bezeichnung AZ (Abb. 3.7) in Bissingen. Dieser machte bereits im Oktober seine ersten Umdrehungen und wurde im Dezember 1909 in Bissingen dem »Luftschiffbau Zeppelin« (LZ) zur Abnahme vorgeführt. Nach einem achtstündigen Probelauf mit und unter Vollleistung wurde er vom Chefkonstrukteur des LZ, Ludwig Dürr (Abb. 3.8), abgenommen. Der LZ bestellte daraufhin sofort zehn Motoren. Im Mai 1910 wurde der erste von Karl Maybach konstruierte Luftschiffmotor in die vordere Gondel des Luftschiffes LZ 6 eingebaut, während sich in der hinteren Gondel zwei Daimler-Motoren befanden.[2]

Bei der dritten Probefahrt des LZ 6 fiel der Maybach-Motor aus: Die Kurbelwelle war gebrochen und die anlässlich des 75. Geburtstages von Kaiser Franz Joseph geplante Fahrt nach Wien konnte nicht durchgeführt werden (Abb. 3.9). Weit schlimmer aber war, dass der Graf an

[2] Zur Nomenklatur der Luftschiffe des Zeppelin-Luftschiffbaus: Alle vom LZ gebauten bzw. konstruierten Luftschiffe wurden durchlaufend nummeriert, also LZ 1, LZ 2 usw. bis LZ 130. Die Heeresluftschiffe wurden anfangs mit Z und einer römischen Ziffer bezeichnet: von Z I bis Z XII. Ab Januar 1915 (ab LZ-Baunummer LZ 34) wurde beim Heer die Baunummer des LZ verwendet. Ab Mitte Juni 1915 wurden aus Tarnungsgründen dieser Baunummer 30 zugezählt (ab LZ 42, der die Heeresnummer LZ 72 erhielt). Die Marine bezeichnete ihre Zeppeline mit L und den Nummern von 1 bis 72, z. B. LZ 14 = L 1; LZ 114 = L 72.

Abb. 3.7 Der erste Motor (Typ AZ), den Karl Maybach für die LMG entwickelt hatte: ein wassergekühlter Sechszylinder-Reihenmotor mit brandsicherem Vergaser – angesichts der Wasserstofffüllung der Luftschiff-Gaszellen eine unabdingbare Forderung. Bohrung × Hub: 160 mm × 170 mm, 20.498 cm^3, 107 kW (145 PS) bei 1.100 min^{-1}

den Fähigkeiten Karl Maybachs zu zweifeln begann und den Wechsel zu einem anderen Motorenlieferanten ins Auge fasste. Ungeachtet dessen soll Colsman den niedergeschlagenen Konstrukteur Karl Maybach aufgemuntert haben: »Sie sitzen ja hier wie einst Scipio auf den Trümmern von Karthago. Trösten Sie sich, Herr Maybach, ich kann Ihnen die beruhigende Mitteilung machen, dass unsere Techniker und ich trotz dieses für seine Exzellenz ärgerlichen Zwischenfalles weiter Vertrauen zu Ihrem Motor haben.« Für die Kurbelwelle sei er ja schließlich nicht verantwortlich. Er solle nur so schnell wie möglich eine neue, bessere beschaffen. Schließlich hatte sich dann auch herausgestellt, dass ein neuer Stahlband-Propellerantrieb für den Kurbelwellenbruch verantwortlich war (Abschn. 17.1).

So bedeutete dieser Schaden nicht das Ende der Maybachschen Luftschiffmotoren-Entwicklung, sondern er wurde zum Ansporn für Karl Maybachs weitere Entwicklungsarbeit, während die Automobil-Motoren bis zum Ende des Ersten Weltkrieges für ihn keine Rolle mehr spielen sollten. Seit 1911 gab es Motorbestellungen auch von Schütte-Lanz, Parseval und Groß, die zwar in Konkurrenz zum LZ in Friedrichshafen standen, deren Belieferung durch seine Tochterfirma LMG dieser jedoch aus verständlichem Eigeninteresse duldete. Bei einer Gesellschafterversammlung am 26. Oktober 1910 hatte der LZ von seinem Recht Gebrauch gemacht, alle Anteile der Mitbegründer an der »Luftfahrzeug-Motorenbau-Gesellschaft« aufzukaufen. Gleichzeitig machten Graf Zeppelin und sein kaufmännischer Direktor Alfred Colsman den von ihnen hochgeschätzten Wilhelm Maybach (Abb. 3.10) zu ihrem einzigen Mitgesellschafter bei der Luftfahrzeug-Motorenbau-Gesellschaft – nicht den Sohn, obgleich man um diese Zeit unter dessen technischer Leitung bereits 80 bis 100 Motoren pro Jahr produzieren konnte. Angesichts solcher Zahlen wurde mit Karl Maybach ein neuer Lizenzvertrag auf der Grundlage nicht mehr von PS-, sondern von Motorstückzahlen geschlossen: Karl Maybach erhielt eine Lizenzgebühr in Höhe von 10 % des Motoren-Verkaufspreises, der bei etwa 20.000 M. lag. Die harte und verantwortungsvolle Arbeit begann sich für ihn jetzt auszuzahlen.

Noch 1911 beschloss man, die LMG nach Friedrichshafen zu verlegen, damit sie näher am LZ sei. Im Februar 1912 wurde der Umzug durchgeführt und der Firmenname in »Motorenbau GmbH Friedrichshafen« geändert. Noch im

Abb. 3.8 Dr.-Ing. E. h. Ludwig Dürr (1878–1956) war mit Ausnahme von LZ 1 der Konstrukteur aller Zeppelin-Luftschiffe

Abb. 3.9 Ein Kurbelwellenschaden am AZ-Motor verhinderte die geplante Fahrt des LZ 6 nach Wien zum 75. Geburtstag von Franz Joseph I. von Österreich (*links*, zusammen mit dem König von Württemberg, bei seinem Besuch in Friedrichshafen im August 1909)

selben Jahr übersiedelte Karl Maybach von Cannstatt nach Friedrichshafen, wo er in einem schönen Park direkt am Bodensee eine Wohnung fand.

Im Jahre 1913 wurden mit Zustimmung von Graf Zeppelin Lizenzen für den Bau des AZ-Motors nach Italien, Japan und England vergeben (Abb. 3.11). 1913 gelang es Karl Maybach, mit einem neuen, stärkeren Luftschiffmotor vom Typ CX eine Leistung von 154,5 kW (210 PS) zu erreichen. Voller Stolz führte er diesen Motor dem Grafen am 8. Juli 1913, dessen 75. Geburtstag, vor. Graf Zeppelin drückte Karl Maybach die Hand und sagte: »Herr Maybach, Sie haben mir mit Ihrem Motor das schönste Geburtstagsgeschenk gemacht!« In jenen Jahren begann sich Karl Maybach mit seinen zuverlässigen Luftschiffmotoren einen Ruf zu erwerben: Das LZ 10 »Schwaben« unternahm insgesamt 220 Passagierfahrten ohne Zwischenfall. Die Luftschiffe »Viktoria Luise« (Abb. 3.12, 3.13), »Hansa« und »Sachsen«, die von der 1909 gegründeten »Deutschen Luftschiffahrts-Aktiengesellschaft« (DELAG) betrieben wurden, beförderten mehr als 30.000 Menschen. Karl Maybach stand mit seinem Vater weiterhin in engstem Gedankenaustausch und wechselte viele Briefe. Am 16. Februar 1913 schrieb er ihm aus Venedig, dass er die dortige Ballonhalle besichtigt

Abb. 3.10 Wilhelm Maybach (*Mitte*) vor seinem Haus in Cannstatt, um 1910; *links* Karl Maybach

Abb. 3.11 Der Prince of Wales, später König Edward VIII. und nach seiner Abdankung Herzog von Windsor, besichtigt 1913 während seines Besuches beim König von Württemberg das LZ 16 (Z IV) sowie die Zeppelin-Werft und den »Motorenbau«. Beim Betreten des »Motorenbaus« erwartet ihn Karl Maybach. *Links* neben dem Prinzen Graf Zeppelin, *rechts* dessen jüngerer Bruder Graf Eberhard von Zeppelin

habe und feststellen konnte, dass seine jüngsten Motoren dort gut liefen.

Im Herbst 1913 fasste Karl Maybach den Entschluss, mit einem neuen Motor an einem Wettbewerb für Flugzeuge, dem zweiten »Kaiserpreis«, teilzunehmen (Abschn. 17.2). Es handelte sich dabei um den Motorentyp DW (Abb. 3.23), der bereits einen 50-stündigen Dauerlauf absolviert hatte. Doch daraus wurde nichts: Wegen des Kriegsausbruches am 1. August 1914 fand dieser Wettbewerb nicht mehr statt. Auch der gemeinsam mit dem bekannten Flieger Hellmuth Hirth und Direktor Gustav Klein von der Firma Robert Bosch entwickelte Plan, ein Riesenflugzeug zu bauen, mit dem man den Atlantik überqueren wollte[3], zerschlug sich aus diesem Grund (Abb. 3.14).

Abb. 3.12 Das Luftschiff LZ 11 »Viktoria Luise« beim Eindocken in die Luftschiffhalle Baden-Oos. Bereits diese frühen Luftschiffe beeindruckten die Menschen durch ihre gewaltigen Dimensionen: 148 m Länge, 14 m Durchmesser, ein Gasvolumen von 18.700 m³! Angetrieben wurde LZ 11 von drei Maybach-AZ-Motoren. Von 1912 bis zum Ausbruch des Krieges fuhr es im Passagierdienst der DELAG, danach diente es als Ausbildungsschiff für Heer und Marine

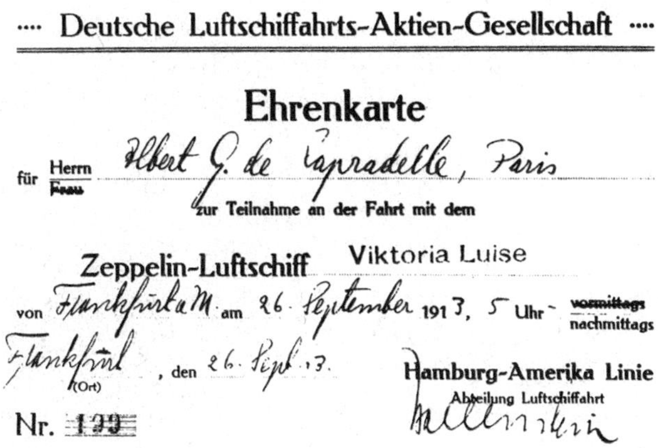

···· Deutsche Luftschiffahrts-Aktien-Gesellschaft ····

Ehrenkarte

für Herrn ~~Frau~~ Albert G. de Lapradelle, Paris

zur Teilnahme an der Fahrt mit dem

Zeppelin-Luftschiff Viktoria Luise

von Frankfurt a M. am 26. September 1913, 5 Uhr ~~vormittags~~ nachmittags

Frankfurt (Ort), den 26. Sept. 13.

Hamburg-Amerika Linie
Abteilung Luftschiffahrt

Nr.

Abb. 3.13 Ehrenkarte für eine Fahrt mit dem LZ 11 »Viktoria Luise« am 26. September 1913

[3] Als Langstreckenbomber lebte dieses Vorhaben während des Ersten Weltkrieges wieder auf, siehe Abschn. 17.2.

Abb. 3.14 Fernbomber vom Typ R XIVa der Zeppelin-Werke Staaken, 1918. Dieses Riesenflugzeug mit 47 m Spannweite wurde von fünf 191 kW (260 PS) starken Maybach-MB-IVa-Motoren angetrieben, die direkt, d. h. ohne Getriebe, auf die Holzpropeller wirkten Abflugmasse max. 11.460 kg; Höchstgeschwindigkeit 130 km/h; Steigleistung 100 m/min; Dienstgipfelhöhe rund 3.800 m; Reichweite 800 km; Bewaffnung: je ein oder zwei 7,62-mm-MG manuell im Bug und hinteren Cockpit sowie eines hinten unten; Bombenzuladung max. 2.000 kg (achtzehn 100-kg-Bomben oder eine 1.000-kg-Bombe)

3.3 Im Ersten Weltkrieg

Obwohl viele Politiker und Militärs den Krieg schon seit Jahren für unvermeidlich gehalten, ja geradezu erwartet hatten, kam sein Ausbruch für die meisten Menschen überraschend, auch für den LZ und die beiden Maybachs: Es gibt keine Anzeichen dafür, dass sie ihre Arbeit als Motorenkonstrukteure oder ihre Fabrik auf ein solches Ereignis vorzubereiten versucht hätten. Plötzlich war alles ganz anders. Sofort nach Kriegsbeginn wurden viele der mittlerweile etwa 200 Mitarbeiter, die meisten Facharbeiter und hochspezialisierte Angestellte, zum Militärdienst eingezogen, sodass Karl Maybach mit seinem Unternehmen vorübergehend in Schwierigkeiten geriet. Erst nach einiger Zeit bekam man die Lage in den Griff – nicht zuletzt dadurch, dass immer mehr Frauen beschäftigt wurden (Abb. 3.15). Karl Maybach war einer von wenigen, die bereits im Sommer 1914 mit Luftangriffen auf Friedrichshafen rechneten (Tafel 6.4). Die Front im Südwesten verlief nicht sehr weit von der Stadt am Bodensee, und niemand vermochte besser als er die Leistungsfähigkeit von Luftschiffen und Flugzeugen einzuschätzen. So verabredete er mit seinem Vater, von allen wichtigen Zeichnungen Blaupausen anzufertigen und bei diesem in Cannstatt in Blechbüchsen sicher unterzubringen. Tatsächlich gefährdeten bereits am 21. November 1914 englische Flugzeuge das in Friedrichshafen im Bau befindliche Luftschiff L 7 (LZ 32). Im Januar 1915 erfolgten die ersten deutschen Luftschiffangriffe auf England (Tafel 6.5). Wegen ihrer extremen Verwundbarkeit gab das Heer 1916 den Einsatz von Luftschiffen auf; nur die Marine griff England noch über die Nordsee mit Luftschiffen an und setzte sie für die Seeaufklärung ein (Abb. 3.16 und 3.17).

Abb. 3.15 Um die eingerückten Facharbeiter zu ersetzen, musste der »Motorenbau« zunehmend Frauen anlernen (die Aufnahme stammt aus dem Jahre 1917). Die Anlernwerkstatt bildete gewissermaßen den Grundstein für die 1919 gegründete Maybach-Lehrwerkstatt

Abb. 3.17 Graf Zeppelin (*Mitte*) und Dr. Hugo Eckener (*links*) mit Fregattenkapitän Peter Strasser, dem »Führer der Luftschiffe«, während des Ersten Weltkrieges

Abb. 3.16 Das Marine-Luftschiff L 30 gehörte zu einem leistungsgesteigerten Typ mit sechs Maybach-HSLu-Motoren zu je 176 kW (240 PS). Bei 198 m Länge und einem Durchmesser von 23,9 m betrug sein Gasvolumen 55.200 m^3. L 30 nahm 1916 an mehreren Angriffen auf England teil, darunter auch auf London

Ungeachtet der Zeitumstände verlobte sich Karl Maybach am 2. August 1915 in Hamburg mit Käthe Lewerenz, Tochter des Exportkaufmanns und Gesellschafters der Firma Deurer & Kaufmann. Da Deurer & Kaufmann an der LMG in Bissingen beteiligt war, korrespondierte man miteinander. Aus den geschäftlichen Kontakten erwuchsen private; man kannte und besuchte einander also schon seit längerer Zeit, als sich die bürgerlich-ruhige Hanseatin in den fleißigen und nüchternen 35-jährigen Schwaben verliebte (Abb. 3.18). Wenige Tage später schrieb eine Frau Mathilde Bauhardt an Bertha Maybach, die Mutter des Bräutigams, dass sie sich sehr über die Verlobung freue, weil sich ihr Sohn keine Frau aus Friedrichshafen gewählt habe, denn hier herrsche ja so viel Falschheit. Die Adressatin hatte daruntergeschrieben: »Brief gleich zerreißen!« Offenbar ist das nicht geschehen, denn dieser Glückwunsch hat die Zeit bis heute überdauert. Von den Kriegsereignissen überschattet, fand die Hochzeit am 26. Oktober 1915 in Hamburg-Altona statt, und Käthe Maybach übersiedelte von der Nordsee an den Bodensee. Gemeinsam konnte das Ehepaar am 9. Februar 1916 Wilhelm Maybach zum 70. Geburtstag und zum Doktor-Ingenieur ehrenhalber gratulieren. Im selben Jahr begann man in Friedrichshafen in der Zeppelinstraße 21 ein Haus zu bauen. Am 17. November 1916 konnte man ein freudiges Ereignis feiern: die Geburt der ersten Tochter, die man auf den Namen Liselotte taufte. In den folgenden Jahren wurden dem Ehepaar vier weitere Kinder geboren: der Sohn Walter (1920), die Töchter Marianne (1922) und Irmgard (1923), schließlich im Jahre 1927 der Sohn Günter (Abb. 3.19).

An Karl Maybachs Lebensweise änderten Ehe und Kinder nicht viel, seine Frau passte sich ihm anscheinend weitgehend an. Wenn Maybach nicht in der Fabrik oder zu Hause arbeitete – und das tat er fast immer –, dann lebte man zurückgezogen. Geselliger Verkehr mit den Familien der engeren Kollegen Colsman, Eckener, Dürr, mit Dornier oder Graf von Soden, mit Friedrichshafener Honoratioren wie dem Bürgermeister oder mit der evangelischen Geistlichkeit hat anscheinend über Jubiläen und Feste hinaus kaum stattgefunden – und erst recht nicht mit den Militärs, die Maybach hauptsächlich in Berlin aus beruflichen Gründen kennenlernte. Fast möchte man sagen, dass sich Karl Maybach auch in den Kriegsjahren mit seinem Vater in Cannstatt intensiver unterhalten hat als mit jedem anderen Menschen. Aus dieser Zeit sind mehr als 150 Briefe mit zahlreichen Skizzen und Zeichnungen erhalten geblieben, in denen nur sehr selten etwas anderes erwähnt wird als Motorenfragen: z. B. der Geburtstag der Mutter, ein Geschenk für die Schwester, ein Steuertermin – schließlich Gedanken über die Tätigkeit der Fabrik nach dem Krieg.

Abb. 3.18 Karl Maybach und seine Verlobte Käthe Lewerenz kurz vor ihrer Heirat im Jahre 1915

Der Bau von Luftschiffmotoren, Gründungszweck der Motorenbau GmbH, trat durch die sich beschleunigende technische Entwicklung des Ersten Weltkrieges immer mehr in den Hintergrund (Abb. 3.30). Der Luftkrieg wurde bald fast ausschließlich von Flugzeugen geführt. Da immer größere Geschwindigkeit und Steighöhe verlangt wurden, brauchte man eine neue Art von Motoren. Karl Maybach entwickelte mit Mitteln seines Unternehmens den ersten Höhenflugmotor der Welt für Flugzeuge und Luftschiffe (Typ Mb IVa, Abb. 3.20). Um den zuständigen Militärbehörden die physikalischen Zusammenhänge verständlich zu machen, baute er auf dem 1.840 m hohen Wendelstein in den Bayerischen Alpen einen Prüfstand, auf dem er die Überlegenheit seines neuen Motors nachwies. Die Militärs zeigten sich beeindruckt, das Unternehmen erhielt nun Aufträge mit großen Stückzahlen. Für Graf Zeppelin, den die hohen Verluste seiner Luftschiffe und ihrer Besatzungen während des Krieges tief getroffen hatten, war dies der letzte Erfolg seines Konzerns, den er erleben durfte. Nach einer Darmoperation, in deren Folge er an einer Lungenentzündung erkrankt war, starb er am 8. März 1917 in Berlin (Abb. 3.21).

Der »Motorenbau« in Friedrichshafen war in den Jahren des Ersten Weltkrieges zu einem wichtigen Rad in der Kriegsmaschinerie geworden (Abb. 3.22). Das beeinflusste natürlich auch das Leben von Karl Maybach. Die Verantwortung lastete schwer auf ihm: Auf der einen Seite wurden hohe Stückzahlen verlangt, auf der anderen war höchste Qualität gefordert, hing doch das Leben der Flugzeugführer und Luftschiffbesatzungen von seinen Motoren ab (Tafel 6.5). Karl Maybach hatte eine ganz persönliche Art entwickelt, als Erfinder und Konstrukteur zu denken. Ungeachtet dessen schickte er weiterhin viele seiner Zeichnungen zunächst dem Vater. Und dieser konnte zu seinem erwachsenen und erfolgreichen Sohn durchaus streng sein wie ein Lehrmeister: Gelegentlich bemängelte er die Flüchtigkeit, die Ungenauigkeit einer Zeichnung, die Unvollständigkeit eines Gedankens, sodass der Sohn ans Verbessern gehen musste. Bezeichnend für die Denkweise Wilhelm Maybachs, aber auch seines Sohnes Karl ist die folgende Bemerkung in einem Schreiben vom 20. August 1914: Wilhelm Maybach kritisierte, »dass das o. g. Getriebe zu schnell gezeichnet und nicht gründlich durchkonstruiert ist«; für die Ölfänge sei keine Einrichtung da und das Gehäuse über dem größten Rad sei zu groß. Der Krieg könne zwar die Gedanken ablenken, jedoch sollte »eine so ernste Sache wie ein Getriebe nicht notleiden müssen«. Schließlich gelangten die fertigen zeichnerischen Entwürfe in die Modellschreinerei. Einer der dort Beschäftigten hat sich später erinnert, wie Karl Maybach, der den Besuch in der Modellschreinerei allen anderen Abteilungen vorzog, Anweisungen gab und mitarbeitete:

> »So war es nicht verwunderlich, daß Dr. Maybach höchstpersönlich damals häufiger Besucher in der Modellschreinerei Abb. 3.24) gewesen ist, um auch die äußere Form der Teile festzulegen[4]. Es gehört zu den eindrucksvollsten Erinnerungen der Modellschreiner, diesen Gestaltungsvorgang mitzuerleben, wenn Dr. Maybach mit den Chefkonstrukteuren bei dem Modellschreiner an der Hobelbank stand. Der hohe Chef steckte dabei oft einmal seinen Finger in den Kragen, seine scharfen Augen blickten durch die Brille mit aller inneren Konzentration auf das Werkstück, sein Mund zog sich unter dem Schnurrbart fest zusammen, und dann konnte er z. B. sagen: ›Hier noch ein bisschen wegnehmen, hier noch etwas weicher verlaufen lassen‹, bis ihm die Form gefiel.«

Die Ästhetik seiner Motoren war für Karl Maybach nicht Selbstzweck. Vielmehr war er sich bewusst, dass Form und Funktion einander bedingen und glatte und einfache Formen – dem Auge wohlgefällig – auch günstigen Kraftfluss und niedrigere Beanspruchung bedeuten.

Karl Maybach, Alfred Colsman und Dr. Hugo Eckener mussten bald nach Zeppelins Tod Überlegungen über das Schicksal des Konzerns nach dem Kriege anstellen. Auch die mehr als 40 Briefe, die Karl Maybach 1917 mit seinem Vater wechselte, lassen erkennen, dass sich die Lage verschlechterte. Gewiss, man entwickelte immer leistungsfähigere Motoren und verbesserte viele Einzelheiten. Aber man konnte über den katastrophalen Lebensmittelmangel, das Nachlassen der Arbeitsleistung und das persönliche Leid

[4] Zum beschriebenen Zeitpunkt war Karl Maybach noch nicht Dr.-Ing.; er wurde es am 16. Februar 1924 ehrenhalber (E. h.). Auch in späteren Jahren pflegte er übrigens regelmäßig die Modellschreinerei zu besuchen.

Abb. 3.19 Wilhelm Maybach (*Mitte*) an seinem 80. Geburtstag im Kreise von Verwandten und Bekannten. *Obere Reihe von links nach rechts*: Herr Landenberger (Direktor der Uhrenfabrik Schramberg), Karl Maybach, Martha und Alfred Lewerenz (Eltern von Käthe Maybach); *mittlere Reihe*: Frau Landenberger, Käthe Maybach, Wilhelm und Bertha Maybach, Emma Maybach (Schwester von Karl Maybach); *untere Reihe*: die Kinder Marianne, Liselotte, Walter und Irmgard Maybach

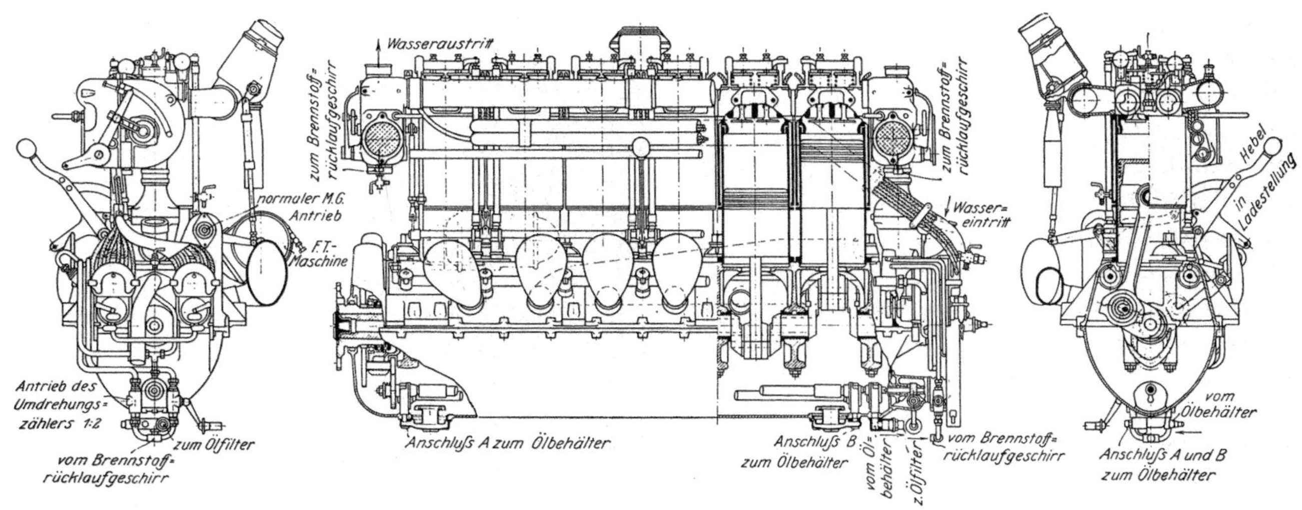

Abb. 3.20 Sechszylinder-Reihenmotor Mb IVa. Bohrung × Hub: 165 mm × 180 mm, Zylindervolumen 3,85 dm^3 191 kW (260 PS) bei 1.400 min^{-1}. Dieser »überbemessene und überverdichtete« Motor war so ausgelegt, dass er – in Bodennähe gedrosselt – erst in der Höhe seine volle Leistung entfaltete. Damit konnte der Leistungsverlust durch die mit der barometrischen Höhe abnehmende Luftdichte ausgeglichen werden

Abb. 3.21 Am 8. März 1917 starb Ferdinand Graf Zeppelin, voller Sorge um den Ausgang des Krieges und tief getroffen von den hohen Verlusten, die seine Luftschiffe und ihre Besatzungen erlitten, an den Folgen einer Darmoperation. Der Schreibtisch des Luftschiffpioniers blieb nunmehr verwaist

der Mitarbeiter und ihrer Familien auch in dem von der Natur begünstigten Südwesten des Reiches nicht mehr hinwegsehen (Abb. 3.25).

Am 16. Mai 1918 änderte der LZ den Namen seines Tochterunternehmens in »Maybach-Motorenbau GmbH« um, wohl aus Anerkennung für die beachtliche Entwicklung des Unternehmens, die zu einem großen Teil auf der glänzenden Bewährung der Motoren-Baureihe Mb IVa beruhte. Für die beiden Maybachs bedeutete dies noch einmal einen großen Erfolg. Ihr Name stand nun über der so erfolgreichen Motorenfabrik, fast neben dem des Grafen Zeppelin, und wie der von Daimler über der Fabrik von Untertürkheim. Innerhalb eines Jahrzehnts war man aus Cannstatt und Paris hoch aufgestiegen, freilich während der letzten Jahre in einem Weltkrieg, der sich im Sommer 1918 sichtlich seinem Ende – und Deutschlands Niederlage – zuneigte. Daran konnte für einen Mann wie Karl Maybach, der den immer größeren Mangel an Menschen und Material gegenüber einer »Welt von Feinden« im eigenen Betrieb erlebte, kein Zweifel mehr bestehen. Wenn der Vater ihm gerade in dieser Zeit, im Juli/August 1918 mitteilte, er wolle ihn zum Alleinerben aller seiner Stammaktien des »Motorenbaus« einsetzen – also offenbar seine Ehefrau und die Kinder Emma und Adolf von diesem Teil seiner Hinterlassenschaft ausschließen (um Karls Stellung im Konzern zu stärken?) –, so konnte das schließlich nur die Last vergrößern, die er jetzt zu tragen hatte: Selbstverständlich oblag ihm im Ernstfall die Sorge für die ganze Familie.

Am 30. August 1918 erhielt die Maybach-Motorenbau GmbH (MM) den letzten und zugleich größten Auftrag während des Ersten Weltkrieges. Bisher hatte das Unternehmen insgesamt etwa 2.000 Flugzeugmotoren hergestellt; nun soll-

Abb. 3.22 Diese Aufnahme des »Motorenbaus« aus dem Jahre 1917 zeigt, wie stark das Unternehmen durch die Steigerung der Kriegsproduktion von Motoren wuchs. Fünf Jahre zuvor hatte es lediglich den »Hochbau« (*rechts oben*) gegeben

Abb. 3.23 Zweisitziges Aufklärungsflugzeug mit Maybach-DW-Motor, der eigens für den zweiten »Kaiserpreis«-Wettbewerb entwickelt worden war. Nach Kriegsausbruch baute man die Motoren dieses Typs in Marine-Flugzeuge ein

Abb. 3.24 Gerade in der Motorenfertigung mit ihren komplizierten Gussteilen hat der Modellbau als Bindeglied zwischen Maschinenbau und Gießerei besondere Bedeutung. Karl Maybach erkannte dies schon früh und ließ im »Maybach-Motorenbau« eine Modellschreinerei einrichten. Dieses Bild, aufgenommen im Jahre 1939, zeigt einen 15-jährigen Lehrling, der konzentriert die Maße eines Modells prüft

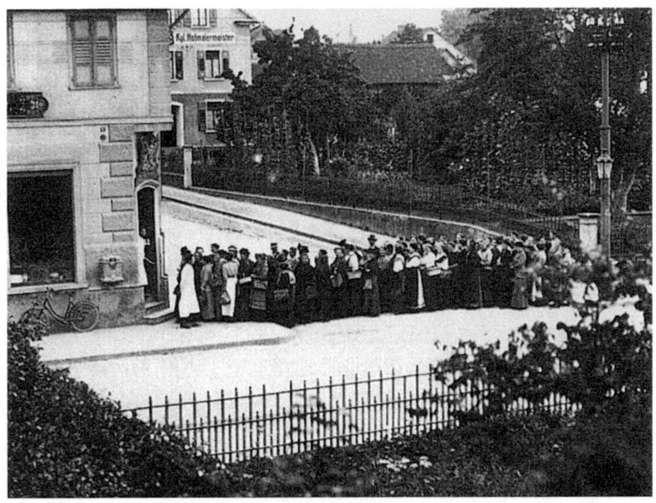

Abb. 3.25 Die Hungerblockade der Entente (Sperrung der überseeischen Rohstoffzufuhren durch die britische Flotte) traf die deutsche Industrie und – vor allem nach der katastrophalen Missernte von 1916 – die Lebensmittelversorgung der Zivilbevölkerung gleichermaßen. Je länger der Krieg andauerte, desto mehr wirkte sich dies auch in den ländlichen Gegenden aus: Warteschlange vor einer Metzgerei in Friedrichshafen

te man so schnell wie möglich weitere 2.700 Motoren des erfolgreichen Typs Mb IVa (Abb. 3.26 und 2.23) liefern. Das Friedrichshafener Unternehmen hatte es während der Jahre 1914 bis 1918 zwar nur auf einen Anteil von 2,6 % an der gesamten Flugmotorenproduktion im Deutschen Reich gebracht; gleichwohl aber bedeuteten diese Zahlen für das Unternehmen den Aufstieg von einer Werkstatt zu einem Großbetrieb mit 3.600 Beschäftigten (Abb. 3.27). Zuletzt verließen monatlich rund 200 Motoren die Werkshallen in Friedrichshafen. Karl Maybach war zu dieser Zeit einer der angesehensten Motorenkonstrukteure Europas geworden: Berichte über erbeutete Mb-IVa-Motoren in englischen Fachzeitschriften lassen den unverhohlenen Respekt vor der Maybachschen Technik erkennen (Abschn. 17.4).

Abb. 3.26 Wegen seiner guten Höheneigenschaften wurde der Mb IVa bevorzugt in Höhenaufklärer wie diesen Rumpler C VII eingebaut. Dieser Flugzeugtyp war einer der besten deutschen Zweisitzer des Ersten Weltkrieges. Er wurde 1917/18 als Fernaufklärer in großen Höhen mit Kamera- und Funkausrüstung eingesetzt

Abb. 3.27 Im Ersten Weltkrieg mussten die Militärs feststellen, dass soldatische Fertigkeiten allein zur Kriegführung nicht mehr ausreichten. Neue Waffengattungen (Luftschifferkorps, Heeresfliegerei, U-Boot-Waffe) sowie die zunehmende Technisierung des Krieges überhaupt verlangten immer mehr technisch qualifiziertes Personal, das schnellstens ausgebildet werden musste – bei den Motorenherstellern z. B. in eigens hierfür eingerichteten Schulungsstätten. Blick in die »Motorenschule« des Maybach-Motorenbaus mit Teilnehmern aus Heer und Marine. Vor allem die Wartungs- und Instandsetzungsarbeiten mussten geübt werden

2. Extraausgabe Sonnabend, den 9. November 1918.

Vorwärts

Berliner Volksblatt.

Zentralorgan der sozialdemokratischen Partei Deutschlands.

Der Kaiser hat abgedankt!

Der Reichskanzler hat folgenden Erlaß herausgegeben:

Seine Majestät der Kaiser und König haben sich entschlossen, dem Throne zu entsagen.

Der Reichskanzler bleibt noch so lange im Amte, bis die mit der Abdankung Seiner Majestät, dem Thronverzichte Seiner Kaiserlichen und Königlichen Hoheit des Kronprinzen des Deutschen Reichs und von Preußen und der Einsetzung der Regentschaft verbundenen Fragen geregelt sind. Er beabsichtigt, dem Regenten die Ernennung des Abgeordneten Ebert zum Reichskanzler und die Vorlage eines Gesetzentwurfs wegen der Ausschreibung allgemeiner Wahlen für eine verfassungsgebende deutsche Nationalversammlung vorzuschlagen, der es obliegen würde, die künftige Staatsform des deutschen Volk, einschließlich der Volksteile, die ihren Eintritt in die Reichsgrenzen wünschen sollten, endgültig festzustellen.

Berlin, den 9. November 1918. Der Reichskanzler.
Prinz Max von Baden.

Es wird nicht geschossen!

Der Reichskanzler hat angeordnet, daß seitens des Militärs von der Waffe kein Gebrauch gemacht werde.

Parteigenossen! Arbeiter! Soldaten!

Soeben sind das Alexanderregiment und die vierten Jäger geschlossen zum Volke übergegangen. Der sozialdemokratische Reichstagsabgeordnete Wels u. a. haben zu den Truppen gesprochen. Offiziere haben sich den Soldaten angeschlossen.

Der sozialdemokratische Arbeiter- und Soldatenrat.

Abb. 3.28 Mit der Abdankung Wilhelms II. und dem Waffenstillstand vom 9. November 1918 endete der Erste Weltkrieg. Der Maybach-Motorenbau konnte jedoch nicht wie andere Industriewerke ohne Weiteres auf Friedensproduktion umstellen, weil sein Motorenprogramm ausschließlich auf militärische Bedürfnisse abgestellt war. Bei aller Erleichterung über das Ende des Krieges wuchs daher die Sorge um die Zukunft

Am 9. November 1918 wurde der Waffenstillstand unterzeichnet (Abb. 3.28). Ein langer und blutiger Krieg war zu Ende. Doch den Frieden, wie ihn sich Millionen erhofft hatten, bedeutete das noch nicht.

3.4 Zukunftssorgen nach dem verlorenen Krieg

Die Revolution ergriff das Bodenseegebiet nicht so heftig wie Berlin, Mitteldeutschland und das Ruhrrevier. Aber zu Unruhen, Arbeitsniederlegungen und Demonstrationen kam es auch im Südwesten Deutschlands. Am 15. November 1918 schrieb Wilhelm Maybach seinem Sohn nach Friedrichshafen, er hoffe, dass es dort ruhiger sei als in Stuttgart, wo »die Roten« es immer sehr eilig hätten mit ihren rot beflaggten Lastwagen. Von Ulm sei Militär nach Ludwigsburg in Marsch gesetzt worden, um dagegen vorzugehen.

Abb. 3.29 Während Arbeiter- und Soldatenräte in den Industriemetropolen die Macht übernahmen (Foto: Novemberrevolution in Berlin), blieb der Firmenalltag des Maybach-Motorenbaus hiervon weitgehend unberührt. Man hatte sogar noch einen großen Heeresauftrag abzuwickeln, an dessen Abbestellung in Berlin niemand dachte!

Wilhelm und Karl Maybach waren ganz und gar keine »politischen« Menschen, sondern fleißige und pflichtbewusste Mitglieder der schwäbisch-bürgerlichen Gesellschaft, in die sie hineingewachsen und in der sie erzogen worden waren. Graf Zeppelin war für sie eine bedeutungsvolle Persönlichkeit gewesen, der sie nachtrauerten und die ihnen nun fehlte. Man findet in den vielen Briefen, die sie in jenen Jahren wechselten, jedoch nicht den geringsten Hinweis darauf, dass sie das Schicksal Hindenburgs und Ludendorffs oder der Hohenzollern bewegt hätte. Die Militärbehörden in der Reichshauptstadt waren solide, pünktlich zahlende Auftraggeber gewesen, die in den Grenzen ihres übersteigerten Selbstbewusstseins Respekt vor der Leistung der Zivilisten in Friedrichshafen gehabt hatten – vor allem, solange dort ein gräflicher General an der Spitze gestanden hatte. Vor diesem Hintergrund war das Rüstungsgeschäft abgelaufen: immer größer, immer schneller, immer aufwendiger – zunächst auch immer gewinnträchtiger. Aber seit Anfang 1918 musste man sich Sorgen machen: Was sollte aus all den Fachkräften einerseits, den Gebäuden und Maschinen andererseits werden, wenn eines Tages nicht mehr weiter Tausende von Motoren für Kampf- und Bombenflugzeuge oder Luftschiffe gebraucht würden?

Ungeachtet dessen lief das Alltagsleben in Friedrichshafen weiter – auch während der Revolution, welche die großen Industriestädte und -regionen des Reiches erschütterte (Abb. 3.29). Der Maybach-Motorenbau hatte einen Auftrag, dessen Erledigung ihn noch viele Monate beschäftigen konnte. Die Produktion wurde also fortgesetzt; man lieferte Motoren ab, die niemand mehr brauchte, aber auch nicht abbestellte. Auf den Konten gingen die entsprechenden

Abb. 3.30 Die Anzeige des Maybach-Motorenbaus aus dem Jahre 1917 stellte die Leistungen der Luftschiffmotoren auch unter afrikanischem Himmel heraus

Zahlungen ein, von denen man diejenigen Arbeiter entlohnen konnte, die noch nicht entlassen waren. Man musste hohe Steuern zahlen, damit die Bürokratie einen Staat weiterverwalten und einigermaßen in Ordnung halten konnte, der sich nicht in Anarchie auflösen durfte, wenn man weiter existieren, d. h. weiter Motoren konstruieren, bauen und verkaufen wollte. Am 26. November 1918 versicherte Wilhelm Maybach seinem Sohn, er werde ihm auch jetzt, gerade in diesen wirren Zeiten, zur Seite stehen. Und alsbald setzte man den Briefwechsel mit Entwürfen und Zukunftsplänen fort.

Bei diesen Zukunftsüberlegungen waren Vater und Sohn allerdings unterschiedlicher Auffassung. Karl Maybach schrieb später:

> »Alle die Firmen, die uns um diese Zeit in Tag- und Nachtarbeit als Unterlieferanten unterstützt hatten, konnten sofort ihre Friedensfabrikation, die bei Kriegsanfang unterbrochen worden war, wieder aufnehmen und einen Arbeiterstamm damit beschäftigen. Wir dagegen konnten unsere Friedensfabrikation und die Lieferungen von Luftschiff-Motoren an alle möglichen Firmen im In- und Ausland naturgemäß nicht fortsetzen, sondern waren gezwungen, neue Gebiete für unsere Fabrik zu erschließen, wenn man die Fabrikation in Friedrichshafen nicht ganz aufgeben wollte. Alle unsere Einrichtungen für den Flugmotorenbau wurden [von den Siegern] zerstört und unsere neuen Fabrikationsabsichten besonders stark verdächtigt und bespitzelt.«

4 Karl Maybach und der »Motorenbau« von 1918 bis zum Zusammenbruch 1945

Wilhelm Treue

4.1 Zukunftspläne

Einige Zeit nach Kriegsende konnte Karl Maybach also den verbliebenen Rest der Mitarbeiterschaft noch beschäftigen und – schließlich vom Unternehmensvermögen – bezahlen. Aber dann musste etwas geschehen. Bereits am 1. September 1918, also noch während des Krieges, hatte er Richard Lang (Abb. 4.3), einen jungen Diplom-Ingenieur, eingestellt und damit beauftragt, den derzeitigen Stand der Technik auf dem Gebiet schnelllaufender Dieselmotoren im Leistungsbereich von 120 bis 150 PS zu ermitteln. Karl Maybach hatte sich für den ganzen Komplex interessiert, weil er aufgrund gelegentlicher Beobachtungen und Veröffentlichungen den Eindruck gewonnen hatte, dass sich hier ein neues Entwicklungs- und Anwendungsgebiet für sein Unternehmen auftat. Am 27. November 1918 legte ihm Lang einen »aus den neuesten Zeitschriften und sonstigen Werken« zusammengestellten ausgewerteten Bericht über »raschlaufende Diesel-Motoren (insbesondere Schiffs- und Fahrzeugmotoren)« vor. Der Bericht begann mit dem Satz:

> »Aus allen neueren Veröffentlichungen ist zu entnehmen, dass man überall intensiv damit beschäftigt ist, den Dieselmotor (Gleichdruckmotor) oder besser allgemeiner gesagt den Rohölmotor so zu vervollkommnen, dass er auch da mehr und mehr eingeführt werden kann, wo bisher die Dampfmaschine oder der Benzin-Motor das Feld behauptete.«

Der Bericht zählte dann die Anwendungsmöglichkeiten für den raschlaufenden Dieselmotor auf, skizzierte den damaligen Stand des Dieselmotorenbaus für stationäre Anlagen, Automobile, Lokomotiven, Boote, Luftschiffe und Flugzeuge, nannte die zu erfüllenden Betriebsbedingungen und begann seine Schlussfolgerungen mit den Ende November 1918 wahrhaft weitblickenden Sätzen:

> »Aus den bisher gemachten Angaben geht ohne Zweifel hervor, daß der Rohölmotor eine derartige Zukunft haben wird, daß eine Firma, welche Verbrennungsmotoren baut, nicht achtlos an ihm vorübergehen darf. Für unsere Fabrikation kommen natürlich nur Motoren in Betracht, welche verhältnismäßig leichte und kleine Teile haben. Es wird sich für uns also nur um raschlaufende Diesel-Motoren handeln können, deren Abmessungen in solchen Grenzen bleiben, daß sie unserer Einrichtung entsprechen. Gerade unsere Fabrikation, welche auf hohe Genauigkeit eingestellt ist, bietet uns eine Gewähr dafür, daß Diesel-Motoren,

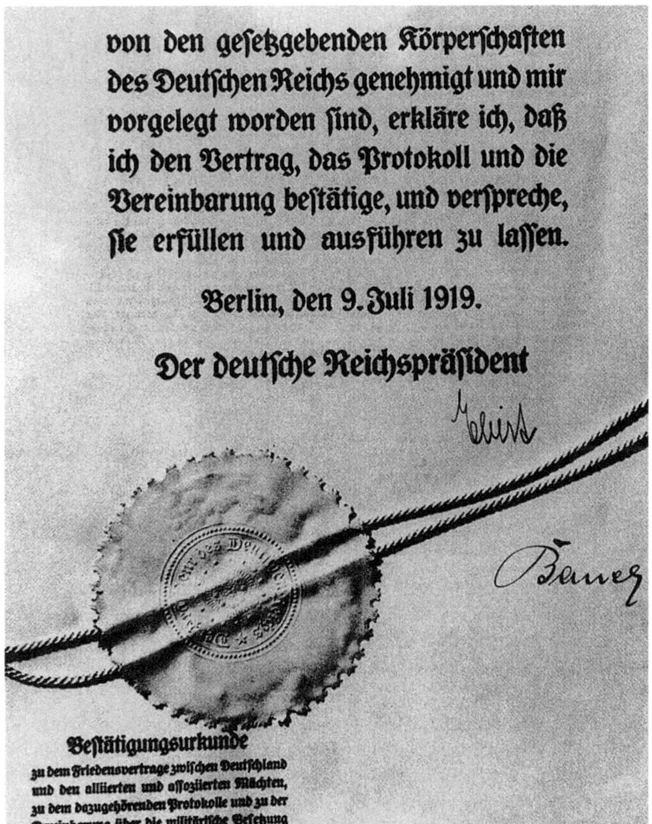
von den gesetzgebenden Körperschaften des Deutschen Reichs genehmigt und mir vorgelegt worden sind, erkläre ich, daß ich den Vertrag, das Protokoll und die Vereinbarung bestätige, und verspreche, sie erfüllen und ausführen zu lassen.

Berlin, den 9. Juli 1919.

Der deutsche Reichspräsident

Bestätigungsurkunde
zu dem Friedensvertrage zwischen Deutschland und den alliierten und assoziierten Mächten, zu dem dazugehörenden Protokolle und zu der Vereinbarung über die militärische Besetzung der Rheinlande.

Abb. 4.1 Die einschneidenden Bestimmungen des Versailler Vertrages bedeuteten für Deutschland eine massive Abschöpfung der industriellen Produktion durch die drückenden Reparationsleistungen, aber auch bedeutende Gebietsverluste im Westen und Osten, den Verlust der früheren wirtschaftlichen Stellung, militärische Einschränkungen und starke soziale Erschütterungen des Landes

W. Treue (✉)
Göttingen, Deutschland
E-Mail: customerservice@springernature.com

E. Eckermann, W. Treue, S. Zima (Hrsg.), *Technikpionier Karl Maybach*, https://doi.org/10.1007/978-3-658-37065-7_4

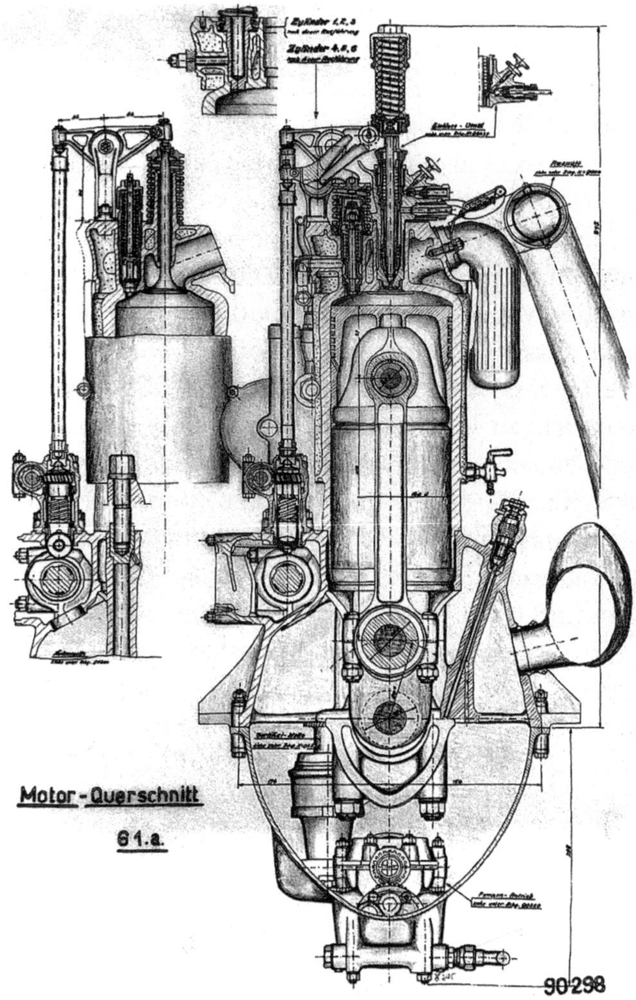

Abb. 4.2 Querschnitt des ersten Dieselmotors der Maybach-Motorenbau GmbH, Typ G 1. Es handelte sich dabei um einen reinen Versuchsmotor, mit dem grundsätzliche Fragen der Entwicklung von schnelllaufenden Dieselmotoren geklärt werden sollten

Abb. 4.3 Am 1. September 1918 hatte Karl Maybach den jungen Diplom-Ingenieur Richard Lang (*zweiter von links*) eingestellt und damit beauftragt, den Stand der Technik auf dem Gebiet schnelllaufender Dieselmotoren zu ermitteln. Lang wurde in den folgenden Jahrzehnten Maybachs wichtigster Konstrukteur von Dieselantriebsanlagen für Schnelltriebzüge. Das Bild zeigt ihn bei einer Versuchsfahrt im Jahre 1941

> welche bekanntlich genaue Arbeit verlangen, mit Erfolg fabriziert werden können. Fernerhin werden unsere Erfahrungen im Flugmotorenbau uns befähigen, raschlaufende Diesel-Motoren mit der nötigen Betriebssicherheit und Sparsamkeit im Verbrauch zu konstruieren.«

Der Berichterstatter entwickelte auch gleich entsprechende Konstruktionsgedanken und erlaubte sich am Schluss seines Textes den Vorschlag, einen »3-Zylinder-4-Takt-Diesel-Motor für Versuchszwecke« zu bauen. Er schloss den Bericht mit der allgemeinen Feststellung, »dass die Vorarbeiten [für den schnelllaufenden Dieselmotor] nunmehr soweit geschehen sind, dass mit dem Entwurf eines Versuchs-Motors begonnen werden kann« (Abb. 4.2).

Der 72-jährige Wilhelm Maybach zeigte sich hinsichtlich des Dieselmotors weniger optimistisch und interessierte sich in seinen letzten Lebensjahren nicht mehr sonderlich für diese Art von Motor. Sein Gespür für aussichtsreiche technische Entwicklungen scheint damals ebenso wie seine technische Kreativität nachgelassen zu haben.

Ein zweites Betätigungsfeld sah Karl Maybach im Automobilmotor. Im Jahre 1909 war er als Konstrukteur von Paris nach Cannstatt bei Stuttgart übergesiedelt, um mit einem neu entwickelten Automobilmotor ein Luftschiff anzutreiben. Dann hatte er ein Jahrzehnt lang immer stärkere und bessere Luftschiff- und Flugzeugmotoren entwickelt. Das wurde ihm 1918/19 durch die Bedingungen des Waffenstillstandes und des Versailler Vertrages für die Zukunft verboten (Abb. 4.1). Nun hatte im selben Jahrzehnt, in dem die Zivil- und Militärfliegerei einen großen Aufschwung genommen hatte, auch das Automobil eine erstaunliche Entwicklung durchgemacht – gewissermaßen von den ersten Rennmaschinen des Gordon-Bennett-Rennens zum eleganten Pkw einerseits und zum vielseitigen Nutzfahrzeug andererseits. Und nachdem die USA mit riesigen Mengen von Automobilen »auf einer Woge von 01« wesentlich zum Sieg der Alliierten im Ersten Weltkrieg beigetragen hatte, war anzunehmen, dass der Automobilverkehr auch in Europa einen gewaltigen Aufschwung nehmen würde (Abb. 4.4). Für einen Moto-

Abb. 4.4 Das Verkehrsgedränge auf der Berliner Prachtstraße »Unter den Linden«, Anfang der zwanziger Jahre aufgenommen, erweckt einen falschen Eindruck von der Motorisierung in Deutschland: Auf dem Land war die Fahrzeugdichte sehr gering. Im ganzen Deutschen Reich gab es zu jener Zeit gerade 200.000 Personenkraftwagen und Lastkraftwagen sowie 100.000 Motorräder

Abb. 4.5 Karl Maybach um 1920. Die Niederlage Deutschlands im Ersten Weltkrieg und der daraus resultierende Versailler Vertrag zwangen den damals 40-Jährigen, sein Produktionsprogramm vollständig umzustellen; statt Benzinmotoren für Luftschiffe und Flugzeuge begann Karl Maybach nun mit dem Bau von Diesel- und Automobilmotoren

Abb. 4.6 Der Fahrzeugmotor W 2 leistete 51,5 kW (70 PS) bei 2.200 min^{-1} und war damit Anfang der zwanziger Jahre einer der stärksten deutschen Pkw-Motoren. Aufgrund seiner robusten Auslegung konnte er auch in Nutzfahrzeuge und Boote eingebaut werden. Bohrung × Hub: 95 mm × 135 mm, Hubraum 5.740 cm^3, Sechszylinder-Reihenbauart

ren-Konstrukteur wie Karl Maybach lag es auf der Hand, statt Flugzeug- und Luftschiffmotoren nun wieder Automobilmotoren zu bauen, zumal ja ein solcher Ausgangspunkt für seine Luftschiffmotoren-Entwicklung gewesen war. Mit der Produktion von Dieselmotoren für die Schienentraktion und von Ottomotoren für den Straßenverkehr sollte der Maybach-Motorenbau (MM) unter der Leitung eines hochbegabten und mittlerweile auch erfahrenen Konstrukteurs einen neuen Aufschwung nehmen. Dass langfristig die Zukunft des MM bei den geplanten Dieselmotoren liegen würde, konnte damals noch niemand ahnen.

Karl Maybach hatte seit seinen Anfängen immer nach höchster Qualität gestrebt. Auch jetzt war er entschlossen, dass es sich, wie er selber schrieb, »um die Durchbildung eines erstklassigen Benzin-Fahrzeugmotors für alle möglichen Zwecke« handeln sollte. Der MM sollte sich in Anlehnung an die Arbeitsteilung, wie sie im Luftschiff- und Flugzeugbau üblich war und sich bewährt hatte, auf den Bau hochwertiger Motoren beschränken, die dann von den Automobilfirmen in ihre Fahrzeuge eingebaut werden würden. Mit aller Energie betrieb Karl Maybach (Abb. 4.5) die Entwicklung eines Diesel- und eines Ottomotors nebeneinander. Während sein Mitarbeiter Richard Lang noch mit den Recherchen über den Dieselmotor beschäftigt war, entstand bereits ein neuer Otto-Versuchsmotor: Anfang 1919 konnte dieser Typ W 1 auf dem Prüfstand getestet werden. Man sah optimistisch in die Zukunft. Einige kleine Änderungen waren noch notwendig – dann konnte Karl Maybach 1920 seinen ersten Fahrzeugmotor vom Typ W 2 – einen Sechszylinder-Reihenmotor mit 51,5 kW (70 PS) – in die Produktion gehen lassen (Abb. 4.6).

4.2 Personenwagen- und Nutzfahrzeugbau

Maybach hatte auch schon einen Großabnehmer für diesen Motor gefunden: die niederländische Automobil- und Flugzeugfabrik Trompenburg. An anderer Stelle dieses Buches wird dargestellt, welche vorzüglichen Anfangsergebnisse Maybach bei der Zusammenarbeit mit diesem Unternehmen erzielte, welche Enttäuschungen er dann jedoch erleben musste (Abschn. 18.2). Und die Tatsache, dass praktisch alle Automobilbauer weiterhin eigene Motoren entwickelten, zwang ihn, in seiner Fabrik auch die Fertigung von Automobilen aufzunehmen. Auf der Automobil-Ausstellung 1921 in Berlin stellte er bereits den Maybach-Wagen W 3 vor, der Aufsehen erregte, weil er keine Schaltung besaß, sondern fast alles im direkten Gang bewältigte (Abb. 4.7).

Abb. 4.7 Auf der Automobil-Ausstellung 1921 in Berlin wurden die ersten Maybach-Wagen (Typ W 3) gezeigt. Der Maybach-Motorenbau fertigte das Fahrgestell mit dem Antrieb; die Karosserie wurde nach den individuellen Wünschen der Kunden von Spezialfirmen gebaut

Abb. 4.8 Die verzweifelte wirtschaftliche Lage des Reiches führte 1923 zur Inflation. Die Gemeinden sahen sich gezwungen, eigenes Notgeld herauszugeben. Der Text auf der Rückseite dieses Friedrichshafener Geldscheins lautet: »O lieber Seehas, spring wie einst/Lass ab von Streit und Putschen/Und lass den Welschen, wenn er schreit/Den Buckel runter rutschen.«

Wahrscheinlich sind die zwanziger Jahre die Zeit in Karl Maybachs Leben gewesen, die ihm als Konstrukteur am meisten Befriedigung (Abb. 4.9), als Unternehmer jedoch die schwersten Sorgen sowie heftige Auseinandersetzungen mit den anderen Gesellschaftern des LZ gebracht haben. In den Jahren der Inflation (Abb. 4.8), in der kurzen Zeit von zwei oder drei sogenannten »goldenen Jahren« und während der anschließenden Weltwirtschaftskrise ist Karl Maybach mit dem »Motorenbau« wie viele andere Firmen immer tiefer in wirtschaftliche Nöte geraten – bis an den Rand des Konkurses. Der Automobilbau des MM blieb bis zu seinem Ende im Jahre 1940 ein ständiges Verlustgeschäft, das auch für Karl Maybach persönlich wirtschaftliche Einbußen mit sich brachte, seinem Unternehmen allerdings zu einem legendären Ruf verhalf. Aber für einen Mann, der erstklassige Otto- und Dieselmotoren produzierte und ständig verbesserte, dessen Automobile gelobt und bewundert, aber nur in sehr kleinen Stückzahlen gekauft wurden, musste es schließlich deprimierend und erbitternd sein, dass sich dennoch kein wirtschaftlich-unternehmerischer Erfolg einstellen wollte. Jahraus, jahrein berichteten die Fachzeitschriften und die Tagespresse, wie »der Maybach« immer größer und besser wurde, wie er mit der ersten Vierradbremse in einem deutschen Serienwagen, mit Schaltungsfreiheit und Doppel-Schnellgang-Getriebe, als Typ »Zeppelin« schließlich mit einem 200-PS-Zwölfzylinder-Motor von 8 dm^3 Hubvolumen »eine Klasse für sich« bildete (Abb. 4.10) – »traditionsgemäß ausschließlich den Anspruchsvollsten unter den Anspruchsvollen vorbehalten«. Karl Maybach aber ging es nicht um Luxus, sondern um höchste Qualität, um den besten und konstruktiv elegantesten Motor und Wagen – was allerdings schließlich dazu führte, dass sein Unternehmen das teuerste deutsche Automobil in sehr wenigen Exemplaren und daher unwirtschaftlich produzierte. Bei solchen Ansprüchen des Konstrukteurs an sich selbst, an seine Produkte und schließlich an seine wenigen Käufer konnte man auch nicht versuchen, die wirtschaftlichen Ergebnisse durch »Rationalisierung« zu verbessern.

Von dem Ottomotor, der den Maybach-Pkw zu einem Spitzenprodukt machte, wurde eine abgewandelte Ausführung in Autobusse großer Verkehrsgesellschaften eingebaut (Abb. 4.11). Da Maybach seine Motoren fortlaufend weiterentwickelte, die Kaufleute des Unternehmens ihm aber nicht genug Zeit ließen, diese technischen Fortschritte ausreichend zu erproben, trat die eigenartige Situation ein, dass man immer bessere Maybach-Motoren unausgereift verkaufte, diese also in gewisser Weise erst im Alltagsbetrieb des Autobus-Verkehrs erprobte. Unvermeidbare »Kinderkrankheiten« – dieses Wort begegnet dem Leser und Kritiker in allen Monats- und Jahresberichten wieder und wieder – konnten also nicht unauffällig im Friedrichshafener Werk überwunden

Abb. 4.9 Ein Maybach-Wagen W 3 wurde Sieger bei der Süddeutschen Tourenfahrt im Jahre 1926. Das Bild zeigt das siegreiche Fahrzeug nach der Rückkehr ins Werk. *1* Karl Maybach; *2* Herr Lutz; *3* Prokurist Heim; *4* Direktor Rommel; *5* Herr Lindauer; *6* Herr von Buttlar; *7* Verkaufsleiter Schobinger; *8* Meister Zwick, Fahrer im Werkteam; *9* Herr Bergel; *10* Konstrukteur Glücker

werden, sondern unter hohen Garantiekosten beim Kunden, der zur Auffassung gelangen musste, dass er nicht den ihm versprochenen vorzüglichen, sondern einen unausgereiften Maybach-Motor bzw. -Wagen erhalten hatte.

Das galt ebenso für den Dieselmotor in Triebwagen. Auch dort musste alles unter den Augen der Öffentlichkeit erprobt werden. Dass die Erprobung letztlich beim Kunden stattfand, entsprach übrigens der damals üblichen Vorgehensweise. Und finanzielle Schwierigkeiten, die Karl Maybach bei seiner Arbeit so einengten, waren in jenen Jahren für die deutsche Automobilindustrie typisch (vgl. Abschn. 9.2).

4.3 Motoren für Schienenfahrzeuge und Luftschiffe

Die Denkschrift von Richard Lang über die Dieselmotoren aus dem Jahre 1918 war nicht ohne Folgen geblieben. Nach einer fünf Jahre währenden, außerordentlich aufwendigen, von mancherlei Rückschlägen begleiteten Entwicklung brachte der Maybach-Motorenbau 1924 als erstes Unternehmen der Welt einen schnelllaufenden Triebwagen-Dieselmotor heraus und stellte der Fachwelt noch im selben Jahr einen mit der Waggonfabrik Wismar entwickelten Dieseltriebwagen auf der Eisenbahnausstellung in Seddin bei Berlin vor (Abb. 4.12). Das technische Fachmagazin »Glasers Annalen« begann am 1. November 1924 den Bericht über diese Veranstaltung mit dem Satz:

> »Von den in Seddin ausgestellten Triebwagen verdient derjenige der Waggonfabrik Wismar besondere Beachtung, weil er in wesentlichen Punkten von den übrigen Triebwagen abweicht. Während andere Finnen den Vergasermotor bevorzugen, hat die Waggonfabrik Wismar den für diesen Zweck besonders gebauten rasch laufenden Dieselmotor der Maybach-Motorenbau GmbH gewählt.«

Der Berichterstatter hob nachdrücklich die Qualität dieses Motors hervor, der 110 kW (150 PS) bei maximal 1.300 min^{-1} leistete und in einem Triebwagen mit 70 Sitz- und 30 Stehplätzen eingebaut war. Er schloss seinen Bericht: »Die Deutsche Reichsbahn hat den auf der Ausstellung vorgeführten Triebwagen angekauft und einen weiteren mit geringen Änderungen der Inneneinrichtung in Bestellung gegeben.« Nicht viel später erfolgte eine weitere Bestellung auf sechs Triebwagen – das war in jener Zeit ein großer

Abb. 4.10 Der Maybach vom Typ »Zeppelin«, größter Maybach-Wagen überhaupt, wurde von 1930 bis 1940 gebaut. Er hatte einen Zwölfzylinder-Motor vom Typ DS 8 mit 147 kW (200 PS). Der Preis lag bei 50.000 Reichsmark, was damals dem Wert von fünf Siedlungshäusern oder 34 Opel des Typs P4 (1937) entsprach

Abb. 4.11 Deutsche Vomag-Omnibusse mit Maybach-OS-5-Motoren kamen anlässlich einer Werbefahrt durch Europa zu Beginn der dreißiger Jahre auch nach Rom

Abb. 4.12 Zusammen mit der Triebwagen- und Waggonfabrik Wismar AG in Wismar/Mecklenburg, Tochtergesellschaft der Eisenbahn-Verkehrsmittel-Aktiengesellschaft (Eva) in Berlin, entwickelte der Maybach-Motorenbau einen Dieseltriebwagen, der 1924 auf der Eisenbahnausstellung in Seddin der Fachwelt vorgestellt wurde und in den der Motor G 4a eingebaut war

Auftrag und eine hohe Anerkennung für die Leistungsfähigkeit der Motoren. Damit hatte man nun einen zweiten Geschäftsbereich geschaffen, der zu einer tragenden Säule für den Maybach-Motorenbau werden sollte. Zunächst blieb das große Geschäft aber auch hier aus: Der Reichsbahn fehlte es nicht an Einsicht in die Bedeutung dieses technischen Fortschritts, sondern ganz einfach an Geld, um nach der Beseitigung der betriebsgefährdenden Schäden und Mängel aus den Kriegs- und Nachkriegsjahren auch noch teure Modernisierungen vornehmen zu können. Erst Mitte der dreißiger Jahre kam es zu einer »Verdieselung« des Bahnbetriebes im großen Stil. Maybach war also auf diesem Gebiet als Ingenieur sehr erfolgreich; als Unternehmer aber wartete er Jahr um Jahr vergeblich auf den wirtschaftlichen Durchbruch.

Durch den Versailler Vertrag war deutschen Firmen die Entwicklung und Herstellung jeglichen Fluggeräts untersagt worden. Je vier Mb-IVa-Motoren kamen noch in kleinen Passagier-Luftschiffen zum Einsatz, unter anderem in den Luftschiffen LZ 120 »Bodensee« und LZ 121 »Nordstern«, die der Luftschiffbau Zeppelin nach dem Krieg gebaut und betrieben hatte, um wenigstens einen kleinen Teil seiner Belegschaft weiterbeschäftigen zu können. Aber auch diesen rein zivilen Fahrbetrieb unterbanden schließlich die Alliierten. Beide Luftschiffe mussten als Reparationsleistungen an Italien bzw. Frankreich ausgeliefert werden. Die Ära der Zeppeline schien damit zu Ende zu sein.

Doch es sollte anders kommen. Dem Geschäftsführer des Luftschiffbau Zeppelin, Dr. Hugo Eckener, gelang es, die Amerikaner für die Idee zu gewinnen, im Rahmen der vom Deutschen Reich zu leistenden Reparationszahlungen ein Großluftschiff zu übernehmen. Die Vereinigten Staaten stellten allerdings die Bedingung, dass es auf dem Luftweg überführt werden müsse. Nach langen, zähen Verhandlungen stimmte auch die Reichsregierung dem Plan zu, nachdem sich Eckener bereit erklärt hatte, mit dem gesamten Vermögen des LZ für das risikoreiche Vorhaben zu haften.

So wurde in Friedrichshafen das Reparationsluftschiff ZR III (LZ 126) gebaut (ZR, engl. Zeppelin Rigid, dt. Starrluftschiff). Der LZ hatte eine Bresche in das Bauverbot für Luftfahrzeuge geschlagen und war wieder im Geschäft. Das neue Luftschiff, groß wie ein Ozeandampfer, hatte eine Länge von 200 m, einen Durchmesser von 27,6 m und ein Gasvolumen von 70.000 m^3 (Abb. 4.13).

Abb. 4.13 Das Luftschiff LZ 126 (ZR III) wurde als Reparationsleistung des Deutschen Reiches für die USA gebaut. Damit war es dem Geschäftsführer des LZ, Hugo Eckener, gelungen, das Verbot für den Bau von Luftschiffen zu umgehen

Dem Maybach-Motorenbau oblag die verantwortungsvolle Aufgabe, die Motoren für dieses Luftschiff zu entwickeln. Noch im Jahre 1923 lief der erste Zwölfzylinder-Motor vom Typ VL 1 zum ersten Mal (Abb. 4.14). Am 12. Februar 1924 begann ein 100-Stunden-Lauf auf dem Prüfstand. Am 3. August 1924 konnte Karl Maybach berichten, dass der endgültige Abnahmelauf aller Luftschiffmotoren erfolgreich gewesen war und »dass es nun bald losgehen könne«. Nach nur wenigen Probefahrten lag das Luftschiff am 11. Oktober 1924 startklar in der Halle. Am nächsten Tag, genau 432 Jahre nach der Entdeckung Amerikas durch Kolumbus, begann die Fahrt unter dem Kommando von Dr. Hugo Eckener (Abb. 4.15). Mit an Bord waren 27 Mann Besatzung und vier amerikanische Abnahmeoffiziere, nicht aber Karl Maybach. 85 Stunden später hatte das Luftschiff den Atlantik überquert[1] und landete unter dem bewundernden Jubel einer riesigen Menschenmenge in Lakehurst. Die ganze Welt hatte die Fahrt mit höchster Spannung verfolgt. In Friedrichshafen wurde die glückliche Landung durch 126 Böllerschüsse angezeigt. Eckener und seine Mannschaft wurden in den USA ebenso wie in Deutschland begeistert gefeiert. Auch für Maybach war die erfolgreiche Atlantiküberquerung ein persönlicher Triumph. Die Luftschiffmotoren trugen viel zu seinem Ruf und zu seiner Bekanntheit bei.

Fortan gestatteten die Siegermächte den Bau weiterer, noch größerer Luftschiffe. Aber erst nachdem eine Zeppelin-Eckener-Spende das dafür notwendige Geld eingebracht hatte, konnte der LZ in Friedrichshafen ein neues Luftschiff auflegen (Abb. 4.16). Maybach entwickelte – ausgehend vom VL-1-Motor – den VL 2 mit vielen Neuerungen wie z. B. Aluminium-Kolben (Leistung 419 kW [570 PS] bei 1.600 min^{-1}) (Abb. 4.17). Am 8. Juli 1928, dem 90. Geburtstag des Grafen Zeppelin, konnte dessen Tochter Hella das neue Luftschiff LZ 127 auf den Namen »Graf Zeppelin« taufen. In den folgenden neun Jahren war dieses Luftschiff mit seinen fünf Motoren vom Typ VL 2 etwa 18.000 Stunden in der Luft, wobei es 1.695.272 km zurücklegte und 13.110 Passagiere beförderte. Im August 1929 trugen Maybachs Motoren das Luftschiff aus Friedrichshafen in 101 Stunden bis Tokio und anschließend weiter rund um die Welt nach Friedrichshafen zurück, wo man nach 20 Tagen wieder eintraf (Abb. 4.18). In den folgenden zwei Jahren unternahm das Luftschiff zahlreiche Fahrten, unter anderem nach Südamerika, Island, Moskau und in den Ori-

[1] Nicht zum ersten Mal übrigens: Bereits 1921 hatte das englische Luftschiff R 34, ein Zeppelin-Nachbau, den Atlantik als erstes Luftfahrzeug überquert.

Abb. 4.14 Die zwölfzylindrigen Maybach-VL-1-Motoren mit je 309 kW (420 PS) wurden eigens für das Reparationsluftschiff LZ 126 entwickelt. Sie enthielten die Summe aller Erfahrungen, die der Maybach-Motorenbau bis zu diesem Zeitpunkt auf dem Gebiet der Luftschiffmotoren gesammelt hatte

Abb. 4.15 Im Morgennebel des 12. Oktober 1924 startet ZR III (LZ 126) von Friedrichshafen aus zu seiner berühmten Amerikafahrt. Da das Luftschiff auf eigenem Kiel nach Amerika überführt werden musste und keine Versicherung bereit war, das Risiko eines solch waghalsigen Unternehmens zu tragen, haftete der Luftschiffbau Zeppelin mit seinem gesamten Konzernvermögen für das Gelingen der Fahrt

Abb. 4.16 Bau der Führer- und Fahrgastgondel des Luftschiffes LZ 127 »Graf Zeppelin«. Beide bildeten noch eine Einheit, im Gegensatz zu den späteren Luftschiffen, bei denen die Führergondel außen am Schiff angebaut wurde, während sich die Fahrgasträume im Inneren des Schiffes befanden

ent. Einen weiteren Höhepunkt stellte die Forschungsfahrt in die Arktis im Jahre 1931 dar (Tafel 15.2). Am 29. August desselben Jahres begann ein regelmäßiger Luftschiff-Fahrdienst für Passagiere, Fracht und Post nach Südamerika. Bis 1937 startete »Graf Zeppelin« insgesamt 74-mal zur Fahrt nach Rio de Janeiro; immer war das Luftschiff voll ausgebucht und stets kehrte es ohne Motorenstörungen zurück.[2]

Wann und wie oft Karl Maybach mit einem Zeppelin gefahren ist, d. h. sich von seinen eigenen Motoren hat über Land und Meer tragen lassen, wissen wir eigenartigerweise nicht. Bisweilen hat man sogar behauptet, das sei nie geschehen. Doch diese Ansicht ist falsch. Aus dem Sommer 1910 ist eine Ansichtspostkarte von Friedrichshafen erhalten geblieben, die Karl Maybach an seinen Vater in Cannstatt geschrieben hat. Auf ihr heißt es: »Diese Karte schreibe ich im Z III[,] sie wäre aber in den See gefallen deshalb warf ich sie nicht herab. Gestern Donnerstag ging auch alles gut[,] ich fuhr nicht mit, aus Platzmangel ...«[3] Ob er auch in den zwanziger und dreißiger Jahren Fahrten mit Luftschiffen unternommen hat, ist nicht bekannt.

Es ist bezeichnend, dass Karl Maybach auch auf dem Gebiet der Luftschiffmotoren, wo er so erfolgreich war,

[2] Der Fahrpreis für eine Fahrt von Friedrichshafen nach Pernambuco betrug in der Hochsaison 1.550 RM, in der Vor- und Nachsaison 1.400 RM; für die einfache Fahrt von Pernambuco nach Rio de Janeiro waren noch einmal 400 RM aufzuwenden.

[3] Um welches Luftschiff es sich genau handelte, lässt sich nicht mehr ermitteln. Wahrscheinlich fuhr Karl Maybach mit dem LZ 6, in dem neben den beiden Daimler-Motoren sein erster AZ-Motor eingebaut war. Das Luftschiff Z III (LZ 12) machte seine Erstfahrt erst im April 1912.

Abb. 4.17 Einbau eines VL-2-Motors in eine der fünf Motorgondeln von LZ 127. Die Forderung nach extremem Leichtbau einerseits und absoluter Zuverlässigkeit andererseits zwang nicht nur den LZ, sondern auch die nahezu 100 Unterlieferanten zu Höchstleistungen. So brachte der Luftschiffbau die technische Entwicklung auf vielen Gebieten voran

nach 1918 keine finanziellen Gewinne mehr erzielen konnte. Die Entwicklungskosten waren hoch, die Stückzahlen klein. Trotzdem mussten die Löhne und Gehälter vieler tüchtiger Fachleute bezahlt werden, die in Friedrichshafen nicht anders als im Ruhrgebiet, in Sachsen, Berlin oder Schlesien dazu beitrugen, dass das Deutschland der Weimarer Republik als Industrieland in der Welt hohes Ansehen genoss. Im Gegensatz zur politischen und wirtschaftlichen Entwicklung war die von vielen geschmähte Weimarer Republik in wissenschaftlicher und technischer Hinsicht außerordentlich erfolgreich. Und Maybach gehörte zu den bekanntesten Ingenieuren in diesem Staat. Bereits im Februar 1924 – also noch vor der erfolgreichen Atlantiküberfahrt von LZ 126 – verlieh ihm die Technische Hochschule in Stuttgart die Würde eines Doktor-Ingenieurs ehrenhalber, und zwar »in Anerkennung

Abb. 4.18 Am 4. September 1929 kehrte das Luftschiff LZ 127 »Graf Zeppelin« von einer 20-tägigen Fahrt rund um die Welt nach Friedrichshafen zurück. Dr. Eckener und seine Mannschaft wurden begeistert gefeiert. Auch für den Maybach-Motorenbau bedeutete die erfolgreiche Weltfahrt einen weiteren technischen Triumph, der allerdings keine nennenswerten Auswirkungen auf die angespannte wirtschaftliche Situation des Unternehmens hatte

seiner bedeutenden Leistungen auf dem Gebiet des Motorenbaus und des Kraftfahrwesens« (Abb. 4.19).

Ein wesentliches Antriebsmoment für Karl Maybachs unermüdliche konstruktive Schaffenstätigkeit war sein gespanntes Verhältnis zur Daimler-Motoren-Gesellschaft, die seiner Meinung nach nicht nur seinem Vater übel mitgespielt hatte, was schließlich im Jahre 1907 zu dessen Ausscheiden geführt hatte, sondern auch dessen große konstruktive Leistungen nicht entsprechend würdigte. In einem Brief aus den fünfziger Jahren bekannte er, dass er sich bereits 1906 »dafür verschworen habe, das Ansehen meines Vaters durch eigenes Zutun eines Tages in das richtige Licht zu stellen«. Und dann folgten im selben Brief die bezeichnenden Sätze:

> »Daß es mir dabei dann auch noch geglückt ist, Paul Daimler [der 1907 Wilhelm Maybach als Chefkonstrukteur bei der DMG abgelöst hatte] im ehrlichen Kampf von Konstrukteur zu Konstrukteur zunächst durch den 6-Zyl-Luftschiffmotor (AZ), dann durch den Höhenmotor (MB4A), und nach dem Krieg durch den ersten schnelllaufenden Diesel [,] durch unseren Wagen, und schliesslich durch unser sogen. Schnellganggetriebe, schrittweise so zu schlagen, daß er in den 20-er Jahren zum Austritt aus der DMG gezwungen wurde, wobei es dann seinem Nachfolger Porsche später ebenso erging. – Jedenfalls führten die konstruktiven Misserfolge von P. Daimler Abb. 4.20) zur bekannten Tatsache, daß man heute eigentlich im Ernst nur noch von Fabrikaten Mercedes-Benz spricht.«

Vor allem der erste, übrigens nicht vollständige und mit für Maybach völlig untypischen Begriffen gebildete Satz (Kampf, schlagen) verrät die innere Erregung, die ihn bei diesem Thema anscheinend auch noch Jahrzehnte später ergriff. Das schwierige Verhältnis zur DMG mag mit ein Grund dafür gewesen sein, dass Karl Maybach entgegen besse-

Die Württembergische Technische Hochschule
zu Stuttgart

unter dem Rektorat des Professors Dr. H. Weizsäcker
verleiht durch diese Urkunde
auf den einstimmigen Antrag der Abteilung für Maschineningenieurwesen
und Elektrotechnik

dem Herrn

Karl Maybach

Direktor des Maybach-Motorenbaus in Friedrichshafen
die Würde eines Doktor-Ingenieurs
ehrenhalber
in Anerkennung seiner bedeutenden Leistungen auf dem Gebiet
des Motorenbaus und des Kraftfahrwesens.

Stuttgart, den 16. Februar 1924.
Rektor und Senat der Technischen Hochschule.

Weizsäcker

Abb. 4.19 Bereits am 16. Februar 1924 war Karl Maybach, damals 45 Jahre alt, von der Technischen Hochschule Stuttgart die Würde eines Doktor-Ingenieurs ehrenhalber verliehen worden

rer ökonomischer Einsichten vom Ehrgeiz getrieben war, in seiner Friedrichshafener Fabrik die besten deutschen Automobile, in jedem Fall aber bessere als die aus Untertürkheim zu bauen.

4.4 In der Zeit der Wirtschaftskrise

Weder mit den Luftschiff- noch mit den Eisenbahnmotoren konnte jedoch der technische Fortschritt in wirtschaftlichen Erfolg umgesetzt werden. Schon Ende 1923 hatte die Geschäftsführung des Konzerns immer energischer dagegen protestiert, dass Karl Maybach neben seinem Gehalt verhältnismäßig hohe Lizenzgebühren bezog, während das von seinen langwierigen Konstruktions- und Entwicklungsarbeiten schwer belastete Unternehmen ständig Verluste erlitt und Arbeiter und Angestellte entlassen musste. Der Maybach-Motorenbau hat zwischen 1923 und 1933 viele Gespräche mit Bankiers in Friedrichshafen führen müssen: Man brauchte immer mehr Hypotheken, Kredite, Zinsstundungen und -senkungen, was das Verständnis und die Geduld der Banken arg strapazierte, die von einer gewissen Höhe der Schulden ab auch wählen mussten, ob sie durch Verweigerung weiterer Kredite die alten gefährden oder mit Maybach auf bessere Zeiten hoffen wollten. Keiner der Geschäftspartner zweifelte an der hohen Qualität von Maybachs Konstruktionen, an der Bedeutung des Unternehmens für die Wirtschaft und den Arbeitsmarkt sowie für das Ansehen der Stadt Friedrichshafen und ihrer Umgebung oder gar an der persönlichen Integrität dieses Mannes. Aber man fand es auf die Dauer wohl erbitternd, dass Karl Maybach keine Einsicht in die wirtschaftlichen Zwänge hatte. Seine Motoren waren ihm wichtig, nicht das Geld, das seine überaus sorgfältig durchgeführten und immer wieder verbesserten Konstruktionen verschlangen. Infolgedessen kam es auch bei Sitzungen mit Dr. Hugo Eckener (Abb. 4.21), der als Vorstandsvorsitzender des LZ-Konzerns auch für das Tochterunternehmen Maybach-Motorenbau zuständig war, und seinen Mitarbeitern in den kaufmännischen und Konzernabteilungen zu immer heftigeren Auseinandersetzungen um Investitionen, Anschaffung von Maschinen, Zeitaufwand für Konstruktionen und Verbesserungen[4]. Karl Maybach musste sich gewissen Kontrollen der Konzernleitung unterwerfen. Man ging dabei auf das höflichste mit ihm um: Er war ein bedeutender Ingenieur, dem man Dank und Respekt schuldig war. Fast widerspruchslos unterwarf er sich auch Einschränkungen seiner unternehmerischen Vollmachten. Doch ein paar Tage später

Abb. 4.20 Paul Daimler (1869–1945) leitete von 1907 bis 1922 als Vorstandsmitglied und Chefkonstrukteur der DMG die Werke Untertürkheim, Marienfelde und das im Krieg gegründete Werk Sindelfingen. Von 1923 bis 1928 war er Technischer Direktor bei den Horch- bzw. Argus-Werken in Berlin. Unter seiner Leitung entstand dort der »Horch 8« mit einem von ihm konstruierten Achtzylinder-Reihenmotor

[4] Siehe hierzu ausführlich Abschn. 9.2.

Abb. 4.21 Dr. Hugo Eckener (1868–1954) war zunächst Leiter der Fahrabteilung der 1909 gegründeten DELAG (Deutsche Luftschiffahrts-Aktiengesellschaft), ab 1924 Vorsitzender des Zeppelin-Konzerns und somit Chef von Karl Maybach. Eckener erfüllte das Vermächtnis des Grafen Zeppelin, indem er die deutsche Luftschifffahrt zur Weltgeltung brachte. 1928 begann er mit den Fahrten des von ihm geführten Luftschiffes LZ 127 »Graf Zeppelin« und eröffnete damit den ersten Weltluftverkehr

tat er entweder wieder, was er wollte, oder brachte es fertig, mit klaren sachlichen Argumenten Eckener davon zu überzeugen, dass er für viel Geld neue Werkzeuge und Maschinen brauchte.

Man hatte es schwer mit diesem einfachen, ruhigen, aber zugleich auch starren Mann, der nur seine Arbeit, ihre Qualität und ihre Verbesserung kannte – zu Hause wie im Werk, Tag und Nacht, ohne Ferien. Am 6. Juli 1929 war er 50 Jahre alt geworden und die Stadt Friedrichshafen hatte ihm das Ehrenbürgerrecht verliehen (Abb. 4.22). Am 29. Dezember desselben Jahres starb Wilhelm Maybach 83-jährig. Auf der Höhe seines Konstrukteurslebens hatte Karl Maybach nicht nur seinen Vater, sondern auch seinen Lehrmeister verloren, mit dem er seit den Pariser Jahren intensiv korrespondiert hatte.

Ist Karl Maybach von seiner Arbeit besessen gewesen? Zuweilen hat der Betrachter seines Lebens diesen Eindruck. Sein ganzes Denken schien fast ausschließlich um Motoren und Getriebe für Luftschiffe, Automobile und Triebwagen zu kreisen. Umso mehr dürften ihn die ständige Kritik an seiner Arbeitsweise, die dauernde Beanstandung der Ausgaben seiner Entwicklungsabteilungen, die Beanspruchung durch die fast täglichen größeren und kleineren Sitzungen, die Lektüre der Statistiken und Denkschriften über die unverkäuflichen Automobil- und Motorenvorräte belastet haben. Dass er zu Hause häufig nicht merkte, was er aß, hatte man auch früher schon gelegentlich hinnehmen müssen. Aber nun ging er durch das Haus und verglich den Lauf der Uhren, korrigierte ihn und machte Aufzeichnungen darüber; im Werk fiel er durch seine immer stärker werdende Empfindlichkeit auf. Anscheinend befand er sich in jenen Jahren – bedingt durch die andauernde wirtschaftliche Misere seines Unternehmens – am Rande des physischen und psychischen Zusammenbruchs. Eckener aber, der gelegentlich mit anhören und lesen musste, wie man Maybachs Arbeitsweise heftig kritisierte, und sich als oberster Chef hier und da auch selber entsprechende Bemerkungen nicht verkniff, behandelte Maybach weiterhin mit größter Hochachtung.

Da brach kurz nach dem berüchtigten New Yorker Börsenzusammenbruch, der als »Schwarzer Freitag« (24. Oktober 1929) in die Geschichte einging, die sich schon lange anbahnende Weltwirtschaftskrise auch über Deutschland herein. Mit dem wirtschaftlichen Niedergang nahm der politische Radikalismus zu; die Nationalsozialisten erhielten großen Zulauf. Das Reich, dessen Finanzlage allein schon durch die hohen Reparationsleistungen aus dem Versailler Vertrag kritisch war (Abb. 4.23), glitt wie seine europäischen Nachbarn durch die internationale Verflechtung der Finanzmärkte, aber auch des Handels und der Industrie immer schneller in die wirtschaftliche Katastrophe. Sie gipfelte am 13. Juli 1931 während der internationalen Bankenkrise in der dreitägigen Schließung sämtlicher deutscher Geldinstitute (Abb. 4.24). In der Folge schnellte die Zahl der Arbeitslosen, die vor allem mit der Weltwirtschaftskrise immer schneller gewachsen war, noch einmal in die Höhe und erreichte am 1. Februar 1932 die Rekordmarke von 6,128 Millionen.

Was hat Karl Maybach in den Jahren 1930/32 getan, als der Absatz der von ihm entwickelten Produkte praktisch zum Erliegen kam und das Unternehmen wie viele andere am Ende zu sein schien – unter strengen kaufmännischen Gesichtspunkten eigentlich sogar war? Er hat entwickelt und entwickelt. In den ersten Jahren des Dritten Reiches hat er gelegentlich zur Überraschung seiner Zuhörer gesagt, er habe Vorarbeiten für die Wiederaufrüstung Deutschlands betrieben. Karl Maybach war keineswegs ein Anhänger der NSDAP, wurde auch niemals Parteimitglied. Er war und blieb, wie sein Vater, bis zu seinem Ende ein patriotisch gesinnter württembergischer Großbürger. Aber wie die meisten Deutschen sah er in der Wiederaufrüstung Deutschlands den Hauptteil der Wiedererlangung der Souveränität für das

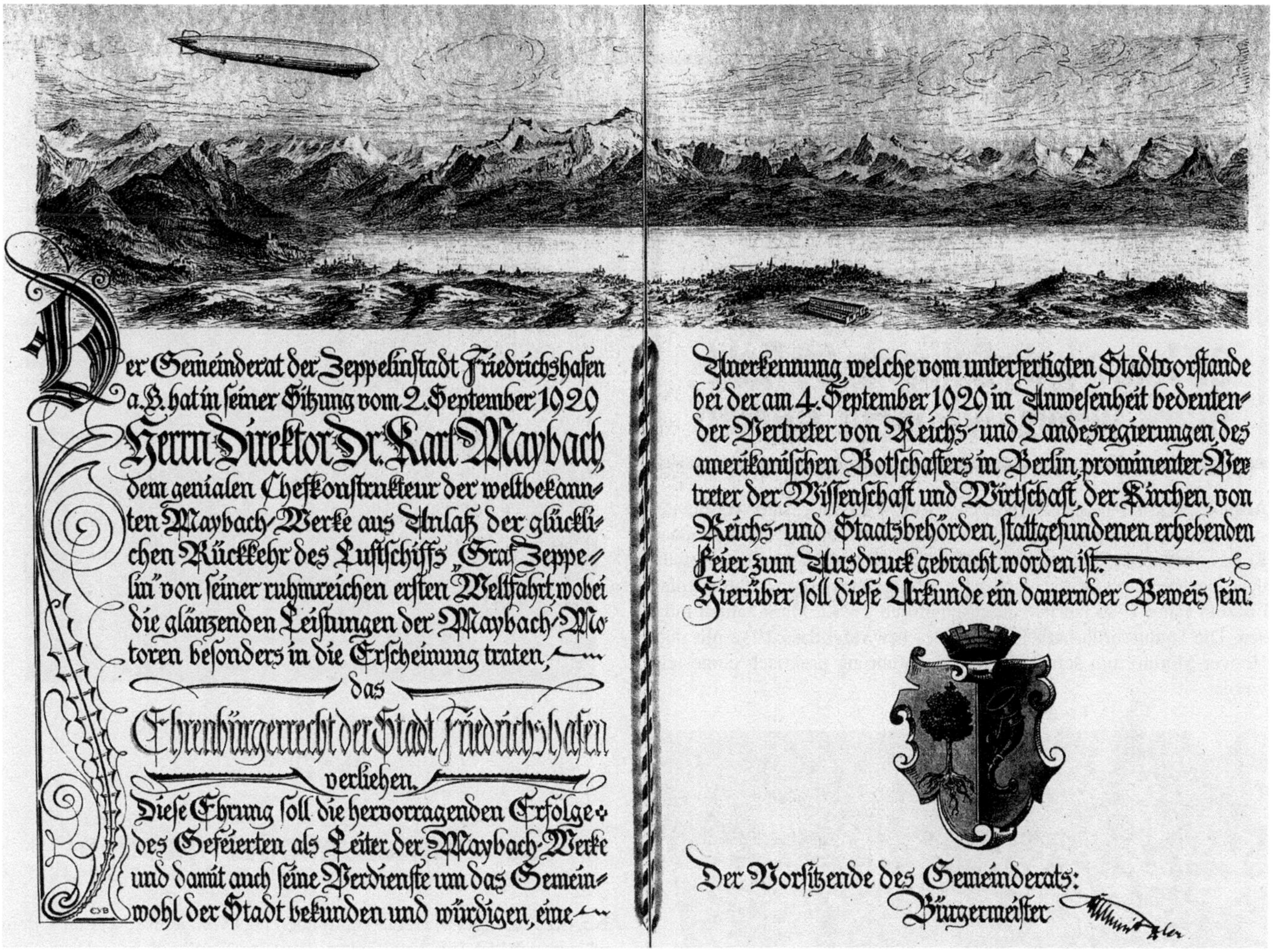

Abb. 4.22 Aus Anlass der glücklichen Rückkehr des Luftschiffs »Graf Zeppelin« von der Weltfahrt verlieh die Stadt Friedrichshafen Karl Maybach am 4. September 1929 das Ehrenbürgerrecht. Die glänzenden Leistungen der Motoren seien bei der Fahrt, so die Begründung, besonders in Erscheinung getreten

durch den Versailler Vertrag gedemütigte Reich. Die Vorarbeiten dazu bestanden nicht zuletzt auch in der Entwicklung von leistungsstarken Fahrzeugmotoren.

Um 1930 haben sehr viele Deutsche erwartet, dass demnächst die Bestimmungen des Versailler Vertrages gelockert würden, dass die Weimarer Republik – alles in allem ein friedlicher, von Großmächten umgebener Staat – ihre 15.000 Mann starke Marine vergrößern, schwere Artillerie besitzen, leichte Befestigungen anlegen und eine begrenzte Luftwaffe aufbauen dürfe – nicht zuletzt schon zur Verringerung der Arbeitslosigkeit und zur Verbesserung des innenpolitischen Klimas (Abb. 4.25). Der »alte Hindenburg« und die Reichskanzler seit Stresemann schienen international eine Gewähr dafür zu bieten, dass es nicht zu einem Wiederaufleben des Imperialismus, des Wilhelminismus und des aggressiven Militarismus kommen würde. Auch brauchte man ein einigermaßen zufriedenes deutsches Volk für den Wiederaufbau des europäischen und des Weltwirtschaftsverbundes.

In diesem Zusammenhang hat Karl Maybach wohl mit Eckener und Colsman die Vergrößerung der Reichswehr in seine Überlegungen mit einbezogen. Da würde man eines Tages Motoren brauchen – für Flugzeuge, Lastkraftwagen, Panzer, Schnellboote –, Motoren vieler Typen und Stärken. Und dann kam es darauf an, die Konstruktionsunterlagen fertig in der Schublade, das eine oder andere schon erprobt zu haben, weiter zu sein als die Konkurrenz, deren Stärken und Schwächen man natürlich beobachtete und erlebte. Daimler und Benz hatten sich 1926 zu einem eindrucksvoll-gefährlichen Wettbewerber zusammengeschlossen – wie überhaupt Fusionen die Kräfteverhältnisse und Potenziale veränderten: bis hin zum Aufgehen der Disconto-Gesellschaft in der Deutschen Bank, auf deren großzügiges Verständnis man in jenen Jahren in Friedrichshafen angewiesen war.

Es gibt keine Anzeichen dafür, dass Karl Maybach Anfang der dreißiger Jahre bei seinen Entwürfen für die Reichswehr an eine mögliche Machtübernahme durch den Nationalsozialismus unter Adolf Hitler gedacht hat. Und

Abb. 4.23 Die Pariser Konferenz 1929 arbeitete unter dem Vorsitz des Amerikaners Owen D. Young einen Plan zur Zahlung der deutschen Reparationen aus, die auf insgesamt 121 Mrd. Mark festgesetzt wurden. Danach hätte Deutschland nach einem bestimmten Zahlungsplan bis zum Jahre 1986 jährlich durchschnittlich 2 Mrd. Mark zahlen müssen. Die Undurchführbarkeit des Planes bewirkte, dass 1932 mit dem Hoover-Moratorium seine weitere Durchführung praktisch eingestellt wurde

Abb. 4.24 Sturm auf die Bankschalter in Berlin auf dem Höhepunkt der Bankenkrise am 13. Juli 1931

Abb. 4.25 Zeitgeist! Heute kaum noch nachvollziehbar, war nach dem verlorenen Weltkrieg die Wiederaufrüstung für die meisten Deutschen nicht nur ein Symbol der Selbstbehauptung, sondern auch ein wesentliches Moment für die Wiedererlangung der nationalen Identität. An einen neuen Krieg dachten damals die wenigsten

es gibt auch keine Hinweise darauf, dass unter den Männern, mit denen er täglich zusammenarbeitete – von Eckener bis zu seinen eigenen engsten Mitarbeitern –, überzeugte Nationalsozialisten gewesen wären. Der Motorenbau in Friedrichshafen war gerade durch die Luftschiffe auch zu einem nationalen deutschen Anliegen geworden, hatte man doch soeben durch die spektakuläre Atlantiküberquerung des LZ 126 (ZR III) in Amerika Sympathien für das neue Deutschland erweckt. Die aus jener Zeit erhalten gebliebenen Korrespondenzen und Berichte, die wissenschaftlichen Veröffentlichungen und auch die Werbeschriften lassen dies deutlich erkennen.

4.5 Karl Maybach im Dritten Reich: Heeresmotorisierung, Triebwagen – und Luxusautos für die Prominenz

Als am 30. Januar 1933 Reichspräsident Paul von Hindenburg (Abb. 4.26) den »böhmischen Gefreiten« – wie er ihn nannte – Adolf Hitler zum Reichskanzler ernannte, war klar, dass entweder die SA im Sinne einer Miliz massiv verstärkt oder die Reichswehr erheblich vergrößert und modernisiert werden würde. In beiden Fällen brauchte man Motoren für Landfahrzeuge, Flugzeuge und Schiffe, sodass ein scharfer Wettbewerb der Motorenproduzenten zu erwarten war. Dabei kam dem Maybach-Motorenbau das Ansehen zugute, welches er sich durch seine Luftschiff- und Automobilmotoren erworben hatte.

Während die Nationalsozialisten mit der Planung und Vorbereitung der Aufrüstung begannen, stand in Friedrichs-

Abb. 4.26 Reichspräsident Paul von Hindenburg (1847–1934), *rechts*, ließ sich trotz schwerer Bedenken dazu bewegen, die Nationalsozialisten zur Macht zu berufen. *Links*: Generaloberst Hans von Seeckt (1866–1936) war in den Jahren 1920 bis 1926 als Chef der Heeresleitung Schöpfer der Reichswehr

Abb. 4.27 Karl Maybach mit seinen Söhnen Walter (*links*) und Günter (*rechts*), etwa 1932. Obwohl sein Unternehmen damals wirtschaftlich vor dem Ende stand, wurde es vom LZ nicht aufgegeben

hafen der Bau von Eisenbahn-Dieselmotoren noch im Vordergrund. Der »Fliegende Hamburger«, ein Triebwagenzug, der seit 1933 mit seinen beiden Maybach-Dieselmotoren zwischen Hamburg und Berlin mit einer Geschwindigkeit von bis zu 160 km/h verkehrte, hatte eine neue Ära im Schienenverkehr eingeleitet (vgl. Tafel 6.6). Am 17. Februar 1936 erreichte ein dreiteiliger Schnelltriebwagen der »Bauart Leipzig« zwischen Hamburg und Berlin 205 km/h und stellte damit den Weltrekord für serienmäßige Schienenfahrzeuge auf. Insgesamt fertigte der Maybach-Motorenbau bis zum Ausbruch des Zweiten Weltkrieges über 800 Triebwagen-Motoren für die Deutsche Reichsbahn und andere Bahngesellschaften in Europa.

Seit dem Jahre 1934 lieferte man Triebwerke mit den dazugehörenden Getrieben für Halbketten-Zugmaschinen des Heeres. Ausgehend von den schweren Pkw- und Nkw-Motoren entstanden jene Aggregate, mit denen ab 1936 die neuen leichten und mittleren Panzer der Wehrmacht ausgerüstet wurden. Wie sehr sich um diese Zeit Maybachs Zusammenarbeit mit dem Heer verstärkte, geht auch noch aus einem anderen Komplex hervor. Im Auftrag des Reichskriegsministeriums gründete der Maybach-Motorenbau am 18. Juli 1935 die Norddeutsche Motorenbau GmbH (»Nordbau«) in Berlin-Niederschöneweide auf dem Gelände eines stillgelegten Unternehmens mit allen Werkzeugmaschinen, Werkzeugen und Vorrichtungen, die zur Fabrikation der Maybach-Benzinmotorentypen HL 35, HL 57 und HL 120 erforderlich waren. Geschäftsführer des »Nordbau« wurde Direktor Felix Zabel. Als Vorsitzender des Aufsichtsrates fungierte Dr. Hugo Eckener, sein Stellvertreter war anfangs Karl Maybach.

Maybach pflegte in den dreißiger Jahren eigene vielfältige und intensive Kontakte mit Motoren-Fachleuten bei der Bahn, den Militärbehörden, den Zulieferanten und Entwicklungsbüros (Abb. 4.28). Für die Dieselmotoren-Entwicklungen in Friedrichshafen hat sich die Zusammenarbeit mit dem Schweizer Ingenieur Alfred Büchi[5], für die von Ottomotoren mit Ernst Kniepkamp[6] als besonders fruchtbar erwiesen.

[5] Alfred Büchi (1879–1959), Schweizer Ingenieur, wurde vor allem durch die Erfindung und Entwicklung der Abgasturboaufladung bekannt.

[6] Der 1895 in Wuppertal geborene Dipl.-Ing. Ernst Kniepkamp hatte nach dem Ersten Weltkrieg an der TH Karlsruhe studiert und bei

Abb. 4.28 Karl Maybach (*Mitte*) mit Dr. Hugo Eckener und Wehrmachts-Offizieren auf der sogenannten »Panzerwiese« am Gehrenberg bei Friedrichshafen, wo während des Zweiten Weltkrieges Panzermotoren und -getriebe erprobt wurden

Dagegen scheint es zu einer entsprechenden Kooperation Maybachs mit Politikern und Parteigrößen nicht gekommen zu sein, da der Maybach-Motorenbau bei den Militärbehörden in Berlin hauptsächlich durch Direktor Zabel vertreten wurde.

Nach den vielen Kontroversen in den Jahren der Wirtschaftskrise über Entwicklungskosten, Unverkäuflichkeit der Luxus-Pkw sowie das Fehlen eines Mittelklassewagens besserte sich innerhalb des Luftschiffbau Zeppelin – der Maybach-Motorenbau war ja eine Tochter des LZ – die Zusammenarbeit mit der Konzernspitze und überhaupt die Arbeitsatmosphäre merklich, als die Rüstungsaufträge zu einer Entspannung der finanziellen Situation führten und man beginnen konnte, die Bankschulden abzutragen. Das kam wohl auch Maybachs Gesundheit zugute. Im Jahre 1933 hatte der 54-Jährige nach dem jahrelangen Druck der ungünstigen Geschäfte und menschlichen Enttäuschungen unter Herzbeschwerden gelitten, sodass er sich in München von einem namhaften Mediziner behandeln lassen musste. Der Arzt bestätigte ihm grundsätzlich eine vorzügliche Konstitution, empfahl ihm aber zur Wiederherstellung und Erhaltung seiner Gesundheit verschiedene Behandlungen und vor allem regelmäßig Ferien zu machen, was er bisher noch nie getan hatte. Karl Maybach befolgte den Rat des Arztes, soweit es möglich war, bis an sein Lebensende. Fortan fuhr er in jedem Sommer gemeinsam mit seiner Frau und einigen seiner fünf Kinder (Abb. 4.27) nach Garmisch, das er wegen seiner schönen Lage schon seit langer Zeit schätzte und wo er 1936 ein Haus erwarb. In den fünfziger Jahren verbrachte er hier gemeinsam mit seiner Frau seinen Lebensabend.

Wie viele andere unpolitische Unternehmer, die nun wieder mit Gewinn arbeiten und die in den letzten Jahren aufgelaufenen Schulden verringern konnten, wurde Karl Maybach aufgrund des »Gesetzes zur Ordnung der nationalen Arbeit« zum »Führer des Betriebes zum Nutzen von Volk und Staat« ernannt und musste eine entsprechend schwülstige, ihm vorformulierte »Verfassung des Betriebes« erlassen. An der Jubiläumsfeier anlässlich des 25-jährigen Bestehens des Unternehmens am 15. Dezember 1934 im Saalbau der »Zeppelin-Wohlfahrt« nahm eine mittlerweile wieder auf 1.500 Mitarbeiter angestiegene Belegschaft teil. Natürlich waren auch die Spitzen des LZ-Konzerns anwesend, die Tochter des großen Mannes der deutschen Luftschifffahrt, Gräfin Hella von Brandenstein-Zeppelin, Vertreter der Stadt und des Kreises Friedrichshafen sowie des Landes Württemberg und ebenso Repräsentanten der NSDAP und ihrer Gliederungen. Dr. Ludwig Dürr, Direktor des LZ, hielt den Festvortrag über die Zusammenarbeit und gemeinsame Leistung von LZ und Maybach-Motorenbau. Er sagte: »Wenn heute, vielleicht um diese Stunde, der Graf Zeppelin [gemeint war das Luftschiff LZ 127] seinen millionsten Kilometer zurücklegt, so kann der Maybach-Motorenbau und besonders Herr Dr. Maybach mit Fug und Recht stolz sein auf seine Maschinen, die unermüdlich diese Leistung geschaffen haben.« Dann folgten Glückwünsche von namhaften Repräsentanten des Wirtschaftslebens und der Industrie, deren hervorragendster Robert Bosch war. Schließlich sprach Karl Maybach selbst – über die Geschichte des Unternehmens, an dessen Anfang sein Vater, Graf Zeppelin und er gestanden hatten, über die Ausbildung von etwa 1.000 Lehrlingen in den letzten 15 Jahren (Abb. 4.29 und 4.30), über die Entwicklung der Materialprüfung als Grundlage für die Qualität der Produkte. Auf die jüngste politische Entwicklung ging er nicht ein, sondern sprach die Hoffnung aus, »dass nach all diesen auf den verschiedensten Gebieten von uns geleisteten Vorarbeiten die Zeit nicht mehr fern ist, wo wir in immer stärkerem Maße Lieferungen auch ins Ausland werden durchführen und dazu beitragen können, dass unser deutsches Vaterland sich wieder in immer steigendem Maße am Welthandel durch Qualitätsarbeit beteiligt«. Dann dankte er seinen Mitarbeitern.

Der Antagonismus zwischen technischem Wollen und ökonomischer Wirklichkeit hatte immer wieder zu Dif-

der MAN und in Rostock gearbeitet. 1926 begann er, sich beim Heereswaffenamt in Berlin mit Räder-, Halbketten- und Vollketten-Fahrgestellen, bald darauf auch – noch verbotenerweise – mit Panzerfahrzeugproblemen zu beschäftigen. Im Jahre 1930 schuf er den ersten ortsfesten Prüfstand für Gleiskettenfahrzeuge; zwei Jahre später erarbeitete er zukunftsweisende Konstruktionsanforderungen der Reichswehr für Panzerkampfwagen und Halbketten-Zugmaschinen, die zum Bau der ersten Panzer und von mehreren Zugmaschinen-Baugrößen führten – von Fahrzeugen also, für die Karl Maybach Motoren entwickelte. Seit dieser Zeit hat Kniepkamp, der 1936 Regierungsbaurat wurde, eng mit Maybach zusammengearbeitet. Mitte der dreißiger Jahre regte Ernst Kniepkamp die Konstruktion eines 515-kW-(700-PS-)Zwölfzylinder-Ottomotors an, der noch zurückgestellt wurde, aber die Vorstufe für den »Panther«- und »Tiger«-Motor (Pz.-Kpfw. V und VI) von 1942 darstellte. Bis 1945 meldete Kniepkamp etwa 50 Patente auf dem Gebiet der Gleiskettenfahrzeuge an.

Abb. 4.29 Die Steigerung der Produktion verlangte auch mehr qualifizierten Nachwuchs. So wurde 1937 eine neue, größere Lehrwerkstatt eingerichtet. Sie gliederte sich in die Schlosserei (*Bild*) sowie die Maschinenabteilung (Dreherei, Fräserei, Bohrerei mit einigen Hobelmaschinen). Die Ausbildung im elektrischen und autogenen Schweißen sowie im Schmieden und Härten wurde in den Betriebsabteilungen durchgeführt

Abb. 4.30 Die Lehrwerkstatt des Maybach-Motorenbaus genoss im Bodenseeraum einen ausgezeichneten Ruf, die Ausbildungsplätze waren begehrt. Das Bild zeigt einen Lehrling an der Spitzendrehbank

Abb. 4.31 Julius Bernhardt (*links*) und Karl Maybach. Die wirtschaftlichen Schwierigkeiten des Maybach-Motorenbau in dieser Zeit führten zu scharfen Auseinandersetzungen zwischen Karl Maybach und dem kaufmännischen Direktor Julius Bernhardt

ferenzen zwischen Karl Maybach und dem kaufmännischen Direktor des Maybach-Motorenbaus, Julius B ernhardt (Abb. 4.31), geführt. Dieser war Karl Maybach im Jahre 1928 von der Konzernspitze an die Seite gestellt worden. In den schweren Jahren der Wirtschaftskrise hatten die beiden Männer häufig Meinungsverschiedenheiten miteinander. Bernhardt, ein etwas engstirniger, aber nichtsdestoweniger vorzüglicher Kaufmann, der naturgemäß am dauernden finanziellen Erfolg und weniger an der Forschung für eine entfernte Zukunft interessiert war und der sich deshalb am liebsten auf wenige marktsichere Erzeugnisse beschränkt hätte, sah seine Aufgabe darin, den Maybach-Motorenbau mit strengen finanziellen Maßnahmen vor dem Zusammenbruch zu retten. Andererseits war Karl Maybachs Interesse an kaufmännischen Fragen und die Einsicht in wirtschaftliche Notwendigkeiten sehr gering. So konnten heftige Auseinandersetzungen nicht ausbleiben. Maybach sprach später in diesem Zusammenhang von einem »Siebenjährigen Krieg«. Nachdem Bernhardt das Unternehmen im Jahre 1935 verlassen hatte, trat Jean Raebel an seine Stelle. Maybach hatte Raebel bereits einige Jahre zuvor von der Waggon- und Maschinenbau AG (WUMAG) in Görlitz nach Friedrichshafen geholt und als zugleich kaufmännisch hochbegabten und für seine eigene Entwicklungstätigkeit aufgeschlossenen Mitarbeiter schätzen gelernt. Mit diesem Schritt änderte sich für das letzte Vierteljahrhundert vieles in Karl Maybachs Leben. Raebel (Abb. 4.32) hatte Verständnis für den »Hauch des Besonderen« des Unternehmens und befreite Maybach, der ihm gänzlich vertraute, von Arbeiten, die ihn umso schwerer belasteten, als er ihre Bedeutung nicht immer erkannte – oder nicht erkennen und damit von sich fernhalten wollte.

Auch nach dem Abflauen der Weltwirtschaftskrise blieben teure Luxus-Pkw schwer verkäuflich, sodass selbst sehr hohe Preise die Entwicklungs-, Produktions- und Werbungs-

Abb. 4.32 Jean Raebel (*rechts*) trat 1935 an die Stelle von Julius Bernhardt als kaufmännischer Direktor. Da Raebel für Karl Maybachs Arbeit aufgeschlossener war, dabei aber immer das unternehmerisch Machbare im Auge behielt, kam es zu einer jahrzehntelangen harmonischen Zusammenarbeit zwischen dem Kaufmann und dem Ingenieur. Aufnahme vom Festzug am 1. Mai 1936. *Links*: Betriebsdirektor Karl Rommel; *in der Mitte*: Karl Maybach

kosten nicht decken konnten (Abb. 4.36). Aus diesem Grund hatte man Karl Maybach nahegelegt, einen »kleinen Maybach« zu entwickeln, natürlich wiederum ein erstklassiges Fahrzeug mit allen technischen Raffinessen. Diese Vorgaben missfielen Maybach, der es nicht gewohnt war, sich anderen als ihm einsichtigen technischen Bedingungen zu beugen. Es kam hinzu, dass man im Dritten Reich schon bald unter Devisenmangel litt, der Maybach-Motorenbau also nicht mehr wie früher nach eigenem Ermessen hochwertige Rohstoffe verwenden konnte, sondern nach »heimischen Werkstoffen« in Deutschland suchen musste. Und außerdem geriet Karl Maybach unter Zeitdruck. Die Wehrmacht begann weitreichende Wünsche zu äußern – und das nach der Art befehlsgewohnter Offiziere in Form von Forderungen und unter Hinweis auf preis- und termingünstige Angebote von Konkurrenten.

Die Automobil-Ausstellung im Herbst 1935 verlief für den Maybach-Motorenbau enttäuschend. Aber die Deutsche Wehrmacht erteilte ihm im Oktober dieses Jahres als Folge der Einführung der allgemeinen Wehrpflicht erstmals einen großen Auftrag: Sie bestellte 500 Motoren für Halbkettenfahrzeuge. So etwas hatte es seit 17 Jahren nicht mehr gegeben, und es würde, wie der Maybach-Motorenbau-Repräsentant in Berlin Direktor Zabel mitteilte, nur ein Anfang sein, wenn man gute Motoren schnell und zu vernünftigen Preisen lieferte. Das Rüstungsgeschäft lief an – mit aufwendiger Entwicklung von immer mehr Motoren für die verschiedensten Fahrzeuge, und das für einen so anspruchsvollen Monopolkunden wie die Wehrmacht. Gleichzeitig musste man sich unter dem Druck des Finanzministeriums um die Steigerung des Exports zwecks Beschaffung von Devisen bemühen, um den Import wenigstens kleiner Mengen hochwertiger Rohstoffe für den Bau von Hochleistungsmotoren zu sichern.

In den dreißiger Jahren entwickelte Maybach halbautomatische Mehrganggetriebe für Pkw und Omnibusse sowie neuartige Getriebesysteme für die Schienentraktion. Die Automobil-Ausstellungen zeigten den hohen Entwicklungsstand Maybachscher Produkte. Adolf Hitler, Hermann Göring, Dr. Joseph Goebbels und andere hohe Parteifunktionäre und Militärs nahmen dort persönlich zur Kenntnis, was man in Friedrichshafen zu leisten vermochte (Abb. 4.33, 4.34 und 4.35). Fotos zeigen, wie Hitler und sein Gefolge am Maybach-Stand beifällig betrachteten, was der »Führer des Betriebes« Maybach und seine »Gefolgschaft« nicht nur an elegant karossierten Luxus- und Sportwagen (Tafel 6.7), an Nutzfahrzeugen und Omnibussen, sondern auch an Motoren und Getrieben für die verschiedensten Zwecke zu produzieren in der Lage waren. Als Anerkennung für diese Leistungen wurde Karl Maybach 1937 zum »Wehrwirtschaftsführer« ernannt. Es gelang ihm, die damit verbundenen Vorteile für sein Unternehmen – z. B. bei der Devisen- und Rohstoffzuteilung – wahrzunehmen, sich selber aber von allen Verpflichtungen zur Teilnahme an Konferenzen mit anderen Wehrwirtschaftsführern bis zum Kriegsende befreien zu lassen.

Inmitten dieser ständig zunehmenden Belastungen und Schwierigkeiten musste man am 6. Mai 1937 das katastrophale Ende des »Zeppelin-Zeitalters« miterleben (Abb. 4.37). Das Luftschiff LZ 129 »Hindenburg« war nach einer planmäßigen Atlantik-Überquerung beim Landemanöver in Lakehurst explodiert[7]. Karl Maybach nahm die Nachricht von der Katastrophe, die ihm Eckener telefonisch

[7] Der Hergang des Unglücks ist durch Berichte von Augenzeugen und die weltberühmt gewordenen Ton- und Filmdokumente (US-Wochenschau) eindrucksvoll belegt, doch gibt es bis zum heutigen Tag keine beweisbare Erklärung dafür, wie es zu der Katastrophe kommen konnte. Da kurz vor der Landung des LZ 129 ein Gewitter niedergegangen war (die Landung wurde deshalb aus Sicherheitsgründen um etwa zwei Stunden verschoben), lautet die wohl plausibelste Theorie, dass beim Annähern an den Ankermast eine Funkenentladung statischer Elektrizität zwischen dem Metallgerippe und der nassen Oberfläche der gut isolierenden Rumpf-Außenhülle in dem Augenblick zur Zündung eines explosiven Luft-Wasserstoff-Gemisches im Heckoberteil geführt hat, als abgeworfene Ankerseile den Boden berührten. Ungeklärt ist allerdings, wodurch sich dieses Gemisch bilden konnte. Für einen Sabotageakt von außen (durch Beschuss) oder von innen (durch eine im Heck angebrachte Bombe mit Zeitzünder), wie immer wieder behauptet worden ist, gibt es keine Beweise. Von den 97 Menschen an Bord konnten sich 62 retten, einige von ihnen mit schweren Brandverletzungen. 22 der 35 Toten (darunter auch ein Angehöriger der Landemannschaft) waren Besatzungsmitglieder, 13 Passagiere kamen ums Leben.

Abb. 4.33 Automobil-Ausstellung in Berlin 1934: vorn und links ein Maybach-Zwölfzylinder-Wagen, Typ »Zeppelin« DS 8, rechts davon ein Antriebsmotor GO 5 des Schnelltriebwagens »Fliegender Hamburger«, daneben ein Eisenbahnmotor GO 5h

nach Garmisch übermittelte, äußerlich mit Ruhe und fast unbewegt hin.

Noch immer war zu dieser Zeit der Maybach-Motorenbau ein mittelständisches Unternehmen – allerdings mit hervorragenden sozialen Einrichtungen und einer Lehrwerkstätte, die als Erste in Württemberg das Leistungsabzeichen für vorbildliche Berufserziehung erhielt. Maybach durfte auf diese Auszeichnung stolz sein, denn sie war die Anerkennung für seine zwanzigjährigen Bemühungen um eine fortschrittliche Facharbeiter-Ausbildung. Jetzt ging der Maybach-Motorenbau daran, eine neue große Lehrwerkstatt mit je 90 Schraubstöcken, Werkzeugmaschinen und einem großen Vortragssaal nebst entsprechenden Nebenräumen einzurichten (Abb. 4.38). Die Ausgaben für diesen großzügigen Komplex konnte man sich inzwischen leisten: Noch im Jahre 1937 wurden neue Verträge über Motorenlieferungen, -Preise und -Lizenzzahlungen mit dem Heereswaffenamt abgeschlossen sowie mit der Planung für eine Maybach-Getriebe-Fabrik in England begonnen. Um die gleiche Zeit unterschrieb Karl Maybach einen neuen Vertrag mit dem Maybach-Motorenbau, der seine Tantiemen- und Lizenzeinnahmen neben dem Monatsgehalt verbesserte, nachdem diese – wie auch die seiner Mitarbeiter – in der letzten Phase der Krisenzeit gekürzt worden waren.

Obwohl Karl Maybach ein seit Jahrzehnten höchst erfolgreicher und in Fachkreisen berühmter Konstrukteur war, konnte er äußerst empfindlich sein, wenn ihm ein Misserfolg unterlief. Im Jahre 1938 arbeitete er an der Konstruktion des Mekydro-Getriebes[8] für die Dieseltraktion (Abb. 4.39), wobei er für die Steuerung nach einer möglichst einfachen Lösung suchte. Er rief seine Konstrukteure zur Beratung zu

[8] Mekydro = Abkürzung für ein automatisches, mechanisch-hydraulisches Bahngetriebe. Technische Besonderheit: ein ausrückbarer Drehmomentwandler mit vier durch Maybach-Abweisklauen nachgeschalteten Gängen (Abb. 23.12).

Abb. 4.34 Die Nationalsozialisten ließen keine Möglichkeit aus, um ihre positive Einstellung zum Automobil und zur Motorisierung in der Öffentlichkeit zu zeigen. Auf der Automobil-Ausstellung Berlin 1937 besucht Reichspropagandaminister Dr. Joseph Goebbels mit »Gefolge« auch den Stand der Maybach-Motorenbau GmbH und lässt sich vom Firmenchef persönlich die Vorzüge der Maybach-Wagen erklären

sich, und diese schafften es nach einiger Zeit, unter Verzicht auf nicht weniger als 23 von insgesamt 37 vorgesehenen Hauptteilen zu einem befriedigenden Ergebnis zu kommen. Maybach nahm dies zwar zur Kenntnis, verließ aber – von sich selbst enttäuscht – wortlos den Raum. Auch bei der Anmeldung von Patenten seiner Mitarbeiter hat er sehr strenge Maßstäbe angelegt – natürlich in erster Linie, weil die Ablehnung solcher Anträge auch das Unternehmen und schließlich ihn selbst traf.

Karl Maybach war, wie man über sein ganzes Leben hinweg immer wieder feststellen muss, kein einfacher Chef. Er galt als streng und erwartete von seinen Mitarbeitern die gleiche Hingabe an die Arbeit, die ihm selbstverständlich war; im Betrieb lachte er selten, vertrug auch keine kritischen Fragen und Bemerkungen. Der Erfolg war ihm selbstverständlich und der Misserfolg ein Fehler, den es eigentlich nicht geben durfte. Ständig ging es ihm um Leistungssteigerung – um die seiner Motoren und auch um die seiner Mitarbeiter. So erinnert sich einer seiner späteren Mitarbeiter in Vernon (Abschn. 5.2) an den Ausspruch von Karl Maybach, als die Verfügung herauskam, dass am Samstag nicht

Abb. 4.35 Automobil-Ausstellung Berlin im Jahre 1939: Reichskanzler Adolf Hitler im Gespräch mit Karl Maybach, der sich trotz aller Distanz zur nationalsozialistischen Ideologie beeindruckt von Hitlers Sachverstand in technischen Fragen zeigte

Abb. 4.36 Der Maybach SW 42 als zweisitziges Cabriolet mit Karosserie von Dörr & Schreck, fertiggestellt 1930, hatte einen Sechszylinder-Reihenmotor (103 kW [140 PS] bei 4.000 min^{-1}, Bohrung × Hub: 90 mm × 110 mm, Hubraum 4.197 cm^3) mit halbautomatischem Maybach-Vorwählgetriebe DSG 40. Die Höchstgeschwindigkeit dieser über 2 Tonnen schweren Fahrzeuge lag bei etwa 140 km/h, wobei bis zu 19 Liter Kraftstoff in der Stunde verbraucht wurden

mehr gearbeitet würde: »Ja sagen Sie, was machen denn dann die Leute den ganzen Tag, wenn sie nicht arbeiten dürfen. Die wissen ja gar nicht, was sie tun sollen.«

Im Frühjahr 1938 wurde Österreichs Anschluss als »Ostmark« an das Deutsche Reich vollzogen, ein Jahr darauf die Tschechoslowakei besetzt. Bei beiden Einsätzen musste die Heeresführung feststellen, dass es der überhastet aufgestellten Truppe offensichtlich an Erfahrung im Umgang mit den neuen Fahrzeugen und Panzern mangelte. Trotz der unter nahezu friedensmäßigen Bedingungen durchgeführten Märsche waren viele Fahrzeuge auf dem Weg nach Prag mit Pannen liegen geblieben. Fragen wurden laut, warum die Fahrzeuge solchen normalen Belastungen nicht standhielten. Gerade Karl Maybach musste dies als einen schweren Angriff auf seine Arbeit empfinden. Er ließ deshalb unverzüglich nach den Gründen für die Ausfälle suchen. Dabei stellte sich heraus, dass die meisten auf Bedienungsfehler der noch unerfahrenen Mannschaften, teilweise aber auch auf Kinderkrankheiten der Motoren, Getriebe und Fahrzeuge zurückzuführen waren. Die Ausbildungszeiten waren zu kurz für die Gewöhnung an Fahrzeuge, deren Motoren und Getriebe immer komplizierter wurden, die aber letztendlich die Handhabung und Lenkung der Fahrzeuge erleichterten. Noch vor einiger Zeit hatte Hitler einen Krieg erst für 1943/44 vorgesehen; nun aber sah er sich unter Zeitdruck, weil er seinen Rüstungsvorsprung durch die Bemühungen der potenziellen Gegner zu verlieren glaubte. Trotzdem produzierte der Maybach-Motorenbau im Sommer 1939 aufgrund eines von der deutschen Regierung genehmigten Vertrages 120 Einheiten eines 300-PS-Motors modernster Ausführung (Abb. 4.40), wie sie in Deutschland in den Panzer III eingebaut wurden, für die Rote Armee, während das Oberkommando des Heeres (OKH) die Errichtung einer Fabrik für Maybach-Getriebe in England untersagte.

Abb. 4.37 Lakehurst, 6. Mai 1937: In einer glühenden Feuerwolke verbrennt LZ 129 »Hindenburg« und reißt 36 Menschen mit in den Tod. Nach dieser Katastrophe wurde der Passagierverkehr mit Luftschiffen eingestellt

Abb. 4.38 Reichsamtsleiter Prof. Dr.-Ing. Arnhold (*dritter von links*) besucht die neue Lehrwerkstatt. Karl Maybach (*rechts*) erklärt die Entwicklung seit der Gründung 1920. Die Aufnahme stammt aus dem Jahre 1939

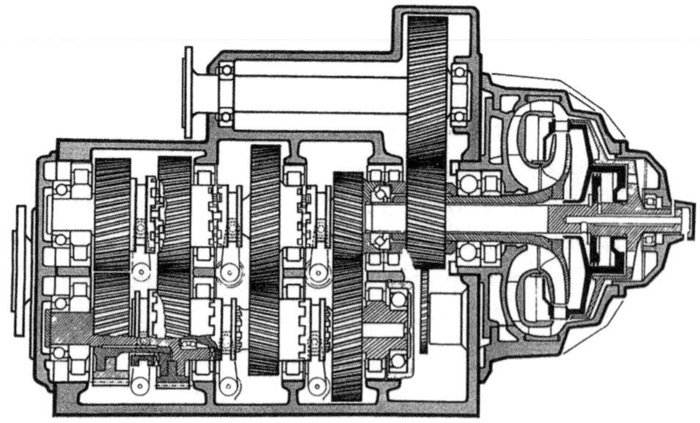

Abb. 4.39 In der zweiten Hälfte der dreißiger Jahre entwickelte der Maybach-Motorenbau zusammen mit Voith und AEG das mechanisch-hydraulische Mekydro-Getriebe für Schienenfahrzeuge als einfache und gewichtsparende Alternative zur elektrischen Kraftübertragung: Schnittbild mit Drehmomentwandler und nachgeschaltetem Viergang-Wechselgetriebe

Abb. 4.40 Der 1935/36 entwickelte zwölfzylindrige V-Motor HL 120 leistete 220 kW (300 PS) bei 3.000 min^{-1} und wurde zum Standardantrieb für die Panzer III und IV. Durch die »organische« Anordnung des Zubehörs war der Motor kompakt und raumsparend. Bohrung × Hub: 105 mm × 115 mm, Zylindervolumen 0,995 dm^3, Hubvolumen 11.943 cm^3

4.6 Im Zweiten Weltkrieg 1939 bis 1945

Mit dem Einmarsch der Deutschen Wehrmacht in Polen am 1. September 1939 begann der Zweite Weltkrieg. Der weit gereiste und welterfahrene Großunternehmer Dr. Hugo Eckener, der das Unheil schon lange hatte heraufziehen sehen, reagierte mit den für ihn bezeichnenden Worten zu Jean Raebel:

> »Die Schweinerei ist passiert. Wir werden diesen Krieg verlieren. Sehen Sie zu, dass unsere Soldaten die bestmöglichen Motoren bekommen, damit wir vielleicht mit einem blauen Auge davonkommen.«

Dieser Krieg, der für die Menschen Europas und später fast auf der ganzen Welt unermessliches Leid und Elend mit sich brachte und Wunden riss, die erst viele Jahre nach seinem Ende zu vernarben begannen – dieser Krieg brachte für den ganz in seinem Ingenieurschaffen aufgehenden Konstrukteur Karl Maybach eine Überfülle neuer technischer Herausforderungen. Ein weiterer anstrengender und arbeitsreicher Abschnitt seines Lebens lag vor ihm. Von Ferien und Erholung mit Frau und Kindern in seinem Haus in Garmisch konnte einstweilen nicht mehr die Rede sein (Abb. 4.41 und 4.45).

Seit dem Oktober 1939 wertete man in Friedrichshafen die Erfahrungen mit den Maybach-Motoren im Polenfeldzug aus. Gleichzeitig musste die Motorenproduktion gesteigert werden, denn für das Frühjahr 1940 war mit der Aufnahme der Kämpfe im Westen zu rechnen. Zu diesem Zweck wurden die Werksanlagen in Friedrichshafen erweitert – ebenso beim »Nordbau« in Berlin sowie bei anderen »Nachbauern« und natürlich auch bei vielen Zulieferern.

Nachdem Frankreich, die Niederlande und Belgien besetzt worden waren, profitierte die deutsche Industrie von den dortigen Arbeitskräften und Ressourcen. Dies galt auch für den Maybach-Motorenbau. Allerdings bemühte sich Karl Maybach, seinen alten Geschäftsfreunden in den nun besetzten Ländern beizustehen, als diese ihn baten, sich um ihre in deutsche Gefangenschaft geratenen Söhne zu kümmern. Im Maybachschen Nachlass findet sich ein umfangreicher Schriftverkehr, dem zu entnehmen ist, wie Karl Maybach in solchen Fällen zu helfen versuchte (Abb. 4.42). Diese Hilfe entsprach seiner pietistischen Grundhaltung und seinem sozialen Empfinden. Auch kam ihm und Raebel gewissermaßen das Glück zu Hilfe: Dem Maybach-Motorenbau wurden keine KZ-Häftlinge zugewiesen.

Als Hitler im Juni 1941 auch die Sowjetunion überfiel, was für Maybach, Raebel und Zabel, die im Heereswaffenamt Andeutungen gehört hatten, nicht so überraschend kam wie für die Öffentlichkeit, musste die Panzerproduktion und damit auch die der Motoren laufend gesteigert werden. Aber bereits im September 1941 wusste man in Friedrichshafen, dass die Panzer in Russland ganz anderen Bedingungen ausgesetzt waren, als man sie von den bisherigen Feldzügen kannte. Hatte man denn bei der Erprobung von Panzern durch die Reichswehr in Russland in den zwanziger Jahren keine Erfahrungen gesammelt und keine Lehren für einen etwaigen Krieg gegen die Sowjetunion gezogen? Wusste man nichts über die sowjetische Panzerwaffe? Oder hatte man nur der deutschen Industrie nicht mitgeteilt, was man gesehen hatte? Was empfand der Konstrukteur Maybach wohl, als man 1942 beim Heereswaffenamt vorübergehend auf den Gedanken kam, den so einfachen, preiswerten und materialsparenden T-34 (Abb. 4.43) nachzubauen, der den bis dahin eingesetzten deutschen Panzern in fast jeder Hinsicht überlegen war, vor allem in der Panzerung, der Waffe und auch der Reichweite? Wir wissen es nicht. Als Antwort auf den T-34 mussten schnellstens neue Panzer und entsprechende Motoren entwickelt werden – unter anderem ein 700-PS-Motor, dessen Entwicklung 1936 zurückgestellt worden war.

Angesichts der schweren Verluste im Winter 1941/42 drängte das OKH auf schnellste Fertigstellung der Motoren für den neuen mittleren Panzer V »Panther« (Abb. 4.44) und den schweren Panzer VI »Tiger«. Gleichzeitig wurden die Arbeitskräfte knapper und das Material bis hin zu den Schmierstoffen immer minderwertiger. Dass man die neuen Panzer unerprobt an die Front schickte, war ein Indiz für die sich verschlechternde militärische Lage an der Ostfront, aber auch für das Unverständnis der deutschen Führung technischen Sachverhalten gegenüber. Dies widersprach Maybachs Selbstverständnis als Mensch und Techniker ebenso wie die Forderung des Heereswaffenamtes, er solle seine Motoren nicht für die Ewigkeit bauen. Die Verluste der deutschen Panzerwaffe trafen Karl Maybach auch persönlich: Sein Sohn

Abb. 4.41 Gäste beim 60. Geburtstag von Karl Maybach im Juli 1939 in Garmisch. *Von links nach rechts*: Karl Maybachs Assistent Carl Böttner, Herr und Frau Jenke (die Schwester von Frau Maybach), Tochter Liselotte Maybach, Frau Käthe Maybach, Direktor Jean Raebel, Karl Maybach, Direktor Karl Rommel

Walter, Offizier bei einer Panzereinheit in Nordafrika, fiel am 14. Februar 1943 in Tunesien (Abb. 4.46).

Anderes kam hinzu. Das OKH bzw. das Heereswaffenamt verlangte unter Vorgabe der PS-Zahl stets Panzermotoren mit einer ganz bestimmten Leistung für eine ebenso vorgegebene Fahrzeugmasse. Wenn die Motoren aber geliefert wurden, dann mussten sie in die neuesten, mittlerweile schwerer gewordenen Panzer eingebaut werden, sodass diese nicht selten untermotorisiert waren, was man dann wieder dem Motorenlieferanten zur Last zu legen versuchte. Unter diesen Umständen gestaltete sich die Zusammenarbeit mit dem Heer nun häufig schlecht und zeitraubend. Die Militärs glaubten, aufgrund der Fronterfahrungen die »richtigen« Forderungen zu stellen; allein in Friedrichshafen aber wusste man um die konstruktiven Zusammenhänge von Motor, Getriebe und Schaltung, vom Nachlassen des Materials z. B. beim Stahl und dessen Wirkung auf Leistung und Lebensdauer der Motoren sowie um die abnehmende Qualität der Öle und Kraftstoffe. Weit besser waren die Beziehungen von Maybach, Raebel und anderen führenden Mitarbeitern des Maybach-Motorenbaus zu Rüstungsminister Albert Speer (Abb. 4.47), der die Selbstverantwortung der Industrie wieder einführte, also nicht nur nach militärischen Gesichtspunkten entschied, sondern auch unter den Zwängen der sich verschlechternden Kriegslage um eine sachliche Zusammenarbeit bemüht war. Raebel wurde von Speer zum Leiter des »Panzerausschusses Pz. VII« ernannt, während der 63-jährige Maybach Speers »persönlichem Beirat« angehörte. Das schuf nicht nur – unter immer schwierigeren Reiseverhältnissen – zusätzliche verantwortungsvolle Arbeit in einem Milieu, das Maybach nicht lag, sondern auch innerhalb der Industrie eine unerwünschte Konkurrenzsituation.

Seit Anfang 1943 musste man in Friedrichshafen mit Luftangriffen rechnen, auf die man sich ungeachtet der steigenden Arbeitsbelastung vorzubereiten versuchte (Abb. 4.48). Am 12. Juni 1943 erfolgte dann der erste Angriff. Er verursachte zwar beim Maybach-Motorenbau nur geringe Gebäude- und Maschinenschäden, aber man wusste, dass es dabei nicht bleiben würde (Abb. 4.49). Nach weiteren Angriffen verlagerte man im April 1944 die Konstruktions- und Versuchsabteilungen nach Wangen im Allgäu, wo man in einem stillgelegten Textilveredelungsbetrieb unterkam. Das war nun ein in ländlicher Idylle gelegener Ort. Aber für Karl Maybach und seine engsten Mitarbeiter bedeutete die Auslagerung eine zusätzliche Erschwerung ihrer Tätigkeit. Die Familie Maybach fand eine behelfsmäßige Unterkunft in dem einige Kilometer entfernt gelegenen Dorf Wohmbrechts, wo Karl Maybach praktisch Tag und Nacht in häufig beklagter Einsamkeit arbeitete, wenn er sich nicht auf Reisen befand. Denn immer häufiger hatte er weite und beschwerliche Fahrten zu absolvieren, bei denen er z. B. Speer und Generaloberst Heinz Guderian einerseits, Prof. Ferdinand Porsche und anderen Firmenvertretern andererseits begegnete. Dagegen gab es keinerlei Verkehr mit dem »Führer« oder anderen Parteigrößen.

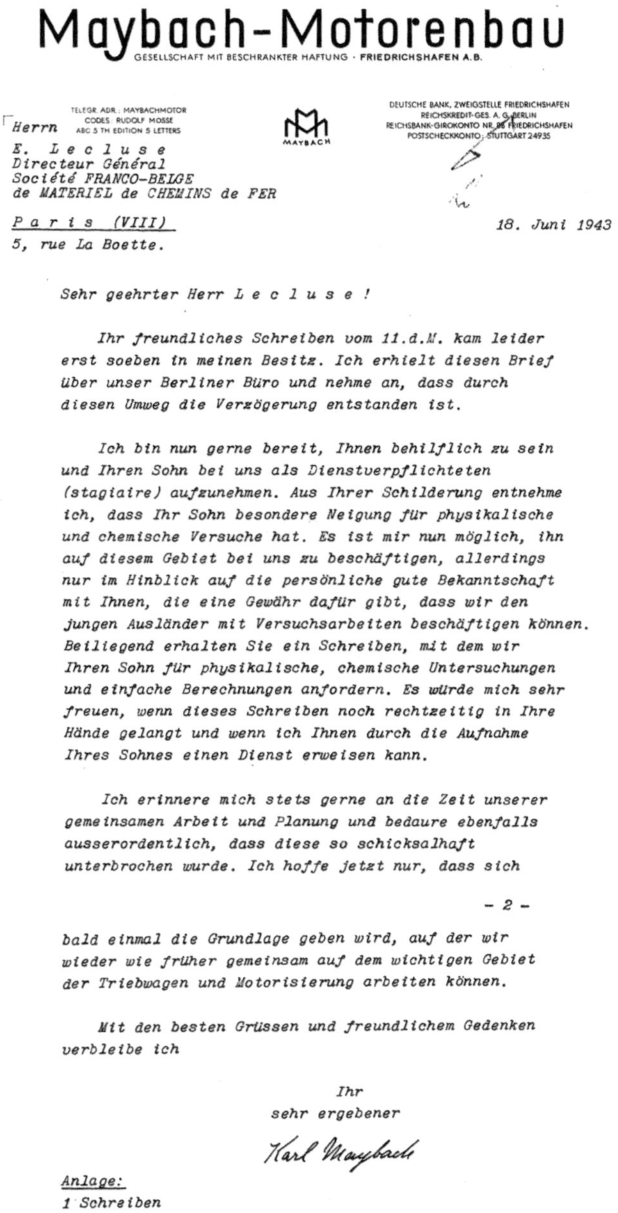

Maybach-Motorenbau
GESELLSCHAFT MIT BESCHRANKTER HAFTUNG · FRIEDRICHSHAFEN A.B.

TELEGR. ADR.: MAYBACHMOTOR
CODES: RUDOLF MOSSE
ABC 5 TH EDITION 5 LETTERS

MAYBACH

DEUTSCHE BANK, ZWEIGSTELLE FRIEDRICHSHAFEN
REICHSKREDIT-GES. A. G. BERLIN
REICHSBANK-GIROKONTO NR. 88 FRIEDRICHSHAFEN
POSTSCHECKKONTO: STUTTGART 24935

Herrn
E. L e c l u s e
Directeur Général
Société FRANCO-BELGE
de MATERIEL de CHEMINS de FER

P a r i s (VIII)
5, rue La Boette.

18. Juni 1943

Sehr geehrter Herr L e c l u s e !

Ihr freundliches Schreiben vom 11.d.M. kam leider erst soeben in meinen Besitz. Ich erhielt diesen Brief über unser Berliner Büro und nehme an, dass durch diesen Umweg die Verzögerung entstanden ist.

Ich bin nun gerne bereit, Ihnen behilflich zu sein und Ihren Sohn bei uns als Dienstverpflichteten (stagiaire) aufzunehmen. Aus Ihrer Schilderung entnehme ich, dass Ihr Sohn besondere Neigung für physikalische und chemische Versuche hat. Es ist mir nun möglich, ihn auf diesem Gebiet bei uns zu beschäftigen, allerdings nur im Hinblick auf die persönliche gute Bekanntschaft mit Ihnen, die eine Gewähr dafür gibt, dass wir den jungen Ausländer mit Versuchsarbeiten beschäftigen können. Beiliegend erhalten Sie ein Schreiben, mit dem wir Ihren Sohn für physikalische, chemische Untersuchungen und einfache Berechnungen anfordern. Es würde mich sehr freuen, wenn dieses Schreiben noch rechtzeitig in Ihre Hände gelangt und wenn ich Ihnen durch die Aufnahme Ihres Sohnes einen Dienst erweisen kann.

Ich erinnere mich stets gerne an die Zeit unserer gemeinsamen Arbeit und Planung und bedaure ebenfalls ausserordentlich, dass diese so schicksalhaft unterbrochen wurde. Ich hoffe jetzt nur, dass sich

\- 2 -

bald einmal die Grundlage geben wird, auf der wir wieder wie früher gemeinsam auf dem wichtigen Gebiet der Triebwagen und Motorisierung arbeiten können.

Mit den besten Grüssen und freundlichem Gedenken verbleibe ich

Ihr
sehr ergebener
Karl Maybach

Anlage:
1 Schreiben

Abb. 4.42 Der Leiter einer französisch-belgischen Lokomotivfabrik, E. Lecluse, wandte sich am 11. Juni 1943 mit der Bitte an Karl Maybach, etwas für seinen nach Deutschland deportierten Sohn zu tun. Ungeachtet der beruflichen Anspannung im Kriegsjahr 1943 nahm sich Karl Maybach bereits eine Woche später der Bitte seines französischen Geschäftspartners an. Sein Nachlass belegt, dass es sich hierbei keineswegs um einen Einzelfall handelte

Jean Raebel hatte fortan in Friedrichshafen und bei seinen vielen Reisen zu Sitzungen mit den Militärs und Parteifunktionären eine noch schwerere Last zu tragen als Maybach. Er musste die Auseinandersetzungen mit besserwisserischen Beamten und Offizieren durchhalten und Verdächtigungen sowohl gegen den Maybach-Motorenbau als auch gegen ihn selbst und Karl Maybach bei Minister Speer abwehren, während Maybach sich im Wesentlichen auf seine Arbeit beschränken konnte. Da er sich in Wangen aufhielt, erlebte er

Abb. 4.43 Im Sommer 1941 »erprobt« diese Gruppe deutscher Landser auf einer Waldlichtung in Russland einen erbeuteten T-34. Das Foto stammt von Alois Fehrenbach, Maybach-Kriegswerkmeister und Leiter einer »Instandsetzungsstaffel«, die den vollkommen intakten Panzer entdeckte und – da die Besatzung das Fahrzeug im Stich gelassen hatte – zu ihrer Einheit fuhr, wo er nach einer Umbezeichnung wieder eingesetzt wurde (vgl. hierzu S. 191ff.)

Abb. 4.44 Ein Panzer V »Panther« bei der Erprobung auf der »Panzerwiese« am Gehrenberg bei Markdorf während des Zweiten Weltkrieges

die schweren Luftangriffe auf Friedrichshafen im April und Juli 1944 nicht persönlich, wenngleich die Maybachs dabei ihr Haus in der Zeppelinstraße verloren und Sohn Günter als Flakhelfer bei der Abwehr der feindlichen Flugzeuge ganz nahe dem Haus eingesetzt war. Aus diesen letzten anderthalb Kriegsjahren in Wangen wissen wir wenig über Karl Maybachs Leben. Trotz des Verlustes seines Sohnes Walter, der fortschreitenden Zerstörung seines Werkes und der sich abzeichnenden deutschen Niederlage arbeitete er mit äußerster Energie an der Entwicklung neuer Motoren.

Wie die meisten Menschen hatte auch Maybach im September 1939 mit einem kurzen Krieg gerechnet – und selbst bei Beginn des Russlandfeldzuges im Sommer 1941 lediglich mit einem neuen »Blitzkrieg«. Bis Mitte 1942 hatte er noch intensiv an Eisenbahn-Motoren arbeiten lassen, weil er annahm, dass demnächst die Kämpfe beendet sein würden und er das zivile Eisenbahngeschäft weiterführen kön-

Abb. 4.45 Karl Maybach mit seiner Frau Käthe und den Söhnen Günter und Walter (*rechts*) um 1938

Abb. 4.46 Karl Maybachs ältester Sohn Walter war Zugführer einer Panzereinheit im Afrikakorps. Am 14. Februar 1943 wurde sein Panzer IV von einer amerikanischen PaK abgeschossen. Leutnant Maybach wurde dabei schwer verwundet und starb kurz darauf

Abb. 4.47 Rüstungsminister Albert Speer (*Mitte*) mit hohen Wehrmachtoffizieren 1943 auf der »Panzerwiese« am Gehrenberg, wo er nach einer Erprobung den Einsatz des Maybach-Olvar-Getriebes im Panzer VI »Tiger« anordnete. *Links* Karl Maybach (mit Mütze), *rechts* (mit Hand an der Mütze) der Mitkonstrukteur des »Tigers«, Prof. Ferdinand Porsche

ne. Zudem trug er sich damals mit dem Gedanken, nach dem Krieg einen neuen Zwölfzylinder-Pkw herauszubringen. Doch dann nahm der Zweite Weltkrieg solche Ausmaße an, dass der Maybach-Motorenbau insgesamt bis zum Ende des Krieges 140.000 Panzermotoren liefern musste. Was

Abb. 4.48 Als Standort kriegswichtiger Industrie wurde Friedrichshafen in den Jahren 1943 bis 1945 von insgesamt elf Luftangriffen heimgesucht. Die Belegschaft fand in den auf dem Werksgelände errichteten Luftschutzbunkern Schutz. Karl Maybach war mit der Konstruktions- und Versuchsabteilung damals bereits nach Wangen im Allgäu umgezogen ►

Abb. 4.49 Nach den Luftangriffen 1944 bot die Innenstadt von Friedrichshafen ein trauriges Bild: Sie war zu 70 % zerstört

mag Maybach über diesen, *seinen* Anteil am Krieg gedacht haben? Es gibt keine Briefe aus dieser Zeit, und die wenigen Menschen, mit denen er über solche Fragen gesprochen haben mag, sind tot – in erster Linie seine Ehefrau Käthe und vielleicht auch noch Jean Raebel. Bei den vielen regelmäßigen Arbeitsgesprächen der Entwicklungs- und Konstruktionsabteilungen, an denen Karl Maybach nach Möglichkeit teilnahm, ist, wie ehemalige Mitarbeiter erklären, niemals ein Wort über Politik oder über den »Wehrmachtsbericht« gefallen – und erst recht nicht nach dem 20. Juli 1944. Um die Jahreswende 1944/45 soll Karl Maybach in engstem Kreise gesagt haben, Deutschland *dürfe* diesen Krieg gar nicht verlieren, jedenfalls nicht gegen die Sowjetunion. Am 25. April 1945 erlebten nun auch die Maybachs in Wohmbrechts für ein paar Tage eine SS-Einquartierung. Am 30. April zogen marokkanische Soldaten mit Panzern ins Dorf; am 2. Mai kam es zu Plünderungen. Bei wunderbarem Wetter, so notierte Käthe Maybach in ihr Tagebuch, ging der Krieg für Karl Maybach und seine Familie in einem friedlichen Allgäuer Dorf zu Ende. Der große Konstrukteur von Flugzeug- und Panzermotoren war in zwei Weltkriegen niemals auch nur für einen einzigen Tag an der Front gewesen. Am Tag nach dem Einzug der Franzosen sagte er zu seiner Frau, er müsse weiter konstruieren – »Neues«.

Karl Maybach in der Zeit des Wiederaufbaus 1945 bis 1960

5

Wilhelm Treue

5.1 Zeit der Ungewissheit

Das Verhalten Karl Maybachs in der ersten Zeit unter der französischen Besatzung war verblüffend. Es hat den Anschein, als ob er die Tragweite des deutschen Zusammenbruchs und seiner Folgen gar nicht wahrgenommen hat. Man blieb in Wohmbrechts wohnen und versuchte zunächst also nicht, ins zerstörte Friedrichshafen zurückzukehren. In Wohmbrechts arbeitete Karl Maybach weiter wie bisher, als ob nichts geschehen wäre. Als er für seine Tätigkeit gewisse Unterlagen brauchte, die sich in seinem Wangener Büro befanden, schickte er ohne Zögern eine Mitarbeiterin per Fahrrad über die höchst unsicheren Straßen dorthin – sie folgte seiner Anordnung und kehrte, unbelästigt von marodierenden Soldaten, wieder zurück. Das Leben mit der Familie verlief wie vor dem 30. April ruhig und geordnet, ohne dass Maybach mehr Interesse als sonst an den Ereignissen in der Welt zeigte, in der Deutschland soeben als Staat aufgelöst wurde, bald Atombomben fallen sollten und ein neues Zeitalter begann. Mehr und mehr wurde die Ehefrau, die unter großen Schwierigkeiten für das Leben der Familie sorgen musste, auch zu einer Gehilfin dieses Konstrukteurs. War er wirklich weltfremd – oder war es, wie schon früher, bequemer, sich in die Arbeit zurückzuziehen und seinen Neigungen nachzugehen?

Als eines Tages französische Besatzungsoffiziere erschienen und ihn, der wie immer korrekt gekleidet war, fragten, ob er Karl Maybach sei, fürchtete er nicht etwa die Verhaftung, die damals in allen Industriestädten viele Unternehmer, »Wehrwirtschaftsführer«, aber auch einfache Ingenieure, Chemiker usw. traf, sondern er soll selbstbewusst erwidert haben: Ja, er sei Karl Maybach, der Konstrukteur der deutschen Panzermotoren. Und wie reagierten die Offiziere? Sie behandelten den berühmten Maybach voller Respekt; pro forma verhafteten sie ihn, stellten ihn aber nur unter Hausarrest. Er durfte weiterarbeiten.

Karl Maybach war im Laufe seines Arbeitslebens ein wohlhabender Mann geworden. Natürlich wurden nun seine Bankkonten wie die aller »Kriegsverbrecher« von den Siegern fast ganz und gar kontrolliert. Von seinen Ersparnissen und Einkünften durfte er für seine verhältnismäßig große Familie monatlich nur einen bescheidenen Betrag abheben. Die Maybachs richteten sich entsprechend ein.

Erstaunlicherweise beantragte aber der zuständige französische Besatzungsoffizier bei seinem Vorgesetzten, dass man den Betrag für einen so bedeutenden Erfinder erhöhen solle. Es ist nicht bekannt, ob es fortan im Maybach-Haushalt bequemer zuging. Das aber war für Karl Maybach selbst nicht das Entscheidende. Wann und wo auch immer er sich seit 30 Jahren aufhielt, da lebte er ausschließlich in seiner Arbeit und seinen Gedanken – im Übrigen aber schloss er die Welt mit allen ihren Angeboten und Anforderungen aus. Und »die Welt« akzeptierte das, man respektierte diese überaus anspruchsvolle Haltung des Mannes, der nun 65 Jahre alt war, seine Arbeit als Steckenpferd hatte, dieses Steckenpferd aber auch als Arbeit bezeichnete und nach wie vor wortlos von jedem Menschen äußerste Rücksichtnahme auf seinen Lebensstil erwartete. Dabei wirkte er nicht etwa wie ein in sich selbst versunkener, versponnener Mann, der nicht bemerkte, was um ihn herum vorging. Er *erwartete* den Respekt, mit dem man ihm begegnete; er vertrug keinen Widerspruch. Das abendliche Beisammensein der Familie wurde zur Schule, zur moralischen Veranstaltung. Karl Maybach formulierte ein meist pädagogisches Thema, und unter seiner Leitung führte man über dieses eine erbauliche Unterhaltung, bis der Vater sich, entsprechend seinem Stundenplan, wieder dem Reißbrett zuwandte.

Im Sommer 1945 änderte sich dieses Leben auf dem Dorfe. Von Zeit zu Zeit waren französische Offiziere zu Karl Maybach gekommen und hatten ihn »vernommen«, d. h. sich mit ihm über seine Arbeit und über die des Maybach-Moto-

Ergänzende Information Die elektronische Version dieses Kapitels enthält Zusatzmaterial, auf das über folgenden Link zugegriffen werden kann https://doi.org/10.1007/978-3-658-37065-7_5.

W. Treue (✉)
Göttingen, Deutschland
E-Mail: customerservice@springernature.com

E. Eckermann, W. Treue, S. Zima (Hrsg.), *Technikpionier Karl Maybach*, https://doi.org/10.1007/978-3-658-37065-7_5

Abb. 5.1 Der Krieg war zu Ende, Friedrichshafen lag in Trümmern, doch das Leben ging weiter: eine kirchliche Prozession auf der Uferpromenade vor den Ruinen der Stadt, vermutlich im Juni 1948 aufgenommen. Der schwarze Tarnanstrich des Dampfschiffes links im Bild ist noch ein Relikt aus der Kriegszeit

Abb. 5.2 Die Stunde der Frauen. Wie schon in den Kriegsjahren lag die Hauptlast des Alltags nach der Stunde null auf den Schultern der weiblichen Bevölkerung – beim Kampf um das tägliche Brot wie auch bei der Beseitigung der Trümmer

Abb. 5.3 Der Maybach-Motorenbau im Sommer 1945: zerstört, demontiert, geplündert. Die Hoffnung, dass hier jemals wieder Motoren gebaut würden, war damals gering

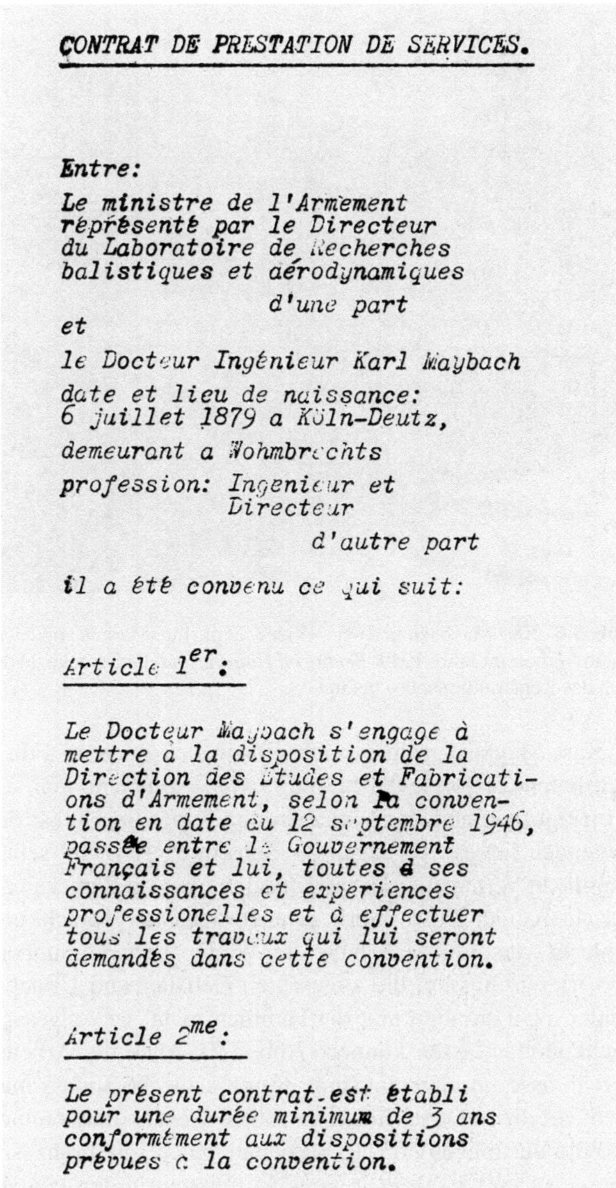

CONTRAT DE PRESTATION DE SERVICES.

Entre:

Le ministre de l'Armement
représenté par le Directeur
du Laboratoire de Recherches
balistiques et aérodynamiques
d'une part

et

le Docteur Ingénieur Karl Maybach
date et lieu de naissance:
6 juillet 1879 a Köln-Deutz,
demeurant a Wohmbrechts
profession: Ingenieur et
Directeur
d'autre part

il a été convenu ce qui suit:

Article 1er:

Le Docteur Maybach s'engage à mettre a la disposition de la Direction des Etudes et Fabrications d'Armement, selon la convention en date au 12 septembre 1946, passée entre le Gouvernement Français et lui, toutes ses connaissances et experiences professionelles et à effectuer tous les travaux qui lui seront demandés dans cette convention.

Article 2me:

Le présent contrat est établi pour une durée minimum de 3 ans conformément aux dispositions prévues à la convention.

Abb. 5.4 Diese »Convention« regelte die Bedingungen für die Arbeit Karl Maybachs in französischem Auftrag. Zieht man das Datum, nämlich September 1946, in Betracht, muss diese Vereinbarung als generös bezeichnet werden, zumal die Besatzungsmächte in ähnlichen Fällen ganz anders vorgingen

renbaus unterhalten. In diesem Zusammenhang erfuhr er – sicher nicht überraschend –, dass die französische Militärregierung befohlen hatte, aufgrund dieser Informationen die Entwicklung der Diesel- und Benzinmotoren in Frankreich fortzusetzen. Käthe Maybach bat den Konstruktionschef des »Motorenbaus«, Oberingenieur Richard Seifert, er möge doch nach Wangen kommen, um mit ihrem Mann, der so unleidig sei, über Motorenprobleme zu sprechen.

Als man dem Sohn Günter im Juli 1945 erlaubte, in Wangen als Praktikant in der Entwicklungsabteilung zu arbeiten – wie sein Vater einst beim Großvater in Cannstatt begonnen hatte –, fuhr Karl Maybach selbst nach Friedrichshafen und betrat nach langer Zeit wieder den schwer beschädigten Betrieb (Abb. 5.3), in dem in einer halbwegs hergerichteten Halle aus Bauteilen Motoren für die Franzosen montiert wurden. Er besuchte Dr. Hugo Eckener in seinem Büro und sprach mit ihm über die Zukunft. Maybach meinte, man werde Lokomotiven und Dieseltriebwagen vom Maybach-Motorenbau brauchen. Eckener aber sah angesichts der Demontage, der zu 70 % zerstörten Stadt (Abb. 5.1 und 5.2), des menschlichen Elends und der politischen Lage sehr viel pessimistischer in die Zukunft. Er konnte sich nicht vorstellen, wie eine deutsche Panzermotoren-Fabrik, aus der täglich Maschinen und Dokumente abtransportiert wurden, in dieser von den französischen Siegern bestimmten Atmosphäre noch eine »Zukunft« haben sollte. Maybach jedoch wiederholte, was er in Wangen zu sagen pflegte: Ein Konstrukteur müsse auch in dieser Zeit Mut für eine neue, normale Zukunft haben. Seine Fantasie war so ausschließlich die eines kreativen Ingenieurs, dass er sich etwas anderes als die »normale« Arbeit an Motoren einfach nicht vorstellen konnte. Er arbeitete – und das Schicksal fügte sich ihm.

5.2 Zwischenspiel in Vernon

Am 24. Oktober 1945 – drei Monate nach dem ersten Nachkriegsgespräch mit Eckener – wurde Karl Maybach wieder einmal von einer französischen Kommission befragt: nach Parteizugehörigkeit, Orden und Auszeichnungen. Ohne Zweifel war er seit 1912 in Friedrichshafen ein ganz und gar unpolitischer Ingenieur gewesen – sogar einer mit ein paar erfolgreichen Arbeiten für französische Automobilbauer. Sollte diese Bemerkung ein Angebot sein? Noch musste er sich ein paar Monate gedulden. Dann erhielt er von den Franzosen das Angebot, mit seiner Entwicklungsabteilung in Frankreich zu arbeiten – »ohne Einschaltung des MM«. Karl Maybach lehnte dies jedoch ab und machte seine Zusage von der Bedingung abhängig, dass der Maybach-Motorenbau weiterarbeiten dürfe, wenn nötig unter Einschaltung einer neuen Firma. Als die Franzosen dies schließlich akzeptierten, schrieb Karl Maybach am 24. Mai 1946 an den für ihn zuständigen Besatzungsoffizier Colonel Roland, er sei nach Rücksprache mit Eckener bereit, als unabhängiger Ingenieur einerseits und oberster Technischer Direktor eines zu gründenden Unternehmens andererseits die Entwicklung von Motoren und Getrieben für den französischen Staat zu leiten.

Am 12. September 1946 schloss Karl Maybach mit der französischen Regierung unter Mitzeichnung von Jean Raebel, also des Maybach-Motorenbaus, eine »Convention«, »welche die Bedingungen regelt, unter denen die Studien, die Verwirklichung und die Fertigstellung eines Benzinmotors von 1.000 PS mit Hilfsmotor sowie eines Dieselmotors gleichen Hubvolumens und alle weiteren Entwicklungen die-

Abb. 5.5 Vernon, ein 60 km nordwestlich von Paris an der Seine gelegenes Städtchen mit 22.000 Einwohnern. Nach Kriegsende errichteten die Franzosen hier mit deutschen Ingenieuren eine Raketenversuchsanstalt sowie eine Panzermotoren-Entwicklungsstätte. Der Arbeitsplatz und die Unterkünfte der »Groupe M« befanden sich im Wald links neben dem Kirchendach. Die offizielle Ortsbezeichnung dafür lautete »Cité des Bouches Mannons«

Abb. 5.6 Karl Maybach und sein »Vize«, Dipl.-Ing. Markus von Kienlin, in Vernon im Jahre 1949. *Rechts im Hintergrund* die Baracke, in der sich das Konstruktionsbüro befand

ser Motoren zu betreiben sind« (Abb. 5.4). Die Kosten dieser vertraglich festgelegten Entwicklung übernahm die französische Regierung. Alle daraus hervorgehenden Patente und Erfindungen wurden von vornherein Karl Maybach eigentumsmäßig zuerkannt mit der Einschränkung, dass die französische Regierung die Verwertung dieser Maybach-Konstruktionen für Zwecke ihrer nationalen Verteidigung lizenzfrei ausüben konnte. Das Abkommen sollte drei Jahre gelten. Der Ingenieur und Konstrukteur Karl Maybach hatte Mut bewiesen und Glück gehabt, weil seine französischen Verhandlungspartner ihn brauchten und ihm daher generös entgegenkamen. Durch diesen Schritt konnte er den Maybach-Motorenbau vor der vollständigen Demontage retten.

Die Konstruktions- und Versuchsabteilungen durften ihre Arbeit allerdings weder in Wangen noch in Friedrichshafen aufnehmen, sondern mussten nach Frankreich gehen. Karl Maybach konnte zwar mit seiner Familie seinen »ersten Wohnsitz« in Deutschland behalten, aber sein Hauptarbeitsplatz war in Vernon (Abb. 5.5), einem Städtchen mit rund 22.000 Einwohnern an der Seine im Departement Eure in der Normandie – etwa 60 km von Paris entfernt, gut abgelegen also für geheime Arbeit und doch in der Nähe der Behörden, denen diese unterstellt war. Dort sollte Maybachs stellvertretender Direktor, Dipl.-Ing. Markus von Kienlin (Abb. 5.6), mit etwa 60 Freiwilligen, also nicht dienstverpflichteten Ingenieuren, Facharbeitern, männlichen und weiblichen Hilfskräften, ständig tätig sein. Sofort ging man daran, diese anzuwerben sowie Maschinen, Geräte und weiteres Arbeitsmaterial zusammenzustellen. Arbeitsverträge wurden ausgearbeitet, Unterkünfte und Büros vorbereitet. Bereits am 6. Dezember 1946 verließ die erste Gruppe von Mitarbeitern Friedrichshafen.

Karl Maybach selber blieb einstweilen noch in Friedrichshafen. Er folgte der »Groupe M« – so nannte man die Projektgruppe und das Vorhaben nun – erst im Herbst des folgenden Jahres. Als er am 29. September 1947 mit seiner Familie in Vernon eintraf, fand er seine Leute in Baracken einer ehemaligen Pulverfabrik sehr dürftig untergebracht und schlecht versorgt. Man hatte im Winter 1946/47 hungern und frieren müssen, die zugesagten Gehälter und Urlaubsgelder nicht erhalten und die Familien nicht, wie zugesagt, nachkommen lassen können (Abb. 5.7). Auch die Arbeitsverhältnisse im engeren Sinne waren schlecht, sodass man nicht auf die in Deutschland gewohnte Weise vorankommen und die Leistungen erbringen konnte, welche die Franzosen von den Deutschen erwarteten. So mussten in den geplanten Werkstätten wie auch in den Unterkünften erst einmal Elektro- und Wasserinstallationen von den Angehörigen dieser Gruppe durchgeführt werden.

Was die »Groupe M« in den folgenden Jahren in Vernon unter allmählich sich bessernden Umständen geleistet hat, wird an anderer Stelle dargestellt (siehe Abschn. 12.7 und 20.8). Hier geht es allein um ihren Chef. Und da ist zweierlei festzuhalten. Zunächst einmal hatte Karl Maybach das Glück, als freier Konstrukteur genau da weiterarbeiten zu können, wo er im Frühjahr 1945 hatte aufhören müssen: an Otto- und Diesel-Panzermotoren, wie es sie bisher noch nicht gegeben hatte. In dieser Hinsicht ging es ihm sehr viel besser als den meisten anderen deutschen Wirtschaftsführern – weit besser auch als den Ingenieuren und Technikern, die nach England und USA zu gehen »überredet« oder gar in die Sowjetunion deportiert worden waren und dort praktisch als Gefangene, getrennt von ihren Fa-

Abb. 5.7 In diesen Holzbaracken waren Karl Maybach und seine Mitarbeiter mit ihren Familien untergebracht

Abb. 5.8 Während Karl Maybach mit seinen Mitarbeitern in Vernon neue Panzermotoren für die französische Armee entwickelte, waren in Friedrichshafen die verantwortlichen französischen Besatzungsoffiziere und einige Deutsche damit beschäftigt, die Schließung und Totaldemontage des MM durchzusetzen. Die tatsächliche Schließung des Werkes am 13. August 1948 schien das endgültige Aus für den »Motorenbau« zu bedeuten (*Bild*). Doch für die französischen Militärbehörden in Paris galten die technischen Fähigkeiten Karl Maybachs und seiner Gruppe in Vernon mehr als das Bedürfnis nach Vergeltung, sodass am 25. September 1948 die Total- in eine Teildemontage umgewandelt wurde

milien, auf unabsehbare Zeit arbeiten mussten. Maybach reiste zwischen seiner Familie in Wohmbrechts, dem Werk in Friedrichshafen, dessen Demontage im Zusammenhang mit der »Convention« eingeschränkt worden war, und Vernon verschiedentlich hin und her – unbequem gewiss, aber doch als freier Mann.

Seine Mitarbeiter hatten es schlechter, obwohl er sich wiederholt bei den zuständigen französischen Dienststellen für sie einsetzte. Sie hatten ständig Grund zur Klage, sodass viele bald nach der Währungsreform die Rückkehr zu planen begannen. In Friedrichshafen hatte man ihnen für diesen Fall vertraglich Arbeitsplätze zugesichert, außerdem zeichnete sich in den drei Westzonen ein gewisser Aufschwung der Industrie ab. Maybach musste fürchten, dass ihm wichtige Männer der »Groupe M« davonliefen.

Karl Maybach war immer ein eifriger Briefschreiber gewesen; er blieb es auch nach 1945. Geschäftlich korrespondierte er hauptsächlich mit Jean Raebel, der in Friedrichshafen zusammen mit Betriebsdirektor Carl Böttner bemüht war, die Demontage weiter zu verzögern und einzuschränken (Abb. 5.8), ein paar hundert Facharbeiter beim Maybach-Motorenbau zu halten und für diese Arbeit und Lohn zu finden. Am 18. Juli 1948 sandte Maybach Raebel einen höchst interessanten, acht Seiten langen, handgeschriebenen Brief, in dem er die Beantwortung einer Anfrage Raebels, ob die Einstellung eines bestimmten Wissenschaftlers in Friedrichshafen zu vertreten sei oder nicht, zu einer grundsätzlichen Erörterung über die Entwicklung des Ingenieurberufes in den letzten hundert Jahren und die Zukunftsperspektiven dieses Berufes ausweitete. Warum beschäftigte sich der annähernd 70-Jährige plötzlich mit der Entstehung und Entwicklung seines Berufes? Er wollte sich anscheinend am Anfang eines neuen Lebensabschnitts – des letzten – über seine Position als Erfinder und Entwickler in Technik und Wirtschaft klar werden und über den Weg, der von seinem Vater und Gottlieb Daimler bis zu ihm selbst und weiter zu seinem Sohn Günter geführt hatte.

Maybach begann mit der Feststellung, dass es »vor nur wenig mehr als 100 Jahren ... überhaupt keine Ingenieure oder Techniker im heutigen Sinne« gegeben habe. Alles sei von »Schlosser-, Mechaniker- oder sonstigen Handwerkern« erfunden worden. Daneben habe es »reine Wissenschaftler« gegeben, »abgeschlossen in ihrer gesellschaftlich hochstehenden Kaste, ohne Berührung mit den Kreisen der Handwerker und der Parallel-Klasse der Krämer«. Den Handwerkern von Anfang an verschlossen war das Gebiet der Elektrotechnik: »Erst als z. B. der Wissenschaftler Siemens sich mit dem Mechaniker Halske zusammenfand, kam die Elektrizität neben dem Dampf als Kraftquelle in Frage.« Bei der Verbrennungskraftmaschine brauchte man damals noch keinen Wissenschaftler. Otto habe es sogar »ohne handwerkliche Kenntnisse« fertiggebracht, einen Gasmotor zu erfinden und zu bauen. Nachdem aber nun die drei Maschinenarten Verbrennungskraftmaschine, Dampfmaschine und Werkzeugmaschinen aller Art

»einen gewissen Höhepunkt in ihrer Entwicklung erreicht haben, muss zu anderen Mitteln gegriffen werden, die dem Handwerker nicht mehr zugänglich sind. Wehe dem verantwortlichen Techniker, der dies nicht rechtzeitig erkennt und sich diesem gewaltigen Umschwung in der Technik [nicht] anpasst, ehe es zu spät ist. Aber nicht nur anpassen führt zum Erfolg und zu anderen Wegen, sondern im Zuvorkommen und Vorausdenken liegt das Gedeihen für alle weiteren Fortschritte in der Technik.«

Für sich selbst nahm er in Anspruch, dass er »diese Wende schon im Jahre 1935 erkannte« und beim Maybach-Motorenbau in Markus von Kienlin einen reinen Wissenschaftler auf dem Gebiet der elektrischen Hochfrequenz[1] und noch dazu »ohne jede Konstrukteur-Erfahrung auf unserem Gebiet für die Leitung unserer Versuche« angestellt hatte. »Heute [1948] ist ein Motorenversuch ohne die Praxis der elektrischen Hochfrequenz einfach undenkbar ... morgen wird es genauso sein mit dem Wissenschaftler auf dem Gebiet der mathematischen Physik für das Konstruktionsbüro einer Motorenentwicklung.« Dann würde man »leider« erkennen, »dass der reine Konstrukteur, auch wenn er Dipl.-Ing. ist, eben der ›Halske‹ ist, der ohne ›Siemens‹ allein nichts leisten kann«. Maybach folgerte, dass

»die große Zahl der Techniker immer mehr einer Klasse gehobener Handwerker angehören [wird], wie ja auch schon jetzt begabte Handwerker immer mehr[,] und zwar mit Recht[,] in diese Klasse eindringen und sie ganz natürlich weiterhin befruchten werden. Auch rein äusserlich werden solche unentbehrlichen Kräfte immer mehr den Titel ›Ingenieur‹ erhalten und auch verdienen. Es wird in Deutschland nicht ausbleiben können, daß solchen Praktikern nach dem Vorbild von USA der Weg zum Aufstieg ganz anders geöffnet werden wird als bisher und daß er nicht mehr erschwert oder versperrt werden kann nur deshalb, weil sie kein Studium absolviert haben.«

Ähnlich werde die Entwicklung bei Konstrukteuren und Wissenschaftlern verlaufen:

»Beide Arten können aus genau demselben Dipl.-Ing.-Studium hervorgehen und unterscheiden sich erst nach einer genügend langen Berufstätigkeit. Der eine besitzt dann Routine in der mathematischen Physik und besitzt wenig oder keine Erfahrung im Zeichnen, Entwerfen und konstruktiven Denken, beim andern ist es umgekehrt, man verlangt von ihm vor allem Routine in den 3 letzteren Punkten und weiss dabei genau, daß er die Routine des reinen Wissenschaftlers auch bei sonst bester Begabung und vollkommenem Studiengang mangels Übung gar nicht besitzen kann. Es muss also geradezu Wert darauf gelegt werden, daß diese beiden Gebiete möglichst spezialisiert sind, genau so wie ein erstklassiger Versuchsmann kein ebenso bedeutender Konstrukteur sein kann und umgekehrt ... «

In Zukunft müssten, so Maybachs Auffassung, die Kräfte für Versuch, Konstruktion und Wissenschaft im richtigen Verhältnis vorhanden sein und sich ergänzen. Dabei sei allerdings noch nicht gesagt,

»wer dabei in der Führung des Unternehmens die Oberhand hat oder haben soll, zumal zum Gelingen des Ganzen je nach Grösse auch noch mehrere nicht technische Kräfte-Kategorien in Frage kommen, die je nach Veranlagung und Umständen genau so wie die technischen Kräfte gleich grosse Anwartschaft auf die oberste Leitung im Laufe der Zeit erwerben können«.

Maybach folgerte daraus, dass man in Zukunft beim Maybach-Motorenbau erstklassige, wissenschaftliche Spezialisten brauchte – wie er kürzlich einen solchen in einem »angesehenen französischen Wissenschaftler und Professor einer Lehranstalt« kennengelernt hatte, der »den schwierigsten Problemen auf dem Motorengebiet mit erstaunlicher Planmäßigkeit auf rein theoretischem Wege auf den Grund geht«.

Abb. 5.9 Karl Maybach nimmt in einer der Versuchswerkstätten in Vernon die Glückwünsche der Mitarbeiter zu seinem 70. Geburtstag entgegen; *rechts* Dipl.-Ing. Markus von Kienlin

Waren solche modernen »Wissenschaftler und Professoren« etwa im Begriff, Karl Maybach selber zu überholen? Er ahnte wohl so etwas und fürchtete, dass »das französische Amt sich einmal unsere ›wissenschaftliche‹Tätigkeit (immer im obigen Sinne) genauer ansieht und vermissen könnte, dass wir neben unseren neuen Messmethoden die rein rechnerische Durchführung dieser Gebiete vernachlässigen«. Das war gewissermaßen Maybachs Analyse für die künftige Zusammensetzung der Entwicklungsabteilung eines Motorenherstellers, womit er die tatsächliche Entwicklung erstaunlich genau voraussagte.

Daneben kümmerte er sich, wo immer er sich aufhielt, um das Wohlergehen der Mitglieder seiner »Groupe M« in Vernon, um Krankheit, Geld- und Verpflegungsfragen, auch um familiäre Schwierigkeiten – unauffällig, auch hier mit wenigen Worten, aber deutlich mit mehr als pflichtgemäßer Anteilnahme. Beide Bereiche füllten ihn ganz aus – anderes kannte er nicht. Als 1948 einige Mitarbeiter aus Vernon nach Paris zu einem Furtwängler-Konzert fuhren und ihn einluden mitzukommen, ließ er sie wissen, dass er mit Musik »nichts anfangen« könne.

Über Weihnachten und den Jahreswechsel 1948/49 war er zu Hause in Deutschland, einige Tage später wieder in Vernon. Dort feierte er auch am 6. Juli 1949 mit etwa 50 Mitarbeitern seinen 70. Geburtstag (Abb. 5.9). Seine Dankesrede für die Feier schloss er mit den Sätzen: »Ihr seid hier meine Pioniere. Danke, dass Ihr mitgekommen seid.« Wissenschaftler, Pioniere – auch am Anfang seines ach-

[1] Für die Messung mechanischer Größen im und am Motor.

Abb. 5.10 Nach 1945 nahm Frankreich die Entwicklung eigener Panzerfahrzeuge wieder auf. So entstand unter anderem der schwere Panzer AMX 50, für den Karl Maybach in Vernon den Benzin-Einspritzmotor HL 295 mit 735 kW (1.000 PS) entwickelte. Dieses Bild aus dem Jahre 1989 zeigt einen fahrbereiten AMX 50 auf dem Gelände der Panzerschule Saumur (Loire)

ten Jahrzehnts blickte Karl Maybach in die Zukunft. Noch war die Bundesrepublik Deutschland nicht gegründet, waren nach der Währungsreform zwar die Anfänge der sozialen Marktwirtschaft, nicht aber Ansätze für ein »Wirtschaftswunder« zu erkennen, stand der Maybach-Motorenbau in Friedrichshafen aus Mangel an Aufträgen sogar vor dem Ruin. Aber Maybach dachte schon an den Bau von Eisenbahnantrieben – an die »Verdieselung«. Doch die alte Deutsche Reichsbahn war ein »Volkseigener Betrieb« der sowjetischen Besatzungszone bzw. der DDR geworden, der keine Aufträge an kapitalistische Unternehmen in Westdeutschland vergab. Die im Westen neu gegründete Deutsche Bundesbahn dagegen hatte kein Geld für Modernisierungen, nicht einmal für Reparaturen größeren Ausmaßes. Und in Vernon begannen die Franzosen, denen das große Vorhaben zu teuer wurde, über die Langsamkeit von Maybachs Arbeit und das Ausbleiben spektakulärer Ergebnisse zu klagen. In der Tat: Viele Mitarbeiter liefen Maybach und von Kienlin davon – nach Friedrichshafen oder zur Konkurrenz. Im November 1951 drohte das Ende der Zusammenarbeit, die man vor mehr als vier Jahren voller Dankbarkeit und Optimismus begonnen hatte. Allerdings muss festgestellt werden, dass Maybach seinen Vertrag durchaus korrekt erfüllt hatte. Der Benzinmotor HL 295 (Abb. 5.10) mit Hilfsmotor HL 11 war mit den verlangten Leistungen abgeliefert worden, ebenfalls ein entsprechender Dieselmotor. Wenn die Franzosen Maybach persönlich vorwarfen, er arbeite nicht schnell und genau genug, dann betraf das die Teilefertigung in Friedrichshafen. Schließlich arbeitete man 1952 in bescheidenem Umfang weiter – hauptsächlich an neuen Motoren und auf Wunsch der Franzosen an verschiedenen Versionen des HL-295-Motors.

5.3 Die letzten Jahre

Karl Maybach selbst blieb ab Mitte 1951 endgültig in Deutschland. Er lebte und arbeitete nun hauptsächlich in seinem Haus in Garmisch. Auch im Alter blieb er bescheiden und anspruchslos. Wenn er von Zeit zu Zeit nach Friedrichshafen kam, wohnte er nicht bei seinen Kindern, sondern im Gustav-Werner-Stift. Zuweilen assistierte ihm sein Sohn Günter, der kurz vor seiner Diplomprüfung an der TH Stuttgart stand, bei der Arbeit. Würde er ein »Wissenschaftler« im Maybach-Motorenbau werden? Der Großvater reiner Praktiker, der Vater nur zur Hälfte ein Studierter – und nun die »reine Wissenschaft«? Zunächst wollte sich Günter Maybach weiter in den USA ausbilden, wie der Vater einst in Frankreich. Auch zwischen Günter Maybach und seinem Vater gab es eine rege Korrespondenz. In Friedrichshafen wurde das zerstörte Haus wieder aufgebaut und von der Tochter Marianne und ihrem Mann Heinz Gessler, Juniorchef des Robert-Gessler-Verlages, nach der Hochzeit im Jahre 1951 bewohnt. Die Tochter Irmgard hatte dem Vater zuliebe auf ein Studium verzichtet und war seine Sekretärin geworden. 1957 heiratete sie den Arzt Dr. Friedrich W. Schmid und zog mit ihm nach San Francisco. Karl Maybachs älteste Tochter Liselotte hatte bereits 1941 den Rechtsanwalt Dr. Ludwig Hengstl geheiratet.

Pensionierte Mitarbeiter des Maybach-Motorenbaus, die in ganz unterschiedlichen Positionen tätig gewesen sind, erinnern sich, dass damals im Unternehmen allen Absatz- und Finanznöten zum Trotz eine gute Zusammenarbeit geherrscht hat – nicht zuletzt, weil man sich in der Bewunderung für Karl Maybach einig war. Man lebte in der Tradition seiner großen Leistungen, die vom Luftschiff über das Automobil und den Triebwagen in eine Zeit neuer Erfolge zu führen schien. Man wusste, dass auch der über 70-Jährige Tag für Tag arbeitete und Neues schuf, ja sogar einmal meinte, man könne in den Lokomotivbau einsteigen, da er sich wie bei den Automobil-Motoren den Konstrukteuren der anderen, alteingeführten Lokomotivfirmen überlegen fühlte.

Zwei Ereignisse in Karl Maybachs frühen Siebzigern müssen hier erwähnt werden, da sie für seinen Lebensabend und die Zukunft der Familie, ja des Namens, große Bedeutung erlangt haben: die Entwicklung des Sohnes Günter (Abb. 5.11) und die Beteiligung von Friedrich Flick am Maybach-Motorenbau, der von Karl und Wilhelm Maybach vor rund 40 Jahren mitgegründet worden war. Günter Maybach war, 25-jährig, im Begriff, sein Studium an der TH Stuttgart mit einer Diplomarbeit auf dem Gebiet der Abgasturboaufladung zu beenden, als sein Vater vorsorglich bereits am 3. September 1952 an den Research Consultant der General Motors Corporation (GMC) in Detroit, Charles Francis Kettering, den er 1930 kenngelernt hatte, schrieb, sein Sohn wolle nach dem Studium »für eine zunächst unbestimmte Dauer als Ingenieur in eine der bestrenommierten dortigen Motorenfabriken« eintreten. Er, der Vater, wähle daher eine regelrechte Anstellung als Ingenieur auf dem Motorengebiet mit Bevorzugung von schnelllaufenden Dieselmotoren. Kettering reichte den Brief weiter an den zuständigen Vizepräsidenten der GMC, C. R. Osborn, und dieser schrieb am 29. Oktober 1952 an Karl Maybach:

> »Wenn Ihr Sohn die Absicht hat, seinen ständigen Wohnsitz in den USA zu nehmen ..., bin ich überzeugt, daß wir für ihn in einer unserer großen Dieselabteilungen im beiderseitigen Interesse eine Stellung finden werden. Wenn er die Absicht hat, nach den Vereinigten Staaten zu einer Ausbildungszeit zu kommen, um nachher nach Deutschland zurückzukehren, so glaube ich nicht, daß wir in diesem Falle Wert darauf legen würden, ihn zu beschäftigen, weil es, von unserem Standpunkt aus gesehen, kaum vorteilhaft wäre ...«

Abb. 5.11 Dr.-Ing. Günter Maybach (1927–1963)

Karl Maybach brauchte fast drei Monate, um diese klare Absage zu verwinden. Erst am 16. Januar 1953 schrieb er Osborn:

> »Ich glaube deshalb, daß mein Sohn besser daran tun wird, sich ohne jede feste Bindung zur gegebenen Zeit in USA persönlich umzusehen, zumal er aufgrund seiner Diplomarbeit ... auch über ein Wissen verfügt, das sicherlich für die eine oder andere Firma in Ihrem Lande interessant sein kann.«

Günter Maybach blieb vorerst in Deutschland, volontierte beim Maybach-Motorenbau und assistierte dem Vater bei einer Arbeit über Abgasgegendrücke bei einem geplanten Zweitaktmotor. Erst am 29. Mai 1954 schrieb Karl Maybach einen zweiten Brief im Interesse seines Sohnes – diesmal an F. W. von Meister, mit dem er wohl über ein Schweizer Unternehmen bekannt war, und der am State College in Bernards Ville, New Jersey/USA, lehrte. Diesmal wurde man sich sehr schnell einig: Günter Maybach reiste mithilfe eines Studentenvisums in die USA. In seinem ersten Brief an den Vater vom 13. September 1954 schrieb er begeistert über den Anfang seiner Arbeit bei Professor Schweitzer, der an der Pennstate University in State College, Pennsylvania, Maschinenbau lehrte. Interessant an diesem ersten Brief ist der Satz: »Über den Prozess der Verdieselung in Europa sprach er sehr optimistisch – dieser Zeitpunkt sei sehr nahegerückt.« Günter Maybach blieb schließlich bis 1959 in den USA. Er war offenbar tüchtig und beliebt. Schweitzer schrieb über ihn bereits am 10. Dezember 1954: »Günter ist ein furchtbar netter Kerl und eine ganz außerordentliche Arbeitskraft.« Er sei als Forschungsassistent an der Universität angestellt, höre wöchentlich sechs Vorlesungen und sei außerdem »als Konstrukteur in unserem Ingenieur-Büro ungefähr 12 Stunden wöchentlich in den Abendstunden und am Wochenende tätig«. Innerhalb von drei Jahren wolle er promovieren. Schweitzer schloss den Brief mit den Worten, »dass Sie auf Ihren Sohn stolz sein können. Er passt in die eminente Familie.«

Der 75-jährige Vater war gewiss stolz auf seinen Sohn und ließ z. B. am 16. März 1955 Jean Raebel, der am folgenden Tag in die USA reiste, wissen, »dass er voll Elan dort tätig ist«. Im Januar 1959 schloss Günter Maybach sein Studium an der Pennstate University mit einer Promotion bei Prof. Hussmann ab. Aus diesen Jahren sind 68 Briefe von ihm an die Eltern und 74 zum Teil seitenlange von Karl Maybach an den Sohn und die Schwiegertochter erhalten geblieben – fast durchweg spezielle »Ingenieur-Briefe«. Am 25. November 1954 schrieb daher Karl Maybach: »Ich lasse mir Deine Briefe in gewissen Abständen mehrere Male von Mama vorlesen, da ich sie dann erst gründlich in mir aufnehmen kann.« Am 4. Mai 1959 nahm Dr.-Ing. Günter Maybach – inzwischen seit 1957 mit einer Tochter des angesehenen amerikanischen Ingenieur-Professors de Juhasz verheiratet – im Maybach-Motorenbau seine Tätigkeit als Direktions-Assistent bei Markus von Kienlin auf. Nach langjähriger, sorgfältiger Ausbildung begann damit die dritte Generation der Maybachs die Karriere im eigenen Unternehmen (Abb. 5.12).

Ausführlich wird an anderer Stelle in diesem Buch (siehe Abschn. 13.3) dargestellt, wie Jean Raebel den Kontakt zu Friedrich Flick suchte, um mit ihm einen finanzkräftigen Partner für den Wiederaufbau des Werkes und die Produktion der neu entwickelten MD-Motorenbaureihe zu bekommen. Nachdem Flick unauffällig auch vom Betriebsrat Informationen über Arbeitsklima, -tempo und -moral beim »Motorenbau« eingeholt hatte, führten er und seine Berater am 7. August 1952 in Düsseldorf das entscheidende Gespräch mit Raebel. Der im Jahre 1950 aus dem Gefängnis entlassene, durch Kombinieren und Fusionieren reich gewordene und trotz großer Verluste in der sowjetischen Besatzungszone reich gebliebene Unternehmer übernahm einen bedeutenden Teil des Kapitals des Maybach-Motorenbaus. Flick erhielt die Zustimmung von Karl Maybach und Raebel, der künftig als sein Treuhänder fungierte. Über Raebel konnte Flick entscheidenden Einfluss auf das Friedrichshafener Unternehmen ausüben, das von ihm zinsgünstige Kredite zum Auf- und Ausbau erhielt.

Abb. 5.12 Günter Maybach trat nach seiner Promotion zum Dr.-Ing. 1959 in den Maybach-Motorenbau ein, zunächst als Assistent des Entwicklungschefs. Sein früher Tod verhinderte die Karriere eines Maybach als Motoreningenieur in der dritten Generation. *Von links nach rechts*: Karl Maybach im Gespräch mit Jean Raebel (*links*), Oberingenieur Fritz Lutz (*zweiter von rechts*) und Sohn Dr. Günter Maybach (*rechts*)

Der Einstieg von Flick beim Maybach-Motorenbau und das gleichzeitige Ausscheiden des Unternehmens aus dem LZ-Konzern war mit zahllosen Komplikationen und Auseinandersetzungen mit der Stadtverwaltung verbunden, wie im unternehmungsgeschichtlichen Teil dieses Buches nachzulesen ist (vgl. Abschn. 13.3). Diese führten sogar dazu, dass Dr. Hugo Eckener, Claude Dornier und auch Karl Maybach im September, Oktober und November 1950 nacheinander ihr Ehrenbürgerrecht zurückgaben. Erst mit der Neuordnung der Beteiligungsverhältnisse im August 1952 wurde der Rechtsstreit beigelegt. Nachdem der Friedrichshafener Oberbürgermeister Dr. Grünbeck versöhnliche Erklärungen abgegeben hatte, machten Eckener, Dornier und Maybach ihre Verzichte rückgängig.

Mit Flicks Eintritt in den Maybach-Motorenbau veränderte sich nicht nur die kapitalmäßige, sondern auch die personelle Führung des Unternehmens: Am 19. Dezember 1952 schied Karl Maybach »auf eigenen Wunsch aus Altersgründen« als Geschäftsführer aus. Raebel, der Vorsitzender der Geschäftsführung wurde, versicherte zwar, dass sich durch Maybachs Ausscheiden »praktisch nichts weiteres geändert habe als die Verlegung seines Wohnsitzes«. Aber das entsprach natürlich nicht den Machtverhältnissen und Einflussmöglichkeiten. Wenngleich Maybach sich auch bemühte, eine verhältnismäßig enge Beziehung zu Raebel (Abb. 5.13) und zum Entwicklungschef von Kienlin aufrechtzuerhalten, so war er doch seit Ende 1952 nur noch ein Gesellschafter, dessen Kapitalanteil mit jeder Kapitalerhöhung relativ abnahm.

Abb. 5.13 Am Ende eines erfüllten Lebens: Karl Maybach und der kaufmännische Direktor des »Motorenbaus«, Jean Raebel, bei einem Besuch im Hause Maybach in Garmisch, 1958. Raebel und Maybach verband über Jahrzehnte eine vertrauensvolle und erfolgreiche Partnerschaft

So nahm Karl Maybach also die »Verdieselung« der Bundesbahn, die Einführung von Schiffsdieselmotoren, den Aufbau der Bundeswehr seit der Gründung des »Amtes Blank«[2] im Jahre 1953, das Anwachsen des Exports fast nur noch von Garmisch aus wahr. Dort arbeitete er intensiv an der Vervollkommnung seines MD-Motors (Baureihe 538). Dieser stellte seine letzte große Leistung dar (Tafel 6.8). Der hohe konstruktive Aufwand, der so charakteristisch für die Maybachschen Motoren war und in den zwanziger und dreißiger Jahren zu den wirtschaftlichen Schwierigkeiten des Maybach-Motorenbaus beigetragen hatte, zahlte sich jetzt durch das große Entwicklungspotenzial aus, das im MD-Motor steckte (vgl. Falttafel 1, Erläuterungen zu den Falttafeln s. Anhang). Noch über 40 Jahre nach seinem ersten Lauf wurde er von der Nachfolgefirma, der Motoren- und Turbinen-Union Friedrichshafen GmbH (MTU), gebaut, und manche seiner Konstruktionsmerkmale gelten heute noch als unabdingbar für jeden modernen Dieselmotor.

Immer häufiger aber wanderten die Erinnerungen, Einfälle und Zukunftsüberlegungen des Alternden über die Realität und das Realisierbare hinaus. Bei seinen letzten Konstruktionen, z. B. einem Zweitakt-Dieselmotor, legte er seiner Fantasie keine Zügel mehr an. Außerdem wandte sich Karl Maybachs Interesse mehr und mehr der Vergangenheit zu: Er las Carl Ludwig Schleichs »Besonnte Vergangenheit«, Kügelgens »Jugenderinnerungen eines alten Mannes«, besonders gerne aber die Robert-Bosch-Biografie aus der Feder von Theodor Heuss und schrieb viele gleichsam historische Bemerkungen auf die Seitenränder. Neben seinem Bett lag ein kleines »Kopfkissenheft«, in das er Einfälle, die ihm in der Nacht kamen, auch Gedanken über die Beeinflussung der Entwicklung seines Sohnes als Konstrukteur und manches andere eintrug, das am folgenden Morgen vielleicht nicht mehr ganz so wichtig war.

Als er am 6. Juli 1954 mit vielen Menschen in Garmisch seinen 75. Geburtstag feierte, zeichnete ihn Bundespräsident Theodor Heuss mit dem »Großen Bundesverdienstkreuz« aus. Der 86-jährige, schwer kranke Dr. Hugo Eckener wünschte, dass der Jubilar »in weiteren vielen Jahren frischer Gesundheit noch die volle Ausreife der motorischen Ideen erleben möge, an denen er jetzt arbeitet« (Abb. 5.17). Als wenige Wochen nach diesem Jubiläumsgeburtstag Eckener starb, wählten die Gesellschafter des MM Karl Maybach zu ihrem Vorsitzer.

Nachdem nun Arbeitsplätze und Einkommen einer ständig wachsenden Zahl von Mitarbeitern wieder gesichert waren, sah Karl Maybach es als seine besondere Verpflichtung an, eine zusätzliche Gesellschaft zu gründen, die jene in besonderen finanziellen Notlagen unterstützen sollte. Zu diesem Zweck rief er zusammen mit Jean Raebel und dem Betriebsratsvorsitzenden Walter Beig am 22. Dezember 1958 die »Karl-Maybach-Hilfe« als Unterstützungskasse ins Leben. Er versah die Gesellschaft mit einem Stammkapital von 100.000 DM – ein hoher Betrag, wenn man bedenkt, dass das Stammkapital der Maybach-Motorenbau GmbH zu diesem Zeitpunkt lediglich 6 Mio. DM betrug. In diesem Zusammenhang ist zu erwähnen, dass im MM während seines Bestehens viele soziale Einrichtungen geschaffen wurden (vgl. Tafel 6.10).

Am 6. Juli 1959 feierte Karl Maybach seinen 80. Geburtstag, während die Maybach-Motorenbau GmbH auf ihr 50-jähriges Bestehen zurückblicken konnte (Abb. 5.14). Maybach erlebte dieses Fest in Gegenwart von mehr als 3.500 Mitarbeitern, Politikern, Unternehmern, Repräsentanten von Bundesregierung, Bundesbahn und Bundesmarine sowie vielen anderen Gästen (Abb. 5.15). Jean Raebel, den Maybach vor mehr als zwei Jahrzehnten nach Friedrichshafen geholt hatte, hielt natürlich den Festvortrag. Mit Recht erinnerte er an die »Convention«, die Maybach am 12. September 1946 mit dem französischen »Ministere d'Armement« geschlossen hatte – mit dem Ergebnis, dass der Maybach-Motorenbau nicht völlig demontiert wurde. Der Kaufmann Raebel konnte nicht über den Erfinder Maybach, auch nicht über dessen Bindung an den Vater Wilhelm und den langen Weg sprechen, der in fast 100 Jahren von Reutlingen nach Friedrichshafen geführt hatte. Aber er konnte darüber sprechen, dass Karl Maybach viele Beschwernisse auf sich genommen hatte, um der Belegschaft in Friedrichshafen nach dem Krieg Arbeitsplätze zu erhalten. Der baden-württembergische Ministerpräsident Kurt-Georg Kiesinger überreichte dem Jubilar das vom Bundespräsidenten verliehene Große Bundesverdienstkreuz mit Stern und ernannte ihn zum Professor ehrenhalber. Der Rektor der TH Stuttgart, Prof. Dr. Bredereck, erinnerte daran, dass beide Maybachs

[2] Dem späteren Bundesministeriums der Verteidigung mit Theodor Blank als erstem Verteidigungsminister.

Der Luftschiffer Hugo Eckener

»Wie das Gerippe eines riesigen Walfisches liegt das Luftschiff vor uns. Mit Äxten und Sägen arbeitet man schonungslos an der schleunigen Zerstörung. Die Landung war, wenn auch schwierig, so doch glücklich gewesen. Nur das Hinterteil war an einem Baum hängengeblieben und stärker beschädigt worden. Aber am Abend hatte sich ein Wind erhoben und das Luftschiff ein paarmal heftig auf den Boden gestoßen. Da waren die Rippen gebrochen, und es war jetzt unmöglich, das etwa 9.000 Kilogramm wiegende Schiff vom Fleck wegzubringen. Inmitten des Werkes der Zerstörung stand der alte Graf Zeppelin, aufrecht und ruhig, und erteilte hin und wieder Anordnungen. Wer kann nachfühlen, was den Erfinder in einer schlaflosen Nacht der Entschluss gekostet haben mag, den Befehl zur Zertrümmerung des Werkes zu geben, über das er ein Menschenalter nachgegrübelt, an dem er volle sieben Jahre gebaut hat ... «

Der Mann, der diese Zeilen im Januar 1906 schrieb, ohne zu ahnen, dass sie für ihn zum Schicksal werden sollten, starb im August 1954, vier Tage nach seinem 86. Geburtstag, in Friedrichshafen am Bodensee – verbittert, einsam und beinahe schon vergessen: Dr. Hugo Eckener, der Mann, der sein Werk überlebte. Er schrieb diese Zeilen über die Strandung des zweiten Luftschiffes am 17. Januar bei Kisslegg und lernte durch sie Ferdinand Graf von Zeppelin kennen, dessen Lebenswerk er übernahm und mit dem Eifer eines Besessenen weiterführte.

»Ein reiches Leben, auf das der 86jährige von seinem Konstanzer Alterssitz zurückblicken konnte – ein langes Leben seit dem Tage, da er als junger Doktor aus Flensburg, der soeben über Psychologie promoviert hatte und für die ›Frankfurter Zeitung‹ schrieb, an den Bodensee kam, um eine volkswirtschaftliche Arbeit zu vollenden. Dort, am Bodensee, war es auch gewesen, wo ihm eines Tages der Kavallerieoffizier Zeppelin gegenübertrat und wo der junge Geisteswissenschaftler dem »armen alten Grafen« versicherte: ›Ich möchte Ihnen helfen, Herr Graf. Ich möchte Ihnen bei der Erreichung Ihres Zieles helfen, soweit ich das mit meinen bescheidenen Mitteln kann.‹ Das war der Wendepunkt im Leben Dr. Eckeners. Er verschrieb sich ganz dem Werk des ›verrückten Grafen‹, wie ihn alle Welt in jenen Jahren nannte, einem Werk, das aus Traum und Romantik bestand – wie wir heute, im Abstand der Jahre, wissen. Aber Dr. Eckener hat an die Sendung Zeppelins geglaubt, bis zu seinem letzten Atemzug; dass es umsonst gewesen war, hat er nie ganz einsehen können, auch dann nicht, als längst offenbar geworden war, dass Zweckmäßigkeit und Schnelligkeit alle Romantik besiegten – er träumte weiter von den ›schimmernden Riesenleibern‹, die stolz und majestätisch über Kontinente und Meere dahinfuhren ... Das war die Tragik dieses reichen Lebens, das so still am Bodensee zu Ende ging. Und deshalb auch die Verbitterung im hohen Alter.
1911 erwarb Dr. Hugo Eckener das Luftschiffführerpatent Nr. 10. Vom Balkan aus unternahm er verwegene Kriegsvorstöße* – und führte nach dem Ersten Weltkrieg durch immer neue Katastrophen die junge Luftschiffahrt zu immer neuen triumphalen Erfolgen. Sein Name, den jedes Kind kannte, ist untrennbar mit einem Abschnitt der Zeitgeschichte verbunden, in dem deutscher Pioniergeist auf dem Gebiet der Technik Weltgeltung erlangte. Mit den Atlantiküberquerungen der Zeppeline, dem Flug um die Welt (1929), dem Vorstoß in die Arktis (1931) und den Deutschlandflügen schrieb er ein unvergessliches Kapitel der Luftfahrtgeschichte. Aber nach den großen Triumphen wurde sein Werk auf tragische Weise zerstört. Das Leben hat Eckener nichts geschenkt. Es hat ihm viel genommen, fast alles – doch die Verehrung seiner Freunde in allen Kontinenten wird ihm über den Tod hinaus bleiben. Das Wirken des alten Nationalhelden als Botschafter des guten Willens in aller Welt war nicht umsonst!«

Dr. Hugo Eckener am Fenster seines Konstanzer Heims kurz vor seinem Tode. Täglich schweifte der Blick des alten Luftschiffers stundenlang über den Bodensee, wo seine Laufbahn so verheißungsvoll begonnen hatte

Aus: *Deutsche Chronik 1954*, hrsg. von Wilhelm Schlösser. Stuttgart 1955.

* Hier irrte der damalige Verfasser. Dr. Eckener blieb während des Ersten Weltkrieges Zivilist und machte lediglich Ausbildungs- und Überführungsfahrten. Es ist möglich, dass Letztere ihn auch auf den Balkan führten.

Abb. 5.14 Am 6. Juli 1959 hatte der »Maybach-Motorenbau« gleich zweimal Grund zum Feiern: Der Firmengründer wurde 80 Jahre alt und das Unternehmen konnte sein 50-jähriges Jubiläum begehen. Das Bild zeigt Karl Maybach bei seiner Dankesrede

bereits 1916 bzw. 1924 von der gleichen Hochschule für »überragende Leistungen auf dem gleichen Gebiet, dem des Motorenbaus und des Kraftfahrwesens«, mit dem Ehrendoktor ausgezeichnet worden waren.

Maybach hat diese Tage im Kreise der Familie und der Mitarbeiter des Maybach-Motorenbaus, zu denen nun auch sein Sohn Günter gehörte, sehr genossen. Dann arbeitete er weiter, wie er es immer getan hatte. Anfang Februar 1960 hielt er sich aus beruflichen Gründen in Friedrichshafen auf. In der Nacht zum Sonntag, dem 6. Februar 1960, starb er (Abb. 5.16). In einem Ehrengrab der Stadt Friedrichshafen wurde er in unmittelbarer Nähe von Hugo Eckener und Ludwig Dürr beigesetzt. Seinem Wunsch entsprechend wurden am Grab keine Reden gehalten. Käthe Maybach, die ihrem Mann 45 Jahre lang treu und aufopferungsvoll zur Seite gestanden hatte, überlebte ihn um elf Jahre und starb am 13. Februar 1971 in Garmisch. Sie liegt ebenfalls in Friedrichshafen begraben.

Abb. 5.15 Bei der Feier zum 80. Geburtstag: *hintere Reihe von links*: Käthe und Karl Maybach, Gräfin Ursula und Graf Alexander Brandenstein, der Enkel des Luftschiffpioniers; *vordere Reihe*: Frau Friedl Raebel und Aufsichtsrat Dr. Hugo Wilhelm

Karl Maybach hat in seinen letzten Jahren gelegentlich seinem Sohn gegenüber die Meinung geäußert, dass Wirtschaft und Forschung weltweit in Größenverhältnisse wuchsen, in denen die relativ kleine Maybach-Motorenbau GmbH ihre Unabhängigkeit nicht würde behaupten können. Flicks wachsender Einfluss gab ihm recht. Maybach sprach

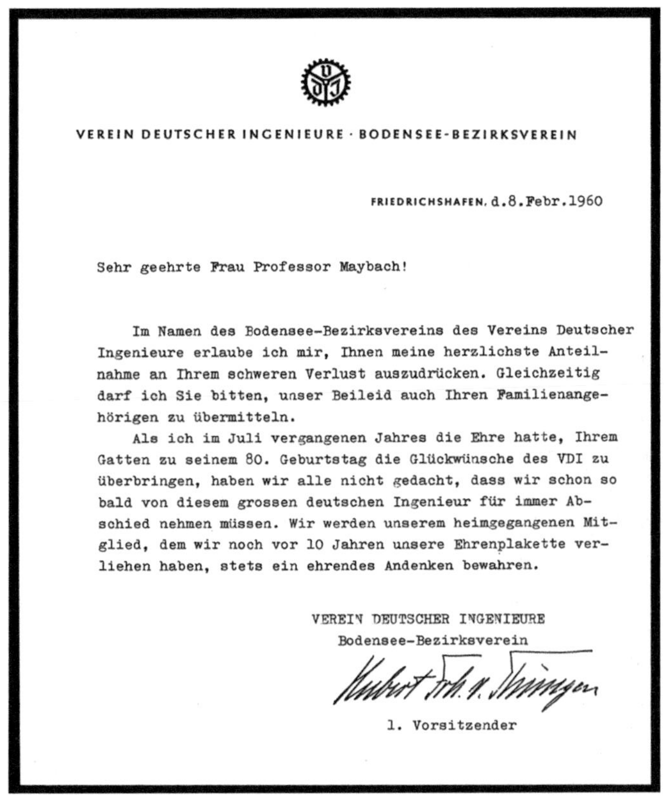

VEREIN DEUTSCHER INGENIEURE · BODENSEE-BEZIRKSVEREIN

FRIEDRICHSHAFEN, d.8.Febr.1960

Sehr geehrte Frau Professor Maybach!

Im Namen des Bodensee-Bezirksvereins des Vereins Deutscher Ingenieure erlaube ich mir, Ihnen meine herzlichste Anteilnahme an Ihrem schweren Verlust auszudrücken. Gleichzeitig darf ich Sie bitten, unser Beileid auch Ihren Familienangehörigen zu übermitteln.

Als ich im Juli vergangenen Jahres die Ehre hatte, Ihrem Gatten zu seinem 80. Geburtstag die Glückwünsche des VDI zu überbringen, haben wir alle nicht gedacht, dass wir schon so bald von diesem grossen deutschen Ingenieur für immer Abschied nehmen müssen. Wir werden unserem heimgegangenen Mitglied, dem wir noch vor 10 Jahren unsere Ehrenplakette verliehen haben, stets ein ehrendes Andenken bewahren.

VEREIN DEUTSCHER INGENIEURE
Bodensee-Bezirksverein

1. Vorsitzender

Abb. 5.16 Nur wenige Monate nach seinem Geburtstag starb Karl Maybach am 6. Februar 1960 im Alter von 80 Jahren

Abb. 5.17 Karl Maybach bei der Arbeit am Reißbrett in seinem Heim in Garmisch, um 1956. Bleistift, Maßstab, Zirkel und Papier – die einfachen Arbeitsmittel eines großen Ingenieurs

es nicht aus, dass ihm die logische Konsequenz solcher Entwicklungen und Zukunftsaussichten eine Verständigung oder Vereinigung des Maybach-Motorenbaus mit Daimler-Benz in Stuttgart zu sein schien. Aber welches andere Unternehmen wäre für einen solchen Schritt mehr infrage gekommen als dieses? So hätte wohl Karl Maybach, wenn er ihn noch erlebt hätte, den monatelang sorgfältig vorbereiteten Beschluss des Maybach-Motorenbaus und der Daimler-Benz AG vom 10. August 1960, auf dem Gebiet der schnelllaufenden Großmotoren wirtschaftlich und technisch eng zusammenzuarbeiten, vielleicht nicht eben gewünscht und begrüßt, aber doch als unvermeidbar und damit als richtig anerkannt. Sein Sohn Günter äußerte sich jedenfalls am 11. Juni 1960 »voller Begeisterung für das Projekt«; allein könne der Maybach-Motorenbau »auf die Dauer gegen die großen Konzerne nicht aufkommen«.

Wie um 1908, so befand man sich auch ein halbes Jahrhundert später am Anfang eines wirtschaftlich-technisch neuen Zeitalters. Wilhelm und Karl Maybach hatten – wie Gottlieb Daimler und Karl Benz – wesentlich dazu beigetragen, dass dieser Beschluss vom August 1960 möglich und sinnvoll geworden war. Karl Maybach konnte nicht vermuten, dass sein Name in naher Zukunft nur noch im Untertitel des dann als »Motoren- und Turbinen-Union« firmierenden Unternehmens auftauchen und schließlich ganz wegfallen würde. Dies waren jedoch Zwänge, die nicht mit der Verbindung Daimler und Maybach in Zusammenhang zu bringen sind. Drei Jahre nach dem Vater starb auch Günter Maybach in Friedrichshafen – ebenfalls ein hochbegabter Ingenieur. Über drei Generationen hatte sich eine außerordentliche technische Begabung in der Familie Maybach erhalten. 98 Jahre zuvor waren in Reutlingen sein Großvater Wilhelm und Gottlieb Daimler einander begegnet.

Dieses große Kapitel deutscher Technikgeschichte war damit jedoch nicht zu Ende. Das Werk Wilhelm und Karl Maybachs verschmolz mit dem der Erben von Gottlieb Daimler und Karl Benz und schließlich auch von MAN zu einem neuen, größeren Unternehmen, das Geist und Wert des Vergangenen bewahrt.

Tafeln zu Teil I

6

Wilhelm Treue

Tafel 6.1 »Vater Werner« in einer romantisierenden Darstellung, wie sie im vorigen Jahrhundert beliebt waren: Die Jungen tragend und führend, den Alten stützend, das Bruderhaus im Hintergrund, hat das Bild fast den Charakter einer Allegorie, die das Wesen von Werners Arbeit und Wirken treffend zum Ausdruck bringt

W. Treue (✉)
Göttingen, Deutschland
E-Mail: customerservice@springernature.com

E. Eckermann, W. Treue, S. Zima (Hrsg.), *Technikpionier Karl Maybach*, https://doi.org/10.1007/978-3-658-37065-7_6

Tafel 6.2 Karl und Wilhelm Maybach beim Gordon-Bennett-Rennen in Frankreich (1905)

Tafel 6.3 Unter dem ersten Luftschiff LZ 1 in Friedrichshafen-Manzell stellen sich die Mitarbeiter des Grafen Zeppelin dem Fotografen stolz zu einem Erinnerungsbild

Tafel 6.4 Deutsche Luftschiffe bombardieren zu Beginn des Ersten Weltkrieges die französische Stadt Nancy. Aus Sorge, Friedrichshafen könne wegen seiner Nähe zur Westfront dasselbe Schicksal erleiden, schickte Karl Maybach seine wertvollen Konstruktionszeichnungen zum Vater in sichere Aufbewahrung

Tafel 6.5 Auf Feindfahrt über England: Während Flakscheinwerfer das Luftschiff eingabeln, versucht ein Mechaniker, den durch ein abgeschossenes Drahtstag blockierten Propeller wieder klar zu bekommen, während sein Kamerad ihn mit der Fangleine sichert

Tafel 6.6 Mit dem fahrplanmäßigen Einsatz des Schnelltriebwagens »Fliegender Hamburger« mit zwei Maybach-GO-5-Dieselmotoren wurde 1933 die Ära des Schienenschnellverkehrs eröffnet. Das *Bild* zeigt den »Fliegenden Hamburger« kurz vor der Abfahrt aus dem Lehrter Bahnhof in Berlin

Tafel 6.7 »Transformations-Cabriolets« dieser Art wurden mit SW-38- und später mit SW-42-Fahrwerken in ähnlicher Form von Spohn (Ravensburg), Erdmann & Rossi (Berlin) und Gläser (Dresden) karossiert

Tafel 6.8 Nach Erprobung von fünf Vorauslokomotiven erteilte die Deutsche Bundesbahn 1954 einen ersten Auftrag über 50 Lokomotiven des Typs V 200 (spätere Bezeichnung: Diesellok 220), von denen die Hälfte mit Maybach-MD-650-Motoren und Maybach-K-104-US-Mekydro-Getrieben ausgerüstet war. Die Motoren mussten mit den entsprechenden Mercedes-Benz- und MAN-Motoren, die Getriebe mit den entsprechenden Voith-Getrieben austauschbar sein

Tafel 6.9 Werbung im Stil der fünfziger Jahre: die rollengelagerte Scheibenkurbelwelle als Herz der Maybach-MD- und GTO-Motoren

Tafel 6.10 Der Maybach-Motorenbau im Jubiläumsjahr 1959. Rechts unten das neu erstellte »Karl-Maybach-Haus« mit einer Kantine und Räumlichkeiten für Feste und Tagungen

Teil II

Von Maybach bis zur MTU

Geschichte eines Unternehmens

Von Prof. Dr. Dr. h. c. Wilhelm Treue VDI

Einführung

7

Wilhelm Treue

Das Bild Karl Maybachs und seines »Motorenbaus« hat viele Facetten. Urteile und Bewertungen hängen vom Standpunkt des Betrachters ab. Der Wirtschaftshistoriker sieht manches anders als der Technikhistoriker. Was sich dem einen als unter Mühen und Überwindung großer Widerstände errungene technische Meisterleistung darstellt, beschreibt der andere anhand von Korrespondenzen, Jahresberichten, Besprechungsprotokollen und Bilanzen als verhängnisvoll für

Abb. 7.1 Drei Generationen Maybach: Wilhelm Maybach mit seinem Enkel Walter und seinem Sohn Karl im Jahre 1924

W. Treue (✉)
Göttingen, Deutschland
E-Mail: customerservice@springernature.com

E. Eckermann, W. Treue, S. Zima (Hrsg.), *Technikpionier Karl Maybach*, https://doi.org/10.1007/978-3-658-37065-7_7

den Geschäftsgang eines Gesamtunternehmens. Technischer Fortschritt und kaufmännischer Erfolg verlaufen selten synchron, oft stellt sich der wirtschaftliche Nutzen erst lange nach dem technischen Fortschritt ein.

Unser Eindruck von Vorgängen und Ereignissen ist auch ein Spiegelbild der Quellenlage. Zuverlässigkeit und Aussagekraft der Quellen können recht unterschiedlich sein; auch hängt es oft vom Zufall ab, welches Material die Wirren der Zeitläufte überstanden hat und was für aufbewahrenswert erachtet worden ist. Im Fall Maybach sind die wirtschaftlichen und technischen Unterlagen zwar keineswegs lückenlos, aber doch weit vollständiger erhalten geblieben als in vielen anderen Unternehmen.

Um die hier vorgelegte Wirtschaftsgeschichte des Maybachschen Motorenbaus zu verstehen, muss man sich den Gründungszweck dieses Unternehmens vergegenwärtigen: Es sollten »Erfahrungen und Patente für den Bau von Motoren für Luftschiffe nutzbar« gemacht werden. Erinnert man sich zudem, dass mit Karl Maybach – und anfangs auch mit seinem Vater, Wilhelm Maybach, als Spiritus Rector – zwei große Ingenieure das Herz des Unternehmens bildeten (Abb. 7.1), dann wird deutlich, dass im Maybach-Motorenbau die Technik den Primat hatte; das Kaufmännisch-Wirtschaftliche wurde häufig als lästiger Begleitumstand angesehen. Es kam hinzu, dass das Unternehmensziel, nämlich der Bau von Luftschiff- und später von Hochleistungsmotoren, weitreichende Folgen hatte. Die Herstellung dieser Triebwerksart setzte eine außerordentlich vielseitige, d. h. aufwendige Entwicklung voraus – anders ließen sich die geforderten Eigenschaften, z. B. hohe Leistung bei niedrigem Gewicht, nicht verwirklichen. Das verursachte natürlich bedeutende Kosten, die von einer kleinen Stückzahl produzierter Motoren getragen werden mussten. Denn selbst im günstigsten Fall, z. B. bei Belieferung auch anderer in- und ausländischer Luftschiffhersteller, würde die Zahl der Luftschiffe sehr begrenzt bleiben (Abb. 7.2).

Abb. 7.2 Eine der ersten Anzeigen des Maybach-Motorenbaus: Nachdem der Erste Weltkrieg vorbei war, warb die Firma in der Fachzeitschrift »Motor« (Mai/Juni 1919) für ihre Flugzeugmotoren. Der Versailler Vertrag mit seiner Bestimmung, dass deutsche Firmen kein Fluggerät mehr herstellen durften, zwang den »Motorenbau« dann zu einer völligen Neuausrichtung seines Produktionsprogramms

Dieser Zwiespalt zwischen den aus dem Verwendungszweck herrührenden hohen Anforderungen an Entwicklung und Fertigung und der wegen eben dieses Verwendungszwecks geringen Stückzahl sollte zu einem ständigen Problem des Maybach-Motorenbaus werden. Dies ist aber ein Problem des Motorenbaus größerer Leistungen an sich, auch international. Sieht man von Kriegszeiten ab, die als »force majeure« eigenen Regeln und Gesetzen folgen, so handelt es sich auch sonst bei den Abnehmern solch großer Motoren zu einem erheblichen Teil um staatliche oder kommunale Behörden, angefangen bei Bahnen und Omnibusgesellschaften bis hin zu örtlichen Energieversorgungsunternehmen. Diesen vielfältigen Interessenslagen ein ausgewogenes Motorenprogramm gegenüberstellen zu können, dazu bedarf es nicht nur technischen Könnens und kaufmännischen Wissens, sondern auch einer gewissen Unternehmensgröße.

Vorbemerkung des Verfassers

Das Manuskript dieses Teiles beruht zum größten Teil auf Akten, die sich im Archiv der MTU Motoren- und Turbinen-Union Friedrichshafen GmbH befinden. Auf Quellennachweise wurde deshalb verzichtet.

Wilhelm Treue

Von den Anfängen bis zum Ende des Ersten Weltkrieges 1908 bis 1918

8

Wilhelm Treue

8.1 Der Raum

Friedrichshafen bestand bereits im Jahre 837 unter dem Namen »Buchhorn« als Sitz der Linzgauer Grafen, die sich seit der zweiten Hälfte des 11. Jahrhunderts auch Grafen von Buchhorn nannten. Nach ihrem Aussterben ging der Ort an die Welfen, 1191 an die Hohenstaufen. Im Jahre 1275 wurde er zur Reichsstadt unter dem Schutz von Überlingen erhoben. Im 15. Jahrhundert erwarb er Besitzungen in der Umgebung. Im Jahre 1802 wurde er Bayern, 1810 aufgrund der Hilfsleistungen des Königs für Napoleon Württemberg zugeschlagen,

Abb. 8.1 Friedrichshafen war bis zum Beginn der Luftschifffahrt ein ruhiges Landstädtchen, das sich die württembergischen Könige als Sommerresidenz erkoren hatten. Dieses beschauliche Winterbild wurde um 1910 aus einem Luftschiff aufgenommen

W. Treue (✉)
Göttingen, Deutschland
E-Mail: customerservice@springernature.com

E. Eckermann, W. Treue, S. Zima (Hrsg.), *Technikpionier Karl Maybach*, https://doi.org/10.1007/978-3-658-37065-7_8

1811 mit dem ehemaligen Priorat Hofen vereinigt und 1824 Sommerresidenz des Hofes. Seit 1811 heißt der Ort nach Friedrich I., der seit 1805 Napoleons Rheinbund angehörte und 1806 den Königstitel annahm, Friedrichshafen.

Bereits früh, nämlich im ersten Bauabschnitt der bis 1850 fertiggestellten Nord-Süd-Linie, wurde Friedrichshafen dem modernen Eisenbahnverkehr durch die Strecke Ulm-Friedrichshafen angeschlossen. Seitdem spielte die Vorstellung von der Bedeutung des Transits bei allen Verkehrsplanungen eine wichtige Rolle. Das galt insbesondere für die Bodensee-Schifffahrt. Gründung, Ausbau und Förderung von Friedrichshafen sowie die Errichtung einer Dampfschifffahrts-Linie, die weitgehend unter staatlicher Leitung stand, dienten der Verbesserung der Verbindung mit der Schweiz und darüber hinaus mit Italien.

An der Wende vom 19. zum 20. Jahrhundert wurde Friedrichshafen, nun auch an der Bodensee-Gürtelbahn gelegen, ein Haupt-Handels- und -Speditionsplatz des Verkehrs mit der Schweiz und Italien, Sitz einer Hafendirektion, einer Eisenbahn-Betriebsinspektion, eines Hauptzollamtes sowie der Bodensee-Dampfschifffahrts-Verwaltung. Von seinen etwa 4.600 Einwohnern waren annähernd 25 % Protestanten – und später sollten die Historiker sich Gedanken darüber machen, ob diese die wirtschaftlich Aktiveren des Ortes gewesen sind. Friedrichshafen unterhielt eine Latein- und Realschule, ein Paulinenstift für Mädchen, historische und naturkundliche Sammlungen des Bodensee-Vereins und war weithin bekannt durch seine See- und irisch-römischen Bäder sowie durch Molkenkur-Anstalten und ein schönes Kurhaus: ein beliebter Ferienort (Abb. 8.1).

8.2 Die Gründung der Luftfahrzeug-Motorenbau Gesellschaft

Die Gründung des Maybachschen Unternehmens war eine indirekte Folge der Luftschiffkatastrophe von Echterdingen. Auf Verlangen des preußischen Kriegsministeriums startete das vierte Luftschiff des Grafen Zeppelin LZ 4 vor der Übernahme durch den Staat am 4. August 1908 zu einer 24-Stunden-Fahrt von Friedrichshafen über Basel, Straßburg bis Mainz. Am Abend musste man wegen einer Motorstörung auf dem Rhein bei Oppenheim landen. Gegen Mitternacht konnte man wieder aufsteigen und die Fahrt fortsetzen, bis in der Nähe von Mannheim einer der Motoren ausfiel. Am frühen Morgen gelangte man bis Echterdingen, landete glatt und verankerte das Schiff behelfsmäßig. Plötzlich kam ein Sturm auf und riss der Haltemannschaft das Schiff aus den Händen, das einen Baum streifte, Feuer fing und innerhalb weniger Sekunden verbrannte. Damit schien das Aus für die Luftschifffahrt gekommen zu sein (Abb. 8.4).

Wilhelm Maybach versuchte vergeblich, an die Unglücksstätte zu gelangen. In den folgenden Wochen beschäftigte er

Abb. 8.2 Erster Aufstieg des LZ 1 am 2. Juli 1900. Das Laufgewicht diente zum Steigen und Senken des Schiffes. Die beiden eingebauten Vierzylinder-Daimler-Luftschiffmotoren mit Leichtmetall-Kurbelgehäuse leisteten je 11,8 kW (16 PS) bei einer Drehzahl von 700 min^{-1}. Das Ergebnis der Fahrt war günstig und das Luftschiff konnte mithilfe der beiden Motoren in jede gewünschte Richtung gelenkt werden. »Der Daimler-Motor war es«, schrieb Graf Zeppelin 15 Jahre später, »mit dem ich die erfolgreichen Fahrten meiner Luftschiffe begonnen habe«

sich mit dem künftigen Bau von Motoren für weitere Luftschiffe, den eine Spende des deutschen Volkes in Höhe von mehr als 6 Mio. Mark ermöglichte. Ihm schien ein Motor, den sein Sohn Karl seit zwei Jahren in Frankreich konstruiert hatte und ständig verbesserte, für Luftschiffe außerordentlich geeignet zu sein.

Wilhelm Maybach hatte vor seinem Ausscheiden aus der Daimler-Motoren-Gesellschaft (DMG) im Jahre 1907 anlässlich der Lieferung von zwei Motoren für Ferdinand Graf Zeppelins erstes Luftschiff das Vertrauen des Grafen erworben (Abb. 3.3, 8.2 und 8.3). Er durfte nun nach dem Unglück mit dessen Interesse rechnen, wenn er ihm einen starken, leistungsfähigen Motor mit 110 kW (150 PS) Dauerleistung anbot. Am 8. August schrieb er an den Sohn:

> »Wie Du wissen wirst, haben die Daimler-Motoren sich nicht bewährt und wird Zeppelin wohl an eine andere Fabrik herantreten. Nun kam mir heute der Gedanke, daß ich mich durch Dich dem Grafen zur Construktion neuer entsprechender Motoren anbieten soll. Deine Sache müsste natürlich vorher an eine deutsche Fabrik vergeben sein (Opel), so daß man dem Grafen mit deutscher Waare dienen kann.«

An Graf Zeppelin aber schrieb Wilhelm Maybach am 22. August 1908 nach gewissenhafter Überlegung und eingehendem Gedankenaustausch mit dem Sohn:

> »... im Interesse der nationalen Sache erachte ich es nun als meine Pflicht, Euer Exzellenz Aufmerksamkeit auf eine Neuheit in Motoren zu lenken, die geeignet ist, in dieser Richtung die denkbar größte Sicherheit zu bieten.«

Abb. 8.3 Das erste Zeppelin-Luftschiff LZ 1 wurde von zwei Motoren der Daimler-Motoren-Gesellschaft (DMG), die Wilhelm Maybach entworfen hatte, angetrieben

Abb. 8.4 Am 5. August 1908 verbrannte das Luftschiff LZ 4 bei einer Zwischenlandung in der Nähe von Echterdingen. Wenngleich dieses Unglück keine Menschenleben forderte, schien es das Aus für die Pläne des Grafen Zeppelin zu bedeuten. Doch eine Spende des deutschen Volkes in Höhe von über 6 Mio. Mark ermöglichte dem Grafen den Bau weiterer Luftschiffe

Er habe seit längerer Zeit »wenig und schließlich gar keinen Einfluss mehr« auf die Konstruktionen der DMG gehabt und sei daher vor eineinhalb Jahren aus dem Unternehmen ausgetreten. Zwar sei er »vom Tage meines Austritts an auf 3 Jahre vertraglich gebunden, nichts gegen die Interessen der D. M. G. zu unternehmen, mein Sohn dagegen, den

Abb. 8.5 Kommerzienrat Dr.-Ing. E. h. Alfred Colsman wurde im Jahre 1908 als kaufmännischer Direktor von Graf Zeppelin angestellt. Nach dem Unglück von Echterdingen betrieb er zusammen mit Wilhelm und Karl Maybach die Gründung einer Firma für den Bau von Luftschiffmotoren

ich ganz zu meiner Unterstützung in der D. M. G. ausgebildet habe und der kurz vor mir aus den Diensten der D. M. G. ohne Vertragsverpflichtungen ausschied, hat sich einer französischen Studiengesellschaft angeschlossen« (vgl. Abschn. 2.4). Dieser habe einen Motorwagen »nach den neuesten Gesichtspunkten konstruiert und ausgeführt«. Sein Motor sei »in allen Teilen so gut durchdacht und ausgeführt ..., dass er sich für Dauerleistung besonders eignet«.

Maybach ging auf die Qualität gerade der Teile ein, die sich bei den Daimler-Motoren als Schwachstellen erwiesen hatten, hob die Qualität des »neuen Vergasers ohne Schwimmer« hervor und bat um die Möglichkeit zu einem mündlichen Vortrag. Graf Zeppelin beauftragte deshalb seinen soeben angestellten 35-jährigen kaufmännischen Direktor Alfred Colsman (Abb. 8.5), der zehn Jahre zuvor selber in Verbindung mit Krupp an den Bau von Luftschiffen gedacht, dann aber den Weg zu Graf Zeppelin gefunden hatte, sich mit Vater und Sohn Maybach in Verbindung zu setzen. Colsman, der ohnehin die Trennung des »Luftschiffbau Zeppelin« von Daimler erwogen hatte, tat dies mit dem

Ergebnis, dass man sich bereits zwei Monate nach der Katastrophe des 5. August in Friedrichshafen traf.

Das »Protokoll (aufgemacht durch H. Colsman)« über diese ersten »Besprechungen einer Gesellschaft für den Bau von Luftschiff-Motoren ... im Büro der Luftschiffbau Zeppelin GmbH Friedrichshafen«, an denen außer Wilhelm und Karl Maybach sowie Direktor Colsman zwei mit den Maybachs zusammenarbeitende Stuttgarter Ingenieure teilnahmen, ging davon aus, dass Karl Maybach Patente besaß, die sich auf einen neuen Explosions-Motor bezogen. Die Gesellschaft sollte den Zweck haben, »diese Erfahrungen und Patente für den Bau der Motoren für Luftschiffe (in Deutschland) nutzbar zu machen. Herr Maybach bedingt sich eine Lizenz (M 8 pro nominelle PS) auf die Dauer von 10 Jahren von der Gründung der Gesellschaft ab gerechnet«. Er durfte diese Motoren auch für »Kraftfahrzeuge zu Lande und zu Wasser« verwenden. »Es ist beabsichtigt, eine Gesellschaft mit 50.000 M Kapital zu gründen. Diese Gesellschaft soll den Namen führen: ›Luftfahrzeug-Motorenbau-Gesellschaft mbH in Bissingen a. d. Enz‹« (LMG). Die Luftschiffbau Zeppelin GmbH (LZ) beteiligte sich mit 10.000 M an der LMG unter der Bedingung, »dass mit der ganzen Arbeitskraft« der LMG »in erster Linie für den LZ ein Motor geschaffen wird, welcher den Anforderungen des LZ entsprechen soll«. Weiter verpflichtete sich die LMG, »auch später in erster Linie den LZ anderen Abnehmern gegenüber bei Lieferungen der Motoren zu bevorzugen ... Der Preis-Aufschlag für die Lieferungen an den LZ darf niemals mehr betragen, als die Selbstkosten einschließlich sämtlicher Geschäftssparten, ordnungsgemäße Abschreibungen und Abgaben, zuzüglich 20 % Gewinn-Aufschlag« – mit Ausnahme des ersten Probemotors, der zum Preis von höchstens 24.000 M zur Verfügung gestellt werden musste. Es wurde vorgesehen, dass der LZ innerhalb von fünf Jahren »die Erfahrungen und Patente« der LMG erwerben konnte. Danach musste der LZ für den Bau von Motoren zehn Jahre lang eine Lizenz von 10 % je Brems-PS[1] an Karl Maybach zahlen.

Allerdings zog sich die Gründung der »Luftfahrzeug-Motorenbau GmbH« (so der endgültige Name) in Bissingen noch mehrere Monate hin, da Karl Maybach zunächst einmal sein Verhältnis zur französischen Studiengesellschaft, das sehr freundschaftlich war, für die Zukunft regeln musste. Inzwischen wurde nominell der Ingenieur Karl Kessler Gesellschafter der LMG, sodass Karl Maybachs Name nicht in der Gründungsurkunde vom 23. März 1909 mit dem 1. Januar 1909 als Gründungstag steht. Alleiniger Geschäftsführer der LMG war zunächst Kessler. Im Herbst 1909 wurden Karl Maybach zum technischen und R. Haecker, Teilhaber der Firma G. F. Grotz in Bissingen, welche die Motoren nach den Angaben und Zeichnungen der LMG bauen sollte, zum kaufmännischen Geschäftsführer bestimmt, während Kessler Ende Oktober 1909 ausschied. Karl Maybach übernahm außerdem vertragsgemäß Kesslers Anteile an der LMG.

8.3 Der Konstrukteur wird auch Unternehmer

Karl Maybach, 1879 geboren, 1909 also 30 Jahre alt, hatte sich während seiner Arbeit bei der Maschinenfabrik Esslingen, der Daimler-Motoren-Gesellschaft und bei dem befreundeten Grafen Henri de Lavalette in St. Ouen zu einem tüchtigen Konstrukteur entwickelt. Kaufmännisch-unternehmerisch war er dagegen bisher niemals tätig gewesen. Auch jetzt setzte er zunächst die Arbeit als Konstrukteur fort. Bereits vor Eintragung der Gesellschaft in das Handelsregister begann er ohne jede Hilfskraft in seiner Stuttgarter Wohnung mit der Umkonstruktion des Motors, den er in Frankreich entwickelt hatte. Wiederholt fuhr er nach Bissingen zur Firma Grotz (Abb. 8.6), um mit dem zuständigen Ingenieur und dem Meister die Fertigung der betreffenden Teile zu besprechen oder um mit den Lieferanten der Zubehöraggregate zu verhandeln. Bereits im September 1909 konnte der neue Motor fertiggestellt und dem LZ als abnahmebereit gemeldet werden (Abb. 8.7).

Nach erfolgreich bestandenem Abnahmelauf erhielt er nun seinen ersten Auftrag als Unternehmer: Der LZ bestellte zehn Maybach-Motoren. Die Dinge ließen sich gut an, doch ein halbes Jahr später erfolgte ein schwerer Rückschlag, als bei Probefahrten im Luftschiff LZ 6 der einzige Maybach-Motor (bei den anderen handelte es sich um Daimler-Motoren) durch einen Kurbelwellenbruch ausfiel: Die geplante Fahrt Graf Zeppelins nach Wien anlässlich des Geburtstages von Kaiser Franz Joseph musste abgesagt werden. Dieser Schaden bedeutete einen schweren Schlag für das junge Unternehmen, wenngleich Alfred Colsman Maybach versicherte, dass er und seine Techniker weiterhin ihr Vertrauen auf ihn setzten. Denn nicht Maybachs Motor war schuld an dem Kurbelwellenbruch, sondern die neuartige, bei diesem Luftschiff in Erprobung befindliche Art der Kraftübertragung (siehe Abschn. 17.1). Im August 1910 wurde der reparierte Motor wieder eingebaut. Im Aufträge der auf Betreiben von Colsman im Herbst 1909 gegründeten »Deutschen Luftschiffahrt AG« (DELAG) unternahm das Luftschiff (Abb. 8.8) zahlreiche Passagierfahrten, bis es wenige Monate später durch die Unaufmerksamkeit eines Monteurs in Flammen aufging.

Während Karl Maybach im Jahre 1910 ständig mit der Verbesserung seines Motors beschäftigt war, erkannte er,

[1] Mit »Brems-PS« ist die effektive Motorleistung gemeint – im Gegensatz zu den »Steuer-PS«, die mit der tatsächlichen Motorleistung nichts zu tun hatten. Vielmehr handelte es sich dabei um eine Steuerzahl, die häufig in Verbindung mit der PS-Leistung als Typbezeichnung genannt wurde – z. B. Mercedes 8/38 – und sich deshalb unter dem Begriff »Steuer-PS« einbürgerte. Sie errechnete sich nach der Formel: Steuer-PS = 0,3 · i · d2 · s, wobei i die Zylinderzahl, d die Zylinderbohrung in cm und s den Kolbenhub in m bedeuteten.

Abb. 8.6 In der Maschinenfabrik Grotz in Bissingen an der Enz entstand 1909 der erste von Karl Maybach konstruierte Luftschiffmotor. Diese einfachen Gebäude waren die »Keimzelle« des Maybach-Motorenbaus und damit der heutigen MTU Friedrichshafen

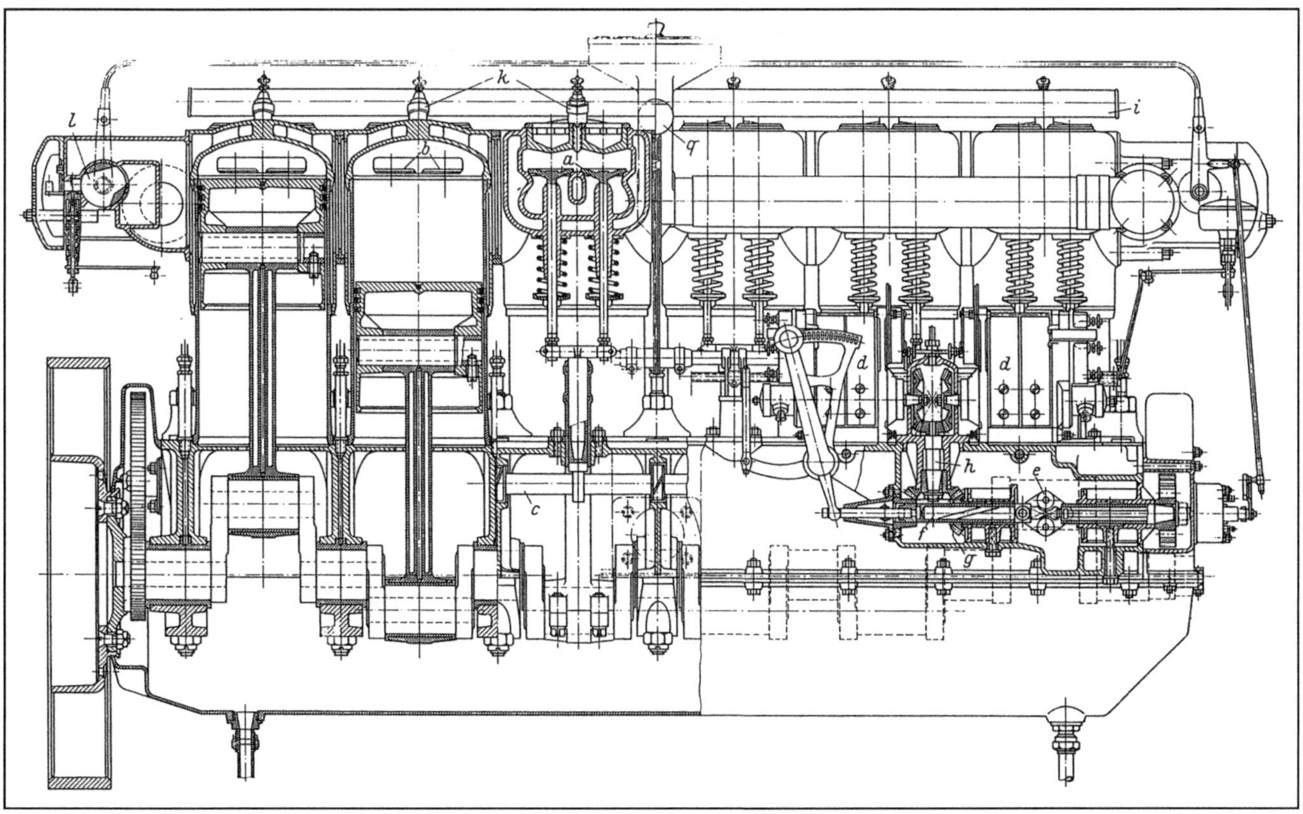

Abb. 8.7 Längsschnitt des Maybach-Luftschiffmotors, Typ AZ, von 1909. Der von Karl Maybach konstruierte Motor leistete 107 kW (145 PS) bei 1.100 min^{-1}. Bohrung und Hub lagen bei 160 bzw. 170 mm; der Hubraum betrug 20.498 cm^3

a Einlassventile, *c* vordere Nockenwelle, *d* Zündmagnete, *e* Fliehkraftregler, *f* Wellenteil mit Steilgewinde, *g* Antriebskegelrad der Zündmagnete, *h* Zwischenwelle für die Zündzeitpunktverstellung, *i* Zündkabelrohre, *k* Zündkerzen, *l* Vergaser, *q* Anlasshebel

Abb. 8.8 Trotz seiner Länge von 158 m und des Durchmessers von 15 m wirkt das Luftschiff LZ 6 (hier beim Aufstieg in Friedrichshafen) leicht und zerbrechlich. LZ 6 war das erste Luftschiff, in dem neben zwei Daimler-Motoren ein Maybach-Motor eingebaut wurde

dass er weder seine unternehmerischen Aufgaben noch alle technischen Arbeiten allein erledigen konnte. Er brauchte mindestens einen technischen Mitarbeiter. Aber vordringlich wurde im Herbst 1910 zunächst eine Änderung der Gesellschafterverhältnisse bei der LMG. Neben deren Gründungsvertrag existierte ein Sondervertrag, demzufolge der LZ das Recht besaß, nach Ablauf eines Jahres nach der Lieferung des ersten Maybach-Motors alle Motoren selbst zu bauen. Im Folgenden kaufte der LZ die Anteile der vier Mitbegründer zu den vereinbarten Bedingungen auf, sodass er alleiniger Gesellschafter war, und am 26. Oktober 1910 beschloss eine Gesellschafterversammlung, von diesem Recht Gebrauch zu machen. Das hing nicht zuletzt damit zusammen, dass Graf Zeppelin durch die Kurbelwellenpanne nicht nur verärgert, sondern auch verunsichert worden war. Zeitweise erwog er wohl, sich von Karl Maybach wieder zu trennen, denn er hatte ein Preisausschreiben für den besten Luftschiffmotor geplant. Erst als ihm nahezu der gesamte Vorstand seiner Gesellschaft unter der Führung von Alfred Colsman und Dr. Ludwig Dürr versicherte, dass man im Maybach-Motor das bestmögliche Triebwerk besaß, ließ er von diesem Vorhaben ab.

Es kam hinzu, dass jetzt auch Wilhelm Maybach (Abb. 8.9) wieder in Erscheinung trat. Die drei Jahre der Enthaltsamkeit von eigener unternehmerischer Tätigkeit, zu der er sich 1907 beim Ausscheiden aus der DMG hatte verpflichten müssen, waren Ende 1910 abgelaufen. Graf Zeppelin aber hatte seine Sympathie für und sein Vertrauen in Wilhelm Maybach nie verloren, und so kam es, dass gleichzeitig mit dem Erwerb aller Gesellschafteranteile der LMG durch den LZ am 26. Oktober 1910 bei einer Gesellschafterversammlung Wilhelm Maybach und nicht sein Sohn Karl als Mitgesellschafter berufen wurde.

Abb. 8.9 Wilhelm Maybach schied 1907 im Alter von 61 Jahren aus der Daimler-Motoren-Gesellschaft aus, blieb aber weiterhin als Automobil- und Motorenkonstrukteur tätig. 1909 war er maßgeblich an der Gründung der Luftfahrzeug-Motorenbau GmbH (LMG) beteiligt, die in Konkurrenz zu seinem früheren Arbeitgeber Motoren für Luftschiffe herstellen sollte. Mit seinem Sohn Karl stand er bis zum Ende des Ersten Weltkrieges in engem Briefkontakt und beeinflusste ihn maßgeblich bei seinen Konstruktionen

Am 30. Januar 1911 wurde beschlossen, den Sitz der Gesellschaft nach Friedrichshafen zu verlegen, am 9. Mai 1912 der Name in »Motorenbau GmbH Friedrichshafen« geändert. Im Juni 1911 wurde das Luftschiff »Schwaben« mit drei Maybach-Motoren unter dem Kommando von Dr. Hugo Eckener in Dienst gestellt (Abb. 8.10): Die Zeit der Krise und Verunsicherung war beendet. Inzwischen hatte die LMG begonnen, eine eigene einstöckige Werkstatt in Friedrichshafen zu bauen, die im Februar 1912 mit drei »Beamten« (der damaligen Bezeichnung für Angestellte) und etwa 20 Arbeitern ihre Tätigkeit aufnehmen konnte. Während die Leistung des ersten Motor-Typs AZ von 104 kW (140 PS) auf 133 kW (180 PS) gesteigert wurde, konnte man ab 1912 auch Motoren für die Luftschiffe von Groß, Parseval (Abb. 8.11) und Schütte-Lanz liefern und bald sogar Lizenzen nach Italien, Japan und England vergeben. Fortan

Abb. 8.10 LZ 10 »Schwaben« war das erste Luftschiff, mit dem fahrplanmäßige Passagierfahrten durchgeführt wurden. Während seiner einjährigen Betriebszeit beförderte es bei 218 Fahrten über 4000 Passagiere. Am 28. Juni 1912 wurde es bei einer unglücklichen Landung in Düsseldorf beschädigt und verbrannte

erhielten alle Zeppelin-Luftschiffe bis zum LZ 127 Maybach-Motoren.

Diese in- und ausländischen Erfolge bildeten die Grundlage für den Ausbau des Werkes, der sowohl finanziell als auch baulich ohne fremde Hilfe gelang (Abb. 8.12). Nun konnte man auch daran gehen, einen stärkeren Motor zu konstruieren, der 154 kW (210 PS) leisten sollte, nachdem man den AZ-Motor bis auf 133 kW (180 PS) gesteigert hatte. Von diesem ersten AZ-Motor wurden 1911 in Bissingen elf, 1912 in Friedrichshafen 22 und 1913 gleichfalls dort 47 Exemplare ausgeliefert. Der neue CX-Motor, der im Juni 1913 seine ersten Probeläufe absolvierte, brachte es bis 1915/16 auf etwa 90 Ablieferungen. Dann sollte man mit neuen Motoren in eine ganz andere Größenordnung aufsteigen.

Seit der Namensänderung in »Motorenbau GmbH« im Jahre 1912 liegen veröffentlichte Geschäfts- bzw. Jahresberichte sowie einige Bestandsberichte für das jeweilige Jahresende vor. Der Geschäftsbericht für 1912 stellt fest, dass nach der Errichtung der eigenen Werkstatt und der Beschaffung »erstklassiger Werkzeugmaschinen« begonnen wurde, die Motoren selbst zu montieren und »eine größere Anzahl von Motorenteilen selbst herzustellen«. Das ermöglichte die bereits genannte Verdoppelung der Ablieferungen: Der Luftschiffbau Zeppelin erhielt zwölf Motoren zu je 15.000 M (= 180.000 M), die Luftfahrzeug GmbH Berlin sieben Motoren für insgesamt 156.000 M, das Luftschifferbataillon Nr. 2 in Berlin drei Motoren zu je 24.000 M (= 72.000 M). Das ergab einen Durchschnittsverkaufspreis von 18.545 M je Stück und eine Gesamteinnahme von 408.000 M.

Nach »reichlich gewählten Abschreibungen« mit durchschnittlichen Gestehungskosten von 12.400 M je Motor ver-

Abb. 8.11 Weniger bekannt als die Zeppelin-Starrluftschiffe sind die Prallluftschiffe von Dr.-Ing. August von Parseval; hier das Marine-Luftschiff PL 25 im Jahre 1915. Die Parseval-Luftschiffe wurden wie die von Schütte-Lanz und verschiedener ausländischer Luftschiffbauer ebenfalls von Maybach-Motoren angetrieben

Abb. 8.12 Der »Hochbau I«, das erste Gebäude des Maybach-Motorenbaus in Friedrichshafen, im Frühjahr 1913. Mit dem Bau des Mittelteils war 1911 begonnen worden, 1912 wurde er bezogen; Baubeginn für den westlichen und östlichen Teil war Herbst 1912. Im oberen Teil des Gebäudes befanden sich die Büros, während im Erdgeschoss die Werkstatt- und Montageräume mit sechs Wasserbremsen untergebracht waren. *Links oben* das Zeppelin-Luftschiff LZ 14

zeichnete man einen Gesamtgewinn von 134.696,92 M bzw. einen Durchschnittsgewinn je Motor von 6.141 M. Man nahm an, dass der Gewinn je Motor um etwa 750 M steigen würde, sobald man sich ganz von der Firma Grotz in Bissingen getrennt hätte. Einstweilen verteilte man eine Dividende von 20 % und erhöhte den Reservefonds auf 50.000 M.

Die Aussichten für das Jahr 1913 bezeichnete man als »sehr günstig«, zumal man nun unter ständigem Ausbau der eigenen Werksanlage in dieser bereits 80 bis 100 Motoren produzieren konnte und in den ersten Monaten des Jahres 1913 schon 13 Motoren an den LZ, die Luftfahrzeug GmbH Berlin und einen Motor an die Marine geliefert hatte sowie Aufträge über vier Motoren für Schütte-Lanz und 25 Motoren für den LZ vorlagen. Tatsächlich brachte das Jahr 1913 eine Weiterentwicklung des Unternehmens. Es wurden 47 Motoren zu einem Gesamtpreis von 887.170 M abgeliefert. Auf dieser Grundlage setzte man die Erweiterung der Anlagen und ihrer Einrichtung fort, kaufte moderne Maschinen (hauptsächlich aus Württemberg, aber auch aus Berlin, Chemnitz und Köln), beteiligte sich mit 10.000 M an der am 23. September 1913 gegründeten »Zeppelin-Wohlfahrt«, damit die Arbeiter und Beamten des »Motorenbaus« an diesen Wohlfahrtseinrichtungen teilhaben konnten, gab 24.000 M für Versuche aus und erzielte schließlich einen Gewinn von 315.410 M. Mit Karl Maybach wurde ein neuer Lizenzvertrag geschlossen. Dieser sah nicht mehr Zahlungen je PS, sondern je Motor vor, und zwar 10 % vom Verkaufspreis.

Schließlich konnte festgestellt werden, dass der am Geburtstag des Grafen Zeppelin (8. Juli 1913) erstmals vorgestellte 154-kW-(210-PS)-Luftschiffmotor (Abb. 8.13) »ungeteilten Beifall« gefunden hatte und daher in der zweiten Jahreshälfte »gründlich durchprobiert« werden konnte. Außerdem arbeitete man an zwei weiteren neuen Motoren.

Abb. 8.13 Dieser Maybach-Sechszylinder-Reihenmotor, Typ CX, leistete 154 kW (210 PS) bei 1.250 min^{-1}, 47 kW (65 PS) mehr als die Vorgängertype AZ. Man kann heute gar nicht ermessen, welch enormen Fortschritt dies in der Zeit vor dem Ersten Weltkrieg bedeutete. Bohrung × Hub: 160 mm × 190 mm, Hubraum 22.909 cm^3

Extra-Blatt

Berliner Lokal-Anzeiger

Erzherzog Franz Ferdinand und Gemahlin ermordet.

Pistolenattentat in Sarajewo. – Meldung an Kaiser Franz Josef.

Ein entsetzliches Verbrechen von ganz unabsehbaren Folgen ist heute in Sarajewo, der Hauptstadt von Bosnien, verübt worden. Der Thronfolger der uns verbündeten Donaumonarchie, der Freund Kaiser Wilhelms, ist dort zusammen mit seiner Gemahlin einem Attentat zum Opfer gefallen. Ein Privattelegramm meldet uns:

Sarajewo, 28. Juni 1 Uhr 10 Minuten nachm. (Von unserem i.-Korrespondenten.) Heute vormittag wurde hier dicht beim Bahnhof auf den Erzherzog-Thronfolger Franz Ferdinand und seine Gemahlin, Herzogin von Hohenberg ein Pistolenattentat verübt. Der Erzherzog und die Herzogin sind tot. Die Täter wurden verhaftet. Dem Kaiser ist Bericht erstattet worden.

. . .

Erzherzog Franz Ferdinand hatte Ende voriger Woche sich von Konopischt aus nach Triest und von dort zur Teilnahme an den Gebirgsmanövern im Korpsbezirk Ragusa, die bis zum gestrigen Tage dauerten, nach Bosnien begeben. Daß er auf so furchtbare Weise seiner hohen Mission entzogen worden ist, wird in der ganzen Welt als eine schwere Heimsuchung des österreichischen Kaiserhauses beklagt werden.

Abb. 8.14 Das Attentat auf den österreichischen Thronfolger Erzherzog Franz Ferdinand und seine Gemahlin am 28. Juni 1914 in Sarajewo durch einen bosnischen Studenten war das auslösende Moment für den Ersten Weltkrieg

8.4 Die Jahre des Ersten Weltkrieges: Flugzeugmotoren – Höhenmotor – Zahnradfabrik

Seit der Indienststellung des Luftschiffes LZ 10 »Schwaben« im Juni 1911, das insgesamt 220 Passagierfahrten ohne Zwischenfall durchführte, und des LZ 11 »Viktoria Luise« im Februar 1912, das bis zum Kriegsausbruch über 1.000 unfallfreie Fahrten unternahm, folgten die DELAG-Schiffe LZ 13 »Hansa« und LZ 17 »Sachsen« mit je drei Maybach-133-kW-(180-PS-)AZ-Motoren, sodass bis Anfang August 1914 rund 34.000 begeisterte Passagiere die Zuverlässigkeit der von Maybach-Motoren angetriebenen Zeppeline erlebt hatten.

Für den Herbst 1914 war die Beteiligung am »Kaiserpreis«-Wettbewerb für Flugzeuge mit dem neuen, kleineren Motorentyp DW (118 kW/160 PS) vorgesehen, da nur Motoren mit weniger als 148 kW (200 PS) zugelassen waren; stärkere Motoren lehnte das Militär als gefährlich ab. Karl Maybachs DW-Motor mit einem Leistungsgewicht von 1,5 kg/PS war enorm leicht. Bei einem 50-stündigen Dauerlauf im Juli 1914 ergaben sich keine Beanstandungen, sodass man dem Wettbewerb hoffnungsvoll entgegensehen konnte.

Da brach Anfang August 1914 der Krieg aus (Abb. 8.14 und 8.15). Zu dieser Zeit beschäftigte der »Motorenbau« 22 Beamte und 180 Arbeiter, von denen viele sofort zum Kriegsdienst eingezogen wurden, sodass bei der Produktion für einige Wochen ein erheblicher Engpass entstand; doch nach wenigen Monaten konnte man die meisten Mitarbeiter wieder in das Werk zurückholen (Abb. 8.19). Von dem DW-Motor wurden nur wenige Exemplare gebaut; jetzt musste man an die Konstruktion neuer, kriegstauglicher Motoren gehen. Aus dem DW wurde die Type IR abgeleitet, von dieser jedoch nur wenige Exemplare gebaut. Als alleiniger Hersteller von Luftschiffmotoren musste man sich zunächst auf deren Fabrikation konzentrieren. Dem steigenden Leistungsbedarf der Luftschiffe wurde mit einem neu konstruierten Motor, dem HSLu (176 kW/240 PS), Rechnung getragen. Mit diesem gab es trotz einer für damalige Verhältnisse gründlichen Erprobung anfänglich im Kriegseinsatz erhebliche Schwierigkeiten, die nach und nach behoben werden konnten. Im Sommer 1915 baute man den HSLu-Motor erstmals in zwei Luftschiffe ein. Mit 493 Exemplaren in 55 Zeppelin- und anderen Luftschiffen bzw. als HS-Version in Flugzeugen wurde er zum meistverwendeten Luftschiffmotor.

Seit dem Jahre 1915 wurde es für Maybach schwierig, den Anforderungen von allen Seiten gerecht zu werden. Der LZ eröffnete z. B. zur rascheren Fertigstellung von Luftschif-

Abb. 8.15 1. August 1914: Deutschland erklärt Russland den Krieg. Vor dem Berliner Schloss verabschiedet die Kaiserin einrückende Offiziere des 1. Garde-Regiments mit Rosen

fen in Potsdam eine zweite Werft, die 1916 nach Staaken verlegt wurde. Jede Werft konnte schließlich etwa alle vier Wochen ein Schiff abliefern. Und Heer und Marine steigerten ständig ihre Forderungen nach Luftschiff- und Flugzeugmotoren. Infolgedessen wurden auch bei Maybach 1914/15 mehrmals Neubauten mit entsprechenden Einrichtungen und die Einstellung von Arbeitskräften nötig.

Als aufgrund der hohen Verluste die Heeresluftschiffe vom Fronteinsatz zurückgezogen werden mussten (Abb. 8.16; vgl. auch Tafel 15.1), nahm Karl Maybach die Entwicklung eines leistungsstarken Flugzeugmotors mit besonderer Höheneignung in Angriff. Dabei hatte er aber große Mühe, die Militärbürokratie von der Richtigkeit seiner Ideen hinsichtlich der Höhenleistung zu überzeugen. Um nicht noch mehr kostbare Zeit zu verlieren, errichtete der »Motorenbau« auf eigene Kosten auf dem 1.840 m hohen Wendelstein in den Bayerischen Alpen einen Prüfstand für seine Neukonstruktion, während die Behörde ihrerseits die Erprobung eines Motors der bisherigen Bauart eines anderen Fabrikats ebenfalls in dieser Höhe zusagte (Abb. 8.17). So geschah es: Der neue Motor erbrachte die erwartete Leistung von 176 kW (240 PS), der Konkurrenz-Motor nur 141 kW (190 PS), siehe auch Abschn. 17.3.

Damit war der erste überbemessene und überverdichtete Flugzeugmotor der Welt geschaffen: der Typ Mb IVa (Abb. 8.18). Die Leistungswerte dieses Höhenmotors waren

Abb. 8.16 Nach Kriegsausbruch konnten die Luftschiffe die in sie gesetzten Erwartungen in keiner Weise erfüllen. Sie stellten außerordentlich gefährdete Ziele dar; ein einziger Treffer genügte, um die wasserstoffgefüllten Auftriebskörper in einen Feuerball aufgehen zu lassen. Von dem bekannten Marinemaler Felix Schwormstädt, der als Sonderzeichner der »Leipziger Illustrirten« ein Luftschiff bei einer Feindfahrt begleitete, stammt dieses dramatische Bild von der Abwehr angreifender englischer Flugzeuge durch Besatzungsmitglieder eines Marine-Luftschiffes

so überzeugend, dass dem »Motorenbau« sofort große Aufträge erteilt wurden. Bis Anfang 1918 musste die monatliche Produktionszahl auf mehr als 200 Motoren gesteigert werden. Das war nur dadurch möglich, dass schließlich mehr als 3.000 Mann in zwei Schichten arbeiteten und außerdem die Waffenfabrik Paul Mauser in Oberndorf/Neckar, die Neckarsulmer Fahrzeugwerke und andere Unternehmen Einzelteile lieferten.

Die in diesem Zusammenhang erzielten beträchtlichen Gewinne überstiegen zwar die hohen Entwicklungskosten, doch war es mit ihrer Hilfe nicht möglich, das Werk im Sommer 1918 auf eine Friedensproduktion vorzubereiten. Einerseits war gar nicht abzusehen, welchen Wirtschaftsbereichen sich der »Motorenbau« nach dem Kriegsende zuwenden konnte; andererseits besteuerte der Staat die »Kriegsgewinne« immer höher.

Abb. 8.17 Um die zweifelnden Militärbeamten von der Richtigkeit seiner Theorie, dass der mit steigender barometrischer Höhe eintretende Leistungsverlust eines Flugmotors am einfachsten durch größeres Hubvolumen und höhere Verdichtung auszugleichen ist, zu überzeugen, ließ Karl Maybach auf dem 1.840 m hohen Wendelstein in den Bayerischen Alpen einen Motorenprüfstand errichten. Hier konnte sein neu konstruierter Flugmotor Mb IVa unter realistischen Höhenbedingungen geprüft werden. Der Prüfstand befand sich in der Holzbaracke in der *Mitte des Bildes*

Zwei wichtige Neuerungen sind aus diesen Kriegsjahren noch zu nennen. Am 20. August 1915 wurde als Tochterbetrieb des LZ die »Zahnradfabrik Friedrichshafen« (ZF) gegründet (Abb. 8.20). Ihre Errichtung wurde nötig, da auch zu dieser Zeit die Übertragung der Motorkräfte auf die Luftschrauben noch nicht befriedigend gelang, wie Störungen und Misserfolge wiederholt gezeigt hatten. Nun bot ein von dem Schweizer Ingenieur Max Maag entwickeltes Verfahren zur Herstellung hochwertiger gehärteter und geschliffener Zahnräder die Möglichkeit, komplette Getriebe in der erforderlichen Qualität herzustellen, so wie sie das Luftschiff brauchte. Daher erwarb der LZ von Maag eine Lizenz. Mit der Leitung der neuen Zahnradfabrik wurde Karl Alfred Graf von Soden-Fraunhofen (Abb. 8.21) betraut, während Alfred Colsman zum Generaldirektor des Zeppelin-Konzerns aufstieg. Auch für Karl Maybach wirkte sich diese Entwicklung positiv aus. Das Ansehen seiner verschiedenen Motorentypen, die in immer größeren Serien für Flugzeuge und Luftschiffe hergestellt wurden, litt nun nicht mehr unter Mängeln, die mit den Motoren unmittelbar nichts zu tun hatten.

Die zweite Neuerung hing direkt mit der Qualität der Motoren zusammen. Als man 1917 insgesamt 473 Motoren ablieferte – darunter 166 HSLu-Motoren –, brauchte man auch entsprechend mehr Mitarbeiter. Die Zahl der unmittelbar beim »Motorenbau« Beschäftigten stieg von 700 Ende 1915 auf 950 Arbeiter und 140 Angestellte ein Jahr später und auf annähernd 2.000 Arbeiter (darunter mehr als 400 Frauen) und 217 Angestellte im Jahre 1917. Sie erarbeiteten in diesem Jahr einen zahlenmäßigen Umsatz an Motoren, Reparaturen, Ersatzteilen und Materialien in Höhe von 15,7 Mio. M gegenüber 8,5 Mio. M im Jahre 1916. Das entsprach der Intensivierung des Krieges, insbesondere an der Westfront, nicht zuletzt durch die Hilfe, welche die USA England und Frankreich leisteten (Abb. 8.27).

70 Jahre später, im Rückblick auf zwei Weltkriege, mutet es heute den Leser befremdlich an, wenn er liest: »Die Aussichten für das Jahr 1918 sind sehr günstig. Es liegt ein überaus reicher Auftragsbestand mit ungefähr 58 Mio. M vor, sodass also die Beschäftigung für das Jahr 1918 in vollem Umfange sichergestellt ist«. Aber: Der Reingewinn des Jahres 1917 belief sich nach den normalen und den Kriegsabschreibungen, nach den normalen und den »Kriegsgewinnsteuern«, normalen Rücklagen und »Rückstellungen für die Friedenswirtschaft« in Höhe von 350.000 M auf 242.000 M gegenüber 291.000 M im Jahre 1916. Das waren

a

b

Abb. 8.18 Die Leistungswerte des Höhenmotors Mb IVa waren so überzeugend, dass dem »Motorenbau« sofort große Aufträge erteilt wurden. Bis Anfang 1918 musste die monatliche Produktionszahl auf ungefähr 200 Motoren gesteigert werden. Insgesamt wurden über 2.000 dieser Flugmotoren gebaut. **a** Mb IVa, Vergaserseite; **b** Auspuffseite (ohne Schalldämpfer). Längs- und Querschnittzeichnung: siehe Abb. 3.20 ◄

Abb. 8.19 In der Tat: Bis die englische Blockade wirksam wurde, konnten die Teilnehmer an dieser offensichtlich fröhlichen Runde auch persönlich noch auf beträchtliche Reserven zurückgreifen. Doch was man sich im Frühsommer 1915 in Friedrichshafen mit seinem fruchtbaren Hinterland wohl noch nicht vorstellen konnte, sollte im Deutschland des Ersten Weltkrieges bald zur bitteren Realität werden: Hunger, Not und Elend!

Abb. 8.20 Die Zahnradfabrik Friedrichshafen AG (ZF) wurde 1915 als zweite Konzernfirma des LZ in Friedrichshafen gegründet. Ursprünglich »Zackenbude« genannt (*Bild*), hat sie sich im Laufe der Jahrzehnte zur größten Getriebefabrik Europas entwickelt. Obwohl sie Schwesterfirmen waren, standen die Zahnradfabrik und der »Motorenbau« in Konkurrenz zueinander. Dies lag vor allem daran, dass Karl Maybach die Antriebsanlage als Einheit begriff und sich zeitlebens mit dem Getriebebau beschäftigte. Bis in die vierziger Jahre kam es wiederholt zu scharfen Spannungen zwischen den beiden Firmen

also etwa 2,5 % vom Umsatz gegenüber etwa 3,5 % im Jahre 1916 – obendrein im Rahmen einer langsam entstehenden Inflation. Immerhin schüttete man am 8. April 1918 für das Geschäftsjahr 1917 20 % Dividende auf das Stammkapital in Höhe von 1 Mio. M aus und überwies der Geschäftsführung einen Gewinnanteil von 42.000 M, womit der Reingewinn aufgezehrt war.

An einem Ort und in einer Region, die bei Kriegsausbruch nicht sehr stark industrialisiert gewesen waren und aus denen inzwischen viele Männer zum Militärdienst hatten einrücken müssen, machte sich seit 1915 ein ständig wachsender Arbeitskräftebedarf bemerkbar: Maybach und der LZ-Konzern befanden sich scheinbar hilflos zwischen den Anforderungen des Krieges und dem Arbeitskräftemangel in der Heimat, sodass nicht nur fast alle anfangs zum Militärdienst eingezogenen Männer zurückgekehrt, sondern außerdem viele hundert Soldaten zum »Motorenbau« nach Friedrichshafen abkommandiert worden waren. In einem nächsten Schritt warb man mehrere hundert Frauen an, die – schnell angelernt – verschiedenen Abteilungen wie der Kontrolle, dem Labor oder der Materialprüfung als Hilfskräfte zugewiesen wurden (Abb. 8.22).

Für die Betreuung der Motoren an der Front sorgten zunächst die zuständigen Militärbehörden. Aber auch die dort eingesetzten Soldaten mussten erst in mehrmaligen Kursen in sogenannten »Motorenschulen«, welche die Militärs in den Motorenfabriken hatten einrichten lassen, ausgebildet werden. Das zwang die Motorenhersteller, eigene Mitarbeiter für diese »unproduktive« Lehrtätigkeit abzustellen (Abb. 8.23).

Im Mai 1917 kehrte Karl Maybach mit einem Großauftrag über 2.000 Mb-IVa-Motoren für Flugzeuge aus Berlin zurück. Da Luftschiffe, nachdem sie in annähernd vier Kriegsjahren rund 5.000 Fahrten mit 2 Mio. km zurückgelegt hatten, infolge der immer wirksameren Abwehrkräfte der Gegner an der Front kaum noch eingesetzt werden konnten, brauchte man umso mehr und immer leistungsfähigere Flugzeuge. Während also der LZ zunehmend unter Auftragsmangel litt, konnten ihn die überbeschäftigten Töchter – der »Motorenbau« und die »Zahnradfabrik« – stützen. Ja, der »Motorenbau« musste sogar am 16. Juli 1917 in Potsdam eine Tochterfirma hauptsächlich für Reparaturen gründen. Auch für diese brauchte man erfahrene, eingearbeitete Kräfte. Dieser Mangel an Arbeitskräften, aber auch an Werkstoffen, hauptsächlich Nicht-Eisen-Metallen und Legierungselementen sowie Kraft- und Schmierstoffen, machte sich immer stärker bemerkbar und hemmte die Produktion wie die Entwicklung in gleichem Maße.

Zwar lieferte man 1918 bis zum Kriegsende noch 1.365 Mb-IVa-Motoren (120 bis 200 im Monat bei 3.300 Arbeitern und 350 Angestellten) für Aufklärungs- und Kampfflugzeuge (Abb. 8.29). Die Konstruktionsarbeit stellte man aber fast ganz ein, sodass die dort Beschäftigten zu anderen Abteilungen versetzt werden konnten. Die zweite wichtige,

Abb. 8.21 Dipl.-Ing. Alfred Graf von Soden-Fraunhofen war 1915 an der Gründung der ZF beteiligt und wurde deren Geschäftsführer. Nach der Umwandlung des Unternehmens in eine Aktiengesellschaft 1921 fungierte er bis zu seinem Tod im Jahre 1944 als Vorstandsvorsitzender

Abb. 8.22 Dass Frauen in Fabriken arbeiteten, war in Deutschland schon vor dem Ersten Weltkrieg nichts Ungewöhnliches mehr. Doch dass sie nun die Plätze qualifizierter Metallarbeiter einnehmen mussten, das war neu! Auch beim »Motorenbau« in Friedrichshafen wurde seit etwa 1917 verstärkt auf Arbeiterinnen zurückgegriffen und eine Anlernwerkstatt eingerichtet. Hier wird das Einstellen eines Drehstahls erklärt

Abb. 8.23 Im Frühjahr 1917 richtete auch der »Motorenbau« eine militärische »Motorenschule« ein. In zweimonatigen Kursen wurde Wartungspersonal für die Motoren von Flugzeugen und Luftschiffen »für das Feld« ausgebildet. Das Bild zeigt Lehrgangsteilnehmer mit zwei Ausbildern der Firma

auch für die Zukunft bedeutsame Neuerung bildete der Aufbau einer Lehrlingswerkstatt. Da nämlich auch weibliche Arbeitskräfte kaum noch zu finden waren, wurde es nötig, Jugendliche anzulernen, um sie möglichst früh als vollwertige Arbeitskräfte einsetzen zu können. Dem Maybach-Motorenbau (MM) – so der neue Firmenname ab Mitte 1918 – gelang es, die Gewerbeoberschulbehörde in Stuttgart für die Spezialisierung der Lehrlingsausbildung zu gewinnen. Der Maybach-Motorenbau stellte dafür alle Räumlichkeiten, die Mittel für den theoretischen Unterricht sowie die Lehrkräfte für die praktischen Fächer zur Verfügung, während die Schulbehörde die Lehrkräfte für den theoretischen Unterricht beschaffte. Außerdem bot der Maybach-Motorenbau natürlich Modelle, physikalische Demonstrations- und Projektionsapparate usw., sodass diese Ausbildungsstätte als eine der Allerersten ihrer Art später zum Vorbild für ähnliche Institutionen wurde (Abb. 8.25 und 8.26). Seit den Kriegsjahren 1914 bis 1918 hat Maybach immer besonderen Wert auf einen leistungsfähigen Stamm von im Werk ausgebildeten Facharbeitern gelegt – was zwar Geld kostete, sich aber auch auszahlte.

Schließlich muss noch eine weitere durch den Krieg veranlasste, aber gleichfalls zukunftsträchtige Maßnahme erwähnt werden. Die Beschäftigung von schnell Angelernten, die immer stärkere Inanspruchnahme von Unterlieferanten sowie der Rückgang der Qualität der Materialien, die beim »Motorenbau« verwendet werden mussten, machten es nötig, eine strenge physikalische (Abb. 8.24 und 8.28) und chemische Materialprüfung einzuführen. Deren Grundzüge hatte es bereits bei Kriegsausbruch gegeben. Aber nun wurde daraus eine eigene Abteilung, in der Spezialverfahren entwickelt wurden, von denen später das »Dehnungslinienverfahren« besondere Bedeutung erlangte (siehe Kap. 22).

Abb. 8.24 In Abnahmeläufen musste bereits während des Ersten Weltkrieges nachgewiesen werden, dass die Motoren die vorgeschriebenen Kennwerte (Leistung, Verbrauch) erreichten. Die Belastung der Flugmotoren erfolgte durch den Propeller. Die Abnahme-Kommission bestand aus Militärbeamten und Werksangehörigen

Abb. 8.25 Um sich einen qualifizierten Nachwuchs an Facharbeitern zu sichern, richtete Karl Maybach schon 1919 eine Lehrwerkstatt ein, in der die Lehrlinge aller Zeppelin-Betriebe ausgebildet wurden und die in ganz Württemberg als vorbildlich galt. Die Maschinen wurden von einem großen Elektromotor über Transmissionen und Riemen angetrieben (Aufnahme um 1925)

All diese Verbesserungen und Neuerungen gerieten seit dem Frühsommer 1918 unter den Druck der Kriegsereignisse an den Fronten und deren Auswirkungen auf das Leben und die Stimmung in der Heimat. Das wirkte sich natürlich auch beim Maybach-Motorenbau aus: Die Entwicklung neuer Triebwerke wurde gehemmt, obwohl die Bauaufsicht insbesondere des Reichsmarineamtes immer schärfer auf Fortschritte drängte, zumal während des ganzen Krieges der »Motorenbau« der einzige Hersteller von Luftschiffmotoren blieb. Denn die beiden damals bedeutendsten Motorenhersteller Deutschlands – Daimler und Benz – erklärten wiederholt, dass ihnen die Lieferung von Luftschiffmotoren neben denen für Flugzeuge allein schon mengenmäßig nicht möglich sei – ganz abgesehen davon, dass man dort auch nicht

Abb. 8.26 Gut zehn Jahre später, Ende der dreißiger Jahre, waren auch in der Lehrwerkstatt die Werkzeugmaschinen auf Einzelantrieb umgestellt

Abb. 8.27 Solche flachen, propellergetriebenen Boote wurden von der Lürssen-Werft im Ersten Weltkrieg gebaut und als Minensucher an der flandrischen Küste eingesetzt. Maybach-Luftschiffmotoren dienten zweckentfremdet als Antrieb

über den Stab verfügte, der für die entsprechenden Entwicklungsarbeiten nötig gewesen wäre.

Am 16. Mai 1918 wurde die »Motorenbau GmbH, Friedrichshafen« in »Maybach-Motorenbau GmbH, Friedrichshafen« umbenannt, was die Bedeutung von Karl Maybach und seinem Vater für das Werk unterstrich. Die Protokolle der Gesellschafterversammlungen des »Motorenbaus« zeigen ab Mitte 1917 recht deutlich, dass die Lage in Deutschland immer angespannter wurde. Colsman unterstrich am 22. Mai 1917, »dass die innere Entwicklung des Motorenbaus mit seiner sonstigen Entwicklung nicht Schritt gehalten habe«. Infolge des dauernden Anstiegs der Arbeitsbelastung waren die kaufmännischen Abteilungen wie z. B. Kalkulation und Unkostenermittlung nicht dem Wachstum auf der technischen Seite gefolgt: Während man im Mai 1917 30 Motoren produzierte, sollten – wie Karl Maybach berichtete – im August 1917 »und von dann an mindestens 50 Motoren herausgebracht werden. Die Anforderungen, die jetzt schon an die Firma seitens der Armee und Marine gestellt werden,

Abb. 8.28 Propeller-Prüfstand für Flugmotoren, um 1918. Die Motoren wurden nicht nur aus Kapazitätsgründen paarweise gefahren, sondern auch um den Propellerschub auszugleichen

sind so, dass man damit rechnen muss, von Januar 1918 ab monatlich mindestens 100 Motoren zur Ablieferung zu bringen«. Darauf müsse man sich sofort vorbereiten – z. B. »noch eine Anzahl von Firmen zur Mitarbeit gewinnen«.

Als ein Jahr später, am 16. Mai 1918, derselbe Personenkreis versammelt war, stellte man fest, »dass der Umsatz bis Anfang Mai des Jahres 1918 bereits den Umsatz des ganzen letzten Jahres erreicht hat, und dass unter Zugrundelegung dieser Entwicklung mit 45 bis 50 Mio. M Jahresumsatz gerechnet werden kann«. Der Auftragsbestand betrug zu diesem Zeitpunkt 82 Mio. M, womit man es muss heißen: »bis Mitte nächsten Jahres« – 1919! – »beschäftigt sein wird«.

Das waren natürlich bereits inflationär belastete Beträge: Die Arbeit wuchs, während die Einnahmen in Wirklichkeit dem Aufwand nicht mehr folgten. Im Mai 1918 plante Karl Maybach für die »Friedenszeit« – allerdings ohne anzudeuten, wie er sich diese vorstellte: Er war mit der Vorbereitung der Produktion eines »doppelten Motors« mit der Bezeichnung IL 12 für schnelle Flugzeuge beschäftigt – »vielleicht als Ausfüllung für die erste Friedenszeit«.

Sorgen bereitete das Werk in Potsdam: Die Marine bezweifelte, dass es so genau arbeiten könne wie Friedrichshafen, und das Reichsmarineamt wollte daher nur mit Friedrichshafen arbeiten. Tatsächlich musste Karl Maybach zugeben, dass die Verhältnisse im Potsdamer Werk sehr schwierig waren: Man hatte zu viele Aufträge übernommen, sodass man mit den Ablieferungen in Verzug geriet, zumal »das Material von hier aus häufig nicht rechtzeitig zugegangen« war, »da es eben auch hier mit Material sehr spanne«.

Noch einmal konnten 20 % Dividende ausgeschüttet werden. Aber Colsman bemerkte, »dass die jetzige Hochkonjunktur mäßig sei«, da man alle Gewinne in immer neue Erweiterungen stecken müsse, die man später vielleicht nicht würde mit Arbeit füllen können. Immerhin rechnete er angesichts der bedeutenden Aufträge mit einem »guten Gewinn für dieses Jahr«, kritisierte aber zugleich, dass die Selbstkostenberechnung immer noch nicht richtig funktioniere. Deutlich hatte das Unternehmen mit 120 bis 150 Zulieferbetrieben eine Größenordnung erreicht, der die kaufmännische Organisation nicht mehr gewachsen war. Colsman wollte in dieser Situation Potsdam ganz aufgeben und die Arbeit dieses Werkes nach Friedrichshafen verlagern.

Am 7. Juli 1918 fand anlässlich der Gesellschafterversammlung des Luftschiffbau Zeppelin eine zweistündige Konzernsitzung statt, an der unter Alfred Colsmans Leitung acht Personen teilnahmen – unter anderem Dr. Ludwig Dürr, Karl Maybach und Dipl.-Ing. Claude Dornier. Eine Lösung der Organisationsprobleme war immer noch nicht gefunden worden. Seit Jahren hatte man die technische Arbeit weiter und weiter dezentralisiert und eigene Gesellschaften für Motoren, Zellen usw. errichtet sowie neue Zulieferer heranziehen müssen. Aber die Verwaltung, die dadurch immer teurer geworden war, hatte schließlich dieser tatsächlich kaum noch übersehbaren Vielfalt nicht mehr befriedigend folgen können: An der Spitze bzw. im Zentrum, nämlich beim LZ, hatte man die Übersicht über Planung, Zeiteinteilung und wirtschaftliche Entwicklung verloren und in dieser Notsituation ein »Zentrales Büro« geschaffen. Seine Aufgaben bestanden in der Berichterstattung, Prüfung der Buchhaltung und der Organisation sowie Übernahme von Verwaltungsarbeiten. Oberstes Ziel war jedoch die Vereinfachung der Organisation der Tochtergesellschaften und die Straffung ihrer Verbindung zur Konzernspitze: Vereinfachung des innerbetrieblichen Schriftverkehrs, Verbesserung der Statistik und ihrer Auswertung und Straffung und Vereinheitlichung der Tochterbilanzen für die Erstellung einer korrekten Konzernbilanz. »Erst dadurch ist ein richtiges und fortlaufendes Vermögensbild des ganzen Konzerns zu erlangen«, heißt es im Protokoll. Auch die »Bearbeitung des Lohn- und Gehaltswesens« musste verbessert, die Gehaltsverhältnisse der Tochtergesellschaften vereinheitlicht werden. »Das Konzerngefühl muss unbedingt gepflegt werden. Es ist zur Heranbildung eines tüchtigen Beamtenstandes

Abb. 8.29 Der Erste Weltkrieg beflügelte den Flugzeugbau wie keine andere Waffengattung. Ein »Spitzenprodukt« in diesem Sinne waren die »Riesenflugzeuge«, mit denen Angriffe weit in das feindliche Hinterland geflogen wurden. Dieser Fernbomber, Typ R XIVa der Zeppelin-Werke Staaken, hatte fünf Maybach-Mb-IVa-Höhenmotoren von je 180 kW (245 PS). Die Größenverhältnisse werden an dem Gruppenbild deutlich

von größter Wichtigkeit ... Unbedingt erstrebenswert ist die Vereinheitlichung des Lohnwesens der Friedrichshafener Konzernfirmen.« Damit könne man »gar nicht weit genug gehen«.

Das Protokoll dieser Konzernsitzung wenige Wochen vor Ludendorffs Eingeständnis, dass der Krieg nicht mehr gewonnen werden könne und daher sofort Bemühungen um Waffenstillstand und Friedensschluss aufgenommen werden müssten, zeigt, dass beim Friedrichshafener Konzern in jüngster Zeit chaotische Zustände geherrscht hatten. Das Auseinanderbrechen hatte offenbar nahe bevorgestanden. Und für den Historiker erhebt sich die nicht mehr zu beantwortende Frage, ob das Unternehmen im Jahre 1918 noch in jeder, also auch in technischer Hinsicht optimal gearbeitet hat. Gewiss: Es wurden immer mehr Motoren geliefert, es wurde immer mehr Geld verdient und zumeist in Neubauten, für Erweiterungen und Verbesserungen angelegt. Aber ob man bei alledem richtig handelte, das Beste leistete, das erschien Colsman offensichtlich seit dem Frühjahr 1918 zweifelhaft. Und sein Mitarbeiter, Assessor Vetter, musste am 7. Juli 1918 inmitten weiterer Produktionssteigerungen und immer größerer Schwierigkeiten bei der Arbeitskräfte- und Materialbeschaffung berichten, dass man sich mitten in einer Umstrukturierung des Konzerns befand, die bereits einige gute Ergebnisse erzielt, aber auch viel Arbeit verursacht und viele tüchtige Mitarbeiter gebunden hatte.

Am 1. Oktober 1918 fand eine »Besprechung betr. Lohnbewegung des Luftschiffbau Zeppelin« statt. Sichtlich wurden die Arbeiter wie in anderen Teilen Deutschlands, so auch am Bodensee unruhig: Sie forderten angesichts der ständig steigenden Preise insbesondere auf dem Lebensmittel-Schwarzmarkt Lohnerhöhungen. Am 30. September 1918 hatte sich der Schlichtungsausschuss Ravensburg, in dem die Maybach-Motorenbau GmbH Friedrichshafen nicht vertreten war, dahingehend geeinigt, dass die Löhne der Bauarbeiter um 20 %, die für Arbeiter beim Motorenbau um etwa 10 % erhöht werden sollten, weil der »Maybach-Motorenbau schon 10 Pf. höhere Sätze als die zwischen Bauunternehmer und Bauhandwerker vereinbarten bezahle«. Daimler, wo man im Durchschnitt bereits höhere Löhne zahlte als bei Maybach, hatte entsprechende Forderungen zunächst einmal zurückgewiesen. Bei der Besprechung dieser Forderungen stellte sich heraus, dass der Maybach-Motorenbau im Allgemeinen beim Verband der Württembergischen Metallindustriellen, dem dieser nicht angehörte, nicht sehr beliebt war: Seine Arbeiter empfanden sich wohl als eine kriegswichtige Elite, der man in Bezug auf Löhne und Einschätzung der Arbeitsplätze besondere Rücksicht schuldig sei.

Am 8. Oktober besprach man die »Lohnbewegung« im Konzern erneut und beschloss ein Angebot für Einstell-Löhne (Löhne der Anfänger) je Stunde von 110 Pf. für Facharbeiter, 96 Pf. für Angelernte, 86 Pf. für Hilfsarbeiter und 60 Pf. für weibliche Arbeiter. Nach vier Wochen Zugehörigkeit sollten die Löhne um 15 bis 25 % steigen; alle Akkordlöhne sollten um 15 % erhöht werden.

Bei der wachsenden Unzufriedenheit unter den Arbeitern handelte es sich keineswegs nur um Lohnfragen im engen Sinne. Viele Männer, die von der Front zur Arbeit in Friedrichshafen abkommandiert worden waren, hatten ihren eigentlichen Wohnsitz weit entfernt vom Arbeitsort. Die langen Arbeitszeiten, die mangelhafte Versorgung mit Lebensmitteln, die häufig primitive Unterbringung und schließlich die Politisierung des Alltags führten zu einer Art von Unruhe (Abb. 8.30), die durch Lohnerhöhungen kaum noch eingedämmt werden konnte, zumal sich nun auch in der Heimat ein deutlicheres Bild von der Situation an der Front und von der gesamten strategisch-politischen Lage abzeichnete. Man verlor die Hoffnung auf ein gutes Ende.

Bekanntmachung.

3000 Mark

Belohnung!

Von unbekannter Seite wird ein Flugblatt mit der Ueberschrift

Die Lehren des großen Massenstreiks

das zur Arbeitsniederlegung am 1. Mai 1917 auffordert, ohne Angabe des Druckers und Verlegers verbreitet.

Selbstverständliche Pflicht jedes Deutschen ist es, zur Entlarvung der Landesverräter, die hinter diesem Erzeugnisse stehen, beizutragen.

Wer den Verfasser oder Hersteller des Flugblattes zur Strafverfolgung bringt, erhält obige Belohnung. Einen angemessenen Teil der Belohnung erhält ferner jeder, der den oder die Verbreiter des Flugblattes zur Strafverfolgung bringt.

Berlin, den 30. April 1917.

Oberkommando in den Marken.

Abb. 8.30 Die katastrophale Versorgungslage und die Nachrichten von der Februarrevolution in Russland führten am 16. April 1917 zu spontanen Massenstreiks, die sich, von Berlin ausgehend, bis Nürnberg ausbreiteten, sowie zur Bildung von Arbeiterräten. Von den Gewerkschaften nicht unterstützt, brach der Aufstand nach Androhung des Kriegsrechts durch die Regierung rasch zusammen. Generalleutnant Wilhelm Groener verkündete am 27. April in einem Aufruf an alle Rüstungsarbeiter: »Ein Hundsfott, wer streikt, solange unsere Heere vor dem Feind stehen.«

Abb. 8.31 Im November 1918 ging der Erste Weltkrieg zu Ende. Einen Monat später erschien bereits die erste Maybach-Anzeige, in der die Kriegsleistungen des Mb-IVa-Motors herausgestellt wurden ▶

MAYBACH·MOTOREN·FRIEDRICHSHAFEN
MAYBACH-MOTOREN
ÜBERDIMENSIONIERT UND ÜBERKOMPRIMIERT.
EINZIGER MOTOR
DER IN DEN LETZTEN KRIEGSJAHREN DIE
FERNAUFKLÄRUNG IM WESTEN ERMÖGLICHTE.
SÄMTLICHE DEUTSCHEN LUFTSCHIFFE WAREN
MIT MAYBACH-MOTOREN AUSGERÜSTET.
DAUERFAHRTEN ÜBER 100 STUNDEN
BEHÖRDLICH ANERKANNT BESTER MOTOR SEINER KLASSE.

9 In der Zeit der Weimarer Republik 1919 bis 1932

Wilhelm Treue

9.1 Ein neuer Beginn 1918 bis 1923

Am 10. November 1918, dem ersten Tag nach dem Waffenstillstand (Abb. 9.1), beschäftigte der Maybach-Motorenbau noch 3.601 Angestellte und Arbeiter, unter ihnen 763 Frauen. Am Tag darauf wurden überall rote Fahnen gehisst, die Arbeit eingestellt. Viele Unterlieferanten konnten wieder ihre alte Friedensfabrikation aufnehmen. Der Maybach-Motorenbau aber war gezwungen, sich ein neues Arbeitsgebiet zu suchen bzw. zu schaffen. Zunächst einmal setzte Colsman rigoros die Belegschaft auf 844 Männer herab, wodurch er sich in weiten Kreisen unbeliebt machte. Insgesamt verließen in den folgenden Monaten etwa 75 % der Belegschaft, darunter viele ausgezeichnete Facharbeiter, nicht nur das Werk, sondern auch den Raum Friedrichshafen. Wer freiwillig kündigte, erhielt eine Entschädigung von mehreren tausend Mark.

Die Firma Maybach-Motorenbau begann, mitten in den Unruhen der Revolution und des Aufbaus eines neuen Staates, mit Fahrzeug- und Werkzeugmaschinen-Reparaturen. Überall waren Autos und Maschinen jahrelang ohne genügende Wartung bis zum Äußersten beansprucht worden. Für einige Zeit fand man also auf diesem Gebiet Arbeit. Auch lieferte man im Lohnauftrag kleine Motoren für Mars-Motorräder. Zu Beginn des Jahres 1919 versammelte Karl Maybach die Leiter der Abteilungen Konstruktion, Versuch und Fertigung um sich und trug ihnen auch in Gegenwart führender Mitglieder der kaufmännischen Abteilung seine Zukunftsüberlegungen vor. Um die Weiterarbeit des Maybach-Motorenbaus sicherzustellen und Arbeit für die noch rund 800 Beschäftigten zu beschaffen, wollte er sich, mit Zustimmung des Hauptgesellschafters LZ, zwei neuen Vorhaben zuwenden:

> »Auf Grund unserer Erfahrungen im Flugmotorenbau werden wir einen erstklassigen Fahrzeugmotor entwickeln und diesen in verschiedenen Leistungen bauen (Abb. 8.31 und 9.4). Wir werden diese Motoren den inzwischen zahlreich gewordenen Automobilfirmen im In- und Ausland zum Einbau in ihre Pkw, Lkw und sonstigen Fahrzeuge anbieten. Auf diese Weise sparen sich die betreffenden Firmen kostspielige Eigenentwicklungen.«

Abb. 9.1 Das Ende: Zur Erfüllung der Vorschriften des Waffenstillstandsabkommens musste sämtliches Kriegsmaterial an die Sieger ausgeliefert oder vernichtet werden. Auch auf dem Gelände des Maybach-Motorenbaus wurden 1919 Flugmotoren und Prüfstände unter den Augen der Entente-Kommission zerstört

Maybach konnte bei diesen logischen und überzeugenden Ausführungen nicht ahnen, dass er mit diesem Vorhaben einen Misserfolg erleiden würde, dass aber aus diesem wiederum ein bedeutender Erfolg hervorgehen sollte.

Darüber hinaus stellte er Überlegungen an, einen schnelllaufenden Dieselmotor für die Schienentraktion zu entwickeln (siehe Abschn. 4.1 und 21.1). Tatsächlich hatte Karl Maybach bereits Mitte 1918 nach Gesprächen mit seinem Vater Wilhelm und dem Generaldirektor des LZ, Alfred Colsman, einen erst am 1. September 1917 eingestellten Mitarbeiter beauftragt, »in aller Stille« den derzeitigen Stand der Technik auf dem Gebiet schnelllaufender Dieselmotoren mit 120 bis 150 PS zu erkunden. Am 27. November

W. Treue (✉)
Göttingen, Deutschland
E-Mail: customerservice@springernature.com

E. Eckermann, W. Treue, S. Zima (Hrsg.), *Technikpionier Karl Maybach*, https://doi.org/10.1007/978-3-658-37065-7_9

Preis 10 Pfennig.

Die rote Seefahne

Mitteilungsblatt der Streikleitung Friedrichshafen.

1. Jahrgang. Donnerstag, den 3. April 1919. Nr. 2.

Zur Streiklage.

Motto:

Nicht zählen wir den Feind,
Nicht die Gefahren all.

Noch schlimmer wie zur Zeit des Kaiserreichs ergreift unsere „sozialistische“ Regierung Maßnahmen, wenn sich Arbeiter erlauben Forderungen zu stellen. Für Stuttgart und Umgebung ist der Belagerungszustand verhängt worden. Trotz alledem wird diese Bewegung den Weg gehen, der ihr naturgemäß bestimmt ist. Die Maßnahmen werden auf alle Fälle die eine Wirkung haben, daß sie vielen Arbeitern, die bis heute noch zu der Regierung gestanden sind, die Augen öffnet. Tausende von Arbeitern werden aus diesen Maßnahmen klar ersehen, daß, wie vor und während dem Krieg noch immer dieselben Mittel angewandt werden, wenn es gilt, der Arbeiterschaft ein Entgegenkommen zu zeigen.

Heute herrscht noch ein gewalttätigeres Regiment in Deutschland wie vor dem Kriege. Weil Arbeiter Forderungen an die Regierung gestellt haben, werden in Stuttgart und anderen Industrieorten Maschinengewehre aufgestellt, werden der Arbeiterschaft verboten Flugblätter zu verteilen, darf sie keine Versammlungen unter freiem Himmel abhalten. Kurzum es wird ihr mit Gewalt verunmöglicht, zu Fragen, ihre Interessen betreffend Stellung zu nehmen.

Heute werden die Zeitungen der Regierung im ganzen Reiche von Greueln in Stuttgart und anderen Streikorten berichten. Die Reptile der sich sozialistisch nennenden Regierungen im freien Deutschland werden über Terror in Württemberg berichten, sie werden über Greuel berichten, die die württembergische Arbeiterschaft verübt hat, während im ganzen Land weiter nichts geschehen ist, als daß die Arbeiterschaft die Betriebe verlassen und da und dort eine Demonstration durchgeführt hat.

In Weimar-Berlin wird auf Ersuchen der württembergischen Regierung der Arbeiter-Noske Feldzugspläne gegen Württemberg entwerfen, wie seinerzeit gegen Berlin, Bremen, Leipzig, Braunschweig u. s. w. Das Verbrecherchor Haas in Münsingen wird seine historische Aufgabe, Arbeiterblut zu vergießen, erfüllen. Flammenwerfer und Minenwerfer werden wieder zu Ehren kommen und in die Reihen der Landesverteidiger und Helden von gestern Tod und Verderben speien! Offiziere und Studenten werden in den Kampf ziehen unter den Weisen: „Heil dir im Siegerkranz“ und mit dem Feldgeschrei: „Hoch Hindenburg, hoch Ludendorf“.

Das Bürgertum wird die Helden von heute aufstacheln und seine Vaterlandsliebe dadurch beweisen, daß es, wie am 10. Januar in Stuttgart die Helden mit Krankenwein und Schnäppschen aufmuntert, gegen die Helden von gestern Tod und Verderben zu speien. Wehrlose Gefangene wird das Bürgertum beschimpfen und verprügeln. Nach berühmtem Berliner Beispiel werden Dutzende von „Regierungstreuen“ verschwinden, um nach Beendigung des Streiks wieder auf der Bildfläche zu erscheinen, sie werden nach den Berichten der bürgerlichen Presse zu dem Zwecke verschwinden, die Soldadeska gegen die Streikenden aufzuhetzen.

Alles das wird aber die Massen nicht abhalten, immer und immer wieder den Kampf gegen den Sozialismus aufzunehmen. Wie in Berlin, so erheben nun auch sich die Bergarbeiter zum wiederholtenmal mit der Parole: „Sozialisierung und Sechsstundentag“. Genau so werden wir, wenn dieser Kampf nicht zum Ziele führt, uns wieder erheben u. den für das Proletariat eine Lebensfrage bedeutenden Kampf um den Sozialismus aufzunehmen.

Arbeiter, Genossen! Laßt Euch durch nichts beirren, haltet diesmal in Euerem eigenen Interesse durch!

K.

Der zweite Streiktag.

Wie am Dienstag, so sind auch am Mittwoch die Arbeiterbataillone im Massenschritt aufmarschiert! War am ersten Tag die Sache noch etwas zerfahren, so war zu sehen, daß gestern schon viel sachlichere Bahnen eingeschlagen wurden.

Die Streikleitung trat mit einem klar umschriebenen Programm von lokalen Forderungen auf den Plan und fand bei der Riesenversammlung hellige Zustimmung. (Selbst Herr Colsman mußte zustimmen.) Allerdings hätte eine Opposition nicht leicht begründet werden können, den es ist doch klar, daß, da die Stadtverwaltung auf dem Gebiete der Wohnungsführsorge sowie der Lebensmittelverteilung so gut wie nichts getan hat, die Arbeiterschaft die Sache endlich selbst energisch in die Hand nehmen muß. Das Recht hierzu kann ihr nicht abgesprochen werden, da ja sie es ist, die fast ausschließlich unter den mißlichen Verhältnissen zu leiden hat. Ueberdies bildet doch auch sie die überwiegende Mehrheit der Bevölkerung.

Lebhaft wurde auch das Vorgehen der Postverwaltung gegen den Arbeiterrat verurteilt, die diesem die Telefonverbindung abgeschnitten hat. Dieses Vorgehen wurde als

Abb. 9.2 Auch in Friedrichshafen kam es durch den am 25. Februar 1919 ausgerufenen Generalstreik zu Unruhen, sodass an geregelte Arbeit kaum zu denken war. Die Verkündung des Versailler Vertrages und seine Folgen brachten die aufgewiegelte Arbeiterschaft jedoch rasch wieder zur Vernunft

1918, als man also deutlich erkennen konnte, dass Pessimismus in Bezug auf die Zukunft des Unternehmens durchaus angebracht war, legte dieser Mitarbeiter Karl Maybach einen Bericht im Umfang von 20 Seiten vor. Die Quintessenz: Es gab noch keinen schnelllaufenden Dieselmotor mit hoher Drehzahl und der geforderten Leistung.

Maybach sah also zwei klare Ziele für den Motorenbau vor sich. Doch im ersten Halbjahr 1919 war die politisch-soziale Unruhe überall in Deutschland so groß, dass auch am Bodensee an geregelte Arbeit kaum zu denken war (Abb. 9.2). Vielleicht wäre Maybachs Unternehmen wie so viele andere zusammengebrochen, wenn es nicht mitten im Chaos Inseln der Ordnung und Zuverlässigkeit gegeben hätte: Die staatliche Bürokratie in Deutschland hatte eine schwere militärische und wirtschaftliche Niederlage erlitten und wurde von revolutionären Aufständen erschüttert

(Abb. 9.3) – aber die Reichsbehörden beglichen korrekt die Rechnungen der Lieferanten, wie z. B. für Flugzeugmotoren, die beim Militärfiskus über den Umsturz der Regierung am 9. November hinaus eingetroffen waren. Die Behörden entschädigten sogar die Firmen – so auch den Maybach-Motorenbau – für Schäden, die im Zuge der Revolution verursacht worden waren, und schließlich selbst für Reparations-Entnahmen – allerdings nun schon in Inflationsmark, sodass die Zahlungen nicht mehr voll den Leistungen entsprachen.

Von Kriegsgewinnen konnte also dabei ganz und gar keine Rede sein, obwohl es sich um gewaltige Aufträge, Materialmengen und Geldbeträge handelte. Der Maybach-Motorenbau erhielt z. B. am 30. August 1918 einen Auftrag über 2.700 Motoren, die bis zum Oktober 1919 geliefert werden sollten. Diese Bestellung hatte einschließlich der vereinbarten Mengen von Reserveteilen einen Wert von 105 Mio. M. Davon gingen natürlich große Beträge an die rund 170 Unterlieferanten. Außerdem mussten zur Erfüllung des Auftrages die eigenen Anlagen wesentlich vergrößert werden. Sofort begannen die Motorlieferungen. Anfang November 1918 war der Krieg zu Ende, aber ein großer Teil des Rohmaterials lag in Friedrichshafen, und die Unterlieferanten hatten sich auf die Arbeit eingerichtet. Maybach hoffte, für die Motoren »in einiger Zeit« mit dem Ausland ins Geschäft zu kommen. Doch zunächst einmal brauchte man Geld – vom Auftraggeber, dem Militärfiskus. Die Behörden zahlten im Januar 1919 einen Vorschuss von 35 Mio. M. Ob es mehr geben würde, war fraglich. Doch die Inflation begann zu traben: Der Wert des Dollars stand bereits bei mehr als 20 M. Immerhin: Der Maybach-Motorenbau konnte sich mit solchen Restzahlungen, Reparaturaufträgen und der Herstellung von kleineren Motoren im Lohnauftrag für die Motorradfabrik Mars Werke AG, Nürnberg, über Wasser halten und verhindern, dass für die Zukunft wichtige Facharbeiter abwanderten. Mitte 1919 beschäftigte man noch rund 600 Mitarbeiter, darunter viele Lehrlinge, die man für die Zukunft brauchte. Allerdings musste auch manchem Lehrling nach Abschluss seiner Lehre gekündigt werden. Dabei zog man die sozialen Verhältnisse in Betracht.

Im Jahre 1918 blieb bei einem »Verkaufsumsatz« von annähernd 52 Mio. M für 111 Luftschiff- und 1.283 Flugzeugmotoren nach Abzug der Kriegsgewinnsteuer in Höhe von mehr als 2,7 Mio. M schließlich ein »Reingewinn« von 3,1 Mio. M (also etwa 6 %), aus dem eine Dividende in Höhe von 20 % auf das voll eingezahlte Geschäftskapital in Höhe von 1 Mio. M ausgeschüttet werden konnte. Dagegen hatte die Neuanschaffung von Maschinen etwa 18,2 Mio. M gekostet.

Im Jahre 1919 sank der Gesamtumsatz um rund 40 Mio. auf 12,5 Mio. M. Er erbrachte einen Reingewinn von 910.000 M, aus dem wieder 20 % (= 200.000 M) Dividende gezahlt wurden, deren Wert allerdings gegenüber dem Vorjahr wesentlich gesunken war. Der Umsatz entstand im Wesentlichen daraus, dass im Jahre 1919 noch 194 Flugzeug- und Luftschiffmotoren im Gesamtbetrag von 5,8 Mio. M sowie Ersatz- und Zubehörteile im Wert von 6,7 Mio. M insgesamt also 12,5 Mio. M ergaben. Der Maybach-Motorenbau lebte mitten im ersten Friedensjahr noch ganz von der Produktion, die dem Krieg gegolten hatte.

Abb. 9.3 Ganz anders sah es dagegen in den großen Industriestädten des Reiches (hier in Berlin) aus, wo zwischen Regierungstruppen und Arbeiterschaft schwere Kämpfe ausbrachen, die etwa 1.200 Tote forderten. Es kam zu dem berüchtigten Schießbefehl des sozialdemokratischen Reichswehrministers Gustav Noske: »Jede Person, die mit Waffen in der Hand gegen Regierungstruppen kämpfend angetroffen wird, ist sofort zu erschießen.«

Karl Maybachs Optimismus in Bezug auf den Absatz von Qualitätsmotoren für Personenwagen und Nutzfahrzeuge an Automobilfabriken wurde schnell enttäuscht. Bei keiner der zahlreichen deutschen Automobilfirmen war man bereit, fremde Motoren, und mochten sie noch so gut sein, in die eigenen Fahrzeuge einzubauen. Jede Firma wollte – unter hohen Entwicklungskosten – ihren eigenen Motor herstellen. In dieser Situation erfuhr Maybach 1920, dass die niederländische Firma Trompenburg einen geeigneten Motor für ihren luxuriösen »Spyker«-Wagen (Bilder Abb. 9.5, 9.6 und 9.19) suchte. Der Maybach-Motorenbau trat daraufhin mit Trompenburg in Verbindung. Die Verhandlungen verliefen erfolgreich, und noch 1920 erteilte Trompenburg einen Auftrag über 1.200 der neuen W-2-Motoren.

Ende 1920 waren außer der Vorrichtungs- und der Werkzeugkonstruktionsabteilung die Fabrikationsabteilungen und die Montage nahezu ausschließlich mit der Fertigung dieser Automobil-Motoren beschäftigt. Allerdings wurde die

Abb. 9.4 Nach Kriegsende hoffte man in Deutschland, den Bau ziviler Flugzeuge aufnehmen zu können. So entstanden 1920 bahnbrechende Konstruktionen wie dieses »Riesen-Verkehrsflugzeug« E 4/20 in Leichtmetallbauweise, entworfen von Dipl.-Ing. Adolph Rohrbach, einem früheren LZ-Mitarbeiter, und gebaut auf der Zeppelin-Werft in Berlin-Staaken. Ausgerüstet war es mit vier Mb-IVa-Motoren. 1921 musste es auf Befehl der Entente-Kontrollkommission zerstört werden

Abb. 9.5 Karl Maybach hatte zunächst nicht beabsichtigt, Automobile zu bauen; vielmehr sollte seine Fabrik Benzinmotoren für andere Automobilfabriken herstellen. Doch daraus wurde nichts, weil der wichtigste Kunde, die renommierte holländische Automobilfabrik Trompenburg, in Zahlungsschwierigkeiten geriet. Als er für die große Zahl fertiggestellter Motoren für den »Spyker«-Wagen (Bild) keine Abnehmer fand, sah sich Maybach gezwungen, selbst Automobile zu bauen

»Kohlenfrage« infolge der weiten Entfernung von den Bergwerken überaus kritisch. Daher mietete man im März 1920, als der Kapp-Putsch für eineinhalb Tage einen Generalstreik verursacht hatte (Abb. 9.7), zwei Torffelder bei Isny/Allgäu auf zehn Jahre, aus denen man jährlich etwa 200 Waggons Torf gewinnen wollte. Auch bei der Stromversorgung gab es oft Störungen, sodass man mit drei eigenen, von 191-kW-(260-PS-)Höhenmotoren angetriebenen Stromerzeugern zur Selbstversorgung überging (Abb. 9.8). Alles in allem war man Ende 1920 zufrieden, da im Laufe des Jahres die Zahl der Arbeiter von 485 (darunter 77 Lehrlinge) auf 702 (112 Lehrlinge), die der Angestellten von 111 auf 145 (einschließlich Meister) gestiegen war. Angesichts des Auftrages von Trompenburg konnte man zuversichtlich in die Zukunft blicken.

Mitte Januar 1921 begann der Maybach-Motorenbau mit den Lieferungen an Trompenburg; bis Juli wurden die Motoren korrekt bezahlt. Dann blieben die Zahlungen aus, da Trompenburg in Absatzschwierigkeiten geriet und die Produktion einschränken musste. Zwar schien Trompenburg im Herbst 1921 wieder finanziell gesundet zu sein, aber statt 60 bis 100 Motoren monatlich nahmen die Niederländer nur noch 15 bis 20 ab. Um die inzwischen aufgebaute Fertigungskapazität zu kanalisieren, hatte man sich bereits zu dieser Zeit in Friedrichshafen entschlossen, »mit einem eigenen Wagentyp an die Öffentlichkeit zu treten und diesen im

Abb. 9.6 Damals hochmodern: Kurbelwellendrehmaschinen im Maybach-Motorenbau. Beschafft wurden diese Maschinen zur Herstellung der Kurbelwellen für die Motoren der »Spyker«-Wagen

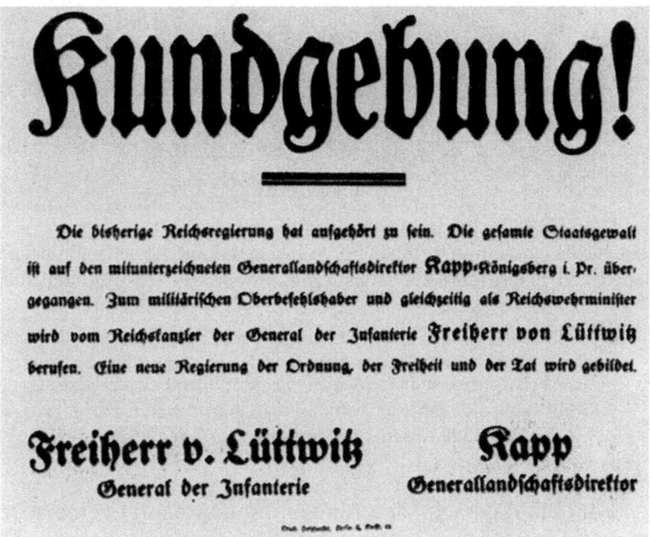

Abb. 9.7 Die anhaltende rechtsradikale Sammlungsbewegung und – in Verbindung mit dem Versailler Vertrag – die Unsicherheit der Militärs angesichts der Truppenreduzierung auf ein 100.000-Mann-Heer führten am 13. März 1920 zu dem dilettantisch durchgeführten Versuch von Wolfgang Kapp, einem rechtsgerichteten Beamten der ostpreußischen Provinzialverwaltung, die Reichsregierung zu stürzen. Der unblutig verlaufende Putsch scheiterte bereits am 17. März an der abwartenden Haltung der Reichsbehörden und weil ein sofort ausgerufener Generalstreik die »Gegenregierung« lahmlegte

September 1921 auf der Berliner Automobilausstellung vorzuführen«[1]. Aber die Schrumpfung bei Trompenburg und ein mehrmonatiger Streik bei der Motorradfabrik Mars zwangen Maybach zu etwa 60 Entlassungen. Und als dann im Laufe des Jahres Mars und Grade[2] je 500 Motoren bestellten, verzögerte ein elfwöchiger Streik in Friedrichshafen alle Ablieferungen und führte zum Verlust einer »größeren Anzahl wertvoller Spezialarbeiter, da dieselben sofort in nicht bestreikte Gebiete abgewandert sind«. Ende 1921 sah man angesichts des Streiks in ganz Deutschland und der immer schneller steigenden Inflation recht pessimistisch in die Zukunft – mit Recht. Im Februar 1922 streikten die Eisenbahner im Rheinland und Westfalen sowie die Metallarbeiter in Süddeutschland – bei Maybach von Ende März bis Ende Juli, sodass der Automobilbau zum Stillstand kam und immer mehr Facharbeiter abwanderten. Die Automobil-Ausstellung 1922 in Berlin fiel aus; von Trompenburg kamen weder Bestellungen noch Geld.

Der Präsentation der ersten Maybach-Automobile auf der Berliner Automobil-Ausstellung im September 1921 – es handelte sich dabei um den Maybach 22/70 mit dem zuvor erwähnten W-2-Motor; das Fahrzeug selbst hatte die werksinterne Bezeichnung W 3 – und der Vorführung von zwei schnellen Motorbooten mit Maybach-Motoren auf den Berliner Seen war schließlich eine Reihe von Bestellungen gefolgt. Die Nachfrage nach dem Wagen wuchs; da jedoch die Fabrikation erst hierauf eingerichtet werden musste, konnten nur langfristige Aufträge angenommen werden. Auch Bestellungen des Bootsmotors kamen aus dem In- und Ausland. Mars bestellte weitere 500 Motoren, und die Grade-Werke in Bork wollten einen Motor für ein Kleinauto haben.

Das Jahr 1923 brachte also eine steigende Nachfrage nach dem W-3-Pkw: Man gelangte zu 15 bis 20 Wagen je Monat. Auch arbeitete der Maybach-Motorenbau vorteilhaft mit Karosserie-Fabriken zusammen. Schließlich wurde die Nachfrage allein aus Deutschland so lebhaft, dass Käufer Lieferzeiten von fünf bis sechs Monaten hinnehmen mussten. In Berlin richtete man eine Vertretung mit Werkstatt, in Frankfurt ein Verkaufsbüro ein. Zusätzlich arbeitete man das ganze Jahr über am VL-1-Luftschiffmotor. Mars bestellte weitere 855 Motoren, und in die Tschechoslowakei wurden »in ziemlichem Umfange« Ersatzteile für ältere Luftschiffmotoren geliefert.

Im Winter 1923/24 beteiligten sich drei und im Sommer 1924 stets mehrere Maybach-Wagen an Konkurrenzen und legten die Fahrten im Allgemeinen strafpunktfrei zurück. Das Gleiche galt für die Motorboot-Version des W-2-Motors. So erwarb sich dieser nach der Überwindung einiger Kinderkrankheiten bald einen vorzüglichen Ruf – trotz der Inflation, die seine Käuferschicht weniger traf als die kleinen Leute (Abb. 9.9). Im November 1923 war endlich eine Währungsreform durchgeführt worden, nachdem »der anhaltende Zerfall der deutschen Währung ... die Verrechnung mit den Kunden sehr erschwert« hatte. Nach Einführung der Rentenmark (1923) beschäftigte der Maybach-Motorenbau etwa 1.000 Arbeiter und Lehrlinge sowie 184 Angestellte. Die Nachfrage nach den Maybach-Automobilen und -Bootsmotoren war »nach wie vor sehr rege«, der Export wurde vorbereitet.

[1] Vgl. auch Abschn. 18.2.

[2] Als der bekannte Flugzeugbauer Hans Grade nach dem Ersten Weltkrieg keine Flugzeuge mehr bauen durfte, stellte er seine Produktion auf Motorräder und entsprechende Motoren um (Grade-Motoren-Werke GmbH).

Abb. 9.8 Um sich von den kriegswirtschaftlich bedingten Störungen in der Stromversorgung unabhängig zu machen, hatte der »Motorenbau« bereits 1917 eine Notstromanlage mit drei Mb-IVa-Motoren installiert, von denen zwei einen großen Drehstromgenerator von 475 kVA und einer einen kleinen Gleichstromgenerator antrieben

Aber werfen wir, bevor wir uns den »goldenen Jahren« der Weimarer Republik nach der Beendigung der Inflation im Herbst 1923 zuwenden, einen Blick auf die Maybach-Motorenbau GmbH in den Nachkriegsjahren seit 1919. Wie hat man bei Maybach selber die wirtschaftliche Entwicklung in dieser Zeit voller Unruhen, Streiks, Besetzungen und ständig wachsender Armut erlebt?

Der Geschäftsbericht des Maybach-Motorenbaus begann für das Geschäftsjahr 1924 mit folgenden Sätzen:

»In den ersten Monaten des Berichtsjahres, nachdem eine kurze Periode durch die Umstellung auf Rentenmark bedingter Zurückhaltung der Käufer überwunden war, stieg die Nachfrage nach unseren Wagen an, so daß auf das in Aussicht genommene Programm von monatlich 20 Wagen weiterhin gearbeitet werden konnte. Infolge der von der Reichsbank im April getroffenen einschneidenden Maßnahmen zur Einschränkung des Kredits trat jedoch von da an trotz regem Interesse für unsere Wagen, deren Vorzüge voll anerkannt wurden, ebenso wie in allen anderen Industrien, eine ganz ungewöhnliche Zurückhaltung der Käufer ein, so daß trotz dauernden Besuchs aller in Frage kommender Interessenten mit Vorführung des Wagens durch die Herren unserer Verkaufsabteilung sowie unsere auswärtigen Vertreter plötzlich so gut wie keine Bestellungen mehr eingingen. Dazu kam, daß für weiterhin zur Ablieferung kommende Chassis[3] von den Abnehmern die Restzahlungen nur unter außerordentlichen Schwierigkeiten einzubringen waren und diese Chassis deshalb zum Teil bei uns behalten werden mussten, zum Teil nur unter Vorbehalt unseres Eigentumsrechts abgeliefert werden konnten.«

Für den Maybach-Motorenbau war das insofern eine neue Erfahrung, als man es bisher mit dem LZ und durch diesen mit staatlichen Behörden als Geschäftspartnern zu tun gehabt hatte. Diese hatten immer prompt und korrekt gezahlt. Nun aber war mit einem Schlag das Geld so knapp geworden, dass die Fähigkeit und Bereitschaft zu zahlen auch in jenen Käuferkreisen nachließen, die für Maybachsche Fahrzeuge bei Preisen von mehr als 20.000 RM allein für das Fahrwerk infrage kamen.

Diese W-3-Pkw wurden zwar von 1922 bis 1926 gebaut, die W-2-Motoren noch länger. Aber die Fertigung eines solchen Wagens, für den sich naturgemäß nur eine sehr beschränkte Anzahl von Käufern interessierte, bot keine ausreichende Basis für die Beschäftigung des Maybach-Motorenbaus. Die Aufnahme der Fabrikation eines kleineren Fahrzeugs mit entsprechend großer Stückzahl entsprach aber nicht der »technischen Philosophie« des Unternehmens, d. h. der Karl Maybachs. Er hat immer das Besondere, Erstmalige

[3] Die Ablieferung von »Chassis«, gemeint sind Fahrwerke (s. Kap. 26), an den Käufer war damals durchaus üblich (Abb. 9.10, 9.28 und 9.29). Dieser ließ sich bei Spezialfirmen eine Karosserie nach seinem persönlichen Geschmack anfertigen.

Abb. 9.9 Im Winter 1922/23 stehen Berliner Schlange vor einem Buttergeschäft. Die Auswirkungen der Inflation trafen vor allem den »kleinen Mann«: In den großen Städten wurden die Lebensmittel knapp

angestrebt, nicht die Großserie, die Massenproduktion. Nun musste man im Juni 1924 den »Betrieb wesentlich einschränken«. Die Zahl der Arbeiter wurde von 813 auf 478, die der Angestellten von 191 auf 142 herabgesetzt.

Aber ebenso schnell, wie die Kaufkraft gesunken war, stieg sie auch wieder, sodass ab November bis einschließlich Frühjahr 1925 durchschnittlich 20 Wagen monatlich bestellt wurden. Und als mit ein paar Wochen Verspätung vom 16. bis 18. Dezember 1925 in Berlin die Automobil-Ausstellung stattfand, wurden mit allen wichtigen Karosseriefabriken Abkommen geschlossen, die auf ihren Ständen Wagen mit Maybach-Fahrwerk ausstellten, »was allgemein einen guten Eindruck machte und auch dem Geschmack der Käufer eine große Auswahl ließ, während andererseits die Finanzierung dieser Karosserien für uns günstig war«. So wurden denn auf der Ausstellung »verschiedene Verkäufe getätigt, die Mehrzahl der in Frage kommenden Kunden verzögerte jedoch die Erteilung der Aufträge zum Teil bis in das neue Jahr«.

Man spürt in den Formulierungen dieses Geschäftsberichtes die Atmosphäre des neuen Anfangs. Natürlich wusste man nicht, dass man sich am Anfang einer Scheinblüte, später von Zeitgenossen als »goldene Zwanziger« bezeichneter Jahre befand, denen eine Krise sondergleichen folgen würde. Die Verkaufs- und Umsatzzahlen stiegen, aber sie blieben klein: Die Tage im Monat und gar im Jahr, an denen ein Maybach-Wagen verkauft wurde, konnten im Kalender noch rot angestrichen werden. Natürlich kannte man jeden einzelnen »in Frage kommenden Kunden« und erst recht jeden Besteller – und seine wirtschaftlichen Verhältnisse, seinen Beruf, seine Seriosität ganz genau: Von solchem Kennen und Wissen hing die Existenz des Maybach-Motorenbaus ab. »Die Herren von der Verkaufsabteilung« waren also auf sorgfältige »Beobachtungen«, Menschenkenntnis und Psychologie angewiesen.

Bald zeigte sich, dass sich nahe der Wirtschafts- und Bankenzentrale Berlin das rheinisch-westfälische Industriegebiet am schnellsten erholte – trotz der Besetzung durch Franzosen

Abb. 9.10 Maybach-Fahrwerke auf dem Werksgelände kurz vor ihrer Überführung zu einer Karosseriefabrik (um 1925). Die Karosserien wurden nach den Wünschen der Kunden von Spezialfirmen hergestellt. Die Fahrt dorthin war für die Wagen gleichzeitig ein Teil des Einfahrprogramms

Abb. 9.11 Auf »Presse-Reklamefahrt« unterwegs nach Sizilien, hält dieser Maybach W 3 auf einer Alpenstraße. 1924 war eine solche Fahrt noch etwas so Besonderes, dass darüber ausführlich in der Automobil-Fachpresse berichtet wurde

und Belgier. Also richtete man in Köln ein Verkaufsbüro ein. Auch Hamburgs Handel erholte sich, nachdem die Reichsmark ihre Festigkeit bewiesen hatte; dementsprechend übertrug man einer Hamburger Firma die Vertretung für den dortigen Bezirk; ja sogar für die USA wurde gegen Ende des Jahres eine Vertretung mit einigen Einschränkungen vergeben.

Eine »Presse-Reklamefahrt« mit dem W 3 (heute würde man das als Testfahrt bezeichnen) nach Sizilien hatte sich als »außerordentlich günstig« erwiesen (Abb. 9.11). In der Folgezeit schnitten W-3-Fahrzeuge auch bei Dauerfahrten und Bergprüfungen sehr gut ab. Nach Bootsmotoren bestand eine »rege Nachfrage«. Auch auf diesem Gebiet erzielte man Siege – z. B. bei der Meisterschaft von Holland. Das war also das eine Bein, auf dem man nun sicher zu stehen schien. Trompenburg und neuerdings auch Lohnaufträge von Mars mussten allerdings abgeschrieben werden.

Abb. 9.12 Maybach-Sechszylinder-Dieselmotor G 4a. Leistung: 110 kW (150 PS) bei 1.300 min^{-1}

Das zweite Bein sollte der Bau von Dieselmotoren für die Eisenbahn werden. Doch noch war es nicht so weit. Bei der Entwicklung eines Dieselmotors mit einer Leistung von 110 kW (150 PS) bei einer verhältnismäßig hohen Drehzahl von 1.300 min^{-1} (Umdrehungen je Minute) für Eisenbahntriebwagen und Motorboote[4] musste Karl Maybach einen ähnlich großen Schritt tun wie sein Vater und Gottlieb Daimler 35 Jahre zuvor, als sie den schnelllaufenden Ottomotor geschaffen hatten. Beide Male ging es um die Schnellläufigkeit. Es würde ein Buch füllen, wollte man alle Schwierigkeiten erörtern, die sich im Zuge der Entwicklung dieses ersten schnelllaufenden »Groß-Diesel-Motors« den Ingenieuren in den Weg stellten.

Schwierigkeiten gab es dabei auch mit einem alliierten Kontrolloffizier, der angesichts der Tatsache, dass dieser Dieselmotor ein Leichtmetall-Kurbelgehäuse hatte, argwöhnte, es handle sich um eine heimliche, weil verbotene Flugmotoren-Entwicklung. Das Leichtmetallgehäuse musste zerschlagen werden; der Motor bekam ein Graugussgehäuse. Nach vielen Rückschlägen war man Ende 1923 so weit, dass der neue Dieselmotor vom Typ G 4a (Abb. 9.12) auf dem Prüfstand zum ersten Mal seine Nennleistung abgab.

Da für den Einsatz dieses Motors eigens ein Triebwagen konzipiert werden musste, der MM aber neben der Automobilproduktion nicht auch noch Triebwagen fertigen konnte, bemühte man sich um einen für seine Vorstellungen aufgeschlossenen Partner. Dieser wurde in der Waggonfabrik Wismar der Eisenbahn-Verkehrsmittel AG Berlin (Eva) gefunden. Im Frühjahr 1924 traf der von der Eva hergestellte Triebwagen in Friedrichshafen ein. In diesen wurde der schnelllaufende Dieselmotor mit einem ebenfalls vom

[4] Zum Vergleich: Die Drehzahlen der Lastwagenmotoren lagen zu dieser Zeit bei etwa 1.000 min^{-1}.

Abb. 9.13 Das zentrale Problem des Einsatzes von Verbrennungsmotoren in der Schienentraktion war die Kraftübertragung, weil Motoren – anders als Dampfmaschinen – nicht unter Last anlaufen können und zudem Kennungswandler (Getriebe) benötigen. So musste der Maybach-Motorenbau neben dem Motor auch ein Viergang-Schaltgetriebe (Typ T1) mit Anfahrkupplung entwickeln

Abb. 9.14 Die Eisenbahn-Verkehrsmittel-AG (Eva), Wismar, und der Maybach-Motorenbau entwickelten gemeinsam einen Dieseltriebwagen und stellten diesen der Fachwelt erstmals auf der Eisenbahnausstellung in Seddin 1924 vor. Die Deutsche Reichsbahn kaufte den mit einem G-4a-Dieselmotor ausgerüsteten Wagen und unterzog ihn einer gründlichen Erprobung. Bei Anfahrversuchen am 12. September 1924 im oberschwäbischen Aulendorf (*Bild*) wurde dem Triebwagen eine Zugmasse von 428 t (einschließlich des Triebwagens) angehängt. Dieser Zug mit insgesamt 49 Achsen wurde dreimal ohne Schwierigkeiten in Bewegung gesetzt und auf etwa 10 km/h in der Ebene beschleunigt

Abb. 9.15 Das Reparationsluftschiff LZ 126 (ZR III) in der Luftschiffhalle in Friedrichshafen vor seiner Überführung in die USA 1924. Mit ihm begann ein neues Kapitel in der Geschichte der Luftschifffahrt

MM entwickelten mechanischen Vierganggetriebe eingebaut (Abb. 9.13). Da die Zeit drängte, konnten nur wenige Probefahrten durchgeführt werden. Dann wurde der Wagen auf der Eisenbahn-Ausstellung in Seddin bei Berlin im September und Oktober 1924 mit Erfolg vorgeführt (Abb. 9.14). Anschließend gab die Deutsche Reichsbahn zwei Wagen in Auftrag. Sowohl das Ausland als auch die deutschen Eisenbahnbehörden zeigten starkes Interesse an solchen Triebwagen.

In dieser durch umfangreiche Entwicklungsarbeiten geprägten Situation kam eine zusätzliche Aufgabe auf den Maybach-Motorenbau zu. Um einen Teil der Belegschaft weiterbeschäftigen zu können, hatte der Luftschiffbau Zeppelin (LZ) nach dem Krieg mit Erlaubnis der Siegermächte noch zwei kleine Passagier-Luftschiffe, LZ 120 »Bodensee« und LZ 121 »Nordstern«, gebaut und bis 1921 betrieben. Dann hatten die Alliierten die Einstellung dieses rein zivilen Unternehmens verlangt und beide Schiffe als Reparationsleistungen an Italien bzw. Frankreich ausliefern lassen.

Der LZ musste sich nun nach Beschäftigung für seine Facharbeiter umsehen, und Dr. Hugo Eckener gelang es, die USA für ein Groß-Luftschiff zu interessieren, das im Rahmen der ihnen zustehenden Reparationsleistungen geliefert werden sollte (Abb. 9.15). Nun brauchte man einen neuen 400-PS-Motor für dieses mit Wasserstoffgas gefüllte 70.000-m^3-Luftschiff, das auf dem Luftweg in die USA überführt werden musste. Keine Versicherung war gewillt, sich an diesem Risiko zu beteiligen. Der LZ erklärte sich bereit, mit dem gesamten Konzernvermögen für das Vorhaben zu haften.

Starten eines Eisenbahn-Dieselmotors

Der Fortschritt hat in der Motorentechnik viele Erscheinungsformen – solche, die man direkt erkennen oder messen kann, aber auch andere, die nicht direkt quantifizierbar sind. Zu den ersten gehören Leistung, Baugröße, Verbrauch u. a. mehr; zu den anderen kann man z. B. Zuverlässigkeit, Wartungs- und Reparaturfreundlichkeit oder leichte Bedienbarkeit zählen.

Welche Fortschritte gerade in der Bedienung von Hochleistungs-Dieselmotoren erreicht worden sind, zeigt am besten ein Vergleich von Bedienungsanleitungen. Als Beispiel seien die von Triebwagenmotoren aus den Jahren 1924 und 1977 angeführt. Allein die Länge des Textes der Anleitung von 1924 (Maschinenanlage des E. V. A.-Dieseltriebwagens mit Maybach-Motor G 4 a und Getriebe T 1) macht auch dem Laien klar, daß die ersten Motoren auf diesem Gebiet sehr viel empfindlicher und störungsanfälliger gewesen sein müssen. Denn die umständliche Prozedur beim Anlassen ist ein Indiz für – aus dem damaligen Stand der Technik begründete – Schwachstellen in Lagern, Kolben und Zylindern, bei Gemischbildung und Verbrennung, wie sie z. B. auch in dem Passus: »Während des Warmlaufens achtet man sorgfältig auf das Motorgeräusch, da sich Unregelmäßigkeiten oder beginnende Defekte hierbei am ehesten zeigen…« zum Ausdruck kommen.

1924

Anlassen des Motors.

Bevor man den Motor zum Warmlaufen anläßt, muß unbedingt darauf gesehen werden, daß die Handbremse angezogen ist, damit nicht durch eine unvorsichtige oder unbefugte Schaltung der Wagen sich in Bewegung setzen kann. Es empfiehlt sich, die Getriebekurbel während des Warmlaufens überhaupt nicht einzustecken, die Wendeschaltung soll in Mittelstellung stehen.

Zum Anlassen des Motors sind im normalen Betrieb folgende Maßnahmen zu treffen:

1. Abschlußventil am Brennstoffbehälter in der Leitung zum Motor öffnen,
2. Die Hauptventile für die beiden Betriebs-Anlaßflaschen genügend weit öffnen und hierauf den Flaschenkasten wieder sorgfältig schließen.
3. Mit Ueberschleußventil für Anlaßluft die Einblaseleitung mit Druckluft anfüllen.
4. Nachdem man sich davon überzeugt hat, daß das Einblaseluft- und Anlaßluft-Manometer genügend Druck anzeigt (zwischen 50 und 60 Atm.) wird der Motor durch Niederdrücken des Anfahrfußhebels am Führerschrank angelassen. Gleichzeitig wird die Motorkurbel etwa auf Mittelstellung gebracht. Sobald der Motor Zündungen aufgenommen hat, läßt man den Anfahrfußhebel los und geht mit der Motorkurbel auf Leerlaufstellung zurück.

Ist der Wagen längere Zeit gestanden oder wurde ein Einblaseventil herausgenommen oder eine Brennstoffleitung gelöst, so muß Brennstoff durchgepumpt werden. Hierzu wird die Motorhaube aufgehoben und solange durchgepumpt, bis an allen Entlüftungsventilen reiner Brennstoff austritt (siehe Beschreibung der Einblase-Ventile). Die Einblaseleitung darf natürlich zu diesem Zweck nicht unter Druck stehen. Ebenso wird die Entlüftungsleitung von der Brennstoffpumpe zum Brennstoffbehälter geschlossen, damit sich Druck im Brennstoffpumpen-Saugraum bilden kann. Nach dem Durchpumpen wird die Entlüftungsleitung wieder geöffnet.

Man läßt nun den Motor je nach der Außentemperatur 5 bis 10 Minuten mit langsam zunehmender Drehzahl warmlaufen. Währenddessen wird die Holz- und Blechhaube geöffnet, damit man besser den Motor beobachten und sämtliche Leitungen auf Dichtheit prüfen kann. Wenn der Motor in der Drehzahl infolge zunehmender Erwärmung etwas höher geht, so kann die höchst zulässige Motor-Drehzahl überschritten werden und der Maximalregler für die Brennstoffpumpe tritt in Tätigkeit, was an dem eigentümlichen schwankenden Motorgeräusch erkenntlich ist. Eine Ablesung der augenblicklichen Motordrehzahl am Geschwindigkeits-Instrument ist nicht möglich. Doch ist die Höhe des Einblasedruckes am Manometer (bei geschlossenem Ueberschleußventil) ein Anhalt über die augenblickliche Motordrehzahl. In diesem Fall muß die Motorkurbel noch etwas weiter zurückgestellt werden.

Während des Warmlaufens achtet man sorgfältig auf das Motorgeräusch, da sich Unregelmäßigkeiten oder beginnende Defekte hierbei am ehesten zeigen.

Man gibt auf sämtliche Reguliernocken sowie auf den Brennstoffbetätigungsnocken etwas Schmieröl, denn diese Teile haben keine besondere Schmierung.

Zum Anzeigen der Kühlwassertemperatur muß der Hauptschalter an der Schalttafel im Maschinenraum eingeschaltet werden.

Wird die Motorkurbel beim Anlassen des Motors über die Leerlaufstellung hinaus ausgelegt, so muß sie stets mit leichtem Druck niedergedrückt werden, da sonst die automatische Abstellvorrichtung (Totmannskurbel) in Tätigkeit tritt. Dieselbe funktioniert derart, daß die unter der Motorkurbel eingesetzte Feder die Achse in die Höhe drückt, wodurch ein Auslöseventil in der Hauptluftleitung geöffnet wird und so eine Entspannung verursacht, welche eine langsame Bremsung zur Folge hat. Dies ist allerdings nur dann möglich, wenn der Hauptluftbehälter gefüllt ist. Im weiteren Verlauf wird dann die Motorkurbel durch das Bremsgestänge zwangsweise auf Leerlaufstellung zurückgeführt. Die Luft tritt mit einem starken Blasen aus der Bohrung an der Motorschaltplatte aus und der Führer wird infolgedessen sofort darauf aufmerksam, wenn die Abstell-Vorrichtung in Tätigkeit tritt. Bei Leerlauf oder Nullstellung wird diese Abstellvorrichtung nicht ausgelöst, da in dem Konus auf der Achse der Motorkurbel ein entsprechender Schlitz für diese Stellungen ausgespart ist.

Während des Warmlaufens des Motors wird die zum Anlassen verbrauchte Druckluft durch Oeffnen des Ueberschleußventils von der Einblaseleitung zur Anlaßflasche wieder ersetzt, wobei man jedoch darauf achten muß, daß der Druck in der Einblaseleitung nicht unter 60 Atm. sinkt, damit die Verbrennung im Motor nicht benachteiligt wird. Außerdem kann man mit dem anderen Ueberschleußventil den Hauptluft-Behälter auf den vorgeschriebenen Druck auffüllen.

Sollte der Druck in der Anlaßflasche beispielsweise infolge einer Undichtheit so nieder sein, daß der Motor nicht genügend auf Drehzahl kommt, um Zündung aufnehmen zu können, so ist zuerst die etwaige Undichtheit zu beseitigen und dann bei geschlossenen Anlaßflaschen die Reserveflasche zu öffnen. Es muß jedoch streng darauf geachtet werden, daß diese Flasche für den normalen Betrieb nicht verwendet wird. Außerdem darf diese Flasche auch nur dazu benützt werden, den Motor in Gang zu bringen, damit die Anlaßflaschen wieder aufgefüllt werden können. Vorher muß selbstverständlich der Grund dieses Luftverlustes in den Anlaßflaschen beseitigt worden sein. Das Anfahren mit der Druckluft der Reserveflasche ist unzulässig. Jeder Luftverbrauch aus der Reserveflasche ist sofort wieder zu ersetzen. Das Hauptventil dieser Flasche immer gut schließen.

Obwohl das Warmlaufen des Motors ebenso von dem Führerstand des Gepäckraumes aus bewerkstelligt werden kann, so empfiehlt es sich doch, mit Rücksicht auf die bessere Ueberwachung der Maschinenanlage, dies auf dem Führerstand des Maschinenraumes vorzunehmen. Die Beobachtung des Geräusches von Motor, Kompressor und Getriebe läßt am besten erkennen, ob alle Teile der Maschinenanlage in Ordnung sind. Die Anlaßflaschen sollen nicht über 65 Atm. gefüllt werden, damit kein unnötiges Abblasen des in dieser Leitung am Anfahrventil eingebauten Sicherheitsventiles eintritt. Der Einblasedruck des Motors soll am Einblase-Manometer nicht höher als bis etwa 105 Atm. steigen. Der Druckregler am Kompressor ist so eingestellt, daß bei voller Drehzahl das Ansaugdrosselventil des Kompressors bei Erreichung dieses Druckes abgeschlossen wird. Der Hauptluftbehälter für die Druckluftbremse wird auf einen Höchstdruck von 8 Atm. gefüllt. Es ist besonders darauf zu achten, daß nicht unnötig Druckluft in den Hauptluftbehälter übergeschleußt wird, wo sie durch das dort angebrachte Sicherheitsventil doch nur verloren geht (deshalb Ueberschleußventil immer wieder gut schließen).

Bezüglich des Füllens ist zu bemerken, daß der Motor am raschesten Luft fördert, wenn er bei möglichst hoher Drehzahl läuft, da der Kompressor dabei mehr Luft fördert und der Motor selbst verhältnismäßig wenig Luft braucht.

Wenn das Kühlwasser im Kühl- und Heizkreislauf (sofern derselbe im Sommer nicht abgeschlossen ist), eine Temperatur von etwa 20 bis 25 Grad erreicht hat, kann der Motor zur Vornahme etwaiger Rangierbewegungen langsam belastet werden, jedoch soll der Motor nicht gleich voll belaftet werden. Ist dann die Kühlwassertemperatur auf etwa 40 bis 50 Grad gestiegen, so kann der Motor abgestellt werden und der Wagen ist fahrbereit, wenn die Druckluftbehälter auf den vorgeschriebenen Druck gefüllt worden sind.

1977

Anlassen des Motors

Sind die Vorbereitungsarbeiten durchgeführt, kann der Motor angelassen werden.

BEACHTE: Der Motor darf grundsätzlich nur in unbelastetem Zustand und bei vorhandenem Motorenöldruck angelassen werden. Vorwärmeinrichtung vor dem Starten ausschalten.

Anlaßschalter betätigen.

Die Motorenöl-Vorpumpe wird eingeschaltet. Sie saugt Öl aus der Ölwanne des Motors und fördert es durch außenliegende Leitungen zum Triebwerks-Ölkreislauf. Ist der zur Startfreigabe notwendige Motorenöldruck erreicht, gibt der Motorenöl-Druckwächter den Anlaßvorgang frei.

Anlaßschalter so lange betätigen, bis der Motor regelmäßig zündet.

Nimmt der Motor nach ca. 10 Sekunden bei elektrischer Anlassung bzw. ca. 3 Sekunden bei Druckluftanlassung die Zündung nicht auf, ist der Anlaßvorgang zu unterbrechen und nach kurzer Pause zu wiederholen. Spricht der Motor nach wiederholten Startversuchen nicht an, ist die Ursache festzustellen und zu beheben.

Anlaßschalter loslassen.

Der Anlaßvorgang ist beendet, die Motorenöl-Vorpumpe wird zusammen mit der Anlaßeinrichtung ausgeschaltet, die eigene Ölversorgung setzt ein.

BEACHTE: Der Motor soll erst ab ca. 60 °C Öltemperatur mit Vollast betrieben werden.

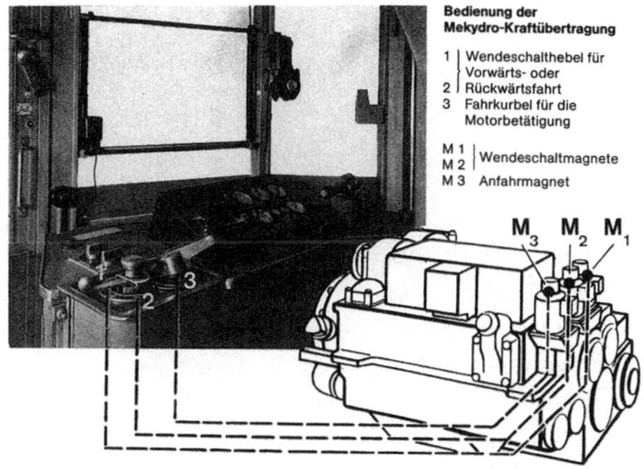

Bild 1. Blick auf den Führerstand eines Eiltriebwagens in den dreißiger Jahren. Das Schemabild zeigt die Bedienung des Maybach-Mekydro-Getriebes K 104.

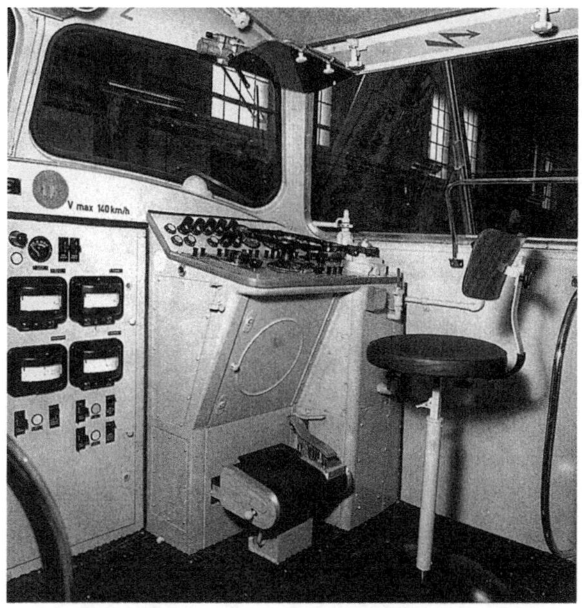

Bild 2. Führerstand einer V-200-Diesellokomotive, etwa 20 Jahre später.

Abb. 9.16 Der Luftschiffmotor VL 1 wurde eigens für LZ 126 entwickelt – eine gelungene Synthese aus Kraft und Ästhetik. Für das Unternehmen lohnte sich die Entwicklung nicht: Fünf Motoren kamen im Luftschiff zum Einsatz; die Ersatzmotoren wurden teilweise in schnelle Boote eingebaut. V-Zwölfzylinder, Bohrung × Hub: 140 mm × 180 mm, 309 kW (420 PS) bei 1.400 min^{-1}, Hubraum 33.234 cm^3

Seit dem Kriegsende hatte Karl Maybach nicht mehr mit einer solchen Aufgabe gerechnet. Nun galt es, einen Zwölfzylinder-Motor zu bauen, allerdings zunächst fast ganz auf eigene Kosten. Denn die Reichsregierung, die den Auftrag an den LZ erteilte, wollte diesen angeblich erst nach geglückter Landung in den USA rechtsverbindlich formulieren.

Bei dieser Konstruktion eines 309-kW-(420-PS-)Zwölfzylinder-Motors, der die Typenbezeichnung VL 1 erhielt (Abb. 9.16), ging Karl Maybach neue Wege.[5] Am 29. Juni 1923 kam der erste der fünf Motoren erstmals auf den Prüfstand und absolvierte danach ohne Beanstandungen einen 10-Stunden-Lauf unter Volllast bei 1.400 min^{-1}. Beim vorgeschriebenen 100-Stunden-Abnahmelauf am 12. Februar 1924 traten Brüche an den Pleuelstangen auf, deren Ursachen schnell erkannt und beseitigt werden konnten. In den folgenden Monaten wurden die Motoren in die Gondeln des Luftschiffes eingebaut (Abb. 9.17). Am 27. August 1924 stieg das »Reparations-Luftschiff« LZ 126 (ZR III) zu seiner Jungfernfahrt auf. Weitere Probefahrten folgten. Da die Motoren auf keiner dieser Fahrten Unregelmäßigkeiten zeigten, startete das Luftschiff am 12. Oktober 1924 unter der Führung von Dr. Eckener zur Überführungsfahrt in die USA.

Abb. 9.17 Dr.-Ing. Ludwig Dürr, hier in einer Motorgondel des LZ 126 (1924), hat die Konstruktion der Zeppelin-Luftschiffe vor und nach dem Ersten Weltkrieg maßgeblich beeinflusst

[5] Vgl. auch Kap. 19.

Abb. 9.18 Dr. Hugo Eckener (*links*) gelangte in den zwanziger und dreißiger Jahren als Kommandant der Luftschiffe LZ 126 (ZR III), LZ 127 »Graf Zeppelin« und LZ 129 »Hindenburg« in der ganzen Welt zu Ruhm und Ansehen

Abb. 9.19 Holländische »Spyker«-Wagen zu Besuch beim Maybach-Motorenbau, um 1921. Neugierig umstehen zahlreiche Werksangehörige die zur Parade aufgefahrenen Fahrzeuge. Rechts neben der Fabrikstraße der im Ersten Weltkrieg fertiggestellte »Hochbau II«

Abb. 9.20 Die Zylinderbohrwerke in der mechanischen Fertigung Ende der zwanziger Jahre hatten schon Einzelantrieb. Das Riemengewirr auf diesem Bild dient dem Antrieb anderer Maschinen

Nach einer Fahrt von 85 Stunden, also nach rund dreieinhalb Tagen, landete es – nach einer Ehrenrunde über New York – in Lakehurst. Die Erleichterung beim LZ und beim Maybach-Motorenbau war groß, der Jubel in Friedrichshafen grenzenlos. Zum ersten Mal nach dem Krieg erhielt Deutschland für diese technische Meisterleistung wieder positive Schlagzeilen in der internationalen Presse. Der Luftschiffbau Zeppelin und der Maybach-Motorenbau wurden in der ganzen Welt bekannt, Dr. Eckener wurde zum Ehrenbürger von New York ernannt. Die deutsch-amerikanischen Beziehungen erfuhren durch die erfolgreich durchgeführte Fahrt eine spürbare Verbesserung; noch wichtiger aber war, dass man auf dieser Grundlage mit einiger Ruhe dem künftigen Luftschiffbau entgegensehen konnte. Denn Eckener hatte während der Überführungsfahrt erkannt, dass ein regelmäßiger Luftschiff-Passagierverkehr über den Atlantik möglich sein würde (Abb. 9.18), zumal die Alliierten nach der geglückten Überfahrt alle Behinderungen für den Bau von Luftschiffen aufhoben.

Allerdings fehlten Eckener noch die finanziellen Mittel. Er begab sich deshalb mit den Offizieren des Luftschiffes auf Vortragsreisen durch Deutschland. Sie riefen zu einer »Zeppelin-Eckener-Spende« auf, die 2,5 Mio. Reichsmark, also gutes Geld der neuen Währung, einbrachte. Die Reichsregierung gab 1 Mio. RM dazu, und den fehlenden Rest beschaffte Eckener aus den Reserven seines Konzerns.

9.2 Der Maybach-Motorenbau in den »goldenen Jahren« der Weimarer Republik

Ende 1924 beschäftigte der Maybach-Motorenbau 569 Arbeiter, nicht weniger als 231 Lehrlinge sowie 143 Angestellte und Meister, insgesamt 943 Personen, und seit dem Herbst war es möglich, wieder Arbeitereinstellungen vorzunehmen. Der Lohn bei der Einstellung eines gelernten Arbeiters über 25 Jahre betrug zu dieser Zeit 47 Rpf. je Stunde.

Als der Geschäftsbericht, aus dem dies hervorging, im Juni 1925 vorgelegt wurde, konnte man ganz zuversichtlich in die Zukunft blicken: »Bezüglich des Wagens macht sich immer mehr bemerkbar, dass die Nachfrage nach solchen ausgesprochenen Reisewagen in dieser Stärke im Rahmen unserer Produktionsmöglichkeiten reichlich vorhanden ist, sofern nicht allzu große Lieferzeiten in Frage kommen.« Übrigens war der Verkauf der Maybach-Wagen keineswegs billig. Der Buchwert der Vorführwagen betrug Ende 1924 annähernd 160.000 RM, ihr Bilanzwert dagegen gleichzeitig nur 59.000 RM. Das entsprach bei einem Betriebskapital (Material und Fabrikation) von 2,8 Mill. RM mehr als 5 % bzw. 2 % dieser Summe. Es kam hinzu, dass der Omnibusverkehr schnell wuchs. Hier ergab sich ein neuer Markt, da der Motor, der für den Pkw konstruiert worden war, nach einer Modifizierung »sich für die an Omnibusse gestellten Anforderungen gegenüber den bisher verwandten langsamlaufenden Lastwagenmotoren besonders gut eignet«.

Auch die Versuche mit Triebwagen verliefen in der ersten Hälfte des Jahres 1925 erfolgreich (Abb. 9.21). Da es solche »Eisenbahn-Wagen« noch nicht gab, bestand die Aussicht, dass, sobald die an die Deutsche Reichsbahn-Gesellschaft gelieferten Triebwagen sich im Betrieb bewährten, weitere Aufträge von der Reichsbahn sowie auch von Privatbahnen und ausländischen Bahngesellschaften eingehen könnten. Und da dieser Motor auch für Boote und Schiffs-Hilfsmaschinen mit Erfolg verwendbar war, mit niedrigem Verbrauch, nicht feuergefährlichem billigem Kraftstoff arbeitete und geringeren Raumbedarf gegenüber den bisher mit solchem Kraftstoff betriebenen Motoren erforderte, schien sich eine gute Zukunft abzuzeichnen.

In diesen Jahren wurden an Personenwagen höhere Anforderungen in Bezug auf Bequemlichkeit, Geräuscharmut, Beschleunigungsvermögen sowie die Verringerung und Erleichterung der Schaltvorgänge gestellt. Auch hatte die Durchschnittsgeschwindigkeit bei großen Reisestrecken zu-

Abb. 9.21 Der 1925 gebaute Triebwagen VT 852 der Deutschen Reichsbahn, Direktion Schwerin, erreichte im fahrplanmäßigen Streckendienst eine Tagesleistung von 325 km. Da die Durchschnittsgeschwindigkeit deutlich niedriger als 60 km/h lag, bedeutete dies eine beachtliche Auslastung je Tag

Abb. 9.22 Blick in die Maybach-Montagehalle (um 1934): vorn DSH-Chassis, die nur in geringer Stückzahl gebaut wurden; im Hintergrund Sechszylinder-Dieselmotoren vom Typ GO 5h, die in Nahverkehrstriebwagen und Schiffen zum Einsatz kamen

Abb. 9.23 Die Maybach-Werksmannschaft, die auf einem W-3-Wagen (*links*) und zwei W-5-Wagen (*rechts*) bei der 24-stündigen Süddeutschen Tourenfahrt im Jahre 1926 siegreich blieb. In den zwanziger und dreißiger Jahren waren sportliche Automobil-Wettbewerbe auf öffentlichen Straßen außerordentlich beliebt. Der Maybach-Motorenbau nahm mit Werksfahrern nur an solchen Rennen teil, bei denen die Zuverlässigkeit der Wagen und Motoren im Vordergrund stand

genommen. Das aber schuf neue Probleme: Die bis dahin üblichen Höchstgeschwindigkeiten wurden wesentlich überschritten, sodass sich hohe Motordrehzahlen und damit starke Geräusche und Abnutzungen ergaben. In diesem Zusammenhang führte Karl Maybach eine neuartige, einfache und betriebssichere Verbesserung ein: ein als »Schnellgang« bezeichnetes Zusatzgetriebe. Es brachte unter anderem durch die Herabsetzung der Motordrehzahl besonders bei langen Fahrten eine erhebliche Kraftstoffersparnis. Dieses »Maybach-Schnellganggetriebe« war ein großer Fortschritt. Als besonders angenehm wurde empfunden, dass sich damit große Fahrzeuge leicht und einfach schalten und fahren ließen, weil die Gangbetätigung durch einen Hebel am Lenkrad erfolgte und somit die Hand des Fahrers stets am Lenkrad bleiben konnte (siehe auch Abb. 9.44 und Abschn. 23.1).

Karl Maybach modifizierte dieses Getriebe mehrfach mit Erfolg, sodass es auch in Nutzfahrzeuge eingebaut werden konnte. Mehrere große Firmen bauten nun in ihre Personen- und Lastwagen sowie Omnibusse Maybach-Schnellganggetriebe ein, die sie aus Friedrichshafen bezogen oder in Lizenz selbst fertigten. Einmal mehr zeigte sich die vom Vater ererbte konstruktive Begabung. Allerdings war eine solche

Abb. 9.24 Der Maybach DS 8 »Zeppelin« wurde von 1930 bis 1940 gebaut. Mit seinem 8-Liter-Zwölfzylinder-Motor von 147 kW (200 PS) und einer Fahrzeugmasse von maximal 2,8 t war er der größte Maybach-Wagen, der je gebaut wurde, und einer der größten deutschen Personenkraftwagen überhaupt. Eine technische Besonderheit war das Maybach-Doppel-Schnellgang-Getriebe DSG 80. Trotzdem brachte das Wagengeschäft dem Maybach-Motorenbau keine Erträge – die Stückzahlen waren zu klein, die Produktion nicht wirtschaftlich. *Im Bild* eine Pullman-Limousine von Spohn 1933

Entwicklung kostspieliger, und bei den vergleichsweise niedrigen Verkaufszahlen hielt sich der Ertrag in Grenzen. Dies führte dazu, dass der Maybach-Motorenbau, dessen Kapital bei Einführung der Rentenmark auf 2 Mio. RM umgestellt worden war, im Jahre 1925 (ohne Abschreibungen) einen Verlust in Höhe von mehr als 750.000 RM hinnehmen musste. Aber Maybach ließ sich nicht beirren. 1926 brachte er einen Sechszylinder-Motor mit 7 dm^3 Hubvolumen und 88 kW (120 PS) Leistung (W 5) heraus. Die stabile Bauweise und die dadurch erreichte, praktisch unbegrenzte Lebensdauer sowie die Möglichkeit, einerseits sehr geräumige und schwere Karosserien für lange Strecken aufbauen zu können, andererseits auch für schnittige und leichte Sportfahrzeuge hohe Geschwindigkeiten zu erreichen, verschaffte dem Maybach W 5 einen für die damaligen Verhältnisse einzigartigen Ruf. Er verkörperte den Begriff des großen Reisewagens für lange Strecken und galt als bestes deutsches Fahrzeug auf diesem Gebiet.

Hatte man bis zum Erscheinen dieses W-5-Wagens rund 400 22/70-PS-Wagen (werksinterne Bezeichnung: W 3) verkauft, so erwartete man nun eine erhebliche Absatzsteigerung. Sie trat jedoch kaum ein. Die gesamte Presse lobte den W 5 (mit Schnellgang W 5 SG), aber die Zahl der Käufer stieg nicht. Vielleicht lag das daran, dass Karl Maybach sich strikt weigerte, seine Wagen an Automobilrennen teilnehmen zu lassen, obwohl bekanntermaßen gerade durch Siege bei solchen Konkurrenzen aus Interessenten, die selber niemals einen Rennwagen gesteuert hatten, schließlich Kunden wurden (Abb. 9.23). Die Gesamtproduktion dieses Typs betrug bis zu seiner Ablösung 1929 durch die Zwölfzylinder-Wagen des Typs »Zeppelin« (Abb. 9.24) nicht mehr als 300 Fahrzeuge. Das teuerste Exemplar des W-5-SG-Wagens erhielt übrigens im Jahre 1928 Kaiser Haile Selassie von Äthiopien: Es kostete 186.000 RM. Dafür war aber auch das kaiserliche Emblem, der »Löwe von Juda«, in purem Gold auf den beiden Scheinwerfern aufmontiert, und Rubinsteine stellten die Augen der Löwen dar. Den Kühlerverschluss bildete eine massiv goldene Krone. Thronsessel und Polster waren aus Saffianleder hergestellt: ein wahrhaft »kaiserliches« Fahrzeug mit dem besten deutschen Motor (Abb. 9.25).

Die Absatzstagnation in den »goldenen Jahren« hatte auch noch eine ganz andere, tiefer liegende Ursache. Im Gesamtbereich der deutschen Maschinenbauindustrie, die seit 1924 schnell ihre einstige Weltgeltung zurückgewann, verharrte die Automobilindustrie in einer Dauerkrise, sodass noch 1930 Hilfe für diesen Industriezweig gefordert wurde. Kennzeichen dieser Krise waren Insolvenzen und Sanierungen, bescheidene Aktienkurse und hohe Anteile ausländischer Marken bei den Neuzulassungen.[6]

Abb. 9.25 Dieser Maybach W 5 SG (Schnellgang) in der Ausführung Außensteuer-Landalet für Kaiser Haile Selassie I. von Äthiopien (Karosserie Kellner, Berlin, 1928) war mit 186.000 RM der teuerste Wagen, den der Maybach-Motorenbau je gebaut hat. Bei den beiden »Leibwächtern« *hinten* handelt es sich um zwei Maybach-Lehrlinge

Abb. 9.26 Pleuelbohrwerk in der Maybach-Fertigung um 1930

Als Krisenherd innerhalb der Automobilindustrie wurde die Produktion der Pkw ermittelt, genauer: die Fehlleitung von Kapital, das für falsche Rationalisierungsmaßnah-

[6] Diese Stagnation, ja Depression war so auffällig und erschien zunächst so unerklärlich, dass sich seit 1924 zahlreiche Arbeiten, Spezialstudien, Dissertationen und Denkschriften mit ihr beschäftigt haben: »Der Irrweg der deutschen Automobil-Industrie seit der Stabilisierung der Mark« hieß eine solche Veröffentlichung, »Das Zusammenschlussproblem in der deutschen Automobil-Industrie unter besonderer Berücksichtigung eines angesehenen mitteldeutschen Unternehmens« eine andere.

Abb. 9.27 Dieses DS-8-»Zeppelin«-Sportcabriolet mit 8-l-Zwölfzylinder-V-Motor und Maybach-Doppel-Schnellgang-Getriebe DSG 80 zeigt, dass Maybach-Wagen mit einer entsprechenden Karosserie auch sportlich-elegant wirken konnten – trotz ihrer Größe und der Masse um die zwei Tonnen. Karosserie: Spohn 1931 (siehe auch Abb. 10.50 und 18.12)

Abb. 9.28 Eine Gruppe von Maybach-Wagen ist zur Karossierung bei Erdmann & Rossi nach Berlin überführt (etwa 1926) und vor dem Maybach-Verkaufsbüro in der Budapester Straße geparkt worden. Die 700 km lange Fahrt vom Bodensee in die Reichshauptstadt über teilweise ungeteerte Straßen war für Fahrer und Wagen gleichermaßen ein Härtetest

Abb. 9.29 Um 1930: Drei ablieferbereite Maybach-Wagen, Typ »Zeppelin«, vor der neuen Luftschiffhalle in Friedrichshafen

Abb. 9.30 Maybach-Eva-Triebwagen Nr. 860 im fahrplanmäßigen Betrieb bei der Deutschen Reichsbahn-Gesellschaft, 1928. Der Triebwagen musste nicht nur seine Eigenmasse von 41 t, sondern – je nach Einsatz – zusätzlich Anhängewagen von je 14 t mit 68 Sitzplätzen befördern, und das auf Strecken mit bis zu 12 % Steigung

men eingesetzt worden war. In technischer Hinsicht war es den deutschen Produzenten durchaus gelungen, den in der Kriegs- und ersten Nachkriegszeit entstandenen Vorsprung der westeuropäischen und nordamerikanischen Konkurrenten aufzuholen. Aber die Rationalisierung war nicht so weit gegangen, dass man die Zahl der den Interessenten angebotenen Wagentypen verringerte. Das große Typenprogramm verursachte einen hohen Kapitalaufwand für Fertigung und Ersatzteillager und ließ nur die Produktion von geringen Stückzahlen zu, die man kaum als »Serien« bezeichnen konnte. Dies bedeutete, dass die verhältnismäßig hohen Stückkosten die Rentabilität vieler Betriebe infrage stellten, da infolge des scharfen Wettbewerbs der ausländischen Anbieter die Verkaufspreise für Pkw ständig sanken, während die Löhne, die Material- und Energiekosten eher stiegen.

Nach Auffassung der zeitgenössischen Beobachter verschuldete diese Entwicklung der in der deutschen Automobilindustrie herrschende »Partikularismus«, »jener Über-Individualismus in ihrer Wirtschaftsstruktur«, jener »starrköpfige Eigenwille, der ... sich einer planmäßigen Produktionspolitik ... nicht unterordnen« wollte, der »Zustand der zersplitterten Kleinproduktion«, das »Bestreben der Einzelunternehmen ..., jedes von sich aus ein sehr reichhaltiges Verkaufsprogramm zu bieten«, wie es in der zeitgenössischen Literatur (z. B. 1927 im »Deutschen Volkswirt«) hieß. Und in dieser Situation beschäftigte sich Karl Maybach seit 1919 mit dem Gedanken, als Spezialfabrik für Motoren die Fahrzeughersteller zu beliefern!

Weiter wurde den Produzenten vorgehalten, dass sie noch »viel zu sehr auf die Spezialwünsche der Käufer« eingingen und einer »unwirtschaftlichen Neuerungs- und Verfeinerungssucht« nachgäben. Und schließlich verschwendeten sie viel Kapital durch ihren »eingefleischten Hang zum Experimentieren«, da in der deutschen Automobilindustrie seit eh und je der Techniker und nicht der Kaufmann die Richtlinien der Geschäftspolitik bestimme, was obendrein noch dadurch gefördert werde, dass fast alle Automobilfirmen Aktiengesellschaften seien, in denen der Techniker vom Vorstand leichter Mittel für seine Versuche erhalte, als wenn ein einzelner Besitzer das Geld aus seiner eigenen Tasche nehmen müsse und sofort erkenne, was ihn die Experimentierfreudigkeit seiner Mitarbeiter koste. Die Banken förderten obendrein die Kreditaufnahme für teure Experimente eher, als dass sie diese bremsten. Ob wohl Karl Maybach solche Sätze gelesen und auf sich selber bezogen hat?

Im Jahre 1929 wurden in Deutschland 21.441 große und 17.502 Luxuswagen hergestellt. Das waren insgesamt mehr als 40 % der Gesamtproduktion von 91.936 Pkw. Am Bau der 17.502 Luxuswagen waren die Werke Adler, Audi, Brennabor, Hansa-Lloyd, Horch, Maybach mit dem »Zeppelin«-Zwölfzylinder-Wagen, Daimler-Benz, NAG, Simson Supra und Stoewer beteiligt. Der Maybach »Zeppelin« gehörte mit 29.700 RM allein für das Chassis zu den teuersten Luxuswagen (Abb. 9.27, 10.50 und 18.12). Selbst der bereits fertig karossiert gelieferte Daimler-Benz SS lag mit 35.000 RM preislich noch deutlich niedriger. Das »Trumpf-As« von Hansa-Lloyd in Bremen kostete 24.500 RM, alle anderen Fabrikate lagen weit unter 20.000 RM.

Die 34 Pkw-Haupttypen wurden von insgesamt 17 Produzenten hergestellt. Bei den Luxuswagen gab es 18 Haupttypen (bei Daimler-Benz allein vier), also mehr als 50 % aller Haupttypen. Die einseitige Ausrichtung auf die »schweren« Wagen spiegelte sich auch in der Ein- und Ausfuhr: Exportchancen hatte die deutsche Industrie nur bei den großen und den Luxuswagen; importiert wurden hauptsächlich Wagen der unteren Mittelklasse sowie Kleinwagen. Im Übrigen produzierten die meisten deutschen Unternehmen nicht mehrere Wagen verschiedener Klassen. Von den insgesamt 17 Produzenten stellten zwölf ausschließlich Modelle für eine einzige Hubraumklasse her, neun sogar nur einen einzigen Wagentyp. Aber auffallend ist jenes auf den ersten Blick unerklärliche Bestreben, vorwiegend große und luxuriöse Wagen zu produzieren, die keine Fließbandfertigung für große Serien erlaubten.

Diese Häufung bei den großen und den Luxuswagen beruhte durchaus auf logischen wirtschaftlichen Überlegungen. Die Bevölkerungskreise, in denen man sich einen Luxuswagen leisten konnte, betrachteten diesen nicht so sehr als Transportmittel, sondern vielmehr in erster Linie als Repräsentationsobjekt – gewöhnlich für ein Wirtschaftsunternehmen. Diese Käuferschicht war relativ klein, aber im Gegensatz zum Mittelstand war ihre Substanz durch die Inflation nicht zerstört worden, sodass nach 1923 im Allgemeinen der Wiederaufbau bei ihr viel schneller möglich war als der von kleinen Sparvermögen. Dazu kamen aus der Kriegs- und Nachkriegszeit »Kriegsgewinnler« und »Schie-

Abb. 9.31 Blick in die Endrüste für Eisenbahn-Dieselmotoren (Typ G 4a und G 4b), um 1927. Die Eisenbahnmotoren waren in den zwanziger und dreißiger Jahren wie auch später in den fünfziger und sechziger Jahren das wichtigste Anwendungsfeld für den Maybach-Motorenbau

ber«, mit deren Nachfrage nach teuren und schweren Wagen die Produzenten ganz bewusst rechneten – für Opel und Wanderer ist dies 1935 und 1937 nachgewiesen worden.

Der Maybach-Motorenbau hatte große Probleme, sich als Automobilproduzent in diesem Milieu zu behaupten. Daran war nicht zuletzt die Tatsache schuld, dass in der Geschäftsleitung ein begabter und ideenreicher Konstrukteur entscheidenden Einfluss ausübte und dabei obendrein von seinem ihm ähnlichen Vater bis zu dessen Tod im Jahre 1929 unterstützt wurde. Karl Maybach hatte, wie gezeigt, eine lange Techniker-Lehrzeit bei führenden Unternehmen des Maschinenbaus in Deutschland und Frankreich absolviert; aber er hatte niemals auch nur einen Monat lang die kaufmännische Seite des Unternehmertums wenigstens in einer untergeordneten Position kennengelernt. Sein Interesse an wirtschaftlich-kaufmännischen Fragen war und blieb immer gering. Die technischen Erfolge der Luftfahrzeug-Motorenbau-Gesellschaft unter seiner Leitung beruhten auch auf einem kostspieligen Entwicklungsaufwand. Leistungsstarke, leichte und – nach dem Stand der Technik – zuverlässige Motoren bildeten die Voraussetzung für die Luftschifffahrt überhaupt. Angesichts dieser Tatsache spielten Kosten eine nur untergeordnete Rolle. Dasselbe galt auch für die Motorenentwicklung im Krieg, als große Serien hergestellt werden mussten und zu Preisen verkauft werden konnten, die den Konstruktions- und Fertigungsaufwand deckten. Dass es in der Hektik einer technischen Entwicklung im Krieg zu Fehlern und Ausfällen kam, war nicht zu vermeiden gewesen, besonders wenn es an Zeit für die Erprobung gefehlt, ja, wenn es in der Endphase des Krieges nicht einmal genug Kraftstoff für die Probeläufe gegeben und wenn für die Wartung an der Front nicht genügend Fachpersonal und Betriebsmittel zur Verfügung gestanden hatten.

1919 hatte sich das geändert. Und als der Maybach-Motorenbau mit seinem Luxuswagen auf den Markt kam, den man eigentlich gar nicht hatte bauen wollen, sondern bauen müssen, weil der für Trompenburg teuer entwickelte und auch schon in großer Zahl vorbereitete und gebaute Motor verkauft werden sollte, existierten bereits Konkurrenten, die Erfahrung besaßen. Ihnen musste man also Marktanteile abjagen. Und das war neben und sogar vor der technischen auch eine kaufmännische Aufgabe. Da aber zeigten sich die Schwächen des Maybach-Motorenbaus sehr bald. Man konnte diese während der Inflation übersehen, unterschätzen, weil Kosten-Kalkulationen schließlich kaum noch möglich waren. Teure Versuche, die im Januar 1922 angestellt wurden, schlugen kaum noch zu Buche, wenn sie im Dezember den Preis des Wagens beeinflussten: Man konnte sie vergessen.

Aber vom 1. Januar 1924 ab war das alles ganz anders, und nun zeigte sich, dass das Autogeschäft beim »Motorenbau« über große Anerkennung und kleine Verkaufszahlen zu sehr hohen Preisen nicht hinausgelangte. Und dennoch ließ Karl Maybach eine teuer entwickelte Verbesserung der anderen folgen – er musste es vielleicht, denn die reiche Kundschaft wurde immer anspruchsvoller und die Konkurrenz schlief nicht – sie wurde sogar stärker, wie z. B. Daimler-Benz nach der Fusion im Jahre 1926. Andererseits saß der Käufer eines teuren Wagens aber auch nicht gerne in einem Fahrzeug, das nach sechs Monaten schon wieder hier und da »veraltet« war.

Offensichtlich bestanden bei Maybach auf der kaufmännischen und auf der technischen Seite Schwächen, die z. T. schon früh erkannt wurden. Sie wurden sogar unübersehbar in den Geschäftsberichten genannt, in Notizen zu diesen und auch in den Prüfungsberichten der Steuerprüfer erwähnt. Man las sie, der eine oder andere Leser unterstrich sie, machte Ausrufungszeichen, verband die Zusammenhänge dieser Schwächen mit den Verlusten des Unternehmens, sah Gefahren heraufziehen. Trotzdem schien niemand in der Spitze des LZ-Konzerns gewillt zu sein, sich bei Maybach durchzusetzen, sodass vor 1926/27 Verbesserungen hätten vorgenommen werden können.[7]

Betrachten wir ein paar Beispiele aus den Jahren seit 1927: Anfang Februar 1927 stand man unter dem Druck der Notwendigkeit einer für die Zukunft der Maybach-Motorenbau GmbH sehr wichtigen Entscheidung. Offenbar hatte man sich bei der Muttergesellschaft Luftschiffbau Zeppelin GmbH Gedanken über die Verluste der Tochter gemacht, und Dr. Hugo Eckener hatte einen Bericht angefordert. Am 12. Februar 1927 schickte die »Konzernabteilung« des LZ, nicht der Maybach-Motorenbau selber, »Finanzübersicht & -bericht für die Zeit vom 01.02.–31.12.1927« (so die Formulierung) im Umfang von vier Seiten an Eckener. Darin hieß es:

> »Nach den von uns gemachten Wahrnehmungen würde bei einer Einschränkung im Maybach-Motorenbau diese zweckmäßigerweise in erster Linie bei den W-5-Wagen einsetzen, da diese bisher immer noch nur mit Verlust abgesetzt werden können. Der bisher erzielte Absatz erfordert eine Verkaufsorganisation, deren Kosten im Jahre 1926 wiederum auf ca. RM 583.000 kommen, welche hauptsächlich durch den Verkauf der W-5- und W-3-Wagen entstanden sind. Die tagtäglich eingehenden Reklamationen, betreffend den W-5-Wagen, sind so zahlreich, daß es auch aus diesem Grunde sich wohl empfiehlt, mit der Fabrikation dieses Wagens zurückzuhalten.
>
> Wenn in Zukunft in erster Linie die Fabrikation des Triebwagens, des Rohöl-Motors und des Omnibus-Motors forciert wird, so lässt sich die Verkaufsorganisation erheblich einschränken, da diese Erzeugnisse, von denen namentlich der Triebwagen und der Rohöl-Motor einen schönen Nutzen abwerfen würden, eine Verkaufsorganisation im bisherigen Umfange weitaus nicht erfordern.«

Abb. 9.32 Die leistungsstarken Maybach-Motoren boten sich auch zum Antrieb von schnellen Booten und Yachten an. Die von der Lürssen-Werft gebaute Motoryacht »Atlantis« war mit zwei S-5-Benzinmotoren, der maritimen Ausführung der W-5-Fahrzeugmotoren, ausgerüstet

Abb. 9.33 Der Maybach-Motorenbau besaß für Kunden und Gäste zwei Vorführboote, die hier an der Friedrichshafener Uferpromenade mit der Schlosskirche vorbeischießen: *im Vordergrund* »Donnerwetter« mit einem auf 220 kW (300 PS) leistungsgesteigerten SDS-8-Motor, *dahinter* »Seeteufel« mit dem Luftschiffmotor VL 1 mit 301 kW (410 PS)

[7] Hier handelt es sich also nicht um die postmortale Besserwisserei des Historikers, der in aller Bequemlichkeit ohne Verantwortung für seine Kritik Wirtschaftsgeschichte schreibt, sondern um Kenntnisse von Zeitgenossen – zugegeben: von »untergeordneten« Mitarbeitern, die aber bestens mit der Materie in all ihren Details vertraut waren und deren Darlegungen die Unterschriften ihrer Chefs trugen.

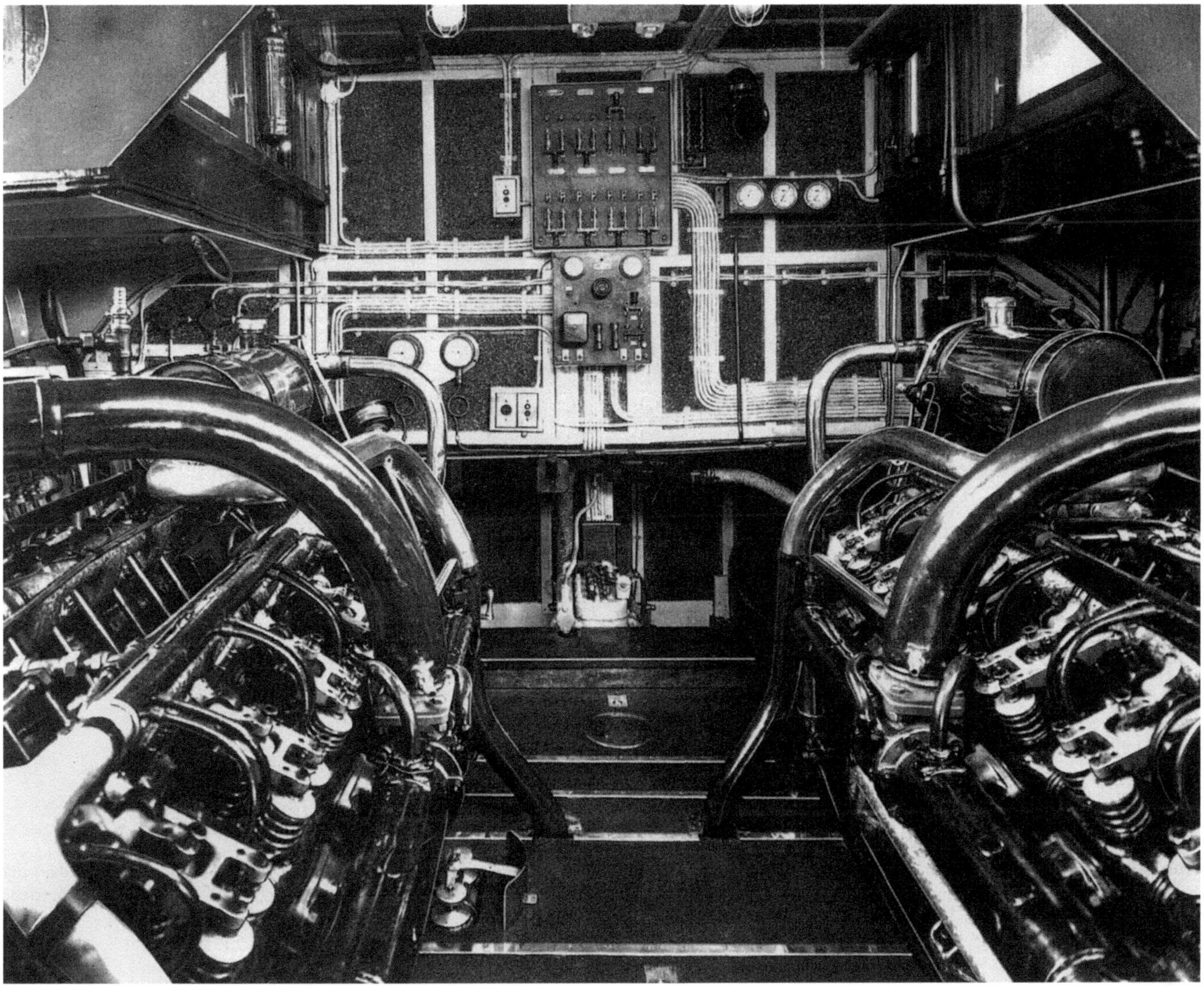

Abb. 9.34 Maschinenraum eines »Express-Kreuzers« mit zwei Maybach-Luftschiffmotoren, Bauart VL 2. Auch für diesen Motor gab es außer in den drei Luftschiffen »Graf Zeppelin«, »Macon« und »Akron« kaum eine Anwendungsmöglichkeit. Die meisten wurden unter Wert an die Lürssen-Werft in Bremen-Vegesack verkauft, die sie vornehmlich in Yachten für amerikanische Kunden einbaute. Insgesamt wurden etwa 70 VL-2-Motoren produziert

Es ging also um das Paradepferd, den Luxuswagen, und damit letzten Endes auch um das Prestige und den Einfluss von Karl Maybach. Der Luxuswagen war schwer verkäuflich – nicht allein wegen des Preises, sondern wegen seiner Qualität! Er war im Sinne von Karl Maybach eigentlich nie ganz ausgereift und wurde daher ständig teuer verbessert – was nicht zuletzt die Kundschaft verunsicherte, ja geradezu verärgerte.

Die Konzernabteilung ging noch weiter: Sie empfahl die Unterstellung der Verkaufsabteilung des Maybach-Motorenbaus unter die kaufmännische Leitung des LZ: »Bei allen Ausgaben, besonders bei der Festsetzung von Gehältern, Provisionen und dergleichen, sollte u. E. ebenfalls unter allen Umständen die Genehmigung der kaufmännischen Leitung des LZ eingeholt werden.« Darüber hinaus wollte man die gesamte Korrespondenz der Verkaufsleitung gegenzeichnen. Und schließlich sollte die Einkaufsabteilung angewiesen sein, dass sie Bestellungen nicht ohne vorherige Genehmigung der kaufmännischen Leitung herausgehen lassen durfte. Der Leiter der kaufmännischen Abteilung sollte stets bei Bestellungen die zweite Unterschrift leisten.

Dazu ist zunächst einmal festzustellen, dass Eckener diese Beanstandungen für berechtigt hielt: Als z. B. im Oktober 1927 der Maybach-Motorenbau Eckener gegenüber die Anschaffung einzeln aufgeführter Maschinen für nötig erklärte, erwiderte er als Vorsitzender der Gesellschafter des LZ, er sei »damit einverstanden«, dass die »in den ersten beiden Positionen« des Schreibens genannten »dringend benötigten Maschinen alsbald angeschafft werden«, fügte aber hinzu, dass die »Anschaffung der unter III und IV genann-

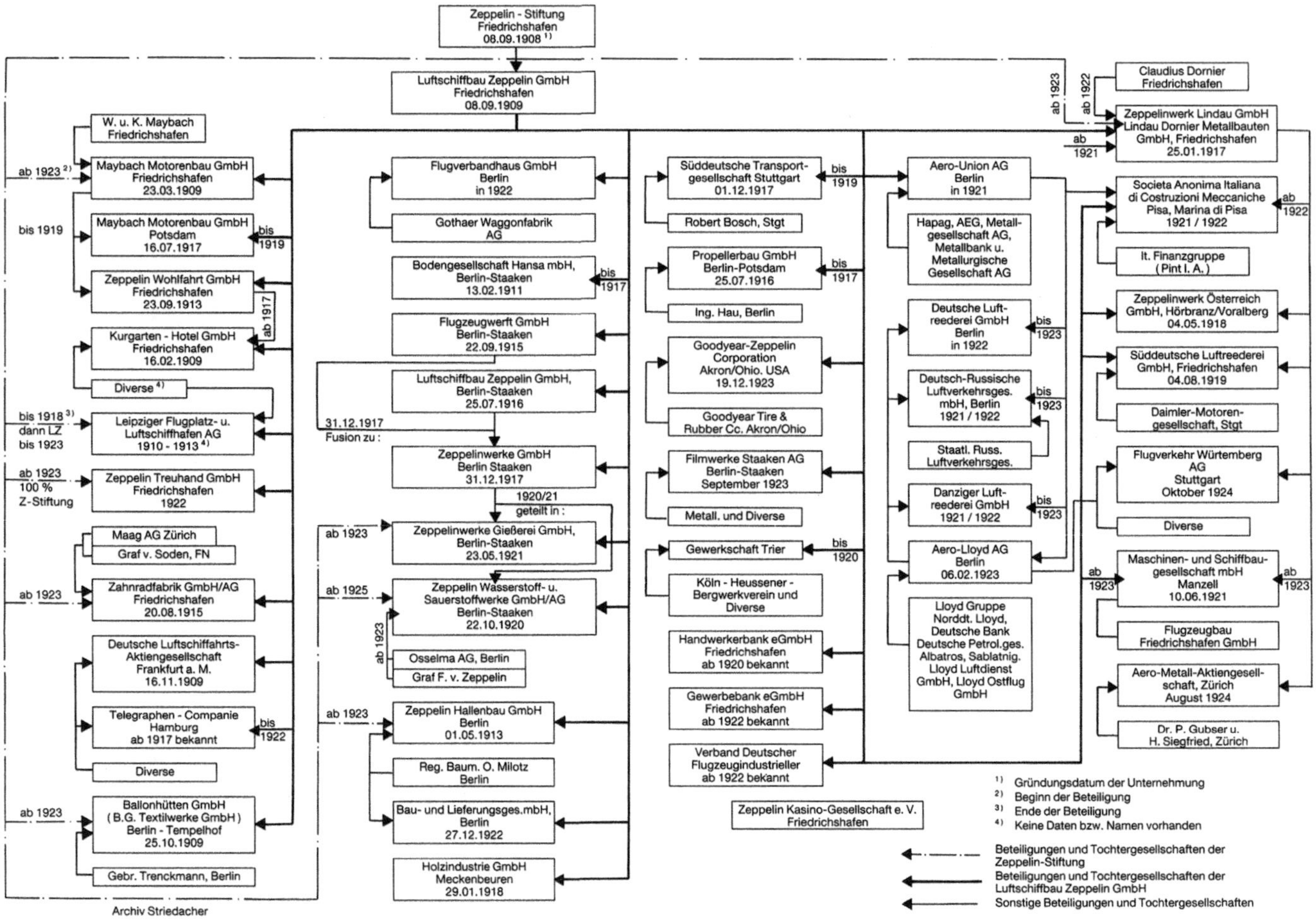

Abb. 9.35 Organisationsschema des Zeppelin-Konzerns von seinen Anfängen bis in die zwanziger Jahre. Man kann daraus ersehen, dass der Luftschiffbau viele Betriebe nach sich gezogen hat und dabei selbst immer mehr in den Hintergrund trat. Die wichtigsten Nachfolgebetriebe waren Dornier, der Maybach-Motorenbau und die Zahnradfabrik Friedrichshafen

ten Maschinen erst für einen Zeitpunkt in das Auge gefasst werde, wenn eine etwas bessere Liquidität des MM und das Vorliegen genügender Aufträge für die Ausnutzung dieser Maschinen solche zulässig erscheinen lässt. Hochachtungsvoll ...«.

Die Konzernabteilung hatte also die Kontrolle über Karl Maybach und den »Motorenbau« erreicht. Sie erreichte noch mehr: Zum Jahreswechsel 1927/28 wechselte der kaufmännische Direktor Julius Bernhardt vom LZ in die Tochtergesellschaft Maybach-Motorenbau über, wo er als Geschäftsführer für deren kaufmännischen Bereich zuständig war (Abb. 9.35, 9.36 und 9.37). Drei Monate später wurde der Beitrag des MM zu den Konzernkosten so beträchtlich erhöht, dass Karl Maybach protestierte. Doch er erhielt am 20. April 1928 von der Konzernabteilung die knappe, verletzende Antwort, »dass uns die bisher geübte Art der Umlage nicht zusagte, weil sie uns nicht gerechtfertigt erschien«.

Es kam zu einer kleinlichen Korrespondenz zwischen der Mutter- und der Tochtergesellschaft sowie der Konzernabteilung und Dr. Eckener, die erst etwas sachlicher wurde, als Maybach am 4. September 1928 »feststellen« konnte, dass der Maybach-Motorenbau vom 1. Januar bis zum 31. Juli 1928 plötzlich 306.000 RM Reingewinn nach Abschreibungen – hauptsächlich durch den Abbau von etwa 300 Personen (à mindestens 2.000 RM = 600.000 RM) – erzielt hatte und die Produktion gegenüber dem Vorjahr um etwa 45 % durch allmähliche Verbesserung des Maschinenparks (Abb. 9.20 und 9.26) und sonstige Maßnahmen gesteigert worden war. Das sprach nicht für eine optimale Organisation beim »Motorenbau«.

Der Komplex des jährlich vorzulegenden Geschäftsberichtes des MM bestand aus mehreren Teilen: einem »vorläufigen Abschluss« zum 31. Dezember, den Berichten der Treuhandgesellschaft über diesen sowie über den endgültigen Geschäftsbericht, einer »Aktennotiz zu diesem zweiten Revisionsbericht« und schließlich dem »Geschäftsbericht + Bilanz nebst Gewinn und Verlustrechnung«, der im Juni des folgenden Jahres maschinenschriftlich (den Gesellschaftern, dem Konzern, nicht der Öffentlichkeit) vorgelegt wurde. Be-

Abb. 9.36 Ein Symbol für technische Innovation und unternehmerischen Wagemut in schwieriger Zeit war das Flugschiff Do X mit seinen zwölf Tandem-Motoren (zunächst luftgekühlte Siemens-Jupiter-, später leistungsstärkere wassergekühlte Curtiss-Conqueror-Motoren), das Claude Dornier in Altenrhein auf der Schweizer Seite des Bodensees Ende der zwanziger Jahre gebaut hat

trachten wir diesen Komplex für das Jahr 1927. Zwar ist der »vorläufige Abschluss« für dieses Jahr als Ganzes nicht erhalten geblieben, aber die Berichte Nr. 15 und Nr. 16 über Revisionen des »vorläufigen Abschlusses auf 31. Dezember 1927« zitieren ihn so häufig, dass durchaus ersichtlich ist, was er im Einzelnen aufgeführt hat.

Der »Entwurf der Bilanz« hatte einen Verlust von 1,45 Mio. RM ausgewiesen. Der Bericht vom April stellte weiter fest: »Die Produktion wurde im Jahre 1927 in der Hauptsache auf Motoren umgestellt.« Tatsächlich waren 1927 304 Motoren von insgesamt acht Typen gebaut worden, davon 180 des Typs S 5 (Abb. 9.32), im Jahr 1926 dagegen nur 61 Motoren. Im Jahre 1927 wurden 222 neue und 16 gebrauchte Wagen verkauft, im Jahre 1926 196 bzw. zwei. Aber interessanter als diese Globalzahlen war die Tatsache, dass 1926 100 W-5-Chassis mit und ohne Karosserie verkauft worden waren, 1927 dagegen nur 71. Der Aprilbericht erklärte diesen Rückgang mit den »im Jahre 1927 ... aufgetretenen Kinderkrankheiten«. Der Umsatz an Omnibus-Motoren war wesentlich gestiegen und »scheint auch mit der Zeit einen immer größeren Teil unserer Fabrikation auszufüllen«.

Für das Jahr 1927 war die Produktion von 318 WE (Wageneinheiten) vorgesehen gewesen. Wirklich produziert hatte man 282,5 WE. Nun wurde als Ursache für diese Minderleistungen nicht nur die Beseitigung von Kinderkrankheiten genannt, sondern es wurden auch nachträgliche Änderungen und »Neuerungen« erwähnt. Dann folgte der Satz: »Diese Minusproduktion konnte allerdings durch eine Mehrlieferung in Boots- und Dieselmotoren etwas verbessert werden.« Schon das war nicht ganz überzeugend. Und wenn die Angabe folgte, »dass die OS-5-Motoren-Monatsfabrikation von 30 im März auf 75 im September bei sonst gleichbleibender übriger Monatsproduktion gesteigert werden konnte, ohne dass Neueinstellungen notwendig wurden«, dann musste der unbefangene Leser sich fragen, was die inzwischen entlassenen Arbeiter und Angestellten im ersten Halbjahr 1928 getan hatten.

Da man den Verkaufspreis für den S-5-Bootsmotor (Abb. 9.32) zu hoch angesetzt, die Preise der Konkurrenz also nicht richtig beachtet hatte, erwies er sich im In- wie im Ausland als unverkäuflich. Auch hier sowie beim Dieselmotor war die Rede von der Notwendigkeit der »restlosen Beseitigung der verschiedenen technischen Schwierigkeiten, die noch zu überwinden sind«. Sie wurden im Einzelnen aufgeführt und erweckten den Eindruck, dass man den VL-Zwölfzylinder- (Abb. 9.33 und 9.34) und den G-4a-Dieselmotor (Abb. 9.31) zu früh für den Verkauf freigegeben hatte.

Abb. 9.37 Claude Dornier (1884–1969) begann 1910 als junger Ingenieur bei Graf Zeppelin, der ihm die Sonderabteilung Do in einem kleinen Gaswerk, dem sogenannten »Carbonium«, am Rande des LZ einrichtete. Nachdem Dornier zunächst statische Untersuchungen durchgeführt hatte, bekam er im August 1914 von Graf Zeppelin den Auftrag, ein Riesenflugboot zu bauen. So entstanden die Flugboote RS 1 bis RS 4, die alle mit Maybach-Motoren ausgerüstet waren. Nach 1918 gab es zwischen Maybach und Dornier keine Berührungspunkte mehr, da Maybach den Flugzeugmotorenbau einstellen musste und später nicht wieder aufnahm

Die Entwicklung dieser Motoren war allerdings mühsam und aufwendig. Von dem VL-Zwölfzylinder-Luftschiffmotor wurde verlangt, dass er seine hohe Leistung ununterbrochen über eine lange Laufzeit (etwa 100 Stunden Volllastbetrieb!) abgab. Beim G-4a-Triebwagendiesel (Abb. 9.30) bereitete anfangs die Triebwerkslagerung besondere Schwierigkeiten. Mit 1.300 min^{-1} drehte er schneller als die kleineren Lastwagenmotoren.

Schließlich folgte der Geschäftsbericht vom 30. Juni 1928, der auf einer einzigen Textseite all die genannten Einzelheiten ausließ, die naturnotwendig sehr kritische Fragen der Konzernabteilung hätten auslösen müssen, und sich auf die Behauptung beschränkte, im Jahre 1927 sei ein »ordentlicher Verlust« von 885.000 RM entstanden, der um 511.000 RM unter dem vergleichbaren im Jahre 1926 liege. »Dieser Erfolg ist in der Hauptsache auf das zweite Halbjahr 1927 zu verbuchen.« Und zwar beruhe er auf den Entlassungen einerseits und den trotzdem erzielten Produktionssteigerungen andererseits. Alle diese Schriftstücke müssen der Konzernabteilung im ersten Halbjahr 1928 zu Gesicht gekommen sein. Sie haben dann auch zu der erwähnten Verschlechterung der Beziehungen zwischen Mutter- und Tochtergesellschaft im Laufe des Jahres 1928 geführt.

Nun existiert außer diesen Angaben über die Zeit von Anfang 1927 bis Ende 1928 auch noch eine für die wirtschafts- und technikgeschichtliche Beurteilung der Leistung und Position der Maybach-Motorenbau GmbH entscheidend wichtige undatierte »Aktennotiz zum Entwurf des Abschlusses auf 31. Dezember 1928«. Darin wurde festgehalten, dass das Gesellschaftskapital 1916 von 300.000 M auf 1 Mio. M, im Jahre 1921 auf 5 Mio. M erhöht, 1924 auf 2 Mio. RM umgestellt und 1926 auf 3 Mio. RM erhöht worden war.

Daran war

- der LZ mit 63 % = 189 Mio. RM,
- die Zeppelin-Stiftung mit 17 % = 0,510 Mio. RM,
- Karl Maybach mit 20 % = 0,6 Mio. RM

beteiligt.

Vom selben Tag liegt schließlich ein gleichfalls von Karl Maybach unterzeichneter Geschäftsbericht über das Geschäftsjahr 1928 vor. Er beginnt mit der Erklärung, das Jahr 1928 habe »für die gesamte deutsche Wirtschaft und besonders für die Automobil-Industrie ... einen Abschnitt des Konjunkturabfalls« bedeutet. Einfuhrzollermäßigungen hätten »eine Überschwemmung Deutschlands mit ausländischen Kraftfahrzeugen zur Folge« gehabt. Maybachs Bericht überging die Tatsache, dass dies und die »enormen Absatzschwierigkeiten und Preiskämpfe« die Luxusfahrzeuge, wie zuvor erwähnt, kaum betraf. Und wenn er auf die Zusammenbrüche von NSU, Adler, Mannesmann-Mulag, Fuchs Waggonfabrik, Faun, Stoewer, Dürkopp hinwies, dann hatte von diesen Firmen nur Stoewer in der Gruppe der Luxuswagen produziert – Fahrzeuge, die mit 12.500 bis 14.300 RM halb so teuer waren wie die Maybach-Wagen. Auch erwähnte er nicht die Tatsache, dass das jüngst durch Fusion entstandene Unternehmen Daimler-Benz sich ständig in großen Schwierigkeiten befand.

Nach einer optimistischen Beurteilung insbesondere des Omnibus-Motoren-Geschäftes mit den »größten deutschen Verkehrsgesellschaften« (Berlin, Sachsen, Reichspost, Plauen, Ulm, Aachen) errechnete dieser von Maybach gutgeheißene Geschäftsbericht einen »Nettogewinn« von 0,641 Mio. RM im Jahre 1928 gegenüber einem Verlust von 1,5 Mio. RM im Jahre 1927. Nachdem man 1924 bis 1927 insgesamt 4,1 Mio. RM Verluste erlitten hatte, sei durch den Gewinn von 641.000 RM im Jahre 1928 der Gesamtverlust auf 3,446 Mio. RM gesenkt worden. Aufträge lagen bis

April/Mai 1929 vor. Man hoffte, »dass es uns gelingt, auch im Jahre 1929 ohne Verluste durchzukommen und vielleicht auch bescheidene Erfolge zu erzielen«.

So widersprüchlich waren also die Urteile von MM und LZ, von Eckener, Colsman und Maybach über die Entwicklung der Maybach-Motorenbau GmbH in der jüngsten Zeit und über den Stand des Unternehmens zur Jahreswende 1928/29.

9.3 Der MM während der großen Wirtschaftskrise 1929 bis 1932

Als in den Jahren 1929 bis 1931 die Arbeitslosigkeit ständig wuchs (Abb. 9.38), wurde schließlich durch Firmenzusammenbrüche und die internationale Bankenkrise im Sommer 1931 auch diejenige Bevölkerungsschicht getroffen, die Luxusautomobile zu kaufen pflegte.

»Auch unser Werk blieb von dieser Depression nicht verschont« (Abb. 9.39), endete der erste Absatz des Geschäftsberichtes für 1929, der am 10. Juni 1930 vorgelegt wurde. Da der Zwölfzylinder-Wagen Maybach 12 Typ DS erst gegen Ende des Jahres 1929 verkaufsfertig war, »fiel in der Verkaufssaison des Jahres 1929 das Wagengeschäft fast vollkommen aus. Wir mussten uns darauf beschränken, die vorhandenen Bestände unserer alten W-5-Type auszuverkaufen«. Das Schnellganggetriebe »wurde weiter vervollkommnet«. Daimler-Benz erwarb eine Lizenz für dieses Getriebe. Da das Luftschiff »Graf Zeppelin« erfolgreiche Fahrten gemacht hatte, bestand »im In- und Ausland Interesse« an Luftschiffmotoren (Abb. 9.40). Ende 1929 gab es daher »noch einen Auftragsbestand von 11 Stück«. Die Aussichten für 1930 waren »nicht ungünstig«. Das Geschäft mit Omnibus-Motoren war hingegen »erheblich zurückgegangen«, was nach vielen Beanstandungen im Jahre 1928 nicht erstaunlich war. Immerhin errechnete der Maybach-Motorenbau sich dennoch einen Nettogewinn von 15.000 RM.

Dem niedrigen Motorisierungsgrad in Deutschland entsprach der schlechte Straßenzustand. Schnelle Verbindungen in Form von Durchgangsstraßen fehlten gänzlich; zahlreiche Ortsdurchfahrten behinderten besonders in den industriellen Ballungsgebieten den Verkehr – dort, wo die Interessenten für teure Automobile arbeiteten und wohnten. Die vorhandenen Straßen aber waren seit langer Zeit vernachlässigt worden. So hatten z. B. die preußischen Provinzial-Landstraßen eine »Unterhaltslänge« von 27.600 km, von denen nur 1.357 km mit einer Asphaltdecke versehen waren und weitere 3.000 km wenigstens Pflasterungen aufwiesen – der Rest war recht und schlecht geschottert und für Pferdefuhrwerke angelegt. Erst seit 1925 entwickelte man in Deutschland Material, das für die Asphaltierung der großen Straßen geeignet und nicht allzu teuer war (Abb. 9.41). Die Durchschnittsgeschwindigkeit auch von Automobilen mit starken Motoren

Abb. 9.38 Arbeitslose beim Kartenspiel (Foto von Friedrich Seidenstücker, 1929)

war deshalb recht bescheiden. Der schlechte Straßenzustand wirkte sich auch auf den Kraftstoffverbrauch, die Reparaturanfälligkeit und die Unfallgefahr aus. Dazu kamen hohe Kraftfahrzeugsteuern und die Unsicherheit in Bezug auf Polizeivorschriften, da es in Deutschland keine reichseinheitliche Verkehrsordnung gab. Das alles erschwerte das Automobilgeschäft außerordentlich.

Auf der anderen Seite besaß Deutschland eines der besten Eisenbahnsysteme der Welt. Die Deutsche Reichsbahn verfügte über ein engmaschiges Schienennetz mit vergleichsweise niedrigen Personen- und Gütertarifen. Durch den Einsatz von Fernverkehrszügen mit langen, aufenthaltslosen Fahrten stellte sie schnelle Verbindungen quer durch Deutschland her. Viele Geschäftsreisen konnten daher mit der Bahn nicht nur preiswerter, sondern auch schneller, sicherer und bequemer durchgeführt werden als mit dem Pkw. So gab es also theoretisch einen breiten Markt für Eisenbahn-Triebwagenmotoren. Aber auch die Reichsbahn litt unter der Wirtschaftskrise. Betrachtet man etwa die Verkehrsentwicklung in Deutschlands menschen-, arbeitsreichster und großräumigster Stadt, der Reichshauptstadt Berlin, dann zeigt sich, dass zwar die Eisenbahn mit Vorortbahnen relativ einen immer größeren Prozentsatz des Personenverkehrs an sich zog, dass aber natürlich die Arbeitslosen und ihre Familien fast gar keine Verkehrsmittel benutzten und auch von den Glücklichen, die noch Geld verdienten, immer mehr auf das Fahrrad umstiegen oder zur Arbeitsstätte

Abb. 9.39 Die Kursverluste an der New Yorker Börse betrugen am »Schwarzen Freitag« und den folgenden Tagen über 15 Mrd. Dollar (*oben*: erregte Menschen in der Wall Street). Zahlreiche Privatpersonen und Firmen waren ruiniert. Der Börsenkrach weitete sich zu einer allgemeinen Weltwirtschaftskrise aus, die das durch die Kriegsniederlage wirtschaftlich und moralisch geschwächte Deutschland härter als alle anderen Industrienationen traf

Abb. 9.40 Da die amerikanischen Militärs am Luftschiff Interesse zeigten, wurden unter der Systemberatung von LZ-Ingenieuren die Luftschiffe »Akron« und »Macon« in den USA gebaut. Als Antrieb dienten je acht Maybach-VL-2-Motoren. Da diese Luftschiffe das inerte Helium anstelle des brennbaren Wasserstoffes als Auftriebsgas hatten, konnten die Motoren im Inneren des Schiffes installiert werden, was den Luftwiderstand verminderte. Die beiden von der US-Navy betriebenen Luftschiffe verunglückten 1933 bzw. 1935 infolge von Bedienungsfehlern

Abb. 9.41 Für jüngere Leser kaum noch vorstellbar, hatte ein Großteil der Straßen – auch in den Außenbezirken der Städte – in der Zeit zwischen den beiden Weltkriegen noch keine feste Fahrbahndecke. Das Aufbringen einer Teerschicht (*Bild*) galt daher Ende der zwanziger Jahre vielerorts als unerhörter Luxus. (Foto von Friedrich Seidenstücker, 1927)

Abb. 9.42 Serienfertigung von Maybach-Sechszylinder-Dieselmotoren (G 4a/b) um 1926. Im Vordergrund sind die Einblaseluft-Kompressoren (K 2a) aufgereiht, durch die der Kraftstoff in die Zylinder geblasen wurde. Die G-4a/b-Motoren wurden von 1924 an in Dieseltriebwagen eingebaut. Außerdem kamen sie als Bordaggregate von Schiffen der Reichsmarine sowie als Hauptantrieb von Motoryachten zum Einsatz

marschierten und am Feierabend ihre Schuhe selber besohlten: Niemals war der Absatz von »Dreifüßen« so hoch wie in den Jahren 1930/32. Unter solchen Umständen fehlten der Reichsbahn die Mittel für Modernisierungen auch dann, wenn diese auf lange Sicht Betriebsverbilligungen einbringen mochten. Im Geschäftsbericht des Maybach-Motorenbaus hieß es daher auch nur: »Die technische Entwicklung unserer G-4a-150-PS-Dieselmotoren ist abgeschlossen (Abb. 9.42). Durch die Empfehlung seitens der Deutschen Reichsbahn konnten wir diesen Motor nach Dänemark, Norwegen, Schweden und Belgien liefern.«

Anfang 1929 hatte sich Karl Maybach aus Prestigegründen entschlossen, einen Zwölfzylinder-Pkw als besonderen Repräsentationswagen herauszubringen. Es entstand zunächst der Maybach 12 Typ DS mit einem neu konstruierten Zwölfzylinder-V-Motor von 110 kW (150 PS) und einem Hubvolumen von 7 dm^3 mit Dreigang-Handschaltgetriebe und Maybach-Schnellganggetriebe (Abb. 9.43 und 9.44). Ihm folgte der DS 7 »Zeppelin« mit DSG-(Doppelschnellgang-)Getriebe. Dieser wurde von 1930 bis 1934 gebaut. Dann kam 1931 ein DS 8, Typ »Zeppelin«, der wohl exklusivste Luxuswagen, der je in Deutschland hergestellt wurde (Abb. 9.45). Er hatte einen 8-1-Motor von 147 kW (200 PS) und als Getriebe das neue Doppel-Schnellgang-Getriebe (DSG) mit vier geräuschlosen Gängen, die wiederum ohne zu kuppeln vom Lenkrad aus geschaltet

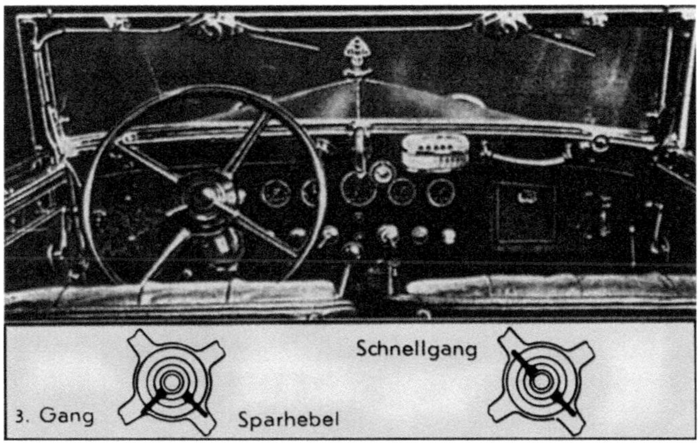

Abb. 9.43 Schaltschema des Maybach-Schnellganggetriebes, des modernsten Getriebes in den zwanziger Jahren. Es wurde übrigens nicht nur in Maybach-Automobilen verwendet: Die ZF Friedrichshafen baute es in Lizenz und Mercedes-Benz integrierte den Schnellgang für den Typ »Stuttgart« in ein eigenes Schaltgetriebe – gegen einen Aufpreis von 600 RM. Von den knapp 24.000 produzierten »Stuttgart«-Wagen waren rund 2.500 mit dem Maybach-Getriebe ausgerüstet

Abb. 9.44 Maybach-Schnellganggetriebe älterer Art (*rechts*), an ein Handschaltgetriebe angeflanscht. Mittels Schaltstock und Totpunktfeder wurden die Abweisklauen mechanisch ein- bzw. ausgekuppelt

werden konnten. Dieser Wagen kostete je nach Karosserie 40.000 bis 50.000 RM. Es war schnell zu erkennen, dass man von ihm nicht mehr als zwei bis drei Exemplare je Monat, 25 bis 30 pro Jahr verkaufen konnte: Tatsächlich wurden innerhalb eines Jahrzehnts rund 300 Stück verkauft. Allerdings muss angemerkt werden, dass der 200-PS-Motor gleichzeitig im Hinblick auf den Einsatz in Nutzkraftwagen (Nkw) konzipiert worden war. Angesichts dieser Misserfolge drängte die kaufmännische Geschäftsleitung darauf, dass wieder ein Sechszylinder-Wagen gebaut wurde, der sich natürlich billiger herstellen ließ.

An diesem Punkt stellen sich einige Fragen: Konnte sich also nach Jahren hoher Verluste in einer deutlich erkennbaren schweren allgemeinen Wirtschaftskrise und nach heftigen Auseinandersetzungen zwischen dem Maybach-Motorenbau und der Konzernabteilung der große Konstrukteur (Abb. 9.46) noch immer ohne jede Kontrolle selbstständig zu einem solchen Schritt entschließen? Durfte er nach dauernden Verlusten seit 1924 im Jahre 1929 an die Konstruktion eines Wagens, des »Zeppelin« von 1930 und 1931 gehen, dessen Verkauf niemals die Kosten, die er verursachte, wieder einbringen würde? Hatte Maybach, der nur einer von zwei Geschäftsführern war und als solcher der Muttergesellschaft Verantwortung schuldete – die schließlich mit einem nicht unerheblichen Kapital am Maybach-Motorenbau beteiligt war –, letzten Endes doch als überragender Motoren-Konstrukteur die Möglichkeit, zu tun, was er wollte? Und dies, obwohl das Unternehmen sein eigenes Kapital längst aufgebraucht hatte und nur noch mit Leihkapital arbeitete! Kümmerten sich auch die Banken nicht um das Schicksal ihres Geldes?

Abb. 9.45 In den zwanziger und dreißiger Jahren setzte sich die Erkenntnis durch, dass der Luftwiderstand schneller Fahrzeuge großen Anteil am Gesamtfahrwiderstand hat. Vorkämpfer für Stromlinienformen im Fahrzeugbau war der Ingenieur Paul Jaray, Aerodynamiker des Luftschiffbau Zeppelin. Neben den technisch begründeten Jaray-Karosserien entstanden damals auch unsinnige Formen. Als Beispiel dafür kann dieser strömungstechnisch misslungene und formal umstrittene Maybach DS 8 »Zeppelin« mit Spohn-Karosserie dienen, der auf dem Pariser Auto-Salon von 1932 gezeigt, aber nie verkauft wurde (siehe auch Abb. 10.2)

Diese selbstverständlichen Fragen sind heute nicht mehr genau zu beantworten. Deutlich zu sehen ist allerdings, dass zwischen Karl Maybach einerseits sowie Dr. Hugo Eckener und Alfred Colsman andererseits ständig Spannungen bestanden, böse Briefe hier, unterwürfige dort geschrieben wurden und Maybach dann anscheinend doch meistens ohne Rücksicht auf die Kosten, die Garantieverpflichtungen und die Reparaturanfälligkeit Motoren und Automobile baute, die er bauen wollte – bis hin zum »exklusivsten Luxuswagen« auf der Höhe der Weltwirtschaftskrise. Allerdings stand Maybach mit seinem »Zeppelin«-Wagen in Deutschland nicht allein da – auch die Renommierfirma Horch brachte 1931 einen Zwölfzylinder-Wagen auf den Markt und musste die Produktion nach wenigen Jahren einstellen: Gerade 81 Wagen waren verkauft worden.

Verständlich ist das alles nicht. Aus einem Brief des Maybach-Motorenbaus vom 22. September 1928 geht eindeutig

Abb. 9.46 Karl Maybach um 1930. Er zählte damals zu den erfolgreichsten deutschen Konstrukteuren, doch der wirtschaftliche Erfolg blieb aus. Die Gründe hierfür lagen in der damals katastrophalen Wirtschaftslage, aber auch in unternehmerischen Fehlentscheidungen

hervor, dass – entsprechend dem alten Wunsch der Konzernabteilung – Eckener Mitgliedern der Geschäftsleitung des »Motorenbaus« Unterredungen gewährte und die Anschaffung von sieben Maschinen im Gesamtwert von annähernd 35.000 RM bewilligte, die Tochter also anscheinend fest an der Hand hatte. Aber zwei Monate später musste der MM am 28. November 1928 im Monatsbericht warnen:

> »Die Aussichten für den Monat Oktober [also für den Vormonat] sind nicht gut. Ein Teil unserer Omnibusmotoren-Abnehmer versucht, die gegebenen Aufträge teilweise zu annullieren, teilweise bis Frühjahr 1929 zu sistieren. Die großen Ausfälle wegen Lagerschwierigkeiten in unseren Dieselmotoren beeinträchtigen auch den Verkaufsumsatz in dieser Type und kosten uns vor allen Dingen immense Beträge schon im voraus[!], die jeden Verdienst im Monat Oktober[!] so gut wie unmöglich machen.«

Wenige Tage darauf war erneut von den »großen und bis heute noch nicht voll zu übersehenden Hublagerschwierigkeiten bei unseren G 4a« die Rede (Abb. 9.47 und 9.48); auch wurde erkannt, »dass die allgemeine Lage unseres Unternehmens« sich durch die beiden Monate November und Dezember »nicht bessern wird«, nachdem man im Oktober 47.000 RM Verlust erlitten hatte, weil ein Drittel des Umsatzes Typen von Motoren betraf, »die so gut wie gar keinen Nutzen übriglassen«.[8]

Abb. 9.47 Amerikanische Motoryacht »Moana II« mit zwei 110-kW-(150-PS-)Maybach-Dieselmotoren G 4b. Gebaut wurde die 24,4 m lange und 13 kn (24 km/h) schnelle Yacht von der Lürssen-Werft in Bremen-Vegesack

In einem Schreiben vom 21. Dezember 1928, das die Geschäftsführung des Maybach-Motorenbaus an Eckener, Colsman und die Konzernabteilung des LZ richtete, war zwar die Rede von einem Gewinn von 539.000 RM in den ersten elf Monaten des Jahres, dann aber hieß es mit vernichtender Selbstkritik weiter:

> »Wie den Herren Gesellschaftern bereits bekannt ist, besteht die Absicht, im Jahre 1929 mit einem neuen Motor bzw. mit einer neuen Wagen-Type herauszukommen ... Der neue Motor ist gleichzeitig als Omnibusmotor in Aussicht genommen. Für diesen neuen Motor, wie auch für die neue Wagen-Type ist besonders wichtig, daß, um konkurrenzfähig zu sein, der Preis möglichst niedrig gehalten werden muss. Die Konkurrenz, namentlich in amerikanischen Omnibusmotoren, aber auch in erstklassigen amerikanischen und sonstigen Kraftwagen ist so groß und die Preise dieser Konkurrenz-Fabrikate sind im Vergleich zu den unsrigen so billig, daß wir auf ein Geschäft nur rechnen können, wenn wir etwas ganz hervorragend Gutes zu sehr billigen Preisen herausbringen. Wir dürfen uns auch nicht verhehlen, daß die Neuauflage einer Wagenserie wieder sehr große Betriebsmittel erfordert, die aufzubringen uns im Augenblick nicht gerade leicht würde. Wenn außerdem mit dem Herauskommen des neuen Wagens dann wieder langwierige Versuche verbunden wären und die bisher noch immer aufgetretenen Rückschläge auch diesmal eintreten würden, so wäre das ein bei unserer allgemeinen Lage nicht ungefährliches Experiment. Der Bau des neuen Wagens kann also nur dann in Frage kommen, wenn die zunächst durchzuführenden Versuche mit den in Aussicht genommenen 5–6 Versuchs-Motoren bzw. Versuchs-Wagen die absolute Sicherheit bieten, daß langwierige Entwicklungsarbeiten und damit verbundene große Entwicklungskosten ausgeschlossen sind.«

[8] Diese nicht enden wollenden Anstände mit der Triebwerkslagerung bekam man schließlich in den Griff: durch beharrliche teure Forschungsarbeit und daraus resultierende Verbesserungen Schritt um Schritt und später durch neue, unkonventionelle konstruktive Lösungen.

Abb. 9.48 Maritime Ausführung des Maybach-Triebwagen-Dieselmotors G 4b mit Einblaseluft-Kompressor K 2b (*rechts*) und Maybach-Schiffs-Wendegetriebe UR 1/2. Sechszylinder-Reihenmotor; Bohrung × Hub: 140 mm × 180 mm, Hubraum 16.617 cm^3, 110 kW (150 PS) bei 1.300 min^{-1}

Nach diesen Ausführungen, denen dann schließlich die Entwicklung des teuersten Luxuswagens folgte, ohne dass Eckener und die Konzernabteilung mit einem Wort der Mahnung oder gar des Verbotes eingriffen, kam im gleichen Schreiben die Offenlegung der verzweifelten Lage des Maybach-Motorenbaus: Man hatte 40 G-4a-Motoren »in Fabrikation und auf Lager«, die unverkauft waren »und deren Verkauf wir zunächst auch nicht forcieren können, so lange die Hublagerungs- und Pleuelstangen-Schwierigkeiten nicht beseitigt sind«. Auch danach würde es wohl »für absehbare Zeit schwer halten«, größere Verkaufserfolge zu erzielen, da bei »den in Frage kommenden Abnehmerkreisen allmählich ein gewisses Misstrauen entstanden ist«. Mit den Einnahmen aus dem Verkauf gerade dieser Type hätten aber die Mittel für den neuen Wagen freigemacht werden sollen. Denn »die seinerzeit gegebenen bestimmten Zusicherungen der Dieselmotor-Konstrukteure, dass die Entwicklungsarbeiten nunmehr beendet seien und in die Serienfabrikation … und in das Verkaufsgeschäft … ohne Bedenken eingetreten werden könne, haben sich als unrichtig erwiesen …«

40 Motoren des Typs VL, der »ebenfalls große Entwicklungskosten verursachte«, hatte man gleichfalls auf Lager. Er »scheint nun die Betriebssicherheit in ausreichendem Maße erlangt zu haben«. Aber über den Verkauf von 32 Motoren nach Spanien verhandelte man bereits seit 18 Monaten. Dennoch: »Die in diesen Motoren festgelegten Mittel hoffen wir ebenfalls im Laufe der Zeit wieder ohne Verlust freimachen zu können … Vor allem hoffen wir, mit diesem Motor nach Amerika Geschäfte zu machen« – wo bekanntlich die Motoren sehr billig waren. Weiter hieß es: Das »Geschäft mit unseren OS-5-Omnibus-Motoren ist leider etwas ins Stocken geraten« (Abb. 9.49, 9.50, 9.53 und 9.54). Daher werde man »mit Zustimmung des Herrn Gesellschaftsvorsitzenden«, also Eckeners, statt 75 Motoren im Januar 1929 und 100 in den folgenden Monaten einstweilen nur 50 Exemplare monatlich herstellen. Auch das lag daran, dass die aufgetretenen Schwierigkeiten mit dem Motor »in den betr. Abnehmerkreisen begreiflicherweise bekannt« geworden waren – »und die Besitzer der Omnibus-Motoren, die schlechte Erfahrungen machen, halten mit ihrer Kritik natürlich auch nicht zurück«. Tatsächlich hatte eine spektakuläre Schadensserie ihre Ursache in einem neuen Kolbentyp, der – abweichend von der bislang vom Maybach-Motorenbau bevorzugten Ausführung – von einem Unterlieferanten, einer Kolben-Spezialfabrik, bezogen worden war. Die Kolben dieser Bauart fielen durch Dauerbrüche aus, d. h. erst nach einer mehr oder weniger langen Betriebszeit, sodass schon viele Motoren damit ausgerüstet und geliefert worden waren, bevor die Schäden bemerkbar wurden. Dementsprechend hoch fielen die Umrüstungs- und Garantiekosten aus. Mehrere Beispiele wurden angeführt; von ihnen seien zwei zitiert:

> »KVG Sachsen an MM 21/12/28: … es handelt sich … um die sattsam bekannten Kolben- und Kolbenring-Defekte. Diese mehren sich ja gerade seit einigen Wochen derartig, daß unbedingt ein Mangel vorliegen muss, den zu beheben Ihnen vorläufig noch nicht gelungen ist … «

Mit dem Reichspostministerium einigte man sich auf

> »hälftige Teilung der nicht unter Garantie fallenden Schadensfälle, welche auf Übertouren bzw. Unterkühlung zurückzuführen sind, weil wir keinen Schnellschlussregler an unseren Motor

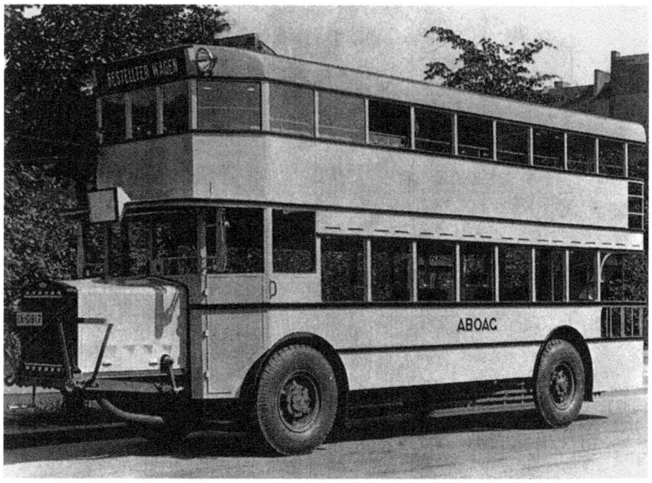

Abb. 9.49 ABOAG-Voran baute 1928 diesen Doppeldecker-Omnibus nach Patenten von Richard Bussien und Oberingenieur Karl Garsztka. Der Vorderradantrieb, für Nutzfahrzeuge etwas ganz Ungewöhnliches, ermöglichte die Tieflage des Einstieges hinten, erleichterte also das Einsteigen. Als Antrieb diente ein Maybach-Benzinmotor OS 5 mit 73 kW (100 PS), der aus dem W-5-Motor speziell für Nutzfahrzeuge entwickelt worden war. Der Maybach-Motorenbau konnte davon zwar größere Stückzahlen verkaufen, doch war auch hier der Entwicklungsaufwand sehr hoch, da man wiederum technisches Neuland betrat

> angebracht hatten ... so wie dies jetzt bei dem Vakuum-Regler der Fall ist. Wir mussten uns also erneut zur Tragung der nicht unerheblichen Entwicklungskosten bei Verwendung unseres schnelllaufenden Motors ... bereitfinden. Es muss nun befürchtet werden, daß bei dem Lauf der Dinge und speziell bei der Entwicklung, die der Omnibusverkehr bei der KVG auch weiterhin nehmen wird, diese Aufwendungen nicht die letzten sein werden, sofern wir nicht technischerseits einen solchen vollkommenen schnelllaufenden robusten Motor herausbringen, der diesen außergewöhnlichen Beanspruchungen standhält ... So viel dürfte jedoch sicher sein, daß unsere seitherige Einstellung, nur auf Grund der in der Praxis gemachten Feststellungen und der damit notgedrungen erfolgten Entwicklung unsere Motoren zu vervollkommnen, uns sehr teuer zu stehen kommt«.

Die häufige Erwähnung von technischen Schwierigkeiten in dem wirtschaftlichen Teil der Maybach-Motorenbau-Firmengeschichte muss verwundern, gilt doch der Name Maybach heute noch als Synonym für technisch anspruchsvolle und hochwertige Motoren, Getriebe und Fahrzeuge. Das hat damit zu tun, dass Maybach stets – schon vom eigenen Selbstverständnis her – »an den Grenzen« des jeweiligen Standes der Technik arbeitete, wie ein solcher Sachverhalt in der Jubiläumsschrift eines Motorzubehör-Herstellers anschaulich bezeichnet wird. Man muss deshalb die erwähnten Schwierigkeiten und Schäden relativieren, sie in Bezug zum damaligen Stand der Technik bringen. Und: In gewisser Weise gilt auch hier die Maxime, dass Nachrichten meist schlechte Nachrichten sind. Das heißt, vorwiegend das Negative, sei es die gebrochene Kurbelwelle, sei es das gefressene Lager mit den sich daraus ergebenden Ärgernissen, schlägt sich in Reklamationen, Versuchsberichten, Kostenaufstellungen usw. nieder. Dankes- und Anerkennungsschreiben sind nicht Gegenstand technischer oder kaufmännischer Berichte; allenfalls die Werbeabteilung interessiert sich dafür.

Am 27. Juli 1929 stellte man schließlich fest, dass man im ersten Halbjahr 121.000 RM Nettogewinn erzielt habe, aber neuerdings die Aufträge sehr spärlich eingingen. »Die Situation ist daher nichts weniger als günstig, vielmehr müssen wir bis zum Jahresschluss mit einem erheblichen Verlust wieder rechnen.« Man habe sich leider viel mit »unproduktiven Arbeiten wie Reparaturen, Konstruktionsänderungen und dergleichen befassen« müssen. Auch habe man die »Verkaufspreise fast sämtlicher Erzeugnisse wiederholt erheblich herabgesetzt, sodass bei einzelnen Erzeugnissen ein Gewinn überhaupt nicht und eine Unkostendeckung nur in bescheidenem, teilweise kaum ausreichendem Umfange verbleibt«. Aber das sei immer noch besser, »als wenn wir auf unseren Erzeugnissen lange Zeit sitzenbleiben und dann, nachdem wir die darin investierten Kapitalien lange Zeit verzinst haben, doch noch zu einer Preisermäßigung gezwungenermaßen schreiten müssen«. Zu näherem Aufschluss über einzelne Punkte sei man jederzeit gerne bereit.

Das war eigentlich bereits Mitte 1929 die Bankrotterklärung. Die Konzernabteilung erkannte natürlich, dass die Zahlenangaben der Monats- und Vierteljahresberichte den Behauptungen widersprachen, der Maybach-Motorenbau habe Gewinne erzielt. Sie forderte am 20. September 1929 Aufklärung über die beiden ersten Halbjahre. Es kam zu einer Besprechung mit Eckener am Monatsende, zu einer Durchleuchtung der Liquidität am 28. November, die mit der Erklärung schloss, »der Verkauf des neuen 12-Zylinder-Motors werde in nächster Zeit mit Nachdruck aufgenommen«, sodass man hoffe, »das nächste Jahr mit besseren Auspizien beginnen und die Verluste des laufenden Jahres wieder ausgleichen zu können«.

Anfang März 1930 beschäftigte man sich tatsächlich mit der Frage der Liquidation zum 31. Dezember 1929. Eckener machte Maybach zum Vorwurf, diese sei eigentlich schon Ende 1927 fällig gewesen, und Maybach behauptete, sie wäre damals nicht weniger unvorteilhaft verlaufen als zwei Jahre später. Beim LZ machte man sich also Sorgen um das Fortbestehen des Maybach-Motorenbaus, nachdem im Jahre 1929 ein Verlust in Höhe von 1,3 Mio. RM entstanden war. Der kaufmännische Leiter des »Motorenbaus«, Julius Bernhardt, behauptete zwar im Einverständnis mit dem technischen Leiter Karl Maybach in einem Schreiben vom 6. März 1930, dadurch sei keine Vermögensverringerung entstanden, weil durch die inzwischen geschaffenen Fertigprodukte weit höhere Werte entstanden seien. Aber er verschwieg, dass diese teils unverkäuflich waren, teils unter ihrem Material- und Produktionswert verkauft werden mussten.

Abb. 9.50 OS-5-Motor mit Dreigang-Handschaltgetriebe und angeflanschtem Maybach-Schnellganggetriebe. Sechszylinder-Reihenmotor; Bohrung × Hub: 94 mm × 168 mm, Hubraum 6.992 cm^3, 73 kW (100 PS) bei 1.900 min^{-1}

Am Tag darauf, dem 7. März, fand eine Gesellschafterversammlung des Maybach-Motorenbaus statt, an der Eckener, Maybach und Bernhardt teilnahmen. Sie beschlossen, dass im Laufe des Jahres 1930 noch insgesamt 100 Omnibusmotoren, 70 Zwölfzylinder-Wagen und 30 VL-Motoren gebaut werden dürften. »Die Finanzlage war so angespannt«, dass in der zweiten Jahreshälfte möglicherweise ein »Bedarf von ca. 500.000 RM auftreten« werde, wenn man nicht genügend Produkte verkaufte. Eckener stellte diese Mittel in Aussicht; Maybach versprach, die Kinderkrankheiten am Zwölfzylinder-Wagen »in tunlichster Bälde« und »mit allen Mitteln« die noch bestehenden Anstände am Wagen zu beheben. Er werde auf seiner Amerikareise einen solchen Wagen mitnehmen, um in den USA die Wirkungsweise des Schnellganggetriebes mit Vakuumschaltung demonstrieren und auf diese Weise vielleicht Interessenten für eine Lizenz finden zu können. Eckener war mit alldem unter der Bedingung einverstanden, dass beim Maybach-Motorenbau eine »erste technische Kraft« als »Assistent des Technischen Direktors«, also Maybachs, und eine »erste Kraft zur Unterstützung des Betriebsleiters ... angestellt werde« – also eine Art von Kontrolle durch Personen, die von außen kamen.

Am 17. April machte man sich beim »Motorenbau« Gedanken über den Fall, dass die Reichsversicherungsanstalt zum 31. Dezember 1930 ihr Darlehen in Höhe von 590.000 RM kündigte. Zum ersten Mal dachte man unter anderem daran, Maybach durch Verzicht auf Lizenzeinnahmen in Höhe von 20 % (= 260.000 RM) zur Deckung des 1929 entstandenen Verlustes in Höhe von 1,3 Mio. RM heranzuziehen, den er als Technischer Direktor mitverursacht hatte. In dieser Situation teilte der Maybach-Motorenbau Eckener im Juni 1930 mit, man erwäge, die Fabrikation von Motorrad-Motoren aufzunehmen und darüber hinaus den großen Bestand an Omnibus-Ottomotoren auf das Dieselverfahren umzurüsten.

Ende Juni plante der »Motorenbau« den Verkauf von Wohnhäusern, die jährlich etwa 30.000 bis 40.000 RM Verluste verursachten. Um die gleiche Zeit erfuhr Karl Maybach vom Präsidenten der Hauptverwaltung der Deutschen Reichsbahngesellschaft Hammer, dass diese 1930 kei-

Abb. 9.51 Einer der drei ersten Eiltriebwagen (100 km/h) der Deutschen Reichsbahn mit dieselelektrischem Antrieb. Der zwölfzylindrige Maybach-GO-5-Motor leistete 301 kW (410 PS). Diese Triebwagen (VT 872 bis VT 874), 1932 von der Eva Wismar gebaut, wurden im Städte-Nahverkehr Frankfurt/Main-Wiesbaden eingesetzt

ne Triebwagen-Motoren kaufen werde, aber hoffe, »dass der neue Triebwagen von 400 PS [gemeint ist der GO-5-Motor] ein Erfolg sein wird, sodass für diese Type Aussicht auf weitere Nachbestellung vorhanden ist« (Abb. 9.51). Im Übrigen rechnete die Reichsbahn für 1930 mit einem Verlust von 375 Mio. RM.

Inzwischen hatte Eckener sich mit den Lizenzeinnahmen von Karl Maybach beschäftigt. Diese hatten 1924 bis 1929 insgesamt 392.000 RM betragen – davon in den Verlustjahren 1927/29 214.000 RM. Dieser beachtlichen Einnahme stand gegenüber, dass der Maybach-Motorenbau im Juli 1930 vom LZ 1,3 Mio. »Entwicklungskosten«-Zuschuss erbat und erhielt. Beim LZ begann man eine Änderung des Lizenzvertrages zu erwägen. Außerdem stellte sich jetzt heraus, dass die Herstellung des DSO-8-Motors, eines aus dem DS-8-Pkw-Motor abgeleiteten Nutzfahrzeugmotors, die kalkulierten Kosten weit überstieg und man andererseits den Verkaufspreis erheblich senken musste, wenn man diesen Motor überhaupt – etwa an Büssing – absetzen wollte. Im Dezember 1930 wusste man, dass der Verlust trotz der starken Einschränkung der Produktion vom 1. Januar bis zum 31. Oktober 258.000 RM betrug. Die Omnibusmotoren mussten, um überhaupt noch Verkaufsumsätze zu erzielen, fast durchweg ohne jede Unkostendeckung verkauft werden. »Bei der außerordentlichen Krise des Jahres 1930« ließen die Kunden nur das »Allernotwendigste« erneuern und reparieren und »manche Generalüberholung ... zurückstellen«. Mit einem »Lieferungsumsatz« von 254.000 RM im November 1930 konnte »nur ein ganz geringer Teil unserer Unkosten gedeckt werden«. Eine Aufstellung der auf Lager befindlichen Motoren, Chassis, Kompressoren, Getriebe usw. ergab einen – fiktiven – Wert von 2,4 Mio. RM – darunter von älteren, praktisch unverkäuflichen Motoren. Ein Versuch, etwa 100 Omnibusmotoren monatlich an Büssing zu verkaufen, scheiterte daran, dass die dabei entstandenen Verluste zu hoch gewesen wären.

Unter diesen Umständen kam es am 31. Januar 1931 zu einer Besprechung über Sanierungsmöglichkeiten des Maybach-Motorenbaus. Eckener erklärte, »dass der LZ zur Zeit gar nicht in der Lage sei, eine Sanierung ... aus eigenen Mitteln durchzuführen«. Um die Banken nicht zu beunruhigen, müsse man den Abschluss 1930 frisieren und keinen Verlust über 50.000 bis 100.000 RM ausweisen. Darüber hinaus entschloss man sich, zum Bau des W-5-Wagens zurückzukehren, konnte sich aber nicht darüber einigen, ob dieser Wagen angesichts der Konkurrenz von Achtzylinder-Wagen 22.000 bis 23.000 RM kosten dürfe oder 15.000 bis 16.000 RM kosten müsse.

Nun gab Maybach plötzlich bekannt, dass man noch »nicht annähernd« wusste, wie man den Dieselmotor weiter-

Abb. 9.52 Die Werkseingänge des Maybach-Motorenbaus und des Luftschiffbau Zeppelin lagen direkt nebeneinander. *Links* die Betriebskrankenkasse mit einem Maybach-Wagen, *rechts* das Pförtnerhaus mit dem Eingang zum LZ, *im Hintergrund* die große Luftschiffhalle (um 1935). Das Gleis *im Vordergrund* diente für den Gütertransport vom Stadtbahnhof zum LZ und Maybach-Motorenbau

Abb. 9.53 Für den Zeitungs-Zustelldienst des Ullstein-Verlages entwarf Edmund Rumpler diesen Dreiachser. Karossiert wurde das Fahrzeug 1931 von Luchterhand & Freytag (Berlin), der Antrieb erfolgte durch einen sechszylindrigen Maybach-OS-5-Motor, der später durch einen Zwölfzylinder-Motor DSO 8 ersetzt wurde, um die Geschwindigkeit zu erhöhen

entwickeln wollte, und dass entsprechende »Untersuchungen sehr kostspielig sind und erhebliche Zeit in Anspruch nehmen« – man stelle sie daher zurück. Wenn man aber an die Arbeit gehen wolle, dann brauche man Dieselmotoren in der Stärke von 175 und 250 PS. In der nächsten Zeit werde man die Betriebsbeamten von gegenwärtig 69 auf 51, die im Konstruktionsbüro von 38 auf 30 reduzieren.[9]

Maybach ging bei allen diesen Besprechungen von der Behauptung aus, dass das Werk eigentlich mit Gewinn arbeite. Verluste entstünden nur dadurch, dass man alte Verluste aus den zwanziger Jahren verzinsen müsse. Hätte man das Unternehmen 1927 liquidiert, dann hätte man 4,1 Mio. RM Schulden zu verzinsen gehabt. Da man das Unternehmen fortgeführt hatte, »gelang es bis heute, diese Zinsen zwar nicht in vollem Umfange aufzubringen, aber immerhin den Betrag von 562.000 RM«. »Wir arbeiten schon seit Jahren mit Schulden von ca. 6,0 Mill., die nicht verursacht sind durch die Geschäftsführung der letzten Jahre, sondern durch die Misserfolge der vor dem Jahre 1928 liegenden Geschäftsjahre.« Er vergaß oder überging, dass auch diese seine Geschäftsjahre gewesen waren. Er behauptete, mit der »abnormal« geringen Produktion der Gegenwart könne man nicht die Unkosten decken; aber er überging die Tatsache, dass man selbst die wenigen fertiggestellten Wagen nicht verkaufen konnte, sondern auf ständig wachsenden Lagern von unverkäuflichen Motoren, Wagen und Getrieben saß. Er überging die Kosten der Umkonstruktionen, die Garantie- und Reparaturkosten und stellte vielmehr das Anwachsen der Reparaturleistungen als Positivum dar. Letzten Endes verlangte er die mindestens vorläufige Streichung der Schulden und ihrer Verzinsung mit der Behauptung, dass man dann mit Gewinn arbeiten und diesen zur Schuldendeckung verwenden könne. Er schloss mit dem Satz:

> »Die Frage, ob heute schon der Zeitpunkt für die Sanierung unseres Unternehmens gekommen ist, scheint uns deshalb in bejahendem Sinne beantwortet werden zu sollen, weil ohne eine Sanierung eine Gesundung unseres Werkes unter den heutigen Verhältnissen kaum möglich erscheint. Daß die Weiterführung des Betriebes aber im Interesse der Gesellschafter liegt, dürfte aus den vorhergegangenen Ausführungen ersichtlich sein.«

Beim LZ dagegen fand man, angesichts der hohen Verluste des Maybach-Motorenbaus sollte das Lizenzabkommen mit Karl Maybach dahingehend geändert werden, dass dieser einen persönlichen Beitrag zur Sanierung des Unternehmens leistete.

Mitte April 1931 war die Geschäftslage schlechter denn je: teils wegen »wiederholter Rückschläge auf technischem Gebiet, hauptsächlich aber weil wir fast nur sogenannte Spitzenerzeugnisse herstellen. Es zeigt sich immer mehr, dass nicht nur in Deutschland, sondern in der ganzen Welt diejenige Käuferschicht, die sich teuere Spitzenerzeugnisse leisten kann, immer mehr zurückgeht.« Die Spekulation auf Gewinnerzielung durch die Herstellung kleinster Mengen von teuersten Autos war also durch die Weltwirtschaftskrise fehlgeschlagen – außerdem aber auch durch andere, selbst verschuldete Schwächen wie Konstruktionsmängel und hohe Reparaturkosten, die nun schon gar nicht mehr erwähnt wurden.

So verschleuderte man im April 1931 die Omnibusmotoren, von denen »noch über 300« auf Lager waren, »zu Preisen, die kaum mehr Material plus Produktions-Kosten decken«. Gleichzeitig müsse man unter hohen Kosten

[9] Mit »Beamte« bezeichnete man früher die Angestellten im Gegensatz zu den Arbeitern. Die leitenden Angestellten wurden »Oberbeamte« genannt. Ein Übergang zwischen zwei Verwaltungsgebäuden wurde beim Maybach-Motorenbau deshalb scherzhaft »Beamtenlaufbahn« genannt.

Abb. 9.54 Straßenreinigungsfahrzeug der Stadt Stettin mit Maybach-OS-5-Motor. Die Gasflasche unterhalb des Fahrerhauses zeigt, dass der Wagen wie viele Kommunalfahrzeuge Ende der dreißiger Jahre auf Flüssiggasbetrieb umgestellt worden war

»Vorsorge treffen, daß im Moment des Ausverkaufs dieser Motoren ein anderer Omnibusmotor einfach, robust, betriebssicher, konstruktiv in verschiedenen Stärken vorhanden ist, denn ohne das Omnibusgeschäft, in dem wir uns wenigstens bis zu einem gewissen Grade den Absatzmarkt erobert haben und weiter günstige Aussichten, auch im Ausland bestehen, werden wir niemals genügende Beschäftigungsmöglichkeiten haben. Ähnlich liegt es im Bootsmotoren-Geschäft.«

Ob der Dieselmotor sich auf Dauer durchsetzen würde, sei noch ungewiss. Der geringe Verkauf des Zwölfzylinder-Pkw brachte ständig »einen nicht unerheblichen Verlust«. Beim Eisenbahn-Triebwagenmotor werde »vielleicht das laufende Geschäftsjahr uns doch noch ein zufriedenstellendes Verkaufsgeschäft bringen«.

Am 22. August 1931 wies die Deutsche Bank- und Disconto-Gesellschaft darauf hin, dass das Kapital des Maybach-Motorenbaus aufgezehrt war und darüber hinaus »eine ungedeckte Unterbilanz« von 589.000 RM bestand. Sie sprach auch deutlich aus, dass das Unternehmen seit der Umstellung auf Goldmark Ende 1924 »in jedem Jahr einen erheblichen Verlust ausweisen musste – von 1925 bis 1930 insgesamt 3,9 Mill. RM«. 1928 habe man »durch energische Angleichung des Arbeiterstammes an die tatsächlichen Bedürfnisse« den Verlust um etwa 0,5 Mio. RM verringern können – und 1929 noch einmal um 15.000 RM. Dazu käme ein »Gesamtbestand der fremden Mittel« von 7,2 Mio. RM.

Abb. 9.55 Luftaufnahme des Maybach-Motorenbaus, um 1935. Vom Ende des Ersten Weltkrieges bis Anfang der vierziger Jahre gab es keine baulichen Veränderungen. *In der Bildmitte* die beiden 1919 gebauten Maybach-Wohnblöcke

Abb. 9.56 In den dreißiger Jahren stand der Name Maybach nicht nur für Hochleistungstriebwerke in Luftschiffen und schnellen Booten, sondern vor allem auch für luxuriös karossierte, aufwendig konstruierte Personenwagen mit starken, leistungsfähigen Motoren

»Als letzte Möglichkeit, das Unternehmen wenigstens in einen Zustand des Ausgleichs der Einnahmen mit den Ausgaben zu bringen, erscheint uns eine Drosselung der Ausgaben durch die rigorosesten Sparmaßnahmen.«

Man forderte die »Aufnahme einer festen Hypothek seitens der Gesellschaft oder ... Zuführung neuer Mittel durch die Muttergesellschaft«. Aber bereits vor der Aufnahme eines hypothekarisch gesicherten Darlehens verlangte man die Reduktion »der in Anspruch genommenen Kredite auf dasjenige Maß ..., welches angesichts der nahezu dauernd rückläufigen Entwicklung des Unternehmens sowohl vom Standpunkt des letzteren als vom Standpunkt der Bank aus tragbar erscheint«.

Doch in den Jahren 1931/32 geschah nichts mehr. In den folgenden Monaten wurden zwischen Februar und Anfang Mai 1932 sechs W-6-Fahrwerke verkauft und vier hergestellt. Am 9. Mai 1932 erschien es Maybach geboten, »eine neue Serie aufzulegen«. Eckener gestattete am 10. Mai die »Auflage von zehn W-6-Fahrwerken«. Man wusste, dass dies zwar Arbeit schaffen, aber auch die Verluste erhöhen würde. Im Juni 1932 bestellte die Belgische Staatsbahn 14 Triebwagen-Maschinenanlagen. Weitere Bestellungen aus Belgien, Luxemburg und Belgisch-Kongo auf Eil- und Schnelltriebwagen mit 410-PS-Dieselmotor standen in Aussicht. Erleichtert konnte der LZ am 6. Juli feststellen, »dass das bisherige Gesamtergebnis [beim Maybach-Motorenbau bis 31. Mai 1932] mit einem nur ganz geringen Verlust abschloss«. Allerdings hatten die Arbeiten an einem neuen Luftschiff-Dieselmotor für LZ 129 »Hindenburg« bisher 450.000 RM gekostet. Sie dürften »keinesfalls über den von uns angesetzten Höchstbetrag von 780.000 RM hinausgehen«. Die Sorge war umso berechtigter, als das Reich im Sommer 1932 vor dem Bankrott stand und der Reichsverkehrsminister keine Zuschüsse mehr für die Entwicklung dieses Luftschiffmotors aufbringen wollte. Er wollte am 25. Oktober erst einmal über das Gelingen der Entwicklung des Luftschiffmotors ein klares Urteil haben und verschob daher seine Entscheidung auf einen späteren Zeitpunkt.

Die große Zeit der Passagier-Luftschifffahrt

Abb. 9.57 Das Luftschiff LZ 127 »Graf Zeppelin« nach seiner Landung am 6. November 1928 in Friedrichshafen. *Hinter dem Luftschiff* die Werksanlagen des LZ, *rechts oben* das Zeppelindorf und *rechts unten* die Hallen des Maybach-Motorenbaus

Die Jahre von 1928 bis 1936 waren die große Zeit der Passagier-Luftschiffe. LZ 127 »Graf Zeppelin« (Abb. 9.56, 9.57, 9.58, 9.59, 9.60, 9.61, 9.63, 10.56), das »glückhafte Luftschiff«, und LZ 129 »Hindenburg« (Abb. 9.62), führten zuverlässig fahrplanmäßige Fahrten nach Nord- und Südamerika durch. Unvergessen bleibt auch die große Weltumfahrung des LZ 127 im Jahre 1929 und die Forschungsfahrt in die Arktis vom 24. bis 31. Juli 1931 (siehe Tafel 15.2). Das Reisen im Luftschiff dauerte zwar länger als in unseren heutigen Jets, ist ansonsten damit aber nicht zu vergleichen. Die Passagiere hatten geradezu luxuriös viel Platz. Sie konnten frei an Bord herumgehen, sich an einer gepflegten Gastronomie erfreuen und bei der im Vergleich zu heute niedrigen Fahrhöhe und Geschwindigkeit in Ruhe Landschaften und Meere betrachten.

Abb. 9.59 Eine der fünf Motorgondeln des LZ 127. In den Gondeln befanden sich vorn und hinten Öffnungen für die Zu- und Abfuhr der Kühlluft. Die Luftschrauben, als Druck-Propeller ausgebildet, erzeugten Schub. Jede dieser Gondeln war rund um die Uhr von einem Maschinisten besetzt. Tagsüber war alle zwei, nachts alle drei Stunden Wachablösung, wobei die Maschinisten über eine offene Leiter (*oben*) im Fahrtwind in und aus den Gondeln klettern mussten

Abb. 9.58 LZ 127 bei der Landung in Friedrichshafen, um 1930. Da das Schiff noch zu schwer ist und zum Durchsacken neigt, lässt es Wasserballast ab. *Im Hintergrund* sieht man die Gebäude des Maybach-Motorenbaus

Abb. 9.60 Am 29. August 1931 begann die LZ-Tochter DELAG einen regelmäßigen Luftschiff-Fahrdienst nach Südamerika. Bis 1937 startete »Graf Zeppelin« insgesamt 74-mal nach Rio de Janeiro. Das Bild zeigt LZ 127 vor der imposanten Kulisse des Zuckerhuts. Immer war das Luftschiff voll ausgebucht und stets kehrte es ohne Motorschaden zurück

Abb. 9.61 Was die Ausstattung an Bord anging, mussten sich die Betreiber der Luftschiffe an den Luxusdampfern orientieren. Auch wenn sie deren Komfort nie erreichen konnten, galt das Fahren im Luftschiff als die schönste Form des Reisens. Dieses Fahrvergnügen hatte allerdings seinen Preis: Die einfache Fahrt von Friedrichshafen nach Pernambuco kostete in der Hochsaison 1.550 RM; für die Weiterfahrt nach Rio waren noch einmal 400 RM aufzuwenden

Abb. 9.62 1936 wurde LZ 129 »Hindenburg« in Dienst gestellt. Die Dimensionen dieses Luftschiffes waren gigantisch: 245 m lang, 41,2 m Durchmesser, 200.000 m^3 Gasvolumen. Die maximale Geschwindigkeit lag bei 131 km/h. Die vier Antriebsmotoren kamen allerdings nicht mehr von Maybach: Aufgrund der Forderung des LZ nach einem Dieselmotor hatte Daimler-Benz einen solchen mit 772 kW (1.050 PS) entwickelt. Der Maybach-Motorenbau hatte ebenfalls mit der Entwicklung begonnen, musste sie dann aber einstellen, weil er mit den Dieselmotoren für die Triebwagen zu stark beschäftigt war. Es ist erwiesen, dass die Dieselmotoren an der Katastrophe von Lakehurst keine Schuld trugen (vgl. Abb. 4.37)

Abb. 9.63 Am 6. Mai 1940 kam das endgültige Aus für die Luftschifffahrt: Reichsmarschall Hermann Göring ließ die Luftschiffe LZ 127 und LZ 130 verschrotten und die beiden Hallen in Frankfurt a. M. sprengen. Dies hing mit dem am 10. Mai beginnenden Frankreichfeldzug zusammen: Der Flughafen Frankfurt wurde Einsatzflughafen für die Luftwaffe, die Luftschiffhallen standen im Weg. Außerdem stellten die Hallen einen Orientierungspunkt für feindliche Flugzeuge dar

10 Die Jahre der Aufrüstung 1933 bis 1939

Wilhelm Treue

10.1 Der Maybach-Motorenbau im Jahre 1933

Am 30. Januar übernahmen die Nationalsozialisten unter Adolf Hitler die Regierung (Abb. 10.1). Damit änderte sich vieles. Zwar hatte sich schon vorher in der Wirtschaft eine gewisse Trendwende angedeutet, doch es war augenfällig, dass es den Nationalsozialisten gelang, wirtschaftlichen Optimismus zu verbreiten. Diese Aufbruchsstimmung kam auch dem Maybach-Motorenbau zugute. Das Dritte Reich war zunächst auf die Revision des Versailler Vertrages sowie die Wiederherstellung der Wehrhoheit Deutschlands ausgerichtet. Hierfür bedurfte es der Aufrüstung. Mit ihr entsprach Hitler nicht nur dem Wunsch seiner unmittelbaren Anhänger, sondern breiter Teile der deutschen Bevölkerung, welche die Bestimmungen des Versailler Vertrages zutiefst ablehnte.[1] Zudem war die Erinnerung an die Besetzung des Ruhrgebietes durch Franzosen und Belgier im Jahre 1923 noch frisch.

Bereits zwei Monate nach Hitlers Machtergreifung legte Karl Maybach am 28. März 1933, als der Maybach-Motorenbau dem Bankrott nahe war, der Muttergesellschaft eine Denkschrift »betr. Erweiterung des Fabrikationsprogramms« vor. Darin hieß es, die Berliner Automobil-Ausstellung im Herbst 1932 habe »eklatant gezeigt«, dass während der letzten Jahre, in denen Karl Maybach immer größere Automobilmotoren entwickelt und teurere Wagen gebaut hatte, »in der Entwicklung des mittleren und kleinen Automobils sehr große Fortschritte gemacht wurden. Wollen wir uns aus dem Automobilgeschäft nicht ausschalten lassen, so müssen wir in allerkürzester Zeit ebenfalls mit einem erstklassigen mittelstarken Wagen herauskommen.«

Abb. 10.1 Reichspräsident Paul von Hindenburg und Adolf Hitler, damals gerade seit drei Monaten Reichskanzler, am 1. Mai 1933 in Berlin

[1] Diese Befürwortung einer starken »Wehrmacht« entsprang natürlich nicht dem konkreten Wunsch, die 1919/20 verloren gegangenen Gebiete unter Einsatz von Waffengewalt zurückerobern zu wollen. Vielmehr herrschte – unter den damaligen weltpolitischen Verhältnissen verständlich und damit weit verbreitet – die Ansicht vor, dass nur ein mit der nötigen Militärmacht ausgestattetes, starkes und souveränes Deutschland imstande sei, den »verloren gegangenen Platz in der Völkergemeinschaft« wieder einzunehmen (und damit auch möglicherweise die neuen Grenzen zu revidieren). Die Meinungen darüber, wie das auf diplomatischem Wege geschehen könnte, waren, je nach politischem Standort, außerordentlich diffus.

W. Treue (✉)
Göttingen, Deutschland
E-Mail: customerservice@springernature.com

E. Eckermann, W. Treue, S. Zima (Hrsg.), *Technikpionier Karl Maybach*, https://doi.org/10.1007/978-3-658-37065-7_10

Abb. 10.2 Automobil-Ausstellung Berlin 1933: *im Vordergrund* ein Maybach-Zwölfzylinder-Wagen, Typ »Zeppelin« DS 8 mit einer Stromlinienkarosserie von Spohn (s. a. Abb. 9.45), *rechts daneben* ein Schnelltriebwagen-Dieselmotor GO 5. Karl Maybach hatte bereits ein Jahr zuvor feststellen müssen, dass mit den großen Wagen allein kein Geschäft zu machen war. Man entschloss sich deshalb zum Bau eines kleineren Maybach-Wagens, der 1935 vorgestellt wurde

Der Maybach-Motorenbau hatte offensichtlich die technische Entwicklung bei der Konkurrenz ebenso wenig beachtet wie die des Marktes. Nun tat Karl Maybach so, als ob nicht er, sondern andere an diesem Fehler schuldig waren, und drängte in eine Richtung, die er selber stets für falsch gehalten hatte: Man könne die Fortsetzung der Automobilfabrikation und des Automobilverkaufs auf der gegenwärtigen Grundlage, also mit den großen Wagen allein, auf die Dauer nicht mehr verantworten. Bisher hatten Produktion und Verkauf großer Wagen einschließlich Schnellganggetriebe, Ersatzteilen und Reparaturen 46 bis 48 % des Gesamtumsatzes ausgemacht. Außerdem hatte man gerade größere Aufträge im Eisenbahntriebwagen-Motorengeschäft erhalten – doch das war in der Hauptsache ein Sondergeschäft mit Holland und, wie sich bald herausstellte, ein sehr schwieriges. Maybach zweifelte daran, dass das Triebwagengeschäft »allein in Zukunft für unser Werk ausreichende Beschäftigung bringen wird; jedenfalls regt sich bereits jetzt schon von allen Seiten die Konkurrenz mächtig« – ganz besonders die von MAN und Daimler-Benz.

Es erschien Maybach »nicht angängig« zu hoffen, dass das Geschäft mit Nutzfahrzeug-Motoren in kurzer Zeit schon einen ausreichenden Ausgleich für einen eventuellen Fortfall des Wagengeschäftes bieten könne. Auch hier hatte man den Markt offenbar nicht sorgfältig genug beobachtet. Nun musste Maybach feststellen, »dass wir zur Zeit aus dem früher noch erheblichen Nutzfahrzeugmotorengeschäft so ziemlich ausgeschaltet sind«. Erst auf der Berliner Automobil-Ausstellung (Abb. 10.2) hatte sich für Maybach »klar gezeigt, dass die Nutzfahrzeug-Fabriken inzwischen allgemein zur Verwendung von Dieselmotoren übergegangen sind«. Er nannte Faun, Büssing, Magirus, die Berliner Verkehrs AG, teilweise auch die Post und deren Lieferanten Daimler-Benz, Henschel, Krupp sowie viele ausländische Firmen und fuhr fort:

> »Leider war es uns nicht möglich, so rechtzeitig mit Fahrzeug-Dieselmotoren auf dem Markt zu erscheinen, daß man wenigstens bei dem einen oder anderen unserer früheren Abnehmer den Einbau nicht von uns stammender Fahrzeug-Dieselmotoren bzw. die Aufnahme des Dieselmotorenbaues hätte verhindern können. Es wird jetzt für uns sehr schwierig sein, unsere alten Abnehmer dazu zu bringen …, einen Fahrzeug-Dieselmotor unseres Fabrikates zu verwenden.«

Eben hatte er jedoch festgestellt, dass man gar keinen konkurrenzfähigen Dieselmotor für Nutzfahrzeuge anbieten konnte, und auch jetzt fügte er hinzu, er sei der Meinung, dass man 40-PS-, 60-PS- und 100-PS-Fahrzeug-Dieselmotoren mit allen Mitteln und so rasch wie möglich weiterentwickeln müsse, »wenn wir unseren Ruf als Motorenfabrik beibehalten und die verlorene Position wieder gewinnen wol-

Abb. 10.3 Präzisionsarbeit! Aufmerksam verfolgt der Facharbeiter die Bearbeitung einer Nockenwelle auf der Nockenwellen-Drehmaschine (etwa 1935)

Abb. 10.4 Im Ausbesserungswerk Haarlem der Niederländischen Staatsbahn werden Wartungs- und Reparaturarbeiten an GO-5-Motoren der dieselelektrischen Triebwagen vorgenommen. Wie die Deutsche Reichsbahn richteten auch ausländische Bahngesellschaften Ausbesserungswerkstätten für die Triebwagen und deren Antriebsanlagen ein

len«. Und schließlich sei die »raschestmögliche Entwicklung des Luftschiffmotors« nötig. Eine Anlage zu dieser Denkschrift schloss mit dem Satz: »Die Zeiten der ganz großen Luxuswagen scheinen wohl, zum mindesten auf Jahre hinaus, vorbei zu sein, und man wird es nicht verantworten können, eine allein für den Absatz von etwa 200 großen Luxuswagen [pro Jahr] vorgesehene Verkaufsorganisation auf die Dauer aufrechtzuerhalten« (Abb. 9.22 und 10.5).

Ein kaufmännischer Bericht von Direktor Julius Bernhardt über das erste Vierteljahr 1933 unterstrich, dass die Bestellungen der Niederländischen Eisenbahn über 80 Triebwagenanlagen bzw. Teile dazu und der Deutschen Reichsbahn über etwa 40 Triebwagen-Motoren als »außerordentliche, nicht als laufende Aufträge« zu bewerten seien. Es bestehe durchaus »die Gefahr, dass weitere Aufträge ausbleiben, wenn es uns nicht gelingt, raschestens die noch bestehenden Kurbelwellen- und Lagerschwierigkeiten« (Abb. 10.3) bei den Triebwagen-Motoren zu beseitigen. Diese Gefahr darf absolut nicht unterschätzt werden. Die Konkurrenz arbeitet mit allen Mitteln gegen uns: Überall, auch in den USA, kenne man »die unliebsamen Vorkommnisse bei den in Betrieb befindlichen Triebwagen-Motoren ...«

Der für die Entwicklung der Triebwagen-Dieselmotoren zuständige Dipl.-Ing. Richard Lang schrieb später in der »Werkzeitschrift der Zeppelin-Betriebe«, es sei unvermeidlich, »dass bei Triebwagenentwicklungen in aller Öffentlichkeit Schwierigkeiten auftreten. Bei dem ersten Auftrag in Holland war die Lage dadurch noch besonders erschwert, dass wir uns nicht im eigenen Land, sondern im Ausland befanden, wo es gar nicht möglich war, die internationalen Fachkreise von den Vorkommnissen fernzuhalten ...« Diese Schwierigkeiten mit den Triebwagenmotoren rührten jedoch zum Teil auch daher, dass die Bahngesellschaften und deren an die robuste und zu dieser Zeit bereits ausgereifte Dampftechnik gewöhntes Personal sich erst in die komplizierte und vergleichsweise empfindliche Motorentechnik hineinfinden mussten (Abb. 10.4). Erfahrungen mit den Motoren mussten gewonnen, die Einflüsse der Fahrzeugbauteile, z. B. Schwingungen, auf die Motoren überhaupt erst erkannt werden. Da die Erprobung der neuen Fahrzeuge im planmäßigen Fahrdienst – also öffentlich – erfolgte, machten sich Störungen und Schäden besonders auffällig bemerkbar.[2]

Weiter heißt es in dem oben angeführten Bericht über das erste Vierteljahr 1933, dass sich der im Auftrag des Reichsverkehrsministeriums in der Entwicklung begriffene 735-kW-(1.000-PS-)Luftschiffmotor »erst im Vorstadium der Konstruktion« befinde, dieses habe aber bereits 600.000 RM der bewilligten Mittel von 780.000 RM verbraucht. Man mache sich große Sorgen um die weiteren Entwicklungskosten, »damit es uns nicht jetzt wie seinerzeit« geht, als die Marine 350.000 RM für die Entwicklung eines Dieselmotors bewilligt hatte und diese aufgebraucht waren, »bevor von diesen Marinemotoren etwas zu sehen war«. Wahrscheinlich werde die Entwicklung des Luftschiffmotors weit über 1 Mio. RM kosten.

Schließlich kam Bernhardt zu dem Ergebnis, es müsse beim Maybach-Motorenbau entschieden schneller gearbeitet werden, da sonst die Entwicklungskosten zu hoch würden. Die bekannten Schwächen der Geschäftsführung wurden noch dadurch verstärkt, dass Karl Maybach und sein kaufmännischer Direktor Julius Bernhardt außerordentlich schlecht miteinander auskamen. Manche Spitze und Unfreundlichkeit in den Berichten und Memoranden muss sicher unter diesem Aspekt gesehen werden.

[2] Daran hat sich bis heute nichts geändert, wenn man an die Einführung neuer Eisenbahnsysteme in unserer Zeit denkt.

Abb. 10.5 Dr. Hugo Eckener (*rechts*) mit seinem Dienstwagen, einem Maybach »Zeppelin«, vor der Luftschiffhalle in Friedrichshafen (*links* der Ankermast). Eckener war als Chef des gesamten LZ-Konzerns auch Maybachs Vorgesetzter. Er schätzte diesen als Konstrukteur und hielt auch in der wirtschaftlich schwierigen Zeit der Weimarer Republik zu ihm, obwohl der Maybach-Motorenbau einige Jahre mit Verlust arbeitete

Natürlich fand Maybach in seiner Erwiderung vom 12. Juli 1933 zur Widerlegung aller Beanstandungen plausible Erklärungen. Aber die anschließende schriftliche Auseinandersetzung der kaufmännischen mit der technischen Abteilung führte dann doch zu dem Ergebnis, dass die Techniker unter Maybachs Führung zu viel Zeit brauchten und sich um Kosten und Preise, Kunden und Leistungen der Konkurrenz nicht genügend kümmerten.

10.2 In der Frühzeit des Nationalsozialismus

Auf der Höhe der Wirtschaftskrise in Deutschland, in den Jahren 1931/32, war der Maybach-Motorenbau als selbstständiges Unternehmen, nicht zuletzt durch seine unzeitgemäße Modellpolitik, durch die hohen Kosten für die technisch aufwendigen Entwicklungen und durch »Management«-Fehler, theoretisch zusammengebrochen. Als 80-prozentige Tochter des Luftschiffbau-Zeppelin-Konzerns wurde er von der Konzernmutter mühsam am Leben erhalten. Es stellt sich die Frage, welche Motive den LZ bewogen haben mögen, den Maybach-Motorenbau trotz dessen desolater finanzieller Lage zu stützen und zu erhalten. Billiger wäre zweifellos eine Liquidation gewesen. War es Verständnis für die immensen technischen Schwierigkeiten, mit denen der »Motorenbau« konfrontiert wurde? War es das Wissen um die Problematik technisch anspruchsvoller Entwicklungen, die erst nach vielen Experimenten und manchen Rückschlägen auch in wirtschaftlicher Hinsicht gute Ergebnisse bringen konnten (damit war der LZ von seiner eigenen Tätigkeit her vertraut)? War es Respekt vor den beiden großen Ingenieuren Wilhelm und Karl Maybach? Oder war es ein Gefühl sozialer Verantwortung gegenüber dem MM, der in der damals noch industriearmen Bodenseeregion einen wichtigen Wirtschaftsfaktor bildete? Wahrscheinlich spielten alle diese Momente zusammen. Jedenfalls hat sich die Entscheidung des LZ für den MM als richtig erwiesen, sowohl im Hinblick auf die Technik als auch für die wirtschaftliche Entwicklung Friedrichshafens.

Seit wann Maybach und die Konzernleitung hofften, die seit den späten zwanziger Jahren entwickelten Sechs- und Zwölfzylinder-Ottomotoren mit 74 bis 148 kW (100 bis 200 PS) für Omnibusse später einmal »für Heereszwecke, insbesondere Panzerwagen« weiterentwickeln zu können, ist nicht genau festzustellen. In einer Aufzeichnung vom 25. Oktober 1940 heißt es hierzu:

»Diese Entwicklung konnte man vor der Machtergreifung nur aus den Anforderungen entnehmen, welche von ausländischen Stellen gestellt wurden, die den Motor mit Kühlanlage zu erhalten wünschten. Interesse oder gar Aufträge seitens des deutschen Heeres waren damals ausgeschlossen, da der Bau solcher Fahrzeuge vor der Machtergreifung verboten war. Nach der Machtergreifung hatte die Firma auf Grund dieser früheren Überlegungen und Vorarbeiten Baumuster zur Verfügung, die diesem Sonderzweck von allen in Deutschland bis dahin gebauten Motoren am besten entsprachen und ... an der Spitze standen. Die von der Firma in den Jahren vor der Machtergreifung unter großen finanziellen Opfern entwickelten derartigen schnelllaufenden Otto-Motoren bildeten den Grundstock für eine Weiterentwicklung, die dann erst nach der Machtergreifung Unterstützung durch das Heer fand.«[3]

Daher intensivierte man alsbald nach der »Machtergreifung« Hitlers am 30. Januar 1933 die Beziehungen zur Reichswehr und zur neuen Regierung (Abb. 10.6). In einem längeren Manuskript über »Entstehung und Werdegang der Maybach-Motorenbau GmbH« anlässlich des 25-jährigen Firmenjubiläums Anfang 1934 heißt es nach der Aufzählung der Luftschiff-, Flugzeug-, Automobil-, Boots- und Triebwagen-Motoren, die in einem Vierteljahrhundert entwickelt und ständig verbessert, insbesondere mit größerer Leistung versehen worden waren: »In den letzten Monaten wurden ... die Entwicklung und Versuche mit schnelllaufenden Diesel-Fahrzeugmotoren von 120, 80 und 60 PS mit 6, 4 und 3 Zylindern abgeschlossen, sodass diese demnächst für Lastwagen, Boote, Omnibusse auf den Markt kommen werden.« Die gleichzeitige Entwicklung verschiedener ganz neuartiger Produkte seit Kriegsende habe bedeutende finanzielle Mittel in Anspruch genommen, was bis vor Kurzem die Bewegungsfreiheit des Maybach-Motorenbaus bis zu einem gewissen Maße beengt habe. »Nachdem sich aber heute nicht nur die Deutsche Reichsbahn, sondern auch eine große Anzahl ausländischer Bahnen fast gleichzeitig auf Triebwagen höherer Leistung einstellen, findet namentlich der neu entwickelte 410-PS-Triebwagen-Motor sehr guten Absatz« (Abb. 10.7). Dazu kamen neue Benzin- und Dieselmotoren-Typen, sodass »die durch diese Fabrikate gegebenen Liefermöglichkeiten der letzten Zeit« dazu geführt hätten, dass der »Maybach-Motorenbau von der vorübergehenden Bankkreditbelastung sich schon jetzt freimachen konnte«. Auch von in Vorbereitung und Versuch befindlichen, noch stärkeren Typen war die Rede.

Für den Historiker ergeben sich aus dieser Darstellung einige wichtige Fragen. In den Jahren 1929/32 geriet der Maybach-Motorenbau in immer größere Schwierigkeiten, sodass die Banken unruhig wurden und die Muttergesellschaft über

Abb. 10.6 Die politischen Vertreter des späteren »Großen Auftraggebers« des Maybach-Motorenbaus: das Kabinett Hitler nach dessen Ernennung zum Reichskanzler. *Von links nach rechts*: Lammers, Darré, Franz Seldte, Franz Gürtner, Dr. Joseph Goebbels, Paul Freiherr von Eltz-Rübenach, Adolf Hitler, Hermann Göring, (unbekannt), Generalleutnant Werner von Blomberg, Wilhelm Frick, Konstantin Freiherr von Neurath, Hjalmar Schacht, Lutz Graf Schwerin von Krosigk. *Rechts außen*: Meissner, daneben Franz von Papen; halb verdeckt: Popitz

Abb. 10.7 Die Bewährung der Triebwagen im fahrplanmäßigen Betrieb veranlasste die Deutsche Reichsbahn, das Triebwagennetz zügig auszubauen. Ein Eiltriebwagenzug in Mehrfachtraktion, ausgerüstet mit Maybach-GO-5-Dieselmotoren, überquert die Dresdner Elbbrücke (1937)

Entlassungen und Einschränkungen sowie über die Heranziehung von Karl Maybachs Lizenzeinnahmen hinaus eine radikale Lösung bedenken musste. Aus diesen Jahren – in denen der Vertrag von Versailles noch gültig war – findet der Historiker kein Wort, nicht einen einzigen Satz in einer der vielen Erklärungen und Rechtfertigungen von Karl Maybach, dass ein großer Teil der Verluste der Tochtergesellschaft auf der politischen Spekulation beruhte, man werde demnächst durch die Beteiligung an der Wiederaufrüstung in eine große Konjunktur geraten. Es ist zudem kaum anzunehmen, dass man im »Motorenbau« politisch so weit dachte,

[3] Die spätere Erklärung Karl Maybachs, man habe den Motor des Luxuswagens über die Möglichkeiten des zivilen Automobilbaus hinaus »für die Verwendung in Heeresfahrzeugen aller Art« entwickelt, muss man zeitbedingt sehen. Tatsächlich waren die leistungsstarken Ottomotoren ursprünglich für rein zivile Zwecke entwickelt worden. Die militärischen Varianten wurden erst später davon abgeleitet.

um sich eine Vorstellung von dem Ausmaß auch nur einer »normalen« Rüstungsmodernisierung eines 100.000-Mann-Heeres und etwa dessen Verdoppelung zu machen. Auch aufseiten der »Mutter«, bei Eckener persönlich, findet man keine entsprechenden Überlegungen. Und nun, 1933/34, schrieb man plötzlich beim Maybach-Motorenbau unwidersprochen, seit Jahren habe man – offensichtlich heimlich und entgegen allen Berichten und Besprechungen – unter hohen Verlusten und Schulden auf eben diese Zukunft hingearbeitet, die nun im Begriff war, Gegenwart zu werden. Weiter heißt es:

> »Durch diese zahlreichen durchgeführten Entwicklungsarbeiten verfügt der Maybach-Motorenbau über einen umfänglichen Stab von besonders erfahrenen Fachleuten, Konstrukteuren, Versuchsingenieuren und anderen Spezialisten, wodurch es dem Maybach-Motorenbau möglich ist, Neuentwicklungen in der jeweils kürzest möglichen Zeit durchzuführen und mit seinen Produkten nicht nur an der Spitze zu bleiben, sondern einen gewissen Vorsprung zu behalten.«

Noch vor wenigen Monaten hatte man der Konzernabteilung des LZ gegenüber die ständigen Entlassungen und Arbeitszeitverkürzungen bei gleichzeitiger Leistungssteigerung unterstrichen. Nun verwies man auf den »umfangreichen Stab«, den man erhalten hatte. War das eine übertrieben oder das andere – oder beides richtig? Das Manuskript, aus dem hier zitiert wird, war vermutlich für die Veröffentlichung gedacht. Wollte man sich damit bei den künftigen militärischen Auftraggebern einen Vorsprung vor der Konkurrenz verschaffen, ohne es mit der Wahrheit allzu genau zu nehmen?

Neben solchen dem Zeitgeist entsprechenden Manuskripten gab es im Jahre 1933 natürlich auch die üblichen Berichte und Korrespondenzen zwischen Tochter- und Muttergesellschaft. Da war in einem Bericht »betr. Erweiterung des Fabrikationsprogramms« vom 28. März 1933 recht pessimistisch die Rede davon, dass es »bei den derzeitig und wohl noch länger bestehenden geringen Absatzmöglichkeiten für große Wagen« ausgeschlossen sei, »dieses Geschäft allein ohne große Verluste weiterzuführen«. Man müsse mittlere und kleinere Wagen bauen. Man dürfe nicht glauben, »dass das Geschäft in Nutzfahrzeugmotoren allein in kurzer Zeit schon einen ausreichenden Ausgleich für einen eventuellen Fortfall des Wagengeschäfts« bringen werde. So ging es weiter: auf sechs Seiten nicht ein Wort über das zu erhoffende Aufrüstungsgeschäft.

Schließlich kam es zu einer heftigen Auseinandersetzung über einen »internen kaufmännischen Bericht« über das Jahr 1933, die sich bis weit in das Jahr 1934 hinzog und erst Ende Januar 1935 in einem »allgemeinen Bericht« eine Art Abschluss fand. Der besagte interne kaufmännische Bericht vom 6. Januar 1934 begann mit der Feststellung:

> »Bei Beginn des Jahres 1933 hatten wir Veranlassung, recht hoffnungsvoll in die Zukunft zu blicken, standen uns doch große Aufträge auf Diesel-Triebwagen aus Holland Abb. 10.8 und 10.9) und dem sonstigen Ausland sowie seitens der Deutschen Reichsbahn in Aussicht, die eine volle Beschäftigung unseres Betriebes fast für das ganze Jahr 1933 und einen schönen Gewinn erwarten ließen.«

Abb. 10.8 Einbau von Maybach-GO-6-Motoren in einen Triebwagen der Niederländischen Staatsbahn bei der Firma Werkspoor in Holland, um 1938. Bei diesen Motoren handelt es sich um die ersten schnelllaufenden Dieselmotoren großer Leistung mit Abgasturboaufladung. Die Motoren mit den Generatoren wurden hier nicht wie bei den Triebwagen der Deutschen Reichsbahn im Drehgestell, sondern im Wagenkasten eingebaut

Dann seien »technische Schwierigkeiten konstruktiver Art von solchen Auswirkungen« aufgetreten, »dass unsere Berechnungen vollständig über den Haufen geworfen wurden und wir noch froh sein können, wenn es möglich ist, das Jahr 1933 ohne Verluste abzuschließen«. Der Kernsatz lautete: »Die Kosten für Entwicklungsarbeiten, Konstruktionsänderungen, Garantiearbeiten und dergleichen sind … so hoch, dass sie uns einfach auffressen … « Die Entwicklungskosten seien gegenüber dem Vorjahr »um nicht weniger als ca. 40 % gestiegen«.

Die praktische Erprobung musste, wie bereits bemerkt, größtenteils beim Kunden stattfinden, da die erforderliche Vorauserprobung im Werk bzw. auf der Schiene finanziell überhaupt nicht tragbar gewesen wäre. Dazu noch einmal Richard Lang:

Abb. 10.9 Der abgasturboaufgeladene Maybach-Motor GO 6 mit Servoregler für Vielfach-Zugsteuerung. Wenn bei größerem Platzbedarf mehrere Triebwagen zu einer Zugeinheit zusammengekuppelt wurden, mussten die Triebwagen vom vordersten Fahrstand aus bedient werden können. Dies ermöglichte die Vielfach-Zugsteuerung, die der Maybach-Motorenbau zusammen mit der Reichsbahn entwickelt hatte. Direkteinspritzender V-Zwölfzylinder; Bohrung × Hub: 160 mm × 200 mm, 441 kW (600 PS) bei 1400 min^{-1}, Hubraum 48.230 cm^3

Abb. 10.10 Um den Luftwiderstand zu verringern, entwickelte der Maybach-Motorenbau mit dem Luftschiffbau Zeppelin anhand von Modellen die entsprechenden Triebwagenformen im umgebauten Windkanal des LZ

»Auch an diesen ersten Schnelltriebwagen [Anm. d. Verf.: Es handelte sich um den ›Fliegenden Hamburger‹, Abb. 10.10 und 10.11] mussten wir schwere und kostspielige Entwicklungsarbeit leisten. Es war ein Fehler, daß nur ein einziges derartiges Fahrzeug bestellt worden war ... Mancher kann nicht verstehen, daß man die Erprobung von solchen Triebwagen nicht soweit durchführt, daß nach der Inbetriebnahme schwere Rückschläge nicht mehr vorkommen können ... Bei Triebwagen ist es ganz ausgeschlossen, reine Erprobungsfahrten mit entsprechender Ausdehnung durchzuführen. Wenn es uns gelang, unsere Probefahrten bis zu 10.000 km für einen neuen Triebwagen durchzuführen, so war damit das Äußerste erreicht, was mit Rücksicht auf die Kosten und mit Rücksicht auf die Freihaltung der Versuchsstrecke erreicht werden konnte ...«

Es waren also technische Probleme, deren Lösung den finanzschwachen Maybach-Motorenbau bis an die Grenze seiner Leistungsfähigkeit und noch darüber hinaus belasteten. Jene hatten unter anderem eine längere »Zahlungssperre« der Niederländischen Eisenbahn verursacht.

Wo ein Markt bestand, etwa bei Fahrzeug-Dieselmotoren, da standen diese nicht zur Verfügung: Die Entwicklung der Triebwagen-Dieselmotoren (Abb. 10.12) lastete die Entwicklungskapazitäten des Maybach-Motorenbaus so aus, dass die Dieselmotoren-Entwicklung für Nutzkraftwagen nicht mit dem nötigen Nachdruck betrieben werden konnte. Im internen kaufmännischen Bericht vom 6. Januar 1934 heißt es, dass es zwar seit der zweiten Hälfte des Berichtsjahres ein »Arbeitsbeschaffungsprogramm der deutschen Reichsregierung« mit von der Deutschen Reichsbahn und der Reichspost vergebenen großen Aufträgen für Omnibusse gebe, der Maybach-Motorenbau aber von einer Angebotsabgabe habe Abstand nehmen müssen, »weil die technische[!] Leitung dem Bau der jetzt in der Entwicklung befindlichen Fahrzeug-Dieselmotoren leider viel zu spät zustimmte«. Zwei Jahre nach dem Beschluss, den Dieselmotortyp FD 88 zu bauen, bestünde »im günstigsten Falle Liefermöglichkeit« in der zweiten Jahreshälfte 1934. Es bestehe »weiter die Gefahr, dass wir auch bei den großen Frühjahrsbeschaffungen im Jahre 1934 der Deutschen Reichsbahngesellschaft und der Deutschen Reichspost wiederum wegen Unmöglichkeit einer Angebotsabgabe ausscheiden und damit *vielleicht für immer*. Denn es wird für uns, die wir keine kompletten Fahrzeuge liefern, mit der Zeit immer schwerer werden, mit Fahrzeug-Dieselmotoren noch

Abb. 10.11 Das Ergebnis der Windkanal-Versuche ist am Schnelltriebzug VT 877 »Fliegender Hamburger« zu sehen, hier im Bahnhof Hamburg-Altona. Dank seiner strömungsgünstigen Form konnte dieser »ICE der dreißiger Jahre« die Strecke Hamburg-Berlin mit einer mittleren Geschwindigkeit von 125 km/h und Höchstgeschwindigkeiten von bis zu 160 km/h zurücklegen

Fuß zu fassen, wenn alle Fahrzeugfabriken längst selbst über eigene Motoren verfügen ... «

Zum ersten Mal wurde damals ein Geschäft mit der Reichsmarine erwähnt. Diese schien Absatzchancen zu bieten; aber die vom Maybach-Motorenbau bisher gelieferten großen Bootsmotoren hatten »fortwährend Betriebsstörungen« oder befanden sich wegen Verspätung der Lieferung »zur Zeit bereits wieder zur Modernisierung auf *unsere* Kosten im Werk«.

Das Ergebnis war, dass der bereits erwähnte allgemeine Bericht über das Jahr 1933, der erst am 23. Januar 1935 vorgelegt wurde, feststellte, dass »der Umsatz in Fertigfabrikaten auf dem freien Markt monatlich im Durchschnitt auf nur rund RM 165.000 gelangt« und »in dieser Höhe naturgemäß ganz ungenügend« war. Mit anderen Worten: Seit 1933 lebte der Maybach-Motorenbau bereits ohne große »Aufrüstung« nicht mehr vom freien Markt, sondern von Staatsaufträgen verschiedener Art. Der Bericht fuhr fort, es sei nach den im Jahre 1934 erreichten Umsätzen »anzunehmen, dass auch im Jahre 1935 die Umsätze aus Behörden-Geschäften einschließlich Reichsbahn den Hauptteil bilden. Jedenfalls ist die Voraussetzung hierzu in dem zu Beginn des Jahres 1935 vorhanden gewesenen Auftragsbestand, der sich in allen Erzeugnissen ... auf insgesamt 8.477.526 RM stellt, gegeben«.[4] Das bedeutete, dass Anfang 1935 Reichsbahn und »Spezial«-Auftraggeber mit Aufträgen in Höhe von 7,6 Mio. RM den Maybach-Motorenbau »bis zum Spätfrühjahr« am Leben erhielten.

Inzwischen waren neue Spezialaufträge eingegangen: über 690 Spezialfahrzeug-Motoren im Wert von 3,8 Mio. RM. Ein neuer Personenwagen, Typ SW 35, sollte im zweiten Halbjahr 1935 in 60 Exemplaren zum Endpreis in Höhe von je 16.500 RM abgesetzt werden.

Das Jahr 1934 bildete gewissermaßen noch ein normales Aufbaujahr. Die Privatwirtschaft erholte sich allmählich von der Weltwirtschaftskrise und stellte sich vorsichtig darauf ein, dass Hitler und seine Nationalsozialistische Deutsche Arbeiterpartei entgegen den Erwartungen vieler Menschen eine Dauererscheinung sein würden. Für die Wirtschaft des Reiches liefen die beiden ersten Vierjahrespläne an, welche hauptsächlich die Land- und die Bauwirtschaft betrafen und dort Arbeit und Erträge schufen. Im Hintergrund aber berei-

[4] Davon entfielen 6,1 Mio. RM auf Reichsbahnaufträge, 1,5 Mio. RM auf sogenannte »Spezialaufträge« (der Reichswehr?), 0,6 Mio. RM auf Auslandsaufträge und nur 0,3 Mio. RM auf »sonstige Inlandsaufträge«.

Abb. 10.12 GO-5-Motoren für Schnelltriebwagen vor dem Versand, um 1935. Karl Maybach und sein Mitarbeiter Dipl.-Ing. Richard Lang trugen mit ihren Ingenieurleistungen auf dem Gebiet schnelllaufender Dieselmotoren entscheidend dazu bei, dass die Deutsche Reichsbahn in den dreißiger Jahren ein Schnellbahnnetz einrichten konnte, das in der ganzen Welt als vorbildlich galt

Abb. 10.13 Reichswehrminister Generalleutnant Werner von Blomberg im Gespräch mit Reichskanzler Adolf Hitler und Vizekanzler Franz von Papen am »Tag von Potsdam«, 1933. Knapp ein Jahr später begann die Reichswehrführung auf Veranlassung der Nationalsozialisten mit den Vorbereitungen einer massiven Aufrüstung, bei welcher der »Motorenbau« eine bedeutende Rolle spielen sollte

Abb. 10.14 Der Nutzfahrzeug-Hersteller Magirus fertigte für sein Programm W-2-Motoren in Lizenz. Darüber hinaus wurden Magirus-Nkw auch mit anderen Motortypen von Maybach ausgerüstet, wie diese Feuerwehrfahrzeuge. Um ein solches »Fahrzeug« ging es auch, als beim MM vermutlich die Reichswehr im Januar 1934 die Entwicklung eines Ottomotors größerer Leistung ins Spiel brachte

tete man auch bei der Reichswehr die Aufrüstung vor. Bis Ende 1933 verhielt sich das zuständige Ministerium vorsichtig und zurückhaltend, begann dann aber Anfang 1934 Forderungen zu stellen. Schließlich waren aus dem Reichswehrminister und seinem Ministerium ein Reichskriegsminister von Blomberg und sein Reichskriegsministerium geworden (Abb. 10.13 und 10.15). Diesen Wechsel empfand und vertrat sehr schnell jeder Beamte in dieser Behörde.

Auch beim Maybach-Motorenbau verspürte man diesen Wechsel, sodass man nun wirklich zu hoffen begann, dass gegen Ende des Jahres alle alten Schulden abgedeckt sein würden. Bei einer Besprechung der Geschäftsführung am 8. Januar 1934 stand noch ganz das Triebwagen-Motoren-Geschäft im Vordergrund.

Aber bei einer entsprechenden Sitzung vier Tage später, also am 12. Januar 1934, stand letztlich der »neue Wagen« mit einem 66,5-kW-(90-PS-)Motor an der Spitze, dessen Entwicklung bis zur Reife für die »Schnellbahnen«, also Hitlers Reichsautobahnen, viel Zeit und Geld in Anspruch

Abb. 10.15 Drei der militärischen Vertreter des »Großen Auftraggebers«: *links* (*zu Pferde*) Generaloberst Werner Freiherr von Fritsch, von 1935 bis zu seiner Absetzung aufgrund einer Verleumdung 1938 Oberbefehlshaber des Heeres; *ganz links*: Generaloberst Heinz Guderian. *Rechts*: General Walter von Brauchitsch, OBH von 1938 bis 1941

nehmen würde. Am gleichen Tag begann die Vorbereitung auf die Berliner Automobil-Ausstellung im März 1934. Zugleich wurde der Berliner Vertreter von Maybach, Felix Zabel (Abb. 10.17), aufgefordert, »sich zu erkundigen, ob eine Möglichkeit besteht, zu erreichen, dass auch wir in der Studiengesellschaft für Schwerölmotoren vertreten sind«. Das waren die ersten Worte über das erhoffte Dieselmotoren-Geschäft mit der Reichswehr: Man war dabei, einen 88-kW-(120-PS-)Motor zu entwickeln. Am 23. Januar 1934 war außerdem die Rede von einem Feuerwehrfahrzeug (Abb. 10.14) mit einem 184-kW-(250-PS-)Benzinmotor, wobei der Interessent nicht genannt wurde. An den Rand des Berichtes über diese Sitzung notierte ein Teilnehmer »!?«. Am Tag darauf wurde die Möglichkeit der Entwicklung eines Dieselflugmotors erwähnt, worauf der kaufmännische Direktor Bernhardt erklärte, »dass die Aufnahme dieser Entwicklung nicht zu verantworten sei, solange die Entwicklung des Luftschiffmotors nicht abgeschlossen ist, so sehr ich es auch bedauere, eventuelle Flugmotorenaufträge nicht zu bekommen«. Bei dem erwähnten Luftschiffmotor handelte es sich um den 735-kW-(1.000-PS-)Dieselmotor GO 7 für LZ 129 »Hindenburg«, dessen Entwicklung man jedoch bald einstellte.

10.3 Der »Große Auftraggeber« tritt auf den Plan

Vier Wochen später, am 21. Februar 1934, erwähnte Karl Maybach zum ersten Mal, dass Zabel in Berlin »mit Herrn Major Streich« über die Entwicklung eines 220-kW-(300-PS-)Vergasermotors für »Tankwagen« gesprochen[5] und dieser erklärt hatte, ein solcher »sei ebenso wichtig wie die Entwicklung von Flugmotoren«. Spätestens mit diesem Satz begann in aller Form und schriftlich fixiert die Beteiligung des Maybach-Motorenbaus an der Aufrüstung. Zabel teilte mit, »dass mit mehreren hundert Motoren pro Jahr zu rechnen ist«. Bisher sei es beim Reichswehrministerium (RWM) allerdings immer bei ganz kleinen Stückzahlen geblieben. Jetzt sei anzunehmen, »dass es zu Aufträgen komme«. Wenige Tage später forderte das RWM ein Preisangebot für drei bis sechs Motoren an. Karl Maybach rechnete mit 190.000 RM für drei und 220.000 RM für sechs Motoren. Im März bestellte das RWM prinzipiell drei, vielleicht sechs, »evtl. auch neun Motoren«.

[5] Bei dem besagten »Tankwagen« handelte es sich um einen Panzerkampfwagen (Abb. 10.16). Die damals verbreitete und z. T. heute noch geläufige Bezeichnung »Tank« für ein voll gepanzertes Fahrzeug mit Kettenfahrgestell über die gesamte Länge des Fahrzeugs stammte aus der Zeit des Ersten Weltkrieges, als in Großbritannien unter diesem Tarnnamen der erste fronteinsatzfähige Kampfpanzer entwickelt wurde.

Abb. 10.16 Auf dem Gebiet der Kettenfahrzeuge kam es zu einer engen Zusammenarbeit des Maybach-Motorenbaus mit Dipl.-Ing. Ernst Kniepkamp vom Heereswaffenamt in Berlin, der bereits 1932 Konstruktionsforderungen für künftige Panzer und Halbketten-Zugmaschinen erarbeitet hatte und bis 1945 selbst etwa 50 Patente auf diesem Gebiet anmeldete (vgl. auch Abschn. 4.5 Fußnote 6). Das Bild zeigt Kniepkamp (*rechts*) zusammen mit dem Leiter der Panzermotorenerprobung beim Maybach-Motorenbau, Dipl.-Ing. Markus von Kienlin (*links*), und Dipl.-Ing. Carl Böttner, Karl Maybachs Assistent, bei einer Fahrzeugerprobung auf der »Panzerwiese« am Gehrenberg

Diese künftigen Geschäfte wurden von Tag zu Tag wichtiger: Denn die Maybach-Pkw galten nun in Erwartung des Autobahnbaus bereits als veraltet. Die kaufmännische Abteilung erklärte am 5. März 1934, dass die Privatwirtschaft modernere Wagen, z. B. mit Schwingachsen, verlange, und fuhr fort:

> »Auch bei Behördengeschäften, mit denen bei der autofreundlichen Einstellung unserer Regierung zu rechnen ist, dürften wir mit der Zeit so gut wie ganz ausscheiden, wenn wir nicht in der Lage sind, einen geeigneten mittleren Wagen der Mittelpreisklasse von hoher Leistung, unbedingter Zuverlässigkeit und mit einer modernen Schwingachskonstruktion anzubieten.«

Das Ganze sei sehr dringend, »da die Beschaffungsprogramme zum größten Teil bereits ausgearbeitet sind und in Kürze zur Konkurrenz freigegeben werden dürften«. Man erwartete vom Bau der Autobahnen ein gutes Geschäft für einen starken Mittelklassewagen mit einer Geschwindigkeit von etwa 160 km/h.

Aber der Maybach-Motorenbau kam weder mit dem Bau von Pkw noch mit dem von Triebwagenmotoren voran, und am 11. Mai 1934 erklärte Dr. Eckener nach einer längeren Sitzung, dass ihm die unbefriedigende Sachlage Sorge bereite. Das richtete sich allein gegen Karl Maybach und seinen »Motorenbau«. So gelangte man mit Müh und Not über den Sommer 1934. Am 17. September stellte sich heraus, dass nicht nur die Niederländer – und seit einiger Zeit auch die Belgier (Abb. 10.18) – über die Nichteinhaltung der Liefertermine für die Triebwagen-Motoren und über deren Mängel klagten, sondern dass in Deutschland sogar das große Reichswehr-Geschäft gefährdet war, bevor es noch wirklich begonnen hatte. Maybach selbst berichtete über

Abb. 10.17 Dipl.-Ing. Felix Zabel war Geschäftsführer des »Nordbau« in Berlin-Niederschöneweide von dessen Gründung im Jahre 1935 bis zum März 1943. Bis Kriegsende fungierte er als Aufsichtsrat. Im »Nordbau« wurden im Auftrag des Reichskriegsministeriums Maybach-Motoren für die Wehrmacht gefertigt

eine Besprechung beim RWM und die Wünsche der Behörde bezüglich größerer Leistung. Das RWM habe zwar »eine Anzahl Motoren vom Typ unserer neuen Wagen-Motoren in Auftrag gegeben«, und es waren nun »zehn Motoren schnellstens zu liefern«. Aber als jetzt größere Stückzahlen infrage kamen, wollte das RWM plötzlich diese »nicht allein uns bauen lassen, sondern Firmen heranziehen, welche dieselben nach unseren Zeichnungen bauen sollen«.

Da entstand also überraschend ein Problem, das in den folgenden zehn Jahren für Maybach beträchtliche Bedeutung erhalten sollte: das des »Nachbaus« in Verbindung mit Geheimhaltung der Forschung und Entwicklung sowie auch der Beeinträchtigung der Gewinne. Einstweilen konnte man drei Motoren auf der Basis derselben Grundkonstruktion anbieten. Aber die Konkurrenz würde das bald merken. Und Eckener machte sich weiter Sorgen, zumal außerdem Karl Maybach mehrfach die Befürchtung äußerte, »das RWM könnte infolge unserer verhältnismäßig hohen Preise zur Konkurrenz übergehen«.

Am 25. September 1934 wurde bekanntgegeben, »dass wir mit den Motorlieferungen an das RWM im April 1935 beginnen sollen, ohne dass bis heute eine Bestellung im Hause ist«. Einstweilen hatte man weder Vorrichtungen und Werkzeuge noch das Material besorgt, sodass von der Aufnahme der Fertigung noch lange nicht die Rede sein konnte. Weiter heißt es im Protokoll: »Maybach betont, dass in den Auflagen größerer Serien für das RWM ein gewisses Ri-

Abb. 10.18 Drehgestell eines Schnelltriebwagens der Belgischen Staatsbahn mit dem abgasturboaufgeladenen Maybach-GO-6-Motor und elektrischer Kraftübertragung

siko liegt, weil die Gefahr von Umdispositionen jederzeit besteht«. Jean Raebel, der neue kaufmännische Leiter des Maybach-Motorenbaus[6] und schon damals ein für das Unternehmen wichtiger und von Karl Maybach hoch geschätzter Mitarbeiter (vgl. Abschn. 4.5), dachte dagegen für die drei erwähnten Motorentypen an Stückzahlen von 500 pro Jahr bzw. wesentlich mehr. Doch alles in allem ergab sich an diesem Tag beunruhigenderweise, dass man »vorerst keinerlei schriftliche Unterlagen über den Auftrag in die Hand bekommen« hatte, andererseits aber für die Einhaltung des Lieferbeginns im April/Mai 1935 sofort mit der Materialbeschaffung anfangen musste. So entschloss man sich, auf eigenes Risiko mit dem Bau von 50 Exemplaren von jedem der drei Motorentypen zu beginnen.

Unter dem Druck dieser eiligen Beschäftigung mit der Aussicht auf große Bestellungen vonseiten der Reichswehr gerieten die zivilen Aufträge in den Hintergrund – und zwar nicht nur zeitlich, sondern auch quantitativ. Ein Beispiel: Am 2. November bezeichnete Maybach die Belieferung der Firma Westwaggon als »zunächst von untergeordneter Bedeutung«. Sofort widersprach der kaufmännische Direktor: Maybach sei offenbar bereit, »jetzt [GO-5-Reichsbahn-]Motoren einzubauen, von denen man heute schon wisse, dass man sie später wieder ausbauen müsse«. Maybach gab zu, dass man die Waggonfabriken mit sieben Motoren beliefern wolle, damit diese keine Regressansprüche wegen Terminüberschreitung stellen konnten; man habe vor, Probefahrten mit den GO-5-Motoren zu machen (Abb. 10.19) und die Wagen dann in den Reichsbahn-Ausbesserungswerken stehen zu lassen, bis der Austausch mit den endgültigen Motoren möglich sei. So sei es in Dessau mit den Herren von der zuständigen Reichsbahnstelle besprochen worden.

Und schließlich ergaben sich grundsätzliche Unterschiede bei den Anforderungen der Reichswehr und der zivilen Kunden an Chassis und Motoren: Die Reichswehr verlangte »radikale Dauerleistung« der von ihr bestellten Motoren (z. B. für Panzer), der Herrenfahrer unter anderem »Geräuschlosigkeit« des ganzen Wagens. Schließlich diskutierte man im November 1934 die Möglichkeit, infolge der vielen Mängel an den Pkw der nächsten Automobil-Ausstellung fernzubleiben, wozu einer der Kaufleute einfach erklärte,

[6] Der bisherige kaufmännische Direktor Julius Bernhardt war inzwischen aus dem LZ und damit auch aus dem Maybach-Motorenbau ausgeschieden (vgl. Abschn. 4.5).

Abb. 10.19 Ein Monteur des Maybach-Motorenbaus nimmt Einstellarbeiten an einem GO-6h-Motor vor (1936). Die »Maybächler« waren nicht nur hochqualifizierte Fachkräfte, sondern stolz auf ihre Tätigkeit als Motorenbauer. Sie identifizierten sich mit ihren Produkten und ihrem Werk – ein Plus, das der Firma immer wieder zugutekam

»dass man aus dem Automobilgeschäft ausscheide, wenn wir in Berlin nicht ausstellen«. Die Ausstellungsleitung verlangte aber, »dass ausgestellte Typen bis spätestens 1. Juli 1935 zu liefern« seien, und drohte mit einer »Konventionalstrafe, die in Höhe von 10.000 bis 50.000 RM an das Winterhilfswerk zu zahlen ist«.

Immerhin: Ende 1934 war man bei der DE-DI-Bank (der fusionierten Deutschen Bank und Disconto-Gesellschaft) schuldenfrei, und der zu Beginn des Geschäftsjahres vorhandene Auftragsbestand in Höhe von 6,3 Mio. RM war durch neue Behörden-Großaufträge weiter angestiegen, sodass man Ende 1934 1.360 Personen beschäftigte gegenüber 638 Ende 1932 bzw. 932 Ende 1933. Die Betriebsanlagen mussten ausgebaut werden. Der Aufstieg war gesichert. Denn die Aufrüstung hatte zur Folge, dass Waffen, Gerät und Fahrzeuge der Reichswehr ständig modernisiert werden mussten, jeder Auftrag also Folgeaufträge mit sich brachte – sofern man nicht aus dem Geschäft gedrängt wurde.

10.4 25 Jahre Maybach-Motorenbau

In dieser wirtschaftlichen Situation hatte der Maybach-Motorenbau allen Grund, am 15. Dezember 1934 sein 25-jähriges Bestehen mit Optimismus zu feiern. Als das Unternehmen zehn und zwanzig Jahre alt geworden war, hatte es vor dem Zusammenbruch, mindestens vor sehr großen Schwierigkeiten der Anpassung an ganz neue politische, soziale und wirtschaftliche Entwicklungen gestanden. Im Dezember 1934 lebte man bereits seit annähernd zwei Jahren im Dritten Reich (Abb. 10.20) mit seinen Vierjahresplänen, die sichtlich eine erhebliche Verringerung der Arbeitslosigkeit und einen wirtschaftlichen Aufschwung gebracht hatten.

Karl Maybach fuhr gelegentlich nach Berlin und traf dort auch mit Offizieren und höheren Beamten des Reichskriegsministeriums zusammen. Es hat den Anschein, als sei ihm die ganz im Zeichen der Aufrüstung stehende Atmosphäre im Kreise dieser Männer unheimlich erschienen. Denn eigenartigerweise begann er seinen Vortrag vor der Festversammlung in Friedrichshafen mit dem nachdenklichen Satz: »Dem Charakter der Zeit entsprechend, haben wir uns auf eine einfache Werkfeier beschränkt und deshalb nur unsere Freunde aus der nächsten Umgebung eingeladen.« So begrüßte er keinen Vertreter des Staates, auch nicht einen solchen der Partei, sondern allein »die Tochter des von uns allen hoch verehrten Grafen Zeppelin, Frau Gräfin Brandenstein-Zeppelin«. Maybachs Festrede im Jahre 1934 war so nüchtern und unpolitisch, dass man sie noch im Mai 1946 als Grundlage für einen gegen die Demontagegefahr gerichteten Arbeitsvorschlag für die Zukunft verwenden konnte.

Abb. 10.20 Eine Kolonne der uniformierten »Werkschar« marschiert durch das Werkstor des Maybach-Motorenbaus. In der Zeit des Dritten Reiches musste jeder Betrieb eine solche Werkschar aus freiwilligen Mitarbeitern aufstellen, die den Betrieb bei öffentlichen Veranstaltungen repräsentierte

10.5 Der Maybach-Motorenbau in den ersten Jahren der Aufrüstung

Die Automobil-Ausstellung im Februar 1935 hatte gezeigt, dass der Maybach-Motorenbau mit dem SW 35 nicht so konkurrenzfähig war, »wie wir dies erwartet hatten für ein richtig aufgezogenes Geschäft«. Der Wagen sei »erheblich zu teuer ...« und habe eine Anzahl Mängel, die behoben werden müssten, bevor man ins Geschäft komme. Die kaufmännische Leitung befürchtete, dass man in die gleichen Schwierigkeiten geriet wie bei den Triebwagen, für die man viele Hunderttausende aufgebracht hatte. Ja, es standen sogar die nächsten Hindernisse im Wege: Man hatte »außerordentliche Schwierigkeiten ..., die Devisen für eine so große Menge Lagermetall zu beschaffen« – für 2,5 Tonnen mit hohem Zinngehalt.

Zweifellos ist das Jahr 1935, das nicht nur für die Automobilindustrie das erste Expansionsjahr war, zugleich auch wirtschaftlich sehr schwierig gewesen. Von den Behörden waren beträchtliche Bestellungen zu erwarten. Aber um diese Aufträge bewarb sich auch eine große Zahl von Firmen, die alle nach vielen schlechten Jahren endlich einmal ihre Verluste verringern, vielleicht sogar Gewinne erzielen wollten. Die Konkurrenz war also groß und, wie der Maybach-Motorenbau im Sommer 1935 feststellen musste, nicht immer fair. Auch war man plötzlich gezwungen, an vielen Motorentypen gleichzeitig zu arbeiten, da die taktischen und strategischen Ideen der Militärs sich überstürzten und die technisch-wirtschaftlichen Vorstellungen der Ministerialbeamten, die in Bezug auf ihr Verständnis für industrielle Möglichkeiten und Grenzen deutlich überfordert waren, diesen Ideen nicht folgen konnten.

Das führte unter anderem dazu, dass beim »Motorenbau« viel Zeit verging und hohe Kosten entstanden, bevor man mit auch nur einem einzigen wirklich konkurrenzfähigen Motor auf den Markt kam – bei Automobilen ebenso wie bei solchen für Militärfahrzeuge. Darüber klagte die kaufmännische Abteilung fast bei jeder der im Abstand von wenigen Tagen stattfindenden langen Sitzungen der Abteilungsleiter. Devisen für Materialbeschaffung aus dem Ausland wurden immer knapper. Es erwies sich in mehr als einer Hinsicht als sehr nachteilig, dass man in Friedrichshafen weit entfernt von Berlin saß, wo über die meisten Bestellungen entschieden wurde. Dadurch entstanden lange, gefährliche Zeitverluste.

Im Sommer 1935 – Maybach bezeichnete am 29. Juni die Aussichten für das laufende Geschäftsjahr als »an sich nicht ungünstig, was in dem momentanen Auftragsbestand im Werte von rund 11,5 Mill. RM seinen Ausdruck findet« – ergab sich ein neuer, ganz unerwarteter Komplex von Schwierigkeiten. Alle Automobilproduzenten hatten sich von Hitlers Vorliebe für die Motorisierung und insbesondere vom Autobahnbau einen gewaltigen Anstieg des allgemeinen Interesses für das Auto schlechthin

Abb. 10.21 Im September 1933 hatten die Arbeiten an den »Straßen des Führers« begonnen; im Mai 1935 wurde das erste Teilstück der Reichsautobahn zwischen Frankfurt am Main und Darmstadt im Beisein einer großen Menschenmenge übergeben (*Bild*). Hitler bezeichnete das Projekt als eine monumentale Maßnahme zur Arbeitsbeschaffung. Innerhalb von zwei Jahren gelang es ihm, die Arbeitslosigkeit von 6 Millionen Anfang 1933 unter die 2-Millionen-Grenze zu drücken und damit das nationalsozialistische System innenpolitisch zu stabilisieren

erhofft. Die Erfolge der Automobil-Ausstellungen bestätigten sie in dieser Erwartung. Aber dann kam – und gewiss nicht nur beim Maybach-Motorenbau – im Sommer 1935 die erste Enttäuschung: Die vorhandenen Automobile waren nicht autobahnreif und die Autobahnen nicht automobilreif (Abb. 10.21 und 10.22).

Karl Maybach selber fuhr zwischen dem 19. und 24. Juli 1935 nach Frankfurt und von dort auf der Autobahn nach Darmstadt.[7] Im Protokoll über die Besprechung am 25. Juli 1935 heißt es:

> »Die bis jetzt auf dieser Strecke fahrenden Fahrzeuge der bisherigen normalen Ausführung sollen alle nach kurzer Zeit unbrauchbar werden. Eine Geschwindigkeit von 100 km/h kommt dem Fahrer auf der Autobahn als schleichend vor. Die Begrenzung der Geschwindigkeit ist heute noch die Bereifung, abgesehen von den Motoren, welche durch entsprechende Änderung der Hinterachse auf die zulässigen Drehzahlen gebracht werden können. Die Autobahnstrecke selbst ist seit dem 3. Tage dauernd in Reparatur. Es befanden sich überall Flicke, bei der Fahrt sind zahlreiche Teerkarren zu sehen, welche die Ausbesserungen vornehmen. Auch Senkungen sind vorgekommen.«

Aber auch die Fahrer selbst waren durchaus noch nicht »autobahnreif«; insbesondere die Omnibusfahrer fanden die Fahrbahnen im Verhältnis zur Breite der Wagen und zu deren Geschwindigkeit zu schmal. Sie wurden ängstlich, fuhren bei hohen Geschwindigkeiten auf dem Trennungsstrich und gefährdeten dadurch die Überholer. Als Maybach wegen schlecht gekennzeichneter Baustellen gezwungen war, »bei einer Geschwindigkeit von etwa 140 km/h sehr scharf zu bremsen, wurde der Wagen verschiedentlich quergestellt«. Die Lenkung erwies sich als unruhig, die Stoßdämpfer waren zu schwach, die Chassis schüttelten, die Kühler fingen an zu wackeln, bei der Kupplung traten erhebliche Schwä-

[7] Das erste vollendete Teilstück des neuen Reichsautobahnnetzes zwischen Frankfurt a. M. und Heidelberg war am 19. Mai eröffnet worden.

Abb. 10.22 Blick auf ein Teilstück der Autobahn Berlin-München im Jahre 1938. Der Eindruck von idealen Fahrverhältnissen, den das Bild vermittelt, trügt: Weder die Fahrbahnen noch die Fahrzeuge erlaubten damals Geschwindigkeiten, wie sie heute üblich sind

chen zutage. Offenbar zeigten auch die einzelnen Aggregate der Versuchswagen auf der Autobahn ein ganz unterschiedliches Verhalten. Bei allen Wagen aber genügten die Bremsen schon nach kurzer schneller Fahrt nicht mehr der Beanspruchung. Die »Brennstofftanks« waren zu klein, die Ölstandmesser wurden ungenau. Die Türverriegelungen waren zu schwach, die Türen rüttelten, und schließlich versagten die Schlösser. Das alles bedeutete, dass die Wagen völlig überarbeitet und den neuen Straßen angepasst werden mussten, die selbst auch noch nicht verkehrsreif waren.

Während man sich hier also ganz neuen Schwierigkeiten mit einem entsprechenden Kosten- und Zeitaufwand gegenübersah, drängte die Wehrmacht[8] ständig mit neuen Wünschen, ohne dass man in Friedrichshafen mit einiger Sicherheit wusste, ob deren teurer Erfüllung angemessene Bestellungen folgen würden. Das Jahr 1935 war also mit viel

Abb. 10.23 Dieser Jaray-Stromlinienwagen von 1935 mit Maybach-SW-35-Chassis sollte der deutsche Autobahnpolizei-Wagen werden. Oberingenieur Paul Jaray arbeitete bis 1924 als Aerodynamiker für den Luftschiffbau Zeppelin

Zuversicht begonnen worden, erwies sich aber für den Maybach-Motorenbau als äußerst arbeitsreich und gewinnarm. Karl Maybach konstatierte am 3. Oktober 1935 mit Blick auf den SW-35-Pkw (Abb. 10.23 und 10.25), von der tatsächlich vorhanden gewesenen hohen Spitzenleistung habe man Stück für Stück opfern müssen. Diese Einschätzung erwies sich allerdings als etwas zu pessimistisch, denn in den letzten Friedensjahren entwickelte sich auch das Pkw-Geschäft für die damaligen Verhältnisse erfreulich. Die »Abteilung Wagenverkauf« betonte im Geschäftsbericht für 1935 die »belebende« Wirkung der Förderung des Kraftfahrwesens durch die Steuerfreiheit neuer Kraftfahrzeuge und deren sofortige Abschreibungsmöglichkeit: Der Maybach-Motorenbau habe im Jahre 1935 mit dessen Hilfe 86 neue Fahrzeuge verkauft – gegenüber 38 im Vorjahr. Man hätte noch mehr verkaufen können, wenn genügend Produktionsmöglichkeiten vorhanden gewesen wären. In den ersten fünf Monaten des Jahres 1936 waren bereits mehr als 100 Wagen verkauft worden, und der Umsatz des Motorenverkaufs stieg von 9,2 Mio. RM 1934 auf 14 Mio. RM im Jahre 1935. Damit entstand eine Situation, die einzelne Abteilungsleiter in ihrem Bericht mit Besorgnis betrachteten:

> »... daß die Beschäftigung unseres Werkes nahezu ausschließlich von den durch die Aufrüstung bedingten großen Beschaffungen des RKM abhängig ist, während der Absatz bei der Reichsbahn stark zurückging, der Umsatz mit den sonstigen Abnehmern sehr bescheiden ist und das Auslandsgeschäft im argen liegt.«

Am 31. Mai 1936 lagen 75 Bestellungen für den Pkw SW 35/38 vor (Abb. 10.24) – zum Preis von 12.600 RM, also ein Auftragsbestand in Höhe von fast 1 Mio. RM; rechnete man elf größere Wagen hinzu, dann kam man sogar auf 1,2 Mio. RM. Besonders hervorgehoben wurde, dass wieder ein gewisser Export einsetzte. Bei den Automobilen handelte es

[8] Die Deutsche Wehrmacht wurde am 16. März 1935 gegründet, die Verbände der bisherigen Reichswehr gingen in ihr auf. Ihre Auflösung erfolgte am 9. Mai 1945.

Abb. 10.24 Titelblatt eines Maybach-Prospektes für den SW-35-Wagen. Insgesamt wurden etwa 900 Fahrzeuge von der Modellreihe SW (Schwingachswagen) verkauft

sich um ein ganz individuelles, gewissermaßen internes Geschäft: In Friedrichshafen führte man genau Buch über jeden einzelnen Besteller. An der Spitze der 24 Bestellungen aus Berlin stand z. B. Carl Friedrich von Siemens. Fast durchweg handelte es sich um Industrielle oder ihre Unternehmen, so z. B. die Solvay-Werke, Thyssen-Rheinstahl, die Maschinenfabrik Esslingen, Reemtsma oder mehrere Versicherungen. Für den ganz großen und sehr teuren Wagen DS 8 lagen acht Bestellungen vor: Allein das Fahrwerk kostete 21.250 RM.

Gegen Ende des Jahres 1935 wurde das Reichskriegsministerium (RKM) immer mehr zu einem – wenn auch unsicheren und anspruchsvollen – Großkunden. Im Oktober kam es zu Bestellungen über 500 HL-57-Motoren. Auf Umwegen erfuhr man aus dem Reichskabinett, dass im Laufe von drei Jahren »etwa 3.000 bis 4.000 Stück gebraucht würden, und bezüglich der anderen Motoren läge es ähnlich. Jedenfalls sei für den Bedarf im Frieden der Motorenbau in Friedrichshafen und der Nordbau [der 1935 auf Veranlassung des OKH zur Herstellung von Maybach-Motoren gegründet worden war, vgl. Abschn. 11.2] zusammengenommen ohnedies zu klein«. »Im Frieden«! Man dachte also im Oktober 1935 im Reichskriegsministerium bereits über diesen hinaus.

Als Hauptobjekt für die langfristige künftige Entwicklung bezeichnete Maybach immer wieder den vom RKM gewünschten 600-PS-Motor. Für dieses Geschäftsjahr 1935 rechnete man bei einem Gesamtumsatz von 15 Mio. RM mit einem finanziellen Überschuss von 2,3 Mio. RM. Aber: »Es bedarf dringend der Anschaffung neuer Maschinen und Fabrikationseinrichtungen«, nicht zuletzt für die Erreichung der »behördlicherseits verlangten Leistungskapazität für Spezialfahrzeugmotoren«. Das würde 0,9 Mio. RM kosten, nachdem man »seit dem Jahre 1930 Anschaffungen von Belang nicht mehr vorgenommen« hatte. Auch waren die Zahl der Arbeiter und die allgemeinen Kosten für die Entwicklung der Produkte um 400 %, die Löhne der in der Produktion Beschäftigten dagegen nur um 100 % gestiegen. Bis Mai 1935 erwartete man eine Steigerung der Arbeiterzahl auf 1.300. Die staatliche Arbeitsbeschaffungspolitik und Rüstungskonjunktur hatte also den Maybach-Motorenbau, der im richtigen Augenblick die richtigen Motoren anbieten konnte, gerettet.

Anfang 1935 genehmigte Eckener nach den vielen Enttäuschungen in früheren Jahren Maschinen- und Werkzeugbestellungen mit den Worten, »daß er wohl wisse, daß eine der wichtigsten Bedingungen für ein Werk sei, daß der Maschinenpark stets in bester Ordnung sich befinde«. Er habe »deshalb auch bisher stets in großzügigster Weise derartige Werkzeugmaschinen-Beschaffungen und dergleichen genehmigt« (Abb. 10.26).

Seit dem Jahre 1935 wurde, wie bereits bemerkt, die Zusammenarbeit mit dem Heer innerhalb der Deutschen Wehrmacht immer enger. Diese ging daran, eine »heereseigene Zweigfirma [Nordbau in Berlin] auf Grund der Fabrikationserfahrungen der Firma [MM] durch diese vollständig einrichten zu lassen. Die Gründung dieser Zweigfirma und die Ausbauten derselben in verschiedenen Stufen sind erfolgt, wie wenn die Firma ein eigenes Tochterunternehmen ingangsetzen wollte«.

Doch blieb der Anteil des Maybach-Motorenbaus an der Aufrüstung im Vergleich zu anderen Unternehmen bis zum Ausbruch des Zweiten Weltkrieges im September 1939 alles in allem verhältnismäßig gering. Im Vordergrund stand seit 1932 der Bau von Motoren für Schnelltriebwagen (Abb. 10.27 und 10.28) – z. B. den »Fliegenden Hamburger«.

Firmenintern ist für 1936 ein Ereignis hervorzuheben: Bei der Gesellschafterversammlung am 14. Februar 1936 wur-

Abb. 10.25 Einbau von HL-38-Motoren in SW-Fahrgestelle (1937). Wegen der geringen Stückzahlen war an eine moderne Serienfertigung nicht zu denken.
Sechszylinder-Reihenmotor; Bohrung × Hub: 90 mm × 100 mm, Hubraum 3.815 cm^3, 103 kW (140 PS) bei 4.500 min^{-1}

Abb. 10.26 Nicht nur wo gehobelt, sondern auch wo gedreht wird, fallen Späne! Drehbänke in der mechanischen Fertigung des Maybach-Motorenbaus um 1935

Abb. 10.27 Schnelltriebwagenzug, »Bauart Köln«, mit zwei abgasturboaufgeladenen Maybach-GO-6-Motoren, kurz vor dem Verlassen des Anhalter Bahnhofs in Berlin. Auf dem Schnellfahrnetz der Deutschen Reichsbahn konnten die Reisenden an einem Tag die Hin- und Rückreise von jeder größeren Stadt in Deutschland (z. B. Köln, Stuttgart, München) nach Berlin bewältigen

de der bisherige Prokurist und kaufmännische Leiter, Jean Raebel, zum Geschäftsführer (kaufmännischen Direktor) ernannt. Das war eine zukunftsträchtige Entscheidung, denn Raebel hat in der Folgezeit mehr als ein Vierteljahrhundert lang eine entscheidende Rolle gespielt. Karl Maybach konnte sich nun noch mehr als bisher auf die technisch-innovative Seite des Unternehmens beschränken.

Abb. 10.28 Blick in das Maschinendrehgestell eines Schnelltriebwagens mit GO-5-Motor und Mekydro-Getriebe. Direkteinspritzender V-Zwölfzylinder-Motor; Bohrung × Hub: 150 mm × 200 mm, 42.390 cm^3, 301 kW (410 PS) bei 1.400 min^{-1}

10.6 Lizenzen

Dass die Einnahmen aus Lizenzen für das Einkommen von Karl Maybach eine beträchtliche Rolle spielten, wurde bereits erwähnt. Während der Maybach-Motorenbau jahrelang hohe und schließlich existenzgefährdende Verluste erlitt, musste er den Verträgen entsprechend seinem Gesellschafter und Angestellten Karl Maybach bedeutende Lizenzgebühren zahlen. Andererseits spielten aber auch die Einnahmen aus der Vergabe von Lizenzen an Unternehmen im In- und Ausland für den Maybach-Motorenbau selber zeitweise eine beachtliche Rolle. Aus diesem umfangreichen und nicht immer ganz übersichtlichen Komplex sei hier beispielhaft der englische Teil herausgegriffen und skizziert.

Gegen Ende des Jahres 1935 begannen Verhandlungen mit Ernst Schneider, London, dem »sole agent« der Maybach-Motorenbau GmbH in Großbritannien, über den Vertrieb eines automatischen Schaltgetriebes mit sechs Gängen für Pkw in England, nachdem man bereits nach 1931 versucht hatte, Lizenzen für das Doppel-Schnellgang-Getriebe dorthin zu vergeben. In Deutschland hatte man 1935/36 einen entsprechenden Vertrag mit Daimler-Benz abgeschlossen. Auch gab es schon Lizenznehmer in der Schweiz, in Österreich und Frankreich mit Unterlizenznehmern unter anderem in Italien, Polen und Spanien. Nach einem intensiven Briefwechsel über technische Einzelheiten und die Wünsche und Bedürfnisse der englischen, insbesondere der Londoner Autofahrer, ging man im Februar 1936 an die Gründung der »Maybach Gears Ltd.« mit einem Kapital von 10.000 Pfund, die gegen Ende des Monats in das englische Handelsregister eingetragen wurde. Zum Geschäftsführer der Gesellschaft wurde Jean Raebel bestellt, während Schneider der »sole agent« des Maybach-Motorenbaus blieb. Die Maybach Gears Ltd. schloss einen Lizenzvertrag mit dem »Motorenbau«, der am 18. März 1936 unterzeichnet wurde. Er betraf

Abb. 10.29 Diese Werbeanzeige, erschienen im Oktober 1939, zeigt, welche Bahngesellschaften Triebwagen mit Maybach-Motoren ausgerüstet hatten. Bis zum Ausbruch des Zweiten Weltkrieges lieferte der Maybach-Motorenbau über 800 Dieselmotoren für Triebwagen

die Fabrikation von Getrieben für Automobile und Triebwagen. Anschließend ging Schneider an die Verhandlungen mit englischen Getriebefabriken. Der Verkaufspreis, nach dem die Lizenzgebühr von 5 % berechnet werden sollte, betrug den Fabrikationsselbstkostenpreis plus 10 % Nutzen. Der Lizenzvertrag betraf Großbritannien, Irland sowie die Kolonien und Dominions. Im Juli 1936 verfügte man über einen Personen-Vorführwagen für England; dagegen konnte man wegen der Auslastung in Friedrichshafen dort keine Vorführgetriebe für vier Lastwagen herstellen und empfahl daher die Herstellung derselben in England aufgrund von Zeichnungen, die der Maybach-Motorenbau zur Verfügung stellte. Im November interessierte sich die Firma Leyland Motors Ltd. für eine Unterlizenz, im Februar 1937 auch die Firma Dennis Bros. Ltd.

Im Frühjahr 1937 trug man sich anscheinend in Friedrichshafen mit dem Gedanken, eine eigene Getriebefabrik in England mit einem Produktionsvolumen von etwa 25 Getrieben in der Woche zu errichten. Schneider schätzte im Sommer die Investitionskosten für ein solches Unternehmen auf 150.000 Pfund. Da die Lieferzeit für Maschinen in England sehr lang war, rechnete Schneider mit dem Beginn der Produktion frühestens in zwei bis zweieinhalb Jahren.

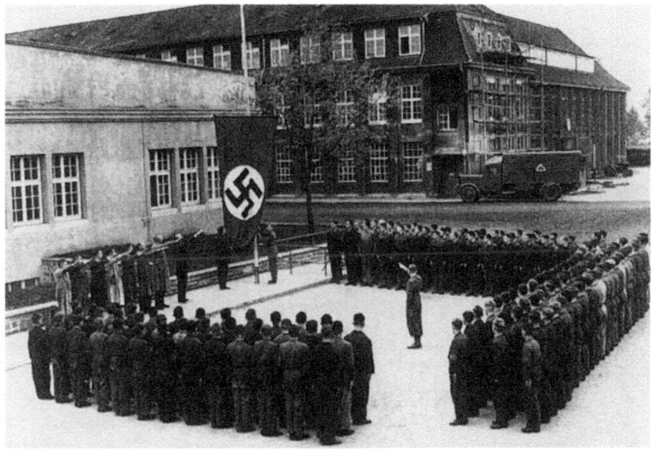

Abb. 10.30 Die staatlich gelenkte Jugenderziehung im Dritten Reich machte auch vor den Toren des Maybach-Motorenbaus nicht halt: Am Montagmorgen mussten die Lehrlinge zum Wochenappell mit Flaggenhissung antreten

Im Jahre 1938 brach Dr. Hugo Eckener nach der Sudetenkrise alle entsprechenden Überlegungen ab, da »alle … Betriebe zur Erfüllung vaterländischer Aufgaben herangezogen werden. Es scheint mir, als ob eine Änderung dieser Lage nicht so bald erwartet werden darf.« In einer Antwort aus London hieß es am 25. Oktober 1938, man hoffe, dass der Maybach-Motorenbau »nicht daran denken wird, seinen vertraglichen Verpflichtungen aus Gründen der deutschen Aufrüstung nicht mehr nachzukommen«. Jedenfalls werde man künftig nur noch die eigenen Interessen wahrnehmen. In einem Brief vom 26. Oktober 1938 bedauerte Eckener: »Man muss ja in seinen schriftlichen Ausführungen ein wenig ›seiltänzern‹.« Anschließend kam es zu einem heftigen Briefwechsel zwischen den ausländischen, insbesondere Schweizer Großaktionären von »Maybach Gears« und Eckener über die Verlängerung der Geltungsdauer des Lizenzvertrages. Plötzlich erklärte Schneider in einem sehr scharfen Brief im Namen der Großaktionäre von »Maybach Gears« am 29. November 1938, sie (die Gesellschaft) habe »all das Geld, mit dem sie als ›Studiengesellschaft‹ versehen war, um das Maybachgetriebe über das Versuchs- und Einführungsstadium hinauszubringen, verbraucht, und wir stehen nun vor der plötzlichen Notwendigkeit, frisches Kapital zu beschaffen«. In England könne man dieses nicht auftreiben, da der Lizenzvertrag in sechs Jahren abliefe. Erst müsse also dieser verlängert werden.

In dieser Situation schaltete sich das Reichswirtschaftsministerium ein. Und nun stellte sich heraus, dass der Maybach-Motorenbau gar nicht mehr mit »Maybach Gears« zusammenarbeiten durfte. Denn Karl Maybach musste dem Reichswirtschaftsministerium gestehen, dass man die jüngsten Entwicklungen von Getrieben nicht mehr nach London weiterreichen konnte, »da wir der englischen Gesellschaft auf keinen Fall die neuesten Erfahrungen auf dem Ge-

Abb. 10.31 Jeden Morgen 20 Minuten Frühsport: Lehrlinge des Maybach-Motorenbaus auf dem Sportplatz des Werkes; *im Hintergrund* die Luftschiffhallen des LZ

biete der Getriebe für Heeresfahrzeuge übermitteln dürfen und ihr Vorschläge machen müssten, die als überholt anzusehen sind und den Anforderungen an derartige Getriebe nicht voll entsprechen«. Das Ministerium, das um seine Genehmigung gebeten werden musste, lehnte eine Verlängerung des Lizenzvertrages unter allen Umständen ab: Jeder Deutsche müsse sich »in die große politische Linie des Führers einfügen« und sich über gewisse geschäftliche Verluste hinwegsetzen, »um unter allen Umständen in der politischen großen Linie zu bleiben«. Infolgedessen schrieb der Maybach-Motorenbau am 5. Dezember 1938 nach London, man habe »zu unserer nicht geringen Überraschung in Berlin feststellen müssen, dass man im gegenwärtigen Zeitpunkt angesichts des Verhaltens der englischen Firmen und insbesondere der Regierungsstellen bezüglich der Deutschland interessierenden Patentfragen überhaupt nicht geneigt ist, irgendeiner vorzeitigen Vertragsverlängerung zuzustimmen ... «

Bei einer Besprechung von Maybach mit Schneider in Friedrichshafen am 3. Januar 1939 ergab sich, dass letzterer »wegen der Einstellung der Engländer gegen ihn als Deutschen« daran dachte, »die Sache aufzugeben und nach Deutschland zurückzugehen ... «. Am 11. Mai war Schneider erneut in Friedrichshafen und sprach von einer »Kriegspsychose in England«. Am 27. Juni 1939 teilte das Oberkommando des Heeres dem Maybach-Motorenbau mit: »Mit Rücksicht auf den technischen Vorsprung, den die deutschen Kampfwagen durch die Verwendung Ihrer Getriebe ... besitzen, muss es Ihnen versagt werden, der Firma Maybach Gears Ltd. Aufklärungen über die speziellen Erfahrungen ... zu geben. Das gleiche gilt von Ihrer Anfrage betr. Polen.« Das war gewissermaßen ein Anerkennungsschreiben, wie man es auf Wunsch wahrscheinlich nicht erhalten hätte.

Ein englisches »Notgesetz« vom Oktober 1939 bestimmte, dass britische Firmen »unter bestimmten Verhältnissen ... ein feindliches Warenzeichen auf sich selber übertragen« konnten. Und das war etwas Ähnliches.

10.7 Nachbau von Maybach-Motoren bei anderen Firmen

Im Herbst 1935 trat ein neues Problem für Maybach auf: der Nachbau von Maybach-Motoren bei anderen Firmen. Am 23. Oktober 1935 teilten zwei Beamte des RKM dem Berliner Repräsentanten des Maybach-Motorenbaus, Zabel, mit, »dass das RKM darauf bestehen müsse, die vom Maybach-Motorenbau entwickelten Motorensysteme auch noch bei einer oder zwei weiteren Firmen nachbauen zu lassen«. Das RKM habe sich sowohl in Bezug auf Zugmaschinen (Abb. 10.36, 10.39 und 10.40) als auch Panzerkampfwagen ganz auf Maybach-Motoren (Abb. 10.37, 10.38 und 10.41) eingestellt. Es könne der Fall eintreten, dass die Kapazität von Friedrichshafen (Abb. 9.52 und 9.55) und des »Nordbau« in Niederschöneweide (bei Berlin) gänzlich für Panzermotoren in Anspruch genommen werde, »so dass die Belieferung für die Zugmaschinen in Frage gestellt würde«. Die Forderung nach dem Nachbaurecht sei nach Ansicht des RKM keine Härte, da das Ministerium außer beträchtlichen Entwicklungskosten bisher noch den außergewöhnlich hohen Unkostenzuschlag von 400 % bezahlen müsse. Dieser sei für die Dauer untragbar. Auch liefe die Konkurrenz, die aus Angeboten die Maybach-Preise kenne, Sturm gegen diese und biete »gleichwertige Motoren zu bedeutend niedrigeren Preisen an«. Daimler-Benz z. B. habe die Entwicklung von zwei Motoren-Typen für Zugmaschinen kostenlos angeboten.

Das Ministerium legte dem »Motorenbau« einen Vertragsentwurf über die Entwicklung von Motoren für Heereszwecke vor, in dem das Nachbaurecht Bedingung war. Für die Entwicklung von Zugmaschinen habe das Ministerium einen entsprechenden Vertrag mit einer Fahrzeugfirma bereits abgeschlossen. Es würden »für das Nachbaurecht auf keinen Fall Lizenzen gezahlt werden, sondern ... als Entschädigung hier die Firma bevorzugt mit Lieferungen bedacht werden«. Als Nachbaufirmen wurden reine Motorenfirmen »wie Junkers, Deutz und vielleicht BMW« genannt, und beim Maybach-Motorenbau fügte man noch hinzu: »Magirus!«. »Streng vertraulich« erfuhr Zabel, man werde Motoren für 10.000 Panzerkampfwagen plus 10 % Ersatz pro Jahr bestellen. Am gleichen 24. Oktober 1935 verlangte der Chef der Heeresleitung vom Maybach-Motorenbau, »dringend ... Vorschläge« für die »Neukonstruktion einer 600- bis 700-PS-Maschine« vorzulegen. Bereits einen Tag später forderte die gleiche Behörde den »Motorenbau« auf, noch einen weiteren Motor zu entwickeln.

In den folgenden Wochen verhandelte man sehr eilig mit der Heeresleitung über den Nachbau-Vertrag, den 600- bis

Abb. 10.32 Dr. Robert Ley, Reichsarbeitsminister und Leiter der Deutschen Arbeitsfront, besucht am 17. Februar 1937 den »Motorenbau« und überreicht Karl Maybach das Leistungsabzeichen für vorbildliche Berufserziehung

Abb. 10.34 Ravensburger Mitarbeiter des »Motorenbaus« beim Festzug am 1. Mai 1938 in Ravensburg hinter einem SW-Fahrwerk, das als Festwagen diente

Abb. 10.33 Zur Einweihung der neuen Lehrwerkstätte von Maybach-Motorenbau am 5. Mai 1939 spricht Reichsamtsleiter Prof. Dr.-Ing. Arnhold im Ausstellungs- und Unterrichtsraum der neuen Lehrwerkstatt zu Lehrlingen und Ausbildern

Abb. 10.35 Der ungarische Reichsverweser, Admiral Miklós Horthy (Mitte, mit Mütze), bei einem Besuch im Maybach-Motorenbau 1937. Karl Maybach (*rechts*) erklärt Admiral Horthy Arbeitsstücke der Lehrlinge

700-PS- und den »weiteren« Motor. Dabei wurden in Protokollen Entwicklungskosten für verschiedene Motoren in Höhe von 150.000 bzw. 60.000 RM genannt. Auch war die Rede davon, dass für den Nachbau evtl. zwei Firmen »Lehraufträge« in Höhe von 10 % der Gesamtherstellung erhalten sollten – zunächst aber sollte Junkers fünf Motoren liefern. Bis dahin »würden ca. 1½ Jahre vergehen«. Erst danach würde Junkers einen Auftrag über eine bestimmte Stückzahl je Monat erhalten. Am 14. Dezember 1935 lag ein »Entwicklungsvertrag RKM« vor, der auch einen »Lehrauftrag« für ein etwaiges Nachbaurecht des RKM für eine oder zwei Firmen vorsah. Als Entgelt sollte der »Motorenbau« an Lieferungen, »die auf Grund der Entwicklung vergeben werden, bevorzugt bis zur vollen Inanspruchnahme Ihrer Leistungsfähigkeit beteiligt werden«. Am 30. Dezember 1935 stellte das RKM Aufträge in Höhe von je 100 Motoren für Zugmaschinen und »Tankmotoren« in Aussicht. Nun war die Entwicklung des 600- bis 700-PS-Vergaser-Motors plötzlich »nicht so dringend«, da man noch gar nicht wusste, ob ein 30-Tonnen-Panzer gebaut werden sollte, für den der Motor vorgesehen war. Von einer zielgerichteten, in sich schlüssigen Konzeption für die Panzerentwicklung konnte also zu dieser Zeit nicht die Rede sein.

Von Jahr zu Jahr wurde die Position der Wehrmacht als Geschäftspartner stärker. War der Maybach-Motorenbau Anfang 1935 noch ein Verhandlungspartner der Wehrmachtsbehörden gewesen, so verschärften diese fortan ständig ihre Bedingungen und duldeten keinen Widerspruch. Das Urheber- und Erfindungsrecht der Entwicklungsergebnisse mit etwaigen Patenten und Gebrauchsmustern musste z. B. nun dem »RKM und der Firma Maybach-Motorenbau gemeinsam gehören, sofern diese ... nur für die Zwecke der Deutschen Wehrmacht in Frage kamen«. Das RKM nahm sich auch das

Abb. 10.36 1-Tonnen-Zugkraftwagen (Halbketten-Zugmaschine), Bauart Demag D 7, mit Maybach-HL-42-TRKM-Motor, der aus dem Wagenmotor HL 35 im SW-35-Wagen weiterentwickelt wurde. Seit 1934 lieferte der »Maybach-Motorenbau« Motoren mit den dazugehörenden Getrieben für Halbketten-Zugmaschinen des Heeres, ab 1936 auch für leichte und mittlere Panzer. Grundlage hierfür waren die leistungsstarken Pkw- und Nkw-Motoren von Maybach

Abb. 10.37 Ottomotor Maybach HL 42 TU (die Buchstaben TU bedeuten »tiefes Unterteil«), wie er ab 1939 in die 1-, 3- und 5-Tonnen-Halbketten-Zugmaschinen von Demag, Adler, Saurer und Büssing-NAG eingebaut war. Außerdem diente der Motor als Antrieb für den »schweren Wehrmacht-Schlepper« (sWS) von Büssing-NAG und Tatra 1943 bis 1945 sowie den »leichten gepanzerten Beobachtungskraftwagen« (Sd.Kfz. 253) D7P von Wegmann 1940 bis 1941. Sechszylinder-Reihenmotor; Bohrung × Hub: 90 mm × 110 mm, Hubraum 4.197 cm^3, 73,5 kW (100 PS) bei 3.000 min^{-1}

Recht der »ausschließlichen uneingeschränkten und abgabefreien Benutzung«. Es konnte allerdings darauf hinweisen, dass es zur Beschleunigung der Arbeit in Friedrichshafen immer mehr Geld für Konstruktionskosten hergab. Dafür musste der Maybach-Motorenbau dann aber auch vor dem Versuch des Exports gewisser Motoren erst die Erlaubnis des RKM einholen. Briefe, in denen solche Erklärungen vonseiten des RKM enthalten waren, schlossen nun mit dem eindeutigen Satz: »Es erscheint wesentlich, die völlig voneinander abweichenden Mengen Ihrer Firma und des Heereswaffenamtes in einer gemeinsamen Besprechung in Berlin zu klären.« Und da derartige Briefe einen roten Aufkleber erhielten, der sie zum »Staatsgeheimnis« erklärte, musste der Empfänger hinter ihrem Text undefinierbare Drohungen empfinden. Am 12. Juni 1937 nahm man denn auch alle Bedingungen der Wehrmacht an.

Am 16. September 1937 waren drei Verträge unterschriftsreif, am 22. September unterschrieben der Maybach-Motorenbau und Krauss-Maffei. Aber nun befand sich der zur Unterzeichnung zuständige General Liese wochenlang in Italien. Schließlich kehrte er Anfang November 1937 nach Berlin zurück und unterschrieb den Vertrag am 6. November 1937.

Über die Typen, Zahlen und Preise der Motoren, die in den folgenden Jahren im Zusammenhang mit dem genannten Vertrag vom November 1937 abgeliefert wurden, befinden sich im Archiv von MTU keine Angaben. Aus einem geheimen Schreiben aus Friedrichshafen an das Oberkommando des Heeres (OKH) vom 9. April 1940 geht nur hervor, dass für »einen Satz Betriebsmittel für die Fertigung von 70 HL-66-Motoren in 500 Arbeitsstunden monatlich«, den der Maybach-Motorenbau aufgrund einer Aufforderung des OKH anbot, ein »Gesamtrichtpreis von RM 400.377« verlangt wurde. Es wurde hinzugefügt: »Dieser verhältnismäßig hohe Aufwand für die Betriebsmittel ergibt sich dadurch, dass die Betriebsmittelzeichnungen ... für eine rationelle serienmäßige Fertigung der HL-66-Motoren in 200 Stunden monatlich ausgeführt werden sollen ... «

Im Sommer 1940 wollte das OKH einen »Einheitsvertrag für Entwicklungs- und Erprobungsarbeiten« erstellen, der die Einzelverträge – z. B. mit Maybach – ersetzen sollte. Die Wirtschaftsgruppe »Fahrzeugindustrie« hielt diesen Vertrag für so wichtig, dass sie die Verhandlungen über ihn, der Pkw, Lkw und Krafträder betraf, »zentral« führen wollte. Dazu ist es anscheinend nicht gekommen. Viel wichtiger wurden nun – ohne Rücksicht auf unrealistische Lizenz- und Patentprobleme – die Lieferkapazitäten vieler Unternehmen. Da handelte es sich um ständig steigende Zahlen, an die man bei den Verhandlungen über den Vertrag niemals zu denken gewagt hatte.

Als z. B. am 2. September 1941, also kurz nach dem Beginn des Krieges gegen die Sowjetunion, ein Hauptmann Niebuhr beim »Motorenbau« auftauchte, erklärte er, »für 1943[!] sei ein Bedarf von insgesamt 4.600 Zgkw. und Pz.-Kpfw.[9] monatlich ermittelt worden«. Die Kapazität des Maybach-Motorenbaus »einschließlich des neuen Werkes Nordbau, Krauss-Maffei, Adler und Auto-Union« betrage aber nur 3.100 Motoren. Wenige Tage später wurde daher auch Borgward zum Nachbau von Maybach-Motoren herangezogen. Da die Sache eilig war, schlug Niebuhr vor, keine besonderen Verträge mit Borgward abzuschließen, »sondern

[9] Die Wehrmacht-üblichen Bezeichnungen für »Zugkraftwagen« (i. d. R. Halbketten-Zugmaschinen) und »Panzer-Kampfwagen«, d. h. Kampfpanzer.

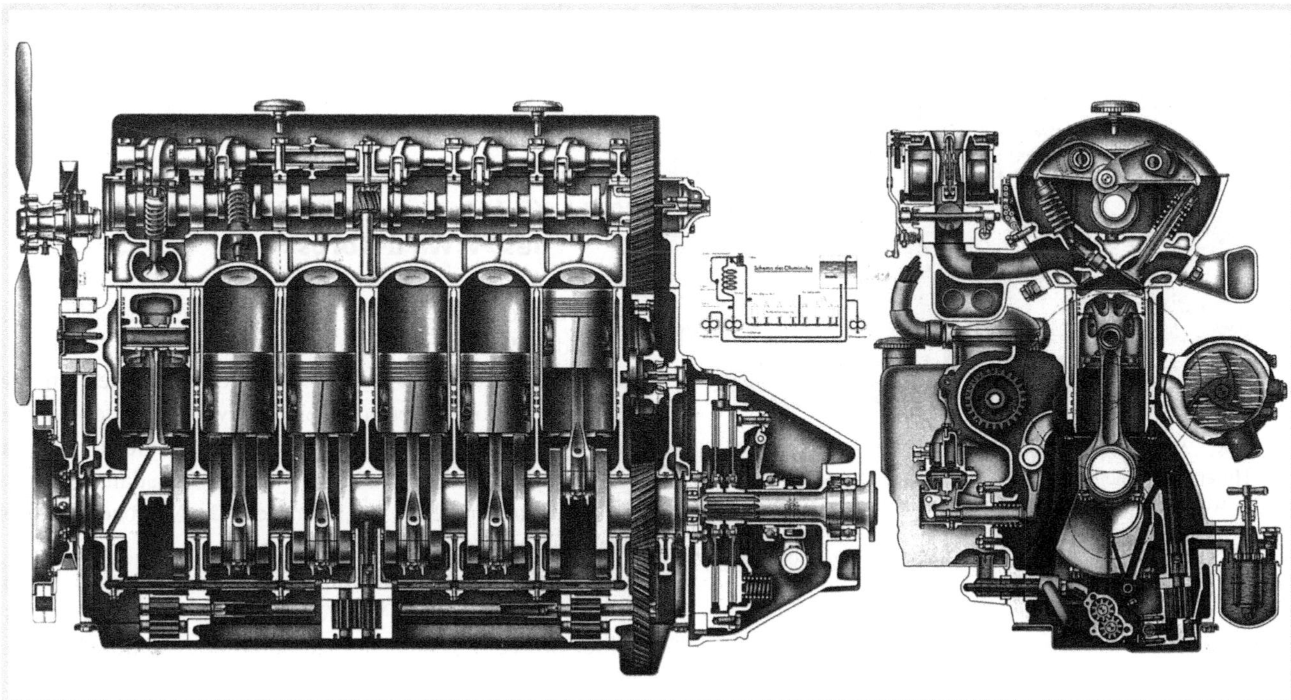

Abb. 10.38 Maybach-Motor vom Typ NL 38 TRKM bzw. HL 42 TRKM (NL = Normalleistung, HL = Hochleistung). Die nahezu baugleichen Motoren wurden in der Ausführung TRKM (Trockensumpfschmierung, Kupplung und Schnapper-Magnetzündung) vor allem in leichten Halbketten-Zugmaschinen und leichten Halbketten-Schützenpanzerwagen eingebaut. Der NL 38 wurde auch für den Panzer I verwendet

Abb. 10.39 12-Tonnen-Halbketten-Zugmaschine von Daimler-Benz, Typ DB 10, Nachbau Krauss-Maffei. Maybach-HL-85-TUKRM-Motor (136 kW/185 PS bei 2.600 min^{-1}), zul. Gesamtmasse: 14.700 kg, Höchstgeschwindigkeit: 51 km/h, Fahrbereich: 250 km, Besatzung: 11 Mann

Abb. 10.40 Die stärkste Ausführung der deutschen Halbketten-Zugmaschinen war der 18-Tonnen-Zugkraftwagen »Famo« F 3 mit Maybach-HL-108-TUKRM-Motor (169 kW/230 PS). Haupteinsatzzweck dieser »Elefanten« war das Abschleppen liegen gebliebener Panzer III und IV sowie von Radfahrzeugen, die z. B. dem russischen Schlamm nicht gewachsen waren

die Angelegenheit wie den Fall Auto-Union zu behandeln«. Der »Motorenbau« zögerte, aber die Ereignisse an der Front schoben solche Papierfragen einfach beiseite: Als man endlich zu einer sehr allgemein gehaltenen schriftlichen Absprache gelangte, war sie längst überholt. In einem Schreiben des OKH vom 7. Januar 1942 an den Maybach-Motorenbau über den Nachbau des HL 62 durch Saurer in Wien hieß es denn auch, »dass es die Lage« auf dem Motorengebiet »verbietet, den Nachbau ... von kleinlichen Erwägungen bzw. Firmeninteressen abhängig zu machen ... OKH erwartet, dass seitens Ihrer Firma der Firma Saurer ... ohne Verzögerung jegliche Unterstützung zuteil wird.« Saurer fing an zu arbeiten; beim Maybach-Motorenbau und »Nordbau« begann man gleichzeitig, durch innerbetriebliche Umstellungen ohne bauliche Erweiterungen ab Januar 1943 die Produktion zu steigern.

Für den Maybach-Motorenbau und den »Nordbau« bedeutete das monatlich 2.780 Motoren sowie Ersatzteile ent-

Abb. 10.41 Auf der Automobil-Ausstellung 1938 in Berlin besucht Adolf Hitler mit seinem Gefolge auch den Stand des Maybach-Motorenbaus, wo er sich mit Karl Maybach vor dem Modell einer Kurbelwelle über das Maybach-Dehnlinienverfahren unterhält. *Rechts neben Maybach* Direktor Jean Raebel und Dipl.-Ing. Carl Böttner, damals Maybachs Assistent und später Betriebsdirektor

sprechend 278 Motoren, ab Juli 1943 eine Gesamtstückzahl einschließlich Ersatzteile von 3.500 Motoren monatlich. Gleichzeitig fügte man hinzu, dass die Zulieferer dieses Tempo nicht würden mithalten können. Schließlich wünschte man vom Heer eine Planung bis Januar 1944 zu erhalten, was in Berlin nur als blanker Hohn empfunden werden konnte.

10.8 Karl Maybach wird Mitglied des »WWiFü-Korps«

Doch zunächst wieder zurück in die dreißiger Jahre. Auch wenn die Wehrmacht einen Geschäfts-»Partner« gut behandeln und auszeichnen wollte, hatte sie dafür einen strengen Stil. Hätte Adolf Hitler oder sein Stellvertreter oder der »Beauftragte für den Vierjahresplan«, Hermann Göring, an Karl Maybach persönlich einen Brief geschrieben, dann hätten sie diesen wohl mit »Sehr geehrter Herr Dr. Maybach« oder so ähnlich begonnen.

Nicht so die Wehrmacht, wenigstens nicht ihre »Wehrwirtschafts-Inspektion V«. Von ihr, die in Stuttgart N, Adolf-Hitler-Straße 1 (Akademie) domizilierte, erhielt Maybach einen am 29. April 1937 geschriebenen Brief. Dem Briefkopf des Absenders folgten rot gedruckt Befehle:

Abb. 10.42 Betriebsappell in der Reparaturhalle, um 1936. Bei solchen Anlässen traten der Werkschor und die Werkskapelle in Erscheinung

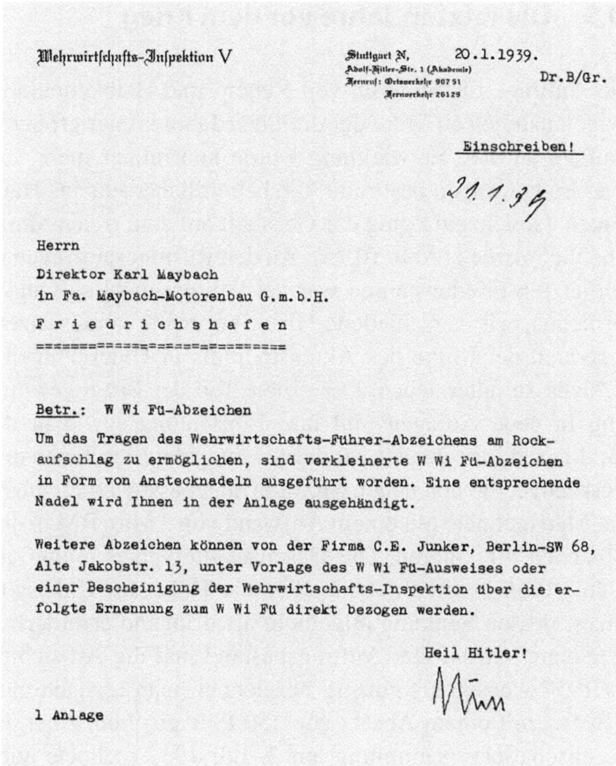

Wehrwirtschafts-Inspektion V

Stuttgart N, 20.1.1939.
Adolf-Hitler-Str. 1 (Akademie)
Fernruf: Ortsverkehr 907 51
Fernverkehr 26129

Dr.B/Gr.

Einschreiben!

21.1.39

Herrn
Direktor Karl Maybach
in Fa. Maybach-Motorenbau G.m.b.H.
F r i e d r i c h s h a f e n

Betr.: W Wi Fü-Abzeichen

Um das Tragen des Wehrwirtschafts-Führer-Abzeichens am Rockaufschlag zu ermöglichen, sind verkleinerte W Wi Fü-Abzeichen in Form von Anstecknadeln ausgeführt worden. Eine entsprechende Nadel wird Ihnen in der Anlage ausgehändigt.

Weitere Abzeichen können von der Firma C.E. Junker, Berlin-SW 68, Alte Jakobstr. 13, unter Vorlage des W Wi Fü-Ausweises oder einer Bescheinigung der Wehrwirtschafts-Inspektion über die erfolgte Ernennung zum W Wi Fü direkt bezogen werden.

Heil Hitler!

1 Anlage

Abb. 10.43 Im Januar 1938 wurde Karl Maybach, der ebenso wie Jean Raebel nie Mitglied der NSDAP war, zum Wehrwirtschaftsführer ernannt

Abb. 10.44 Das Wehrwirtschaftsführer-Abzeichen. Der Aufwand, der um dieses Abzeichen getrieben wurde (vgl. Abb. 10.43), erscheint uns heute absurd, ist aber typisch für die Bedeutung, welche totalitäre Regime ihren Insignien beimessen

1. Dies ist ein Staatsgeheimnis im Sinne des § 88 R.St. G. B.

2. Weitergabe nur verschlossen, bei Postbeförderung als ›Einschreiben‹ [ein besonders strenger Schreiber hatte das letzte Wort noch extra unterstrichen].

3. Aufbewahrung unter Verantwortung des Empfängers unter gesichertem Verschluss.

Diesem Befehl folgte auf einer besonderen Zeile die nicht sehr überraschende Anweisung »Vertraulich!«. Dann las Karl Maybach seine korrekt formulierte Geschäftsadresse. Und danach kam der Schreiber (ein Oberstleutnant mit unleserlicher Unterschrift) ohne einen Anflug von Höflichkeit zur Sache:

»Sie sind für die Übernahme in das Wehrwirtschaft-Führer-Korps ausersehen. Zur Einreichung des Vorschlags der Übernahme Ihrer Person in das WWiFü-Korps bittet die Wehrwirtschafts-Inspektion V, den beiliegenden Fragebogen auszufüllen und mit den 20 genannten Unterlagen, für die z. T. Vordrucke beigefügt sind, herzureichen.

8 Anlagen.

Heil Hitler!«

Das Wörtchen »bittet« war natürlich ein Stilbruch. Aber das künftige Mitglied des »WWiFü-Korps« nahm das Schreiben der Inspektion dennoch sehr ernst. Erst am 25. Mai 1937 hatte Maybach den Fragebogen mit seinen 20 Fragen und ebenso vielen Unterfragen (z. B. »Die Berechtigung zur Führung akademischer Titel ist nachzuweisen«, »Verwundungen«, »Angaben über Militärdienstzeit mit Daten«) ausgefüllt und einen nur 30 Zeilen langen Lebenslauf im letzten Augenblick handschriftlich hinzugefügt, die Zeugnisabschriften und Nachweise beisammen, sodass er »die obigen Angaben … nach bestem Wissen und Gewissen« unterschreiben konnte.

In einem besonderen Schreiben – natürlich »geheim« und als »Einschreiben« – machte Karl Maybach, ein ungedienter, bald 60-jähriger Zivilist, den Versuch, sich als der Mitgliedschaft im WWiFü-Korps unwürdig hinzustellen, indem er darauf hinwies:

»… daß ich aus Gründen überaus starker geschäftlicher Inanspruchnahme, nicht nur durch meine Tätigkeit als Geschäftsführer meiner Firma, sondern auch durch die Leitung der Entwicklungsarbeiten und Versuche und insbesondere der Konstruktion zahlreicher Motoren- und Getriebetypen für das Heereswaffenamt, derart in Anspruch genommen bin, daß ich mich für die in dem Fragebogen unter Punkt 20 erwähnten Übungen nicht verpflichten kann. Ich kann deshalb auch aus gesundheitlichen Gründen das Amt eines W.Wi.Fü. nur unter diesem Vorbehalt annehmen.«

Vergeblich: Vom Herrn Oberstleutnant Klett wurde »zugestanden, dass ich zu diesen Übungen nicht zugezogen werde …« Aber man legte »Wert darauf«, dass Maybach »als Betriebsführer … das Amt eines W. Wi. Fü.« übernahm.

Immerhin nahm der wichtige Vorgang viel Zeit in Anspruch. Erst am 30. Januar 1938, gewissermaßen im Rahmen der Feiern zur Erinnerung an die »Machtergreifung« fünf

Abb. 10.45 Für Schreibarbeiten im Büro standen bis in die fünfziger Jahre nur mechanische Schreibmaschinen zur Verfügung. Da es noch keine Kopierer gab, konnten lediglich einige Durchschläge gemacht werden. Die Fakturiermaschine dieser Kontoristin hat immerhin schon ein elektromotorisch angetriebenes mechanisches Rechenwerk

Jahre zuvor, mit der dies alles begonnen hatte, schrieb der gleiche Oberstleutnant, natürlich wieder ohne Anrede: »Gemäß beiliegender Verfügung des Oberbefehlshabers des Heeres [das war noch der dann eine Woche später, am 5. Februar, von Hitler davongejagte Werner Freiherr von Fritsch] wie der beigelegten Urkunde sind Sie mit Wirkung vom heutigen Tage zum Wehrwirtschaft-Führer ernannt worden« (Abb. 10.43). Man werde Maybach am Samstag, den 5. Februar 1938, vormittags »in Ihrem Werk besuchen«. Das Schreiben schloss: »Eine Veröffentlichung Ihrer Ernennung zum Wehrwirtschaft-Führer hat aus Gründen der Geheimhaltung und im Interesse der Landesverteidigung zu unterbleiben.« Außer der Urkunde erhielt Karl Maybach auch ein »Abzeichen« (Abb. 10.44). Korrekt, wie Karl Maybach war, bat er um eine »Aufstellung« über »Aufgaben und Pflichten der Wehrwirtschaft-Führer«. Er erhielt sie am 21. Februar 1938. Sie bestand aus einem einfachen Briefbogen, war aufgeteilt in sechs Aufgaben im Frieden und zwei im Krieg und enthielt keine Überraschungen oder Geheimaufträge. So oblag Maybach z. B. im Frieden die »Ausbildung von Facharbeitern« und im Krieg »die Führung der Rüstungsbetriebe unter Wahrung der Belange der Landesverteidigung«. Ein paar Monate später schrieb ihm immer noch der gleiche Oberstleutnant, er habe »jede Änderung der Personalien [Todesfälle in der Familie] unverzüglich nach hier zu melden«.

Das war dann alles – bis zu einer Art Wiederaufnahme des Verfahrens im Rahmen der »Entnazifizierung« durch die Franzosen vom Oktober 1945 bis zum Herbst 1948.

10.9 Die letzten Jahre vor dem Krieg

Die Aufträge für Motoren von Ketten- und Halbkettenfahrzeugen nahmen ab Mitte der dreißiger Jahre immer größeren Umfang an. Die Entwicklung wurde nun immer mehr von den Großaufträgen bestimmt, die behördlicherseits ins Haus kamen. Gleichzeitig ging das Geschäft auf dem freien Markt erheblich zurück (Abb. 10.35). An den Rüstungsaufträgen in den letzten Friedensjahren war bei Weitem nicht so viel zu verdienen, wie verschiedene Historiker heute voraussetzen, ohne sich der Mühe des Aktenstudiums in Unternehmensarchiven zu unterziehen. Der größte Teil der Bruttogewinne ging in neue Anlagen und ihre Einrichtung sowie in die ständig sich fortsetzende Modernisierung der Maschinen und Werkzeuge, die den neuen Motoren angepasst werden mussten. Man rechnete mit einem Aufwand von 3 Mio. RM in den folgenden drei Jahren. Die Gesellschafterversammlung am 1. Juli 1936 besprach »besonders die Höhe des Unkostensatzes, dessen Senkung allgemein als dringend erforderlich bezeichnet wird«. Der Auftragsbestand und die Aussichten bis 1937 wurden als günstig bezeichnet, man rechnete nun z. B. fest mit einem Absatz von 150 Pkw pro Jahr. Aber die Gesellschafterversammlung am 3. Juli 1937 rechnete auch dann noch mit einem Verlust von 87.000 RM für den Pkw-Sektor, der also ein reines Prestigegeschäft war und blieb (Abb. 10.47).

So stieg zwar ständig der Anlagewert des Unternehmens; aber was für ein »Wert« blieb das noch, wenn man plötzlich einmal von der Aufrüstung zur einfachen Ersatzbeschaffung übergehen musste – etwa wenn dem Reich das Geld ausging oder wenn gar an Hitlers Stelle ein demokratischer Zivilist mit einem soliden Finanzminister trat? Das hielt man

Abb. 10.46 Markt vor dem alten Rathaus in Friedrichshafen in den dreißiger Jahren. Die kleinstädtische Kulisse lässt nicht erahnen, dass hier Luftschiffe und Flugboote, Luxusautomobile und Hochleistungsmotoren für Schnelltriebwagen erdacht, hergestellt und erprobt wurden

Abb. 10.47 Maybach SW 38, Karosserie Autenrieth 1937. Das flach nach hinten abfallende Heck entsprach der neuesten stilistischen Richtung, die vor dem Krieg aus den USA kommend auch in Deutschland Fuß fasste, so z. B. beim Opel »Kapitän«

1935/36 in der Wirtschaft durchaus noch für möglich – z. B. Robert Pferdmenges, alterfahrener Senior-Partner im Bankhaus Sal. Oppenheim & Co. in Köln.

Einstweilen blieb nichts anderes übrig, als die beeindruckenden Zahlen des »voraussichtlichen Lieferungsumsatzes für 1937« zur Kenntnis zu nehmen: 3,8 Mio. für Wagen, 13,6 Mio. für Benzinmotoren, 1,4 Mio. bei Dieselmotoren, fast 4 Mio. bei »Sonstiges« – insgesamt 22,4 Mio. RM. Durch solche Geschäfte sank der Verlustvortrag aus den zwanziger Jahren bis Mitte 1937 auf 2 Mio. RM. Das war nun nicht mehr besorgniserregend, denn zu diesem Zeitpunkt lag der Auftragsbestand bereits bei annähernd 31 Mio. RM, also um rund 40 % über der Schätzung zu Jahresbeginn. Aber nun begannen die »Materialschwierigkeiten« (Abb. 10.48). Die Beschaffung sogenannter »Sparstoffe« (Werkstoffe, die – weil importiert – nur begrenzt verfügbar waren) wurde immer schwieriger. Ende 1937 beschäftigte der »Motorenbau« 2200 Personen, davon 467 Angestellte (Abb. 10.45).

Das Jahr 1938 war das letzte »Friedens«- und »normale« Aufrüstungsjahr. In der Mitte dieses »Normaljahres« fand am 22. Juni 1938 eine Gesellschafterversammlung statt. Im Jahre 1937 hatte man einen Gewinn von 1,2 Mio. RM gemacht. Davon benutzte man 1,0 Mio. zur Verringerung des Verlustvortrages und 0,2 Mio. RM als Rücklage für die im Konzern geplante »Altersfürsorge der Gefolgschaft«. Die Geschäftsführung erklärte, dass »eine volle Beschäftigung des Werkes bis Ende 1939 bereits gesichert ist. Programme, die die volle Beschäftigung in den Jahren 1940 und 1941 sichern, sind bereits vom Auftraggeber aufgestellt«. Und dieser »Auftraggeber« war die Wehrmacht, letztlich also Hitler!

Im Rückblick sah man einen im Laufe dieses Jahres von 33,3 auf 46,2 Mio. RM gestiegenen Auftragsbestand, von dem anfangs 2,4 %, am Ende 5 % aus dem Ausland stammten. Die durchschnittliche Mitarbeiterzahl war von 2.200 auf 2.373 gestiegen (Abb. 10.49). Man hatte nur noch 180 Pkw verkauft – gegenüber 229 im Vorjahr, weil, wie man zugab, die Konkurrenz die »früheren Mängel der Wagen …

Abb. 10.48 Schon vor Kriegsbeginn trat durch Boykotte und infolge knapper Devisen in der deutschen Industrie ein empfindlicher Mangel an hochwertigen Werkstoffen ein, dem man durch Bewirtschaftung bestimmter Rohstoffe, aber auch durch Sammelaktionen (*Bild*) zu begegnen versuchte

gebührend ausgeschlachtet« hatte, insbesondere aber wegen des Fortfalls von Steuerbegünstigungen. Und dann folgte eine politisch interessante Bemerkung: »… sowie durch die gerade in unseren Käuferschichten durch die politischen Geschehnisse verursachte Zurückhaltung.« Sahen also Maybachs Käuferschichten pessimistischer in die Zukunft als die anderen Deutschen?

Wie dem auch gewesen sein mag: Der Maybach-Motorenbau gab im Laufe des Jahres 1939 den Weiterbau des »Zeppelin« (Zwölfzylinder-V-Motor Typ DS 8) auf (vgl. Tab. 10.1). Dahinter stand allerdings auch ein politischer Druck: die sogenannte »Schell-Typenbereinigung« durch Görings Beauftragten Oberst Adolf von Schell. Von insgesamt 15 Benzinmotor-Typen hatte man 1938 3.950 Exemplare verkauft – im Wert von 21,4 Mio. RM, das Stück also im Durchschnittswert von etwa 5.500 RM. Dabei waren die Aufträge der Behörden, die immer größere Stückzahlen verlangten, wieder ausschlaggebend gewesen. Die Produktionsmöglichkeiten beim Maybach-Motorenbau wa-

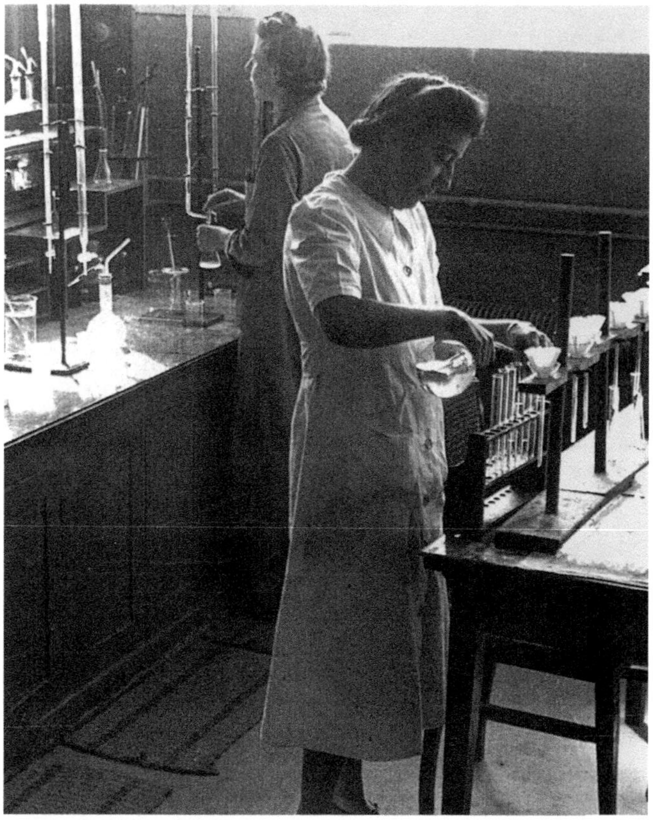

Abb. 10.49 Das Labor des Maybach-Motorenbaus. Von jeder Werkstoffcharge wurde die Zusammensetzung geprüft

ren ebenso wie beim »Nordbau« restlos ausgenutzt, sodass auf Wunsch des Auftraggebers Krauss-Maffei und Kämper (Berlin) am Jahresende mit dem Nachbau beginnen mussten.

Dieser »Große Auftraggeber« (Abb. 10.30, 10.31, 10.32, 10.33 und 10.42) erwies sich als ein strenger Herr: Er prüfte die Preise und erzwang deren weitere Senkung. Darauf hatte man sich allerdings vorbereitet. Man konnte die in den bewilligten Festpreisen vorgesehenen Arbeitsstunden jeweils unterschreiten, und zwar »durch die allmählich immer mehr zur Aufstellung kommenden modernen Bearbeitungsmaschinen und den besseren Arbeitsfluß«.

Am 2. Mai 1939 lagen OKH-Bestellungen in Höhe von etwa 3.700 Motoren und 5.500 Schaltreglern für Getriebe im Gesamtwert von 22,8 Mio. RM vor. Vor diesem Hintergrund fand am 17. Mai 1939 im Verwaltungsgebäude des LZ die Gesellschafterversammlung statt. Man hatte 1938 einen Reingewinn von 1,4 Mio. RM erzielt, aus dem man nun vier Monate vor dem Ausbruch des Krieges endlich den seit genau einem Jahrzehnt bestehenden, zeitweise existenzgefährdenden Verlustvortrag abschließen und zum ersten Mal wieder eine Dividende ausschütten konnte: 6 %. Auch die Tantiemen und Gehälter wurden erhöht.

Und dann kam das Jahr 1939, der Zweite Weltkrieg begann (Abb. 10.54). Erst am 21. Mai 1940 wurde der Geschäftsbericht vorgelegt – also mitten während der siegreichen Feldzüge in Skandinavien und Westeuropa. Der Bericht begann mit dem Satz: »Für das Geschäftsjahr 1939 können wir trotz verstärkter Personal- und Materialbeschaffungsschwierigkeiten und der mit Kriegsbeginn teilweise notwendig gewordenen Fertigungsumstellungen wieder nachstehenden befriedigenden Abschlussbericht vorlegen.« Von Ende 1938 bis Ende 1939 war der Auftragsbestand von 46,2 auf 64,7 Mio. RM, also um 40 % angewachsen, der »Gefolgschaftsstand« im Jahresdurchschnitt von 2.373 auf 2.634 Personen, also nur um 11 % gestiegen. Der Verkauf von Pkw war von 180 auf 142 zurückgegangen, auf weniger als 12 Wagen im Monat. Insbesondere seit der Jahresmitte ging der Absatz »rapid zurück, und zwar einmal durch die schon vor dem Krieg eingetretene Beunruhigung und zum anderen durch die mit Kriegsausbruch angeordnete fast vollkommene Zulassungssperre für Personenwagen über 2,5 Liter ... Vereinzelt wünschten Kunden Annullierung bzw. Lieferung ihrer Wagen nach Kriegsende. Wir streben hier freundschaftliche Verständigung an«.

Im Übrigen hatte der Staat inzwischen »ab 31. Mai 1940 eine vollkommene Liefersperre verhängt und die Verwendung und Weiterfertigung der vorhandenen Bestände lediglich für Export und heereswichtigen Bedarf verordnet«. Das brachte gewisse Verluste. Auf der anderen Seite hatte man 1939 insgesamt 6.781 Benzinmotoren (14 Typen) im Betrag von 32 Mio. RM abgesetzt – fast 72 % mehr als im Vorjahr, während der Wert nur um annähernd 50 % gestiegen war. Man sprach von »in jeder Hinsicht befriedigenden Betriebsergebnissen mit unseren Benzinfahrzeug-Motoren im Polenfeldzug«.

»Das Privatgeschäft in diesem Fabrikationszweig« war nach wie vor unbedeutend, es konnten aber »beachtliche Exportaufträge für die türkische, brasilianische, bulgarische und schwedische Wehrmacht abgeschlossen werden«. Allerdings zu spät, denn sie konnten »durch den Krieg größtenteils nicht zur Ausführung kommen«.

Auch die Reichsbahn (Abb. 10.29, 10.51, 10.52 und 10.53) musste kriegsbedingt auf »große Projekte« verzichten. Die Lieferung von hundert 650-PS-Dieselmotoren nach Spanien fiel ebenso aus wie eine solche nach Holland. Der Bericht meinte, dass ein Reichsbahnauftrag in Höhe von 10 Mio. RM »allerdings nach Kriegsende eine willkommene Beschäftigung für unsere Werkstätten darstellt«. Andererseits »verbleiben noch so viele Reichsbahnmotoren im Kriegsdringlichkeitsprogramm, dass wir auch 1940 wiederum den Umsatz von 1939 halten können«, falls man die Erlaubnis erhielt, neun Motoren an die norwegische und sechs an die holländische Bahn zu liefern. Hier wie bei einem neuen sich anbahnenden Spanien-Geschäft war man allerdings pessimistisch und versuchte vorzusorgen: »Wir bemühen uns deshalb, den Abschluss für die Nachkriegszeit zu sichern.«

Abb. 10.50 Dieser Maybach 12, Baujahr 1931, erhielt beim Concours d'Élégance in Budapest den Publikumspreis (siehe auch Abb. 9.27 und 18.12)

Abb. 10.51 Dreiteilige Schnelltriebzüge der Niederländischen Staatsbahn mit je drei Maybach-GO-6-Motoren (je 478 kW/650 PS) und elektrischer Kraftübertragung. Die Niederländische Staatsbahn war der wichtigste ausländische Kunde des Maybach-Motorenbaus vor dem Zweiten Weltkrieg

Abb. 10.52 Als letzte Schöpfung vor dem Zweiten Weltkrieg stellte der Ingenieur Franz Kruckenberg einen dreiteiligen Schnelltriebwagen vor, an dem er seit 1931 gearbeitet hatte. Angetrieben wurde er von zwei abgasturboaufgeladenen GO-6-Motoren. Am 23. Juni 1939 wurde mit diesem Zug eine Rekordfahrt durchgeführt und eine Spitzengeschwindigkeit von 215 km/h erreicht – Weltrekord für ein Serienfahrzeug des öffentlichen Schienenverkehrs! In den betrieblichen Einsatz kam der Kruckenberg-Zug wegen des Krieges nicht mehr, diente aber nach 1945 beiden deutschen Eisenbahngesellschaften als Vorbild für die neuen Schnelltriebzüge. Das Foto entstand unmittelbar nach der Rekordfahrt auf dem Bahnhof Wittenberge

Tab. 10.1 »Alle Maybach-Typen, die es gab«: Zusammenstellung der technischen Daten sämtlicher Fahrzeuge des Maybach-Motorenbaus 1922 bis 1941

Typ	Baujahr	Zylinderzahl	Hubvolumen dm³	Leistung kW/PS bei min⁻¹	Bohrung Hub	Vorwärtsgänge	Radstand	Länge × Breite × Höhe	Reifen	Fahrgestellmasse kg
W 3	1922 bis 1928	6	5.740	51,5/70 2.200	95 135	2	3.660	3.000 × 1.760 × 1.950	33 × 6,75	1.650
W 5	1927 bis 1928	6	6.995	88,3/120 2.400	94 168	2	3.660	3.000 × 1.760 × 1.950	33 × 6,75	1.750
W 5 SG	1928 bis 1929	6	6.995	88,3/120 2.400	94 168	3	3.660	5.000 × 1.760 × 1.950	33 × 6,75	1.750
»12«	1929	V12	6.962	110,3/150 3.000	86 100	3	3.660	5.100 × 1.820 × 1.700	32 × 6,75	1.850
»Zeppelin«	1930 bis 1933	V12	6.962	110,3/150 3.000	86 100	5	3.660/3.735	5.370/5.500 × 1.845 × 1.540	7,00/7,50–20	1.900
»Zeppelin«	1931 bis 1937	V12	7.975	147,1/200 3.200	92 100	5	3.660/3.735	5.370/5.500 × 1.845 × 1.540	7,00/7,50–20	1.900
DSH	1930 bis 1937	6	5.184	95,6/130 3.200	100 110	5	3.660/3.735	5.370/5.500 × 1.845 × 1.540	7,00/7,50–20	1.850
W 6	1930 bis 1933	6	6.995	88,3/120 2.800	94 168	4	3.660/3.735	5.370/5.500 × 1.845 × 1.540	7,00/7,50–20	1.850
W 6 DSG	1934 bis 1935	6	6.995	88,3/120 2.800	94 168	5	3.735	5.500 × 1.845 × 1.540	7,00/7,50–20	1.830
»Zeppelin«	1938 bis 1939	V12	7.973	147,1/200 3.200	92 100	7	3.735	5.500 × 1.845 × 1.540	210–20	2.100
SW 35	1935	6	3.435	103/140 4.500	90 90	4	5.100/3.500	4.500/4.900 × 1.850 × 1.650	6,50–17	1.300
SW 35	1936	6	3.435	103/140 4.500	90 90	5	3.380/3.680	4.600/5.000 × 1.850 × 1.650	6,50–17	1.300
SW 38	1936 bis 1939	6	3.790	103/140 4.000	90 100	5	3.380/3.680	4.600/5.000 × 1.850 × 1.650	6,50/7,00–17	1.400
SW 42	1940 bis 1941	6	4.197	103/140 4.000	90 110	5	3.380/3.680	4.600/5.000 × 1.850 × 1.650	6,50/7,00–17	1.400

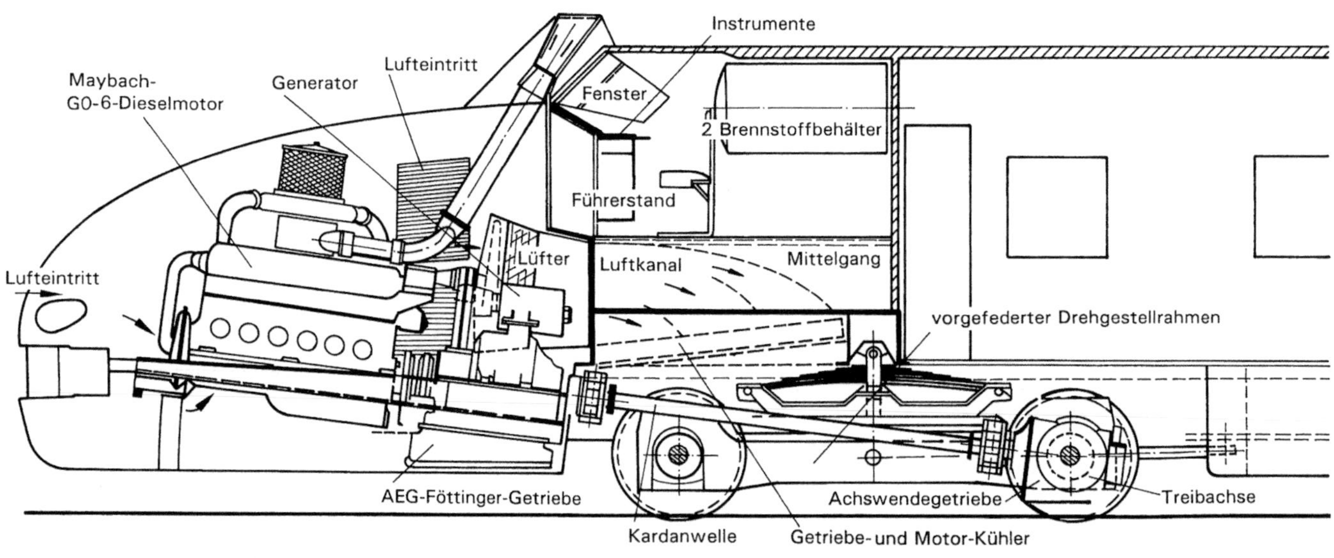

Abb. 10.53 Im Kruckenberg-Schnelltriebwagen waren der Dieselmotor und das angeflanschte hydraulische Getriebe im Fahrzeugaufbau gelagert

Aus dem ganzen Bericht geht sehr deutlich hervor, dass man in Friedrichshafen wie im ganzen Reich Ende Mai 1940 mit einem baldigen Ende des Krieges rechnete. Schon versandte man »Maybach-Mitteilungen« an alte Kunden und setzte Anzeigen in die inländische und neutrale Fachpresse, um damit »Vorarbeit für das künftige Friedensgeschäft« zu leisten. Der kriegsbedingten Konjunktur standen also durchaus massive Nachteile gegenüber. Und bevor sich die

Münchener Ausgabe

Münchener Ausgabe

VÖLKISCHER BEOBACHTER

Kampfblatt der national-sozialistischen Bewegung Großdeutschlands

Die ersten Kriegsziele der polnischen Angreifer

Vor einem Ueberfall auf Schlesien

Neue schwere polnische Grenzverletzungen

Die polnische Luftpiraterie

Ein drittes deutsches Verkehrsflugzeug am Freitag beschossen

„Rasche Uebernahme" der deutschen Gebiete vorbereitet

Deutsche retten Ostpreußen

Abb. 10.54 Mit dem Einmarsch der Deutschen Wehrmacht in Polen begann am 1. September 1939 der Zweite Weltkrieg. Wenige Tage zuvor hatte die nationalsozialistische Presse noch versucht, Polen die Verantwortung für den Ausbruch der Feindseligkeiten zuzuschieben

Abb. 10.55 Blick in die Arbeitsvorbereitung (Planung und Vorkalkulation) des Maybach-Motorenbaus während des Zweiten Weltkrieges. Hier wurden die einzelnen Arbeitsgänge für die Werkzeugmaschinen geplant und die Fertigungszeiten ausgerechnet, um die Werkzeugmaschinen mit rationellen Stückzahlen belegen zu können und um Unterlagen für die Preisbildung zu erhalten

Hoffnungen auf die künftige Friedenskonjunktur erfüllten, wurden »sehr störende Eingriffe in die Motorenserienfabrikation nötig«, weil die Anforderungen an Ersatzteilen für die Wehrmacht außerordentlich groß waren. Überhaupt verlagerten sich die Ersatzteil- und Reparaturgeschäfte »auf den Bedarf des Heeres«, was unerfreuliche und lästige Umstellungen und Kooperationen »mit fremden Vertragswerkstätten« zur Folge hatte. Aber alles in allem war das Jahr 1939 befriedigend gewesen: Man hatte einen Nettogewinn von 1,5 Mio. RM erarbeitet, konnte wieder 6 % Dividende ausschütten und einen Gewinnvortrag von 385.000 RM

Abb. 10.56 Am 29. August 1931 richtete die DELAG einen regelmäßigen Fahrdienst von Friedrichshafen nach Südamerika ein. Es war die erste interkontinentale Luftverkehrsverbindung. Der Vertrieb dieser Fahrten oblag der HAPAG

vornehmen. Falls keine unvorhergesehenen Ereignisse eintraten, war für 1940 mit einem entsprechenden Ergebnis und »über das Jahr 1941 hinaus« mit Vollbeschäftigung zu rechnen – und zwar in Friedenszeiten. Denn die letzten Sätze des Berichtes vom 17. Mai 1940 rechneten bereits damit, dass »die Umstellung auf Friedenswirtschaft ... beachtliche Mittel verzehren wird«. Daher »brauchen wir dringend eine Fortsetzung der Entwicklung der letzten Jahre, um schließlich auf solider Grundlage allmählich an eine Rückzahlung der in schlechten Entwicklungsjahren aufgenommenen Darlehen denken zu können«. So sah an diesem 17. Mai 1940 für Karl Maybach, der diesen Bericht unterschrieb, die Welt aus. Fünf Jahre zuvor hatte allmählich die Rüstungskonjunktur begonnen. Fünf Jahre später bemühte er sich, die Reste seines in den letzten Jahren gewaltig expandierten und dann in kurzer Zeit fast gänzlich zerstörten Unternehmens zu retten.

Im Zweiten Weltkrieg 1939 bis 1945 11

Wilhelm Treue

11.1 Der Maybach-Motorenbau vom Herbst 1939 bis zum Frühjahr 1945

11.1.1 Die Umstellung auf die Kriegswirtschaft und die Zeit der »Blitzkriege«

Die einzelnen Kriegsereignisse finden in den bei Maybach erhalten gebliebenen Akten keinen Niederschlag – weder in den Protokollen über meist lange Besprechungen der Oberbeamten, an denen fast immer Karl Maybach und nicht selten auch Hugo Eckener teilgenommen haben, noch bei den weniger häufigen Gesellschafterversammlungen. Mit dieser Feststellung ist nicht gemeint, dass der Historiker so naiv ist, Äußerungen der Begeisterung oder der Befürchtung, des Patriotismus oder des Defätismus zu erwarten. Aber der Krieg wirkte sich vom ersten Tag an für den Maybach-Motorenbau technisch und wirtschaftlich in allen Bereichen aus.

Bereits seit 1938 war es schwierig, genug Arbeitskräfte zu finden, um die großen Aufträge für die Wehrmacht termingerecht zu erfüllen. Beim Beginn des Polenfeldzuges und beim Aufmarsch am Westwall, spätestens am 10. Mai 1940[1], musste man sich fragen, wie man der vorauszusehenden Produktionssteigerung gerecht werden wollte, wenn ein Großteil der Männer zur Wehrmacht eingezogen wurde (Abb. 10.55, 11.2 und 11.3). Gewiss: Die Älteren konnten sich erinnern, dass seit 1915 zum Ersatz der Männer Frauen und Mädchen freiwillig oder gleichfalls »eingezogen« zum »Motorenbau« gekommen waren. Würde das auch jetzt wieder geschehen (Abb. 11.1)? Noch machte man sich in Deutschland keine Gedanken darüber, weil man glaubte, dass mit dem Frankreichfeldzug der Krieg zu Ende sein würde.

Abb. 11.1 Die Beschäftigung von Frauen in der Industrie entsprach nicht den Vorstellungen der Nationalsozialisten. Anders als z. B. in Großbritannien oder gar in der Sowjetunion zögerte man in Deutschland zu Beginn des Zweiten Weltkrieges, Frauen in der Rüstungsproduktion einzusetzen. Erst als zu viele Männer eingezogen und die Lücken anders nicht mehr zu schließen waren, griff man in großem Umfang auf Frauen zurück: Maybach-Mitarbeiterin an der Revolverdrehbank (1942)

Im Jahre 1935 war einmal in einer Besprechung der Mangel an Devisen für den Import von Metallen für den »Motorenbau« kurz erwähnt worden. Seit dem Mai 1940 fehlten nicht nur die Devisen, sondern auch die Importe: England verhinderte sie. Natürlich eroberte die Wehrmacht im ersten Augenblick – hauptsächlich in den holländischen, aber auch in belgischen, französischen, dänischen und norwegischen Häfen – Schiffe mit wertvollen Ladungen aus Übersee und in der Industrie der besetzten Länder

[1] Nach monatelangem »Sitzkrieg«, in dem die Wehrmacht entlang der deutsch-französischen Grenze in Stellung verharrte, begann an diesem Tag der sogenannte »Westfeldzug«.

W. Treue (✉)
Göttingen, Deutschland
E-Mail: customerservice@springernature.com

E. Eckermann, W. Treue, S. Zima (Hrsg.), *Technikpionier Karl Maybach*, https://doi.org/10.1007/978-3-658-37065-7_11

Abb. 11.2 Blick in die Abteilung »Disposition und Fertigungssteuerung«, um 1940. Während des Zweiten Weltkrieges wurde mit verhältnismäßig einfachen Hilfsmitteln wie Plantafeln das Material für die 1.000 HL-230-Motoren je Monat disponiert und die Teile bis zum fertigen Motor durch den Betrieb gesteuert. Dass viele Fertigungsabteilungen aus dem »Motorenbau« ausgelagert waren, erschwerte die Arbeit

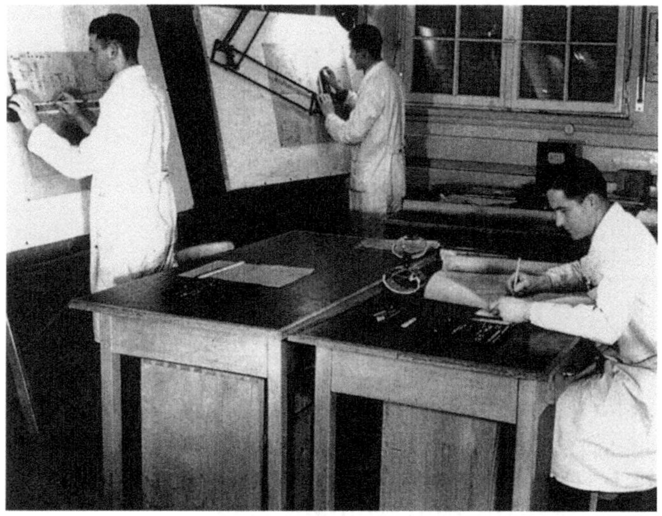

Abb. 11.3 Im »Vorrichtungsbüro« wurden Vorrichtungen konstruiert, um die Teile auf den Werkzeugmaschinen rationell und einwandfrei fertigen zu können. Spartanisch nach heutigen Maßstäben: Zeichenbrett, Rechenschieber, Bleistift und Papier als einzige Hilfsmittel der Konstrukteure!

Abb. 11.4 Der Einsatz von Kriegsgefangenen und aus den besetzten Gebieten deportierten Zivilpersonen – letztere im NS-Jargon verharmlosend als »Fremdarbeiter« bezeichnet – nahm in der deutschen Rüstungsindustrie schon bald beträchtliche Ausmaße an. Zwei Jahre später kamen mit Beginn des Russlandfeldzuges auch sowjetische Kriegsgefangene in die Betriebe – und entgingen damit oftmals einem ungewissen Schicksal, das sie in den von Seuchen und Hungertod erfüllten Lagern für russische Gefangene erwartete. *Bild:* Auf einem Fabrikhof im Osten stehen nach einer der großen Kesselschlachten im Sommer 1941 russische Soldaten unter dem »Kommando« eines deutschen Werkmeisters bereit zum Abtransport. Die Behandlung der Kriegsgefangenen und Fremdarbeiter beim »Motorenbau« war – von einigen Übergriffen abgesehen – im Großen und Ganzen korrekt

zum Teil recht große Lagerbestände. Im Spätsommer 1940 machten sich sofort Abteilungen der Waffenstillstands- und Friedenskommissionen daran, die Bestände entweder nach Deutschland zu überführen oder z. B. in Frankreich mithilfe französischer Arbeiter, Maschinen, Energie und Transportmittel unter deutscher Aufsicht für die deutsche Rüstung verarbeiten zu lassen. Das Gleiche geschah in Jugoslawien. Und die Sowjetunion transferierte korrekt bis zum Sommer 1941 Rohstoffe wie Kautschuk und Nickel. Ja, sogar ein paar deutsche U-Boote, denen die Fahrt nach Japan und zurück gelang, beteiligten sich durch den Transport von ein paar Tonnen knappster Rohstoffe an dieser Versorgung des Großdeutschen Reiches. Das konnte aber nur ein Tropfen auf den heißen Stein sein und stand im krassen Missverhältnis zu der Materialüberlegenheit der Alliierten.

Von alledem findet der Chronist in den Akten des Maybach-Motorenbaus unmittelbar keinen Satz, sondern nur Reflexionen darüber, dass die Arbeit ständig zunahm. Die abgelieferten Motoren entsprachen zahlenmäßig niemals ganz den Anforderungen und – es wird darauf einzugehen sein – bald auch nicht den Gelände- und Klimabedingungen, unter denen die Halbkettenfahrzeuge und Panzer eingesetzt wurden.

Friedrichshafen, diese schöne Stadt für Urlauber aus dem In- und Ausland (Abb. 10.34 und 10.46), hatte sich seit 1914 mehr und mehr zu einer Industrie- und Transitstadt entwickelt. Das hatte ihr Äußeres verändert. Außer stattlichen Hotels und Kurhäusern gab es immer mehr Arbeiterwohnungen, aber auch Villen von hohen Angestellten und Beamten. Noch immer lag die Stadt am Bodensee im südwestlichen Winkel des alten Reiches, doch ohne wirkliche Anbindung an die Schwerindustrie, an Handel, Finanzen, Verkehr und Nachrichtenwesen der Gegenwart des Dritten Reiches. Das brachte manchen Vorteil für den Einzelnen und die Gesamtheit. Österreichs »Anschluss« hatte die Friedrichshafener bewegt. Der Überfall auf Polen, dann auf Dänemark und Norwegen geschah weit entfernt von ihnen. Von Luftangriffen blieben sie vorerst verschont. Das mag dazu beigetragen haben, dass das Leben beim Maybach-Motorenbau alles in allem etwas anders verlief als etwa in Stuttgart oder gar in Essen. Allerdings konnte man auch beim MM die ständig wachsende Arbeit für den Krieg nur mithilfe von freiwilligen und hauptsächlich unfreiwilligen Fremdarbeitern sowie von Kriegsgefangenen erledigen (Abb. 11.4). Die Zahl lag im Schnitt bei 2.000 Beschäftigten. Dass beim »Motorenbau« keine Häftlinge aus Konzentrationslagern beschäftigt wurden, kann zwar bloß Zufall gewesen sein; sicher ist jedenfalls, dass der MM – anders als viele anderen Firmen – keine Häftlinge angefordert hat. Zweifellos hat das die Atmosphäre im Werk beeinflusst und später auch das Verhalten der Besatzer gegenüber dem MM, bei dem keine KZ-Häftlinge befreit werden mussten.

Die Unterbringung und Verpflegung der Fremdarbeiter und Kriegsgefangenen oblag der Deutschen Arbeitsfront. Die Behandlung durch das Aufsichtspersonal sowie die Vorgesetzten beim »Motorenbau« war laut Aussage heute noch lebender Maybach-Mitarbeiter im Großen und Ganzen korrekt. In einigen Abteilungen lag der Anteil der Deutschen bei lediglich 10 %, alle anderen waren Fremdarbeiter oder Kriegsgefangene. Die größte Gefahr ging für sie wie für die deutschen Arbeitskollegen von den alliierten Luftangriffen aus, denen auch beim Maybach-Motorenbau Kriegsgefangene zum Opfer fielen. Interessant erscheint in diesem Zusammenhang die Aussage eines ehemaligen Betriebsingenieurs, der mit 300 bis 400 Arbeitskollegen nach Gottmadingen ausgelagert war, dass bei den Nachtangriffen im Jahre 1944 durchschnittlich ein Zehntel der Fremdarbeiter in die nahegelegene Schweiz zu fliehen versuchte. Diejenigen, die die Schweizer Grenzbehörden wieder zurückschickten, wurden jedoch nicht bestraft, da man beim »Motorenbau« um jede zusätzliche Arbeitskraft froh war.

Abb. 11.5 Blick in eine Maybach-Maschinenhalle während des Zweiten Weltkrieges: Bereits damals wurden Werkstücke, die sich für eine Gruppenfertigung anboten, in »Inseln« mit Bohr-, Horizontal- und Vertikalfräsmaschinen gefertigt. Transmissionen und Riemen gab es zu dieser Zeit nicht mehr

Abb. 11.6 Der leichte Panzer II, ausgerüstet mit Maybach-HL-57/62-Motor, war bereits zu Beginn des Krieges veraltet. Gefechtsmasse: 7.600 kg, Höchstgeschwindigkeit: 40 km/h, Fahrbereich: 180 km, Bewaffnung: eine 2-cm-KwK 30, ein MG 34; Besatzung: 3 Mann

Bei den sogenannten Kriegsverbrecherprozessen in Rastatt 1945/46 wurden insgesamt 16 Mitarbeiter des Maybach-Motorenbaus wegen schlechter Behandlung von Fremdarbeitern angeklagt, wobei sich selbst im Urteil die Einschränkung findet, »ohne dass diese schlechte Behandlung jemals den äußerst schwerwiegenden Charakter wie in den Konzentrationslagern angenommen hätte«. Sechs Mitarbeiter wurden freigesprochen, die restlichen zehn zu Freiheitsstrafen zwischen ein und vier Jahren verurteilt. Diese Urteile wurden von vielen in Friedrichshafen als problematisch empfunden, da sie die besonderen Zeitumstände zu wenig berücksichtigten. Abgesehen davon, dass einige Maybach-Mitarbeiter bewusst falsch belastet wurden bzw. die Belastungszeugen Lappalien aufbauschten, gaben einige Angeklagte offen zu, dass sie sich angesichts der schwierigen Situation, in die sie sich plötzlich gestellt sahen – hohe Produktionsforderungen, eine verständlicherweise häufig unmotivierte ausländische Arbeiterschaft, zu wenig Wachpersonal –, oftmals völlig überfordert fühlten und deshalb zu unüberlegten Handlungen hinreißen ließen. Auch sollte an dieser Stelle der Hinweis nicht fehlen, dass seit den fünfziger Jahren zahlreiche ehemalige Fremdarbeiter und Kriegsgefangene nach Friedrichshafen gereist sind, um das Maybach-Werk zu besuchen und ihre deutschen Meister und Vorarbeiter zu treffen.

Bei Beginn des Zweiten Weltkrieges beschäftigte der Maybach-Motorenbau in Friedrichshafen etwa 2.600 Personen. Daneben baute man auf Veranlassung der Reichsregierung in Berlin den »Nordbau« aus, der von Friedrichshafen

Abb. 11.7 Der Panzer III mit Maybach-HL-120-Motor und Maybach-Variorex-Getriebe war das »Arbeitspferd« der deutschen Panzerwaffe und wurde von 1937 bis Kriegsende gebaut. Gefechtsmasse: rund 20.000 kg, Höchstgeschwindigkeit: 40 km/h, Fahrbereich: rund 160 km, Bewaffnung: eine 3,7-cm-KwK, zwei MG 34; Besatzung: 5 Mann

aus geführt wurde und nach einiger Zeit etwa ebenso viele Menschen beschäftigte.[2]

Sehr schnell kam es nun zu einer völligen Umstellung der Produktion (Abb. 11.5). Im Jahre 1939 waren etwa 90 % der »Dieselzüge großer Leistung« der Deutschen Reichsbahn mit Maybach-Dieselmotoren ausgerüstet. In einer Aufzeichnung aus den fünfziger Jahren heißt es über diese Zeit: »Die bedeutendsten kontinentalen Eisenbahnen verwendeten in ihrer Personen-Dieselzugbeförderung Maybach-Diesel-Motoren« – etwa 865 Sechs- und Zwölfzylinder-Motoren. Mit Kriegsbeginn kam die Dieselzugförderung in Europa aus Kraftstoffmangel zum Erliegen – und damit auch die Produktion von Eisenbahnmotoren.

Andererseits wurde bereits vor Kriegsausbruch »die Verwendung von Maybach-Vergaser-Motoren … auf verschiedene Militärfahrzeuge ausgedehnt«. Diese Tatsache sowie eine gewaltige Erweiterung der Produktion, wobei die Leistung der Motoren laufend erhöht werden musste, zwangen ständig zu einer Umorganisation und Verlagerung aller Arbeiten. Man baute nun ausschließlich Benzinmotoren der HL-Bauart von 73,5 bis 515 kW (100 bis 700 PS) (Abb. 11.6, 11.7, 11.8, 11.9 und 11.11) sowie Vielganggetriebe für militärische Zwecke vom Typ »Variorex« und »Olvar«. Von Maybach selbst und seinen Lizenznehmern, die also den »Nachbau« betrieben – zu ihnen gehörten fast alle namhaften deutschen Automobilhersteller – wurden von diesen Motoren bis zum Kriegsende insgesamt 130.000 (nach anderer Quelle 140.000) Stück abgeliefert, davon

- 45.000 Stück 300-PS-Motoren und
- 14.000 Stück 700-PS-Motoren,
- ferner 30.000 Getriebe,
- davon etwa 4.000 für eine Übertragungsleistung von 700 PS.

Auch die Entwicklungsarbeiten liefen auf Hochtouren: Die Leistung der Motoren wurde gesteigert, gleichzeitig aber der Aufwand an Material und Arbeitszeit dafür verringert, Sparstoffe mussten durch »heimische« Werkstoffe ersetzt werden. Von den Hochleistungs-Ottomotoren wurden Dieselvarianten abgeleitet. Neben den Motoren entwickelte der Maybach-Motorenbau auch Getriebe. In diesem Zusammenhang gab es Reibereien mit der Zahnradfabrik Friedrichshafen (ZF), die verschiedene Maybach-Getriebe in Lizenz fertigen musste. Ein Briefwechsel zwischen Maybach und Graf Soden-Fraunhofen, dem Leiter der Zahnradfabrik, beschäftigte sich z. B. hauptsächlich mit strittigen Prioritätsfragen der Entwicklung von Einzelheiten für Sonderfahrzeuge, der Automobilproduktion und Getriebeentwicklung seit etwa 20 Jahren. Gegen Ende des Krieges beschäftigte der Maybach-Motorenbau etwa 6.000 Personen, die monatlich rund 1.000 Stück 515-kW-(700-PS-)Motoren herstellten; etwa ebenso viele 220-kW-(300-PS-)Motoren lieferte der »Nordbau«. In den zehn Jahren von 1935 bis 1945 stieg der jährliche Umsatz allein im Stammhaus von 13 auf 112 Mio. RM.[3]

Der am 29. Mai 1941 abgeschlossene Geschäftsbericht über das erste volle Kriegsjahr erscheint einem Leser mit Kenntnis der weiteren Entwicklung bis zum Frühjahr 1945 als eine eigenartige Mischung aus Krieg und Frieden. Er beginnt wenige Wochen vor dem Überfall auf die Sowjetunion – von dessen Planung Eckener, Maybach und insbesondere der Repräsentant des Maybach-Motorenbaus in Berlin, Zabel, beim täglichen Verkehr mit dem RKM im Zusammenhang mit Lieferterminen und Planungen einiges gehört haben müssen – mit dem Satz: »Trotz Krieg und der dadurch bedingten Schwierigkeiten konnten wir … für das Geschäftsjahr 1940 ein den gehegten Erwartungen entsprechendes durchaus befriedigendes Ergebnis erzielen.« »Trotz Krieg«! Während doch jeder, der die Geschäfte verfolgt hatte, genau wusste, dass man durch Aufrüstung und Krieg dieses »befriedigende« Ergebnis erzielt hatte. Alles war gestiegen: der Auftragsbestand bis Ende 1940 auf 76,3 Mio. RM (um 18 % gegenüber 64,7 Mio. 1939), die »Gefolgschaft« im Jahres-

[2] Zur Geschichte des »Nordbau« siehe Abschn. 11.1.3 und 11.2.

[3] Im Zuge dieser Entwicklung kam es auch zu Veränderungen unter den Gesellschaftern. Am 14. Juli 1942 wurde das Kapital von 3 Mio. RM (seit 1926) auf 6 Mio. RM verdoppelt. Gleichzeitig wurden die Geschäftsanteile von Karl Maybach um 1,020 auf 2,220 Mio. RM (= 37 %) erhöht. Die weitere neue Anteilsverteilung im Einzelnen: Jean Raebel um 0,340 Mio. RM auf 0,420 (= 7 %) Dr. Eckener (nicht erhöht) 0,300 (= 5 %) Gräfin Brandenstein (nicht erhöht) 0,420 (= 7 %) Zeppelin-Stiftung um 0,510 Mio. RM auf 1,020 (= 17 %) LZum 0,410 Mio. RM auf 1,500 (= 25 %) Graf Brandenstein-Zeppelin 0,120 (= 2 %).

Abb. 11.8 Panzer IV, Ausführung H oder J, aufgenommen in der Gegend von Caen/Frankreich nach der Invasion der Alliierten in der Normandie im Sommer 1944. Die Wagen dieses Typs waren mit dem Maybach-HL-120-TRM-Motor und ZF-Aphon-Getriebe (sechs Vorwärtsgänge, ein Rückwärtsgang) ausgerüstet und hatten eine Gefechtsmasse von 25.000 kg. Die Schürzen seitlich der Wanne und am Turm dienen als Schutz vor Hohlladungsgeschossen, der pastos aufgetragene »Zimmerit«-Schutzanstrich soll das Anbringen von Haftminen erschweren. Höchstgeschwindigkeit: 38 km/h, Fahrbereich 250 km, Bewaffnung: eine 7,5-cm-KwK L/48, zwei MG 34; Besatzung: 5 Mann

durchschnitt auf 3.092 (+10,3 %), die Zahl der abgelieferten Benzin-Fahrzeugmotoren auf 7.948 (+17,2 %), ihr Wert auf 32,8 Mio. RM (+2,3 %). Diesen Angaben folgte der Satz:

> »Die entscheidende Bedeutung, welche dem Panzer in den Feldzügen dieses Krieges zukam[!], und die weiterhin zutage getretene Überlegenheit der Halbkettenfahrzeuge (Zugkraftwagen) [Abb. 11.12] über allradangetriebene führte, nachdem diese Fahrzeuge (ausgenommen die tschechischen) restlos mit unseren sich bestens bewährten Motoren ausgerüstet sind, zu einer weiteren beachtlichen Steigerung der Auftragseingänge.«

Der Nachbau bei »Nordbau« und Krauss-Maffei reichte nicht mehr[4] – man vergab eine Lizenz an Adler in Frankfurt und modernisierte die eigenen Anlagen, was »eine beachtliche Umsatzsteigerung und trotz zahlreicher kriegsbedingter Mehraufwendungen wiederum eine Senkung der Herstellungskosten« brachte. Dann folgten die Sätze: »Unser Auftraggeber anerkannte diese Leistung besonders ... Das Privatgeschäft erlangte auch in diesem Geschäftsjahr keine besondere Bedeutung.« Man hatte die Exporte nach Schweden ganz und die nach Bulgarien »teilweise« durchführen, nach Brasilien allerdings nur eine »Probelieferung« schicken dürfen, dagegen das »Türkengeschäft nach wie vor zurückstellen« müssen: Die Türkei war ein politisch unsicherer Kunde. Aber auch aus der Sowjetunion hatte man nach ersten, 1938/39 durchgeführten Lieferungen von Panzern III und HL-120-Motoren 1940 noch einen Auftrag erhalten: über zwei 250-PS-Schiffsmotoren.

Zum ersten Mal wurde »Brennstoffmangel« erwähnt, der zur Einschränkung von Versuchen führte – wie man das auch im Ersten Weltkrieg kennengelernt hatte. Die Auftraggeber verlangten die Vergabe von Getriebe-Lizenzen an weitere Firmen. Nach dem Ende des Westfeldzuges »setzte Mitte des Jahres 1940 eine außerordentlich umfangreiche[!] Instandsetzungsaktion ein«, die sowohl den Maybach-Motorenbau selbst wie Außen- und Vertragswerkstätten »sehr stark in Anspruch nahm«.

Geld begann nun bei der Deutschen Wehrmacht keine Rolle mehr zu spielen. Sie nahm die Erhöhung von Seri-

[4] Vgl. hierzu Abschn. 10.7.

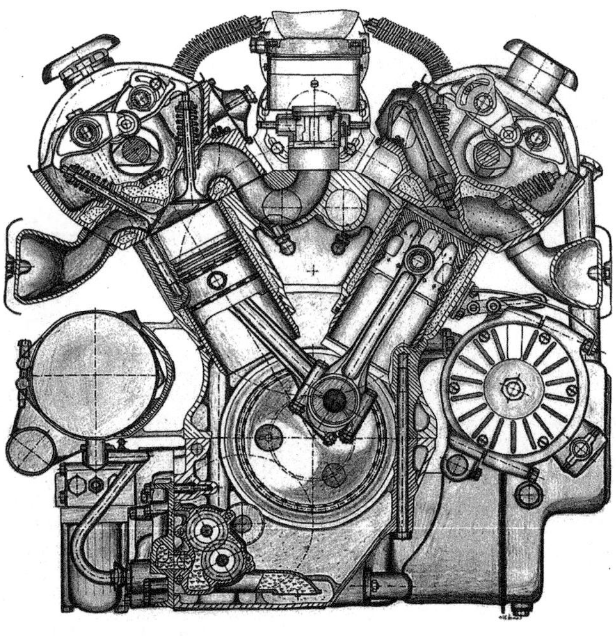

Abb. 11.9 Der 220 kW (300 PS) starke Maybach-HL-120-Motor (hier: Querschnitt) war der Standardantrieb der Panzer III und IV: ein kompakter Zwölfzylinder-V-Motor, wobei das Motorzubehör geschickt am und im Motor integriert war

enpreisen hin, übernahm »den Aufwand zur Verzinsung«, stellte eigene Lagerhallen, das sogenannte »Wehrmachtsersatzteillager«, für in die Millionen gehende Bestände zur Verfügung: »Wir sparen dadurch einmal die Investierung erheblicher Mittel und vermeiden zum anderen das ... außergewöhnlich große Risiko, das im Kriege für Wehrmachtslieferungen besonders unübersichtlich ist.« Man erzielte auf diese Weise 1940 einen Nettogewinn von 1,7 Mio. RM, schüttete 6 % Dividende aus und konnte erhebliche Rücklagen machen. Die »in schlechten Jahren aufgenommenen Darlehen« waren Ende 1940 vollständig zurückgezahlt: Der Maybach-Motorenbau war zwischen dem Frankreichfeldzug und dem Krieg in Russland schuldenfrei geworden und hatte außerdem den »Nordbau« ganz aus eigenen Mitteln eingerichtet.

11.1.2 Vom europäischen Krieg zum Weltkrieg

Wenige Wochen, nachdem die Gesellschafter diesen Bericht über das Jahr 1940 recht befriedigt und mit hoffnungsvollen Gedanken an eine friedliche Zeit verabschiedet hatten – eine Zeit, in der das »Großdeutsche Reich« Mittel- und Westeuropa von der Grenze der stalinistischen Sowjetunion, d. h. vom »Generalgouvernement« (Polen) bis zu den Pyrenäen, vom nördlichen Norwegen über Frankreich bis Südtirol (und mithilfe von Mussolini bis Sizilien) beherrschen würde –, überfiel die Deutsche Wehrmacht auf Hitlers Befehl die mit ihm durch einen Nichtangriffspakt verbundene Sowjetunion (Abb. 11.12). Hatte die Wehrmacht in Polen, Frankreich, Dänemark, Norwegen und auf dem Balkan »Feldzüge« geführt, so begann jetzt ein Krieg mit unabsehbarer räumlicher (Abb. 11.14 und 11.15), aber auch technischer und damit rüstungsindustrieller Dimension.[5]

Im T-34 (Abb. 11.13) und in den schweren KW-Panzern traf die Wehrmacht, deren Vorgängerin, die Reichswehr, viele Jahre im Frieden ihre Fahrzeuge und Waffen in der Sowjetunion hatte erproben dürfen[6], völlig überrascht auf hochmoderne, den deutschen überlegene Panzer. Waffentechnisch bedeutete das für Hitler und seine militärischen Planer, Konstrukteure und Erprober eine schwere Niederlage – ebenso wie sie sich produktionstechnisch als eine solche für die deutsche Industrie erweisen sollte. Diese Aspekte wurden von der deutschen Geschichtsschreibung mit ihrer Vorliebe für das politische, militärstrategische und »soziale« Geschehen bisher übersehen: Sie bleibt bei der Militärgeschichte im Herkömmlichen befangen, anstatt in den Unternehmensarchiven nach anderen, neuen Seiten der Kriegsgeschichte zu forschen.

Der am 15. Mai 1942, also schon nach dem Menetekel des Rückzuges von Moskau, abgeschlossene Entwurf des »Berichtes zur Bilanz auf 31. Dezember 1941« beginnt in einem – aus heutiger Sicht – erstaunlichen Unverständnis für die damals gegenwärtige Situation mit dem Satz: »Die im Bericht für das Geschäftsjahr 1941 erwartete Geschäftsausweitung hat sich hinsichtlich des Lieferungsumsatzes und Auftragseinganges in beachtlichem Ausmaß ergeben, ebenso auch ein befriedigender Geschäftsabschluss ...« Der Auftragsbestand war von Ende 1940 bis Ende 1941 von 76 auf 102 Mio. RM, d. h. um mehr als ein Drittel gestiegen, woran der Export nun nur noch mit 0,4 % beteiligt gewesen war. Das alles zeigt, wie unpolitisch in Friedrichshafen gedacht wurde und wie wenig man diesen Krieg und seine Auswirkungen zu erkennen wusste. Oder hat man sich nur bemüht, keine Befürchtungen anklingen zu lassen bzw. diese mindestens zu tarnen?

[5] Der auch ideologisch motivierte Krieg Hitlers gegen die gleichfalls totalitär geführte ehemalige Sowjetunion unter Josef Stalin, zunächst »nur« als »Russlandfeldzug« bezeichnet, erreichte als »Großer Vaterländischer Krieg« (wie er in der Sowjetunion genannt wurde) sehr schnell ein bisher nicht dagewesenes Ausmaß auch in anderer Hinsicht: durch die unvorstellbar hohen Menschen- und Materialverluste auf beiden Seiten. Dabei trafen Erstere in weit größerem Umfang als bei den vorangegangenen Feldzügen die Zivilbevölkerung. Das aus dem millionenfachen menschlichen Leid beider Seiten erwachsene Trauma, vor allem in der ehemaligen Sowjetunion, hat dann fast ein halbes Jahrhundert lang das Verhältnis zwischen Russen und Deutschen schwer belastet.

[6] Der Versailler Vertrag verbot dem Deutschen Reich den Besitz voll gepanzerter Kampffahrzeuge. Um den technischen Anschluss nicht zu verlieren, ließ die Reichswehr ab 1926 unter strengster Geheimhaltung verschiedene als »Traktoren« bezeichnete Panzer-Versuchsfahrzeuge bauen, die in der Kampfwagenschule Kama bei Kasan praktisch erprobt wurden.

Abb. 11.10 Dieser 8-Tonnen-Zugkraftwagen HL 11m von Borgward mit Maybach-HL-62-TUK-Motor zieht einen Opel »Blitz« durch den Schlamm einer Rollbahn im Osten

Abb. 11.11 Motorenmontage in Friedrichshafen: Einbau einer rollengelagerten Scheibenkurbelwelle in das Kurbelgehäuse eines HL-120-Panzermotors

Trotz Krieg hatte man 1941 79 Pkw verkauft, jedoch nur zwei abgeliefert. Unter den Bestellungen befand sich auch »ein größerer Behördenauftrag, der wie alle anderen zur Abwicklung nach Beendigung des Krieges vorgemerkt ist«. Einstweilen wurde »die Weiterentwicklung dieser Erzeugnisse ... restlos« eingestellt. Hatte man 1940 noch 4.413 Benzin-Fahrzeugmotoren abgeliefert, so waren es 1941 bereits 7.573 Stück, d. h. 71,6 % mehr, und man hatte die Preise gegenüber der Kontrolle des »Großen Auftraggebers« (Abb. 11.16) einigermaßen behaupten können: Der Wert der Ablieferungen war gegenüber dem Vorjahr immerhin um 63,6 % auf 35,6 Mio. RM gestiegen. Das hing hauptsächlich damit zusammen, dass das Heer immer stärkere Motoren brauchte. Auch hatten die Aufträge für Panzermotoren im Verhältnis mehr zugenommen als für Zugkraftwagen.

Schon lange konnte der Maybach-Motorenbau allein nicht mehr alle Forderungen des Heeres erfüllen. Der »Nordbau« in Berlin musste stärker herangezogen werden, und weitere Nachbaufirmen waren »bestellt worden«. Die Verteilung der Produktion von Motorentypen und -teilen wurde immer komplizierter. Beim »Motorenbau« war man im Mai 1942 im Begriff, die monatliche Motorenproduktion von 631 auf 700 bis 800 anzuheben, danach wollte man sie auf 1.400 steigern. Der Krieg hatte eine neue Größenordnung erreicht. Ein Jahr später sollte man an noch ganz andere Zahlen denken. Das Geschäft mit Dieselmotoren kam vollständig zum Erliegen – fast vollständig, denn »der Lieferungsumsatz beschränkte sich noch auf die ... Abwicklung des ersten Rußlandgeschäfts, das allerdings durch den inzwischen eingetretenen Kriegszustand nur noch teilweise abgewickelt

Abb. 11.12 Am 22. Juni 1941 beginnt ohne Kriegserklärung der Krieg gegen die Sowjetunion

Abb. 11.13 Das erste Auftreten des sowjetischen T-34-Panzers, dessen Vorhandensein nicht einmal vermutet worden war, erwies sich für die Deutsche Wehrmacht im Sommer 1941 als böse Überraschung. Der T-34, von den Konstrukteuren Koschkin und Morozow entwickelt und in gewaltigen Stückzahlen gefertigt, war ein homogen durchgebildetes Fahrzeug mit günstiger Formgebung der Panzerflächen, schwerer Bewaffnung, hoher Beweglichkeit und hervorragender Geländegängigkeit (aufgrund des breiten Kettenlaufwerkes und seiner günstigen Leistungsmasse). Er hatte einen kompakten, leistungsstarken und robusten Dieselmotor, dessen Gehäuse aus einer Al-Legierung bestand – in jenen Tagen genauso eine Neuheit wie die weitgehende Elektroschweißung bei der Montage des Panzers. Gefechtsmasse: 26.300 kg, Höchstgeschwindigkeit: 50 km/h, Fahrbereich: 400 km, Bewaffnung: eine 7,62-cm-Kanone, zwei 7,62-mm-MG; Besatzung: 4 Mann. Das Erscheinen dieses Panzers zwang die deutsche Führung, schnellstens etwas Ebenbürtiges zu entwickeln. Zuerst war daran gedacht, den T-34 mit wenigen Änderungen nachzubauen. Aus verschiedenen Gründen, u. a. weil einige für den Turm des T-34 verwendete Stahllegierungen in Deutschland knapp waren, nahm man davon Abstand. Stattdessen ging man daran, den Panzer V »Panther« (als Gegenstück zum T-34) und den Panzer VI »Tiger« – jedoch wiederum mit Benzinmotoren – zu bauen

werden konnte, d. h. Bezahlung war nicht mehr zu bekommen«. Das Dritte Reich zahlte 80 % des Ausfalls, »während die restlichen 20 % als uneinbringlich anzusehen sind. Ein zweiter Auftrag aus Rußland, der im April 1941 einging, konnte noch rechtzeitig in der Produktion abgestoppt und somit ein Ausfall vermieden werden«. Das Ersatzteile-Verkaufsgeschäft hatte, nicht überraschend, »eine bedeutende Ausweitung erfahren«: im Auftragseingang um 148 %, im Lieferungsumsatz allerdings nur um 40 % – man kam mit den Anforderungen des Krieges nicht mehr mit. »Der durch den Verlauf des Feldzuges im Osten hervorgerufene außerordentlich große Ersatzteilbedarf konnte nicht sofort im vollen Umfang befriedigt werden, obwohl die Ersatzteilfertigung mit besonderer Aufmerksamkeit intensiv betrieben wurde.« Was das zur Folge hatte, wurde sehr elegant formuliert: »Es ergaben sich eine Reihe von Engpässen, die zu Schwierigkeiten in der Versorgung der Bedarfs Stätten führten.« Im Übrigen aber hatten sich das »wehrmachtseigene Ersatzteillager und die damit zusammenhängende Organisation bewährt«. Auch war in einem besonderen Abkommen mit dem OKH geregelt worden, dass es selbst die Lagerkosten übernahm und der Maybach-Motorenbau nur die Verwaltung des Lagers »mit der üblichen Sorgfalt« betrieb. An alle Fronten musste man Montagepersonal schicken – »auch zum Afrikakorps sind Monteure abgestellt worden, wovon leider zu Beginn d. J. zwei Mann in englische Gefangenschaft kamen« (Abb. 11.17 und 11.18).

Das OKH bezahlte die präsentierten Rechnungen »innerhalb eines Zeitraumes von sechs bis acht Wochen«. So geriet man nicht in Geldschwierigkeiten und konnte auch die »Gefolgschaft« anständig bezahlen, die durch die Heranziehung von Frauen und »ausländischen Zivilkräften« sowie die immer größere Zahl von Wehrfähigen, die vom Kriegsdienst freigestellt wurden, ständig anwuchs. Die Arbeitszeit betrug in dieser Zeit in der Regel 57 Stunden. Schwierigkeiten bereitete die Unterbringung der von auswärts zugewiesenen Arbeitskräfte. Für sie musste man in benachbarten Gemeinden Unterkünfte mieten, was Geld kostete. Für jedes Gefolgschaftsmitglied wendete man im Jahresdurchschnitt 240 RM an freiwilligen sozialen Leistungen auf.

Und wie sah man in die Zukunft? Vorsichtig optimistisch, was das Geld anbetraf. Der »Große Auftraggeber« hatte erneut durch eine Festlegung der Preise eine »merkliche Verdienstschmälerung« herbeigeführt. Es bedurfte also – zum wiederholten Male – »aller Anstrengungen ..., die Fertigungskosten weiter zu senken. Aus der verbreiterten Produktionsbasis ist jedoch auch im Jahre 1942 ein annehmbares Ergebnis zu erwarten«.

Abb. 11.14 Dieses Bild eines Panzers III lässt den unendlichen Raum und zugleich die ganze Tristesse des Vormarsches durch das schlammige, leicht überfrorene Gelände an der Ostfront erahnen

So sah die Lage Mitte 1942 aus. Am Ende dieses Jahres hatte man beim Maybach-Motorenbau einen Auftragsbestand in Höhe von 186 Mio. RM (davon 0,17 % für den Export), was eine bedeutende Steigerung über den Vorjahresbestand hinaus bedeutete, obgleich davon für fast 3 Mio. RM Aufträge »sistiert« worden waren. Die Mitarbeiterzahl lag bei 4.089, davon 772 Angestellte. Der Auftragssteigerung von 82,1 % stand also eine solche der Belegschaft von nur 17,5 % gegenüber. Das war nicht nur auf eine stark rationalisierte Fertigung zurückzuführen, sondern auch auf Standardisierung und Typenvereinheitlichung. Nun konnte man natürlich den Betrieb nicht mehr so stark rationalisieren, dass dadurch eine solche Spanne hätte ausgeglichen werden können. Schon längst waren die Motoren ebenso wie die Waffen und Geräte anderer Unternehmen, für die der »Große Auftraggeber« Stückpreise festgelegt hatte, immer einfacher geworden, sodass Arbeitsstunden und Materialkosten eingespart werden konnten. Das Automobilgeschäft kam 1942 fast völlig zum Erliegen: Man verkaufte im ganzen Jahr nur noch elf Wagen.

Im Jahre 1942 hatte der Maybach-Motorenbau (also ohne »Nordbau« und andere Nachbauer) 13.302 Benzinmotoren im Wert von 120 Mio. RM verkauft (d. h. rund 1.000 Motoren im Monat), davon 11.028 Motoren der Typen HL 210/230. Das bedeutete gegenüber dem Vorjahr dem Wert nach eine Steigerung von 130 %, der Stückzahl nach nur um 24 %, sodass also einige Motorentypen außerordentlich teuer geworden waren. Die HL-210/230-Motoren waren größer und lagen in der Leistung doppelt so hoch wie die nächstkleinere Type HL 120. Auch ist zu beachten, dass dem »Verkauf« dieser 13.302 nur eine »Ablieferung« von 8.325 gegenüberstand. Es klaffte also eine beachtliche Lücke zwischen den Forderungen des OKH und den Produktionsmöglichkeiten in Friedrichshafen, obgleich dort ständig erweitert und rationalisiert wurde und nicht nur die Zahl der Mitarbeiter, sondern auch deren Arbeitszeit dauernd stieg. Den Zahlenangaben

Abb. 11.15 Schlamm erhöht nicht nur den Fahrwiderstand, er treibt auch den Verschleiß an Gleisketten und Laufwerk in die Höhe. Unschwer lässt sich vorstellen, was es unter diesen Bedingungen bedeutete, eine Kette oder ein Laufrad zu wechseln

Abb. 11.17 Vorstoß des deutschen Afrikakorps auf Kairouan: *vorn* ein schweres Motorradgespann und ein Spähwagen mit HL-42-Motor, *dahinter* ein Panzer IV (HL-120-Motor) und *ganz hinten* ein Panzer VI »Tiger« mit HL-230-Motor. Karl Maybachs ältester Sohn Walter, Zugführer einer Panzereinheit, fiel bei diesem Feldzug am 14. Februar 1943

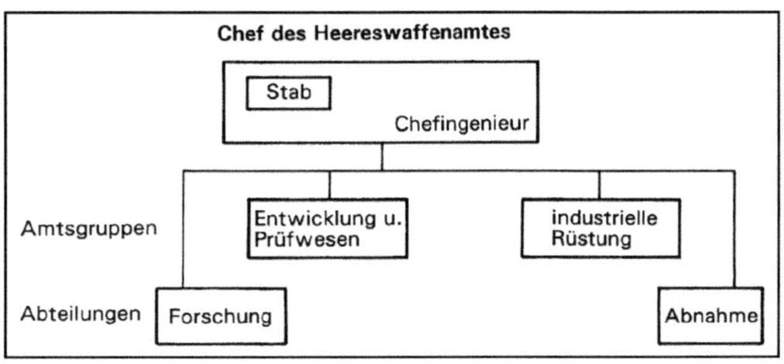

Abb. 11.16 Gliederung des Heereswaffenamtes von 1938 bis 1940

Abb. 11.18 Eine Instandsetzungsgruppe für Maybach-Motoren beim Afrikakorps

folgte der Satz:

> »Die weiterhin beste Bewährung unserer Motoren an der Front und der Umstand, daß wir uns mit unserem neuen, für die sogen. Tiger- und Panther-Fahrzeuge bestimmten leistungsgesteigerten 650-PS-Motor Type HL 210[7] gegen den von höchsten Stellen mit allen Mitteln geförderten cs und den Daimler-Benz-Diesel durchsetzen konnten, festigten unsere führende Stellung im Bau von Motoren für Panzer- und Zugkraftwagen wiederum und führte zu so außergewöhnlichen Bedarfssteigerungen an Maybach-Motoren, daß noch weitere Nachbaufirmen eingeschaltet werden mussten, so daß wir nach vollem Ausbau monatlich bauen können ...«

Und nun folgte eine Liste, die von Maybach, Friedrichshafen, mit »bis zu 1.500 Motoren von 750 bis 1.000 PS« bis zu insgesamt zehn Firmen reichte und eine Gesamtproduktionsmöglichkeit von 7.550 Motoren monatlich umfasste (Tab. 11.1). Da zeichneten sich also weitere Neubauten und ein Anwachsen der Belegschaft an allen Orten ab: am Bodensee, in Berlin, Siegmar, Nordhausen, Nürnberg, München, Wien, Bremen, Frankfurt/Main und Zwickau – und plötzlich auch schmerzliche Verluste durch die zahlenmäßig und in ihrer Wirkung immer stärker werdenden Bombenangriffe.

Zu beachten ist weiter, dass zur angegebenen Produktionsmöglichkeit automatisch 20 % Ersatzteile gehörten, je fünf Motoren also gewissermaßen ein Ersatzmotor hinterhergefahren wurde. Das waren bei 8.325 Ablieferungen immerhin 1.661 Motoren zusätzlich, sodass man 1942 insgesamt 10.000 Motoren abgeliefert hatte. Das bedeutete eine erhebliche Belastung der Produktion, denn der Auftraggeber nahm mit seinen Forderungen auf diese Konsequenzen keine Rück-

[7] Vgl. hierzu auch Abschn. 20.4.

Abb. 11.19 Versuchs-Vollkettenfahrzeug VK 901 (Bauart MAN mit Maybach-HL-45-P-Motor), gefolgt von einer 1-Tonnen-Halbketten-Zugmaschine, bei der Fahrt durch Markdorf, unterwegs zur »Panzerwiese« am Gehrenberg, wo Motoren und Getriebe erprobt wurden

Abb. 11.21 Motorenreparatur in Frontnähe irgendwo im Osten: Mit primitiven Mitteln mussten verschlissene und beschädigte Motoren wieder instand gesetzt werden, da sie wegen der gefechtsbedingten hohen Ausfallraten und des schleppenden Nachschubs dringend an der Front benötigt wurden

Abb. 11.20 Soldaten der Flak-Stammbatterie von Friedrichshafen besichtigen die Erprobung auf der »Panzerwiese«. Im Hintergrund ein »Tiger-Fahrwerk«

sicht. Daher mussten für »ausschließliche Ersatzteilfertigung im größeren Umfange« ganze Abteilungen bei Henschel in Kassel und Simmering-Graz-Pauker in Wien eingeschaltet werden.

Da man sich gegenüber Porsche und Daimler-Benz durchgesetzt hatte (vgl. auch Tafel 15.10), konnte man befriedigt feststellen: »Unsere Entwicklungsarbeiten in Richtung Leistungssteigerung können wir frei von Hemmungen weiterführen.« Das war ein beachtliches Stück Freiheit (dasselbe galt übrigens auch für die von der Wehrmacht geforderte Entwicklung »leistungsgesteigerter« Dieselmotoren), und als einen zusätzlichen Erfolg verzeichnete man, dass Karl Maybach »neben seiner Tätigkeit in den Panzer- und Kraftfahrzeug-Kommissionen« von Albert Speer, dem »Reichsministerium für Bewaffnung und Munition«, in dessen »persönlichen Beirat für die Beratung in allen grundsätzlichen Fragen der Kraftfahrt« berufen worden war, nachdem Jean Raebel schon seit längerer Zeit Leiter des Panzerausschusses Pz. VII war. Damit war die Führung durch den Maybach-Motorenbau »auch im Rahmen der Selbstverantwortung der Industrie und bei der Zusammenarbeit mit den verschiedenen Nachbaufirmen sichergestellt«. An der Ostfront hatte man in verschiedenen Gebieten »Panzerinstandsetzungs- und Wartungs-Werke« errichtet[8] (Abb. 11.21) und dorthin Spezialisten mit der Bezeichnung »Sonderführer« oder »Kriegswerkmeister« geschickt. Es handelte sich hierbei um Werksangehörige (Fachkräfte, Monteure und Meister), die in die »Organisation Todt« integriert worden waren. Das Wort »Sonderführer« ist durch ähnliche Bezeichnungen in den Gliederungen von Partei, SA und SS negativ belegt. Kriegswerkmeister waren ebenfalls Werksangehörige, die von der Wehrmacht eingezogen und den direkt hinter der Front wirkenden Instandsetzungsstaffeln der Truppe zugeteilt wurden. In Deutschland stieg die Zahl der »ausländischen Anlernkräfte« stark an. Auch der Einsatz deutscher Frauen half die Schwierigkeiten zu mildern (Abb. 11.22).

Schließlich konnte man mit Genugtuung feststellen, dass Speer und Robert Ley, der Leiter der Deutschen Arbeitsfront, Anerkennungsurkunden, Kriegsverdienstkreuze und -medaillen geschickt hatten; das hatte auch eine innenpolitische Bedeutung. »Politische Zuverlässigkeit« spielte eine immer größere Rolle – nicht zuletzt bei der Zuteilung von Material und Erfüllung von Wünschen (Abb. 11.19, 11.20 und 11.34). So erlebte man z. B. gerade in diesem Jahr

[8] Vgl. hierzu S. 191ff. und 20.5.

Tab. 11.1 Motorenfertigung beim Maybach-Motorenbau und den Nachbaufirmen. Kapazitätsplanung nach dem Geschäftsbericht vom 31. Dezember 1942

Hersteller	Bis zu [Motoren]	Leistung [kW/PS]
Maybach, Friedrichshafen	1.500	552 bis 736/750 bis 1.000
Nordbau, Berlin	1.000	552/750
Auto-Union, Werk Siegmar	1.000	552/750
MBA, Nordhausen	500	221/300
MAN, Nürnberg	500	221/300
Krauss-Maffei, München	150	103/140
Saurer, Wien	550	103/140
Borgward, Bremen	250	103/140
Adler, Frankfurt a. M.	1.000	74/100
Auto-Union, Zwickau	1.600	74/100
Zusammen monatlich:	7.550 (zuzüglich 20 % Ersatzteile v. Motorenwert)	

Abb. 11.22 Auch beim Maybach-Motorenbau waren ab 1942 Frauen verstärkt in der Produktion eingesetzt. Hier bedient eine Arbeiterin eine Rundtischfräsmaschine, auf der Schwinghebel für HL-Motoren gefräst werden

(1942), dass nicht das Finanzamt, sondern der Reichskommissar für die Preisbildung und sogar das OKH das Unternehmen von der Gewinnabführung für die Jahre 1939 und 1940 hatten befreien können.

Zum Schluss kam man am 25. Mai 1943 auf eine Sorge zu sprechen:

> »Der derzeitig außerordentlich hohe Auftragsbestand von rund 230 Mill. RM [also 44 Mio. über dem vom 31. Dezember 1942 und mehr als doppelt so hoch wie am 1. Januar 1942] ist auf den überwiegenden Anteil schwerer Panzermotoren zurückzuführen. Er ist in etwa zwei Jahren [das wäre Ende Mai 1945 gewesen!] dann abzuwickeln, wenn nicht größere Störungen in Fabrikation bei uns oder unseren Unterlieferanten eintreten.«

»Größere Störungen« – die kamen Mitte 1943 immer häufiger in Form von Luftangriffen vor – bisher noch nicht auf Friedrichshafen, aber auf viele Zulieferbetriebe. Doch konnten auch andere Störungen auftreten. Ganz nebenbei stand im vorletzten Absatz des Berichtes noch: »Vorausgesetzt, dass wir auch mit unseren ohne umfassende Erprobung an die Front gehenden neuen Typen keine größeren Rückschläge erleiden, was wir nach den bisherigen Ergebnissen hoffen dürfen ...«, rechnete man für 1943 mit 100 Mio. RM Umsatz und einem entsprechenden Netto-Ertrag, »wenn auch die bestehenden und wohl noch steigenden Steuerlasten eine weitere Schmälerung zur Folge haben werden«. Nicht nur das – der allerletzte Satz stellte fest, dass das OKH die bisher üblichen »Vorauszahlungen« eingestellt hatte, sodass man teils die Zahlungen an die Zulieferer verzögern, teils Bankkredite in Anspruch nehmen musste.

11.1.3 Die Wende

Einen Monat später erlitt Friedrichshafen am 21. Juni 1943 seinen ersten Luftangriff. Beim Maybach-Motorenbau entstanden »verhältnismäßig geringe Gebäude- und Maschinenschäden, dagegen ausgedehnte Glasschäden, die kurz darauf beseitigt wurden«. Gleichfalls »kleinere Schäden« entstanden bei einem Angriff am 8. Oktober 1943: »Eine merkliche Beeinträchtigung der Produktion hat sich hieraus jedoch nicht ergeben.« So konnte man also während des ganzen Jahres 1943 in dieser Hinsicht »normal« arbeiten, d. h. die Produktion trotz Arbeiter- und Materialmangel ständig steigern. Doch das Menetekel war nicht mehr zu übersehen.

Wenn gleichwohl Bilanz, Gewinn-und-Verlust-Rechnung sowie der Bericht über das Geschäftsjahr 1943 erst am 7. Dezember 1944 abgeschlossen diskutiert wurden, lag das an den zwei schweren Luftangriffen im April und Juli 1944. Im Geschäftsbericht über das Jahr 1943 hieß es:

> »Dagegen ist durch den Terrorangriff vom 27./28. April und den Tagesangriff vom 20. Juli 1944 eine gänzlich veränderte Lage entstanden, was schon der mit mindestens 30 Mill. RM zu beziffernde Kriegsschaden beweist. Wenn es uns auch gelungen ist, unser so schwer getroffenes Werk und verschiedene daraufhin eingerichtete Verlagerungsstätten innerhalb außergewöhnlich kurzer Zeit wieder in Gang zu bringen, so daß wir neben erheblichen, schon wenige Tage nach den Angriffen

Panzer-Instandsetzung in Russland

Ein »Motorenbau«-Ingenieur erinnert sich

»Bekanntlich wurden bei der Aufrüstung der Wehrmacht sämtliche Kettenfahrzeuge (Panzer und Halbketten-Zugmaschinen) mit Maybach-Motoren und die Masse dieser Fahrzeuge mit Maybach-Schaltgetrieben ausgerüstet. Bei der Vielzahl der vollmotorisierten Einheiten war es erforderlich, die Werkstattkompanien dieser Panzerregimenter durch qualifizierte Monteure des Maybach-Motorenbaus zu unterstützen, wobei sich deren Aufgaben auf Motoren und Getriebe beschränkten. Hinzu kam, dass mit der Einführung des Panzers III, des Standardpanzers der Wehrmacht, nicht nur diese Fahrzeuge mit dem 300-PS-Motor HL 120, sondern auch mit einem von Maybach entwickelten halbautomatischen vakuumgesteuerten Zehn-Gang-Schaltgetriebe mit Gangvorwähler (Variorex) ausgerüstet wurden [Abb. 11.23].

Diese Konstruktion beruhte auf dem im großen Maybachwagen Typ ›Zeppelin‹ verwendeten Sieben-Gang-Getriebe. Das zur Ansteuerung notwendige Vakuum wurde aus dem Ansaugrohr des Motors entnommen. Der für die jeweilige Fahrtstufe gewünschte Gang wurde an einem Schaltsegment vorgewählt, und die Schaltung erfolgte lediglich durch Antippen des Kupplungspedals. Die Synchronisierung wurde durch die sogenannte Bremse und Beschleunigungskupplungen im Getriebe erzielt. Das Ankuppeln der Hauptkupplung (im Getriebe eingebaut) geschah dann selbsttätig, wie auch der gesamte Synchronisierungsvorgang automatisch ablief. Nach Beendigung des Schaltvorganges wurde die Hauptkupplung automatisch wieder kraftschlüssig. Dadurch wurden auch bei extrem schweren Bedingungen sehr kurze Schaltzeiten (4/10 s) erzielt [Abb. 11.24].

Abb. 11.24 Maybach-Variorex-Getriebe, an einen HL-Motor angeflanscht

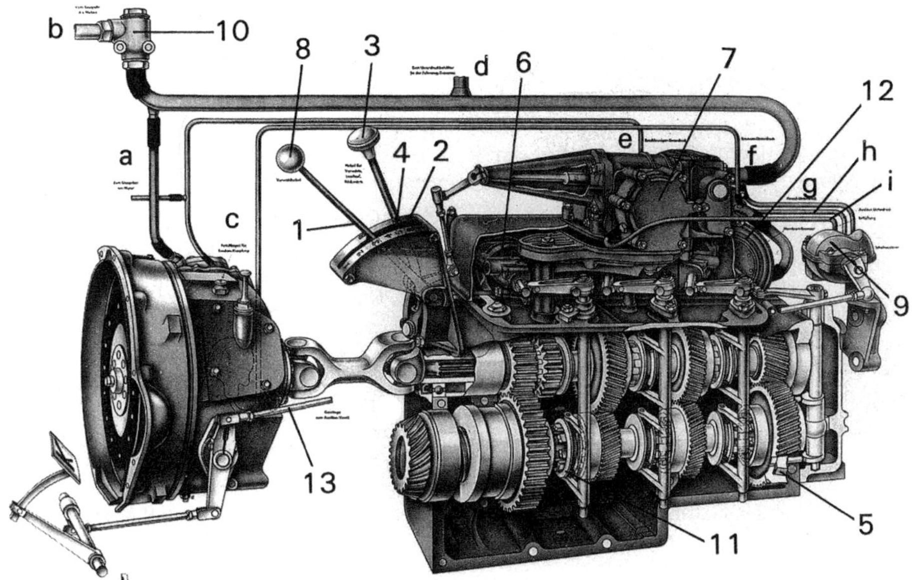

1 Anschlag im 3. Gang, 2 Stellung des 7. Ganges, 3 Hebel für vorwärts, Leerlauf, rückwärts; 4 Mittelstellung des Richtungshebels, 5 Kupplungsbremse, 6 einer der drei Schaltzylinder, 7 Schaltkasten, 8 Vorwärtshebel, 9 Schaltauslöseventil, 10 Rückschlagventil, 11 eine der verschiedenen Schaltmuffen, 12 Gummimembrane zur Betätigung der Kupplungsbremse, 13 Gestänge zum Schaltauslöseventil.

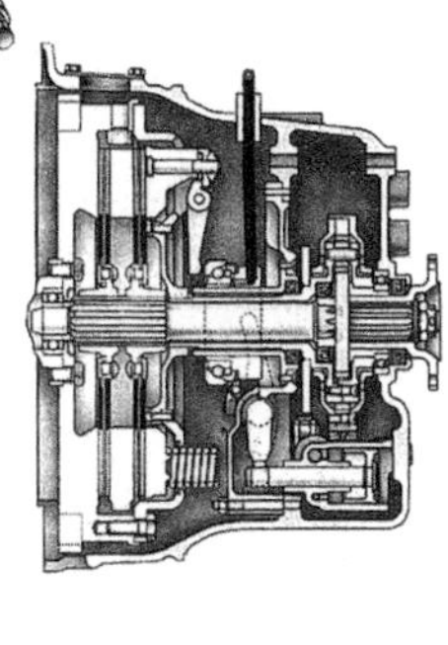

a zum Gasgeber am Motor, b vom Saugrohr des Motors, c Fettnippel für Trockenkupplung, d zum Unterdruckbehälter (in der Fahrzeug-Traverse), e Beschleuniger-Unterdruck, f Bremser-Unterdruck, g Kessel-Unterdruck, h Auslöse-Unterdruck, i Entlüftung.

Abb. 11.23 Perspektivische Darstellung des halbautomatischen Maybach-Variorex-Panzergetriebes für 100 bis 130 PS Übertragungsleistung. Dieses vakuumgesteuerte Vorwahlgetriebe wurde in drei Versionen in den Panzer III, die D-7-Halbketten-Zugmaschinen sowie in Mannschaftstransport- und Panzerspähwagen eingebaut

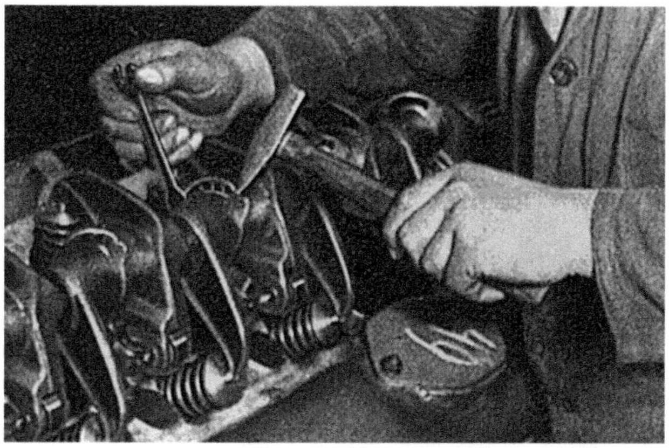

Abb. 11.25 Die Maybach-HL-Motoren waren so konzipiert, dass die wichtigsten Wartungsarbeiten, wie z. B. das Einstellen der Ventile (*Bild*), leicht durchgeführt werden konnten

Abb. 11.26 Die Steuerzeiten ließen sich an den HL-Motoren problemlos kontrollieren bzw. neu einstellen

Zusammen mit anderen neuentwickelten Waffen und Geräten kam der sogenannte Tiger-Panzer zum Einsatz, der anfangs mit dem Maybach-Motor HL 210, aber bald mit dem HL 230 und dem Maybach-Schaltgetriebe Olvar [Abb. 11.33, Tafel 15.10] ausgerüstet war. Dieses war eine Weiterentwicklung des Variorex und wurde durch Öldruck gesteuert. Seine Entwicklung machte es erst recht erforderlich, den betreffenden Truppenteilen geschulte Spezialmonteure zur Verfügung zu stellen, die dann bei eventuell auftretenden Schaltstörungen an Hand eines Schaltschemas in der Lage waren, die Störungsursache sofort zu ermitteln und zu beseitigen. Diese Monteure wurden im Einvernehmen mit dem OKH den jeweiligen Werkstattkompanien zugeteilt. Da sie als Zivilisten nicht mit der Truppe in den Einsatz gehen konnten, wurden sie als sogenannte Kriegs-Werkmeister eingesetzt und auch eingekleidet, blieben jedoch Werksangehörige der Firma Maybach.*

Zwischen dem Stammwerk und den Monteuren fand ein reger Informationsaustausch statt. Die Monteure waren verpflichtet, laufend an das Stammwerk über die Erfahrungen mit Motoren und Getrieben zu berichten. Diese Berichte wurden von der Außenabteilung des Stammwerkes ausgewertet und den Konstruktions- und Versuchsabteilungen zur Verfügung gestellt. Diese veranlassten dann die erforderlichen Maßnahmen, z. B. Änderungen der Betriebsvorschriften oder gar Umkonstruktionen. Die daraus resultierenden Einzelheiten wurden den Monteuren mitgeteilt, ebenso, ab welcher Motor- oder Getriebenummer die Änderungen eingeführt wurden und ab wann die notwendigen Ersatzteile für die Truppenteile zur Verfügung standen. Denn die Änderungen wurden natürlich vorrangig in die laufende Produktion eingeführt. In gleicher Weise wurde mit dem in den sogenannten Front-Hauptinstandsetzungsbetrieben eingesetzten Personal verfahren. Im Gegensatz zu den Truppenteilen, die nur Kleinreparaturen [Abb. 11.25 und 11.26] einschließlich Motor- und Getriebeaustausch ausführen und kleinere Mängel beseitigen konnten, führten die hinter der Front aufgebauten Instandsetzungswerke [Abb. 11.27 und 11.28] Hauptreparaturen, z. B. Generalüberholungen von Motoren und Getrieben, aus. In diesem Instandsetzungsdienst waren Fachkräfte von sämtlichen Firmen vertreten, wie Monteure, Meister und Montageinspektoren. Diese Männer wurden genauso von ihren Firmen betreut, so dass ein reibungsloser Instandsetzungsdienst gewährleistet war.

Spezialmonteure wurden nur den Truppenteilen, die auch mit Maybach-Schaltgetrieben ausgerüstet waren, zugeteilt, weil nur diese sich bei Getriebestörungen an Hand des Schaltschemas helfen konnten. Der Außendienst funktionierte dank der Unterstützung der zuständigen Wehrmachtsdienststellen, vor allem des Generalinspekteurs der Panzertruppen, Heinz Guderian, ausgezeichnet.

Hauptsächliche Probleme an den Motoren waren anfangs die Ölundichtheiten an Kurbelwelle und Lüftergetriebe wegen des hohen Überdrucks im Kurbelgehäuse. Die Folge waren Fahrzeugbrände. Je mehr Motoren zum Einsatz kamen (auch im Panzertyp ›Panther‹, wo ebenfalls der HL 230 eingebaut war), häuften sich auch die Brüche von Pleuelstangen. Es hat lange gedauert, bis es mir in Rußland gelang, die Ursache zu ermitteln. Bei voll aufgetankten Fahrzeugen lag der max. Kraftstoffspiegel im Tank wesentlich höher als der Vergaser-Schwimmerstand. Bei undichten Schwimmernadelventilen lief dann der Kraftstoff in die Zylinder. (Bei einem 12-Zylinder-Motor sind ja immer einige Einlassventile offen.) Beim Starten des Motors gab es dann sog. Flüssigkeitsschläge, wobei der schwächste Teil, die Pleuelstange, sich verbog und nach ganz kurzem Motorlauf brach. Die Übersetzung vom Anlasserritzel zum Schwungrad-Zahnkranz war so groß, dass der Anlasser den Motor ohne ein Warnzeichen durchdrehte.

Wir schufen Abhilfe, indem wir vor den Vergasern (vier zweistufige Doppelvergaser je Motor) ein öldruckbelastetes Ventil in die Kraftstoffzuleitung schalteten, d. h. bei stehendem Motor gab es keinen Öldruck und somit auch keinen Kraftstoffdurchgang. Nach diesen Erkenntnissen gab es außer normalem Verschleiß keine Motorenprobleme mehr.

Abb. 11.27 Abgeschossene und liegen gebliebene Panzer auf einer Sammelstelle an der Ostfront. Je nach Schwere des Schadens wurde die Reparatur in einem der Instandsetzungswerke im Kriegsgebiet oder in einer Fabrik im Reich durchgeführt

Abb. 11.28 Auch beim Afrikakorps wurden die Motoren im Feld unter primitivsten Voraussetzungen instand gesetzt. *Im Vordergrund* ein HL-120-Panzermotor

Mein Eindruck vom Entwicklungsstand der Maybach-Motoren im Vergleich mit den Triebwerken unserer damaligen Gegner war, dass die Motoren des Maybach-Motorenbaus sich hoch überlegen zeigten. Ein großer Nachteil war jedoch, dass wir viel zu wenig Panzer hatten. Dies hatte z. B. zur Folge, was ich selbst erlebt habe, dass eine Kampfeinheit russische T-34-Panzer sammelte, reparierte und dann mit deutschen Hoheitsabzeichen gegen die Russen einsetzte.

Der Ersatzteilnachschub funktionierte im Großen und Ganzen gut, wenn es auch durch Bombenzerstörungen eine Reihe von Engpässen in der Produktion oder beim Transport gab. Alles, was mit der Panzerproduktion und dem Nachschub hierfür zu tun hatte, war vorrangig. Durch die Verlagerung vieler wichtiger Produktionsanlagen in wenig oder nicht gefährdete Gegenden war doch eine laufende Produktion und Nachschubversorgung gewährleistet.«

Ing. Walter Häring

* Nichtsdestoweniger wurden die Monteure häufig auch den sogenannten »I-Staffeln« beigegeben, welche die Aufgabe hatten, als »fliegende Werkstatt« kleinere Schäden und Störungen an den während des Gefechtes ausgefallenen Fahrzeugen zu beseitigen und sie sofort wieder einsatzbereit zu machen. Diese Aufgabe erforderte unmittelbares Arbeiten im Kampfgebiet, und die unter solchen Umständen provisorisch aufgebauten Reparaturplätze waren zum Teil derart unsicher, dass das Personal neben dem Schraubenschlüssel auch den Karabiner griffbereit haben musste. Zahlreiche Monteure erhielten Tapferkeitsauszeichnungen.

Abb. 11.29 Am 21. Juni 1943 erlitt Friedrichshafen den ersten schweren Luftangriff. Doch erst die Angriffe vom 27./28. April und 20. Juli 1944 wirkten sich spürbar auf die Produktion des Maybach-Motorenbaus aus

einsetzenden Teilelieferungen für Ersatzzwecke und Nachbaufirmen bereits im Oktober wieder einen Ausstoß von 800 Motoren erreichen konnten, so sind doch ertragsvermindernde Auswirkungen auf das Jahr 1944 unvermeidlich.«

Diese letztere Überlegung sollte schon wenige Wochen später Karl Maybachs geringste Sorge sein. Einstweilen stand fest, dass der Maybach-Motorenbau den seit der Gründung schwersten Schlag erlitten hatte, der auch die Wehrmacht und das Dritte Reich traf (Abb. 11.29). Wer im Juli 1944 wusste, wie groß der Anteil an der Versorgung mit Panzermotoren aus Friedrichshafen war, der konnte nicht darüber hinwegsehen, dass diese Schläge – neben so vielen anderen vom Rheinland über Berlin bis Schlesien – von der rüstungswirtschaftlichen Seite her das baldige Ende des Krieges, die Niederlage des Dritten Reiches bedeuteten – allen Menschenopfern zum Trotz, die Hitler und seine Gefolgsleute dem deutschen Volk weiterhin abverlangten.

Der Maybach-Motorenbau mit seinen damals mehr als 5.700 Mitarbeitern konzentrierte sich völlig auf den Bau von Benzin-Fahrzeugmotoren, von denen man zwar im Laufe des Jahres 1943 9.131 Stück im Wert von 78 Mio. RM ablieferte, aber 20.000 Stück im Wert von 172 Mio. RM »verkaufte«. Der Auftragsbestand war auf 322 Mio. RM angewachsen. Dabei standen nun die Typen HL 120 mit 3.579 und HL 210/230 (Abb. 11.30) mit 4.346 abgelieferten Einheiten im Mittelpunkt der Produktion. Das hatte seinen wichtigen Grund:

»Dieser Geschäftszweig wurde im Berichtsjahr ausschlaggebend beeinflußt von der auf Verlangen der zuständigen Stellen trotz fehlender abschließender Versuchsergebnisse notwendig gewordenen vorzeitigen Einführung der Großserienfertigung des 700-PS-Motors Type HL 230. Daraus resultierende und von uns vorausgesagte technische Schwierigkeiten konnten, da nicht grundsätzlicher Natur, nach und nach behoben werden. Eine in diesem Zusammenhang vom Reichsminister für Rüstung und Kriegsproduktion eingesetzte technische Kommission musste

Abb. 11.30 Maybach-Motor HL 230, eingebaut im mittleren Panzer V »Panther«, im schweren Panzer VI »Tiger« und im Panzer VI Ausführung B »Tiger II« (»Königstiger«). Zwölfzylinder-V-Bauart mit vier Solex-Doppel-Fallstrom-Geländevergasern; Bohrung × Hub: 130 mm ×145 mm, 515 kW (700 PS) bei 3.000 min^{-1}, Hubraum 23.084 cm^3

Abb. 11.31 Schwerer Panzer »Tiger« mit HL-230-Motor und Olvar-Getriebe von Maybach. Während die Deutsche Wehrmacht bis 1945 etwa 2.000 »Tiger« erhielt, standen der Roten Armee 43.000 T-34-Panzer zur Verfügung. Gefechtsmasse: 56.900 kg, Höchstgeschwindigkeit: 38 km/h, Fahrbereich: 90 km, Bewaffnung: eine 8,8-cm-KwK 36 L/56, zwei MG; Besatzung: 5 Mann

nach eingehenden Untersuchungen die Richtigkeit unserer Konstruktionsprinzipien bestätigen.«

Der HL 230 (Abb. 11.43) hatte unter dem Druck der schweren Kämpfe an der Ostfront in kürzester Zeit aus dem HL 210, mit dem die ersten 250 ganz neuen schweren »Tiger«-Panzer (Pz.-Kpfw. VI, Abb. 11.31 und 11.35) ausgerüstet waren, entwickelt werden müssen.[9] Praktisch ohne Erprobung wurde er in den übrigen Wagen dieses Panzertyps und dem mittleren Pz.-Kpfw. V »Panther« (Abb. 11.33) an der Front eingesetzt – zunächst in Nordafrika und dann in der Schlacht bei Kursk. »Die Erprobung findet an der Front statt«, hatte der Befehl des OKH gelautet. Entsprechend

[9] Vgl. hierzu Abschn. 20.3.

Abb. 11.32 Mittlerer Panzer »Panther« mit Maybach-HL-230-Motor und ZF-Getriebe AK 7. Das AK-7-Getriebe (sieben Vorwärtsgänge, ein Rückwärtsgang) war im Gegensatz zum Olvar-Getriebe des »Tiger« ein reines Handschaltgetriebe. Der »Panther« wurde als direktes Gegenstück zum russischen T-34 von MAN entwickelt und ging Ende 1942 in Serie. Technisch und im Gefechtswert war er dem russischen T-34 klar überlegen. Insgesamt wurden bis zum Kriegsende rund 6.000 »Panther« in verschiedenen Ausführungen gebaut. Gefechtsmasse: 45.500 kg, Höchstgeschwindigkeit: 46 km/h, Fahrbereich: 160 km, Bewaffnung: eine 7,5-cm-KwK L/70, drei MG; Besatzung: 5 Mann

waren die »Versuchsergebnisse«. Die erforderlichen Verbesserungen an den Motoren machten beim Maybach-Motorenbau »zeitweise einen besonders umfangreichen Einsatz« in diesem Bereich nötig. Das schuf natürlich auch Ersatzteilprobleme.

Im Jahre 1944 konnten nur noch 6.318 Benzin-Fahrzeugmotoren abgeliefert werden – 3.635 HL 120[10] und 2.973 HL 210/230. Verkauft waren weitere 7.007 Einheiten. Dass sich der Krieg seinem Ende näherte, konnte man schon an der wirtschaftlichen Entwicklung erkennen: Überall in Deutschland gingen die Produktions- und Beschäftigtenzahlen zurück. Ausdrücklich wurde berichtet: »Von entscheidender Bedeutung ... waren eine gegen Ende des Berichtsjahres eingeleitete Annullierung von Aufträgen der Panzermotoren Type HL 120 und auch einige sonstige grundsätzliche Umstellungen. Entgegen dem Willen alter erfahrener Fachleute unseres Auftraggebers sollten künftig für Panzer Dieselmotoren Verwendung finden« (vgl. Abschn. 20.7).

Abb. 11.33 Drei Ausführungen des Olvar-Getriebes mit 220 kW (300 PS), 294 kW (400 PS) und 515 kW (700 PS) Übertragungsleistung, von denen allerdings nur die Ausführung 294 kW (400 PS) im »Tiger« eingebaut wurde; die beiden anderen liefen erst im Versuch. Die tatsächliche Übertragungsleistung im »Tiger« lag dann allerdings doch bei 515 kW (700 PS)

[10] Der HL 120 diente als Antriebsaggregat der beim Heer am weitesten verbreiteten Pz.-Kpfw. III und IV sowie der 18-Tonnen-Halbketten-Zugmaschine (Sd.Kfz. 9).

Abb. 11.34 Antriebstechnische Panzererprobung durch Maybach-Mitarbeiter auf der »Panzerwiese« am Gehrenberg bei Markdorf. Bei dem gezeigten Fahrzeug handelt es sich um das Fahrwerk des Panzers VI »Königstiger«

Abb. 11.35 Schwere Panzer »Königstiger« im August 1944 in der Champagne. Die ersten 50 Wagen dieses Typs hatten den nach seinem Mitkonstrukteur benannten stromlinienförmigen, jedoch fertigungstechnisch aufwendigen »Porsche«-Turm mit walzenförmiger Rohrblende (vgl. auch Tafel 15.10)

Die Verbindung mit dem »Nordbau«[11] wurde im Jahre 1944 »durch Einflüsse von behördlichen Stellen immer mehr beeinträchtigt, sodass gegen Ende des Jahres 1944 eine vollständige Lösung von diesem Unternehmen geplant war, die dann aber durch die eingetretenen Ereignisse nicht mehr durchgeführt werden konnte«. Das Unternehmen in Berlin arbeitete bis Ende März 1945 – abgesehen von den Unterbrechungen durch Luftangriffe – einigermaßen normal. Dann brach allmählich die Material- und Stromversorgung zusammen. Am 15. April setzte der Artilleriebeschuss durch die Russen ein. Am 22. April wurde eine Verlagerung nach Grimmen bei Greifswald an der Ostsee und von dort in die Gegend von Lübeck durchgeführt. Am 3. Mai nahmen amerikanische Truppen die restlichen 80 Personen gefangen.

11.1.4 Die letzten Monate des »Totalen Krieges«

Das Durcheinander wurde schnell immer größer. Während man auf der einen Seite den Übergang zum Diesel befahl, wurden »unabhängig davon ... die Entwicklungsaufträge für Benzinmotoren aufrechterhalten und von uns bis Kriegsende für die HL-230-Type eine solche Leistungssteigerung erzielt, dass Dieselmotoren wiederum für Kampfwagen ausgeschieden wurden«. Schließlich beschränkte man sich auf die Produktion von HL-230- und HL-120-Motoren.

Alles in allem sank 1944 der Lieferumsatz um 12 % auf 99 Mio. RM, während die Herstellungskosten um 11 % auf 75 Mio. RM stiegen. Der »Erlöswert« der Benzinmotoren betrug 53,4 Mio. RM. Am wichtigsten aber war, dass der »Anlagenwert« durch die Luftangriffe »um nahezu 50 % verringert worden war«. Ersatzbeschaffungen waren kaum noch möglich, sodass es gar nicht leicht war, die 15,5 Mio. RM Vorauszahlung auf die Erstattung für die Kriegsschäden auszugeben.

Im letzten Vierteljahr 1944, als Stadt und Werk Friedrichshafen zu etwa 70 % zerstört waren (Abb. 11.36), begann sich die Rüstungswirtschaft des Dritten Reiches aufzulösen. Die »Behörden« – was immer das war: die Wehrmacht, die

Abb. 11.36 Nach den schweren Luftangriffen im August 1944 lag die Altstadt von Friedrichshafen in Trümmern. Ein Trupp Soldaten marschiert mit geschulterten Schaufeln zu Aufräumungsarbeiten durch die Karlstraße, eine der Hauptstraßen der Stadt

[11] Siehe auch Abschn. 11.2.

Abb. 11.37 Am 16. Dezember 1944 beginnt die Ardennen-Offensive, mit der Hitler noch einmal das Gesetz des Handelns an sich reißen will. Die Panzer und Fahrzeuge der deutschen Verbände müssen sich ihren Kraftstoff beim Feind holen, denn die Reserven sind erschöpft. Nach Anfangserfolgen bricht der auf Brüssel gerichtete Angriff jedoch schon in den ersten Januartagen 1945 zusammen. *Bild*: Frierende »Volksgrenadiere«, auf einem »Panther« aufgesessen, rollen durch den verschneiten Wald in die Kampflinie

SS, das Ministerium Speer, die Reichsbahn oder Görings Dienststellen mit ihren zahllosen Außenstellen, die ständig auseinandergenommen, zusammengelegt, ausgelagert und umbenannt wurden (Abb. 11.50) – verloren die Übersicht über das, was sie heute noch verwalteten oder kommandierten und was morgen zerbombt wurde und in Flammen aufging. Zu diesem Wirrwarr gehörte auch, dass dem Maybach-Motorenbau die Arbeitskräfte ausgingen. Einerseits fehlte es nach den Zerstörungen durch die Luftangriffe an Arbeitsplätzen für Facharbeiter, andererseits an Menschen für die Aufräum- und Wiederaufbauarbeiten.

In dieser Situation gegen Ende des Jahres 1944 begann man darüber nachzudenken und zu flüstern, wie man den Siegern begegnen und was man nach dem Kriegsende tun wollte, um den Maybach-Motorenbau zu erhalten. Worauf sollte oder konnte man sich also vorbereiten? Gespräche über diese gefährliche Frage haben stattgefunden. Sie fanden ihren Niederschlag in dem letzten Satz des Geschäftsberichtes für das Jahr 1944, der erst am 18. März 1951, also sechs Jahre nach Kriegsende von jenen Männern geschrieben und unterschrieben wurde, die vom ersten bis zum letzten Tag des Krieges dabei gewesen waren und weiterhin an der Spitze dieses Unternehmens standen. Dieser letzte Satz ist sicher aufs Sorgfältigste mit dem Blick auf die neue politische Situation im Mai 1951 formuliert worden. Er lautet:

»Soweit es möglich war, sind Anpassungen an die jeweilige Kriegslage durchgeführt worden, jedoch war es nur beschränkt möglich, grundlegende Voraussetzungen für eine erforderlich werdende Umstellung vorzubereiten, da die von dem Auftraggeber eingesetzten Aufsichtsorgane schon zu großen Einfluß hatten.«

Aber zunächst war der Krieg ja auf der Wende von 1944 zu 1945 durchaus noch nicht beendet (Abb. 11.37, 11.48, 11.49 und 11.51). Und an jenem 18. März 1951 hat man auch eine Bilanz und einen Bericht zu ihr »auf 31. Dezember 1945« vorgelegt und verabschiedet. Er beginnt im genauen Anschluss an den letzten Satz des Berichtes über 1944: »Trotz des bei Beginn dieses Geschäftsjahres sich immer mehr abzeichnenden Verfalls konnten bis Ende April 1945 noch über 2.000 Benzinmotoren, insbesondere der 700-PS-Type HL 230, sowie Ersatzteile gefertigt und zusammen mit den weitergeführten verrechnungsfähigen Entwicklungsarbeiten ein Umsatz von RM 31.839.067,27 erzielt werden.« Mit dieser Zahl endete gewissermaßen am 22. April 1945 beim Maybach-Motorenbau die Arbeit für den Krieg. Denn an diesem Tage erhielt man den Befehl zur Einstellung der Produktion. Tags darauf traf der »Führerbefehl« zur Sprengung des Werkes ein. Sofort holte man bei Speers Beauftragtem Scheerer telefonisch den Gegenbefehl ein, sodass die Sprengung unterblieb.

11.1.5 Das Ende des Krieges in Friedrichshafen

Dann herrschte fünf Tage Ruhe. Am 28. April marschierten die französischen Truppen in die »Verlagerungsorte« Schornreute, Weingarten und Wangen ein, wohin man am 28. April 1944 die Konstruktionsbüros und die Versuchsabteilung, die für die Fortexistenz des Maybach-Motorenbaus ab 1946 entscheidende Bedeutung erhalten sollten, mit etwa 250 bis 300 Personen ausgelagert hatte; am Tage darauf wurde auch Friedrichshafen besetzt. Im Bericht heißt es lakonisch:

»Anschließend Plünderungen und Diebstähle durch Ausländer und Deutsche nicht zu vermeiden. Lebhafte Informationsbesuche alliierter, in Offiziersuniform erscheinender Ingenieure und Wirtschaftler, Abtransport von Material und Fertigteilen sowie Werkzeugmaschinen von Friedrichshafen und allen Verlagerungsstellen, ausgenommen dem nur von Amerikanern besetzten Blaubeuren. Verhaftung von Oberbeamten und Wachpersonal wegen angeblicher Ausländermisshandlungen u. a., wobei trotz größter Anstrengungen erst im Februar 1948 vom französischen Militärgericht in Rastatt der Freispruch aller verhafteten Oberbeamten und vieler der übrigen Angeklagten erreicht werden konnte.«

Das »Ausscheiden der für eine Wiedereinstellung nicht mehr in Frage kommenden, vor der Besetzung bei uns tätig gewesenen Arbeitskräfte wickelte sich ohne Schwierigkeiten ab, rückständige Löhne und Gehälter wurden ordnungsgemäß ausbezahlt. Neueinstellungen nach der Besetzung erfolgten zu den alten Tariflöhnen und Gehaltssätzen.« Denn bereits Ende Mai 1945 begann man mit der Einrichtung einer Großreparaturstelle für Personenwagen der Besatzungsmacht (siehe Abb. 12.12) und im Juni mit der Fortführung »unserer Diesel- und Benzinmotoren-Entwicklung in Wangen für Rechnung der französischen Regierung«. Anfang 1943 waren 3.724 Arbeiter und 780 Angestellte beschäftigt gewesen, am 22. April waren es noch 3.500 Arbeiter und 700 Angestellte. Vor der Besetzung hatte man einen Umsatz von 15,5 Mio. RM an Benzinmotoren und 16,1 Mio. RM an Ersatzteilen, Reparaturen usw. erzielt. Anfang 1945 hatte man einen Auftragsbestand von 230 Mio. RM verzeichnet. Der allerletzte Satz des Berichtes stellte lakonisch fest: »Hoffnungen für die Zukunft bestanden seinerzeit so gut wie keine.«

11.2 Der »Nordbau«

Ein Maybach-Tochterunternehmen eigener Art war die »Nordbau, Norddeutsche Motorenbau GmbH« in Berlin_Niederschöneweide (Abb. 11.38). Am 18. Juli 1935 wurde die Gesellschaft als eine hundertprozentige Tochter des Maybach-Motorenbaus aufgrund eines Mantelvertragsabkommens zwischen dem »Reichsfiskus Heer« (OKH) und dem MM gegründet – und zwar auf einem Grundstück der »Verwertungsgesellschaft für Montanindustrie GmbH« (Montan), die als »Beauftragte des OKH« handelte. Gebäude, Maschinen, Werkzeuge und alle sonstigen Einrichtungsgegenstände wurden aus Mitteln des OKH beschafft, der Montan zur Verfügung gestellt und von dieser an die Firma »Nordbau« verpachtet. Allerdings geschah das erst durch mehrere Verträge zwischen Februar und Dezember des Jahres 1940. Der Gründungsvertrag des »Nordbau« bezeichnete im Jahre 1935 als Zweck der Gesellschaft »die Herstellung von Fahrzeugmotoren für Land-, Luft- und Wasserfahrzeuge und deren Zubehör und den Vertrieb dieser Erzeugnisse«. Das Kapital der Gesellschaft betrug 20.000 RM, von denen der Maybach-Motorenbau 19.000 RM übernahm und ein Viertel einbezahlte. Zu Geschäftsführern wurden die beiden Maybach-Mitarbeiter Felix Zabel und Erich Häussler ernannt. Vorsitzender des Aufsichtsrates war Dr. Hugo Eckener.

In dem Mantelvertrag, der im August 1940, also nach den Erfahrungen des Frankreichfeldzuges, zwischen dem OKH und dem Maybach-Motorenbau geschlossen wurde, hieß es, der »Nordbau« solle der Herstellung und Hauptüberholung von Maybach-Motoren sowie der »Fertigung von Schaltreglern für Maybach-Schaltgetriebe für das Heer dienen« – zunächst der Fertigung der Motorentypen HL 42, HL 62 und HL 108/120. Die für den Betrieb der Anlagen erforderlichen Umlaufmittel in Höhe von 0,5 Mio. RM gab der Maybach-Motorenbau der Tochtergesellschaft in Form eines Darlehens. Weiter hieß es: »Damit tritt die Firma in das für heereseigene Industriebetriebe geltende ... Vertragssystem ... ein.« Es sollten je Monat 240 Motoren und 150 Schaltregler »betriebsbereit gehalten« und 160 Motoren überholt werden. Das bedeutete gegenüber der bisher gebotenen Leistung eine Verstärkung in nicht mehr feststellbarer Höhe; »die Möglichkeit des Ausbaus des Werkes« blieb »vorbehalten«.

Abb. 11.38 Das einzige bekannte Bild des »Nordbau« in Berlin-Niederschöneweide entstand in den frühen vierziger Jahren. Nach Kriegsende hat der Besitzer des Fotos die NS-Parolen, die auf dem Dach und an der Wand des »Nordbau« angebracht waren, aus Furcht vor der Besatzungsmacht retuschiert

Für den »Vollausbau« des »Nordbau« wurden zunächst 6,3 Mio. RM vorgesehen, für eine 1936/37 geplante Erweiterung noch einmal 3 Mio. RM und danach noch einmal 6 Mio. RM bis zum 1. April 1938. Während dieser Zeit kam es mehrmals zu Veränderungen der Aufgaben, da die Produktion einiger Motorentypen eingestellt und die von anderen Typen begonnen wurde. Am 6. Juli 1938 war vorgesehen: Reparatur von 40 Motoren wöchentlich, fakultativ von 400 Schaltreglern monatlich und Ersatzteilfertigung für 500 Motoren monatlich. In diesem Rahmen arbeiteten 240 Angestellte, 1.100 Arbeiter und 20 Lehrlinge, insgesamt 1.360 Personen. Bis Ende November 1939 wurden für den »Ausbau des Werkes Nordbau« einschließlich Maschinen, Betriebsmaterial und Betriebseinrichtungen 11,8 Mio. RM »genehmigt«.

11.3 Nachbau

Im Laufe des Krieges spielte der »Nachbau« eine ständig wachsende Rolle.[12] Das führte unter anderem zu technischen und finanziellen Problemen. Die nachbauenden Firmen mussten gewissermaßen angelernt werden. Sie erhielten Zeichnungen und Geräte, mussten einige »Lehrstücke« herstellen und wurden in die eigentliche Produktion erst eingeschaltet, wenn diese zur Zufriedenheit des MM ausgefallen waren, denn die Verantwortung für die Qualität blieb prinzipiell beim »Motorenbau«.

Zu den finanziellen Fragen gehörten hauptsächlich die Zahlungen, welche die nachbauenden Firmen mit Einwilligung der Deutschen Wehrmacht an den Maybach-Motorenbau zu leisten hatten. Die Wehrmacht konnte fast nach Belieben die Preise drücken. Der »Motorenbau« versuchte Lizenzpreise aus der Vorkriegszeit zu behaupten, was angesichts der Produktionsgröße unmöglich war – auch wenn man auf die ständig steigenden Kosten in vielen Bereichen hinwies. Seit 1943 wagte wohl kein Unternehmer, der das Geschehen an den Fronten so deutlich miterlebte wie die Leitung des Maybach-Motorenbaus, auf »Kriegsgewinne« zu hoffen, die nach dem Ende des Krieges erhalten bleiben konnten. Vollends, als die Westfront sich auch Süddeutschland näherte, konnte man kaum noch hoffen, dass das Unternehmen seine Existenz werde behaupten können. Was am Ende des Nachbaus übrig bleiben würde, war überhaupt nicht abzuschätzen.

Über einen ersten Nachbau-Vertrag wurde seit Ende 1935/Januar 1936 zwischen dem Maybach-Motorenbau und der Lokomotivfabrik Krauss-Maffei sowie dem »Wehrmachtsfiskus« verhandelt. Dabei ging es zunächst um einen »Lehrauftrag«, danach um die Einrichtung einer Fertigungsstätte für Maybach-Benzinmotoren im Werk Allach von

[12] Vgl. hierzu auch Abschn. 11.6.

B e k a n n t m a c h u n g

Der Herr Reichsminister S p e e r , Reichsministerium für Bewaffnung und Munition, hat unserer Betriebsgemeinschaft eine kostenlose Sonderzuteilung von

S a l z s a r d e l l e n

zukommen lassen. Aus der nunmehr eingetroffenen Sendung kann jedem deutschen Gefolgschaftsmitglied (auch Jugendlichen) etwa 1 kg zugeteilt werden. Um die Verteilung bestmöglichst durchführen zu können, ist es erforderlich, dass die Gefolgschaftsmitglieder Einschlagpapier von zu Hause mitbringen. Ausgabezeit und Ort wird in den einzelnen Abteilungen bekanntgegeben.

Die Spende soll uns erneut ein Ansporn sein, uns für die Erfüllung der uns gestellten Aufgaben einzusetzen.

Friedrichshafen a.B., den 2. Dezember 1942 — *Der Betriebsführer: Maybach Raebel Rommel*

Abb. 11.39 Die Aussichtslosigkeit eines Krieges fast gegen die ganze Welt zeigt sich gerade an Marginalien: Der Reichsminister für Bewaffnung und Munition, Albert Speer, lässt an die Belegschaft des Maybach-Motorenbaus eine Sonderration Salzsardellen als Belohnung verteilen

Krauss-Maffei, deren Kosten Krauss-Maffei tragen musste, ohne dass das OKH »zur Erteilung von Lizenzaufträgen verpflichtet« war. Es wünschte aber im Dezember 1936 den »sofortigen Beginn der Fertigung ohne Unterzeichnung des Vertrages«. Im April 1937 war der »Dreiecksvertrag« OKH-MM-Krauss-Maffei immer noch nicht unterzeichnet. Aber nun verhandelten die beiden Firmen über einen zweiseitigen Vertrag. Der Entwurf begann: »Es ist Maybach bekannt, dass Krauss-Maffei Aufträge vom OKH auf Lieferung von Benzin-Fahrzeug-Motoren Type Maybach NL 38 und HL 62 erhalten soll.« Im Weiteren ging es um Fabrikationsunterlagen sowie die Ausbildung von Ingenieuren und Monteuren (Lehrpersonal) bei Maybach innerhalb von zwei Jahren nach Vertragsabschluss: 1938 wurden die Motorentypen, die Krauss-Maffei bauen sollte, vom OKH mehrfach geändert. Dann ergaben sich im Herbst 1939 neue Fragen im Zusammenhang mit der Behandlung und Verantwortung der »Unterlieferanten«. Im Mai 1940 entstanden Differenzen über die »Facharbeiterfrage«. Krauss-Maffei erklärte eine Produktionssteigerung für undurchführbar, da man für eine solche nicht genug Facharbeiter habe.

Von politisch-historischem Interesse ist, dass auf Befehl der Wehrmacht im Juli 1940 zwei Zugkraftwagen KM m11, deren Motoren vom »Nordbau« hergestellt worden waren, an die Sowjetunion geliefert wurden. Vor der Übergabe hatte man die »Nordbau«- und Krauss-Maffei-Firmenschilder durch solche des Maybach-Motorenbaus ersetzt. Zwei Ersatzmotoren sollten folgen.

Ein weiterer Nachbauvertrag ist mit der Firma »Kämper-Motoren AG Berlin-Marienfelde« im Januar/Februar 1939 geschlossen worden. Im Februar 1942 waren am Nachbau des Motors HL 62 auch Borgward, Krupp und Saurer in Wien beteiligt. Im April 1942 wurde über die Verlagerung des

Nachbaus von Krauss-Maffei zu Saurer nach Wien verhandelt. Das hing offenbar mit einer vorgesehenen Steigerung des »Adolf-Hitler-Panzerprogramms« im Jahre 1943 und damit zusammen, dass Krauss-Maffei Ende 1942, vielleicht infolge des Fehlens von Material durch Verzögerung von Bestellungen für dieses, sein Fertigungsprogramm nicht mehr erfüllen konnte. Schließlich wurde die »Einrichtung neuer Instandsetzungs-Werkstätten« zwar nötig, doch hatte sie, wie Jean Raebel am 14. August 1941, also mitten in der großen Russlandoffensive erklärte, »so lange keinen Sinn, bis genügend Ersatzteile für die Belieferung aller dieser Instandsetzungsfirmen aufgestockt« seien.

In diesem Zusammenhang kam es auch zu kuriosen Ereignissen. So hatte die erfahrene Reparaturfirma Dau »ein Bauvorhaben zur Erhöhung ihrer Leistungsfähigkeit ohne Genehmigung durchgeführt«. Dafür sollten sie und die ausführende Baufirma mit 50.000 RM bestraft werden. Das wurde aber von einer anderen Abteilung des cs rückgängig gemacht, die ihrerseits »Herrn Dau für die Verleihung des Kriegsverdienstkreuzes vorschlug, da ... die Firma keine Strafe, sondern eine Auszeichnung« verdiene. Am 6. oder 7. September 1941 beschloss das OKH, »die Firma Borgward mit dem Nachbau unserer Motoren-Type HL 42 (Abb. 11.40 und 11.44) für die Normalausführung der 3-to-Zugmaschinen zu beauftragen« – und zwar mit 125 Stück monatlich. Drei Tage später sollte es die Motoren-Type HL 62 sein. Drei Wochen später war von der »baldmöglichsten Einschaltung« von Borgward »in die Ersatzteilfertigung« für den Motor HL 62, am 9. Oktober von der »Fertigung einzelner Teile verschiedener Motorentypen« die Rede – schließlich Anfang Februar 1942 doch vom Nachbau dieses Motors.

So oder so ähnlich ging es weiter und weiter – ein Spiegelbild der chaotischen Zustände in der deutschen Rüstungsplanung und -lenkung (Abb. 11.39), das umso bizarrer wirkt, wenn man es mit der gleichzeitigen Fertigung entsprechender Fahrzeugtypen durch mehrere – im Frieden heftig miteinander konkurrierende – Firmen in den USA vergleicht.

Am 17. November 1941 betonte Raebel, »dass unbedingt die Fa. Saurer auch für die HL-120-Ersatzteile eingesetzt werden müsste, dass er aber natürlich bereit sei, falls später die Fa. Saurer den ganzen Motor HL-62 nachbauen soll, diesem Nachbau bei Saurer zuzustimmen«.[13] Ob Raebel tatsächlich die Möglichkeit gehabt hätte, nicht zuzustimmen, mag dahingestellt bleiben. Wichtiger war, dass bei dieser Besprechung die Ersatzteilfrage an der Front und die Instandsetzung der Motoren unmittelbar hinter der Front zur Sprache kamen. Die Reise einer Kommission an die Front hatte ergeben: Der Mangel an Ersatzteilen war in der Hauptsache auf Transportschwierigkeiten zurückzuführen (Abb. 11.41). »Über 200 Waggons Ersatzteile« waren stecken geblieben, »da die Strecken vollkommen verstopft sind«. Das OKH begann jetzt, im November 1941, daran zu denken, »an einer oder zwei Stellen Instandsetzungswerkstätten einzurichten, die unter Verantwortung von MM und mit Hilfe der an der Front befindlichen MM-Monteure die Instandsetzungsarbeiten durchführen«. Raebel begrüßte diesen Vorschlag; aber es gab auch »Bedenken gegen die Zusammenziehung unserer Monteure, die zurzeit bei den Panzerregimentern bzw. Instandsetzungskolonnen sind«. Die beiden Werkstätten sollten so groß werden, dass jede monat-

Abb. 11.40 Maybach-HL-42-TR-Motor für Halbketten-Zugmaschinen. TR steht für Trockensumpf-Ausführung, d. h., der Motor hat statt einer Ölwanne einen flachen Boden. Das vom Triebwerk ablaufende Öl wird in einen Sammelbehälter gepumpt und von dort aus dem Motor wieder zugeführt. Auf diese Art ist sichergestellt, dass der Motor auch bei extremen Schräglagen des Fahrzeugs im Gelände ausreichend Öl erhält

Abb. 11.41 Eine Ju 52 der Luftwaffe wird mit Motorenteilen für die Ostfront beladen (um 1942)

[13] Es handelt sich hierbei um die Österreichischen Saurer-Werke, nicht zu verwechseln mit der Adolph Saurer AG in Arbon/Schweiz.

lich 300 bis 500 Motoren überholen konnte. Man dachte an die Beschäftigung »russischer Facharbeiter«.

Ein paar Wochen später, seit dem 16. Dezember 1941, wusste man im OKH, dass im Jahre 1942 rund 800 Motoren monatlich fehlen würden, während die Motorenbauer schon in der Gegenwart den Anforderungen an Serien- und Ersatzmotoren nicht nachkommen konnten. Der »Führer« hatte erklärt, es dürfe »im nächsten Jahr unter gar keinen Umständen die gleiche ›Motorenpleite‹ wie in diesem Jahr eintreten«. Raebel erhob »entschiedenen Einspruch« gegen diesen Ausdruck. Die Motorenhersteller seien nicht schuld an dieser Situation:

> »Einerseits sind die eingetretenen großen Ausfälle durch Umstände bedingt gewesen, die mit der Motorenqualität nichts zu tun haben, andererseits hat sich MM seinerzeit, als es sich gezeigt hatte, daß die Kapazität von MM und Nordbau für die Deckung des Gesamtbedarfs nicht ausreicht, sofort bereiterklärt, Adler und Auto-Union das Nachbaurecht zu übertragen. Wenn der Anlauf sich bei diesen beiden Firmen so stark verzögert hat, so kann MM hierfür nichts.«

Und Raebel, dieser furchtlose Mann, der sich innerhalb von zwei Sätzen nicht nur mit dem OKH, sondern geradezu mit Hitler selbst anlegte, fuhr tapfer fort: Was den gegenwärtigen Mangel an Motoren anbetreffe, so sei dies darauf zurückzuführen, dass aufgrund der Erfahrungen des Ostfeldzuges ganz unverhältnismäßig hohe Forderungen auf Ersatzmotoren vom Amt geltend gemacht würden. Das war der Hinweis auf den Winter 1941/42, der eben erst angefangen hatte. Raebel schloss zum Entsetzen der Gesprächsteilnehmer: »Über die bisher bekannten Stückzahlen hinaus kann MM erst dann weitere Zusagen machen, wenn der Ausbau [von MM] zum Tragen kommt. Ausstoßmäßig wird dies jedoch nicht vor Ende 1943/Anfang 1944 der Fall sein« – ganz abgesehen von einem bereits bestehenden und sich ständig verstärkenden »Kurbelwellen-Engpass«. Kaum hatten die OKH-Leute diese Mitteilungen ebenso schlucken müssen wie Raebels Nebenbemerkung, man brauche für jede Umstellung oder Umsatzsteigerung mehr als ein Jahr Vorbereitungs- und Anlaufzeit, da »bat« er auch schon, »von der beabsichtigten Bestellung weiterer 5.880 Pz.-Kpfw.-Ersatzmotoren Abstand zu nehmen, da nach Lage der Dinge mit einer Auslieferung dieser Motoren in absehbarer Zeit nicht zu rechnen ist«. Sein Gesprächspartner sagte ihm zu, dass »keinerlei Bestellungen erteilt werden sollen, deren Auslieferung sich länger als über zwei Jahre erstreckt«.

Es war also an diesem 16. Dezember 1941 beim »Sonderausschuss« des OKH sehr deutlich abzusehen, dass die Versorgung des Heeres mit Zugmaschinen (Abb. 11.42) und Panzern in den folgenden zwei Jahren relativ immer schlechter werden musste. Und Raebel hatte die Ursachen dafür genannt: die Verluste durch die Kampfhandlungen, die Ausfälle durch Kälte sowie die Schwerfälligkeit der OKH-Bürokratie. Dort aber bemühte man sich natürlich, die Verzögerungen bei

Abb. 11.42 Zwei schwere »Zugkraftwagen« (Sd.Kfz 9) – es handelt sich um die 18-Tonnen-Halbketten-Zugmaschine mit Maybach-HL-108-Motor (169 kW/230 PS bei 2.600 min^{-1}) – beim Durchqueren eines Flusses im Osten

der Beauftragung von Saurer mit dem Nachbau des ganzen Motors wie einzelner Teile »mit kleinlichen Erwägungen und Firmeninteressen« beim Maybach-Motorenbau zu begründen. Man teilte der Geschäftsleitung mit, dass »seitens Ihrer Firma ... ohne Verzögerung jegliche Unterstützung« geleistet werde. Raebel leistete sachlichen Widerstand: Erst müsse die Kurbelwellenbeschaffung gesichert sein, dann müsse Saurer mit dem Nachbau von Teilen beginnen, und erst danach käme der Nachbau des ganzen Maybach-Motors HL 62 infrage. Was aber die »kleinlichen Erwägungen« anbetraf, so schickte Raebel am 12. Januar 1942 ein sieben Seiten langes Schreiben über »die Entwicklung des Nachbaues unserer Motoren« seit dem Vertrag vom 21. September/4. November 1937 an das OKH.

Inzwischen hatten der Maybach-Motorenbau und »Nordbau« ihre Kapazitäten so vergrößert, dass bis Ende 1942 »von beiden Werken zusammen mit Krauss-Maffei eine Jahreskapazität von rund 19.000 Motoren erreicht wird« – *vorausgesetzt*, dass man genügend Personal, Maschinen und nicht zuletzt Zulieferungen erhielt.

In dem zuvor genannten Brief vom 12. Januar 1942 kam Raebel erneut auf die »durch den Russenfeldzug bedingten, ganz abnormal hohen Anforderungen von Ersatz-Motoren und -Teilen« zu sprechen, »die eine Steigerung des Ersatzmotorenanteils an den Serien von 20 % auf 50 % und für Zugmaschinen von 10 % auf 25 % veranlassten«. Und: Über diese 19.000 Motoren hinaus wurde »uns erstmals am 2. Dezember 1939 ein voraussichtlicher künftiger Gesamt-Motorenbedarf von 1.725 Motoren monatlich = 20.700 jährlich genannt«. Über die Erfüllung der Voraussetzungsbedingungen für eine solche Steigerung war bis zu diesem 12. Januar 1942, also innerhalb von drei Jahren, noch keine »endgültige Festlegung« erfolgt. »Im Herbst 1940 wurden von Ihnen dann neue, noch höhere Zahlen (2.000–2.500 monatlich) genannt.« Dann erfolgte die Vergabe des Nachbaurechts an Ad-

Tab. 11.2 Fertigungs-Plandaten für das Jahr 1942

Maybach	15.000 Sechs- und Zwölfzylinder-Motoren
Nordbau	9.000 Sechs- und Zwölfzylinder-Motoren
Krauss-Maffei	1.200 Sechszylinder-Motoren
Adler	6.000 Sechszylinder-Motoren
Auto-Union	12.000 Sechszylinder-Motoren
Insgesamt	43.200 Motoren

ler im September/Oktober 1940 sowie der Beginn »der Errichtung eines weiteren Montan-Werks auf Nordbau-Basis«, im Oktober 1940 eine Erweiterung der Nachbauvereinbarung mit der Auto-Union. Es folgten die »Errichtung eines Montan-Werks und die Vergabe weiterer Aufträge für Ersatzteile an Borgward, Saurer, Krupp, Fross-Büssing«. Saurer begann den Motoren-Nachbau.

In der Gegenwart sei man im Begriff, fuhr Raebel fort, das Stammhaus für weitere 500 Sechszylinder- und Zwölfzylinder-Motoren monatlich zu vergrößern. Man sei bereit, in Lochbrücke bei Friedrichshafen ein zweites Werk zu errichten, und denke bei diesem an »mehrere tausend Motoren pro Monat«. Allerdings müssten auch entsprechende Mengen von Wohnungen gebaut werden. Bevor man aber mitten im Krieg an die Ausführung derartig großer Projekte herangehe oder auch nur weitere Lizenzen vergebe, solle man erst einmal »die Unterlieferer- und sonstigen Schwierigkeiten« beseitigen. »Gelingt dies«, dann könnte ein »Volleinsatz jährlich« von 43.000 Einheiten zur Verfügung stehen (Tab. 11.2).

Durch Typen- und Konstruktionsvereinfachung könne man in den folgenden drei Jahren auf eine Steigerung um 15 %, also auf »rund 50.000 Motoren pro Jahr« kommen. Aber dem stünden die Zuliefererschwierigkeiten im Wege.

Raebel selbst sehe »schon allein die Ermöglichung der Ausweitung der Unterlieferer-Leistungen von 13.711 auf 50.000 pro Jahr für eine derart große Aufgabe an, dass zurzeit weitere Ausweitungen der Motorenfabriken oder neue Lizenzvergebungen verfrüht sind, solange alles dies nicht gelöst ist«. Damit wandte Raebel sich gegen seinen eigenen Vorschlag, die »auch vom Herrn Reichsstatthalter für Württemberg in jeder Hinsicht befürwortete Errichtung eines weiteren Werkes in Lochbrücke«. Schließlich empfahl er eine enge Zusammenarbeit der Firmen, die neue Motoren konstruierten – womit nicht zuletzt Saurer gemeint war. So weit Raebel in seinem Schreiben vom 12. Januar 1942.

Wenige Monate, nachdem man so nachdrücklich die Situation geschildert und kritisiert hatte, erhielt Saurer, Wien, vom Chef der Amtsgruppe »Waffen und Gerät« im Heereswaffenamt im Mai 1942 den »Auftrag ..., im Anschluss an Ihr Werk ein heereseigenes Motorenwerk in kürzester Zeit zu errichten«, und zwar für den Nachbau des Motors HL 230. Der Maybach-Motorenbau stellte ohne Zögern die dafür nötigen Zeichnungen zur Verfügung. Das Vorhaben »Lochbrücke« in Friedrichshafen wurde in der Folgezeit von der Regierung fallen gelassen.

Aus dem erhalten gebliebenen Aktenmaterial geht in keinem Fall hervor, was die Nachbauer geleistet haben – weder beim Bau ganzer Motoren verschiedener Typen noch bei dem von Ersatzteilen und Reservemotoren. Da Maybach nur für das Ingangsetzen der Produktionen im Rahmen der Lieferung von Zeichnungen und Werkzeugen mitverantwortlich war, nicht aber für die Leistungen und Schwächen der Nachbauer selbst, dem OKH auch an der Geheimhaltung solcher Angaben sehr gelegen war, lässt sich zwar gelegentlich feststellen, wie viele Motoren und Ersatzteile das OKH zu

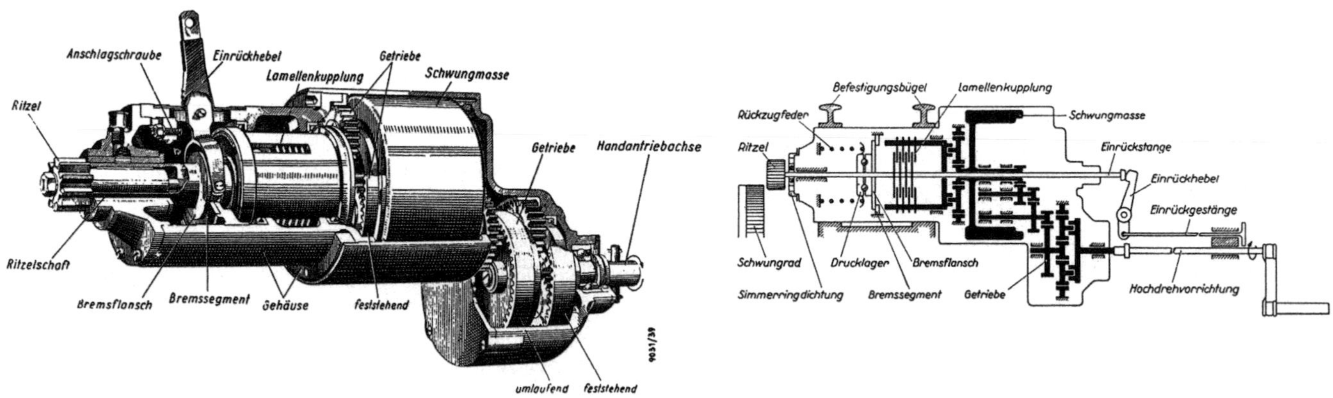

Abb. 11.43 Eine heute kaum noch bekannte, für den Betrachter unserer Tage geradezu »ingeniöse« Besonderheit des HL-230-Motors in den »Panther«- und »Tiger«-Panzern war eine zweite bordeigene Startvorrichtung: der Bosch-Schwungkraftanlasser (*links*: Schnittzeichnung; *rechts*: Funktionsschema). Bei entladener Starterbatterie konnte der Motor durch diesen Anlasser im Handbetrieb gestartet werden. Wirkungsweise: Über die Hochdrehvorrichtung (etwa 70 min^{-1}) und das Planetengetriebe (Übersetzung ins Schnelle) wird das Schwungrad des Anlassers in sehr schnelle Umdrehung (etwa 10.000 min^{-1}) versetzt. Dadurch wird in der Schwungmasse ein großes Arbeitsvermögen in Form kinetischer (= Bewegungs-)Energie gespeichert, das ausreicht, um den Motor einige Male durchzudrehen. Nach dem Hochdrehen wird das Ritzel durch Schwenken des Einrückhebels eingespurt, und jetzt wird die Energie von der Schwungmasse des Anlassers über das Getriebe (Übersetzung ins Langsame), die Lamellenkupplung und das Ritzel auf das Schwungrad des Motors übertragen und dreht diesen mit einer Drehzahl durch, die zum Anspringen ausreicht

brauchen behauptete, nicht aber, wie viele es wirklich haben wollte, und schon gar nicht, wie viele es dann erhielt.

Für den Maybach-Motorenbau waren eigentlich nur die Entlastung des eigenen Werkes und ein möglichst großes Maß an Erhaltung der Selbstständigkeit und Unabhängigkeit wichtig. Es kam hinzu, dass sich Raebel im Laufe des Krieges, wohl seit Ende 1942, durch seine Tätigkeit in der Industrie einen Namen gemacht hatte, der es ihm ermöglichte, einerseits für die ganze motorenproduzierende Industrie zu sprechen, andererseits seinem eigenen Unternehmen eine Spitzen- und Ausnahmeposition zu sichern. Er war dabei wesentlich unternehmender und einflussreicher als Karl Maybach, der bei all diesen Verhandlungen offenbar nur selten in Erscheinung trat.

11.4 Typhus in Friedrichshafen

Am 7. Oktober 1943 schrieb Raebel, der inzwischen »Vorsitzer des Sonderausschusses Pz. VII Motorenfertigung für Panzerwagen und Zugmaschinen im Hauptausschuß Panzerwagen« beim Rüstungsminister geworden war, in einem Brief, es habe am 30. September bei Karl Maybach zwischen dem Gesamtvorstand der Firma Maybach sowie einem Medizinalrat und dem Betriebsarzt eine »Besprechung stattgefunden, in welcher wir die Herren angesichts unserer großen Verantwortung für die hier laufende Rüstungsfertigung baten, uns Aufklärung darüber zu geben, ob mit einer Ausbreitung der in hiesigen Lagern ausgebrochenen Typhusfälle zu rechnen sei« und welche Vorbeugungsmaßnahmen nötig erschienen. Es stellte sich heraus, »dass eine Impfung der Gesamtbelegschaft nicht mehr zu umgehen« war, mit der der Betriebsarzt beim LZ auch bereits begonnen hatte. Aber natürlich könne dieser nicht allein 10.000 Mann Belegschaft beim LZ und Maybach impfen. Man begann also, andere Zivil- sowie Militärärzte von der Flak in Friedrichshafen heranzuziehen. Aber es fehlte auch an Impfstoff, mit dem man »haushälterisch« umgehen müsse. In aller Eile reiste ein Arzt – zur Überraschung des Betriebsarztes ein »Professor« – mit Impfstoff aus Berlin nach Friedrichshafen.

Nun wurde also im Laufe von drei Tagen die »gesamte Gefolgschaft« mithilfe von Medizinstudenten und eines Truppenarztes geimpft, ohne dass der Berliner Professor Dr. med. Seitz einzugreifen brauchte. Seitz war aber, wie der Beauftragte für das Gesundheitswesen und Chef des Sanitätswesens OT (Organisation Todt) im Reichsministerium Speer am 13. Oktober 1943 schrieb, »mein Hygieniker«, und damit erhielt die Angelegenheit eine Bedeutung, die über die der Typhusfälle hinausging. Dieser Beauftragte, Dr. Poschmann, erklärte kurzerhand:

> »Jegliche Diskussion über die Vorkommnisse in Friedrichshafen erübrigt sich im Hinblick auf die Tatsache, daß die Entsendung von Herrn Prof. Seitz zum Segen Ihrer Arbeiterschaft und zur Sicherung der Produktion Ihres Werkes entscheidend positiv mitgewirkt hat ... Unsere Tätigkeit ist in jeder Hinsicht auf das Wohl der deutschen Arbeiterschaft ausgerichtet und hat insbesondere die Sicherung der Kriegsproduktion im Auge. Desto mehr erstaunt und befremdet mich, wenn meine zur Wahrung dieser Richtlinien eingesetzten Herren missverständlich als Kontrollorgane aufgefaßt werden.«

Am 20. Oktober stand, wie Poschmann am folgenden Tag schrieb, »fest, daß ein Ausbreiten der Epidemie über den Tag seines Eingreifens [des Berliner Professors] hinaus nicht erfolgt ist und alle angeordneten Maßnahmen auch materialmäßig nur auf Grund eigener Depots von hier aus getroffen werden konnten«.

Im Januar 1944 stellte sich heraus, dass in Stuttgart genügend Hilfspersonen und Impfstoffe vorhanden und die Anreise von Seitz nicht nötig gewesen war. Seitz hatte sich im Übrigen nicht einmal die Typhus-Baracken angesehen. Die Typhus-Epidemie griff auf den Maybach-Motorenbau nur ganz geringfügig über: Zwei Arbeiter erkrankten.

11.5 Eine Leistungsbilanz mitten im Kriege

Am 6. August 1942 schrieben der »Kreisobmann der Deutschen Arbeitsfront« und der »Kreisamtsleiter für Technik« der »Kreisleitung Friedrichshafen« der NSDAP an die Geschäftsleitung des Maybach-Motorenbaus: »Von unseren vorgesetzten Dienststellen, dem Wehrkreisbeauftragen V und der Gauverwaltung der Deutschen Arbeitsfront, wurde uns der Auftrag zuteil, Betriebe in Vorschlag zu bringen, die der Auszeichnung ›Kriegsmusterbetrieb‹ würdig sind.« Man bat darum, über den »Arbeitskräfteeinsatz« und die Fertigung im weitesten Sinne Auskunft zu geben.

Karl Maybach nahm die Anfrage so ernst wie seinerzeit die für seine Aufnahme in das »WWiFü-Korps« und ließ sich mitten in der angespanntesten Produktionssituation Material für eine zehn Seiten lange, durch Diagramme und Statistiken ergänzte Ausarbeitung zusammenstellen, die er einen Monat später, am 8. September, dem Kreisamtsleiter für Technik, einem Angestellten bei den Dornier-Werken, vorlegte. Er betonte, dass es sich dabei zum Teil um Angaben handelte, die den Geheimhaltungsbestimmungen unterlagen, und dass er diese Zahlen »Ihnen persönlich, als Vertreter des Wehrkreisbeauftragten V, Stuttgart ... mit der Bitte« überreiche, »dieselben nach Kenntnisnahme und Beurteilung an den Wehrkreisbeauftragten weiterzuleiten«.

Unter anderem war Maybachs Bericht auch die Zusammensetzung der »Gefolgschaft« und deren Arbeitszeit zu entnehmen (Tab. 11.3).

Bei der Beurteilung der Facharbeiterzahl sei zu berücksichtigen, »dass wir vielfach Personal bei der Truppe und zur Unterrichtung von Nachbaufirmen und Zulieferern benötigen«. Die Gehaltssumme war von 1936 bis zum ersten

Tab. 11.3 Personalentwicklung des Maybach-Motorenbaus vom 1. Juli 1939 bis 1. Juli 1942

Gesamtbelegschaft	Am 1. Juli 1939	Am 1. Juli 1941	Am 1. Juli 1942
Angestellt, männlich	433	427	459
Angestellt, weiblich	120	205	232
Facharbeiter, männlich	767	802	1.011
Facharbeiter, weiblich	–	–	–
Angelernte Arbeiter, männlich	534	742	903
Angelernte Arbeiter, weiblich	33	64	172
Hilfsarbeiter, männlich	229	323	453
Hilfsarbeiter, weiblich	167	196	284
Lehrlinge, männl. und weibl.	202	194	166
Ausländische Arbeitskräfte	–	112	679
Kriegsgefangene	–	–	102
von der Belegschaft arbeiteten über 48 bis 54 Stunden	377	474	432
... über 54 bis 60 Stunden	673	1.297	1.130
... über 60 Stunden	–	–	505

Abb. 11.44 Bohren der Zylinderkopf-Befestigungslöcher sowie der Kühlwasser- und Ölübertrittsbohrungen für Panzermotoren im Zweiten Weltkrieg

Halbjahr 1942 um etwa 75 %, die Lohnsumme um etwa 140 % gestiegen.

> »Die ... für Automobile, Benzin- und Rohölmotoren usw. für die private Wirtschaft freigehaltene Kapazität unseres Werkes haben wir mit Ausbruch des Krieges nahezu vollständig auf Wehrmachtsfertigung umgestellt, so daß der Anteil der ... Friedens- und Exportfertigung zur Zeit kaum 1 % beträgt ... Fast alle Panzer- und Zugkraftwagen der Deutschen Wehrmacht sind mit Motoren unserer Bauart ausgerüstet ... ; die in den verschiedenen Feldzügen teils unter schwierigen Verhältnissen von den Schnellen Truppen vollbrachten ungeheuren Leistungen geben mittelbar auch ein Zeugnis ab von der Bewährung dieser Motoren.«

Die »Güte« der Panzerkampfwagen hänge »zu einem wesentlichen Teil davon ab, ob es gelingt, eine größtmögliche Antriebsleistung (PS) auf kleinstem Raum darzustellen«. Es sei in den letzten Jahren gelungen, »im Endergebnis im Durchschnitt je m^3 Maschinenraum etwa die doppelte Leistung unterzubringen«. Seit Kriegsbeginn, »insbesondere auch veranlasst durch den Führerauftrag vom 30. Januar 1942 ›Schafft mehr Waffen und Munition‹, bemühen wir uns weiter laufend, alle Möglichkeiten zur intensivsten Leistungssteigerung auszunutzen«. Einem beigefügten Diagramm über die »Fertigungssteigerung« von 1936 bis Ende 1941 war zu entnehmen, dass die Zahl der Mitarbeiter um 80 %, der Umsatz um etwa 170 % und die Motorleistung um etwa 430 % gestiegen war (Zahlen wurden nicht genannt). Ausführlich und mit Selbstbewusstsein wurde über eine »Anlernwerkstatt« für »neu hinzukommende Gefolgschaftsmitglieder« berichtet sowie dabei erwähnt, dass man »in der nächsten Zeit noch über 1.000 ausländische Arbeitskräfte« erwarte, die diese Anlernwerkstatt »nach einem fest umrissenen Schulungsplan« passieren würden.

Man habe sich ganz auf »Fließmontage« umgestellt. Dies und die allgemeine Rationalisierung sowie die Verbesserung der Werkzeuge habe dazu geführt, dass man bei der Gehäusefertigung monatlich 3.600 Stunden (= »18 Gefolgschafter und neun Bohrwerke«) einspare, bei der Zylinderkopf-Fertigung 1.600 Stunden (= acht Gefolgschafter und vier Radialbohrmaschinen), in anderen Bereichen 17.700, bzw. 4.585 Stunden sowie große Materialmengen und Geldbeträge – bei der »Montage unserer Motoren« schließlich 24.400 Stunden oder 120 Gefolgschafter. Durch das Hinzuziehen verschiedener Nachbaufirmen wurde es möglich, »unsere Fertigung in Zukunft auf nur wenige Typen zu beschränken«. Man habe auf eine »gefällige Aufmachung« der Produkte ganz zugunsten des »Zweckmäßigkeitsstandpunktes« verzichtet. Der Erfahrungsaustausch mit den Nachbaufirmen sei »rege«.

Ausführlich wurde über das »betriebliche Vorschlagswesen« berichtet: Die Zahl der Verbesserungsvorschläge sei in den letzten Monaten um das Fünffache gestiegen; ihr Brauchbarkeitswert liege bei 71 %. Außerdem gelange man dabei »zu einer engen Zusammenarbeit zwischen dem Mann in der Werkstatt und dem Mann in Konstruktion und Arbeitsplanung ... zur wirklich schaffenden Betriebsgemein-

Abb. 11.45 Montagelinien des 220 kW (300 PS) starken Panzermotors HL 120, von dem während des Zweiten Weltkrieges etwa 30.000 Stück vom Maybach-Motorenbau und dessen Lizenznehmern gebaut wurden

schaft«. Die »Kostenentwicklung je PS« war von 1936 (= 100) bis Ende 1941 auf 70, die von Lohn- und Fertigungs-Gemeinkosten auf etwa 48 gesunken. Der letzte Absatz von Maybachs historisch höchst wertvollem Schreiben lautete:

> »Wir möchten diesen Bericht nicht abschließen, ohne darauf hinzuweisen, daß wir schon vor dem Kriege einen gut eingerichteten Außendienst (Kundendienst) unterhielten, der im Kriege noch bedeutend ausgebaut wurde und der sich auf allen Kriegsschauplätzen bestens bewährt hat. Direkt bei der Truppe, in ›Fliegenden Werkstätten‹, teils mit eigenen mit Ersatzteilen und Spezialwerkzeugen ausgerüsteten Werkstattwagen unmittelbar hinter der kämpfenden Truppe [Abb. 11.46] und neuerdings auch in Großreparaturwerkstätten des besetzten feindlichen Gebietes sind eine große Anzahl Maybach-Monteure am Werk, ausgefallene Motoren sofort wieder instand zu setzen und damit die Schlagkraft der kämpfenden Truppe zu erhöhen. Außerdem werden im Stammhaus zusätzliche Unterrichtskurse, an denen Soldaten, militärisches Werkstattpersonal, technische Angestellte und Offiziere auf Grund von Beorderungen ihrer vorgesetzten Dienststelle teilnehmen, laufend durchgeführt. Auch diese Einrichtung hat die volle Anerkennung der Militärbehörde gefunden.«[14]

Abb. 11.46 Eine der »Maybach-Kundendiensttruppen« im Einsatz mit einem zum Kastenwagen umgebauten Maybach W 5 (in der Mitte) und einem Faun-Lkw mit Maybach-Dieselmotor FD 88. Das Foto stammt aus der Anfangszeit des Krieges

[14] Siehe hierzu auch Abschn. 8.4.

11.6 Raebel in Schwierigkeiten

»Im Zusammenhang mit der Ersatzteilaktion für die Panzerwaffe (mein heutiger Erlass) ist es erforderlich, daß sowohl die bestehenden Fertigungsstätten für Panzermotoren als auch die im Anlauf begriffenen Kapazitäten und die Frage der Schaffung von Ausweichstellen [Abb. 11.52] mit besonderem Nachdruck betrieben wird. Zur Durchführung dieser Aufgaben ernenne ich Herrn Direktor Ochel zum Sonderbevollmächtigten für alle Motorenfragen des Panzerprogramms.«

So begann am 20. Dezember 1943 ein Schreiben des »Reichsminister für Rüstung und Kriegsproduktion« Albert Speer (Abb. 11.47). Weiter hieß es in dem Schreiben: Über die Zuständigkeit des Sonderausschusses Panzermotoren (Abb. 11.45) hinaus »erhält Ochel, Direktor der Firma Maschinenbau und Bahnbedarf AG in Berlin, das Recht, unmittelbar in meinem Namen im Zuge der Dringlichkeit des Programms Anweisungen zu erteilen« – und zwar in Bezug auf »Umsetzung von Arbeitskräften, zweckmäßigen Einsatz von Maschinen, Steuerung des Materials und des Transportes ...«[15] Raebel bekam eine »Copie zur Kenntnisnahme«. Sie muss ihn arg getroffen haben. Bereits am 29. und 30. Dezember 1943 fanden Besprechungen mit Ochel statt. Am 31. Dezember bestätigte Raebel dem neuen mächtigen Mann »die Ihnen gemachten Ausführungen«: »Da der Sonderausschuß Pz. VII durch mich, also einen Kaufmann, geleitet wird, kann ich verstehen, wenn die zuständigen Stellen klargestellt wissen wollen, ob nicht durch Ihre Einschaltung als Fertigungsfachmann der notwendige Panzermotorenausstoß auch ohne Erfüllung bzw. unter wesentlicher Einschränkung der von mir vertretenen Arbeitskräfte-, Werkzeugmaschinen- und Betriebsmittelanforderungen erreicht werden kann.« Er werde »das Amt des Vorsitzers abgeben«, wenn eine Prüfung der von ihm getroffenen Maßnahmen »ergeben werde, dass sich durch bessere fertigungstechnische Dispositionen und zweckmäßigeren Einsatz vorhandener Produktionsmittel Mehrleistungen erzielen lassen, die ... auch nur einigermaßen ins Gewicht fallen«. Offensichtlich tief verletzt rechtfertigte Raebel mehr als fünf Seiten lang seine bisherige Tätigkeit als Vorsitzer des Ausschusses und die Leistungen des Unternehmens Maybach sowie die der Nachbaufirmen. Allein bei Maybach und »Nordbau« sei die Motorenausbringung von 5.000 Motoren mit 800.000 PS im Jahre 1939 auf 19.000 mit 6,5 Mio. PS im Jahre 1943 gesteigert worden. Er rechtfertigte auch den von ihm für angemessen gehaltenen Bedarf an Werkzeugmaschinen: »Mit Zu- oder Nichtzuteilung der Maschinen ... stehen und fallen die Programme.« Im Augenblick fehlten 820 Maschinen, »die das Rückgrat der Fertigung bilden«. »Minderlieferungen« an Motoren seien vorhanden und würden steigen, wenn Zulieferer ausfielen. Nicht ohne Ironie erklärte er zum Schluss: »Dankbar werde ich ... jede Unterstützung entgegennehmen, die Sie – sei es bei der Vermittlung von Werkzeugmaschinen, Betriebsmittelbeschaffung usw. – für die Panzermotorenfertigung zu leisten imstande sind.« Er hoffe auf eine »nicht nur vorübergehende, sondern für die Dauer kameradschaftliche und für alle Teile erfolgreiche Bekanntschaft«.

Abb. 11.47 Dr.-Ing. Fritz Todt (*links*) und Albert Speer (*rechts*) vor einem Modell für den Ausbau von Berlin als Reichshauptstadt. Nach Todts Tod wurde Speer Reichsminister für Bewaffnung und Munition (1943 für Rüstung und Kriegsproduktion) und war somit die oberste Instanz für alle Firmen, die Kriegsmaterial herstellten

Bereits am 21. Februar 1944 schrieb Raebel an Speer »in großer Sorge über die Auswirkungen einer Reihe von Maßnahmen, die ... bezüglich des von mir verantwortlich geführten Sonderausschusses Pz. VII getroffen werden«, und bat um eine kurze persönliche Unterredung: »Ich glaube, damit der Erhaltung der Schlagkraft der von Ihnen getroffenen Selbstverantwortungsorganisation der deutschen Rüstungswirtschaft zu dienen.« Anfang März hatte er noch keine Antwort; am 10. März führte er ein Telefongespräch mit Ochel, das er mit den Worten begann: »Zwei Leute können nicht disponieren, es kann nur einer führen. Die Sachen

[15] Der hier beschriebene Eingriff gehörte zu einer Maßnahme, auf die zum besseren Verständnis kurz näher eingegangen werden muss. Albert Speer hatte als Rüstungsminister das Amt von seinem bis heute unter ungeklärten Umständen am 8. Februar 1942 tödlich verunglückten Vorgänger, dem »Reichsminister für Bewaffnung und Munition« Dr.-Ing. Fritz Todt, übernommen. Er hatte die Aufgabe erhalten, »mit allen Kräften« die Produktionsreserven der deutschen Rüstungsindustrie zu mobilisieren und besser auszunutzen. Dies sollte durch äußerste Rationalisierung, d. h. streng koordinierte und massierte Teilfertigung an unterschiedlichen Produktionsstandorten, zur Massenfertigung der Endprodukte führen. Für diese Koordination wurden 1942 Ausschüsse (für die Betriebe der Endfertigung) und Ringe (für die Zulieferindustrie) eingerichtet, deren Leiter für bestimmte Waffengattungen zuständig waren. Diese Maßnahmen hatten Erfolg. Obwohl Speer bei seinen Reorganisationsbemühungen mit harten Widerständen der miteinander konkurrierenden Dienststellen (z. B. Wirtschaftsministerium, Vierjahresplan-Behörde, OKW und OKH) zu kämpfen hatte und es ihm bis zum Schluss nicht gelang, sich den Zugriff auf die Rohstoffbeschaffung und den Arbeitskräfteeinsatz zu verschaffen, erreichte die Produktion der deutschen Rüstungsindustrie im Sommer 1944 trotz des Mangels an Arbeitskräften und der alliierten Luftangriffe einen Höchststand. So stieg z. B. die Produktion von Panzerkampfwagen von 3.250 (1941) auf 8.339 im Jahre 1944 und bei Flugzeugen sogar von 12.234 auf 38.122.

Abb. 11.48 Ab 1944 wirkten sich die massiven Luftangriffe der Alliierten nachhaltig auf die deutsche Rüstungsproduktion aus; zudem führte die neue Front im Westen als Folge der angloamerikanischen Invasion zu einem Aderlass an Material, der nicht mehr gedeckt werden konnte. *Bild*: »Panther« (Ausführung G) auf dem Rückzug in Frankreich nach der Landung der Alliierten im Sommer 1944

laufen so, dass meine Autorität restlos untergraben würde.« Darauf Ochel: »Selbst wenn Sie sagen, dass Sie Ihren Posten hinwerfen, ich mache die Sache aber auch nicht.« Raebel: Er säße jetzt »als Popanz da«. Man traf keine Entscheidung. Raebel schloss: »Also dann auf Wiedersehen! Heil Hitler.«

Am 26. April 1944 bat Raebel um Entbindung »von meiner Tätigkeit als Vorsitzender des Sonderausschusses Pz. VII und Bezirksbeauftragter des Hauptausschusses Panzerwagen«. Am gleichen Tag machte Ochel ihm und Karl Maybach heftige Vorwürfe über den Mangel an Hilfsbereitschaft für seine eigene Berliner Firma, über zu geringe Leistungen im Verhältnis zur Zahl der Arbeitskräfte – Vorwürfe, durch die man leicht in den Verdacht der Sabotage geraten konnte. Karl Maybach protestierte noch am gleichen Tag gegenüber dem Ministerium Speer. Am 7. Mai teilte Raebel den Mitgliedsfirmen des Sonderausschusses mit, »dass der Sonderbevollmächtigte für Panzermotoren, Herr Direktor Ochel, in freundschaftlicher Vereinbarung mit sofortiger Wirkung an meiner Stelle die Leitung des Sonderausschusses Pz. VII übernommen hat«.

Der Chef des Technischen Amtes des Speer-Ministeriums, Saur, bedankte sich am 13. Mai bei Raebel »der in Jahren sein Letztes und Bestes geleistet« habe, ausnehmend höflich. Raebel versicherte Saur am 22. Mai, dass er sich »auch weiterhin restlos für die Erfüllung der uns gestellten Aufgaben einsetzen« werde. Solche Versicherungen von und nach allen Seiten waren mehr als nur ein Ausdruck gegenseitiger Hochachtung: Für den Fall ungünstiger Berichte oder gar Denunziationen konnten sie von großem Wert sein.

Dahin gehörte schließlich auch Speers Brief vom 7. August 1944 – also mitten in der Welle der Verdächtigungen, Verhaftungen und Ermordungen im Anschluss an das Attentat vom 20. Juli 1944 –, der Raebel von seinem Amt entband und schloss: »Durch Ihre Leistungen haben Sie bewiesen, dass Sie sich der übernommenen Verantwortung stets bewusst waren. Für Ihre wertvolle Mitarbeit spreche ich Ihnen hiermit meinen besonderen Dank aus.«

Für Ochel aber war die Angelegenheit damit immer noch nicht erledigt. Er ließ durch einen Mitarbeiter feststellen, dass, wie Raebel am 30. Oktober 1944 schrieb, »kurz nach Erhalt der Anerkennung unserer Leistungen durch Herrn Reichsminister Speer ... in Nürnberg ... bei Maybach nicht mit genügender Begeisterung gearbeitet wird«, und ließ den Maybach-Betriebsdirektor Karl Rommel »wissen, dass, wenn wir das Oktober-Programm von 800 Motoren nicht erfüllen, etwas passiere«. Auch ließ Ochel eine seiner Mitarbeiterinnen »bei ihrem Eintreffen hier den Unterzeichneten in Ihrem Auftrag eröffnen, dass Ihnen das Versagen von Maybach schwere Sorge und schlaflose Nächte bereite, während die Nachbaufirmen zu Ihrer vollsten Zufriedenheit arbeiteten«. Damit war bereits eine für den Maybach-Motorenbau gefährliche Situation eingetreten!

Karl Rommel hielt es, zweifellos im Einverständnis mit Karl Maybach und Jean Raebel, für nötig, in dieser prekären

Abb. 11.49 Die imposante Frontsilhouette dieses »Tigers«, Ausführung E (mit HL-230-Motor und Olvar-Getriebe), ebenfalls aufgenommen beim deutschen Rückzug in Frankreich 1944, vermittelt einen Eindruck von der Massigkeit dieses mit rund 57.000 kg zweitschwersten deutschen Panzers

Lage den Ablauf der Geschehnisse seit der Friedrichshafener Katastrophe[16] niederzulegen:

> »Trotz der allseitig anerkannten Schwere des Angriffs setzten wir, neben der Abstellung von Gefolgschaftern, bereits am 4. 5. 44 mit der Teilbelieferung an die Nachbaufirmen ein und trugen damit ausschlaggebend dazu bei, wesentlich mehr Motoren, als den Firmen von sich aus möglich gewesen wäre, auszustoßen ... Als unser Werk am 20. 7. nochmals schwer angegriffen wurde (es fielen etwa 100 Sprengbomben ins Werk), haben Sie bei Ihrem Besuch am 26. 7. festgestellt, daß wir für längere Zeit aus der Fertigung kompletter Motoren überhaupt ausscheiden sollen und man uns Ruhe lassen müsse. Sie seien vollständig befriedigt, wenn wir durch Belassung unserer Leute und soweit möglich Leistung von Zulieferungen an die Nachbaufirmen letztere in den Stand setzen, weiterhin über ihr eigentliches Programm hinaus zu liefern.«

Dann wurde in Berlin am 20. August 1944 der »Nordbau« so schwer bombardiert, dass Ochel die MAN und eine andere Firma sowie den Maybach-Motorenbau »zur beschleunigten Wiederaufnahme der HL-120-Montage« veranlasste. Diese Festlegungen seien, so Rommel, »im besten Einvernehmen erfolgt«. Wenige Wochen später kam es in Friedrichshafen zum »Stillstand unserer Montagebänder« an 22 Tagen im September und Oktober – im Wesentlichen, weil ein Zulieferer keine Kurbelgehäuse schickte, auch weil man Personal anderen Firmen hatte überlassen müssen »und wir schließlich noch 252 Gefolgschafter an die Wehrmacht und 125 zeitweise zum Schanzen abgeben mussten«. Nach einem Angriff auf das Werk in Siegmar am 11. September habe man mit aller Kraft auch noch weiteren Nachbauern geholfen. In der Folge sei man immer stärker zu Teilarbeiten einerseits, zur Abtretung von Teilefertigungen an andere Firmen andererseits gezwungen worden, sodass offensichtlich ein allgemeines Durcheinander hauptsächlich beim Maybach-Motorenbau und der Auto-Union entstand, indem ständig Aufträge gestrichen, verändert und verlegt wurden. Maybach habe seit dem 4. Mai 1944 die Nachbaufirmen »bei der vorgenommenen Steigerung der Ausstoß-Ziffern« mit Material und Arbeitsstunden im Wert von 15,25 Mio. RM unterstützt. »Dem gegenüber haben wir für unseren Anlauf bzw. gesteigerte Fertigung erhalten: Material von Auto-Union, Nordbau, MAN und MBA im Werte von 890.000 RM

[16] Gemeint ist der schwere alliierte Luftangriff vom 28. April 1944.

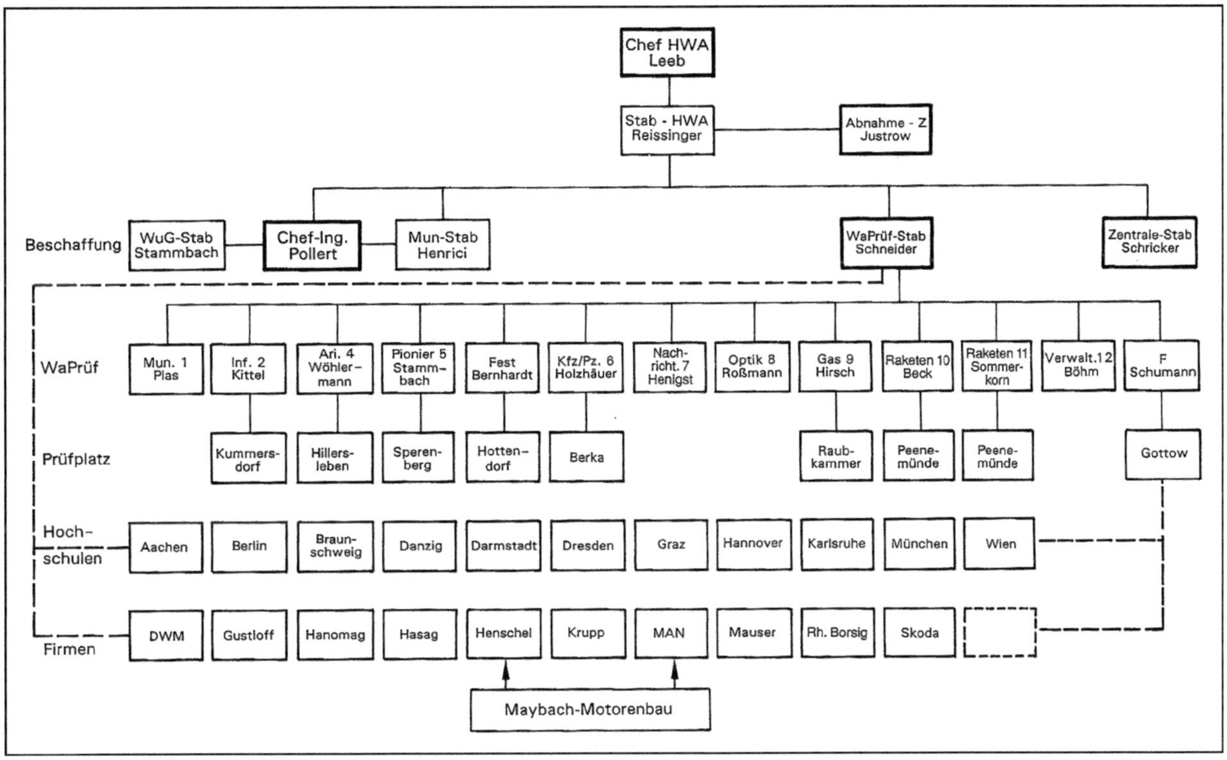

Abb. 11.50 Gliederung des Heereswaffenamtes ab 1944. Der Maybach-Motorenbau würde in diesem Organigramm als Zulieferbetrieb der Herstellung von Endprodukten wie Henschel (»Tiger«), MAN (»Panther«) unter anderem in einer weiteren Reihe unter den genannten Firmen erscheinen

Abb. 11.51 Ein zum Wrack geschossener »Tiger«, aufgenommen am 13. Juni 1944 in Villers-Bocage/Frankreich. Die beiden halb runden Schürzen am Heck des Fahrzeugs dienen als Schutz vor Beschädigungen und Verbrennungen an den Auspuffrohren, die wegen des vorwiegend auf der Volllastkennlinie gefahrenen Triebwerkes meist rot glühend waren. Die runde Luke in der Turmrückwand ist der Notausstieg des Ladeschützen, der (z. B. beim Panzer V) keinen eigenen Einstieg in den Turm besaß – der sicherste Ort für das »Ausbooten« bei bewegungsunfähigem Fahrzeug

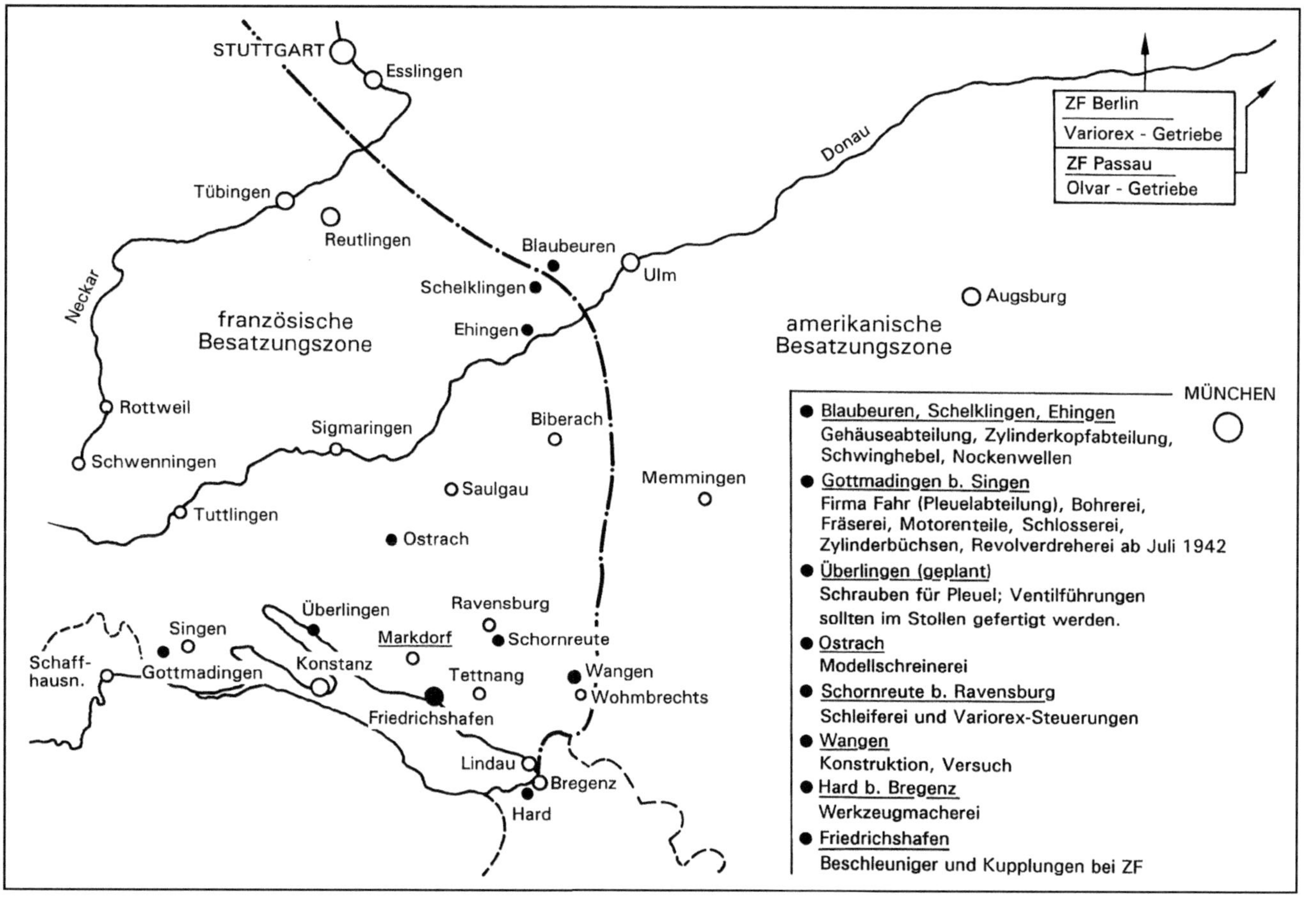

Abb. 11.52 Auslagerungsstandorte des Maybach-Motorenbaus in der Umgebung von Friedrichshafen während des Zweiten Weltkrieges

und ›Arbeitskräfte: keine‹.« Rommel (und Raebel) setzten diese Aufstellung im Detail fort und schlossen mit der Feststellung: »Es sind eingesetzt ... 4.183 Mann. Dazu kommen 1.246 bei Fahr [in Gottmadingen] für uns eingesetzte Kräfte.«

> »Zum Schluss möchten wir feststellen: Wir wissen, daß Ausführungen vorstehender Art in der heutigen Zeit, wenn irgend möglich, vermieden werden sollen. Wenn wir uns trotzdem dazu entschieden haben, so deswegen, weil einmal unsere bisherigen wiederholt abgegebenen mündlichen Erklärungen ohne jeden wirklichen Erfolg geblieben sind, und zum anderen diese Angelegenheit endlich einmal so bereinigt werden muss, daß der leistungshemmende Druck der plötzlichen Stempelung zur Minderwertigkeit, wie er zur Zeit zu Unrecht besteht, durch richtige Erkenntnis der wirklichen Verhältnisse endgültig beseitigt wird.«

Ochel hatte inzwischen von Mitarbeitern, die in Friedrichshafen gewesen waren, günstige Berichte erhalten. Er lenkte bereits am folgenden Tag ein, verringerte seine Forderungen und schloss sein Fernschreiben an Rommel: »Einen guten Erfolg wünscht Ihnen sowie den Angestellten und Arbeitern Ihres Betriebes Ihr Ochel.« An Karl Maybach schickte er am 2. November ein Fernschreiben ähnlichen anerkennenden Inhalts über die Leistungen, in dem der sonderbare Satz stand: »Ich freue mich um so mehr darüber, als damit offenkundig wird, dass die Härte des Durchhaltens im Süden genauso stark ist wie im Norden.« Zweifelte man daran in Berlin? Jedenfalls sprach er »höchste Anerkennung und Dank« aus. »Ich hoffe, dass auch die nächsten Monate, so schwer sie auch sein mögen, uns in gleicher Leistungsgemeinschaft sehen ...« Schrieb der ebenso mächtige wie gefährdete Ochel im November 1944, als die Fronten immer näher rückten und zwischen ihnen immer mehr »Saboteure« gehängt und erschossen wurden, mehr für die eigene Sicherheit als für die Erhaltung der »Leistungsgemeinschaft«? Speer hat später schriftlich behauptet, dass er sich um diese Zeit ständig in Lebensgefahr gefühlt habe. Karl Maybach beeilte sich, schon am nächsten Tag »auch namens der Herren Raebel und Rommel und der Gefolgschaft« zu danken und zu versichern, »dass unsererseits alles nur Menschenmögliche geschehen wird«.

Als der Maybach-Motorenbau sich ab Ende Dezember 1944 am Bau luftgekühlter Dieselmotoren beteiligen sollte, lehnte das Unternehmen dies am 28. November ab, »da wir über keinerlei Erfahrung ... verfügen«. Das war anscheinend das Ende der Korrespondenz mit Ochel. Man hatte jetzt andere Sorgen.

Abb. 11.53 Blick auf den »Motorenbau« bei Kriegsende im Mai 1945

Die Nachkriegsjahre 1945 bis 1949

12

Wilhelm Treue

12.1 Ende oder neuer Anfang?

Am 9. Mai 1945 hatte das Deutsche Reich kapituliert und war in militärische Besatzungszonen aufgeteilt worden. Nach dem Einmarsch der Franzosen in Friedrichshafen herrschte etwa einen Monat lang Ruhe auf dem weiten Werksgelände mit den Ruinen und Trümmern (Abb. 11.53 und 12.1), den gesperrten Straßen und Wegen (Abb. 12.1). Ende Mai/Anfang Juni wurde auf Geheiß der französischen Besatzungsmacht eine Großreparaturstelle für Pkw der Franzosen eingerichtet; im Juni/Juli kam ein Abschluss über die Fortführung der Diesel- und Benzinmotoren-Entwicklung in Wangen auf Rechnung der französischen Regierung zustande. Darüber hinaus mussten die HL-230-Motoren noch weiter gebaut werden. Auch das französische Heer konnte die berühmten Panzermotoren aus Friedrichshafen brauchen – gerade mal ein Vierteljahr, nachdem die letzten an das deutsche Heer ausgeliefert worden waren.

Natürlich lief die neue Arbeit nur langsam an. Die Wohnungs- und Verkehrsverhältnisse – durch die Luftangriffe (Abb. 12.3) ohnehin außerordentlich erschwert – wurden durch Passierscheinbeschaffung, Kontrollen (Abb. 12.2) und Vorschriften aller Art sowie Lebensmittelnot zusätzlich belastet. Man sollte wieder arbeiten, aber die Arbeitsstätten durften nur provisorisch instand gesetzt werden, rechnete doch jeder damit, dass bald, wie bereits vor Wochen im Rheinland und in Westfalen, Demontagebefehle eintreffen würden, sodass dann auch noch die Ruinen gesprengt und die letzten Arbeitsplätze verloren sein würden. Als man am 18. Mai 1951 den Teil des Geschäftsberichtes für diese Wochen des Jahres 1945 formulierte, hieß es etwas umständlich: »Der Wirkungsgrad im Arbeitseinsatz war ausgesprochen schlecht.«

Aber warum wurden wohl vom Juni 1945 an ungeachtet erheblicher Transportschwierigkeiten die verlagerten Be-

Abb. 12.1 Wegen der Bedeutung der wichtigsten Friedrichshafener Firmen Dornier, LZ, Maybach und Zahnradfabrik wurde die Stadt zum Ziel massiver Bombenangriffe. Nach dem schwersten Angriff im Juni 1944 waren Friedrichshafen wie auch der Maybach-Motorenbau zu 70 % zerstört

Abb. 12.2 Ein alltägliches Bild im Deutschland der Stunde null: Passierscheinkontrolle. An der Grenze zur US-Besatzungszone überprüft dieser Gl die Papiere eines jungen Mannes, der – offensichtlich vor Stunden noch Soldat – sich rasch Zivilkleidung beschafft hat

W. Treue (✉)
Göttingen, Deutschland
E-Mail: customerservice@springernature.com

E. Eckermann, W. Treue, S. Zima (Hrsg.), *Technikpionier Karl Maybach*, https://doi.org/10.1007/978-3-658-37065-7_12

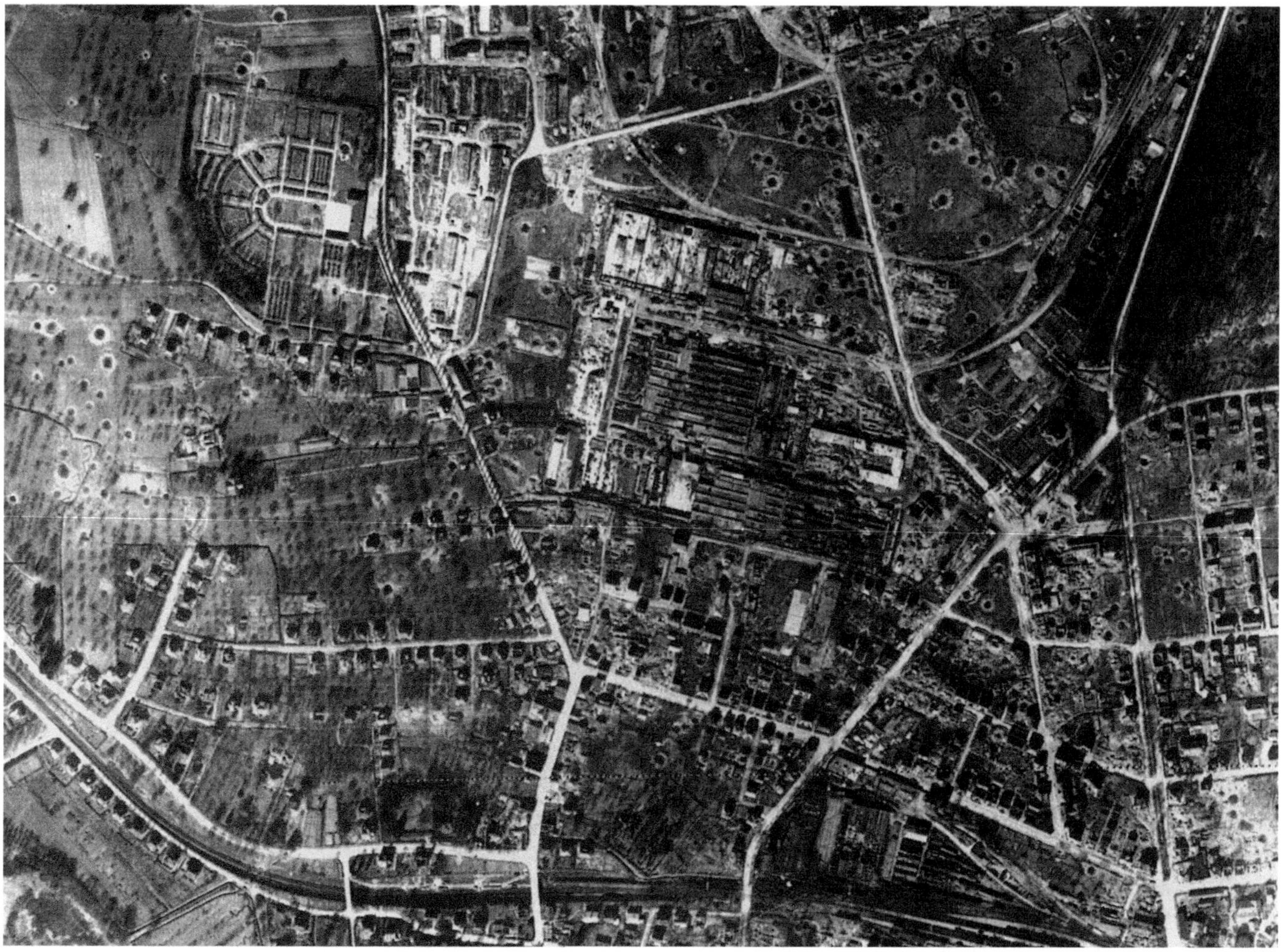

Abb. 12.3 Englische Luftaufnahme des zerstörten Friedrichshafen vom 19. März 1945. *Links oben* ist – hufeisenförmig – der Friedhof zu erkennen, *rechts daneben* der Lagerbereich, in dem die Fremdarbeiter des Maybach-Motorenbaus sowie des LZ untergebracht waren, und wiederum *rechts* (*zur Bildmitte hin*) die Ruinen des Maybach-Motorenbaus

triebsteile »mit Genehmigung der Besatzungsmacht«, d. h. letzten Endes auf ihren Befehl und unter ihrer Aufsicht, nach Friedrichshafen zurückverlegt und nicht an Ort und Stelle demontiert, d. h. entweder zerstört oder wie in so vielen anderen Orten beschlagnahmt, enteignet und als Reparationsgut irgendwohin abtransportiert, z. B. nach Frankreich? Da man in Friedrichshafen die Produktion von Benzinmotoren wieder aufgenommen hatte, sollte also wohl doch weitergearbeitet werden. Hoffnung erwachte bei Hunderten, Tausenden der arbeitslos gewordenen Bevölkerung in Friedrichshafen und Umgebung.

Am 29. November 1945 gab Dr. Hugo Eckener dem Maybach-Motorenbau bekannt, dass zwar die Geschäftsführer bisher ihr volles Gehalt, »bezogen auf die 48-Stunden-Woche«, ausbezahlt erhalten hatten, dass dies aber rückwirkend nur bis zum 15. Juni 1945 Geltung haben solle. Vom 16. Juni ab sollte es nur noch 60 % der bis dahin gezahlten Beträge geben. Für das Geschäftsjahr 1944 sollten »Tantiemen im Betrage von 2/3 der … für 1943 bezogenen Tantieme ausbezahlt werden«. Alles schien seine – reduzierte – Ordnung zu haben.

Aber Ende 1945 wurde bekannt, dass die französische Besatzungsmacht die Absicht hatte, das gesamte Werk entsprechend dem Pariser Abkommen dem Kontrollrat zur Verfügung zu stellen. Damit erhoben sich »erstmals ernsthafte Bedenken für den Weiterbestand der Firma«. Ende 1945! So friedlich-zivilistisch hatte man bis dahin in Friedrichshafen gedacht – ganz anders als im Rheinland, wo sofort nach dem Eintreffen der Sieger, der Einrichtung englischer Behörden und der Ernennung bzw. Einsetzung deutscher Ausführungsorgane und Personen deutlich wurde, dass nicht nur der Geist des gefürchteten »Morgenthau-Plans« regieren[1], d. h. wirtschaftlich wie geistig demontieren, sondern

[1] Als gegen Ende des Zweiten Weltkrieges die Niederlage Deutschlands abzusehen war, entwickelte Henry Morgenthau jr. (1891–1967), von 1934 bis 1945 unter der Roosevelt-Administration US-Finanzminister, den nach ihm benannten und später berüchtigt gewordenen Plan zur endgültigen Sicherung vor möglichen deutschen Aggressionen. Un-

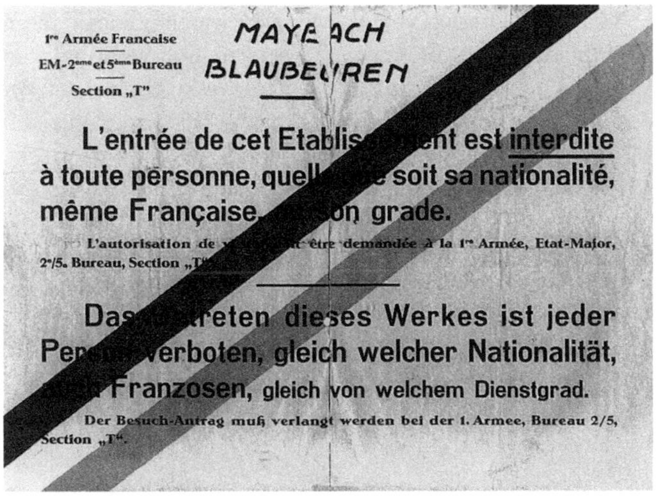

Abb. 12.4 Plakat der Franzosen am Werkseingang der »Württembergischen Leinenindustrie« in Blaubeuren 1945, wo Teile für HL-230-Motoren gefertigt wurden. Blaubeuren lag zwar in der amerikanischen Besatzungszone, doch die Franzosen durften das Werk wahrscheinlich deshalb sperren, weil sich dort Maschinen von Maybach befanden

Abb. 12.5 Der deutsche Industrielle Friedrich Flick bei der Urteilsverkündung in Nürnberg. Das Urteil des US-Militärtribunals lautete auf sieben Jahre Haft

auch die Sozialisierungspolitik der Londoner Labour-Regierung zugleich das deutsche Großkapital zerschlagen und jede Möglichkeit künftiger Konkurrenz auf dem Weltmarkt so weit vernichten sollte, wie mit der Erreichung dieser Ziele nicht eine Steigerung der Besatzungskosten für das arm gewordene England verbunden war.

Solche Befürchtungen gab es am Bodensee zunächst nicht. Man hoffte hier, unter französischer Kontrolle oder Herrschaft glimpflich aus dem Krieg in den Frieden davonzukommen. Ja, für einen solch relativ glatten Übergang hatte man sogar – unter den Augen der misstrauischen SS-Überwacher – gewisse Vorkehrungen treffen können: »Von besonderer Bedeutung für die Weiterführung des Betriebes war, dass es uns durch Sondermaßnahmen gelungen war, kurz vor Kriegsschluss noch größere Zahlungen von den OKH-Dienststellen hereinzubekommen, sodass wir mit flüssigen Mitteln ausreichend versorgt waren.«

Der Leser erinnert sich: 1919/20 hatte die halb revolutionäre sozialdemokratische Regierung noch Flugzeugmotoren abgenommen und korrekt bezahlt, die von der OHL des Kaiserreiches bestellt worden waren. Entsprechendes war ein Vierteljahrhundert später zwar nicht möglich, da es eine Reichsregierung nicht mehr gab, aber der Maybach-Motorenbau hatte immerhin reichlich Geld. So konnte man alle Schulden an Lieferanten decken, die bis Kriegsende entstanden waren. Der Maybach-Motorenbau hatte das Dritte Reich schuldenfrei überstanden und nicht mit leeren Kassen. Das stellte man noch im Mai 1951 mit deutlich spürbarer kaufmännischer Genugtuung fest. Man durfte sogar noch das ganze Jahr 1945 hindurch über dieses Geld frei verfügen, wenngleich es kaum noch Wert besaß. Deswegen war das deutsche Geld den Franzosen gleichgültig. Dagegen wurden sämtliche Sachgüter der Kontrolle eines französischen Offiziers unterworfen (Abb. 12.4).

Waren bei Einstellung der Fabrikation noch 3.500 Arbeiter und 780 Angestellte beschäftigt gewesen, so waren es im ersten Monat des Wiederanlaufs nur insgesamt 50, am Ende des Jahres 1945 jedoch schon wieder 680 Arbeiter und 250 Angestellte. Und mit diesen hatte man seit der Besetzung des Werkes nicht nur bei Entwicklungsarbeiten, Ersatzteilen, Reparaturen und sonstigen Leistungen 870.000 RM umgesetzt, sondern in dieser Zeit auch einen Auftragsbestand von 3 Mio. RM hereingeholt – das waren etwa 1,5 % des Auftragsbestandes zu Beginn des Geschäftsjahres 1945!

12.2 Sorgen des ehemaligen »Wehrwirtschaftsführers« Karl Maybach

Karl Maybach musste im Sommer 1945 natürlich wie alle erwachsenen Deutschen den berüchtigten »Fragebogen« ausfüllen, der ihrer »Entnazifizierung« zugrunde gelegt wurde. Diese Fragebögen wurden von den Behörden der Siegermächte mehr oder weniger sorgfältig zur Kenntnis genommen und mehr oder weniger voreingenommen zur Beurteilung oder Verurteilung der Person herangezogen, die ihn ausgefüllt hatte. Solche Urteile waren also weitgehend vom allgemeinen Temperament der »Richter«, von ihren Erfahrungen mit und Vorstellungen von den Deutschen, aber auch von der augenblicklichen Stimmung der Richter abhängig. Karl Maybach hatte grundsätzlich den Vorteil, dass das

ter anderem sollte Deutschland in seinem Staatsgebiet stark verkleinert, bis zur praktischen Zerstückelung föderalisiert und durch radikale Demontage seiner Industrie, Zerstörung der Bergwerke u. Ä. in einen Agrarstaat umgewandelt werden. Roosevelt billigte diesen Plan zunächst, ließ ihn aber Ende 1944, nicht zuletzt unter dem Einfluss seiner Staatssekretäre Cordell Hull und Henry Lewis Stimson, wieder fallen.

französische Kriegsministerium ihn für die Rüstung brauchen konnte und benutzen wollte. Außerdem war er kein Parteigenosse (»Pg.«) gewesen. So hatte er nicht das Äußerste zu befürchten: Als Kriegsverbrecher wie Krupp, Flick und andere Industrielle würde man ihn nicht verurteilen (Abb. 12.15), also nicht mit langjähriger Haft bestrafen. Aber immerhin stand in seinem Fragebogen, dass er seit 1937 Wehrwirtschaftsführer gewesen war. Das warf natürlich Fragen auf.

Infolgedessen musste sich Maybach am 24. Oktober 1945 in Wangen/Allgäu verantworten, wo sich der gegen Ende des Krieges ausgelagerte Entwicklungsbereich des Maybach-Motorenbaus befand. Dieser sollte teils demontiert, teils nach Frankreich geschafft und dort für Frankreich nutzbar gemacht werden. Maybach bemühte sich in einem Brief an den französischen Militärgouverneur von Wangen, Commandant Rousselet, wahrheitsgemäß auseinanderzusetzen, dass er nie den Wunsch gehabt hatte, in das »Korps« der Wehrwirtschaftsführer aufgenommen zu werden und auch niemals »Wirtschaftsführung« betrieben habe, sondern stets Konstrukteur und als solcher für Wirtschaftsführung ungeeignet gewesen war. Das hatte er so deutlich bis zu diesem Zeitpunkt noch nie zum Ausdruck gebracht. Doch wer die Geschichte des Maybach-Motorenbaus in den zwanziger Jahren kannte, musste dieser Selbsteinschätzung vollkommen zustimmen. Der Gouverneur kannte sie nicht, und Maybach skizzierte ihm daher seine berufliche Entwicklung seit dem Jahre 1909. Er schloss: »Meine Ernennung zum Wehrwirtschaftsführer war also nur eine reine Formsache, was übrigens auch für die beiden anderen Direktionsmitglieder [Raebel und Rommel] zutraf.« Dann erwähnte Maybach, dass Speer ihn auch in den »Beirat für Motorisierung beim Generalbevollmächtigen für Rüstungsaufgaben im Vierjahresplan« berufen habe: »Ich nahm nur der Form halber an, drückte aber gleichzeitig mein Bedenken dagegen aus, dass mir eine solche Tätigkeit die mir für meine Konstruktions- und Entwicklungsarbeiten erforderliche Zeit zu sehr beschränken werde.« Außerdem hatte sein Arzt ihn vor vielen Reisen, »namentlich im Flugzeug«, gewarnt. Tatsächlich habe man diese Ernennung anscheinend wieder zurückgenommen, »denn ich wurde niemals aufgefordert, an den fraglichen Arbeiten teilzunehmen, sodass ich auch die Mitglieder dieses Beirats gar nicht kennenlernte und nicht einmal weiß, ob derselbe noch Bestand hatte«.

Maybach war niemals Mitglied der Partei, der SA oder SS gewesen, er hatte lediglich »das übliche Kriegsverdienstkreuz I. und II. Klasse« erhalten. In der Tat: Für einen Mann in seiner Position war er vom Nationalsozialismus erstaunlich wenig in Anspruch genommen worden und offenbar selber ganz »unpolitisch« insofern, als er seit 1909 unentwegt ein »Patriot«, ein »guter Deutscher« gewesen war, der seine Staatsbürgerpflicht erfüllen wollte. Er hatte Wilhelm II., Reichspräsident Ebert, Hindenburg und schließlich auch Hitler »gehorcht«, d. h. nicht widersprochen, ihren Anordnungen und Befehlen, Gesetzen und Verordnungen keinen Widerstand geleistet. Und er war bereit, mit einer solchen Einstellung seine Arbeit fortzusetzen: für den Maybach-Motorenbau, für Deutschland, für das französische Kriegsministerium. Daher schrieb er denn auch in aller Offenheit gegen Ende dieser Erklärung, in gewisser Weise als Selbstcharakteristik eines unpolitischen Bürgers, der Tag und Nacht nichts anderes als Motoren- und Getriebe-Konstrukteur war:

> »Was meine gegenwärtige Arbeit betrifft, so bin ich wieder ausschließlich mit Entwicklungsarbeiten beschäftigt. Ich konnte diese Tätigkeit mit Beginn der Besatzung wieder aufnehmen[,] und zwar aus zwei Gründen:
>
> 1) da ich schon vorher bei mir zu Hause neue Projekte vorbereitet hatte, um so bald als möglich die gemeinsamen Arbeiten mit der französischen Industrie auf dem Gebiet des Eisenbahn-Dieselbetriebs wieder aufnehmen zu können,
>
> 2) da uns wichtige Konstruktions- und Entwicklungsaufgaben sehr bald vom französischen Ministerium in Auftrag gegeben wurden.«

Das war zeitlich nicht ganz logisch, aber der französische Offizier, dem Maybach auch einen Protest gegen die Sperrung seines zahlenmäßig nicht geringen Vermögens von etwa 780.000 RM an Geld, Forderungen und Versicherungen schickte, tat zunächst einmal etwas Erstaunliches: Er schrieb an seine vorgesetzte Dienststelle, Maybach dürfe zurzeit für sich, seine Ehefrau und drei Kinder nur 300 RM von der Bank abholen. »Es ist ganz klar, dass dieser Zehrpfennig (*faible viatique*) nicht dem Lebensstandard des Interessenten entspricht.« Commandant Rousselet war also der Meinung, dass der »Interessent« Maybach im Herbst 1945 aufgrund seiner Tätigkeit einen gerechtfertigten Anspruch auf eine standesgemäße Lebenshaltung hatte. Er setzte sich mit Nachdruck dafür ein, dass man *rapidement* dafür Sorge trüge, dass Maybach wieder »legal über die Früchte seiner Arbeit verfügen könne«. So viel Respekt vor dem technischen Können eines deutschen Ingenieurs im Herbst 1945 ist in der Tat mehr als erstaunlich.

Am 27. November 1945 schien Karl Maybachs Stellung so stark und sicher zu sein, dass er der deutschen Landesdirektion in Tübingen schreiben konnte:

> »Wenn hier nicht bald etwas Grundsätzliches geschieht, muss unsere im besten Gange befindliche technische Zusammenarbeit mit Frankreich auf sehr wichtigen Gebieten auch zum Schaden Frankreichs notleiden. Um dies zu verhindern[,] werde ich mich dieser Tage an M. le Colonel Roland, Chef de la Mission DEFA[2] du Ministre de la Défence National, unseren Auftraggeber in Paris, wenden, um evtl. auch von dort aus Unterstützung zu bekommen.«

[2] Abkürzung für »Direction des Études et Fabrications d'Armement«, Studien- bzw. Forschungsgesellschaft für die Fabrikation von Wehrtechnik des französischen Verteidigungsministeriums, vgl. auch Abschn. 12.7.

Er sprach von einer »vermeidbaren Störung des guten Einvernehmens zwischen Deutschland und Frankreich«. Ging er nicht ein wenig zu weit? Von Zeit zu Zeit fragten die württembergischen Behörden Maybach, ob er nicht einen Befürworter seiner Forderungen nach Freigabe seines Vermögens nennen könne. Das würde die Arbeit erleichtern. Dann wies er stets auf seine enge »Zusammenarbeit« mit dem französischen Kriegsministerium hin. In der Tat konnte es deutschen Behörden gegenüber im Allgemeinen keine bessere Empfehlung geben als eine Art Drohung mit der Besatzungsmacht – besonders nachdem am 12. September 1946 in Paris der »entscheidende Vertrag mit dem Ministerium« abgeschlossen worden war.

Am 23. Dezember 1947 gab das Staatsministerium über die »Ergebnisse der politischen Säuberung« bekannt, dass unter anderem der Betriebsleiter Böttner ohne Maßnahmen »gesäubert«, Eckener zu 100.000 RM und »Untersagung jeder leitenden Tätigkeit«, Karl Maybach zur Geldbuße von 200.000 RM und der gleichen Untersagung, Direktor Rommel zu 100.000 RM Geldstrafe und der gleichen Untersagung sowie »Fabrikdirektor« Raebel zu 25.000 RM Geldstrafe und der gleichen Untersagung verurteilt worden waren. Maybach protestierte am 20. Januar 1948, man müsse die Militärregierung falsch informiert haben: »Bis zur Klarstellung werde ich insbesondere auch meine Tätigkeit als Geschäftsführer des MM ausüben, wozu mich nicht zuletzt auch die Verantwortung zwingt, die ich in einer mit dem französischen Staat abgeschlossenen Convention übernommen habe.« Er handele damit wohl auch »im Sinne der Militärregierung Tübingen«. Gleichzeitig informierte er das Verteidigungsministerium in Paris und kündigte dort seinen Besuch zum 2. Februar an. Der Betriebsrat des Maybach-Motorenbaus protestierte gleichfalls bei dem für die deutschen und österreichischen Angelegenheiten zuständigen Ministerium in Paris im Interesse der etwa 500 Arbeiter und bat, »die veröffentlichten Maßnahmen einer nochmaligen Überprüfung unter wohlwollender Würdigung unserer Darlegungen unterziehen lassen zu wollen«. Das war ein Gesuch im Interesse eines Unternehmens, das ein wichtiges Rad in Hitlers Rüstungsindustrie gewesen war.

Im Oktober 1948 – die Schließung des Maybach-Motorenbaus war eben aufgehoben worden – erklärte sich, wie das Ministerium in Tübingen Maybach mitteilte, die französische Militärregierung bereit, »in neue Überprüfung der ... von ihr befohlenen Sanktionen einzutreten ... «. Am 25. Mai 1949 hob General Koenig »die im Amtsblatt vom 17.1.1949 veröffentlichten Säuberungsmaßnahmen« auf (Abb. 12.7). Der »Staatskommissar für die politische Säuberung« in Württemberg-Hohenzollern teilte Maybach mit: »Nach Mitteilung der Militärregierung fallen Sie nicht unter das Säuberungsgesetz.« Vier Jahre nach einem total geführten und total verlorenen Krieg wog die Bedeutung des Panzermotoren-Konstrukteurs Karl Maybach für Frankreich schwerer als der Wunsch verschiedener Deutscher und Franzosen, ihn zur Verantwortung zu ziehen.

Abb. 12.6 Besichtigung des LZ-Geländes am 10. Mai 1948. *Von links nach rechts*: ein Vertreter der württembergischen Staatsregierung, Dr. Ludwig Dürr, Direktor Schiele vom LZ und Stadtrat Bernhard Lieb. *Im Hintergrund* die zerstörte Halle III, die 1942 am Friedrichshafener Flugplatz Löwental abmontiert und im LZ für die Fertigung der A-4-(V-2-)Raketen etwas niedriger wieder aufgebaut worden war

LAND WÜRTTEMBERG-HOHENZOLLERN

STAATSKOMMISSARIAT
FÜR DIE POLITISCHE SÄUBERUNG

STK.Nr. /49/Ma./La.

Tübingen, den 27. Juni 1949
Pfrondorfer Straße 4 Wilhelmstr. 97
Fernsprecher 2264/66

Keine Besuche ohne vorherige schriftliche Anmeldung und Zusage

Herrn Dr.
Karl Maybach

Wangen / Allg.

Der französische Oberstkommandierende, Herr General Koenig, hat durch Entscheidung vom 25. Mai 1949 die im Amtsblatt vom 17.1.1949 veröffentlichten Säuberungsmassnahmen aufgehoben.
Nach Mitteilung der Militärregierung fallen Sie nicht unter das Säuberungsgesetz.

Der Staatskommissar f. d. pol. Säuberung Tübingen

Staatskommissar

Abb. 12.7 In diesem Schreiben teilte der »Staatskommissar für die politische Säuberung« in Baden-Württemberg Karl Maybach mit, dass er nicht unter das Säuberungsgesetz der Militärregierung falle und sich somit für seine Tätigkeit als Ingenieur und Unternehmer im Dritten Reich nicht zu verantworten brauche

12.3 Am Beginn der Nachkriegszeit

Doch kehren wir noch einmal ins Jahr 1946 zurück. In völlig ungesichertem Zustand begann der Maybach-Motorenbau das erste volle Jahr der Nachkriegszeit. Der Bericht über dieses Nachkriegsjahr wurde ebenfalls erst am 18. Mai 1951 unterschrieben. Er begann:

> »Leider haben sich die Ende 1945 gehegten Befürchtungen durch die im Jahre 1946 eingetretenen Ereignisse in vollem Umfange bestätigt. Gleich zu Beginn des Jahres musste man auf Beschluss des Kontrollrates mit dem Abtransport sämtlicher Maschinen, Werkstatt- und Büroeinrichtungen und Versuchsaggregate der Entwicklungsabteilung anfangen.«

Es drohte also die komplette Stilllegung. In dieser Situation gelang es Maybach und Raebel, eine Verbindung zu einer »hohen Regierungsstelle in Paris« herzustellen und Anfang September 1946 von dieser eine »wenn auch unverbindliche schriftliche Zusicherung« zu erhalten, man werde bei den »zuständigen Stellen alles versuchen ..., um eine Weiterbeschäftigung der alten Belegschaft in Friedrichshafen zu ermöglichen«. Schließlich musste es dem französischen Heer verlockend erscheinen, die Erfahrungen und die Fachkräfte des Maybach-Motorenbaus zu engagieren – so, wie das die Sowjetunion, Großbritannien und die USA in ihren Zonen mehr oder weniger gewaltsam taten.

Am 30. April 1946 traf daher Dr. Hugo Eckener als Vorstand des LZ mit Karl Maybach neue Vereinbarungen über Schutzrechte. Maybach verzichtete auf alle Restansprüche aus einer alten Vereinbarung vom 30. April 1936 in Bezug auf Lizenzen, Tantiemen usw., und der Maybach-Motorenbau überließ ihm dafür »sämtliche bis zum 30. April 1946 auf den Namen der Firma angemeldeten und erteilten Schutzrechte«. Auch erhielt Maybach »hinsichtlich seiner künftigen Konstruktionen und Schutzrechte unabhängig von MM völlige Verwertungsfreiheit«. Mit einem Schlag war Karl Maybach ein höchst attraktiver Besitzer von Patenten.

Am 12. September 1946 schloss er persönlich mit der französischen Regierung eine »Convention« hinsichtlich der Weiterführung der Entwicklungsarbeiten in Frankreich[3], die zum einen erhebliche Beschäftigung für das Werk und zum anderen im September 1948 die Wiederinbetriebnahme des am 13. August 1948 ganz stillgelegten Werkes ermöglichte (Abb. 12.6). Laut dieser »Convention« durfte der Maybach-Motorenbau allerdings »lediglich die für Frankreich durchgeführten Konstruktionen und fabrikatorischen Entwicklungsarbeiten« ausführen, »weil hierfür besondere Beauftragte zuständig waren, mit deren Hilfe sich manche allgemeine Beschaffung und Disposition leichter bewerkstelligen ließ«. Mit jenem Abkommen vom 30. April 1946 hatte man also ohne Frage die Grundlage für diese »Convention« gelegt, deren Inhalt mithin mehr oder weniger vorauszusehen war. Auch heißt es obendrein im Geschäftsbericht, dass diese Zusammenarbeit »schon im Jahre 1945 bezüglich Weiterführung unserer Entwicklungsarbeiten für Rechnung der französischen Regierung (DEFA)« eingeleitet worden sei. Daher wurde denn auch der Maybach-Motorenbau von dem im April/Mai 1946 für die gesamte Friedrichshafener Großindustrie erlassenen »Anhaltebefehl« (Stilllegung) zunächst ausgenommen und erst am 14. Juni 1946 der Zwangsverwaltung »mit allen ihren erschwerenden Begleitumständen« unterworfen. Ende Juli 1946 wurde ein Administrateur/Liquidateur (Commandant Frédéric) bestellt. Er bestimmte, was produziert und was nicht produziert werden durfte, verhinderte z. B. eine große Ersatzteillieferung an die Deutsche Reichsbahn, die in der sowjetischen Besatzungszone ihren Sitz und von welcher der Maybach-Motorenbau im Mai 1946 einen Auftrag erhalten hatte.

Abb. 12.8 Nach dem Krieg setzten die Franzosen erbeutete deutsche Panzer in ihren Streitkräften ein. Dieser Panzer V »Panther« mit der Silhouette Frankreichs und dem Lothringer Kreuz steht im Musée des Blindes (Panzermuseum) in Saumur/Loire

Frédéric kontrollierte alles, hauptsächlich aber das allgemeine Finanzwesen; insbesondere betrieb er die »restlose Erfassung der zur Demontage bestimmten Maschinen und Einrichtungen«. Da wurden sogenannte »Brüsseler Reparationslisten« aufgestellt – und betrachtete man diese, dann war zu befürchten, dass »mit dem restlosen Verlust aller noch vorhandenen Werte zu rechnen« war – und zwar unter Bewertungen, »die in keiner Weise den tatsächlich mitgenommenen Werten« entsprachen. Nebenher wurde laufend Beutegut vom Schrott bis zu Panzermotoren nach Frankreich abtransportiert. Denn die Franzosen hatten deutsche Panzer, insbesondere solche der Bauart »Panther«, erbeutet, unter dem Zeichen des Lothringer Kreuzes in Dienst gestellt und brauchten nun natürlich entsprechende Ersatzmotoren (Abb. 12.8 und 12.9).

Drei Bereiche sind also in der folgenden Darstellung voneinander zu trennen:

[3] Siehe hierzu auch Abschn. 5.2 ff.

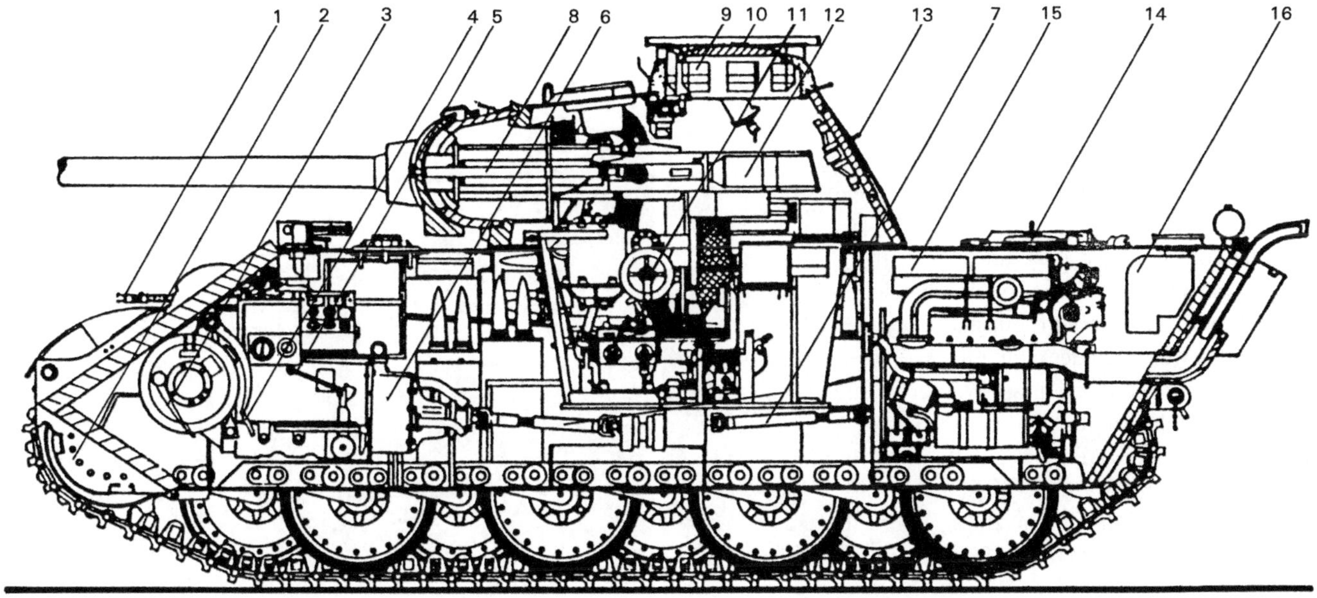

Abb. 12.9 Längsschnitt des Panzerkampfwagens V »Panther«, Ausf. G, wie er nach dem Zweiten Weltkrieg von der französischen Armee noch eine Zeit lang aus Beutebeständen eingesetzt wurde. *1* Funker-MG, *2* Einradien-Lenkgetriebe, *3* Bremshebel, *4* Kupplungshebel, *5* Schalthebel, *6* Sechsgang-Handschaltgetriebe (Kulissenschaltung), *7* Kardanwelle, *8* Richtoptik, *9* Winkelspiegel (sechs Stück) für Kommandanten, *10* Ausstiegsluke für Richtschützen und Kommandanten, *11* Höhenrichtmaschine, *12* Verschluss, *13* Ausstiegsluke für Ladeschützen, *14* Lüfter, *15* Kühler, *16* einer der drei Kraftstofftanks

a. die von Frédéric kontrollierte Produktion in Friedrichshafen,
b. der Abtransport von »Beutegut« und die Demontage,
c. die Überführung von Personal und Material der Entwicklungsabteilungen nach Frankreich und deren Tätigkeit in Vernon bis 1953.

12.4 Produktion in Friedrichshafen ab Ende Juli 1946

Die Produktion wurde naturgemäß durch die Ungewissheit über das Schicksal von Maybach-Motorenbau und LZ beeinträchtigt – ganz abgesehen vom Mangel an Heizmaterial und Strom im Werk sowie von den schlechten Wohnungs- (Abb. 12.4), Heizungs- und Ernährungsverhältnissen, welche die Arbeitsfähigkeit und Arbeitslust der Mitarbeiter beeinträchtigten. Außerdem waren 1946 zeitweise die Transportschwierigkeiten sehr groß – ganz besonders, wenn Zonengrenzen passiert werden mussten. Die französischen Behörden waren in ganz Westdeutschland für die Abschirmung ihrer Zone gegen »Exporte« berüchtigt. Immerhin konnte man so viel arbeiten, dass eine »ausgesprochene Vermögenseinbuße aus dem laufenden Geschäft« vermieden wurde. Auch durfte man hoffen, dass sich die Lage bessern würde, da im Laufe des Jahres 1946 alle kriegsbedingten »Auslagerungen« bis auf die in Blaubeuren, das in der US-Zone lag, und Ostrach nach Friedrichshafen zurückgeführt wurden – falls die Siegermacht nicht überhaupt die Schließung des Unternehmens verfügte. Diese Befürchtung verstärkte sich, als am 1. Juli 1946 die Betriebskrankenkasse geschlossen werden musste. Im Laufe des Jahres ging zwar die Zahl der Arbeiter von 680 auf 613 und die der Angestellten von 250 auf 190 zurück, aber der Umsatz stieg auf 4,3 Mio. RM, wobei die Entwicklungsarbeit für die DEFA und die Produktion von Motorenteilen für Frankreich mit 2,5 Mio. RM an der Spitze standen. Der Auftragsbestand betrug am Anfang des Jahres 2,1 Mio., am Ende 3,8 Mio. RM. Sah man vom Verlust für »Reparationsentnahme« in Höhe von 3,3 Mio. RM ab, ergab sich aus einem Gewinnvortrag von 6,4 Mio. RM aus dem Jahre 1945 und einem Verlust von 3,3 Mio. RM beim Jahresergebnis 1946 immer noch ein »Bilanz-Abschluss-Gewinn« von 3,1 Mio. RM. Bei allen diesen Zahlen musste berücksichtigt werden – und der Bericht wies ausdrücklich auf diese Tatsache hin –, dass die Entwertung der Reichsmark sich »empfindlich störend« bemerkbar machte und die zu erwartende Währungsreform die allgemeine wirtschaftliche Unsicherheit vergrößerte. So erschienen die Aussichten auch für 1947 »denkbar ungünstig«.

Der Bericht über die Tätigkeit im Jahre 1947, der gleichfalls am 18. Mai 1951 vorgelegt wurde, begann mit dem Hinweis darauf, dass die auch jetzt noch immer wieder von Zeit zu Zeit ausgesprochene Drohung, das Werk werde demnächst geschlossen, »geradezu hemmend auf alle« wirkte:

»Unsere, nicht zuletzt auf Grund der in der Dr. Maybach'schen Convention liegenden Chance der Belegschaft gegenüber im-

Abb. 12.10 In der akuten Notsituation des Winters 1946/47 trifft eine Kältewelle in den vier deutschen Besatzungszonen auf die Bevölkerung, die ohne ausreichendes Heizmaterial und mit einem täglichen Kaloriensatz von weniger als 1.300 dem Winter ausgeliefert ist. Die industrielle Produktion kommt zum Stillstand. Kohlenzüge und -Lkw werden geplündert. Mit der Kamera hielt der Kölner Fotograf Walter Dick diese Szenen vom »Fringsen« in der Domstadt fest

mer wieder gezeigte, manchmal auch regelrecht vorgetäuschte optimistische Haltung und die unentwegte Weiterführung der Planungen für den Wiederaufbau des Werkes zwecks Fertigung neuer Motoren und Kraftübertragungen, ganz gleich, wie schlecht die jeweiligen Nachrichten auch sein mochten, wurden als ›Märchenerzählungen‹ und ›Luftschlösser‹ bezeichnet, waren doch zu diesem Zeitpunkt der LZ und Dornier schon der restlosen Auflösung verfallen.«

Der Winter war außerordentlich hart, die Kohlenzuteilung »völlig ungenügend« (Abb. 12.10). Auch häufige Stromsperren und die Verschlechterung der Ernährungslage (Abb. 12.11) beeinträchtigten die Arbeitsleistung. Und der Administrateur/Liquidateur verhinderte »immer mehr Auftragsannahmen« mit dem Argument »der bevorstehenden Schließung«. Diese Einwirkung auf das laufende Betriebsgeschehen wurde vom März 1947 an durch den neuen »Administrateur/Sequester«[4] Commandant Deudon »noch viel mehr verschärft und der Wunsch zur restlosen Vernichtung des Werkes immer rückhaltloser ausgesprochen«.

Nun kam es auch hier zu Erscheinungen, die man an Rhein, Ruhr und Main bereits seit 1945 kannte: Sozialistische Kreise in Frankreich strebten »gegen die Wünsche unseres französischen Auftraggebers« danach, »Maybach zu vernichten, mindestens aber durch Beseitigung der Führungskräfte so zu schwächen, wie ihnen dies bei einer Reihe von anderen Unternehmungen zum Teil unter tatkräftiger Mithilfe Deutscher bereits gelungen war«. Deutsche Kommunisten erklärten, wenn man die Leitung des Unternehmens auswechsle, also diejenigen absetze, die dem »Großen Auftraggeber« voller Hingabe gedient hatten, wenn man auch einen neuen Betriebsrat wähle, da der alte »angeblich Direktor Raebel verfallen sei«, dann bestünde Aussicht auf weitere Arbeit. Aber der alte Betriebsrat wurde wiedergewählt, womit die Belegschaft »ihre Treue zur Geschäftsführung« bewies.

Zwei Ereignisse schufen ein wenig Zuversicht: Einmal reisten im Dezember 1946 die Versuchsabteilung und im Juni 1947 die »Wangener Konstruktionsgruppe« nach Vernon, wo nun im Rahmen der »Convention« die Arbeiten »voll zum Anlaufen kamen«. Karl Maybach hatte zur Bedingung für diese Tätigkeit im Dienste Frankreichs die Erhaltung des Maybach-Motorenbaus gemacht. Und am 18. Juli 1947 gab General Pierre Koenig durch die Verfügung Nr. 232 bekannt, dass die Firma rückwirkend vom 1. September 1946 ab un-

[4] Der Maybach-Motorenbau war am Kriegsende von der französischen Besatzungsmacht unter Sequestur (Zwangsverwaltung) gestellt worden.

Abb. 12.11 Im Rahmen der »Aktion Liebesgaben« nahmen Schweizer Bürger im Jahre 1947 Kinder aus dem zerbombten Friedrichshafen für einige Wochen bei sich auf. Das Bild zeigt die Kinder in neuen Kleidern und Schuhen bei ihrer Rückkehr im Hafen der Zeppelinstadt

Abb. 12.12 Auf alliierten Beschluss sollte der LZ 1947 liquidiert werden. Durch Verhandlungen gelang es jedoch, in dem zerstörten Werk zwei Reparaturbetriebe einzurichten: einen für das französische Heer und einen für die französische Luftwaffe

ter Zwangsverwaltung stand. Damit gingen alle Befugnisse zur Verwertung der Firma auf den Zwangsverwalter über. Am 18. Februar 1948 fand eine entsprechende Eintragung in das Handelsregister statt – offiziell ohne Wissen der Firma, weil man deren deutsche Leitung weiter unter dem Druck der Ungewissheit halten wollte. Solche Maßnahmen, so meinte man, hätten wenig Sinn, wenn der Maybach-Motorenbau »demnächst« aufgelöst werden sollte.

Es gab auch beunruhigende Ereignisse. Die Regierung von Südwürttemberg-Hohenzollern löste am 28. Januar 1947 mit Wirkung vom 1. März 1947 die Zeppelin-Stiftung, die ein wichtiger Teilhaber des LZ war, auf und übertrug das Vermögen auf die Stadt Friedrichshafen. Deren Stellung zur Frage von Weiterarbeit oder Auflösung des Maybach-Motorenbaus war nicht so eindeutig wie die der Belegschaft. Geschah dies am Anfang des Jahres, so wurde am Jahresende erstmals inoffiziell bekannt, dass Maybach und Raebel durch »Säuberungsmaßnahmen« ihre Stellung verlieren sollten. Auch die Entnahme von Maschinen, Vorräten, Werkzeugen, Zeichnungen und Arbeitsplänen wurde mit den verschiedensten Begründungen fortgesetzt[5] – dabei handelte es sich hauptsächlich um die Panzermotoren-Typen HL 120 und HL 230.

Aber es wurde auch weitergearbeitet – hauptsächlich an Entwicklungsaufträgen und bei der »Großwagenreparatur« für die Besatzungsmacht (Abb. 12.12). Allerdings war bereits seit Anfang 1947 zu erkennen, dass das Militär einen eigenen Betrieb einrichten wollte. Eckener und Raebel erreichten schließlich, dass Ende 1947 dessen Produktion vom Maybach-Motorenbau zum LZ verlegt wurde. Damit erhielt man diesen Tätigkeitsbereich für etwa 120 Fachkräfte, die vom deutschen Arbeitsamt für die französische Dienststelle dienstverpflichtet wurden, und verzögerte zumindest die Sprengung von Hallen beim LZ (Abb. 12.13), der nun auch die gleich nach dem Krieg eingerichtete Karosserie-Reparaturwerkstatt für die beim Maybach-Motorenbau reparierten Fahrwerke fortsetzen konnte. Das rettete auch dort Arbeitsplätze. In dem »zivilen« Sektor hätte man weit mehr Ersatzteile herstellen und absetzen können, wenn nicht der Sequester unter Hinweis auf die zu erwartende Schließung immer wieder die Annahme von Aufträgen verhindert hätte. Er verbot auch die Wiederaufnahme des Zahlungsverkehrs. Das führte zu erheblichen Schäden, woraus direkte Verluste entstanden. Denn zum Zeitpunkt der Währungsreform, am 21. Juni 1948, existierten noch Verbindlichkeiten des Maybach-Motorenbaus im Verhältnis 10 : 1, während die verfügbar gewesenen Bankguthaben im Verhältnis 10 : 0,65 umgestellt wurden.

Es gab noch mehr Schwierigkeiten. Am 31. Oktober 1947 fand im »Schulgebäude Friedrichshafen«, einberufen vom Gouverneur Albert Merglen, eine Versammlung statt, an welcher der Landrat, der Bürgermeister, einige Stadträte, Geistliche, Vertreter der Industrie- und Handelskammer und des Arbeitsamtes teilnahmen. Die französische Besatzungsmacht – Militär wie Zivilpersonal – war, ebenso wie die englische und amerikanische, vom ersten Tag an über einige Ziele der Besatzung nicht einig gewesen. »Entnazifizieren« und »zur Demokratie« erziehen, auch streng behandeln und bestrafen – dafür wurden Behörden geschaffen, z. B. in Rastatt. Aber darüber hinaus wollten die einen den Sozialismus fördern oder einführen (worunter man Verstaatlichung der Industriebetriebe oder Umwandlung in Genossenschaften verstand), die anderen den Vorkriegskapitalismus, gereinigt von NS-Elementen, wiederherstellen. Merglen neigte wohl zur Förderung der Sozialisten genossenschaftlicher Rich-

[5] Siehe hierzu Abschn. 12.6.

Abb. 12.13 Nach 1945 sprengten die Franzosen einen Teil der Luftschiffhallen mit Prüfständen, auf denen während des Zweiten Weltkrieges V-2-Raketen erprobt worden waren

tung. Er bestätigte dabei, was man seit längerer Zeit – wenn auch nicht definitiv – wusste: Seit vielen Monaten sei festgelegt, dass von den vier großen Firmen Dornier, LZ, Maybach und Zahnradfabrik allein Dornier die Arbeit einstellen sollte – Maybach könne wenigstens bis Mitte 1948, vielleicht auch darüber hinaus dringende Ersatzteilaufträge fertigen. Wer – verkleinert oder aufgeteilt – weiterarbeiten dürfe, könne dies tun, aber »natürlich nicht mit dem alten Kopf«. Daher dürfe die Zahnradfabrik jetzt »weiterarbeiten und sogar schon wieder aufbauen«. Dagegen sei auf seine frühere Anregung bezüglich Maybach noch nichts erfolgt, und er habe keine Vorschläge erhalten. Zwar sei eine Genossenschaft für einen so großen Betrieb nicht zweckmäßig, »doch ließe sich in der besagten Richtung bestimmt eine Lösung finden«. Schuld daran, dass keine Vorschläge kamen, sei »der große Kreis untertäniger Anhänger von Herrn Dr. Maybach[,] und zwar nicht nur im Betrieb selbst, sondern auch bei den Gewerkschaften«. Man müsse also abwarten und später weitersehen. Das war deutlich und entsprach einer Erscheinung vom ersten Besatzungstag an: Weitaus der größte Teil der Belegschaft und des Betriebsrates hielt zum Vorstand des Unternehmens. Die Mitarbeiter waren während des Krieges so gut wie möglich behandelt worden – auch im Zusammenhang mit den Luftangriffen. Man hatte beobachtet, dass auch die Ausländer – mit ganz wenigen Ausnahmen – nicht schikaniert und nicht der Polizei oder gar der Gestapo ausgeliefert worden waren, wenn sie bei der Arbeit gebummelt, gestohlen oder Widerstand geleistet hatten. Und man hatte das Glück gehabt, keine KZ-Häftlinge bei Maybach beschäftigen zu müssen. So war das Betriebsklima im Rahmen des Möglichen gut gewesen und geblieben – ganz besonders in Bezug auf den von jedermann bewunderten großen Konstrukteur Karl Maybach. Das gefiel Merglen und manch anderem Franzosen ganz und gar nicht. Er hoffe, so fuhr er fort, dass bis zum Ende der vorhandenen Aufträge »vielleicht Vernunft in die Arbeiterschaft« komme. Mitläufern Hitlers könne man verzeihen, aber den eigentlichen Schuldigen könne man nicht vergeben. Er denke »hierbei vor allem an die großen Techniker – Sie wissen schon, auf wen ich anspiele –, die bis zum letzten mit aller Kraft ihres Geistes mitgemacht« hätten, »selbst wenn die ganze Stadt kaputt ginge«. In der anschließenden Diskussion erklärte der Landrat die »Industrie-Führer« zu den »einzigen Kriegsschuldigen«; sie müssten »für alle Zeiten aus der Führung ausgeschaltet werden«. Merglen ergriff noch einmal das Wort und führte aus, dass bei Maybach zwei verschiedene Richtungen bestünden, wovon die eine, und zwar weitaus stärkere Richtung mit Herrn Dr. Maybach zusammenginge, gegen die er immer sein werde, und zwar aus ganz prinzipiellen Gründen. Es sei nämlich ganz unmöglich, Vertrauen zu haben zu diesen Herren da oben, die schon lange vorher gewusst hätten, dass es zum Kriege komme, und das Letzte aus ihrem Geist herausgeholt hätten für Hitler, und das auch noch bis zum letzten Tag, obwohl die Aussichtslosigkeit offensichtlich gewesen sei. Eines sei sicher: Wenn in der Industrie wieder etwas werden könne, dann keinesfalls durch solche Personen. Merglen unterstellte Maybach, er habe bekanntlich bereits 1936 Panzermotoren für Spanien gebaut, wobei er auf die deutsche »Legion Condor« in Spanien anspielte. Dass Karl Maybach ihm gegenüber die Gründung einer »Maschinenfabrik Buchhorn« – ohne den Ortsnamen zu nennen – anstelle des demontierten Maybach-Motorenbaus vorgeschlagen hatte, erwähnte er mit keinem Wort.

Aber auch diese Ermahnung des Gouverneurs änderte nichts an der Stimmung der Maybach-Belegschaft. Dazu trug vielleicht bei, dass die Arbeiter längst wussten, dass Maybach und Raebel sehr gute Beziehungen zum französischen Kriegsministerium unterhielten und Karl Maybach mit der »Groupe M« in Vernon wertvolle Arbeit für Frankreich leistete.[6] Sie taten es ja, wie vereinbart, in engem Zusammenwirken mit dem Werk in Friedrichshafen. Das hatte eine geradezu groteske Folge. Am 23. Dezember 1947 entschied und am 17. Januar 1948 veröffentlichte die Regierung von Südwürttemberg-Hohenzollern jene zitierte Erklärung, dass Karl Maybach und Jean Raebel fünf Jahre lang keine leitende Tätigkeit mehr ausüben dürften, also den Maybach-Motorenbau sofort verlassen müssten. Aber die französische Besatzungsmacht brauchte die beiden Männer gerade in ihrer Funktion bei Maybach. Also schrieb am 10. Februar 1948 die Militärregierung der französischen Besatzungszone in Tübingen ihrem Delegierten für den Kreis Tettnang:

> »Die technische Zusammenarbeit mit diesen Herrn erfordert jedoch unter den augenblicklichen Umständen notwendigerweise den Fortbestand von MM – insbesondere im Verfolg verschiedener Studien technischer Art, die im höchsten Maße die französische Regierung interessieren. Es wird infolgedessen

[6] Siehe hierzu Abschn. 12.7 und 20.8.

Abb. 12.14 In den zerbombten Städten nahm das Leben nur langsam wieder geregelte Gestalt an. Straßenbahnen, Busse und Eisenbahn waren, wenn auch ständig überfüllt, hochgeschätzte Fortbewegungsmittel (Aufnahme von Friedrich Seidenstücker, 1946)

Abb. 12.15 Karl Hänsler, Betriebsratsvorsitzender des Maybach-Motorenbaus von Dezember 1945 bis April 1953, bewies Zivilcourage. Als die Franzosen verlangten, dass die Geschäftsführung des Maybach-Motorenbaus wie bei der Zahnradfabrik zurücktreten solle, wehrte sich der Betriebsrat vehement dagegen. Wenn die Intelligenz eines Dr. Maybach für die französische Regierung gut sei, dann könne sie auch für Deutsche gut genug sein, argumentierte Hänsler bei einer Betriebsversammlung im Februar 1948 im Beisein von Gouverneur Albert Merglen. Die Belegschaft unterstützte den Betriebsrat bei dieser Forderung und sprach damit der alten Führung des Maybach-Motorenbaus das Vertrauen aus

> gemäß Circular ... bestimmt, daß die bisherigen Betriebsleiter, des Rechts der Betriebsleitung beraubt, verpflichtet werden, ihre Mitarbeit bei wichtigen Produktionen für die Wirtschaft der Zone oder für französische Interessen fortzusetzen.«

Maybach und Raebel erhielten alle Rechte der technischen und kaufmännischen Leitung und Entscheidung, die für die Zusammenarbeit mit Frankreich nötig waren, d. h., sie blieben in ihren Positionen, sodass beim Maybach-Motorenbau auch keine Nachfolger für sie bestellt wurden. Natürlich sollte das nicht öffentlich bekannt werden. Deshalb bestimmten die französischen Behörden weiter:

> »Der eine wie der andere darf unter keinen Umständen Titel führen oder Funktionen ausüben, die den Eindruck erwecken, daß er bei MM eine führende Tätigkeit ausübt ... Ich sehe jedoch nur Vorteile, wenn man sie erkennen lässt, daß für den Fall befriedigender technischer Zusammenarbeit und befriedigender Haltung die getroffene Entscheidung zur eventuellen Revision dem General-Kommandanten vorgelegt werden könnte. Ich füge hinzu, daß die Säuberung von Dr. M. und J. R. Maßnahmen politischer Art sind, die nur diese Personen betreffen und die nicht ohne weiteres eine Änderung der inneren Organisation der Firma Maybach nach sich ziehen müssen ... «

Einstweilen blieb also alles beim Alten: Karl Maybachs Entschluss zur Zusammenarbeit mit dem französischen Kriegsministerium hatte sich bisher bewährt. Die Zahl der beim Maybach-Motorenbau Beschäftigten ging im Jahre 1947 von 613 Arbeitern und 190 Angestellten auf 418 Arbeiter und 180 Angestellte zurück. Dennoch wurden alles in allem 3,7 Mio. RM umgesetzt, davon 1,7 Mio. RM bei der Entwicklung von Motorenteilen und 1,0 Mio. RM bei Reparaturen. Trotz des behindernden Eingreifens des Sequesters Jean Deudon war der Auftragsbestand am Ende des Jahres mit annähernd 3,7 Mio. RM praktisch ebenso groß wie am Anfang. Auch der Lieferumsatz betrug 3,7 Mio. RM. Durch einen Verlust in Höhe von 1,2 Mio. RM schrumpfte der Bilanz-Abschluss-Gewinn auf 1,9 Mio. RM.

Das Jahr 1948 hatte in mehrfacher Hinsicht große Bedeutung für den Maybach-Motorenbau. Am 17. Januar wurden Sanktionen über alle verantwortlichen Industriellen verhängt, also auch über Maybach, Raebel und andere leitende Mitarbeiter. Man verbot ihnen für fünf Jahre jede leitende Tätigkeit. Am 31. Januar forderten die Kreisdelegierten den Betriebsrat auf, Vorschläge für eine Neubildung der Direktion aus der Belegschaft heraus zu machen. Am gleichen Tag wurde Maybach und Raebel ihre Stellung zum 14. Februar gekündigt – unter Fortzahlung ihrer Gehälter bis zum Monatsende. Aber dies alles wurde nicht in die Tat umgesetzt – wenigstens nicht in so scharfer Form, weil nämlich das zuständige Ministerium in Paris den weiteren »beratenden« Einsatz der beiden verfügte.

In einer Betriebsversammlung am 16. Februar 1948 verteidigte sich der Betriebsratsvorsitzende Karl Hänsler

Abb. 12.16 Der »Motorenbau« in der frühen Nachkriegszeit: Wo vor Kurzem noch Panzermotoren in großen Stückzahlen produziert wurden, schneidet jetzt ein Mitarbeiter Bretter zu Brennholz. Als Antrieb dient ihm ein Panzermotor HL 120. An der Wand des Gebäudes sind weitere, nicht mehr benötigte Motoren für Halbkettenfahrzeuge und Panzer abgestellt

(Abb. 12.15) gegen die schweren Vorwürfe von Gouverneur Merglen, die Mitglieder des Betriebsrates handelten hinter dem Rücken der Belegschaft und seien »Kreaturen der Herren Maybach, Böttner und Raebel«. Der Betriebsrat habe in der Sorge um die Zukunft stets an ein Produkt gedacht, das volkswirtschaftlich einen Sinn habe. Zu solchen Produkten brauche man aber die schöpferischen Köpfe, die es schaffen können. Nachdem Herr Dr. Maybach einen Vertrag mit der französischen Regierung abgeschlossen habe, habe man sich gesagt,

> »wenn die Intelligenz eines Dr. Maybach für die französische Regierung gut ist, dann kann sie auch für uns als Deutsche gut genug sein. Wir ließen uns nicht etwa aus Sympathie oder aus Anhänglichkeit zu diesen Personen leiten, sondern aus rein wirtschaftlichen Überlegungen. Wenn man diesen Leuten vorwirft, sie seien politisch belastet, so hat dies wohl politisch-moralisch eine gewisse Berechtigung, aber wo in Deutschland finden wir die Männer von Intelligenz und Größe, die politisch und moralisch unbelastet sind. Deshalb sagten wir uns, wir können es uns nicht leisten, diese Leute auf den Scheiterhaufen zu werfen oder in Pension zu schicken. Um überhaupt wieder einmal vorwärts zu kommen, müssen wir alle Kräfte einschalten, ob Arbeiter oder Intelligenz … Nachdem Herr Maybach im Vertrag das Recht hat, Lizenzen für seine Konstruktionen in Deutschland zu geben, ist es wohl nicht angängig, daß wir jetzt sagen, wir brauchen Sie nicht mehr, und auf der anderen Seite kommen wir mit der Bitte: Geben Sie uns Ihre Lizenzen, damit wir weitermachen können. Da wir ein Produkt suchen, das auch für die Zukunft Wert haben muss, haben wir uns für diesen Weg entschieden. Wenn er falsch war, so liegt es jetzt bei Ihnen, dies zu beurteilen. Wenn ihr glaubt, daß unser Weg falsch war, dann sagt es uns, und wir treten ab.«

Dazu kam es allerdings nicht – die Belegschaft sprach dem Betriebsrat und damit auch der Führung des Maybach-Motorenbaus das Vertrauen aus.

12.5 Die Existenz auf Messers Schneide

Doch diejenigen Franzosen und Deutschen, die den Maybach-Motorenbau als ehemaligen Rüstungsbetrieb auf jeden Fall schließen, mindestens aber seine Produktion verändern und Karl Maybach vertreiben wollten, gaben nicht nach. Am 8. August 1948 fand im Rathaus eine erneut von Gouverneur Merglen einberufene Besprechung statt, an der auch der Administrateur Knipper sowie von deutscher Seite der Landrat, der Bürgermeister, drei Stadträte, ein Gewerkschaftsvertreter, der Regierungspräsident, vom Maybach-Motorenbau Direktor Carl Böttner und der gesamte Betriebsrat sowie einige Werksangehörige, die nicht dem Betriebsrat angehörten, teilnahmen. Merglen erinnerte an seine Ausführungen vom 31. Oktober 1947, griff erneut Maybach an, kam einigermaßen empört darauf zurück, dass Anfang 1948 der Maybach-Betriebsrat den zuständigen Minister um Aufhebung des Berufsverbots für Maybach und Raebel gebeten hatte, und unterstrich, dass der Vertrag zwischen der französischen Regierung und Dr. Maybach nur diesen als Privatmann und nicht auch die Firma betreffe. Das war richtig, aber insofern auch falsch, als die unter Maybachs Leitung in Vernon arbeitende Gruppe auf die Existenz des Maybach-Motorenbaus in Friedrichshafen angewiesen war. Merglen erklärte nach wie vor richtig, er habe »immer gesagt, wenn eine neue Direktion komme, dann werde man versuchen, das Werk weiterbestehen zu lassen, sonst komme es weg. Durch die Machenschaften einer bekannten Person seien die Arbeiter die ganze Zeit an der Nase herumgeführt worden«. Dem Betriebsrat warf er vor, dass dieser zu Maybach und Raebel halte. Er trage daher die Verantwortung, »wenn jetzt die Maschinen wegkommen«. Das Werk werde geschlossen; es werde sehr schwer sein, für die 170 betroffenen Arbeiter Plätze zu finden. Übrigens gehöre das Werk nur zu 20 % Karl Maybach. Bei den Vorschlägen in Bezug auf die Gebäude, das Gelände usw. »sei es natürlich entscheidend, von welcher Seite sie kämen«. Merglen schloss ganz eindeutig: »Es bliebe nichts übrig, als die Firma zu schließen und das Personal zu entlassen, alle Maschinen abzuliefern und das Personal sofort anderweitig unterzubringen.« Und so geschah es.

Die von der französischen Regierung am 5. August 1948 befohlene Entnahme aller Maschinen, Schließung des Maybach-Motorenbaus und Einstellung aller produktiven Arbeiten am 7. August ließ etwa 100 Personen »zur Durchführung der Säuberungsarbeiten und Demontage der Maschinen sowie das Wach- und Instandhaltungs-Personal« in Anstellung. Carl Böttner schrieb noch am gleichen 5. August an Knipper, das durch die Schließung verursachte »soziale Elend« sei »so außergewöhnlich groß, dass die Direktion der Firma Maybach ihre Hilfe für diese Maßnahmen (die Schließung usw.) nicht bieten kann und Sie deshalb bitten muss, die Ihnen notwendig erscheinenden Schritte als Administrator unseres Werkes selber durchzuführen«. Das konnte seine so-

Abb. 12.17 Amtseinführung von Oberbürgermeister Dr. Max Grünbeck in Friedrichshafen am 13. Januar 1949. *In der Mitte (stehend)* der Landrat des Landkreises Tettnang, Emil Münch; *rechts daneben* Stadtrat und Maybach-Betriebsrat Anton Sommer und *neben ihm* Dr. Grünbeck; *links vom Redner* der französische Gouverneur Albert Merglen

fortige Verhaftung zur Folge haben. Böttner berief auch noch am gleichen Tag für 15.45 Uhr eine Betriebsversammlung ein. Bei dieser gab er den französischen Beschluss bekannt und wies außer auf die Arbeit in Vernon auch auf die für die Eisenbahnen in Deutschland hin, die nun fortfallen müssten.

Am 6. August, 7.30 Uhr, hielt der Betriebsratsvorsitzende Karl Hänsler eine weitere Betriebsversammlung ab. Am gleichen Tag begann Maybach in Frankreich mit seinen Bemühungen um die Aufhebung des Schließungsbefehls. Bei den weiteren Bestrebungen dieser Art vonseiten der Direktion, des Betriebsrates und Karl Maybachs kam es zu Spannungen mit der Stadt Friedrichshafen, die mit ihrer Zeppelin-Stiftung direkt und indirekt zu 80 % am Maybach-Motorenbau beteiligt war und an den Bemühungen um die Aufhebung des Schließungsbefehls beteiligt werden wollte. Am 11. August ließen Raebel und Böttner »zugleich im Namen von Herrn Dr. Maybach« der Belegschaft durch eine Bekanntmachung mitteilen, dass sie ihre Tätigkeit »jederzeit niederzulegen bereit sind, wenn dadurch eine verbindliche Zusage für die Weiterbeschäftigung unserer Belegschaft erreicht werden kann«. Tatsächlich schieden Raebel und Böttner am 13. August aus der Firma Maybach-Motorenbau aus, nachdem am Tag zuvor, also am 12. August – mithin nach der Währungsreform –, die französische Militärregierung noch einmal die endgültige Durchführung der Gesamtdemontage und Schließung des Werkes ab Freitag, den 13. August, verfügt hatte. Die Stilllegung wurde auch tatsächlich durchgeführt (Abb. 12.16).

Aber nach sechs Wochen »mit allen ihren schlimmen Folgen« gelang es der Geschäftsführung schließlich mithilfe der von Karl Maybach mit der französischen Regierung am 12. September 1946 abgeschlossenen »Convention«, die an einem Weiterbestehen des Maybach-Motorenbaus interessierten maßgebenden französischen Stellen dazu zu bewegen, den Betrieb wieder anlaufen zu lassen. Am 8. September hob General Pierre Koenig, wie bereits erwähnt, die Sanktionen gegen Maybach, Raebel und andere leitende Mitarbeiter in aller Form wieder auf: Sie wurden als vom Entnazifizierungsgesetz nicht betroffen bezeichnet. Natürlich musste nun auch der Sequester ausgewechselt werden. In diese Position rückte André Gérin, ein Beauftragter der Abteilung »Production industrielle«, mit dem auch ein anderer Geist nach Friedrichshafen kam. Am 25. September 1948 wandelte General Koenig die Anordnung der Totaldemontage in eine Teildemontage um. Am 26. September gratulierten Raebel und seine Frau der Familie Maybach »zur Rettung Ihres Lebenswerkes … Wir dürfen dabei Sie, liebe Frau Dr. Maybach, die Sie so großen Anteil an dem Erfolg haben, nicht vergessen. Herzlich danken wir Ihnen allen für das laufende

Abb. 12.18 Demontage! Das Schreckgespenst der völligen Ausplünderung durch die Siegermächte geisterte jahrelang durch die Produktionshallen der deutschen Industrie, traf aber vor allem die Betriebe in der sowjetischen Besatzungszone (*Bild*). Auch der Maybach-Motorenbau wurde teilweise demontiert. Doch schließlich gelang es, die Franzosen davon zu überzeugen, dass für die erfolgreiche Tätigkeit der Maybach-Entwicklungsabteilung im französischen Vernon ein funktionsfähiges Werk in Friedrichshafen unabdingbare Voraussetzung war

Opfer ›Vernon‹, das wir wohl am besten zu werten wissen«. Die Teildemontage wurde am 1. März 1949 nach Entnahme von weiteren rund 500 Werkzeugmaschinen, aber auch Rettung von 164 Werkzeugmaschinen und 170 verschiedenen Ausrüstungsteilen und Gegenständen, »die für die Durchführung der Arbeiten notwendig sind«, durch General Koenig persönlich für beendet erklärt (Abb. 12.18). Aber erst am Jahresende 1949 hob der französische Hochkommissar für Deutschland die Zwangsverwaltung auf, wodurch die gesetzlichen deutschen Vertreter wieder in ihre alten Rechte eintraten. Das waren also sechs aufregende Wochen gewesen, in denen sich Maybachs gute Zusammenarbeit mit den zuständigen Ministerien in Paris und die Unterstützung durch die Belegschaft bewährt hatten.

Gérin erleichterte die Finanzgebarung des Maybach-Motorenbaus und erlaubte Vergleichsverhandlungen mit Lieferanten, die meist zu einer Halbierung der Schulden führten – allerdings nicht bei solchen Gläubigern, die in der Ostzone ansässig waren. Unsicher blieb bis zum letzten Augenblick, was mit den 4,7 Mio. Barmitteln geschehen würde, für die man keine Vorsorge hatte treffen können. Schließlich gelang es, den Umstellungsverlust aller Konten zusammen von 10,2 auf 7,1 Mio. RM herabzudrücken. Die Zahl der beschäftigten Arbeiter und Angestellten blieb das Jahr 1948 über praktisch unverändert bei annähernd 600 Personen. Umgesetzt wurden bei DEFA-Entwicklung und Motorenteilen 1 Mio. RM, bei Ersatzteilen 0,5 Mio. RM, insgesamt 1,8 Mio. RM. Der Auftragsbestand ging im Laufe des Jahres von 3,7 auf 3,0 Mio. RM zurück. Zum ersten Male machte man wieder einen Jahresgewinn. Da er 2,7 Mio. RM betrug, stieg der Bilanz-Abschluss-Gewinn auf 4,6 Mio. RM.

Die »Convention« der französischen Regierung mit Karl Maybach bildete auch weiterhin die Hauptgrundlage für die Beschäftigung des Maybach-Motorenbaus bis etwa Mitte 1950. Sie war nicht nur auf technisch-konstruktive, sondern auch auf wirtschaftliche Fragen abgestellt und bildete somit die Basis des gesamten neuen Fabrikationsprogramms. Sie rettete den »Motorenbau« nicht nur vor der Demontage, sondern auch als Firma überhaupt.

12.6 Der Abtransport von Beutegut und die Demontage

Über dieses Thema ließe sich allein für den Maybach-Motorenbau ein ziemlich umfangreiches Buch schreiben – mit vielen Zitaten von bitteren Formulierungen aus der Zeit zwischen dem 1. Mai 1945 und dem Jahre 1956. Denn so lange

Tab. 12.1 Demontage (Quelle: MTU-Archiv)

		(DM oder RM?)	(DM oder RM?)
1–136	Frankreich 256,7 t	1.027.436	1.037.675
137–457	Jugoslawien 204,6 t	558.093	549.822
458–640	Großbritannien 346,3 t	1.176.487	1.153.523
641–708	Norwegen 69 t	282.733	283.013
709–768	Griechenland 63,4 t	206.911	206.911
769–813	Holland 88,6 t	365.875	366.405
814–867	Tschechoslowakei 48,9 t	243.924	244.510
868–869	Albanien 0,6 t	4.200	4.200
870–873	Belgien 3,8 t	31.528	31.528
874–876	Neuseeland 5,4 t	17.715	17.715
	1.087,3 t	3.914.905	3.895.302

hat dieser Komplex und seine Bereinigung in der Bundesrepublik Deutschland gedauert.

Doch dies soll hier nicht geschehen. Einmal haben diese »Entnahmen« vieler Art letzten Endes den Maybach-Motorenbau weniger geschädigt, als es nach den Wertangaben erscheint. Viele Maschinen und Geräte waren bei Kriegsende praktisch verbraucht und entsprachen nicht mehr den Angaben über ihre Anschaffungs- und Zeitwerte. Zweitens waren weitaus die meisten Maschinen usw. für eine Produktion angeschafft worden, die nicht fortgeführt oder wiederaufgenommen werden konnte: Sie waren also praktisch wertlos, zumal auch ihr Verkauf nicht infrage kam. Darüber hinaus ist eine genaue Aufstellung der Entnahmen und der durch sie entstandenen Verluste trotz der vielen erhalten gebliebenen Dokumente nicht möglich. Man könnte häufig nur Aufstellungen, die beim »Motorenbau« entstanden sind, solchen französischer Instanzen gegenüberstellen, die einmal mehr, einmal weniger von jenen abweichen. Und schließlich handelte es sich bei Anschaffung und Entnahme um RM-Werte, bei der Aufrechnung ein Jahrzehnt später um DM-Werte von Maschinen, die längst überholt und vergessen waren.

Kurz und ohne die finanziellen und politischen Ursachen zu behandeln, die zu jenen verschiedenen Angaben geführt haben: Der Maybach-Motorenbau verlor nach dem Krieg den größten Teil seiner Maschinen, und was nicht »entnommen« wurde, war gewiss zum großen Teil eine solche Mitnahme nicht mehr wert.

Wer erhielt nun diese Beute? Die Vermutung liegt nahe, dass Frankreich, ein seit 1940 vom Krieg aufs Schwerste in Mitleidenschaft gezogenes Land, sie nicht aus der Hand gab. Doch diese Vermutung trifft nicht zu. In den Akten des MTU-Archivs befindet sich eine handschriftliche, weder signierte noch datierte Notiz mit der Überschrift »Demontage«. Sie mag Anfang der fünfziger Jahre entstanden sein und gibt nicht an, ob es sich um RM oder DM handelt – wahrscheinlich bei beiden Kolumnen um DM unter verschiedenen Bewertungen (Tab. 12.1).

Eine erstaunliche Liste! Zunächst einmal ist ihre Gesamtsumme nur wenig mehr als halb so groß wie die der Entnahmeliste aus dem Jahre 1955. Sodann steht eindeutig nach Gewicht und Wert Großbritannien an der Spitze. Dass dies bei der Verteilung der deutschen Handelsmarine so war, ist bekannt und durchaus verständlich: England verlor weitaus die meisten Schiffe, und die Zuteilung aus den relativ wenigen deutschen Reparationsschiffen ersetzte nur einen sehr bescheidenen Teil davon. Aber warum behielt Frankreich, welches das »Unternehmen Vernon« aufzog und in dessen Besatzungszone der Maybach-Motorenbau lag, nicht den größten Teil der Demontagegüter? Es findet sich keine Begründung dafür. Immerhin ergibt sich andeutungsweise ein Bild der Verteilung der »Beute« – bis hin zu zwei Stücken im Wert von 4.200 (RM oder DM?), die nach Albanien gingen, und drei offenbar schweren Stücken, die bis ins ferne Neuseeland geschickt wurden. War ein solcher Verlust für den Maybach-Motorenbau – und das gilt im Grunde für die gesamte deutsche Wirtschaft – weniger schwerwiegend, als man zunächst annahm, so war der Nutzen für die Empfängerstaaten noch geringer. Viele der demontierten Maschinen und Geräte wurden auf dem Transport beschädigt, verrotteten und verkamen bei Zwischenlagerungen, wurden unsachgemäß behandelt, sodass sie letztendlich nur noch Schrott darstellten.

12.7 Die Überführung der Maybach-Entwicklungsabteilung nach Frankreich und ihre Tätigkeit in Vernon

Als die beiden Direktoren Raebel und Böttner, der erst nach dem Krieg zu dieser Position aufgestiegen war, am 12. August 1948 der Belegschaft »mit tiefem Schmerz erfüllt … die heute vom Herrn Administrator Knipper veröffentlichte schwerwiegende Entscheidung über das Schicksal unseres Motorenbaus« bekanntgaben, »die trotz aller unserer im besten Einvernehmen mit dem Betriebsrat und der gesamten Belegschaft gemachten Anstrengungen nicht verhindert werden konnte«, fügten sie den Satz hinzu: »Unser hochverehrter Herr Dr. Maybach, der mit seinen 69 Jahren durch seine Zusammenarbeit mit Frankreich einen Beweis für unseren guten Willen zur europäischen Zusammenarbeit von außerordentlicher Größe gegeben hat, nimmt an unserem Schmerz sicher ebensolchen Anteil.«[7]

Bereits am 5. August 1948 hatte »Administrateur/Liquidateur Knipper« an die Direktion des Maybach-Motorenbaus geschrieben: »Die Entscheidung der Alliierten, die Maschinen zu Reparationszwecken abzuliefern, auferlegt die Schließung der Werke Maybach-Motorenbau innerhalb der kürzesten Frist, und jede produktive Arbeit muss am 7. August aufhören« (Abb. 12.19). Dann war am 12. August 1948 der Befehl zur Schließung ab 13. August, 16.00 Uhr, gefolgt. Dem Personal wurde bis auf etwa 100 Personen zum gleichen Zeitpunkt gekündigt. Karl Maybach befand sich an diesem Tag in Vernon (Departement Eure), einer kleinen Stadt, 70 km nordwestlich von Paris an der Seine gelegen und bekannt als »Porte de Normandie«.

Am 26. November 1949 veröffentlichte »Die Welt« ein Interview ihres Mitarbeiters Wolfgang Hempel mit Hugo Eckener. Hempel bemerkte: »Die Maybach-Werke arbeiten doch jetzt unter französischer Leitung.« Eckener erwiderte:

> »Gewiss, kurz nach dem Einmarsch der Franzosen stellte ich Herrn Maybach – Sie wissen vielleicht, daß ich seit Jahrzehnten bei Maybach im Aufsichtsrat sitze – vor die Alternative: entweder Aufgabe und Abbruch des Werkes oder Zusammenarbeit mit den Franzosen. Mein Vorschlag, letzteren Weg zu beschreiten, wurde befolgt. Heute arbeitet das Werk wieder mit einem Viertel seiner früheren Belegschaftsstärke. Die Arbeiter verdienen ihr Brot, und in Friedrichshafen hält das Leben wieder seinen Einzug. Die hiesigen Maybach-Werke stellen Motoren für Triebwagen im Auftrage Frankreichs her, während sich in Frankreich selbst nur eine sogenannte ›Entwicklungsstelle‹ befindet.«

Der Interviewer fragte, ob diese Entwicklungsstelle nicht »in absehbarer Zeit wieder nach Friedrichshafen zurückgeführt werden« solle. Eckener darauf:

> »Nein, davon ist mir nichts bekannt. Auch glaube ich nicht daran, denn letzten Endes bleibt das Tochterwerk, die französische Filiale, auf die Mutterfirma angewiesen. Ich stehe auf dem Standpunkt, daß Europas Zukunft nur durch eine sehr enge deutsch-französische Zusammenarbeit gesichert werden kann.«

Diese Sätze in der Zeit der Gründung der Bundesrepublik, die Eckener sehr stark in den Vorder- und Maybach in den Hintergrund stellten, werden den Tatsachen nicht ganz gerecht, finden auch in keinem anderen Dokument im MTU-Archiv eine Bestätigung. Als die »Fachgemeinschaft Kraftmaschinen« zwei Tage später, am 28. November 1949, sofort beim Maybach-Motorenbau anfragte, ob Eckeners Bemerkung über Triebwagenmotoren den Tatsachen entspräche, erhielt sie auch keine Antwort. Und Karl Maybach selber dürfte den Aufsatz in der »Welt« kaum gelesen haben: Er leitete zu dieser Zeit in Vernon die deutsch-französische Zusammenarbeit der von Eckener unterbewerteten »Entwicklungsstelle«, die auch keineswegs eine »Tochtergesellschaft« des Maybach-Motorenbaus war, sondern vom französischen

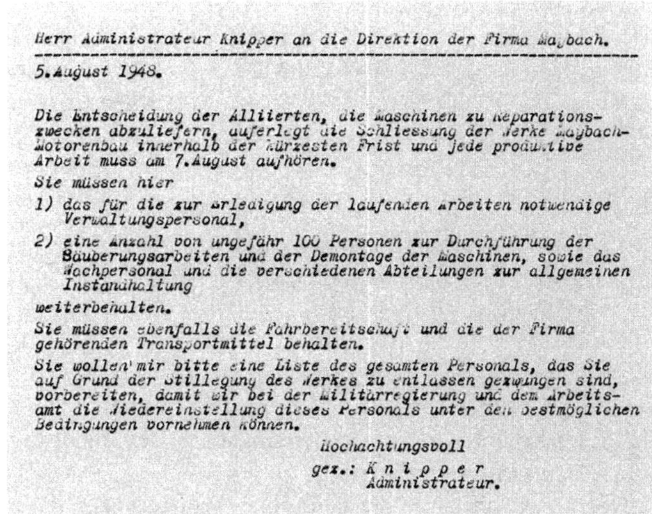
Herr Administrateur Knipper an die Direktion der Firma Maybach.

5.August 1948.

Die Entscheidung der Alliierten, die Maschinen zu Reparationszwecken abzuliefern, auferlegt die Schliessung der Werke Maybach-Motorenbau innerhalb der kürzesten Frist und jede produktive Arbeit muss am 7.August aufhören.

Sie müssen hier

1) das für die zur Erledigung der laufenden Arbeiten notwendige Verwaltungspersonal,

2) eine Anzahl von ungefähr 100 Personen zur Durchführung der Säuberungsarbeiten und der Demontage der Maschinen, sowie das Wachpersonal und die verschiedenen Abteilungen zur allgemeinen Instandhaltung

weiterbehalten.

Sie müssen ebenfalls die Fahrbereitschaft und die der Firma gehörenden Transportmittel behalten.

Sie wollen mir bitte eine Liste des gesamten Personals, das Sie auf Grund der Stillegung des Werkes zu entlassen gezwungen sind, vorbereiten, damit wir bei der Militärregierung und dem Arbeitsamt die Wiedereinstellung dieses Personals unter den bestmöglichen Bedingungen vornehmen können.

Hochachtungsvoll

gez.: K n i p p e r
Administrateur.

Abb. 12.19 Am 5. August 1948 schien das Ende des Maybach-Motorenbaus gekommen zu sein: Der französische Administrateur Knipper ordnete die Schließung und totale Demontage des Werkes an

Kriegsministerium finanziert und dirigiert wurde. Die Situation stellte sich anders dar, als sie von Eckener und dem »Welt«-Reporter in drei Sätzen skizziert wurde.

Um diesen Komplex klar darstellen zu können, muss noch einmal kurz zurückgegriffen werden. Nachdem Hitler am 22. April 1945 den Befehl zur Produktionseinstellung und Sprengung gegeben und Speer am folgenden Tag den Sprengungsbefehl aufgehoben hatte, besetzten französische Truppen am 28./29. April 1945 Friedrichshafen. Anfang Juni 1945 bestimmte das französische Gouvernement in Tettnang den Maybach-Motorenbau zum Großreparaturbetrieb für alle Fahrzeuge der Besatzungsmacht und genehmigte für diese Aufgabe die Wiederingangsetzung des Betriebes (Abb. 12.20). Bereits wenige Wochen später beauftragte die DEFA die nach Wangen ausgelagerte Entwicklungsabteilung mit der Weiterentwicklung des HL-234-Einspritzmotors – des modernsten Entwicklungsobjektes des Maybach-Motorenbaus – mit allen verfügbaren technischen Kräften. Gleichzeitig erhielt das Stammhaus in Friedrichshafen den Auftrag, alle bei Kriegsschluss noch in Arbeit gewesenen HL-120- und HL-230-Motoren fertigzustellen. Wenig später aber begann im Juli die Entnahme von Maschinen und sonstigen Einrichtungen in Friedrichshafen sowie die Verhaftung von einigen Oberbeamten und Wachpersonal, dem Misshandlung von Ausländern vorgeworfen wurde. Im Dezember 1945/Januar 1946 wurde der Maybach-Motorenbau dem Kontrollrat in Potsdam zur Verfügung gestellt, was praktisch Teildemontage und Auflösung des Unternehmens bedeuten musste.

Ostern 1946 erhielt Karl Maybach die Mitteilung, dass die Entwicklungsabteilung Wangen innerhalb von zwei Monaten nach Frankreich verlegt werden müsse. Er selbst wurde *gebeten,* die Entwicklung auf Kosten der Direction des Études et Fabrications d'Armement (DEFA) dort weiterzuführen.

[7] Zu den in Vernon geleisteten technischen Entwicklungen siehe Abschn. 20.8.

Er und Raebel erklärten sich unter gewissen Voraussetzungen der Unterbringung, Behandlung und Honorierung der Mitarbeiter dazu bereit, weil sie hofften, auf diese Weise die Entwicklungsabteilung, mindestens aber die von ihr gesammelten Erfahrungen und erlangten Kenntnisse für die Zukunft zu erhalten.

Am 30. April 1946 übertrug der Maybach-Motorenbau, wie erwähnt, alle Patent- und Lizenzrechte auf Karl Maybach als Einzelperson. Am 17. Mai ließ der französische Oberst Roland Karl Maybach mitteilen, er wolle ihn allein sprechen. Im Gespräch »versuchte er Herrn Dr. Maybach in liebenswürdigster Weise zur Übernahme der Leitung der Weiterentwicklung in Frankreich ohne Einschaltung des MM zu gewinnen«. Karl Maybach hatte dies bereits früher abgelehnt und wiederholte jetzt seine Weigerung. Am folgenden Tag erklärte Maybach sich bereit, »von Deutschland aus die Leitung der Entwicklung in Frankreich zu übernehmen, wenn die nach Frankreich gehende Gruppe von Herrn Dipl.-Ing. von Kienlin geführt werden kann und für diese Bereitwilligkeit von den Herren Zusicherungen gegeben werden könnten, dass MM entgegen dem Kontrollratsbeschluss, wenn auch im bescheidenen Umfange, weiterarbeiten dürfte, wenn nötig, evtl. auch durch Einschaltung einer neuen Firma«. Die Franzosen wiesen wiederholt darauf hin, dass so große Motoren, wie sie für Triebwagen und Lokomotiven gebraucht wurden, »keinesfalls mehr in Deutschland gebaut werden dürften«, akzeptierten aber schließlich einen Tag später die eventuelle Einschaltung einer neuen Firma und den Vertrieb unter dem Namen »Maybach«, »wenn Herr Dr. Maybach die Leitung der französischen Weiterentwicklung bisheriger Maybach-Erzeugnisse von Deutschland aus übernehmen und Herr von Kienlin für die technische Leitung der in Frankreich tätigen Herren eingesetzt werde«.

Am 24. Mai 1946 schrieb Karl Maybach an Colonel Roland: Nach Rücksprache mit dem Vorsitzenden des Maybach-Motorenbaus, Dr. Eckener, teile er ihm mit, dass er »grundsätzlich bereit« sei, »die Entwicklungsarbeiten an Motoren und Getrieben sowie zusätzliche Aufgaben ähnlichen Charakters, wie ich sie bis jetzt für den MM geleistet habe, zugunsten des französischen Staates als freier Ingenieur und oberster technischer Direktor zu leiten, wobei ich die gleichen Verantwortlichkeiten eingehe, wie ich sie bisher meiner Firma gegenüber in dieser Beziehung übernommen habe. Mein Wohnsitz bleibt dabei in Deutschland ... Herr von Kienlin wird die Leitung der in Frankreich tätigen Gruppe übernehmen. Im Zusammenhang mit ihm werde ich die für diese Gruppe in Frage kommenden Ingenieure und Fachkräfte des MM aussuchen und denselben nahelegen, Ihr Angebot, in Frankreich zu arbeiten, anzunehmen«. Für diese Annahme könne er »jedoch ... zunächst keine Gewähr übernehmen«. Auch müsse er sich »Personaländerungen, sei es durch Entlassungen oder Neueinstellungen von deutschen oder ausländischen Kräften ... vorbehalten«. Schließlich müssten »die gesamten von hier abtransportierten Maschinen und Einrichtungen in einwandfreiem Zustand für die Durchführung der Arbeiten der Gruppe in Frankreich unter allen Umständen sichergestellt werden«. Die zuständigen Stellen des französischen Staates müssten ihn »autorisieren, zusammen mit ... Eckener und Raebel eine Gesellschaft mit noch näher festzulegendem Arbeitsprogramm zu gründen«. Diese Gründung bilde »auch eine wesentliche Voraussetzung für eine erfolgversprechende Ausübung meiner Tätigkeit für Sie ...«. Das war im Jahre 1946 für einen »freien« Ingenieur in der Besatzungszone einer Siegermacht, über dessen bisherige Tätigkeit ebenso wie über seine Zukunftsabsichten durchaus Klarheit bestand, und dem Kriegsministerium eben dieser Siegermacht ein erstaunlicher Vertrag, sowohl dem Inhalt als auch der Form nach: Karl Maybach vergab sich nichts und rettete stillschweigend, denn das war die Voraussetzung dieses Schreibens, die Existenz des Maybach-Motorenbaus. Am folgenden Tag, dem 25. Mai, einigte Maybach sich mit Colonel Roland dahingehend, dass aus formalen Gründen der Vertrag über die Gründung einer Gesellschaft und die Verwirklichung des Arbeitsprojektes nur zwischen ihm allein und »dem französischen Staat« unterzeichnet werden sollte.

Am 30. Mai hieß es nach diesen Vereinbarungen in einer 14 Seiten umfassenden, den Vertrag begründenden Niederschrift:

> »Auf Grund der außergewöhnlich hohen Literleistung und des niedrigen Brennstoffverbrauchs, die Herr Dr. Maybach ... den Vertretern des französischen Kriegsministeriums, Section T der Mission DEFA für den nach seinen grundlegenden Gedanken entwickelten HL-232/234-Motor bei Weiterführung dieser Entwicklung in Aussicht stellen konnte, war es dem Maybach-Motorenbau bereits kurze Zeit nach der Besetzung gelungen, neben einem beachtlichen Auftrag auf Fertigmontage von HL-120- und HL-230-Motoren auch einen solchen auf Neuentwicklung eines auf die französischen Verhältnisse zugeschnittenen Benzinmotors von etwa 1.000 PS [später Type HL 295] zu erhalten.«

Das bot also Beschäftigung und Fortexistenz; auch erreichte man, dass im Wesentlichen nur noch im Einverständnis mit der »Section T« demontiert und abtransportiert wurde.

Teilweise erhielt man für diese Arbeit sogar bereits nach Frankreich geschaffte »wertvolle Apparate und Versuchsmotoren ... wieder zurück«. Insgesamt wurden in mindestens 37 Eisenbahnwaggons und drei Lkw mindestens 1.100 Kisten mit Material der verschiedensten Art aus Wangen abtransportiert. Am 14. Juni 1946 wurde der Vertrag paraphiert, am 12. September 1946 endgültig unterzeichnet – und zwar in Paris von Raebel, Maybach und dem Unterstaatssekretär des französischen Kriegsministeriums. Karl Maybach übersiedelte nach Vernon erst nach dem 18. Juni 1947; an diesem Tag erhielt er vom Landratsamt Lindau die Bescheinigung, dass er von der französischen Regierung zur »Arbeitsaufnahme in Frankreich« verpflichtet wurde. Am 2. Juli 1946 besaß Karl Maybachs Stellvertreter in Vernon, Markus von Kien-

Abb. 12.20 Was in Sekunden zerstört worden war, musste in langwieriger und anstrengender Arbeit wieder aufgebaut werden. Jeder Mitarbeiter, der sich beim »Motorenbau« zurückgemeldet hatte, musste zunächst etwa vier Wochen »Steine klopfen« und Schutt wegräumen

lin, genaue Vorstellungen über die Arbeiten, die in Vernon durchgeführt werden konnten. Es bestanden drei Möglichkeiten:

1. Fertigstellung des HL 295 (1.000 PS) »ohne jegliche Weiterentwicklung und ohne Versuche hinsichtlich Leistungssteigerung«.
2. Zu Fall 1 zusätzlich auch noch Fertigstellung des Motors HL 295 R. Das war die Dieselversion des HL 295.
3. Fall 1 und 2 sowie Konstruktion und Entwicklung eines Getriebes für Triebwagen bzw. Diesellokomotiven, des Mekydro-Getriebes.

Dafür brauchte man im ersten Fall 48 deutsche Mitarbeiter (15 Konstrukteure und Techniker, elf Ingenieure und 15 Schlosser) sowie 49 französische Mitarbeiter (15 Konstrukteure und Techniker, vier Ingenieure, 20 Schlosser); im zweiten Fall 59 deutsche Mitarbeiter (je 15 Konstrukteure und Ingenieure sowie 20 Schlosser), 53 französische Mitarbeiter (15 Konstrukteure, 22 Schlosser); im dritten Fall 77 deutsche Mitarbeiter (25 Konstrukteure, 17 Ingenieure, 24 Schlosser), 66 französische Mitarbeiter (25 Konstrukteure, 6 Ingenieure, 23 Schlosser).

Als ungefähre Termine für die drei Fälle wurden angegeben: für den ersten Fall 23 Monate, für Fall 2 zusätzlich 22 Monate und für Fall 3: »Für das Getriebe kann kein Termin angegeben werden, da sich dieses noch in reinen Entwürfen befindet«. Am 21. September wurden in einer Liste 65 deutsche Mitglieder der Gruppe mit Namen und Beruf zusammengestellt – z. B. »von Kienlin, Markus, Stellvertretender Technischer Direktor« und »Häfele, Karl, Zeichner«. Auch eine Gehaltsliste lag zu dieser Zeit vor. Kienlin erhielt 47.500 Franc jährlich, sein Vertreter 25.000, die Ingenieure 20.000 bis 22.000. Den niedrigsten Lohn erhielt eine Zeichnerin und Listenführerin mit 9.600 Franc. Es gab Listen über das Alter, die bisher geleisteten Dienstjahre (»nach Arbeitsbuch«), die Stundenlöhne, den Wohnungsbedarf für die Familien, Alter der Söhne und Töchter.

In der »Convention«, die Karl Maybach am 12. September mit der französischen Regierung geschlossen hatte, hieß es, Maybach habe sich in seinem persönlichen Namen und im Namen einer Gruppe deutscher Techniker, der »Gruppe M« (Groupe M), zu Folgendem verpflichtet:

> »Gegenstand der Konvention ist, der französischen Regierung die Mitarbeit der Gruppe M zu sichern:
>
> - für die Studien, die Verwirklichung und Fertigstellung eines Benzinmotors von 1.000 PS und eines Hilfsmotors, unternommen unter dem Titel des Auftrages DEFA M 3, der nicht mehr fortzusetzen ist in der bisherigen Weise;

- für die Studien, die Verwirklichung und die Fertigstellung eines Dieselmotors gleichen Hubvolumens;
- für alle weiteren Entwicklungen dieser Motoren.
  Zu diesem Zweck werden die die Gruppe M bildenden Techniker sobald als möglich nach Frankreich überführt werden.«

Die Arbeiten dieser »Gruppe M« sollten in den Werkstätten und Büros, die zu diesem Zweck von der französischen Regierung in den »Ateliers de Chargement de Vernon« eingerichtet wurden, ausgeführt werden. Die Gesamtheit dieser Werkstätten und Büros werde den Namen »Atelier M« erhalten. Die allgemeine Leitung des »Atelier M« übernahm ein Generaldirektor, der vom Ministre de I'Armement ernannt wurde. Ihm unterstanden »alle Mitglieder« der »Groupe M«. Karl Maybach wurde »Technischer Direktor«. Ihn vertrat ein »Stellvertretender Technischer Direktor«– Dipl.-Ing. Markus von Kienlin. Bis zur Fertigstellung der Unterkünfte und Arbeitsstätten sollte die Gruppe in Friedrichshafen arbeiten. »So weit dies ohne Beeinträchtigung des Hauptzieles möglich ist, soll die Gruppe außerdem mit sonstigen Entwicklungaufgaben für in- und ausländische Interessenten beschäftigt werden, ferner mit der Einzelherstellung von Mess-Instrumenten und Forschungsuntersuchungen für wissenschaftliche Institute und Industriefirmen, wie dies beim MM schon bisher als anerkannte Spezialität (Maybach-Verfahren) der Fall war.«

Da öffnete sich nun ein sehr weites und recht unübersichtliches Feld: Sollte ein französischer Maybach-Motorenbau entstehen, der den deutschen schließlich überholte und überflüssig machte? Sollte in absehbarer Zeit eine französische Filiale des Maybach-Motorenbaus in Friedrichshafen in enger Zusammenarbeit mit dem französischen Kriegsministerium existieren? Der französische Staat übernahm alle Kosten. Maybach überließ ihm dafür »die Verwertung der aus diesem Vertrag hervorgehenden Erfahrungen und Patente im gesamten In- und Ausland«. Das war von Maybachs Seite sehr großzügig: Er verzichtete auf erhebliche Aussichten – letzten Endes aber zugunsten des Maybach-Motorenbaus in Friedrichshafen.

Karl Maybach selber schloss seine »Convention« mit dem französischen Verteidigungsministerium für die »Mindestdauer von drei Jahren«. Die Höhe seiner »Vergütung« wurde darin nicht genannt. In Bezug auf die Zuteilung von Lebensmitteln, Kleidung und »allgemeinen Gütern« wurde er den »citoyens français« gleichgestellt. Ihm und seiner Familie wurde eine Wohnung zur Verfügung gestellt und zugesichert, »dass die Wohnung und der Besitz des Herrn Dr. Maybach, die sich in der französischen Besatzungszone befinden, nicht den Gegenstand irgendeiner Beschlagnahme bilden« werden. Frankreich übernahm die Übersiedlungskosten in beiden Richtungen. Am 27. September schloss man einen Zusatzvertrag in Bezug auf Arbeitsrecht, Kranken-, Unfall- und Sozialversicherung.

Die Mitglieder der »Groupe M«, die bisher beim Maybach-Motorenbau gearbeitet hatten, wurden dort »als ohne Entschädigung beurlaubt« geführt. Die Zeit der Beurlaubung zählte als Dienstzeit. In Frankreich wurden auch diese Personen den »citoyens« gleichgestellt. Mittlerweile lagen die Bestimmungen über die Bedingungen vor, unter denen die Deutschen in Frankreich arbeiten sollten. Dabei ging man davon aus, dass sie sich mehrere Jahre in Frankreich aufhalten würden. Es gab also Bestimmungen über Urlaubslänge, Reisen in die Heimat, Nachführung der Familien und deren Wohnungen, Überweisung von »etwa bis zu 70 % des Verdienstes« in die Heimat, die Sozialleistungen, den Schulbesuch, Ersparnisse usw. Das alles ergab eine eigenartige Situation: Während Panzersoldaten, die im Krieg ihr Leben in von Maybach-Motoren angetriebenen Panzern hatten einsetzen müssen, als Gefangene in französischen Kohlengruben teilweise unter schlimmsten Lebensbedingungen arbeiten mussten, wurden die Konstrukteure jener Motoren, die Ingenieure usw., deren Dasein im Krieg weit weniger gefährdet gewesen war als das der kämpfenden Truppe, den »citoyens« gleichgestellt und als Angestellte des französischen Staates behandelt und bezahlt – und erwarben sich zudem noch Rentenansprüche an den französischen Staat sowie im Rentenalter das Recht auf eine Freifahrt im Jahr mit der französischen Eisenbahn SNCF.[8]

Schließlich reiste die Versuchsabteilung der »Groupe M« in den ersten Tagen des Dezember 1946 über Paris nach Vernon und begann zu arbeiten (Abb. 12.21 und 12.22). Über die Tätigkeit in Vernon bis 1952 liegen viele und zum Teil umfangreiche Briefe und Berichte vor. Als Quelle für die folgenden Ausführungen dienen vor allem die an und von Karl Maybach.

Zeigen schon die zahlreichen Arbeitsberichte, wie langwierig, kompliziert und verwirrend die Tätigkeit in Vernon und der ständige Kontakt mit Karl Maybach waren, so traten menschlich-berufliche Komplikationen immer wieder hinzu. Am 29. August 1947 schrieb z. B. von Kienlin an Maybach: »Als Hauptschwierigkeit besteht hier zur Zeit die Nichtbezahlung der Gehälter bzw. Prämien für die Arbeiter.« Am 15. September hätten die Gehälter für die Zeit von Anfang Juli eintreffen sollen. Sie waren nicht angekommen. Von den vereinbarten Prämien wisse die auszahlende Stelle »überhaupt nichts«. Die Aufregung war groß, was sich auch auf den Arbeitseifer auswirkte. Am 30. Oktober 1947 lag ein »Versuchsprogramm« für den HL 295 vor. Aber gerade in diesen Tagen befürchtete Maybach eine »schwere Beeinträchtigung unserer Zusammenarbeit«, weil die Besatzungsbehörde in Baden-Baden Ersatzteillieferungen für Triebwagen behinderte. Auch setzte der französische Direk-

[8] Markus von Kienlin als Chef der »Groupe M« hatte sich mit Erfolg darum bemüht, deutsche Kriegsgefangene als sog. »Freiarbeiter« in der »Groupe M« unterzubringen.

Abb. 12.21 Karl Maybach hatte am 12. September 1946 mit der französischen Regierung eine »Convention« geschlossen, nach der er einen Benzin- und Dieselmotor für französische Panzer entwickeln und bauen sollte. Noch im Dezember 1946 traf die erste Gruppe von Maybach-Mitarbeitern in der französischen Stadt Vernon ein und fand sowohl hinsichtlich der Unterkünfte (*Bild*) als auch der Arbeitsstätten trostlose Verhältnisse vor. In der ersten Zeit war deshalb an Konstruieren oder gar das Durchführen von Versuchen nicht zu denken – Aufbau hieß die Parole!

tor in Vernon entsprechend Merglens Drohungen in Friedrichshafen von Kienlin unter Druck: »Der Kopf von MM« müsse »beseitigt« werden, wie das bei der Zahnradfabrik geschehen sei – dann werde die Demontage eingestellt und die Weiterarbeit erlaubt werden. Von Kienlin erwiderte, wenn der Vorstand ausgewechselt werde, dann würde Raebel und ihm selber jeder Einfluss auf die Arbeiten in Vernon entzogen werden. Die technischen Aussichten der Arbeiten in Vernon stünden besonders günstig.

Es konnte nicht ausbleiben, dass zwischen den Friedrichshafener und den Vernoner Maybach-Motorenbau-Mitarbeitern Eifersüchteleien und Neid aufkamen. Während man in Vernon stolz war, durch die Arbeit der »Groupe M« das Werk in Friedrichshafen gerettet zu haben, führten die »Häfler« das auf ihre eigene Arbeit für die Bundesbahn zurück. In Vernon wurde befürchtet, dass nach Beendigung der Tätigkeit in Frankreich kein Unterkommen mehr beim Maybach-Motorenbau in Friedrichshafen sei. Karl Maybach und Jean Raebel besänftigten wiederholt die Mitarbeiter in dieser Hinsicht. Nach entsprechenden Versicherungen beruhigte man sich in Vernon. Es kam hinzu, dass einerseits die französischen Auftraggeber, insbesondere die SNCF, Mitte November 1947 deutlicher als bisher ihre Zufriedenheit, ja Respekt zeigten und sowohl auf Intensivierung der Arbeit als auch auf Zusammenarbeit der Gruppe mit einzelnen französischen Fabriken drängten, andererseits die Lohn- und Gehaltszahlungen korrekter als bisher gehandhabt wurden.

Dennoch: Nachdem sich das Leben in der neu gegründeten Bundesrepublik einigermaßen normalisiert hatte, wollte ein Teil der in Vernon Beschäftigten möglichst schnell wieder zurück nach Friedrichshafen, zumal ihre Frauen und Familien nicht hatten nach Frankreich nachkommen dürfen.

Erst am 12. März 1950 war Maybach wieder in Vernon. Am 15. März planten er und französische Beauftragte die »Fertigstellung von HL 295 bis zum November 1950«. Deutlich wurde den Franzosen der ganze Komplex Vernon allmählich zu teuer. Am 24. März lag ein »Vorschlag über die Weiterführung der Versuche in Friedrichshafen und Vernon« vor. Sein Inhalt war: »Die Werkstatt kommt unter französische Leitung« – nach Entlassung von sechs deutschen Mitarbeitern, die von Kienlin als »sowieso nicht mehr zu halten« bezeichnete. »Die Kosten würden verringert werden, indem der HL 338 auf Kosten der DEFA über die SFM (Société Française Maybach) in Friedrichshafen fertig entwickelt wird.« Dadurch könne man »sowohl die Werkstatt als auch das Büro wesentlich« verkleinern. »Diese Lösung hätte den Vorteil, dass die Gruppe in Vernon sich speziell auf die Benzin-Motoren konzentrieren« und die Arbeit beschleunigen könnte. Damit begann die – sehr langsame – Auflösung der »Groupe M«, zumal auch die Behörden »keine weiteren Kredite für Deutschland« mehr zur Verfügung stellten.

Am 11. August 1950 teilte die französische Leitung mit, dass man im Januar 1951 mit der Serienfertigung des HL 295 beginnen wolle, wenn dieser »wirklich serienreif« sei. Am 19. August 1950 war in Vernon »unser Programm keineswegs kleiner ... Leider ist der Personalmangel ein großes Hemmnis für die rasche Durchführung all dieser interessanten Aufgaben. Ich bin mir klar, dass Ihr persönlicher Einfluß hier von entscheidender Bedeutung ist ... «, hieß es in einem Brief an Maybach.

Am 9. Oktober 1950 erschien in »Le Figaro« ein illustrierter Artikel über den »neuen französischen Panzer (AMX 50), der seine erste Ausfahrt gemacht hat«. Er bilde »un progrés sensible« gegenüber seinem Vorläufer, der dem englischen »Centurion« und dem amerikanischen »Patton« nachgebaut worden sei. Er habe einen 1.000-PS-Motor (gegenüber 720 PS des »Centurion«, aber es wurde nicht angegeben, ob Benzin- oder Dieselmotor). Dieser neue Panzer könne sich mit allen bekannten Fahrzeugen dieser Art »messen«. Natürlich wurde nicht erwähnt, dass es sich um einen von Maybach in Vernon entwickelten Motor handelte.

In den folgenden Monaten fanden wiederholt Besuche von hohen Ingenieur-Offizieren mit leitenden Persönlichkeiten französischer Motorenbau-Fabriken in Vernon statt, die sich über die Möglichkeit des Serienbaues des HL 295 unterrichten wollten. Schließlich wurden die Arbeiten in Vernon auch noch im Jahre 1952 fortgesetzt – insbesondere am HL 295.

Inzwischen waren in Friedrichshafen große Veränderungen eingetreten, auf die noch einzugehen sein wird: Friedrich Flick hatte sich beim Maybach-Motorenbau engagiert[9]. Er war an diesem Unternehmen insofern interessiert, als er mit ihm, der Auto-Union und Daimler-Benz den größten europäischen Automobil-Konzern aufbauen wollte. Vernon war für ihn belanglos und stand damit auch für seinen Verhandlungspartner beim Maybach-Motorenbau, Raebel, nicht mehr an der Spitze aller Zukunftspläne. Daher betrieb Karl Maybach Anfang September 1952 die »Abschluss-Regelung meiner dortigen Einkommensteuer« und schrieb Abschiedsbriefe an einige Franzosen. In Vernon selber war nur noch eine »kleine Gruppe«. Von Kienlin war nicht mehr dort und sein Stellvertreter/Nachfolger Dipl.-Ing. Kurt Gartner im Begriff, sich »neuen Aufgaben« zuzuwenden. Maybach schrieb ihm am 9. September 1952: »Wir im Motorenbau fühlen uns nach wie vor mit Ihnen und der kleinen Gruppe verbunden, und ich selbst hoffe nur, dass diese Verbundenheit sich in der Zukunft, namentlich in Bezug auf Ihre Tätigkeit, immer mehr auswirken wird.« Die Abwicklung des DEFA-Unternehmens in Vernon kostete die französische Regierung zwischen dem 21. Juni 1945 und dem 31. Dezember 1949 an Konstrukteurstunden 665.000 DM, an Planerstunden 635.000 DM, an Lohnstunden 1,7 Mio. DM, insgesamt in dieser Zeit 7,6 Mio. DM.

Bereits am 6. Mai 1949 vereinbarten in Paris das »Kommissariat für deutsche Angelegenheiten, die Direction des Études et Fabrications d'Armement (DEFA), der Präsident und Generaldirektor der Société Franco-Belge de Matériel de Chemin de Fer, Maybach und Raebel« Folgendes:

»1) Die Sequestur des MM wird aufgehoben und die Gesellschaft autorisiert werden, ihre zivile Fabrikation frei auszuüben.
2) Die Société Française Maybach (SFM) wird gegründet werden. Die SFM wird an MM mit 15 % beteiligt werden – auch bei allen künftigen Kapitalveränderungen.
3) Von den Kapitalanteilen des MM erhalten außerdem Maybach 20 %, ›Gruppe Maybach/Raebel‹ 31 %, SFM 15 % [1951 war gelegentlich von 25 % die Rede], nach Möglichkeit die Familie Graf Brandenstein-Zeppelin 8 %, die rechtmäßigen Erben der Zeppelin-Stiftung 26 %.
4) Die SFM wird die bestehenden und künftigen MM-Patente verwenden und Erzeugnisse auf ihrer Grundlage in Frankreich und der französischen Union, Benelux, Italien, Spanien, Schweiz, Argentinien und ›ihren überseeischen Besitzungen‹ vertreten.
[...]
7) Dr. Maybach wird an MM alle Rechte zurückgeben, die ihm am 30. April 1945 überlassen wurden, sowie alle inzwischen auf seinen Namen angemeldeten und alle künftigen Konstruktionen und Erfindungen zur Patentanmeldung überlassen.«

Als Gegenleistung übernahm der Maybach-Motorenbau die Zahlung von Gehalt und Tantiemen an Karl Maybach »auf Lebenszeit«, »so wie wenn er als Geschäftsführer tätig wäre. Er selbst auf Lebenszeit und seine Erben zehn Jahre nach seinem Tode werden 15 % der Einnahmen aus allen künftigen Lizenzeinnahmen erhalten«.

Von den 31 % der Gruppe Maybach/Raebel gingen schließlich 5 % an Eckener »für die vom Genannten Dr. Maybach in langjähriger Zusammenarbeit gewährte außerordentliche Unterstützung in der Förderung seiner technischen Bestrebungen«, 2 % an die Familie Graf Brandenstein-Zeppelin »im Gedenken an die großen Verdienste des Grafen Zeppelin«, 7 % an Jean Raebel »für seine unerläßliche Mitarbeit« (gemeint war vermutlich »unermüdliche«), 17 % an Karl Maybach. Außerdem besaß Maybach bereits 20 % Anteile. Für diese 51 % sollte »das Stimmrecht immer einheitlich ausgeübt werden«. Daher wurde ihr gesamtes Stimmrecht auf Maybach übertragen. Maybach bestimmte, dass nach seinem

[9] Siehe hierzu Abschn. 13.3.

Abb. 12.22 Die ersten Mitarbeiter von Karl Maybach, die 1946/47 nach Vernon gingen und dort die »Groupe M« bildeten. Karl Maybach bezeichnete sie als »seine Pioniere«

Tod zunächst Raebel das Stimmrecht der 51 % ausüben solle, nach dessen Tod die Maybach-Erben: seine Ehefrau, dann der Sohn, schließlich die Töchter. Nur zu ihrer »Beratung« sollten sie einen »Beirat« einsetzen, dessen Mitglieder festgelegt wurden.

Der Entwurf für diesen Vertrag lag am 29. Mai 1949 vor. Dann entstanden auf der französischen Seite einige Schwierigkeiten; am 27. Dezember 1949 erfolgte jedoch die Unterzeichnung des 19 Seiten langen Vertrages durch den Maybach-Motorenbau, Karl Maybach und die SFM; am 18. Januar sowie am 15. September 1950 folgten Zusätze, die hauptsächlich Geschäfte mit den USA betrafen: Der Maybach-Motorenbau und Karl Maybach behielten sich »ausdrücklich das Recht auf eigene Verhandlungen, zu Lizenzabschlüssen und Lieferungen in dieses Gebiet« vor – mit Ausnahme ganz bestimmter genannter Motoren und Teile.

Die französische Regierung erhielt für 20 Jahre die Lizenz der kostenlosen Anwendung

1. für alle Sachen, die im Gebiet der Französischen Union im Interesse der nationalen Verteidigung gebaut werden, der gesamten gegenwärtigen und künftigen Patente und Erfindungen von Dr. Karl Maybach und Maybach-Motorenbau.
2. für alle Sachen, die für gewisse Eisenbahnen gebaut werden »von den gegenwärtigen und künftigen Patenten und Erfindungen, die sich beziehen auf
   a. die beiden in Vernon entwickelten 1.000-PS-Benzin- und Dieselmotoren HL 295 und HL 338,
   b. einen 800-PS-GO-6R-Motor, der gegenwärtig in Deutschland für die Reichsbahn in Entwicklung ist« (der später mit GTO bezeichnete Motor).

Der französische »Hohe Kommissar für deutsche und österreichische Angelegenheiten« erklärte sich mit der »neuen Gestaltung des Kapitals der Gesellschaft Maybach-Motorenbau« am 24. Dezember 1949 einverstanden. Schließlich wurde am 18. Januar 1950 ein Vertrag zwischen dem Maybach-Motorenbau und Dr. Maybach abgeschlossen, der am 21. Dezember 1950 eine Detailänderung erfuhr. In einem Schreiben vom 25. Mai 1950 an das französische Verteidigungsministerium, das den Dieselmotor HL 338 betraf, erwähnte der Maybach-Motorenbau (Raebel und Böttner) ausdrücklich die »ausgezeichnete Zusammenarbeit mit der Organisation DEFA ... «. Und um diese Zeit begann eine lebhafte Zusammenarbeit von DEFA, SNCF sowie der Pariser Omnibusgesellschaft und SFM.

Im Jahre 1952 kam es zwischen dem französischen Verteidigungsministerium und Karl Maybach zu Meinungsverschiedenheiten über Maybachs Behauptung, die »Convention« vom 12. September 1946 sei nicht mehr gültig, vielmehr »gekündigt«. Es ging um die Lizenzrechte für die in Vernon entwickelten Motoren. Der Vertreter des Ministeriums erhob »schärfste Einwände. Ich bin tatsächlich der Ansicht, dass der französische Staat als Lohn für die sehr bedeutenden Aufwendungen, die er ausgeworfen hat, um die in Vernon konstruierten Prototypen fertigzuentwickeln – wovon letzten Endes Ihre Firma der wirkliche Nutznießer ist – durch die Convention von 1946 festgelegt hat, sich die diesbezüglichen Lizenzrechte auf eine unbeschränkte Zeitdauer vorzubehalten«. Er verlangte die Bestätigung, dass der Vertrag vom 27. Dezember 1949 diese Bestimmung klar und deutlich festlege und nach wie vor gültig sei. Das führte zu einem längeren heftigen Briefwechsel. Am 22. Juli 1952 schloss Maybach einen Brief an die DEFA mit den Sätzen: »Ich würde es außerordentlich bedauern, wenn nach der erfolgreichen technischen Arbeit der vergangenen sieben Jahre, die stets im Geiste eines guten Einverständnisses, auch bezüglich der Zukunft, geleistet wurde, jetzt kurz vor dem Ablauf der Convention evtl. juristische Streitigkeiten sich ergeben würden ... «. Die ganze Angelegenheit schien im Herbst damit zu schließen, dass die SFM sich 1952 aus dem Maybach-Motorenbau zurückzog, zumal dieser erreichte, dass die Stadt Friedrichshafen mit der Zeppelin-Stiftung und der »Luftschiffbau Zeppelin GmbH« in Liquidation als Gesellschafter des Maybach-Motorenbaus ausschieden und schließlich Flick an ihre Stelle trat.

Sowohl bei der französischen Besatzungsmacht als auch bei Banken in der englisch-amerikanischen »Bi-Zone« fanden sich »Interessenten«, die den Block von 63 % aufteilen und den Maybach-Motorenbau von Friedrichshafen fortverlegen wollten. Andererseits hofften Maybach und Raebel zeitweise, das Werk mit Marshallplan-Mitteln weiterbetreiben, d. h. erhalten zu können. Auch die Beteiligung einer Zürcher Gruppe wurde im März/April 1949 erwogen, und schließlich drohte die Möglichkeit, dass die französische Seite, sofern sie über genug Geld verfügte, selber daranging, die Majorität von der Maybach-Motorenbau GmbH an sich zu ziehen, indem eine französische Gruppe 45 %, eine französisch-belgische Gesellschaft 25 % und eine deutsche »Gruppe Dr. Maybach« 30 % (mit Eckener, Zeppelin und Raebel) des Kapitals übernehmen könnten. In dieser Situation schrieb Raebel aus Friedrichshafen an Maybach, der sich in Vernon und Paris aufhielt, im Augenblick sei man »vollständig ohne Mittel«, da die Reichsbahn und andere Auftraggeber nicht zahlten. Mitte Mai führte Raebel

Abb. 12.23 Im Juni 1947 entwickelte der US-Staatssekretär George Marshall den später nach ihm benannten Plan eines »European Recovery Programme« (ERP). Dieses umfassende Hilfsprogramm für die durch den Zweiten Weltkrieg schwer erschütterten europäischen Staaten einschließlich der deutschen Westzonen wurde zur Triebfeder für den europäischen Wiederaufbau, und die aus dem ERP fließenden Mittel sind einer der Schlüssel für das deutsche »Wirtschaftswunder« der fünfziger Jahre

mit französischen und deutschen Behörden erste Gespräche über die Entflechtung des Zeppelin-Konzerns, durch die unter anderem der Maybach-Motorenbau verselbstständigt werden sollte, während Karl Maybach mit seiner Gruppe in Vernon sich bemühte, für die Zukunft des Werkes die existierenden Motorentypen zu verbessern und neue zu entwickeln.

Bei einem Treffen Raebels und anderer Vertreter mit den Franzosen am 29. Oktober 1952 ergab sich, dass die SFM »an der 15 %igen Beteiligung an Maybach-Motorenbau desinteressiert« war. Man trennte sich voneinander unter Betonung der Tatsache, »dass die in dieser Aussprache herbeigeführte freundschaftliche Regelung der offensichtlich bestandenen Meinungsverschiedenheiten erfreulich ist«. Am 10. November erklärte sich die SFM »mit dem Verkauf der Anteile einverstanden«. Daraufhin kam es am 14. März/9. Juni 1953 zu einem entsprechenden Vertrag. Am 24. Mai 1962 wurde die Firma SFM nach Liquidation im zuständigen Handelsregister in Paris gelöscht. Anschließend zahlte der Maybach-Motorenbau am 29. Mai der französischen Vertretung der SFM »eine einmalige Vergütung von 30.000 DM«. Damit war die Angelegenheit SFM von beiden Seiten offiziell abgeschlossen.

Der Komplex »Vernon«, der hier als ein Geflecht von Beziehungen zwischen Karl Maybach (der seit seiner Jugend gut Französisch sprach und Verbindungen zur französischen Automobilindustrie besaß)[10] mit seiner »Convention« sowie dem Maybach-Motorenbau, vertreten hauptsächlich durch Jean Raebel einerseits, französischen Ministerien, Besatzungsbehörden und Industrieunternehmen andererseits, aber auch als eine Beziehung zwischen der Siegermacht Frankreich und einem für diese militärisch und privatwirtschaftlich höchst interessanten Industrieunternehmen in ihrer nicht sehr industriereichen Besatzungszone skizziert wurde – dieser Komplex »Vernon« stand für Frankreich auch noch in größeren politischen und wirtschaftlichen Zusammenhängen:[11]

Da schien sich also im Sommer 1947, während in Vernon die französisch-Friedrichshafener Kooperation hauptsächlich mit militärischen Zielen in Gang kam, auch eine alles in allem natürlich viel breitere, deutsch-französische Zusammenarbeit aus der Erkenntnis anzubahnen, dass beide Seiten durch sie gewinnen könnten, allerdings erst nach der Marshallplan-Rede, die schließlich der wirtschaftlichen Entwicklung in Westdeutschland, von der »Bizone« her auch im Süden eine ganz andere Richtung gab.

Der Kölner Bankier Robert Pferdmenges, Senior-Teilhaber des Kölner Bankhauses Sal. Oppenheim jr. & Cie., enger persönlicher Freund und wirtschaftlicher Berater Konrad Adenauers, stand im November 1947 an der Spitze deutscher Industrieller – unter ihnen Hermann Reusch (Gutehoffnungshütte), Hermann Wenzel (Vereinigte Stahlwerke), Günter Henle (Klöckner) –, welche die französische Stahlindustrie für den Plan einer 50-prozentigen Kapitalbeteiligung an den damals unter der Kontrolle der britischen Besatzungsmacht in dieser Zone stehenden Bergbau- und Industrieunternehmen gewinnen wollten. Zwar gaben die meisten Rheinländer schon einige Monate später amerikanischen Investitionen den Vorzug. Aber Adenauer, Pferdmenges und andere waren auch an Frankreich interessiert, das sich allerdings einstweilen in innenpolitischen Schwierigkeiten befand. Doch gerade während der beiden Londoner Konferenzen über Deutschland in der ersten Hälfte des Jahres 1948 bestand in Frankeich großes Interesse an der Zusammenarbeit mit der deutschen Industrie – nicht zuletzt zur Verhinderung der Labour-Absicht, diese zu verstaatlichen, d. h. unter sozialistische Kontrolle zu stellen. Adenauer vertrat im Frühjahr 1948 durchaus Pferdmenges' Gedanken. Und nachdem das unter dem Druck der USA zustande gekommene Gesetz Nr. 75 vom 10. November 1948 die Sozialisierung erst einmal mindestens hinausgeschoben hatte, wandten sich sowohl die deutschen Industriellen als auch die französische Regierung am 30. November 1948 erneut dem Plan deutsch-französischer gemischter Gesellschaften zu.

Diese Kontakte wurden auch lebhaft fortgesetzt, als die Bedeutung des Marshallplans immer klarer in Erscheinung trat (Abb. 12.23) und die Londoner Ruhrvereinbarungen getroffen worden waren. Im Sommer und Herbst 1948 hielten sich wiederholt französische Politiker, Industrielle, Gewerkschafter und Wissenschaftler in Düsseldorf und Frankfurt u. a. bei Henle, Stinnes Jr., Pferdmenges ebenso auf, wie andere französische Besucher nach Vernon kamen und die Chance weiterer Kooperationen abschätzten. Im April 1949 wurde nach der Bildung eines Studienausschusses für die deutsch-französischen Wirtschaftsbeziehungen in Düsseldorf ein »Arbeitskreis Frankreich« auch in Frankfurt gegründet. Und schließlich entwickelte man nach vielen weiteren bilateralen Gesprächen, in die auch der Kölner Bankier Waldemar von Oppenheim eingeschaltet wurde, 1950/51 den Schuman-Plan als »Zähmungsinstrument« für die Deutschen. Als er im Januar 1952 ratifiziert und damit ein großer wirtschafts- und allgemeinpolitischer Abschluss erreicht wurde, erlahmte naturgemäß und endete schließlich das französische Interesse an teuren Einzelunternehmen, zumal Maybach in Vernon längst die Panzer- und Eisenbahnmotoren entwickelt hatte, um die es anfangs im Jahre 1946 gegangen war.

Das alles spielte sich für Frankreich und die Politiker und Großindustriellen an Rhein und Ruhr also in großen Zusammenhängen ab. Vernon-Friedrichshafen bildete dabei für die Franzosen nur ein hauptsächlich militärisches Anhängsel, und den Industriellen in Nordrhein-Westfalen war es wohl gar nicht genau bekannt. Aber andererseits ist es zwischen diesen und französischen Unternehmen niemals zu wirklich produktiver wirtschaftlicher Zusammenarbeit gekommen, wie sie – dank Karl Maybach und seiner »Convention« – mit guten Erfolgen für beide Seiten in Vernon-Friedrichshafen betrieben wurde.

[10] Vgl. hierzu auch Abschn. 2.4.

[11] Diese sind von der Geschichtsschreibung bisher nicht beachtet worden und sollen daher hier wenigstens knapp angedeutet werden. Es handelt sich um Frankreichs »Ruhrpläne zwischen Abtrennung, Internationalisierung und Produktionsverlagerung« (vgl. W. Bührer: Die französische Ruhrpolitik und das Comeback der westdeutschen Schwerindustriellen 1945–1952. In: P. Hüttenberger und H. Molitor: *Franzosen und Deutsche am Rhein 1789–1918–1945*. Essen 1989, S. 27 ff.). – Im Juli 1947 stellte der schnell einflussreich werdende Jean Monnet fest: »Die 70 Millionen Deutschen müssen in einem wohlhabenden Europa ihre Rolle als Produzenten und Kunden spielen.« Und die »Wirtschafts-Vereinigung Eisen- und Stahlindustrie« antwortete im August gewissermaßen mit einer Denkschrift, die in ein Plädoyer für eine dauerhafte und faire Lösung des Ruhr-Lothringen-Problems auf der Basis eines »wirtschaftlich vernünftigen Wirtschaftsaustausches« einmündete.

13 Die Zeit des Wiederaufbaus 1949 bis 1960

Wilhelm Treue

13.1 Zukunftshoffnungen

Seit Ende 1948 konnte man langsam mit der Instandsetzung und dem Wiederaufbau des Werkes (Abb. 13.1) sowie mit der Durchführung des auf der »Convention« beruhenden Fabrikationsprogramms beginnen – »langsam und mit größter Vorsicht«. Denn noch immer waren einflussreiche, ja »maßgebliche« französische Kreise (auch deutsche Industrielle) am Werk, die gegen das Weiterbestehen des Maybach-Motorenbaus eingestellt blieben. Auch bereitete die Finanzierung eines so großen Vorhabens gleich nach der Währungsreform erhebliche Schwierigkeiten, »da wir als der Demontage verfallener Rüstungsbetrieb nach den seinerzeitigen Bestimmungen keine langfristigen Wiederaufbaukredite bekommen konnten, ohne Gefahr zu laufen, evtl. durch öffentliche Kritik eine neuerliche Gefährdung zu riskieren«.

Die Gründung der Bundesrepublik Deutschland am 7. September 1949 (Abb. 13.2), d. h. die Erlangung der Teilsouveränität des westdeutschen Staates mit dem CDU-Kanzler Konrad Adenauer und dem Repräsentanten der sozialen Marktwirtschaft Ludwig Erhard an ihrer Spitze sowie die langfristigen Pläne der Besatzungsmächte, vornehmlich der USA, im Hinblick auf einen Beitrag der Bundesrepublik zur Verteidigungsfähigkeit Europas sowie schließlich Frankreichs Absicht, seine Panzerwaffe qualitativ der englischen und amerikanischen anzugleichen, erleichterten den Aufstieg des Maybach-Motorenbaus.

Abb. 13.1 Nach den schweren Zerstörungen im Krieg war der Maybach-Motorenbau zunächst nur notdürftig repariert worden. Mit dem eigentlichen Wiederaufbau fing man erst zu Beginn der fünfziger Jahre an

Das Jahr 1949, das 41. von Karl Maybachs »Motorenbau« in Friedrichshafen, war eines der schwierigsten in der Geschichte des Unternehmens. Nachdem die Währungsreform im Sommer des Vorjahres zwar eine Klärung der Finanzverhältnisse, aber auch eine tiefgreifende Geldverknappung gebracht hatte, schleppte man noch immer die rechnerischen Folgen der Luftangriffe im Krieg und der »Entnahme«, Beschlagnahme, Demontage mit durch die Bilanzen, während die Aufträge kaum ausreichten, um den Betrieb aufrechtzuerhalten, und die Arbeit in Vernon unter schwierigsten Verhältnissen nur so eben das Fortbestehen des Maybach-Motorenbaus sicherte. In dieser Lage überlegte man am 7. Februar 1949, wie man den Fortbestand des Unternehmens sichern könne, an dessen Weiterarbeit prinzipiell einerseits die Bundesbahn und ausländische Eisenbahnen, andererseits Henschel, Krauss-Maffei und andere Firmen für das Dieseltriebwagen- und Diesellokomotiv-Programm der Bundesbahn interessiert waren. Zu dieser Zeit waren am Maybach-Motorenbau die »Mutterfirma« Luftschiffbau Zeppelin (LZ) GmbH (»gegenwärtig vertreten durch den französischen Administrateur«) mit 63 %, die Stadt Friedrichshafen als Erbin der Zeppelin-Stiftung mit 17 % und Karl Maybach persönlich mit 20 % beteiligt.

W. Treue (✉)
Göttingen, Deutschland
E-Mail: customerservice@springernature.com

E. Eckermann, W. Treue, S. Zima (Hrsg.), *Technikpionier Karl Maybach*, https://doi.org/10.1007/978-3-658-37065-7_13

Abb. 13.2 Unter dem Vorsitz von Dr. Konrad Adenauer erarbeitete ab dem 1. September 1948 der Parlamentarische Rat das Grundgesetz und bereitete damit die Gründung der Bundesrepublik Deutschland am 7. September 1949 vor (*Bild*). In seiner ersten Regierungserklärung als Kanzler am 20. September 1949 stellte Adenauer das wirtschaftspolitische Konzept der sozialen Marktwirtschaft heraus, verbunden mit der Hoffnung auf ein Ende der Demontage

Am 2. Juni 1949 befand man sich in Friedrichshafen in einer tiefen Finanzkrise (Abb. 12.17). Die Bundesbahn war außerstande, die gelieferten Ersatzteile zu bezahlen, und erst recht weitere Bestellungen vorzunehmen. Zwar machte man Raebel Hoffnungen für 1950 und 1951, aber es war sicher, dass man dann nicht mehr verbesserte alte Motoren akzeptieren, sondern neue Typen verlangen würde. Raebel schloss an diesem Tag ein Schreiben an Karl Maybach mit:

> »Wir stehen also im Augenblick in einer schweren Finanzkrise, weil unsere Hauptabnehmer Reichsbahn [Bundesbahn] und DEFA weder ihre rückständigen Verpflichtungen erfüllen, noch eine Gewähr für ordnungsgemäße Abnahme und Bezahlung unserer noch laufenden Fabrikation bieten können, darüber hinaus in einer Beschäftigungskrise, weil die vorliegenden Ersatzteilbestellungen in der Hauptsache im August/September zur Auslieferung kommen, ohne daß wir, wie beabsichtigt und ursprünglich von der Reichsbahn [Bundesbahn] geplant, als Übergang zu der Einheitsausführung MD 20 Ersatzmotoren alter Ausführung GTO in Auftrag erhalten können, welch letztere wir natürlich hätten rasch in die Fertigung nehmen und auch aus den laufenden Ersatzteildispositionen jetzt von der Reichsbahn [Bundesbahn] nicht gebrauchte Teile dafür hätten aufbrauchen können. Die Finanzkrise konnten wir bis jetzt meistern, und ich hoffe, gerade auch nach meiner heutigen Besprechung [bei der Bundesbahn in München], daß es möglich wird, auch weiterhin Überbrückungsmöglichkeiten zu finden, wobei mir den Banken gegenüber der tatsächliche Abschluss des Millionen-Einheitsmotoren-(MD)- und Mekydro-Getriebe-Geschäfts natürlich sehr helfen würde.«

Bereits im Mai 1950 gelangte man neben dem wachsenden Ersatzteilgeschäft zu einem größeren Auftrag der Bundesbahn für neue Zwölfzylinder-Dieselmotoren, Mekydro-Getriebe und Achstriebe (Abb. 13.3, 13.4, 13.5, 13.6, 13.7 und 13.8), die nach ihrer Auslieferung die für das Auslandsgeschäft dringend notwendige Empfehlung abgeben sollten.[1] Das war umso wichtiger, als man zum einen bis Ende 1948 nicht in das Neubaugeschäft hatte gelangen und die Konkurrenz in der US-Besatzungszone in dieses früher fast ganz vom Maybach-Motorenbau beherrschte Gebiet erheblich hatte eindringen können, und zum anderen die Bundesbahn infolge von Kapitalknappheit nicht einmal ein Viertel der Aufträge erteilte, die dem »Motorenbau« für mehrere Jahre Beschäftigung gesichert hätten. Dieser Ausfall bedeutender Bundesbahn-Aufträge brachte das Werk noch einmal in große Schwierigkeiten. Nur durch Kurzarbeit kam man über die Gefahr der totalen Arbeitseinstellung hinweg. Immerhin konnte man bald nach der Gründung der Bundes-

[1] Vgl. hierzu Abschn. 21.4.

Abb. 13.3 Nach dem Zweiten Weltkrieg begann die Deutsche Bundesbahn zusammen mit der Industrie mit dem Bau von Dieselloks. Mit der vierachsigen V 80 sollte das Diesellokomotiv-Konzept der Bundesbahn – schnelllaufende Motoren, hydraulisch-mechanische Kraftübertragung und Gelenkwellenantrieb – erprobt werden. Diese V 80 war mit dem damals neuen Maybach-Motor MD 650, dem Maybach-Mekydro-Getriebe K 104 und Maybach-Achstrieben ausgerüstet

republik und dem Einsetzen des »Wirtschaftswunders« mit Befriedigung und Beruhigung feststellen, »dass der Name Maybach auch heute noch viel bedeutet, unsere Konstruktionen größtes Aufsehen erregen und wir zweifellos beachtliche Geschäfte werden abschließen können, sobald wir auch noch gute praktische Betriebsergebnisse werden nachweisen können«. Nun machten sich auch die Kriegs- und Demontageschäden mit ihrem vollen Gewicht bemerkbar. Daher sei, so stellte der Bericht zur DM-Eröffnungsbilanz auf den 21. Juni 1948[2] fest, die am 18. Mai 1951 vorgelegt wurde, »dem zu erwartenden Lastenausgleich eine wesentliche Bedeutung beizumessen, obwohl es noch völlig ungewiss ist, inwieweit eine Aufrechnung von solchen Vermögensverlusten gegen das verbliebene und den zu erwartenden Abgaben unterliegende Vermögen zugelassen werden wird«.

Schließlich sollte sich herausstellen, dass die neuen Leistungen seit 1949/50 für den Maybach-Motorenbau wie für die gesamte Wirtschaft in der Bundesrepublik weit bedeutender waren als die Entschädigungen für alte Schäden und Verluste im Rahmen des Lastenausgleichs. Ähnliches galt für die Marshallplan-Hilfe: Sie war eine sehr willkommene zusätzliche Hilfe für das, was man aus eigener Kraft zu leisten imstande war.

Die DM-Eröffnungsbilanz des Maybach-Motorenbaus ging schließlich von 2,8 Mio. DM Grund- und beweglichem Anlagevermögen, 0,8 Mio. DM Warenvorräten, 3,3 Mio. DM Demontage- und Reparationsgütern, 171.000 DM Warenforderungen, 248.000 DM Kassenbestand usw. und 70.000 DM Bankguthaben, insgesamt einem »Reinvermögen« von 8,666 Mio. DM aus. Das Stammkapital von 6 Mio. RM wurde im Verhältnis 1 : 1 auf DM umgestellt. Dazu kamen Rücklagen im Wert von annähernd 2,5 Mio. DM.

Als man am 18. Mai 1951 den Bericht zur Bilanz für die Zeit vom 21. Juni 1948 bis zum 31. Dezember 1949, also für mehr als 18 Monate, vorlegte, begann dieser nach ein paar begründenden Worten mit dem Satz: »Der ganze Berichtszeitraum war voll Sorge um den Bestand unseres Unternehmens überhaupt.« Noch immer wurde man durch Vermögenssperre und Zwangsverwaltung behindert, bis zum 13. August 1948 von der Demontage bedroht. Dann war die Schließung erfolgt, deren Aufhebung man nach sechs Wochen hatte erreichen können. Den »Hauptteil der Be-

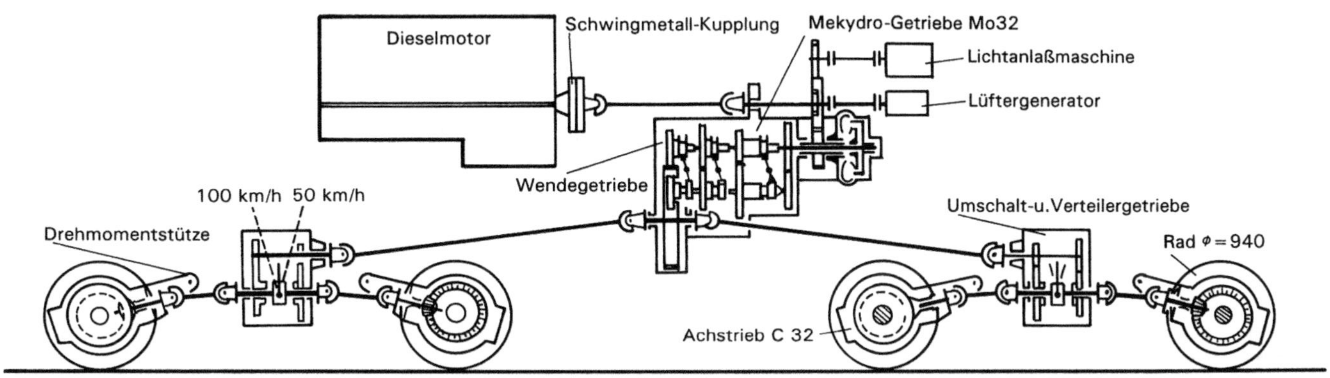

Abb. 13.4 Antriebsanlage aus einer Hand: Das Schemabild zeigt den leistungsführenden Triebstrang von Maybach Dieselmotor MD 650 (alternativ: Daimler-Benz-MB-820-Motor), Maybach-Mekydro-Getriebe (alternativ: Voith-Getriebe) sowie Maybach Gelenkwellen und -Achstrieben in der Diesellokomotiv-Baureihe V 80 (280) der Deutschen Bundesbahn

[2] Der Tag der Währungsreform in den drei Westzonen.

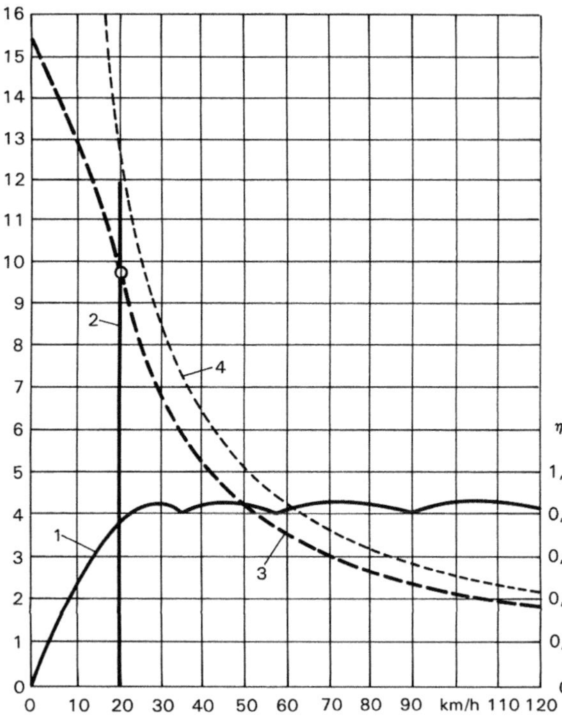

Abb. 13.5 Das mechanisch-hydraulische Maybach-Mekydro-Getriebe besteht aus einem Hochtrieb (Übersetzung ins Schnelle), dem hydraulischen Drehmomentwandler und einem nachgeschalteten mechanischen Wechselgetriebe. Das *Diagramm* zeigt, wie gut sich mit dieser Getriebe-Konfiguration die ideelle Zugkraftlinie annähern ließ. *1* Wirkungsgrad, *2* Dauerzugkraft, *3* Zugkraft, *4* ideelle Zugkraft

Abb. 13.6 Mekydro-Getriebe mit angebautem Drehmoment-Ausrückwandler. Für die Eisenbahnanwendung wurde es in den drei Hauptvarianten K 184 (1.324 kW/1.800 PS), K 104 (735 kW/1.000 PS), K 64 bzw. KL 64 (441 kW/600 PS) angeboten

Abb. 13.7 Explosionsdarstellung des Drehmoment-Ausrückwandlers. *1* Pumpenrad, *2* Vorwärtsbeschaufelung, *3* Rückwärtsbeschaufelung des Turbinenrades, *4* Turbinenrad, *5* Leitschaufeln

Abb. 13.8 Einbau eines Maybach-Mekydro-Getriebes K 184 in die sechsachsige Diesel-Lokomotive ML 3000 von Krauss-Maffei

schäftigung« bildeten der französische Entwicklungsauftrag und die Ersatzteilaufträge »der deutschen Bahnen«, also der Reichsbahn in der sowjetisch besetzten Zone und der westdeutschen Bundesbahn. Aber auch da gab es 1949 einen Schock, der dem der Schließung ähnlich war: Nachdem die Produktion sich seit dem Oktober 1948 ganz gut entwickelt hatte, geriet im Frühjahr 1949 plötzlich die Deutsche Bundesbahn in »finanzielle Schwierigkeiten von solchem Ausmaß …, dass völlig überraschend eine Sistierung der erhaltenen Ersatzteilaufträge einseitig verfügt wurde, die, bezeichnet als ›Liefersteuerung‹, eine finanzielle Entlastung bei der Bundesbahn herbeiführen sollte«. Davon wurde der Maybach-Motorenbau »außerordentlich hart getroffen«, da man inzwischen das Geschäft »überwiegend auf die Bundesbahn abgestellt« hatte. Schließlich fand man mühsam Mittel und Wege, den Betrieb aufrechtzuerhalten. Bemerkenswerterweise stieg der Export, der während des Krieges praktisch ganz zum Erliegen gekommen war, auf 1,1 Mio. DM (= 16,2 %) des Gesamt-Lieferumsatzes. Das trug wesentlich zur Überwindung der von der Bundesbahn verursachten Krise bei.

Allmählich konnte man auch den inneren Fertigungsverbund, den Bombenschäden und Demontagen zerrissen hatten, den neuen Zielen entsprechend wiederherstellen. Besonders dringend aber brauchte man neue leistungsstarke Werkzeugmaschinen. Dieses Problem konnte nur mithilfe langfristiger Kredite gelöst werden – und da zögerten die Banken, die durch die Zerschlagung der Großbanken selber viel von ihrem Potenzial eingebüßt hatten.

Abb. 13.9 Berliner Autoschau 1949: Ernst Reuter, Regierender Bürgermeister von Berlin, Prof. Dr.-Ing. Udo Augustin, Inhaber des Lehrstuhls für Kraftfahrzeugbau an der TH Berlin, und Richard Peters, Inhaber der Karosseriefabrik Erdmann & Rossi (*rechts*), vor einem Maybach-Wagen SW 42. Erdmann & Rossi besaß nach Kriegsende noch ein Maybach-Chassis, das vom stellvertretenden Ministerpräsidenten der DDR, Prof. Dr. Hermann Kastner, gekauft und mit dieser Karosserie versehen wurde. Da die DDR-Regierung kein Westgeld zum Bezahlen hatte, lieferte sie Erdmann & Rossi fünf BMW-Automobile für diesen SW 42. Über den Verbleib des Wagens ist nichts bekannt. Der Maybach-Motorenbau selbst nahm nach 1945 den Automobilbau nicht wieder auf

Die Unsicherheit der Situation spiegelte sich auch in der Begrenzung der Mitarbeiterzahl. Zu Beginn der Berichtszeit (21. Juni 1948 bis 31. Dezember 1949) beschäftigte man 613 Arbeiter und 190 Angestellte, an ihrem Ende nur noch 418 bzw. 180 Personen, sodass also die Zahl der Mitarbeiter um rund ein Drittel zurückging. Das hatte ein umso größeres Gewicht, als die Unternehmensleitung sich dauernd bemühte, Heimkehrer aus der Kriegsgefangenschaft nicht nur wieder aufzunehmen, sondern auch so bald wie möglich auf ihrem früheren Arbeitsgebiet zu beschäftigen. Den Druck von Flüchtlingen und Vertriebenen aus dem Osten auf den Arbeitsmarkt, der insbesondere in der britischen Besatzungszone zeitweise sehr stark war, empfand man anscheinend am Bodensee nicht so schwer.

Beim Umsatz von insgesamt 6,9 Mio. DM spielten nach wie vor Entwicklungsarbeiten und Motorenteile für die DEFA mit 2,2 Mio. DM sowie Ersatzteile Inland mit 2,4 Mio. DM die Hauptrolle, gefolgt vom Ersatzteil-Export mit 1,1 Mio. DM. So erzielte man zwar einen Betriebsgewinn von mehr als einer halben Million DM, aber diesem standen Verluste für Demontage und Reparationsentnahmen in Höhe von 3,3 Mio. DM gegenüber. Die Unternehmensleitung bezeichnete dieses Ergebnis unter Berücksichtigung der genannten Schwierigkeiten »noch als befriedigend ... Es bedarf äußerster Anstrengungen, um die noch besonders schwierige Aufbauperiode der nächsten Jahre zu überwinden.« Immerhin: Am 18. Mai 1951 sprach man, zu Beginn des »Wirtschaftswunders«, von einer »Aufbauperiode«. Die Gesellschafterversammlung am 31. Mai 1951, in der die Geschäftsberichte über die Zeit seit dem Kriegsende diskutiert wurden, ließ dies deutlich erkennen.

13.2 Der Maybach-Motorenbau zu Beginn der fünfziger Jahre

Am 31. Mai 1951 fand eine Gesellschafterversammlung der Maybach-Motorenbau GmbH statt, die große Bedeutung für das Unternehmen haben sollte. Aus diesem Grund nahmen auch nicht weniger als neun Gesellschafter, Gesellschaftervertreter bzw. Geschäftsführer an ihr teil: für die LZ GmbH Direktor Österle, für die Zeppelin-Stiftung die Direktoren Dr. Hugo Eckener und Dr.-Ing. Ludwig Dürr, für die Stadtverwaltung Friedrichshafen deren Oberbürgermeister Dr. Grünbeck (Abb. 13.10) und Bankrat Heizmann, für Graf Alexander und Gräfin Helene Brandenstein-Zeppelin der Graf, ferner Karl Maybach und Jean Raebel sowohl als Gesellschafter wie auch in ihrer Funktion als Geschäftsführer, außerdem Carl Böttner als stellvertretender Geschäftsführer. Der Vorsitz wurde auf Maybachs Vorschlag Eckener übertragen. Dieser wollte schnell zum Hauptpunkt gelangen, indem er erklärte, dass die vor 1948/49 schließenden Berichte für die heute zu treffenden Entscheidungen bedeutungslos seien »und nur als historische Dokumente anzusehen sind ... Die Grundlage für die heutigen Entscheidungen könne nur die Umstellungsbilanz sein.«

Abb. 13.10 1951 nahm der »Motorenbau« erstmals an der Internationalen Bodenseemesse in Friedrichshafen teil. Die Aufnahme zeigt den Friedrichshafener Oberbürgermeister Dr. Max Grünbeck (*rechts*) mit zwei Maybach-Mitarbeitern vor der Attrappe eines Motors der neuen MD-Baureihe, die Karl Maybach mit seinen Mitarbeitern 1949/50 in Vernon und Friedrichshafen entwickelt hatte

Nach längeren, anscheinend zeitweise recht heftigen Auseinandersetzungen über augenblicklich bestehende Rechts- und damit Stimmverhältnisse gelangte man zur gegenwärtigen Situation, die Raebel als eine »geradezu gefährliche Umsatz- und Finanzkrise« bezeichnete. Der Geschäftsgang sei so schlecht, dass der in der nächsten Zukunft nötige Aufwand »kaum zu decken« sei. Ein endgültiges Durchhalten würde nur dann möglich sein, wenn man einen langfristigen Wiederaufbau-Finanzierungskredit in Höhe mehrerer Millionen sowie einen laufenden Bankkredit bis zur Höhe von etwa 1 Mio. DM so lange erhalte, bis befriedigende Ergebnisse der ab Juli 1951 zu erwartenden Ablieferungen von Aggregaten vorlägen »und zu entsprechenden Großabschlüssen führen werden«. Man bräuchte mithin Geld und Arbeit. Aufträge seien durchaus zu erwarten, da man »seit Kriegsende ... nach den Ideen von Herrn Dr. Maybach« vorzügliche, von Fachleuten anerkannte neue Erzeugnisse geschaffen habe. Raebel dankte Maybach dafür, »dass Sie trotz Ihrer seinerzeit 68 Jahre es auf sich genommen haben, in Frankreich unter schwierigsten Verhältnissen mit Ihrer Gruppe zu arbeiten, und damit den Grundstein zur Rettung unserer Firma überhaupt legten«. Er dankte auch Frau Maybach und schließlich der ganzen »Gruppe M«.

Er dankte weiter Eckener dafür, »dass Sie als Vorsitzender unserer Gesellschafter die Durchführung dieses Vorhabens auf rechtlich einwandfreier Basis überhaupt möglich machten und uns, ganz besonders aber mir persönlich, durch Ihre weisen Ratschläge immer wieder die Kraft gaben, auch die schlimmsten Geschehnisse zu überstehen«. Schließlich dankte er Böttner für seinen »Anteil an dem guten Gelingen« und dem Betriebsrat, den Oberbeamten, Angestellten und Arbeitern. Diese Ausführungen bildeten gewissermaßen die Abschlussbemerkung über die Arbeit unter Zwang, gegen Ende nur noch unter dem Einfluss der Besatzungsmacht.

Dann wandte sich Raebel der Zukunft zu, die schwer sein würde, »bis wir die neuerdings von Herrn Dr. Maybach getroffenen und unserem Werk im Rahmen besonderer Vereinbarungen überlassenen genialen Konstruktionen zur letzten Reife gebracht [haben] und schließlich auch wieder zur Vollbeschäftigung und entsprechenden finanziellen Erfolgen zum besten aller Werksangehörigen, der Gesellschafter und nicht zuletzt auch der Stadt Friedrichshafen gelangen können«.

Man nahm zur Kenntnis, dass das Stammkapital 6 Mio. DM betrug und Rücklagen in einer Gesamthöhe von 1,66 Mio. DM existierten. Dann berichtete Maybach über die technische Entwicklung seit 1918. Er hob hervor, dass er selber, Raebel und der Betriebsrat während der Verhandlungen über die Verlagerung nach Vernon Staatsrat Carlo Schmid besucht hatten und dieser »im deutschen Interesse« zum Abschluss des Vertrages mit Frankreich geraten hatte, nur um die Entwicklung fortzuführen, während man für den materiellen Ersatz hoffen könne, in drei bis vier Jahren »von Staats wegen Mittel zur Verfügung stellen zu können«. Mit Raebels Hilfe sei es dann in Frankreich »zu diesem außerordentlich günstigen Vertragsabschluss« gekommen.

Man sprach über »die grundlegende Bedeutung« des Patentvertrages, der dem Maybach-Motorenbau den Franzosen gegenüber eine »kräftige« Verhandlungsposition geschaffen habe. Das sei nötig gewesen, unterstrich Eckener, »denn die Kräfte, die das Verschwinden des Maybach-Motorenbaus zum Ziele hatten, waren so stark, dass noch zwei Jahre nach engster Zusammenarbeit von Dr. Maybach mit Frankreich das Werk für sechs Wochen geschlossen wurde«. Maybach bemerkte, dass man das Werk Friedrichshafen letzten Endes wohl nur dadurch gerettet habe, dass er selber von Anfang an Friedrichshafen »als Stützpunkt für Vernon« für »unerläßlich« erklärt habe. Raebel unterstrich die enge Zusammenarbeit mit der Regierung in Tübingen in dieser Zeit.

Anschließend besichtigte man Motoren, »die den Eindruck der grundsätzlichen Neukonstruktion für höhere Leistungen ohne Heraufsetzung der Beanspruchung vermitteln«. Maybach bemerkte dazu: »Wir könnten für Friedrichshafen schon eine Export-Industrie hinstellen, aber dazu gehört Verständnis und Vertrauen«. Er bat den Oberbürgermeister um »vorbehaltlose Unterstützung des Motorenbaus« durch die Stadt. So weit diese Sitzung am 31. Mai 1951.

Zu dieser Zeit verfügte Maybach über 55 % des Stammkapitals (20 % alte Anteile, 17 % vom 21. Dezember 1950 und 18 % vom 18. Januar 1951), Raebel seit dem 21. Dezember 1950 über 7 %, Eckener seit diesem Tag über 5 %, Graf Brandenstein-Zeppelin über 2 %, die Gräfin über 7 %, der LZ seit jeher über 7 % und die Zeppelin-Stiftung über 17 %.

Über die von Maybach in der Gesellschafterversammlung am 31. Mai 1951 vorgestellten neuen Produkte wurden bald darauf Prospekte verschickt und einige Anzeigen in einschlägigen Fachzeitschriften aufgegeben, technische Abhandlungen veröffentlicht, auch Briefe an potenzielle Interessenten geschrieben. Das »weckte bereits ein so außerordentlich großes Interesse, dass unsere in Europa betriebene starke persönliche Verkaufstätigkeit rascher als ursprünglich vorgesehen auch auf eine Reihe von Überseeländern ausgedehnt werden musste«. Außerdem gelangen einige beachtliche Abschlüsse in Schiffsmotoren sowie Schiffs-Wende- und Untersetzungsgetrieben, deren Produktion man Ende 1951 »mit gutem Erfolg« wieder aufnahm. Auf der nächsten Gesellschafterversammlung am 31. Dezember 1951 konnte man bekanntgeben, dass man mit Ansaldo, Genua, Liefer- und Lizenzabkommen im Wert von über 2,5 Mio. DM abgeschlossen und in diesem Zusammenhang technische Verbesserungen vorgenommen hatte. Die Deutsche Bundesbahn litt noch immer unter finanziellen Schwierigkeiten und beschränkte sich daher auf den Umbau mehrerer Motoren sowie auf Ersatzteilbeschaffungen, die auch aus dem Ausland vermehrt hereinkamen. Die DEFA, Paris, bestellte zehn Sätze Motorenteile des in Vernon entwickelten

Abb. 13.11 Angesichts des Zuspruchs, den die Schnelltriebwagen vor dem Krieg gefunden hatten, lag es für die Deutsche Bundesbahn nahe, wieder ein Netz schneller Verbindungen einzurichten. Neue Triebzüge mit neuen Motoren wurden entwickelt, so wie dieser Schnelltriebzug VT 12 mit je zwei Maybach-MD-65O-Motoren und Mekydro-K-104-Getrieben, zumal mit der Elektrifizierung damals erst begonnen wurde

735-kW-(1.000-PS-)Benzin-Motorentyps HL 295 mit Hilfsmotor HL 11, anschließend Ersatzteile – »alles in allem mit einem Auftragswert von rund 1,8 Mio. DM zu auskömmlichen Preisen und verhältnismäßig günstigen Bedingungen«. Die amerikanische Besatzungsmacht bestellte Ersatzteile für Triebwagenmotoren, andere Firmen gaben »Bearbeitungsaufträge«. Das bot eine Art »Ausfüllbeschäftigung«.

Man stellte fest, dass 1951 im Vergleich zum Vorjahr »eine beachtliche Steigerung des Auftragseingangs« gebracht hatte, »während der Lieferumsatz in Auswirkung der noch nicht abgeschlossenen Entwicklung und der sonstigen ungünstigen Umstände in keiner Weise ausreichend war, um die Kosten zu decken«. Der Verlust im Jahre 1951 belief sich auf mehr als 1 Mio. DM und lag damit um 140.000 DM höher als 1950. Andererseits erhielt man gegen Ende des Jahres »endlich ... nach langwierigen Verhandlungen« Investitionskredite in Höhe von 1,1 Mio. DM – allerdings zu 7,5 % Zinsen –, von denen 0,9 Mio. DM für die Beschaffung von Werkzeugmaschinen zur Sicherung der Produktion verwendet wurden.

»Im ganzen«, so stellte man an diesem 31. Dezember 1951 fest, »hat sich das Liquiditätsbild erheblich verschlechtert«. Der Lieferumsatz im Berichtsjahr erreichte 4,5 Mio. DM. An diesem war die Bundesbahn (Abb. 13.11) mit 74 %, der Export mit 11,5 % beteiligt. Bei dem gegenüber den Kriegsjahren auf ein Minimum geschrumpften Umsatz war also die Bundesbahn – die MD-Motoren und Mekydro-Getriebe samt Achstrieben waren ja für den Eisenbahnbetrieb entwickelt worden – der »Große Auftraggeber« geworden – erneut und immer wieder der Staat, was letztendlich am Produkt lag. Der Auftragsbestand, Anfang 1951 3,9 Mio. DM, betrug am Ende des Jahres 6,3 Mio. DM, nachdem im Laufe des Jahres Aufträge im Wert von 6,9 Mio. DM eingegangen waren. Der Bilanzabschluss auf den 31. Dezember 1951 verzeichnete zusammen mit einem Verlustvortrag aus dem Vorjahr in Höhe von 3,9 Mio. DM einen Gesamtverlust von 4,9 Mio. DM.

Als am 27. Oktober 1952 dieser Geschäftsbericht für 1951 vorgelegt wurde, hoffte man, »basierend auf der zu erwartenden Umsatzsteigerung« bereits für das laufende Jahr »keine weitere Erhöhung des Verlustes in Aussicht stellen zu können, wenn auch noch manche Schwierigkeiten auftreten werden und die finanzielle Beanspruchung noch geraume Zeit außerordentlich hoch sein wird«. War man also wie nach 1920 und 1935 wieder einmal »über den Berg«? Die Tatsache, dass seit dem 14. August 1952 ein neuer Großgesellschafter an der Maybach-Motorenbau GmbH beteiligt war, wurde nicht erwähnt.

13.3 Weichenstellung für die Zukunft: Die Friedrich Flick KG wird Gesellschafter

Als am 5. August 1908 das Luftschiff LZ 4 bei Echterdingen verbrannt war, hatte das deutsche Volk in spontaner Hilfsbereitschaft und Bewunderung für den Grafen Zeppelin mehr als 6 Mio. Mark für die Fortführung seines Luftschiffbaus gesammelt. Ein Teil dieses Geldes war zur Gründung der »Zeppelin-Stiftung« verwendet worden. Diese hatte sich 1909 am Stammkapital des Maybach-Motorenbaus beteiligt und am Ende des Zweiten Weltkrieges 17 % von diesem gehalten.

Unter dem Druck der französischen Militärregierung erließ am 28. Januar 1947 das Staatsministerium in Tübingen eine »Rechtsanordnung«, auf Grund derer das gesamte Vermögen des LZ-Konzerns und der Zeppelin-Stiftung entschädigungslos der Stadt Friedrichshafen zugesprochen wurde. Die Gesellschafter des Maybach-Motorenbaus wollten diese Sozialisierung durch die Siegermacht, d. h. die Umwandlung ihres Unternehmens in einen Kommunalbetrieb, nicht einfach hinnehmen. Sie verhandelten also mit der Stadt über einen »Loskauf des Unternehmens«. Die Gespräche verliefen zunächst nicht ungünstig, da die Stadt Friedrichshafen, wie ihre Vertreter wiederholt betonten, am Maybach-Motorenbau gar nicht interessiert war, »wenn man nicht herrschen« könne. Aber am Ende konnte man sich verständlicherweise nicht über den gegenwärtigen Wert der »loszukaufenden« 17 % einigen. Die Verhandlungen zogen sich so lange hin, bis der französische »Liquidateur« des LZ, Administrateur Knipper, am 28. Januar 1950 31 % der Anteile des LZ am Maybach-Motorenbau auf die Gruppe Maybach/Raebel und 18 % auf die SFM übertrug und dabei auch gleich den Preis dieser Anteile festsetzte. Die Stadt bezeichnete diesen Preis als unannehmbar. In der Folge kam es zu heftigen Auseinandersetzungen, schließlich sogar zu Rechtsstreitigkeiten, in deren Verlauf Dr. Hugo Eckener und Karl Maybach ihre Ehrenbürgerrechte an die Stadt Friedrichshafen zurückgaben. Sie sahen die Darstellung, die der Oberbürgermeister in der Presse gegeben hatte, als unzutreffend an und fühlten sich durch den Vorwurf, eigennützig zu handeln, beleidigt. Eckeners, Maybachs und Raebels Ziel war es, einen kapitalkräftigen Interessenten zu finden, der, nachdem man in Vernon ebenso wie im Werk Friedrichshafen bereits aussichtsreiche Forschungs- und Entwicklungsarbeiten geleistet hatte, bereit war, die zur Diskussion stehenden Anteile zu erwerben und dem Unternehmen so die Fortführung seiner Existenz zu ermöglichen. Interesse zeigten Linke-Hofmann-Busch für den Flick-Konzern einerseits und Ferrostaal in Essen andererseits. Am 11. Juni 1952 erklärte Raebel Dr. Weinhardt von Linke-Hofmann-Busch, der ihn in Friedrichshafen besuchte, dass Eckener und Maybach bereit seien, in Verhandlungen einzutreten.

Abb. 13.12 Der Großindustrielle Friedrich Flick (1883–1972) baute zwischen 1950 und 1970 das größte Industrie-Imperium der Bundesrepublik Deutschland mit den verschiedensten Produktionszweigen auf

Wie schon 1947 war es auch jetzt nicht leicht, den Gegenwartswert dieser Anteile festzustellen. Schließlich einigten sich Raebel sowie die Vertreter des LZ bzw. der Zeppelin-Stiftung und der Stadt Friedrichshafen auf einen Verkaufspreis von »rd. 1 Million DM« für die 42 % Anteile von LZ und Stiftung. Daraufhin führte Raebel am 23. und 24. Juli 1952 in Friedrichshafen Verhandlungen hauptsächlich mit dem Vertrauten von Flick, Konrad Kaletsch, zeigte ihm und seinen Begleitern das Werk und verlangte angesichts des deutlichen Interesses der Besucher für eine Zusammenarbeit mit dem »Motorenbau« für die zu verkaufenden Anteile einen Kurswert von 50 %, der schließlich auch als Diskussionsgrundlage anerkannt wurde. Man einigte sich auf strengste Vertraulichkeit und dahingehend, dass der Flick-Konzern zunächst nicht in Erscheinung treten, sondern Karl Maybach den Kauf auf treuhänderischer Basis tätigen solle. Am 31. Juli 1952 fand in Heidelberg eine weitere Besprechung statt: Friedrich Flick, der zunächst auf Rat von Kaletsch eine »klare Mehrheit« verlangt hatte, begnügte sich mit 50 % Anteilen am Maybach-Motorenbau und erklärte sich bereit, »den ja bei der bestehenden finanziellen Situation viel zu hohen Kurs von 50 % zu bezahlen ...«. Im Übrigen wäre er bereit, angesichts der in Kapitalveränderungen liegenden Schwierigkeiten durch entsprechende Gesellschaftsdarlehen einzuspringen – in erster Linie für die Beschaffung neuer Werkzeugmaschinen.

Flick brauchte also über die 42 % des LZ und der Zeppelin-Stiftung hinaus weitere 8 %, die durch Abtretungen von Maybach, Gräfin Helene und Graf Alexander Brandenstein-Zeppelin, Eckener und Raebel zusammenkamen. Bei einer abschließenden Besprechung am 7. August in Düsseldorf, an der neben Friedrich Flick (Abb. 13.2) dessen Generalbevollmächtigter Konrad Kaletsch, ein weiterer Repräsentant der Flick KG sowie zwei Herren von Linke-Hofmann-Busch (LHB) teilnahmen, versicherte Raebel, dass Flick »in dem Augenblick, wo weder Dr. Eckener, noch Dr. Maybach noch der Unterzeichnete [Raebel] noch leben, unbedingt die klare Mehrheit bekommt«. Raebel versprach für seine Erben – und legte es später vertraglich fest –, dass sie seine 6 % dem Flick-Konzern »zu einem angemessenen Preis« überließen. Andererseits wurden die 7 % Anteile von Gräfin Brandenstein und ihrem Sohn mit den 43 % von Maybach, Eckener und Raebel gepoolt, sodass auch auf dieser Seite 50 % vereinigt waren. Außerdem wurde bei dieser Besprechung über die Möglichkeit der Zusammenarbeit des MM mit LHB »auf dem Gebiet des Triebwagen-, Lok-, Schienenomnibus-, Schwerlastwagen- und Schlepper-Baues« konferiert. Raebel erklärte, »dass der Maybach-Motorenbau bezüglich Triebwagen- und Lokantrieben heute führend sei und nur noch die letzten Kinderkrankheiten unserer nach dem Kriege neu herausgebrachten Produkte auszumerzen seien«. Er erwähnte einen »voraussichtlichen Umsatz« beim Maybach-Motorenbau von rund 8 Mio. DM und für 1953 von »etwa 12 Mio. DM«. Das würde für 1952 eine Deckung der Abschreibungen bedeuten und für 1953 einen »bescheidenen Überschuß über diese hinaus«. Das alles sei nur möglich, wenn man »nach wie vor« Kredit erhielte, »größere Exportgeschäfte nach Indonesien, Spanien etc.« zum Abschluss kämen und deren Finanzierung ermöglicht werde. Angesichts der darin liegenden Unsicherheit bat Raebel um die Zusage, dass er notfalls auf den Flick-Konzern mit einem Gesellschafterdarlehen bis zu 2 Mio. DM zurückgreifen könne, worauf ihm die Bereitstellung bis zu dieser Summe von Flick persönlich zugesichert wurde. Dabei wurde darauf hingewiesen, dass in dieser Summe lediglich der Aufwand für eine allmähliche bescheidene Verbesserung der baulichen Anlagen enthalten sei, während die bei einer Fertigungsausweitung benötigten Mittel für Maschinen, Werkzeuge, Betriebsmittel, Einrichtungen sowie bauliche Erweiterungen usw. nicht verplant wären. Man kam überein, dass deren Beschaffung auf üblichem Wege über Staat und andere Stellen unter Bürgschaftsübernahme des Flick-Konzerns, die zugesagt wurde, wenn nötig, durchgeführt werden sollte. Daraufhin wurde der von Raebel ausgearbeitete Entwurf eines Vertrages zwischen der Stadtgemeinde, dem LZ und den übrigen Beteiligten von Friedrich Flick überlesen und sein Einverständnis zur Führung von Abschlussverhandlungen »in etwa auf dieser Basis« gegeben.

Anschließend begannen am 13. August 1952 die Verhandlungen mit der Stadt Friedrichshafen und der Stiftung, mit der man am Tag darauf zu einer Einigung gelangte. Der Kaufpreis, den Flick zu zahlen hatte, betrug 1,620 Mio. DM. Außerdem kam es zu einer allgemeinen Aussöhnung: Dr. Grünbeck gab im Namen der Stadt öffentlich bekannt, dass die Streitigkeiten beendet seien und Eckener und Maybach sich zu keiner Zeit unkorrekt verhalten hätten. Eckener und Maybach nahmen ihrerseits das Ehrenbürgerrecht der Stadt wieder an und zogen ihre Klagen beim Bundesverfassungsgericht und beim Staatsgerichtshof gegen die Rechtsverordnung vom 28. Januar 1947 sowie Dr. Eckener und Raebel ihre Zivilklagen gegen den Rechtsberater der Stadt wegen verleumderischer Äußerungen zurück.

Am Abend des 14. August 1952 unterrichtete Raebel alle Betroffenen, darunter auch die SFM, über den Vertrag. Alle waren damit einverstanden. Am 18. August wurden Betriebsrat und Belegschaft informiert. Raebel sagte dabei unter anderem: »Heute freue ich mich von Herzen, Ihnen Gutes berichten zu können.« Die Verhältnisse beim Maybach-Motorenbau seien nun nach annähernd zweijähriger Vorbereitung »auf das beste geordnet«. Er streifte die Verständigung zwischen der Stadt und Eckener sowie Maybach und fuhr dann mit den Worten fort: »Eine einzige, wie ich weiß, Sie alle befriedigende Richtigstellung [bezüglich einer Pressemeldung] muss ich jedoch vornehmen. Der neue Partner ist rein deutsch! Wir sind in keiner Weise von ausländischen Interessenten abhängig! Durch seine Einschaltung werden wir finanziell auch derart gestärkt, dass wir, auch basierend auf unseren hervorragenden technischen Leistungen, der Zukunft in Ruhe entgegensehen können.« Er stellte eine Erweiterung des Fabrikationsprogramms sowie entsprechende Personaleinstellungen in Aussicht.

Am 23. August traf Flicks Kaufpreis von 1,260 Mio. DM für die 42 % Anteile bei Karl Maybach ein, der den Betrag am gleichen Tag an den LZ und die Stiftung weiterleitete.

Am 25. August fand in Wildbad Kreuth eine Begegnung von Maybach und Raebel mit Flick statt, der sich praktisch als Mehrheitsgesellschafter des Maybach-Motorenbaus fühlen konnte, wobei eine einheitliche Auffassung über die Art der Geschäftsführung und die Verwirklichung der verschiedenen Pläne festgestellt werden konnte. Da Flick weiterhin Wert darauf legte, zunächst nicht als Gesellschafter zu erscheinen, wurde seinem Wunsch entsprochen, die Treuhandschaft durch Raebel anstelle von Karl Maybach ausüben zu lassen, da man diesen entlasten wollte.

Auf der nächsten Gesellschafterversammlung am 5. November 1952 übernahm traditionsgemäß Hugo Eckener den Vorsitz. Jean Raebel nahm als Gesellschafter, aber auch »gleichzeitig als Treuhänder, 50 % des Gesellschaftskapitals der neu eingetretenen Gruppe vertretend«, teil. Raebel war also hoch aufgestiegen: Als Treuhänder und Gesellschafter verfügte er über eine sichere Majorität. Eckener gab »mit Zustimmung aller Beteiligten seiner Freude über den Eintritt dieses neuen Partners und dem Wunsche Ausdruck, dass die Zusammenarbeit eine für alle Beteiligten recht befriedigende werden möge«. Sowohl er als auch Herr Dr. Maybach hätten jedenfalls bei einem persönlichen Zusammentreffen den Eindruck gewonnen, dass diese neue, von Herrn Raebel zustande gebrachte Verbindung sich zum Besten auch der Familie Brandenstein-Zeppelin auswirken würde. Raebel teilte mit, er werde in wenigen Tagen in die USA reisen, um mit der Baldwin-Lima-Hamilton Corp. über »künftige Ingenieurs- und Fertigungs-Zusammenarbeit« zu verhandeln. Er gab bekannt, dass die SFM (Société Française Maybach) auf eine Beteiligung am Maybach-Motorenbau »keinen Wert mehr lege«.

Der wichtigste Punkt, der auf dieser Gesellschafterversammlung erledigt wurde, betraf die Neuverteilung des Kapitals.

Die Gesellschafterversammlung beschloss bzw. bestätigte, dass Karl Maybach als Treuhänder für eine von ihm vertretene Gruppe folgende Geschäftsanteile (= GA) erworben hatte:

a. von der LZ in Liquidation:
   4 GA im Nennbetrag von DM 4.000 = DM 16.000
   1 GA im Nennwert von DM 80.000 = DM 80.000
   1 GA im Nennwert von DM 224.000 = DM 224.000
   1 GA im Nennwert von DM 770.000 = DM 770.000
   1 GA im Nennwert von DM 410.000 = DM 410.000
b. von der Stadtgemeinde Friedrichshafen-Zeppelin-Stiftung:
   1 GA im Nennwert von DM 510.000 = DM 510.000
   1 GA im Nennwert von DM 510.000 = DM 510.000
c. von Hugo Eckener:
   1 GA im Nennwert von DM 60.000 = DM 60.000
d. von Jean Raebel:
   1 GA im Nennwert von DM 60.000 = DM 60.000
e. von Graf Brandenstein-Zeppelin:
   1 GA im Nennwert von DM 60.000 = DM 60.000

Jean Raebel hatte als Treuhänder für eine von ihm vertretene Gruppe von Maybach 1 GA im Nennwert von DM 300.000 erworben. In Addition aller Anteile ergab das eine Gesamtsumme von 3 Mio. DM.

Die Gesellschafter genehmigten, dass Maybach die Geschäftsanteile im Nennbetrag von 2,7 Mio. DM (= 45 %) des Stammkapitals an Raebel abtrat, »der diese Geschäftsanteile als Treuhänder für eine von ihm vertretene Gruppe erwirbt«. Gleichzeitig erklärten die Gesellschafter, dass Raebel alle diese Geschäftsanteile im Gesamtbetrag von 3,0 Mio. DM »zu jeder Zeit an seine Treugeber abzutreten« berechtigt sei: Flick besaß 50 % des Stammkapitals der Maybach-Motorenbau GmbH.

Am 19.12.1952 beschlossen die Gesellschafter,

1. »dem Wunsche von Herrn Dr. Karl Maybach, auf Grund früherer Festlegungen nunmehr mit Wirkung ab 31. Dezember 1952 als Geschäftsführer aus dem Maybach-Motorenbau auszuscheiden, zu entsprechen« – Maybach war damals 73 Jahre alt;
2. ab 1. Januar 1953 Jean Raebel zum Vorsitzenden der Geschäftsführung zu bestellen;
3. Direktor Carl Röttner zum ordentlichen Geschäftsführer zu ernennen;
4. den bisherigen Prokuristen und Oberingenieur Dipl.-Ing. Markus von Kienlin zum Direktor und stellvertretenden Geschäftsführer zu ernennen.

Am 17. November 1953 lag der Geschäftsbericht für das Jahr 1952 vor. Über Flicks Beteiligung am Maybach-Motorenbau hieß es, er sei der »Geldgeber, mit dessen Hilfe die von interessierter Seite ursprünglich gewünschte Beteiligung einer ausländischen Finanzgruppe verhindert und der Wiederaufbau unseres Werkes beschleunigt fortgeführt werden konnte«.

In den erhalten gebliebenen Dokumenten findet man keine Andeutung über die Personen oder Institutionen dieser ausländischen Finanzgruppe, und Raebels Protokolle über seine Gespräche mit Flick und dessen Repräsentanten erwecken nicht den Eindruck, dass sie sich sehr stark interessiert oder gar Flicks Engagement gefährdet hat. Im Gegenteil, erst *nach* Flicks Beteiligung erwähnte Raebel zweimal amerikanisches Interesse an einer Beteiligung, die aber nicht zustande kam.

Andererseits kann man deutlich feststellen, dass – bei aller Betonung des wirklich vorhandenen oder aus politischen Überlegungen geäußerten Wunsches nach enger Zusammenarbeit mit Frankreich insbesondere durch Hugo Eckener, aber auch durch Karl Maybach – die Zusammenarbeit in Vernon letzten Endes der Wiederherstellung der Position ihres Unternehmens hatte dienen sollen. Und es ist durchaus

Abb. 13.13 Zwei ideale Partner über mehr als dreißig Jahre hinweg: Jean Raebel und Karl Maybach. Bereits während des Zweiten Weltkrieges war Raebel aus dem Schatten Maybachs getreten und eine bedeutende Unternehmerpersönlichkeit geworden. In den fünfziger und sechziger Jahren fand Raebel in der Friedrich Flick KG und der Daimler-Benz AG die passenden Partner für den Maybach-Motorenbau und stellte so die Weichen für die weitere erfolgreiche Entwicklung des Unternehmens

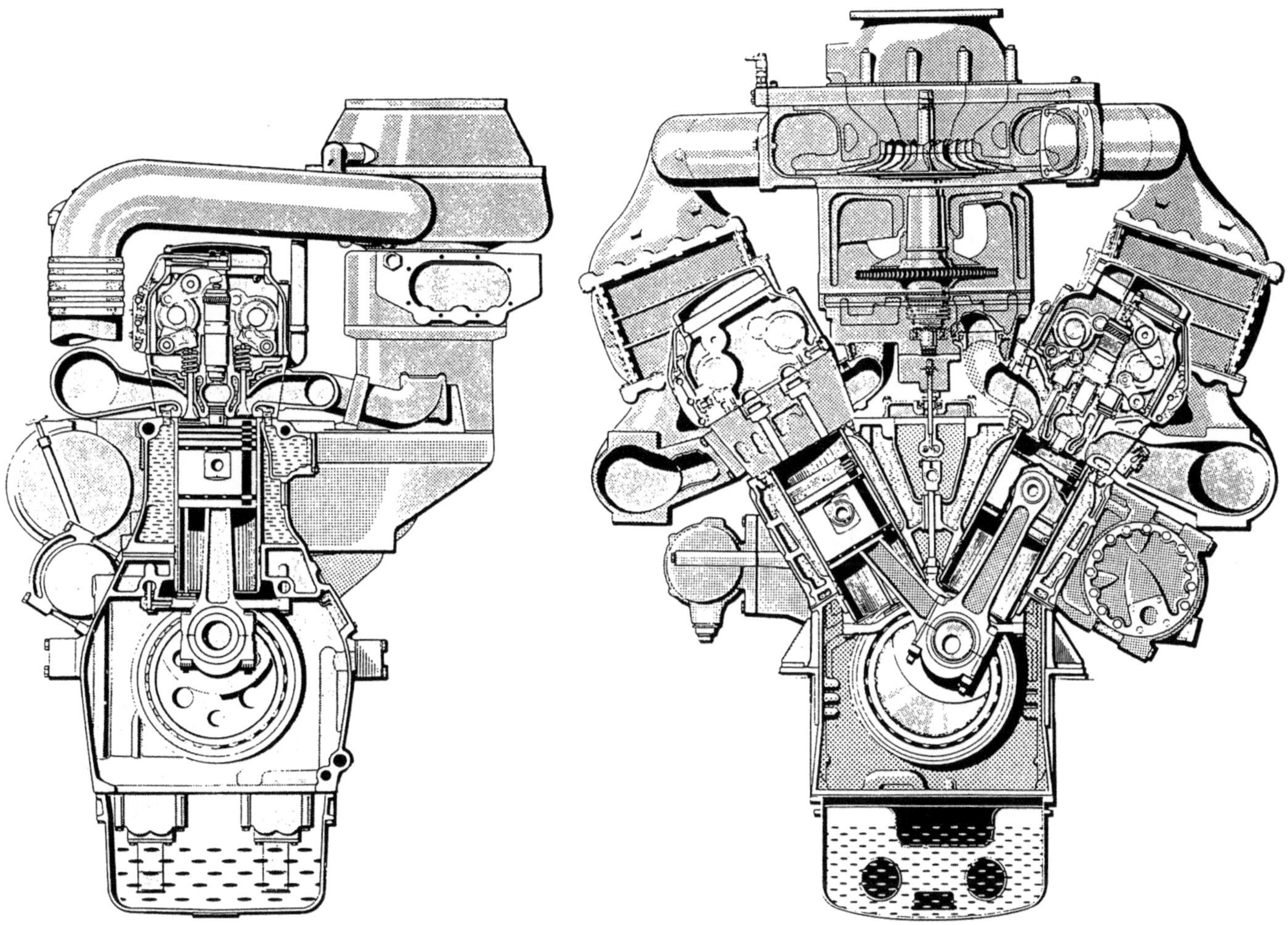

Abb. 13.14 Um trotz der kleinen Stückzahlen die Motoren rationell fertigen zu können, wurde bei den MD-Motoren das Baureihenprinzip konsequent angewendet. Drei-, Vier- und Sechszylinder-Reihenmotoren sowie Acht-, Zwölf-, und 16- und später auch noch 20-Zylinder-V-Motoren bildeten eine breite Palette mit einem durch Aufladung und Ladeluftkühlung erweiterten Leistungsbereich. Der Querschnitt der Reihen- und V-Version lässt die große Zahl an Gleichteilen erkennen

möglich, dass Raebel Flick nicht nur als einen bedeutenden, einflussreichen Unternehmer schätzte, sondern auch als einen *deutschen* Unternehmer. Die Furcht vor einem nichtdeutschen Eigner rührte wahrscheinlich weniger von nationalen oder gar nationalistischen Gefühlen her als vielmehr von einer ausschließlich auf Gewinn ausgerichteten ausländischen Geschäftsführung. Wäre Gewinn das entscheidende Kriterium für die Geschäftsleitung des Maybach-Motorenbaus gewesen, hätte das Unternehmen bereits Ende der zwanziger Jahre liquidiert werden müssen.

Und Jean Raebel, ein Manager, der bereits in den Kriegsjahren aus Maybachs Schatten hervorgetreten war (Abb. 13.13) und ein Unternehmer von Format wurde, bewährte sich jetzt mehr denn je. Er hatte Flick versprochen, dass der Maybach-Motorenbau im Jahre 1952 keine Verluste mehr machen würde – und er behielt recht: »Erstmalig nach der Währungsreform ließ sich sogar ein bescheidener Gewinn erzielen, nachdem es gelungen ist, neben der Durchführung wertvoller, aber auch kostspieliger weiterer Entwicklungsarbeiten den Umsatz gegenüber dem Vorjahr zu verdoppeln.« Raebel hatte es fertiggebracht, den Wiederaufbau voranzutreiben, Prioritäten zu setzen und dem Unternehmen eine Perspektive zu geben. Er hatte auch erreicht, dass der Maybach-Motorenbau für die »Soforthilfeabgabe« in Höhe von mehr als einer Viertelmillion eine unbefristete Stundung erhielt. Unter seiner Leitung konnte das Inlandsgeschäft um 100 %, der Export um 140 % gesteigert werden – »trotz der langen[,] durch die Demontage bedingten Ausschaltung vom Markt«. Und dieser Aufstieg hatte sich das ganze Jahr 1953 hindurch fortgesetzt. Anfang 1952 hatte der Maybach-Motorenbau 554 Arbeiter und 255 Angestellte beschäftigt, am Ende des Jahres 1953 waren es 658 bzw. 272, insgesamt 930 – eine Steigerung um annähernd 20 %. An der Spitze des »Lieferungsumsatzes« im Jahre 1952 standen Motoren, Getriebe und Zubehörteile für das Inland mit 3,9 Mio. sowie mit 2,6 Mio. DM für das Ausland. Diesen

Posten folgten dem logischen Zusammenhang entsprechend Ersatzteillieferungen mit 1,0 Mio. bzw. 0,5 Mio. DM, sodass dieser Komplex 8,0 Mio. von 9,1 Mio. DM erbrachte (1951: 4,5 Mio. DM). Der Exportanteil war nun größer als die Liefermengen an die Bundesbahn: 38 % gegenüber 37 %. Der Auftragsbestand – aus dem Ausland im Wesentlichen aus Italien (2,6 Mio.) und Finnland (1,9 Mio.) – war Ende 1952 mit 12,3 Mio. DM fast doppelt so groß wie zu Jahresanfang mit 6,3 Mio. DM. Der Auftragseingang betrug 1952 15 Mio. DM (1951: 7 Mio. DM). So hatte man denn einen Gewinn von annähernd 200.000 DM erzielt – eine Verzinsung des Stammkapitals in Höhe von 3,3 %, der freilich der bis zum Vorjahr auf 4,7 Mio. DM angewachsene Verlust gegenüberstand.

Solange der Maybach-Motorenbau eine Tochter des LZ-Konzerns gewesen war, hatte Dr. Eckener als Vorsitzender bei Gesellschafterversammlungen in den zwanziger und zu Beginn der dreißiger Jahre häufig sehr energisch das Wort ergriffen und Maybach, meistens ohne ihn beim Namen zu nennen, ermahnt, die wirtschaftlichen Notwendigkeiten im Auge zu behalten. Man erinnert sich der barschen Worte der Konzernabteilung, der strengen Urteile von Colsman, der Auflage, schon für relativ geringe Ausgaben Eckeners persönliches Einverständnis einzuholen. Das war nun vorbei. Vorsitzender der Geschäftsführung mit viel Vollmacht war Raebel; der Konzern war aufgelöst, der LZ befand sich in Liquidation, und Maybach war nur noch Gesellschafter – mit allerdings etwa einem Drittel des Kapitals. Auf welche Weise und wie eng Raebel mit Flick zusammenarbeitete, wusste wohl außer Maybach niemand ganz genau. Jedenfalls griff Flick nicht wie einst Eckener unmittelbar in die Geschäftsführung ein, sodass Raebel sehr selbstständig arbeiten konnte.

Die Verhältnisse hatten sich also grundlegend geändert, und am 3. Mai 1954 wurde auch die Organisation dieser Veränderung angepasst: Maybach, Eckener, Graf Brandenstein-Zeppelin, Raebel, dieser »handelnd zugleich als Treuhänder für die 50 % Anteile am Stammkapital der durch ihn vertretenen Gruppe sowie als Vorsitzender der Geschäftsführung«, sowie die beiden Geschäftsführer Carl Böttner und Markus von Kienlin vollzogen eine »Abänderung des Gesellschaftsvertrages«. Fortan waren die Organe der Gesellschaft die Geschäftsführer, die Gesellschafterversammlung und über beiden ein Aufsichtsrat. Dieser bestand aus drei Mitgliedern, von denen zwei von der Gesellschafterversammlung und, entsprechend dem noch sehr jungen Betriebsverfassungsgesetz, eines als Vertreter der Belegschaft zu wählen waren. Zum Zeitpunkt dieser Abänderung waren am Stammkapital in einer Gesamthöhe von 6 Mio. DM beteiligt: die Gruppe Flick mit 3 Mio. DM, Raebel selber mit 360.000 DM, also mit insgesamt 56 %, Maybach mit 1,920 Mio. DM, also mit 32 %, Gräfin und Graf Brandenstein-Zeppelin mit 8 % und Eckener mit 4 %.

Abb. 13.15 Erst nachdem die Friedrich Flick KG 50 % des Maybach-Motorenbaus erworben hatte, ging es mit dem Unternehmen wieder aufwärts. Dank Flicks Krediten konnten neue Maschinen wie diese Köllmann-Portalfräsmaschine für die Fertigung der MD-Baureihe beschafft werden. Hier sieht man, wie an einem 16-Zylinder-MD-Gehäuse die Balkonsitze gefräst werden

Vor dieser Änderung hatte am gleichen Tag eine Gesellschafterversammlung unter dem traditionellen Vorsitz von Eckener stattgefunden, der »unter anderem seine Anerkennung für den ausgezeichneten Geschäftsbericht« zum Ausdruck brachte. Man erörterte den Geschäftsbericht für das Jahr 1952 und genehmigte die Bilanz, insbesondere den Gewinn in Höhe von 269.097 DM.

Raebel wies auf die erstarkende Konkurrenz hin, namentlich auf Daimler-Benz und MAN. »Auch sei zu beachten, dass beinahe sämtliche bisher langsamlaufende Dieselmotoren bauenden Firmen nunmehr auch den Bau von Schnellläufern aufnehmen. Da der größte Teil dieser – in der US-Zone ansässigen – Firmen nach Kriegsende nicht die große Behinderung und Demontageverluste hatte wie der Maybach-Motorenbau, würde der Konkurrenzkampf immer schwerer. Preisnachlässe und langfristige Ziele (um wenigstens für eine gewisse Zeit den Langsamläufer noch zu halten) seien an der Tagesordnung.« Er erinnerte an die entscheidende Festlegung mit Karl Maybach in Vernon auf die neue MD-Bauart, »ohne die wir heute praktisch vom Geschäft ausgeschaltet wären«. Dreizylinder- bis 16-Zylinder-Motoren von 147 kW (200 PS) bis 1.838 kW (2.500 PS) (Abb. 13.14, 13.15 und 13.16) – sowie Mekydro-Getriebe und Achstriebe waren mit sehr großem Aufwand entwickelt worden und hatten den Maybach-Motorenbau technisch vorangebracht[3] – allerdings unter »kostspieligen Rückschlägen und Kinderkrankheiten«. Man hatte das überstehen können »durch Erzielung entsprechender Preise«. Nun, so Raebel, »käme es auf die Bewährung im praktischen Betrieb an, um

[3] Siehe hierzu Abschn. 21.4.

Abb. 13.16 Um 1955/56, also gerade fünf Jahre nach den Trümmerbildern, symbolisieren die vor einem Fabrikgebäude aufgenommenen MD-870- (*rechts*) und MD-650-Motoren (*links*) den Wiederaufbau des Maybach-Motorenbaus. MD 650: Vorkammer-Dieselmotor mit Abgasturboaufladung in Zwölfzylinder-V-Bauart; Bohrung × Hub: 185 mm × 200 mm, Hubraum 64.480 cm^3, 735 kW (1.000 PS) bei 1.500 min^{-1}. MD 870: Vorkammer-Dieselmotor mit Abgasturboaufladung und Ladeluftkühlung in 16-Zylinder-V-Bauart; Bohrung × Hub: 185 mm × 200 mm, Hubraum 85.973 cm^3, 1.937 kW (1.900 PS) bei 1.500 min^{-1}

Abb. 13.17 Versandfertige GTO-6-Dieselmotoren für die Rangierlokomotive V 60 der Deutschen Bundesbahn. Direkteinspritzender V-Zwölfzylinder mit Abgasturboaufladung; Bohrung × Hub: 160 mm × 200 mm, Hubraum 48.230 cm^3, 478 kW (650 PS) bei 1.400 min^{-1}

Abb. 13.18 Mit der Rangierlokomotive V 60 (später 260) mit dem Maybach-GTO-6-Motor gelang es der Deutschen Bundesbahn, den Rangierbetrieb nachhaltig zu rationalisieren und zu verbilligen

Abb. 13.19 Blockzylinder für den GTO-Motor. Je zwei Zylinder sind mit den Zylinderköpfen und Wassermänteln in einem Stück gegossen

mit der Zeit wieder zu einem normal laufenden Geschäft mit entsprechenden Verdienstmöglichkeiten zu kommen«. Man befand sich also mitten in einer Phase wichtiger technischer Entwicklungen und Wettbewerbsveränderungen. Raebel betonte, schwierig sei dabei, »dass bei Großgeschäften langjährige umfangreiche Referenzen gewünscht werden, die wir zur Zeit noch nicht bieten können. Um für die Zukunft

Abb. 13.20 Mechanische Fertigung im Maybach-Motorenbau: Fräsen der Auflageflächen von Blockzylindern für GTO-Motoren

gewappnet zu sein, würden unsere neuen Entwicklungen insbesondere auch in Richtung Verbilligung betrieben.« Trotz solcher Schwierigkeiten rechnete Raebel an diesem 3. Mai 1954 für das Jahr 1953 mit einem »beachtlichen Gewinn«, da der Umsatz um 50 % auf 14 Mio. DM gestiegen sei und die Firma Baldwin eine erhebliche Lizenzzahlung geleistet habe.

Aber im laufenden Jahr 1954 war bereits ein Auftragsrückgang um 50 % eingetreten, sodass man Kurzarbeit (32 Stunden je Woche) hatte einführen müssen. Schuld daran war in erster Linie die Bundesbahn, die im Zuge ihrer Sanierungsvorhaben fast alle Beschaffungen einstellte. Das wirkte sich auch auf das Auslandsgeschäft aus. Raebel: »Die daraus resultierenden finanziellen Belastungen könnten nur durch weitere Inanspruchnahme der Süddeutschen Bank [das war eine der durch die Auflösung der Deutschen Bank entstandenen Regionalbanken] und mit Unterstützung unseres Hauptgesellschafters«, die dankbar anzuerkennen sei, »überbrückt werden«. Die in den ersten vier Monaten des laufenden Jahres entstandene Lücke war bereits so groß, dass sie nicht mehr geschlossen werden konnte, sodass man mit einem Verlust zu rechnen hatte.

Abb. 13.21 Die von der Werft Camper & Nicholson 1952 gebaute Schoneryacht »Créole« in voller Fahrt. Als Hauptantrieb standen zwei Maybach-MD-655-Motoren von je 882 kW (1.200 PS) mit KS-12-Getrieben zur Verfügung. Zwei MD-215-Motoren mit 150 kW (204 PS) trieben die Bordnetzaggregate an. Eigner war der griechische Reeder Stavros Niarchos

Abb. 13.22 Im Sommer 1954 stellten die Oberzolldirektionen Hamburg und Kiel zwei schnelle Streifenboote in Dienst. Diese von der Schiffswerft Theodor Buschmann im Querspanten-System gebauten Boote hatten zwei Maybach-MD-655-S-Motoren (je 1.103 kW/1.500 PS) und Maybach-KS-12-Schiffsgetriebe

Als hilfreich erwies sich auch hier der Marshallplan. Die Bundesbahn hatte nämlich ERP-Mittel[4] erhalten und konnte damit 300 Rangierlokomotiven beschaffen. Davon sollten 280 mit dem Maybach-Motor des Typs GTO ausgerüstet werden. Dieser Auftrag erstreckte sich über drei Jahre und hatte einen Wert von rund 20 Mio. DM (Abb. 13.17, 13.18, 13.19 und 13.20). Natürlich werde von der Konkurrenz alles getan, um diese vorläufige Entscheidung nicht Tatsache werden zu lassen, die eine gute Grundauslastung für den Maybach-Motorenbau bieten würde. An größeren Geschäften nannte Raebel weiter Aufträge in Höhe von 2,0 und 2,5 Mio. DM aus Israel und Jugoslawien. Ein Spanien-Geschäft über 4 Mio. DM sei von dem Unternehmen unterschrieben, aber noch nicht von den Ministerien. Weitere Abschlüsse seien in der Schwebe. Alle diese Geschäfte brächten aber, solange sie nicht endgültig abgeschlossen seien, keine Anzahlung und damit keine finanzielle Entlastung. Hierdurch verschärfe sich »unsere Liquiditäts- und Ertragskrise immer mehr«. Die Gesellschafter erkannten die gefährliche Situation und baten Raebel, den für die Beschäftigung des Maybach-Motorenbaus wichtigen

[4] European Recovery Program, auch »Marshallplan« genannt.

Abb. 13.23 Die Küstenminensuchboote der sogenannten Städteklasse – im Bild die »Paderborn« – waren die ersten Minensuchboote der Bundesmarine, gebaut von 1958 bis 1962. Angetrieben wurden sie von zwei MD-871um-Motoren (2 × 1.580 kW/2.150 PS) sowie zwei Maybach-KS-30-Getrieben. Motoren und Getriebe waren weitgehend unmagnetisch

Abb. 13.24 Das Seebäderschiff »Bunte Kuh«, von der Norderwerft Köser & Meyer gebaut, wurde 1957 in Dienst gestellt. Die dieselelektrische Fahranlage bestand aus fünf zwölfzylindrigen Maybach-MD-655-Motoren mit AEG-Gleichstromgeneratoren und E-Motoren. Ein Sechszylinder-Reihenmotor Maybach MD 330 trieb das Bordnetzaggregat an

Abb. 13.25 Um den Nachweis zu erbringen, dass schnelllaufende Dieselmotoren auch für den Einsatz in der Seeschifffahrt geeignet sind, veranlasste der Bundesminister für Verkehr eine Dauererprobung solcher Motoren. Durchgeführt wurde sie im Pumpwerk Minden, mit dem Wasser aus der Weser in den Mittellandkanal gefördert wird. Nachdem der zu untersuchende Maybach-Motor vom Typ MD 330 (316 kW/430 PS) bereits im Sommer 1954 einen Dauerlauf über 3.500 Stunden bestanden hatte, musste er anschließend einen Prüflauf mit Marine-Dieselkraftstoff von 2.500 Stunden absolvieren. Beide Läufe zeigten, dass der MD-Motor dieser Betriebsart voll gewachsen war

Bundesbahn-Auftrag »auch nicht an einem schlechten Preis scheitern zu lassen, da selbst dann immer noch eine beachtliche Unkostendeckung und damit Erleichterung für das ganze übrige Geschäft bleibe«.

Man befand sich also in einer schwierigen Situation. Erhielt man den Bundesbahnauftrag und weitere der von Raebel erwähnten Aufträge nicht, dann verschärfte sich die Krise. Erhielt man sie, dann konnte man insbesondere den Bundesbahnauftrag mit dem vorhandenen Bestand an Werkzeugmaschinen nicht termingerecht ausführen – was sich auf künftige Geschäfte nachteilig auswirken würde. Also musste man auf Verdacht einen von der Wiederaufbaubank angebotenen Investitionskredit in Höhe von 800.000 DM hauptsächlich zur Anschaffung von Maschinen verwenden, für die man möglicherweise keine Arbeit erhielt.

Immer noch lag die Last der Demontageverluste auf dem Maybach-Motorenbau. Die Bilanz wies einen Gesamtverlust von 4,9 Mio. DM aus – 3,2 Mio. davon, also 75 %, waren auf die Demontage zurückzuführen, »während der eigentliche Betriebsverlust« bereits Ende 1953 abgedeckt gewesen wäre (man erinnert sich der Schuldensituation in den zwanziger Jahren). Neun Jahre nach Kriegsende bedrohte also das große Ausmaß der Demontage noch immer die Existenz des ehemals an Reichsmark reichen Betriebes – allerdings nicht nur ihn. Eben erst hatte man im März/Juni 1953 den Vertrag mit der SFM gelöst. Man befand sich also mitten in einer großen Umbruchphase, die wohl durch Maybachs technisches und Raebels unternehmerisches Können gemeistert wurde, wegen der starken Konkurrenz aber viel Geld kostete.

Am 14. August 1954, vier Tage nach seinem 86. Geburtstag und gerade ein Vierteljahr nach dieser Gesellschafterversammlung, starb Dr. Hugo Eckener. Jahrzehntelang hatte er für den Maybach-Motorenbau eine bedeutende Rolle gespielt – zunächst als energischer Konzernchef, nach dem Krieg als ein von den Franzosen respektierter Industrieller mit viel Erfahrung, in der letzten Zeit durch seine Überlegungen und Empfehlungen. An seine Stelle als Vorsitzer wählte die Gesellschafterversammlung nun Karl Maybach.

13.4 In der Zeit des »Wirtschaftswunders«

Das Hauptgewicht des Geschäftsberichts für 1953, der im März 1955 zur Beschlussfassung vorgelegt wurde, bildete der bedeutende Verlust von fast 2 Mio. DM »durch den außerordentlichen Auftragsmangel«. Nun aber konnte »die Beschäftigungskrise ... als endgültig überwunden angesehen werden ..., verfügten wir doch per 28. Februar 1955 über einen Auftragsbestand von rund 30 Mill. DM, der uns für etwa zwei Jahre Beschäftigung bietet«. Man hatte ein Krisental mühevoll überwunden, und nach Raebels Ausführungen durften die Gesellschafter annehmen, dass es ein zweites dieser Art nicht geben würde, zumal von dem per Ende 1953 verbliebenen Verlustvortrag von nahezu 4 Mio. DM immer noch 3,2 Mio. DM Demontageverluste bildeten und andererseits seit der Währungsumstellung, also in fünf bis sechs Jahren, für den Wiederaufbau und die Schaffung neuer Produkte 18 Mio. DM aufgebracht worden waren – davon 11 Mio. »über Unkosten« und nur 2,2 Mio. mithilfe langfristiger Kredite, von denen bereits 12 % wieder zurückgezahlt worden waren. Dazu kamen schließlich noch 1,5 Mio. DM Rückstellungen. Raebel exemplifizierte die Situation am Geschäft mit der Bundesbahn. Der Umbau von 441-kW-(600-PS-)Dieselmotoren vom Typ GO in die GTO-Ausführung hatte sich vorzüglich bewährt: Der im Vorjahr erhoffte Auftrag über 90 % von 300 zu bauenden V-60-Lokomotiven war eingegangen. Die neuen Zwölfzylinder-Motoren vom Typ MD 650 (12 V 538) mit 735 kW (1.000 PS) (Abb. 13.21, 13.22, 13.23, 13.24 und 13.25) hatten sich bewährt und wurden jetzt noch verbessert. Gegen Ende 1953 hatte die Bundesbahn offiziell bekanntgegeben, sie beabsichtige, alle zur Beschaffung anstehenden 1.397-kW-(1.900-PS-)V-200-Lokomotiven mit dem MD-Motor des Maybach-Motorenbaus auszurüsten; er sei weit und breit derjenige mit dem »geringsten Wartungsaufwand«. Allerdings wurde damit die ganze deutsche Dieselindustrie in Bewegung gebracht, der es gelang, durch niedrigste Preise, langfristige Kredite und den Bau ganz neuartiger Motoren wenigstens einen Teil dieses Großauftrages zu retten. Das Getriebegeschäft mit der Bundesbahn war gut bis befriedigend. Die Betriebsergebnisse mit Schiffsgetrieben waren »in jeder Hinsicht befriedigend«. Der Li-

Abb. 13.26 1953 begann der »Motorenbau« mit dem Bau kompletter Aggregate. Allerdings war die Stückzahl so gering, dass dieses Geschäft betriebswirtschaftlich bedeutungslos blieb. Hier ein 441 kW (600 PS) starkes Notstromaggregat im Rheinkraftwerk Reckingen, angetrieben von einem Sechszylinder-MD-325-Motor

Abb. 13.27 Aggregat für den Erdölbohrbetrieb mit achtzylindrigem Maybach-MD-435-Motor (588 kW/800 PS), Maybach-K-81-Getriebe und Maybach-Kühlergruppe KG 20. Das Getriebe K 81 wurde speziell für den Erdölbohrbetrieb konstruiert. Es besteht aus einem Ausrückdrehmomentwandler und starrer Untersetzung

zenznehmer Ansaldo, Genua, sei »in eine beachtliche Eigenproduktion eingetreten«. Außerdem hatte Ansaldo seit dem Abschluss des Lizenzabkommens im Oktober 1952 MD-(538-)Motoren- und Einzelteilaufträge in Höhe von nahezu 4 Mio. DM erteilt. Baldwin-Lima-Hamilton halte sich noch zurück »wegen der schwierigen Lokomotiv-Situation in Amerika«, habe aber immerhin bereits für Entwicklungsaufträge 225.000 Dollar gezahlt. Und dann kam Raebel auf das »Amt Blank« zu sprechen, also auf die entstehende Bundeswehr der Bundesrepublik Deutschland. Er bemerkte: »In den Planungen des Amtes Blank sind wir für Schnell-, Minen- und Räumboote vorgesehen, und zwar mit dem Sechs-, Zwölf-, 16- und evtl. 20-Zylinder-Motor, doch ist nicht abzusehen, wann hier wirklich Geschäfte zustande kommen.« Darüber hinaus fasste man auch auf dem Gebiet der Arbeitsmaschinen Fuß (Antriebe für Generatoren, Pumpwerke, Erdölbohranlagen) (Abb. 13.26 und 13.27; siehe auch Tafel 15.14).

Nachdem sich der Maybach-Motorenbau einigermaßen konsolidiert hatte, mag sich der Leser fragen, ob die Firmenleitung daran gedacht hat, den Automobilbau wieder aufzunehmen. Dies wurde jedoch zu keinem Zeitpunkt mehr in Erwägung gezogen. In der unmittelbaren Nachkriegszeit war an den Bau von Luxusautomobilen nicht zu denken (Abb. 13.9 und 14.2). Als es dann in den fünfziger Jahren wirtschaftlich wieder aufwärtsging, hatte sich der »Motorenbau« so sehr auf Antriebsanlagen spezialisiert, dass weder die Fertigungsanlagen noch das Entwicklungspotenzial vorhanden waren; beides hätte komplett neu aufgebaut werden müssen. Zu diesem Zeitpunkt zeigte sich auch, dass die Zeit der Einzelfertigung selbst hochwertiger Fahrzeuge endgültig vorbei war.

Ein anderer Aspekt trat nun stärker ins Blickfeld, nämlich die Modernisierung und Rationalisierung der Fertigung. Mit dem erweiterten Maschinenpark konnte sehr viel wirtschaftlicher gefertigt werden, sodass die Zahl der Arbeitsplätze weit weniger zunahm als die Produktionsleistung. So beschäftigte man im Durchschnitt des Jahres 1953 706 Arbeiter und 291 Angestellte, deren Anteil an der Gesamtbelegschaft ständig wuchs. Der Lieferumsatz wurde ganz und gar

Hausexemplar

BERLINER MORGENPOST

Die größte Zeitung des freien Berlin

15 Pf. AUSWÄRTS 20 PFENNIG

DONNERSTAG, 5. MAI 1955

58. Jahrgang – Nummer 104

Anderthalb Millionen Amerikaner wollen Europa besuchen / S. 8

Bundesrepublik heute souverän

Um 12 Uhr mittags tritt der Deutschlandvertrag in Kraft
Feierliche Regierungserklärung des Bundeskanzlers

DIE POLITIK KONRAD ADENAUERS gab der Bundesrepublik zehn Jahre nach dem Kriege die Souveränität wieder.

Saarklage wurde abgewiesen
Karlsruhe: Das Saarabkommen ist nicht verfassungswidrig

Neuer Vorstoß von PMF

Differenzen um Wiener Öl
Österreichs Außenminister vermittelt zwischen den Großmächten

SSD-Oberst droht

Gespräch Kanzler–Ollenhauer

Wilder Streik in Bremen

Arbeiter im Ausstand

Mit 9 Mann abgestürzt

Abb. 13.28 Am 5. Mai 1955, fast auf den Tag genau zehn Jahre nach dem Zusammenbruch 1945, endete die Besatzungszeit in der Bundesrepublik und damit die unmittelbare Kontrolle durch die Siegermächte des Zweiten Weltkrieges. Nach einem enttäuschenden Geschäftsjahr 1954 brachte das Jahr der Souveränität dem »Motorenbau« eine beachtliche Besserung der Geschäftslage, und 1956 verfügte man gar über einen Auftragsbestand von 47 Mio. DM

durch Motoren, Getriebe, Zubehör und Ersatzteillieferungen bestimmt – und zwar hauptsächlich im Exportgeschäft. Prozentual war der Exportanteil von 38 % im Jahre 1952 auf 47 % gestiegen, der Bundesbahn-Anteil von 37 % auf 29 % gesunken. Beim Auftragseingang hatte man einen schweren Rückschlag hinnehmen müssen: von 14,9 Mio. DM auf 6,6 Mio. DM am Jahresende 1953. Da man in diesem Jahr einen Gewinn von 740.000 DM erzielt hatte, betrug der Verlustvortrag nur noch 3,9 Mio. DM.

Am 27. Oktober 1955 konnte die Gesellschafterversammlung unter dem Vorsitz von Karl Maybach den Geschäftsbericht und die Bilanz für das Jahr 1954 besprechen. Raebel begann mit der Feststellung:

> »So bedauerlich der im Geschäftsjahr 1954 ausgewiesene, auf Auftragsmangel zurückzuführende Verlust auch ist, so kann heute doch mit Genugtuung festgestellt werden, dass sich unsere Technik sowohl bei Motoren wie Getrieben durchgesetzt hat,

Abb. 13.29 Die Mehrzweck-Diesellok V 200 der Deutschen Bundesbahn wurde in wenigen Jahren zum Vorbild für den Diesellokomotiv-Bau in Europa und Übersee. Die Deutsche Bundesbahn hatte bei der V 200 zwar mit Daimler-Benz, MAN und Maybach alle infrage kommenden Motorenhersteller berücksichtigt, doch mussten die Motoren untereinander austauschbar sein. Dasselbe galt für die Maybach- und Voith-Getriebe. So kam es nicht selten vor, dass eine Lok von Motoren verschiedener Fabrikate angetrieben wurde

> was am besten dadurch zum Ausdruck kommt, dass sich der Auftragsbestand gegenüber der letzten Gesellschafterversammlung, wo er rund 30 Mill. DM betrug, per Ende September 1955 um weitere rund 14 Mill. erhöhte und damit fast 44 Mill. DM erreicht hat.«

Davon entfielen nun nicht weniger als 75 % auf die Bundesbahn, die die erhoffte große Beschaffung von V-200-Lokomotiven (Abb. 13.29 und 13.30) vorgenommen und beim Maybach-Motorenbau 50 % des Gesamtbedarfs, d. h. 60 Motoren und Getriebe sowie 100 % (= 240 Stück) aller Achstriebe zu normalen Zahlungsbedingungen bestellt hatte, obwohl die Konkurrenz weit günstigere Lieferbedingungen angeboten hatte. Der Grund für diesen Schritt der Bundesbahn lag darin, dass mit den 478-kW-(650-PS-)GTO-Motoren in Schnelltriebwagen mittlerweile bis zu 700.000 km ohne Hauptüberholung erreicht wurden und man bei der Bahn überzeugt war, dass man auch mit den neuen MD-Motoren die Unterhaltungskosten ebenso niedrig halten könne. Raebel meinte, dass man zunächst die Entwicklung im Werk auf den Prüfständen, dann die »draußen mit den ersten Versuchsanlagen« durchgestanden habe und in der Gegenwart die aus dem praktischen Betrieb bei den verschiedensten Anwendungsgebieten auftretenden Mängel behebe, die aber »nach der heutigen Kenntnis nicht grundsätzlicher Art« seien.

Allerdings machte der große Auftragsbestand, der Ende 1956 abgewickelt sein musste – die Bundesbahn stellte kurze Fristen und drohte mit hohen Konventionalstrafen –, neue Investitionen von 3 Mio. DM notwendig. Und obendrein drohte die Gefahr, dass man weder die neuen Werkzeugmaschinen noch das ganze Material termingerecht würde erhalten können: Die ganze Bundesrepublik lebte und arbeitete im

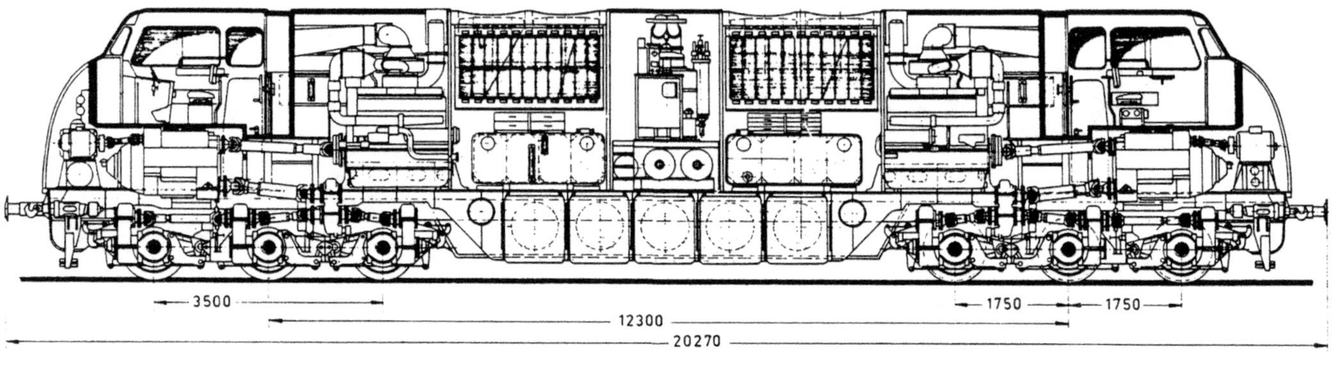

Abb. 13.30 Die zweimotorige ML 3000 von Krauss-Maffei war eine gelungene Konstruktion, deren geringe Leistungsmasse von 49 kg/kW (36 kg/PS) durch schnelllaufende Motoren und hydraulisch-mechanische Kraftübertragung überhaupt erst möglich wurde. Diese Schnittzeichnung zeigt die Anordnung der Maybach-MD-655-Motoren und der Maybach-K-184-Mekydro-Getriebe

Abb. 13.31 Serienmontage von GTO-Motoren (*links*) und MD-Motoren (*rechts*), um 1958. Hierbei handelte es sich um »Großserien«, wenngleich die Stückzahlen nicht mit dem Automobilbau zu vergleichen sind

Abb. 13.32 Dieselhydraulische Normalspurlokomotiven, Bauart Krauss-Maffei ML 4000, für die Denver & Rio Grande Western Railroad Company und für die Southern Pacific Company, mit zwei Maybach-MD-870-(16V-538-)Motoren. Diese Loks waren wegen der hohen Ausfallquote anderer Dieselloks beschafft worden. Sie inspirierten die amerikanischen Lokhersteller auch zu einer leichteren Bauweise, konnten sich selbst aber wegen technischer und logistischer Probleme in den USA nicht durchsetzen. Ihre Bedienweise blieb den amerikanischen Lokführern, die an die einfachen Mittelschnellläufer gewöhnt waren, fremd

Sog des »Wirtschaftswunders«. Man hoffte, dass die Lokomotivfabriken bei ihrer Materialbeschaffung auf ähnliche Schwierigkeiten stoßen würden.

Auch mit ausländischen Geschäftspartnern kam man voran: Der amerikanische Lokhersteller Baldwin erwarb eine Lizenz für die MD-Motoren (Abb. 13.31, 13.32 und 13.35). Außerdem hatten amerikanische Eisenbahngesellschaften zehn Motoren und fünf Getriebe im Wert von 1,4 Mio. DM bestellt. Mehr noch: Man führte Lizenzverhandlungen mit den englischen Firmen Bristol-Siddeley (Motoren) und Stone (Getriebe) (Abb. 13.33). Diese waren insofern aussichtsreich, als die englischen Eisenbahnen vor der Durchführung eines großen »Motorisierungsprogramms« standen.

Im Jahre 1955 (Abb. 13.28) trat eine »beachtliche Besserung der Gesamtsituation« ein, und im April 1956 erreichte der Auftragsbestand eine Spitze mit 47 Mio. DM, wovon rund die Hälfte auf die Bundesbahn entfiel. Im September waren es noch 43 Mio. DM und Raebel setzte seinen Bericht mit den Worten fort, er werde »aber erheblich ansteigen, da in Kürze innerhalb von drei Jahren abzuwickelnde Marine-Aufträge in der Größenordnung von rund 40 Mio. DM vergeben werden sollen und auch andere aussichtsreiche Geschäfte schweben«.

Alles dies betrachtete der große Teilhaber Flick offenbar mit Wohlwollen und Zustimmung. Er war außerdem gut verdienender Großaktionär beim Konkurrenten Daimler-Benz. Dachte er jetzt schon daran, dass dieses Unternehmen sich auch am Bodensee etablieren könnte?

Abb. 13.33 Zwölf- und 16-Zylinder-MD-Motoren, vornehmlich für Lokomotiven, wurden in den sechziger Jahren in Lizenz bei Bristol Siddeley Engines Ltd., England, gebaut. Dazu fertigte, ebenfalls in Lizenz, die Firma Stone K-104- und K-184-Getriebe

Raebel rechnete seinen Zuhörern vor, dass die vom Maybach-Motorenbau nach Ende des Krieges gelieferten Motoren insgesamt weit mehr als 48 Mio. km geleistet hatten. Aber er ermahnte die Gesellschafter auch, sich die »Kinderkrankheiten«, Entwicklungskosten und Garantieaufwendungen für die neuen Konstruktionen vor Augen zu halten. Auf die neuen Konstruktionen ging Raebel näher ein. Deren Export barg auch Gefahren. In Übersee musste man mit ungünstigen Betriebsbedingungen, häufig schlechter Wartung und unfachmännisch durchgeführten Reparaturen rechnen: »Die von uns im Garantiewege kostenlos durchzuführenden Modernisierungs- und Instandsetzungsarbeiten würden daher enorme Kosten erfordern. Dazu muss man, nachdem es sich ja durchweg um Einführungsgeschäfte handelt, selbst wenn die Schuld beim Kunden liegt, erhebliche Zugeständnisse im Kulanzweg machen, um sich die Möglichkeit späterer größerer Abschlüsse, die ja den Ausgleich für die ersten Verlustgeschäfte bringen müssen, offenzuhalten.« Mit Sorge betrachtete Raebel auch die Arbeitszeit- und Lohnentwicklung. Soeben war man mit dem sogenannten »Bremer Abkommen« bei 45 Wochenstunden und einer Lohnerhöhung angelangt, was im Schnitt etwa 8 % Lohnerhöhung bedeutete. Um das verkraften zu können, brauchte man noch leistungsfähigere Werkzeugmaschinen, und diese wurden – nicht zuletzt infolge der Lohnerhöhungen – immer teurer.

Als die Gesellschafter am 12. Oktober 1957 den Geschäftsbericht für 1956 besprachen, konnten sie zufrieden sein. Der Maybach-Motorenbau (Abb. 13.36) hatte einen Gewinn von annähernd 1 Mio. DM erzielt, und aus diesem erhielten sie eine Dividende von 6 %. Aber Raebel dämpfte die Freude: Für das laufende Jahr 1957 sei Ähnliches nicht zu erwarten. Man hatte, wie vorgesehen, auf Vorrat gearbeitet und damit Kapital festgelegt, »da zunächst die mit den Marine-Aufträgen verbundenen Anlaufschwierigkeiten überwunden werden mussten und erst im Jahre 1958 durch serienmäßige Lieferung ein Ausgleich erfolgen kann«. Aber: »Für beide Jahre könnten günstige Abschlüsse in Aussicht gestellt werden, wenn, was wir hoffen, programmgemäße Abwicklung möglich wird und sich der Aufwand für konstruktive Änderungen und Garantiearbeiten in einem tragbaren Rahmen, d. h. innerhalb der Vorkalkulation, bewegt. Dies gilt insbesondere für die Marine-Aufträge, wo wir bekanntlich mit den hohen Motorleistungen und der zum

Abb. 13.34 Deutsches Schnellboot »Bussard« mit MD-872-16-Zylinder-Motoren und KS-41-/20-Getrieben von Maybach

Abb. 13.35 Montieren der Gegengewichte und Auswuchten der Scheibenkurbelwellen für MD- und GTO-Motoren

Abb. 13.37 Nach dem Zweiten Weltkrieg gewann das Anwendungsfeld Schifffahrt für den »Motorenbau« zunehmend an Bedeutung. Im Bild Schnellboote vom Typ S 148 der Deutschen Bundesmarine, die von der französischen Werft CMN sowie der Lürssen-Werft gebaut wurden. Antrieb: je vier MD-872-Motoren und KS-41/20-Getriebe

Abb. 13.36 Der Maybach-Motorenbau im Jahre 1957, in dem das Unternehmen auf einen Auftragsbestand von immerhin 65 Mio. DM blicken konnte. Der Wiederaufbau war damals weitgehend abgeschlossen. An der Fabrikstraße hatte man ein neues Verwaltungsgebäude errichtet (*links oben*). Die früheren »Hochbauten I« und »II«, die *auf der rechten Seite* (an der Stelle des ebenerdigen Gebäudes) gestanden hatten, wurden in ihrer ursprünglichen Form nicht mehr aufgebaut

Abb. 13.38 Maschinen-Notfahrstand eines Schnellbootes S 148; dahinter ein MD-872-Motor

Teil unmagnetischen Ausführung große Risiken eingegangen sind«. Für Minensuchboote musste man eine »unmagnetische« Version entwickeln, sodass beim Minensuchen der Zündmechanismus der Minen nicht ausgelöst wurde. Mit den seit längerer Zeit laufenden Auslandsgeschäften (England, USA) war Raebel im Großen und Ganzen zufrieden. Darüber hinaus wurden »aussichtsreiche Lizenzverhandlungen mit dem Mitsubishi-Konzern in Japan und mit dem Birla-Konzern in Indien geführt«. Die Finanzlage war »zur Zeit für längere Sicht in jeder Hinsicht befriedigend«. Zwar hatte es bei der Entwicklung neuer Motoren und Getriebe Schwierigkeiten gegeben, die »enorme Summen verschlingen werden«, doch glaube er, dass man es »auch diesmal wie bisher schaffen werde«.

Wie sehr man sich 13 Jahre nach Ende des Zweiten Weltkrieges im »Wirtschaftswunder« befand und mit guter Hoffnung in die Zukunft blicken konnte, geht daraus hervor, dass Karl Maybach im Dezember 1958 für die Mitarbei-

Abb. 13.39 Das Schiffs-Wende-Untersetzungsgetriebe, Bauart Maybach KS, wurde in verschiedenen Leistungen und Untersetzungen angeboten, um ein möglichst breites Spektrum von Anwendungsfällen abzudecken. Variationen dieses Getriebes waren: Anflanschen am Motor direkt (KS), freistehend am Motor und mit Wellenverbund (KSS)

Abb. 13.40 Die Maybach-»Abweisklaue« ist ein einfaches Schaltelement, das sich in Automobil-, Bahn-, Panzer- und Schiffsgetrieben gleichermaßen bewährte. Sie wurde von Karl Maybach konstruiert und bereits 1927 patentiert. Später erhielt sie eine sogenannte Riegelklaue, mit der die Schaltzuverlässigkeit nochmals erhöht wurde

ter des Maybach-Motorenbaus, die sich nun wieder sicherer Arbeitsplätze und verhältnismäßig guter Einkommen erfreuen konnten, eine »Karl-Maybach-Hilfe GmbH« gründete. Mit einem Stammkapital von 100.000 DM – damals ein hoher Betrag, wenn man bedenkt, dass das Stammkapital der Maybach-Motorenbau GmbH zu diesem Zeitpunkt lediglich 6 Mio. DM betrug – sollte die neue Gesellschaft in der Lage sein, neben dem allgemeinen Versorgungswerk, d. h. der Altersversorgung (Betriebsrente), in Fällen besonderer Not Mitarbeitern und Rentnern sowie deren Angehörigen schnell und unbürokratisch zu helfen. Welchen Umfang diese Leistung schließlich annahm, geht aus der Tatsache hervor, dass die Gesellschaft in den folgenden 30 Jahren insgesamt 17,3 Mio. DM an Mitarbeiter und Rentner sowie deren Angehörige als freiwillige Beihilfen ausgezahlt hat.

Im Jahre 1959 konnte die Maybach-Motorenbau GmbH ihr 50-jähriges Bestehen und den 80. Geburtstag von Karl Maybach festlich begehen (Abb. 13.41 und 13.42). Dazu gehörte auch, dass bei der Gesellschafterversammlung am 2. November 1959 für das Jahr 1958 die Ausschüttung von 12 % Dividende beschlossen werden konnte, da der Gewinn annähernd 1,6 Mio. DM betrug. Aber im laufenden Jahr 1959 lagen die Großabschlüsse um 50 % niedriger als im Vorjahr, sodass der Auftragsbestand von 100 auf 80 Mio. zurückgegangen war. Mit der Bundesbahn hatte man Ärger gehabt. Diese hatte »neuerdings unser Mekydro-Getriebe [Abb. 13.43] wegen der Zugkraftunterbrechung [beim Schalten] ganz abgelehnt«. Der Maybach-Motorenbau hatte sich deshalb zur Neuentwicklung eines anders arbeitenden Getriebes entschlossen und hoffte »damit wieder ins Geschäft zu kommen«. Weiter hatte es bei der »Abwicklung der Marine-Aufträge … verschiedene besorgniserregende Schwierigkeiten gegeben, welche auch heute noch nicht restlos behoben« waren – am 7. Juni 1960. Auch hier bedeutete der Dieselmotoren-Betrieb in schnellen Schiffen (Abb. 13.34, 13.37, 13.38, 13.39 und 13.40) wieder Neuland, das man erst einmal zu beherrschen lernen musste.[5] Die Bundesbahn hatte 140 Motoren bestellt, und auch das Auslandsgeschäft war befriedigend, sodass der Auftragsbestand »wieder etwa die Höhe wie zu Beginn des Vorjahres, nämlich 82 Mio. DM erreicht« hatte. Von der Bundesmarine waren beachtliche Ersatz- und Anschlussaufträge zu erwarten. So konnte für das Geschäftsjahr 1960 mit einer entsprechenden Umsatzsteigerung gerechnet werden, die Liquidität war »außerordentlich günstig«.

[5] Vgl. hierzu Abschn. 21.5.

Abb. 13.41 Am 6. Juli 1959 feierte Karl Maybach seinen 80. Geburtstag; gleichzeitig konnte man auf 50 Jahre Motorenbau in Friedrichshafen zurückblicken. *Von links*: Friedl und Jean Raebel, Günter Maybach (*im Hintergrund*), Frau Kiesinger, Karl und Käthe Maybach sowie der baden-württembergische Ministerpräsident Dr. Kurt Georg Kiesinger

Abb. 13.42 Auch das Fernsehen interessierte sich für das Firmenjubiläum: Dr. Gerd Schneider interviewt Karl Maybach

Abb. 13.43 Maybach-Werbeanzeige in spanischer Sprache für das Mekydro-Getriebe

Auf dem Weg zur MTU 1960 bis 1969 14

Wilhelm Treue

14.1 Beginn der Zusammenarbeit mit der Daimler-Benz AG

Am 6. Februar 1960 starb Karl Maybach (Abb. 14.1) im Alter von 80 Jahren, nachdem er an diesem Tag wie immer gearbeitet hatte. Er sollte somit die grundlegenden Veränderungen, die das von seinem Vater und ihm vor einem halben Jahrhundert begonnene Werk im Jahre 1960 erfuhr, nicht mehr erleben.

Am 9. Dezember 1960 konnte Raebel bei einer Betriebsversammlung über die am 10. August dieses Jahres begonnene Zusammenarbeit des Maybach-Motorenbaus mit Daimler-Benz berichten. Beide Unternehmen hatten beschlossen, auf dem Gebiet der schnelllaufenden Großmotoren in Zukunft wirtschaftlich und technisch eng zusammenzuarbeiten. Flick, Großgesellschafter bzw. Großaktionär bei beiden Firmen, sah die Notwendigkeit, dass man auf dem zwar aussichtsreichen, aber technisch anspruchsvollen und hart umkämpften Markt der Großmotoren in Zukunft in größeren unternehmerischen Einheiten operieren müsse, als es bis dahin in Deutschland der Fall gewesen war. Da beide Firmen zusätzliche Fertigungskapazitäten benötigten und die Daimler-Benz-Werke sich in Untertürkheim nicht mehr ausdehnen konnten, beschloss man, durch eine Ausweitung des Maybach-Motorenbaus in Friedrichshafen einen »Schwerpunkt der Großmotorenfertigung« zu schaffen. Dass dies einer organischen Entwicklung entsprach, sollte der Hinweis darauf unterstreichen, dass damit das gemeinsame Werk von Gottlieb Daimler und Wilhelm Maybach eine sinnvolle Fortführung finde.

Erst nach Karl Maybachs Tod war, so Raebel, »das Problem der Zusammenarbeit« mit Daimler-Benz »akut« geworden. Doch fügte er hinzu: »Eine Frage übrigens, die ich wiederholt mit ihm angesichts des rasanten, enorme Aufwendungen erfordernden Fortschrittes der Technik erörterte.« Auch Karl Maybach hätte – »wie ich Ihnen versichern kann« – das »grundsätzliche Übereinkommen« mit Daimler-Benz »mit Freude begrüßt«. Raebel hatte das dringende »Bedürfnis«, die Verwirrung in der Belegschaft zu beseitigen, die dadurch entstanden war, »dass es zu solchen Vereinbarungen unmittelbar nach dem Ableben von Herrn Maybach gekommen ist«.

Tatsächlich hatte Karl Maybach im Briefwechsel mit seinem Sohn Günter schon seit längerer Zeit wiederholt bemerkt – ohne den Namen Daimler-Benz zu nennen –, dass der Maybach-Motorenbau sich eines Tages mit einem anderen Unternehmen werde zusammentun müssen. Der Sohn war sich klar darüber, dass es sich nur um das Stuttgarter Unternehmen handeln konnte. Auch Raebel kannte diese Überlegungen von Karl Maybach. Und so bildete es eine Art logische Fortführung solcher Gedankengänge, wenn er nun versicherte, dass dem »von vielen Seiten bewunderten grandiosen Aufstieg unseres Werkes« seit 1945 »auch eine zweite Phase mindestens gleichen Ausmaßes folgen« werde.

Dann griff Raebel in seiner Ansprache vor der Belegschaft das zentrale Thema noch einmal auf: »Weil ich immer wieder von allen möglichen Seiten in dem Sinne angesprochen werde, dass wir dieser Verbindung doch sicherlich nur unter dem Druck unseres Hauptgesellschafters zugestimmt hätten, möchte und kann ich Ihnen heute wenigstens sagen, dass dies nicht der Fall ist.« Und nun wurde der längst erwartete Name endlich genannt: »Da aber eine Begründung dieser Behauptung notwendig ist, muss ich auch folgendes ausführen, obwohl ich genau weiß, dass Herr Dr. Flick keine Herausstellung seiner Verdienste wünscht, mir dies vielmehr, hätte ich ihn vorher gefragt, ausdrücklich untersagt haben würde«. Dann folgten eingehende Erläuterungen über die Hilfe, die Flick der Maybach-Motorenbau GmbH geleistet hatte, seitdem er 1952 »auf *unsere* Bitte« sich bereit erklärt hatte, »für die ihm angebotenen Geschäftsanteile einen mit im MM vorhandenen realen Werten nicht zu begründenden Kaufpreis zu bezahlen«. Raebel betonte weiter, dass Flick »im Vertrauen auf das Können Dr. Maybachs und seiner Mitarbeiter einen

W. Treue (✉)
Göttingen, Deutschland
E-Mail: customerservice@springernature.com

E. Eckermann, W. Treue, S. Zima (Hrsg.), *Technikpionier Karl Maybach*, https://doi.org/10.1007/978-3-658-37065-7_14

Abb. 14.1 Prof. Dr.-Ing. E. h. Karl Maybach und seine »Kinder« beim Betriebsjubiläum 1959. *Links*: Maybach-Pkw SW 42; *Mitte*: dieselhydraulische Krauss-Maffei-Lokomotive ML 3000 der Deutschen Bundesbahn mit je zwei Maybach-MD-Motoren, Mekydro-Getrieben sowie sechs Maybach-Achstrieben; *rechts*: Maybach-Dieselmotor MD für schnelle Boote

Wechsel auf die Zukunft gezogen« und damit »einen gar nicht hoch genug einzuschätzenden Beitrag zur Rettung unseres Werkes« geleistet habe.

Im Juli 1960 hatte Friedrich Flick deshalb seine Maybach-Anteile (50 % = 3 Mio. DM) der Daimler-Benz AG angeboten, der die Beteiligung an diesem Unternehmen hochwillkommen war. Daimler-Benz übernahm, ohne lange zu zögern, die ihr angedienten Papiere und brachte sogleich weitere Mittel in Form einer Erhöhung des Stammkapitals von 6 auf 12 Mio. DM bei Maybach ein. Da die Maybach-, Eckener- und Zeppelin-Erben größtenteils auf den Bezug neuer Anteile verzichteten, konnte Daimler-Benz von den nominell 6 Mio. DM aus der Kapitalerhöhung 5,88 Mio. übernehmen. Zusammen mit den 3 Mio. von Flick besaß die Gesellschaft – genauer gesagt: eine eigens dafür gebildete Zwischenholding, die Industriemotorenbau GmbH – 8,88 Mio. DM Maybach-Anteile, d. h. 74 % des Stammkapitals.

Für die Gesellschafterakte hat Raebel im Jahre 1961 noch eine 17 Seiten lange »stichwortartige Erfassung der wesentlichen Gesichtspunkte, die zu dem Übereinkommen bezüglich der Zusammenarbeit im Großmotorenbau mit der Daimler-Benz AG führten«, geschrieben. Aus ihr seien ergänzend einige Daten mitgeteilt.

Am 10. Juni 1960 informierten Flick und einer seiner Mitarbeiter ihn, Raebel, »über ihre Gedankengänge«. Danach habe die Daimler-Benz AG ein sehr gutes Geschäft in Personen- und Lastkraftwagen, während das Großmotorengeschäft verlustbringend sei. »Man halte es deshalb für richtig, die für Großmotoren erforderliche Fabrikationskapazität für den Pkw- und Lkw-Bau freizumachen und das Großmotorengeschäft nach Friedrichshafen zu verlegen mit dem Ziel, dort eine Typenbereinigung durchzuführen und durch rationelle Fertigung in Friedrichshafen eine Stärkung der MM-Position herbeizuführen.« Daimler-Benz sei »mit der Aufgabe des 16- und 20-Zylinder-Diesels bereits einverstanden«. Man werde aber auch noch weiterkommen, und mit der Zeit könne man auch an eine Verlagerung der Strahltriebwerke denken. »Voraussetzung ... sei jedoch, dass die jetzt von Flick innegehaltene Beteiligung am MM auf die Firma Daimler-Benz AG übertragen werde.«

Raebel hielt das Zusammengehen für »durchaus richtig«, zumal Flick ihm versicherte, »dass die Selbstständigkeit der Firma Maybach voll erhalten bleiben solle«. Am 11. Juni, also bereits am folgenden Tag, war Dr. Günter Maybach »voller Begeisterung für das Projekt«. Allein könne der Maybach-Motorenbau »auf Dauer gegen die großen Kon-

Abb. 14.2 Wo sich ursprünglich der Hochbau befand, wurde für die Entwicklungsabteilungen dieses Gebäude errichtet und 1963 eingeweiht. Im Vordergrund zwei Vorkriegs-Maybachs mit Nachkriegskarosserien, die der Geschäftsführung des Maybach-Motorenbaus als Dienstfahrzeuge dienten. *Links* (AP 81): 1939(?) SW 38 mit Spohn-Karosserie 1951; *rechts* (AP 80): 1939(?) SW 42 mit FIF-Karosserie 1954

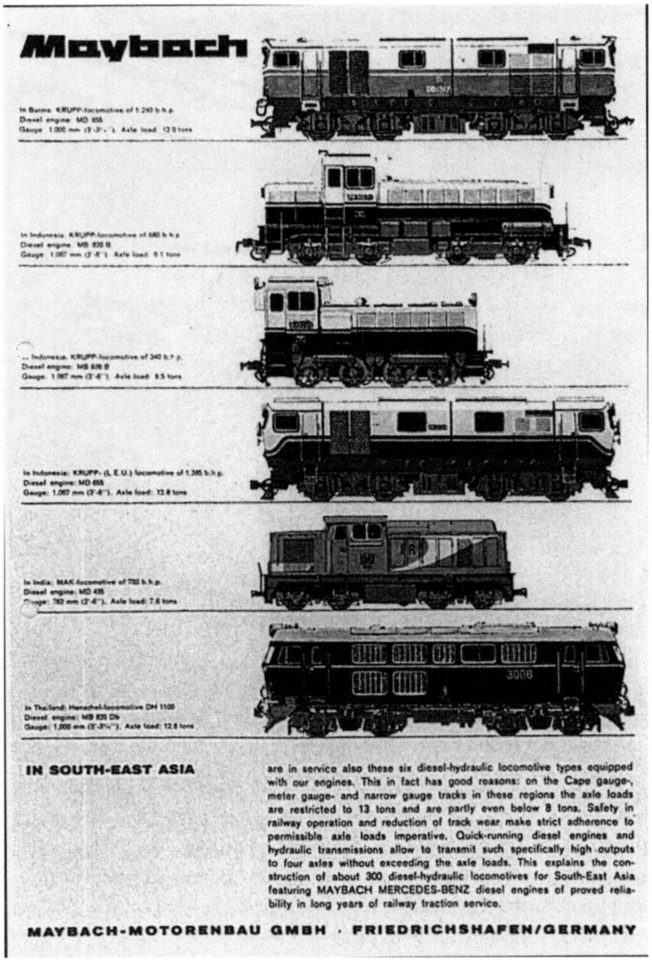

Abb. 14.3 In den sechziger Jahren gewann der Export nicht nur für den Maybach-Motorenbau, sondern für die deutsche Industrie allgemein an Bedeutung. Ein wesentliches Plus deutscher Unternehmen im Ausland war und ist ein zuverlässiger Kundendienst. Auch der »Motorenbau« konnte mit Stolz darauf verweisen, dass jeder ausgelieferte Motor über Jahre bzw. Jahrzehnte betreut wurde, wenn der Kunde dies wünschte

zerne nicht aufkommen«. Am 12. Juni 1960 stimmte auch Knut Eckener, der Sohn von Dr. Hugo Eckener, zu. Am 13. Juni meinten die leitenden Mitarbeiter beim Maybach-Motorenbau, »dass es ein großes Glück wäre, wenn wir zu einer solchen Zusammenarbeit kommen könnten«.

An diesem Tag stimmten auch die Gräfin und ihr Sohn, Alexander Graf von Brandenstein-Zeppelin, der Vereinbarung zu.

Dann folgten Verhandlungen. Am 27. Juli 1960 teilte Prof. Dr.-Ing. Hans Scherenberg Vorstandsmitglied und Leiter des Gesamtbereichs »Forschung und Entwicklung« der Daimler-Benz AG, Raebel mit, »dass in der Aufsichtsratssitzung alles bestens gelaufen sei«. Am 1. August 1960 kam die Behauptung von Daimler-Benz zur Sprache, der Daimler-Benz-Aufsichtsrat habe nur einer Teilverlagerung nach Friedrichshafen zugestimmt, der »von uns lebhaft widersprochen wurde«. Am 22. August 1960 stellte sich heraus, »dass Herr Dr. Scherenberg und angeblich der ganze Vorstand von DB die Auffassung vertreten, dass MM letzten Endes nur Produktionsstätte für DB werden solle, und die ganze Entwicklung und der Verkauf mit der Zeit nach Untertürkheim verlagert werden solle, dem ich auf das Energischste widersprach«. Es folgten »langwierige, immer wieder ergebnislos gebliebene Verhandlungen«, die erst nach Hitzingers Eintritt in den Vorstand von DB am 1. Juli 1961 »zum Abschluss eines, dem MM bezüglich Erhaltung seiner Selbstständigkeit gegebenen Zusagen beinhaltenden Vertrages führten, der später ... durch einen Lizenzvertrag ohne Präambel ersetzt wurde«. Raebel schrieb in seinen Aufzeichnungen, dass die Zusammenarbeit erst von diesem Tag ab »praktisch wirksam gemacht werden konnte«.

Während dieser für die weitere Zukunft des Maybach-Motorenbaus entscheidenden Monate ging es im Werk selbst erkennbar aufwärts. Der Umsatz wurde um 4 Mio. DM (= 6,4 %) gesteigert, der Auftragseingang lag sogar um 23 Mio. DM, d. h. um 57 % über dem des Vorjahres, die Neuinvestitionen konnten ohne Inanspruchnahme langfristiger Fremdmittel durchgeführt werden. Mehr als eine halbe Million DM Remontagekredite konnten vorzeitig zurückgezahlt werden: Alle Fabrikgrundstücke waren frei von schuldrechtlichen Belastungen.

Abb. 14.4 Blick in die Maybach-Montage: *im Vordergrund* ein zwölfzylindriger MB-820-Motor, *dahinter am Kran hängend* ein neu entwickelter, hubraumgrößerer Motor mit der Bezeichnung MC 1060, der in wenigen Exemplaren gebaut und erprobt wurde, aber nicht mehr in Serie ging. Von Daimler-Benz wurde für diesen Motor vor allem die obere Partie (Zylinderköpfe), vom Maybach-Motorenbau der untere Teil (Triebwerk) übernommen. Fallen gelassen wurde der Motor zugunsten der Baureihe 23/23, die die MAN bei Gründung der MTU im Jahre 1969 in das neue Unternehmen einbrachte

Abb. 14.5 Bereits seit Beginn der sechziger Jahre arbeitete Daimler-Benz auf dem Gebiet der Großmotoren mit dem Maybach-Motorenbau zusammen. 1963 erwarb Daimler-Benz ein Werk in Friedrichshafen-Manzell, gründete die Firma Mercedes-Benz-Motorenbau GmbH und verlagerte den Panzermotorenbau dorthin. *Bild*: Montage von MB-838-CaM-Dieselmotoren für den Kampfpanzer »Leopard I«, um 1965

Am 3. November 1961 fanden eine außerordentliche Gesellschafterversammlung sowie eine Aufsichtsratssitzung des Maybach-Motorenbaus statt. Raebel hielt dabei einen kleinen Vortrag über die Entwicklung des Unternehmens nach dem Zweiten Weltkrieg. Er hob Karl Maybachs Verdienste um die Zusammenarbeit mit dem französischen Kriegsministerium hervor und sprach vom »Wiederaufbau ... nahezu aus eigenen Mitteln« und von den Dividendenzahlungen ab 1956, die bis 1960 von 6 % auf 18 % gesteigert werden konnten. Danach kam er auf Flick – und zwar erst seit dem Jahre 1960, also in der allerjüngsten Zeit – zu sprechen: »Wenn die Geschäftsführung dennoch im Jahre 1960 der Konzeption des Herrn Dr. Flick zustimmte, die Großmotorengeschäfte der DBAG und des MM in Friedrichshafen zu konzentrieren, so habe sie sich von der Überlegung leiten lassen, dass eine Zusammenfassung der geistigen und materiellen Kräfte beider Häuser insbesondere in Anbetracht der raschen technischen Entwicklung und der schwerer werdenden Konkurrenz auf dem Weltmarkt zu größeren Erfolgen führen müsse«. Ein solcher Konkurrent war z. R. Daimler-Benz geworden. In der Tat: Von einem Auftragsbestand in Höhe von rund 100 Mio. DM beim Maybach-Motorenbau Ende Oktober 1961 betrafen bereits 35 Mio. die Motorentype MB 835 der DBAG.

Bei der Aufsichtsratssitzung am 22. November 1962 wurde Dr. Günter Maybach, Sohn von Karl Maybach, Gesamtprokura erteilt. Nur sieben Monate später starb er nach schwerer Krankheit am 18. Juni 1963. In der Aufsichtsratssitzung am 17. Juli 1963 gedachte man seiner und des »schweren Verlustes für die Familie und für unser Haus«. Im Nachruf auf den erst 36-Jährigen hieß es, der Verstorbene habe nach Studium und mehrjährigem Auslandsaufenthalt

> »schon in wenigen Jahren seiner Tätigkeit in unserem Hause durch seinen vorbildlichen Charakter und seine fundierten Fachkenntnisse unser aller Wertschätzung und verdiente Zuneigung gefunden. Sein allzu früher Tod ist für uns ein um so schmerzlicherer Verlust, als ihm, dem Sohn und Enkel der Mitbegründer und schöpferischen Gestalter unseres Unternehmens, der Herren Prof Dr. Karl Maybach und Oberbaurat Dr. Wilhelm Maybach, nun nicht mehr beschieden ist, das Lebenswerk seiner großen Vorfahren weiterzuführen ... «

Bei den Aufsichtsratssitzungen und Gesellschafterversammlungen am 17. Juli und 28. November 1963 sowie am 17. Juli 1964 wurde betont, dass nun die Zusammenarbeit der DBAG mit dem Maybach-Motorenbau die angestrebte Vollständigkeit erreicht habe (Abb. 14.4 und 14.5). Es herrschte allgemein Zufriedenheit. Diese Feststellung war prinzipiell ebenso wichtig wie das gute Geschäftsergebnis, das neben der Ausschüttung von 18 % Dividende über diese hinaus noch mehr als 3,9 Mio. DM Reingewinn verzeichnete.

Denn jetzt lag mit beiden Ergebnissen die Rechtfertigung der Firmenpolitik vor, die Raebel und Flick seit mehr als einem Jahrzehnt systematisch betrieben hatten. Doch die Frage lag nahe, warum es nur bei einer engen Zusammenarbeit bleiben sollte und ob es nicht genug Gründe für eine Fusion beider Gesellschaften gab, nachdem im Jahre 1962 am Auftragsbestand des Maybach-Motorenbaus per 31. Dezember 1962 Daimler-Benz mit 48 % beteiligt gewesen war – in der Hauptsache mit Großaufträgen der Deutschen Bundesbahn für die Typen MB 835 und MB 839 (12 und 16 V 652), die eines Tages aus mehreren Gründen ihr Ende erreichen würden.

Als nächsten Schritt übernahm die Daimler-Benz AG zunächst 50 % des Stammkapitals der Porsche-Diesel-Motorenbau GmbH, einer Tochter der Mannesmann AG, die bis 1963 in Friedrichshafen-Manzell Traktoren und Motoren für allgemeine Landwirtschaftszwecke gebaut hatte. Am 23. Juli 1963 gründete Daimler-Benz dann die Firma Mercedes-Benz Motorenbau GmbH Friedrichshafen (MBM) und verlegte einen Teil des Großmotorenbaus in das Werk in Friedrichshafen-Manzell. Der Maybach-Motorenbau wurde an dieser Gesellschaft nicht beteiligt. Die Mercedes-Benz Motorenbau GmbH übernahm die Mitarbeiter der Porsche-Diesel-Motorenbau GmbH. Zum 31.12.1964 hatte die neu gegründete Gesellschaft bereits eine Bilanzsumme in Höhe von 28,7 Mio. DM. Sie stellte in erster Linie Panzermotoren, aber auch Ersatzteile für die vom Maybach-Motorenbau gebauten Mercedes-Benz-Motoren her. In den folgenden Jahren wurden die Fusionsverhandlungen zwischen dem Maybach-Motorenbau und Daimler-Benz fortgesetzt.

14.2 Der Zusammenschluss der Mercedes-Benz Motorenbau GmbH mit der Maybach-Motorenbau GmbH im Jahre 1966

Am 21. Dezember 1965 fand eine außerordentliche Gesellschafterversammlung des Maybach-Motorenbaus statt (Abb. 14.6). Raebel erklärte den Gesellschaftern, um auch in Zukunft in dem immer schwerer werdenden Konkurrenzkampf bestehen zu können, solle zur Intensivierung der Zusammenarbeit mit der Daimler-Benz AG die Zusammenlegung weiterer Motorentypen angestrebt werden. Damit könne man eine noch weiter gehende Rationalisierung der Entwicklungsarbeiten, der Fertigung sowie des Vertriebs und Kundendienstes und damit eine bessere Ausnutzung der vorhandenen Kapazitäten erreichen. »Dieses

Abb. 14.6 Blick auf das Maybach-Werk in Friedrichshafen, 1965. Ein Jahr später kam es zum Zusammenschluss der Maybach-Motorenbau GmbH mit der Mercedes-Benz-Motorenbau GmbH zur Maybach Mercedes-Benz Motorenbau GmbH

Siebzig Jahre Motorenentwicklung in Friedrichshafen

In welch rasanter Weise sich die Motorentechnik innerhalb nur eines Menschenalters weiterentwickelt hat, lässt sich sehr gut durch die Gegenüberstellung von Maschinenelementen darstellen.
Vergleicht man die Fertigungszeichnungen von Motorbauteilen – weil charakteristisch, wurde die Kurbelwelle gewählt – aus verschiedenen Zeiträumen, dann wird man feststellen, dass die Fertigungsvorschriften im Laufe der Zeit immer umfangreicher geworden sind (Tab. 14.1). Höhere Genauigkeiten werden verlangt, und zwar nicht nur engere Fertigungstoleranzen, sondern auch innerhalb der Toleranzen eine Einschränkung der zulässigen Form- und Lageabweichungen. Aus der Zusammenstellung ersieht man schon an der Länge des Textes, wie die Anforderungen gestiegen sind. Dabei muss noch erwähnt werden, dass sich hinter der Bezeichnung »Ausführung und Lieferung nach DBL 8805« bei der modernen Kurbelwelle ein umfangreiches konzerninternes Normenwerk verbirgt.
Auch die Werkstoffqualitäten, wie sie sich in Legierungszusammensetzung und Festigkeitswerten niederschlagen, sind deutlich angestiegen. Die Gegenüberstellung solcher Werte einiger markanter Motorbauteile aus der Zeit des Ersten Weltkrieges und Ende der siebziger Jahre zeigt Tab. 14.2.

Tab. 14.1 Vergleich der Werkstoffe und Fertigungsvorschriften für die Kurbelwellen von Hochleistungsmotoren 1918 bis 1972. Mit der Steigerung der spezifischen Leistung werden auch höhere Anforderungen an die Fertigung gestellt. Man kann daher direkt aus den Zeichnungsvorschriften für ein bestimmtes Bauteil, z. B. die Kurbelwelle, den Entwicklungsfortschritt ablesen

Jahr	1918	1931	1943	1972
Motortyp	Mb IVa	GO 5h	HL 230	BR 331/396
Motorart	Ottomotor	Dieselmotor	Ottomotor	Dieselmotor mit Aufladung
Anwendung	Flugzeug	Triebwagen	Panzer	Bahn, Boot, Aggregat und Schwer-Kfz.
Bauteil	Kurbelwelle	Kurbelwelle	Kurbelwelle	Kurbelwelle
Sach-Nr.	9943	66 500	021 B42502-111	550 031 07 01
Werkstoff- und Fertigungs-vorschriften	St 30 Sämtliche Hub- und Lagerzapfen sauber geschliffen Hub- und Lagerzapfentoleranz: IT 8 bis 9 Bei den vorauszubohrenden 3 Gewindelöchern in der Kurbelwelle ist die Lage gegenüber dem Kurbelarm »k« genau zu beachten.	St 30 Sämtliche Eindrehungen auf Hochglanz polieren Grund- und Hubzapfen: Unrundheit unter 0,02 Toleranzen: Hubzapfen »eH« (Edelhaftsitz) [entspricht IT6] Grundzapfen »G« (Gleitsitz) [entspricht IT6] (d. h. Feinschlichtbearbeitung, riefenlos, Riefen mit dem bloßen Auge nicht mehr sichtbar) Die Wangen der Kurbelwelle müssen so beschaffen sein, dass der Kontroll-Innenlaufring übergestreift werden kann.	wie Marke DMV von DEW oder Marke CM 25 von Krupp Zugfestigkeit: 80–85 kg/mm^2 Streckgrenze: 55 % Dehnung: 8s = 7 % Einschnürung über 16 % Lagerstellen gehärtet nach Doppelduro-Verfahren der Fa. Deutsche Edelstahlwerke Härtetiefe mind. 2 mm auf HRC 56 ± 2 Lagerflächen geschliffen und poliert. Alle Lagerflächen ballig (R 2000) Ölbohrungen gut ausgerundet und poliert Hubzapfen-Toleranz IT6 Grundlager(Wangen)-Toleranz IT5	34 Cr Ni Mo 6 V 100 bis 115 Induktionsgehärtet. Härtebild nach Zeichnung. Lager- und Hubzapfen HRC 55 ± 3, HV 610 ± 50. Härte der Lagerstellen in 3 mm Tiefe HRC ± 52 sämtliche Hohlkehlen und Ausrundungen poliert; Rt = 4 µm Alle Eintrittsstellen von Ölbohrungen in die Hohlbohrungen sind bestmöglich gerundet. Rautiefe an Lager- und Hubzapfen Rt = 1 µm zul. Unparallelität zwischen Hubzapfen und Kurbelwellenachse 0,01 mm auf 85 mm Länge Für alle Grundzapfen: zul. Konizität 0,01 und Hubzapfen: zul. Unrundheit 0,01 Rundlaufabweichung der Grundzapfen 0,03 der Konen 0,02 Hub- und Lagerzapfentoleranz IT6 Größte zul. Schiefstellung der Gewindeachsen zur Senkrechten auf der Auflagefläche 0,2 mm auf 100 mm Länge Jedes Gewinde nach dem Härten geprüft Nach dem Härten darf die Welle zum Richten nur noch in den Grundlagerzapfen 2 und 6 abgestützt werden. Ausführung und Lieferung nach DBL 8805

Die von den Kolben über die Pleuelstangen auf die Kurbelwellenkröpfung übertragenen Kräfte müssen über die Kurbelwangen in den Grundlagerzapfen und von dort über die anderen Kröpfungen zum Kurbelwellenantrieb geleitet werden. Nun ist eine solche Umlenkung des »Kraftflusses«, wie man das in Anspielung auf Strömungsvorgänge nennt, grundsätzlich von Übel! Durch diese formbedingten Umlenkungen treten örtlich hohe Spannungsspitzen auf, die im Verhältnis zur Nennspannung (der nach den Regeln der klassischen Festigkeitsrechnung ermittelten Spannung) die »Formziffer α_k« ergeben. Je höher die Belastung der Kurbelwelle ist, desto mehr muss man sich bemühen, die Spannungsspitzen, d. h. die Formziffer α_k, zu senken. In einer Auflistung von Kurbelwellen von 1915 bis 1975 sind die α_k-Werte für Biegung und Verdrehung (Torsion) zusammengestellt (Abb. 14.7). Immerhin gelang es, die Werte z. B. für die Biegung von 10–11 auf 5–6 zu verringern.

Tab. 14.2 Werkstoff-Festigkeitswerte 1914 und 1977 im Vergleich. Hohe spezifische Leistungen sind ohne intensive Werkstoffausnutzung nicht denkbar, wie der Vergleich der Werkstoffkennwerte zweier Hochleistungsmotoren, eines Flugmotors aus dem Ersten Weltkrieg und eines modernen Dieselmotors zum Antrieb schwerer Fahrzeuge, zeigt

	Zugfestigkeit der Werkstoffe des Maybach-Motors 165 PS* 1914 bis 1918				MB 873 1977			
	Werkstoff	Zugfestigkeit kp/mm^2	Elastizitätsgrenze kp/mm^2	Dehnung %	Werkstoff	Zugfestigkeit kp/mm^2	Elastizitätsgrenze kp/mm^2	Dehnung %
Zylinder(-schaft)	Cr-Ni-Stahl	85	60	20	GZG Cr Mo 260 DBL 4403	HB 260 ≥ 20		
Kolben	Gusseisen	16 bis 20			AI Si 12 Cu Ni Mg	30 bis 37	28 bis 34	1 bis 3
Zylinderkopf	Gusseisen	16 bis 20			G-Al Si 10 Mg wa DBL 4903	>22	19	1
Kolbenbolzen	Einsatzmaterial	52 bis 66		27 bis 19	31 Cr Mo V9	100 bis 140 Kernfestigkeit min 690 HV 10		
Kolbenringe	Einsatzmaterial	18 bis 24			GGG GG	≥60 HB** 270 bis 360 – HB 200 bis 260		
Pleuelstangen	SM-Stahl	50 bis 60		20 bis 15	34 Cr Ni Mo 6	100 bis 115	85	
Kurbelwellen	Cr-Ni-Stahl	110	95	10	34 Cr Ni Mo 6	100 bis 115	85	
Kurbelgehäuse	Al-Guss	18 bis 26			G-Al Si 10 Mg wa DBL 4903	>25		

* Motortyp vermutlich AZ. – Angaben entnommen aus: J. A. Gilles: *Flugmotoren 1910 bis 1918*.
** GGG 270 bis 360 HB; GG 200 bis 260 HB.

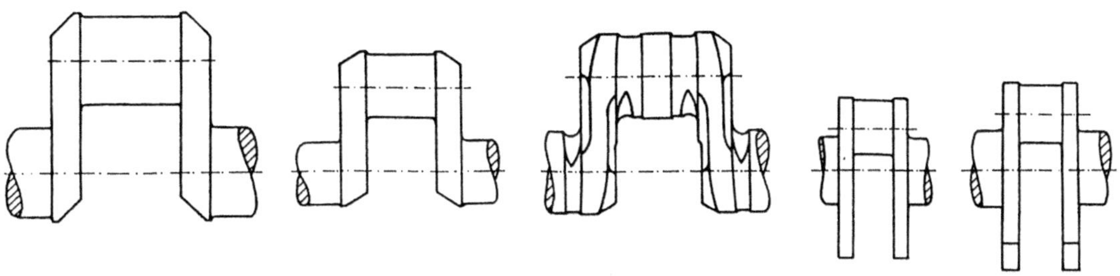

Motortyp		KP	Mb IV a	GO 5 h	HL 35	HL 54
Jahr		1915	1917	1931	1934	1937
Form-zahl	Hubzapfen α_B/α_T	11,27/1,71	8,55/1,68	7,63/2,54	8,29/2,00	11,64/2,06
	Grundlagerzapfen α_B/α_T	10,38/1,71	7,78/1,68	7,30/2,54	10,53/1,03	13,97/0,93

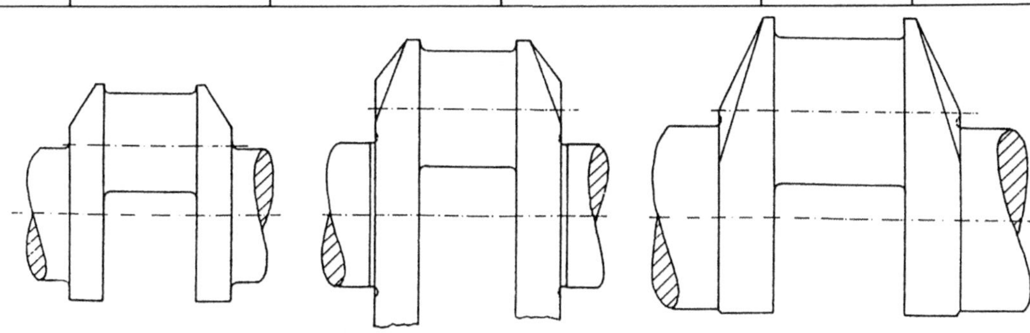

Motortyp		331	652	956-02
Jahr		1972	1969	1975
Form-zahl	Hubzapfen $\alpha_B/_T$	5,9/2,02	6,31/1,81	5,76/1,95
	Grundlagerzapfen α_B/α_T	5,69/0,88	9,02/1,08	5,93/1,02

Abb. 14.7 Entwicklung der Kurbelwellen-Formzahlen

Auch ohne mit den Gesetzmäßigkeiten der Festigkeitslehre vertraut zu sein, kann der Laie beim Vergleich von Bauteilen allein schon an der Materialanhäufung auf niedrige oder höhere Belastung schließen. Besonders anschaulich ist dies bei Kolben aus den Jahren 1916 und 1977 der Fall (Abb. 14.8).

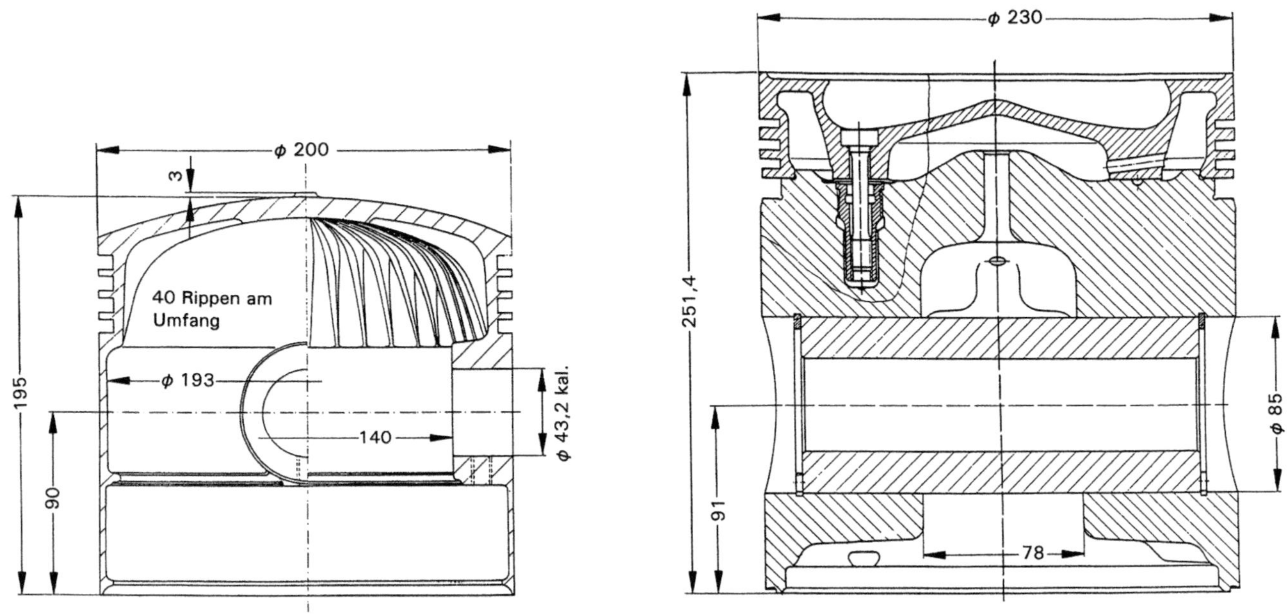

Abb. 14.8 Kolbenentwicklung, gezeigt am Beispiel eines Flugmotors von 1916 (*links*) und eines gebauten Kolbens für einen Hochleistungs-Dieselmotor 1977 (*rechts*). 1916: Viertakt-Ottomotor-Kolben, Typ KP; Bohrung × Hub: 200 mm × 240 mm, Werkstoff: Gusseisen, Zylinderleistung: vermutlich 29,4 kW (40 PS). 1977: Kolben für Hochleistungs-Dieselmotor BR 956-02; Bohrung × Hub: 230 mm × 230 mm, Werkstoff: Stahl-Oberteil, Al-Unterteil; Zylinderleistung: 220, 6 kW (300 PS)

Ziel soll durch Fusion des MM mit der der DBAG zu 100 % gehörenden Mercedes-Benz Motorenbau GmbH, Friedrichshafen-Manzell, erreicht werden, wobei die Maybach-Motorenbau GmbH die übernehmende und die Mercedes-Benz Motorenbau GmbH die abgebende Gesellschaft ist. Nach der Fusion wird mit ›Maybach Mercedes-Benz Motorenbau GmbH‹ firmiert«. Dabei sei eine Erhöhung des Stammkapitals der Maybach-Motorenbau GmbH von 12 Mio. DM um acht auf nominell 20 Mio. DM vorgesehen. Die neuen 8 Mio. DM (Sacheinlagen) sollte ausschließlich die DBAG übernehmen.

Raebel hatte also erneut, wie einst beim Zusammengehen mit Flick, in aller Stille eine Entscheidung vorbereitet, die für die Zukunft des Maybach-Motorenbaus von entscheidender Bedeutung war. Nun beauftragte ihn die Gesellschafterversammlung »mit der Klärung aller zur Durchführung der vorgesehenen Fusion notwendigen Einzelheiten«. Der »Motorenbau« sollte also in einer Tochtergesellschaft der Daimler-Benz AG aufgehen, aus mehreren Gründen aber noch an der Spitze des Namens dieser Neugründung stehen.

Am 28. Juni 1966 fasste der Vorstand der DBAG den entsprechenden Beschluss über die »Verschmelzung zwischen MM und MBM«. Tatsächlich vollzogen wurde die Fusion im Oktober 1966. Die nächste Aufsichtsrats- und Gesellschafterversammlung sollte die endgültige Beschlussfassung durchführen.

Am 28. Oktober 1966 fand unter dem Vorsitz von Prof. Dr. Zahn eine außerordentliche Aufsichtsratssitzung statt, die sich ausschließlich mit der Zusammenführung der beiden Firmen Maybach-Motorenbau und Mercedes-Benz Motorenbau befasste. Zahn konnte feststellen, »dass alle Mitglieder des Aufsichtsrates zustimmen und damit der Gesellschafterversammlung empfehlen, ... die Geschäftsführung zu ermächtigen, alle für die ordnungsgemäße Durchführung erforderlichen Maßnahmen zu treffen«. Die Gesellschafterversammlung tat dies einstimmig.

Schließlich wurde an diesem 28. Oktober 1966 den Geschäftsfreunden und der Presse bekanntgegeben, dass nach mehrjähriger ausgezeichneter Bewährung der Zusammenarbeit der Daimler-Benz AG und der Maybach-Motorenbau GmbH auf dem Gebiet des Großmotorenbaus »der Zusammenschluss des in Friedrichshafen-Manzell gelegenen Werkes Mercedes-Benz Motorenbau GmbH mit der Maybach-Motorenbau GmbH vereinbart worden« sei. Zu diesem Zweck habe die Gesellschafterversammlung der Maybach-Motorenbau GmbH am 28. Oktober 1966 das Gesellschaftskapital von 12 auf 20 Mio. DM erhöht. Die neuen Stammanteile wurden von der Daimler-Benz AG gegen Einbringung des Werkes Friedrichshafen-Manzell, der bisherigen Mercedes-Benz Motorenbau GmbH, übernommen. Die Gesellschaft erhielt entsprechend dieser Zusammenfassung zu einer fabrikatorischen Einheit den Firmennamen »Maybach Mercedes-Benz Motorenbau GmbH«.

In beiden Werken zusammen waren jetzt etwa 4.500 Menschen beschäftigt. Die Geschäftsführung setzte sich aus den bisherigen Geschäftsführern der beiden Gesellschaften zusammen. Vonseiten des Maybach-Motorenbaus waren dies Jean Raebel, Carl Böttner und Markus von Kienlin, die seit 1945 gemeinsam einen langen Weg zurückgelegt hatten. Von der Mercedes-Benz Motorenbau GmbH gehörten die bisherigen Geschäftsführer Dr. Hans F. Schaefer und Ernst Künkele der neuen Geschäftsführung an.

Das Programm des neuen Unternehmens umfasste schnelllaufende Dieselmotoren mit Einzelleistungen bis 3.675 kW (5.000 PS) und hierfür entwickelte Getriebe. Zum Jahresende 1967 wechselte Jean Raebel nach 38-jähriger Tätigkeit beim Maybach-Motorenbau aus der Geschäftsführung in den Aufsichtsrat über, dessen stellvertretender Vorsitzender er wurde.

Mehr als drei Jahrzehnte hat Raebel mit seinen überragenden kaufmännischen Fähigkeiten die Geschicke des »Motorenbaus« in Friedrichshafen bestimmt und das Unternehmen durch die schwierigen Kriegs- und Nachkriegsjahre gesteuert. Durch die Verbindung mit der Friedrich Flick KG im Jahre 1952 bzw. der Daimler-Benz AG 1960 hat Raebel den Fortbestand des Unternehmens gesichert und sich damit auf kaufmännischem Gebiet für den Motorenbau in Friedrichshafen ähnliche Verdienste erworben wie Karl Maybach auf technischem Gebiet.

Im Jahre 1982 brachte Jean Raebel seine Anteile am Unternehmen in die von ihm gegründete Jean-Raebel-Stiftung ein. 1985, nach dem Tod des Ehepaares Raebel, erhielt die Stiftung nahezu dessen gesamtes Privatvermögen.

14.3 Die Gründung der MTU im Jahre 1969

Der Konzentrationsprozess im deutschen Großmotorenbau war mit dem Zusammenschluss von 1966 allerdings noch nicht beendet. Bei der nächsten Stufe kam der Anstoß von der Bundesregierung. Als das Verteidigungsministerium im Jahre 1967 ein Baugruppenprogramm für fortschrittliche Triebwerkskomponenten initiierte, beteiligten sich die Firmen MAN Turbo GmbH sowie die Daimler-Benz AG an dieser Ausschreibung. Dem Wunsch des Ministers nach Zusammenarbeit folgend, erzielten die beiden Unternehmen 1968 Einigkeit über ein gemeinsames Vorgehen: Am 27. November 1968 gründeten sie die »Entwicklungsgesellschaft für Turbomotoren mbH« mit Sitz in München. In der ersten Hälfte 1969 gingen die Gespräche über eine Zusammenarbeit zwischen MAN und Daimler-Benz weiter. Sie führten schließlich am 11. Juli des gleichen Jahres zur Gründung eines neuen Unternehmens mit dem Namen »Motoren- und Turbinen-Union München GmbH (MTU)« (Abb. 14.9). Die Vertragspartner kamen dabei überein, den Zusammenschluss nicht auf den Bereich der Flugtriebwerke in München zu beschränken, sondern auch die schnelllaufenden Dieselmotoren in Friedrichshafen einzubeziehen. Die Entwicklung und Fertigung der Flugzeuggasturbinen wurde im Werk München-Allach der ehemaligen MAN Turbo GmbH – die ihrerseits aus dem traditionsreichen BMW-Triebwerkbau hervorgegangen war – konzentriert. Ferner beschloss man, die schnelllaufenden Hochleistungs-Dieselmotoren der MAN AG künftig ebenfalls in Friedrichshafen zu bauen. MAN gab damit die Fertigung von Schienenfahrzeug- sowie kleineren Schiffsmotoren an das Friedrichshafener Unternehmen ab, produzierte jedoch weiter größere Schiffsdiesel. Das Leistungsspektrum der in Friedrichshafen produzierten Dieselmotoren sollte zwischen 735 und 7.400 kW (1.000 bis 10.000 PS) liegen, oder, technisch ausgedrückt: Das Hubvolumen je Zylinder sollte nicht weniger als 3 Liter und nicht mehr als 12 Liter betragen.

Das Stammkapital der neuen Firma wurde auf 65 Mio. DM erhöht und die Anteile der Daimler-Benz AG an der Maybach Mercedes-Benz Motorenbau GmbH in die Neugründung eingebracht. Damit waren Daimler-Benz und die MAN je zur Hälfte an der erweiterten MAN Turbo GmbH beteiligt. Die bisherigen Firmennamen wurden wie folgt umgewandelt:

- MAN Turbo GmbH in »Motoren- und Turbinen-Union München GmbH«, MAN Maybach Mercedes-Benz (kurz: MTU München);
- Maybach Mercedes-Benz Motorenbau GmbH in »Motoren- und Turbinen-Union Friedrichshafen GmbH«, MAN Maybach Mercedes-Benz (kurz: MTU Friedrichshafen).[1]

Damit erschien der Name Maybach zwar nur noch im Untertitel der Firmenbezeichnung, doch die Richtigkeit der Entscheidung für die Zusammenschlüsse 1966 und 1969 wurde von niemandem infrage gestellt und durch die weitere Entwicklung der MTU Friedrichshafen ebenso wie der MTU München bestätigt. Der Umsatz der MTU Friedrichshafen stieg von 270,2 Mio. DM im Jahre 1970 auf 1,33 Mrd. DM im Geschäftsjahr 1990 (MTU-Gruppe 3,66 Mrd. DM). Selbst bei Berücksichtigung der Inflationsrate stellt dieses Wachstum eine beachtliche reale Umsatzsteigerung dar, wenn man in Betracht zieht, dass die MTU Friedrichshafen auf einem Markt tätig war und ist, der weltweit durch Überkapazitäten und einen scharfen Wettbewerb geprägt ist. Dieser Umsatz-

[1] Zum Sprecher der Geschäftsführung der MTU Friedrichshafen wurde Rolf Breuning bestellt. Außerdem gehörten Dipl.-Ing. Carl Böttner, Dipl.-Ing. Markus von Kienlin, Dr.-Ing. Hans Dinger und Werner Niefer der Geschäftsführung der MTU Friedrichshafen an.

Abb. 14.9 Am 11. Juli 1969 wurde im Gilmer Schloss in München-Allach unter anderem der Vertrag über die Gründung der neuen »MTU Motoren- und Turbinen-Union Friedrichshafen GmbH« durch die Vorstände von Daimler-Benz und MAN unterzeichnet. An der Gründung nahmen Vorstände und Geschäftsführer der Firmen Daimler-Benz (DB), MAN und Maybach Mercedes-Benz Motorenbau (MMB) teil. *Obere Reihe von links nach rechts*: Günter Welsch, DB; Werner Niefer, MMB; Dr. Hans Dinger, MMB; Dr. Karl Schott, MAN; Dr. Hanns-Martin Schleyer, DB; Dr. Walter Naumann, DB; Professor Dr. Joachim Zahn, DB; Dr. Karl-Adolf Müller, MAN Turbo; Rolf Breuning, MMB; Carl Böttner, MMB; Martin Diener, MAN. *Mittlere Reihe*: Dr. Rolf Reuter, DB; Dr. Gerhard Schröder, MAN; Professor Dr. Hans Scherenberg, DB; Professor Dr. Siegfried Meurer, MAN; Otto Voisard, MAN Turbo; Rudolf Hasenzahl, DB (*halb verdeckt*); Hugo-Berthold Saemann, MAN; *darüber* Markus von Kienlin, MMB, *Vorn*: Dr. Gerd Wollburg, MAN

steigerung war es auch zu verdanken, dass die Beschäftigtenzahl über den Zeitraum von 20 Jahren in etwa gehalten werden konnte (1970: 6.070; 1990: 6.200), obwohl während dieser Zeit fortlaufend Rationalisierungsmaßnahmen durchgeführt werden mussten. Die wichtigsten unternehmerischen Aufgaben bestanden für die neu gegründete MTU Friedrichshafen (Abb. 14.10) in der Schaffung eines einheitlichen Motorenprogramms sowie in der Ausrichtung des Unternehmens auf den Weltmarkt (Abb. 14.3), nachdem der Bedarf der deutschen Behörden ab Mitte der siebziger Jahre weitgehend gedeckt war. Dass dies gelungen ist, zeigt die Tatsache, dass im Geschäftsjahr 1990 rund drei Viertel der Erzeugnisse der MTU Friedrichshafen in den Export gingen.

Abb. 14.10 Wenn es Nacht wird in Friedrichshafen, dann gehen keineswegs alle Lichter aus: Das Gebäude mit den Entwicklungsabteilungen der MTU ist hell erleuchtet ▶

14.4 Karl Maybachs Erbe: Hochleistungsmotoren in den 1990er Jahren

An der Stelle, wo Karl Maybach vor etwa acht Jahrzehnten am Bodensee begann, steht heute das Werk 1 der MTU Friedrichshafen – und dort, wo zum ersten Mal ein Zeppelin-Luftschiff startete, liegt das Werk 2.

Doch so groß der Unterschied zwischen damals und heute auch sein mag, der Grundsatz Karl Maybachs gilt über die Jahrzehnte hinweg bis in unsere Zeit: nur Erzeugnisse zu schaffen, die eine Spitzenposition einnehmen und sich im Markt behaupten können.

Getreu diesem Vorbild entwickelt, fertigt, vertreibt und betreut die MTU Friedrichshafen Antriebsanlagen mit Dieselmotoren, Gasturbinen, Kraftübertragungen, elektronischen Überwachungs- und Steuerungssystemen für die Schifffahrt (Abb. 14.11, 14.13, 14.14, 14.15, 14.16, 14.18 und 14.20), die Eisenbahn (Abb. 14.12), für Schwerfahrzeuge (Abb. 14.17, 14.9 und 14.22) sowie für stationäre (Abb. 14.21) und bewegliche Arbeitsmaschinen aller Art und für Generatoraggregate.

Hier werden die neuesten Erkenntnisse moderner Technologie genutzt: MTU-Antriebssysteme sind anerkannte Spitzenerzeugnisse, die in alle Welt gehen.

Abb. 14.11 Die Schiffsanwendung wurde zum wichtigsten Umsatzträger der 1969 gegründeten MTU Friedrichshafen. Die kompakten, leistungsstarken Motoren bieten sich für alle Boote und Schiffe an, bei denen Bauraum und Geschwindigkeit eine besondere Rolle spielen. Hierzu gehören auch schnelle Passagierboote wie dieser in Norwegen gebaute und im Schwarzen Meer eingesetzte Katamaran, der 300 Passagieren Platz bietet und eine Reisegeschwindigkeit von 36 kn (66,7 km/h) erreicht. Die beiden zusammen 4.000 kW (5.440 PS) starken MTU-Motoren sind in den Rümpfen untergebracht

Abb. 14.12 In Ländern, deren Bahnstrecken noch nicht elektrifiziert sind, kommen weiterhin Dieseltriebzüge zum Einsatz: Triebzug der Koreanischen Staatsbahn, angetrieben von zwei 1.570 kW (2.135 PS) starken MTU-Motoren

Abb. 14.13 Das 60 m lange Patrouillenboot BG 21 »Bredstedt« des Bundesgrenzschutz-See ist mit dem 7.400 kW (10.060 PS) starken MTU-Diesel 25 kn (46,3 km/h) schnell

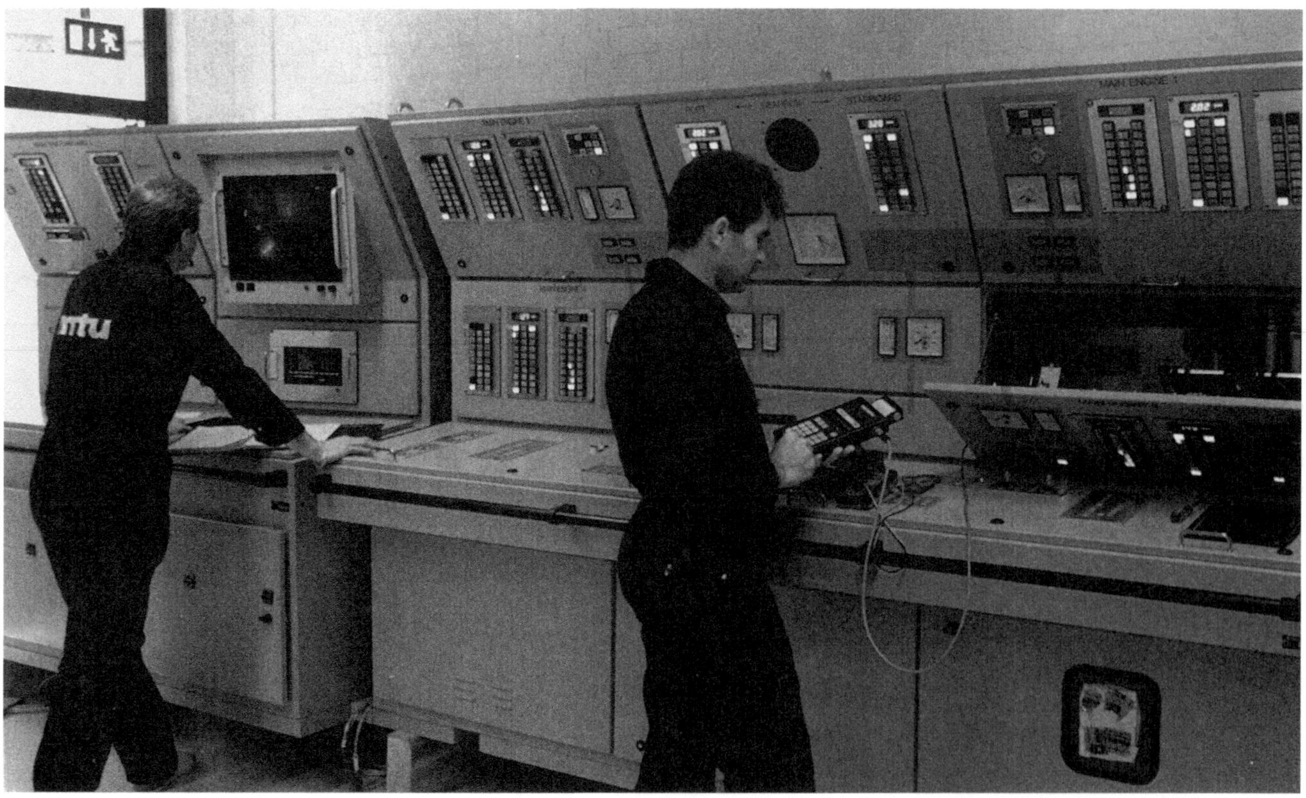

Abb. 14.14 Aus einer Messgruppe des Maybach-Motorenbaus ging bei der MTU eine eigene Produktgruppe hervor, die elektronische Überwachungs- und Steuerungssysteme für Dieselmotoren, Gasturbinen und kombinierte Antriebsanlagen entwickelt und herstellt. Hier überwachen zwei Mitarbeiter einen computersimulierten Prüfablauf an einem Fregatten-Maschinenfahrstand

Abb. 14.15 Viele Korvetten und Fregatten sind heute mit kombinierten Antriebsanlagen ausgerüstet, wobei die Dieselmotoren für die Marschfahrt und die Gasturbinen für hohe Geschwindigkeiten eingesetzt werden. Auch die Fregatten F 122 der Deutschen Bundesmarine haben eine solche Antriebsanlage mit zwei MTU-Dieselmotoren und zwei General-Electric-Gasturbinen. Bei zahlreichen Marinefahrzeugen trägt die MTU als Generalunternehmer die Gesamtverantwortung für das Antriebs- und Bordenergiesystem sowie für die elektronische Steuerung und Überwachung der Anlagen

Abb. 14.16 Die Stahlguss-Kurbelgehäuse der 16- und 20-Zylinder-MTU-Motoren konnten bis Ende der achtziger Jahre wegen ihrer Größe nicht gegossen werden. Spezialisten schweißten sie deshalb aus Einzelsegmenten millimetergenau zusammen

Abb. 14.17 Der deutsche Kampfpanzer »Leopard II« wird von einem MTU-Motor mit 1.100 kW (1.500 PS) angetrieben und ist damit mehr als doppelt so stark motorisiert wie der »Tiger« im Zweiten Weltkrieg. Technische Daten: Mehrstoff-Vorkammer-Dieselmotor in V-Zwölfzylinder-Bauart, Typ MB 873-Ka 501 mit zwei Abgasturboladern; Bohrung × Hub: 170 mm × 175 mm, Hubraum 47.642 cm^3; Gefechtsmasse: 55.150 kg, Höchstgeschwindigkeit: 70 km/h, Fahrbereich: 480 km, Bewaffnung: eine 12-cm-Glattrohr-Panzerkanone, zwei MG; Besatzung: 4 Mann. Nahezu alle in Deutschland hergestellten Kettenfahrzeuge fahren mit MTU-Motoren. Insgesamt lieferte das Unternehmen bis 1990 rund 20.000 Dieselmotoren für die Kettenfahrzeuge der Bundeswehr sowie verbündeter Armeen

Abb. 14.18 Blick in die Kurbelgehäusefertigung. *Im Vordergrund* das Kurbelgehäuse eines 7.400-kW-(10.060-PS-)Schiffsmotors

Abb. 14.19 Auch für schwere Muldenkipper eignen sich MTU-Motoren aufgrund ihrer Kompaktheit und hohen Leistung. Dieses Fahrzeug einer australischen Eisenerzmine mit einer Eigenmasse von 150 t und einer Ladekapazität von 240 t hat als Antrieb einen 16-Zylinder-Motor der MTU-Baureihe 396 mit 1.840 kW (2.500 PS)

Abb. 14.20 Montage eines Schiffsdieselmotors der Baureihe 1163 für größere Behördenschiffe und Yachten

Abb. 14.21 1990 stellte die MTU die neue Baureihe 595 vor (5,95 dm^3 Volumen je Zylinder), deren Motoren sowohl für den Hochleistungseinsatz als auch für die Daueranwendung konzipiert wurden. Die MTU hat in diese neue Baureihe die Summe der technischen Entwicklungs- und Forschungsergebnisse der letzten Jahrzehnte einfließen lassen. Hier absolviert ein 3.240 kW (4.400 PS) starker Zwölfzylinder-Motor einen Prüfstandslauf

Abb. 14.22 MTU-Großdieselmotoren, fertig zum Versand: *links* in Kisten verpackt Motoren, die für Industrietraktoren in der damaligen Sowjetunion bestimmt waren; *rechts* Schiffsmotoren der Baureihe 538 (5,38 dm^3 Zylindervolumen), die 1949/50 von Karl Maybach und seinen Mitarbeitern entwickelt, im Laufe der Jahrzehnte optimiert und von der MTU noch in den neunziger Jahren verkauft wurden

Tafeln zu Teil II

15

Wilhelm Treue

Tafel 15.1 An Bord von Luftschiffen durfte im Ersten Weltkrieg nicht fotografiert werden. Um den Lesern trotzdem einen Eindruck vom Geschehen an Bord zu vermitteln, ließ die Leipziger »Illustrirte Zeitung« den Marinemaler Felix Schwormstädt an einer Feindfahrt im Luftschiff teilnehmen. Der Titel dieser Zeichnung lautet: »In der Führergondel eines Zeppelin-Luftschiffes während einer Angriffsfahrt über England«

Ergänzende Information Die elektronische Version dieses Kapitels enthält Zusatzmaterial, auf das über folgenden Link zugegriffen werden kann https://doi.org/10.1007/978-3-658-37065-7_15.

W. Treue (✉)
Göttingen, Deutschland
E-Mail: customerservice@springernature.com

E. Eckermann, W. Treue, S. Zima (Hrsg.), *Technikpionier Karl Maybach*, https://doi.org/10.1007/978-3-658-37065-7_15

Tafel 15.2 Vom 24. bis 31. Juli 1931 führte LZ 127 »Graf Zeppelin« eine Forschungsfahrt in die Arktis durch. Das Ölgemälde von Alexander Kircher aus dem Jahre 1931 zeigt das Treffen von LZ 127 und dem sowjetischen Eisbrecher »Malygin«, mit dem Philatelistenpost ausgetauscht wurde

Tafel 15.3 Dieser sechszylindrige Maybach W 5 (Karosserie Friederichs/Frankfurt a. M., Baujahr 1926) ist der älteste noch existierende Maybach-Wagen. Erstbesitzer war Dr. Vogler, ein Leibarzt des Sängers Enrico Caruso. Der Wagen nimmt heute noch an den Treffen des Maybach-Clubs teil

Tafel 15.4 Ein »kleiner« Maybach! Schwingachswagen SW 38, Baujahr 1937, in einer Ausführung als viertüriges Cabriolet, Karosserie Reutter/ Stuttgart

Tafel 15.5 Auch dieser Maybach »Zeppelin«, Baujahr 1930, mit Spohn-Karosserie ist heute noch fahrtüchtig. Von den rund 1800 Fahrzeugen, die von Maybach gebaut wurden, existieren noch etwa 160

Tafel 15.6 Ein technisch wie zeitgeschichtlich bemerkenswertes Exemplar der Maybach-Wagen ist dieser Zwölfzylinder DS 8 »Zeppelin«. Karosserie Spohn/Ravensburg, Baujahr 1930–1934. Erstbesitzer war Reichsaußenminister Joachim von Ribbentrop

Tafel 15.7 Ein Zwölfzylinder DS 8 »Zeppelin«, Baujahr 1934, Karosserie Spohn/Ravensburg, beim Maybach-Club-Treffen 1989 in Schramberg/ Schwarzwald

Tafel 15.8 c_w-Wert hin, c_w-Wert her! Welches unserer heutigen Automobile kann mit einer solchen Frontpartie aufwarten?

Tafel 15.9 Einfach und übersichtlich: das Armaturenbrett eines Maybach-SW-Wagens

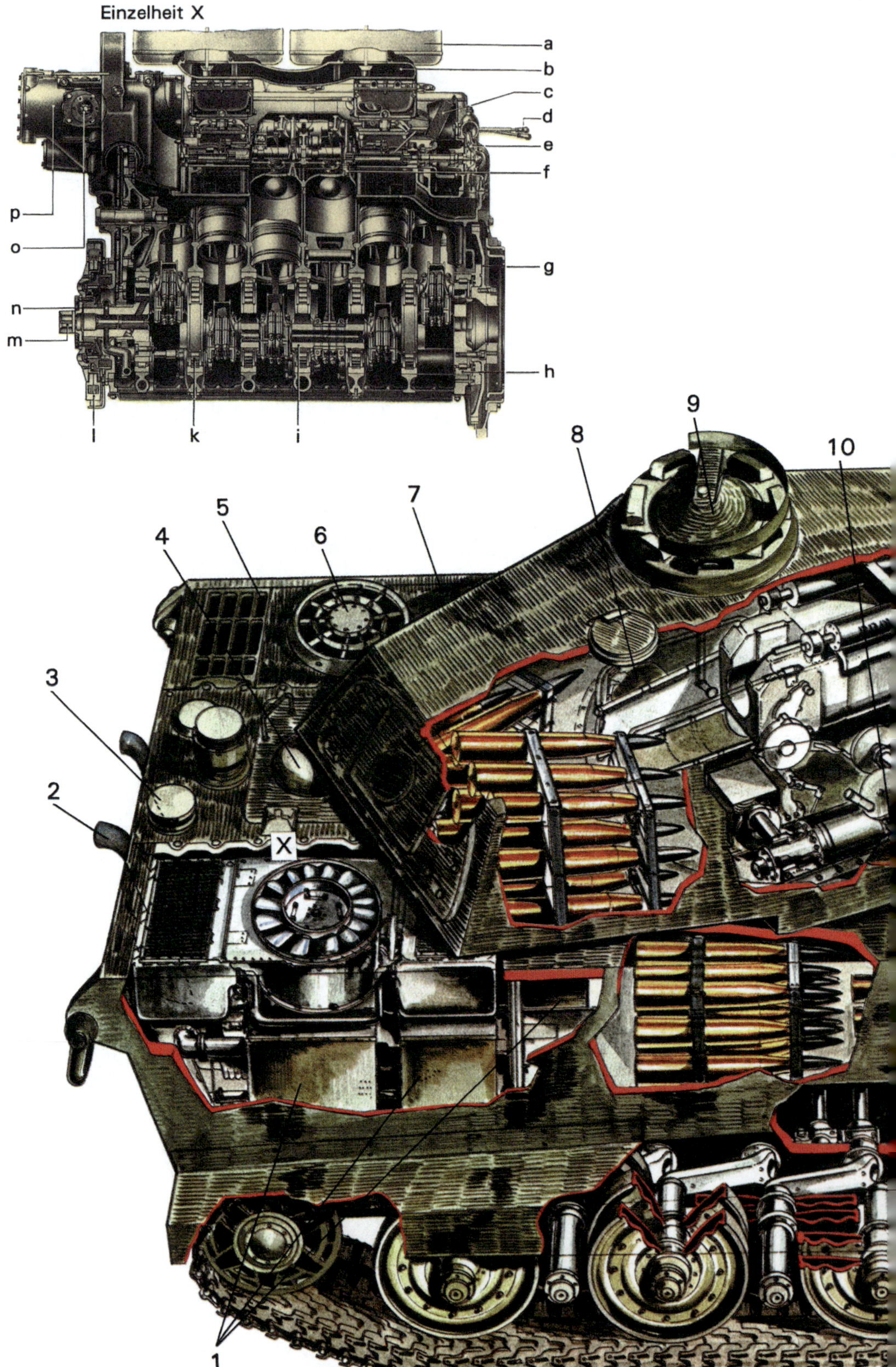
Einzelheit X
a
b
c
d
e
f
g
h
i
k
l
m
n
o
p
1
2
3
4
5
6
7
8
9
10
X

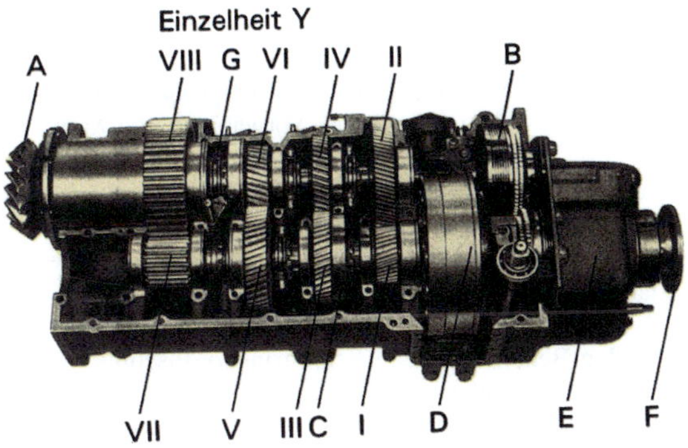

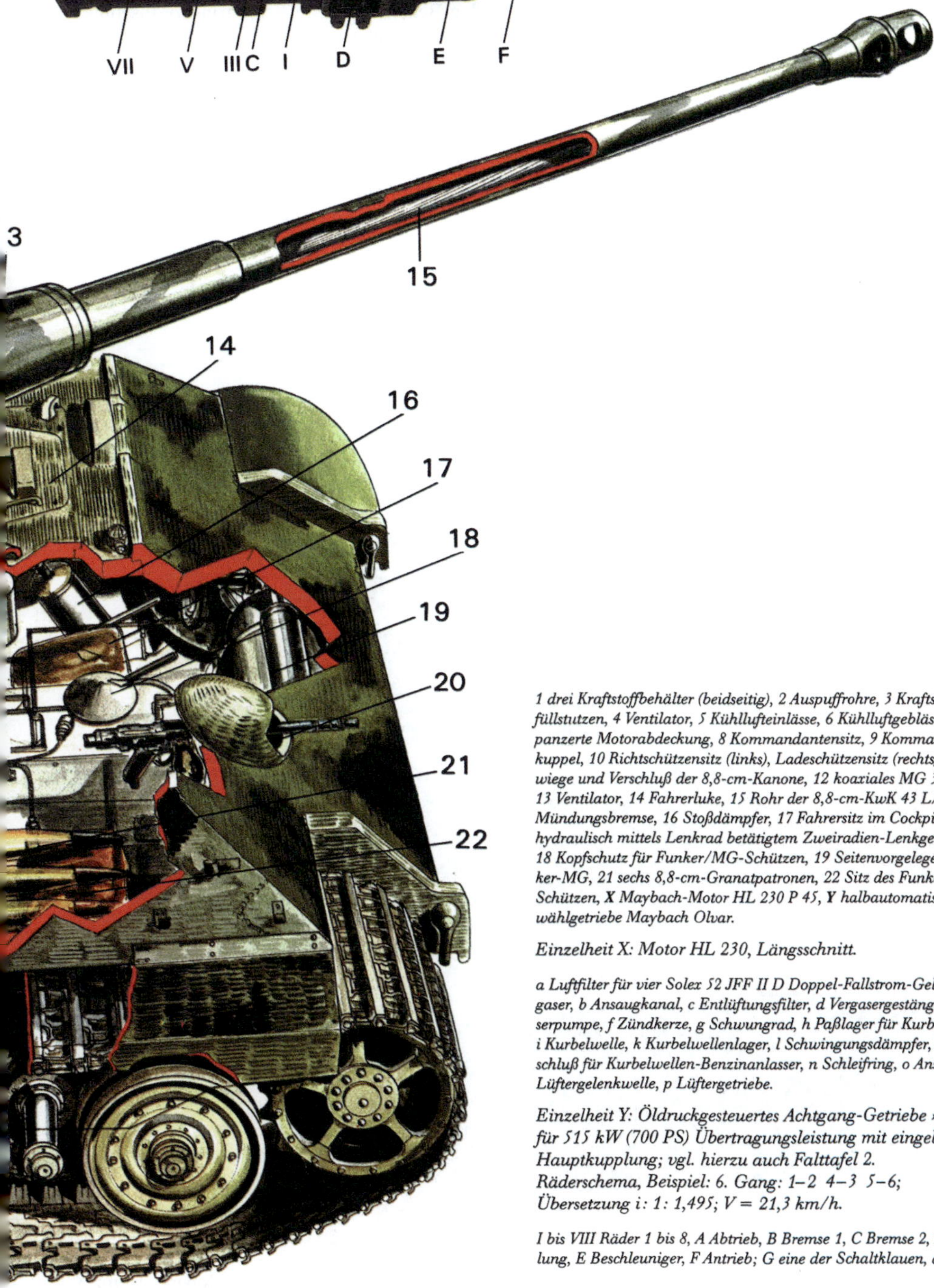

*1 drei Kraftstoffbehälter (beidseitig), 2 Auspuffrohre, 3 Kraftstoff-Einfüllstutzen, 4 Ventilator, 5 Kühllufteinlässe, 6 Kühlluftgebläse, 7 gepanzerte Motorabdeckung, 8 Kommandantensitz, 9 Kommandantenkuppel, 10 Richtschützensitz (links), Ladeschützensitz (rechts); 11 Rohrwiege und Verschluß der 8,8-cm-Kanone, 12 koaxiales MG 34, 13 Ventilator, 14 Fahrerluke, 15 Rohr der 8,8-cm-KwK 43 L/71 mit Mündungsbremse, 16 Stoßdämpfer, 17 Fahrersitz im Cockpit mit hydraulisch mittels Lenkrad betätigtem Zweiradien-Lenkgetriebe, 18 Kopfschutz für Funker/MG-Schützen, 19 Seitenvorgelege, 20 Funker-MG, 21 sechs 8,8-cm-Granatpatronen, 22 Sitz des Funkers/MG-Schützen, **X** Maybach-Motor HL 230 P 45, **Y** halbautomatisches Vorwählgetriebe Maybach Olvar.*

Einzelheit X: Motor HL 230, Längsschnitt.

a Luftfilter für vier Solex 52 JFF II D Doppel-Fallstrom-Geländevergaser, b Ansaugkanal, c Entlüftungsfilter, d Vergasergestänge, e Wasserpumpe, f Zündkerze, g Schwungrad, h Paßlager für Kurbelwelle, i Kurbelwelle, k Kurbelwellenlager, l Schwingungsdämpfer, m Anschluß für Kurbelwellen-Benzinanlasser, n Schleifring, o Anschluß für Lüftergelenkwelle, p Lüftergetriebe.

Einzelheit Y: Öldruckgesteuertes Achtgang-Getriebe »Olvar« für 515 kW (700 PS) Übertragungsleistung mit eingebauter Hauptkupplung; vgl. hierzu auch Falttafel 2.
Räderschema, Beispiel: 6. Gang: 1–2 4–3 5–6;
Übersetzung i: 1: 1,495; V = 21,3 km/h.

I bis VIII Räder 1 bis 8, A Abtrieb, B Bremse 1, C Bremse 2, D Kupplung, E Beschleuniger, F Antrieb; G eine der Schaltklauen, ausgerückt.

◄ **Tafel 15.10** Anfang 1944 ging bei Henschel der Panzer VI Ausf. B (»Tiger II«) – »Königstiger« genannt – in Serie. Gegenüber dem »Tiger I« war dieses Fahrzeug, das wegen der angestrebten Baugleichheit für die Zulieferindustrie und das Ersatzteilwesen völlig neu konstruiert wurde, um 11.000 kg schwerer, was allein durch Vergrößerung des Hubvolumens und mithin die Leistungssteigerung des HL-230-Motors nicht mehr kompensiert werden konnte, weshalb der Panzer unter Fachleuten als untermotorisiert galt. Dennoch war der »Königstiger« ein ungeheuer eindrucksvolles Fahrzeug, das neben der Untermotorisierung nur noch einen Fehler hatte: Gegenüber der drückenden Materialüberlegenheit der Alliierten verfügten die deutschen Verbände über viel zu wenige Panzer dieses Typs.
Gefechtsmasse: 68.000 kg, Höchstgeschwindigkeit: 40 km/h, Fahrbereich: 120 km, Bewaffnung: eine 8,8-cm-KwK 34 L/71 und zwei MG, Besatzung: 5 Mann
1 drei Kraftstoffbehälter (beidseitig), *2* Auspuffrohre, *3* Kraftstoff-Einfüllstutzen, *4* Ventilator, *5* Kühllufteinlässe, *6* Kühlluftgebläse, *7* gepanzerte Motorabdeckung, *8* Kommandantensitz, *9* Kommandantenkuppel, *10* Richtschützensitz (*links*), Ladeschützensitz (*rechts*); *11* Rohrwiege und Verschluss der 8,8-cm-Kanone, *12* koaxiales MG 34, *13* Ventilator, *14* Fahrerluke, *15* Rohr der 8,8-cm-KwK 43 L/71 mit Mündungsbremse, *16* Stoßdämpfer, *17* Fahrersitz im Cockpit mit hydraulisch mittels Lenkrad betätigtem Zweiradien-Lenkgetriebe, *18* Kopfschutz für Funker/MG-Schützen, *19* Seitenvorgelege, *20* Funker-MG, *21* sechs 8,8-cm-Granatpatronen, *22* Sitz des Funkers/MG-Schützen, × Maybach-Motor HL 230 P 45, *y* halbautomatisches Vorwählgetriebe Maybach »Olvar«.
Einzelheit X: Motor HL 230, Längsschnitt
a Luftfilter für vier Solex 52 JFF II D Doppel-Fallstrom-Geländevergaser, *b* Ansaugkanal, *c* Entlüftungsfilter, *d* Vergasergestänge, *e* Wasserpumpe, *f* Zündkerze, *g* Schwungrad, *h* Passlager für Kurbelwelle, *i* Kurbelwelle, *k* Kurbelwellenlager, *l* Schwingungsdämpfer, *m* Anschluss für Kurbelwellen-Benzinanlasser, *n* Schleifring, *o* Anschluss für Lüftergelenkwelle, *p* Lüftergetriebe
Einzelheit Y: Öldruckgesteuertes Achtganggetriebe »Olvar« für 515 kW (700 PS) Übertragungsleistung mit eingebauter Hauptkupplung (vgl. hierzu auch Falttafel 2, Erläuterungen zu den Falttafeln s. Anhang)
Räderschema, Beispiel: 6. Gang: 1-2 4-3 5-6
Übersetzung i: 1 : 1,495; V = 21,3 km/h
I bis VIII Räder 1 bis 8, *A* Abtrieb, *B* Bremse 1, *C* Bremse 2, *D* Kupplung, *E* Beschleuniger, *F* Antrieb; *G* eine der Schaltklauen, ausgerückt

Tafel 15.11 Bei einer Panzererprobung am Gehrenberg 1943 entschied Reichsminister Albert Speer (*vorn*), dass das Olvar-Getriebe von Maybach in den »Tiger« eingebaut werden sollte. Mit im Fahrwerk (*von links nach rechts*): Dipl.-Ing. Markus von Kienlin, Leiter der Panzererprobung beim Maybach-Motorenbau; Generaloberst Heinz Guderian(?); ein Maybach-Monteur; Dipl.-Ing. Ernst Kniepkamp vom Heereswaffenamt sowie Prof. Ferdinand Porsche, Mitkonstrukteur des »Tiger«

Tafel 15.12 1957 wurden von der Deutschen Bundesbahn neu entwickelte TEE-Züge vom Typ VT 11.5 (später Baureihe 601) in Dienst gestellt. Wie bei den V-200-Lokomotiven mussten die Motoren der Firmen Daimler-Benz, MAN und Maybach gegeneinander austauschbar sein. Jeder Zug hatte zwei 809 kW (1.100 PS) starke Motoren und erreichte eine Höchstgeschwindigkeit von 160 km/h

Tafel 15.13 Titelblatt eines der ersten Maybach-Prospekte zu Beginn der fünfziger Jahre. Mit der »neuen Art der Dieselzugförderung« waren sogenannte Schlepptriebwagen gemeint, die man aus den Triebwagen der dreißiger Jahre ableiten und Personen- und Güterzügen vorspannen wollte. Sie sollten das »Kernstück« der künftigen Dieselzugförderung bilden. Das Hauptanwendungsgebiet der reinen Diesellokomotive, die damals ganz neu entwickelt wurde, sah man fälschlicherweise ausschließlich im Rangierdienst

Tafel 15.14 In den fünfziger Jahren fand der schnelllaufende Dieselmotor wegen seiner geringen Masse Eingang in den Erdölbohrbetrieb. Die kompakten Aggregate, bestehend aus Motor, hydraulischem Getriebe und darüber angeordneter Kühlergruppe, waren gut transportabel – eine wichtige Eigenschaft für diesen Anwendungsfall

Teil III

Hochleistungsmotoren

Die technischen Entwicklungen der Maybach-Motorenbau GmbH

Von Prof. Dr.-Ing. Stefan Zima VDI mit Ergänzung von Dr. Alfred Gottwaldt

16 Einführung

Stefan Zima

In den Veranstaltungen, Vorträgen und Veröffentlichungen anlässlich des hundertjährigen Jubiläums des Automobils wurde auch die Erinnerung an den Namen Maybach wieder wachgerufen, an Wilhelm Maybach, den Schöpfer des modernen Autos, den »König der Konstrukteure«, wie er von Zeitgenossen genannt wurde, und an seinen Sohn Karl Maybach, Erbauer exklusiver Luxusfahrzeuge.

Anders als heute war früher, in der Zeit zwischen den beiden Weltkriegen, der Name Maybach in Deutschland in aller Munde, nicht nur weil er als Synonym für Spitzenleistungen im Automobilbau galt, sondern wegen der im wahren Sinne des Wortes »Aufsehen« erregenden Fahrten der Luftschiffe und der Geschwindigkeitsrekorde der Schnelltriebwagen. Doch es war das Vordergründige, das Spektakuläre, worauf sich hier die Perspektive verkürzte, denn die Antriebsanlagen jener Fahrzeuge, die Maybach-Motoren und -Getriebe, verborgen in Motorgondeln und Motorräumen, sah man nicht. Als dann zu Beginn des Zweiten Weltkrieges der Bau von Maybach-Fahrzeugen aufgegeben werden musste, verblasste die Erinnerung an den großen Namen. Motoren und Getriebe vermögen nun einmal nicht die Fantasie so zu beflügeln, wie es Automobile tun.

Karl Maybach hatte sich schon während seiner Ausbildung und mit Beginn seiner beruflichen Tätigkeit dem schnelllaufenden Verbrennungsmotor verschrieben. Zuerst entwickelte er einen Kraftwagenmotor, dann wandte er sich auf Anraten und mit Unterstützung seines Vaters größeren Aufgaben zu.

Die technischen Entwicklungen der später nach ihm benannten Maybach-Motorenbau GmbH haben sich folgerichtig, ja zwangsläufig aus dem Gründungszweck des Unternehmens ergeben, nämlich »Erfahrungen und Patente für den Bau von Motoren für Luftschiffe« auszuwerten. Diese Formulierung ist eigentlich ein Euphemismus, denn Motoren für Luftschiffe konnte man nicht einfach »bauen«, sie mussten zuvor entwickelt werden! Heute eine triviale Feststellung, war diese Erkenntnis – besser gesagt: Erfahrung – in der zweiten Dekade unseres Jahrhunderts neu.

Wie so oft bei gängigen Begriffen ist die Schnellläufigkeit, ein Charakteristikum Maybach'scher Motoren, eine Chiffre für tiefgreifende und verwickelte physikalisch-technische Zusammenhänge; man denke nur an den Komplex der Gestaltfestigkeit oder des Schwingungsverhaltens. Solche Zusammenhänge galt es in ihrem Wechselspiel überhaupt erst einmal zu durchschauen. Hinzu kommt, dass mit Hochleistungsmotoren Widerstrebendes vereint werden soll: große Leistungen und niedriges Gewicht. Dass der Bau solcher Motoren deshalb ein anderes Vorgehen als im allgemeinen Maschinenbau verlangte, dessen war sich Karl Maybach durchaus bewusst. Hochleistungsmotoren zu entwickeln hieß (und heißt) Grenzen, wie sie der Stand der Technik setzt, durch Grundlagenarbeit in der Thermodynamik und Verbrennungstechnik, der Strömungsmechanik und der Maschinendynamik oder der Festigkeit und der Werkstofftechnik zu erweitern. Solchermaßen musste die Entwicklung in die Tiefe gehen, aber auch in die Breite, weil der Motor als »thermisches Kraftwerk« für seine Funktion verschiedene, sorgsam auf die jeweiligen Bedingungen und den speziellen Verwendungszweck abgestimmte Hilfseinrichtungen benötigt. Dieses Zubehör muss nicht weniger aufwendig entwickelt werden als der Motor selbst. Doch auch damit ist es noch nicht getan: Die hohe Drehzahl, Voraussetzung für Fahrzeugmotoren, verhindert gleichzeitig den direkten Antrieb der Fahrzeuge durch den Motor. Damit schnelllaufende Motoren und Fahrzeuge miteinander arbeiten können, bedarf es sogenannter Kennungswandler (Getriebe). Kurzum, der erfolgreiche Einsatz schnelllaufender Hochleistungsmotoren verlangt eine in ihrer Grundkonzeption schlüssige Antriebsanlage. Das hatte Karl Maybach von Anfang an erkannt und die »Schaffung einer organisch kompletten Antriebsanlage« im Auge gehabt.

S. Zima (✉)
Gießen, Deutschland
E-Mail: customerservice@springernature.com

E. Eckermann, W. Treue, S. Zima (Hrsg.), *Technikpionier Karl Maybach*, https://doi.org/10.1007/978-3-658-37065-7_16

Der Erfolg der Maybach'schen Antriebsanlagen beruht auch und vor allem auf der aufwendigen Arbeit am Detail und der hohen Fertigungsqualität, doch wusste Karl Maybach aus Intuition und später auch aus Erfahrung, dass stetes Weiterentwickeln allein auf die Dauer nicht genügte, sondern dass – an einem bestimmten Entwicklungsstand angelangt – neue, grundsätzlich andere Lösungen gefunden werden mussten. Fantasievoller Ingenieur und begabter Konstrukteur, der er war, brachte er stets Vision und Realität unter der Prämisse des jeweils Möglichen in Einklang.

Luftschiff- und Flugzeugmotoren 1909 bis 1918

17

Stefan Zima

17.1 Der Anfang

Das Unglück von Echterdingen am 5. August 1908, bei dem das Luftschiff LZ 4 von Ferdinand Graf Zeppelin nach einer bis dahin erfolgreichen Rundfahrt durch eine Sturmbö von seiner Verankerung losgerissen wurde und in Flammen aufging, löste in Deutschland spontan eine Woge der Sympathiebekundungen und der Unterstützung für das Werk des Grafen aus. Wilhelm Maybach, der bereits während seiner Tätigkeit bei der Daimler-Motoren-Gesellschaft (DMG) mit dem Grafen Zeppelin zu tun gehabt hatte, wandte sich nach dem Unglück von Echterdingen mit einem Schreiben an den Grafen. Darin lenkte er dessen Aufmerksamkeit auf einen neuen, von seinem Sohn Karl Maybach für eine französische Studiengesellschaft entwickelten Motor. Dieser Motor sei aufgrund seiner Bauart und Leistungsstärke zum Antrieb besonders von Luftschiffen geeignet. Der Graf ging auf diesen Vorschlag ein, nahm Kontakt mit den Maybachs auf, und so kam es schließlich am 23. März 1909 zur Gründung der »Luftfahrzeug-Motorenbau-Gesellschaft m. b. H« mit Sitz in Bissingen an der Enz (LMG). Später schilderte Graf Zeppelin die Situation so:

> »... Es ist sehr erschwerend für die Entwicklung der Luftschiffahrt gewesen, daß es sich für die Motorenbauer nicht lohnte, Aufwendungen an Zeit und Geld an die Herausbringung einer für die Luftschiffahrt durch Betriebssicherheit, leichte Zugänglichkeit und geringes Gewicht zur PS besonders geeigneten Maschine zu wenden. Es blieb nichts übrig, als zur Selbstanfertigung von Motoren zu schreiten, was durch Ausführung der von den Herren Maybach Vater und Sohn erdachten und allmählich vervollkommneten Type in glücklichster Weise gelang ... «[1]

Welches Vertrauen der Graf in das Können der Maybachs setzte, ersieht man daraus, dass er die Verbindung zur damals schon renommierten DMG zugunsten eines noch nicht existierenden Unternehmens aufgab. Vielleicht sah er Parallelen zu seinem eigenen Lebenswerk; schließlich hatte ja auch er unmöglich Scheinendes möglich gemacht. Da das junge Unternehmen noch nicht über eine eigene Fertigungsstätte verfügte, wurde Bissingen an der Enz (Württemberg) Firmensitz, wo einer der Mitgesellschafter, G. F. Grotz, eine kleine Maschinenfabrik besaß, in der unter anderem Kurbelwellen für Automobilmotoren hergestellt wurden.

Mit den Vorentwürfen für den Luftschiffmotor hatte Karl Maybach schon vor dem Gründungstermin der LMG begonnen (Abb. 17.1); als Konstruktionsbüro diente seine Wohnung in Stuttgart. Bei der Ausführung der Zeichnungen in Bissingen half ihm ein Bekannter, der Ingenieur (und Mitgesellschafter) Karl Kessler. Täglich pendelte Maybach zwischen Stuttgart und Bissingen, abwechselnd konstruierend und sich um die Fertigung sowie die Beschaffung der Motorteile kümmernd. Die Arbeiten gingen zügig voran; schon im September 1909 kam der neue Motor, Typ AZ, auf den Prüfstand[2] und machte seine ersten Umdrehungen. Wie die Erprobung des AZ vonstattenging, beschreibt der erste Versuchsbericht der LMG:

> »... Nachdem der Motor in seinem Aufbau Anfang August fertiggestellt war, wurde derselbe zu eingehenden Versuchen auf die Probierbank genommen. Zu diesem Zweck wurde in der Maschinenfabrik G. F. Grotz ein Fundament hergestellt, das Motor und Bremsvorrichtung aufnahm. Zunächst wurde der Motor mehrere Tage und Nächte an der Fabriktransmission ohne eigene Kraftabgabe angetrieben, um alle seine beweglichen Teile gut ineinander laufen zu lassen ... Seine Dauerproben hat der Motor an einem 2-armigen Windflügel von 2,2 m Durchmesser geleistet, der so zugeschnitten wurde, daß der Motor bei seiner größten Kraftentfaltung 1.100 Touren macht. Hierbei ist der Benzinverbrauch ein sehr günstiger ... Leider konnte nicht mit Sicherheit konstatiert werden, welche Kraft der Motor effektiv leistet. Unsere hierfür gebaute Bremsvorrichtung, als sogenannte Zaumbremse [Anmerkung: gemeint ist ein Pronyscher Zaum] ausgebildet, hat dieser Kraft des Motors nicht standgehalten und

[1] Graf von Zeppelin, Dornier: *Über Zeppelin-Luftschiffe*. Jahrbuch STG 16 (1915), S. 178/191.

[2] Der Ausdruck »Prüfstand« ist, denkt man an die schallisolierten, automatisch überwachten und rechnergesteuerten Prüfstände von heute, ein Euphemismus.

S. Zima (✉)
Gießen, Deutschland
E-Mail: customerservice@springernature.com

E. Eckermann, W. Treue, S. Zima (Hrsg.), *Technikpionier Karl Maybach*, https://doi.org/10.1007/978-3-658-37065-7_17

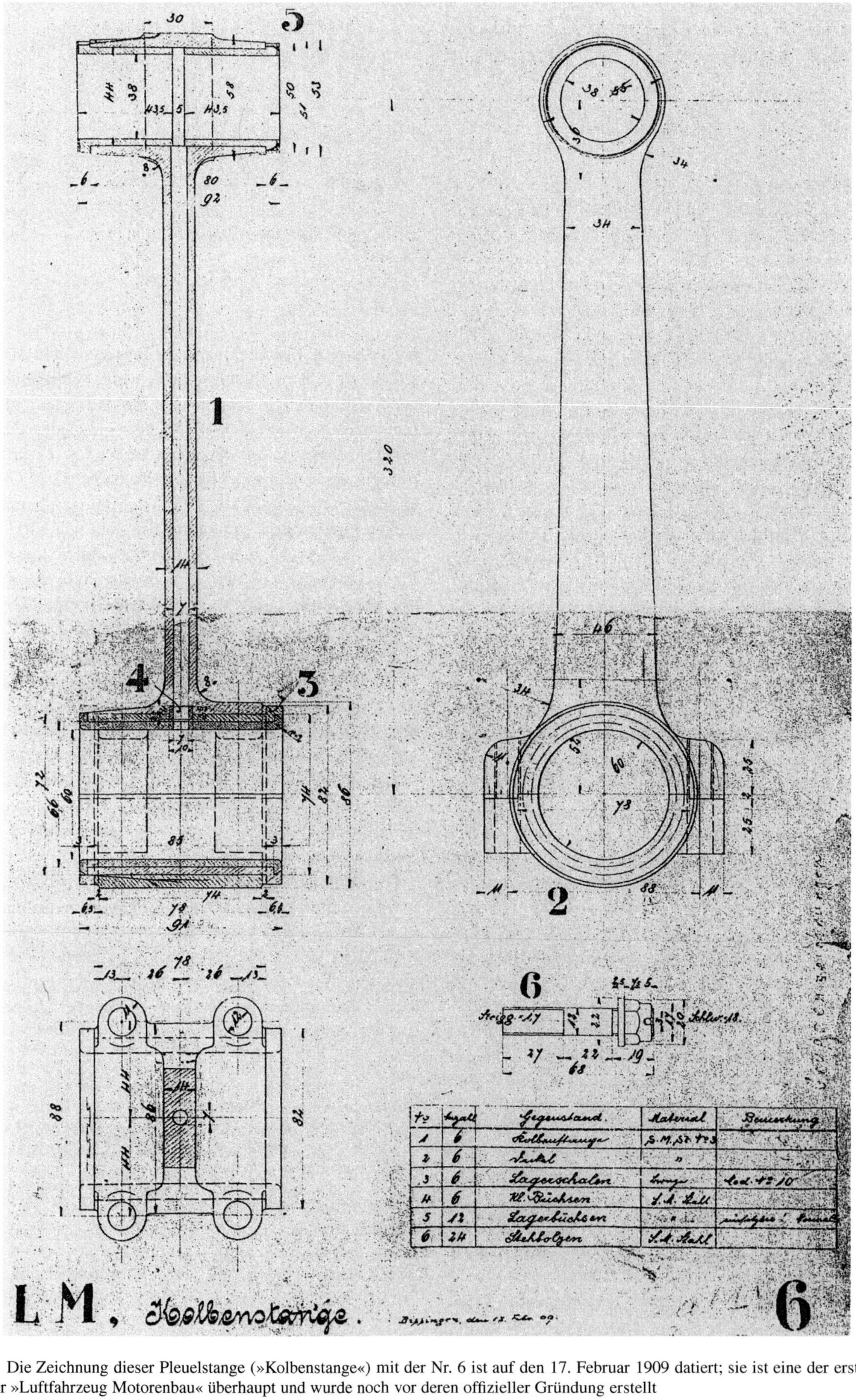

Abb. 17.1 Die Zeichnung dieser Pleuelstange (»Kolbenstange«) mit der Nr. 6 ist auf den 17. Februar 1909 datiert; sie ist eine der ersten Zeichnungen der »Luftfahrzeug Motorenbau« überhaupt und wurde noch vor deren offizieller Gründung erstellt

ist unter der außergewöhnlich hohen Anstrengung in Trümmer gegangen ... «[3]

Die aus unserer Sicht unglaublich kurze Zeitspanne von den ersten konstruktiven Entwürfen bis zum lauffähigen Motor erklärt sich zum einen daraus, dass sich Karl Maybach in der Konzeption, d. h. im Grundaufbau, auf den – im regen Gedankenaustausch mit seinem Vater Wilhelm Maybach – für den Comte de Lavalette in Frankreich konstruierten Fahrzeugmotor stützen konnte, zum anderen aus der Arbeitsweise eines Kleinbetriebes im ersten Jahrzehnt dieses Jahrhunderts. Der Konstrukteur brachte die Zeichnungen in die Werkstatt, besprach das Nötige mit dem Meister, woraufhin mit der Fertigung begonnen wurde. Es gab keine Betriebsorganisation, Arbeitsvorbereitung, Normenabteilung oder Wertanalyse, wie sie heute unverzichtbar für eine moderne Serien- und Präzisionsfertigung sind. Entsprechend kurz war die Durchlaufzeit von der Erstellung der Zeichnung bis zum fertigen Teil. Man musste sich mit sehr beschränkten Mitteln behelfen und viel improvisieren. Der Ingenieur G. Burr, ein Mitarbeiter Karl Maybachs seit 1912, hat später die Arbeitsbedingungen und Arbeitsweise der frühen Jahre des Maybachschen Motorenbaus anschaulich geschildert:

»Während des ersten Halbjahres kamen sämtliche Motorenteile von Grotz-Bissingen und von Ziemann-Stuttgart. Unsere Arbeit bestand im Be- und Nachbearbeiten von Versuchsteilen und Auswärtsteilen. Da wir noch keine Messwerkzeuge, außer unser eigenen, hatten, mussten alle Passarbeiten mit der Schieblehre und dem Loch- und Greifzirkel gemessen werden. Die Toleranzen wurden nach Erfahrungswerten angesetzt. Als erstes Messwerkzeug bekamen wir einen Außenmikrometer zum Messen von Kolben. Die Kontrolle wurde von den Monteuren vorgenommen.

Schwierigkeiten machte das Ausgießen der ersten Pleuel (sie hatten noch keine Lagerschalen). Da die Teile eilten, hatte ich keine Zeit zum Anfertigen von Gießvorrichtungen. Ich machte mir eine Vorrichtung von Harthölzern und strich sie mit Lehm aus. Eine solche Vorrichtung reichte für einen Satz Pleuel, dann war sie verbrannt, aber es ging. ... Werkzeuge waren damals sehr teuer, und das Geld war knapp. Wir benötigten dringend einen Spiralbohrer mit ca. 30 mm Durchmesser zum Bohren der Löcher für die Ventilstößel. Ich besorgte mir ein Stück Werkzeugstahl, schmiedete das Profil heraus und verdrehte das Stück im warmen Zustand. Darauf überdrehte ich das Werkzeug auf Schleifmaß, feilte das Profil aus und härtete den Bohrer. Inzwischen hatten wir eine richtige Schmiede-Esse bekommen. Der Bohrer wurde nun auf Maß geschliffen und angespitzt. Wir haben den ganzen Ersten Weltkrieg mit diesem Bohrer gearbeitet, er hatte sich rentiert ... «[4]

Nachdem in mehreren Versuchsläufen die Leistung und der Verbrauch des AZ-Motors gemessen, kleinere Unzulänglichkeiten beseitigt worden waren und der Motor seine Standfestigkeit für die geforderte Leistung bewiesen hatte, wurde im Dezember 1909 der Abnahmelauf beim Luftschiffbau Zeppelin (LZ) in Friedrichshafen durchgeführt. Der AZ absolvierte diesen Lauf störungsfrei; eine in den Abnahmebedingungen zugestandene Unterbrechung von 15 Minuten brauchte nicht in Anspruch genommen werden, sodass der LZ den Lauf um zwei Stunden verkürzte. Anschließend wurde der Motor demontiert und die einzelnen Teile begutachtet – »befundet«, wie es in der Ausdrucksweise der Techniker heißt.

Mit sechs Zylindern von 160 mm Bohrung und 170 mm Hub leistete der AZ-Motor 107 kW (145 PS) bei 1.100 min^{-1}. In seinem konstruktiven Aufbau weist er jene Merkmale auf, die auch für die folgenden Maybachschen Flugmotoren charakteristisch sind: wassergekühlter Viertakt-Ottomotor in Sechszylinder-Reihenbauweise. Auf das niedrige zweiteilige Aluminium-Kurbelgehäuse sind die einzelnen Stahlzylinder aufgesetzt. Zylinderkopf und -buchse sind miteinander verschraubt. Die Kurbelwelle ist siebenfach im Kurbelgehäuse-Oberteil und in den angehängten Lagerbrücken gleitgelagert (Abb. 17.2). Im Vergleich zu den Luftschiffmotoren anderer Hersteller fällt der AZ durch seine klare, ruhige Linienführung und durch seinen übersichtlichen Aufbau auf, bedingt durch gleiche Zylinderabstände und durch die »organische« Anordnung des Motorzubehörs, auf die Karl Maybach auch später stets großen Wert legte. Der Gaswechsel wurde durch zwei stehende Ein- und Auslassventile je Zylinder gesteuert. Diese für die Brennraumform ungünstige Ventilanordnung erklärt sich aus der Forderung, dass während der Fahrt die Möglichkeit gegeben sein musste, am stillgesetzten Motor Wartungs- und Reparaturarbeiten durchzuführen. Die Gemischbildung erfolgte durch zwei Vergaser, bei denen Haupt-, Nebenluft und Kraftstoffmenge abhängig von der Drehzahl und der Belastung gesteuert wurden.

Diese Vergaser waren »brandsicher«, weil eine Überlaufvorrichtung für gleich bleibenden Kraftstoffspiegel sorgte und der von der Kraftstoffpumpe über den Bedarf des Motors geförderte Kraftstoff in ein sogenanntes Rücklaufgeschirr abfloss (vgl. auch S. 308f.). Bei Vergasern mit der üblichen Schwimmerregelung der Kraftstoffzufuhr lief bei Hängenbleiben der Schwimmernadel die Schwimmerkammer voll, sodass der überschüssige Kraftstoff aus der Düse austrat. Das konnte dann einen Flammenrückschlag und, dadurch ausgelöst, einen Vergaser- und Motorbrand zur Folge haben. Für einen Luftschiffmotor barg das ein unkalkulierbares Risiko. Wegen der Brandgefahr waren auch die Abgasleitungen wassergekühlt. Das Gemisch wurde durch zwei Zündkerzen je Zylinder, aus unabhängigen Zündstromanlagen gespeist, gezündet. Die Zündung wurde von einem Regler automatisch in Abhängigkeit von der Drehzahl verstellt. Dies war keineswegs eine Selbstverständlichkeit; bei den Fahrzeugmotoren musste die Zündung z. T. noch bis in die zwanziger Jahre von Hand verstellt werden. Bei Überschreiten der

[3] Bericht über den Stand der Arbeiten am Luftschiffmotor 140 HP vom 22. September 1909.

[4] G. Burr sen.: *Wie ich zu Maybach kam und wie es weiterging*. MTU-Archiv.

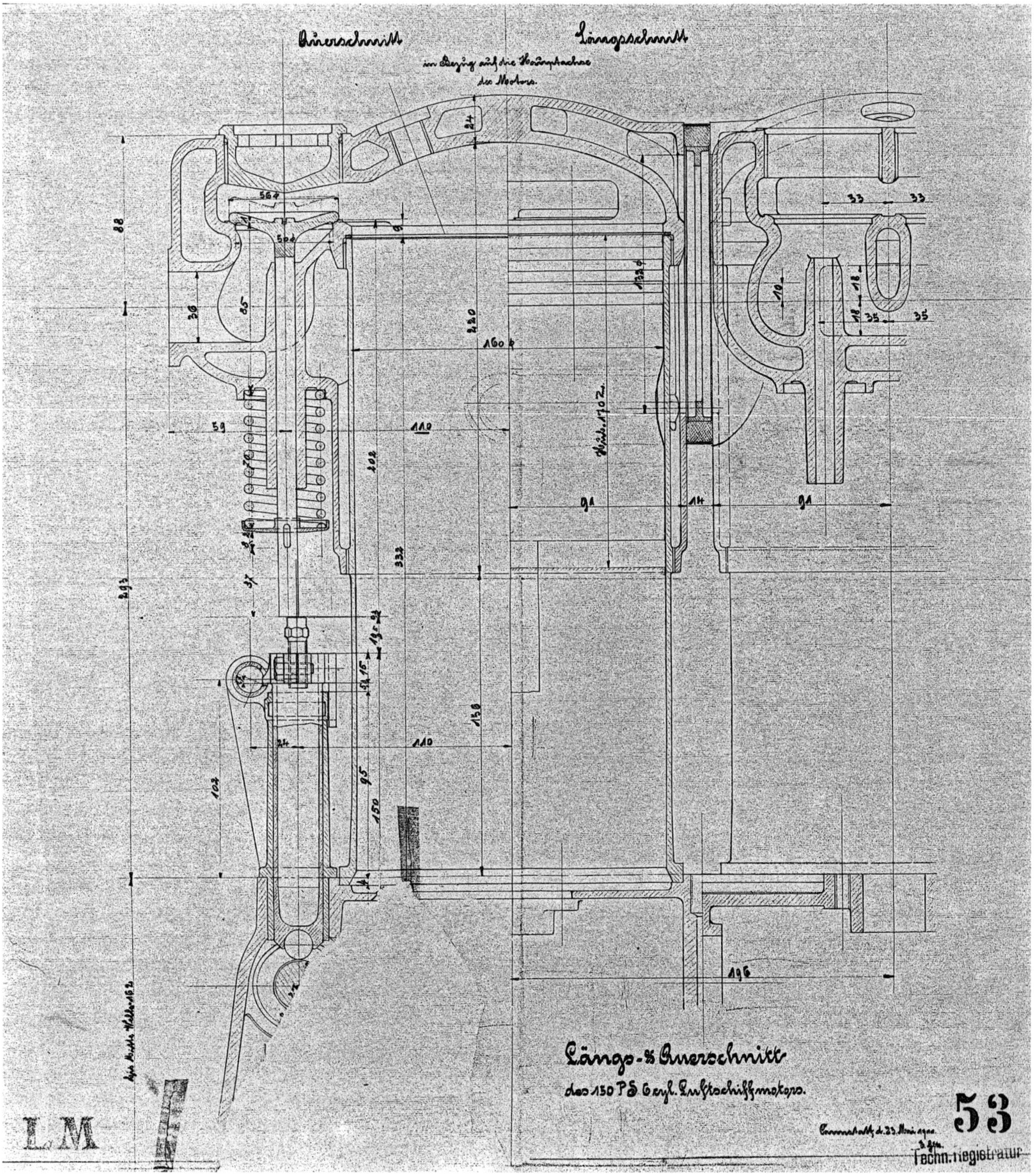

Abb. 17.2 Querschnitt des Luftschiffmotors AZ, Ausführung von 1911. Wassergekühlter Viertakt-Ottomotor in Sechszylinder-Reihenbauart; Bohrung 160 mm, Hub 170 mm, Hubraum 22.195 cm^3, Leistung 107 kW (145 PS) bei 1.100 min^{-1}

Abb. 17.3 Luftschiff LZ 10 »Schwaben« (hier mit pastoralem Vordergrund) über dem Gelände des Luftschiffbau Zeppelin. LZ 10 wurde durch drei AZ-Motoren von zusammen 320 kW (435 PS) angetrieben

Höchstdrehzahl wurde die Zündung unterbrochen, sodass der Motor nicht durchgehen konnte. Kraftstoff-, Schmierstoff- und Kühlmittelversorgung des Motors waren sorgfältig – und für damalige Verhältnisse aufwendig – gestaltet, denn Mängel an diesen Systemen waren Ursache für manche Motorstörung, was so von vorneherein ausgeschlossen werden sollte. Eine Sicherheitsvorrichtung sorgte dafür, dass bei Abfall des Öldruckes die Zündung kurzgeschlossen wurde. Für das Anlassen der Motoren – bei Luftschiffen insofern schwieriger als bei Flugzeugen, weil die Propellerböcke so hoch angeordnet waren, dass die Propeller nicht mehr von Hand durchgedreht werden konnten – fand Karl Maybach eine originelle Lösung solcherart, dass über eine Vorrichtung alle Ventile angehoben, die Abgasleitung geschlossen und die Saugleitung mit einer von Hand zu betätigenden Kolbenpumpe verbunden wurde. Mit dieser Handpumpe wurde dann zündfähiges Gemisch aus dem Vergaser in die Zylinder gefördert. Nach Schließen der Ventile und Öffnen der Abgasleitung konnte der Motor durch Betätigen des Anlassmagneten (Kurbelinduktor) gestartet werden. Aufgrund des erfolgreichen Abnahmelaufes erteilte der Luftschiffbau Zeppelin der LMG den ersten Auftrag über zehn Motoren. Im Mai 1910 wurde der AZ in die vordere Gondel des Luftschiffes LZ 6 eingebaut; die hintere Gondel war mit zwei Daimler-Motoren bestückt.

Zusammen mit dem AZ sollte eine neue Kraftübertragung erprobt werden: Statt durch Kegelräder wurde die Motorleistung über einen Stahlband-»Riementrieb« und eine entsprechend lange Antriebswelle auf den Propeller übertragen. Dadurch veränderte sich das Drehschwingungsverhalten der Maschinenanlage mit der Folge, dass nach der dritten Fahrt die Kurbelwelle des AZ brach. Für Karl Maybach war das eine Katastrophe: Die Kaiser Franz Joseph anlässlich seines 75. Geburtstages versprochene Fahrt nach Wien musste abgesagt werden, weil keine Ersatzkurbelwelle vorhanden war. Wenngleich man den Stahlbandantrieb als Ursache für den Kurbelwellenbruch erkannt hatte, so blieb doch ein gewisses Misstrauen gegenüber dem neuen Motor, wie aus einer Notiz in der »Zeitschrift des Vereines Deutscher Ingenieure« (VDI) vom 18. Juni 1910 hervorgeht:

> »... Das Luftschiff LZ VI hat seine ersten Probeflüge gemacht ... In der vorderen Gondel ist ein Motor der Grotz'schen Maschinenfabrik in Bissingen a. E. aufgestellt, während die beiden Daimler-Motoren jetzt in der hinteren Gondel stehen ... Die Schrauben werden wieder durch Kegelradwellen angetrieben, da man mit dem Stahlbandantrieb keine genügende Betriebssicherheit erreichen konnte ... Die bisherigen Fahrten haben jedoch ergeben, daß der neue Motor für Dauerfahrten noch nicht genügend erprobt ist; infolge dessen musste die seit langem geplante Wiener Fahrt vorläufig aufgegeben werden ...«[5]

[5] Z-VDI 54 (1910) Nr. 25, S. 1038.

Mit diesem Kurbelwellenbruch wurde die LMG gleich an ihrem ersten Erzeugnis mit einem Phänomen konfrontiert, das ihren Ingenieuren noch große Sorgen bereiten sollte, nämlich dem Drehschwingungsverhalten von Antriebsanlagen mit schnelllaufenden Kolbenmotoren. Nachdem eine Ersatzkurbelwelle beschafft und die Kraftübertragung umgebaut worden war, wurde der Motor im August 1910 erneut in das LZ 6 eingebaut und lief danach zufriedenstellend. Weitere Aufträge folgten; 1911 wurden die Luftschiffe LZ 9 und LZ 12 der Preußischen Heeresverwaltung mit AZ-Motoren ausgerüstet, ebenso die Luftschiffe LZ 10 »Schwaben« (Abb. 17.3) und LZ 11 »Viktoria Luise«. Der AZ wurde weiterentwickelt; vor allem durch Änderung der Steuerzeiten – und dadurch Verbesserung des Ladungswechsels – konnte die Leistung bis 1912 stufenweise auf 132 kW (180 PS) bei 1.300 min^{-1} gesteigert werden. In dieser Version wurde er in mehrere Heeres- und Marine-Luftschiffe verschiedener Bauart (Zeppelin, Parseval, Groß, Schütte-Lanz) eingebaut. 1913 wurde eine Lizenz an Wolseley nach England vergeben. Mit den Parseval-Luftschiffen (sogenannte unstarre oder Prall-Luftschiffe, d. h. Luftschiffe ohne starres Gerüst) gelangten AZ-Motoren nach Japan (PL 13), Russland (PL 14), Italien (PL 15) und auch nach England (PL 18).

Neben höherer Leistung stellte geringerer Kraftstoffverbrauch ein vorrangiges Entwicklungsziel dar, nicht nur aus Gründen der Wirtschaftlichkeit, sondern weil mit jedem Kilogramm Kraftstoff, den die Motoren weniger verbrauchten, die Reichweite oder die Nutzlast des Luftfahrzeugs zunahm. Einen Ansatzpunkt für die Verbesserung des Verbrauches bot die Gemischbildungsvorrichtung, also der Vergaser. Mit einer sogenannten Sparvorrichtung, wie sie 1913 beim AZ eingeführt wurde, konnte die Gemischzusammensetzung besser an die Bedürfnisse des Motors angepasst werden, wodurch besonders bei Teillast der Verbrauch merklich gesenkt wurde. Auch die Überfettung des Gemisches, wie sie mit zunehmender barometrischer Höhe auftritt, konnte mit dieser Vorrichtung einigermaßen ausgeglichen werden.

Nachdem am 17. Oktober 1913 das mit vier AZ-Motoren ausgerüstete Marine-Luftschiff L 2 (LZ 18) in Brand geraten und abgestürzt war, wurde experimentell überprüft, ob der Maybach-Vergaser auch tatsächlich »brandsicher« war. In einem Bericht hierzu heißt es:

> »... Es wurde hierbei versucht, während des vollen Ganges des Motors, sowie bei Leerlauf den Vergaser in Brand zu setzen, wodurch höchstenfalls die oben erwähnten Rückschläge erfolgten, die immer sofort wieder erloschen, ohne daß der Motor in seiner Gangart wesentlich beeinflusst wurde. Des Weiteren wurde schließlich der Düsenkörper mit Benzin übergossen und angezündet, während durch denselben der normale Benzinkreislauf stattfand. Das künstlich erzeugte Feuer erlosch sofort, nachdem das ausgegossene Benzin verbrannt war.«[6]

[6] Versuchsbericht: *Über Vergaser-Rückschläge und der hierdurch entstandenen Möglichkeit von Vergaser-Bränden*. Undatiert, MTU-Archiv.

17.2 Neue Motoren

Größere Reichweiten der Luftschiffe, eine Forderung der Militärbehörden, setzten wegen der mitzuführenden Kraftstoffmenge eine höhere Tragkraft, d. h. größere Volumina der Auftriebskörper voraus, und dementsprechend natürlich auch stärkere Motoren. Da sich die Leistung des AZ kurzfristig nicht mehr in dem gewünschten Maße steigern ließ, wurde 1912 mit der Arbeit an einem Motor mit größerem Hubraum von sonst gleichem Aufbau begonnen. Das Zylindervolumen, 3,14 dm^3 beim AZ, wurde durch Verlängern des Hubes um 20 mm auf 3,81 dm^3 vergrößert. Gleichzeitig verstärkte man das Kurbelgehäuse und vor allem die Motoraufhängung, wobei es gelang, die Motormasse (»Gewicht«) von 425 kg (AZ) auf 414 kg zu senken. Durch den »organischen« Anbau des Zubehörs verringerte sich die Motorbreite von 660 mm (AZ) auf 540 mm, was den beengten Einbauverhältnissen in den Luftschiffgondeln sehr entgegenkam. Der neue Motor, Typ CX, leistete 154 kW (210 PS) bei 1.250 min^{-1} und war mit einer Leistungsmasse von 2,7 kg/kW (2 kg/PS) zweifelsohne ein Spitzenerzeugnis (Abb. 17.4 und 17.5). Aber nicht nur die Volllast-Leistung, sondern auch das Betriebsverhalten waren verbessert worden. Neben der drehzahlabhängigen bekam der CX auch eine Handverstellung des Zündzeitpunktes, die zusammen mit der Vergaser-Sparvorrichtung betätigt und somit an die jeweilige Gemischzusammensetzung angepasst wurde. Es gelang, den neuen Motor rechtzeitig zum 75. Geburtstag des Grafen Zeppelin am 8. Juli 1913 fertigzustellen; dieser war völlig überrascht und hoch erfreut, als ihm der Motor vorgeführt wurde. Karl Maybach war es ein besonderes Anliegen, dem Grafen mit dem neuen Motor für dessen Vertrauen in die LMG zu danken (Abb. 17.6).

Der CX-Motor wurde in die Luftschiffe LZ 24 bis LZ 47 eingebaut und später im Ersten Weltkrieg als erster Typ Maybachscher Motoren zum Antrieb von Schnellbooten verwendet.

Der »Motorenbau«[7] hatte natürlich keine eigene Gießerei und musste deshalb alle Gussteile auswärts gießen lassen. Dabei gab es immer wieder Beanstandungen, weil die Gießerei Wanddicken und Toleranzen nicht in dem Maße einhielt, wie es für die unter dem Gesichtspunkt des Leichtbaus ausgelegten Motorteile erforderlich war.

Um hier nachhaltig Abhilfe zu schaffen, aber auch um den Informationsfluss zwischen Konstrukteur und Gießer zu verbessern, richtete der »Motorenbau« 1913 eine eigene Modellschreinerei ein. Nun konnten die Gussteile schon beim Entwurf sowohl nach funktionalen und festigkeitsmäßigen als auch unter gießtechnischen Gesichtspunkten gestaltet

[7] Nach der Umsiedlung nach Friedrichshafen im Jahre 1912 wurde die »Luftfahrzeug-Motorenbau GmbH« in »Motorenbau GmbH« umbenannt.

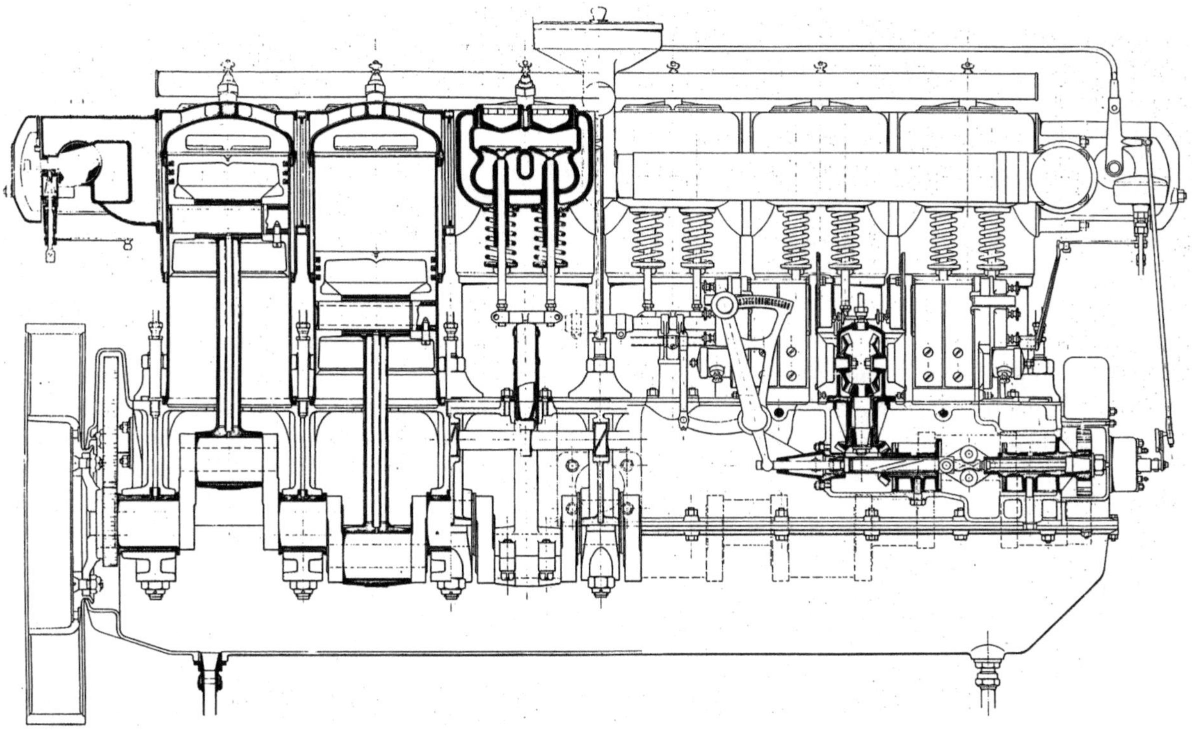

Abb. 17.4 Längsschnitt des Luftschiffmotors CX: wassergekühlter Viertakt-Ottomotor in Sechszylinder-Reihenbauart; Bohrung 160 mm, Hub 190 mm, Hubraum 22.909 cm^3, Leistung 154 kW (210 PS) bei 1.250 min^{-1}

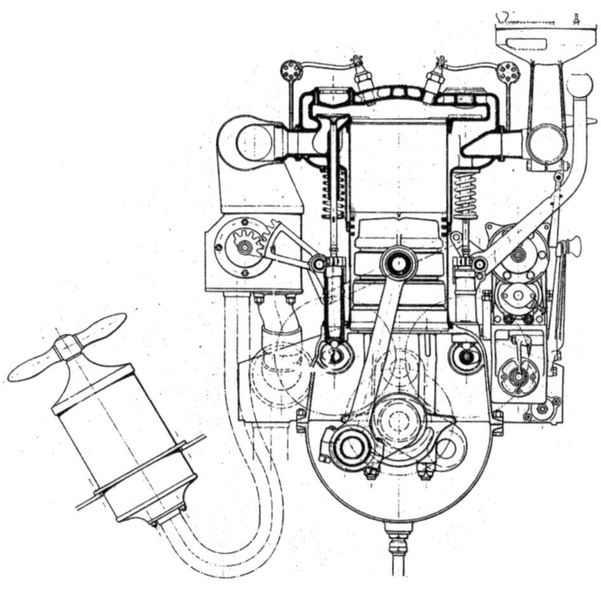

Abb. 17.5 CX-Motor, Querschnitt

Abb. 17.6 Der Luftschiffmotor CX auf dem Prüfstand der »Motorenbau GmbH« (1913). Der Motor wird durch eine Wasserwirbelbremse, »Bauart Liebel«, belastet (»gebremst«)

werden. Gerade die zentralen Motorteile wie Kurbelgehäuse und Zylinderkopf stellen an die Gießtechnik nicht minder hohe Anforderungen als an die Festigkeit. Die Gießerei brauchte jetzt nur noch nach den vom »Motorenbau« gelieferten Modellen abzugießen.

Die Sorge des Grafen Zeppelin, dass die deutsche Fahrzeugindustrie kein sonderliches Interesse an der Entwicklung von Flugmotoren zeigte, teilten auch die Militärs – umso mehr, als in Frankreich auf diesem Gebiet bedeutende Anstrengungen unternommen wurden. Um hier nicht ins Hintertreffen zu geraten, hatte der Kaiser – auf Anregung des Kriegsministeriums – einen Preis (an dem sich auch noch andere Gremien beteiligten) für den besten deut-

Leistung und Hochleistung: Begriffe und Zusammenhänge

Der Maybach-Motorenbau hatte sich von Anfang an auf Hochleistungsmotoren spezialisiert – eine Motorenart, mit deren Entwicklung man in allen Bereichen an Grenzen stößt, die zu verschieben oder zu überwinden Ziel der Bemühungen war. Um den Verlauf der Maybachschen Motorenentwicklung zu verstehen, muss man sich einige grundsätzliche Zusammenhänge klarmachen. In der Motorenentwicklung werden grundsätzlich drei Ziele verfolgt:

- Steigerung der absoluten Leistung (kW) durch Erhöhung der Leistungsdichte größere Zylinderabmessungen, mehr Zylinder,
- Steigerung der spezifischen Leistung (»Leistungsdichte«), d. h. der auf die Motormasse und auf das Hubvolumen bezogenen Leistung (kW/kg und kW/dm^3) sowie
- Erhöhung der Lebensdauer, Zuverlässigkeit und Wirtschaftlichkeit.

Aufgrund physikalischer Zusammenhänge lassen sich alle drei Ziele nicht gleichermaßen gut erreichen; zugunsten des einen Punktes müssen Zugeständnisse zulasten der anderen gemacht werden. Es ist auch für den technischen Laien einsehbar, dass sich bei einem Motor, ja ganz allgemein bei einer Maschine, Leistung und Lebensdauer gegenseitig beeinflussen. Je höher der Motor belastet wird, desto kürzer wird seine Lebensdauer sein. Im Motorenbau wird nun versucht, die Leistung – sprich: Belastbarkeit – eines Motors zu erhöhen, gleichzeitig aber die Lebensdauer zu halten und – in weiteren Schritten – anzuheben. In diesem Spannungsfeld spielt sich die Entwicklung ab.

Aus der Leistungsformel (siehe unten) ist zu ersehen, dass man die Motorleistung durch Verändern einer, einiger oder aller darin enthaltenen Größen steigern kann. Allerdings sind diese Größen nicht unabhängig voneinander, sondern durch physikalische Gesetzmäßigkeiten (»Ähnlichkeitsgesetze«) miteinander verknüpft. Diese Ähnlichkeitsgesetze geben Auskunft, wie sich – und unter welchen Voraussetzungen – die Veränderung einer dieser Größen auf die anderen auswirkt. Für die Entwicklung von Hochleistungsmotoren stellen sich folgende Forderungen:

- hohe effektive Literarbeit,
- hohe mittlere Kolbengeschwindigkeit,
- hohe Drehzahl,
- viele Zylinder.

Der Leistungssteigerung auf diesen Wegen sind aber (anderenfalls bedürfte es keiner so aufwendigen Entwicklung) enge Grenzen gesetzt bezüglich

- der effektiven Literarbeit durch den Stand der Technik: Das Erhöhen der in ihr enthaltenen Größen wie der verschiedenen Wirkungsgrade und des Liefergrades ist außerordentlich mühsam und kann allenfalls minimale Verbesserungen bringen. Die einzige Größe, die sich nachhaltig erhöhen lässt, ist die Luftdichte (Aufladung).
- der mittleren Kolbengeschwindigkeit durch die mit der Drehzahl quadratisch zunehmenden Massenwirkungen, durch die höhere Wärmebelastung infolge besseren Wärmeüberganges und durch den sich schwieriger gestaltenden Ladungswechsel.
- der Zylinderzahl durch die nötige Steifigkeit von Kurbelwelle und Kurbelgehäuse, außerdem durch die Forderung nach einfacher Wartung und Instandsetzung.

Die Leistung eines Hubkolbenmotors errechnet sich zu:

$$P = V_H \cdot w_e \cdot n_a$$
$$P = C \cdot c_m \cdot w_e$$

mit

$$n_a = \frac{n}{a}$$
$$w_e = \eta_v \cdot \eta_g \cdot \eta_m \cdot \lambda_l \cdot (H_u \cdot \varrho_0/\lambda \cdot L_{min})$$
$$V_H = z \cdot V_h = z \cdot (\pi/4) \cdot d^2 \cdot s$$
$$c_m = 2 \cdot s \cdot n$$
$$\varrho_0 = p_0/(R \cdot T_0)$$

V_H	Hubvolumen (Motor)
n	Motordrehzahl
H_u	Heizwert des Kraftstoffs
z	Zylinderzahl
a	Taktzahl
$\lambda \cdot L_{min}$	stöchiometrisches Luftverhältnis
V_h	Hubvolumen (Zylinder)
η_v	Wirkungsgrad des »vollkommenen Motors«
d	Bohrung
λ	Luftzahl
s	Hub
η_g	Gütegrad
Q_0	Dichte der Luft vor Zylinder
w_e	effektive Literarbeit
η_m	mechanischer Wirkungsgrad
P_0	Druck der Luft vor Zylinder

n_a Arbeitsspiel-Frequenz
λ_1 Liefergrad
T_0 Lufttemperatur vor Zylinder
C Konstante
C_m mittl. Kolbengeschwindigkeit
R Gaskonstante

Da die Leistungsdichte, wie sie sich durch die effektive Literarbeit (Abb. 17.7) und die mittlere Kolbengeschwindigkeit (Abb. 17.8) ausdrückt, durch den jeweiligen Stand der Technik begrenzt ist, muss man, will man darüber hinaus, höhere Leistungen darstellen, die Zylinderabmessungen vergrößern.

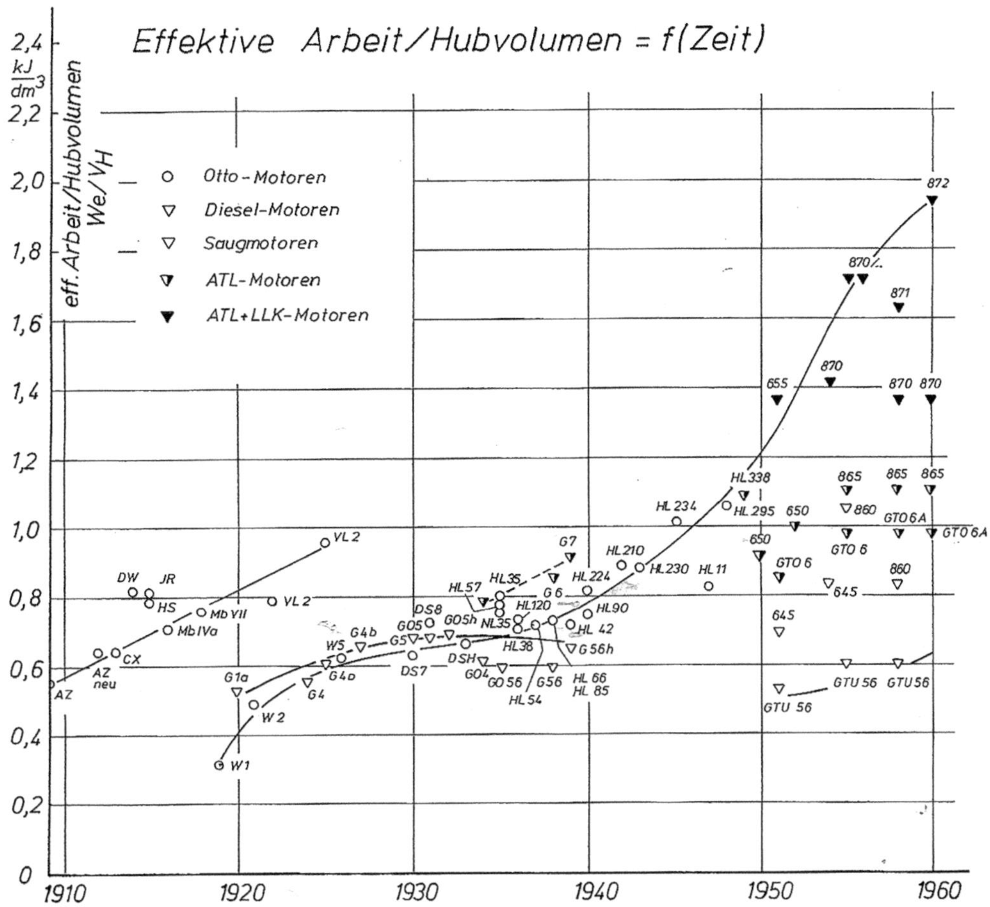

Abb. 17.7 Leistungsentwicklung der Maybach-Motoren 1909 bis 1959: effektive Arbeit/Hubvolumen (»effektive Literarbeit«). Die Leistungsdichte der Ottomotoren liegt deutlich über der der Dieselmotoren des gleichen Zeitraums; die Aufladung und vor allem die Hochaufladung lassen die Werte der Literarbeit steil ansteigen

schen Flugmotor gestiftet (»Kaiserpreis«). Die Bedingungen für den Wettbewerb um diesen Preis schrieben vor, dass die Motoren ausschließlich aus in Deutschland hergestellten Teilen bestehen mussten. Zur Durchführung dieses Wettbewerbs wurde eigens eine Institution ins Leben gerufen, die »Deutsche Versuchsanstalt für Luftfahrt« (DVL) in Adlershof. Der erste »Kaiserpreis«-Wettbewerb fand 1912 statt. Der »Motorenbau« wollte sich an dem zweiten, für 1914 vorgesehenen Wettbewerb beteiligen. Nun schrieb das Teilnahme-Reglement für Motoren für Heeresflugzeuge einen Leistungsbereich von 59 bis 92 kW (80 bis 125 PS) und für Marineflugzeuge von 92 bis 147 kW (125 bis 200 PS) vor. Unschwer hätte man die Leistung des CX auf 147 kW (200 PS) drosseln können.

Aber die ebenfalls in den Bedingungen vorgeschriebene detaillierte Beschreibung, vornehmlich »... falls sich der Motor in Wirkungsweise, Aufbau oder Bedienung wesentlich von den gebräuchlichen Arten unterscheidet ...«[8], scheute der »Motorenbau« aus Furcht, der Prüfungskommission Einblick in den Entwicklungsstand seiner leistungsstarken Luftschiffmotoren zu geben. Karl Maybach beschloss deshalb, speziell für den Wettbewerb einen kleineren Flug-

[8] Bestimmungen für den zweiten deutschen »Kaiserpreis«-Wettbewerb für Flugmotoren (1913).

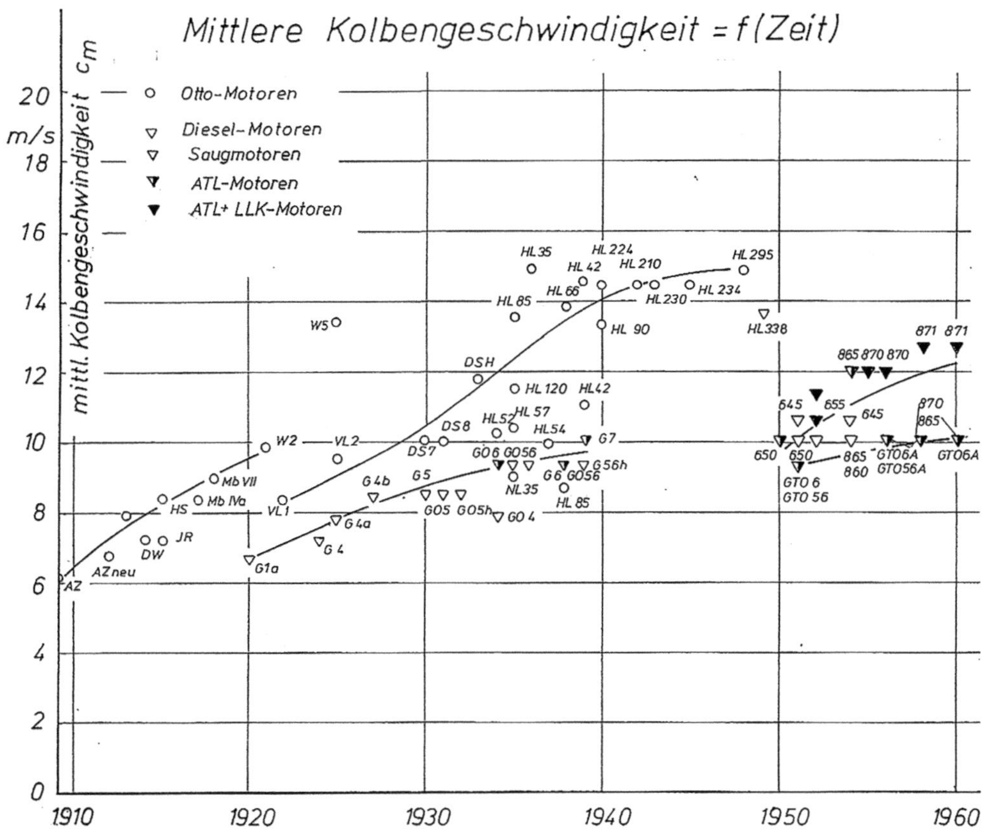

Abb. 17.8 Leistungsentwicklung der Maybach-Motoren 1909 bis 1959: mittlere Kolbengeschwindigkeit. Deren Anstieg verläuft flacher als der der effektiven Literarbeit – ein Indiz für die mit Steigerung der mittleren Kolbengeschwindigkeit verbundenen Probleme (Massenwirkungen, Ladungswechsel, thermische Belastung)

zeugmotor zu bauen. So entstand der DW, ein Sechszylinder-Reihenmotor, wassergekühlt natürlich, wie alle Maybach-Motoren, von 130 mm Bohrung und 160 mm Hub mit 118 kW (160 PS) Leistung bei 1.350 min^{-1}.

Die Anforderungen des Flugzeugbetriebes erforderten besondere konstruktive Maßnahmen:

- Die Ventile wurden jetzt hängend angeordnet, weil bei einem Flugzeug die Forderung nach Tausch eines Zylinders während des Fluges gegenstandslos war. Somit ergab sich eine verbrennungstechnisch günstigere Brennraumform.
- Der Propellerschub bzw. -zug wurde durch ein kombiniertes axiales und radiales Wälzlager auf der Kupplungsseite der Kurbelwelle aufgefangen.
- Übertouren des Motors, bei Flugzeugen im Sturzflug leicht möglich, wurde nicht wie bei den Luftschiffmotoren durch Unterbrechen der Zündung, sondern der Kraftstoffzufuhr verhindert, um sicherzustellen, dass die Zündkerzen nicht verölten.

Doch der zweite »Kaiserpreis«-Wettbewerb fand nicht mehr statt. Die internationale Krise nach dem Attentat auf das österreich-ungarische Thronfolgerpaar führte im August 1914 zum Ersten Weltkrieg. Die für den Wettbewerb vorgesehenen DW-Motoren wurden an die Brandenburgischen Flugzeugwerke überstellt und in Wasserflugzeuge eingebaut. Im Dezember 1914 nahmen Flugzeuge mit DW-Motoren an Bombenangriffen auf Dover teil. Später wurde der DW in verschiedenen Punkten konstruktiv vereinfacht (»entfeinert«) und als Typ IR an die Reichsmarine geliefert. Einem Bericht über die Erfahrungen mit den DW/IR-Motoren ist Folgendes zu entnehmen:

> »... Die bis jetzt in der Front befindlichen Maybach-Motoren haben sich im allgemeinen gut bewährt, wenn geeignetes Personal vorhanden war und die Motoren entsprechend sorgfältig beaufsichtigt und kontrolliert wurden. Die Sparvorrichtung hat hervorgerufen, daß der stündliche Verbrauch im günstigsten Fall 40 Liter betrug, d. h. bei spezifischem Gewicht von 700 und 150 PS 185 gr pro Stunde und PS. Das ist ein besonders gutes Resultat. Die Betriebssicherheit des Motors ist teilweise sehr gut, manchmal ließ sie zu wünschen übrig, dies muss aber mehr auf Unkenntnis und Fehler in der Behandlung von Seiten des Bedienungspersonales zurückgeführt werden ... «[9]

[9] Abschrift zu BX 13407. Der Befehlshaber der Marine-Luftfahrtabteilungen B. Nr. J 19792 vom 5. November 1915. Betr.: Erfahrungen über 160-PS-Maybach-Motore.

Abb. 17.9 Das vom Versuchsbau Gotha-Ost des LZ nach Kriegsbeginn 1914 in kurzer Zeit entwickelte »Riesen-Flugzeug« VGO 1 (RML 1) wurde von drei HS-Motoren mit einer Gesamtleistung von 551 kW (750 PS) angetrieben. Der erste Probeflug fand schon im Frühjahr 1915 statt

Im Frühjahr 1914 hatten der bekannte Flieger Hellmuth Hirth, Direktor Gustav Klein von der Firma Robert Bosch und Karl Maybach Pläne für ein Transatlantik-Flugzeug[10] erwogen, für das der »Motorenbau« einen leistungsstarken Motor entwickeln und – zunächst in einem Rennboot auf dem Bodensee – erproben sollte. Karl Maybach begann sogleich mit den Arbeiten an einem solchen Motor, der gemäß der Maybachschen Nomenklatur[11] die Bezeichnung HS erhielt. Als dann der Krieg diese Pläne zunichtemachte, griff Graf Zeppelin den Gedanken, ein solches Groß-Flugzeug (»Riesenflugzeug«) zu bauen – nun aber als Langstrecken-Bomber – auf und setzte ihn mit der ihm eigenen Zielstrebigkeit in die Tat um. Unter der Leitung von Direktor G. Klein wurde in den Hallen der Gothaer Waggonfabrik (Versuchsbau Gotha Ost, VGO) das erste dieser Riesenflugzeuge in Deutschland mit einer Spannweite von 43 m (die Spannweite eines Jagdflugzeugs betrug damals 10 m!) und einer »Nutzlast« von 3.000 kg gebaut. Angetrieben wurde dieses Flugzeug mit der Bezeichnung VGO I (RML I) durch drei Maybach-Motoren der neuen Type HS (Abb. 17.9).

Mit sechs Zylindern von 150 mm Bohrung und 180 mm Hub leistete der HS 176 kW (240 PS) bei 1.400 min^{-1}. Bei einer Motormasse von 350 kg ergibt sich damit eine Leistungsmasse von 2 kg/kW (1,46 kg/PS). Mit HS-Motoren wurden die »Riesenflugzeuge« VGO II (drei Motoren), RML I (fünf Motoren), RS I (drei Motoren) und RS II (vier Motoren) ausgerüstet.

Da sich schon kurz nach Beginn des Krieges gezeigt hatte, dass Geschwindigkeit und Steighöhe der Luftschiffe für militärische Zwecke nicht ausreichten, wurden dringend stärkere Motoren verlangt. So wurde von dem HS eine Luftschiffversion abgeleitet, der HSLu. Nach erfolgreichem 30-Stunden-Dauerlauf wurden je ein HSLu-Motor in ein Heeres- und ein Marine-Luftschiff (LZ 77 und L 14 [LZ 46]) eingebaut und über Laufzeiten von 120 bzw. 240 Stunden erprobt. Die Betriebsergebnisse waren zufriedenstellend, sodass die Militärbehörden den neuen Motortyp für den Einbau in Luftschiffe freigaben. Aus Kapazitätsgründen wurde daraufhin die Fertigung des CX zugunsten des HSLu eingestellt.

Nachdem eine größere Zahl von HSLu-Motoren ausgeliefert und in Betrieb genommen worden war, traten Schäden auf, erst vereinzelt, dann häufiger, sodass die Einsatzbereitschaft der Luftschiffe infrage gestellt wurde und in einem – nicht restlos geklärten – Fall zum Verlust eines Luftschiffes führte. Es handelte sich hierbei um das L 19 (LZ 54), dessen Untergang als »King-Stephen-Affäre« einst die Gemüter erregte[12].

Die Art dieser Motorschäden und ihre Ursachen sind für den damaligen Stand der Technik bezeichnend und sie beleuchten die besonderen Probleme bei der Entwicklung von Hochleistungsmotoren. Im Vergleich zu heute war die Entwicklungszeit sehr kurz, einige Monate nur. Ausgehend von einer Grundkonzeption wurde der Motor konstruiert, wobei durchaus verschiedene Lösungen für einzelne Bauteile und Funktionsgruppen erarbeitet wurden, doch eine zuverlässige rechnerische und experimentelle Absicherung war nicht möglich. Im Grunde hatte man keine andere Möglichkeit, als den Motor zu bauen, auf dem Bremsstand und im Luftfahrzeug zu fahren und dabei zutage tretende Mängel zu beheben.

Unser heutiges Wissen stand noch nicht zur Verfügung: Die Gefährdung des Motors durch Drehschwingungen und die Einflüsse auf das Drehschwingungsverhalten waren ebenso wenig bekannt wie das Festigkeits- und Verformungsverhalten nicht nur spezieller Motorenteile, sondern auch scheinbar einfacher Maschinenelemente wie Schrauben, Federn, Zahnräder und Lager. Ja, man wusste z. T. noch nicht einmal, welche die für Funktion und Betriebssicherheit wichtigen Kriterien waren.

Es gab weder spezielle Versuchstechniken noch die Messgeräte, um das Verhalten der zu untersuchenden Teile quantitativ zu erfassen. Motorrelevante Werkstoffeigenschaften mussten erst noch als solche erkannt werden.

[10] Mit diesem Flugzeug wollte man zu der für 1915 geplanten Weltausstellung in San Francisco fliegen.

[11] Die ersten Flugmotoren wurden mit zwei Buchstaben bezeichnet, der erste vom Anfang, der zweite vom Ende des Alphabets zählend, also AZ (BY hat es nicht gegeben), CX, DW, EV, IR und HS.

[12] Nachdem L 19 wegen Ausfalls dreier Motoren über Holland an Höhe verloren hatte, wurde es durch Beschuss beschädigt und musste auf der Nordsee niedergehen. Die Besatzung des englischen Fischdampfers »King Stephen« weigerte sich, die Schiffbrüchigen aufzunehmen, weil sie befürchtete, von ihnen überwältigt zu werden. Die Männer des L 19 gaben mit einer Flaschenpost Nachricht; keiner von ihnen überlebte.

Abb. 17.10 Triebwerkschaden eines HSLu-Motors. Kolben- oder Lagerfresser, meist Folge von scheinbar geringfügigen Mängeln in Konstruktion, Werkstoff oder Fertigung bzw. von betrieblichen Unregelmäßigkeiten, führten oft zum Totalschaden des Motors

Dann ging es darum, welche Werkstoffwerte erforderlich und welche Beanspruchungen nicht mehr zulässig waren; diese mussten gemessen und die Lieferanten dazu gebracht werden, die vorgeschriebenen Qualitäten auch einzuhalten. Die für die sichere Funktion nötigen Spiele und Passungen mussten ermittelt, d. h. aus den Betriebserfahrungen bestimmt werden. Zwischen nötiger und realisierbarer Genauigkeit mussten unter der Prämisse wirtschaftlicher Fertigung Kompromisse gefunden werden.

Eine leistungsfähige, spezialisierte Motorzubehör-Industrie, auf deren Können und Erfahrung man sich hätte stützen können, gab es noch nicht. Der Motorhersteller musste praktisch den gesamten Motor entwickeln; diese Arbeit in die Breite ging natürlich zulasten der Arbeit in die Tiefe. Kurzum: Die »Entwicklung«, d. h. die Vorgehensweise, die Versuchs- und Prüfeinrichtungen sowie die Messgeräte für die Motorenentwicklung mussten erst noch geschaffen werden.

Die Schwierigkeiten beim HSLu traten an den motortechnisch neuralgischen Stellen auf: Festgehen der Kolbenringe, Lagerfresser im Triebwerk, Lockerung der Pleuelschrauben, Kurbelwellenbrüche und anderes mehr (Abb. 17.10).

Durch eine Reihe von konstruktiven Maßnahmen konnte der Motor in kurzer Zeit standfest gemacht werden: Die Kolbenbolzen wurden schwimmend in Graugussbüchsen gelagert, die Pleuel erhielten Bronzelager mit Weißmetall-Laufschicht statt des bisherigen direkten Weißmetall-Ausgusses. Eine Ursache der Lagerschäden waren die Axialkräfte, die vom Propeller her in den Motor eingeleitet wurden. Als Abhilfe baute man – analog zu den Flugzeugmotoren – ein kombiniertes axiales und radiales Wälzlager ein, sodass die Kurbelwellen-Gleitlager entlastet wurden.

Ein weiteres Übel lag in den hohen Öltemperaturen als Folge der gesteigerten Leistung (die Motoren hatten keine Ölkühler). Man senkte die Temperatur, indem man den Motor seine Verbrennungsluft durch das Kurbelgehäuse hindurch ansaugen ließ. Das wiederum führte zu erhöhtem Ölverbrauch, weil die Luft Öl mitriss. Durch Abscheidesiebe konnte das Öl zurückgehalten werden.

Als ein sehr schwieriges Problem sollte sich die Sicherung der Pleuelschrauben gegen Lockerung herausstellen. Durch die Vibrationen im Motorbetrieb lösten sich die Muttern der Pleuelschrauben, was schwere Folgeschäden nach sich zog. Die Sicherung von Schraubenverbindungen gehört zu jenen Problemen, die ein technischer Laie gar nicht als Problem zu erkennen vermag, deren Lösung aber außerordentliche Anstrengungen erforderte.

Nicht minder heikel sind die Kolbenringe; sie arbeiten unter extrem ungünstigen Bedingungen. Vor allem der oberste (»erste«) Ring ist im Bereich des oberen Totpunktes der hohen Temperatur und dem Druck der Verbrennungsgase ausgesetzt; trotz schlechter Schmierverhältnisse sollen die Ringe den Verbrennungsraum gegen den Kurbelraum abdichten (und umgekehrt) und dabei einen Großteil der Wärme vom Kolben an die Zylinderbüchse übertragen. Die Ringe setzten sich in den Nuten fest, wurden »brandig«[13] und fielen schließlich durch Fresser aus. Man erkannte, dass die Temperaturen in den Ringnuten des Kolbens gesenkt werden mussten, um zu verhindern, dass das Öl darin verkokte und die Ringe ihre Beweglichkeit verloren. Das wurde erreicht, indem man die Kühlmäntel der Zylinder verlängerte (Abb. 17.11); die Kolben konnten jetzt mit engerem Spiel gefahren werden, was die Ringe – zusätzlich zu den niedrigeren Temperaturen – entlastete.

Große Sorgen bereitete auch das Schwingungsverhalten der Maschinenanlagen in den Luftschiffen, offensichtliche Ursache verschiedener Kurbelwellenbrüche. Drehschwingungen mit ihren oft weitreichenden Folgen waren seit der Jahrhundertwende zunehmend an Schiffsmaschinenanlagen beobachtet worden. Sie waren ein Problem, für das man

[13] Unter »brandig werden« versteht man einen partiellen Fressvorgang bei Kolbenringen.

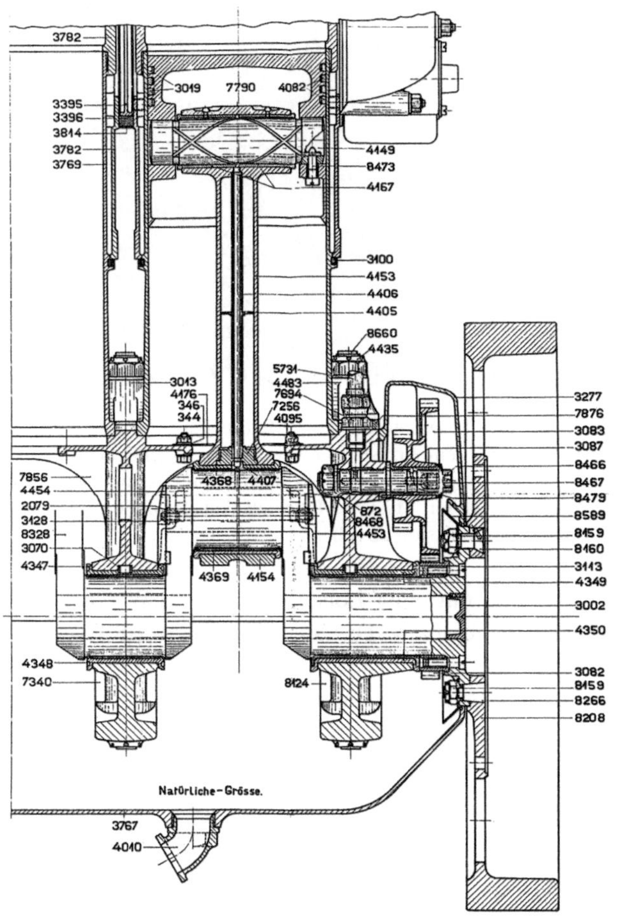

Abb. 17.11 Teilschnitt des Motors »HSLu neu«: Verschiedene Schäden hatten zu einer Umkonstruktion der HS-/HSLu-Motoren geführt. Die Änderungen betrafen vor allem das Triebwerk (Kolbenbolzenlager, Pleuellager) und die Zylinder, deren Wassermäntel tiefer herabgezogen wurden, um die Lauffläche der Kolben über eine größere Länge zu kühlen. Zur Kühlung des Motoröles leiteten seitliche Hutzen den Fahrtwind in das Kurbelgehäuse

keine allgemein gültige Lösung finden konnte, an dessen theoretischer Durchdringung aber von verschiedenen Stellen intensiv gearbeitet wurde.

Berechnungsverfahren wurden von L. Gümbel, H. Holzer und M. Tolle geschaffen; auf dem Gebiet der experimentellen Untersuchungen hatten sich H. Frahm und J. Geiger einen Namen gemacht. Da der Luftschiffbau Zeppelin (LZ) selbst die Ursache nicht finden konnte, drängten die Verkehrstechnische Prüfungskommission und das Reichsmarineamt darauf, dass der LZ zur Klärung dieser Erscheinungen namhafte Wissenschaftler hinzuzog. Die experimentellen Untersuchungen wurden von Dr. J. Geiger (MAN Augsburg), die theoretischen von Hofrat Prof. M. Tolle (TH Karlsruhe), einem Nestor der Schwingungstechnik, durchgeführt. Sie ergaben, dass die heckseitigen Propeller infolge unterschiedlicher Abströmungsverhältnisse zwischen der dem Luftschiff zu- und der abgewandten Seite zu Schwingungen angeregt wurden, welche dann auf die Kurbelwelle zurückwirkten.

Nachdem man das erkannt hatte, war es verhältnismäßig einfach, durch Umkonstruktion der Kraftübertragung vom Motor zur Luftschraube Besserung zu schaffen. Die Erfahrung, dass der Motor Einflüssen von der Kraftübertragung und der anzutreibenden Maschine ausgesetzt ist, hatte man schon bei dem allerersten Maybach-Motor, dem AZ im LZ 6, machen müssen. Nun wurde klar, dass es sich damals nicht um ein einmaliges, isoliertes Ereignis gehandelt hatte, sondern dass der Motor als Teil eines komplexen Ganzen, eines »Systems« mit all seinen Wechselwirkungen anzusehen ist. Das bedeutete, dass der Motorhersteller nicht nur motorische Probleme zu lösen hat; er muss sich auch um die der Fahrzeugbauer und der Motorenbetreiber kümmern.

Was den Motoren abverlangt wurde, ersieht man aus den Bedingungen, unter denen sie in den Luftschiffen im Kriegseinsatz arbeiteten (vgl. Tafel 25.1). Hier eine kurze Schilderung:

»... Während Scheinwerfer und Kampfflieger nach dem unsichtbaren Angreifer suchen, treibt L 45 vor einem jäh aufkommenden Nordweststurm schon über dem Kanal ... Der Sturm schwillt an und braust daher mit 100 Kilometern in der Stunde, die Maybach-Motoren kommen gerade noch gegen ihn auf. Die Luftschiffe sind wie angenagelt an dem schwarzen Himmel. Sie gehen tiefer in der Hoffnung, daß der Wind unten schwächer weht, Leuchtraketen zischen von Patrouillenbooten und Zerstörern auf ... Das jagt die Luftschiffe zurück auf 6.000 Meter. Es ist drei Uhr Morgens, seit acht Stunden tun sie angestrengtesten Dienst in der dünnen und eiskalten Luft ... Mit klammen Fingern quälen sich die Mechaniker an störrischen Motoren ... «[14]

Neben den beschriebenen Änderungen an den HS-Lu-Motoren schuf man Besserung auch durch organisatorische Maßnahmen: Die Abnahmeläufe wurden von 5 auf 15–20 Stunden Volllast verlängert; die Inspektion der Luftschiffer-Truppen und die Marine richteten eigene Reparaturwerkstätten ein, was den »Motorenbau« spürbar entlastete, denn zeitweise war fast die Hälfte seiner Belegschaft in Friedrichshafen mit Reparaturaufträgen beschäftigt. Darüber hinaus wurde eine eigene Motoren-Bauaufsicht eingerichtet, die auch die Zulieferteile überprüfte. Der Erfolg dieser Maßnahmen blieb nicht aus: Die solchermaßen überarbeiteten und überprüften HSLu-Motoren liefen anstandslos 30–60 Stunden auf dem Prüfstand; die Zeit bis zur ersten Hauptüberholung konnte auf 120 Betriebsstunden ausgedehnt werden. Ihre Zuverlässigkeit stellten HSLu-Motoren insbesondere im LZ 104 (L 59) auf dessen 6.700 km langen, 95 Stunden dauernden Afrikafahrt unter Beweis.

[14] E. A. Lehmann: *Auf Luftpatrouille und Weltfahrt*. Berlin: Wegweiser-Verlag 1936, S. 181.

17.3 Der Mb IVa – der erste überbemessene und überverdichtete Höhenmotor

Das Luftschiff stellte schon wegen seiner Größe sowie der geringen Geschwindigkeit und Wendigkeit ein geradezu ideales Ziel für jede gegnerische Abwehr dar, zudem es durch die Wasserstoff-Füllung des Auftriebskörpers extrem verwundbar, d. h. leicht zu vernichten war. Dementsprechend nahmen die Verluste zu, sodass Ende 1915 der Luftschiffbau für das Heer aufgegeben und für die Marine eingeschränkt wurde. Der »Motorenbau« richtete daher seine Kräfte auf die Entwicklung eines leistungsstarken Flugmotors. Die Bedenken, welche die Militärs noch zu Beginn des Krieges gegen Flugzeugmotoren höherer Leistungen gehegt hatten, waren durch die rasante Entwicklung der Flugzeuge und deren Bewaffnung gegenstandslos geworden.

Ausgehend von dem HS/HSLu konzipierte Karl Maybach einen Motor speziell für die Bedingungen, unter denen er arbeiten sollte, nämlich für die Höhe. Mit steigender barometrischer Höhe nimmt die Luftdichte und damit die Motorleistung ab, wobei die Leistung aus mehreren Gründen stärker abfällt als die Luftdichte. Um diesen Leistungsverlust zu kompensieren, wurde der Motor mit größerem Hubvolumen und höherer Verdichtung, als es der projektierten (Boden-)Leistung entsprach, ausgelegt: daher die Bezeichnung »überbemessener und überverdichteter Motor«. Mit den Konstruktionsarbeiten an diesem Motor, einem Sechszylinder-Reihenmotor mit 165 mm Bohrung und 180 mm Hub, militärische Bezeichnung Mb IVa[15], wurde im April 1916 begonnen; im Sommer kam der Motor auf den Prüfstand (»Bremse«) und wurde gründlich erprobt (Abb. 17.12). Die Höhenbedingungen wurden durch Drosseln der Ansaugluft und Absenken des Abgasgegendruckes simuliert. Die Militärbehörden waren gegenüber dem neuen Motor skeptisch. Sie bezweifelten, dass der Motor in der Höhe die vorausberechnete Leistung erbrächte, und hegten die Befürchtung, er könne in Bodennähe überlastet werden. Da der Motorpreis nach der Leistung bei der Typenprüfung in Adlershof festgelegt wurde, womit in diesem Fall der Höhenleistung nicht Rechnung getragen worden wäre, richtete der »Motorenbau« auf dem Wendelstein[16] einen – im wahren Sinne des Wortes – Höhenprüfstand mit einer Wasserwirbelbremse ein. Die Typenprüfung fand 1917 vom 7. bis zum 12. März statt; dabei wurde der Motor Nr. 1204 insgesamt 60 Stunden störungsfrei und mit einer Leistung von 180 kW (245 PS) bei 1.415 min^{-1} gefahren. Der spezifische Kraftstoffverbrauch wurde mit 310 g/kWh (228 g/PSh) ermittelt. Indes, die Vorbehalte der Abnahmebeamten waren noch nicht ausgeräumt, wie aus einem Bericht vom 17. März 1917 über diesen Typenlauf hervorgeht:

Abb. 17.12 Die Flugmotoren des »Motorenbaus« wurden nach der Endmontage auf dem Prüfstand eingefahren. Anschließend fand der »Abnahmelauf« im Beisein einer Abnahmekommission, der Bauaufsicht statt. Hier ist ein Mb-IVa-Motor auf dem Propellerprüfstand mit der Abnahmekommission zu sehen

> »... Der Motor hat an Tagen ohne Schneefall in ruhiger und gleichmäßiger Weise die Prüfung bestanden ... Da die Leistung bei gedrosseltem Vergaser erzielt wurde, so ist bisher ein einwandfreies Bild über die zu erzielende Leistung noch nicht zu geben ... Die höhere Leistung soll nur bei größeren Höhen heraus kommen, um den Abfall zu vermeiden ... Ein abschließendes Urteil ist erst zu geben, wenn die Höhenversuche auf dem Wendelstein neben die jetzigen Versuchsergebnisse gestellt werden können ...«[17]

Derselbe Motor, Nr. 1204, wurde nochmals im Mai 1917, nun im Vergleich zu einem Mercedes-Motor DIV, Nr. 28311, auf dem Wendelstein gefahren. Dabei leistete der Mb IVa 178,7 kW (243 PS) bei 1.400 min^{-1}, wohingegen der andere Motor auf 146 kW (199 PS) abfiel. Bei einer Flugerprobung konkretisierten sich diese abstrakten Leistungsangaben zur Zeitdauer, in der eine bestimmte Flughöhe erreicht werden konnte. Ein Rumpler-C-VII-Höhenaufklärer mit Mb-IVa-Motor kam auf die Steighöhe von 5.000 m[18] in 24,5 Minuten; mit einem anderen, am Boden gleich starken Wettbewerbsmotor benötigte das Flugzeug dafür 42 Minuten.

Die Entwicklung des Mb IVa wurde von dem »Motorenbau« unter großen finanziellen Opfern betrieben, weil die Flugzeugmeisterei einen Auftrag von 30 Motoren erst nach

[15] Mb = Maybach; IV = Leistungsklasse 150–220 kW (200–300 PS); a = Abweichung vom Grundmuster.

[16] Der Wendelstein (1.840 m ü. M.) in den bayerischen Alpen war ausgewählt worden, weil zu seinem Gipfel eine Zahnradbahn führte. Der »Motorenbau« errichtete diesen Prüfstand übrigens auf eigene Kosten, so wie auch der ganze Motor in eigener Regie entwickelt und gebaut worden ist. Der Mb IVa war der erste überbemessene und überverdichtete Motor der Welt.

[17] Abschrift des Schreibens B. No. 1401511 der Flugzeugmeisterei Abt. B Gruppe 3, Versuch, Adlershof vom 17. März 1917: Typenprüfung des 260-PS-Maybach-Motors No. 1204 der Firma Motorenbau-Gesellschaft Friedrichshafen.

[18] Die 5.000 m waren die Gipfelhöhe des Vergleichsflugzeugs; das Rumpler-Flugzeug mit dem Mb IVa erreichte 6.000 m!

Abb. 17.17 Nachdem die Serienfertigung des überbemessenen und überverdichteten Motors Mb IVa angelaufen war, wurden diese Motoren 1918 in großen Stückzahlen in Höhenaufklärer vom Typ »Rumpler C VII« und auch in andere Flugzeuge eingebaut

erfolgreich absolviertem Typenlauf erteilen wollte, der »Motorenbau« aber, um sofort mit der Lieferung der an der Front dringend benötigten Motoren beginnen zu können, eine Serie von 130 Stück auf eigene Rechnung und Gefahr aufgelegt hatte.

Mit der Überbemessung und Überverdichtung hatte Karl Maybach für das Problem der mit der Höhe abnehmenden Motorleistung eine sofort realisierbare Lösung gefunden. Natürlich wusste man, dass langfristig das Aufladen der Motoren, sei es mechanisch, sei es durch Abgasturboaufladung, wie sie Rateau in Frankreich versuchte, aussichtsreicher war, aber dafür brauchte man Zeit, die im Krieg nicht zur Verfügung stand. Deshalb forderte die Inspektion der Fliegertruppen alle Motorenhersteller per Rundschreiben vom 28. August 1917 wie folgt auf:

»... Die mit überkomprimierten Motoren bisher erzielten Leistungen berechtigen zu der Annahme, daß eine gewisse Leistungsverbesserung in der Höhe bei den derzeitigen Motoren noch möglich ist. Ich ersuche daher, bei neuen Motorentypen (auch Schnelläufern) gleich von vorneherein zu Versuchszwecken einen überkomprimierten Motor herzustellen und Versuchsläufe auf dem Stand vorzunehmen ...«[19]

Der Mb IVa erwies sich aber nicht nur wegen seiner besonderen Höheneignung als ein hervorragender Motor, sondern auch weil in ihm die Erfahrungen mit dem HSLu berücksichtigt worden waren, so z. B. mit dem kombinierten Wälzlager zur Aufnahme der Propellerkräfte, mit der Ölkühlung mittels der durch das Kurbelgehäuse angesaugten Verbrennungsluft oder mit der Ausführung der Triebwerkslager. Anstelle der schrägen Ölwanne hatte der Mb IVa ein flaches Unterteil, aus dem das Öl abgesaugt und in einen gesonderten Ölbehälter gedrückt wurde (»Trockensumpf-Schmierung«), sodass der Motor unempfindlich gegen extreme Schräglagen war. Auch an der Kraftstoffversorgung und am Vergaser waren Verbesserungen durchgeführt worden. Weiterhin trugen die erwähnten organisatorischen Maßnahmen durch Verbesserung der Fertigungsqualität zum Erfolg des Mb IVa bei.

[19] Schreiben der Inspektion der Fliegertruppen: Flugzeugmeisterei. Abt. B.B. Nr. 482086 vom 28. August 1917.

Gemischbildung bei Ottomotoren: Vergaser und Benzin-Einspritzung

Für Vergaser von Luftschiffmotoren war die Forderung nach Brandsicherheit, d. h. dass beim Zurückschlagen der Flamme der Vergaser nicht in Brand geriet, vordringlich. Karl Maybach hatte diese Aufgabe mit dem »schwimmerlosen Vergaser« ebenso elegant wie einfach gelöst. Eine Kraftstoff-Förderpumpe förderte den Kraftstoff aus dem Vorratsbehälter in einen Ausgleichsbehälter. Ein Überlaufrohr (Abb. 17.13) sorgte dafür, dass der Flüssigkeitsstand darin stets gleich blieb. Aus dem Ausgleichsbehälter lief der Kraftstoff in einen zweiten, nach oben hin offenen Behälter; durch ein in diesen Behälter hineinragendes Saugrohr gelangte der Kraftstoff dann zur Kraftstoffdüse. Wurde mehr Kraftstoff gefördert als verbraucht, dann lief er in das sogenannte Rücklaufgeschirr ab; erreichte dort der Kraftstoffpegel eine bestimmte Höhe, so sperrte ein schwimmergesteuertes Ventil (nicht zu verwechseln mit der Schwimmer-Regelung in herkömmlichen Vergasern!) die Zulaufleitung vom Kraftstoff-Vorratsbehälter ab. Die Förderpumpe pumpte den Kraftstoff ab, bis das mit sinkendem Schwimmer öffnende Ventil die Zulaufleitung wieder freigab. Charakteristisch für die Vergaser (Karl) Maybachscher Konstruktion war die Steuerung von Hauptluft, Nebenluft und Gemisch durch Flach- bzw. Walzenschieber, deren Bewegung durch eine ausgeklügelte Mechanik aufeinander abgestimmt war (Abb. 17.4). Die – von Hand zu betätigende – »Sparvorrichtung« zum Abmagern des Gemisches mit derbarometrischen Höhe bestand in einer konisch angeschliffenen Nadel, welche – in die Kraftstoffdüse hineingeschoben – deren Querschnitt verengte.

Das Prinzip der zwangsläufigen mechanischen Steuerung der Luft-, Gemisch- und Kraftstoff-Querschnitte wurde auch bei den Vergasern der Luftschiffmotoren VL 1/2 sowie der Kfz-Motoren W 2/3 (Abb. 17.15) und WS nach dem Ersten Weltkrieg beibehalten. Der Kraftstoffzufluss im VL-1/2-Vergaser wurde nun allerdings mit einem Schwimmer gesteuert; der im wörtlichen Sinne des Wortes »überflüssige« Kraftstoff floss über einen Überlauf ab. Der Schwimmer selbst war mit Rücksicht auf die möglichen Schräglagen des Luftschiffes ringförmig ausgebildet. Ende der zwanziger Jahre gab der Maybach-Motorenbau den Bau eigener Vergaser auf, weil diese mit ihrer aufwendigen Mechanik zu teuer geworden waren und weil es mittlerweile eine leistungsfähige Zulieferindustrie auf diesem Gebiet gab. Dessen ungeachtet beschäftigte man sich nach wie vor mit Entwicklungsfragen der Vergaser; die Vergaser für die größten Maybach-Vergaser-Motoren HL 210/HL 230 (Abb. 17.16) wurden vom Maybach-Motorenbau entwickelt; gefertigt wurden sie von der Deutschen Vergaser-Gesellschaft.

Im Zuge der Steigerung der Leistung dieser Motoren ging man zur Benzin-Einspritzung über; Pumpen und Düsen wurden von Bosch bezogen. Bemerkenswert ist die Regelung der Kraftstoffmenge abhängig von Drehzahl

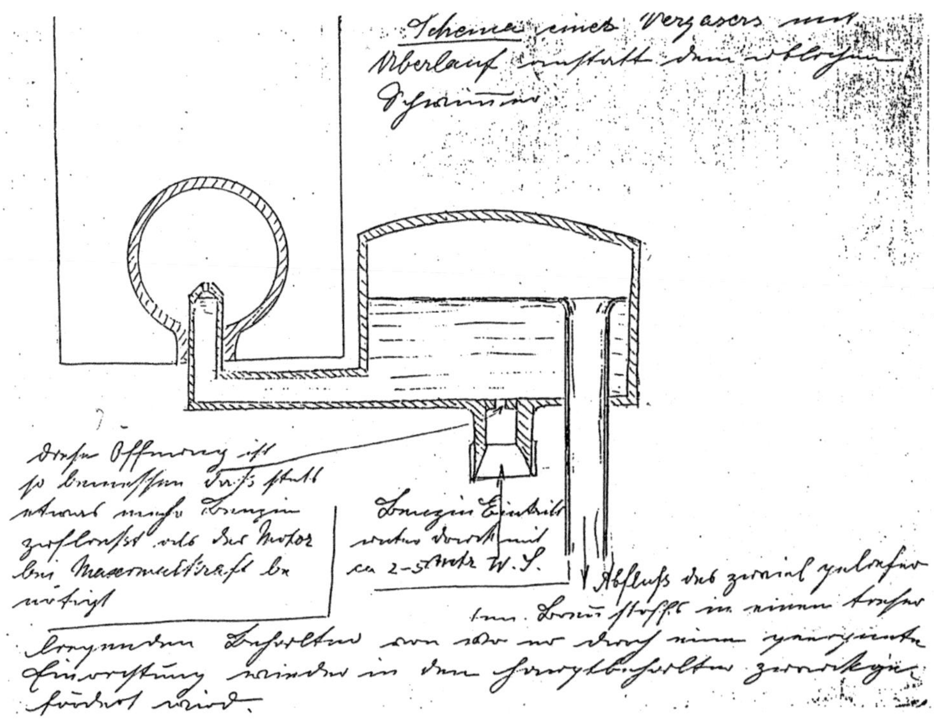

Abb. 17.13 Prinzip des schwimmerlosen Vergasers. Skizze von Karl Maybach, um 1910

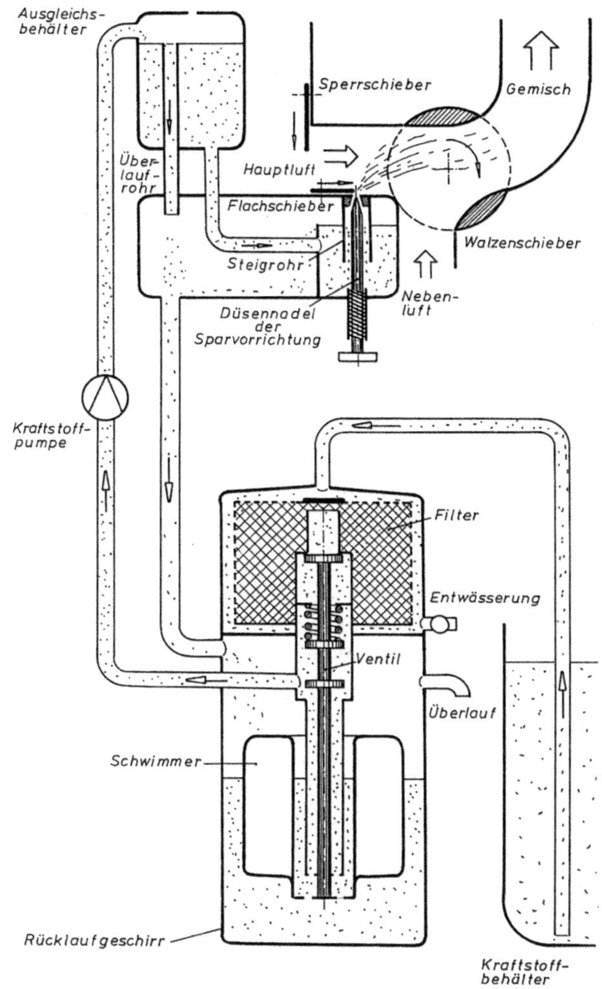

Abb. 17.14 Prinzipieller Aufbau und Funktionsschema des schwimmerlosen Vergasers, Bauart Maybach, für den Maybach-Flugmotor Mb IVa (1916). Überlaufkammern steuerten die Kraftstoffzufuhr zur Spritzdüse, wodurch ein Volllaufen des Vergasers bzw. Überlaufen in das Saugrohr ausgeschlossen wurde. Außerdem war dieser Vergaser von der Kraftstoffdichte unabhängig

und Drosselklappen-Stellung durch einen exzentrisch gelagerten konischen Nocken, ein Konstruktionselement, das schon im Vergaser der W-5-Motoren zu finden ist. Die Nachkriegsmotoren HL 295 und HL 11 hatten gleichfalls eine Benzin-Einspritzung, wobei man am Ende dieser Entwicklung – aus Kostengründen – Versuche mit Vergasern machte.

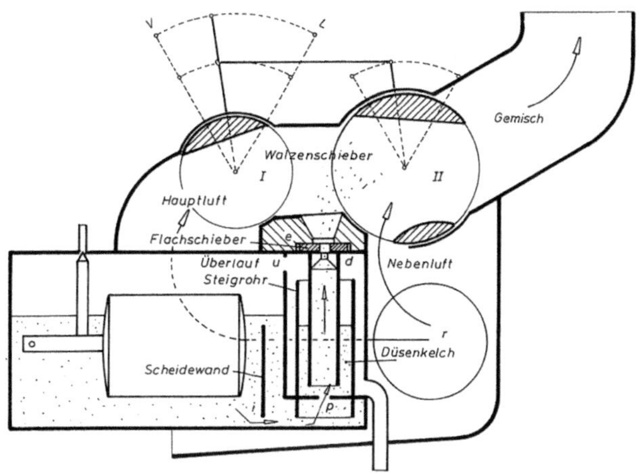

Abb. 17.15 Aufbau und Funktion des Vergasers für den Fahrzeugmotor W 2 (1920). Auch bei diesem Vergaser mit Schwimmer verhinderte das Überlauf- und Steigrohr ein Überlaufen des Vergasers. Die Querschnitte für Haupt- und Nebenluft sowie für das Gemisch wurden durch Walzenschieber, der Querschnitt für den Kraftstoff durch einen Flachschieber gesteuert

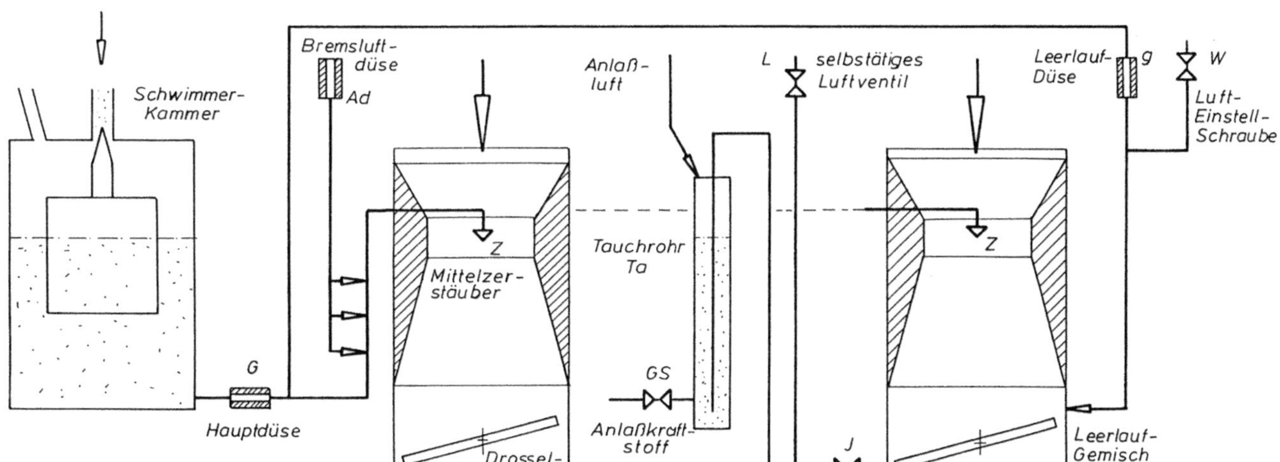

Abb. 17.16 Prinzipieller Aufbau des Solex-Doppelregister-Vergasers (Konstruktion Maybach) für den Motor HL 230 (1943)

1917 richtete der »Motorenbau« eine Werkstoff-Prüfabteilung ein, in der alle Rohmaterialien, Halbzeuge und zugelieferten Fertigteile chemisch, metallurgisch und auf Festigkeit überprüft wurden – heute eine Selbstverständlichkeit, damals aber ein großer Fortschritt!

Nachdem die Richtigkeit der Mb-IVa-Konzeption auf dem Wendelstein nachgewiesen worden war, gab der »Motorenbau« diesen Prüfstand auf, weil die Versuche dort umständlich und teuer waren. Nun wieder in Friedrichshafen, wurde das Betriebsverhalten des Mb IVa unter Variation wichtiger Einflussgrößen wie des Verdichtungsverhältnisses, des Ansaugunter- und des Abgasgegendruckes untersucht. Später bediente man sich des vom LZ eingerichteten Höhenprüfstandes, einer Unterdruck-Kammer, in welcher der komplette Motor dem – veränderbaren – Unterdruck ausgesetzt wurde.

Wegen seiner guten Höheneigenschaften wurde der Mb IVa hauptsächlich in Höhenaufklärer eingebaut (Abb. 17.17). Auch in den »Riesenflugzeugen« bewährte er sich, weil größere Flughöhen mehr Sicherheit vor der feindlichen Abwehr boten, wie aus einem Schreiben der Flugzeugwerft Staaken an Karl Maybach hervorgeht:

> »... Flieger-Abteilung 501, die mit unseren Flugzeugen die ersten Angriffe auf England mit Erfolg ausgeführt hat. Ich freue mich, dabei sagen zu können, daß das mit Maybach-Motoren ausgerüstete Flugzeug befriedigt hat, seiner Höhenleistung wegen. Während die Daimler-Flugzeuge bei der vorhandenen Überlastung nur bis 3.000 m Höhe erreichen, konnte das Maybach-Flugzeug wenigstens in 3.800 m Höhe Angriffe ausführen ... «[20]

Es lag auf der Hand, den Mb IVa auch in Luftschiffe einzubauen, waren diese doch weit mehr auf größere Höhen für ihre Einsätze angewiesen. So wurde eine entsprechende Motoren-Version, der Mb IVaL, gebaut, der sich in mehreren Punkten von der Flugzeug-Ausführung unterschied.

17.4 Kriegsprobleme

Die Flugzeugmeisterei gab ihre anfangs ablehnende Haltung gegenüber dem Höhenmotor auf; nun konnten gar nicht genug dieser Motoren geliefert werden. So forderte die Flugzeugmeisterei:

> »... Herr Major Wagenführ hat heute der Firma Maybach einen neuen Auftrag von 2.700 Mb-IVa-Motoren erteilt. Durch Heranziehung des Werkes N.S.U., sowie der Heranziehung der Gewehrfabrik Mauser in Oberndorf, tritt eine erhebliche Erhöhung der Motoren-Produktion ein. Die in der Anlage von Maybach angegebene Steigerung muss unter allen Umständen eingehalten werden, da mit Beginn des nächsten Jahres die 260 PS Merc. Motoren für nicht vollwertig ausscheiden und dieser Ausfall durch Maybach-Motoren gedeckt werden muss. Ich bitte die Firma Maybach nunmehr bei der Belieferung mit Rohstoffen unter allen Umständen zu unterstützen ... «[21]

1918 erreichte die Fertigung der Mb-IVa-Motoren durch Ausbau und Erweiterung der Produktionsstätten in Friedrichshafen mit 200 Stück im Monat ihren Höchststand. Diese Aufträge hatten den »Motorenbau« gezwungen, die Belegschaft auf über 3.000 Mitarbeiter zu vergrößern. Das warf viele Schwierigkeiten auf, zum einen weil die Forderung der Front nach Soldaten Vorrang hatte, zum anderen weil im ländlichen Oberschwaben, in dem es damals praktisch kaum Industrie gab, Fachkräfte ohnehin nicht zu bekommen waren. So sah sich der »Motorenbau« 1917 gezwungen, eine Werkstatt speziell zum Einarbeiten von ungelernten Arbeitern (und Arbeiterinnen, denn in Kriegszeiten galten die Vorbehalte gegen Frauen im Beruf nicht mehr) einzurichten.

Karl Maybach war sich stets des Wertes und der Bedeutung hochqualifizierter Fachkräfte in allen Ebenen der Firma bewusst gewesen. Es war deshalb nicht mehr als folgerichtig, dass der »Motorenbau« die Ausbildung des Arbeiter-Nachwuchses selber in die Hand nahm. Die besagte Anlernwerkstatt wurde 1920 zu einer Lehrwerkstatt ausgebaut, in welcher die Lehrlinge entweder eine einjährige Ausbildung zum Maschinenarbeiter oder eine vierjährige zum Facharbeiter erhielten (Abb. 17.18 und 17.19). Zusätzlich wurden sie von Meistern und Ingenieuren in Spezialfächern unterrichtet, was schon deswegen nötig war, weil die Lehrlingsausbildung in den Gewerbeschulen vorwiegend auf die Bedürfnisse des Handwerks ausgerichtet war. Auf Vorschlag des mittlerweile in »Maybach-Motorenbau GmbH« (MM) umbenannten »Motorenbau« wurde eine Werkschule für alle Industrielehrlinge des LZ-Konzerns, also nicht nur für die des Maybach-Motorenbaus, eingerichtet. Die Räume dafür stellte der Maybach-Motorenbau zur Verfügung. Auf sein Betreiben wurden ab 1927 zu den Gesellenprüfungen auch Vertreter der Industrie in die Prüfungskommissionen berufen.

Doch nun wieder zurück in das Jahr 1918: Selbstverständlich untersuchten die Kriegsgegner jeweils die erbeuteten Waffen, Gerätschaften, Fahrzeuge, Flugzeuge, Schiffe usw. genau, sowohl um sich über den Stand der Technik auf der anderen Seite zu informieren, als auch um das Know-how des Gegners – wenn möglich – für eigene Zwecke zu nutzen: »... and the idea presumably is that all aviation engine builders will find something helpful in this close study of the latest German designs ... «[22].

Das geschah auch mit den Maybach-Motoren. Ausführliche Berichte, in denen detailliert die Konstruktionen be-

[20] Schreiben der Flugzeugwerft GmbH Staaken bei Spandau an Karl Maybach vom 16. Oktober 1917.

[21] Schreiben der Flugzeugmeisterei No. 11230 VH MaK Stab vom 30. Juli 1918.

[22] »Zeppelin Power Plant Engineering«, Part I/II, in: *The Automobile* vom 18./25. Januar 1917.

Abb. 17.18 In der 1920 gegründeten Maybach-Lehrwerkstatt erhielten die Lehrlinge des gesamten LZ-Konzerns ihre Grundausbildung. Wie auch heute nicht anders, stand am Beginn der drei bis vier Jahre dauernden Ausbildung das Arbeiten am Schraubstock

Abb. 17.19 Auf Grundtätigkeiten wie z. B. das Feilen folgte die Ausbildung an verschiedenen Werkzeugmaschinen wie Drehbank, Fräs- und Schleifmaschine. Diese Maschinen wurden damals zentral von einem Elektromotor über Transmissionswellen und Flachriemen angetrieben

schrieben (mit Zeichnungen), Maße und Toleranzen, Werkstoffe und deren Zusammensetzung angegeben sind, zeugen davon, wie gründlich man sich mit diesen Motoren befasst hatte. Zwei Beispiele dafür:

- »Zeppelin Power Plant Engineering« in »The Automobile« vom 18. Januar 1917 (Beschreibung des HSLu) und
- »Report on the 300 H.P. Maybach Aero Engine«. Ministry of Munitions: Technical Department, Aircraft Production, May 1918 (Beschreibung des Mb IVa).

Im letztgenannten Bericht heißt es bezeichnenderweise:

> »... The 300 H.P. Maybach represents several unusual and interesting details ... The quality of workmanship of every part, including the exterior finish throughout, is exceptionally good, and the working clearances are carried to very fine limits. Compared with any of the types of enemy engines, the workmanship is undoubtedly of a very much more finished nature: every part, nevertheless, shows the usual German characteristics of strength and reliability; combined with Standardization of parts and ease manufacturing, in preference to saving weight ... «[23]

Mit dem Ausdruck »300 H.P.« ist der Mb IVa gemeint, den die Alliierten in Extrapolation seiner Höhen- auf die Bodenleistung als 300-PS-Motor bezeichneten.

Im Laufe des Krieges verschlechterte sich die Situation immer mehr zu Ungunsten des Deutschen Reiches und seiner Verbündeten, nicht nur durch die zahlenmäßige Überlegenheit der Gegner, sondern auch – um bei den Flugmotoren zu bleiben – durch qualitative Verbesserungen im Motorenkonzept und auch in manchen Details.

Um die Leistung zu steigern und die Leistungsmasse (kg/kW) wirksam zu verringern, bedurfte es schnelldrehender, vielzylindriger (Acht- und Zwölfzylinder-V-)Motoren. Renault, Hispano-Suiza und Rolls-Royce hatten diesen Weg eingeschlagen; auch in Deutschland arbeitete man an solchen Motoren, so die Firmen Benz, BMW und Körting. Unseligerweise lehnte der damalige Leiter der Motorenentwicklung in der Inspektion der Fliegertruppen diese Bauart ab und bestand auf dem Sechszylinder-Reihenmotor. Das war eine krasse Fehlentscheidung, denn die Gesetze der Ähnlichkeitsmechanik verlangen für eine geringe Leistungsmasse vielzylindrige Motoren mit hohen Drehzahlen; außerdem war es in so kurzer Zeit, wie sie der Krieg nun einmal erforderte, nicht möglich, die bisherige Zylinderleistung von 30 bis 38 kW (40 bis 50 PS) zu verdoppeln. Erst nach Ablösung jenes Beamten wurde die unerfüllbare Forderung fallen gelassen; aber diese Verzögerung in der deutschen Flugmotoren-Entwicklung verschaffte den Alliierten einen beträchtlichen Vorsprung. Der »Motorenbau« hatte zwar mit der Konstruktion eines hubraumstarken Sechszylinder-Reihenmotors von 200 mm Bohrung und 240 mm Hub, dem KP, begonnen, aber dessen Entwicklung wegen der Arbeiten am HSLu und am Mb IVa zurückgestellt. Als dann der Mb IVa 1917 seinen Typenlauf erfolgreich absolviert hatte, entschloss man sich, die geforderten 367 kW (500 PS) mit einem Zwölfzylinder-Motor dergestalt darzustellen, dass man zwei komplette Mb-IVa-Triebwerke um 10° nach außen geneigt, in ein gemeinsames Kurbelgehäuse einbaute. Die beiden Kurbelwellen dieses Motors Mb VII arbeiteten über ein Vorgelege mit Untersetzung auf die Propellerwelle. Der Vorteil einer solchen Lösung bestand darin, dass man die bewährte Triebwerkslagerung des Mb IVa unverändert übernehmen konnte, wodurch erheblich an Entwicklungszeit gespart wurde (Abb. 17.20).

[23] *Report on the 300 HP Aero Engine*. Ministry of Munitions. Technical Department, Aircraft Production, May 1918.

Abb. 17.20 Mit dem Motor Mb VII sollte der Leistungsvorsprung, den die Alliierten durch ihre zwölfzylindrigen V-Motoren errungen hatten, aufgeholt werden. Um Entwicklungszeit zu sparen, wurde der Mb VII als Doppelreihenmotor, bestehend aus zwei Mb-IVa-Motoren mit einem gemeinsamen Kurbelgehäuse, ausgeführt. Seine Leistung betrug 367 kW (500 PS) bei 1.500 min^{-1}

Nachdem sich das Prinzip der Überbemessung und Überverdichtung so gut bewährt hatte, lag es nahe, dieses weiterzuführen. Das geschah mit dem HLv (180 mm Bohrung und 200 mm Hub), der aber über das Versuchsstadium nicht hinauskam. Da beim Doppelreihenmotor, dem Mb VII, ohnehin ein Vorgelege gebraucht wurde, entfiel der Zwang, die Motordrehzahl mit Rücksicht auf die Propellerdrehzahl zu wählen. Den Forderungen des Leichtbaus konnte jetzt durch höhere Motordrehzahl besser Rechnung getragen werden. Man begann mit den Arbeiten an einem Schnellläufer, der – um die mittlere Kolbengeschwindigkeit im Bereich der üblichen Werte von 8–9 m/s nicht zu übersteigen – »überquadratisch«[24] als Doppelreihenmotor mit 165 mm Bohrung und 100 mm Hub (s/d = 0,384!) für 2.600 min^{-1} ausgelegt wurde. Dieser Motor, Typ HLs 12 (Abb. 17.21), wurde zwar durchkonstruiert, aber nicht mehr gebaut, weil nach dem Waffenstillstand im November 1918 jegliche Entwicklung von Flugmotoren in Deutschland verboten war. Eine andere Fehlentscheidung der Militärbehörden, die den deutschen Flugmotorenbau wertvolle Entwicklungszeit kostete, war die Ablehnung des Aluminium-Kolbens. Die frühen Motoren waren mit Grauguss-Kolben ausgerüstet. Grauguss (GG) hat zwar sehr gute Laufeigenschaften und eine hohe Festigkeit; seine große Dichte (spez. Gewicht) begrenzt aber wegen der Massenkräfte die Drehzahlen. Nachteiliger noch ist geringe Wärmeleitfähigkeit, die zu hohen Kolbentemperaturen führt und das Klopfen (eine Unregelmäßigkeit der ottomotorischen Verbrennung) begünstigt.

Seinerzeit wollte die Firma Basse & Selve, Altena/Westfalen, einen Motor mit Aluminium-Kolben zum zweiten »Kaiserpreis«-Wettbewerb anmelden. Das wurde aber mit der Begründung abgelehnt, bei Verbrennungstemperaturen um 2.000 °C könnten Kolben aus Aluminium mit einem Schmelzpunkt um 600 °C nicht zugelassen werden. Erst

[24] Überquadratisch bedeutet, dass die Bohrung größer als der Hub ist.

Tab. 17.1 Luftschiff- und Flugzeugmotoren 1909 bis 1930

Motor-Typ	Jahr	Bauart	Bohrung/Hub mm/mm	Zylinder Volumen dm^3	Leistung/Drehzahl kW/PS / min^{-1}	Effektive Literarbeit kJ/dm^3	Mittlere Kolbengeschwindigkeit m/s
AZ	1909	6R	160/170	3,41	107/145 / 1.100	0,57	6,23
CX	1913	6R	160/190	3,81	154/210 / 1.250	0,65	7,9
DW IR	1914	6R	130/160	2,12	118/160 / 1.350	0,82	7,2
HS HSLu	1915	6R	150/180	3,18	176/240 / 1.400	0,79	8,4
Mb IVa/Lu	1916 1918	6R 6R	165/180	3,85	191/260 / 1.400	0,71	8,4
Mb VII	1918	2 × 6R	165/180	3,85	367/500 / 1.500	0,68	8,4
VL 1	1924	12V	140/180	2,77	309/420 / 1.400	0,79	8,4
VL 2	1927	12V	140/180	2,77	419/570 / 1.600	0,95	9,6

Mittlere Kolbengeschwindigkeit c_m. Der Kolben eines Hubkolbenmotors führt bei einer Kurbelwellenumdrehung eine ungleichförmige Bewegung aus, in deren Verlauf er zweimal von null auf den Maximalwert der Geschwindigkeit beschleunigt, um dann wieder auf null zu verzögern. Die mittlere Kolbengeschwindigkeit ist ein Rechenwert, der sich als Produkt aus dem Kolbenweg bei einer Kurbelwellen-Umdrehung und der Drehzahl ergibt. Belastung durch die Massenkräfte, mechanischer Verschleiß, Ladungswechsel und gasseitiger Wärmeübergang (thermische Belastung) werden von der mittleren Kolbengeschwindigkeit beeinflusst.
Effektive Literarbeit we. Die effektive Literarbeit *we* ist die Arbeit eines Zylinders je Arbeitsspiel, bezogen auf sein Hubvolumen. Da in dem Ausdruck für die effektive Literarbeit die verschiedenen Wirkungsgrade enthalten sind, die der Konstrukteur und Versuchsingenieur durch die Gestaltung von Verbrennung und Wärmeübergang, aber auch mittels Verringerung von hydraulischen und mechanischen Verlusten beeinflussen kann, ist sie besonders gut zur Beurteilung des Entwicklungsstandes eines Motors geeignet. Sie ist auch ein Maß für die thermische und mechanische Beanspruchung der Maschine. Die kräftige Steigerung der effektiven Literarbeit in den letzten Jahrzehnten ist vor allem auf die Abgasturboaufladung zurückzuführen.

1916, nachdem die ersten Rolls-Royce- und Hispano-Suiza-Motoren mit Aluminium-Kolben erbeutet worden waren, fand ein Umdenken statt; nun wurden die Motorenhersteller zur Verwendung von Aluminium-Kolben geradezu gedrängt. Der »Motorenbau« führte 1918 Aluminium-Kolben bei den Mb-IVa/L-Motoren ein; dadurch konnten das Verdichtungsverhältnis von 6,01 auf 6,3 und die Höhenleistung des Mb IVa bei 2.500 m – ausgehend von der unveränderten Bodenleistung – um 10 % erhöht werden. Der Doppelreihenmotor Mb VII hatte von Anfang an Aluminium-Kolben.

Einerseits forcierte der Krieg die Motorenentwicklung, andererseits behinderte er sie. Die ungünstige geostrategische Lage des Deutschen Reiches ermöglichte den Alliierten eine wirksame Blockade. Schon bald wirkte sich der Mangel an Rohstoffen, namentlich an Legierungselementen, aber auch an Treib- und Schmierstoffen auf Entwicklung und Fertigung gleichermaßen aus. Immer mehr mussten nickelarme bzw. nickelfreie Stähle für hoch beanspruchte Triebwerksteile wie Kurbelwellen oder Kolbenbolzen verwendet werden. Gravierender noch machte sich der Nickelmangel auf die Produktion von Zündkerzen bemerkbar, für deren Mittelelektrode Nickel unverzichtbar war. Auch Kupfer, Zinn und sogar Aluminium wurden knapp; der »Motorenbau« konnte seine Kolben nur mit großer Verzögerung auf Aluminium umstellen, weil das für die hierfür verwendete, hoch kupferhaltige Aluminium-Legierung nötige Kupfer fehlte. Aus einer zeitgenössischen Dokumentation geht hervor, dass der »Motorenbau« nur mit Unterstützung des Reichs-Marine-Amtes 600 kg des dringend benötigten Kupfers zugeteilt bekam. Ähnlich sah es mit den Lagermetallen aus:

> »... Die immer größer werdende Zinn-Knappheit wird in absehbarer Zeit dazu führen, daß die benötigte Zinnmenge nicht mehr voll zur Verfügung gestellt werden kann. Versuche mit Ersatzlagermetallen werden daher zur zwingenden Notwendigkeit ... «[25]

Die Qualität des Kraftstoffes verschlechterte sich; das bereitete Schwierigkeiten bei Ventilen und Ventilsitzen. Gegen Ende des Krieges musste sogar die Dauer der Prüfstandläufe verkürzt werden, um Kraftstoff zu sparen. Benzin wurde zum Teil durch Benzol ersetzt, was anfangs Probleme bereitete. Aber man machte die Erfahrung, dass mit Benzol vermischtes Benzin klopffester als herkömmlicher Ottokraftstoff ist.

[25] Rundschreiben Flt. B.B. Nr. 482086 vom 28. August 1917.

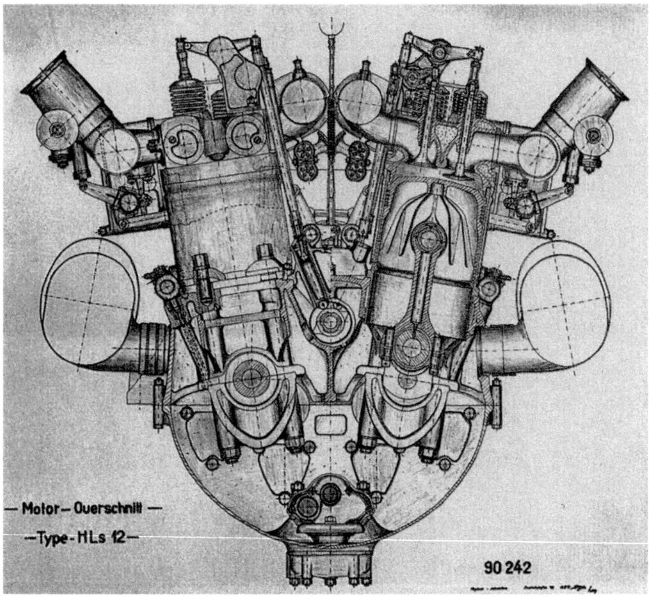

Abb. 17.21 Der Flugzeugmotor HLs 12 war gleichfalls ein 2 x 6-Zylinder-Reihenmotor, wobei die Leistung beider Kurbelwellen wie beim Mb VII durch ein Untersetzungsgetriebe auf den Propeller übertragen werden sollte. Im Hinblick auf die Leistungsmasse betrug die Motordrehzahl 2.600 min^{-1}; um die mittlere Kolbengeschwindigkeit in beherrschbaren Grenzen zu halten, wählte man den Hub zu 100 mm. Bei einer Bohrung von 165 mm war der HLs 12 stark überquadratisch. Dieser Motor wurde aber nicht mehr gebaut

18 Personenwagen- und Nutzfahrzeug-Motoren 1920 bis 1939

Stefan Zima

18.1 Neue Aufgaben

Das Ende des Ersten Weltkrieges bedeutete auch das Ende für die Maybachschen Flugmotoren, weil die Waffenstillstandsbedingungen und später der Versailler Vertrag (1919) die Entwicklung und den Bau von Flugzeugen und Flugmotoren untersagten. Vorhandene Motoren mussten an die Siegermächte abgeliefert oder zerstört werden (Abb. 18.1 und 18.2), ebenso die Propellerprüfstände. Schwerer noch traf den Maybach-Motorenbau die Anordnung, dass auch sieben Wasserwirbelbremsen zu zerstören seien. Die Ausführung dieser Anweisungen wurden von Kontrollkommissionen der Entente argwöhnisch überwacht. Der Maybach-Motorenbau GmbH, wie die Firma seit 1918 hieß, war die Existenzgrundlage genommen!

Wenngleich man diese Entwicklung nicht vorausgesehen hatte, war es Karl Maybach und den anderen Verantwortlichen des Maybach-Motorenbaus doch klar gewesen, dass in Friedenszeiten ein solcher Bedarf an Flugmotoren nicht mehr bestehen würde, mithin also neue Anwendungsgebiete gefunden werden mussten. Als naheliegend boten sich da die Kraftfahrzeuge an. Karl Maybach hatte schon 1914 beabsichtigt, auch Kfz-Motoren zu entwickeln, war aber durch den Ausbruch des Krieges daran gehindert worden. Der Aufschwung des gesamten Kraftfahrwesens im Krieg hatte den Bedarf an leistungsstarken und zuverlässigen Motoren ansteigen lassen. Hiervon versprach sich der Maybach-Motorenbau ein weites Betätigungsfeld. Ein anderes zukunftsträchtiges Gebiet sah Karl Maybach in der Schienentraktion. Aus diesem Grund wurde schon vor dem eigentlichen Kriegsende mit der Planung für eine Diversifikation des Motorenprogramms begonnen. Dabei wollte sich der Maybach-Motorenbau ausschließlich auf sein ureigenes Gebiet, den Motorenbau, beschränken. Die Grundzüge seiner Firmen-»Politik« erläuterte Karl Maybach Anfang 1919 seinen engsten Mitarbeitern:

Abb. 18.1 Vorher (1918): ein Teil der Monatsproduktion an Mb-IVa-Motoren

> »... darf ich Sie heute mit unserem neuen Fabrikationsprogramm bekanntmachen, von dem ich mir für die Zukunft einen Erfolg verspreche. Aufgrund unserer Erfahrungen im Flugmotorenbau werden wir einen erstklassigen Fahrzeugmotor entwickeln und diesen in verschiedenen Leistungen bauen. Wir werden diese Motoren den inzwischen zahlreich gewordenen Automobil-Firmen im In- und Ausland zum Einbau in ihre PKW, LKW und sonstigen Fahrzeuge anbieten. Auf diese Weise sparen sich die betreffenden Firmen kostspielige Eigenentwicklungen. Mein zweites Vorhaben betrifft den Eisenbahnverkehr. Sie alle wissen, daß seit nahezu einem Jahrhundert, trotz ihres schlechten Wirkungsgrades, die Dampflokomotive diesen Verkehr beherrscht. Versuche zur Motorisierung des Bahnverkehrs sind schon da und dort unternommen worden. Aber diese Versuche, meist auf den vom Lastkraftwagen her bekannten Elementen basierend, hatten keinen Erfolg, konnten auch keinen haben. Einen Einbruch in den Dampfbetrieb kann man nur mit einem Fahrzeug erzielen, in dem auch in Bezug auf die Zubehör-Einrichtungen die Grundgedanken einer ›arteigenen‹ Maschinenanlage verwirklicht sind. Und ich bin willens, eine solche Maschinenanlage zu entwickeln und zu bauen. Dabei bin ich mir klar darüber, daß wir mit der Inangriffnahme dieses Problems völliges Neuland betreten. Denn, meine Herren, allein aus wirtschaftlichen Gründen kann der Antriebsmotor einer derartigen

S. Zima (✉)
Gießen, Deutschland
E-Mail: customerservice@springernature.com

E. Eckermann, W. Treue, S. Zima (Hrsg.), *Technikpionier Karl Maybach*, https://doi.org/10.1007/978-3-658-37065-7_18

Abb. 18.2 Nachher (1919): Nach dem Waffenstillstand vom November 1918 musste der Maybach-Motorenbau, überwacht von alliierten Kontrollkommissionen, die vorhandenen Flugmotoren zerstören und sogar deren Prüfstände demontieren. Das *Bild* dokumentiert die Ausführung dieser Anweisungen

Maschinenanlage nur ein Dieselmotor sein. Und schnelllaufende und entsprechend kleinbauende Dieselmotoren der hier erforderlichen Leistungsklasse gibt es bis heute noch nicht. Das hat mir eine Expertise, mit deren Ausarbeitung ich schon vor Monaten einen Ihrer Kollegen beauftragt hatte, eindeutig bewiesen. Wahrscheinlich werden wir auch ein passendes Getriebe konstruieren müssen und beide, Motor und Getriebe, müssen so bemessen sein, daß sie in einem normalen, zweiachsigen Drehgestell eines ebenfalls noch zu bauenden Eisenbahn-Triebwagens untergebracht werden können. Für Entwicklung und Bau des Letzteren müssen wir eine Waggonfabrik finden, die gleich uns bereit ist, einen Beitrag für die Motorisierung des Schienenverkehrs zu leisten. Die Zubehöreinrichtungen, wie Luftzuführung, Auspuffableitungen, Brennstofftanks, Mess- und Überwachungsinstrumente, Ausbildung des Führerstandes u.s.w. müssen in engster Zusammenarbeit mit dieser Waggonfabrik geschaffen werden. Da die Entwicklung dieser Maschinenanlage und die Erprobung eines solch neuartigen Fahrzeuges längere Zeit in Anspruch nehmen wird, ehe an seine Einführung bei den Bahngesellschaften und eventuell auch im Ausland gedacht werden kann, müssen wir in der Zwischenzeit versuchen, die Belegschaft, deren weiteren zahlenmässigen Abbau ich Sie alle mitzubetreiben bitte, mit anderen Aufgaben [zu] beschäftigen. Solche Arbeiten zu finden, wird ebenfalls nicht leicht sein, doch ich bin entschlossen, hier jedes Erzeugnis des zivilen Bedarfs zu fertigen, das einigermaßen in Einklang mit unseren Fabrikationseinrichtungen zu bringen ist. Auf Sie alle werden hier einige Probleme zukommen. Wir werden sie gemeinsam lösen und gemeinsam bestrebt sein, unserem Werk seinen guten Ruf zu erhalten.«[1]

18.2 Vom Motor zum Fahrzeug

Nach Kriegsende wurde unverzüglich mit den Arbeiten an dem Fahrzeug-Motor begonnen; es entstand der W 1 (W = Wagenmotor), ein Versuchsmotor, der noch 1919 auf den Prüfstand kam und bei 2.000 min^{-1} 34 kW (46 PS) abgab. Nach verschiedenen konstruktiven Änderungen wurde aus dem W 1 der W 2, der erste betriebsreife Maybach-Fahrzeugmotor. Mit sechs Zylindern von 95 mm Bohrung und 135 mm Hub leistete er 51,5 kW (70 PS) bei 2.200 min^{-1}.

In diesem Motor vereinten sich in bemerkenswerter Weise bewährte Baugrundsätze der Flugmotoren mit neuen konstruktiven Vorstellungen; nicht mehr höchste Leistung unter Inkaufnahme begrenzter Laufzeit und aufwendiger Wartung wurde jetzt verlangt, sondern Robustheit, einfache Bedienbarkeit und lange Lebensdauer. Von den Flugmotoren war das Prinzip der Überbemessung übernommen worden; damit ergab sich ein Drehmomentverhalten, das den Motor nicht nur zum Antrieb von Pkw, sondern auch von Nutzkraftwagen (Nkw) geeignet machte.

[1] Zitiert nach: A. Sapper: *Professor Dr.-Ing. E. h. Karl Maybach und die Geschichte seines Motorenbaus*. MTU-Archiv. (Dort vermutlich nach der mündlichen Überlieferung abgedruckt.)

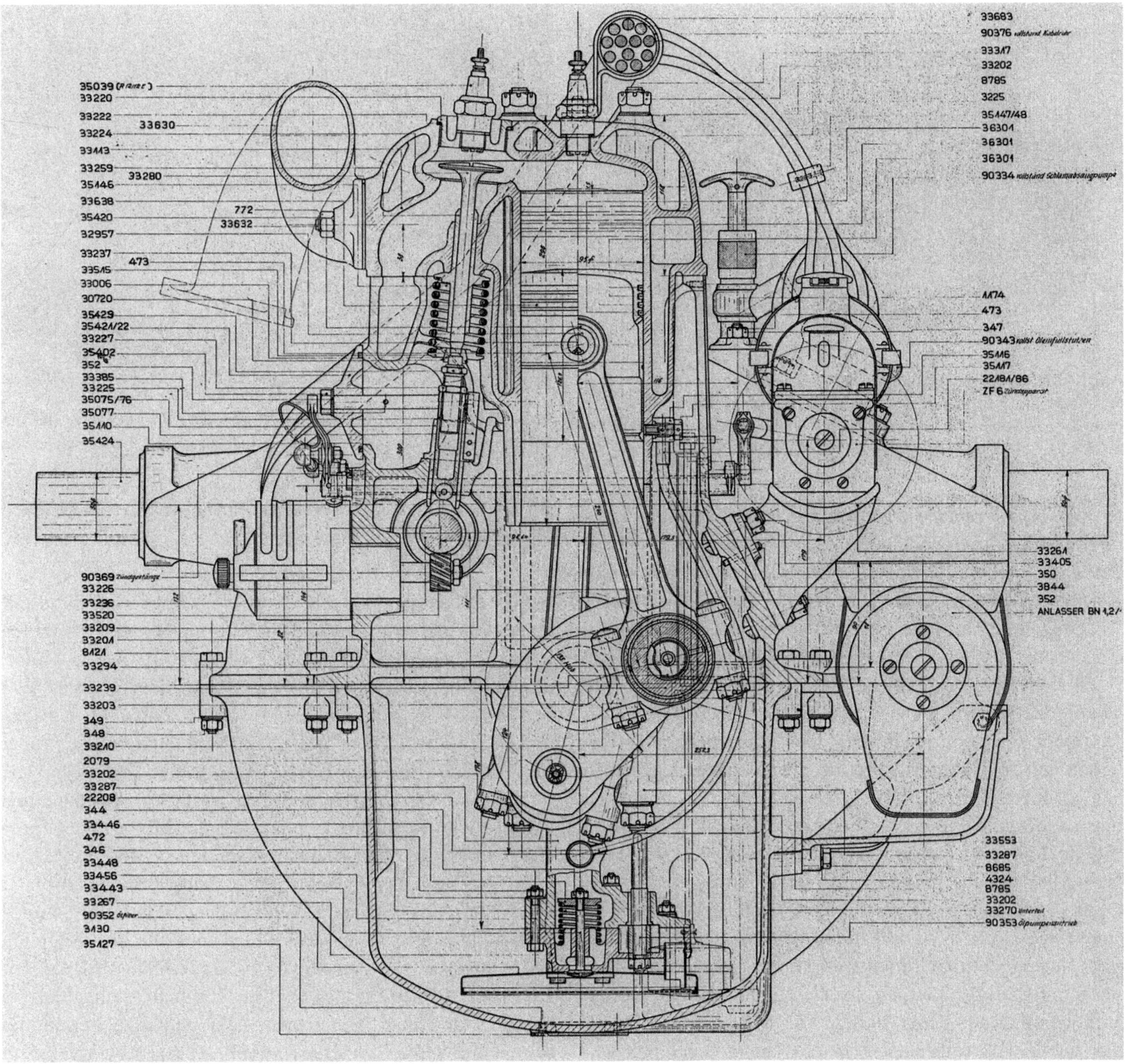

Abb. 18.3 Querschnitt des Fahrzeugmotors W 2 (1921): wassergekühlter Viertakt-Ottomotor in Sechszylinder-Reihenbauart; Bohrung 95 mm, Hub 135 mm, Hubraum 5.739 cm^3, Leistung 51,5 kW (70 PS) bei 2.200 min^{-1}. Eine Besonderheit dieses Motors ist der in das Leichtmetall-Kurbelgehäuse eingehängte Grauguss-Zylinderblock. Dieser Block mit seinen sechs Zylindern, Wassermänteln und Zylinderköpfen ist als ein Teil gegossen

Die sechs Zylinder waren in einem Block zusammengefasst (»Blockzylinder«), der aus den Laufbuchsen, Wassermänteln und Zylinderköpfen bestand. Dieser kompakte Blockzylinder wurde in das zweiteilige Aluminium-Kurbelgehäuse eingesetzt und mit diesem zu einem steifen Verband verschraubt (Abb. 18.3). Vergleicht man den W 2 mit Fahrzeugmotoren anderer Hersteller jener Zeit, dann springt der Gegensatz zwischen dem in sich geschlossenen, glatten W 2 und den anderen Motoren in Einzel- und Doppel-Zylinder-Bauweise ins Auge (Abb. 18.4).

In Anbetracht der – im Vergleich zu den Flugmotoren – niedrigen spezifischen Leistung verzichtete man bei dem W 2 darauf, die Kurbelwelle nach jeder Kröpfung zu lagern; auch wurde der Motor seitengesteuert, d. h., die seitlich neben den Zylindern stehend angeordneten Ventile wurden von der im Kurbelgehäuse-Oberteil gelagerten Nockenwelle direkt betätigt. Die Gemischaufbereitung besorgten zwei Vergaser Maybachscher Bauart mit zwangsläufiger Steuerung der Luft-, Kraftstoff- und Gemisch-Querschnitte; für je drei Zylinder war ein Vergaser vorgesehen. Durch Verstel-

Abb. 18.4 Der Fahrzeugmotor W 2 für den holländischen »Spyker«-Pkw. Auffallend ist die einfache klare Linienführung dieses Motors, die sich deutlich von vielen anderen Konstruktionen ihrer Zeit abhebt

len von Hand konnte die Gemischzusammensetzung (»arm-reich«-Verstellung) verändert und an die jeweiligen Fahrbedingungen angepasst werden. Gezündet wurde durch zwei Kerzen je Zylinder, wobei eine von der Batterie, die andere von einem Magnetzünder gespeist wurde. Das gewährleistete ein sicheres Zünden über den gesamten Drehzahlbereich.

Obwohl sich die Arbeitsteilung zwischen Flugzeug- und Motorenherstellern gut bewährt hatte, weil sich jeder dadurch auf seine speziellen Aufgaben konzentrieren konnte, ließen sich die Automobil-Produzenten nicht auf dergleichen ein; sie zogen es vor, ihre Motoren selber zu entwickeln und zu fertigen, was auch durch den damals noch geringen Entwicklungsaufwand möglich war. Das Kalkül des Maybach-Motorenbaus ging deshalb nicht auf; es fanden sich kaum Abnehmer für die Fahrzeugmotoren. In dieser misslichen Lage erfuhr man, dass die niederländische Automobil- und Flugzeugfabrik Trompenburg einen geeigneten Motor für ihren »Spyker«-Wagen suchte. Verhandlungen wurden aufgenommen, in deren Verlauf die Maybach'sche Maxime, wie sie im folgenden Zitat aus einem Schreiben vom 11. Oktober 1919 an Trompenburg zum Ausdruck kommt, akzeptiert wurde:

> »... Ausschlaggebend für uns ist, daß es sich um hochwertige Motoren handelt, bei denen unsere gewohnte, äusserst präzise Ausfertigung, insbesondere auch in Bezug auf Auswechselbarkeit zur Geltung und entsprechender Bezahlung gelangt. Des weiteren ist für uns bestimmend, daß es sich um einen 6-Zylinder-Motor handelt, an dem wir eine Reihe neuer[,] in Bearbeitung befindlicher Konstruktionseinzelheiten auf dem Gebiete des Automobilmotorenbaues ...«[2]

Die Verhandlungen verliefen erfolgreich, und 1920 erteilte Trompenburg dem Maybach-Motorenbau einen Auftrag über 1.000 W-2-Motoren. Im Oktober desselben Jahres

Abb. 18.5 Aufgrund des »Großauftrages« von Trompenburg lief die Serienfertigung von W-2-Motoren an. In das zweite Kurbelgehäuse von vorn ist bereits das Triebwerk mit dem Schwingungsdämpfer montiert. Dieser Schwingungsdämpfer wurde erst nachträglich konstruktiv vorgesehen, als sich gezeigt hatte, dass im mittleren Drehzahlbereich eine Eigenfrequenz der Kurbelwelle lag

wurde ein erster W-2-Motor in ein »Spyker«-Fahrgestell eingebaut und mit diesem Fahrzeug im Schwarzwald Probefahrten, auch im Vergleich zu einem Rolls-Royce-Motor, durchgeführt. Aufgrund des guten Abschneidens des W 2 beschloss Trompenburg, einen von Rolls-Royce gehaltenen Dauerfahrt-Rekord über 20.000 km anzugreifen, wobei im Vertrauen auf die Zuverlässigkeit des W 2 die Marge auf 30.000 km erhöht und gleichzeitig die Bedingungen dahingehend verschärft wurden, dass der Motor ununterbrochen laufen, also auch beim Tanken und bei Reifenwechsel nicht abgestellt werden sollte. Diese denkwürdige Fahrt fand unter der Aufsicht des Königlich-Niederländischen Automobil-Clubs statt, dauerte 37 Tage und wurde erfolgreich abgeschlossen. Für den Maybach-Motorenbau schien somit alles zum Besten zu stehen: Der W 2 hatte sich glänzend bewährt, und man hatte einen – für damalige Verhältnisse – Großauftrag im Hause (Abb. 18.5). Aber nachdem 150 Motoren ausgeliefert worden waren, geriet Trompenburg in finanzielle Schwierigkeiten und konnte nicht nur die restlichen der bestellten Motoren nicht abnehmen, sondern blieb auch für einen Teil der gelieferten Motoren die Bezahlung schuldig. Jetzt befand sich der Maybach-Motorenbau in einer noch kritischeren Lage: Für den Trompenburg-Auftrag waren Vorrichtungen und Fertigungseinrichtungen geschaffen, Aufträge an Unterlieferanten (u. a. mehrere Kurbelwellen-Drehmaschinen) erteilt worden. Wollte man nicht alles verlieren, mussten die Motoren produziert werden. Mangels anderer Abnehmer entschloss man sich, die für die Motoren nötigen Fahrzeuge selber zu bauen.

In Anbetracht der Leistung des W 2 – 51,5 kW (70 PS) stellten 1921 für einen Pkw eine gewaltige Leistung dar – konnte es sich nur um große Fahrzeuge handeln, Pkw der

[2] Schreiben des Maybach-Motorenbaus an die niederländische Automobil- und Flugzeugfabrik Trompenburg vom 11. Oktober 1919.

Luxusklasse. In kürzester Zeit wurde ein Fahrzeug, Typenbezeichnung W 3[3], entwickelt. Der Öffentlichkeit wurde der W 3 auf der Deutschen Automobil-Ausstellung 1921 in Berlin vorgestellt, wo er große Beachtung fand, wie aus diesem Bericht hervorgeht:

»... Auf der Ausstellung hat dieser Wagen, dessen Einzelheiten auch durch ihre glatte Formgebung und ihre schönen Linien auffallen, begreifliches Aufsehen erregt ...«[4]

Fahrzeug und Motor waren sorgsam aufeinander abgestimmt und wiesen eine Reihe interessanter Merkmale auf. Der Motor, da »überbemessen«, d. h. für die abgegebene Leistung überdimensioniert, entwickelte auch bei niedrigen Drehzahlen ein so großes Drehmoment, dass im direkten Gang noch Fußgängertempo gefahren, aber auch Steigungen bis zu 10 % genommen werden konnten.

Das Zweiganggetriebe war ein Umlaufgetriebe (»Planeten-Getriebe«), bei dem die Gänge durch Festbremsen der einzelnen Komponenten gewechselt wurden, ohne dass die Zahnräder wie bei herkömmlichen Getrieben verschoben werden mussten. Das erleichterte die Bedienung beträchtlich, weil der Drehzahlausgleich durch Zwischengas, damals der Schrecken jedes weniger geübten Fahrers, entfiel. Gestartet wurde der W 3 durch einen elektrischen Anlasser, dessen Moment ausreichte, das Fahrzeug auf die Geschwindigkeit zu bringen, bei welcher der Motor ansprang. Nach Loslassen des Anlasser-Fußhebels und Betätigen des Gaspedals fuhr der Wagen. Wollte man in den Berggang wechseln, trat man den Fußhebel ganz durch. Zum Rückwärtsfahren wurde ein zweiter Hebel niedergetreten, wodurch das Sonnenrad des Getriebes festgebremst wurde und der Drehsinn der Abtriebswelle sich umkehrte (bei der ersten Ausführung des W 3 gab es diesen Rückwärtsgang noch nicht, da wurde der Anlasser umgepolt und das Fahrzeug mithilfe des Anlassers rückwärtsbewegt.)

Eine weitere Besonderheit stellte die Bremsanlage dar, die auf alle vier Räder wirkte, wobei außerdem durch ein Hebelsystem nach dem Waagebalken-Prinzip ein Bremskraft-Ausgleich bewirkt wurde (Abb. 18.6). Die gleichmäßige Bremskraft-Einstellung für alle vier Räder konnte anhand der Stellung von vier Zeigern am Ausgleichssystem überprüft werden. Der W 3 war der erste deutsche Pkw mit Vierradbremse!

Das Fahrgestell bestand aus U-förmigen Längsträgern von hohem Widerstandsmoment, die mit den eingeschweißten Traversen einen steifen Verband bildeten. Die Vorderachse war als Faust-, die Hinterachse als Banjo-Achse ausgebildet. Der Maybach-Motorenbau stellte nur das Fahrgestell mit Motor, Getriebe und Differential her; die Karosserie wurde – wie es bei Fahrzeugen dieser Preiskategorie damals üblich war – nach Vorstellungen des Käufers von hierauf spezialisierten Firmen gefertigt (siehe Abschn. 27.2 Fußnote 5).

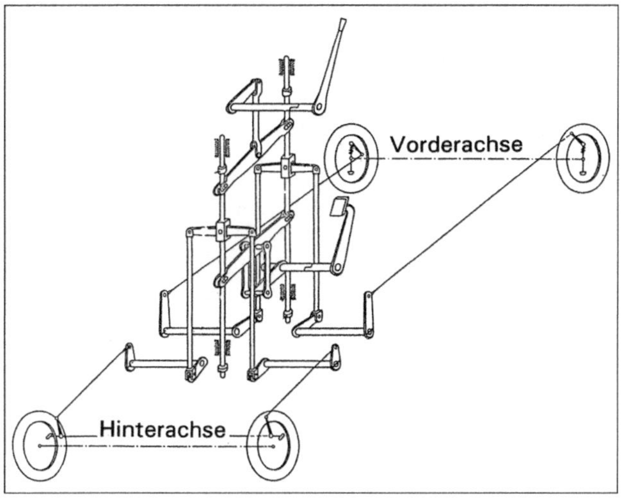

Abb. 18.6 Der Maybach W 3 war der erste deutsche Pkw mit Vierradbremsen. Ein mechanischer, nach dem Waagebalken-Prinzip arbeitender Mechanismus übertrug die Bremskraft gleichmäßig auf alle vier Räder (»Bremskraftausgleich«)

Der W 3 erwarb sich – ungeachtet einiger Kinderkrankheiten – bald einen vorzüglichen Ruf, Fahrzeug wie Motor, was auch aus der emphatischen Beschreibung einer Fahrt nach Sizilien in »Der Motorfahrer« aus dem Jahre 1924 hervorgeht:

»... Man hatte wirklich oft kaum das Gefühl, daß man fuhr. Vom arbeitenden Motor keine Geräusche, kaum eine leise vibrierende Erschütterung! Die mühsame und lärmvolle Schaltung fiel gänzlich fort, da der Maybach-Wagen eine solche überhaupt nicht besitzt, sondern fast alles im direkten Gang bewältigt. Reichte dieser nicht aus, so wurde geräuschlos die Untersetzung eingekuppelt, ohne daß diese Änderung bemerkbar wurde. Da ich meist neben dem Fahrer saß und jede Handlung genau beobachtete, sah ich aber, daß selbst bei schwierigsten Steigungen diese nur in den seltensten Fällen, vielleicht drei- oder viermal am Tag, in Aktion zu treten brauchte ... Ein weiteres glänzendes Zeugnis für die Maybach-Wagen dürfte dem Umstand gelten, daß, obwohl wir die 90 km-Grenze niemals überschritten, wir dennoch einen Durchschnitt von etwa 55 km durchhalten konnten ... Man wird nun sicher sagen, daß die Wagen, die 22 Steuerpferde und 70 Effektiv-PS besitzen, gewiss ungeheure Mengen von Benzin verschluckt hätten. Aber auch in dieser Beziehung stellte sich das ziemlich überraschende Ergebnis heraus, daß die Wagen auf 100 km durchschnittlich 16–18 l verbraucht hatten ...«[5]

Der W-3-Wagen (Abb. 18.7) wurde von 1922 bis 1928 gebaut, die W-2-Motoren hingegen noch länger, insbesondere deren Bootsvarianten S 1 und S 2.

[3] Die Maybach'sche Nomenklatur ist verwirrend, weil die Motoren teilweise wie die Fahrzeuge mit denselben Buchstaben-Zahlen-Kombinationen benannt wurden. Die Verkaufsbezeichnung dieses Fahrzeugs lautete »22/70-PS-Personenkraftwagen« (22 = Steuer-PS; 70 = Brems-PS). Die Motoren wurden firmenintern mit W 2 bezeichnet, die Fahrzeuge mit W 3.

[4] A. Heller: »Die Deutsche Automobil-Ausstellung 1921«. In: *Z-VDI* 65 (1921) Nr. 45.

[5] K. A. Kroth: »Mit dem Kraftwagen nach Sizilien«. In: *Der Motorfahrer* (1924) Nr. 19.

Abb. 18.7 Der W 3 wurde als »schaltungsloser Maybach-Wagen« bezeichnet. Er galt als komfortables und mit seinem 70 PS starken W-2-Motor als außerordentlich leistungsstarkes Fahrzeug. Karosserie Auer, 1923

Als die Firma C. D. Magirus AG in Ulm einen leistungsstarken Sechszylinder-Motor zum Antrieb ihrer Nutzkraftwagen (Nkw) suchte (Magirus hatte seinerzeit keinen solchen im Programm), wandte sie sich auf Anraten von Prof. Buschmann[6] an den Maybach-Motorenbau und nahm eine Lizenz auf den W 2. Dieser Motor wurde ab 1929 in die Magirus-Nutzfahrzeuge der Baureihen MLA und MLO eingebaut.

Dem W-3-Wagen folgte 1926 der W 5 (einen W 4 hat es nicht gegeben). Mit dem W-5-Pkw sollte der Wunsch der anspruchsvollen Kunden nach höherer Leistung und Geschwindigkeit erfüllt werden, wobei wieder besonderer Wert auf die Elastizität des Motors gelegt wurde. Gegenüber dem W 3 weist der W 5 einige bemerkenswerte Unterschiede auf. Das Zylindervolumen des – ebenfalls mit W 5 bezeichneten – Motors wurde durch längeren Hub (168 mm) vergrößert, die Bohrung um einen Millimeter auf 94 mm verkleinert. Bei sechs Zylindern ergibt das ein Hubvolumen von 7 dm^3; mit 88 kW (120 PS) bei 2.400 min^{-1} war der W 5 der siebtstärkste Pkw der Welt; sein Hub machte ihn zum langhubigsten deutschen Pkw-Motor überhaupt.

Die gegenüber dem W 3 um das 1,7-Fache höhere Leistung wurde zu 22 % über das größere Hubvolumen, zu 9 % über die Drehzahl und zum größten Teil (28 %) über die effektive Literarbeit (»effektiver Mitteldruck«) dargestellt. Das ist insofern bemerkenswert, als die effektive Literarbeit ein Maß für die »Ausgefeiltheit« eines Motors ist; sie zu erhöhen, verlangte größte Anstrengungen, weil hierzu unter anderem subtile Größen wie der thermodynamische Wirkungsgrad (Wirkungsgrad des »vollkommenen Motors«), der Gütegrad, der mechanische Wirkungsgrad und der Liefergrad verbessert werden mussten. Bei dem W-5-Motor erreichte man das hauptsächlich über die Gemischbildung, Verbrennung und den Liefergrad.

Zur Erläuterung muss ein wenig weiter ausgeholt werden: Seitengesteuerte Motoren (wie der W 2/3), die übrigens – nicht nur in Deutschland – bis in die fünfziger Jahre gebaut wurden, sind zwar konstruktiv einfach, haben aber eine ungünstige, weil zerklüftete Brennraumform; sie neigen daher zum Klopfen[7]. Der englische Ingenieur Harry Ricardo (später Sir Ricardo) hatte sich schon vor dem Ersten Weltkrieg intensiv mit diesen Vorgängen im Motor befasst und Anfang der zwanziger Jahre die Bedeutung der Brennraumform für diesen Effekt erkannt: Zerklüftete Brennräume, in denen die von der Zündkerze ausgelöste Flammenfront lange und ungleiche Wege zu durcheilen hat, begünstigen das Klopfen. Diese Erkenntnisse wurden bei der Konzeption des W-5-Motors berücksichtigt:

> »... Der Verbrennungsraum hat genau die Form einer Halbkugel, die nach den Forschungen Ricardos den besten Wirkungsgrad bei der Verbrennung ergibt ...«[8]

Ein solcher Brennraum setzte eine andere Ventilanordnung voraus als die der Seitensteuerung. Weil aber der Grundaufbau des W-2-Motors beibehalten werden sollte, wurden die Ventile einander gegenüberliegend angeordnet, sodass der Ladungswechsel im Querstrom erfolgen konnte. Betätigt wurden die Ventile durch große, balancierartige Kipphebel direkt von den beiderseits im Kurbelgehäuse-Oberteil gelagerten Nockenwellen (Abb. 18.8). Das Gemisch wurde in zwei neuartigen Maybach-Gleichdruck-Vergasern, wiederum mit zwangsweiser Steuerung der Luft-, Kraftstoff- und Gemisch-Querschnitte und einer ausgeklügelten Sparvorrichtung (»arm-reich«-Verstellung), gebildet; für die Zündung sorgten zwei Kerzen je Zylinder.

Als extremer Langhuber (mit den entsprechenden Steuerzeiten) war der W 5 ein elastischer Motor mit großem Durchzugsvermögen; im direkten Gang konnte er Steigungen bis zu 15 % nehmen! Das Fahrzeug W 5 (Abb. 18.9) entsprach dem des W 3, ebenso das Getriebe und die Bremsen, mit dem Unterschied jedoch, dass letztere mit einer Kraftverstärkung betätigt wurden. Überhaupt wurde auf leichte Bedienbarkeit des Fahrzeugs großer Wert gelegt:

> »... Dr. Maybach hat die Bedienung dieser Organe der Muskelkraft des Fahrers abgenommen und überlässt sie einer Öldruck-Kraftzentrale, die vom Fahrer durch kleine Hebelbewegungen in

[6] Prof. H. Buschmann lehrte an der Staatlichen Maschinenbauschule Esslingen und gründete 1939 (zusammen mit Prosper L'Orange) die renommierte »Motortechnische Zeitschrift« (MTZ).

[7] Das »Klopfen«, eine spontane, außerordentlich heftige Selbstzündung nach der eigentlichen Zündung durch die Zündkerze in dem noch unverbrannten Gemisch mit hohen Drücken und steilem Druckanstieg, war das zentrale Problem der Ottomotoren-Entwicklung in den zwanziger und dreißiger Jahren, das höheren Leistungen, Wirkungsgraden und längerer Lebensdauer gleichermaßen im Wege stand.

[8] P. Friedmann: »Der neue Siebenliter-Maybach-Wagen«. In: *Motor* (1926), Oktober.

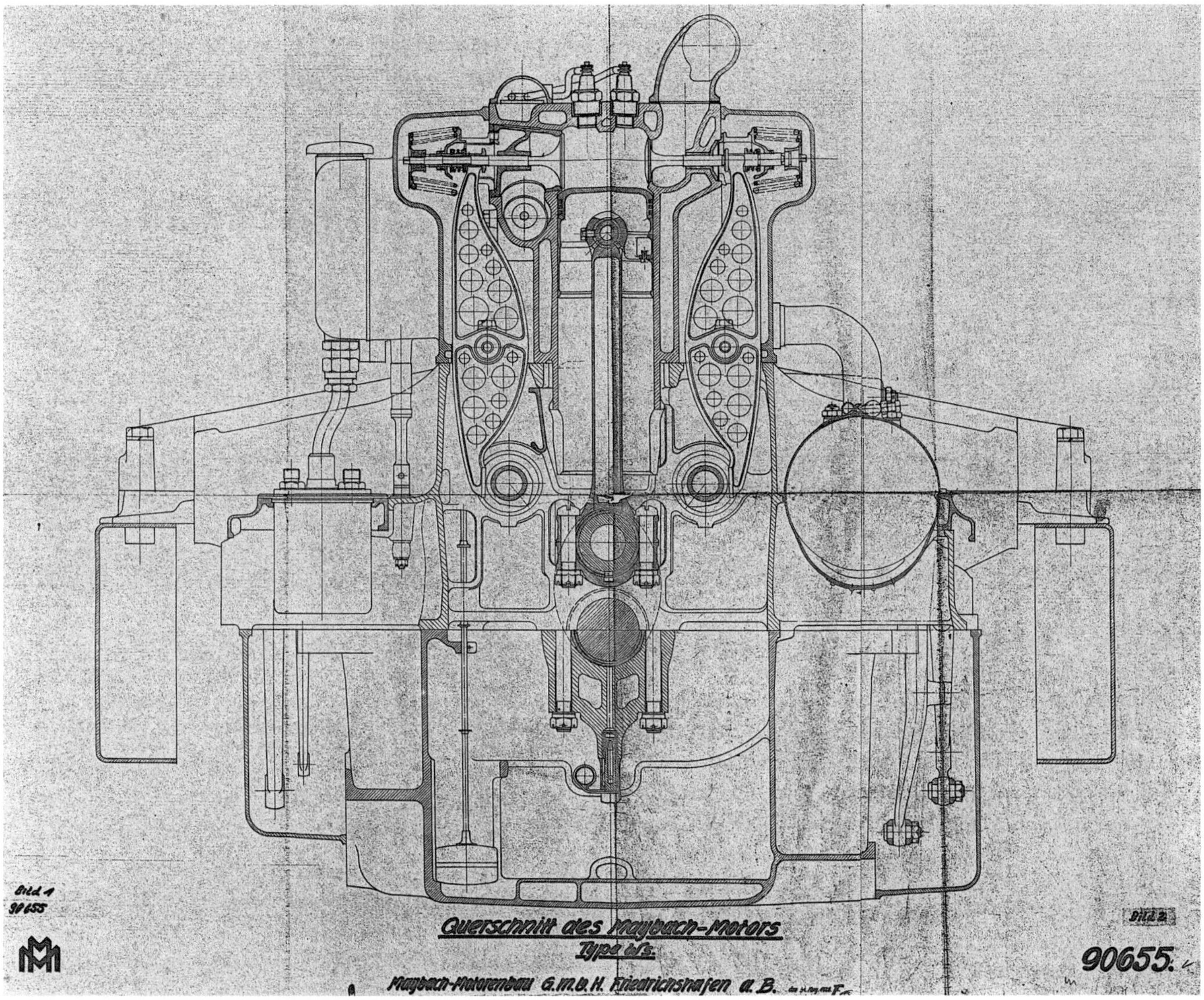

Abb. 18.8 Querschnitt des Fahrzeugmotors W 5: wassergekühlter Viertakt-Ottomotor in Sechszylinder-Reihenbauart; Bohrung 94 mm, Hub 168 mm, Hubraum 6.992 cm^3, Leistung 88 kW (120 PS), 2.400 min^{-1}. Auffallend sind bei diesem Motor die großen, balancierartigen Kipphebel, mit denen die seitlich liegenden Ventile betätigt werden

Tätigkeit gesetzt wird, und die doch so sanft und abgestuft arbeitet, als ob alle Organe gefühlsmäßig vom Fahrer bedient würden, und insbesondere bezüglich der Bremsen dem Fahrer das zuverlässige Gefühl für die ausgeübte Bremswirkung gibt ... Der größere, bequeme Wagen kann von jeder Dame bestiegen und mit Sicherheit gelenkt werden ... «[9]

Die erwähnte »Drucköl-Zentrale« bestand aus drei Zahnradpumpen, von denen eine den Motorölkreislauf bediente, während die anderen beiden den Druck für die Kraftverstärkung der Schaltkupplungen und der Vierradbremsen erzeugten.

Hier sei noch auf eine Besonderheit der Maybach-Kfz-Motoren eingegangen: die Motor-Hilfseinrichtungen, die ungeachtet der untertreibenden Bezeichnung »Zubehör« eine große, damals aber vielfach unterschätzte Bedeutung für die Funktion und die Betriebssicherheit des Motors hatten. Zu einer Zeit, als dies alles andere als selbstverständlich war, hatten Maybach-Kfz-Motoren eine Zwangsumlaufschmierung, der W 5 sogar eine Ölschlamm-Absaugpumpe, Luft-, Kraftstoff- und Schmierölfilter. Wie wenig das in den zwanziger Jahren üblich war, ersieht man auch daraus, dass in der einschlägigen technischen Literatur der frühen zwanziger Jahre (z. B. Peter: *Das moderne Automobil*, 8. Aufl. 1927) der Begriff »Filter« – oder, wie man damals sagte: »Reiniger« – noch nicht einmal im Stichwortverzeichnis auftauchte!

Der Ventilator für den Motorwasser-Kühler konnte über eine Reibungskupplung entsprechend dem jeweiligen Kühl-

[9] P. Friedmann: »Der neue Siebenliter-Maybach-Wagen«. In: *Motor* (1926), Oktober.

Abb. 18.9 W-5-Wagen mit Schnellgang-(SG-)Getriebe. Die Karosserie stammt von Auer, Bad Cannstatt, 1926. Der Preis für das Fahrzeug betrug etwa 34.000 RM

luftbedarf zu- und abgeschaltet werden. Die Nkw-Versionen hatten einen Drehzahlregler, der bei Überschreiten der Höchstdrehzahl die Brennstoffkammer des Vergasers mit dem Unterdruck im Saugrohr beaufschlagte, sodass kein Kraftstoff mehr aus der Düse austreten konnte.

Die Entwicklung des Automobilbaus in Deutschland hatte in der zweiten Hälfte der zwanziger Jahre kräftige Impulse nicht zuletzt durch die technisch überlegene amerikanische Konkurrenz erfahren; und weil sich der Straßenbau nach den Bedürfnissen des motorisierten Verkehrs zu richten begann, konnten allmählich die Geschwindigkeiten auch stärker motorisierter Fahrzeuge ausgefahren werden. Bei Fahrzeugen mit groß gewählter Hinterachsübersetzung, damit noch Schritttempo im direkten Gang gefahren werden konnte, bestimmte nun nicht mehr das Drehmoment, sondern die Achsuntersetzung und die Höchstdrehzahl des Motors die relativ niedrige Höchstgeschwindigkeit. Es wäre jetzt ein Leichtes gewesen, den Geschwindigkeitsbereich durch einen zusätzlichen Gang zu erweitern. Dem standen aber die Schwierigkeiten entgegen, die das Schalten unsynchronisierter Getriebe bereitete; weniger geübte Fahrer taten sich schwer damit und versuchten deshalb, das Schalten nach Möglichkeit zu vermeiden. Der Maybach-Motorenbau löste den Zielkonflikt zwischen elastischem Motor und hoher Endgeschwindigkeit mittels eines Schnellganggetriebes[10], mit dem durch eine zusätzliche Übersetzung (1 : 1,58) der Wagen bei gleicher Motordrehzahl schneller lief.

Das Schnellganggetriebe besteht aus zwei schräg verzahnten, dauernd im Eingriff befindlichen Radpaaren. Der Kraftschluss zu dem jeweils kraftübertragenden Zahnradpaar wird durch eine Klauenkupplung (Maybach'sche »Abweisklauen-Kupplung«) hergestellt. Bei Einschalten des Schnellganges wird die Klauenkupplung des einen Radpaares getrennt und die des anderen in Verbindung gebracht. Das Besondere dieses Getriebes ist die Abweisklauen-Kupplung, eine Kombination einer normalen, nur im Stillstand schaltbaren Klauenkupplung und einer Überholkupplung mit Sägezahnprofil (Abb. 18.10). Bei positiver Drehzahl-Differenz bewegen sich die Klauen in Richtung der ansteigenden Stirnflächen, die Kupplungshälften werden »abgewiesen«; verkehrt sich jetzt die Drehzahldifferenz, dann gleiten die Kupplungshälften aufeinander ab und rasten ein. Diese Abweisklauen erleichterten den Schaltvorgang ungemein: Der gewünschte Gang wurde vorgewählt, das Gas kurz weggenommen, und anschließend wurde wieder Gas gegeben, der Schnellgang war eingeschaltet. Heute, da synchronisierte, halb- und vollautomatische Getriebe selbstverständlich sind, kann man kaum noch ermessen, wie sehr die Bedienung des Fahrzeugs durch das Schnellganggetriebe erleichtert wurde. In einem Aufsatz in der Zeitschrift »Motor« vom September 1928 wird das anschaulich geschildert:

> »... Das Schalten wird allgemein als lästig empfunden. Bei hohen Tourenzahlen ist es ja auch nicht so ganz leicht, den Gangwechsel so auszuführen, daß weder ein Zahnradgeräusch entsteht, noch das Tempo eine mehr oder weniger plötzliche Beschleunigung bzw. Verzögerung erfährt. Beides erfordert Übung, Gefühl und einige Kunstgriffe. Speziell die letzteren sind nicht jedermanns Sache ...«[11]

Die Wirkung des Schnellganggetriebes wird an einigen Zahlen deutlich: Im direkten Gang erreichte der W 5 bei Höchstdrehzahl von 2.400 min^{-1} eine Geschwindigkeit von 85 km/h; nach Einschalten des Schnellganges wurde dieselbe Geschwindigkeit schon mit 1.500 min^{-1} erreicht (Drehmoment stand ja reichlich zur Verfügung), mit 2.400 min^{-1} konnten dann 135 km/h gefahren werden.

Vom W-5-Motor wurden mehrere Nkw-Versionen abgeleitet, die sich durch das Motorzubehör und die mit Rücksicht auf den rauen Nkw-Betrieb reduzierten Leistungen und Drehzahlen von den Pkw-Motoren unterschieden:

- OS 5 74 kW (100 PS) bei 2.200 min^{-1}
- OS 6 66 kW (90 PS) bei 2.000 min^{-1}
- OS 7 51 kW (70 PS) bei 1.400 min^{-1}

Es gab auch navalisierte Varianten (S 5, S 6 und S 7) mit angeflanschten (Maybach-)Wende- und Untersetzungsgetrieben, die in Yachten und schnellen Booten (»Express-Boote«) eingebaut wurden. Der OS 5 erwies sich als ebenso leistungsstarker wie robuster Motor, der sich im Nkw-Betrieb gut bewährte. Er wurde für Lastkraftwagen, Kommunal- und sonstige Spezialfahrzeuge sowie Schienen-Triebwagen (VT 720)

[10] DRP 532 386.

[11] R. Otte: »Fahren im Schnellgang«. In: *Motor* (1928), September.

Abb. 18.10 Funktionsschema der Maybach-Abweisklauen-Kupplung, die für das Maybach-Schnellganggetriebe entwickelt worden war

verwendet; sein Haupteinsatzgebiet waren jedoch Omnibusse zahlreicher Verkehrsgesellschaften wie der Reichspost, der Kraftverkehr Freistaat Sachsen AG (KVG) oder der Allgemeinen Berliner Omnibus-Aktiengesellschaft (ABOAG).

Besonders eindrucksvoll waren die doppelstöckigen ABOAG-Busse mit ihren weit über die Vorderachse hinausragenden Motoren. Bis 1933 kamen bei der ABOAG 100 zweiachsige NAG-Doppelstock-Busse mit OS-5-Motoren zum Einsatz (NAG D2 [May]); 1934 wurden 17 Büssing-Busse (Bü D2 [May]) mit OS 5 ausgerüstet. Ursprünglich auf 74 kW (100 PS) eingestellt, wurden die Motoren später im Zuge der Umstellung auf Flüssiggasbetrieb auf 51 kW (70 PS) bei 1.800 min^{-1} zurückgenommen. Im Zweiten Weltkrieg wurden einige dieser Busse sogar mit Generatorgas betrieben. Sowohl Büssing- als auch NAG-Busse waren bei der BVG (West) noch bis 1953 in Betrieb. Ein Exemplar der NAG-D2-(May)-Busse, Baujahr 1927/28, dient der BVG (wie die ABOAG heute heißt) als Museumswagen.

18.3 Neue Motor-Konzeptionen

In der zweiten Hälfte der zwanziger Jahre geriet die deutsche Kfz-Industrie von der technischen wie von der wirtschaftlichen Seite gleichermaßen in Bedrängnis. Die Konkurrenz der ausgereifteren und – dank einschlägiger Zollerleichterungen – preiswerten amerikanischen Fahrzeuge machte ihr ebenso zu schaffen wie die sich verschlechternde wirtschaftliche Lage, für die der 29. Oktober 1929 als »Schwarzer Freitag« zum Fanal werden sollte.

Um seine Stellung behaupten zu können, musste der Maybach-Motorenbau einen moderneren, leistungsstärkeren Motor anbieten. Nun wurde aber offensichtlich, dass es nicht mehr damit getan war, die eine oder andere Größe zu verändern, die eine oder andere Baugruppe umzukonstruieren, sondern dass es einer neuen Konzeption bedurfte. Stichwortartig lässt sich das wie folgt umreißen:

- Aufteilung des Arbeitsraumes (Hubvolumen) auf kleine Zylinder-Einheiten, was – abhängig von der gewünschten Leistung – mehr Zylinder bedeutete;
- hohe Drehzahlen, dennoch, wegen der kleinen Zylinderabmessungen mäßige mittlere Kolbengeschwindigkeiten;
- weitgehende Modul-Bauweise;
- Verwendung von Fremdfabrikat-Zubehör.

Vielzylindrige Motoren kleiner Zylinder-Abmessungen erlauben höhere Drehzahlen und somit leichtere Motoren. Wegen des gleichmäßigeren Drehmomentenverlaufs läuft der Motor ruhiger, der Massenausgleich gestaltet sich einfacher. Außerdem lassen sich kleine Zylindervolumina verbrennungstechnisch besser beherrschen.

Eine Modul-Bauweise (Aufteilung einer Baugruppe oder eines Bauteiles in mehrere Einzelteile) stellt an die Fertigung zwar höhere Anforderungen, weil die Toleranzen eingeschränkt werden müssen, ermöglicht dafür aber eine rationellere Fertigung und wirtschaftlicheren Motorbetrieb, weil bei Verschleiß oder Schaden nur noch das direkt davon betroffene Teil ausgewechselt werden muss. Der Fremdbezug des Zubehörs (Vergaser, Filter, Pumpen usw.), soweit in gewünschter Ausführung und Qualität erhältlich, war mittlerweile günstiger geworden als eine Eigenentwicklung und -fertigung, und auch die Ersatzteilversorgung gestaltete sich einfacher. Diese Gesichtspunkte waren bei der Auslegung und Konstruktion des Nachfolgemodells für den W-5-Motor bestimmend.

Der neue Motor wurde als Zwölfzylinder-V-Motor konzipiert; mit 86 mm Bohrung und 100 mm Hub hatte er zwar das gleiche Hubvolumen wie der W 5, nämlich 7 dm^3, aber das Volumen eines Zylinders (»Zylindervolumen«) betrug nur noch die Hälfte des W 5. Die Typenbezeichnung des neuen Motors lautete DS 7[12]. Trotz der auf 3.000 min^{-1} erhöhten Drehzahl lag die mittlere Kolbengeschwindigkeit mit 10,0 m/s deutlich unter den 13,4 m/s des W 5.

Das Kurbelgehäuse aus Leichtmetall war zweiteilig. Das Unterteil diente als Ölwanne, das Oberteil war bis zum oberen Totpunkt (oT) der Kolben hochgezogen und nahm die einzelnen, trockenen Grauguss-Laufbuchsen auf. Die Zylinderköpfe, für jede Motorreihe einer, wurden mit dem Kurbelgehäuse verschraubt. Die Ventile, jetzt hängend angeordnet, wurden über Kipphebel und Stoßstangen von der im Motorsattel gelagerten Nockenwelle betätigt. Statt Grauguss-Kolben, welche sich immer mehr als leistungsbegrenzend erwiesen (das schlechte Wärmeleitvermögen des Graugusses ließ die Kolbentemperaturen so ansteigen, dass das Öl in den Ringnuten verkokte und die Ringe festgingen; außerdem löste der heiße Kolbenboden Glühzündungen aus), kamen jetzt Aluminium-Kolben (Nelson-Bohnalite-Kolben) zum Einbau. Die Entwicklung und Fertigung eigener Vergaser wurde zugunsten fremdbezogener aufgegeben. Die nach dem Solex-Prinzip mit Luftkorrektur arbeitenden Vergaser waren konstruktiv einfacher und billiger als die Maybach-Motorenbau-Vergaser mit ihrer aufwendigen mechanischen Steuerung; sie hatten auch den Vorzug, dass die »armreich«-Regelung selbsttätig erfolgte. Dadurch wurde der Fahrzeugführer entlastet; auch die Gefahr einer Fehlbedienung ließ sich auf diese Weise ausschließen. Wenn z. B. das Gemisch zu lange auf »reich« eingestellt blieb, wurde durch das Zuviel an Kraftstoff der Schmierfilm vom Zylinder abgewaschen – mit üblen Folgen für den Kolbenlauf.

Das kleinere Zylindervolumen, 0,58 dm^3 (W 5: 1,165 dm^3), war verbrennungstechnisch günstiger und kam deshalb mit einer Zündkerze je Zylinder aus. Gleichzeitig mit dem Zwölfzylinder-V-Motor wurde ein neues Fahrzeug entwickelt, der Maybach 12. Der Rahmen bestand aus Längsträgern (U-Profil) mit Traversen, die Vorderachse war als Faust-, die Hinterachse als Banjo-Achse ausgebildet. Beide stützten sich über Halbelliptik-Federn in Rollenböcken am Rahmen ab. Statt des Planetengetriebes wurde jetzt ein dreigängiges, von Hand zu schaltendes Stirnradgetriebe mit Zweischeiben-Trockenkupplung verwendet. Das pneumatisch (mithilfe des Saugrohr-Unterdruckes) betätigte Schnellganggetriebe war im Kardan-Schubrohr untergebracht. Die Vierradbremsen wurden durch Seilzug, ohne Bremsausgleich, betätigt. Neu war, dass der Maybach-Motorenbau nun – in Zusammenarbeit mit Spohn/Ravensburg – das komplette Fahrzeug, also Fahrwerk mit Karosserie, anbot. Selbstverständlich konnten sich die Käufer das Fahrzeug auch nach eigenen Wünschen karossieren lassen.

Angesichts der Masse des Maybach 12 (immerhin rund 3.500 kg) wollte man noch mehr Motorleistung haben. Da das moderne Konzept des DS 7 eine Leistungssteigerung ohne Weiteres zuließ, wurde der Motor in der Leistung durch Aufbohren auf 92 mm und Anheben der Drehzahl auf 3.200 min^{-1} von 110 kW (150 PS) auf 147 kW (200 PS), d. h. um ein Drittel erhöht (Typ DS 8, Abb. 18.11).

Das Fahrzeug mit dem leistungsstärkeren DS 8 und dem Doppel-Schnellgang-Getriebe (DSG) erhielt die Zusatz-Bezeichnung »Zeppelin«[13]. Damit wurde werbewirksam der Bezug zu dem Luftschiff »Graf Zeppelin« hergestellt, dessen Motoren ebenfalls vom Maybach-Motorenbau entwickelt und gebaut worden waren. In einem Prospekt heißt es:

> »... Die Typenbezeichnung ›Zeppelin‹ wurde gewählt, um auch äußerlich zum Ausdruck zu bringen, daß der Zwölfzylinder-Motor dieses außergewöhnlichen Fahrzeuges auf Grund der Erfahrungen mit den Maybach-Luftschiffmotoren konstruiert ist. Dieser Name soll auch Symbol sein für die Grundsätze, nach denen Maybach-Wagen gebaut werden: Nur Bestes aus Bestem zu schaffen, von dauerndem Wert, in höchster Vollendungsform neuen Entstehens ... «[14]

Der »Maybach-Zeppelin«-Pkw war in der Tat ein imposantes Fahrzeug (Abb. 18.12); die Fahrwerksmasse betrug 1900 bis 2.320 kg, die zulässige Belastung 1.680 kg, zusammen also bis zu 4000 kg! Länge über alles: 5,52 m; Breite (ohne Kotflügel): 1,75 m; die Höhe richtete sich nach der jeweiligen Karosserie. Gleiches galt für die Höchstgeschwindigkeit, die zwischen 140 und 170 km/h lag. Mit einer strömungsgünstigen Jaray-Karosserie sollen sogar 190 km/h erreicht worden sein.

Der Kraftstoffverbrauch war dementsprechend hoch, es wurden 28 Liter für 100 km angegeben. Man muss diesen Wert allerdings mit den Verbrauchswerten der Autos jener Zeit vergleichen; außerdem wurde damals mit Kraftstoffen gefahren, deren Klopfempfindlichkeit zu niedrigen Verdichtungsverhältnissen (5,6 : 1) zwang. Die Vorstellung, dass ein solches Fahrzeug auf den gewölbten, basaltgepflasterten Vorkriegsstraßen, auf denen sich arglos Pferdefuhrwerke, Radfahrer und Fußgänger tummelten, seine Geschwindigkeit voll ausfuhr, lässt einen nachträglich noch erschaudern.

Der »Zeppelin« war das größte Fahrzeug, das der Maybach-Motorenbau baute; es gab auch eine Sportwagen-Version davon, die über drei Tonnen wog! Heute kann man sich über den Optimismus des Maybach-Motorenbaus nur wundern, zur Zeit der Weltwirtschaftskrise (1929/30) ein Fahrzeug wie den »Zeppelin« herauszubringen. Nun waren die Entwicklungsarbeiten noch vor der Krise angelaufen

[12] DS 7: Doppel-Sechszylinder (= 12 Zylinder); 7 dm^3 Hubvolumen.

[13] Mit »Zeppelin« wurde aber auch der DS 7 mit dem DSG-Getriebe bezeichnet.

[14] »Maybach 12«. Beschreibung und Bedienungsanleitung. Nr. 301 VI. 30 1000.

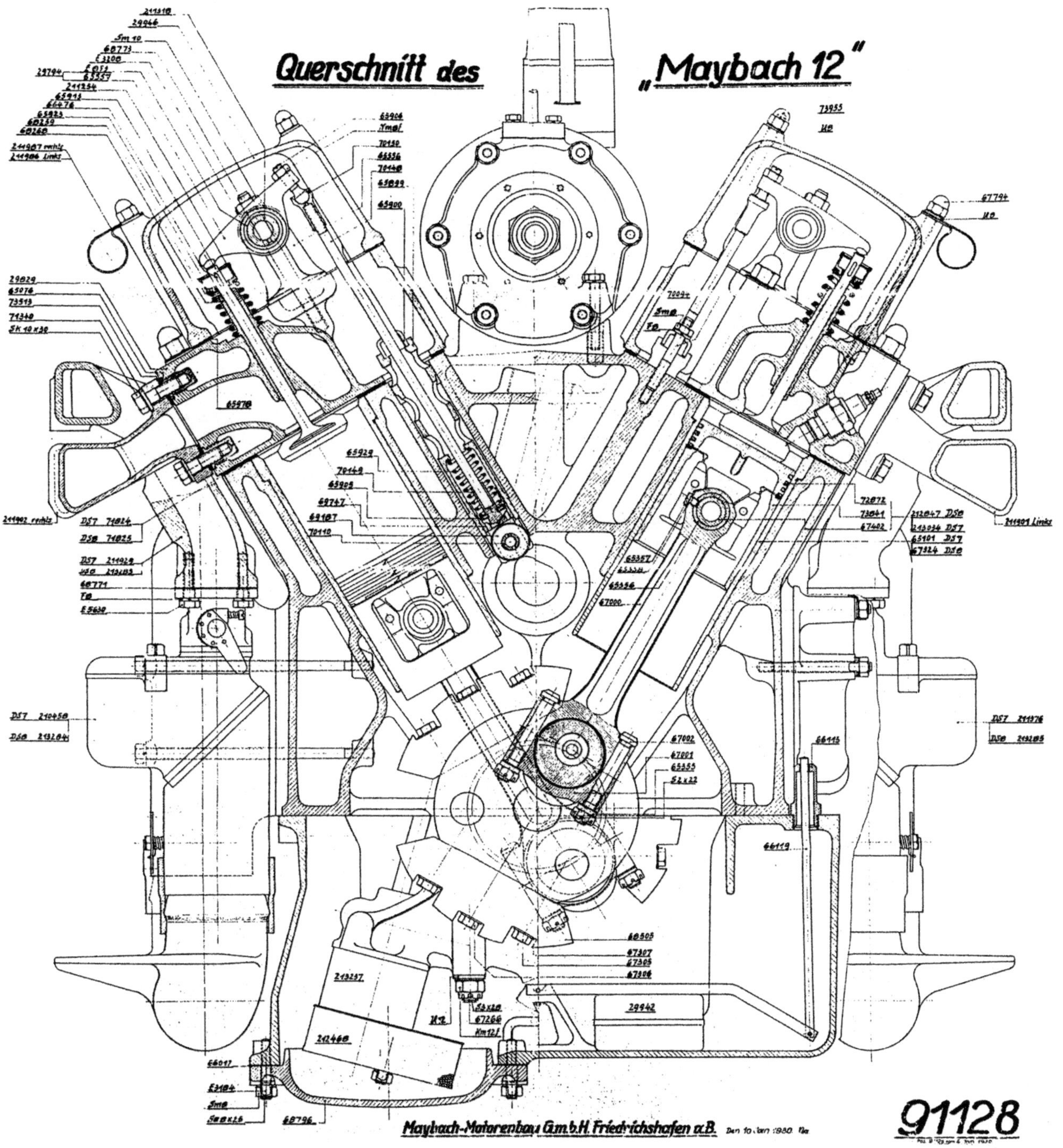

Abb. 18.11 Querschnitt des Motors DS 8 für den Pkw Maybach DS 8 »Zeppelin«: wassergekühlter Viertakt-Ottomotor, Zwölfzylinder-V-Bauart; Bohrung 92 mm, Hub 100 mm, Hubraum 7.973 cm^3, Leistung 147 kW (200 PS) bei 3.200 min^{-1}. Der DS 8 war ein kompakter, leistungsstarker Motor, der sich zum Antrieb von luxuriösen Pkw, Nutzkraftwagen und geländegängigen Militärfahrzeugen gleichermaßen eignete

und eine Änderung des Konzeptes wegen der aktuellen wirtschaftlichen Lage nicht möglich. Zudem ließ sich die Firmenphilosophie, denselben Motortyp für Pkw und Nkw zu verwenden, nur mit leistungsstarken Motoren verwirklichen, und das bedeutete im Pkw-Bereich schwere und damit luxuriöse Fahrzeuge.

Der Preis von 27.000 RM für das Fahrwerk und 40.000 bis 50.000 RM für das komplette Fahrzeug engte in einer Zeit, da in Deutschland Millionen keine Arbeit hatten, den Käuferkreis stark ein. Um die Größenordnung der Preiskategorie aufzuzeigen: Ein Einfamilienhaus war damals für rund 10.000 RM zu haben. Oder um einen anderen Ver-

Abb. 18.12 Sportcabriolet Maybach »Zeppelin« mit Karosserie von Spohn 1931. Das Fahrwerk allein hatte eine Masse von 1.900 kg (siehe auch Abb. 9.27 und 10.50)

gleich zu wählen: Für den Preis eines »Zeppelin« bekam man 33 Opel-P4-Wagen.

Vom DS-8-Motor wurden wiederum Nkw- und Bootsversionen abgeleitet, der DSO 8 und der SDS 8[15]. Wenngleich die Maybach-Kfz-Motoren als Pkw-Motoren berühmt geworden sind, so wurden doch wesentlich mehr in Nutzfahrzeuge eingebaut. Nun galten Motorleistungen in dieser Größenordnung nicht nur für Pkw, sondern auch für Nkw als sehr hoch; auch herrschte gegenüber der vielzylindrigen Bauart und hohen Drehzahlen ein beträchtliches Misstrauen. Der Maybach-Motorenbau musste deshalb bei manchem Motorenbetreiber zählebige Vorurteile wie diese ausräumen:

> »... Allgemein dürfte heute die Ansicht vorherrschen, daß bei Omnibussen eine Vermehrung der Zylinderzahl über 6 Zylinder hinaus nicht zweckmäßig ist ... jedenfalls für den rauhen Gebrauchswagen nicht als gerechtfertigt erscheint. Ein weiterer Grund für die bisherige Ablehnung von mehr als 6 Zylindern wird wohl auch darin liegen, daß man durch diese Vermehrung der Teile eine Komplikation und Verringerung der Betriebssicherheit herbeizuführen glaubt ...«[16]

Doch gab es auch große Verkehrsgesellschaften wie die Kraftverkehr Freistaat Sachsen AG (KVG), welche die Dinge anders sahen und die hohe Leistung der Maybach-Motoren für ihren Anwendungsbereich zu schätzen wussten:

> »... Die Automobil-Industrie baut heute noch im allgemeinen für Lastkraftwagen und Omnibusse ein und denselben Motor. Es werden also Personen mit den gleichen Maschinen befördert wie Güter. Die KVG hat versucht, statt Lastkraftwagen-Maschinen Personenwagen-Motoren zu erhalten [Anmerkung: Man achte

Abb. 18.13 In der Nutzkraftwagen-Ausführung (DSO 8) auf 110 kW (150 PS) bei 2.300 min^{-1} reduziert, wurde der Motor des Maybach »Zeppelin« bevorzugt in Omnibusse für hohe Geschwindigkeiten oder für steigungsreiche Strecken eingebaut, wie in diesen Vomag-Bus

[15] Das O steht für »Omnibus«, das S vor den Buchstaben DS für »Schiff«.

[16] Gesichtspunkte zur Vermehrung der Zylinderzahl beim Omnibus. Maybach-Motorenbau-Druckschr., ca. 1933.

Abb. 18.14 Der »schwere Zugkraftwagen 12 to«, Bauart Daimler-Benz DB s 7, wurde von 1934 bis 1935 als Zugmaschine (Zuglast 12 t) für Geschütze und Pioniergerät (Brücken) gebaut. Als Antrieb diente der Motor DSO 8 spez. mit 110 kW (150 PS) bei 2.300 min^{-1}

auf die feine sprachliche Unterscheidung zwischen Maschinen und Motoren!]. Das ist bei etwa 170 Fahrzeugen erreicht worden, in welche Sechszylinder- und Zwölfzylinder-Maybach-Motoren eingebaut werden konnten ... «[17]

Der DSO wurde in die Busse vieler Verkehrsgesellschaften wie auch von kleinen Unternehmen eingebaut (Abb. 18.13); in einer Sonderausführung als DSO 8 spez. wurde er in Halbketten-Zugmaschinen der Typen Krauss-Maffei KMZ 100, Daimler-Benz DB s 7 (Abb. 18.14) und DB s 8 eingebaut und somit zu einem der »Ahnherren« der deutschen Panzermotoren.

Der Anbruch der vierten Dekade des 20. Jahrhunderts war durch die Weltwirtschaftskrise geprägt. Die wirtschaftliche Lage war, nicht nur in Deutschland, katastrophal. Der Absatz der Pkw ging zurück; auch orderten die großen Fahrzeugbetreiber keine neuen Fahrzeuge mehr, sondern legten Teile ihres Fuhrparks still. Um trotz dieser Situation den Kundenkreis für seine Pkw zu erweitern, entschloss sich der Maybach-Motorenbau, eine einfachere und weniger teure (das Wort »billig« verbietet sich bei den Preisen der Maybach-Fahrzeuge von selbst) Version des »Maybach Zeppelin« herauszubringen, bestehend aus dem gleichen Fahrgestell, jedoch mit einem Sechszylinder-Motor. Vorsichtig formuliert, heißt es in einer Werbeschrift:

»... Der Konstruktion des Maybach-Sechszylinder-Wagens war die Aufgabe zugrunde gelegt, entsprechend den Anforderungen der gegenwärtigen Zeit ein Fahrzeug großer Leistungsdichte und mit möglichst geringen Anschaffungs- und Unterhaltungskosten zu schaffen ... «[18]

Weil kein anderer Sechszylinder zur Verfügung stand, musste man auf den technisch nicht mehr ganz neuen W-5-Motor zurückgreifen. Auch im Getriebe unterschied sich dieses Fahrzeug, der W 6, vom »Maybach Zeppelin«, denn es hatte ein Dreigang-Handschaltgetriebe mit zusätzlichem Schnellgang. Der Preis des solchermaßen vereinfachten Fahrwerks betrug mit 16.800 RM etwas mehr als die Hälfte dessen, was für den »Maybach Zeppelin« bezahlt werden musste (29.500 RM). 1934 erhielt der W 6 das Doppel-Schnellgang-Getriebe (Bezeichnung: W 6 DSG). Der W 6 war sicher ein gediegenes Fahrzeug, auf dessen »Verwandtschaft« zum »Zeppelin« hinzuweisen man nicht versäumte:

[17] E. Riedel: »Technische Anforderungen an Omnibusse im Fernverkehr«. In: *Automobil-Rundschau* 35 (1933) Nr. 22/23.

[18] Maybach-Sechszylinder, 120 PS, Type W 6.

Abb. 18.15 Das DSH-Cabriolet hatte einen neu konzipierten sechszylindrigen 95-kW-(130-PS-)Motor und ein DSG-Getriebe. Karosserie Spohn 1936

»... Die Erfahrung einer viele Jahre umfassenden Automobilfabrikation, die in den bekannten Maybach-Zwölfzylinder-Wagen, Type ›Zeppelin‹ gipfelt, kam diesen Bestrebungen außerordentlich zugute, als für viele Teile der neuen, etwas kleineren Type bereits erprobte und bewährte Konstruktionselemente vorlagen ...«[19]

Doch der W 6 entsprach nicht mehr dem Stand der Technik: Der W-5-Motor war konstruktiv veraltet, das Fahrzeug vergleichsweise schwer und teuer. Im Grunde mussten Motor und Fahrgestell neu konzipiert und entwickelt werden, wobei der Motor die dringendere Aufgabe darstellte. Mochte der W-5-Motor für einen Pkw noch genügen, so brauchte man für Nutzkraftwagen (Nkw) einen modernen, fertigungs-, wartungs- und reparaturfreundlicheren Motor, der mindestens dem Entwicklungsstand des DS 8/DSO 8 entsprach. In kurzer Zeit schuf der Maybach-Motorenbau einen solchen Sechszylinder-Motor, der ab 1934 als DSh[20] in das nun als DSH bezeichnete Fahrzeug (ehemals W 6) eingebaut wurde (Abb. 18.15). Die Konzeption des DSh-Motors war mehr an den Forderungen des Nkw- denn des Pkw-Betriebes orientiert: robustes Graugussgehäuse mit auswechselbaren nassen Zylinderbuchsen und gegenüber dem DS 8/DSO 8 größeren Zylinderabmessungen (Bohrung: 100 mm, Hub: 110 mm, Hubvolumen: 5,2 dm^3). Die Leistung wurde entsprechend dem Einsatzprofil festgelegt, im Pkw 95 kW (130 PS) bei 3.200 min^{-1} (DSh) sowie für Nkw im Normalbetrieb, z. B. Lastkraftwagen und Omnibusse, 66 kW (90 PS) bei 2.000 min^{-1} (DSh 90) oder 81 kW (110 PS) bei 2.400 min^{-1} (DSh 110). Für Sonderfahrzeuge mit intermittierendem Betrieb (Feuerwehr und Ähnliches) wurde er mit 95 kW (130 PS) bei 2.800 min^{-1} angeboten. Diese Ausführung erhielt die Bezeichnung HL 52[21]. Hier erschienen zum ersten Mal die Buchstaben HL als Abkürzung für »Hochleistung«, die später eine ganze Gattung Maybachscher Motoren kennzeichnen sollten. In welchem Maße der DSh/HL 52 auf die Belange des rauen Nkw-Betriebes ausgerichtet war, geht aus der Motormasse hervor: Der 7-Liter-Motor W 5 wog 410 kg, der HL 52 mit 5,2 l Hubvolumen hingegen 430 kg! Es ist deshalb von Interesse, auf die Zielsetzung des Maybach-Motorenbaus bei der Entwicklung dieses Motors einzugehen:

[19] Maybach-Sechszylinder, 120 PS, Type W 6.

[20] DSh bedeutet: »Doppel-Sechszylinder, halbe«. Die Maybach'sche Motoren-Nomenklatur mutet in der Tat etwas seltsam an, zumal wieder einmal Motor und Fahrzeug dieselbe Bezeichnung erhielten.

[21] HL = Hochleistung; 52 = 10 · 5,2 (dm^3 Hubvolumen).

»... so läßt sich das, was man heute von einem neuzeitlichen Nutzfahrzeug-Motor verlangen muss, wie folgt zusammenfassen: hohe Literleistung, großer Drehzahlbereich und sehr hohes Drehmoment, bezogen auf die Einheit des Hubvolumens, insbesondere bei niedrigen Drehzahlen ... «[22]

Neben hohen spezifischen Leistungswerten, die von diesem Motor verlangt wurden, sollte er außerdem robust und wartungsfreundlich sein. Das sind Entwicklungsziele, die sich nicht so ohne Weiteres vereinen lassen:

»... Entsprechend seinem Charakter als Hochleistungsmotor ist die Konstruktion des HL 52 in allen Teilen zielbewusst verfeinert, gleichzeitig jedoch von Gesichtspunkten des praktischen Betriebes und wirtschaftlicher Überlegungen getragen ... «[23]

Wie der DSO 8 spez. wurde der HL 52 unter anderem in Halbketten-Zugmaschinen von Krauss-Maffei (KM m8) eingebaut, wo er auf 88 kW (120 PS) bei 2.600 min^{-1} eingestellt war.

Ende 1932 begann sich die Wirtschaft (nicht nur in Deutschland) langsam zu erholen, was auch der Kfz-Industrie zugutekam. Dieser Trend verstärkte sich nach der Machtübernahme der Nationalsozialisten 1933, als diese, wenn auch aus anderen Gründen, als sie vorgaben, das Kraftfahrwesen nachhaltig förderten. Der Maybach-Motorenbau konnte vorerst nicht vom Aufschwung der Kfz-Industrie profitieren, weil sein Produktionsprogramm nicht mehr den Erfordernissen des Marktes entsprach. Es wurden kleinere und weniger teure Fahrzeuge verlangt, als der Maybach-Motorenbau anbieten konnte. Deshalb musste schnellstens ein neuer, besser geeigneter Fahrzeugtyp geschaffen werden. Außerdem zeichnete sich ab, dass sich das bisherige Konzept, einen leistungsstarken Motortyp zum Antrieb gleichermaßen von Pkw und Nkw zu verwenden, überlebt hatte. Mit der »kompressorlosen Einspritzung«[24] fand der Dieselmotor Eingang in die Nutzkraftwagen und schickte sich an, die Ottomotoren hier zu verdrängen.

Nun stellt sich natürlich die Frage, warum der Maybach-Motorenbau dieser Entwicklung nachhinkte. Der Grund lag darin, dass – wie in den anderen Kapiteln beschrieben wird – die Entwicklungskapazität des Maybach-Motorenbaus stark angespannt war, denn neben den Kfz-Motoren und – nolens volens – den Kraftfahrzeugen entwickelte er Triebwagen-Dieselmotoren und (in den zwanziger Jahren) auch Luftschiff-Ottomotoren. Um den Vorsprung der Wettbewerber aufzuholen, hatte der Maybach-Motorenbau Anfang der dreißiger Jahre mit der Entwicklung einer Baureihe von Nkw-Dieselmotoren begonnen. Diese Baureihe der Fahrzeug-Diesel-(FD-)Motoren[25] bestand aus Drei-, Vier- und

[22] Maybach-90- und 110-PS-Fahrzeugmotoren. Signet: D 76. 2. 34. 20.
[23] Maybach-Hochleistungsmotor HL 52. Signet: D 79. 2. 34. 20.
[24] Hierauf wird noch im Zusammenhang mit den Triebwagen-Dieselmotoren eingegangen.
[25] FD = Fahrzeug-Diesel; die Ziffern geben das Zehnfache des Hubvolumens (in dm^3) an.

Tab. 18.1 Übersicht der FD-Motoren-Baureihe

Typ	Zylinderzahl	Hubvolumen dm^3	Drehzahl min^{-1}	Leistung kW/PS
FD 44	3	4,4	2.000	44/60
FD 60	4	5,9	2.000	59/80
FD 88	6	8,8	2.000	88/120

Sechszylinder-Reihenmotoren von 110 mm Bohrung und 155 mm Hub (Tab. 18.1).

Die je nach Motortyp verwendeten Zwei- bzw. Dreizylinder-Blöcke wurden auf das Leichtmetall-Kurbelgehäuse aufgesetzt und mit diesem und den Lagerbrücken mittels langer, durchgehender Zuganker verspannt. Der Ladungswechsel wurde durch hängende Ventile, betätigt über Kipphebel und Stoßstangen von der seitlich im Kurbelgehäuse gelagerten Nockenwelle, gesteuert. Das Triebwerk war gleitgelagert, die Kolben hatten als Schutz für die in Dieselmotoren hoch beanspruchten Nutflanken Ringträger für die oberen beiden Verdichtungsringe. Die FD-Motoren waren – anders als die Motoren der meisten Wettbewerber – aus folgenden Gründen Direkteinspritzer:

»... So z. B. war es möglich, auf die Komplikation einer Vorkammer zu verzichten und mit direkter Strahlzerstäubung eine bei allen Drehzahlen gute Verbrennung, einen besseren Verbrauch, sowie ein sicheres Anspringen des kalten Motors ohne Zuhilfenahme von Glühkerzen, Zündpatronen und sonstigen Hilfsmitteln zu erzielen ... «[26]

Die Einspritzausrüstung, Blockpumpen und Mehrlochdüsen, kam von Bosch. Der Verbrauch der FD-Motoren wurde mit 245–272 g/kWh (180–200 g/PSh) angegeben. Es wurden nur einige Prototypen dieser Motoren gebaut, von denen ein FD 60 in ein Daimler-Benz- sowie ein FD 88 in ein Faun-Fahrzeug eingebaut und erprobt worden sind. Zur Serienfertigung kam es nicht, weil der Maybach-Motorenbau zu dieser Zeit mit anderen Motoren in Entwicklung und Fertigung ausgelastet war (Abb. 18.6).

Die Arbeiten an den neuen, kleinen Personenkraftwagen (was man so bei Maybach als »klein« bezeichnete) liefen Ende 1932 an, und erst 1934 war der Maybach-Motorenbau so weit, eine Vorserie von sieben Pkw im Fährbetrieb auf der Strecke zu erproben. Auf der Berliner Automobil-Ausstellung 1935 wurde dann das neue Fahrzeug der Öffentlichkeit vorgestellt, wo es reges Interesse hervorrief:

»... Der Maybach-Stand dürfte in diesem Jahr in besonderem Maße das Interesse der Besucher auf sich lenken. Der in früheren Jahren schon oft geäußerte Wunsch, im Maybach-Programm eine kleinere Type mit allen Vorzügen der bewährten großen Modelle zu finden, ist Wirklichkeit geworden. Also ein neuer Maybach: Type ›SW 35‹ – 3,5 Liter – 140 PS – mit Doppelschwingachsen, Doppelfederung und einem verwindungsfreien Tiefbettkastenrahmen. Der Wagen ist zweifellos eine der interessantesten Neukonstruktionen des Jahres ... «[27]

[26] Maybach-Fahrzeug-Dieselmotoren. Signet: D 82. 2. 34. 30.
[27] DMZ (1935) Nr. 2, S. 34.

Abb. 18.16 Dieselmotor FD 88: wassergekühlter Viertakt-Direkteinspritzer in Sechszylinder-Reihenbauart; Bohrung 110 mm, Hub 155 mm, Hubraum 8.834 cm^3, 88 kW (120 PS) bei 2.000 min^{-1}. Neben dieser Sechszylinder-Version waren auch eine Dreizylinder- (FD 40) und eine Vierzylinder-Ausführung (FD 66) projektiert

Abb. 18.18 Vorderradaufhängung des Schwingachs-(SW-)Wagens. Die Vorderräder sind über dreieckförmige Parallelogramm-Lenker am Rahmen angelenkt und wiederum durch Schraubenfedern und eine quer liegende Blattfeder abgefedert

Fahrgestell wie Motor waren Neukonstruktionen. Der kröpfungslose Tiefbett-Kastenrahmen war durch Traversen und im Hinterachsenbereich durch ein Querträgerrohr versteift. Die Starrachsen hatte man zugunsten einer Einzelrad-Aufhängung aufgegeben. Die hinteren Schwingachsen waren durch das Querträger-Rohr geführt und über Schraubenfedern an dem hochgelagerten Blattfederpaket angelenkt (Abb. 18.17). Die Vorderräder waren an dreieckförmigen Parallelogramm-Lenkern am Rahmen angelenkt und stützten sich gleichfalls über Schraubenfedern gegen eine quer liegende Blattfeder ab (Abb. 18.18). Die mechanisch über Seilzug betätigte Vierradbremse wurde in ihrer Wirkung durch den Saugrohr-Unterdruck verstärkt (Servo-Bremse). Die ersten SW 35 (SW = Schwingachswagen; $35 = 10 \cdot 3{,}5\,dm^3$ Hubvolumen) hatten ZF-Getriebe, später erhielten die SW 35 das halbautomatische Maybach-Vierganggetriebe (DSG 40).

Der Wartungserleichterung diente eine Zentralschmierung, bestehend aus einem Schmierölbehälter mit einer Druckpumpe, die über ein Leitungssystem die zu schmierenden Stellen des Fahrzeugs mit Öl versorgte. Anfangs war das Getriebe direkt an das Differential angeflanscht; das wurde aber bald geändert, weil der geschweißte Hinterachskasten als Resonanzboden wirkte und die ganze Anordnung zum Dröhnen neigte (Abb. 18.9).

Abb. 18.17 Hinterachse und Radaufhängung des Schwingachs-(SW-)Wagens. Der hintere Rahmenquerträger dient als Achsträger und nimmt den Achsantrieb auf. Die pendelnden Halbachsen (»Schwingachsen«) stützen sich über Schraubenfedern an der quer liegenden Blattfeder ab

Abb. 18.19 In der ursprünglichen Ausführung des Schwingachs-(SW-)Wagens war das Getriebe direkt am Differential angeflanscht. Da der Achsträger als Resonanzboden für die Getriebegeräusche wirkte, wurde das Getriebe konstruktiv vom Differential getrennt

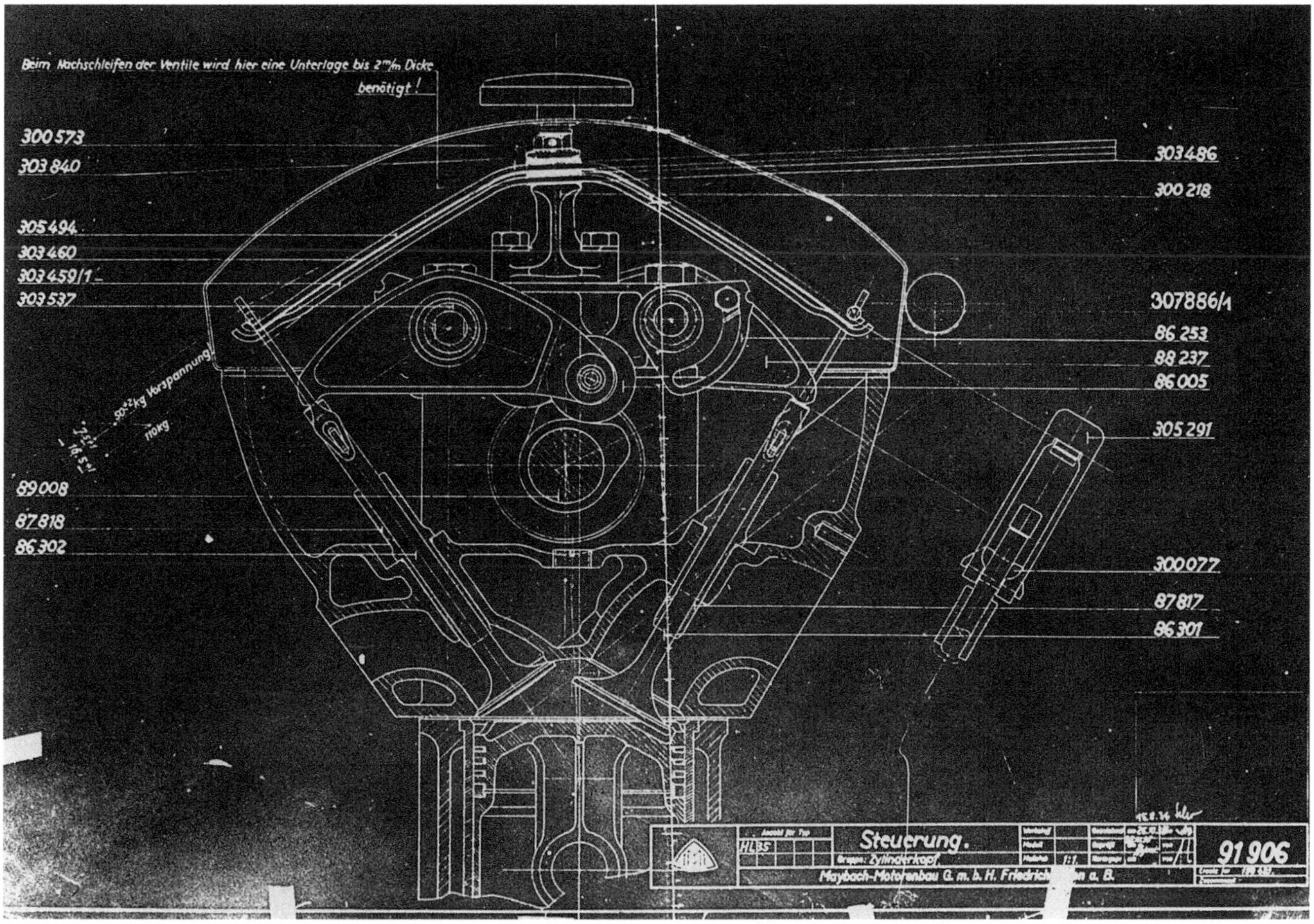

Abb. 18.20 HL-35-Motor (alt): Ventilfedern in Blattfederausführung. Obwohl in der Beschreibung und Betriebsanleitung betont wird, dass »auch bei höchsten Drehzahlen keine Flattererscheinungen« auftreten, so waren es doch Schwingungsprobleme, derentwegen man zu konventionellen Schraubenfedern zurückkehrte

Für den SW 35 war auch der Motor neu entwickelt worden, der HL 35, der sich stark an den Konstruktionsprinzipien des Flugmotorenbaus orientierte und die für die späteren HL-Motoren charakteristischen Merkmale aufweist: Das Kurbelgehäuse ist weit unter die Kurbelwellenmitte herabgezogen, die Kurbelwelle achtfach gelagert und an allen Wangen mit angeschmiedeten Gegengewichten versehen, die nassen Zylinderbuchsen sind in das Gehäuse eingesetzt. Die schräg hängenden Ventile, die einen sphärischen Brennraum ermöglichen, werden über Schwinghebel mit Rollen von der im Zylinderkopf gelagerten Nockenwelle betätigt; die Nockenwelle wird über ein Novotex-Rad von der Kurbelwelle angetrieben. Eine Besonderheit sind die Ventilfedern, die nicht wie üblich als Schrauben-, sondern als Blattfedern ausgebildet sind. Die Blattfedern zeigten aber ein schwingungstechnisch ungünstiges Verhalten, weshalb man wieder zu konventionellen Schraubenfedern überging (Abb. 18.20 und 18.21). Es ist erwähnenswert, dass die Konstruktionsprinzipien dieses Motors aus dem Jahre 1935 im Pkw-Motorenbau zum Teil erst Ende der siebziger/Anfang der achtziger Jahre Allgemeingut geworden sind!

Mit sechs Zylindern von 90 mm Bohrung und 90 mm Hub leistete der HL 35 bei 4.500 min^{-1}(!) 103 kW (140 PS); er übertraf in seinen spezifischen Leistungswerten manchen Flugzeugmotor dieser Zeit. 1936 kam der SW 38 auf den Markt (Abb. 18.22), praktisch das gleiche Fahrzeug mit einem etwas größeren Motor (HL 38). Der HL 38 hatte denselben Bohrungsdurchmesser von 90 mm wie der HL 35, aber einen um 10 mm verlängerten Hub. Wegen der schlechter werdenden Qualität des Kraftstoffes hatte man die Verdichtung um eine Einheit erniedrigt. Um dennoch die Leistung von 103 kW (140 PS) halten zu können, wurde diese Hubverlängerung durchgeführt und die Drehzahl mit Rücksicht auf die mittlere Kolbengeschwindigkeit auf 4.000 min^{-1} zurückgenommen. Im Hinblick auf den Autobahnbetrieb – jetzt konnten hohe Geschwindigkeiten auch tatsächlich über eine längere Zeit gefahren werden – erhielt der HL 38 einen Motoröl-Wärmetauscher im Motorkühlwasserkreislauf.

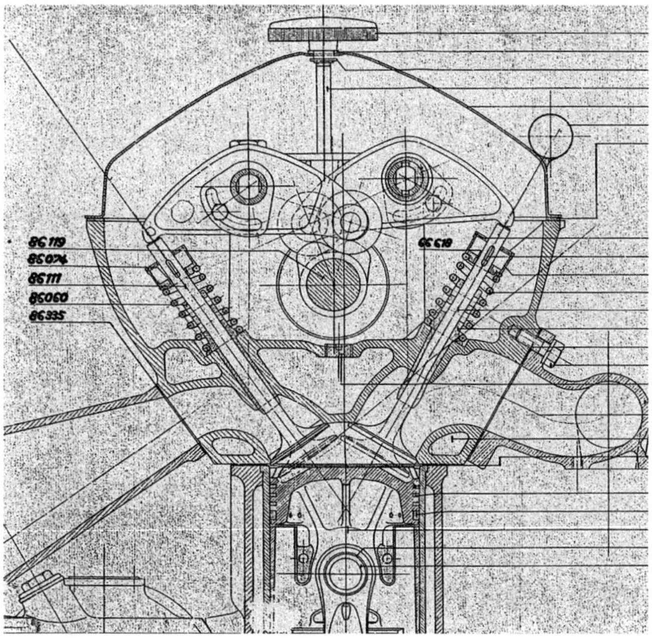

Abb. 18.21 HL-35-Motor (neu): Steuerung mit Schraubenfedern als Ventilfedern

Abb. 18.22 SW-38-Wagen als fünfsitziges Sportcabriolet mit Rechtslenkung, Karosserie von Spohn (Ravensburg), Baujahr 1938

Als letzter Maybach-Wagen erschien 1939 der SW 42 mit dem HL-42-Motor mit abermals um 10 mm verlängertem Hub (Tab. 18.2). Zum HL 42 ist in der »Automobiltechnischen Zeitschrift« zu lesen:

> »... welche Möglichkeiten noch in der Anwendung hängender Ventile bei richtiger Ausgestaltung des Zylinderkopfes liegen, lehren die Beispiele von BMW und Maybach, die bei niedrigem Gewicht auf hohe Hubraumleistungen kommen ... Maybach bringt es bei dem auf 4,2 l vergrößerten Sechszylinder auf 33 PS/l (bei 3,8 l Zylinderinhalt und bei Verwendung von klopffestem Treibstoff 36,9 PS/l) ... «[28]

Mit Beginn des Zweiten Weltkrieges wurde der Maybach'sche Automobilbau eingestellt. Insgesamt sind rund 1.800 Maybach-Fahrzeuge gebaut worden (s. auch Tab. 27.1), ungefähr die Tagesproduktion eines der heutigen Automobil-Werke. Dem Protokoll einer Bilanzbesprechung zu Beginn des Krieges ist zu entnehmen, dass beabsichtigt war, nach dem Krieg einen neuen, leichteren Wagen mit Zwölfzylinder-Motor herauszubringen. Doch dazu sollte es nach 1945 nicht mehr kommen.

Der Käuferkreis für die Maybach-Fahrzeuge bestand meist aus Personen des öffentlichen Lebens im In- und Ausland: Kaiser wie Haile Selassie von Äthiopien, Fürsten wie Prinz Bernhard der Niederlande, Künstler, bekannte Ärzte, Diplomaten, Großindustrielle und Politiker, deren Lebensstil – und damit natürlich auch deren Fahrzeuge – im Blickpunkt des allgemeinen Interesses standen. Eine Reihe von Maybach-Fahrzeugen hat die Wirren des Kriegs und der Nachkriegszeit überstanden. Sie werden von ihren Besitzern liebevoll gepflegt; von Zeit zu Zeit finden Veteranen-Treffen statt, bei denen 20 und mehr Fahrzeuge zusammenkommen (Abb. 18.23 und Tafeln 15.3–15.9. Dem Zeitgenossen, der diese Limousinen, Cabriolets und Roadster in ihrer eindrucksvollen Größe und Schönheit beieinanderstehen sieht, kommen unsere heutigen – bequemen, sicheren, schnellen und wirtschaftlichen – Autos geradezu armselig vor!

[28] ATZ 43 (1940) Nr. 6, S. 131 f.

Tab. 18.2 Personenwagen- und Nutzfahrzeug-Motoren 1920 bis 1939

Motor-Typ	Jahr	Bauart	Bohrung/Hub mm/mm	Zylinder-Volumen dm³	Leistung/Drehzahl kW/PS / min^{-1}	Effektive Literarbeit kJ/dm³	Mittlere Kolben-geschwindigkeit m/s
W 2 W 3	1921 1922	6R	95/135	0,956	51,5/70 / 2.200	0,49	9,9
W 5	1926	6R	94/168	1,165	88/120 / 2.400	0,63	13,4
DS 7	1929	12V	86/100	0,58	110/150 / 3.000	0,63	10,0
DS 8	1930	12V	92/100	0,66	147/200 / 3.200	0,69	10,6
DSO 8	1934	12V	92/100	0,66	110/150 / 2.300	0,72	7,7
DSH	1933	6R	100/110	0,864	95,6/130 / 3.200	0,69	11,7
HL 52	1934	6R	100/110	0,864	95,6/130 / 2.600	0,85	9,5
HL 35	1935	6R	90/90	0,572	103/140 / 4.500	0,80	13,5
HL 38	1936	6R	90/100	0,636	103/140 / 4.000	0,81	13,3
HL 42	1939	6R	90/110	0,699	103/140 / 4.000	0,74	14,7

Abb. 18.23 Treffen der Maybach-Veteranen

Luftschiffmotoren 1923 bis 1930

19

Stefan Zima

Der Verbrennungsmotor als »Motor«, als »Beweger« ist viel mehr als andere Maschinenarten in das nichttechnische Umfeld eingebunden. Nicht nur, dass er es ermöglichte, die Transportgeschwindigkeit auch außerhalb des Schienennetzes weit über die des Pferdes zu beschleunigen; mit dem Flugzeug und dem Luftschiff erschloss er dem Menschen auch die dritte Dimension!

Das gilt in besonderem Maße für Hochleistungsmotoren, wie der Maybach-Motorenbau sie baute. So nimmt es nicht wunder, dass das Unternehmen von den großen politischen und militärischen Ereignissen dieses Jahrhunderts stärker betroffen wurde als z. B. die Hersteller von Textil- oder Verpackungsmaschinen.

Karl Maybach war ein nüchterner, ruhig denkender Mann, dem extreme Anschauungen ebenso fern lagen wie ein überzogener Nationalismus; durch den Bau von Hochleistungsmotoren geriet der Maybach-Motorenbau jedoch zwangsläufig in den Mahlstrom beider Weltkriege und ihrer Folgen. Ein Beispiel, wie sich die politischen Ereignisse auf die Motorenentwicklung auswirkten, ist das Tauziehen um den Bau oder Nicht-Bau von Luftschiffen und damit der Luftschiffmotoren nach dem Ersten Weltkrieg.

Der Versailler Vertrag von 1919 untersagte dem Deutschen Reich jede militärische Luftfahrt; darüber hinaus wurde mit dem »Londoner Ultimatum« vom 5. Mai 1921 die Entwicklung, Fertigung und sogar die Einfuhr von Luftfahrtgerät aller Art so lange untersagt, bis die Interalliierte Kontrollkommission bestätigt hatte, dass das gesamte militärische Luftfahrtgerät abgeliefert bzw. zerstört sei. Drei Monate nach diesem Stichtag durfte wieder mit dem Bau von Luftfahrzeugen begonnen werden, jedoch mit gravierenden Einschränkungen; so durfte das Volumen der Luftschiffe 30.000 m^3 nicht übersteigen[1]. Tragfähigkeit und Reichweite waren durch diese Bestimmung bis zur Unwirtschaftlichkeit des Luftschiffes eingeschränkt.

Nun war den USA in den Verhandlungen zum Versailler Vertrag ein Luftschiff als Kriegsbeute zugesprochen worden, das aber nicht ausgeliefert werden konnte, weil die Luftschiffmannschaften dieses – wie auch andere Luftschiffe – 1919 zerstört hatten, um eine Übergabe an die Siegermächte zu vereiteln (»Scapa Flow der Luftschiffe«). Die USA waren aber an der Luftschifftechnik interessiert, sodass man sich dahingehend einigte, dass ein neues Schiff zulasten des Reparationskontos des Reiches gebaut und in die USA überführt werden sollte. Gegen den Widerstand Frankreichs hatten die USA durchgesetzt, dass dieses Reparations-Luftschiff mit einem Gasvolumen von 70.000 m^3 gebaut werden konnte. Dem Luftschiffbau Zeppelin war damit die Möglichkeit gegeben, wieder ein modernes, großes Luftschiff aufzulegen, und der Maybach-Motorenbau konnte die Motoren dafür entwickeln. Das Luftschiff musste mit eigener Kraft in die USA überführt werden. Obwohl bereits im Sommer 1919 das englische Luftschiff R 34, ein Zeppelin-Nachbau, den Atlantik überquert hatte, wurde eine Überführung des Luftschiffes dennoch als ein solches Risiko angesehen, dass keine Versicherung dieses abdecken wollte. Dem LZ blieb nichts anderes übrig, als mit seinem gesamten Konzernvermögen die Haftung zu übernehmen. Auf dem Maybach-Motorenbau lastete deshalb eine schwere Verantwortung für das Gelingen der Überfahrt und somit für seine und des LZ weitere Zukunft.

Ende des Krieges hatte der Maybach-Motorenbau mit dem Mb VII einen 2 × 6-Zylinder-Reihenmotor von 367 kW (500 PS) entwickelt[2], der sich von seiner Größe und Leistung her für das neue Luftschiff geeignet hätte. Doch Karl Maybach entschied sich – aus mehreren Gründen – für die Konstruktion eines neuen Motors. Der Zwei-Wellen-Motor Mb VII hatte schwingungsmäßig ein ungünstiges Verhalten gezeigt, und die Tücken von Drehschwingungen hatte

[1] Die letzten Luftschiffe im Ersten Weltkrieg hatten ein Gasvolumen von 70.000 m^3.

[2] Für die technische Daten dieses Triebwerkes wie auch der übrigen hier behandelten Luftschiffmotoren vgl. Tab. 17.1.

S. Zima (✉)
Gießen, Deutschland
E-Mail: customerservice@springernature.com

E. Eckermann, W. Treue, S. Zima (Hrsg.), *Technikpionier Karl Maybach*, https://doi.org/10.1007/978-3-658-37065-7_19

man gerade bei Luftschiffantrieben mit deren langen drehelastischen Wellen und der Anregung durch Luftschraube und Motor zugleich fürchten gelernt. Vorhersehbare Schwingungsprobleme wollte man daher unbedingt vermeiden. Bei diesem Motor, der unter Last über 100 Stunden ununterbrochen laufen sollte, stand Sicherheit weit mehr im Vordergrund als bei den Flugmotoren im Krieg. Der neueste Stand der Technik war zu berücksichtigen und außerdem sollte der Motor umsteuerbar sein. Zum Manövrieren eines Luftschiffes mussten die Luftschrauben ihre Drehrichtung ändern. Das hatten bislang Reversier- oder Umkehrgetriebe besorgt. Diese waren aber schwer und stellten zudem eine Quelle zusätzlicher Störungen dar.

Die Grundsätze für den neuen Motor, Typ VL 1, sind in einer Beschreibung wie folgt zusammengefasst:

> »... Dieser Motor unterscheidet sich von den bisherigen für Luftschiffe und Flugzeuge gebauten Motoren in mehreren Punkten wesentlich. Er ist dazu bestimmt, alle Anforderungen eines Verkehrsbetriebes über lange Strecken zu erfüllen. Es wird also von den Motoren in erster Linie unbedingte Betriebssicherheit während langer Flüge von mehrtägiger Dauer gefordert. Gleichzeitig soll entsprechend eines Verkehrsbetriebes eine Überholung erst nach mehreren Monaten notwendig sein ... «[3]

Beim VL 1 handelt es sich um einen Zwölfzylinder-V-Motor von 140 mm Bohrung und 180 mm Hub. Das zweiteilige Kurbelgehäuse ist aus Leichtmetall gegossen; auf das niedrige Kurbelgehäuse-Oberteil sind die Einzelzylinder aufgesetzt und durch Bolzen und Muttern mit diesem verspannt. Das Triebwerk (Kurbelwellen-Grund- und Pleuellager) ist in Rollen gelagert.

Anfang der zwanziger Jahre hatte sich die geringe Tragfähigkeit der damaligen Gleitlagerwerkstoffe (hauptsächlich bei den Pleuellagern) als leistungsbegrenzend für die Flugzeugmotoren herausgestellt, weshalb der Maybach-Motorenbau im Hinblick auf das Lastenheft für den VL-Motor zu den höher belastbaren Rollenlagern überging. Diese Wälzlager zogen konstruktiv beträchtliche Weiterungen nach sich: Wälzlager haben – im Gegensatz zu Gleitlagern – kleine axiale und große radiale Abmessungen. Wegen der deshalb erforderlichen großen Gehäusebohrung wurden die Lagerbrücken für die Kurbelwellenlagerung aus Stahl statt aus Leichtmetall wie das Kurbelgehäuse gefertigt. Aus demselben Grund wurden die Pleuelstangen einteilig ausgeführt, um trotz der großen Bohrungen eine ausreichende Steifigkeit der Stangen zu erhalten (d. h., sie sind nicht, wie sonst üblich, im großen Pleuelauge geteilt). Zur Montage mussten die Pleuelstangen über die Kurbelwelle gestreift werden; das wiederum erforderte eine entsprechende Formgebung der Kurbelwelle. Die Pleuel greifen nebeneinander am Hubzapfen an, was wegen der geringen axialen Breite der Rollenlager mit einem kleinen Pleuelversatz möglich war.

[3] Beschreibung des umsteuerbaren 420-PS-Maybach-Luftschiffmotors.

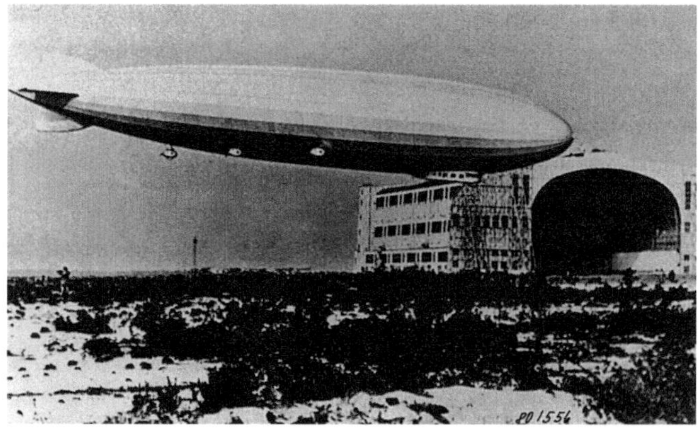

Abb. 19.1 Das »Reparations-Luftschiff« LZ 126 (ZR III) bei der Landung in Lakehurst

Auch die Nockenwelle im Motorsattel ist rollengelagert; je ein hängendes Ein- und zwei Auslassventile je Zylinder werden durch Stoßstangen mit Rollenstößel und Kipphebel betätigt. Weil Kolben aus Aluminium-Legierungen damals als noch nicht zuverlässig genug galten, wurden die Kolben aus Grauguss gegossen.

Eine Neuheit für schnelllaufende Ottomotoren war die Umsteuerbarkeit. Hierzu wurde die Nockenwelle von Hand axial verschoben, sodass die in den Rollenstößeln zwischen Blattfedern gelagerten Rollen von den Vorwärts- auf die Rückwärts-Nocken glitten. Angelassen wurde der Motor mit Druckluft, erzeugt von einem kleinen, zweistufigen Verdichter mit Zwischenkühlung. Dadurch konnte der Motor in relativ kurzer Zeit von »voll voraus« auf »voll zurück« gebracht werden – ein nicht hoch genug einzuschätzender Vorteil für die Manövrierbarkeit eines Luftschiffes! Zum Umsteuern genügte nicht, dass der Motor seine Drehrichtung ändern konnte, vielmehr mussten auch die vom Motor angetriebenen Hilfsaggregate wie Magnetzünder, Wasser- und Ölpumpen für die wechselnde Drehrichtung ausgelegt sein. Während Magnetzünder und Kühlwasserpumpe in beiden Drehrichtungen betrieben werden konnten, waren für den Ölkreislauf zwei Pumpen vorgesehen, für jede Drehrichtung eine, die sich selbsttätig je nach Richtung des vom Antriebsrad wirkenden Zahndruckes ein- und auskuppelten.

Für den VL-Motor wurde auch ein neuer Vergaser entwickelt mit mechanischer Steuerung von Kraftstoff, Luft und Gemisch. Eine Sparvorrichtung gestattete, die Gemischzusammensetzung an die jeweiligen Erfordernisse anzupassen. Selbstverständlich war der Vergaser brandsicher. Der Maybach'sche Grundsatz, mit Rücksicht auf eine gleiche Gemischzusammensetzung für alle Zylinder je drei Zylinder durch einen Vergaser zu versorgen, wurde beibehalten, sodass der VL 1 insgesamt vier Vergaser hatte; zur Vorwärmung waren die Vergaser an den Motorkühlwasserkreislauf angeschlossen. Der VL 1 leistete bei 1.400 min^{-1} 309 kW (420 PS).

Mit dem Bau dieses sogenannten »Reparations-Luftschiffes« (Werft-Nr. LZ 126; amerikanische Bezeichnung: Zeppelin Rigid III (ZR III)) war 1923 begonnen worden. Es hatte einen (Nenn-)Gasinhalt von 70.000 m^3 und konnte rund 46.000 kg Last tragen[4] (Abb. 19.1). Seine fünf VL-1-Motoren entwickelten eine Nennleistung von 1.470 kW (2.000 PS) und verliehen dem Schiff die Höchstgeschwindigkeit von 127 km/h; die Marschgeschwindigkeit betrug 113 km/h. Bei einer Fahrzeit von 110 Stunden lag seine Reichweite bei 12.500 km. Nach nur fünf Probefahrten startete das LZ 126 am 12. Oktober 1924 zur Überfahrt nach Amerika. Wenn man bedenkt, was von dieser Fahrt alles abhing, war die Erprobungszeit in der Tat sehr kurz. Ein Zeitgenosse bemerkte in einer Fachzeitschrift hierzu:

> »... Rein technisch gesehen ... ist die Gesamtmethode, in der die erste Riesenfahrt des Z.R.3 gehandhabt werden muss, ein sehr großes Unrecht gegen die Erbauer und Erfinder: eine systematische und daher alle Chancen bietende Methode wäre die, mindestens zwei Ballone [Anmerkung: gemeint sind Luftschiffe] gleichzeitig zu bauen, den einen über Europa so lange fahren zu lassen, bis sich in irgend einem Punkte endlich eine Unzulänglichkeit herausstellen würde ...«[5]

Am 15. Oktober 1924, nach 81 Stunden Fahrt über 8.050 km, landete LZ 126 in Lakehurst und wurde der US-Marine übergeben. Die VL-1-Motoren hatten ihre Bewährungsprobe glänzend bestanden. Die gelungene Überführung des LZ 126 löste in dem durch die Härten und kleinlichen Bestimmungen des Versailler Vertrages gedemütigten Deutschland Freude und Begeisterung aus; das Luftschiff wurde als Kontinente verbindendes Element der Völkerverständigung gefeiert. Durch ein weiteres, unter deutscher Flagge fahrendes Luftschiff wollte man diesen Erfolg ausbauen. Eine von Dr. Hugo Eckener initiierte Sammlung zugunsten dieses Projektes, vermehrt durch Zuschüsse der Reichsregierung und durch Eigenaufwendungen des LZ, ermöglichte den Bau des neuen Luftschiffes. Mittlerweile waren in dem Luftfahrt-Abkommen der Botschafter-Konferenz in Paris 1926 die meisten Restriktionen für den Luftfahrzeugbau in Deutschland aufgehoben worden, sodass jetzt ein größeres und damit wirtschaftlicheres Luftschiff gebaut werden konnte.

Das neue Luftschiff, LZ 127, hatte ein Gasvolumen von 105.000 m^3; es wurde von fünf VL-2-Motoren, der leistungsgesteigerten Weiterentwicklung des VL 1, angetrieben und erreichte eine Marschgeschwindigkeit von 118 km/h; seine Höchstgeschwindigkeit lag bei 130 km/h (Abb. 19.2).

Der VL 2 (Abb. 19.3 und 19.4) hatte die gleichen Zylinderabmessungen wie der VL 1, war jedoch in vielen Details weiterentwickelt worden. Statt der Grauguss-Kolben hatte er Aluminium-Kolben, eine der Voraussetzungen dafür, dass die Leistung auf 419 kW (570 PS) bei 1.600 min^{-1} angehoben werden konnte. Die VL-2-Motoren wiesen eine weitere bemerkenswerte Neuerung auf: Sie konnten wahlweise mit Ottokraftstoff (»Benzin«) oder mit Kraftgas gefahren werden; die Umstellung von der einen auf die andere Kraftstoffart konnte bei laufenden Motoren erfolgen. Der Gasbetrieb war ein nicht zu unterschätzender Vorteil: Durch den verbrauchten (flüssigen) Kraftstoff wurde das Luftschiff leichter[6]; damit es seine Höhe halten konnte, musste es entweder nach unten gesteuert werden, was einen zusätzlichen Luftwiderstand hervorrief, oder aber man musste Gas abblasen. In diesem Zusammenhang hatte man auch Überlegungen angestellt, mit dem abzublasenden Wasserstoff die Motoren zu betreiben. Bei dem damaligen Stand der Technik schied diese Lösung aber aus. Da kam der Chefmeteorologe des LZ, Dr. Lempertz, auf die Idee, stattdessen ein Gemisch von gasförmigen Kohlenwasserstoffen zu verwenden. Nach vielen Versuchen stellte sich das nach seinem Erfinder Dr. Blau als »Blaugas« bezeichnete Gasgemisch als geeignet heraus. Es hat die gleiche Dichte wie Luft, sodass sich sein Verbrauch nicht auf die Aussteuerung des Luftschiffes auswirkte; außerdem ließ sich damit der Aktionsradius des Luftschiffes vergrößern (Abb. 19.5). Später wurde aus Kostengründen anstatt des im LZ hergestellten Blaugases ein anderes Kraftgas, das in seinen Eigenschaften dem Blaugas entsprach, von den Leuna-Werken bezogen.

Die Entwicklung der VL-Motoren war von manchen Rückschlägen begleitet, auf die an anderer Stelle näher eingegangen wird. Am 18. September 1928 war das LZ 127 in Dienst gestellt worden und hatte auf einer Reihe von Fahrten bereits 50.000 km zurückgelegt. Im Mai 1929 stieg es zu seiner zweiten Fahrt in die USA auf; als es sich über Frankreich befand, fielen in kurzer Zeit vier der fünf Motoren aus. Mit nur einem laufenden Motor landete das LZ 127 auf einem Luftschiffhafen bei Toulon. Als Karl Maybach über Funk von den Schäden an den ersten beiden ausgefallenen Motoren benachrichtigt wurde, sagte er: »Wenn jetzt die restlichen Motoren auch ausfallen, weiß ich, dass es nicht an den Motoren liegt.«

So war es denn auch. Die Untersuchung der ausgefallenen Motoren ergab, dass deren Kurbelwellen bzw. Schwunggewichtbügel gebrochen waren. Auch die Welle des fünften Motors zeigte Anrisse, die in kurzer Zeit ebenfalls zum Bruch geführt hätten. Mit Motorlaufzeiten von etwa 500 Stunden konnten eigentlich nur besondere Umstände, nämlich Drehschwingungen, diese Brüche verursacht haben. Es wurden umfangreiche Untersuchungen angestellt; der Maybach-Motorenbau überprüfte die statische und dynamische Beanspruchung der Kurbelwelle; die Deutsche Versuchsanstalt für

[4] Seine Eigenmasse, die Motoren, Betriebsstoffe, Gondeln und etwa 5.000 kg »zahlende« Last: Passagiere und Gepäck.

[5] P. Conrad: »Das Zeppelin-Luftschiff Z.R.3 und Aussichten für die weitere Entwicklung der Riesenluftschiffe«. In: *Der Motorwagen 27* (1924) Nr. 26.

[6] Das LZ 126 hatte auf seiner Überführung in die USA 24.000 kg Kraftstoff verbraucht.

Abb. 19.2 Luftschiff LZ 127 »Graf Zeppelin« über Friedrichshafen (etwa 1930). *Vorn links im Bild* sieht man einen Teil der Fabrikgebäude der Maybach-Motorenbau GmbH

Luftfahrt (DVL) nahm die Schwingungsmessungen vor, wobei neben dem Geiger'schen Torsiographen (einer Vorrichtung zur mechanischen Messung der Schwingungen) auch eine neue, von Prof. H. Thoma (TH Karlsruhe) entwickelte elektrische Messmethode angewandt wurde.

Übereinstimmend ergab sich, dass Schwingungen höherer Ordnung, bislang als weniger gefährlich angesehen, die Kurbelwelle übermäßig beansprucht und schließlich die Brüche ausgelöst hatten. Verursacher waren übereifrige Monteure des Luftschiffbau Zeppelin (LZ), welche die Federspannung der elastischen Kupplung im Antriebsstrang durch Beilagescheiben erhöht hatten, in der fürsorglichen Absicht, die Abnutzung der Kupplung zu verringern. Dadurch veränderte sich das Schwingungsverhalten der Maschinenanlage derart, dass es zu diesen Brüchen kam. Nachdem die Schadensursache erkannt worden war, konnte leicht Abhilfe geschaffen werden. Danach erwiesen sich die VL-2-Motoren als zuverlässig. Das auf den Namen »Graf Zeppelin« getaufte LZ 127 wurde zum erfolgreichsten Luftschiff überhaupt.

Der VL 2 war in den zwanziger Jahren der Luftschiffmotor schlechthin; deshalb wurden auch die amerikanischen Luftschiffe »Akron« und »Macon« mit je acht VL 2 ausgerüstet. Da es nur wenige Luftschiffe gab, mithin der Markt für den VL 2 sehr klein war, baute der Maybach-Motorenbau eine Bootsausführung davon, den SVL 2, mit geringfügig reduzierter Leistung, um den Anwendungsbereich für diese Motoren zu erweitern. Der SVL 2 diente zum Antrieb schneller Boote und Yachten. Alles in allem wurden von den VL/SVL-Motoren etwa 70 Stück gebaut – eine vergleichsweise kleine Zahl, deren wirtschaftliche Bedeutung in keiner Weise der technischen entsprach, welche diese Luftschiffmotoren für die Motorenentwicklung insgesamt hatten.

In dem Bestreben, die Leistung der Luftschiffmotoren weiter zu erhöhen, plante der Maybach-Motorenbau den Bau eines 18-Zylinder-Ottomotors mit 808 kW (1.100 PS) bei 1.500 min^{-1}. Der projektierte Motor, VL 4, sollte als Drei-Reihen-Sechszylinder-Motor (W-Motor) ausgeführt werden. Weil aber der LZ wegen des günstigen Kraftstoffverbrauches und der größeren Brandsicherheit Dieselmotoren wünschte, wurde das Konzept dahingehend geändert, dass stattdessen ein Zwölfzylinder-Triebwagendiesel durch Abgasturboaufladung auf diese Leistung gebracht werden sollte. Ein ent-

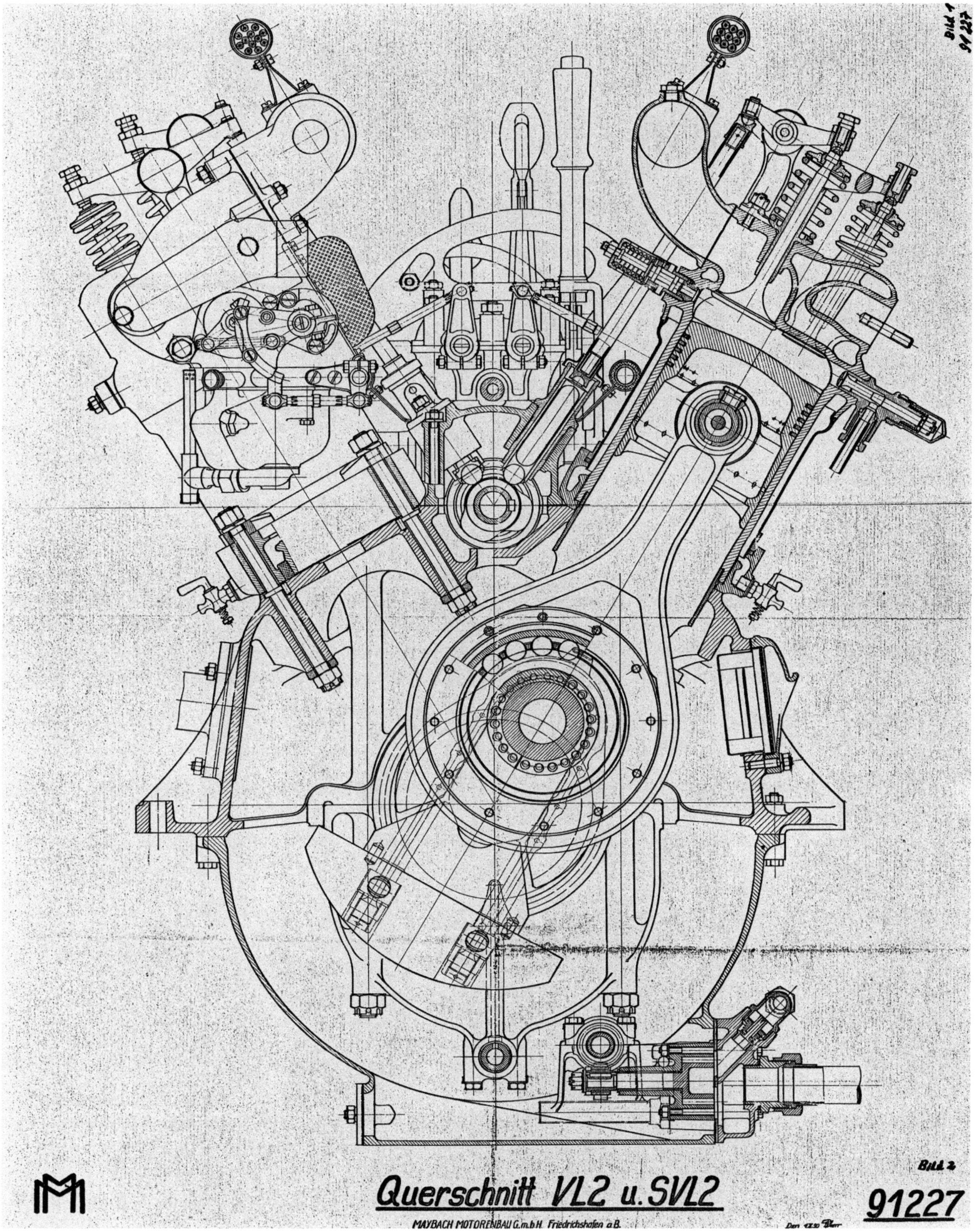

Abb. 19.3 Querschnitt des Luftschiffmotors VL 2 (Schiffsausführung: SVL 2): wassergekühlter Viertakt-Ottomotor in Zwölfzylinder-V-Bauart, umsteuerbar, rollengelagertes Triebwerk; Bohrung 140 mm, Hub 180 mm, Hubraum 33.234 cm^3, Leistung 419 kW (570 PS) bei 1.600 min^{-1}

Abb. 19.4 Luftschiffmotor VL 2 (Kupplungsseite) in einer Motorgondel von LZ 127 »Graf Zeppelin«. Deutlich zu erkennen sind die vier Rohre für die Kraftgaszuführung

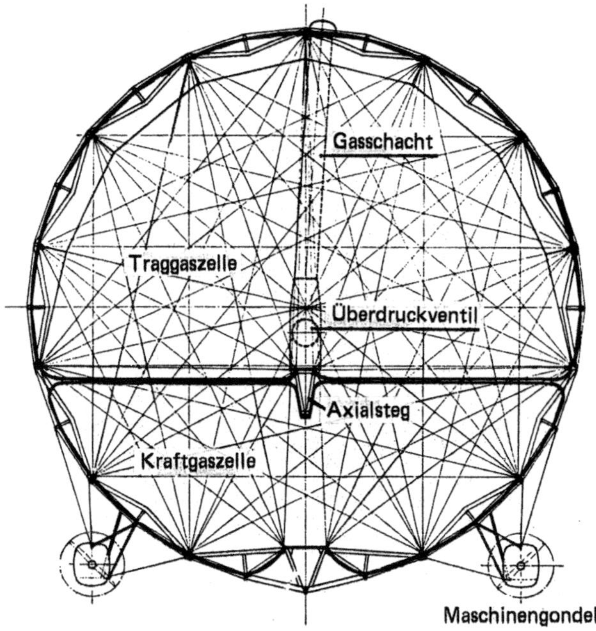

Abb. 19.5 LZ 127: Querschnitt durch das Luftschiff. *Oben*: Traggaszellen; *unten*: Kraftgaszellen

sprechender Entwicklungsauftrag hierzu war vom LZ erteilt worden. Doch die Entwicklungsarbeiten zogen sich dahin, weil man praktisch zwei widersprüchliche Konzepte vereinen wollte: den robusten Eisenbahnmotor mit dem leichten Flugmotor.

Die Daimler-Benz AG, die gleichfalls an einem Luftschiff-Diesel arbeitete, konnte sich auf einen bereits vorhandenen Flugzeug-Dieselmotor stützen, dessen Konzeption eine bessere Basis für den Luftschiffmotor bot. So kam Daimler-Benz mit dem Luftschiffmotor DB 602 (LOF 6) schneller zum Ziel. Der Maybach-Motorenbau stellte die Arbeiten an dem Luftschiffmotor-Projekt (GO 7) 1933 ein[7] (Abb. 19.6).

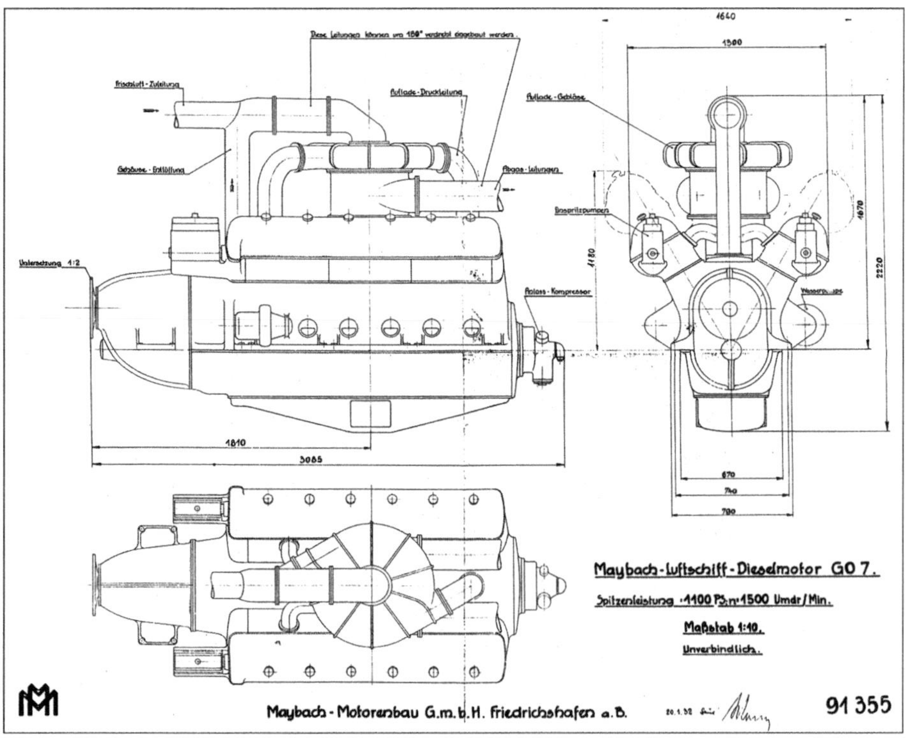

Abb. 19.6 Einbauzeichnung (1932) des projektierten abgasturboaufgeladenen Dieselmotors GO 7 für das Luftschiff LZ 129 »Hindenburg«

[7] Die Arbeiten an dem Luftschiff-Diesel GO 7 waren natürlich nicht vergebens; sie kamen dem abgasturboaufgeladenen Triebwagen-Diesel GO 6 zugute.

20 Hochleistungsmotoren 1933 bis 1950

Stefan Zima

20.1 Die Anfänge

Die technische Philosophie des Maybach-Motorenbaus, nämlich denselben Grundmotor in entsprechenden Versionen für Pkw wie für Nkw zu verwenden, führte fast zwangsläufig zu starken und kompakten Motoren. Denn anders hätten sich die unterschiedlichen Anforderungen dieser beiden Fahrzeugarten nicht erfüllen lassen. Der DS 8, Antrieb eines der exklusivsten und teuersten Pkw, lief gleichermaßen zufriedenstellend als DSO 8 im Omnibus, Kommunalfahrzeug oder Lastkraftwagen, und als DSO 8 spez. trieb er sogar Halbketten-Zugmaschinen (KMZ 100) an!

Dadurch wurde das Interesse der Militärs, genauer gesagt des Heereswaffenamtes, an den Maybach-Motoren geweckt. Für die von den Nationalsozialisten nach ihrer Machtübernahme forcierte Rüstung wurden geeignete Antriebe für die neu zu schaffende Panzerwaffe gebraucht.

Die noch zu Zeiten der Weimarer Republik im Geheimen in Russland erprobten »Großtraktoren«, wie die Panzer mit Rücksicht auf einschlägige Bestimmungen des Versailler Vertrages bezeichnet wurden, hatte man mit Flugzeug- und Nkw-Motoren ausgerüstet. Für den rauen Panzerbetrieb waren diese aber wenig geeignet. Nach dem DSO 8 spez. wurden der HL 52 (HL = Hochleistung) und der NL 35 (NL = Normalleistung) in Halbketten-Zugmaschinen (Krauss-Maffei KM m8 und Büssing-NAG BN L 5) eingebaut. Als sich herausstellte, dass die 44 kW (60 PS) des luftgekühlten Vierzylinder-Boxermotors von Krupp für den neu entwickelten Panzer I (Tarnbezeichnung: »Landwirtschaftlicher Schlepper«, LaS) nicht ausreichten, wurde stattdessen der auf 74 kW (100 PS) leistungsreduzierte HL 38 als NL 38 eingebaut; den HL 42 verwendete man zum Antrieb von leichten Schützenpanzerwagen (Abb. 20.1). Bei den bisher erwähnten Motoren handelt es sich um die militärischen Abwandlungen ursprünglich für zivile Anwendungen konzipierter Motoren.

Der erste, ausschließlich für (Halb-)Kettenfahrzeuge vorgesehene Typ war der HL 57; er wurde in die Zugmaschinen Krauss-Maffei KM m8 und KM m9 sowie in leichte Panzer (LaS 100; Panzer II) eingebaut. Durch Aufbohren um 5 mm entstand aus dem HL 57 der HL 62, der ebenfalls für verschiedene Versionen des Panzer II und der Halbketten-Zugmaschinen verwendet wurde.

Mit steigenden Fahrzeugmassen wurden stärkere Motoren nötig. Das führte zur Entwicklung von rund 100 verschiedenen Typen der HL-Motoren mit einem Hubvolumen von 1 dm^3 bis fast 30 dm^3, die teils in Großserie (etwa zehn Typen), teils in mehr oder weniger kleinen Stückzahlen gebaut wurden (etwa 40 Typen) oder nur als Versuchsmotoren liefen. Viele Konstruktionen kamen nicht über das Entwurfsstadium hinaus. Die serienmäßigen HL-Motoren waren ausschließlich Ottomotoren; allerdings wurde im Versuch auch eine ganze Reihe von Dieselvarianten erprobt. Die übliche Ausführung war die Sechszylinder-Reihen- und die Zwölfzylinder-V-60°-Bauart; daneben wurden auch Motoren in Boxer-, H-, X- und 120°-V-Anordnung der Zylinder projektiert und z. T. konstruktiv durchgearbeitet.

Ungeachtet der Typenzahl sind den HL-Motoren wesentliche Merkmale – schon vom Verwendungszweck her – gemeinsam: Motoren für gepanzerte Fahrzeuge werden vorwiegend auf der Volllast-Kennlinie gefahren, d. h. mit vollem Drehmoment, aber mit wechselnden Drehzahlen. Die Fahrwiderstände liegen im Bereich zwischen 2 und 80 % der Fahrzeugmasse, deshalb braucht man einen weiten nutzbaren Drehzahlbereich. Der Motor muss schon bei niedrigen Drehzahlen ein großes Moment entwickeln, das aber in Hinblick auf eine hohe Spitzenleistung mit steigender Drehzahl nicht abfallen darf. Auf diese Motorkennung war schon mit der Konzeption der HL-Motoren hingearbeitet worden. Besondere Ansatzpunkte hierzu boten – untrennbar miteinander verbunden – die Gemischbildung, Verbrennung und der Ladungswechsel. Entsprechend den aus dem Leistungsverhalten erwachsenden Belastungen wurden Kurbelgehäuse und Triebwerk gestaltet. Die Eigenarten des harten Geländebetriebes, als da sind: steile Schräglagen, große Wärme-

S. Zima (✉)
Gießen, Deutschland
E-Mail: customerservice@springernature.com

E. Eckermann, W. Treue, S. Zima (Hrsg.), *Technikpionier Karl Maybach*, https://doi.org/10.1007/978-3-658-37065-7_20

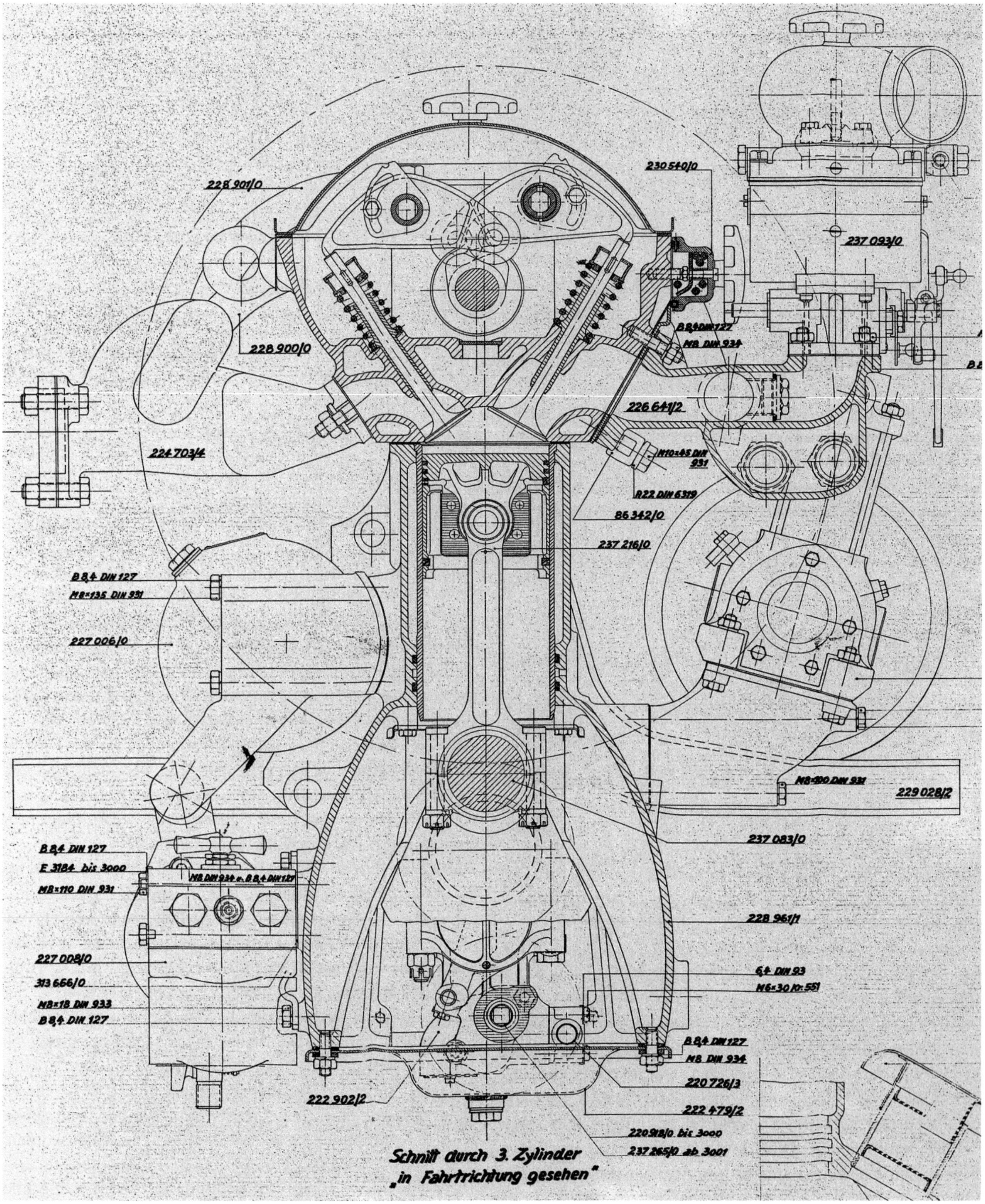

Abb. 20.1 Querschnitt des Fahrzeugmotors HL 42 TRKM: wassergekühlter Viertakt-Ottomotor, Sechszylinder-Reihenbauart; Bohrung 90 mm, Hub 110 mm, Hubraum 4.197 cm^3, Leistung 74 kW (100 PS) bei 3.000 min^{-1}. Ausführung mit Trockensumpfschmierung für geländegängige Halbkettenfahrzeuge

entwicklung schon bei niedrigen Drehzahlen oder extreme Staubentwicklung, wurden bei der Auslegung des Motorzubehörs berücksichtigt. Andere Gesichtspunkte, auf die man bei der Konstruktion großen Wert gelegt hatte, waren einfache Wartungs- und Reparaturmöglichkeiten.

Um eine gute Verbrennung (eine recht allgemeine Umschreibung sehr komplexer Vorgänge!) zu erhalten, ist der Brennraum sphärisch (kugelabschnittförmig) gestaltet, sodass die von der zentral angeordneten Zündkerze sich ausbreitende Flammenfront das Gemisch rasch und gleichmäßig erfassen kann. Das wiederum ermöglicht hohe Verdichtungsverhältnisse (6,3 bis 7), eine der Voraussetzungen für gute Wirkungsgrade, ohne dass die Motoren bei den damals handelsüblichen Otto-Kraftstoffen (Oktanzahl 74 bis 78) zum Klopfen neigten. Um von der Batterie unabhängig zu sein und auch um das Startverhalten zu verbessern, haben die Motoren Schnapper-Magnetzünder, die von der Nockenwelle angetrieben werden. Der Zündzeitpunkt wird selbsttätig verstellt. Das Gemisch wird in Zweistufen-Vergasern (nach heutiger Lesart: Register-Vergaser) gebildet; damit wird selbst bei relativ geringem Luftdurchsatz im unteren Drehzahlbereich die für eine gute Gemischbildung nötige Luftgeschwindigkeit in der ersten Vergaserstufe erreicht. Bei hohen Drehzahlen treten trotz großen Gesamtluftdurchsatzes dank der zweiten, hinzugeschalteten Stufe keine zu hohen Luftgeschwindigkeiten und somit keine größeren Druckverluste auf. Durch eine vom Auspuff abgezweigte Heizleitung wird der Vergaser vorgewärmt und auf diese Weise das Verdampfen des Kraftstoffes beschleunigt. Ein spezieller Startervergaser sorgt für sicheres Anspringen des Motors auch unter widrigen Umständen.

Der Ladungswechsel selbst, das Füllen und Entleeren der Zylinder, wird durch die großen Querschnitte der schräg hängenden Ventile erleichtert; auch sind die Ein- und Auslasskanäle im Zylinderkopf einander gegenüber angeordnet (»Querstrom-Zylinderkopf«), sodass sich strömungstechnisch günstige Verhältnisse ergeben. Die Nockenwelle ist im Zylinderkopf gelagert und betätigt, über Zwischenräder angetrieben, die Ventile direkt über Schwinghebel und Rollen; somit entfallen die Stoßstangen, die gesamte Steuerung wird steifer (»drehzahlfest«). Hohe Drehzahlen haben entsprechende Massenkräfte zur Folge, die zu verkleinern bzw. aufzunehmen das Triebwerk und das Kurbelgehäuse entsprechend gestaltet worden sind. Das Grauguss-Kurbelgehäuse (nur wenige HL-Motoren hatten Aluminiumgehäuse) ist tief unter die Kurbelwellenmitte herabgezogen, die nassen Zylinderbüchsen sind auswechselbar. Nach unten hin ist das Gehäuse durch das als Ölwanne ausgebildete Kurbelgehäuse-Unterteil abgeschlossen oder, wenn extreme Geländegängigkeit verlangt wurde, durch ein flaches Unterteil (Trockensumpf). Die Kurbelwelle mit – je nach Motortyp – angeschmiedeten oder angeschraubten Gegengewichten an allen Wangen ist nach jeder Kröpfung in den mit dem Kurbelgehäuse-Oberteil verschraubten Lagerbrücken in Bleibronze-Lagern gelagert. Ein achtes Lager soll eventuell vom Abtrieb herrührende radiale Kräfte auffangen. Auf der Kupplungsgegenseite sitzt der Schwingungsdämpfer; je nach Motortyp werden die Nockenwelle und die Hilfstriebe von der Kupplungs- oder deren Gegenseite angetrieben. Die kleineren der HL-Motoren haben z. T. Regelkolben (Autothermikkolben), die anderen Glattschaftkolben (Abb. 20.1).

Abb. 20.2 12-Tonnen-Halbketten-Zugmaschine, Bauart Daimler-Benz (DB 10) mit Maybach-Motor HL 85, im schweren Gelände auf der »Panzerwiese« am Gehrenberg bei Markdorf. Das *Bild* vermittelt einen Eindruck von den Betriebsbedingungen militärischer Fahrzeuge

Für die Ölversorgung sorgt eine Druckumlauf-Schmierung, bei der die Ölpumpe mit Rücksicht auf die möglichen Schräglagen der Geländefahrzeuge im tiefen (Kurbelgehäuse-)Unterteil[1] angebracht ist. Damit wird sichergestellt, dass der Motor auch bei Schräglagen bis zu 30° ausreichend mit Schmieröl versorgt wird (Abb. 20.2). Für Schräglagen bis zu 40° ist die Schmierung als »Trockensumpf-Schmierung«[2] ausgebildet: Das Öl wird durch zwei Pumpen aus dem (flachen) Unterteil abgesaugt und in einen gesonderten Ölsammelbehälter gedrückt. Aus diesem Behälter wird das Öl dann in den Hauptölkanal des Motors eingespeist. Der Ölfilter, ein Spaltfilter, ist in den Hauptstrom des Ölkreislaufes geschaltet; gekühlt wird das Öl in einem im Motorkühlwasser-Kreislauf liegenden Wärmetauscher.

Insgesamt wurde sehr auf die »organische« Anordnung des Zubehörs geachtet, sodass die Motoren keine außen liegenden Öl- oder Wasserleitungen, stete Quelle möglicher Schäden und Störungen, haben. Weil Motoren in gepanzerten Fahrzeugen meist schlecht zugänglich sind, wurde Wert darauf gelegt, dass die wichtigsten Wartungsarbeiten von oben her vorgenommen werden können: Das Ventilspiel

[1] Kennzeichnung dieser Bauart mit der Typenbezeichnung »TU«.
[2] Kennzeichnung: »TR«.

wird durch Verdrehen der Exzenter-Buchsen, in denen die Schwinghebel gelagert sind, eingestellt; zum Reinigen des Ölfilters wird ein Handgriff gedreht.

20.2 Die rollengelagerte Scheibenkurbelwelle – ein ungewöhnliches Konstruktionsprinzip

Für die geplanten schwereren Panzer brauchte man höhere Leistungen, die nicht mehr lediglich durch größere Zylinderabmessungen dargestellt werden konnten. Im Grunde lag dieselbe Situation vor wie seinerzeit bei den W-5-Pkw-Motoren und den G-4a/b-Dieselmotoren (auf die im Kapitel »Dieselmotoren« eingegangen wird). Womit schon das Prozedere vorgezeichnet war: Verdoppelung der Zylinderzahl. Nun hätte es nahegelegen, von den HL/NL 35/38 einfach eine Zwölfzylinder-Version zu bauen. Stattdessen entschloss sich der Maybach-Motorenbau zu einer völligen Neukonstruktion, für die zwei Gesichtspunkte bestimmend waren: Vorhalt für ein größeres Drehmoment und – trotz der V-Bauweise – ein kurzer Zylinderabstand (»Zylindersprung«).

Neben der nötigen Leistung und einer geeigneten Motorkennung (Drehmomentverhalten) kommt es bei Motoren für gepanzerte Fahrzeuge auf ein möglichst geringes Bauvolumen an. Der Motor muss vor allen Dingen kompakt sein, weil sich die Panzerung für den Motor weit stärker auf die Fahrzeugmasse auswirkt als die Masse des Motors. Für die deutschen Panzer des Zweiten Weltkrieges wurde je 1 cm Motorlänge mit einem Mehr an Masse für die Panzerung von 20 kg gerechnet, und wenn die zusätzliche Masse des Laufwerkes berücksichtigt wird, sogar bis zu 100 kg! Daher versuchte man schon von der Konzeption her das Motorvolumen zu minimieren. Durch die V-Bauweise ergibt sich ohnehin eine gedrungene Triebwerksanordnung. Wenn die Pleuel zweier im V gegenüberliegender Zylinder gemeinsam an einem Hubzapfen angreifen, erhöht sich – abhängig von der jeweiligen Konfiguration – der Zylinderabstand[3]. Ein V-Motor ist in den meisten Fällen länger als ein Reihenmotor der halben Zylinderzahl. Eben dieser Zylindersprung sollte klein gehalten werden. Das erreichte der Maybach-Motorenbau durch ein unkonventionelles, gleichwohl nicht neues Bauprinzip: durch die rollengelagerte Scheibenkurbelwelle[4]. Bei einer solchen Kurbelwelle sind jeweils zwei Kurbelwangen und ein Grundlagerzapfen zusammengefasst und scheibenförmig ausgebildet; die Kurbelwelle stützt sich über diese »Scheiben« im Kurbelgehäuse ab. Werden die Scheiben in Rollen gelagert, dann bauen sie sehr kurz. Dadurch wird jetzt der Zylindersprung nur durch die Zylinderabmessungen (einschließlich der Wasserräume zwischen den Zylindern) und nicht mehr durch die Abmessungen der Kurbelwelle bestimmt. Wenn zudem die Wasserräume zwischen den Zylindern eng gehalten werden, dann bekommt man eine außerordentlich kurze Baulänge des Motors (siehe hierzu S. 348f. »Scheibenkurbelwelle und Tunnelgehäuse«).

Die Vorteile der rollengelagerten Scheibenkurbelwelle für die Motorlänge werden beim Vergleich des auf die Bohrung bezogenen Zylindersprunges des neuen Motors, HL 100, und des »konventionell« aufgebauten DSO 8 spez. deutlich: Beträgt dieser Quotient (Z_a/d) beim DSO 8 spez. 1,56, so ist er beim HL 100 nur noch 1,27 groß. Der neue Zwölfzylinder-V-Motor HL 100 hat mit 100 mm Bohrung und 106 mm Hub größere Zylinderabmessungen als der DSO 8 spez. bzw. der HL/NL 38; er leistete bei 3.000 min^{-1} 220 kW (300 PS). Der große Scheibendurchmesser, der sich schon dadurch ergibt, dass die Scheibe ja die Funktion der Kurbelwange, nämlich die eines Exzenters, übernimmt, verlangt entsprechende Lagerbohrungen im Kurbelgehäuse. Diese müssen um die Abmessungen der Rollenlager größer als die Scheiben sein. Unter solchen Umständen war die Lagerung der Kurbelwelle in Lagerbrücken wie bei den HL-Reihenmotoren nicht zu vertreten, weshalb man sie direkt in dem Unterteil des mittig geteilten Kurbelgehäuses lagerte. Ansonsten weist der HL 100 die zuvor beschriebenen Merkmale der HL-Reihenmotoren auf.

Zunächst wurde eine kleine Vorserie aufgelegt, die man in verschiedenen Panzern erprobte. Aufgrund der Versuchsergebnisse und Betriebserfahrungen nahm der Maybach-Motorenbau mehrere Änderungen vor: Erst wurde der Hub auf 115 mm verlängert (HL 108), dann wurden die Zylinder auf 105 mm aufgebohrt (HL 120). Die Leistung wurde mit 220 kW (300 PS) beibehalten; die größeren Hubvolumina kamen dem Drehmomentverhalten zugute (Abb. 20.3). Die HL 108/120 wurden in die Panzer III und IV, die »Arbeitspferde der deutschen Panzerwaffe« (wie sie in einer angelsächsischen Publikation bezeichnet wurden) und in deren zahlreiche Abarten sowie in schwere Halbketten-Zugmaschinen (s. Zgkw. 18 to) eingebaut.

In einigen Fällen verwendete man den HL 120 auch für zivile Fahrzeuge, so in Vomag-Bussen der KVG auf den steigungsreichen Strecken des Erzgebirges. Die Leistungsreserve des HL 120 gestattete ein zügiges und wirtschaftliches Fahren, wie aus einer späteren Veröffentlichung hervorgeht:

>»... der leistungsstarke Motor hat noch eine Reihe von Vorteilen. Es lohnt sich, bei so großen Motoren die Lagerung der Kurbelwelle in Wälzlagern vorzunehmen, wodurch der innere Widerstand erheblich gesenkt wird und nicht größer sein wird als der eines weißmetallgelagerten Motors mit etwa 100 PS Leistung. Die bessere Lagerung und die Möglichkeit des Fahrens fast

[3] Unter dem Zylinderabstand oder Zylindersprung versteht man den Abstand zweier nebeneinander liegender Zylinder voneinander, von Mitte zu Mitte der Zylinder gemessen.

[4] Rollengelagerte Scheibenkurbelwellen wurden bereits von der Firma Saurer (Arbon/Schweiz) serienmäßig für verschiedene Nkw- und Triebwagenmotoren verwendet.

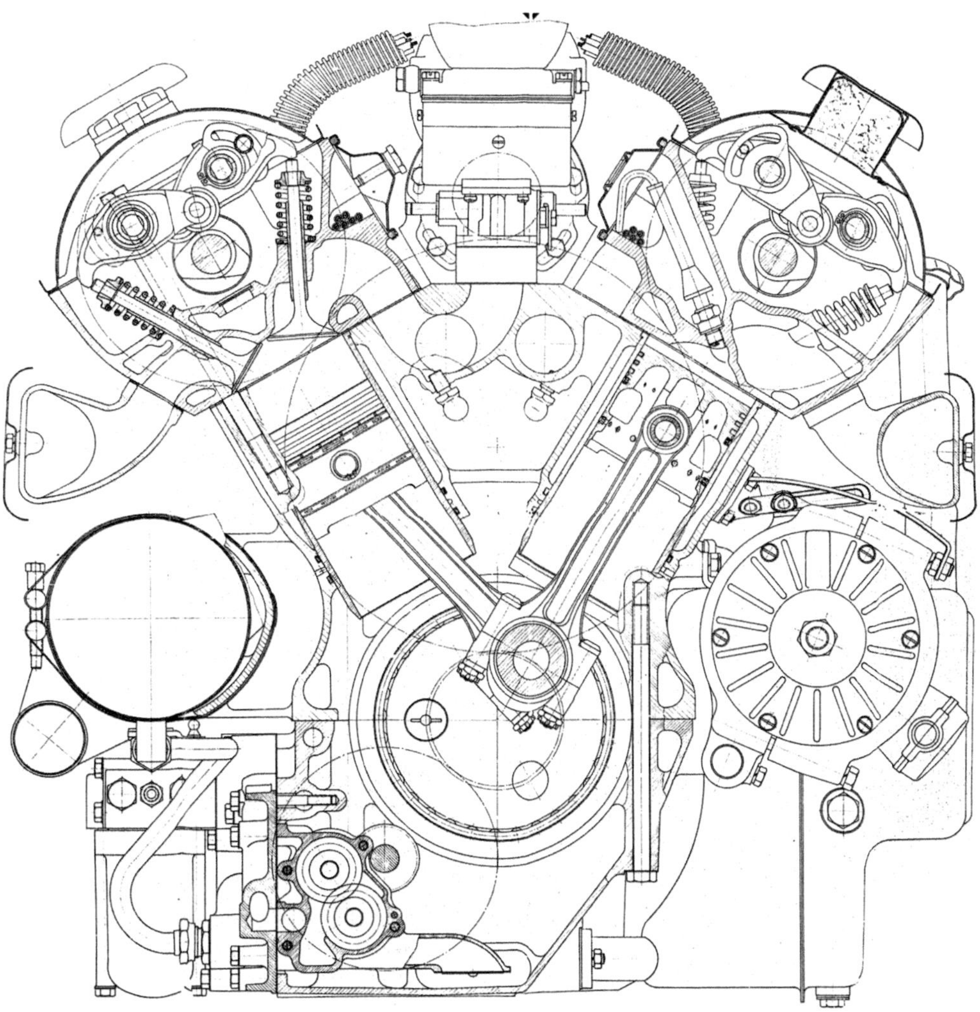

Abb. 20.3 Querschnitt des Panzermotors HL 120: wassergekühlter Viertakt-Ottomotor in Zwölfzylinder-V-Bauart, rollengelagerte Scheibenkurbelwelle, mittig geteiltes Kurbelgehäuse, gleitgelagerte Pleuel nebeneinander am Hubzapfen angreifend; Bohrung 105 mm, Hub 115 mm, Hubraum 11.943 cm^3, Leistung 220 kW (300 PS) bei 3.000 min^{-1}

ständig nur in günstigsten Teillastgebieten geben dem Motor eine 3- bis 4-fache Lebensdauer ... «[5]

Die HL-Motoren in den Vomag-Bussen wurden übrigens mit Treibgas betrieben.

20.3 Typen-Vielfalt

Das Fehlen eines in sich schlüssigen Konzeptes für die Panzer-Entwicklung im Deutschland der dreißiger Jahre wirkte natürlich auch auf die Motorenentwicklung zurück. Die vielen Projekte, die in Angriff genommen, teils ausgearbeitet und bis zu den Prototypen vorangetrieben wurden, um dann wieder zugunsten anderer verworfen zu werden, führten laufend zu anderer Aufgabenstellung (»Lastenheft«) mit dementsprechend vielen Motorvarianten. So zeichnen sich in der zweiten Hälfte der dreißiger Jahre drei Hauptrichtungen in der HL-Motoren-Entwicklung ab:

- Sechszylinder-Reihenmotoren; Rohrung 90 bis 105 mm; 74 bis 110 kW (100 bis 150 PS) für Halbketten-Zugmaschinen und leichte Panzer
- Zwölfzylinder-V-Motoren; Rohrung 90 bis 105 mm; 150 bis 220 kW (200 bis 300 PS) für schwere Halbketten-Zugmaschinen und mittlere Panzer
- Zwölfzylinder-V-Motoren; Rohrung 120 bis 155 mm; 300 bis 440 kW (400 bis 600 PS) für verschiedene Projekte schwerer Panzer

Im Gegensatz zu den ersten beiden Motorgruppen arbeitete man bei der Entwicklung der großen Motoren ohne sonderlichen Nachdruck. Trotzdem wurden einige grundsätzliche Fragen geklärt, was späteren Motoren zugutekommen sollte. Aus dem Einbau der Motoren in so viele verschiedene Fahrzeugtypen erwuchs eine Fülle von Aufgaben, meist technisch einfacher Art, die aber bisweilen wegen des beengten Einbauraumes in gepanzerten Fahrzeugen nur sehr aufwendig gelöst werden konnten. Die Zufuhr der Verbrennungsluft, ihre Filterung, die Ableitung des Abgases und die Kühlung der Betriebsmittel mussten in fast jedem Fahrzeugtyp

[5] Christian Stiasni: *Omnibusbau*. Berlin: VEB Verlag Technik 1952.

Tab. 20.1 Übersicht über die Halbketten-Zugmaschinen der Deutschen Wehrmacht

Wehrmacht-Bezeichnung[a]	le. Zgkw. 1 to	le. Zgkw. 3 to	m. Zgkw. 5 to	m. Zgkw. 8 to	s. Zgkw. 12 to	s. Zgkw. 18 to
Kfz-Nr.[b]	Sd.Kfz. 10	Sd.Kfz. 11	Sd.Kfz. 6	Sd.Kfz. 7	Sd.Kfz. 8	Sd.Kfz. 9
Zugkraft kN(t)	10(1)	30(3)	50(5)	80(8)	120(12)	180(18)
Fahrzeug	D 7	HL kl 6 H(orch) kl 6 und H(anomag) kl 6	KM l 4 DB L 5 BN L 7 DB L 7 BN L 8 DB L 8 BN 9	BN m 8 DB m 8 KM m 9 KM m 10 HL m 10 KM m 11 HL m 11	DB 9 DB 10	F 2 F 3
Motor[c]	NL 38 TRKM HL 42 TRKM	NL 38TUKR HL 42 TUKRM HL 49 TUKRM HL 54 TRWS	NL 35 TU NL 38 TUK NL 38 TUKRM HL 54 TUKRM	HL 52 TU HL 57 TU HL 62 TU HL 62 TUK	HL 85 TUKRM	HL 98 TUK HL 108 TUKRM HL 120 TUKRM

[a] Die Wehrmacht-interne Bezeichnung unterschied nach leichten (le.), mittleren (m.) und schweren (s.) »Zugkraftwagen« (Zgkw.), wobei die Klassifizierung nach Tonnen nicht die Nutzlast, sondern die zulässige Anhängelast im mittleren Gelände bezeichnet.
[b] Die Abkürzung »Sd.Kfz.« steht für »Sonder-Kraftfahrzeug«.
[c] Motor-Bezeichnungen: HL = Hochleistung; NL = Normalleistung; 38 = ca. 3,8 dm^3 Hubvolumen; TR = Trockensumpf; TU = tiefes Unterteil; K = Kupplung mit Kupplungsgehäuse; M = Schnappermagnet; W = Windflügelantrieb. Die Bezeichnungen der Fahrzeuge geben Hinweis auf den Hersteller, die Leistungsklasse und eine Kennziffer: HL = Hansa-Lloyd/Borgward; KM = Krauss-Maffei; BN = Büssing-NAG; DB = Daimler-Benz; D = Demag; F = Famo; H = Auto-Union/Horch; H = Hanomag

Tab. 20.2 Ableitung der Motoren-Baureihen

Motor	NL 35	NL 38	HL 42	HL 49	HL 52	HL 54	HL 57	HJL 62	HL 66	HL 85	HL 98	HL 108	HL 120
Zylinderzahl	6R	6R	6R	6R	6R	6R	6R	6R	6R	12V	12V	12V	12V
Bohrung (mm)	90	90	90	95	100	100	105	105	105	95	95	100	105
Hub (mm)	90	100	110	115	110	115	120	120	130	100	115	115	115

anders geklärt und gelöst werden. Allein durch die große Typenvielfalt der Fahrzeuge, für die, wie erwähnt, tunlichst ein maßgeschneiderter Motor verlangt wurde, ergab sich ein erheblicher Mehraufwand in der Entwicklung, in der Organisation[6], in der Fertigung und in der Logistik, die angesichts der überlegten Typenplanung und -beschränkung auf alliierter Seite geradezu grotesk erscheint.

Der ganze technische Widersinn der deutschen Militärfahrzeug-Entwicklung zeigt sich schon daran, dass es allein bei den Halbketten-Zugmaschinen sechs verschiedene Größen mit insgesamt elf Motorvarianten gab (Tab. 20.1).

Selbst wenn man berücksichtigt, dass sich diese Typenzahl auf einen Zeitraum von zehn Jahren verteilt und die Unterschiede zwischen den einzelnen Typen, z. B. HL 42 und HL 49 oder HL 57 und HL 62, sowie auch zwischen den Varianten (TRKM, TUKRM) nur gering waren, so lässt sich doch der Mehraufwand, den eine solche Typenpolitik in jeder Hinsicht verursachte, erahnen.

Aus Tab. 20.2 lässt sich entnehmen, wie die Motoren durch wechselseitiges Vergrößern von Hub und Bohrung voneinander abgeleitet wurden. Während des Krieges machte der Maybach-Motorenbau wiederholt Anläufe zur Typenbereinigung, die aber durch laufend geänderte Leistungsanforderungen und letztlich auch durch die Kriegsereignisse nicht mehr zum Tragen kamen.

20.4 Stärkere Motoren

War die deutsche Panzerwaffe in den ersten beiden Kriegsjahren der ihrer Gegner überlegen gewesen, so änderte sich das schlagartig, als die deutschen Truppen schon einen Monat nach Beginn des Russlandfeldzuges, im Juli 1941, in dem T-34 auf einen an Feuerkraft, Panzerung und an Motorleistung (absolut und spezifisch) überlegenen Panzer stießen (vgl. auch Abb. 11.13). Als Antrieb diente dem T-34 und den schweren KW-Panzern ein Zwölfzylinder-V-Dieselmotor, Typ W 2 (nicht zu verwechseln mit dem Maybachschen W 2), mit 367 kW (500 PS) bei 1.800 min^{-1}.

Nun musste schnellstens ein ebenbürtiger, nach Möglichkeit sogar besserer Panzer mit einem entsprechend starken Motor geschaffen werden. So erhielt der Maybach-Motorenbau vom Heereswaffenamt den Entwicklungsauftrag für einen Motor von 440–515 kW (600–700 PS) Leistung[7]. Acht

[6] Zeichnungs- und Stücklisten-Verwaltung, Arbeitsvorbereitung, Ersatzteillisten, Vorrichtungen und Werkzeuge u. a. m.

[7] Schon 1935 waren Gespräche mit dem Heereswaffenamt (HWA) über einen Motor der 440-kW-(600-PS-)Klasse geführt worden. Daraufhin wurden mehrere Projekte ausgearbeitet und Prototypen gebaut und erprobt. In Serie gingen diese Motoren aber nicht, weil die Fahrzeugkonzepte wieder geändert bzw. ganz aufgegeben worden waren.

Tab. 20.3 Vergleich des HL 230 mit dem HL 120

Typ		Einheit	HL 120	HL 230	HL 230/HL 120 × 100 %
Bohrung	d	mm	105	130	123,8
Hub	s	mm	115	145	126,1
Zylinderzahl	z		12 V	12 V	100
Zylindervolumen	V_h	dm^3	0,995	1,92	193
Hubvolumen	V_H	dm^3	11,95	23,09	1,93
Leistung	P	kW/PS	220/300	515/700	233
Drehzahl	N	min^{-1}	3.000	3.000	100
mittlere Kolbengeschwindigkeit	C_m	m/s	11,5	14,5	126
effektive Literarbeit	W_e	kJ/dm^3	0,74	0,89	120
Zylindersprung	Z_a	mm	127	142	112
Zylindersprung/Bohrung	Z_a/d	mm/mm	1,209	1,092	90
Masse	M	kg	920	1.300	141
Leistungsmasse	m/P	kg/kW	4,17	2,52	60,4
Bauvolumen	V_B	dm^3	847	942	111,2
Bauvolumen/Hubvolumen	V_B/V_H	dm^3/dm^3	70,9	40,8	57,5

Monate nach Konstruktionsbeginn waren die ersten Prototypen fertiggestellt! Wegen der beengten Einbauverhältnisse musste der Motor sehr kompakt sein, weshalb er in Anlehnung an die bisherigen Zwölfzylinder-V-HL-Motoren (HL 85/98/108/120) eine rollengelagerte Scheibenkurbelwelle erhielt. Um weiter an Baulänge zu sparen, andererseits aber eine große tragende Länge für die Pleuellager zu bekommen, ließ man die Pleuel der sich im V gegenüberliegenden Zylinder nicht nebeneinander am Hubzapfen angreifen (»Pleuel neben Pleuel«), sondern bildete diese als Gabel- und Innenpleuel aus. Das gabelförmige Hauptpleuel stützt sich über die ganze Hubzapfenlänge mittels des Gabelpleuellagers auf dem Hubzapfen ab und umfasst dabei gabelförmig (daher der Name!) das Innenpleuel, das auf dem Rücken des Gabelpleuellagers läuft. Ein Vorteil dieser Anordnung ist der zentrische Kraftangriff der beiden Pleuel am Hubzapfen; die Zylinderreihen sind nicht wie bei der Pleuel-neben-Pleuel-Anordnung um eine Pleuelbreite zueinander versetzt, weshalb die Kurbelgehäuse-Zwischenwände nicht gekröpft sein müssen. Das ist bezüglich des Kraftflusses in den Zwischenwänden von großem Vorteil. Mit dieser Bauweise konnte ein extrem kurzer Zylindersprung verwirklicht werden. Das Verhältnis Zylindersprung/Bohrung (Za/d) des neuen Motors Typ HL 210 lag mit 1,092 unter dem Wert (1,133) des an sich schon sehr gedrängt gebauten HL 120!

Das Kurbelgehäuse des HL 210 wurde als sogenanntes »Tunnelgehäuse« ausgeführt, d. h., es ist ungeteilt, sodass die Kurbelwelle axial in die Lagerbohrungen wie in einen Tunnel eingefahren werden muss. Dadurch ist das Gehäuse sehr steif, und die Probleme, welche es anfangs mit den mittig geteilten Gehäusen der HL-108/120-Motoren gegeben hatte, nämlich Undichtigkeiten zwischen Kurbelgehäuse-Ober- und -Unterteil und Verformung der Lagerbohrungen, wurden von vorneherein ausgeschlossen. Außerdem lässt sich ein Tunnelgehäuse einfacher fertigen. Das Gehäuse wurde übrigens aus Aluminium abgegossen (vgl. auch S. 348f.).

Um die geforderte Leistung darzustellen, hatte man das Zylindervolumen und die effektive Literarbeit gegenüber dem HL 120 vergrößert. Eingebaut wurde der HL 210 in die ersten 250 Panzer VI (»Tiger«). Wegen dessen großer Fahrzeugmasse von 57.000 kg (zum Vergleich: der T-34 wog 27.000 kg!) wollte man mit der Leistung etwas vorhalten und erhöhte diese durch Aufbohren der Zylinder von 125 auf 130 mm auf 515 kW (700 PS). Weil Aluminium knapp war, aber auch aus Festigkeitsgründen wurde das Kurbelgehäuse auf Grauguss (GG) umgestellt. Die Typenbezeichnung des so überarbeiteten Motors lautete HL 230 (Abb. 20.9 und 20.10 und Tab. 20.3).

Auf einige dieser Zahlen soll näher eingegangen werden. Die effektive Literarbeit wurde um 20 % erhöht; bekanntlich ist dieser Weg der Leistungssteigerung der schwierigste. Die Leistungsmasse (»Leistungsgewicht«) konnte auf 60 % der des HL 120 verringert werden, und das auf das Hubvolumen bezogene Bauvolumen des Motors auf rund 58 %! In anderen Worten: Der HL 230 ist ein ungewöhnlich kompakter, leistungsstarker Motor, wobei noch bedacht werden muss, dass in diesem Bauvolumen auch das Motorzubehör enthalten ist gemäß dem Maybachschen Grundsatz, das Zubehör möglichst weitgehend in den Motor zu integrieren.

Um bei einem so großvolumigen Motor eine gute Gemischbildung im gesamten Kennfeld zu gewährleisten, wurde auf den Vergaser besonderes Augenmerk gelegt. In diesem Fall entwickelte der Maybach-Motorenbau den zweistufigen Fallstrom-Vergaser wieder selbst, während er von der Deutschen Vergaser-Gesellschaft gefertigt wurde. Der HL 230 hatte vier dieser zweistufigen Vergaser, betätigt durch ein gemeinsames Gestänge. Die erste Stufe lieferte die Gemischgrundmenge, die zweite öffnete – vom Regler betätigt – automatisch im oberen Lastbereich.

Scheibenkurbelwelle und Tunnelgehäuse

Aus der Notwendigkeit, in dem eng begrenzten Bauraum gepanzerter Kettenfahrzeuge ein Maximum an Leistung unterzubringen, entstanden ab 1934 die HL-Motoren mit Scheibenkurbelwelle. Bei dieser Kurbelwellen-Bauart sind je zwei Kurbelwangen und ein Grundlager zusammengefasst und scheibenförmig ausgebildet. Die Scheiben stützen sich über Rollenlager im Kurbelgehäuse ab. Die Vorteile dieser Bauart gegenüber der Wangenwelle sind (Abb. 20.4):

- Der im Vergleich zur Wangenwelle kurze Lagerabstand (Zylindersprung) ermöglicht einen kurzen (und damit leichten) Motor,
- die Scheibenwelle ist biegesteifer; wegen der kurzen Lagerabstände sind auch die Biegemomente kleiner,
- die Scheibenwelle ist torsionssteifer und weniger drehschwingungsempfindlich,
- als Folge der durch den Hub bedingten Scheibenabmessungen sind die Rollenlager überdimensioniert, was ihrer Lebensdauer zugutekommt, und
- das statische Moment der Kröpfung (Massenausgleich!) ist kleiner.

Rollengelagerte Scheibenkurbelwellen wurden schon früher von verschiedenen Herstellern verwendet (so z. B. von der Adolph Saurer AG in Arbon/Schweiz); es handelte sich hierbei um gebaute, d. h. aus mehreren Teilstücken zusammengeschraubte Wellen. Der erste Maybach-Motor mit rollengelagerter Scheibenwelle war der HL 100, der Vorläufer der in großen Stückzahlen gebauten HL-85-, HL-108- und HL-120-Motoren. Diese hatten noch mittig geteilte Kurbelgehäuse, in deren Ober- und Unterteil die Wellen gelagert waren.
Weil die zur Aufnahme der Scheiben notwendigerweise groß gehaltenen Lagerbohrungen bei der Montage des Gehäuses zur Unrundheit neigten und Ober- und Unterteil im Betrieb »arbeiteten«, wurden die Kurbelgehäuse der großen Typen (HL 210/HL 230) als Tunnelgehäuse, d. h. mit allseitig umschlossenen Lagerbohrungen, ausgeführt (Abb. 20.5, 20.6 und 20.7). Die Kurbelwelle wurde daher axial in die tunnelartigen Gehäusebohrungen eingeführt (Abb. 20.8). Um die Hubzapfenlänge kurz zu halten und außerdem gerade Kurbelgehäuse-Zwischenwände zu bekommen, wählte man die Gabel-/Innenpleuel-Ausführung. Die rollengelagerte Scheibenkurbelwelle, Gabel-/Innenpleuel-Anordnung und Tunnelgehäuse wurden zu charakteristischen Merkmalen auch der Maybach-Dieselmotoren MD und GTO. Bei der MD-Baureihe wurden,

Abb. 20.4 Gleitgelagerte Wangenkurbelwelle mit angeschmiedeten Gegengewichten des sechszylindrigen HL-62-Motors (Bohrung 105 mm, Zylinderabstand 132 mm) und rollengelagerte Scheibenkurbelwelle des Zwölfzylinder-V-Motors HL 230 (Bohrung 130 mm, Zylinderabstand 142 mm). Die Vorteile der Scheibenkurbelwelle für die Motorabmessungen sieht man an dem Verhältnis von Zylinderabstand zu Bohrung. HL 62: $za/d = 1{,}26$; HL 230: $zJd = 1{,}09$!

Abb. 20.5 Tunnelgehäuse des Motors HL 230. Die Gehäuse des HL 230, der GTO- und anfangs auch der MD-Motoren wurden gegossen. Später wurden die Gehäuse der MD-Motoren aus Stahlgussteilen und Stahlblechen geschweißt, ebenso die der MC-Motoren

anders als bei den HL-Motoren, auch die Reihenmotoren in Tunnelbauweise ausgeführt.

Abb. 20.6 Tunnelgehäuse der V-Motoren-Bauart MD

Abb. 20.7 Tunnelgehäuse der Bauart MC

Als die MD-Baureihe um eine 16-Zylinder-Version erweitert werden sollte, entschloss man sich, um Gussproblemen aus dem Weg zu gehen, das Kurbelgehäuse aus einzelnen Stahlgusssegmenten und -blechen zusammenzuschweißen. Dank der hohen Festigkeit des Stahlgusses konnte die Gehäusemasse gegenüber einer gegossenen Ausführung um 30 % gesenkt werden. Der Aufbau des Gehäuses aus Teilstücken ermöglichte eine weitgehende kostengünstige Anwendung des Baukastenprinzips.

Auch die Baureihe größerer Motoren, MC, wurde mit rollengelagerter Scheibenkurbelwelle und Tunnelgehäuse konzipiert, jedoch mit einem markanten Unterschied zu den MD-Motoren: Wegen ihrer Größe wurde die MC-Welle nicht einteilig im Gesenk geschlagen, sondern in Einzelhüben und dann zusammengeschweißt, wobei die Scheiben aus Gewichtsgründen hohl ausgebildet waren (»Hohlscheiben-Bauweise«).

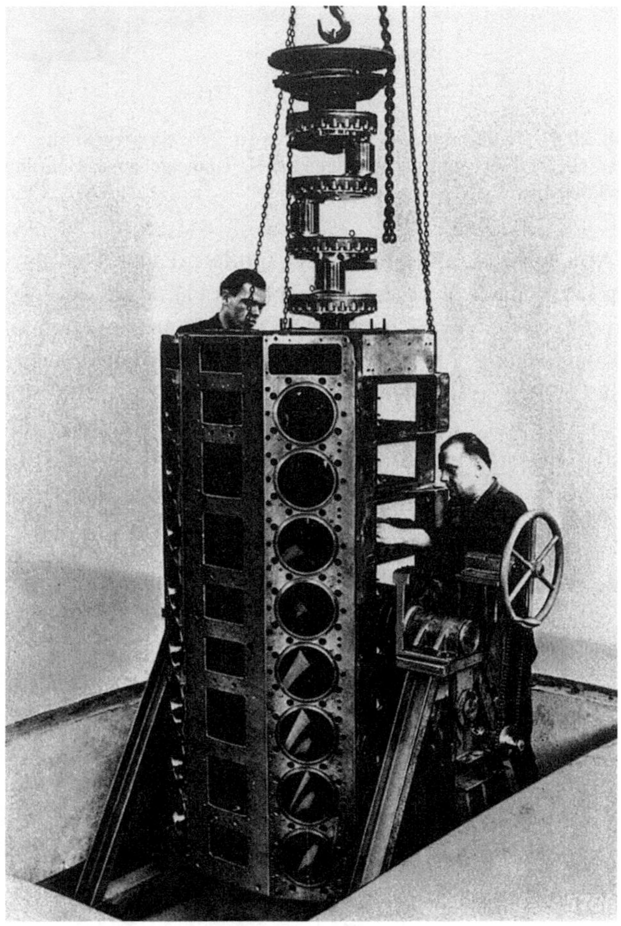

Abb. 20.8 Einbau einer rollengelagerten Scheibenkurbelwelle in das Kurbelgehäuse eines MD-870-(16-V-538-)Motors. Die Welle wird zusammen mit den Wälzlagern von oben in die Lagerbohrungen eingeführt

Abb. 20.9 Querschnitt des Panzermotors HL 230: wassergekühlter Viertakt-Ottomotor in Zwölfzylinder-V-Bauart, rollengelagerte Scheibenkurbelwelle, gleitgelagerte Gabel-/Innenpleuel, Tunnelgehäuse; Bohrung 130 mm, Hub 145 mm, Hubraum 23.084 cm^3, Leistung 515 kW (700 PS) bei 3.000 min^{-1}

Mit dem HL 230 wurden der mittlere Panzerkampfwagen (Pz.-Kpfw.) V »Panther« (Abb. 20.11) und die schweren Pz.-Kpfw. VI »Tiger« (Abb. 20.12) und »Tiger II« (»Königstiger«, Abb. 20.13) sowie deren Abarten ausgerüstet. Ohne ausreichende Erprobung schickte die militärische Führung die neuen Panzer an die Front, wo ihre ersten Einsätze mit Misserfolgen endeten. Fahrzeuge wie Motoren wiesen noch Mängel auf, Kleinigkeiten im Grunde, die aber erst hätten beseitigt werden müssen, bevor die Fahrzeuge in den Einsatz kamen. Die Maxime »Die Erprobung findet an der Front statt« macht deutlich, wie kritisch die Panzerüberlegenheit der Sowjets für die deutschen Truppen schon 1942 war. Die HL-210/230-Motoren hatten mehrere Schwachpunkte, wie der ehemalige Einsatzleiter des Heereswaffenamtes für die Panzerreparatur in

Abb. 20.10 HL 230, Längsschnitt. Für Legende siehe Tafel 25.11

Abb. 20.11 Der Panzerkampfwagen V »Panther« war mit 45.000 kg für deutsche Verhältnisse ein mittlerer Panzer, der in der Form mit seinen schrägen Flächen dem T-34 ähnelte. Als Antrieb diente der HL-230-Motor mit dem mechanischen Schaltgetriebe AK 7 (Zahnradfabrik Friedrichshafen)

Abb. 20.12 Der schwere Panzerkampfwagen VI »Tiger« (56.900 kg) mit Maybach-HL-230-Motor und Maybach-Olvar-Getriebe wurde innerhalb eines Jahres (vom Auftrag bis zum Prototyp) als Antwort auf den sowjetischen T-34 entwickelt

Russland, ein ehemaliger Maybach-Motorenbau-Mitarbeiter, schildert:

»... Hauptsächliche Probleme an den Motoren waren anfangs die Ölundichtheiten an Kurbelwelle und Lüftergetriebe wegen des hohen Überdruckes im Kurbelgehäuse. Die Folge: Fahrzeugbrände. Je mehr Motoren in den Einsatz kamen, (desto mehr) häuften sich ... die Brüche von Pleuelstangen. Es hat lange gedauert, bis es mir in Russland gelang, die Ursache zu ermitteln. Bei voll aufgetankten Fahrzeugen lag der max. Kraftstoffspiegel vom Tank wesentlich höher als der Vergaser-Schwimmerstand. Bei undichten Schwimmernadel-Ventilen lief dann der Kraftstoff in den Zylinder (bei einem 12-Zyl.-Motor sind ja immer welche Einlassventile offen). Beim Starten des Motors gab es dann die sog. Flüssigkeitsschläge, wobei dann der schwächste Teil, die Pleuelstange, sich verbogen hatte, die dann nach ganz kurzem Motorlauf gebrochen ist. Die Übersetzung vom Anlasser-Ritzel zum Schwungradzahnkranz war so groß, daß der Anlasser bedenkenlos den Motor durchdrehte. Abhilfe wurde geschaffen, indem vor den Vergasern ein öldruckbelastetes Ventil in die Kraftstoffzuleitung dazwischen geschaltet wurde, d. h. bei stehendem Motor kein Öldruck und somit auch kein Kraftstoffdurchgang. Nach diesen Erkenntnissen gab es außer normalem Verschleiß keine Motorprobleme mehr ...«[8]

Der neuralgische Punkt der HL-230-Motoren waren die Pleuellager: Das Gabelpleuellager war beidseitig mit Bleibronze ausgegossen, d. h. auf der Innenseite, mit der es auf dem Hubzapfen lief, und auf dem Rücken, auf den sich das Innenpleuel abstützte. Fertigungsbedingt kam es zu Dopplungen, Lunkern, Seigerungen und Bindungsfehlern in den Lagern, die im Motorbetrieb Lagerschäden verursachten. Erst durch eine rigorose Fertigungs- und Qualitätskontrolle bekam man dieses Problem in den Griff.

[8] Niederschrift von Walter Häring, Leiter des Maybach-Motorenbau-Monteureinsatzes im Heereswaffenamt (HWA) im Krieg, datiert auf den 5. Februar 1984.

Abb. 20.13 Der schwerste deutsche Panzer (68.000 kg) im Zweiten Weltkrieg war der »Tiger II« (»Königstiger«) mit Antrieb durch Maybach-HL-230-Motor und das Maybach-Olvar-Getriebe. Dieses Fahrzeug wurde im »Musée des Blindes« der École d'application de l'arme blindée et cavalerie in Saumur (Frankreich) mit großem Engagement aller daran Beteiligten restauriert und fahrbereit gemacht. Heute ist dieser »Königstiger« eine der Hauptattraktionen der jährlichen Panzervorführungen in Saumur

20.5 Wieder Kriegsprobleme

Technische Entwicklungen können nicht losgelöst von der Zeit und den Umständen, unter denen sie stattgefunden haben, betrachtet werden. Viele technische Lösungen sind nur aus den jeweiligen Zwängen und Einschränkungen ihrer Zeit heraus verständlich. Die rasch aufeinanderfolgenden Feldzüge der Wehrmacht in geografisch und klimatisch so verschiedenen Ländern wie Polen, Norwegen, Frankreich, dem Balkan, Nordafrika und schließlich der Krieg in Russland beanspruchten das Material, in unserem Fall die Motoren, übermäßig und konfrontierten die Entwicklungsingenieure mit technischen Problemen, wie man sie in dieser Schärfe vorher nicht gekannt hatte. Zunächst waren es die Filter, die –

für mitteleuropäische Verhältnisse ausgelegt – dem Staubanfall in der libyschen Wüste nicht gewachsen waren. Die Motoren im Heck der Panzer wurden nicht nur mit dem Staub in der Luft, bei Kolonnenfahrt wahrlich nicht wenig, belastet, sondern noch stärker mit dem vom Fahrzeug selbst aufgewirbelten Staub (»Selbstverstaubung«). Die Folge waren Verschleißraten an Kolbenringen und Zylindern, die z. T. in Millimetern gemessen wurden. Ein englischer Bericht gibt Einblick in die Verhältnisse:

»... A daily Intelligence Summary Report dated 18th February; 1942, captured in Libya, indicated, that serious failures of Mark III Tank had occurred due mainly to bogies and engines. Engine trouble was chiefly due to sand blocking oil supply pipes causing wreckage of the crankshaft and pistons ... It was suggested that the air filters were entirely inadequate ...«[9]

Ähnlich waren die Verhältnisse in Russland, wie in einem Vortrag berichtet wurde (vgl. auch Tafel 25.3):

»... sondern auch die Trockenheit wirkt sich sehr schädlich aus, indem sie in ganz kurzer Zeit den Schlamm in eine entsprechende Schicht feinen und feinsten Staubes verwandelt, der einen erhöhten und vorzeitigen Verschleiß aller gleitenden Teile der Kraftfahrzeuge hervorruft. Die Verhältnisse liegen in dieser Beziehung im Osten ähnlich wie in Libyen und erfordern deshalb auch die gleichen Schutzmaßnahmen, insbesondere wirksame Luftfilter ...«[10]

Erschwert wurde die Situation noch dadurch, dass wegen der überdehnten Fronten mit ihren langen, stets gefährdeten und oft unterbrochenen Nachschubwegen die Ersatzteilversorgung gerade den nötigsten Bedarf decken konnte. Häufig mussten deswegen turnusmäßige Wartungsarbeiten oder gar Reparaturen hinausgeschoben werden. Bei Plievier kann man hierzu lesen:

»... Es war auch die Sorge um ausgeschliffene Motorenzylinder; um Luftfilter, die nicht dicht hielten und den feinen Steppen- und später Wüstenstaub eindringen ließen, und die Maschinen, schneller als Ersatz herankam, dem Verschleiß aussetzten ...«[11]

Eine andere Härte für die Motoren (für die Fahrzeugbesatzungen nicht minder) war die extreme Kälte des russischen Winters. Natürlich waren die Motoren in der Kältekammer erprobt, ihr Startverhalten untersucht und verbessert worden, aber die Wirklichkeit in Russland übertraf die Versuchsbedingungen bei Weitem. In dem vorhin zitierten Vortrag heißt es hierzu:

»... stellten die außerordentlich niedrigen Temperaturen des Winters 1941/42 jedoch Anforderungen an Motor und Fahrzeuge, die mit den allgemein zur Verfügung stehenden Mitteln nicht erfüllt werden konnten. Insbesondere ist hier der Kaltstart der Motoren anzuführen, der stellenweise bei Temperaturen bis −40° und darunter bei völlig ausgekühlten Motoren und ebensolchen Batterien durchgeführt werden musste ...«[12]

Abb. 20.14 Werkstatt- und Ersatzteilwagen (Faun mit Maybach-FD-88-Fahrzeug-Dieselmotor) des Maybach-Motorenbau-Kundendienstes im Zweiten Weltkrieg

Abb. 20.15 Motorenreparatur in Russland. Schäden im Gefecht und Verschleiß an den Panzermotoren mussten bei der stets angespannten Versorgungslage der Front schnellstens repariert werden. Motoren und Getriebe wurden mit Gestell und Flaschenzug ausgebaut

Wie es an der Front zuging, schildert unter anderem Generaloberst Heinz Guderian so:

»... Das Anlaufen der Panzermotoren musste durch Anzünden von Feuern unter den Wannen erleichtert werden. Der Betriebsstoff fror teilweise, das Öl wurde dick. Auch bei dieser Truppe fehlte Glysantin ...«[13]

Waren die Motoren erst einmal angesprungen, drohten ihnen neue Gefahren: Der unvollständig verdampfte Kraftstoff wusch den Schmierfilm von der Zylinderlaufbahn, was den Verschleiß der Kolbenringe und Zylinder begünstigte. Das zähe Öl ließ den Druck vor dem Filter so ansteigen,

[9] *Report on Examination of German Tank Type PZKW III*. Experimental department. The Associated Equipment Co. Ltd., Southall, Middlesex.
[10] Augustin: »Der Einsatz von Kraftfahrzeugen in der Sowjetunion«. In: *ATZ 46* (1943) Nr. 3.
[11] Th. Plievier: *Stalingrad*. München: Verlag Kurt Desch 1958, S. 12.
[12] Augustin: »Der Einsatz von Kraftfahrzeugen in der Sowjetunion«. In: *ATZ 46* (1943) Nr. 3.
[13] H. Guderian: *Erinnerungen eines Soldaten*. Stuttgart: Motorbuch-Verlag 1979 (11. Aufl.), S. 225.

Abb. 20.16 Demontage, Reparatur und Wiedermontage der Motoren und Getriebe in Russland waren fabrikmäßig organisiert und wurden in Taktstraßen durchgeführt

Abb. 20.17 Nach der Wiedermontage machten die Motoren einen Probelauf (unbelastet), bei dem lediglich die Funktionen überprüft werden konnten

dass das Umgehungsventil öffnete und ungefiltertes Öl in die Lager gelangte. Angesichts dieser Umstände und der großen Ausfälle durch Feindeinwirkung war eine effiziente Reparatur und Instandsetzung von größter Bedeutung. Der Maybach-Motorenbau entsandte zu Beginn des Krieges eigene Reparaturkolonnen unmittelbar hinter die Front (Abb. 20.14), später nach Umorganisation des Reparaturdienstes in die Großinstandsetzungs-Werkstätten des Heeres (Abb. 20.15, 20.16 und 20.17). In der Heimat machten Engpässe in der Material- und Energieversorgung der Industrie zu schaffen. Schon vor dem Krieg hatten die Nationalsozialisten eine weitgehende Autarkie angestrebt. Der Import von Rohstoffen wurde eingeschränkt: Die Wirtschaft sollte in Hinblick auf den geplanten Krieg von Lieferungen aus dem Ausland unabhängig gemacht werden; außerdem wollte man Devisen sparen. Nun lässt sich der Verbrauch z. B. von Legierungselementen nicht beliebig reduzieren, ohne die Qualität des jeweiligen Werkstoffes zu verschlechtern. Daher wurden, z. T. durchaus mit Erfolg, neue Werkstoffe entwickelt, deren Elemente leichter zu beschaffen waren, sogenannte »Heimstoffe«. Knapp waren vor allem Chrom, Nickel, Kobalt, Kupfer und Zinn. Bei der Durchsicht alter Maybach-Motorenbau-Versuchsberichte findet man viele, welche die Untersuchung von Ausweich- und Ersatzstoffen zum Gegenstand haben, so als Beispiele:

- V 1427 HL 230 Ventilsteuerung, Austauschmaterial (EC 60 und Alu-Buchsen);
- V 1442 Prüfung des Heimstoff-Reibbelages »Jurid 1807«, früher »Jurid 1428«, auf Reibkegel im »Tiger II«;
- V 1482 Gummi-Balgdichtungen für Zyklon-Luftreiniger LZ 224-72, Austauschmaterial Lieferfa. Knecht KG, Stuttgart-Rad Cannstatt.

Aus dem Bericht über eine Untersuchung des Flugzeugmotors Rolls-Royce »Merlin«[14] im Vergleich zum HL 230 klingt geradezu der Neid der Maybach-Motorenbau-Ingenieure auf die »alliierten Kollegen« heraus, die offensichtlich aus dem Vollen schöpfen konnten:

> »... Zu obiger Materialprüfung ist noch zu erwähnen, daß von einem amerikanischen[?] Flugmotor die Blechauspuffrohre geprüft wurden ... Mit diesem hohen Chrom- und Nickelgehalt [Anmerkung: Der Cr-Gehalt betrug 17,5 %, der Ni-Gehalt: 9,24 %.] lassen sich ohne weiteres Auspuffrohre aus Blech herstellen ... «[15]

Auch wirkte sich der Mangel an Treibstoff störend auf die Entwicklungsarbeiten aus, was dazu zwang, die Motoren mit Stadtgas einzufahren. Entsprechende Vorversuche waren bereits 1937(!) unternommen worden. Dem Stadtgas (Leuchtgas) wurde Luft zugemischt und durch Selas-Kompressoren auf 0,15 bar vorverdichtet. Die Motoren mussten erst von einem an das Leitungsnetz der städtischen Gasversorgung angeschlossenen Motor eine bestimmte Zeit geschleppt werden, um dann mit eigener Kraft (mit dem Gas-Luft-Gemisch) zu laufen. Danach wurden sie in den serienmäßigen Zustand umgerüstet und machten noch einen kurzen Kontrolllauf mit Otto-Kraftstoff.

Ab 1942/43 machten sich die Aktivitäten der alliierten Luftflotten immer stärker bemerkbar. Zulieferbetriebe in den großen Industriegebieten, aber auch Spezialfabriken wie die der Wälzlager-Hersteller wurden bombardiert; mehr und mehr wirkten sich die Angriffe auf die Transportwege und -Einrichtungen, vor allem auf die Bahnanlagen aus. Da mit Angriffen auf den Maybach-Motorenbau zu rechnen war, wurde mit der Auslagerung einzelner Fertigungsabtei-

[14] Der Rolls-Royce »Merlin« war ein Standardmotor der englischen Luftwaffe, der gleichermaßen zum Antrieb von Jagdflugzeugen wie von Bombern diente. Mit 137,2 mm Bohrung und 152,4 mm Hub hatte dieser Zwölfzylinder-V-Motor ein Hubvolumen von 27 dm^3 und eine Startleistung von 1.100 kW (1.500 PS) bei 3.000 min^{-1}. Die Leistung variierte je nach Ausführung und Baumuster.

[15] Maybach-Motorenbau-Versuchsbericht V 1359/1 a vom 26. Juli 1944. Untersuchung eines »Merlin«-Motors im Vergleich zum HL 230.

lungen in das oberschwäbische Hinterland begonnen (vgl. Abb. 11.52).

Am 28. April 1944 fand ein schwerer Luftangriff auf Friedrichshafen statt, in dessen Verlauf die Innenstadt nahezu völlig zerstört wurde und auch das Werk schwere Schäden erlitt. Man beschleunigte die Verlagerung der einzelnen Abteilungen; nun wurden auch die kaufmännischen Abteilungen nach Weingarten, die Entwicklungs-Abteilungen nach Wangen (Allgäu) verlegt. Die Montage musste in Friedrichshafen verbleiben, ebenso die Prüfstände wegen des Anschlusses an das städtische Gasnetz. Nach fieberhafter Aufbauarbeit konnte am 19. Juli 1944 mit der Montage der HL-120- und HL-230-Motoren wieder begonnen werden. Doch schon am nächsten Tag wurde der Maybach-Motorenbau Ziel eines amerikanischen Tagangriffes, der das Werk schwer traf und über 100 Todesopfer forderte. Unmittelbar danach begann man mit den Aufbauarbeiten, und im September lief die Produktion wieder an. Wegen der akuten Gefahr für die Fertigung wurde geplant, die in Friedrichshafen verbliebenen Bereiche des Werkes in die Stollen bei Überlingen zu verlagern; doch dazu sollte es nicht mehr kommen.

20.6 Leistungssteigerung durch Benzin-Einspritzung und Aufladung

Bei den Massen (Gefechtsgewichten) der schweren deutschen Panzer (z. B. »Königstiger«: 68.000 kg) wurden dringend höhere Motorleistungen verlangt, bei gleich bleibendem Einbauraum wohlgemerkt. Das schloss größere Hubvolumina aus; bei einer mittleren Kolbengeschwindigkeit von 14,5 m/s ließ sich die Drehzahl kaum noch erhöhen. Als einziger Weg der Leistungssteigerung blieb der über die effektive Literarbeit. Da lag es nahe, Anleihen bei den Flugmotoren zu nehmen, deren hohe spezifische Leistungen hauptsächlich durch die Benzin-Einspritzung und die Aufladung zustande kamen.

Folgerichtig arbeitete der Maybach-Motorenbau, ausgehend vom HL 230, zwei Konzepte aus, die parallel zueinander verfolgt wurden:

- mechanisch aufgeladener Motor mit Benzin-Einspritzung: HL 232;
- Saugmotor mit Benzin-Einspritzung: HL 234.

Bei der Benzin-Einspritzung handelte es sich – im Gegensatz zu den Niederdruck-Einspritzanlagen der heutigen Pkw-Motoren – um eine Hochdruck-Einspritzung; der Kraftstoff wurde wie beim Dieselmotor unter hohem Druck direkt in den Brennraum eingespritzt. Solche Benzin-(»Leichtöl«-)Einspritzanlagen waren in den dreißiger Jahren von Bosch, Deckel und L'Orange aus Diesel-Einspritzgeräten abgeleitet und an die Flugmotoren adaptiert worden.

Die Benzin-Einspritzung bot in der Tat beachtliche Vorteile, nämlich höhere Leistung und niedrigeren spezifischen Kraftstoffverbrauch. Durch das direkte Einspritzen des Kraftstoffes bekamen alle Zylinder Gemisch von gleicher Zusammensetzung; beim Aufladen konnten größere Ventil-Überschneidungen[16] gewählt werden. Der leistungsmindernde bleibende Druckverlust der Vergaser entfiel ebenso wie die Gefahren der Vergaser-Vereisung oder eines Zurückschlagens der Flamme in den Vergaser (vgl. auch S. 308f.).

Da der HL 230 in seinem Zylindervolumen den kleineren der Flugmotoren entsprach, konnte die Einspritzausrüstung (Einspritzpumpe, Einspritzdüsen) in modifizierter Ausführung von den Flugmotoren übernommen werden. Das sparte Entwicklungsarbeit und -zeit! Nun war es aber nicht damit getan, die Nennleistung des Motors durch ein Mehr an Luft und Kraftstoff im Zylinder zu erhöhen; es musste das Leistungsverhalten über einen möglichst großen Drehzahlbereich verbessert werden. In seiner Bedeutung wie auch in den damit verbundenen Schwierigkeiten wird nur allzu oft unterschätzt, dass man den Motor durch flankierende Maßnahmen für die höhere Leistung standfest machen musste: Die Querschnitte mussten verstärkt und die Kühlung intensiviert werden. Dabei genügte es nicht, insgesamt mehr Wärme abzuleiten; mehr noch kam es darauf an, die Wärme gezielt örtlich aus den thermisch hoch belasteten Bauteilen abzuführen. Bei den Auslassventilen z. B. erreichte man das, indem man den hohlen Schaft partiell mit metallischem Natrium füllte. Durch die Shaker-Wirkung des oszillierenden Ventils wurde der Wärmefluss vom Ventilteller in den Schaft und über die Ventilführung in das Kühlwasser des Zylinderkopfes erhöht. Der Lader für den HL 232 sollte nun nicht direkt (mechanisch) von der Kurbelwelle angetrieben werden, sondern durch einen kleinen Hilfsmotor (HL 10) im Motorsattel des HL 232.

Für diese Lösung gab es mehrere Argumente: Ein Abgasturbolader, aus heutiger Sicht die »richtige« Lösung, ließ sich angesichts der hohen Abgastemperaturen beim Ottomotor wegen der kriegsbedingten Engpässe bei hochlegierten warmfesten Stählen nicht realisieren. Zudem hätte die Entwicklung der Turbine Zeit gekostet, die nicht mehr zur Verfügung stand. Neben dem Antrieb des Laders sollte der Hilfsmotor weitere Aufgaben erfüllen:

- den Hauptmotor im Stillstand vorwärmen (durch Kopplung der Kühlwasser-Kreisläufe von Hilfs- und Hauptmotor),
- bei stehendem Hauptmotor den Stromerzeuger antreiben und die Batterie aufladen;

[16] Unter der Ventilüberschneidung versteht man die Zeitdauer, während der Ein- und Auslassventile gleichzeitig geöffnet sind.

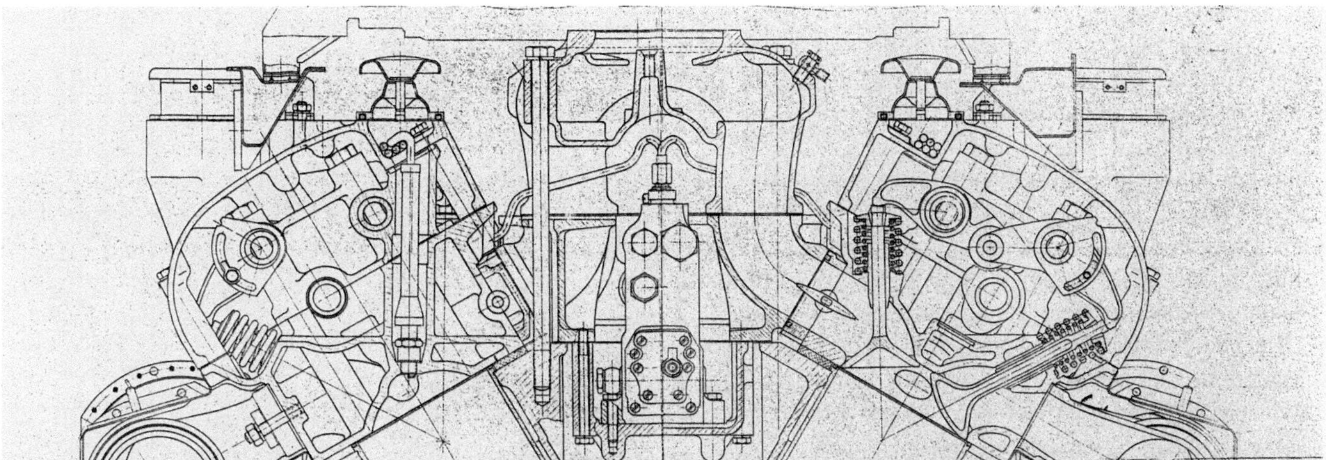

Abb. 20.18 Querschnitt des Panzermotors HL 234: wassergekühlter Viertakt-Ottomotor mit Benzin-Einspritzung in Zwölfzylinder-V-Bauart, Weiterentwicklung des HL 230; Bohrung 130 mm, Hub 145 mm, Hubraum 23.084 cm^3, Leistung 662 kW (900 PS) bei 3.000 min^{-1}

- das Rangieren des Fahrzeugs mittels eines Untersetzungsgetriebes und Freilaufes (unter Umgehung des Hauptmotors) ermöglichen und
- verhindern, dass der Hauptmotor im Leerlauf bei plötzlichem Kraftbedarf der Nebenantriebe (Kühlerlüfter, Turmschwenkantrieb usw.) abgewürgt wurde.

Beide Versionen, der Saugmotor HL 234 und der aufgeladene HL 232, wurden nebeneinander entwickelt. Mit dem fremdaufgeladenen HL 232 wurden auf dem Prüfstand 735 kW (1.000 PS) erreicht, mit dem Saugmotor HL 234 immerhin 691 kW (940 PS) (Abb. 20.18). Die hohe Leistung des Saugmotors wurde unter anderem durch sorgsames Abstimmen der Ansaug- und Auspuffrohre erreicht, sodass die Schwingungen der Gassäulen zu einer dynamischen Aufladung genutzt wurden. Aus einem Versuchsbericht:

»... Durch die periodisch erfolgenden Auspuffstöße wird die Gassäule in den Auspuffleitungen zu Schwingungen angeregt. Entspricht die Frequenz der Auspuffstöße der Eigenfrequenz der Gassäule, ergibt sich im Auspuffrohr ein Schwingungsbild, welches je nach Lage zur Spülperiode günstig oder ungünstig für den Spülvorgang sein kann ...«[17]

Der HL 234 wurde Anfang 1945 zur Vorauserprobung in einen »Tiger II«-Panzer (»Königstiger«) eingebaut. Man unternahm auch noch Fahrversuche, doch dann setzten die letzten Kriegsereignisse den weiteren Arbeiten ein (vorläufiges) Ende.

[17] Maybach-Motorenbau-Versuchsbericht V 1528/3 c vom 16. April 1945. HL-234-Auspuffrohrschwingungen.

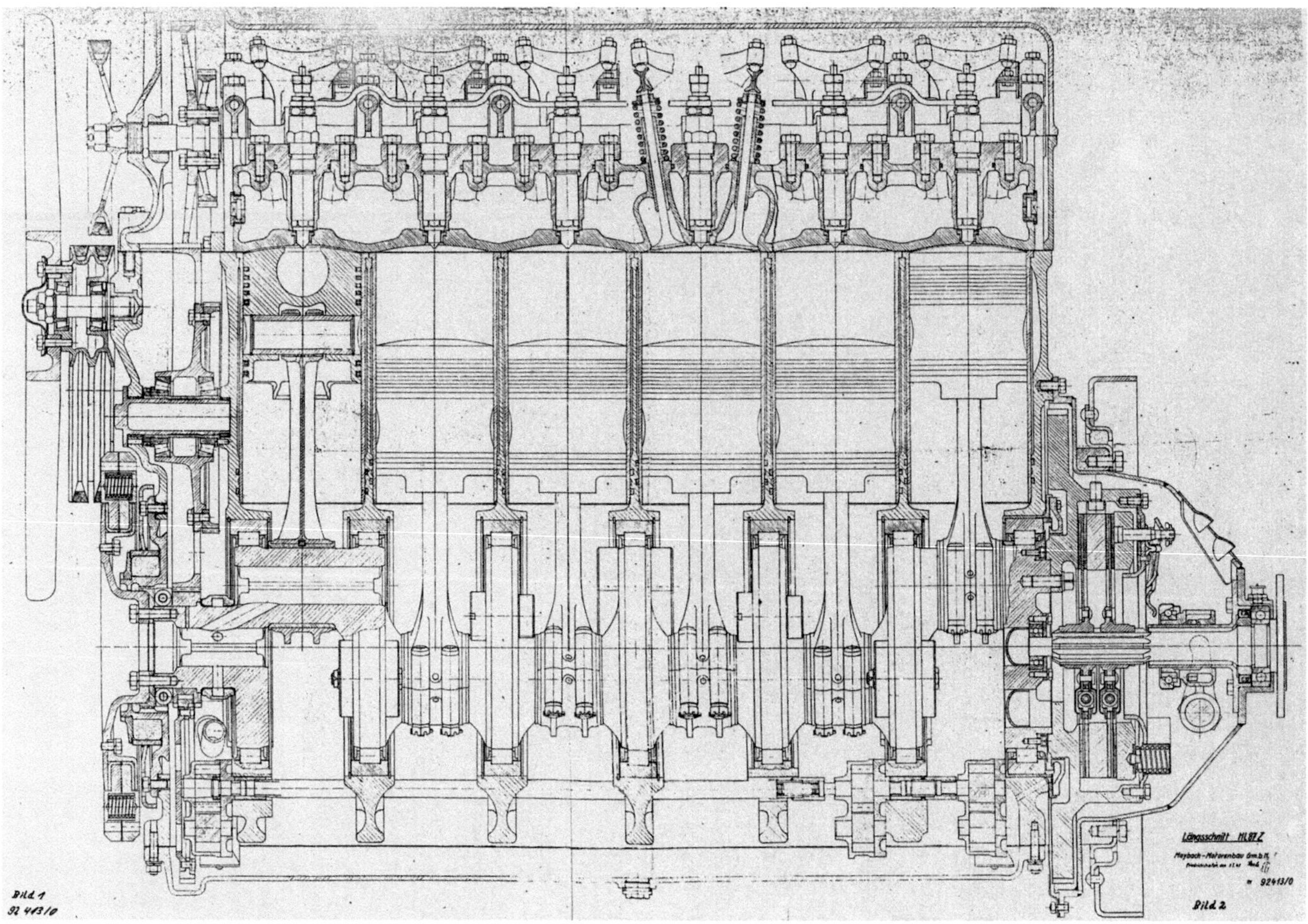

Abb. 20.19 Längsschnitt des Versuchsmotors HL 87 (1941): wassergekühlter Viertakt-Dieselmotor mit direkter Einspritzung in Sechszylinder-Reihenbauart; Bohrung 125 mm, Hub 130 mm, Hubraum 9.567 cm^3, Leistung 121 kW (165 PS) bei 2.400 min^{-1}

20.7 Otto- oder Dieselmotoren für Kettenfahrzeuge?

In Anbetracht der Überlegenheit der sowjetischen Panzer stellt sich die Frage, warum auf deutscher Seite fast nur Ottomotoren für die Ketten- und Halbkettenfahrzeuge verwendet worden sind. Zwar hatten verschiedene Firmen (z. B. Daimler-Benz) an Dieselmotoren für Panzer gearbeitet, doch letztlich haben sich die HL-Ottomotoren behauptet. Dafür gibt es mehrere, wenngleich nicht völlig geklärte Gründe. Das Heereswaffenamt hatte sich – offensichtlich mit Rücksicht auf den damaligen Stand der Technik – schon früh auf Ottomotoren festgelegt. Daneben scheinen auch Fragen der Verfügbarkeit von Dieselkraftstoff eine Rolle gespielt zu haben. In einem Schreiben an das Oberkommando der Wehrmacht zum Thema »Dieselmotor im Panzerkampfwagen« vom 26. Februar 1941 spielt Karl Maybach hierauf an:

> »... Die Bedeutung, welche einem geringeren Brennstoffverbrauch [Anmerkung: der Dieselmotoren] bei dem ... Einsatz der Pz. Kpfw .... zukommt, kann dortseits besser beurteilt werden. In jedem Falle ist es als vorteilhafte Ersparnis zu werten, wenn die Beschaffung von Dieselöl künftig nicht solche Schwierigkeiten bereitet wie in diesem Kriege ... «[18]

Der Maybach-Motorenbau verfügte durch die (nachfolgend beschriebene) Entwicklung der schnelllaufenden Triebwagen-Dieselmotoren über große Erfahrungen auf diesem Gebiet und entwickelte im Krieg parallel zu den HL-Ottomotoren auch eine Reihe von HL-Dieselmotoren, die in ihren spezifischen Leistungswerten denen des russischen W-2-Motors entsprachen (Abb. 20.19). Der entscheidende Vorteil des T-34 bestand darin, dass Fahrzeug und Motor – um es in Maybachscher Diktion auszudrücken – »organisch« aufeinander abgestimmt waren, d. h., Fahrzeugmasse, Motorleistung und Einbauraum für den Motor standen in Einklang miteinander.

Anders verhielt es sich mit der Fahrzeug- und Motorenentwicklung in Deutschland. Es drängt sich dabei der Vergleich vom Wettlauf zwischen Hase und Igel auf: Immer wenn ein Motor für die ursprünglich geforderte Leistung

[18] Schreiben von Karl Maybach an das Oberkommando der Wehrmacht vom 26. Februar 1941: »Dieselmotoren in Panzerkampfwagen«.

betriebsreif war, hatte sich die Fahrzeugkonzeption geändert und das Gewicht so erhöht, dass die Motorleistung im Grunde dafür nicht mehr ausreichte. Nachdem der Maybach-Motorenbau zuvor an HL-Dieselmotoren der Leistungsklasse um 147 kW (200 PS) gearbeitet hatte, wurden dann in Anlehnung an den HL 210 bzw. HL 230 entsprechende Dieselvarianten entwickelt: zuerst der HL 211, der abgasturboaufgeladen 441 kW (600 PS) bei 3.000 min^{-1} leisten sollte[19]. Von diesem HL 211 wurde ein Einzylinder-Aggregat mit Schiebersteuerung gebaut und erprobt. Die Schiebersteuerung bereitete aber solche Schwierigkeiten, dass man das Aggregat auf Ventilsteuerung umbaute (VZ 212). Als Dieselvariante des HL 230 entstand der HL 232 R (R = Rohöl), dessen Lader – analog zum HL-232-(Otto-)Motor – von einem Hilfs-Dieselmotor, HL 25 R, angetrieben werden sollte. Die ersten Versuche wurden wieder mit einem Einzylinder-Aggregat, VZ 234[20], durchgeführt. Anschließend baute man einen Vollmotor HL 234 R und fuhr ihn auf dem Prüfstand mit einer Leistung von 404 kW (550 PS) bei 3.000 min^{-1}. Erste Versuchsfahrten im Fahrzeug (»Tiger«) waren für den März 1945 geplant, fanden aber wegen des allgemeinen Zusammenbruchs nicht mehr statt.

20.8 Zusammenbruch … und Weiterarbeit in Vernon

Im Rückblick auf die letzten Kriegswochen erscheint diese Zeit – sicher nicht nur im Zusammenhang mit dem Maybach-Motorenbau – als eine sonderbare Mischung aus Normalität und Abnormität. Zur selben Zeit, als in Deutschland das ganze Staatsgefüge mit seinen Institutionen zusammenbrach, als Umwälzungen von weltpolitischen Dimensionen stattfanden, welche die Menschen unmittelbar betrafen, sei es durch Kampfhandlungen, Bomben- und Tieffliegerangriffe, sei es durch letzte Wahnsinnstaten der Nationalsozialisten, gingen in vielen Bereichen die Dinge ihren gewohnten Gang. Beim Maybach-Motorenbau liefen Produktion und Entwicklung weiter. Gleich Ameisen, die sich mit emsigem Gewimmel unverzüglich daranmachen, die Schäden, die ihrem Haufen durch den Stock eines mutwilligen Spaziergängers zugefügt wurden, zu beheben, versuchten die Mitarbeiter des Maybach-Motorenbaus trotz der Zerstörungen durch die Bombenangriffe, trotz vielfältiger Widrigkeiten der ins Stocken geratenen Versorgung mit Material, Zulieferteilen und Energie die Produktion für einen – nun wirklich für jedermann erkennbar geworden – sinnlosen Krieg aufrechtzuerhalten. Genauso unbeirrt wurden die Arbeiten an Motoren weitergeführt, deren Entwicklung schon längst gegenstandslos geworden war. Ein solches Verhalten hatte natürlich sehr reale Gründe, denn jeder erkennbare Zweifel am »Endsieg« konnte bei dem Fanatismus der Nationalsozialisten tödliche Folgen haben. Einen Eindruck von den Verhältnissen damals vermittelt folgender zeitgenössischer Bericht:

> »… Durch die dauernden Fliegerangriffe bei Tag und bei Nacht auf die Städte, Fabriken und Bahnanlagen im ganzen Reichsgebiet wurde die Materialwirtschaft immer schwerer. Sehr oft wurde die Arbeit durch Fliegeralarm unterbrochen. Zuletzt wurde das Werk zum Heeresausnahmebetrieb erklärt, d. h., der Alarm der Stadt galt nicht für die Belegschaft, es wurde nur noch bei unmittelbarer Gefahr Alarm gegeben …
>
> Am 25. Febr. 1945, Sonntag vormittag, an welchem am Band gearbeitet wird, erfolgt wieder ein Fliegerangriff, der Maybach gilt, der aber im Werk wegen des herrschenden Nebels keinen Schaden anrichtet. Es wurden Pläne erwogen, die Montage auf einen Waldweg im Oberdörfer Wald unter Tarnnetzen aufzuziehen. Jagdbomber und Tiefflieger greifen nun Eisenbahnzüge und Fahrzeuge auf der Straße an, weshalb Eisenbahnzüge nur noch morgens und abends fahren. Im April 1945 sollen noch 300 HL 230 und 250 HL 120 Motoren geliefert werden. Bis 19. April waren 144 HL 230 und 188 HL 120 Motoren montiert bei einer Produktion von 12 HL 230 und 15 HL 120 an diesem Tag. Donnerstag, den 19. April wird … für diese Woche die Arbeit beendet. Wegen Materialmangel sollte erst Montag, 23. April wieder gearbeitet werden. In der Nacht zum 22. April wird der Volkssturm aufgerufen. Der Feind soll bis Stockach durchgebrochen sein, Friedrichshafen wird Frontgebiet. Es fahren keine Züge mehr, und die Panzersperren werden vom Volkssturm besetzt. Laufend erfolgen Tieffliegerangriffe. Im Werk sind Pioniere. Vom Kampfkommandanten ist ›Aktion Nero‹ (Zerstörung des Werkes) durchgegeben, welche aber noch nicht ausgeführt wird. Am 26. April werden noch fertig dastehende Motoren gelähmt [Anmerkung: Die Motoren werden betriebsunklar gemacht.]. Ein Lastwagen mit Anhänger vom Nibelungenwerk Linz/Donau nimmt an Motoren mit, was er noch laden kann ›für den Endsieg in der Festung Alpen‹. Der Feind steht in Überlingen und Weingarten. Am 29. April wird Friedrichshafen von den Franzosen besetzt … «[21]

Im Gegensatz hierzu mutet ein Versuchsbericht aus derselben Zeit, datiert auf den 16. April 1945, wie aus einer anderen Welt an:

> »… Die Ejektorwirkung muss durch günstige Ausbildung vertieft werden. Außerdem ist, zur Erzielung einer günstigen Phasenlage im Spülvorgang, festzustellen, an welcher Stelle die Vereinigung der beiden 3er-Auspuffrohre stattfinden muss … «[22]

Den Verantwortlichen im Maybach-Motorenbau gelang es, den »Führerbefehl« zur Sprengung des Werkes zu unterlaufen, indem sie telefonisch von dem Speer-Beauftragten Scheerer einen Gegenbefehl Albert Speers einholten. Mit dem Einmarsch französischer Truppen in Friedrichshafen am 29. April 1945 war für den Maybach-Motorenbau der Krieg zu Ende. Lapidar vermerkt der Geschäftsbericht zu der neuen Situation:

[19] Die Abgastemperaturen von Dieselmotoren liegen wegen des Luftüberschusses niedriger als die der Ottomotoren; sie stellen daher an die Turbinen-Werkstoffe weniger hohe Anforderungen.

[20] VZ = Versuchszylinder.

[21] W. Burger: *Lieferprogramm, Belegschaftsstand und Aufgaben in Abt. MO Montage Ottomotoren in den Kriegsjahren 1939 bis 1945.*

[22] Maybach-Motorenbau-Versuchsbericht V 1528/3 c vom 16. April 1945. HL-234-Auspuffrohrschwingungen.

Abb. 20.20 Französischer Panzerkampfwagen Char AMX 50 (1951) mit Maybach-HL-295-Motor. Auch dieser Panzer im »Museé des Blindes« in Saumur ist fahrbereit

»... Anschließend Plünderungen und Diebstähle durch Ausländer und Deutsche nicht zu vermeiden ... «[23]

Der Maybach-Motorenbau stand nun vor dem Nichts. Die Fertigungsstätten waren zu 70 % zerstört, das Werk wurde von der französischen Besatzungsmacht unter Sequestur (Zwangsverwaltung) gestellt, große Teile des Maschinenparks, soweit noch verwendbar, wurden abgebaut und weggeschafft. Technische Kommissionen der Alliierten kamen nach Friedrichshafen, um sich über den Entwicklungsstand zu informieren, wobei besonders die Benzin-Einspritzmotoren Interesse erregten. Ende Mai/Anfang Juni 1945 wurde in den in Friedrichshafen verbliebenen Abteilungen mit der Reparatur von Kraftfahrzeugen für die französische Armee die Arbeit wieder aufgenommen. Außerdem nahm man die Montage von Panzermotoren aus den noch vorhandenen Teilen und Teilsätzen der HL-120- und HL-230-Motoren auf. Auftraggeber war die Direction des Études et Fabrications d'Armement (DEFA). Die DEFA veranlasste auch, dass die Entwicklungsarbeiten am HL 234 (auf ihre Kosten!) weitergeführt wurden. Frankreich wollte seinen technischen Rückstand auf dem Gebiet der Wehrtechnik (verstärkt durch die Zeit der deutschen Besetzung) schnellstens aufholen, indem es sich, wie die anderen Siegermächte auch, deutsches Know-how nutzbar machte. Parallel zum HL 234 sollte mit der Entwicklung eines 735-kW-(1.000-PS-)Ottomotors und einer hubraumgleichen Dieselvariante begonnen werden.

Weil aber Entwicklungsarbeiten an Panzermotoren, denn um solche handelte es sich bei diesen Projekten, jetzt in Deutschland verboten waren, bestanden die Franzosen auf einer Verlagerung der Entwicklungsabteilungen mit allen Versuchs-, Werkstatt- und Büroeinrichtungen im Spätherbst 1946 nach Vernon (Departement Eure) (vgl. hierzu auch Abschn. 5.2 und 12.7). Etwa 70 Ingenieure und Techniker siedelten nach Vernon über, wo sie unter der Leitung von Karl Maybach die »Groupe M« des Laboratoire des Recherches Ballistiques et Aerodynamiques (LRBA) bildeten. In Verhandlungen, die sich bis 1946 hinzogen, wurde zwischen dem französischen Staat, genauer dem Sous-Secrétaire de l'Etat à l'Armement, und Dr.-Ing. E. h. Karl Maybach

[23] K. Rathke: Entwurf zu einer *Geschichte der Maybach-Motorenbau GmbH*. MTU-Archiv.

Abb. 20.21 Panzermotor HL 295: wassergekühlter Viertakt-Ottomotor mit Benzin-Einspritzung in Zwölfzylinder-V-Bauart; Bohrung 140 mm, Hub 160 mm, Leistung 735 kW (1.000 PS) bei 2.800 min^{-1}, mit Hilfsmotor HL 11 mit 44 kW (60 PS) bei 6.000 min^{-1} und Wasserbremse im Motorsattel (Hubraum 29.541 cm^3). Beide Motoren hatten Tunnelgehäuse und Scheibenkurbelwelle

ein Vertrag geschlossen, der die Einzelheiten dieser frühen französisch-deutschen Zusammenarbeit regelte. Durch diese Übereinkunft war eine der Voraussetzungen für die Weiterexistenz des Werkes geschaffen, und – nicht minder wichtig – es konnte in dieser schwierigen Zeit die Kontinuität der Entwicklung des Maybach-Motorenbaus gesichert werden. Karl Maybach beschrieb die Situation aus damaliger Sicht wie folgt:

»... Herr Staatsrat Schmid[24] empfahl mir dann in eindringlichster Weise eine solche Fortsetzung unserer Entwicklungsarbeiten in Frankreich wenn irgend möglich zu verwirklichen ... und wenn auch erst in einigen Jahren für Deutschland hierdurch die Früchte heranreifen würden. Es komme vor allem darauf an, einen möglichst hohen technischen Stand und Vorsprung gegenüber dem Ausland zu erhalten, zumal mit eigenen Mitteln solche Forschungen in Deutschland nach Wegnahme der Einrichtungen nicht möglich sind und eine Unterbrechung dieser Entwicklungsarbeiten einem gänzlichen Verlust des bisherigen technischen Standes gleichkomme. Es wurde dann auch ganz in diesem Sinne von uns gehandelt ...«[25]

Der zu entwickelnde 735-kW-(1.000-PS-)Motor war praktisch eine vergrößerte Version des HL 234, in welche die Erfahrungen der Kriegsjahre eingebracht wurden. Mit 140 mm Bohrung und 160 mm Hub ergibt sich bei zwölf Zylindern ein Hubvolumen von 29,52 dm^3, weshalb der Motor die Typenbezeichnung HL 295 erhielt. Vorgesehen war der HL 295 für die schweren (50.000 kg), stark am Vorbild der deutschen Modelle »Panther« und »Tiger II« orientierten Panzer Char AMX 50 »St. Chamond« und Char AMX 50 »Foch« (Abb. 20.20).

Die wesentlichen Merkmale des HL 295 sind die der HL-234/232-Motoren: Tunnelgehäuse, rollengelagerte Scheibenkurbelwelle, Gabel-/Innenpleuel, Nockenwellen in den Zylinderköpfen gelagert, schräg hängende Ventile, Querstrom-Zylinderköpfe, Benzin-Einspritzung (zwei sechszylindrige Reihenpumpen), Ausnutzung der Schwingungen der Gassäulen zur besseren Füllung der Zylinder (Abb. 20.21 und 20.22). Ein Vierzylinder-Hilfsmotor im Motorsattel, HL 11 (Abb. 20.23 und 20.24), von 75 mm Bohrung und 60 mm Hub und 44 kW (60 PS) bei 6.000 min^{-1} sollte mehrere Aufgaben wahrnehmen:

[24] Carl Schmid.

[25] Entwurf eines Schreibens von Karl Maybach an den »Staatskommissar für die politische Säuberung«, undatiert.

Abb. 20.22 Querschnitt des Panzermotors HL 295 mit dem Hilfsmotor HL 11

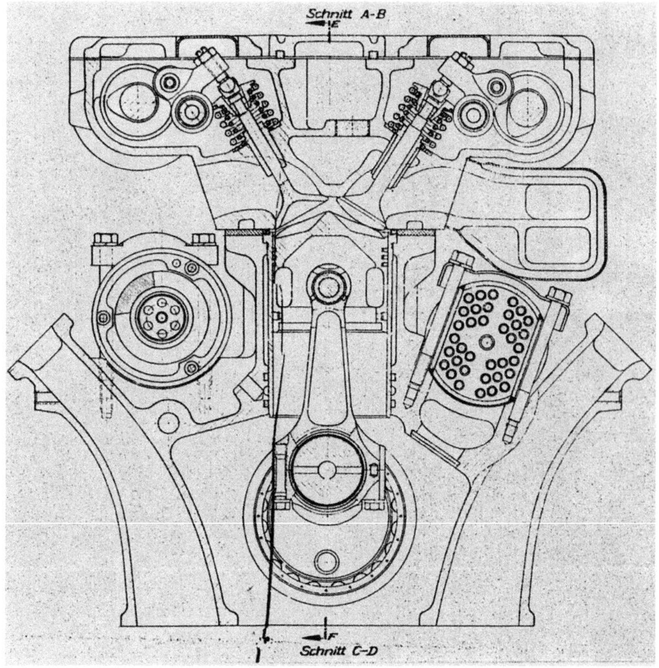

Abb. 20.24 Querschnitt des Hilfsmotors HL 11. Der Motor hat einen gemeinsamen Kühlwasserkreis mit dem Hauptmotor HL 295, um diesen vorzuwärmen bzw. warm zu halten. In diesem Querschnitt sieht man die groß dimensionierten Kühlwasserkanäle des HL 11 mit den Übertritten zum Kühlkreis des Hauptmotors. Die beiden »Hörner« seitlich sind die an das HL-11-Kurbelgehäuse angegossenen Luftansaugstutzen des HL-295-Hauptmotors

Abb. 20.23 Längsschnitt: Hilfsmotor HL 11 mit Wasserwirbelbremse zum Vorwärmen des Hauptmotors HL 295: wassergekühlter Viertakt-Ottomotor mit Benzin-Einspritzung in Vierzylinder-Reihenbauart, Bohrung 75 mm, Hub 60 mm, Hubraum 1.060 cm^3, Leistung 44 kW (60 PS) bei 6.000 min^{-1}

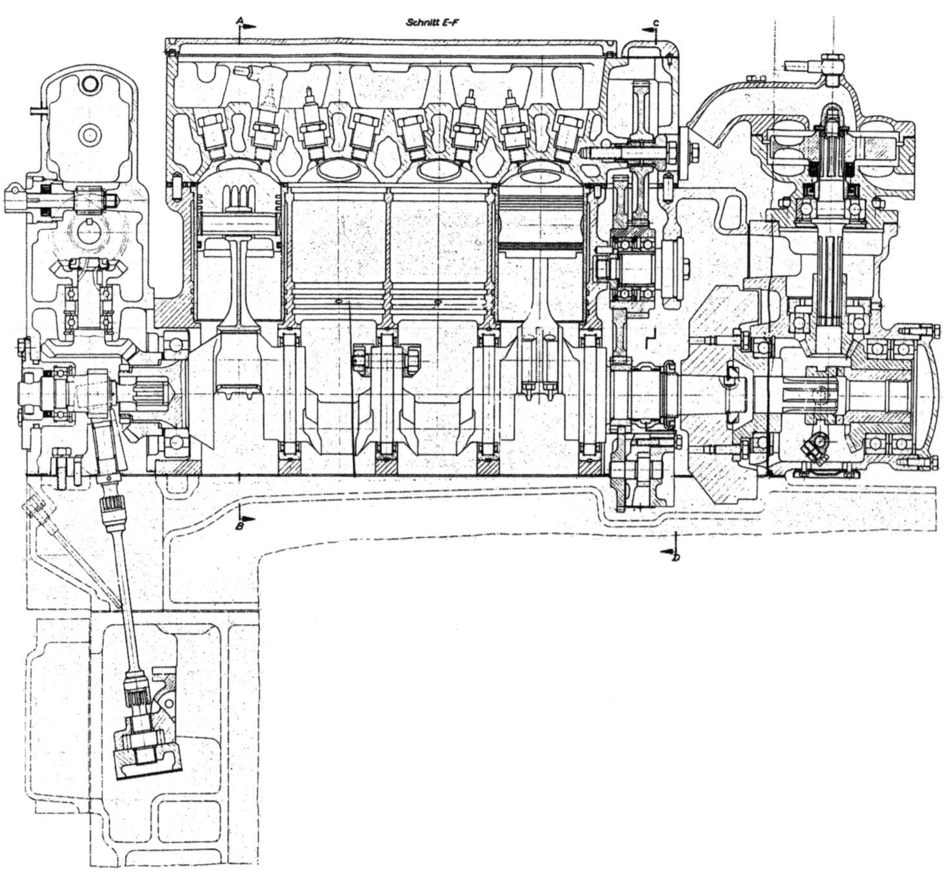

Tab. 20.4 Hochleistungs-(HL)- und Normalleistungs-(NL-)Motoren 1933 bis 1950

Motor-Typ	Jahr	Bauart	$\frac{\text{Bohrung}}{\text{Hub}}$ $\frac{\text{mm}}{\text{mm}}$	Zylinder-Volumen dm^3	$\frac{\text{Leistung}}{\text{Drehzahl}}$ $\frac{\text{kW/PS}}{\text{min}^{-1}}$	Effektive Liter-arbeit kJ/dm^3	Mittlere Kolben-geschwindigkeit m/s
NL 35	1935	6 R	$\frac{90}{90}$	0,572	$\frac{66/90}{3.000}$	0,77	9,0
NL 38	1936	6 R	$\frac{90}{100}$	0,636	$\frac{74/100}{3.000}$	0,77	10,0
HL 42	1939	6 R	$\frac{90}{110}$	0,699	$\frac{74/100}{3.000}$	0,71	11,0
HL 52	1934	6 R	$\frac{100}{110}$	0,86	$\frac{88/120}{2.600}$	0,80	9,5
HL 54	1937	6 R	$\frac{100}{115}$	0,903	$\frac{84{,}6/115}{2.600}$	0,72	10,0
HL 57	1935	6 R	$\frac{100}{120}$	0,942	$\frac{95{,}6/130}{2.600}$	0,78	10,4
HL 62	1935	6 R	$\frac{105}{120}$	1,038	$\frac{103/140}{2.600}$	0,76	10,4
HL 66	1938	6 R	$\frac{105}{130}$	1,125	$\frac{132/180}{3.200}$	0,73	13,9
HL 85	1938	12 V	$\frac{95}{100}$	0,708	$\frac{136/185}{2.600}$	0,74	8,7
HL 108	1936	12 V	$\frac{100}{115}$	0,903	$\frac{169/230}{2.600}$	0,72	10,0
HL 120	1936	12 V	$\frac{105}{115}$	0,995	$\frac{220/300}{3.000}$	0,74	11,5
HL 210	1942	12 V	$\frac{125}{145}$	1,77	$\frac{478/650}{3.000}$	0,9	14,5
HL 230	1943	12 V	$\frac{130}{145}$	1,92	$\frac{515/700}{3.000}$	0,89	14,5
HL 234	1945	12V	$\frac{130}{145}$	1,92	$\frac{661/900}{3.000}$	1,15	14,5
HL 295	1948	12V	$\frac{140}{160}$	2,46	$\frac{735/1.000}{2.800}$	1,07	14,9

- Vorwärmen und Warmhalten des Hauptmotors, wobei nicht nur die Kühlwasserwärme des HL 11, sondern auch seine mechanische Leistung – mit einer abschaltbaren Wasserwirbelbremse in Wärme umgewandelt – an den Kühlwasserkreis des Hauptmotors abgegeben werden konnte;
- Anlassen des Hauptmotors über ein Anlassgetriebe;
- zusätzlicher Turmschwenkantrieb;
- Stromerzeugung unabhängig vom Hauptantrieb;
- Antrieb des Fahrzeugs mit voller Zugkraft, aber entsprechend niedriger Geschwindigkeit zum Rangieren und Verladen und bei Schleichfahrt im Gelände.

Das Konzept des HL 295 wurde mehrfach geändert, weil die rasch ansteigenden Kosten des AMX-50-Projektes in Grenzen gehalten werden sollten. Zuerst wurde der HL 295 vereinfacht, indem er statt mit Benzin-Einspritzung als Vergasermotor laufen sollte. Das galt auch für den HL 11. Später ging es darum, den Einbauraum zu verkleinern: erst durch Weglassen des HL-11-Hilfsmotors, dann wurde er zum sogenannten HL 295 »surbaissé« weiterentwickelt, mit tiefergelegten Steuerelementen: Nockenwelle und Schwinghebel. Schließlich entstand ein kleinerer leichter Motor von den Abmessungen des HL 234, Typ HL 235[26]. Dieser war dann das letzte Glied in der langen Kette der HL-Motoren.

1952/53 wurde die HL-Entwicklung endgültig eingestellt, weil man in Frankreich die teure Eigenentwicklung des zu schweren AMX 50 zugunsten des Bezuges preiswerter amerikanischer Panzer aufgegeben hatte.

Dennoch war die HL-295-Entwicklung nicht in eine Sackgasse geraten, weil parallel dazu, bezogen auf den Hubraum, ein gleich großer Dieselmotor entwickelt worden war: als Saug- und als ATL-Motor, nämlich der HL 295 R bzw. HL 295 RT (R = Rohöl, RT = Rohöl [abgas-]turboaufgeladen). Die ursprüngliche Absicht, auf der Basis ein und desselben Grundmotors eine Otto- und eine Dieselvariante zu bauen, hatte man bald aufgeben müssen, weil das zu technisch wenig sinnvollen Kompromissen gezwungen hätte. Die größeren Kräfte beim Dieselverfahren verlangten verstärkte Bauteile und Funktionsgruppen

[26] Der HL 235 wurde dann aber für ein anderes Fahrzeug vorgesehen.

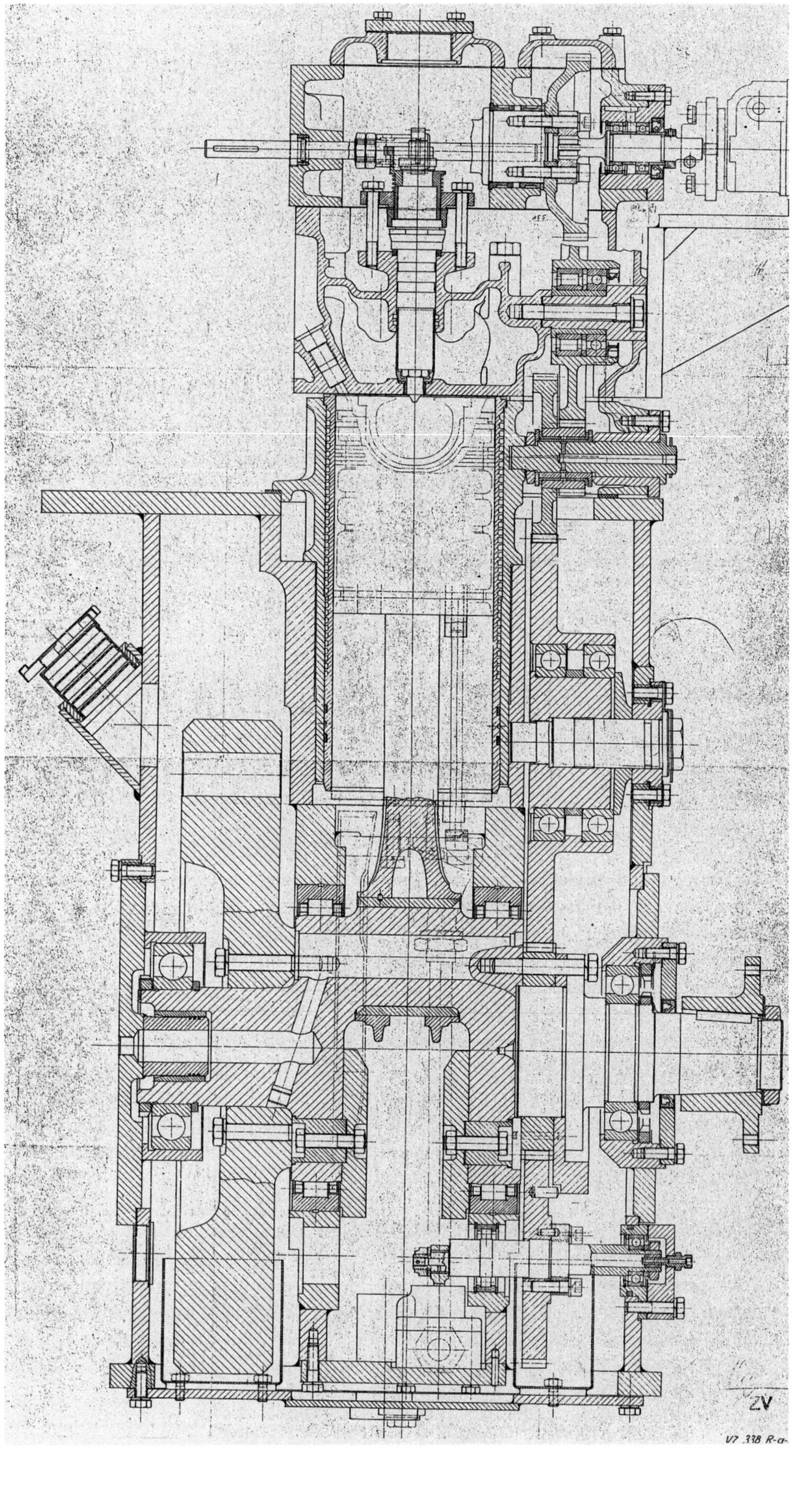

Abb. 20.25 Längsschnitt des Einzylinder-Versuchsmotors VL 338 R-a-b: wassergekühlter Viertakt-Dieselmotor mit direkter Einspritzung; Bohrung 145 mm, Hub 170 mm, Hubraum 2.806 cm^3, Leistung 61 kW (83 PS) bei 2.400 min^{-1}

(z. B. Triebwerk, Zylinderkopf, Kurbelgehäuse), was zu einer schrittweisen Abkehr von dem anfänglichen Konzept des HL 295 führte. Zudem hatte sich das Lastenheft insofern geändert, als nun mit der Schienentraktion zivile Anwendungen in den Vordergrund getreten waren. Insbesondere setzte man sich Laufzeiten zum Ziel, wie sie von mittelschnelllaufenden amerikanischen Lokomotiv-Dieselmotoren erreicht wurden. Eine weitgehende Umkonstruktion wurde unumgänglich. Bei dieser Gelegenheit vergrößerte man die Zylinderabmessungen auf 145 mm Bohrung und 170 mm Hub (HL 337 R/RT bzw. HL 338 R/RT; Abb. 20.25). Stärkere Hubzapfen führten zu größeren Pleuelaugen, sodass man die Kolben zweiteilig ausführte (»gebaute Kolben«), um den Boden mit den Ringen zwecks Kontrolle abschrauben zu können. Statt der Blockpumpen erhielten die HL-337/338-Motoren schließlich Einzeleinspritzgeräte, kombiniert mit den Einspritzdüsen (»Pumpedüsen«), die gemeinsam mit der Firma L'Orange entwickelt worden waren.

Auf diese Art kristallisierte sich nach und nach die Grundkonzeption der späteren MD-Baureihe heraus. Ein erster HL-337-R-Vollmotor[27] kam im Mai 1949 auf die Bremse und leistete auf Anhieb 368 kW (500 PS) bei 1.800 min^{-1}. Mit der Erprobung der einzelnen Komponenten der HL-337/338-Motoren wurden wesentliche Vorarbeiten für die Entwicklung der MD-Baureihe geleistet. Hierauf wird im folgenden Kapitel eingegangen.

[27] Es handelt sich hier um einen Zwölfzylinder-V-Motor; zuvor hatte man an Einzelzylinder-Aggregaten, VZ 337 und VZ 338, gearbeitet.

Dieselmotoren 1919 bis 1969

21

Stefan Zima

21.1 Konzeption, Versuchsmotoren und Durchbruch

Als der Maybach-Motorenbau mit der Entwicklung des schnelllaufenden Dieselmotors begann, konnte er sich zwar auf seine Erfahrungen im Bau von Flugmotoren stützen – eine Motorenart, bei der wegen ihres Hochleistungscharakters Probleme der Massenwirkungen, des Ladungswechsels, der Triebwerkslagerung oder der Kühlung in weit schärferer Form auftraten als bei anderen Motoren; dafür war bei Dieselmotoren, schnelllaufenden zudem, mit anderen Schwierigkeiten zu rechnen, insbesondere bei der Gemischbildung. Während Kfz-Ottomotoren bereits in mannigfaltigen Typen existierten und somit eine Ausgangsbasis für Neuentwicklungen boten, gab es für den geplanten Diesel-Schnellläufer-Motor kein Vorbild.

Karl Maybach war sich deshalb von Anfang an im Klaren, dass die Entwicklung eines solchen Motors aufwendig und langwierig sein würde, und es spricht für seine Weitsicht und seinen Wagemut gleichermaßen, dass er in der schwierigen Zeit nach dem Ersten Weltkrieg die Entwicklung einer Motorenart in Angriff nahm, von der nicht abzusehen war, wann sie zum Erfolg führen würde. Ein Mitarbeiter Karl Maybachs drückte das später so aus:

> »... Es ist selbstverständlich, daß man innerhalb eines Werkes die Pflicht hat, Erzeugnisse zu entwickeln, die die Weiterexistenz in der Zukunft sicherstellen können. Einer Firma aber, die auf ihrem Gebiet als Pionier an der Spitze marschieren will, bleibt es nicht erspart, technische Aufgaben zu lösen, deren materieller Erfolg durchaus nicht immer in wünschenswerter Bälde sichergestellt ist ...«[1]

Erste Voruntersuchungen, mit denen vor allem der Stand der Technik geklärt werden sollte, waren schon 1918 noch während des Krieges durchgeführt worden. Bei der Konzeption des Dieselmotors ging man von 76 bis 220 kW (100 bis 300 PS) und 1.000 bis 1.500 min^{-1} aus, was bei einem sechszylindrigen Motor zu Abmessungen ähnlich denen des Höhenmotors Mb IVa führte. Bohrung und Hub wurden zu 140 bzw. 180 mm gewählt. Das Kurbelgehäuse entsprach in seinem Aufbau dem des Mb IVa, wie auch die Kurbelwelle und die Pleuel von diesem Motor übernommen wurden, um Zeit und Kosten zu sparen. Bezeichnend für die Zeitläufte damals war, dass man das Kurbelgehäuse aus Aluminium zerschlagen und neu aus Grauguss abgießen musste, weil die Entente-Kommission, die auch den Maybach-Motorenbau überwachte, den Verdacht hegte, es könne sich um eine (verbotene) Flugzeugdiesel-Entwicklung handeln.

Das zentrale Problem der frühen Dieselmotoren war die Gemischbildung. Der Kraftstoff wurde durch hoch verdichtete Luft in den Zylinder »eingeblasen«, was einen mehrstufigen Verdichter mit Zwischenkühlung und aufwendiger Regelung erforderte. Durch den Verdichter wurde der Motor schwerer, teurer und störungsanfälliger. Weil es noch keine hierauf spezialisierten Firmen gab, musste der Maybach-Motorenbau, wie auch die anderen Motorhersteller, die Einspritzausrüstung selber entwickeln und fertigen (vgl. auch S. 380f.).

Ende 1920 war man dann so weit, dass der Versuchsmotor, Typ G 1a, auf dem Versuchsstand (»Bremse«) seine ersten Umdrehungen machen konnte (Abb. 21.1). Im Verlauf der weiteren Erprobung gab es zahlreiche Schwierigkeiten prinzipieller Art und solche, die auf konstruktive Schwachstellen des Motors zurückzuführen waren. Deshalb baute man parallel dazu einen zweiten Versuchsmotor als querstromgespülten Zweitakter, Typ G 2. Dessen Verhalten machte aber schnell deutlich, dass angesichts der Schwierigkeiten mit dem Zweitakt-Verfahren der Viertakter doch die besseren Aussichten bot (vgl. auch S. 370f.). Da außerdem die bisherigen Versuche gezeigt hatten, dass das Dieselverfahren den gesamten Motor, vornehmlich aber die Triebwerkslagerung, ungleich höher als beim Ottomotor

[1] R. Lang: »Einiges über Triebwagen-Entwicklung«. In: *Werkszeitschrift der Zeppelin-Betriebe* (1940) Nr. 5.

S. Zima (✉)
Gießen, Deutschland
E-Mail: customerservice@springernature.com

E. Eckermann, W. Treue, S. Zima (Hrsg.), *Technikpionier Karl Maybach*, https://doi.org/10.1007/978-3-658-37065-7_21

Abb. 21.1 Der erste Dieselmotor des Maybach-Motorenbaus, Typ G 1, hier auf dem Prüfstand, wurde durch eine Wasserwirbelbremse »abgebremst«. Der G 1 war ein reiner Versuchsmotor, mit dem grundsätzliche Fragen der Entwicklung von Dieselschnellläufern geklärt werden sollten

beanspruchte, wurde der Viertaktmotor völlig umkonstruiert:

Das Kurbelgehäuse wurde in Anlehnung an das des Maybach-Kfz-Motors W 2 hochgezogen; Zylinder, Wassermäntel und Zylinderköpfe aller sechs Zylinder wurden in einem Stück als »Blockzylinder« gegossen und in das Kurbelgehäuse-Oberteil eingehängt.

Das Triebwerk – Kurbelwelle, Pleuel (Hublager) – wurde wälzgelagert, weil die damaligen Gleitlager-Werkstoffe (Zinnbleibronze mit Weißmetall-Ausguss) den Beanspruchungen nicht mehr gewachsen waren.

Die Nockenwelle wurde in das Zylinderkopf-Oberteil verlegt, sodass die Ein- und Auslassventile ebenso wie die Einblaseluftventile über Schwinghebel mit Rollen direkt betätigt wurden.

Auch der Verdichter, die Einblaseventile, ihre Anordnung sowie die Regelung wurden überarbeitet.

Damit weist der so geänderte Motor Typ G 4a[2] (Abb. 21.2) bereits die wesentlichen Merkmale der Maybachschen Vorkriegs-Dieselmotoren auf. Mitte 1923 kam der G 4a auf die Bremse und zeigte schon ein besseres Verhalten als seine Vorgänger G 1a und G 2. Anfang 1924 war man dann so weit, dass 92 kW (125 PS) bei 1.200 min^{-1} gefahren werden konnten.

In der Zwischenzeit waren beim Maybach-Motorenbau Anfragen von verschiedenen Waggonfabriken nach einem Motor als Antrieb von Triebwagen eingegangen, die aber hinhaltend bis ablehnend beantwortet wurden, weil man der Meinung war, dass für einen erfolgreichen Triebwagenantrieb Motor, Kraftübertragung, Zubehör und Fahrzeug sorgsam aufeinander abgestimmt werden mussten. In der Waggonfabrik Wismar der Eisenbahn-Verkehrsmittel AG Berlin (Eva) fand der Maybach-Motorenbau einen für seine Vorstellungen aufgeschlossenen Partner, mit dem Ende Dezember 1922 ein Vertrag über die gemeinsame Entwicklung eines Diesel-Triebwagens geschlossen wurde. Die Eva war für den wagenbaulichen Teil, der Maybach-Motorenbau für die Antriebsanlage zuständig. Im Frühjahr 1924 wurde ein solcher Triebwagen in Friedrichshafen für den Einbau der Maschinenanlage (Motor G 4a und Getriebe T 1, ein mechanisches Vierganggetriebe mit druckluftbetätigter Lamellenkupplung; vgl. Abb. 21.3) bereitgestellt. Anschließend führte man einige Versuchsfahrten durch, nach deren Abschluss das Fahrzeug im September 1924 nach Seddin (bei Berlin) überführt und auf der Eisenbahn-Ausstellung[3] der Öffentlichkeit vorgestellt werden sollte. R. Lang, Mitarbeiter des Maybach-Motorenbaus, schildert die Situation anschaulich:

»... Nur wenige Wochen vor dieser Ausstellung konnten wir die ersten Bewegungen mit diesem ersten Triebwagen ausführen ... Für uns war es eine mühevolle Probiererei, bis man sich erlauben konnte, die Gleise des Betriebsgeländes zu verlassen. Die ersten eigentlichen Fahrten wurden auf der Teuringer Talbahn ausgeführt. Wir fanden bei der Direktion dieser Bahn weitgehendes Entgegenkommen. Wir durften zu beliebiger Zeit auf dieser Strecke fahren, mussten uns nur verpflichten, eine Viertelstunde vor Eintreffen eines fahrplanmäßigen Zuges auf irgend einem Ausweichgleise zu stehen. Infolge der großen Anfangsschwierigkeiten ist es uns nicht immer gelungen, selbst diese bescheidene Bedingung zu erfüllen, und wir mussten hin und wieder die Geduld des reisenden Publikums in Anspruch nehmen ...«[4]

Auf der Ausstellung erregte der Eva-Maybach-Triebwagen die Aufmerksamkeit der Fachwelt. In »Glasers Annalen« kann man hierzu lesen:

»... Von den in Seddin ausgestellten Triebwagen verdient derjenige der Waggonfabrik Wismar besondere Beachtung, weil er in wesentlichen Punkten von den übrigen Triebwagen abweicht ... Während andere Firmen den Vergasermotor bevorzugen, hat die Waggonfabrik Wismar einen für diesen Zweck besonders gebauten raschlaufenden Dieselmotor der Maybach-Motorenbau GmbH gewählt. Der 6zylindrige Rohölmotor entwickelt bei 1.300 Umdrehungen i. d. Minute 150 PS und wiegt mit Kompressor und Auspuffrohr nur 1.200 kg, d. h. 8 kg/PS ...«[5]

Es waren bereits vor der Ausstellung mit dem Triebwagen – unter Aufsicht des Maschinenamtes Ulm der Deutschen Reichsbahngesellschaft (»Reichsbahn«) erfolgreich Probefahrten durchgeführt worden. Als dann nach Abschluss der Ausstellung hochrangigen Vertretern der Reichsbahn der

[2] Einen G 3 hat es lediglich als konstruktive Studie gegeben.

[3] Diese Ausstellung war der ergänzende Teil einer vom Verein Deutscher Ingenieure (VDI) veranstalteten Eisenbahntechnischen Fachtagung an der TH Berlin-Charlottenburg. In Seddin wurde das Eisenbahnmaterial ausgestellt; dort wurden auch Versuchsfahrten durchgeführt.

[4] R. Lang: »Einiges über Triebwagen-Entwicklung«. In: *Werkszeitschrift der Zeppelin-Betriebe* (1940) Nr. 5.

[5] N. N.: »Eisenbahntechnische Tagung in Berlin«. In: *Glasers Annalen* (1924) Nr. 1137.

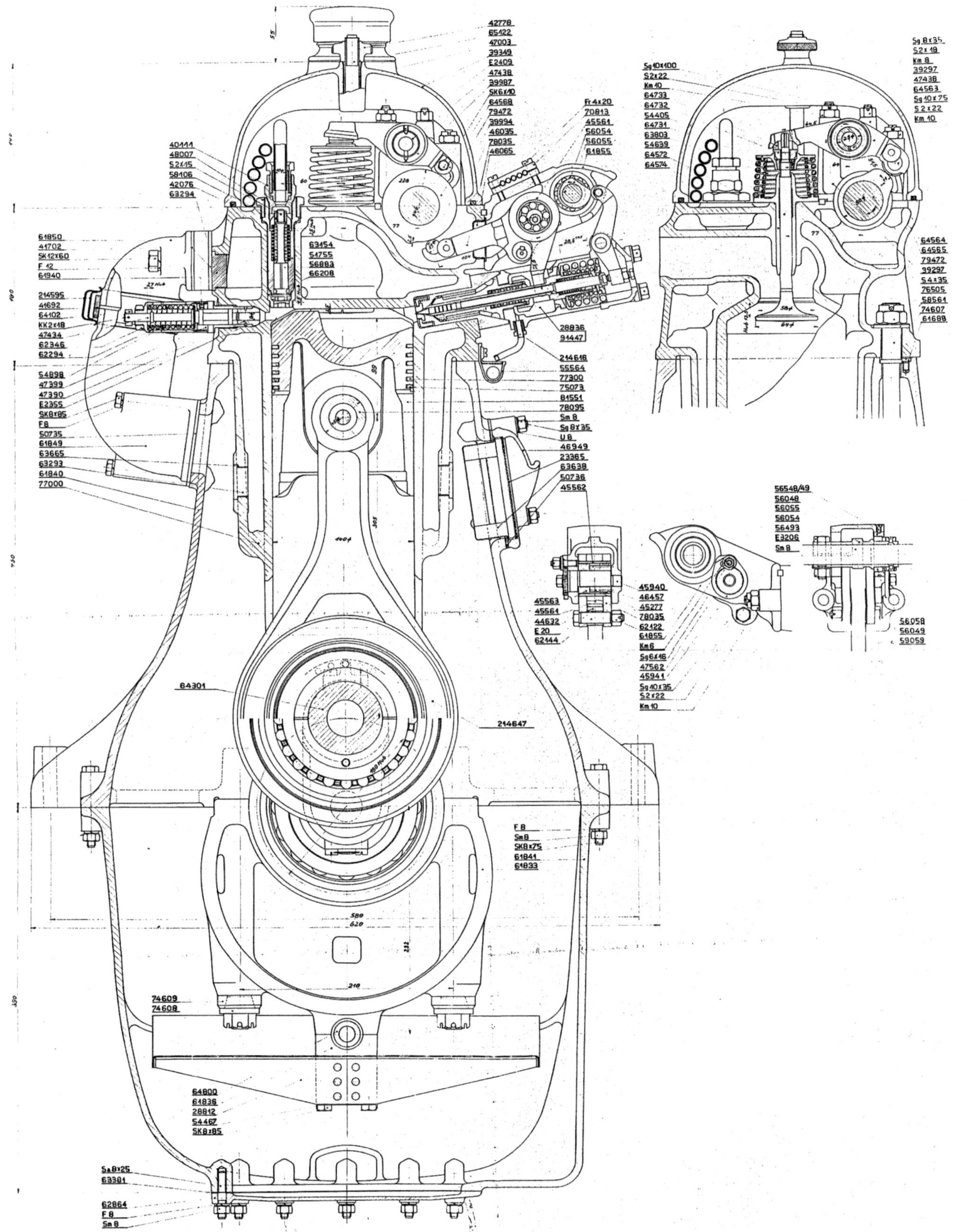

Abb. 21.2 Beispiel für den Querschnitt des Triebwagenmotors G 4a: erster schnelllaufender Dieselmotor größerer Leistung, wassergekühlter Viertakter, Kraftstoffeinblasung mit Druckluft, Sechszylinder-Reihenbauart; Bohrung 140 mm, Hub 180 mm, Hubraum 16.617 cm^3, Leistung 110 kW (150 PS) bei 1.300 min^{-1}. (Das *Bild* zeigt den nahezu baugleichen G 4b.)

Abb. 21.3 Drehgestell des Eva-Triebwagens mit Maybach-G-4a-Motor, Einblaseluft-Verdichter (»Kompressor«) K 2a und mechanischem Wechselgetriebe Maybach T 1

Triebwagen im Betrieb vorgeführt werden sollte, trat prompt der gefürchtete »Vorführeffekt« ein. R. Lang beschrieb das so:

> »... Leider fand die Fahrt schon nach wenigen Kilometern durch einen schweren Motordefekt ein unrühmliches Ende. Die Stimmung der zum größten Teil ohnedies den Triebwagen gegenüber noch sehr kritisch eingestellten Herren wurde dadurch nicht gehoben, daß die ganze Gesellschaft in strömendem Regen auf der Bahnstrecke zu Fuß zur nächsten Station gehen musste ...«[6]

Nachträglich lesen sich solche Geschichten recht amüsant, aber für den Maybach-Motorenbau war das eine unangenehme Angelegenheit. Zum Glück verlief die nächste Probefahrt erfolgreich. Die Reichsbahn kaufte den ausgestellten Wagen und bestellte noch einen zweiten. Im Lokomotiv-Versuchsamt (Berlin-)Grunewald wurden die Triebwagen gründlich erprobt mit dem Ergebnis, dass noch weitere sechs Stück davon bestellt wurden. Es folgten mehrere Aufträge, auch aus dem Ausland; der Durchbruch war damit geschafft! Diesen Eva-Maybach-Triebwagen kann man mit Fug und Recht als den ersten funktionstüchtigen Diesel-Triebwagen und – was den Motor anbelangt – als den Vorläufer der deutschen Diesellokomotiv-Motoren bezeichnen.

[6] R. Lang: »Einiges über Triebwagen-Entwicklung«. In: *Werkszeitschrift der Zeppelin-Betriebe* (1940) Nr. 5.

Zunächst richteten sich die Anstrengungen des Maybach-Motorenbaus darauf, die Standfestigkeit der Maschinenanlagen zu verbessern und die Laufzeiten zu verlängern, denn erst im fahrplanmäßigen Betrieb zeigten sich alle Schwachstellen. Nachdem die anfänglichen Kinderkrankheiten überwunden worden waren, bewährten sich die Triebwagen gut; so wurden z. B. für den Triebwagen VT 853, der im Bereich der Reichsbahn-Direktion Stuttgart lief, Laufzeiten von 9.000 km/Monat, d. h. 350 km/Tag ausgewiesen. Wenn man bedenkt, dass die Fahrzeugmasse immerhin 41 t betrug und mit 110 kW (150 PS) Steigungen bis zu 12,5 % bewältigt wurden, dann wird deutlich, wie sehr die Motoren gefordert waren. Um hier Entlastung zu schaffen, musste die Leistung gesteigert werden, und das umso mehr, als die Reichsbahn davon die Bestellung 20 weiterer Maschinenanlagen abhängig gemacht hatte.

Durch Verbesserung der Gemischbildung und durch Übergang zu Aluminium- statt Grauguss-Kolben konnten die Drehzahl auf 1.400 min^{-1} und die Leistung auf 128 kW (174 PS) erhöht werden. Mittlerweile war auch der Grund dafür, das Kurbelgehäuse aus Grauguss abzugießen, entfallen, weshalb man dieses ebenfalls auf Aluminium umstellte. Der so weiterentwickelte Motor erhielt die Bezeichnung G 4b. Die G 4a/b-Motoren fanden nicht nur als Antrieb von

Schienenfahrzeugen, sondern auch von Stromerzeugern Anwendung, so z. B. auf den Leichten Kreuzern »Königsberg« und »Karlsruhe« (G 4a) bzw. »Köln« und »Leipzig« (G 4b); ferner wurden diese Motoren (G 4b) in schnellen Booten eingesetzt.

21.2 Verdoppelung der Zylinderzahl und Abgasturboaufladung

Um mit den Dieseltriebwagen auch Hauptbahnen fahrplanmäßig zu befahren, bedurfte es weit größerer Leistungen. Die Reichsbahn-Gesellschaft nannte in diesem Zusammenhang 220 kW (300 PS). Der Maybach-Motorenbau hingegen schätzte den künftigen Leistungsbedarf noch höher ein und setzte sich einen neu zu entwickelnden Motor von 294 kW (400 PS) als Ziel. Das stellte einen beträchtlichen Leistungssprung gegenüber dem G 4a/b dar, wie er nur über das Hubvolumen, und zwar über die Zylinderzahl, verwirklicht werden konnte. Dieser Weg war ja bereits durch den Flugmotor Mb VII und durch die Luftschiffmotoren VL 1 und VL 2 vorgezeichnet.

Mit den Konstruktionsarbeiten an dem Zwölfzylinder-V-Motor, Typ G 5, wurde 1927 begonnen, zu einer Zeit, als sich die mechanisch-hydraulische Einspritzung (»kompressorlose Einspritzung«) allgemein durchsetzte. Andererseits war nicht abzusehen, wie lange die Entwicklung der Einspritzeinrichtung für einen schnelllaufenden Diesel dauern würde. Deshalb entschloss man sich, den G 5 zunächst mit Lufteinblasung des Kraftstoffes zu bauen, gleichzeitig aber auch eine mechanisch-hydraulische Einspritzung zu entwickeln, auf die der G 5 später umgerüstet werden sollte.

Noch eine andere prinzipielle Frage musste im Vorfeld der eigentlichen Konstruktionsarbeiten geklärt werden, nämlich die der Triebwerkskonfiguration: Sollten die Pleuel einander gegenüberliegender Zylinder nebeneinander oder zentrisch am Hubzapfen angreifen? Im ersten Fall hat man gleiche Pleuel und Pleuellager, wegen des Pleuelversatzes aber gekröpfte Kurbelgehäuse-Zwischenwände mit allen damit verbundenen Gestaltfestigkeits-Nachteilen. Bei zentrischer Anlenkung bekommt man zwar gerade Zwischenwände, doch um den Preis ungleicher Pleuel und Pleuellager für die beiden Motorreihen.

Im Gegensatz zu den Luftschiffmotoren gab man beim G 5 der zentrischen Anlenkung den Vorzug, weil man wegen der hohen Gasdrücke des Dieselverfahrens Schwierigkeiten mit dem Kurbelgehäuse befürchtete. Dass man damit die Probleme lediglich vom Kurbelgehäuse auf das Triebwerk verlagerte, sollte sich erst später herausstellen. Das Hubvolumen des G 5 wurde nicht nur durch die Zylinderzahl, sondern auch durch die Zylinderabmessungen vergrößert, von Bohrung/Hub 140/180 mm (G 4a/b) auf 150/200 mm. Ausgehend vom Grundaufbau des Reihenmotors war der V-Motor dennoch zu einer echten Neukonstruktion geworden. Mit Rücksicht auf die bei V-Motoren großen Querkomponenten der Grundlagerkräfte lagerte man die Kurbelwelle nicht mehr in angehängten Lagerbrücken, sondern im Unterteil des zweiteiligen Aluminium-Kurbelgehäuses. Aus Gründen der Fertigungstechnik und der Logistik wurden Zylinder, Wassermantel und Zylinderkopf nur noch eines Zylinders zu je einem Block zusammengefasst. Die Pleuel wurden als rollengelagerte Hauptpleuel mit zweiteiligem Nebenpleuel, mittels (Gleit-)Lagerbüchsen am Hauptpleuel angelenkt, ausgebildet. Der Einblaseluft-Verdichter des G 5, Typ K 5, wurde wieder dreistufig mit Zwischenkühlung ausgeführt, und zwar in V-Bauweise, wobei jeweils eine Verdichterseite eine Motorseite versorgte. Die Nennleistung des G 5 betrug 301 kW (410 PS) bei 1.400 min^{-1}. 1930 kam der G5 auf den Prüfstand, und ein Jahr später machte er in einem Eva-Triebwagen mit elektrischer Kraftübertragung seine ersten Versuchsfahrten. Dieser Triebwagen und noch zwei weitere wurden dann als VT 872 bis VT 874 im Städtenahverkehr zwischen Frankfurt, Wiesbaden und Mainz eingesetzt (Abb. 21.4).

Abb. 21.4 Die Triebwagen VT 872 bis 874 mit dem Zwölfzylinder-Dieselmotor G 5 (noch mit Lufteinblasung) und elektrischer Kraftübertragung waren im Bereich der Reichsbahndirektion Frankfurt a. M. eingesetzt. Im Städte-Nahverkehr zwischen Frankfurt und Mainz erreichten sie Tagesleistungen von 350 km. Hier steht der VT 872 auf dem Anschlussgleis vor dem Ledigenheim des LZ-Konzerns in Friedrichshafen

In den zwanziger Jahren bekam die bis dahin konkurrenzlose Eisenbahn, zunächst langsam, aber doch unverkennbar im Kraftfahrzeug und – in gewissem Maße auch im Flugzeug – Konkurrenz. Angesichts dieser Entwicklung stellte die Reichsbahn Überlegungen an, wie die Bahnverbindungen zwischen den großen Städten des Reiches durch höhere Reisegeschwindigkeiten verbessert werden konnten. In Besprechungen mit dem Maybach-Motorenbau trug die Bahn ihre Vorstellungen vor, denen zufolge Geschwindigkeiten von 150 km/h angestrebt wurden. Daraufhin durchgeführte

Der Zweitaktmotor – nur ein Zwischenspiel

Bei der Konzeption des schnelllaufenden Dieselmotors überlegte man sich im Maybach-Motorenbau natürlich, ob das Zwei- oder das Viertakt-Verfahren vorteilhafter sei. Aus der Leistungsgleichung folgt, dass bei sonst gleichen Bedingungen ein Zweitaktmotor die doppelte Leistung des Viertakters abgibt, oder anders ausgedrückt: Bei gleicher Leistung kann ein Zweitaktmotor kleiner und leichter gebaut werden. Weitere Vorteile sind der ausgeglichenere Drehkraftverlauf, demzufolge der ruhigere Lauf. Dank der Schlitzsteuerung können die Ventile und die zu ihrer Betätigung nötige Mechanik entfallen; somit ergibt sich scheinbar ein einfacherer konstruktiver Aufbau des Motors.

Der Maybach-Motorenbau nahm 1920 die Entwicklung eines querstromgespülten Zweitaktmotors (Ein- und Auslassschlitze im Zylinder gegenüberliegend) des G 2 auf (Abb. 21.5). Im Januar 1921 wurde dann mit den Vorversuchen mit einem elektrisch angetriebenen Spülgebläse begonnen. Nach langen Bemühungen, den Motor überhaupt zum Laufen zu bringen, machte der G 2 im Juni seine ersten Umdrehungen aus eigener Kraft im Leerlauf; im Februar 1922 war man dann so weit, dass er einen ganzen Tag störungsfrei lief.

Sehr bald wurde aber deutlich, dass die Vorteile des Zweitakt-Verfahrens bei schnelllaufenden Dieselmotoren nur theoretischer Art sind:

- Die Schlitze im Zylinder mindern den wirksamen Hub und damit die erzielbare Leistung.
- Wegen der nur kurzen für den Ladungswechsel zur Verfügung stehenden Zeit (keine Leerhübe!) gestaltet sich dieser ungleich schwieriger als beim Viertaktmotor, zumal sich bei schlitzgesteuerten Motoren die Steuerzeiten nur in engen Grenzen wählen lassen (»symmetrisches Steuer-Diagramm«).
- Der Zweitakter ist thermisch und mechanisch höher belastet; besonders davon betroffen sind Kolben, Kolbenbolzen und Zylinderbüchsen.

Über dreißig Jahre sollten vergehen, bis sich der Maybach-Motorenbau wieder dem Zweitakt-Motor zuwandte. Anfang der fünfziger Jahre sollte auf der Grundlage des MD ein kompakter Motor für marinetechnische Spezialanwendungen mit erheblich höherer Leistungsdichte, nämlich 257 kW/Zylinder (350 PS/Zylinder) entwickelt werden – ein ehrgeiziges Ziel, das man nur mit dem Zweitakt-Verfahren erreichen zu können glaubte. Um für den Ladungswechsel optimale Verhältnisse zu schaffen, entschied man sich für die Gleichstromspülung (Abgas und

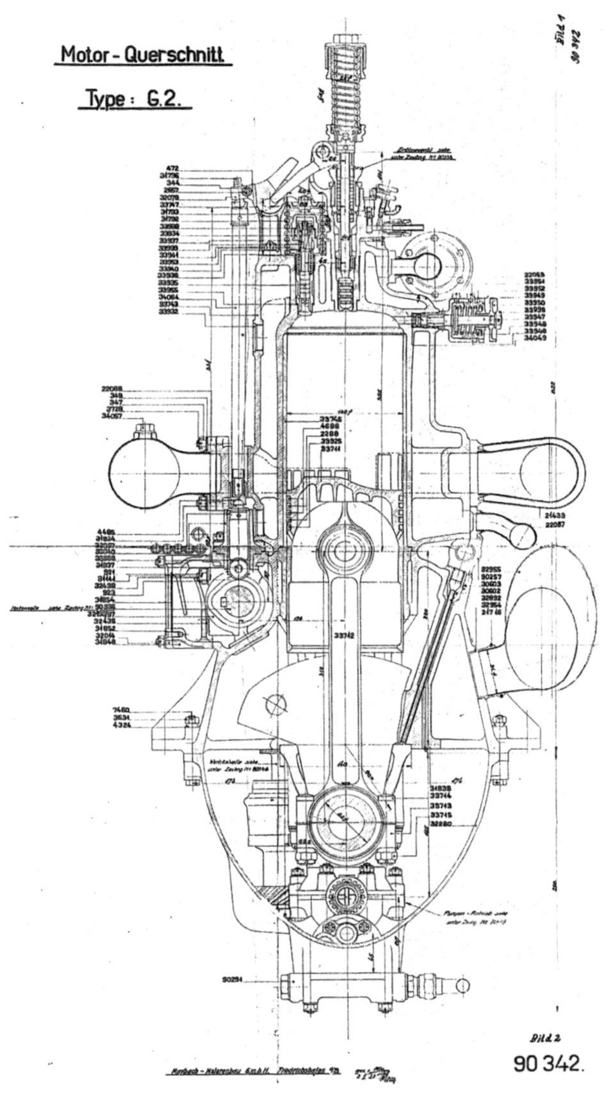

Abb. 21.5 Querschnitt des Maybach-Zweitakt-Diesel-(Versuchs-) Motors G 2 (1920): Sechszylinder-Reihenbauart, Kraftstoffeinblasung mit Druckluft; Bohrung 130 mm, Hub 180 mm, Hubraum 14.328 cm^3

Frischladung haben dieselbe Strömungsrichtung). Mit der hierfür erforderlichen Ventilsteuerung entfiel der Vorteil des einfachen konstruktiven Aufbaus. Von 1957 bis 1964 entstanden vier Varianten dieses Zweitaktmotors MZD (I bis IV):

- MZD I: Einlassventile/Auslassschlitze, erst mit selbsttätigen Ventilen (Schnüffelventile), dann Versuche mit hydraulischer und pneumatischer Steuerung (Abb. 21.6 und 21.7)

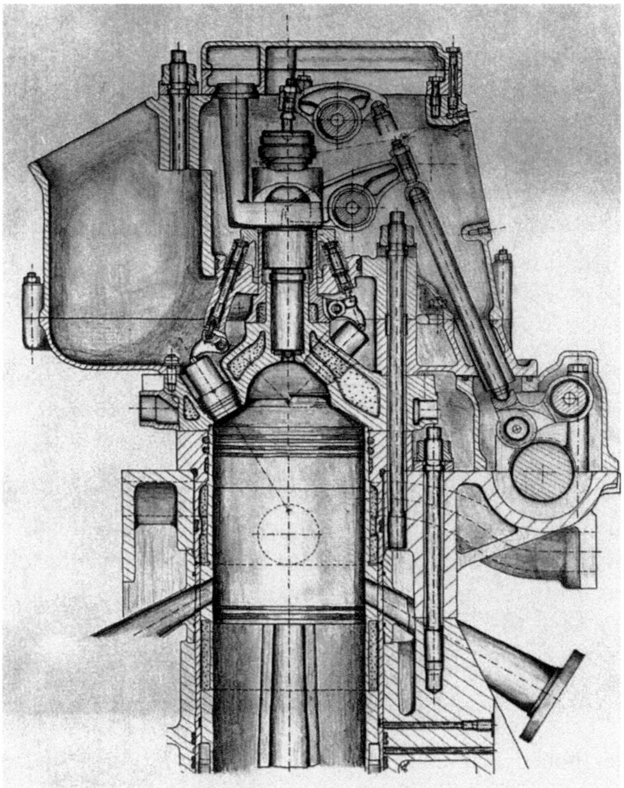

Abb. 21.6 Querschnitt des Maybach-Zweitakt-Diesel-(Versuchs-) Motors MZD I (1954): Bohrung 185 mm, Hub 220 mm

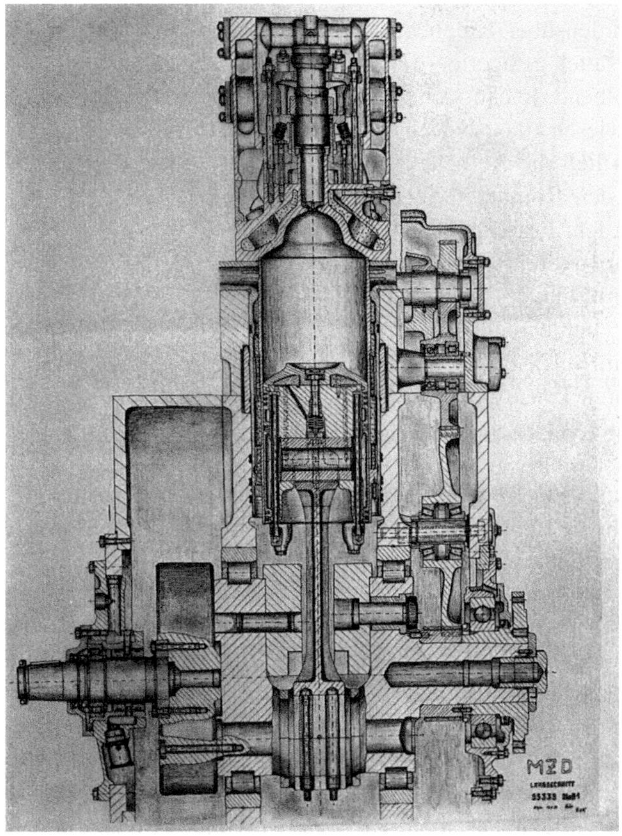

Abb. 21.7 Längsschnitt des Maybach MZD I

- MZD II: Umkehrung der Strömungsrichtung: Einlassschlitze/Auslassventile mit Zwangssteuerung (»desmodromische Steuerung«)
- MZD III: größere Zylinderabmessungen, sonst wie MZD II, jedoch mit Teil-Zwangssteuerung.
- MZD IV: wie MZD III, jedoch mit verschiedenen konstruktiven Vereinfachungen und Verbesserungen.

Mit den MZD-Motoren wurde die Erfahrung wiederholt, dass das Zweitakt-Verfahren für schnelllaufende Hochleistungs-Dieselmotoren weniger geeignet ist als das Viertakt-Verfahren. Beim MZD gab es vor allem folgende Probleme:

- Die Kolbenbolzenlagerung verlangte großen Entwicklungsaufwand, weil mangels Anlagewechsel des Bolzens (gleiche Lastrichtung bei Auf- und Abwärtshub) die Schmierung versagte.
- Während beim Viertaktmotor die Steuerung mit halber Kurbelwellen-Drehzahl arbeitet, dreht die Nockenwelle beim Zweitakter mit »ganzer« Kurbelwellendrehzahl. Massenkräfte und Schwingungsverhalten der Steuerung waren nur schwer zu beherrschen; dasselbe galt auch für die Einspritzeinrichtung.

Insgesamt hatte sich der Weg über den Zweitaktmotor für die Maybach-Schnellläufer als nicht gangbar herausgestellt.

Untersuchungen des Maybach-Motorenbaus ergaben, dass bei konventioneller Bauart des ins Auge gefassten zweiteiligen Triebwagens für 100 Personen eine Antriebsleistung von rund 1.470 kW (2.000 PS) nötig war, was damals jenseits aller technisch sinnvollen Möglichkeiten lag. Zusammen mit dem Luftschiffbau Zeppelin, in dessen Windkanal man schon früher den Luftwiderstand verschiedener Triebwagenmodelle gemessen hatte (Abb. 21.8), kam der Maybach-Motorenbau zu dem Schluss, dass die Forderungen der Reichsbahngesellschaft bei geeigneter Form des Triebwagens schon mit einer Antriebsleistung von 603 kW (820 PS) erfüllt werden konnten, was mit zwei G-5-Motoren möglich war. Die Reichsbahn ließ sich überzeugen; im Februar 1931 erteilte dann das Reichsbahn-Zentralamt in Berlin den Entwicklungsauftrag an die im Leichtbau besonders erfahrene Waggon- und Maschinenbau AG, Görlitz (WUMAG) als

Abb. 21.8 Zusammen mit dem Luftschiffbau Zeppelin hatte der Maybach-Motorenbau den Luftwiderstand verschiedener Triebwagenkopf-Formen untersucht. Anhand der Messergebnisse wurde die Triebwagenform strömungstechnisch optimiert. **a** 65 km/h: Triebwagen alter Bauart (1924); **b** 80 km/h: Leichttriebwagen (1931); **c** 100 km/h: Eiltriebwagen (1932); **d** 160 km/h: Schnelltriebwagen windschnittiger Bauart (1932)

Generalunternehmer. Der Maybach-Motorenbau erhielt den Auftrag für die Motoren und die Siemens-Schuckert-Werke den für die elektrische Ausrüstung.

Bei diesem zweiteiligen Schnelltriebwagen, VT 877a/b, war der Leichtbau konsequent verwirklicht worden. Dem kam natürlich die niedrige Leistungsmasse der kompressorlosen GO-5-Motoren entgegen, deren Leistung elektrisch auf die Triebachsen übertragen wurde. In den beiden kopfseitigen Drehgestellen befanden sich – in gesonderten Hilfsrahmen – die Dieselmotoren mit den Stromerzeugern. Die elektrischen Fahrmotoren waren im mittleren Drehgestell (»Jakobs-Drehgestell«), auf dem sich beide Wagenteile abstützten, angeordnet.

Mittlerweile war der G 5 auf die kompressorlose Einspritzung umgestellt worden, Typenbezeichnung G0 5[7]; dadurch entfiel der Einblaseluft-Verdichter (Abb. 21.9). Die mechanisch-hydraulische Einspritzung warf eine Fülle von Problemen auf, welche die Gemischbildung selbst betrafen, und solche, die sich aus dem geänderten thermodynamischen Prozess (»gemischter Prozess«) mit seinem Gleichraum-Anteil, d. h. hohen Spitzendrücken und Druckgradienten ergaben (vgl. auch S. 374ff.). Die kleinen Fördermengen der einzelnen Pumpenelemente mussten exakt eingestellt und an die wechselnden Bedingungen des Bahnbetriebes angepasst werden. Hinzu kam, dass der Pumpenantrieb mechanisch hoch belastet wurde.

Mit dem GO 5 konnte der Maybach-Motorenbau den damals leistungsstärksten schnelllaufenden Triebwagen-Dieselmotor anbieten. Dieser Motor erregte das Interesse auch ausländischer Bahngesellschaften, sodass dem Maybach-Motorenbau in der Folge eine Reihe von Aufträgen erteilt wurde, unter anderem von der Société Nationale des Chemins de fer Belges, der Compagnie de Chemins de fer du Nord Paris und 1933 ein Großauftrag über 80 Motoren von der N. V. Nederlandsche Spoorwegen. Hauptabnehmer für Triebwagen-Dieselmotoren war natürlich die Deutsche Reichsbahngesellschaft. Nach einer für damalige Verhältnisse umfangreichen Erprobung, in deren Verlauf auf der Strecke Friedrichshafen – Ulm bereits Geschwindigkeiten bis 160 km/h erreicht worden waren, wurde der VT 877a/b im Mai 1933 zwischen Hamburg und Berlin (daher die Bezeichnung »Fliegender Hamburger«) in Dienst gestellt (Abb. 21.16).

Dass man mit den Leistungswerten des GO 5, auch mit der hohen zeitlichen Auslastung dieser Motoren und mit dem Einsatz in Triebwagen verschiedener Konzeption und unter unterschiedlichen Betriebsbedingungen Neuland betreten hatte, wurde an manchen Anständen erkennbar, die bei Fahrzeugen im Rampenlicht der Öffentlichkeit, wie dem »Fliegenden Hamburger« oder wegen der großen Zahl davon betroffener Fahrzeuge wie bei der Niederländischen Eisenbahn, beträchtliche Aufmerksamkeit erregten. Oft lag es am Zubehör, seiner Auslegung, seiner Anordnung oder seiner Zuverlässigkeit; in einem Fall war es die Abstimmung der elektrischen Kraftübertragung auf den Motor, die zum Auslöser für Betriebsstörungen oder gar Motorschäden wurde. In enger Zusammenarbeit mit den Unterlieferanten, den Bahngesellschaften und natürlich in eigener, angestrengter Versuchs- und Forschungsarbeit gelang es, die Ursachen zu ermitteln und auszuschalten. Die Erkenntnisse und Erfahrungen gerade des ersten Jahrzehntes der Triebwagenmotoren sollten sich für die weitere Motorenentwicklung als außerordentlich wertvoll erweisen. Um auch den geringeren Leistungsbedarf von Triebwagen im Nebenbahnbetrieb abdecken zu können, wurde vom GO 5 ein Sechszylinder-Reihenmotor (GO 5h) abgeleitet, der bei 1.400 min^{-1} 154 kW (210 PS) leistete. Zur selben Zeit wurde als Ersatz für G-4a/b-Motoren eine kompressorlose Ausführung mit Motorüberwachung und Zugsteuerung, der GO 4, gebaut.

Die Schnelltriebwagen, von denen die Reichsbahn weitere 13 Einheiten bestellte, erfreuten sich großer Beliebtheit bei den Reisenden, sodass der Wunsch nach vermehrtem Platzangebot zur Projektierung einer dreiteiligen Einheit führte. Für den Antrieb brauchte man natürlich größere Leistungen.

[7] Das »O« steht für »ohne Kompressor«.

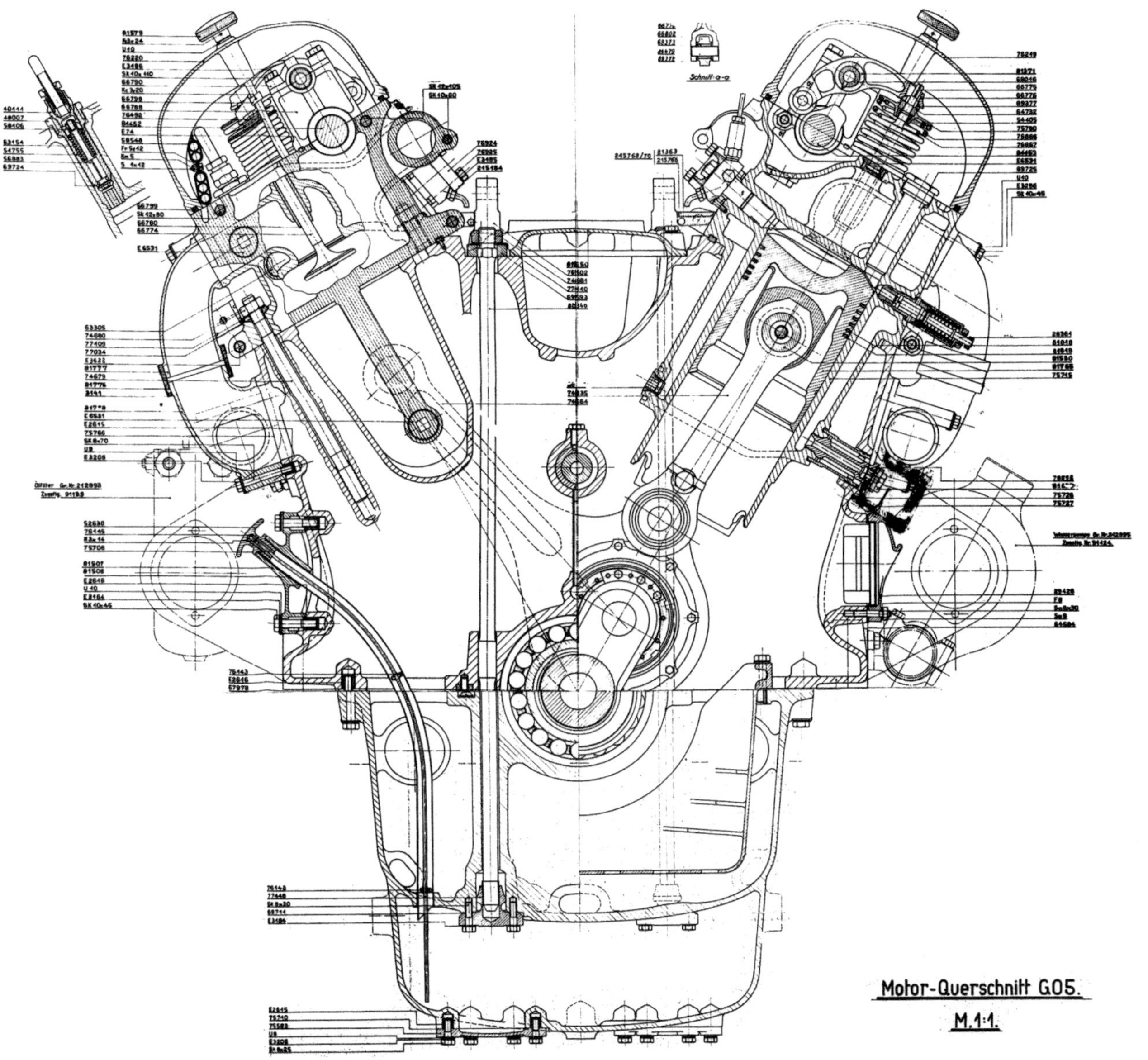

Abb. 21.9 Querschnitt des Triebwagenmotors GO 5: wassergekühlter Viertakt-Dieselmotor, direkte Kraftstoff-Einspritzung (»kompressorlose Einspritzung«), Zwölfzylinder-V-Bauart; Bohrung 150 mm, Hub 200 mm, Hubraum 42.390 cm^3, Leistung 301 kW (410 PS) bei 1.400 min^{-1}

Dem entsprach mit 440 kW (600 PS) bei 1.400 min^{-1} der neue, abgasturboaufgeladene GO-6-Motor.

Der Maybach-Motorenbau hatte schon Anfang der dreißiger Jahre Verbindung mit dem Büchi-Syndikat[8] aufgenommen, weil man die Möglichkeiten, die gerade für Hochleistungsmotoren in der Abgasturboaufladung (ATL) steckten, klar erkannt hatte. Die vereinbarte Zusammenarbeit wurde vertraglich abgesichert und umgehend in die Tat umgesetzt. Um das Potenzial der Abgasturboaufladung optimal auszunutzen, wurde nicht einfach der GO 5 aufgeladen, sondern ein neuer Motor GO 6 (Abb. 21.17) unter Beachtung aufladetechnischer Belange gebaut; dieser wurde dadurch zum ersten schnelllaufenden, abgasturboaufgeladenen Dieselmotor hoher Leistung. Mit der gegenüber dem GO 5 um 10 mm größeren Bohrung (ø 160 mm) war eine solide Leistungsreserve vorhanden. In Hinblick auf kurze Gaswege führte man die Ein- und Auslasskanäle zur Motorinnenseite, durch je zwei Ein- und Auslassventile je Zylinder wurde der Ladungswechsel verbessert; betätigt wurden diese über Schwinghebel und Rollen, Lenkerhebel und Traverse von den in den Zylinderoberteilen gelagerten Nockenwellen. Beim GO 5 war die Einbaulage der Einspritzdüse durch die ursprünglich vorgesehenen Einblaseventile vorgegeben ge-

[8] Zur Nutzung seiner Patente insbesondere über die Stoßaufladung hatte der Schweizer Ingenieur Alfred Büchi zusammen mit der Schweizer Lokomotiv- und Maschinenfabrik Winterthur und der Brown, Boveri & Cie., Baden/Schweiz, 1926 das »Büchi-Syndikat«gegründet.

Gemischbildung und Verbrennung bei Dieselmotoren

Die ersten Dieselmotoren des Maybach-Motorenbaus arbeiteten mit Druckluft-Einblasung des Kraftstoffes, bei der hochverdichtete Luft den Kraftstoff durch Lochplatten in der Düse in den Zylinder »einbläst« (Abb. 21.10). Der apparative Aufwand für diese Art der Gemischbildung in Gestalt des Einblaseluft-Verdichters, der Einblaseventile, der Taumelscheiben-Kraftstoffpumpe und der Regelung der Einblaseluft-Menge war groß, die Entwicklung mit manchen Rückschlägen verbunden. Diese Nachteile förderten nachhaltig die Arbeiten an der Kraftstoff-Einspritzung ohne Einblaseluft.

Schon vor dem Ersten Weltkrieg arbeiteten Vickers in England und die Gasmotoren-Fabrik Deutz an der »kompressorlosen« Einspritzung. Während James McKechnie bei Vickers der direkten Einspritzung den Vorzug gab, entwickelte Prosper L'Orange erst bei Deutz, dann bei Benz bzw. bei den Motorenwerken Mannheim (MWM) eine indirekte Einspritzung mittels Vorkammer. Mitte der zwanziger Jahre waren beide Verfahren so weit, dass »kompressorlose« Dieselmotoren für Schlepper und Nutzkraftwagen gebaut werden konnten: Vorkammer-Motoren von Benz bzw. Daimler-Benz und Direkteinspritzer von der MAN.

Der Maybach-Motorenbau verhielt sich damals noch abwartend; er hatte auch genug andere Probleme zu lösen. Die ersten Zwölfzylinder-Motoren G 5, Entwicklungsbeginn 1927, wurden noch mit Druckluft-Einblasung (Abb. 21.11) gebaut, gleichzeitig arbeitete man aber intensiv an der mechanisch-hydraulischen Einspritzung. Weil man beim MM wegen der hohen Pumpendrücke

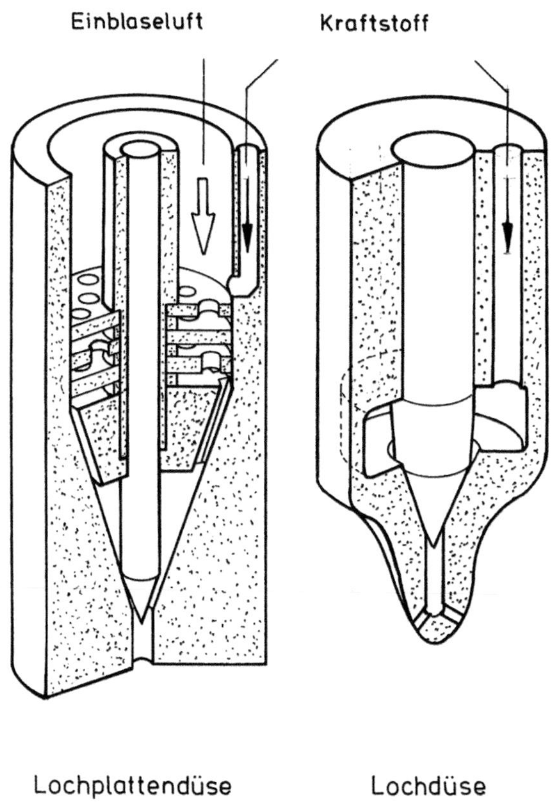

Abb. 21.10 Entwicklungsschritte der dieselmotorischen Gemischbildung. *Links*: Kraftstoff-Einblasung mittels Druckluft; Lochplattendüse eines Einblaseventils. Beim Durchtritt durch die Bohrungen der zueinander versetzten Lochplatten vermischte sich die Einblaseluft innig mit dem Kraftstoff und riss diesen, nachdem die Düsennadel – mechanisch betätigt – angehoben wurde, in den Brennraum. *Rechts*: direkte Kraftstoff-Einspritzung; mechanisch-hydraulisch betätigte Einspritzdüse. Wenn der Kraftstoffdruck so weit angestiegen ist, um die Düsennadel gegen die Kraft einer Feder anzuheben, beginnt die Einspritzung

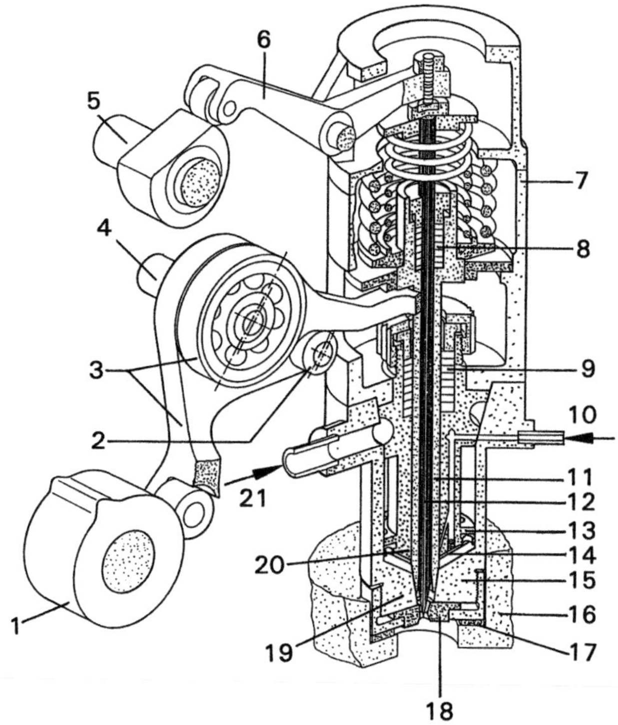

Abb. 21.11 Aufbau eines Einblaseventils für Dieselmotoren mit Druckluft-Einblasung des Kraftstoffes, Bauart Maybach (1924). Der komplizierte Aufbau lässt erahnen, welche Probleme solche Düsen in Fertigung, Montage und vor allem im Motorbetrieb bereiteten. *1* Kraftstoffnocken mit konstantem Hub, *2* feste, exzentrisch gelagerte Rolle zur Einstellung des Nadelhubes, *3* zweiteiliger Betätigungshebel für die Kraftstoffnadel (Hubeinstellung durch Verdrehen der Hebelteile gegeneinander), *4* exzentrisch gelagerte Drehachse (Einstellung der Steuerzeiten), *5* Regulierwelle zur Betätigung der Zerstäuberdüse (Luftquerschnitt), *6* Betätigungshebel für Reguliernadel, *7* Ventilgehäuse-Oberteil, *8* Metallringpackung, *9* Metallringpackung mit innenspannenden GG-Kolbenringen, *10* Kraftstoff, *11* Kraftstoffnadel, *12* Reguliernadel, *13* Lochplatten, *14* Spiralnuten, *15* Ventilgehäuse-Unterteil, *16* Zylinderwand, *17* Kupferasbestdichtung, *18* Zerstäuberdüse, *19* Kraftstoffnadelsitz, *20* Zerstäuberkörper, *21* Einblaseluft

gegen die »Schieber-Pumpe«, d.h. die nach dem Überströmprinzip mit Schrägkanten-Steuerung arbeitende Pumpe, Bedenken hegte, gab man der ventilgesteuerten Pumpe, Bauart Deckel, den Vorzug. Ungeachtet der einfacheren Konstruktion der einzelnen Bauteile der mechanisch-hydraulischen Einspritzung gestaltete sich deren Entwicklung schwierig, nicht nur was die Einspritzung selbst anbelangt, sondern auch wegen deren Auswirkungen auf den gesamten Motor. Während der thermodynamische Prozess bei der Druckluft-Einblasung dem »Gleichdruck-Prozess« (»klassischer Diesel-Prozess«) mit »weicher« Verbrennung, d.h. relativ niedrigem Spitzendruck und flachem Druckanstieg (»Druckgradient«) entsprach, erfolgt die Verbrennung bei der mechanisch-hydraulischen Einspritzung nach dem »gemischten Prozess«, wie er von M. Seiliger (»Seiliger-Prozess«) beschrieben worden ist, mit Wärmezufuhr erst bei konstantem Volumen, dann bei konstantem Druck.

Bei der direkten Einspritzung des Kraftstoffes (Abb. 21.12) in den Zylinder wie bei den GO-Motoren ist der »Gleichraum-Anteil« an der Wärmezufuhr größer als beim Vorkammer-Verfahren. Die Motoren wurden wegen der sich hieraus ergebenden höheren Spitzendrücke und wegen des steilen Druckanstieges mechanisch hoch belastet. Deshalb stellte der Maybach-Motorenbau 1938 seine Dieselmotoren auf das Vorkammer-Verfahren um: Man versprach sich (trotz Leistungssteigerung) wegen der weicheren Verbrennung eine Entlastung der Pleuellager. Im Vorkammer-Motor wird der Kraftstoff in einem kompakten Strahl (daher die Einloch-Zapfendüse) in die vom Hauptbrennraum (Zylinder) abgetrennte Vorkammer eingespritzt. Wegen des relativ zur gesamten Kraftstoffmenge herrschenden Luftmangels in der Vorkammer kann dort nur ein Teil davon verbrennen. Der Gasdruck treibt den unverbrannten Kraftstoff und das brennende Gemisch in den Hauptbrennraum. Durch diese intensive Gemischaufbereitung verläuft die Verbrennung weich, der Zündverzug (Zeit von Einspritzbeginn bis zur Zündung) ist kurz; deshalb eignete sich das Vorkammer-Verfahren besonders für schnelldrehende Motoren.

Nachteilig ist jedoch der gegenüber der Direkteinspritzung größere spezifische Kraftstoffverbrauch: Die Vorkammer muss intensiv gekühlt werden, was bei dem Verhältnis der Oberfläche zum Volumen entsprechend höhere Wärmeverluste zur Folge hat. Beim Verdichten muss der Kolben die Luft durch die mehr oder weniger engen Übertrittsbohrun-

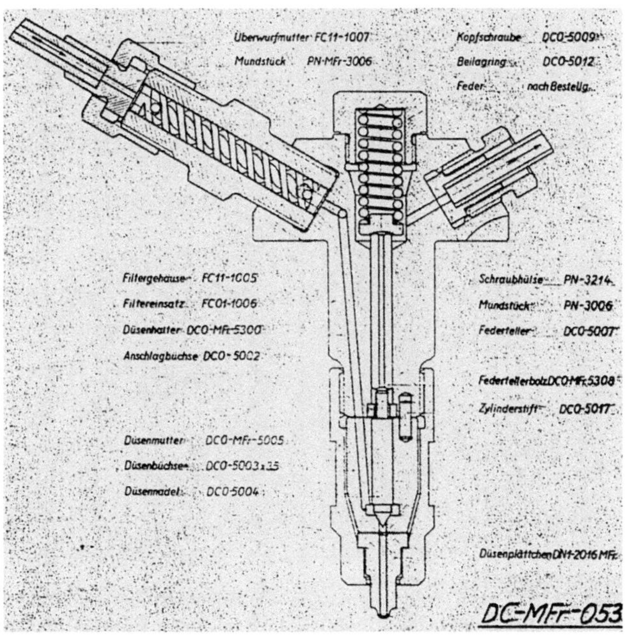

Abb. 21.12 Wenngleich die »kompressorlose Einspritzung« mithilfe einer mechanisch-hydraulisch betätigten Einspritzdüse (Motor GO 5) anfänglich auch beträchtliche Schwierigkeiten bereitet hatte, so waren die Vorteile der einfachen Düsen evident – ganz abgesehen davon, dass man keinen Einblaseluft-Verdichter mehr brauchte

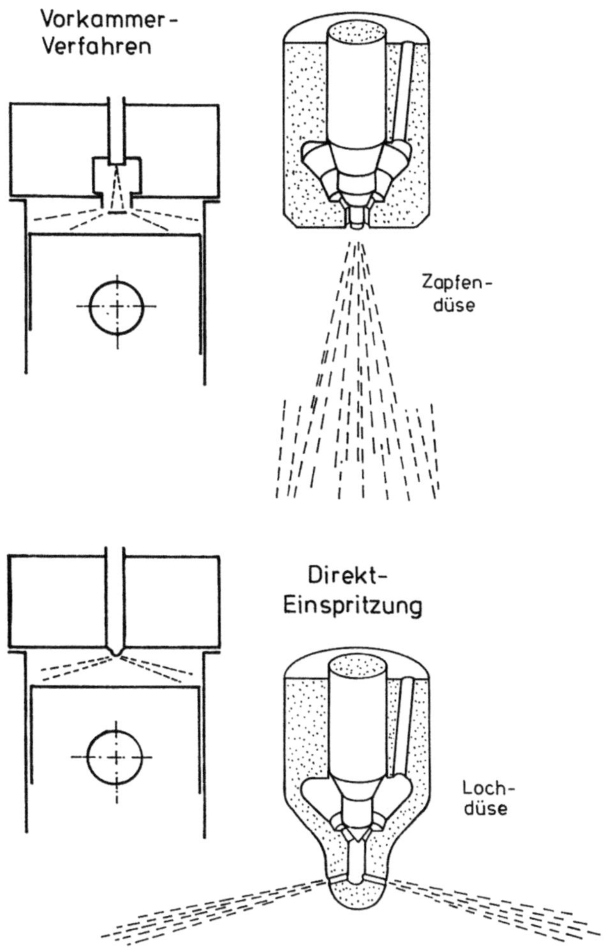

Abb. 21.13 Funktionsschema des Vorkammer-Verfahrens und der Direkteinspritzung

gen in die Vorkammer schieben (»Überschiebeverluste«). Dabei wird die Luft gedrosselt und abgekühlt; das Startverhalten ist schlechter.
Auch die Motoren der nach dem Krieg entwickelten MD-Baureihe arbeiteten nach dem Vorkammer-Verfahren, im Gegensatz dazu die GTO-Motoren, bei denen der Kraftstoff direkt in die Zylinder eingespritzt wurde (Abb. 21.13). Eine Besonderheit des MD ist die mit der Firma L'Orange zusammen entwickelte Pumpedüse (Abb. 21.14), in der Einspritzpumpe und -düse zu einem Gerät vereint sind. Wie der Entwurf von R. Lang (Abb. 21.15) zeigt, beschäftigte man sich beim Maybach-Motorenbau bereits 1945 mit der Pumpedüse. Da Gemischbildung und Verbrennung komplexe Vorgänge sind, wurde eine Vielzahl von Brenner- und Vorkammer-Varianten für die MD-Motoren entwickelt, die zusammen mit den verschiedenen Ausführungsarten der Einspritzdüsen so optimiert werden mussten, dass nicht nur die Leistung, sondern auch der Verbrauch und die Schwärzungsziffer (Abgastrübung) gute Werte annahmen, und zwar über einen möglichst großen Drehzahlbereich. Früher schaffte man das nicht für alle Einsatzfälle des Motors gleichermaßen gut, sodass der MD zeitweise – je nach Einsatzfall – mit unterschiedlicher Einspritzausrüstung geliefert wurde: mit der serienmäßigen Mitstromdüse (die Düse öffnet in Strömungsrichtung) und als Sonderausführung mit einer Gegenstromdüse (die Düse öffnet entgegen der Strömungsrichtung).
Der höhere spezifische Kraftstoffverbrauch, aber auch sonstige Nachteile des Vorkammer-Verfahrens bei größeren Motoren führten dazu, dass der als Vorkammer-Motor projektierte MC, von dem auch der erste Versuchsmotor so gebaut wurde, auf direkte Einspritzung umgestellt wurde. Aus konstruktiven Gründen hatte der MC Einzeleinspritzpumpen statt der bewährten Pumpedüsen.

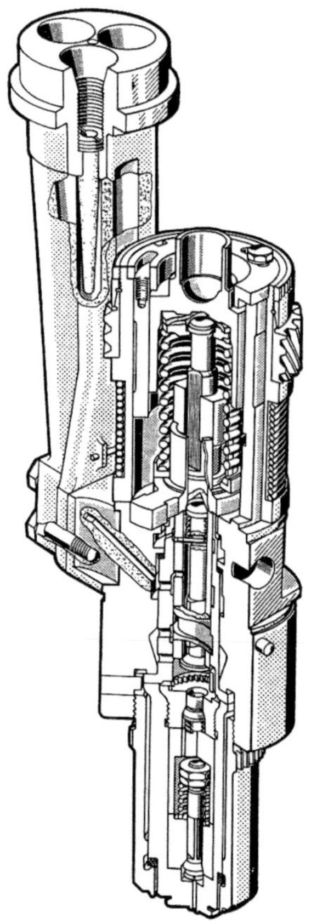

Abb. 21.14 Ausgehend von den ersten Lang'schen Entwürfen wurde in Zusammenarbeit mit der Firma L'Orange diese Pumpedüse für die MD-Motoren entwickelt

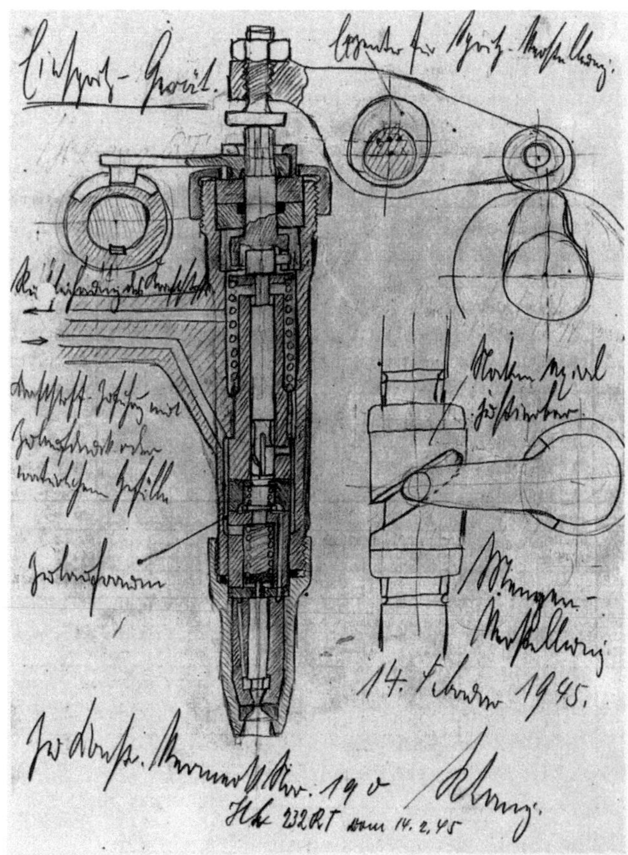

Abb. 21.15 Durch Zusammenfassen von Einspritzpumpe und -düse entstand die »Pumpedüse«, wie sie hier in einem Entwurf von R. Lang aus dem Jahre 1945 zu sehen ist

Abb. 21.16 Angetrieben von zwei GO-5-Motoren legte der Schnelltriebwagen VT 877a/b (»Fliegender Hamburger«) die 287 km lange Strecke von Hamburg nach Berlin 1933 in 141 Minuten zurück. Die Durchschnittsgeschwindigkeit betrug 125 km/h, die Höchstgeschwindigkeit 160 km/h

Abb. 21.17 Erster schnelllaufender Dieselmotor größerer Leistung mit Abgasturboaufladung, Typ GO 6: wassergekühlter Viertakt-Dieselmotor, Zwölfzylinder-V-Bauart, direkte Einspritzung; Bohrung 160 mm, Hub 200 mm, Hubraum 48.230 cm^3, Leistung 441 kW (600 PS) bei 1.400 min^{-1}

wesen. Jetzt brauchte man keine Kompromisse dieser Art mehr zu schließen, weshalb die Düse zentral zwischen den Ventilen angeordnet werden konnte. Ebenfalls abweichend vom GO 5/5h waren beim GO 6 je zwei Zylinder zu einem Doppelblock zusammengefasst.

Der Abgasturbolader, bestehend aus Axialturbine und Radialverdichter mit Innen-(Wälz-)Lagerung, wurde, wie später bei allen serienmäßigen Maybach-Motoren, stehend im Motorsattel angeordnet. Der GO 6 kam unter anderem in den dreiteiligen Schnelltriebzügen der Bauarten »Leipzig« und »Köln« zum Einsatz. Am 17. Februar 1936 stellte ein solcher Triebzug mit 205 km/h zwischen Hamburg und Berlin den Weltrekord für serienmäßige Schienenfahrzeuge auf. Drei Jahre später erreichte der mit zwei GO 6 motorisierte SVT 137 155, »Bauart Kruckenberg«, bei einer Versuchsfahrt zwischen Berlin und Hamburg mit 215 km/h eine neue Rekordgeschwindigkeit (Abb. 21.18).

Parallel zum ATL-Motor GO 6 wurden auch die Saugmotoren weiterentwickelt, wobei man die Zylinderabmessungen und darüber hinaus verschiedene konstruktive Elemente des GO 6 übernahm. Es entstanden der GO 56 und der GO 56h[9]. Weil bei den Saugmotoren keine Notwendigkeit bestand, die Gaskanäle zur Motorinnenseite zu führen, wählte man die Querstrom-Anordnung, was allerdings eine vom GO 6 abweichende Ventilbetätigung erforderte. 1938 wurden die Saug- und die ATL-Motoren auf das Vorkammer-Verfahren umgestellt. Das ließ größere Leistungen ohne höhere Belastung der Motoren zu. In den Typenbezeichnungen sind diese Motoren an dem fehlenden »O« zu erkennen: G 6 (478 kW [650 PS]), G 56 (331 kW [450 PS]) und G 56h (184 kW [250 PS]). Eine leistungsgesteigerte Ausführung des G 6 mit liegend angeordnetem Abgasturbolader, der G 7, wurde erprobt: Auf dem Prüfstand wurden 550 kW (750 PS) gemessen. Wegen des Kriegsausbruchs 1939 ging der G 7 nicht mehr in Serie.

Der Maybach-Motorenbau hatte in den Jahren von 1925 bis 1940 über 800 Triebwagenmotoren an die Reichsbahn und andere Bahngesellschaften geliefert. Nach Überwindung der Anfangsschwierigkeiten, die bei der anspruchsvollen Technik der Motoren und der Neuheit des Triebwagenbetriebes nicht ausbleiben konnten, war es in kurzer Zeit gelungen, sich den Ruf als führender Hersteller auf dem Gebiet schnelllaufender Dieselmotoren für die Schienentraktion zu erwerben. So war es denn auch eine besondere Genugtuung, als die Niederländischen Eisenbahnen 1938/1940 zwanzig fünfteilige Triebzüge ausschließlich mit insgesamt 60 G-6-Motoren ausrüsteten:

> »... zu dem Bedürfnis nach größeren Zugeinheiten und damit zur Beschaffung von nicht weniger als zwanzig 1.950-PS-Triebwagenzügen, für die auf Grund der guten Erfahrungen, die man mit den 35 mit Maybach-Motoren ausgerüsteten Drei-Wagen-Zügen machte, ausschließlich diese Motoren Verwendung fanden ...«[10]

[9] Die Typenziffer »56« weist auf die Synthese von GO 5 und GO 6 hin; das »h« bedeutet »halbe Zylinderzahl«, also Sechszylinder-Motor.

[10] K. Hönig: »Die fünfteiligen 1.950-PS-Diesel-Triebwagenzüge der Niederländischen Eisenbahnen«. In: *Glasers Annalen 64* (1940) Nr. 17.

Abb. 21.18 Der von der »Flugbahn-Gesellschaft« entwickelte dreiteilige Leichtbau-Schnelltriebzug SVT 137 155 (nach einem der Gründer als »Kruckenberg-Zug« bezeichnet) hatte zwei Antriebsanlagen, bestehend aus GO-6-Motor und hydraulischem Getriebe. Auf einer Versuchsfahrt zwischen Berlin und Hamburg am 23. Juni 1939 wurden 215 km/h erreicht

21.3 Motor, Zubehör und Fahrzeug

Bei der Entwicklung des schnelllaufenden Dieselmotors konnte sich der Maybach-Motorenbau nicht nur auf den eigentlichen Motor beschränken, sondern er musste mangels geeigneter Anbieter neben dem Motorzubehör im engeren Sinne (Einspritzeinrichtung, Regler usw.) auch das Zubehör im weiteren Sinne (Getriebe, Kühler usw.) entwickeln. Da eine Kette nur so stark ist wie ihr schwächstes Glied, riefen Anstände mit dem Zubehör oft gravierende Funktionsstörungen und auch Schäden an Motor, Kraftübertragung und Fahrzeug hervor. Es blieb dem Maybach-Motorenbau deshalb nichts anderes übrig, als das Zubehör selbst zu entwickeln.

In den Fällen, wo er auf Teile anderer Hersteller zurückgreifen konnte, musste der MM die Federführung in der Entwicklung übernehmen, weil die Unterlieferanten mit den besonderen Bedingungen des Motorbetriebes nicht vertraut waren. Die Spannweite der Aufgaben, die sich dem Maybach-Motorenbau somit stellten, wird deutlich, wenn man sich vergegenwärtigt, welche Bereiche beim Einbau des Motors in ein Fahrzeug angesprochen sind: Motorlagerung im Fahrzeug, hier im Drehgestell, Drehmomentenübertragung zum Getriebe oder zum Generator, Luft- und Kraftstoffzu- und Abgasabfuhr, Kühlung des Motorkühlwassers, Überwachung und Anzeige von Motor- und Fahrzeugfunktionen sowie die Motorsteuerung von zwei Führerständen aus. Jeder dieser Bereiche musste entwickelt, funktional verbessert und – vor allem – für den rauen Bahnbetrieb standfest gemacht werden. Heute gibt es in jeder Motorenfabrik Projektierungsabteilungen, die auf Einbaufragen spezialisiert sind, und es gibt eine leistungsfähige Zulieferindustrie; kurzum, Einbaufragen werden heute routinemäßig gelöst. In den zwanziger und dreißiger Jahren war das anders: Damals mussten die Erfahrungen, auf denen man heute aufbaut, erst gesammelt werden.

Ein Vorteil der schnelllaufenden und deshalb leichten Maybach-Dieselmotoren war, dass man sie im Drehgestell der Schienenfahrzeuge unterbringen konnte. Das geschah bei den Triebwerken der Reichsbahn in besonderen Hilfsrahmen, die mehrfach konstruktiv abgewandelt werden mussten, bis sie einerseits steif genug waren, um den Motor sicher aufzunehmen, andererseits hinreichend elastisch, um dem Motor nicht die Verformungen des Drehgestells aufzuzwingen.

Die Motoren wurden durch Verkleidungen aus Stahlblech und Holz gegen das Fahrzeug gekapselt, ihre Verbrennungsluft saugten sie aus dem Raum um das Drehgestell an. Bei den ersten Triebwagen bereitete das keinerlei Schwierigkeiten. Als dann aber höhere Geschwindigkeiten gefahren werden konnten, bildeten sich in den Drehgestellnischen Luftwirbel (»Totwasser«), was dazu führte, dass sich die Luft aufheizte und mit dem Metallstaub von den Bremsklötzen anreicherte.

Weil nun die Motoren ihre Verbrennungsluft durch Öffnungen seitlich im Kurbelgehäuse, die nur mit grobmaschigen Drahtsieben abgedeckt waren, durch den Kurbelraum ansaugten, gelangten Schmutz und Metallabrieb in das Schmieröl, was den Zylinderverschleiß in die Höhe trieb. Daraufhin wurde die Verbrennungsluft über eine Druckhutze auf dem Wagendach in den Drehgestellraum geführt, wo sich jetzt ein leichter Überdruck bildete, der den Schmutzzutritt zum Motor verhinderte.

Den Motor mit Kraftstoff zu versorgen, scheint nun wirklich nicht schwierig zu sein. Die einfachste Art ist, den oder die Kraftstoffbehälter so hoch zu lagern, dass der Kraftstoff dem Motor von alleine zufließt. Es muss aber sichergestellt werden, dass bei Undichtigkeiten oder gar Bruch einer Leitung nicht der ganze Kraftstoffvorrat ausläuft und sich entzündet. Nachdem es eben deswegen einige Motorraum- und Fahrzeugbrände gegeben hatte, wurde eine Sicherheitsvorrichtung geschaffen, die darin bestand, dass ein Sicherheitsventil im Kraftstoffbehälter durch ein »Schmelzband« gegen die Kraft einer Feder offen gehalten werden musste. Wenn die Temperatur im Motorraum über 120 °C stieg, schmolz das aus einer Legierung mit niedrigem Schmelzpunkt bestehende Verbindungsstück der beiden Schmelzbandhälften; das Band riss, woraufhin die Feder das Kraftstoffventil schloss.

In den Triebwagen einer ausländischen Bahngesellschaft waren die Kraftstoffbehälter aus baulichen Gründen unter dem Wagenboden angeordnet. Weil damals die mechanischen und elektrischen Kraftstoff-Förderpumpen noch recht störanfällig waren, wurde der Kraftstoff stattdessen mittels Druckluft aus dem Bremsluftbehälter zu den Einspritzpumpen gefördert (»Windkessel-Prinzip«). Um die dünnwandigen Kraftstoffbehälter mit ihren beträchtlichen Flächen durch den Luftdruck nicht zu überlasten, reduzierte man diesen mit dem Ergebnis, dass er bei bestimmten Bedingungen nicht mehr ausreichte, um die Einspritzpumpen genügend und gleichmäßig mit Kraftstoff zu versorgen. Außerdem reicherte sich der Kraftstoff mit Luft an, wodurch er »elastischer« wurde, was gleichfalls die Einspritzung beeinträchtigte. Das wiederum wirkte sich auf die Verbrennung aus; die einzelnen Zylinder wurden unterschiedlich belastet, die Drehkraftschwankungen hieraus beanspruchten das Triebwerk zusätzlich. Wie man sieht, ist der Zusammenhang zwischen Ursache und Wirkung bisweilen sehr verschlungen. Das erklärt auch, warum in dem einen Fall die Motoren durchaus zufriedenstellend arbeiteten, im anderen hingegen Schwierigkeiten bereiteten.

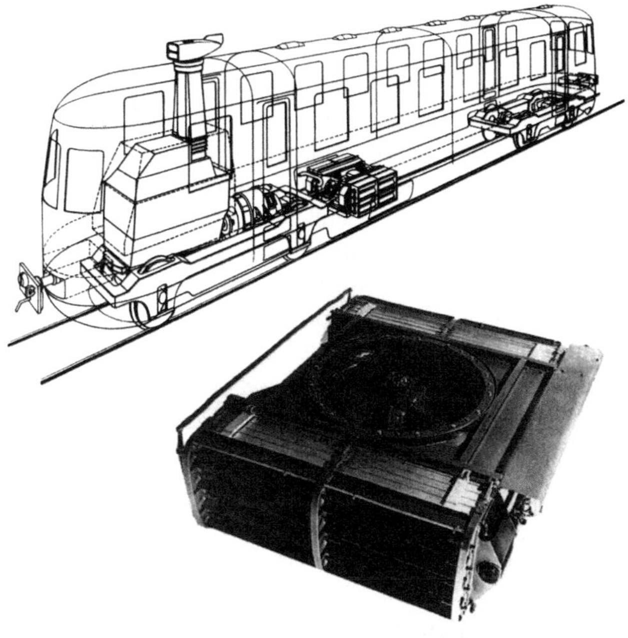

Abb. 21.19 Maybach entwickelte nicht nur Motoren und Getriebe, sondern auch das Motorzubehör wie z. B. diese Kühlergruppe KG 1 mit eingebauter Lüfterkupplung für Motorleistungen von 330 kW (450 PS) und 478 kW (650 PS). Das *obere Bild* zeigt die Einbaulage (Anordnung) hinter dem Maschinendrehgestell

Sehr viel Entwicklungsarbeit kosteten die Motorkühlwasser-Rückkühlanlagen. Man muss sich ins Gedächtnis rufen, dass im Kühler etwa die gleiche Leistung umgesetzt wird, wie der Motor an der Kurbelwelle abgibt. Das erfordert leistungsstarke, wegen des Raummangels bei Fahrzeugmotoren aber auch kompakte Kühlanlagen. Nachdem die Kühler der ersten Triebwagenmotoren auf dem Wagendach angeordnet waren, mussten bei größeren Motorleistungen die Kühlanlagen unter dem Wagenkörper untergebracht werden, weil sie für das Dach zu voluminös und zu schwer wurden. Der Lüfter wurde direkt vom Motor angetrieben, eine Regelung war anfangs nicht vorgesehen. Bei niedrigen Außentemperaturen kühlte sich das Kühlwasser dadurch zu stark ab. Wenn jetzt nach Warmlaufen des Motors das Thermostatventil die Bypass-Leitung zwischen Motor und Kühler schloss, gelangte kaltes Wasser in den Motor. Thermische Risse in den Zylindern waren die Folge. Mit einer temperaturgeregelten Lüfterkupplung wurde ermöglicht, dass sich der Lüfter nach Bedarf zu- und abschaltete. Damit hatte man den einen Übelstand beseitigt.

Ein anderer mit gleicher Wirkung war die Kopplung von Kühl- und Heizkreislauf. Es lag ja nahe, die Motorwasserwärme zum Heizen des Fahrgastraumes zu nutzen, doch beim Zuschalten des Heizkreislaufs zum Kühlkreislauf bekam der Motor wieder zu kaltes Wasser. Man trennte deshalb die beiden Kreisläufe konstruktiv; die Wärme wurde jetzt mittels eines Wärmetauschers von dem einen zum anderen Kreislauf übertragen. Bei niedrigen Außentemperaturen ließ man die

Motoren im Leerlauf warmlaufen, was – wie man erkennen musste – den Ölkohleaufbau an Kolben und Ventilen begünstigte. Daraufhin wurde Dampf in das Kühlwasser geblasen, um es schnell auf Temperatur zu bringen. Nun sind Dampfblasen im Kühlwasser alles andere als erwünscht, sodass man einen gesonderten »Heiztauscher« mit einer Umwälzpumpe in den Kühlkreis schaltete, außerdem noch einen regelbaren Ölheizofen, womit das Kühlwasser vorgewärmt und bei Bedarf, z. B. bei längeren Stillstandzeiten, die Fahrgasträume auch unabhängig von der Motorwasserwärme geheizt werden konnten. Das Endprodukt dieses Erfahrungs- und Lernprozesses waren die Maybach-Kühlergruppen (Abb. 21.19), z. B. die KG 2 mit einer Kühlleistung von 407 kW (350.000 WE/h) bei 35 °C Außentemperatur und 80 °C mittlerer Wassertemperatur im Kühler. Diese Kühlergruppe bestand aus dem eigentlichen Motorwasser-Wärmetauscher, dem Heiztauscher, dem Kühlwasserausgleichsbehälter mit Wasserstandsüberwachung, der Umwälzpumpe, dem Regler, dem Lüfter mit regelbarer Lüfterkupplung und den Kühlerjalousien. Jedes Detail musste an die Erfordernisse des Bahnbetriebes angepasst, erprobt und verbessert werden.

Auch auf diesen »Randgebieten« der Motorentechnik leistete der Maybach-Motorenbau Pionierarbeit. Wenn er sich hieraus nach dem Zweiten Weltkrieg zurückzog, weil Spezialfirmen auf ihren jeweiligen Gebieten mittlerweile auch mit den Belangen der Motorentechnik vertraut waren, so kann das firmeneigene Know-how in seinem Wert doch nicht hoch genug eingeschätzt werden.

Da die Motorenanlagen in den Triebwagen »wachfrei« gefahren wurden, mussten eigens die dafür nötigen Grenzwertgeber, Überwachungs- und Anzeigegeräte entwickelt werden, ebenso die Zugsteuerung, um mehrere gekuppelte Einheiten von einem Fahrstand aus fahren zu können. Der Maybach-Motorenbau hatte sich immer mehr mit Aufgaben

Der Einblaseluft-Verdichter – ein aufwendiges Motorzubehör

Dem Stand der Technik in den zwanziger Jahren entsprechend arbeiteten die ersten Dieselmotoren des Maybach-Motorenbaus nach dem Prinzip der Druckluft-Einblasung des Kraftstoffes. Hierfür benötigte man einen speziellen Verdichter (»Kompressor«), der die »Einblaseluft« auf Werte deutlich höher als den Verdichtungsenddruck des Motors verdichtete. Solche Gesamtdruckverhältnisse verlangten schon wegen der Rückexpansion und wegen des Wirkungsgrades einen mehrstufigen Verdichter, wobei man mit der dreistufigen Ausführung einen Kompromiss zwischen Bauaufwand und gewünschtem gutem Wirkungsgrad fand:

- Niederdruck-Zylinder: Bohrung 108 mm, Hub 110 mm
- Mitteldruck-Zylinder: Bohrung 60 mm, Hub 70 mm
- Hochdruck-Zylinder: Bohrung 30 mm, Hub 70 mm

Für die sechs Zylinder der G-4a/b-Motoren förderte der Maybach-Verdichter, Typ K 2a/b einen Einblaseluft-Volumenstrom von 16 m^3/s bei 105 bar. Neben dem konstruktiven Aufwand, den der Verdichter erforderte, waren natürlich auch seine Abmessungen und sein Gewicht von Nachteil, ebenso ging seine Antriebsleistung von der Motorleistung ab. Hinzu kam, dass der Verdichter eine sehr empfindliche Maschine war, die vor allem an den Ventilen zu Störungen neigte. Lediglich einen Vorteil hatte die Gemischbildung mithilfe der Einblaseluft: Der Motor ließ sich in der Leistung leichter regeln, als es bei direkter Einspritzung des Kraftstoffes damals möglich war.

Der K 2a/b war auf der Gegenkupplungsseite des Motors angeordnet und wurde mittels einer Doppelgelenkwelle angetrieben; er lief dauernd mit. Zur Verbesserung des Wirkungsgrades, auch aus Gründen der Betriebssicherheit, wurde die Luft nach jeder Stufe rückgekühlt. Die Zwischenkühler waren baulich in den Verdichter integriert und so in den Motorwasserkreislauf geschaltet, dass das Wasser erst durch den Verdichter und dann durch den Motor floss.

Das Kurbelgehäuse war zweiteilig ausgeführt, das Triebwerk rollengelagert. Jede Druckstufe hatte einen leicht demontierbaren Ventilsatz, in dem die selbsttätigen Saug- und Druckventile zusammengefasst waren. Lediglich das Saugventil der Niederdruckstufe wurde mit Rücksicht auf einen guten volumetrischen Wirkungsgrad über einen Exzenter zwangsgesteuert. Ein Regler regelte den Verdichter so, dass bei Nenndrehzahl ein Enddruck von etwas über 100 bar eingehalten wurde. Damit bei niedrigen Drehzahlen, wenn der Motor weniger Einblaseluft brauchte, der Gegendruck nicht unzulässig anstieg, wurde der Druckregler über ein Steuerventil so mit dem Enddruck beaufschlagt, dass er das Ansaugdrosselventil der Niederdruckstufe schloss. Weil der Motor weiterhin (wenn auch weniger) Luft verbrauchte, nahm der Gegendruck ab und das Ansaugdrosselventil wurde wieder geöffnet.

Auch für den Zwölfzylinder-V-Motor G 5 musste ein Einblaseluft-Verdichter entwickelt und gebaut werden, weil der Maybach-Motorenbau Ende der zwanziger Jahre der »kompressorlosen« Einspritzung (mechanisch-hydraulische Einspritzung) noch nicht voll vertraute. War der Verdichter schon bei den Reihenmotoren ein kompliziertes Zubehör, so galt das noch viel mehr für den V-Motor, dessen Verdichter in V-Bauweise ausgeführt war (Typ K 5, siehe Abb. 21.20).

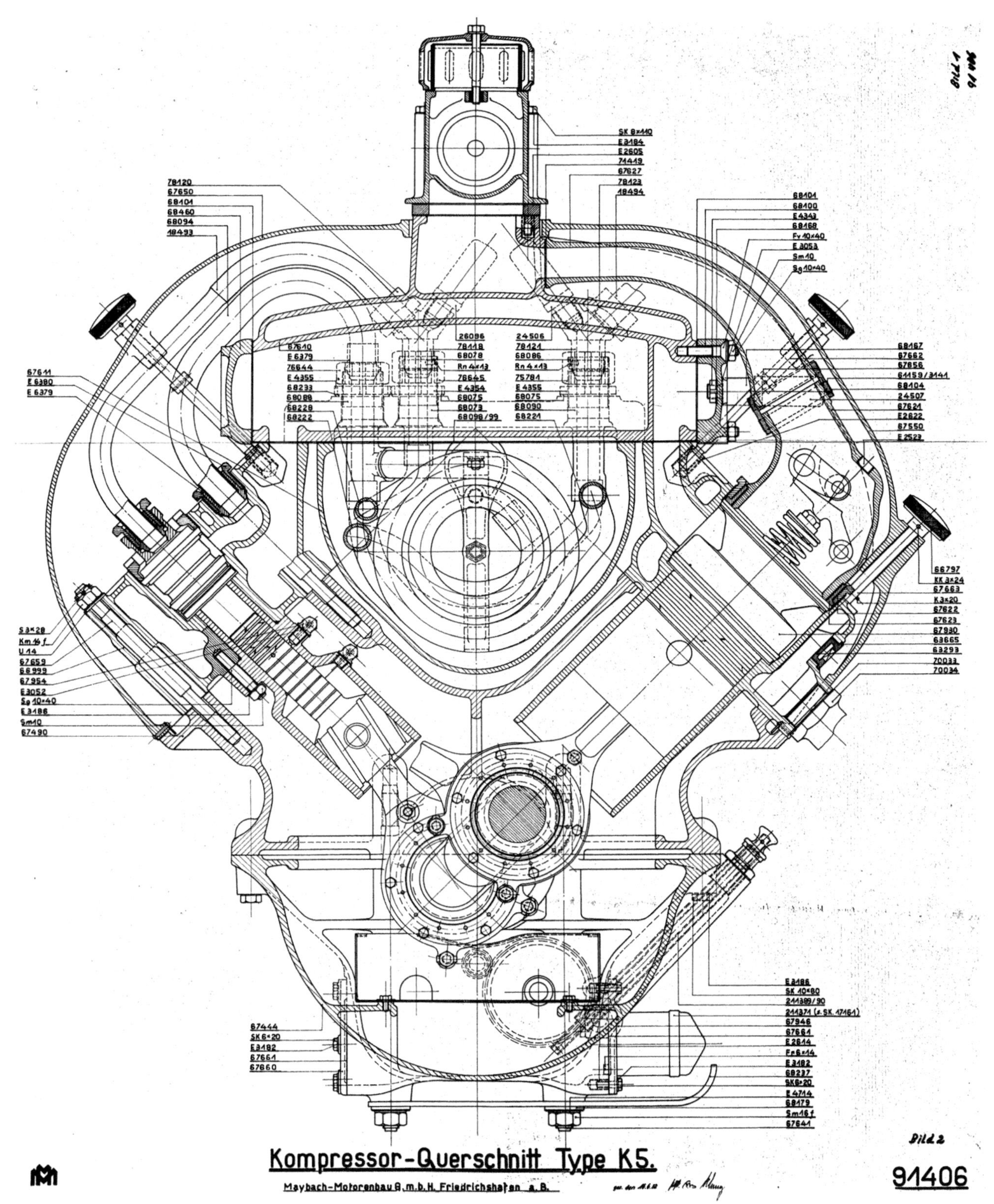

Abb. 21.20 Dreistufiger Einblaseluft-Verdichter K 5 in V-Bauweise, Bauart Maybach, mit Zwischenkühler für Dieselmotor G 5 (1932). Der aufwendige und empfindliche Verdichter stellte seinerzeit eine erhebliche Komplikation des Dieselmotors dar

Tab. 21.1 Dieselmotoren 1920 bis 1939

Motor-Typ	Jahr	Bauart	Gemischbildung	$\frac{\text{Bohrung}}{\text{Hub}}$ $\frac{\text{mm}}{\text{mm}}$	Zylinder-Volumen dm^3	$\frac{\text{Leistung}}{\text{Drehzahl}}$ $\frac{\text{kW/PS}}{\text{min}^{-1}}$	effektive Literarbeit kJ/dm^3	mittlere Kolbengeschwindigkeit m/s
G 1a	1920	6 R	Lufteinblasung	$\frac{140}{180}$	2,77	$\frac{80{,}9/110}{1.100}$	0,53	6,6
G 4a	1923	6 R	Lufteinblasung	$\frac{140}{180}$	2,77	$\frac{110/150}{1.300}$	0,61	7,8
G 4b	1927	6 R	Lufteinblasung	$\frac{140}{180}$	2,77	$\frac{129/175}{1.400}$	0,66	8,4
GO 5	1932	12 V	Direkteinspritzung	$\frac{150}{200}$	3,53	$\frac{301/410}{1.400}$	0,61	9,33
GO 6	1934	12 V	Direkteinspritzung ATL	$\frac{160}{200}$	4,02	$\frac{441/600}{1.400}$	0,78	9,33
GO 56	1935	12 V	Direkteinspritzung	$\frac{160}{200}$	4,02	$\frac{331/450}{1.400}$	0,59	9,33
GO 56h	1936	6 R	Direkteinspritzung	$\frac{160}{200}$	4,02	$\frac{165/225}{1.400}$	0,59	9,33
G 6	1938	12 V	Vorkammer ATL	$\frac{160}{200}$	4,02	$\frac{478/650}{1.400}$	0,85	9,33
G 56	1938	12 V	Vorkammer	$\frac{160}{200}$	4,02	$\frac{331/450}{1.400}$	0,59	9,33
G 56h	1939	6 R	Vorkammer	$\frac{160}{200}$	4,02	$\frac{184/250}{1.400}$	0,65	9,33

der elektrischen Mess-, Steuer- und Regeltechnik befasst, einem Arbeitsgebiet, das damals einer Motorenfabrik an sich fremd war. Hieraus entstand die Maybach-Messgruppe, auf deren Arbeit später noch eingegangen wird. Die Entwicklung der Triebwagen-Anlagen fand in enger Zusammenarbeit mit den Dienststellen der Reichsbahn statt. Der Ausbau des Schnell- und des Nahverkehrstriebwagen-Netzes in den dreißiger Jahren war durch den Entwicklungsstand der Triebwagen überhaupt erst möglich geworden, wie andererseits die Triebwagen- (und Motoren-)Entwicklung von der Ausweitung dieses Netzes profitierte. Ausbesserungs- und Bahnbetriebswerke (AW, BW) wurden für Überholung und Wartung der Triebwagen eingerichtet; in Bahnschulen wurden die (Dampf-)Lokomotivführer zu Triebwagenführern umgeschult. Der Maybach-Motorenbau richtete einen leistungsfähigen Kundendienst ein, der auch für einen reibungslosen Informationsaustausch mit den Bahndienststellen und für den Erfahrungsrückfluss zum Werk sorgte. Der 1939 beginnende Zweite Weltkrieg bereitete dieser erfolgreichen Arbeit vorläufig ein Ende. Zwar lief in den ersten Kriegsjahren die Entwicklung der Triebwagen-Motoren vorerst weiter, doch setzte der Krieg bald andere Prioritäten.

21.4 Neuer Anfang: MD- und GTO-Motoren

Die Entwicklung des Panzermotors HL 295 in Frankreich zu einer Zeit, als man in ganz Europa damit beschäftigt war, die Trümmer des gerade zu Ende gegangenen Krieges zu beseitigen, konnte – aus damaliger Sicht – nur eine Episode sein. So sahen es auch Karl Maybach und seine leitenden Mitarbeiter. Immerhin gelang es mit der Arbeit am HL 295 in der turbulenten Nachkriegszeit, die Mitarbeiter des Entwicklungsbereiches des Maybach-Motorenbaus zusammenzuhalten, die Entwicklungskontinuität zu bewahren und den Weiterbestand des Werkes in Friedrichshafen zu sichern (vgl. hierzu Abschn. 12.3). Sollte sich das Unternehmen aber langfristig behaupten können, mussten diese Arbeiten in zivile Projekte münden. Einen ersten Schritt in diese Richtung stellten 1947 die Versuchsmotoren HL 337/338 RT dar, die für Traktionszwecke modifiziert wurden; sie waren der Kristallisationspunkt für die künftige Maybach'sche Motorenentwicklung.

Die Schienentraktion, ein Gebiet, auf dem der Maybach-Motorenbau vor dem Krieg so erfolgreich gewesen war, ließ, wie die Entwicklung in den USA zeigte, durch den Übergang von der Dampf- zur Diesellokomotive einen großen Bedarf an Motoren erwarten. Somit stand der Verwendungszweck für die neuen Motoren fest.

Die Überlegungen Karl Maybachs bei der Konzeption dieser Motoren sind bekannt. Im MTU-Archiv existieren mehrere Aktenordner mit Niederschriften aus der Zeit von 1946 bis 1950 mit seinen Betrachtungen über aktuelle motortechnische Fragen und die Folgerungen, die er hieraus für den neuen Motor zog. Es ist faszinierend, mit welcher Gründlichkeit und gedanklichen Schärfe er die einzelnen Probleme angegangen ist, wobei die Aufgeschlossenheit dem Neuen gegenüber vielleicht einer der bemerkenswer-

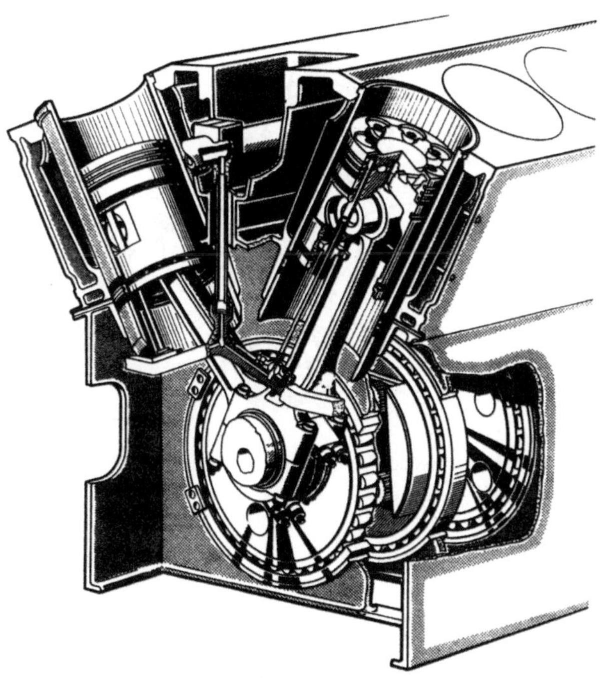

Abb. 21.21 Funktionsgruppen in der für die MD-Motoren charakteristischen Ausführung: Tunnelgehäuse mit rollengelagerter Scheibenkurbelwelle und gleitgelagertem Gabel-/Innenpleuel. Weitere Beispiele zeigen Abb. 21.22, 21.23, 21.24, 21.25

testen Züge des damals schon 68-jährigen Karl Maybach war:

»... Es wäre ganz falsch, vor neuen Wegen heute zurückzuschrecken, die schließlich in ihrer Gesamtheit allein die Möglichkeit bieten können, auf diesem gerade jetzt viel bearbeiteten Gebiet überhaupt noch beachtliche Fortschritte zu erzielen ... «[11]

Bei der Auslegung des neuen Motors, genauer: der neuen Motorbaureihe, waren vor allem drei Aspekte bestimmend gewesen:

- die Erfahrungen mit den Vorkriegs-Dieselmotoren GO/G,
- die Erfahrungen mit den HL-Motoren
- und die Anforderungen, die aufgrund der in den USA im Eisenbahnbetrieb mit Mittelschnellläufern erreichten Ergebnisse an die Lebensdauer von Lokomotivmotoren gestellt werden mussten.

In Anbetracht dessen, dass die damals konzipierten Motoren noch Anfang der neunziger Jahre hergestellt wurden, ist es sicher von Interesse, auf die Überlegungen einzugehen, die zu der ebenso unkonventionellen wie erfolgreichen Konzeption der MD-Motoren (später: Baureihe 538) geführt haben.

Die Dieselmotoren in den amerikanischen Lokomotiven waren Mittelschnellläufer mit Drehzahlen zwischen 600 und 1.000 min^{-1}; entsprechend groß und schwer waren sie. Als das andere Extrem können die Maybach-HL-337/338-Versuchsmotoren gelten, die mit 2.400 min^{-1} schneller als Nutzkraftwagen-Motoren drehten. So verlockend hohe Drehzahlen in Hinblick auf die Motormasse und die Motorabmessungen waren, so nüchtern schätzte Karl Maybach die damit verbundenen entwicklungstechnischen Schwierigkeiten ein, zudem der Lebensdauer bzw. Laufzeit zwischen zwei Hauptüberholungen ein großer Stellenwert beigemessen wurde.

Aus diesen Gründen entschied man sich, mit 1.500 min^{-1} im Drehzahlbereich der Vorkriegsmotoren zu bleiben. Um bei dem damaligen Stand der Technik die gewünschten 74 kW (100 PS) Zylinderleistung mit dem nötigen Vorhalt darstellen zu können, wurde die Bohrung zu 185 mm gewählt, mit 200 mm der Hub der GO/G-Motoren jedoch beibehalten. Die markanten konstruktiven Merkmale der MD-Motoren wurden vom HL 230 und dessen Nachfolger aus Vernon, dem HL 295, übernommen: das Tunnelgehäuse und die rollengelagerte Scheibenkurbelwelle mit gleitgelagertem Gabel-/Innenpleuel (Abb. 21.21).

Allein schon durch den Scheibendurchmesser waren die Rollenlager dieser Kurbelwellen-Bauart überdimensioniert, womit von vornherein Schwierigkeiten mit den Grundlagern, wie es sie bei den GO/G-Motoren gegeben hatte, ausgeschlossen wurden (vgl. auch Abschn. 21.4). Rollenlager als Hublager sind stets problematisch gewesen: zum einen, weil sich die notwendigerweise leicht gehaltenen Pleuel verformen; zum anderen sind Wälzlager für die stoßartigen Belastungen im Pleuel weniger geeignet als Gleitlager. Die Schwierigkeiten mit dem beidseitig ausgegossenen Gabelpleuellager beim HL 230 hatte man mit dem einseitig ausgegossenen, am Rücken gehärteten Lager überwunden. Ein weiterer gravierender Unterschied zu den GO/G-Motoren besteht in der weitgehenden Modulbauweise des MD, die später sogar auf das Kurbelgehäuse ausgedehnt wurde. In den zwanziger Jahren hatte man eine »teilungsfreie Gestaltung der Maschinenglieder« angestrebt, für die Professor K. Kutzbach (TH Dresden) bezeichnenderweise den Sechszylinder-Block des G 4a/b als Vorbild anführte.

Mittlerweile hatte man gelernt, die Probleme zu beherrschen, welche einst Trennflächen durch Reibrost, Undichtigkeiten und Verformungen bereiteten, weshalb jetzt fertigungstechnische und logistische Gesichtspunkte stärker berücksichtigt werden konnten; so erhielt der MD (Einzel-)Zylinderbuchsen und Einzel-Zylinderköpfe. Seiner Zeit weit voraus war der MD mit den gebauten Kolben und der Kolbenkühlung (Abb. 21.22). Die Entwicklungsarbeiten in Vernon hatten nämlich deutlich gemacht, dass die erreichbare effektive Literarbeit (»effektiver mittlerer Kolbendruck«) der Dieselmotoren vor allem durch die Temperaturen in der ersten Kolbenringnut begrenzt wurde. Von einem bestimmten Wert an »gingen« die Kolbenringe »fest«, d. h., das Öl

[11] Karl Maybach: *Neue Kolbenkonstruktionen*. Niederschrift vom 3. Februar 1947, S. 44, MTU-Archiv.

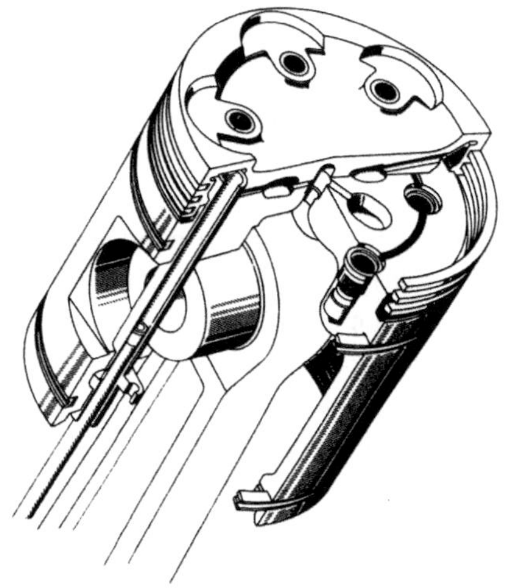

Abb. 21.22 Gebauter Kolben mit Posaunen-Kühlung

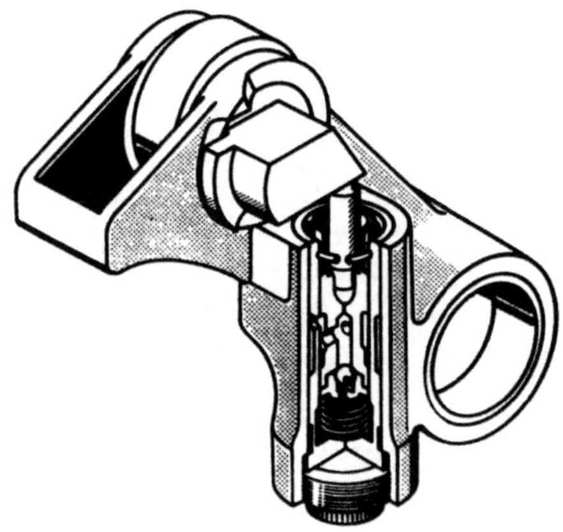

Abb. 21.24 Hydraulischer Ventilspielausgleich

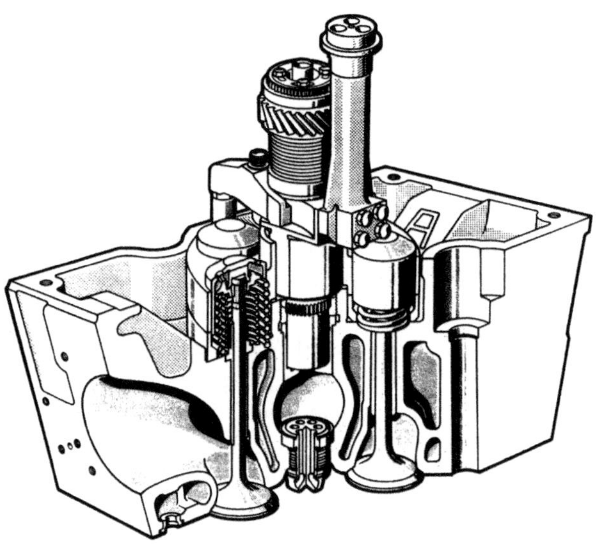

Abb. 21.23 Zylinderkopf mit Vorkammer, Brenner, Einspritzgerät (Pumpedüse) und sechs Ventilen

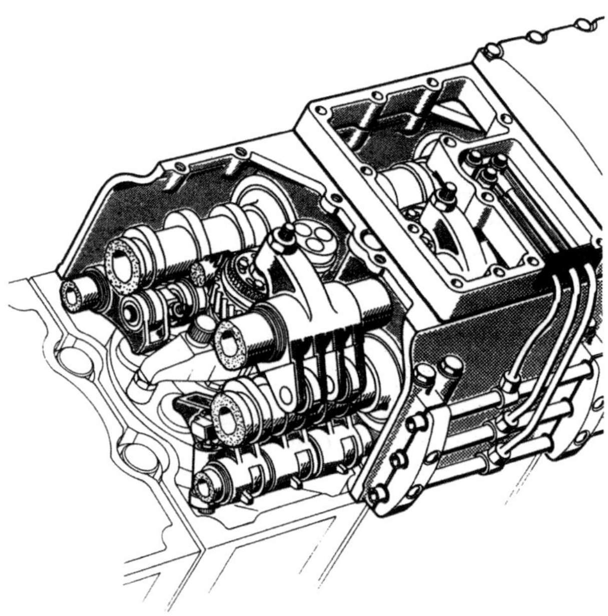

Abb. 21.25 Anordnung der Nockenwellen im Zylinderkopf-Oberteil mit Ventil- und Einspritzgerät-Betätigung

in der Nut verkokte, die Ringe konnten sich nicht mehr frei bewegen, wurden »brandig« und fraßen. Mit der Kolbenkühlung ließ sich die Ringtemperatur unterhalb jener kritischen Werte halten. Außerdem konnten durch Abschrauben des Kolbenbodens, ohne den ganzen Kolben ziehen zu müssen, die Verdichtungsringe überprüft und ggf. ausgetauscht werden – angesichts der damaligen Ölqualitäten ein nicht zu unterschätzender Vorteil.

Der Ladungswechsel wurde durch drei Ein- und Auslassventile je Zylinder gesteuert (Abb. 21.23); man hatte sich an den Abmessungen der in den GO/G-Motoren bewährten Ventile orientiert, weil man die wärmeaufnehmenden Flächen (Ventilteller) und die bewegten Massen klein halten wollte, sodass bei der größeren Bohrung des MD sechs statt vier Ventile untergebracht werden konnten. Für eine mechanische Entlastung der Steuerung sorgte der selbsttätig wirkende hydraulische Ventilspielausgleich (Abb. 21.24). Bezüglich der Gemischbildung hatte man sich für das Vorkammer-Verfahren entschieden. Kurze Einspritzzeiten bei dennoch moderaten Pumpendrücken wurden durch die Einzel-Einspritzgeräte (»Pumpedüsen«), bei denen Einspritzpumpenelement und Einspritzdüse zu einer baulichen Einheit zusammengefasst sind, erreicht (Abb. 21.25). Diese Einspritzgeräte entwickelte der Maybach-Motorenbau gemeinsam mit der Firma L'Orange. Nachdem man seinerzeit mit den Sechszylinder-Reihen- und Zwölfzylinder-V-Motoren (G- und GO-Typen) erste Ansätze zu einer Baureihe gemacht hatte, verwirklichte man jetzt das Baureihen-Prinzip konsequent. Der MD wurde als Vier- und Sechszylinder-Reihen- sowie als Acht- und Zwölfzylinder-V-Motor gebaut,

Tab. 21.2 Planung der MD-Motoren-Baureihe, 1951

Typ	Hubvolumen dm^3	Zylinderzahl/Anordnung	Bemerkung	Leistung kW/PS	Drehzahl min^{-1}	Masse kg
MD 215	21,5	4 Reihe	Saugmotor	220/300	1.700	1.800
MD 320	32,3	6 Reihe	Saugmotor	330/450	1.700	2.400
MD 325	32,3	6 Reihe	ATL-Motor	478/650	1.700	2.600
MD 430	43,0	8 V	Saugmotor	404/550	1.600	2.700
MD 435	43,0	8 V	ATL-Motor	588/800	1.600	3.000
MD 645	64,5	12 V	Saugmotor	588/800	1.600	3.300
MD 650	64,5	12 V	ATL-Motor	882/1.200	1.600	3.600

darüber hinaus der Leistungsbereich durch die Ausführung als Saug- und als ATL-Motor erweitert. 1951 sah die Planung für die MD-Baureihe insgesamt sieben Typen mit einem sehr breit gefächerten Leistungsspektrum vor (Tab. 21.2).

Die ersten Vorentwürfe und Versuche für den MD-Motor waren 1948 in Vernon gemacht worden; die Überlegungen und Pläne hierzu reichen noch weiter zurück, wie Karl Maybach später berichtete:

»... unsere Arbeiten ohne Störungen fortzusetzen und dieselben schon vor Kriegsende auf unser wichtigstes Friedensgebiet von Motoren und Getriebeanlagen für Eisenbahntriebwagen überzulenken. Es war mir deshalb schon unmittelbar nach der Besetzung möglich, den damaligen Gouverneur von Wangen ganz offen über meine Pläne zu orientieren, die über unsere bisherigen Triebwagenanlagen hinaus zu Entwürfen und Berechnungen einer neuartigen Diesellokomotive großer Leistung und universeller Verwendung führten ... «[12]

Die Arbeiten an dem MD gingen zügig voran. Bereits Anfang 1950 wurden in Friedrichshafen drei Versuchsmotoren gefertigt. 1951 bekam die Deutsche Bundesbahn (»Bundesbahn«) die ersten fünf MD 650 mit einer Leistung von 735 kW (1.000 PS), die in Dieseltriebwagen der Baureihe VT 08.5 eingebaut wurden. Später wurden auch die UIC-Läufe erfolgreich durchgeführt[13].

Neben dem MD war ein zweiter Motor entstanden, der GTO, eine Synthese aus den GO/G-Motoren und Bauelementen der MD-Baureihe. Die Motoren der Triebwagen, soweit sie den Krieg überstanden hatten, mussten einer Generalüberholung unterzogen werden, bei der man ganze Funktionsgruppen wie das Kurbelgehäuse oder das Triebwerk austauschte. Nun trafen solche Überlegungen, wie sie bei der Konzeption des MD angestellt worden waren, auch für diese Motoren zu. Deshalb ersetzte man das zweiteilige Aluminium-Kurbelgehäuse durch ein Tunnelgehäuse aus Grauguss und die Wangenkurbelwelle mit Haupt-/Anlenkpleuel durch eine Scheibenkurbelwelle mit gleitgelagertem Gabel-/Innenpleuel. Weil der MD denselben Zylindersprung wie die GTO-Motoren hat, wurde sogar für beide Motortypen die gleiche Kurbelwelle verwendet. Abweichend vom

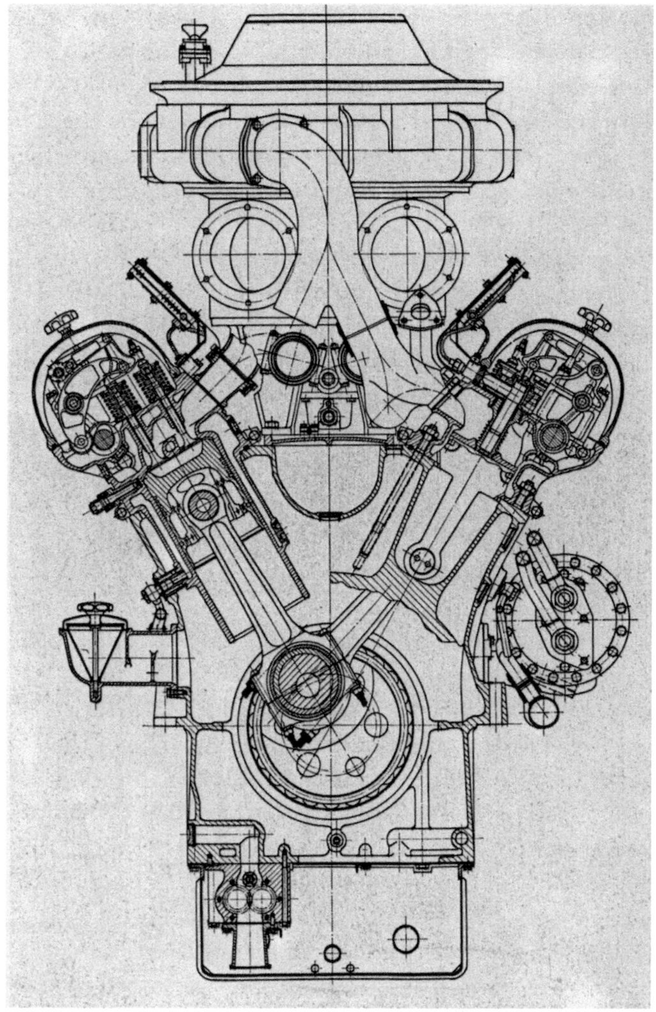

Abb. 21.26 Querschnitt des Lokomotivmotors GTO 6/GTO 6A: wassergekühlter Viertakt-Dieselmotor, direkte Einspritzung, Zwölfzylinder-V-Bauart, rollengelagerte Scheibenkurbelwelle, Tunnelgehäuse, Abgasturboaufladung; Bohrung 160 mm, Hub 200 mm, Hubraum 48.230 cm^3, Leistung 478 kW (650 PS) bzw. 588 kW (800 PS) bei 1.400 min^{-1}. Der GTO 6/6A ist eine Weiterentwicklung des GO-6-Motors, wobei das »T« in der Typenbezeichnung für »Tunnelgehäuse« steht

MD wurden die GTO-Motoren als Direkteinspritzer mit Blockpumpen gebaut. Die ersten GTO-Motoren entstanden durch Umbau alter GO/G-Motoren, später wurden sie voll-

[12] Entwurf eines Schreibens von Karl Maybach an den »Staatskommissar für die politische Säuberung«, undatiert.

[13] Der 100-Stunden-UIC-Lauf gilt als Nachweis der Betriebsreife für Bahnmotoren (UIC =Union Internationale des Chemins des Fer).

V 60 289
V 60 289

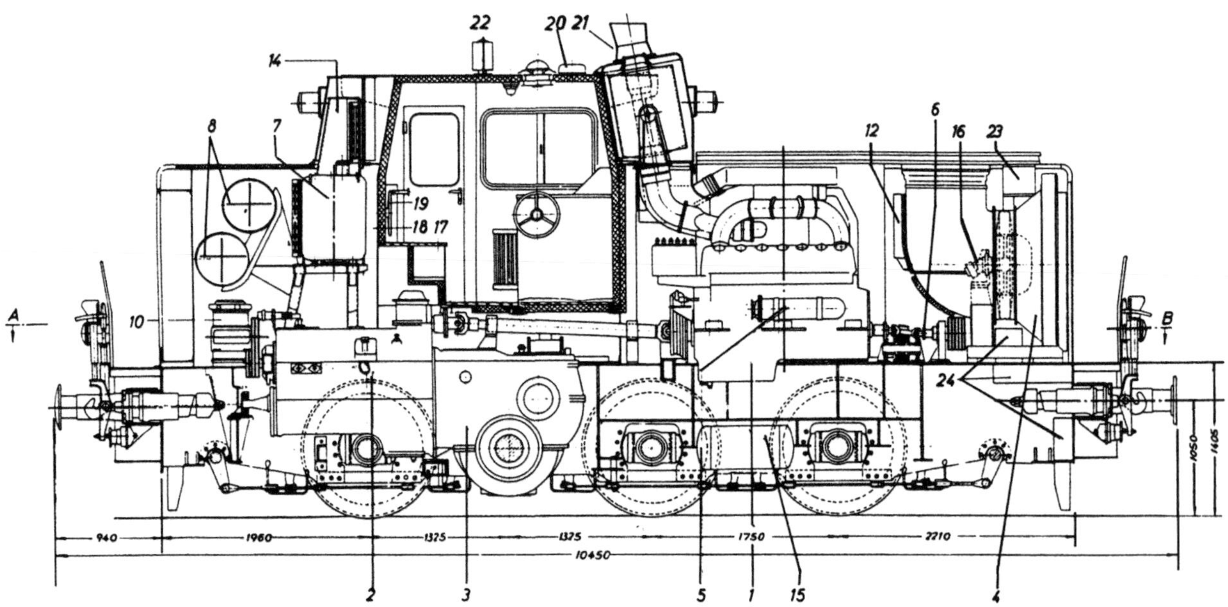
22
20 21
14
8
7
12
6
16
23
19
18 17
A
10
B
24
940
1960
1325
1325
1750
2210
10450
1050
1405
2
3
5
1
15
4

Abb. 21.27 *Oben*: In den fünfziger und sechziger Jahren sind rund 1.000 dieser Rangierlokomotiven V 260/261 (ehemals V 60) mit GTO-6/6A-Motor gebaut worden. 800 dieser robusten Fahrzeuge waren mit diesen Motoren zu Anfang der neunziger Jahre noch bei der Bundesbahn im Einsatz. *Unten*: Längsschnitt durch die Lokomotive. *1* Maybach-GTO-6/6A-Dieselmotor (als Leistungserzeuger), *2* hydrodynamisches Getriebe (Turbogetriebe), *3* Nachschalt-(Blindwellen-)Getriebe (Stufengang, Wendegang), *4* Kühleranlage, *5* Motor-Schmierölwärmetauscher, *6* Hilfsmaschinenabtrieb (über Gelenkwelle auf zwei Keilriementriebe zur hydrostatischen Pumpe für Kühler-Lüftermotor und zum Generator), *7* Kraftstoffbehälter, *8* Hauptluftbehälter, *10* Bremsluftkompressor, *12* Ausgleichsbehälter für Hydrostatik, *14* Kraftstoff-Hochbehälter, *15* Hilfsluftbehälter, *16* hydrostatischer Lüftermotor, *17* Werkzeugkasten, *18* hintere (Maschinen-)Haube (»Vorbau«), *19* Führerhaus-(Wasser-)Heizkörper, *20* Läutewerk (Glocke), *21* Motor-Abgasaustrittsdiffusor (Auspuff), *22* Rangierfunkantenne, *23* Kühlwasser-Ausgleichsbehälter, *24* (Ausgleich-)Ballast ◄

ständig als Neubau gefertigt. Es gab eine Saugversion, den GTO 56, und die Normalausführung mit Abgasturboaufladung, den GTO 6 bzw. den GTO 6A (Abb. 21.26).

Obwohl eigentlich eher als Provisorium gedacht, erwies sich der GTO als ein außerordentlich erfolgreicher Motor, der es dem Maybach-Motorenbau ermöglichte, die wirtschaftlich schwierigen fünfziger Jahre durchzustehen. Zunächst diente der GTO als Ersatz für die Vorkriegs-Triebwagenmotoren und wurde deshalb nur mit einer Leistung von 441 kW (600 PS) eingesetzt. Im Grunde damit nicht ausgelastet, erreichte er Laufzeiten, die neue Maßstäbe setzten. Die guten Betriebsergebnisse in den Triebwagen veranlassten die Bundesbahn, die neuen dreiachsigen Rangierlokomotiven der Baureihe V 60 (später BR 260/261; siehe Abb. 21.27) mit GTO-6- bzw. GTO-6A-Motoren auszurüsten:

»... Seit etwa 1951 hat die Deutsche Bundesbahn eine große Anzahl von Triebwagen in Betrieb, die mit dem modernisierten 600-PS-Maybach-Dieselmotor der sogenannten ›Tunnelbauart‹ (Scheibenkurbelwelle) ausgerüstet sind ... Inzwischen haben weitere Untersuchungen ergeben, daß bei diesen 1.400tourigen Maschinen die Lagerung nach Laufleistungen von 500.000 bis 600.000 km (rund 8.000 Betriebsstunden) praktisch neuwertig ist, und daß auch alle anderen Verschleißteile so geringe Abnützungen aufweisen, daß für die Hauptüberholung überhaupt noch keine Frist genannt werden kann ... Diese für einen schnelllaufenden Dieselmotor dieser Leistungsklasse bemerkenswerten Laufleistungen haben die Deutsche Bundesbahn veranlasst, von den 300 zurzeit zur Beschaffung gelangenden dieselhydraulischen Rangierlokomotiven in C-Anordnung mit Kuppelstangenantrieb 270 Stück mit dem Maybach GTO-6-Motor auszurüsten. Die erste Bestellung auf 250 Motoren und damit der größte je in Europa auf Lokomotiv-Dieselmotoren erteilte Auftrag liegt der Firma Maybach bereits vor ...«[14]

Die Bestellung wurde noch aufgestockt, sodass im Laufe der Zeit allein bei der Deutschen Bundesbahn 925 GTO-6/6A-Motoren in Rangierlokomotiven liefen, außerdem noch in respektablen Stückzahlen bei verschiedenen ausländischen Bahnverwaltungen und Industriebahnen. Damit wurde der GTO zu einem Standardmotor für europäische Rangierlokomotiven. Ein anderes Anwendungsgebiet für den robusten GTO waren Stromerzeugungs- und Bohrfeldaggregate.

21.5 Weiterentwicklung und betriebliche Bewährung

Ursprünglich für die Schienentraktion entworfen, machte die Verbindung von hoher Leistung und niedrigem Gewicht schnelllaufende Dieselmotoren – nachdem sie hinreichende Betriebsreife erreicht hatten – auch für andere Anwendungsfälle attraktiv. Das wiederum beeinflusste die Entwicklung der Motoren, weil nun größere Leistungen verlangt wurden.

1954/55 wurde deshalb die MD-Baureihe um eine 16-Zylinder-Version erweitert (Abb. 21.28), die eine technische Besonderheit aufwies, nämlich das aus Stahlguss-Segmenten geschweißte Kurbelgehäuse. Veranlasst durch den Wunsch eines Kunden nach Schocksicherheit für marinetechnische Anwendungen, hatte der Maybach-Motorenbau einen Dreizylinder-Reihen- und einen Achtzylinder-V-Motor in dieser Bauweise ausgeführt. Als man den 16-Zylinder-Motor projektierte, hatte man Bedenken ob der Gießbarkeit eines Kurbelgehäuses für einen solchen Motor und führte das Gehäuse als Schweißkonstruktion aus. Die höhere Festigkeit des Stahlgusses gestattete dünnere Wände, was sich günstig auf das Gewicht auswirkte. Im Zuge der Leistungssteigerung und aus Gründen der Vereinheitlichung erhielten später alle Motoren der MD-Baureihe geschweißte Stahlgussgehäuse. Für die Minensuch- und Räumboote der Bundesmarine wurden neben den MD 440 und MD 870 bzw. MD 441um und MD 871um teilamagnetische Motoren mit einem Anteil von 70 % an nicht ferromagnetischen Werkstoffen entwickelt. So hatten diese Acht- und 16-Zylinder-V-Motoren z. B. Aluminium-Kurbelgehäuse und Bronze-Zylinderköpfe. Wegen der niedrigeren Belastbarkeit der nicht ferromagnetischen Werkstoffe wichen diese Motoren in verschiedenen Punkten konstruktiv von der normalen Serie ab, außerdem wurden sie mit niedrigerer Leistung eingesetzt. 1965 wurde die MD-Baureihe durch einen 20-Zylinder-Motor, den MD 1080, abgerundet (Abb. 21.29, 21.30, 21.31, 21.32, 21.33 und 21.34).

In der Lokomotiventwicklung ging die Deutsche Bundesbahn eigene Wege. Sie hatte sich für schnelllaufende Motoren mit hydraulischen Getrieben anstatt für Mittelschnellläufer mit elektrischer Kraftübertragung entschieden – ein Konzept, das sich in den deutschen Triebwagenzügen gut bewährt hatte. Die Weichen für diese Entwicklung waren schon

[14] N. N.: »Deutsche Bundesbahn bestellte 250 Rangierlokomotiven mit 600-PS-Maybach-Motoren«. In: *MTZ 16* (1955) Nr. 4.

Abb. 21.28 Die 16-Zylinder-Ausführung der MD-Motoren-Baureihe, MD 870, auf dem Prüfstand des Maybach-Motorenbaus

früh (1930) gestellt worden. In einer Besprechung mit Karl Maybach

»... traf Ministerialrat Fuchs von der Hauptverwaltung der Deutschen Reichsbahn in vollem Bewusstsein der Schwierigkeit der Aufgabe den Entschluss, für die geplanten Hauptbahntriebwagen der Reichsbahn nicht etwa langsamlaufende schwere Dieselmotoren zu verwenden, sondern einen von Maybach vorgeschlagenen raschlaufenden 400 PS-Motor entwickeln zu lassen ... «[15]

Weil hierbei das Moment vom Motor zum Getriebe durch Gelenkwellen übertragen wurde, sollte mit zehn Vorauslokomotiven überprüft werden, ob der Gelenkwellenantrieb auch für die Leistungen von Strecken-Lokomotiven geeignet war.

»... Um dieses für den Entwurf richtige, rechnerisch schwer zugängliche Gebiet erforschen zu können, wurden umfangreiche Versuche der Deutschen Bundesbahn in Verbindung mit der Firma Maybach, Friedrichshafen, angestellt, die mit dem ergiebigsten Fall, dem Primär- und Sekundärsystem der V 80 für den vierfach gekuppelten Antrieb und für den gekuppelten Zweiachsenantrieb der Bauart VT 08 mit dem Versuchstriebwagen VT 92 SOI durchgeführt wurden ... «[16]

Als Antrieb für die Loks, Baureihe V 80, diente der MD 650 und sein damaliges Daimler-Benz-Pendant MB 820. Auf Grundlage der V 80 entstand dann die V 200 (spätere Bezeichnung: V 220) mit zwei unabhängig voneinander arbeitenden Motor-Getriebe-Anlagen, bestehend aus MD-650- bzw. MB-820-Motoren und Maybach-Mekydro-K-104- bzw. Voith-LT-306r-Getrieben. 1955 bestellte die Bundesbahn 60 MD/Mekydro-Anlagen für die V 200°, zwei Jahre später folgte ein weiterer Auftrag über 58 Einheiten (vgl. auch Tafel 6.8). Die V 200 erwies sich als gelungene Konstruktion (wozu nicht zuletzt die Motoren beigetragen hatten), wie aus einem Absatz in einer Fachzeitschrift hervorgeht:

»... In engster Zusammenarbeit mit dem Werkstättendienst der Deutschen Bundesbahn, der die Bewährung aller Motorbauteile durch laufende Anwendung der Schadbefunde systematisch verfolgte, wurde von den Motorherstellern ein Stand der Betriebstüchtigkeit erreicht, der es gestattete, die Richtwerte für die

[15] N. N.: *Eine denkwürdige Besprechung und ihre Auswirkungen.* Maybach-Motorenbau-firmeninterne Niederschrift, undatiert (vermutl. 1950).

[16] N. Gößl: »Einbau, Beanspruchung und Versuchsergebnisse von Gelenkwellenantrieben in Lokomotiven und Triebwagen«. In: *ETR 3* (1954) Nr. 10.

Abb. 21.29 Die Motorenbaureihe MD bestand aus Drei-, Vier- und Sechszylinder-Reihen- sowie Acht-, Zwölf-, 16- und 20-Zylinder-V-Motoren. Es waren wassergekühlte Viertakt-Dieselmotoren mit Vorkammer-Verfahren, ausgeführt als Saug- und abgasturboaufgeladene Motoren, letztere ohne oder mit Ladeluftkühlung.
Bohrung 185 mm, Hub 200 mm, Hubraum 21.493 cm^3, Leistung und Drehzahl je nach Ausführung, maximale Zylinderleistung bis 165 kW (225 PS) bei 1.900 min^{-1} (Stand: 1969)
Das *Bild* zeigt den Vierzylinder-Reihenmotor MD 225 mit Abgasturboaufladung (ATL) und Ladeluftkühlung (LLK)

Abb. 21.30 MD 325 (Sechszylinder-Reihenmotor mit ATL)

Laufzeit zwischen zwei Hauptüberholungen Schritt für Schritt bis auf 600.000 km (etwa 10.000 Betriebsstunden) heraufzusetzen. Der tatsächlich erreichte Mittelwert aller zur Hauptüberholung angefallenen V-200-Motoren überschreitet diesen Richtwert ganz erheblich. Hauptbauteile wie Kurbelwelle und Triebwerkslagerung sind dabei als Test schon über 1 Million km ohne Nacharbeit durchgelaufen. Die Bedeutung dieses hier Erreichten wird unterstrichen, wenn man sich erinnert, daß es noch im Jahre 1955 besonderes Aufsehen erregte, als der erste Maybach-Motor der Bauart GTO 6 in dem damaligen Schnelltriebwagen VT 06 erstmals eine Laufleistung von 553.000 km ohne zwischenzeitliche Ausbesserung erreichte, wobei er aber einige Male ausgebaut, zerlegt und durchgesehen wurde ... «[17]

Die Konzeption der V 200 wurde auch von Bahngesellschaften anderer Länder übernommen. In England baute das Werk Swindon nach Krauss-Maffei-Lizenzen Lokomotiven mit je zwei MD-650-Motoren, Mekydro-Getrieben

Abb. 21.31 MD 440 (Achtzylinder-V-Motor mit ATL und LLK)

(K 104U) und Maybach-Achstrieben C 33 (Baureihe D 800); es folgten die Baureihe D 1000 mit je zwei MD 655 und die D 7000 mit einem 16-zylindrigen MD 870 und Maybach-K-184-U-Getriebe. Die Motoren und Getriebe wurden anfangs in Friedrichshafen, dann von dem englischen Lizenznehmer, Bristol Siddeley (Motoren) bzw. Stone (Getriebe) gefertigt (vgl. Abb. 21.33).

Auch in den USA begann man sich für das deutsche Lokomotivkonzept zu interessieren. Es wurden Auf-

[17] E. Pflug: »Die dieselhydraulische Lokomotive V 200[1] der Deutschen Bundesbahn: Dieselmotoren, Kühlanlagen und el. Ausrüstung der neuen Diesellokomotive V 200[1]«. In: *Glasers Annalen 87* (1963) Nr. 56.

Abb. 21.32 MD 655 (Zwölfzylinder-V-Motor mit ATL und LLK)

Abb. 21.33 MD 870 (16-Zylinder-V-Motor mit ATL und LLK)

träge erteilt, und 1961 lieferte Krauss-Maffei sechs schwere dieselhydraulische Lokomotiven mit einer UIC-Leistung von 2.940 kW (4.000 PS) an die Southern Pacific Co. und an die Denver and Rio Grande Western Railroad Co. (Tafel 24.5); es war seit der Jahrhundertwende die erste Lokomotivbestellung US-amerikanischer Bahngesellschaften bei einer europäischen Firma. Nach Erprobung dieser von je zwei MD-870-Motoren und Maybach-C-34-V-Achstrieben angetriebenen Lokomotiven wurden nochmals 15 Loks an die Southern Pacific geliefert. Weitere 2.940-kW-(4.000 PS-)Lokomotiven mit MD 870 wurden für die brasilianische Erzbahn Cia. Vale do Rio Doce als Meterspur- und für die Spanische Staatsbahn als Breitspurloks gebaut (Tafeln 24.5 und 24.6). In den Jahren 1960 bis 1966 setzte die Bundesbahn eine große Zahl vielseitig verwendbarer Lokomotiven für den gemischten, leichten Streckendienst ein, die V 100[1] (später: V 211), ausgerüstet mit MD-650- bzw. MB-820-Motoren.

Wenngleich der MD-Motor schon in den frühen fünfziger Jahren auch in schnelle Boote verschiedener Art eingebaut wurde, so stieß der Schnellläufer in der kommerziellen Seefahrt weitgehend auf Ablehnung, weil dieser Motorenart die nötige Robustheit, Zuverlässigkeit und Lebensdauer nicht zugetraut wurden. Staatliche Stellen hingegen waren weniger skeptisch:

> »... Überzeugt, daß der Schnelläufer im Schiffsmotorenbau einen technischen Fortschritt bringt, hat sich daher der Bundesminister für Verkehr im Einvernehmen mit dem Bundesminister des Inneren für Erprobungen eingesetzt, und diese sogar selbst durchgeführt ... «[18]

Damit bekam der schnelllaufende Motor Gelegenheit, sich auch in der Fluss- und Seeschifffahrt zu bewähren, wo sonst nur langsamer laufende Motoren eingesetzt wurden. In diesem Sinne führte die Wasser- und Schifffahrtsverwaltung in dem Pumpwerk Minden von Mai bis Oktober 1954 mit einem MD 325 (Sechszylinder-Version) eine Langzeiterprobung über 3.500 Stunden durch, der sich ein zusätzlicher Dauerlauf von 2.555 Stunden mit Marine Diesel Fuel (MDF) anschloss. 1955 wurde mit dem Seebäderschiff »Wappen von Hamburg« zum ersten Mal eine Antriebsleistung von 4.412 kW (6.000 PS) durch eine Mehrmotoren-Anlage aus schnelllaufenden Motoren dargestellt (fünf MD 655). Es folgten Arbeitsschiffe, Saugbagger, Hopperbagger, Tonnenleger, Trawler u. a. m. 1957 wurde das dieselelektrische Fährschiff »Theodor Heuss« der Deutschen Bundesbahn mit einer Leistung von 8.824 kW (12.000 PS), die sich auf zwölf (Zwölfzylinder-)MD- 655 aufteilte, in Dienst gestellt (Tafel 24.7). Diese Aufstellung ließe sich natürlich noch weiter fortführen.

Nachdem die Besatzungsmächte Anfang der fünfziger Jahre die Einschränkungen für den deutschen Schiffbau aufgehoben hatten, wollte der Maybach-Motorenbau einen schnelllaufenden Zweitaktmotor für marinetechnische Spezialanwendungen entwickeln. Bei 185 mm Bohrung und 220 mm Hub war eine Zylinderleistung von 257 kW (350 PS) bei 1.800 min^{-1} geplant. Vier Versuchsmotoren, MZD I bis MZD IV, wurden gebaut und auf dem Prüfstand gefahren, wobei diese Versuchsmotoren mehrere Entwicklungsstufen

[18] H. Waas: »Dauerprobelauf eines Maybach-Dieselmotors im Pumpwerk Minden«. In: *MTZ 17* (1956) Nr. 3 und 11.

Abb. 21.34 MD 1080 (20-Zylinder-V-Motor mit ATL und LLK)

Tab. 21.3 Abgasturbolader-(ATL-)Programm des Maybach-Motorenbaus um 1957

ATL-Typ	AGL 120	AGL 80	AGL 65	AGL 40	AGL 111
Motor-Typ	MD 650	MD 435	MD 325	MD 220	GTO 6A
Zylinderzahl	12 V	8 V	6 R	4 R	12 V
Jahr	1951	1952	1952	1954	1956/57

durchliefen. Alles in allem zeigte sich aber, wie schon in den zwanziger Jahren mit dem G 2, dass das angestrebte Ziel mit einem Viertaktmotor eher zu erreichen war (vgl. auch S. 370f.).

Die Entwicklung der MD-Motoren in den fünfziger und sechziger Jahren lässt drei Richtungen erkennen:

- Erweiterung des Leistungsbereiches durch die 16- und 20-Zylinder-Versionen,
- Steigerung der Zylinderleistung durch Hochaufladung mit Ladeluftkühlung und
- Verbesserung der einzelnen Bauteile im Detail.

Die Bedeutung der Aufladung für die Leistungsentwicklung gerade der schnelllaufenden Motoren hatte man bei Maybach schon früh erkannt, wie am GO 6 abzulesen ist. Um die Abgasturbolader besser an die Erfordernisse der Maybach-Motoren anpassen zu können, als es mit Turboladern fremder Fabrikate möglich war – die ja so ausgelegt sein mussten, dass sie mit den Motoren möglichst vieler Hersteller zusammenarbeiten konnten –, entschloss sich der Maybach-Motorenbau Anfang der fünfziger Jahre, für die eigenen Motoren die Turbolader selber zu entwickeln und zu bauen. Es entstand ein abgestuftes Programm von Turboladern (Tab. 21.3).

Charakteristisch für die Maybach-Motorenbau-Turbolader ist die vertikale Anordnung des Läufers mit motorseitiger Turbine und oben aufgesetztem Verdichterrad. Der Läufer ist in Wälzlagern (außen-)gelagert (Abb. 21.38). Ausgehend von den Grundausführungen (Tab. 21.3) entstand im Laufe

Triebwerkslagerung

Triebwerkslager waren bei schnelllaufenden Hochleistungsmotoren immer heikle Bauteile gewesen; das Gleichgewicht ihrer Funktion mit den jeweiligen Leistungsanforderungen und Betriebsbedingungen war empfindlich labil. Hatte der Maybach-Motorenbau diesbezügliche Erfahrungen schon mit den HS-Lu-Luftschiffmotoren im Ersten Weltkrieg machen müssen, so traf das in weit stärkerem Maße für die Triebwagen-Dieselmotoren in den zwanziger und Anfang der dreißiger Jahre zu. Die vom Flugmotor Mb IVa übernommene (Gleit-)Lagerung des Triebwerkes zeigte sich der Belastung in den Versuchs-Dieselmotoren G 1a und G 2 in keiner Weise gewachsen, was vor allem auf die (für diesen Einsatzfall) unzureichende Tragfähigkeit der damaligen Gleitlager-Werkstoffe zurückzuführen war. Deshalb erhielten der neue Dieselmotor G 4a und die Luftschiff-Ottomotoren VL 1/VL 2 Rollenlager. Damit war man zwar ein Stück weiter gekommen, doch bedurfte es noch einer langen Entwicklung, erkennbar an den vielen Ausführungsformen, bis die Triebwerks-Rollenlager den Anforderungen genügten (Abb. 21.35).

Die »kompressorlose« Einspritzung brachte neue Erschwernisse. Als diese behoben waren, wurde man schließlich gewahr, dass auch die in dieser Hinsicht bisher unterschätzten Massenkräfte den Lagern zu schaffen machten. Neben konstruktiven und werkstofftechnischen Änderungen an den Lagern, in vielen Schritten durchgeführt, wurde die Lagerbelastung selbst verringert: durch Umstellung von Grauguss- auf Aluminium-Kolben, durch einen Ausgleich der Massen, durch Maßnahmen an Gemischbildung und Verbrennung und schließlich durch den Übergang zum Vorkammer-Verfahren.

Die G-/GO-Motoren hatten rollengelagerte Grund- und Pleuellager. Um dem Pleuel trotz der großen Aufnahmebohrung für die Rollenlager die nötige Steifigkeit zu geben, war das große Pleuelauge ungeteilt, was dazu zwang, die Pleuel bei der Montage über die Welle zu streifen. Die zweiteiligen Nebenpleuel waren in schwimmenden Büchsen an die Hauptpleuelstangen angelenkt (Abb. 21.36). Nachdem seit den dreißiger Jahren mit der Bleibronze ein hoch belastbarer Gleitlager-Werkstoff zur Verfügung stand, ging der Maybach-Motorenbau bei Neukonstruktionen, erst bei den HL-Otto-, nach dem Krieg dann bei den Motoren der MD-Baureihe und den zum GTO weiterentwickelten G-/GO-Motoren, zu gleitgelagerten Pleueln über. Die MD- und GTO-Motoren erhielten Gabel-/Innenpleuel; die Kurbelwellen wurden aufgrund der guten Erfahrungen bei den HL-Motoren als Scheibenwellen ausgeführt (Abb. 21.37). Durch den großen Durchmesser der Scheiben waren die (Rollen-)Grundlager dieser Motoren zwangsläufig überdimensioniert. Mit den Laufzeiten ihrer Triebwerkslagerung setzten die MD- und GTO-Motoren neue Maßstäbe.

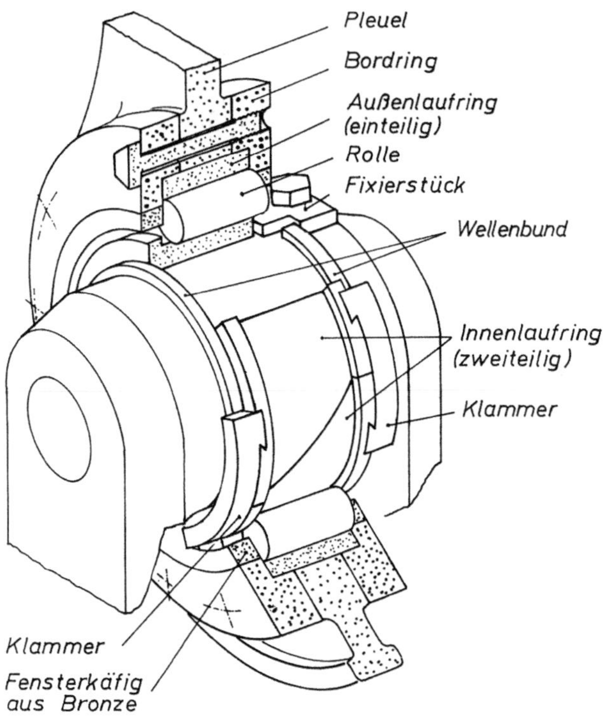

Abb. 21.35 Schematischer Aufbau des Pleuellagers (Hauptpleuel) der GO-6/G-6-Motoren, Entwicklungsstand 1938. Die aufwendige Lagerkonstruktion, Ergebnis zahlreicher Änderungen der ursprünglichen Ausführung, deutet auf erhebliche Schwierigkeiten mit den Triebwerkslagern in diesen Motoren

Abb. 21.36 Triebwerk der GO/G-Motoren. Zur Montage und Demontage wurden die einteiligen Hauptpleuelstangen über die Kurbelwelle gestreift, weshalb die Kurbelwangen abgerundet gestaltet sein mussten. Die zweiteiligen Nebenpleuel sind an den Hauptpleuelstangen angelenkt

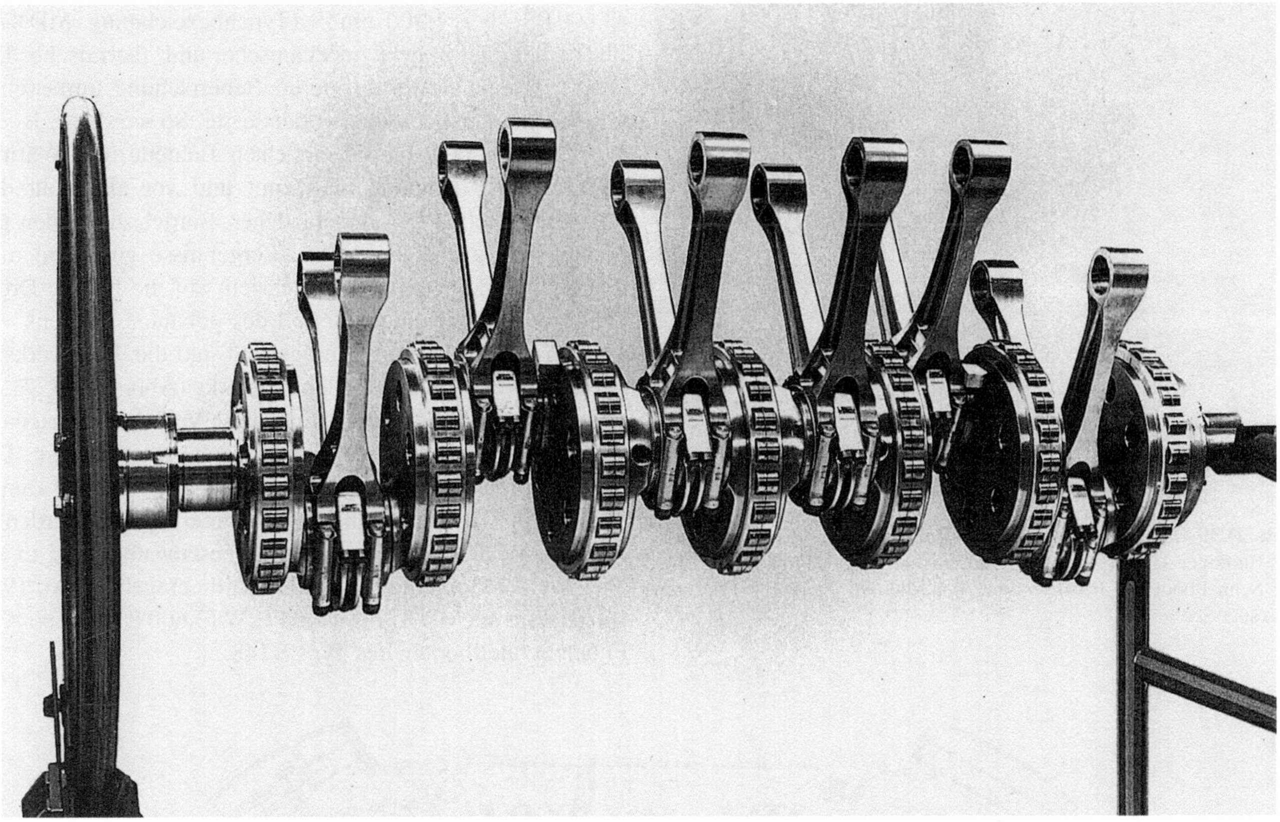

Abb. 21.37 Triebwerk des MD 650: rollengelagerte Scheibenkurbelwelle mit gleitgelagerten Gabel- und Innenpleuelstangen

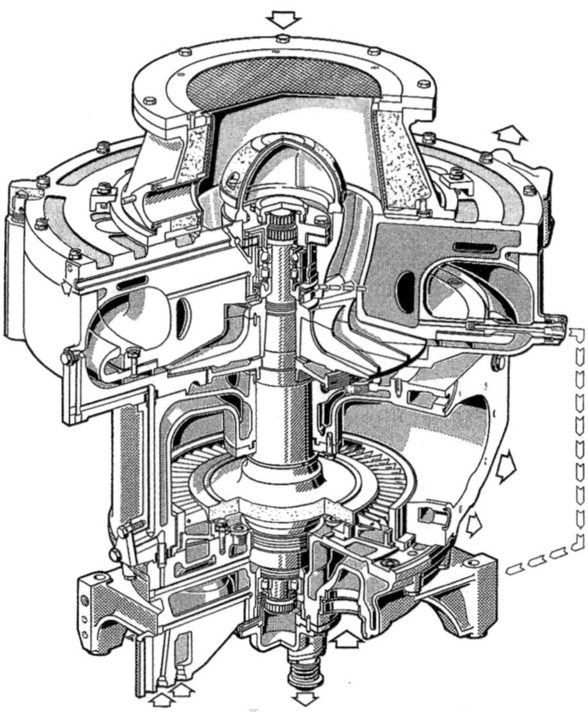

Abb. 21.38 Die für die Abgasturbolader der AGL-Baureihe charakteristische stehende (Wälz-)Lagerung des Laufzeuges (Radialverdichter, Axialturbine) ermöglicht eine für die Stoßaufladung optimale Gasführung ◄

der Zeit eine ganze Reihe von Lader-Varianten, abgestimmt auf die speziellen Bedingungen der einzelnen Motortypen und ihre Einsatzbedingungen.

In der 16-Zylinder-Ausführung wurde der MD vielfach zum Antrieb schneller Boote (Abb. 21.39) eingesetzt (MD 870), bis dahin eine Domäne des Daimler-Benz-Motors MB 518[19]. Um mit dem in vielen Marinen bestens eingeführten MB 518 konkurrieren zu können, musste der MD 870 mindestens auf dieselbe Leistung (2.205 kW/3.000 PS), nach Möglichkeit auf eine noch höhere gebracht werden. Für schnelle Boote bot der Maybach-Motorenbau den MD 870 mit 1.838 kW (2.500 PS) bei 1.500 min^{-1} (Höchstleistung) an, ein Jahr später für Sonderanwendungen als MD 871/30 mit 2.205 kW (3.000 PS)

[19] Der MB 518 ist die weiterentwickelte 20-Zylinder-Ausführung des 16-Zylinder-Luftschiff-Dieselmotors LOF 6, der in das LZ 129 »Hindenburg« (später auch in das LZ 130 »Graf Zeppelin II«) eingebaut worden war. Seine eigentliche Bedeutung erlangte dieser Motor aber in der navalisierten Ausführung (BOF 6) als Schnellbootantrieb.

Abb. 21.39 Marinetechnische Spezialanwendungen wurden ab Ende der fünfziger Jahre bevorzugtes Einsatzgebiet für MD-Motoren. Hier ein Schnellboot der Bundesmarine mit MD-870-(16-V-J38-)Motoren bei rauer See

bei 1.800 min^{-1}. Die angestrebte Höchstleistung 2.647 kW (3.600 PS) bei 1.900 min^{-1} (Typenbezeichnung MD 872) ließ erheblich höhere mechanische und thermische Beanspruchungen erwarten, deren Beherrschung umfassende Grundsatzuntersuchungen voraussetzte. So wurden z. B. die Wärmeverteilung auf die einzelnen Bauteile, die Wärmebelastung der Bauteile insgesamt und vor allem an den kritischen Stellen bei verschiedenen Betriebszuständen gemessen. Aufgrund der Versuchsergebnisse gestaltete man den Zylinderkopf um. Mit Rücksicht auf die höhere Drehzahl wurde das Kolbenunterteil des gebauten Kolbens von Grauguss auf Aluminium umgestellt und die Triebwerkslagerung durch größere Rollen verstärkt (Abb. 21.40, 21.41 und 21.42). Natürlich führte man diese Verbesserungen dann auch bei den anderen Motoren der MD-Baureihe ein. Die ersten der leistungsgesteigerten 16-Zylinder-Motoren kamen 1959 an die Bundesmarine zur Auslieferung; sie wurden in die Drei-Wellen-Boote vom Typ »Seeschwalbe« und in die Vier-Wellen-Boote vom Typ »Bussard« eingebaut. Ab 1965 setzte man den MD 872 mit 2.647 kW (3.600 PS) ein, so z. B. in den Schnellbooten des Typs S 148.

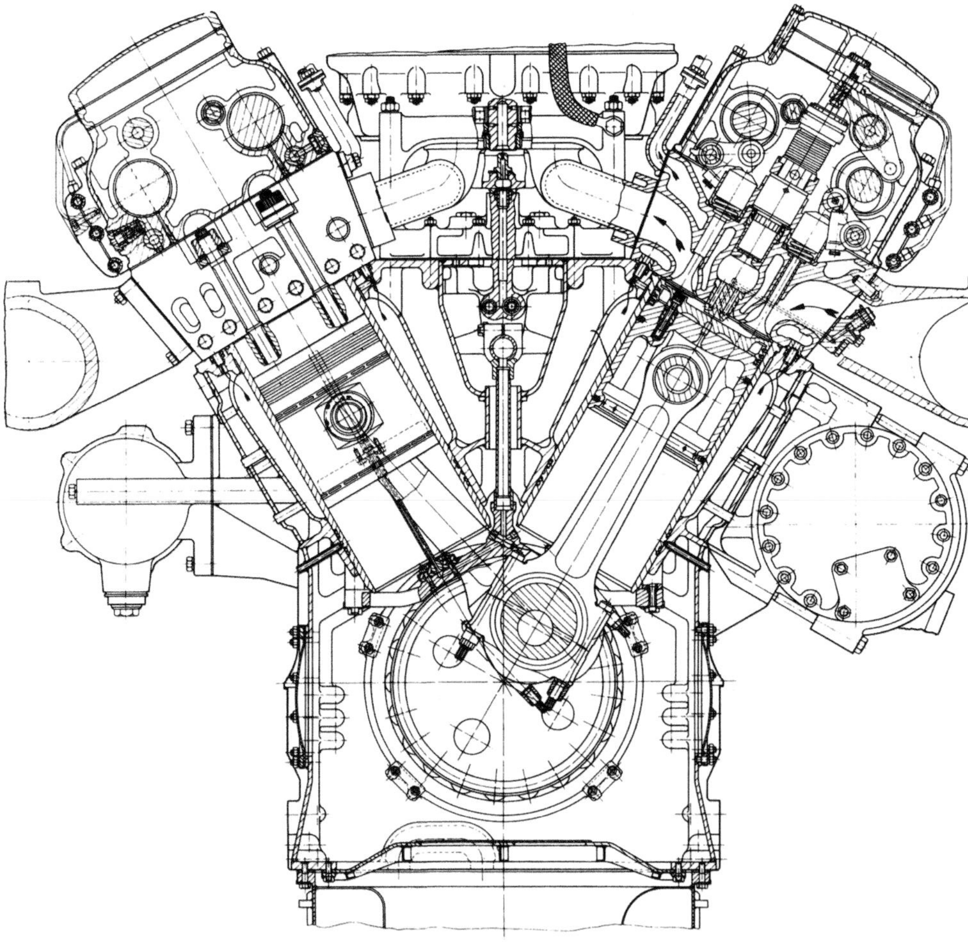

Abb. 21.40 Querschnitt der Zwölf-, 16-, und 20-Zylinder-V-Motoren der MD-(538-)Baureihe

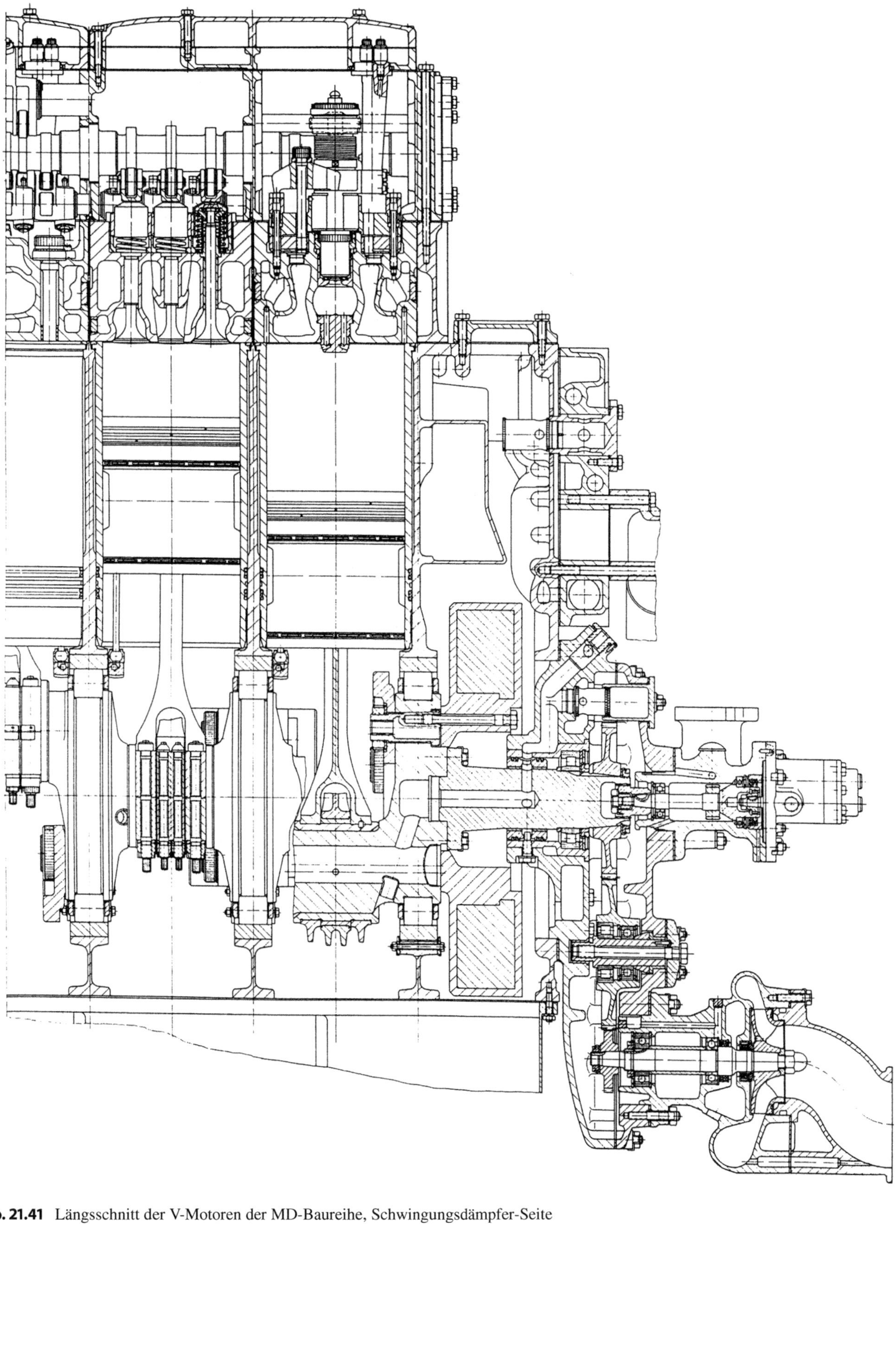

Abb. 21.41 Längsschnitt der V-Motoren der MD-Baureihe, Schwingungsdämpfer-Seite

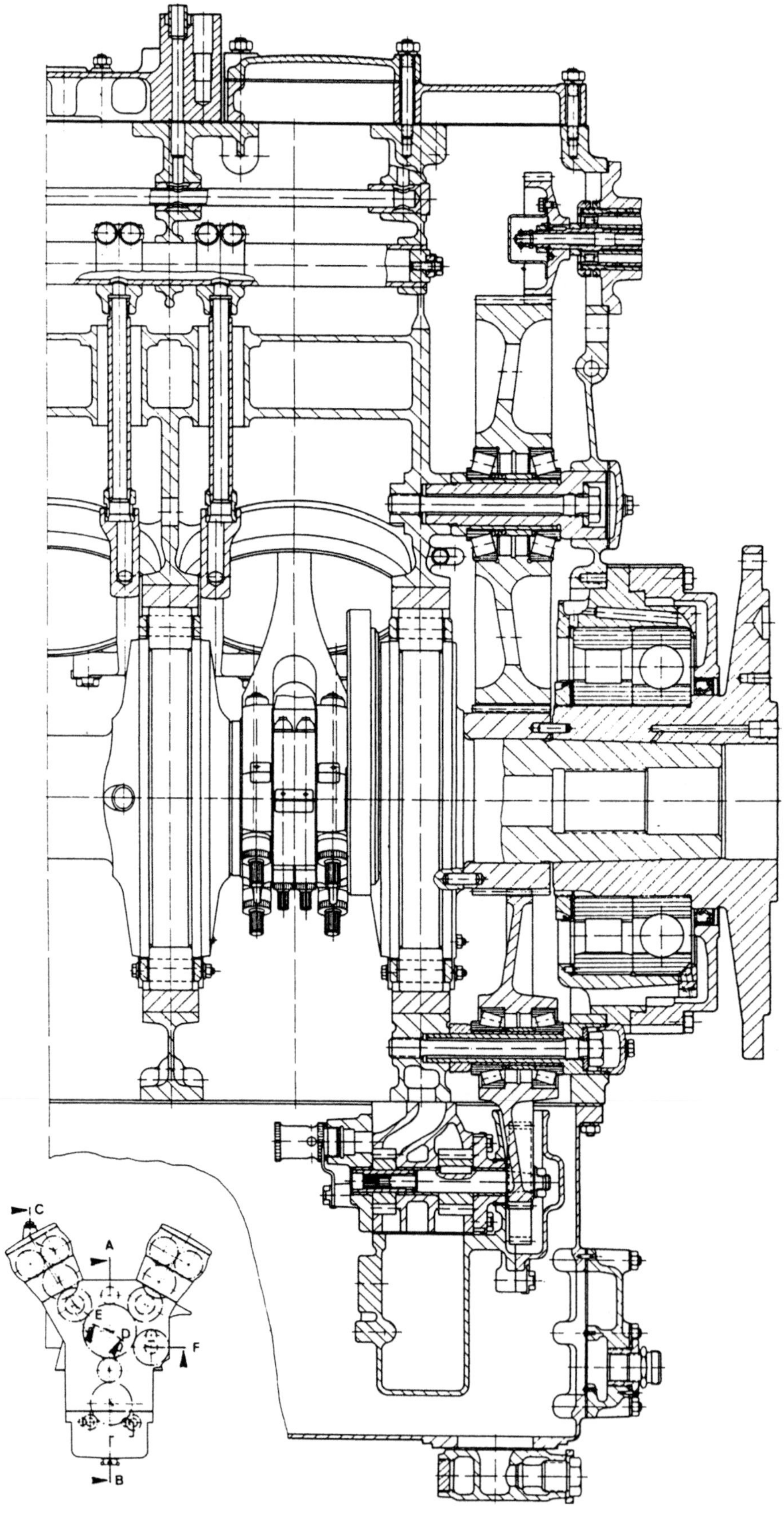

Abb. 21.42 Längsschnitt der V-Motoren der MD-Baureihe, Kupplungsseite. Das Vierpunkt-(Kugel-)Lager und das Rollenlager, über die sich der Abtriebsflansch im Gehäuse abstützt, nehmen den Axialschub und gegebenenfalls radiale Stützkräfte von der angetriebenen Maschine auf

21.6 Zusammenarbeit mit Daimler-Benz: neue Motoren

Durch den Zusammenarbeitsvertrag mit der Daimler-Benz AG im Jahre 1961 und die sich hieraus entwickelnde Fusion zur Maybach Mercedes-Benz Motorenbau GmbH (1966) kamen die Mercedes-Benz-Großmotoren MB 836/820, MB 835/839 und MB 518 (eine Weiterentwicklung des DB-602-Motors für das Luftschiff LZ 129) nach Friedrichshafen, wo sie gefertigt, weiterentwickelt und durch den Kundendienst betreut wurden. Das Wissen und die Erfahrungen zweier auf dem Gebiet schnelllaufender Hochleistungsmotoren führender Firmen konnte nun gemeinsam genutzt werden (vgl. hierzu auch Abschn. 14.2).

Die Baureihe MB 836/820 (später: Baureihe 493)[20] bestand aus einem Sechszylinder-Reihen- und einem Zwölfzylinder-V-Motor von 175 mm Bohrung und 205 mm Hub (Abb. 21.43). Mit Motoren dieser Baureihe war es der Daimler-Benz AG gelungen, Fuß in der Seeschifffahrt zu fassen. Deren harte Einsatzbedingungen hatten umfangreiche Entwicklungsarbeiten an den Motoren notwendig gemacht; nach mancherlei Rückschlägen erwiesen sich diese aber als robuste, zuverlässige Antriebe auch in der Seefahrt (Abb. 21.44). Die Baureihe MB 835/839 (später: BR 652) umfasste Zwölf- und 16-Zylinder-V-Motoren von 190 mm Bohrung und 230 mm Hub. Die Motoren der MB-Baureihen waren »konventionell« aufgebaut. Sie hatten Kurbelgehäuse mit angehängten Lagerbrücken, gleitgelagerte Wangenkurbelwellen und Block-Einspritzpumpen. Wie die MD-Motoren arbeiteten sie nach dem Vorkammer-Verfahren. Bei dem mechanisch aufgeladenen, umsteuerbaren MB 518 (später: 20 V 672) (Bohrung/Hub 185/250 mm) war die Wangenkurbelwelle in Rollen im zweiteiligen Aluminium-Kurbelgehäuse gelagert. Zwar deckten sich die Einsatzbereiche der Maybach- und der Mercedes-Benz-Motoren, doch teilten sich allmählich die Aufgaben: Die MD-Motoren wurden immer mehr für marinetechnische Spezialanwendungen, die MB-Motoren hingegen, abgesehen vom MB 518, eher für »normale« Anwendungen eingesetzt.

Die noch aus den fünfziger Jahren stammende Planung der Bundesbahn sah als Standard-Streckenlokomotive eine einmotorige 1.400-kW-(1.900-PS-)Mehrzweck-Lokomotive vor, die V 160 (später V 215/216; vgl. Abb. 21.45). Die ersten zehn dieser Lokomotiven hatten teils MD-870-(16-V-538-), teils MB-839-(16-V-652-)Motoren als Antrieb (vgl. auch Abb. 21.46). Nach der Vorerprobung wurden mehrere Serien mit großer Stückzahl ausschließlich mit MB-839-(16-V-65-2-)Motoren aufgelegt. Die Bahn hatte dem MB 839 (Abb. 21.47) wegen seiner konstruktiven Einfachheit den Vorzug gegeben; aus denselben Gründen wurde auch die leichte Streckenlokomotive V 100^2 (Abb. 21.48) nur mit dem MB 835 (12 V 652) ausgerüstet. Die guten Betriebserfahrungen mit der zweimotorigen Lokomotive V 200° veranlassten die Bundesbahn, 1962 bis 1965 eine weitere Serie von 50 dieser Lokomotiven in einer leistungsgesteigerten Version V 200^1 (später: V 221) mit MB-835-(12-V-652-)Motoren in Dienst zu stellen. Im mittelschweren bis schweren Reise- und Güterzugdienst eingesetzt, bewährten sich diese Lokomotiven vorzüglich.

Außer für die Traktion waren die Motoren MB 820 (12 V 493) und MB 835/839 (12/16 V 652) in teilamagnetischer Ausführung an die Bundesmarine geliefert worden. Als Saugmotoren dienten der MB 820 und der MB 835 als Antrieb für U-Boote.

Im Zuge der Modernisierung des MB 518 (20 V 672) Mitte der sechziger Jahre wurde dessen Zylinderkonstruktion geändert und verstärkt (»gebauter Zylinder«). Damit war eine Voraussetzung erfüllt, die Leistung zu erhöhen. Durch Umstellung von der mechanischen auf die Abgasturboaufladung (Abb. 21.49) kam der MB 518 auf 2.573 kW (3.500 PS); der Kraftstoffverbrauch konnte spürbar verringert werden. Eine weitere Verbesserung war die Ausrüstung dieses Motors mit Einhebelbedienung.

Anfang der sechziger Jahre war deutlich geworden, dass mit den vorhandenen Motoren der Leistungsbedarf der Diesellokomotiven nicht mehr gedeckt werden konnte. Vor allem in den USA, wo Züge von bis zu 6.000 t gefahren werden, wollte man die Zahl der Vorspann-Lokomotiven verringern. In Deutschland wie auch im Ausland wurde mit der Entwicklung von Motoren der 1.840-kW-(2.500-PS-)Leistungsklasse begonnen. Der Maybach Mercedes-Benz Motorenbau (MMB) und sein schärfster Wettbewerber, die MAN in Augsburg, arbeiteten an Motoren derselben Zylinderabmessungen, den Baureihen MC (MMB) und VV 23/23 (MAN). Die Konzeption der MC-Baureihe lässt deutlich erkennen, welche Elemente aus den Maybach- und welche aus den Mercedes-Benz-Motoren stammen. Vom MD wurde das Tunnelgehäuse, die rollengelagerte Scheibenkurbelwelle und die gebauten Kolben mit Posaunen-Kühlung, von den MB-Motoren die Steuerung, die Einzelzylinderköpfe ohne durchgehendes Oberteil und der angeschraubte Räderkasten übernommen. Statt der Pumpedüsen erhielt der MC Einzeleinspritzpumpen. Ausschlaggebend dafür war, dass die Pumpedüsen des MD von der im Zylinderkopf-Oberteil gelagerten Nockenwelle betätigt wurden. Wollte man einen Kolben ziehen oder auch nur einen Zylinderkopf tauschen, musste das für je eine Motorreihe gemeinsame Oberteil demontiert werden, was natürlich einen beträchtlichen Aufwand bedeutete.

[20] Die Mercedes-Benz-Motoren wurden mit den Buchstaben MB und einer Konstruktionszahl (ohne Bezug zu einer motorrelevanten Größe) bezeichnet. Die MMB systematisierte und vereinheitlichte die Nomenklatur: Die Buchstaben MD, MB, MC gaben die konstruktive Herkunft an (Maybach/Mercedes-Benz), dann folgten Zylinderzahl und -anordnung (6 R, 12 V, 16 V usw.) und schließlich der zehnfache Wert des Volumens eines Zylinders, z. B. MB 12 V 652, MD 16 V 538, MC 12 V 956. Später entfielen die Buchstaben MB, MD und MC.

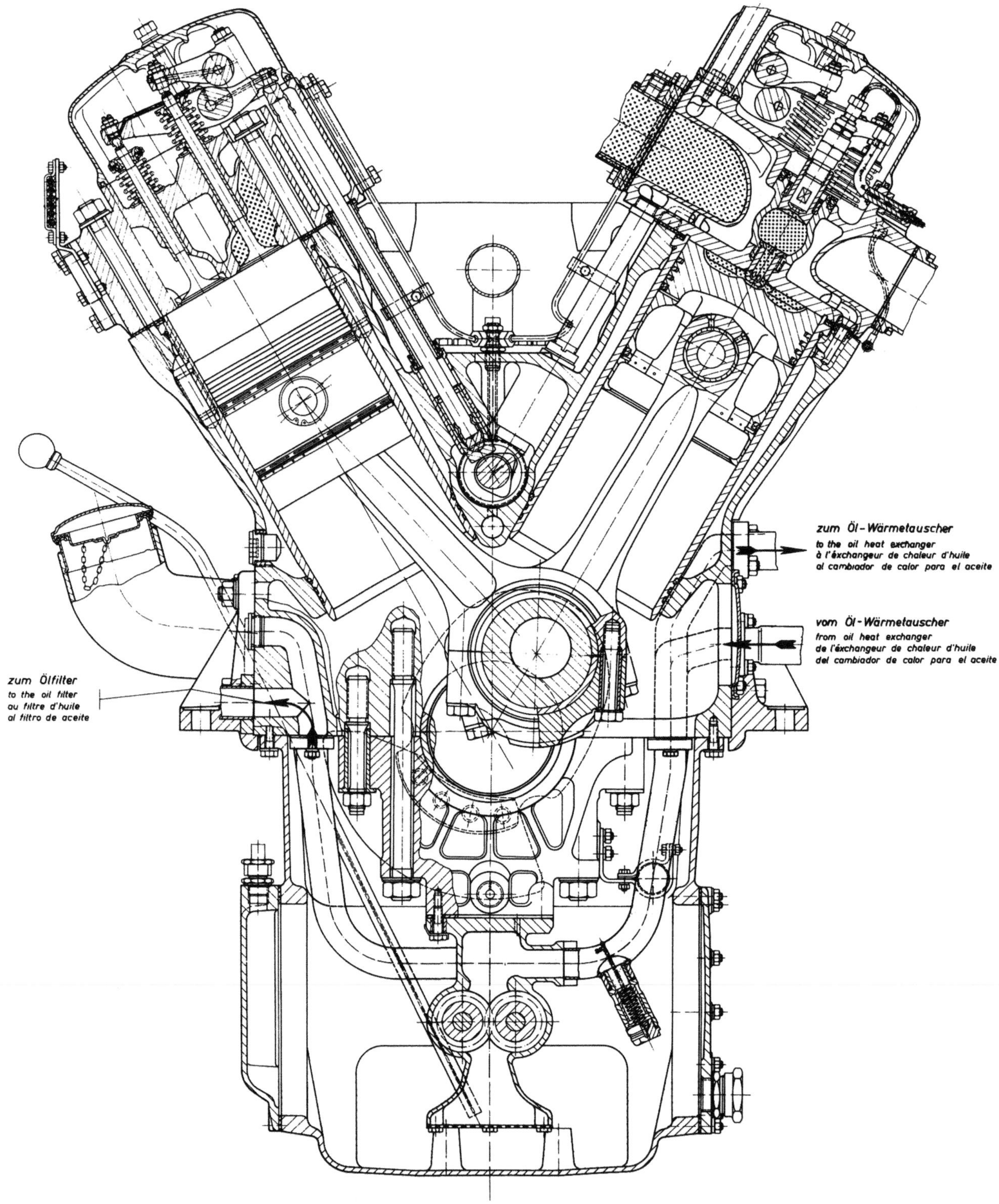

Abb. 21.43 Querschnitt des Dieselmotors MB 820 (12 V 493) (Mercedes-Benz-Konstruktion): wassergekühlter Viertakt-Dieselmotor, Vorkammer-Verfahren, gleitgelagerte Wangenkurbelwelle, Zwölfzylinder-V-Bauart, Abgasturboaufladung und Ladeluftkühlung; Bohrung 175 mm, Hub 205 mm, Leistung bis 993 kW (1.350 PS) bei 1.500 min^{-1}

Abb. 21.44 Ab Mitte der fünfziger Jahre wurde eine Reihe von seegehenden Schiffen der Handelsmarine mit schnelllaufenden Dieselmotoren ausgerüstet, darunter auch das dieselelektrische Schiff (DES) »Burstah« mit zwei Mercedes-Benz-MB-820-(12-V-493-)Motoren als Antrieb. Das Bild zeigt DES »Burstah« bei schwerer See im Nordmeer

Abb. 21.46 Dieselhydraulische Normalspur-Lokomotive, Bauart Rheinstahl-Henschel DHG 4600, für die Staatsbahn in China mit zwei von der MTU gelieferten Mercedes-Benz-MB-839-(16-V-652-) Motoren

Abb. 21.45 Diese drei gekuppelten Diesellokomotiven der Baureihe V 215 (ehemals V 160) mit Mercedes-Benz-MB-839-(16-V-652-)Motoren auf Lok-Leerfahrt zwischen Lindau und Friedrichshafen vermitteln überzeugend den Eindruck, dass Einigkeit stark macht

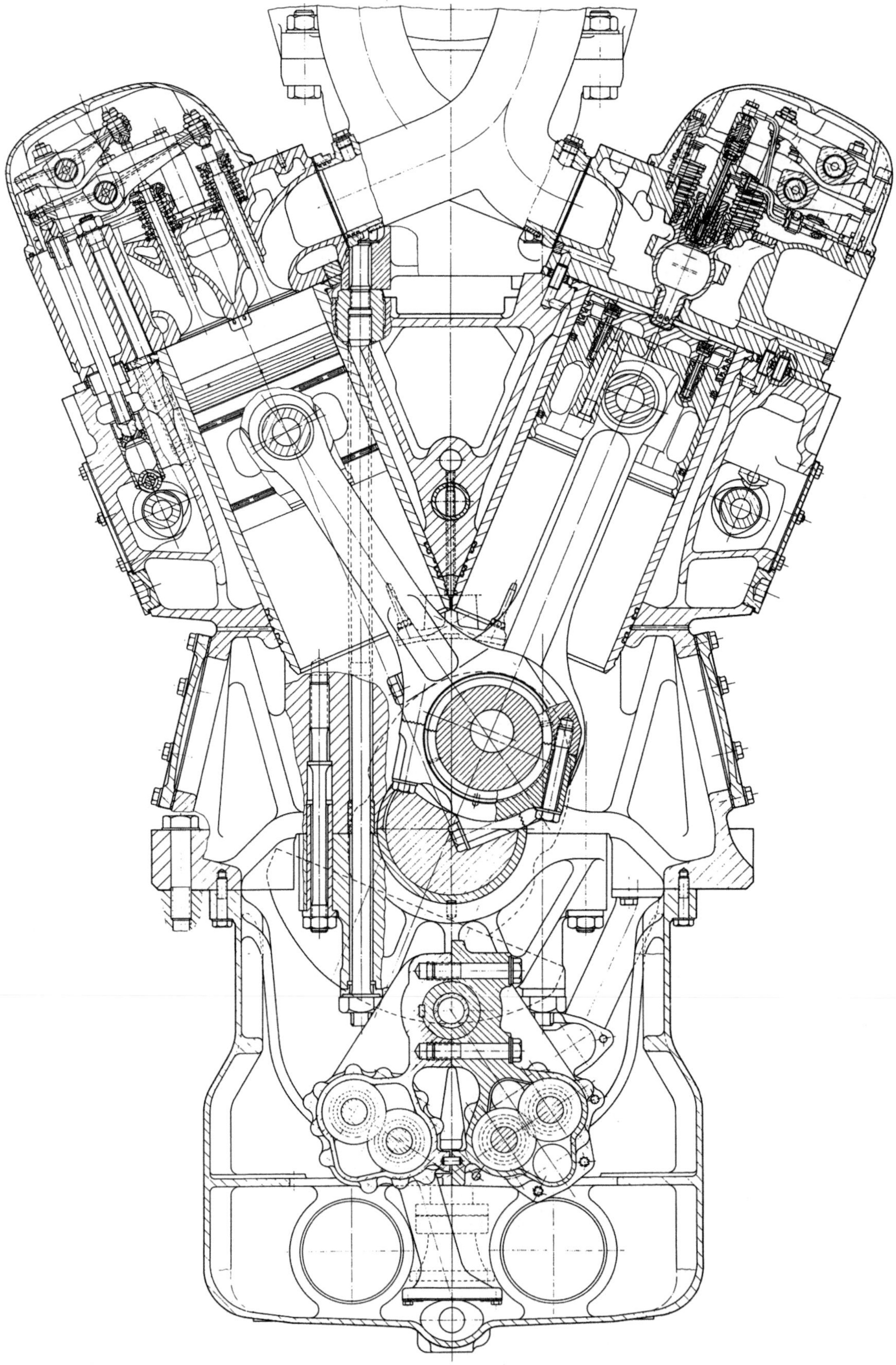

Abb. 21.47 Querschnitt der Dieselmotoren Mercedes-Benz MB 835/839 (12/16 V 652): wassergekühlte Viertakt-Dieselmotoren, Vorkammer-Verfahren, Zwölf- und 16-Zylinder-V-Bauart, Abgasturboaufladung, Ladeluftkühlung; Bohrung 190 mm, Hub 230 mm, Hubraum 12 Zylinder: 78.214 cm^3, 16 Zylinder: 104.286 cm^3 78.214/104.286 cm^3, Zylinderleistung bis 110 kW (150 PS) bei 1.500 min^{-1} (Mercedes-Benz-Konstruktion, Weiterentwicklung durch die Maybach Mercedes-Benz Motorenbau GmbH)

Abb. 21.48 Diesellokomotiven V 212 (ehemals V 100^2) mit MB-835-(12-V-652-)Motor im Lokschuppen des Bahnbetriebswerkes Lübeck

Die Konstruktionsarbeiten am MC begannen 1964, nachdem man die Entwicklung des Zweitakters MZD aufgegeben hatte. Als Vorkammer-Motor mit 220 mm Bohrung und 230 mm Hub konzipiert, kam der erste Versuchsmotor 1965 auf die Bremse. Die Versuchsergebnisse zeigten, dass das Vorkammer-Verfahren bei Motoren dieser Größe der direkten Einspritzung unterlegen ist, woraufhin der MC auf Direkteinspritzung umgestellt wurde. Der Maybach Mercedes-Benz Motorenbau trieb die Arbeiten mit Hochdruck voran, weil die MAN mit dem VV 23/23 zeitlich im Vorteil war. 1968 konnte mit der Zwölfzylinder-Ausführung, MC 1060 (Abb. 21.50), der offizielle 100-Stunden-UIC-Lauf durchgeführt werden. Im Zuge einiger konstruktiver Änderungen vergrößerte man die Bohrung auf 230 mm. Vier MC-1060-Motoren wurden von der Deutschen Bundesbahn zur Erprobung in V-160-Lokomotiven angemietet (Abb. 21.51); zwei 16-Zylinder-Motoren, MC 1410, wurden als Antrieb in eine Hochseeyacht eingebaut. Nachdem am 11. Juli 1969 die Maybach Mercedes-Benz Motorenbau mit der MAN Turbo GmbH zur MTU zusammengeführt worden war (vgl. hierzu auch Abschn. 14.3), musste das Typenprogramm der MTU Friedrichshafen GmbH bereinigt werden. Die Entscheidung fiel zuguns-

Abb. 21.49 Dieselmotor Mercedes-Benz MB 518 D (20 V 672): wassergekühlter Viertakt-Dieselmotor, Vorkammer-Verfahren, 20-Zylinder-V-Bauart mit zwei Hispano-Suiza-Abgasturboladern, Ladeluftkühlung; Bohrung 185 mm, Hub 250 mm, Hubraum 134.333 cm^3, Leistung 2.573 kW (3.500 PS) bei 1.700 min^{-1}. Diese Mercedes-Benz-Konstruktion ist ein »Nachfahre« der Luftschiffmotoren LOF 6 (DB 602), mit denen die Zeppelin-Luftschiffe LZ 129 und LZ 130 angetrieben wurden

Tab. 21.4 Dieselmotoren 1950 bis 1969

Motor-Typ	Jahr	Bauart	Gemischbildung	Bohrung / Hub mm / mm	Zylinder-Volumen dm^3	Leistung / Drehzahl kW/PS / min^{-1}	Effektive Literarbeit kJ/dm^3	Mittlere Kolben-geschwindigkeit m/s
MD 650	1951	12 V	Vorkammer ATL	185 / 200	5,38	735/1.000 / 1.500	0,91	10,0
GTO 6	1951	12 V	Direkteinspritzung ATL	160 / 200	4,02	478/650 / 1.400	0,85	9,33
GTO 56	1952	12 V	Direkteinspritzung	160 / 200	4,02	301/410 / 1.400	0,54	9,33
MD 870	1956	16 V	Vorkammer ATL + LLK	185 / 200	5,38	1.397/1.900 / 1.500	1,29	10,0
MB 836	1956	6 R	Vorkammer ATL	175 / 205	4,93	390/530 / 1.500	1,05	10,25
MB 820	1953	12 V	Vorkammer ATL	175 / 205	4,93	809/1.100 / 1.500	1,09	10,25
MB 835	1960	12 V	Vorkammer ATL	190 / 230	6,52	992/1.350 / 1.500	1,01	11,5
MB 839	1964	16 V	Vorkammer ATL + LLK	190 / 230	6,52	1.397/1.900 / 1.500	1,07	11,5

Anmerkung: Diese Leistungsangaben beziehen sich auf den Einsatz der Motoren in Triebfahrzeugen der Deutschen Bundesbahn (Ausnahme: GTO 56 und MB 836).
Da die Leistung auch von der Ausrüstung (ATL = Abgasturboaufladung, LLK = Ladeluftkühlung) und von der Anwendung der Motoren (Bahn, Schiff, Generator, Schwerfahrzeug) abhängt, weichen diese Angaben z. T. von denen im Text ab.

Tab. 21.5 Dieselmotoren 1951 bis 1969, Marinemotoren

Motor-Typ	Jahr	Bauart	Gemischbildung	Bohrung / Hub mm / mm	Zylinder-Volumen dm^3	Leistung / Drehzahl kW/PS / min^{-1}	Effektive Literarbeit kJ/dm^3	Mittlere Kolben-geschwindigkeit m/s
MD 655	1952	12 V	Vorkammer ATL + LLK	185 / 200	5,38	970/1.320 / 1.500	1,20	10,0
MD 870	1956	16 V	Vorkammer ATL + LLK	185 / 200	5,38	1.838/2.500 / 1.500	1,71	10,0
MD 872	1968	16 V	Vorkammer ATL + LLK	185 / 200	5,38	2.646/3.600 / 1.900	1,94	12,7
MB 518 C	1966	20 V	Vorkammer mechan. Aufl. + LLK	185 / 250	6,72	2.205/3.000 / 1.720	1,14	14,3
MB 518 D	1968	20 V	Vorkammer ATL + LLK	185 / 250	6,72	2.572/3.500 / 1.700	1,35	14,2

ATL = Abgasturboaufladung, LLK = Ladeluftkühlung

ten der MAN-VV-23/23-Baureihe, weil die Bundesbahn bereits eine größere Zahl dieser Motoren für die Mehrzweck-Lokomotive V 164 (später: V 218) bestellt hatte (Tafel 24.8). Die Motoren der Baureihe VV 23/23 wurden von der MTU zur Doppelbaureihe 956/1163 weiterentwickelt und in großen Stückzahlen in Lokomotiven, Schiffen und auch in stationären Anlagen eingesetzt.

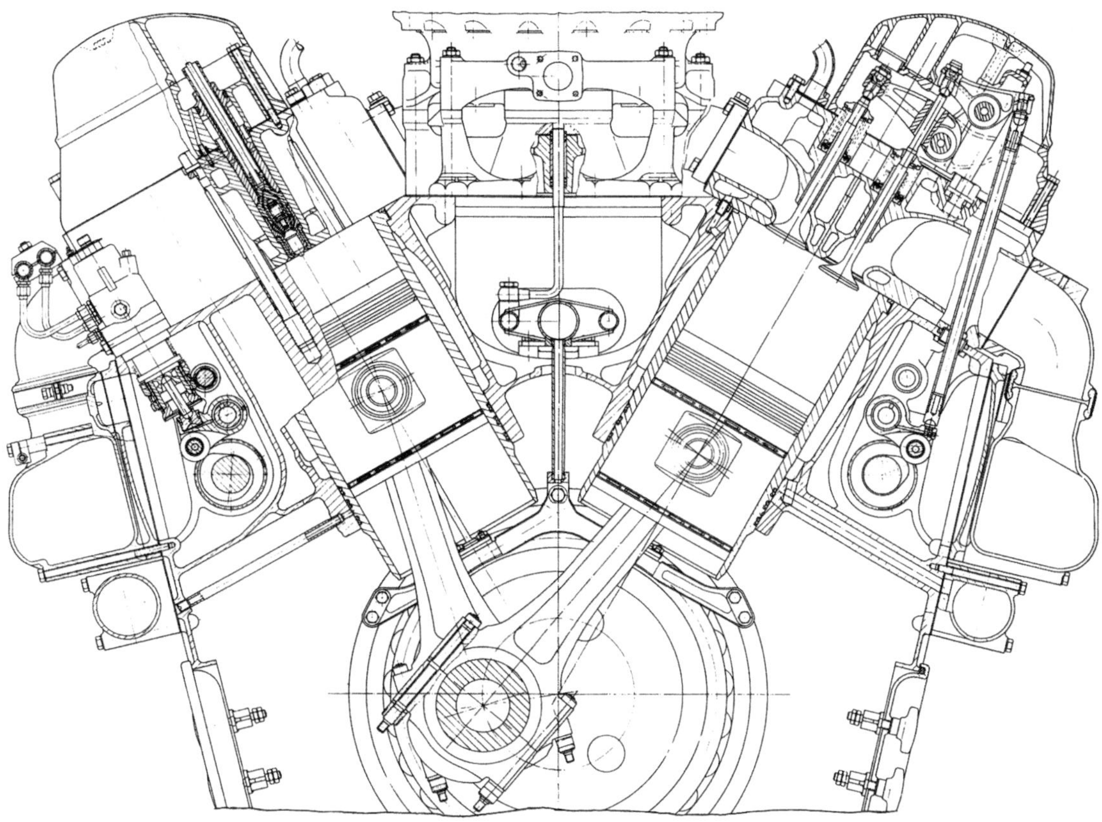

Abb. 21.50 Querschnitt der MMB-Dieselmotoren MC 1060/1410 (MC 12/16 V 956): wassergekühlte Viertakt-Dieselmotoren, Direkteinspritzung, Zwölf- und 16-Zylinder-V-Bauart, rollengelagerte Scheibenkurbelwelle, Tunnelgehäuse, Abgasturboaufladung, Ladeluftkühlung; Bohrung 230 mm, Hub 230 mm, Zylinderleistung 153 kW (208 PS) Hubraum 12 Zylinder: 114.613 cm³, 16 Zylinder: 152.818 cm³

Abb. 21.51 Einbau eines MMB-Motors MC 1060 (MC 12 V 956) in eine Diesellokomotive der Baureihe V 218

Mess- und Versuchstechnik

22

Stefan Zima

Der Kurbelwellenschaden an dem ersten (Karl) Maybachschen Luftschiffmotor war ein Menetekel für jene physikalischen Phänomene in der Motorentechnik, deren Erkenntnis und Behebung sich – ungleich mehr als in anderen Sparten des Maschinenbaus – als schwierig und aufwendig erwiesen und auch das Prozedere in der Motorenentwicklung maßgeblich beeinflussen sollten.

Als Karl Maybach 1909 seinen ersten Luftschiffmotor baute, bestand die Versuchstechnik darin, nachzuweisen, dass der Motor die geforderte Leistung erbrachte, einen bestimmten Verbrauch nicht überschritt und die – noch sehr begrenzte – Laufzeit durchzustehen in der Lage war. Dann galt es, spezielle Eigenschaften von Bauteilen und Baugruppen zu überprüfen, wie die Brandsicherheit des schwimmerlosen Vergasers oder die Kraftstoffersparnis durch die »Sparvorrichtung« am Vergaser. Eine gesonderte Versuchsabteilung gab es noch nicht: Wie dem ersten Versuchsbericht zu entnehmen ist, wurden die Untersuchungen (Probeläufe) in der Werkstatt durchgeführt. Doch das sollte sich im Laufe der Zeit gründlich ändern. Die vielschichtigen Probleme, mit denen sich der »Motorenbau« konfrontiert sah, verlangten immer weiter gehende Untersuchungen am Motor, und daraus resultierend – um den Aufwand zu verringern – an den einzelnen Funktionsgruppen und Bauteilen bis hin zum unbearbeiteten Werkstoff. Anstöße hierzu gab es mehrere: Kurbelwellenbrüche, die, wie sich aus der Rechnung (durchgeführt 1915 von Prof. Max Tolle, TH Karlsruhe) (vgl. Tafel 24.9) und aus Messungen (durchgeführt von Dr. J. Geiger, MAN-Augsburg) ergab, vor allem durch die Anregung von der Luftschraube und der Wellenleitung ausgelöst wurden und die man mangels eigener Möglichkeiten von der Königlichen Materialprüfungsanstalt der TH Berlin metallurgisch und festigkeitsmäßig untersuchen lassen musste (Abb. 22.1). Die Schäden an den Luftschiffmotoren, Typ HS-Lu, machten deutlich, dass es nicht genügte, die Qualität der eigenen Fertigung zu überwachen, sondern dass auch die Werkstoffe, das Rohmaterial und die Zulieferteile überprüft werden mussten. Hierfür wurde 1916 eigens eine kleine Abteilung eingerichtet, deren Bedeutung rasch zunahm und aus der sich später die »Versuchsanstalt des Maybach-Motorenbau« entwickelte.

Um schon im Voraus das Verhalten der Motoren zu erkennen, versuchte man die Bedingungen ihres Einsatzes zu simulieren: durch schwenkbare Prüfstände, auf denen die Motoren durch einen Propeller belastet wurden, oder durch die – recht aufwendigen und unbequemen – Probeläufe auf dem Wendelstein in 1.840 m Höhe. Diese wurden dann zugunsten von Prüfständen mit variierbaren Ansaugunter- und Abgasgegendrücken (Abb. 22.2) und endlich durch die Unterdruck-Kammer des »Luftschiffbau Zeppelin« ersetzt. Neben den Propeller-Prüfständen, bei denen sich die Motorlast aus Größe und Form der Propeller (und der Motordrehzahl) ergab und über das Reaktionsmoment des Motors bestimmt wurde, verwendete der »Motorenbau« auch Wasserwirbelbremsen der »Bauart Liebel«.

Ein zentrales Problem der Verbrennungsmotoren, mit dem sich der »Motorenbau« in der Folge intensiv befassen musste, war das der dynamischen Beanspruchung der Bauteile durch die instationären Gas- und Massenkräfte, deren Wirkung zudem durch die – im Vergleich zu den Elementen der klassischen Mechanik (Balken, Scheibe, Kreiszylinder) – komplizierten Bauteilformen verstärkt wurde. Die Konstrukteure steckten in einem Dilemma: Einerseits sollte der Motor möglichst leicht gebaut sein, andererseits konnten weder die auftretenden Beanspruchungen berechnet werden, noch kannte man damals überhaupt die vom Werkstoff ertragbaren Beanspruchungen. Um hier Besserung zu schaffen, entwickelte der Maybach-Motorenbau 1921 ein Wechselschlagwerk[1] (»Biegeschwingungsmaschine«), bei dem ein zylindrischer Probestab durch schlagartige Belastung in Schwingung versetzt wurde. Mittels eines Malteserkreuzes wurde der Probestab in den Ruhepausen zwischen den Schlägen gedreht. Dank der somit möglichen hohen Lastwechselzahl

S. Zima (✉)
Gießen, Deutschland
E-Mail: customerservice@springernature.com

[1] DRP 522 424.

E. Eckermann, W. Treue, S. Zima (Hrsg.), *Technikpionier Karl Maybach*, https://doi.org/10.1007/978-3-658-37065-7_22

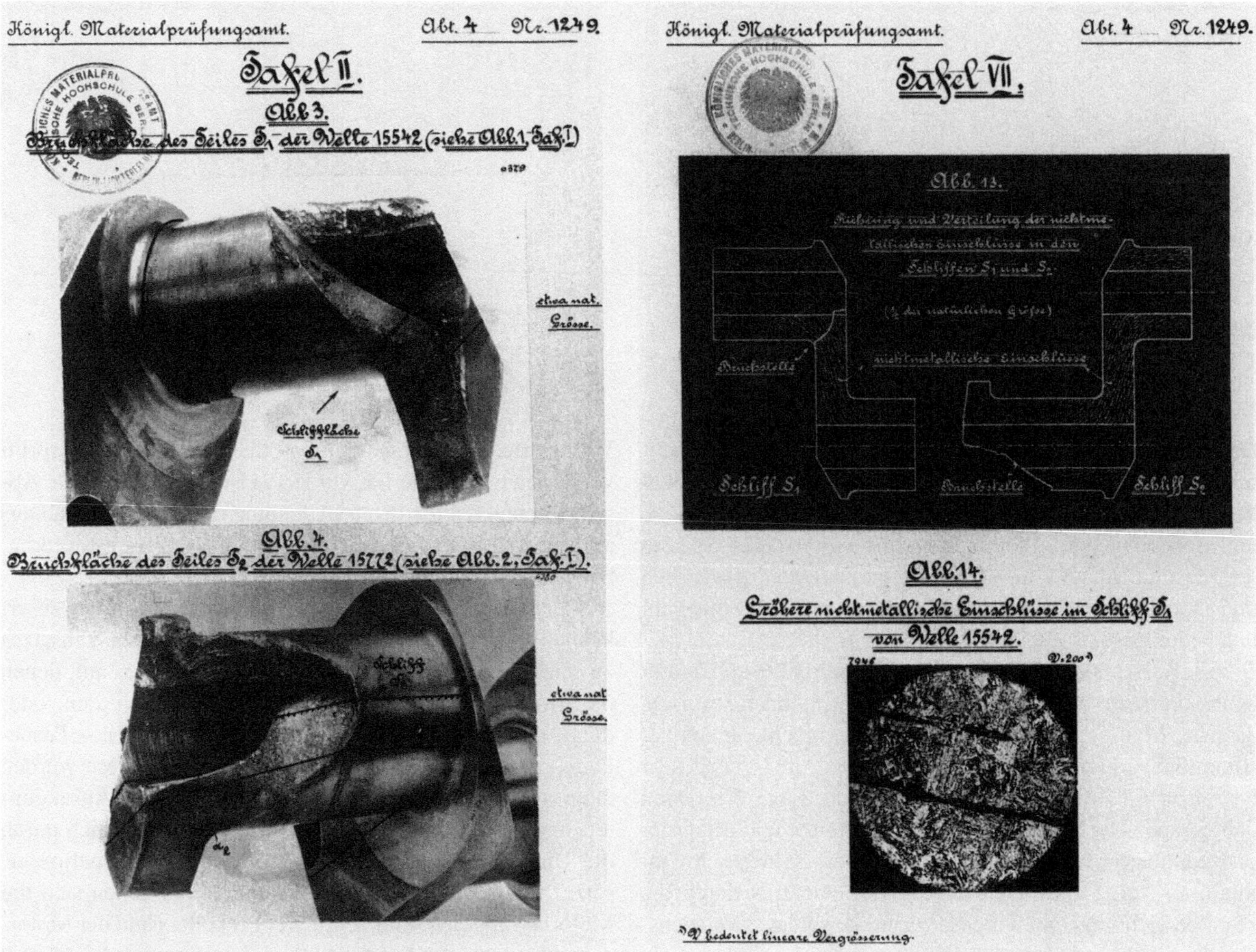

Abb. 22.1 Zur Klärung von Kurbelwellenbrüchen in Luftschiffmotoren wurde unter anderem das Königliche Materialprüfungsamt der Technischen Hochschule in Berlin-Lichterfelde hinzugezogen. Bei diesem Schaden handelt es sich um einen »klassischen« Torsionsbruch

konnten die Prüfzeiten zeitlich stark gerafft werden; gefertigt wurden die einzelnen Modelle dieser Maschine übrigens in der Lehrwerkstatt des Maybach-Motorenbaus.

Die Möglichkeiten, Spannungen an komplizierten Bauteilen wie z. B. dem Zylinderkopf, dem Kolben oder der Kurbelgehäusewand zu bestimmen, waren sehr eingeschränkt, weil die in der Werkstoffprüfung verwendeten Feindehnmessgeräte zum einen zu sperrig für Messungen an den kritischen Stellen wie z. B. in Hohlkehlen waren, zum anderen auch die Kenntnis des Spannungsverlaufs voraussetzten, um Aussagen über die jeweils maximalen Werte zuzulassen.

Unerklärliche Brüche an Pleuelstangen von VL-1-Luftschiffmotoren führten zu der Entwicklung des Maybach-Dehnungslinienverfahrens[2] durch den Leiter der »Versuchsanstalt des Maybach-Motorenbau«, O. Dietrich. Unerklärlich waren diese Brüche deshalb, weil sie nicht – wie nach dem damaligen Stand des Wissens zu erwarten gewesen wären – an der schwächsten, sondern an der stärksten Stelle des Schaftes, nämlich am Übergang zum großen Pleuelauge, auftraten. Das Dehnungslinienverfahren beruht darauf, dass das zu untersuchende Bauteil mit einem Lack überzogen wird, der nach dem Trocknen schon bei Beanspruchungen weit unterhalb der Elastizitätsgrenze des Bauteil-Werkstoffes quer zu den größten (positiven) Dehnungen einreißt. Durch Steigern der Belastung lässt sich (über die Dehnungen, d. h. die Risse im Lack) der Spannungsverlauf auch an niedriger beanspruchten Stellen sichtbar machen. Mit vergleichsweise geringem Aufwand konnte man sich jetzt ein Bild vom Spannungszustand auch komplizierter Teile machen. Namhafte Firmen wie Daimler-Benz, Junkers, BMW oder die MAN nahmen eine Lizenz auf dieses Verfahren. Auch Druckspannungen konnte man bestimmen, indem das Bauteil auf Druck vorgespannt, der Lack aufgebracht und dann das Teil entlastet wurde. An den kritischen Stellen, erkennbar an der Häufung der Dehnungslinien, wurden dann gezielt die Verformungen gemessen (Abb. 22.3). Das setz-

[2] DRP 534 158.

Abb. 22.2 Motor Mb IVa auf dem Unterdruckprüfstand des »Motorenbau Friedrichshafen«. Die Höhenbedingungen wurden bei diesem Prüfstand durch Absenken des Ansaugunterdruckes und des Abgasgegendruckes dargestellt. Der Luftbehälter auf dem Motor war mit dem Vergaser und der Kraftstoff-Förderanlage verbunden, sodass auch hier der gewünschte Unterdruck herrschte

Abb. 22.3 Maybach-Dehnungslinienverfahren: Kurbelgehäuse eines Gleitlager-(Versuchs-)Motors, Bauart MC; linker Zylinder unter Zünddruckbelastung. Der Dehnungslinienverlauf vermittelt ein anschauliches Bild der Spannungsverhältnisse

te allerdings Feindehnmessgeräte voraus, mit denen über kleine Längen sehr genau auch an räumlich gekrümmten Flächen gemessen werden konnte. Mangels geeigneter Geräte entwickelte der Maybach-Motorenbau auch diese selber, so u. a. mechanische bzw. mechanisch-optische Zwei- und Dreispitzengeräte[3] für Messlängen von 3 mm bzw. 1 mm mit einer Genauigkeit von 0,46 μm bzw. 0,2 μm je Teilstrich (Abb. 22.4). Die Maybach-Motorenbau-Versuchs- und Messabteilung erwarb sich einen so guten Ruf, dass auch Fremdfirmen mit ihren »Problemfällen« zur Untersuchung nach Friedrichshafen kamen.

Im Zuge der Entwicklung der (Rollen-)Triebwerkslager für die VL- und G-/GO-Motoren entstand eine »Vorrichtung zum Ermitteln der infolge der elastischen Formänderung bei belasteten Maschinen- und Baukonstruktionsteilen auftretenden ungleichmäßigen Belastungsverteilung«[4], deren Funktionsweise darauf beruhte, dass in das zu untersuchende Teil (in diesem Fall in die Wälzlagerrolle) Nuten eingefräst wurden, die sich unter Last verformten. Messgröße war dann die Abstandsänderung der Nutflanken.

Ende der zwanziger Jahre waren es die bereits beschriebenen Kurbelwellenbrüche in Luftschiffmotoren (VL 2 im LZ 127 »Graf Zeppelin«), die zum Auslöser für ebenso umfangreiche wie in die Tiefe gehende Untersuchungen (Versuche und Berechnungen) wurden. Kurbelwellenbrüche traten damals ganz allgemein bei Flugzeugmotoren so häufig auf, dass ein weit über den Einzelfall des LZ 127 hinausgehendes Interesse an der Klärung ihrer Ursachen bestand. In beispielhafter Zusammenarbeit zwischen dem Maybach-Motorenbau (Festigkeitsuntersuchungen), der DVL (Messungen mit dem Geiger-Torsiographen) und Prof. H. Thoma von der TH Karlsruhe (elektrisches Messverfahren) wurde der Vorgang – redundant – erhellt und hieraus allgemeingültige Folgerungen gezogen.

Die kompressorlose Kraftstoff-Einspritzung beim Dieselmotor hatte eine Fülle von Problemen aufgeworfen, die man nur lösen konnte, wenn man Kenntnis über die schnell verlaufenden Vorgänge bei Einspritzung und Verbrennung erhielt. Vor allem musste man den Gasdruckverlauf im Zylinder messen, was mit mechanischen Indikatoren bei den hohen Drehzahlen der Maybach-Motoren nicht mehr möglich war. Nun wurde in den dreißiger Jahren an mehreren Stellen intensiv an der Entwicklung von Druckgebern (Piezo-Quarz-Geber, ebenso kapazitive und induktive Geber) gearbeitet, mit denen praktisch verzögerungsfrei gemessen werden konnte. Welche Bedeutung solchen Messgeräten beigemessen wurde, geht aus folgender Beschreibung hervor:

»... Erst nachdem ein Geber für den an sich bekannten Oszillographen erhältlich war, konnten zuverlässige Diagramme aufgenommen und es konnten damit in der Entwicklung der Verbrennung entscheidende Fortschritte erzielt werden. Der M.M. hatte nur darauf gewartet, daß der Oszillograph zu einem brauch-

[3] DRP 699 177 und DRP 630 548.
[4] DRP 715 916.

Abb. 22.4 Maybach-Dehnungsmesseinrichtung (1928). Die Messinstrumente sind auf die Kurbelwelle geklebt

baren Instrument entwickelt wurde, um sich sofort ohne Rücksicht auf die Anschaffungskosten die modernste Einrichtung zu beschaffen. Mit größtem Nachdruck wurde nach Fertigstellung der Einrichtung daran gegangen, die Geber so zu vervollkommnen, daß unbedingt zuverlässige Vergleichsmessungen mit Hilfe von Diagrammen möglich wurden ... «[5]

Wie klar Karl Maybach damals die Bedeutung der elektrischen Messtechnik erkannt hatte und diese auch in einen größeren Zusammenhang einordnete, geht aus einem späteren Schreiben von ihm hervor:

»... Ähnlich blieb es bei Dampf und Gas wie auch bei den Werkzeugmaschinen aller Art bis in unsere Zeit hinein. Nachdem nun aber diese 3 Maschinenarten ... jetzt mit den verhältnismässig einfachen Mitteln einen gewissen Höhepunkt in ihrer Entwicklung erreicht haben, muss zu anderen Mitteln gegriffen werden, die dem Handwerker nicht mehr zugänglich sind. Wehe dem verantwortlichen Techniker, der dies nicht rechtzeitig erkennt und sich diesem gewaltigen Umschwung in der Technik nicht anpasst, ehe es zu spät ist. Aber nicht nur Anpassen führt zum Erfolg und zu anderen Wegen, sondern im Zuvorkommen und Vorausdenken liegt das Geheimnis für alle weiteren Fortschritte in der Technik. Für mich kann ich in Anspruch nehmen, daß ich diese Wende schon im Jahre 1935 erkannte und durch Einstellung von Herrn ... entsprechend handelte. Es war nicht so selbstverständlich, einen reinen Wissenschaftler und dazu noch auf dem Gebiet der elektrischen Hochfrequenz ohne jede Konstrukteur-Erfahrung auf unserem Gebiet für die Leitung unserer Versuche vorzusehen ... heute ist ein Motorenversuch ohne die Praxis der elektrischen Hochfrequenz einfach undenkbar ... «[6]

Elektrische Messverfahren fanden rasch Eingang in den Motorenversuch, weil mit ihnen schnell verlaufende Vorgänge wie Druckverläufe, Schwingungen oder Strömungsvorgänge erfasst und übertragen werden konnten. Da Vorgänge in Triebwerksteilen von besonderem Interesse waren, wurden Methoden entwickelt, die Messergebnisse berührungslos zu übertragen. Auch hier war der Maybach-Motorenbau aktiv: Verfahren zum Messen von Drehschwingungen[7] oder der Zapfenverlagerung beweisen das.

Weniger auffällig in den Ergebnissen, nichtsdestoweniger aber genau so wichtig, entstand etwa zur selben Zeit, in der zweiten Hälfte der dreißiger Jahre, in der statistischen Auswertung der Betriebsergebnisse ein neues Instrument für die Motorenentwicklung. Man muss sich vergegenwärtigen, dass es damals keine hinreichend gesicherten Kenntnisse über die Verschleißraten der Motoren gab. Man wusste noch nicht, welche Verschleißwerte »normal« und welche unzulässig waren, denn ein solches Wissen konnte nur aus der Erfahrung mit einer genügend großen Zahl von Motoren über längere Laufzeiten erwachsen.

Führend auf dem Gebiet der Auswertung von Betriebserfahrungen war die Reichsbahn, deren Werkstättendienst systematisch den Verschleiß der Triebwagenmotoren verfolgte, statistisch auswertete und in Richtlinien für Wartungsarbeiten und -intervalle umsetzte. Der Maybach-Motorenbau beteiligte sich an diesen Arbeiten und erstellte dann nach dem Zweiten Weltkrieg eigene Zeitpläne für Wartungs- und Instandsetzungsarbeiten, mit denen auch die verschiedenen Leistungen und Einsatzbedingungen der Motoren berücksichtigt wurden. Diese Arbeit, die dem Laien gar nicht als »Entwicklungsarbeit« erscheinen mag, stellt aber einen Teil des unverzichtbaren Erfahrungsrückflusses dar, ohne den eine technische Entwicklung nicht betrieben werden kann. Dabei spielt der Kundendienst (»Außendienst«) eine wichtige Rolle. In einer Firmenpublikation des Maybach-Motorenbaus wird er deshalb – zu Recht – als »verlängerter Arm der Entwicklung« bezeichnet. Gerade die Pionierarbeit, welche der Maybach-Motorenbau mit dem schnelllaufenden Dieselmotor in der Schienentraktion geleistet hat, wäre ohne den Einsatz und das Engagement der Außendienst-Monteure und -Ingenieure nicht denkbar. Nicht nur dass sie Störungen und kleinere Schäden behoben, das Fahr- und Werkstattpersonal berieten und ausbildeten – sie sorgten auch dafür, dass Informationen und Erfahrungen unverzüglich der Firma zugingen,

[5] R. Lang: *Denkschrift über die Entwicklung des raschlaufenden 410-PS-Maybach-Dieselmotors, Type GO 5* (12. Februar 1936).

[6] Schreiben Karl Maybachs an Jean Raebel vom 18. Juli 1948.

[7] DRP 678 707.

sodass die Betriebsergebnisse direkt in die Entwicklung einfließen konnten.

Die Bedeutung, welche der Maybach-Motorenbau der Messtechnik als Instrument der Motorenentwicklung beimaß, geht auch daraus hervor, dass Karl Maybach diese zu einem Gegenstand seines Vertrages über seine Tätigkeit in Vernon mit den Franzosen machte. Neben Eigenentwicklungen wie z. B. Quarz-Druckgeber und hierauf abgestimmte Gleichstromverstärker (Abb. 22.5), Trägerfrequenzgeräte oder Torsiographen (vgl. Tafel 24.10) griff der Maybach-Motorenbau auch die neuesten, aus den USA und England kommenden Verfahren auf; hier war es vor allem die Dehnmessstreifen-Technik, die der im Motorenbau so wichtigen Bestimmung mechanischer Spannungen neue Impulse gab.

Im Zuge der Steigerung von Leistung, Laufzeiten und Lebensdauer der MD-Motoren rückten Untersuchungen der Dauerfestigkeit und der thermischen Belastbarkeit in den Vordergrund, wobei jetzt durch spezielle Prüfverfahren und Versuchsvorrichtungen die einzelnen Bauteile gezielt analysiert werden konnten.

In den fünfziger und sechziger Jahren bildeten sich – dank der vermehrten Möglichkeiten durch die Mess- und Versuchstechnik – drei Schwerpunkte experimenteller Entwicklung heraus:

- Werkstoffuntersuchungen durch Röntgen- und Ultraschallprüfung;
- Untersuchungen des einzelnen Bauteiles auf bestimmte Eigenschaften hin, z. B. im Hydropulser auf dynamische Belastbarkeit;
- Untersuchung des Motorverhaltens, wobei jetzt nicht nur – wie früher üblich – einzelne Kennlinien, sondern das gesamte Kennfeld gefahren und systematisch alle relevanten Größen gemessen wurden, und die
- Untersuchung spezieller Bauteil-, Baugruppen- oder/und Motoreigenschaften während des Motorbetriebes im Schiff oder in der Lokomotive.

Somit hatte sich das Spektrum der experimentellen Erprobung durch den Fortschritt in der Mess- und Versuchstechnik, zu dem der Maybach-Motorenbau auf seinem Gebiet nicht unerheblich beigetragen hat, wesentlich erweitert. Konkret bedeutete dies, dass der Versuch immer seltener Schwachstellen und Fehlfunktionen nachträglich eruieren und beseitigen musste, sondern diese – gleichsam »offensiv« – im Vorfeld der Entwicklung ausschließen konnte.

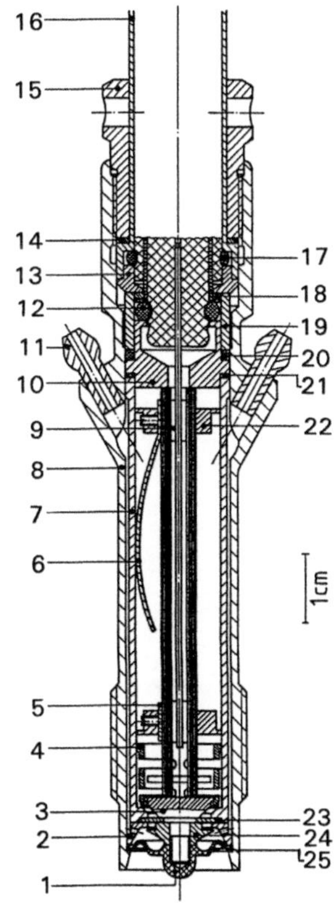

Abb. 22.5 Quarz-Druckgeber, Bauart Maybach (1948). *1* Membrane, *2* Kühlwasserring, *3* Amboss, *4* Federbüchse, *5* Spannplatten, *6* Kontaktfeder, *7* Kühlwasser-Scheiderohr, *8* Gehäuse, *9* Distanzplättchen, *10* Zwischenstück, *11* Kühlwasserrohr, *12* Dichtung (Gummi), *13* Druckring, *14* Gleitring, *15* Druckschraube, *16* Druckbüchse, *17* Dichtung (Gummi), *18* Kontaktring, *19* Büchse, *20* Dichtung (Hartgummi), *21* Kupferdichtung, *22* Quarzhalter, *23* Dichtung, *24* Druckring, *25* Kupferdichtung

Einen weiteren Schritt in diese Richtung ermöglichte die ab Mitte der fünfziger Jahre aufkommende elektronische Datenverarbeitung, die der MM sogleich nutzte. Schon 1948 schrieb Karl Maybach:

> »... Heute ist ein Motorversuch ohne die Praxis der elektrischen Hochfrequenz einfach undenkbar ... Morgen wird es genau so sein mit dem Wissenschaftler auf dem Gebiet der mathematischen Physik für das Konstruktionsbüro einer Motorenentwicklung ...«[8]

[8] Schreiben Karl Maybachs an Jean Raebel vom 18. Juli 1948.

Getriebe-Entwicklung

23

Stefan Zima

23.1 Getriebe für Pkw, Nkw und Kettenfahrzeuge

Das Drehmoment-Drehzahl-Verhalten des Verbrennungsmotors deckt sich nicht mit dem der anzutreibenden Straßen- und Schienen-Fahrzeuge, weshalb es besonderer Vorrichtungen, sprich Getriebe (»Kennungswandler«), bedarf, will man den Motor für den Antrieb dieser Fahrzeuge verwenden. Deshalb musste der Maybach-Motorenbau, als er mit der Fertigung der Kfz-Otto- und der Dieselmotoren für die Schienentraktion begann, gleichzeitig auch die dazugehörenden Getriebe entwickeln.

Die Maybach'sche Vorstellung von einem »erstklassigen Benzin-Fahrzeugmotor« implizierte natürlich auch eine entsprechende Kraftübertragung, damit Motor und Fahrzeug optimal zusammenarbeiten konnten. Dieses Getriebe konnte nun keineswegs eines der damals üblichen unsynchronisierten Schubrad-Getriebe sein. Wie schon an anderer Stelle erwähnt, darf man die Schwierigkeiten, ein unsynchronisiertes Getriebe zu schalten, nicht unterschätzen: Schwer schaltbare Getriebe wurden weniger häufig geschaltet, was dem Motor ebenso abträglich war wie dem Fahrzeug. Somit war der Wunsch nach einem gewissen Bedienungskomfort auch von technischer Seite her gerechtfertigt. Von Karl Maybach wird berichtet, dass er ungern schaltete und schon deshalb großen Wert auf leichte Schaltbarkeit legte; es ist von ihm der Ausspruch überliefert:

> »... Mir ist an einem Getriebe nichts zu kompliziert, wenn es dem Fahrer die Schaltarbeit erleichtert oder gar ganz abnimmt. Aber sicher funktionieren muss es ... «

Abb. 23.1 1921 stellte Maybach den »schaltungslosen« W-3-Wagen vor, der auf der Berliner Automobil-Ausstellung Aufsehen erregte

Der W-3-Wagen erhielt ein Planeten-Getriebe (Abb. 23.1). Diese Getriebeart war nicht neu im Kfz-Bau; so hatte das Ford-Modell »T« ein solches Getriebe. Bei dem Getriebe für den W 3 handelt es sich um ein »reines Stirnräder-Umlaufgetriebe« mit zwei Vorwärtsgängen und dem Rückwärtsgang. Im direkten Gang wird der Planetenträger mit dem umlaufenden Schwungrad gekuppelt, sodass die jetzt starr mit dem antreibenden Sonnenrad verbundenen Planetenräder als Mitnehmer für das abtriebsseitige Sonnenrad wirken. Im Berggang wird der Planetenträger

Ergänzende Information Die elektronische Version dieses Kapitels enthält Zusatzmaterial, auf das über folgenden Link zugegriffen werden kann https://doi.org/10.1007/978-3-658-37065-7_23.

S. Zima (✉)
Gießen, Deutschland
E-Mail: customerservice@springernature.com

E. Eckermann, W. Treue, S. Zima (Hrsg.), *Technikpionier Karl Maybach*, https://doi.org/10.1007/978-3-658-37065-7_23

Abb. 23.2 Umlaufgetriebe für den Pkw W 3. Mit den beiden nebeneinander angeordneten Bremsen konnte der Planetenträger mit dem Schwungrad bzw. mit dem Kupplungsgehäuse gekuppelt und somit die gewünschte Übersetzung dargestellt werden

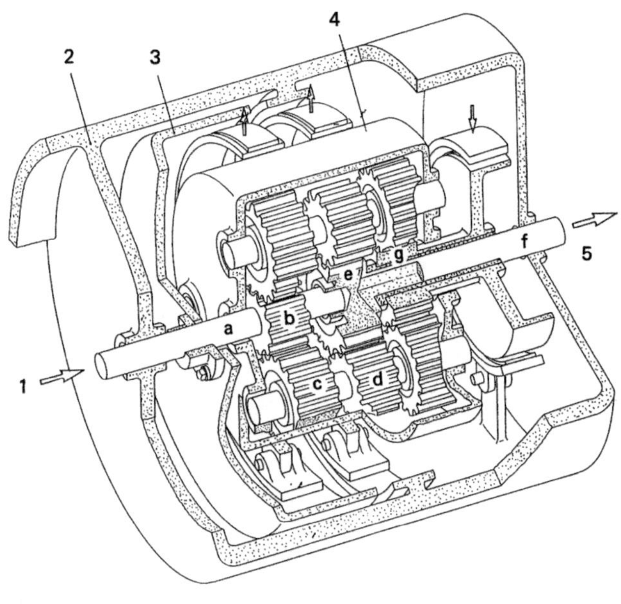

Abb. 23.3 Umlaufgetriebe für Pkw W 3: Schematischer Aufbau und Funktion. *1* Kurbelwelle, *2* Kupplungsgehäuse, *3* Schwungrad, *4* Planetenträger, *5* Kardanwelle
Räderschema und Kraftfluss:
Direkter Gang: Das Schwungrad läuft um, der Planetenträger ist mit dem Schwungrad gekuppelt, das Untersetzungsverhältnis der Welle a zur Welle f beträgt 1 : 1 ($n_a = n_f$).
Berggang: Der Planetenträger ist mit dem Kupplungsgehäuse gekuppelt, Kraftfluss: a-b-c-d-e-f (Untersetzungsverhältnis 2,5 : 1).
Rückwärtsgang: Das Sonnenrad g ist festgebremst, der Planetenträger dreht sich, das Getriebe arbeitet als reines Umlaufgetriebe

gegen das Getriebegehäuse festgebremst, sodass die Sonnen- und Planetenräder als Stirnräder-Untersetzungsgetriebe (2,5 : 1) fungieren. Beim Rückwärtsgang wird ein drittes Sonnenrad (auf der Abtriebsseite) gegen das Getriebegehäuse festgebremst. Der Planetenträger dreht sich, das Getriebe arbeitet als reines Umlaufgetriebe, wodurch sich der Drehsinn der Abtriebswelle umkehrt (Abb. 23.2 und 23.3). Weil der Übergang von dem einen in den anderen Gang nicht durch Verschieben der Zahnräder, sondern durch Betätigen bzw. Lösen der jeweiligen Kupplungsbremse erfolgte, verliefen die Schaltvorgänge ruckfrei und unproblematisch.

Für den mit auf 44 kW (60 PS) reduzierter Leistung als Bootsmotor angebotenen W-2-Motor wurde das modifizierte Kfz-Getriebe in zwei Versionen angeboten: mit Untersetzung (1,8 : 1) und Wendestufe für größere Boote (Typenbezeichnung des Motors mit Getriebe: S 1) und mit direktem Abtrieb und Wendestufe für schnelle Sportboote (S 2). Beide Getriebe hatten ein zusätzliches Drucklager zur Aufnahme des Propellerschubes. Das Nachfolgemodell des W 2, der W-5-Motor, erhielt die gleiche Getriebeart, jedoch mit anderer Übersetzung (4,1 : 1 im Berggang). Zur leichteren Bedienung wurde das Schaltgestänge mittels eines öldruckbeaufschlagten Kolbens betätigt. Mittlerweile hatten die Ansprüche an den Fahrkomfort zugenommen, was letztlich zu widersprüchlichen Anforderungen an das Getriebe führte:

»... Auf der einen Seite wünscht man eine hohe Reisegeschwindigkeit bei ruhigem Motorlauf und auf der anderen will man auf die Elastizität im direkten Gang nicht mehr verzichten. Nach den vorstehenden Erklärungen gebraucht man also eigentlich zwei verschiedene Hinterachsübersetzungen oder mindestens ein Hilfsmittel, das die Übersetzung zu den Hinterrädern ohne Geräuschvermehrung ändert ... «[1]

Diesen Wunsch nach hoher Durchzugskraft in den einzelnen Gängen (d. h. große Achsuntersetzung) und hoher Endgeschwindigkeit (d. h. niedrige Achsuntersetzung) erfüllte der Maybach-Motorenbau 1927 mit einem »Schnellgang-Getriebe«. Dieses besteht aus zwei schräg verzahnten Radpaaren. Der Kraftschluss zu dem jeweils kraftübertragenden Zahnradpaar wird durch eine Klauenkupplung (Maybach'sche »Abweisklauen-Kupplung«) hergestellt (Abb. 23.4). Bei Einschalten des Schnellganges wird die Klauenkupplung des einen Radpaares getrennt und die des anderen in Verbindung gebracht. Diese Abweisklauen erleichterten den Schaltvorgang ungemein: Der Gang wurde vorgewählt, das Gas kurz weggenommen, und anschließend wurde wieder Gas gegeben, der Schnellgang war eingeschaltet:

»... Man stellt am Lenkrad den kleinen Hebel in die gewünschte Lage, hebt den Fuß für einen Moment vom Gaspedal und gibt gleich wieder Gas. Währenddessen hat sich der Schaltvorgang selbstständig abgespielt, ohne daß die Kupplung betätigt zu werden brauchte ... Für das Schalten wird das Motorvacuum benützt ... Bisher sind die vielen Versuche, eine solche Vacuumbetätigung für das Getriebe zu verwenden, immer daran gescheitert, daß das Wechseln von Klauen oder Zahnrädern rein mechanisch – also ohne Gefühl – nicht möglich ist. Durch

[1] P. Friedmann: »Der neue Maybach-Wagen mit Schnellganggetriebe Modell W 5 SG«. In: *Allgemeine Automobil-Zeitung 29* (1928) Nr. 11.

Abb. 23.4 Das Maybach-Schnellgang-Getriebe (SG) besteht aus zwei schräg verzahnten Radpaaren; der Kraftschluss zu den kraftübertragenden Zahnrädern wird durch die Maybach-Abweisklauen-Kupplung hergestellt

die vom Maybach-Schnellgang her bekannt gewordene Überholungskupplung ist es möglich geworden, eine Klaue – ohne gefühlsmäßiges Schalten – von einem Zahnrad in das andere, trotz verschiedener Drehzahl, bei allen Geschwindigkeiten wechseln zu können ... «[2]

Das SG-Getriebe war in der Tat ein großer Wurf. Dadurch, dass die Räderpaare stets im Eingriff blieben und nicht – wie bei konventionellen Schubradgetrieben – zum Gangwechsel verschoben werden mussten, wurden Fehlschaltungen und daraus entstehende Schäden vermieden. Auch bot es die Möglichkeit, dem Fahrer den eigentlichen Schaltvorgang durch vakuum-, druckluft- oder öldruckgesteuerte Mechanismen abzunehmen, weil das Einrasten der Abweisklauen-Kupplungen selbsttätig erfolgte und nicht vom »Gefühl« des Fahrers abhing.

»... Das Schnellganggetriebe von Maybach löst die Aufgabe, ein Zahnraduntersetzungsgetriebe ohne Auskuppeln zu schalten, auf eine geistvolle und zuverlässige Art. Eine Abnutzung der schrägen Abweisflächen ist nicht zu befürchten, da große Flächen zur Verfügung stehen und sich der ganze Vorgang im Ölbade abspielt ... Das Maybach-Schnellganggetriebe ist als ganz selbstständiger Maschinenteil entwickelt worden. Es ist daher nicht nur als fester Bestandteil des Modelles W5 SG anzusehen, sondern kann nachträglich in jeden 27/120 PS- oder 22/70 PS-Maybachwagen eingebaut werden. Auch für den Einbau in Omnibusse ist es bestimmt, um den verschiedenartigen Ansprüchen im Stadtverkehr und auf weiter Überlandfahrt gerecht zu werden ... «[3]

Die Zahnradfabrik Friedrichshafen (ZF) nahm Lizenz auf das SG-Getriebe, ebenso die Firmen Saurer und Daimler-Benz. Es wurde für vier Leistungsbereiche in ansehnlichen Stückzahlen geliefert: SG 32, SG 47, SG 70 und SG 215.

Das gegenüber den W-2/3-Motoren geänderte Konzept des Zwölfzylinder-Motors DS 7 verlangte auch eine andere Getriebeauslegung. Das Prinzip der »Überbemessung« wurde aufgegeben, die Motorleistung musste mithilfe des Getriebes besser an den Zugkraftbedarf des Fahrzeugs angepasst werden. Der Maybach 12 mit dem DS 7 erhielt deshalb ein Dreigang-Handschaltgetriebe, gekuppelt mit dem Maybach-Schnellgang-Getriebe (DSG 70) im Kardanschubrohr, sodass insgesamt die doppelte Zahl an (Vorwärts-)Gängen zur Verfügung stand. Als der Maybach 12 den stärkeren DS-8-Motor bekam (Maybach 12 »Zeppelin«), wurden gleichsam zwei SG-Getriebe zu einem »Doppel-Schnellgang-Getriebe«, DSG 80, zusammengefasst.

Abb. 23.5 Das Maybach-Doppel-Schnellgang-Getriebe (DSG) ist die Kombination zweier SG-Getriebe. Das geradverzahnte Stirnradpaar ergibt einen zusätzlichen Vorwärtsgang mit besonders niedriger Untersetzung. Der Rückwärtsgang ergibt sich durch ein drittes Rad

Ein Vorteil dieser Maybachschen Getriebebauart ist bislang noch nicht erwähnt worden: Ab drei Räderpaaren aufwärts kann man damit mehr Gänge darstellen, als das Getriebe Radpaare hat, weil sich der Kraftfluss (und damit die Zahl möglicher Übersetzungen) abhängig davon variieren lässt, welche Räder mit den Wellen gekuppelt werden.

Die vier Gänge des DSG 80 wurden durch drei schräg verzahnte, ständig im Eingriff befindliche Radpaare realisiert. Das ergab kleine Übersetzungssprünge und dementsprechend kleine »Zugkraftlücken«. Ein zusätzliches geradverzahntes Stirnradpaar mit einem Doppelritzel für den Rückwärtsgang ergab den 1a-Gang, einen zusätzlichen Vorwärtsgang mit extremer Übersetzung. Diese Stirnräder waren als Schubräder ausgebildet und konnten nur im Stillstand geschaltet werden; die Gänge eins bis vier wurden durch Vakuum geschaltet. Es standen also insgesamt zwei mal vier (= acht) Vorwärtsgänge zur Verfügung (Abb. 23.5). Vom DSG 80 wurde eine Nutzfahrzeugvariante, das DSGO 80 für Omnibusse mit dem DSO-8-Motor, abgeleitet. Die DSG-Getriebe wurden als Baureihe für verschiedene Leistungen, Drehmomente und Übersetzungen angeboten (Tab. 23.1).

Die nächste Entwicklungsstufe war das Schaltregler-Getriebe mit vier im Eingriff befindlichen Radpaaren, drei davon schräg verzahnt, eines geradverzahnt, mit insgesamt acht Gängen – wie beim DSG-Getriebe! Das ergab kleine

[2] Das neue Maybach-Getriebe. Signet: D. 25. 9. 31. 30.
[3] P. Friedmann: »Der neue Maybach-Wagen mit Schnellganggetriebe Modell W 5 SG«. In: *Allgemeine Automobil-Zeitung 29* (1928) Nr. 11.

Tab. 23.1 DSG-Getriebe für Kraftfahrzeuge

Typ	DSG 40	DSG 80	DSGO 80	DSG 110
Anwendung	alle SW-Wagen	W 6 DSG DS 7, DS 8	Omnibusse	DS 8 »Zeppelin«[a]
max. Drehmoment (Nm)	200	520	520	720
bei Drehzahl (min^{-1})	1.600	1.600	1.600	1.000
max. Leistung kW (PS)	48 (65)	110 (150)	110 (150)	147 (200)
4. Gang	1 : 1	1 : 1	1 : 1	1,5 : 1
3. Gang	1 : 1,144	1 : 1,5	1 : 1,53	1 : 1
2. Gang	1 : 1,9	1 : 1,98	1 : 2,52	1 : 1,52
1. Gang	1 : 2,9	1 : 2,97	1 : 3,85	1 : 2,28
1a. Gang	1 : 4,52	1 : 4,5	1 : 5,4	1 : 4,76
rückwärts	1 : 3,8	1 : 3,7	1 : 4,5	1 : 3,95

[a] Es handelt sich hierbei um die letzte Ausführung des DS 8. Die Übersetzungen geben das Verhältnis von der Ausgangs- zur Eingangsdrehzahl des Getriebes an.

Übersetzungssprünge und dementsprechend kleine »Zugkraftlücken«. Die Schaltarbeit für die vielen Gänge wurde dem Fahrer durch den sogenannten Schaltregler abgenommen. Der Fahrer wählte den gewünschten Gang mit dem Gangwählhebel an der Lenksäule vor und löste den Schaltvorgang durch leichtes Antippen des Kupplungspedales aus. Ein weiterer Vorteil dieses Getriebes war die »Neutralstellung«, die als Freilauf verwendet werden konnte. Die letzten »Zeppelin«-Pkw waren mit dem DSG 110, einem solchen Schaltregler-Getriebe, ausgerüstet. Das Schaltregler-Getriebe wurde ab Mitte der dreißiger Jahre in den »Zeppelin« eingebaut, erlangte seine eigentliche Bedeutung aber als »Variorex-Getriebe« für die Halbketten-Zugmaschinen D 6 und D 7 und für den Panzer II (Getriebe-Typ 102 128H) sowie Panzer III (328 145).

Die Maybach'sche Philosophie vom schnelldrehenden kompakten Hochleistungsmotor verlangte Getriebe, mit denen die Motorleistung auch tatsächlich ausgenutzt werden konnte. Ein Problem des Fahrzeugantriebes allgemein ist ja, dass die Kennung von Motor (Drehmoment-/Drehzahlverhalten) und Fahrzeug (Zugkraft-/Geschwindigkeitsverhalten) nicht übereinstimmen. Nun gibt es verschiedene Möglichkeiten, diese in Einklang zu bringen:

- durch eine »Büffelcharakteristik« des Motors, d. h. ein mit fallender Drehzahl steigendes Drehmoment, das in seinem Verlauf der Zugkraftkurve ähnelt. Bei einem solchen Motor kommt man mit weniger Gängen aus, verschenkt aber im oberen Drehzahlbereich Leistung (wegen des fallenden Momentes).
- Mit einem schnelldrehenden Hochleistungsmotor, der durch ein vielstufiges (im Idealfall: stufenloses) Getriebe so an das Fahrzeug angepasst ist, dass die Motorleistung ohne Verlust an Zugkraft (»Zugkraftlücken«) voll ausgenutzt wird. Das setzt aber hohen Schaltkomfort voraus, andernfalls nutzt der Fahrer die vorhandenen Gänge nicht aus.

Der Maybach-Motorenbau und das Heereswaffenamt (HWA) hatten sich für die zweite Option entschieden – eine Lösung, die auch den heutigen deutschen Kettenfahrzeugen zugrunde liegt.

Das Maybach-Variorex-Getriebe 102 128 H, wie es in den Halbketten-Zugmaschinen D 6 und D 7 zusammen mit den 74-kW-(100-PS-)Motoren NL 38 und HL 42 eingebaut wurde, bestand aus den vier Radpaaren (sieben Vorwärts- und drei Rückwärtsgänge), der Kupplungsbremse und der Variorex-Steuerung. Die Schaltmuffen wurden von einem Schaltkasten aus mit Unterdruck (aus dem Saugrohr) betätigt. Um den Schaltvorgang abzukürzen, wurden die schneller laufenden Teile durch eine Gummimembran-betätigte Kupplungsbremse auf die erforderliche Drehzahl verzögert (»Bremsschaltung«) bzw. die langsamlaufenden Teile beschleunigt (»Gasschaltung«) (vgl. Abb. 23.6 bis 23.8).

Das Variorex-Getriebe, Typ 328 145[4], wurde in die Panzer III, Ausführung D bis G, und in das Sturmgeschütz III, Ausführung A, eingebaut. Mit fünf Radpaaren hatte es zehn Vorwärts- und vier Rückwärtsgänge. In das Getriebe war die im Ölbad laufende Lamellenkupplung integriert. Das 102 128 H wurde mit einer Zweischeiben-Trockenkupplung verwendet.

Im Zusammenhang mit dem Variorex-Getriebe sei noch erwähnt, dass in England das Royal Arsenal 1938 ein Lenk- und Wechselgetriebe für Panzer entwickelt hatte, dessen Lenkungsteil von dem Leiter des Arsenals, Dr. Merritt, entworfen worden war und dessen Wechselgetriebe von Maybach Gears Ltd. stammte. Dieses (Variorex-)Getriebe wurde vollständig in England gefertigt, lediglich die Unterdruck-Steuerung kam aus Friedrichshafen. Das – auch so bezeichnete – Merritt-Maybach-Getriebe wurde in den engli-

[4] Die Typenzahl gibt die übertragbare Leistung (300 PS), das Drehmoment und die Übersetzung (1 : 14,5) an.

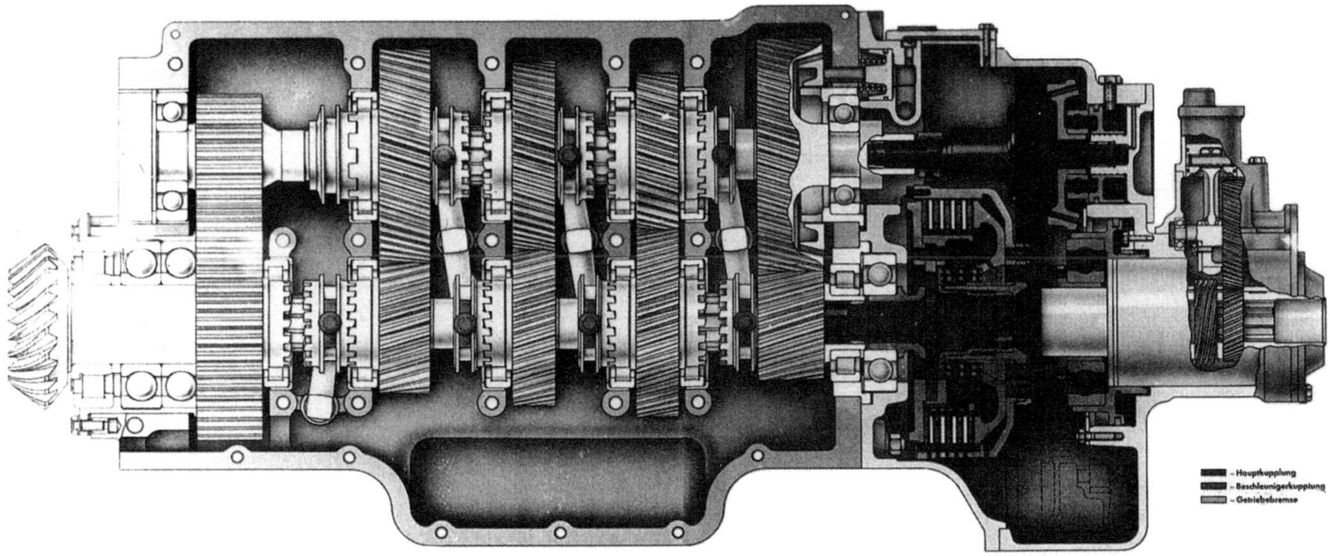

Abb. 23.6 Am Maybach-Variorex-Getriebe 328 145 mit Unterdruck-Steuerung für den Panzer III (Längsschnitt) wird ein wesentlicher Vorteil der Maybach-Getriebe erkennbar: Mit vier Radpaaren ließen sich sieben Vorwärts- und drei Rückwärtsgänge darstellen

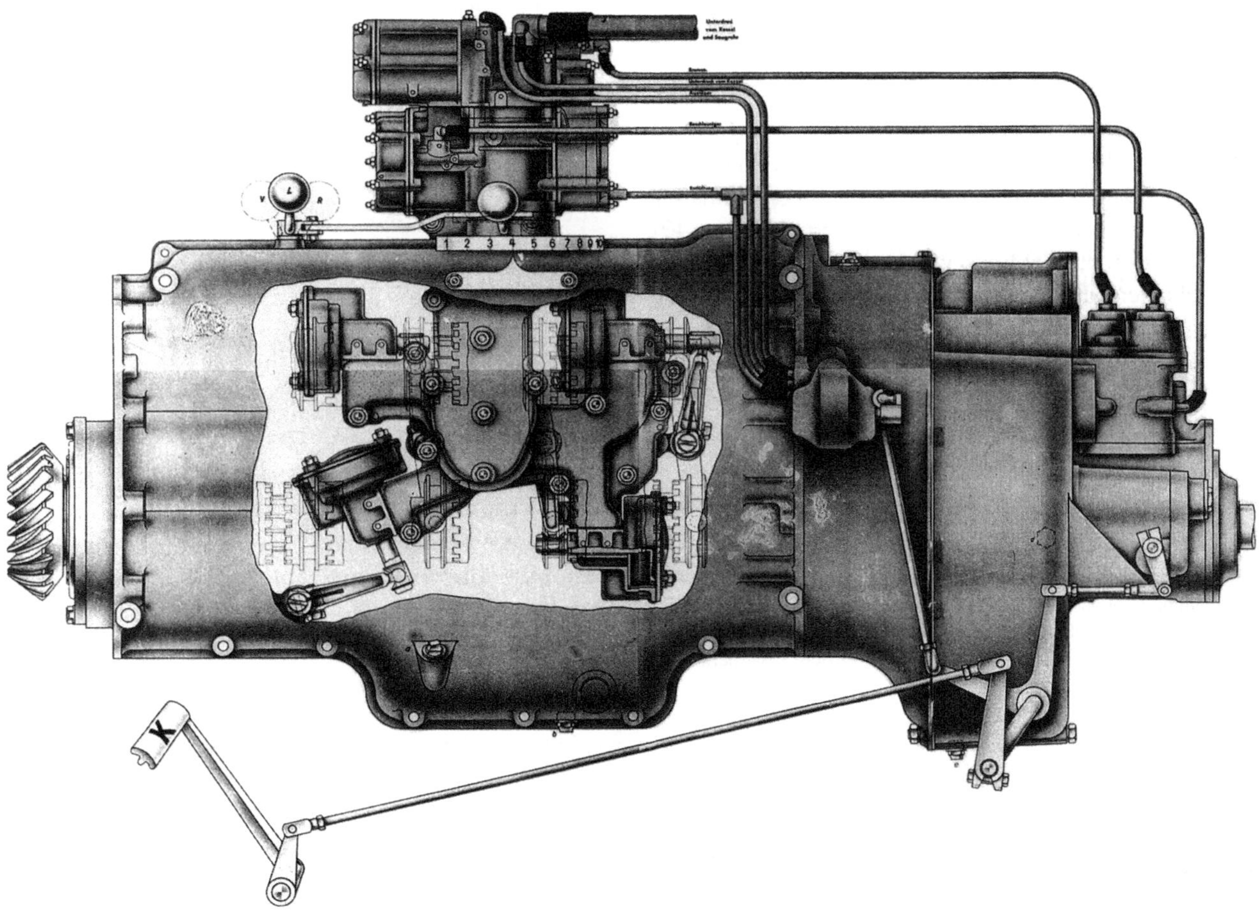

Abb. 23.7 Variorex-Getriebe für den Panzer III

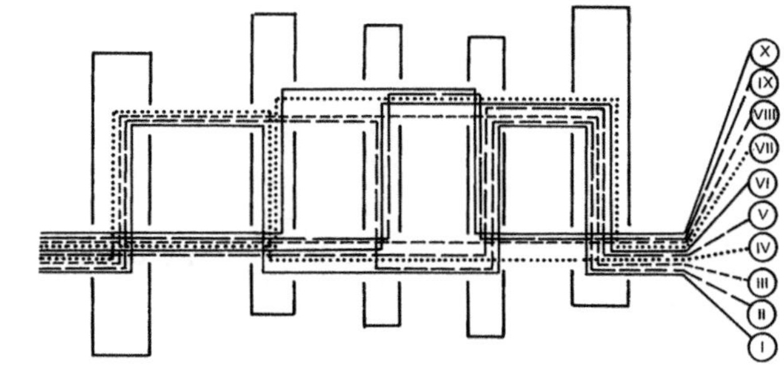

Abb. 23.8 Variorex-Getriebe für den Panzer III, Schaltschema bzw. Kraftfluss der zehn Gänge

schen 22-Tonnen-Versuchspanzer, Typ A 16.E.1, eingebaut.[5] Die Zusammenarbeit mit England musste allerdings 1939 auf Verlangen des OKH aufgegeben werden.

Die HL 210/230-Motoren mit ihren 478 kW (650 PS) bzw. 515 kW (700 PS) verlangten wesentlich stärkere Getriebe. Ein solches wurde mit dem Olvar-Getriebe geschaffen:

»... Das Olvargetriebe ist mithin das letzte Glied einer folgerichtigen Entwicklung des Grundsatzes ›acht Gänge aus nur vier Radpaaren‹. Es fordert vom Fahrer weder Geschicklichkeit noch Kraftaufwand und gibt somit die Voraussetzungen für richtiges und schnelles Schalten und damit für gute Ausnützung der Motorleistung im gesamten Geschwindigkeitsbereich ... «[6]

Das Olvar[7] war übrigens das leistungsstärkste mechanische Wechselgetriebe überhaupt; mit ihm waren die schweren Panzer »Tiger« und »Königstiger« ausgerüstet (vgl. auch Falttafel 2, Erläuterungen zu den Falttafeln s. Anhang). In seinem Aufbau entsprach das Olvar-Getriebe, Typ 401 216, dem Variorex; allerdings wurde es nicht mittels Unterdruck, sondern durch Öldruck geschaltet (Abb. 23.9 und Tafel 24.11). Die Vorteile eines leicht schaltbaren Getriebes in Schwerfahrzeugen, gerade in extremen Situationen, werden in einem Erfahrungsbericht aus dem Jahre 1944 anschaulich geschildert:

»... Im schweren Gelände hat sich gezeigt, daß der Tiger-E dem leichten Panther im Verfolgen des Feindes überlegen war, weil der Tiger leichter zu schalten war, der Pantherfahrer dagegen schon frühzeitig den dem Gelände angepassten Gang wählte. Bei der Verfolgung des T-34 konnte man besonders im schweren Gelände beobachten, daß derselbe in einem niedrigen Gang fuhr und ein Höherschalten nicht möglich war, der Tiger dagegen konnte durch das leichtere Schalten leicht an den T-34 herankommen ... «[8]

Wegen seiner guten Schaltbarkeit sollte das Olvar-Getriebe auch für den »Panther« verwendet werden, was auch dem Motor zugutegekommen wäre:

[5] Vgl. Department of Tank Design: A 16.E. 1 Merritt-Maybach Transmission. Transmission Branch Report No. TN 46; September 1943.

[6] Maybach-Motorenbau-Dokumentation vom Juli 1942: *Die Maybach-Motoren in Kampf- und Zugkraftwagen*, S. 15.

[7] Die Bezeichnung »Olvar« ergibt sich aus der Verbindung der Wörter »Öl« und »Variorex«.

[8] Reisebericht Frank vom 13. Dezember 1944.

Abb. 23.9 Blick in das Cockpit des Panzerkampfwagens VI »Tiger« bei abgenommener Kampfraumdecke. Rechts neben dem Fahrersitz erkennt man das öldruckgesteuerte Achtganggetriebe mit eingebauter Hauptkupplung für 515 kW (700 PS) Übertragungsleistung (Maybach-Olvar-Getriebe). Das Getriebe wurde auch in die vom »Tiger« abgeleiteten Fahrzeuge eingebaut

»... Herr Generaloberst Guderian brachte im Dezember 1943 in einer mündlichen Besprechung mit mir ... zum Ausdruck, daß er auf das Olvargetriebe auf keinen Fall verzichten werde, da er die dadurch erzielte höhere Fahrleistung bei gleicher Motorstärke als Vorsprung benötigte und da mit dem Olvargetriebe ausserdem eine wesentliche Schonung der Fahrer durch leichtere Schaltbarkeit verbunden ist ... «[9]

Letztlich wurde aber aus Kostengründen für den »Panther« einem Handschaltgetriebe der Vorzug gegeben.

23.2 Getriebe für Schienenfahrzeuge

Voraussetzung für den schnelllaufenden Dieselmotor in der Schienentraktion war ein für diese Betriebsart geeignetes Getriebe. Das musste der Maybach-Motorenbau, ebenso wie anderes Motor- und Triebwagen-Zubehör, selbst entwickeln. Nun waren die Arbeitsbedingungen für ein mechanisches Wechselgetriebe im Triebwagen hart. Die große Fahrzeugmasse musste vorwiegend mit der vollen Motorleistung bewegt und beschleunigt werden, wodurch auch das Getriebe entsprechend gefordert wurde, insbesondere bei den Schaltvorgängen. Hinzu kam, dass die Maschinenanlage, weil weniger gut abgefedert als in Kraftfahrzeugen, den Stößen von der Schiene her oder auch beim Rangieren ausgesetzt war. Das Getriebe musste also schon von der Auslegung her robust und so gestaltet sein, dass es nicht durch Verformungen des Drehgestelles, Durchbiegungen der Abtriebswellen usw. in Funktion und Festigkeit beeinträchtigt wurde.

[9] Schreiben Karl Maybachs an Direktor Ochel (HWA) vom 22. Dezember 1944.

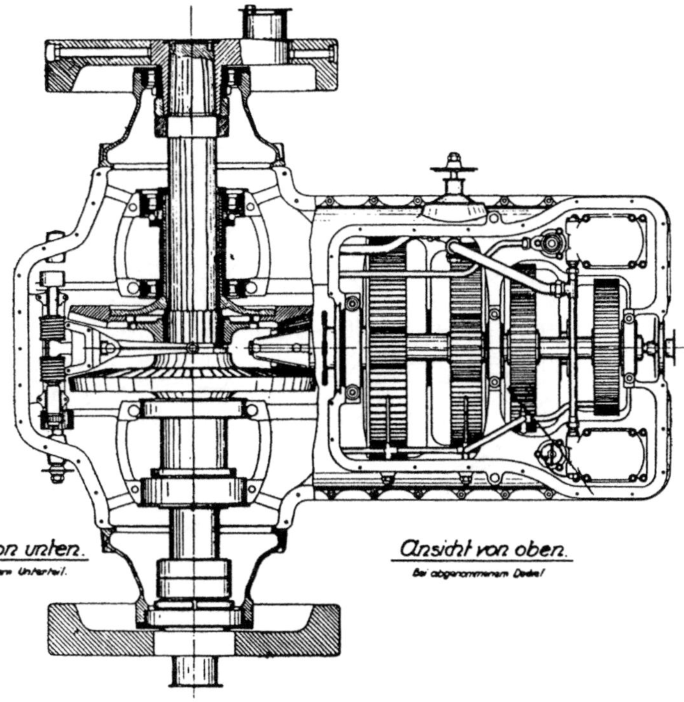

Abb. 23.10 Das Maybach-Getriebe T 1 für den Eva-Maybach-Dieseltriebwagen (1924) ist ein mechanisches Viergang-Wechselgetriebe mit Kegelrad-Übersetzung und Wendegetriebe

Das T-1-Getriebe für den Maybach-Eva-Triebwagen von 1924 war ein mechanisches Viergang-Wechselgetriebe, das mit Kegelradübersetzung, dem Wendegetriebe und der Blindwelle zu einer baulichen Einheit zusammengefasst war. Es bestand im Einzelnen aus zwei parallelen, senkrecht übereinander angeordneten Wellen, nämlich der vom Motor angetriebenen Triebwelle und vier fest damit verbundenen Zahnrädern sowie der Kupplungswelle, auf welcher sich – frei beweglich – vier Zahnkränze über Lagerschilde und Wälzlager abstützten, sodass die Zahnradpaare dauernd im Eingriff waren. Innerhalb dieser Zahnkränze befanden sich die Drucköl-betätigten Lamellen-Kupplungen, welche jeweils den Kraftschluss zwischen Zahnkranz und Kupplungswelle herstellten (Abb. 23.10 und 23.11).

Das Getriebe für den ersten Triebwagen hatte ursprünglich Knickhebel-Kupplungen, die aber in ihrer Funktion nicht befriedigten und deshalb schon nach den ersten Probeläufen zugunsten der Drucköl-Lamellen-Kupplungen aufgegeben worden waren. Das Kegelradritzel auf der Kupplungswelle trieb je nach gewünschter Fahrtrichtung das eine oder das andere (umschaltbare) Tellerrad an, welches seinerseits das Moment über eine Schaltmuffe auf die Blindwelle übertrug. Die Tellerräder stützten sich über Wälzlager im Getriebegehäuse ab, sodass sie von eventuellen Verformungen der Blindwelle unbeeinflusst blieben. Diese Lösung ist insofern elegant, als dank dieser Kegelräder auf eine eigene Zahnradstufe für den Wendetrieb verzichtet und gleichzeitig rückwärts genauso schnell wie vorwärts gefahren werden konnte. Weil bei den Triebwagen Fahrstand und Maschinenraum räumlich getrennt sind, konnte sich der Triebwagenführer beim Schalten nicht – wie im Kraftfahrzeug – auf sein Gehör stützen. Das Schalten musste also unabhängig von den Sinneseindrücken des Fahrers erfolgen, Fehlschaltungen ausgeschlossen werden. Das wurde durch die Art der Betätigung der Lamellen-Kupplungen erreicht: Durch Bohrungen in der Kupplungswelle gelangte Drucköl in die Druckölzylinder, deren Kolben dann direkt auf die Lamellen wirkten. Der Zufluss des Drucköles für die Betätigungskolben der Lamellen-Kupplungen wurde durch eine Schaltstange im Ölkanal der Kupplungswelle gesteuert. In die Schaltstange waren umlaufende Nuten so eingefräst, dass dem Öl der Weg immer nur zu den Druckkolben der Kupplung des gewünschten Ganges freigegeben wurde. Bei Überschreiten der Höchstgeschwindigkeit des jeweiligen Ganges öffneten die Druckventile den Kreislauf für die Kupplungsbetätigung, sodass ein Überdrehen des Motors, z. B. bei Talfahrt oder Wahl eines falschen Ganges, verhindert wurde. Das Triebwagen-Getriebe T 1 und die Nachfolgeversion T 2 (mit denen übrigens Prinzipien der SG-Getriebe vorweggenommen worden waren) bewährten sich sehr gut. Der mechanische Wirkungsgrad dieser Getriebe erreichte im Maximalpunkt 92 %.

Für leichte, zweiachsige Triebwagen und Schienen-Omnibusse entwickelte der Maybach-Motorenbau 1931 eine Abart des DSG-Getriebes, das druckluftgeschaltete DSGL 110 für Drehmomente bis zu 720 Nm bei 1.000 min^{-1}.

Die 301 kW (410 PS) der Zwölfzylinder-Motoren G 5 bzw. GO 5 waren damals mit mechanischen Getrieben nicht mehr zu übertragen, weshalb mit diesen Motoren ausgerüstete Triebwagen elektrische Kraftübertragungen erhielten. Für die 154 kW (210 PS) der Sechszylinder-Reihenversion

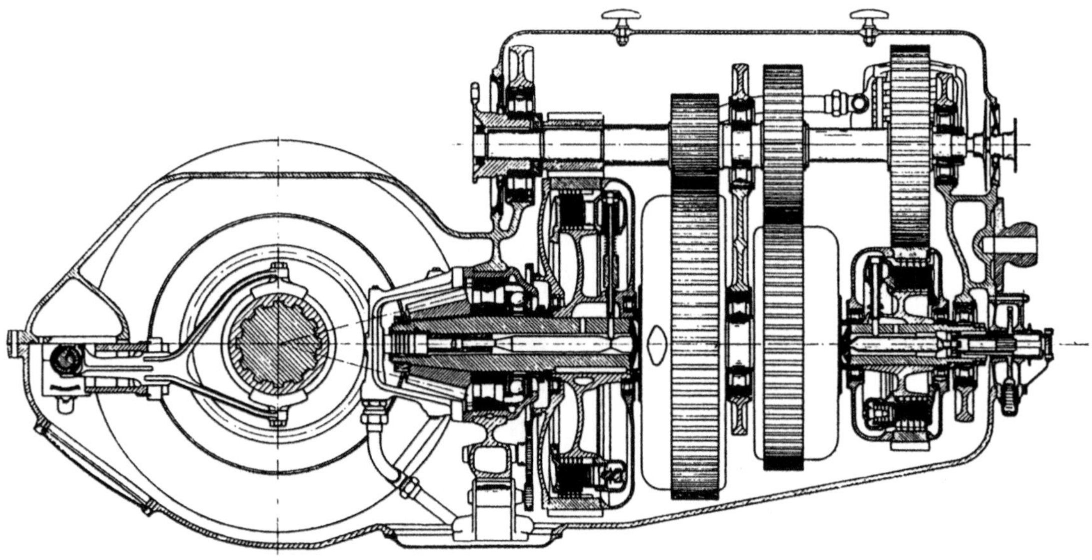

Abb. 23.11 T-1-Getriebe, Längsschnitt

GO 5h genügte das weiterentwickelte T-1-Getriebe, Typ T 2, wobei jetzt allerdings ein »Flüssigkeits-Schwungrad«, d. h. eine hydraulische Kupplung zwischen Motor und Getriebe geschaltet wurde:

> »... Die Flüssigkeitskupplung ist derart ausgeführt, daß unterhalb der niedersten Betriebsdrehzahl ein Drehmoment von Belang nicht übertragen wird ... Erst bei Steigen der Motordrehzahl wächst auch das übertragbare Drehmoment, so daß ein sehr sanftes Anfahren und eine schonende Betriebsweise des Motors erreicht wird ... «[10]

Zur selben Zeit, Anfang der dreißiger Jahre, arbeitete die Firma Voith/Heidenheim an einem hydrodynamischen Getriebe, bestehend aus einer Strömungskupplung und einem hydrodynamischen Drehmoment-Wandler (»Wandler«). Die Reichsbahn zeigte Interesse an dieser Getriebeart, denn die elektrische Kraftübertragung hat den prinzipiellen Nachteil, dass sie aus Generator und Fahrmotor(en) besteht, also aufwendig, schwer und teuer ist. Dazu kam, dass in den Schnelltriebwagen bei Ausfall oder bei – aus welchen Gründen auch immer – notwendigem Abschalten einer Anlage, insbesondere an Steigungen, der elektrische Teil der anderen Anlage überlastet wurde, weil er nicht das erforderliche Wandlungsverhältnis erbrachte, mit der Folge, dass der Fahrmotor durchbrannte; auch gab es bei schwerem Anfahren Kollektorbrände in den Fahrmotoren.

Voith erhielt einen Auftrag über drei hydraulische Getriebe für leichte Triebwagen, dem weitere für vierachsige Triebwagen, unter anderem auch solche für vier Maschinenanlagen mit GO-6-Motoren, folgten. Weil nun der Maybach-Motorenbau sowohl in motortechnischen als auch in sonstigen Fragen des Triebwagenantriebes über die meisten Erfahrungen verfügte, drängte die Reichsbahngesellschaft die Firma Voith und den Maybach-Motorenbau zur Zusammenarbeit. Diese wurde 1934 in einem auf zehn Jahre unkündbaren Vertrag geregelt. Da der Maybach-Motorenbau zu dieser Zeit bei den Antriebsanlagen der Triebwagen einer ausländischen Bahngesellschaft mit dem Problem der Rückwirkung nicht optimal ausgelegter (elektrischer) Kraftübertragungen auf den (Verbrennungs-)Motor konfrontiert wurde, brachte er diese Erfahrungen in das Konzept des hydraulischen Getriebes ein:

> »... Auf Wunsch der Motorenfirma wurde für die Streckenfahrt keine Turbokupplung, sondern ein sogenannter Marschwandler eingebaut. Ein solcher bewirkt, daß die Motorendrehzahl wie beim Anfahrwandler von der Fahrgeschwindigkeit unabhängig ist und dabei ein günstiger Wirkungsgrad bei einem hydraulischen Übersetzungsverhältnis nahe 1 : 1 erreicht wird. Für die schnelllaufenden Motoren wurden bei längerem Betrieb im Kupplungsbereich unerwünschte Rückwirkungen befürchtet, die im Wandlerbetrieb nicht auftreten ... «[11]

Somit wurde dieses Getriebe, Bauart Voith T 2[12], mit einem Anfahr- und einem Marschwandler ausgeführt. Es kam in den dreiteiligen Schnelltriebzügen SVT 137 153/154 der »Bauart Leipzig« zum Einbau.

Bedingt durch die Füll- und Entleerzeiten der Wandler waren die Schaltzeiten relativ lang, auch arbeiteten solche reinen Strömungsgetriebe damals nur in kleinen Bereichen des Kennfeldes mit guten Wirkungsgraden. Aus diesen Gründen begann der Maybach-Motorenbau 1936 mit der Entwicklung eines kombinierten Getriebes, bestehend aus ei-

[10] *Maybach-Triebwagen-Antriebe.* Maybach-Motorenbau-Firmenschrift 1933.

[11] E. Seibold: »Über die Entwicklung der Föttinger-Antriebe bei Voith unter besonderer Berücksichtigung der Schienenfahrzeugtechnik«. In: *ETR 16* (1967) Nr. 9.

[12] Dieses Voith-Getriebe ist nicht mit dem mechanischen Maybach-Getriebe T 2 zu verwechseln.

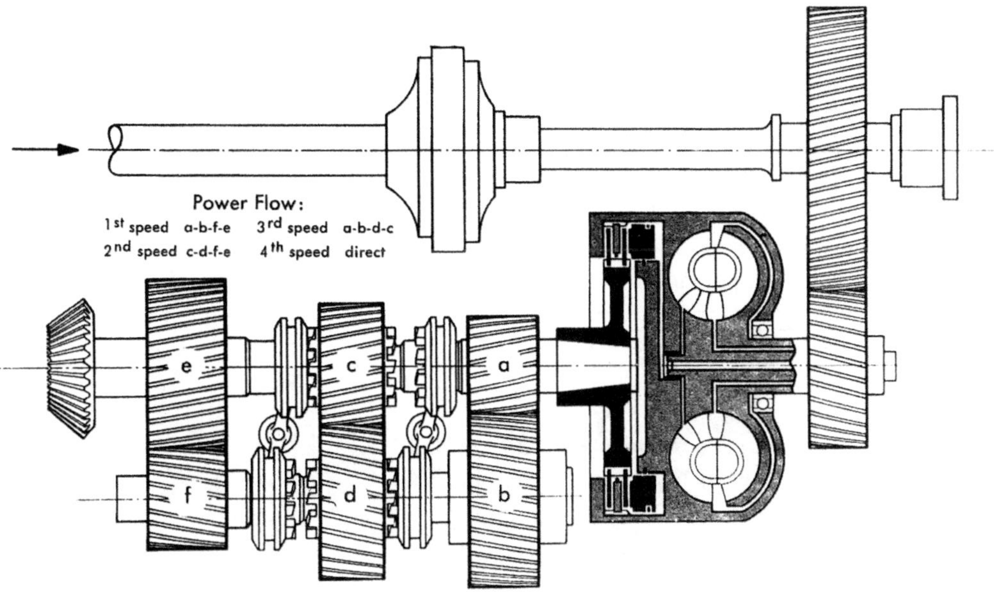

Abb. 23.12 Das mechanisch-hydraulische Getriebe Maybach-»Mekydro« in der ersten Ausführung (ST 21) besteht aus dem hydrodynamischen Drehmomentwandler, der mechanischen Trennkupplung und vier mechanischen Gängen

nem hydrodynamischen Drehmoment-Wandler (»Wandler«) und einem sekundärseitig nachgeordneten mechanischen Vierganggetriebe. Damit sollten der gute Wirkungsgrad eines mechanischen mit den Vorteilen eines hydraulischen Getriebes vereint werden:

> »... Die Eigenschaft der Flüssigkeitskreisläufe, Schwingungen zu dämpfen und sanft und stoßfrei anzufahren und zu schalten, hat die Verwendung von Flüssigkeitskupplungen zwischen Motor und mechanischen Getrieben begünstigt ... «[13]

Nun war aber die Kombination von hydrodynamischem Wandler und mechanischem Getriebe der AEG patentrechtlich geschützt. Der Maybach-Motorenbau brauchte also eine Lizenz von der AEG, die aber aufgrund vertraglicher Vereinbarungen nur mit Zustimmung von Voith zu bekommen war. Voith war verständlicherweise von den Aktivitäten des Maybach-Motorenbaus auf diesem Getriebesektor wenig erbaut, und es bedurfte langwieriger Verhandlungen zwischen dem Maybach-Motorenbau, Voith und der AEG, bis es zu einer einvernehmlichen Regelung kam und der Maybach-Motorenbau dieses Getriebe 1938 unter der Bezeichnung »Maybach-AEG-Voith-Getriebe ›Mekydro‹«[14] bauen konnte. Das Mekydro-Getriebe mit der Bezeichnung ST 21 war ein Schaltturbogetriebe für Motorleistungen bis 330 kW (450 PS) bei 1.400 min^{-1} (Abb. 23.12). Über einen Hochtrieb gelangte die Leistung in den Primärteil des (Voith- bzw. AEG-)Wandlers. Sekundärseitig war der Wandler mit einer Lamellen-Hauptkupplung verbunden, welche die Leistung an das mechanische Vierganggetriebe übertrug. Der mechanische Teil des Getriebes stellte eine Kombination aus SG-Getriebe mit Schaltung durch Abweisklauen und dem T-1-/T-2-Triebwagengetriebe mit Kraftschluss von Welle zu Zahnrad durch eine Lamellen-Kupplung dar. Die Wendeschaltung mittels zweier wahlweise in Eingriff zu bringender Kegelräder stammte ebenfalls vom T 1/T 2. Die Vorteile eines solchen mechanisch-hydraulischen Getriebes[15] waren:

- dass größere Leistungen als mit rein mechanischen Getrieben übertragen werden konnten,
- der große Wandelbereich (hohe Zugkraft bei niedriger Geschwindigkeit und umgekehrt),
- die Verkürzung der Schaltzeiten durch die Lamellen-Hauptkupplung zwischen Wandler und Schaltgetriebe und
- Betrieb dauernd im optimalen Wirkungsgradbereich.

Für den Motor wirkte es sich vorteilhaft aus – und darauf wurde beim Maybach-Motorenbau besonderer Wert gelegt –, dass er nicht mehr in der Drehzahl »gedrückt« wurde wie im reinen Kupplungsbetrieb, gleichgültig, ob es sich um eine mechanische oder hydraulische Kupplung handelte. Durch den Hochtrieb, d. h. Übersetzung der Motordrehzahl ins Schnelle, baute der hydraulische Teil klein, der mechanische Teil nach Art der SG-Getriebe war sowieso sehr kompakt. 1937 legte die Reichsbahn in Berlin in einer Konferenz in größerem Rahmen die Grundzüge für die weitere Entwicklung ihrer Dieseltraktion fest. Dabei fiel die Entscheidung

[13] A. Brand: »Die Kraftübertragungsanlagen für Verbrennungstriebwagen«. In: *MTZ 2* (1940) Nr. 5.

[14] DRP 661 783 (AEG-Lizenz).

[15] Die Bezeichnung »Mekydro« setzt sich aus den Abkürzungen für »mechanisch« und »hydraulisch« zusammen.

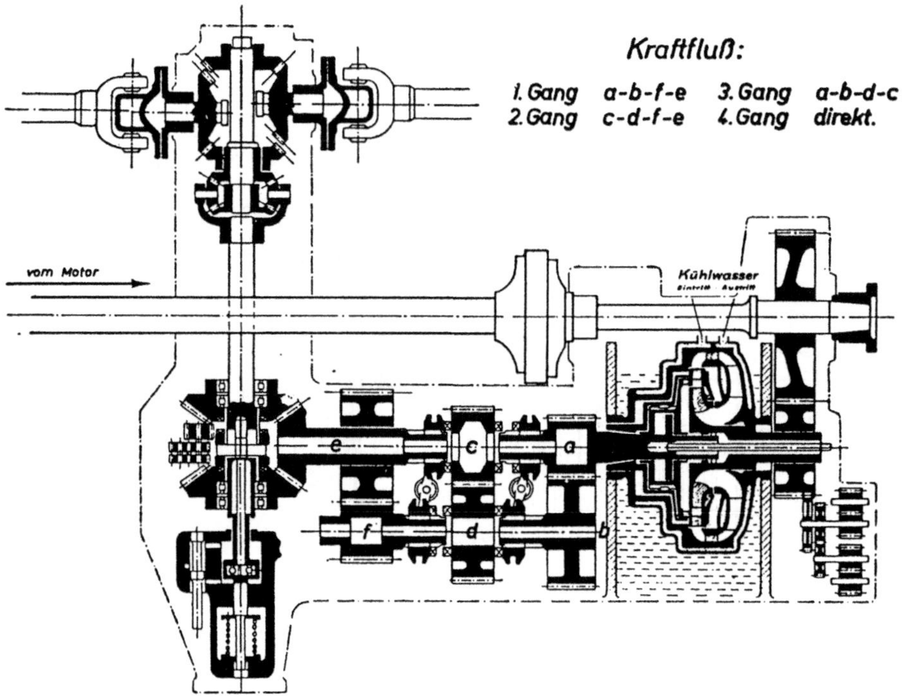

Abb. 23.13 Schematischer Aufbau des Maybach MO 21 U. Hierbei handelt es sich um eine Weiterentwicklung des ST 21 und Vorläufer des Mekydro-Getriebes mit einem Ausrückwandler statt einer mechanischen Trennkupplung

zugunsten des vom Maybach-Motorenbau vertretenen Konzeptes einer kombinierten hydromechanischen Kraftübertragung[16]. Die Getriebe für die damaligen Motorleistungen (Zwölfzylinder-Saugmotor: 301 kW [410 PS]; Zwölfzylinder-ATL-Motor: 441 kW [600 PS]) sollten einerseits hohe Zugkräfte bei niedrigen Geschwindigkeiten und andererseits hohe Geschwindigkeiten (bei entsprechend niedriger Zugkraft) entwickeln können. Auf diese Art wollte die Bahn mit einer Getriebebauart Güterschlepptriebwagen, ein damals stark favorisiertes Projekt, und Schnelltriebwagen antreiben. Beide Forderungen konnten mit dem Mekydro-Getriebe ST 21 und dessen Nachfolgetyp, dem MO 21 U, erfüllt werden (Abb. 23.13). Das MO-21-U-Getriebe wies gegenüber dem ST 21 einen wesentlichen Unterschied auf: Die Lamellen-Hauptkupplung zur Zugkraft-Unterbrechung beim Schalten des nachgeschalteten mechanischen Getriebes war durch einen Ausrückwandler ersetzt worden, d. h., der Sekundärteil des Wandlers mit Turbinenrad mit Vorwärtsbeschaufelung konnte durch einen Öldruckkolben aus dem Strömungskreislauf herausgezogen (»ausgerückt«) werden. Im Gegensatz zu anderen hydraulischen Getrieben brauchte der Wandler zum Schalten also nicht entleert und wieder gefüllt zu werden. Zusätzlich hatte das Turbinenrad eine (für ein niedriges Moment ausgelegte) Rückwärtsbeschaufelung, die bei ausgerücktem Turbinenrad im Strömungskreislauf lag und dadurch die zu kuppelnden Teile synchronisierte (Abb. 23.14). 1938/39 erteilte die Bahn dem Maybach-Motorenbau Aufträge über die Maschinenanlagen (Motor und Mekydro-Getriebe) für 32 Güterschlepptriebwagen, die aber wegen des 1939 beginnenden Krieges nicht mehr ausgeführt werden konnten. Im Krieg kamen die Arbeiten an den Triebwagen-Getrieben weitgehend zum Erliegen; stattdessen arbeitete der Maybach-Motorenbau an einer Sonderausführung des Mekydro-Getriebes für Kettenfahrzeuge. Schon zu Beginn der Mekydro-Entwicklung hatte man dessen Verwendung für Kettenfahrzeuge ins Auge gefasst. Für das Projekt eines Panzermotors der Leistungsklasse 735 kW (1.000 PS), HL 211, arbeitete der Maybach-Motorenbau den Entwurf eines Mekydro-Getriebes aus. Dieser Entwurf wurde dem OKH (Oberkommando des Heeres) vorgelegt, woraufhin dann das HWA den Maybach-Motorenbau (zusammen mit Voith, AEG und ZF) mit der Entwicklung dieses Getriebes beauftragte. Daneben gab es ein Projekt, das Getriebe mit der Typenbezeichnung MO 120 zusammen mit dem hydrostatischen Lenkgetriebe in einen Pz.-Kpfw. VI »Tiger III« mit vorn liegendem Motor einzubauen.

Zur Abfuhr der Wärme aus dem Wandler, bei solchen Leistungen und der kompakten Konstruktion des Getriebes ein nicht zu unterschätzendes Problem, wurde dieser mit

[16] Im Sinn der gängigen Diktion handelt es sich hierbei um eine hydraulische Kraftübertragung, weil der Kraftfluss in jedem Gang über den Hydraulikteil verläuft.

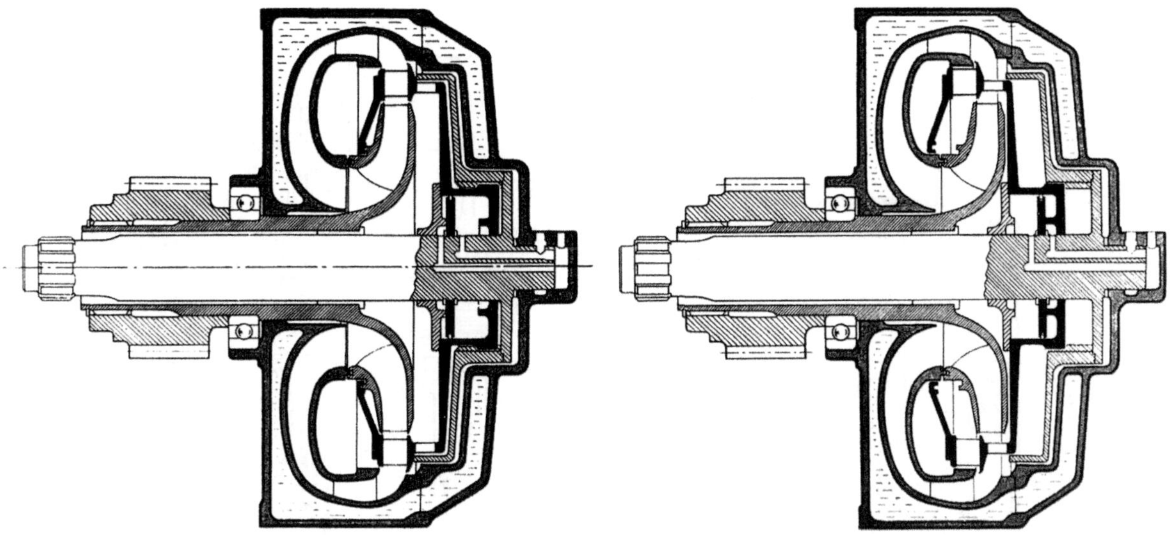

Abb. 23.14 Ausrückwandler: Der Sekundärteil des Wandlers wird automatisch ein- und ausgerückt; er dient zum Synchronisieren und Kuppeln beim Schaltvorgang. Dadurch entfällt das Entleeren und Füllen des Wandlers beim Schalten. *Links*: Wandler eingerückt, *rechts*: ausgerückt

einem Wassermantel versehen. Vom MO 120 wurden fünf Stück gefertigt, die aber nicht mehr eingebaut wurden.

Nach dem Zweiten Weltkrieg wurde die Erprobung der Triebwagen-Ausführung des Mekydro, des MO 21 U, wieder aufgenommen. Um es besonders schweren Bedingungen auszusetzen, wurde das für 154 kW (210 PS) ausgelegte Getriebe mit einem 184-kW-(250-PS-)Motor in einen Güterschlepptriebwagen eingebaut und auf Strecken mit extremer Steigung (1 : 25!) und solchen mit kurzen Halteabständen gefahren. Die Bewährung des MO 21 U unter diesen Umständen hat sicher die Entscheidung der Deutschen Bundesbahn zugunsten der hydraulischen Kraftübertragung positiv beeinflusst.

23.3 Lokomotivgetriebe

Als nach dem Krieg die Entwicklungsarbeiten in Friedrichshafen wieder aufgenommen wurden und man sich Gedanken über einen leistungsstarken Lokomotivmotor machte, war es selbstverständlich, dass auch das dazugehörige Getriebe in die Überlegungen mit einbezogen wurde. Dabei standen im Maybach-Motorenbau zwei Konzeptionen zur Diskussion: das rein mechanische Vielganggetriebe und das mechanisch-hydraulische Getriebe. Mit den mechanischen Getrieben hatte man hinreichend Erfahrungen sammeln können, immerhin waren von 1936 bis 1945 rund 30.000 Variorex- und 4.000 Olvar-Getriebe gebaut worden. Eine Weiterentwicklung des technisch ausgereiften Olvar-Getriebes auf 735 kW (1.000 PS) schien zunächst sinnvoll und mit vertretbarem Aufwand realisierbar. Andererseits waren die Bedenken, solche Leistungen über eine mechanische Trennkupplung (Lamellen-Kupplung im Ölbad) zu übertragen, nicht zu entkräften. Nachdem die Entscheidung schließlich für das Mekydro-Getriebe gefallen war, begann der Maybach-Motorenbau 1947 – ausgehend vom MO 21 – mit den Arbeiten an dem 1.000-PS-Mekydro-Getriebe K 104.

In seinem grundsätzlichen Aufbau ähnelte dieses neue Getriebe dem MO 21 U. Es bestand aus dem Hochtrieb, dem hydrodynamischen Ausrückwandler (Bauart AEG-EMG), dem nachgeschalteten mechanischen Wechselgetriebe mit den Abweisklauen-Kupplungen, dem Wendetrieb (nun als Stirnradstufe ausgebildet), den Haupt- und Hilfsabtrieben sowie der Öldrucksteuereinrichtung und einem Primär-/Sekundär-Regler. Für die vier Vorwärtsgänge standen drei Radpaare und für die Wendeschaltung ein zusätzliches Radpaar zur Verfügung (Abb. 23.15). Die automatische Steuerung des Getriebes erfolgte durch den Schaltregler, der abhängig von der Motordrehzahl und der Fahrgeschwindigkeit die einzelnen Gänge schaltete. Die Steuerimpulse erhielt der Regler von je einem abtriebs- und primärseitigen Drehzahlmesswerk (Fliehkraftpendelwerk), welche gegeneinander wirkend gemeinsam eine Muffenstange betätigten, deren Stellung auf den Regelschieber in der Steuerung übertragen wurde.

Über eine sogenannte Notschaltung konnte das Getriebe auch von Hand betätigt werden (Abb. 23.16). Zusammen mit dem MD 650 wurde das K-104-Getriebe in Schnelltriebzüge der Bauarten VT 08, VT 11 (TEE-Zug) und VT 12 eingebaut. Für den Einsatz in Triebwagen hatte das K 104 einen seitlichen Abtrieb (K 104 S); für die Lokomotiven V 80 und V 200 wie auch für andere Lokomotiven wurde es als K 104 US/SU

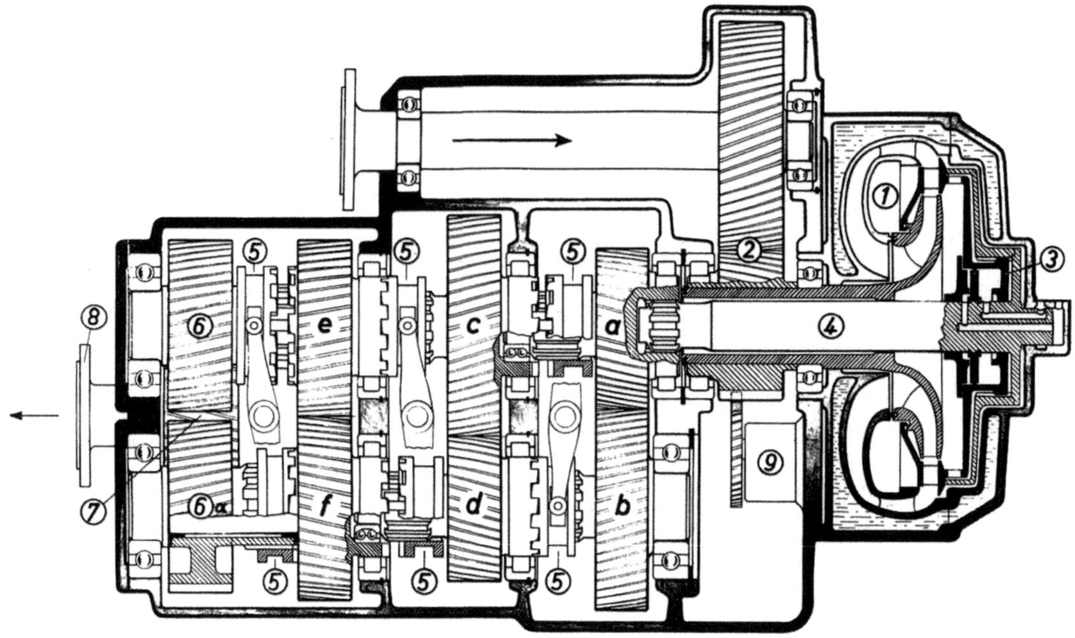

Abb. 23.15 Schematischer Aufbau des Maybach-Mekydro-Getriebes: Kraftfluss der einzelnen Gänge: 1. Gang: a-b-d-c-e-6; 2. Gang: a-b-d-f-e-6; 3. Gang: a-c-6; 4. Gang: a-c-d-f-e-6 *1* Drehmomentwandler, *2* Hochtrieb, *3* Öldruckzylinder, *4* Sekundärwelle, *5* Maybach-Abweisklauen-Kupplungen, *6* Wendetrieb, *7* Abtriebsrad, *8* Abtriebsflansch, *9* Ölpumpe

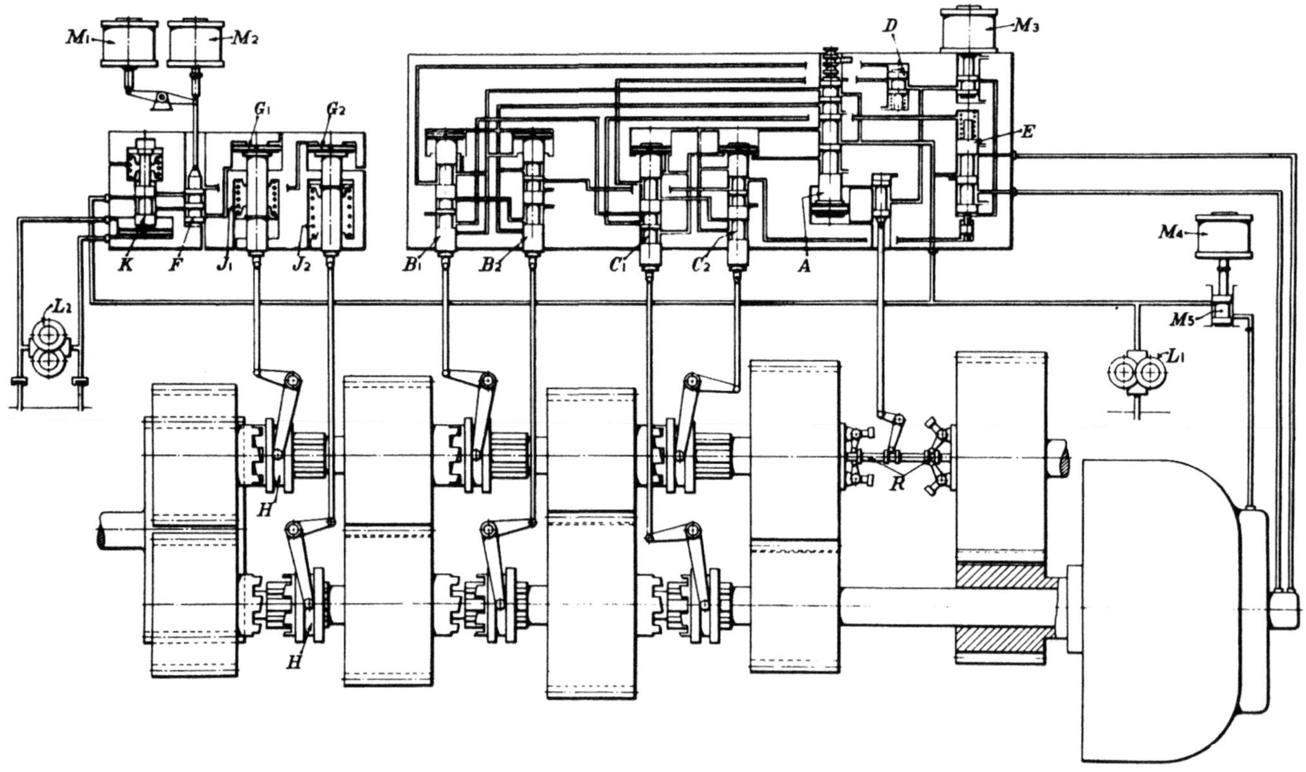

Abb. 23.16 Schema der Öldrucksteuerung des Maybach-Mekydro-Getriebes: *A* Gangwähler; B_1, B_2 Schaltzylinder; C_1, C_2 Schaltzylinder; *D* Steuerschieber; *E* Wandlerschieber, *F* Wendeschaltschieber; G_1, G_2 Wendeschaltzylinder; *H* Wendeschaltklauen; J_1, J_2 Federn; *K* Sicherungsschieber; L_1 Primärpumpe, L_2 Sekundärpumpe; M_1, M_2, M_3 Hubmagnete für Schieber (Wendeschaltung und Anfahrschieber), M_4 Hubmagnet für Wandler-Entleerventil, M_5 Schieber für Wandler-Entleerventil; *R* Regler

mit wahlweise seitlichem und unterem Abtrieb angeboten[17]. 1951 kam das K 64 (441 kW/600 PS) für Motoren der MD-Baureihe bis sechs Zylinder heraus, wurde aber schon bald durch das verbesserte KL 64 abgelöst.

Die hydrodynamischen Getriebe, sowohl der Bauart Maybach K 104 als auch der Bauart Voith LT 306, hatten die in sie gesetzten Erwartungen so gut erfüllt, dass die Bundesbahn auch ihre Streckenlokomotiven – zuerst die V 80, nachfolgend die V 200 und dann alle weiteren – mit dieser Getriebeart ausrüstete. Natürlich gab es anfänglich auch Störungen und Schäden; diese konnten aber bald durch konstruktive oder betriebliche Verbesserungen abgestellt werden. Die Wandlerräder wurden ursprünglich aus einer Aluminium-Legierung gepresst. An den vergleichsweise dünnwandigen Austrittskanten traten Risse auf, woraufhin man zu Messingschaufeln überging. Die ebenfalls aus Aluminium gegossenen Wandlergehäuse wurden wassergekühlt. Durch Temperaturspannungen kam es zu Rissen in den Gehäusen; auch verformten sich diese Gehäuse, was zu Undichtigkeiten zwischen dem Öl- und dem Wasserraum führte. Abhilfe wurde dadurch geschaffen, dass die Wandlergehäuse aus Grauguss und ungekühlt, also ohne Wassermantel, ausgeführt wurden. Für die Wärmeabfuhr aus dem Öl sorgte jetzt ein Wärmetauscher.

Anders als die Voith-Getriebe wurden die Mekydro-Getriebe mit Motorenöl von relativ hoher Viskosität (SAE 40) betrieben. Der Versuch, auch die Maybach-Getriebe mit dünnflüssigem Hydrauliköl zu fahren, wurde bald aufgegeben, weil es als Folge ungenügender Schmierung zu Schäden an den Abweisklauen kam. Die Abweisklauen-Kupplung hatte sich auch unter den extremen Bedingungen, denen das Olvar-Getriebe in den schweren Kettenfahrzeugen ausgesetzt war, gut bewährt. Auch im K 104 arbeiteten die Klauen zufriedenstellend. Doch hatten sich mit dem Eisenbahnbetrieb die Anforderungen an den Schaltmechanismus geändert: Die beim Schalten zu bewegenden Massen waren größer und es herrschten andere Betriebsbedingungen als bei Straßen- und Geländefahrzeugen. In den Kfz- und Kettenfahrzeug-Getrieben waren die Schaltwege der Klauen kurz und es gab keine Zwischenstellung für den Klauenring. Von den Triebwagen-Getrieben wurde verlangt, dass beim Abschleppen des Fahrzeugs mit stehendem Motor der Kraftfluss vom Getriebe zum Motor unterbrochen werden konnte, damit der Wandler sich nicht unzulässig erwärmte. Ließ sich das noch vergleichsweise einfach realisieren, zumal die entsprechende Schaltung nur bei stehendem Fahrzeug vorgenommen wurde, so sollte bei den zweimotorigen V-200-Lokomotiven eine Motorenanlage auch bei Fahrt zu- und abgeschaltet werden können. Für die Abweisklauen bedeutete das eine ungleich höhere Belastung. Besserung erreichte man durch Maßnahmen an der Klauengeometrie wie z. B. durch Klau-

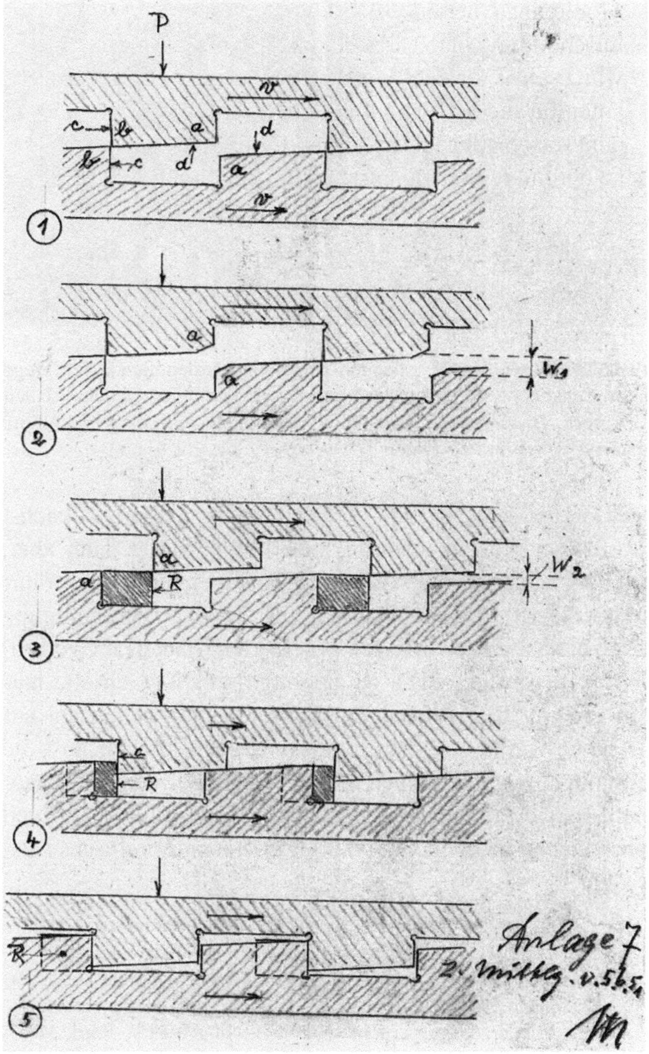

Abb. 23.17 Entwurfsskizze für die Riegelklaue von Karl Maybach (1951)

enstirnflächen mit verschiedener Steigung. Das Problem, die zu schaltenden Massen während des Abweisvorganges über relativ große axiale Wege zu beschleunigen, wurde mit der »Riegelklaue« gelöst (Abb. 23.17):

> »... Die Anwendung des genannten Riegelklauenringes vermindert die Axialwege des Klauenringes und sperrt den Umkehrvorgang im engen Bereich an der Klauenspitze. Schaltschwierigkeiten sind nach seinem Einbau nicht mehr aufgetreten. Es ist erstaunlich, mit welcher Sicherheit und Schnelligkeit diese Schalttechnik die bei solch großen Getrieben nicht leicht zu beherrschenden Schaltvorgänge mit ihren großen Massenkräften einschließlich Drehbeschleunigung bzw. -verzögerung meistert ...«[18]

Weiterhin sollten mit dem Riegelklauenring Spitzenträger, d. h. extreme Belastungen, vermieden und sichergestellt

[17] Die Ziffern in der Typenbezeichnung geben die übertragene Leistung an: 100 = 1.000 PS, 4 = vier Gänge, K = Kraftübertragung.

[18] G. A. Gaebler: »Hydraulische Kraftübertragungsanlagen in Eisenbahn-Dieseltriebfahrzeugen in betrieblicher Bewährung – Rückblick und Vorausschau«. In: *ETR* (1958) Nr. 2/3.

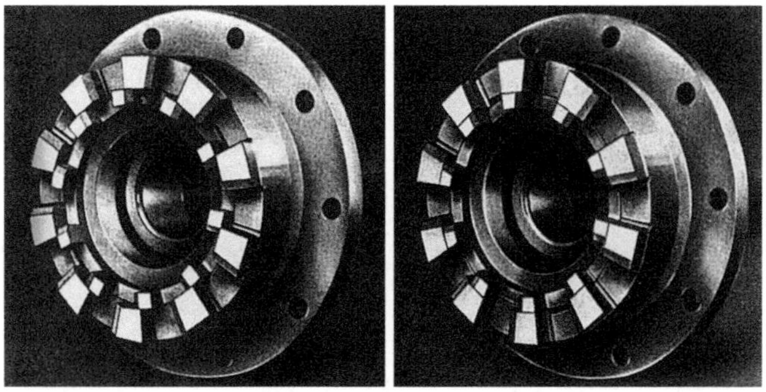

Abb. 23.18 Mit der Riegelklauen-Kupplung wurden die axialen Wege beim Schalten verkürzt und dadurch die Belastung der Abweisklauen verringert. *Hier im Bild*: Riegelklauen-Kupplung *links* in Sperrstellung und *rechts* in Einrückstellung

werden, dass die Klauen voll in Eingriff gingen. Zunächst war dieser Riegelklauenring mehrteilig, wurde dann aber, nachdem es zu Brüchen gekommen war, einteilig ausgeführt (Abb. 23.18). In Hinblick auf die Winkelbeschleunigung der zu schaltenden Massen wurde die Klauenzahl von 10 auf 16 vergrößert. (Die Klauenringe der SG-Getriebe hatten erst nur drei Klauen, später wurde die Klauenzahl auf 19 bzw. 29 erhöht!) Untersuchungen hatten ergeben, dass die Schalthäufigkeit zwischen 0, 2 (TEE-Züge) und 2, 1 (Personenzüge) je Kilometer lag; trotzdem zeigten die Klauen auch nach langen Laufzeiten (500.000 km) ein einwandfreies Aussehen.

»... Die Schaltvorgänge wurden von einer sinnreichen[,] hydraulisch arbeitenden Steuerung mit Hilfe von Klauenkupplungen (Riegelabweisklauen) in Bruchteilen einer Sekunde ausgeführt; wenn bei Einleitung des Schaltvorganges der Ausrückwandler kurzzeitig ausrückt und damit abgebremst wird, so laufen die Schaltungen, wenn auch hörbar, doch ohne radiale Stoß- oder Schlagbeanspruchungen der Klauenkupplung ab. Damit ist eine betrieblich befriedigende mechanische Schaltung so großer Leistungen technisch anwendbar geworden. Bei der konstruktiven Vervollkommnung wurde die Wandlerentleerung für bestimmte Schaltstufen vorgesehen; sie dient dazu, den Treibstoffverbrauch im Leerlauf herabzusetzen, und stellt eine unbedingte Trennung zwischen Motor und Schiene sicher ...«[19]

Zwar wurde die ständige Füllung des Wandlers bislang als ein prinzipieller Vorteil des Mekydro-Getriebes angesehen, doch gab es Betriebszustände, für die das Entleeren des Wandlers wünschenswert war, z. B. im Motorleerlauf, um die hydraulischen Verluste zu verringern. Beim K 104 wurde eine solche Entleerung erst für alle Gänge, dann nur noch für den vierten Gang vorgesehen, um Motor und Getriebe (betriebsmäßig) völlig voneinander trennen zu können.

Mit der Erweiterung der MD-Baureihe durch die 16-Zylinder-Version MD 865/870 musste auch ein Getriebe entsprechender Leistung geschaffen werden. So ent-

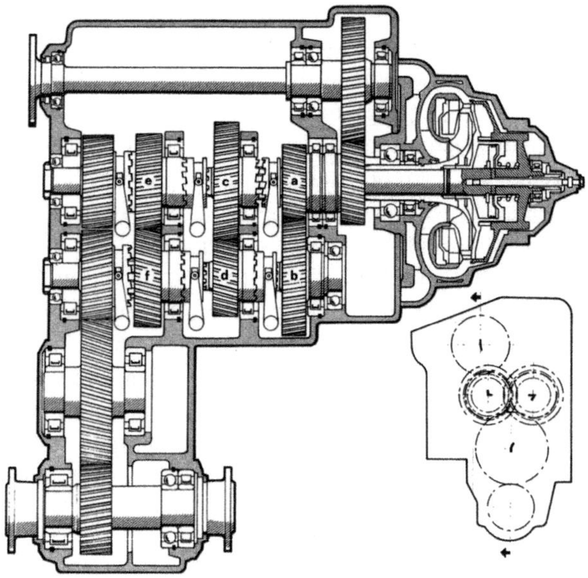

Abb. 23.19 Schema des Maybach-Mekydro-Getriebes K 184 U für 1.324 kW (1.800 PS) Eingangsleistung. Dieses Getriebe war für die 16-zylindrigen MD-Motoren entwickelt worden

stand das K 184 für einen Leistungsbereich von 735 kW (1.000 PS) bis 1.324 kW (1.800 PS) (vgl. Abb. 23.19). 1958 wurden die ersten zwei K-184-Getriebe in die schwere sechsachsige Krauss-Maffei-Lokomotive ML 3000, deren beide MD-655-Motoren 2.200 kW (3.000 PS) entwickelten[20], eingebaut und mit der Lokomotive einer harten Erprobung unterzogen:

»... Auf der Schwarzwaldbahn wurde am 5.6.1958 mit einem Güterzug mit 830 t Anhängelast auf einer Steigung von 20 ‰ eine Anfahrt ohne Sanden durchgeführt ... Die Messung des Hangabtriebs ergab 19,3 t am Zughaken. Bei der Leistungsaufschaltung und gleichzeitiger Lösung der Zusatzbremse setzte sich der 830 t schwere Zug ohne Ruck und ohne Schleudern der Lokomotive in Bewegung. Durch zügiges Weiterschalten bis zur Vollaststufe 15 beschleunigte die Lokomotive den Zug bis zu einer Beharrungsgeschwindigkeit von 31 km/h ... Am Getriebeausgang wurde hierbei eine maximale Getriebeöltemperatur von 120 °C gemessen, ein Wert, der weit unter der zulässigen Grenze liegt ...«[21]

Die Mekydro-Getriebe K 64, KL 64, K 104 und K 184 wurden in viele Triebwagen und Lokomotiven auch ausländischer Bahngesellschaften eingebaut. Die SNCF hatte in mehreren Aufträgen eine große Zahl von Mekydro-Getrieben für Schnelltriebzüge und Triebwagen beschafft; in England liefen K-104- und K-184-Getriebe zusammen mit MD-650- und MD-870-Motoren in verschiedenen Lokomotivtypen. Die Bundesbahn setzte das K 184 zusammen mit dem Motor MB 835 in der Lokomotive V 200[1] (V 221) ein. Analog

[19] G. A. Gaebler: »Hydraulische Kraftübertragungsanlagen in Eisenbahn-Dieseltriebfahrzeugen in betrieblicher Bewährung – Rückblick und Vorausschau«. In: *ETR* (1958) Nr. 2/3.

[20] Die ML 3000 war damals die »leistungsstärkste Mehrzweck-Diesel-Lokomotive«.

[21] C. Lampe: »Die 6-achsige 3.000-PS-Diesellokomotive Bauart ML 3000«. In: *MTZ 21* (1960) Nr. 6.

zur Entwicklung der Motoren nahmen die Laufleistungen der Getriebe mit der betrieblichen Erfahrung und den daraus resultierenden konstruktiven Verbesserungen zu, wie in einem Aufsatz in einer Fachzeitschrift hervorgehoben wird:

»... Die geringe Störanfälligkeit aller bei der Deutschen Bundesbahn eingesetzten hydraulischen Kraftübertragungen der verschiedenen Systeme, d. h. die Zahl der Ausfälle im Dienst, wurde von berufener Seite durch eine störungsfreie Laufleistung von 1,8 Mio. km gekennzeichnet, wobei die Übertragungsorgane bis zur Achse mitgerechnet sind. Der entsprechende Wert für die hydraulischen Getriebe allein wurde mit 3,1 Mio. km angegeben ... «[22]

Anfang der sechziger Jahre wurde im Maybach-Motorenbau das Konzept der Mekydro-Getriebe neu überdacht, und zwar aus verschiedenen Gründen:

Die zum Schalten mechanischer Gangstufen nötige Zugkraftunterbrechung machte sich bei einmotorigen Lokomotiven unangenehm bemerkbar, weil durch die Verzögerung der Lokomotive erst der Zug auflief und nach Einlegen des Ganges beim Beschleunigen der Lok (in den Grenzen des Spieles und der Elastizität der Zugvorrichtungen) wieder auseinanderzog. Bei Zwei-Motoren-Anlagen wirkte sich das nicht so stark aus, weil die Getriebe asynchron schalteten. Es war aber abzusehen, dass sich dieser Effekt bei den projektierten 1.838-kW-(2.500-PS-)Lokomotiven mit einem Motor weit stärker bemerkbar machen würde. Andererseits war auch im Wandlerbau die Entwicklung weitergegangen, wobei nicht so sehr die etwas besseren Wirkungsgrade als vielmehr der größere Bereich guter Wirkungsgrade entscheidend waren. Beim Abwägen der Vor- und Nachteile der bisherigen Mekydro-Konzeption mit ständig gefülltem Wandler und Ausrückwandler gegenüber dem Zwei-Wandler-Prinzip neigte sich jetzt die Waagschale zugunsten der letztgenannten Version. Anlass für die Umkonstruktion des K-184-Getriebes war der Wunsch nach einer hydrodynamischen Betriebsbremse. Hierbei handelt es sich praktisch um eine hydrodynamische Kupplung mit fest stehendem Sekundärteil, in der die zugeführte mechanische Energie in Wärme umgewandelt und über einen Wärmetauscher abgeführt wird.

»... Da die im Getriebe eingebaute Bremse die Synchronisier-Aufgabe für die mechanische Schaltung übernehmen konnte, lag es nahe, anstelle des Ausrückwandlers mit seiner doppelten Turbinenbeschaufelung zwei einfache Wandler mit unterschiedlicher Beschaufelung zu verwenden, die in bekannter Weise durch wechselseitiges Füllen und Entleeren in Funktion treten ... «[23]

Das so modifizierte Getriebe K 184 B hatte also einen Anfahr- und einen Marschwandler mit nachgeschaltetem mechanischem Vierganggetriebe und mit hydrodynamischer

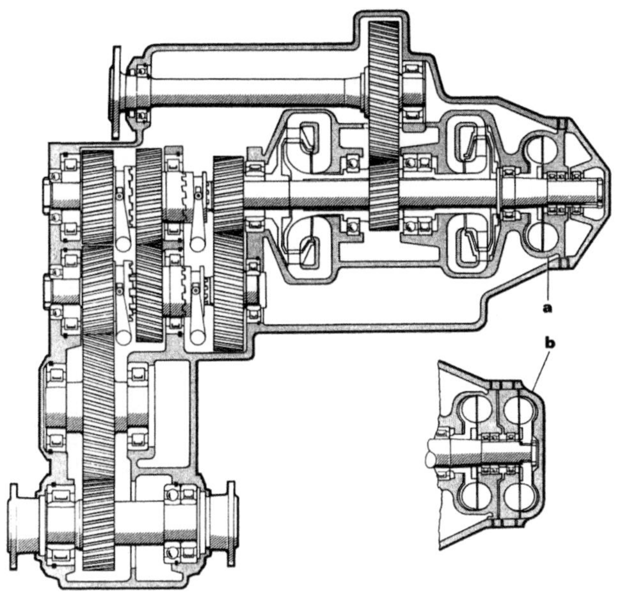

Abb. 23.20 Schema des Maybach-Mekydro-Getriebes K 184 B. Hier Ausführung (*a*) mit hydrodynamischer Einfachbremse für 588 kW (800 PS) Bremsleistung, Ausführung (*b*) mit Doppelbremse für 1.176 kW (1.600 PS) Bremsleistung

Bremse (Abb. 23.20). Gründlich erprobt, bildete das K 184 B im Jahre 1964 die Grundlage für ein leistungsstärkeres Getriebe mit Übertragungsleistungen bis 1.838 kW (2.500 PS), das K 254 B. Damit war die Ära des »klassischen« Mekydro-Getriebes zu Ende gegangen. Über 900 solcher Getriebe mit – im Schnitt – 735 kW (1.000 PS) Leistung waren ausgeliefert worden, vor allem für Streckenlokomotiven.

Das neue K-254-B-Getriebe wurde zusammen mit dem Motor MB 839 in eine 1.470-kW-(2.000-PS-)Lokomotive V 162 (217) eingebaut und erprobt. Das 184 B kam zusammen mit dem MD 870 in den zweimotorigen 2.940-kW-(4.000-PS-)Lokomotiven der Spanischen Staatsbahn (RENFE) zum Einbau. Wegen des guten Wandlerwirkungsgrades über einen großen Bereich des Drehzahlkennfeldes konnte die Zahl der mechanischen Gänge ohne Beeinträchtigung der Getriebecharakteristik von vier auf zwei verringert werden. So entstanden aus den K 184 B und K 254 B die Getriebe K 182 B und K 252 B mit zwei mechanischen Gangstufen; außerdem wurden noch zwei einfachere Varianten für niedrigere Leistungen entwickelt, das K-72- und das K-102-Getriebe. Das K 182 hatte auf Wunsch, das K 252 serienmäßig eine von Hand zu schaltende Stufe, mittels derer der Geschwindigkeitsbereich gewechselt werden konnte (Güterzug/Schnellzug). Während das K 182 B mit einer hydrodynamischen Einfachbremse (Dauerbremsleistung: 882 kW/1.200 PS) ausgerüstet werden konnte, standen für das K 252 wahlweise eine Einfach- oder eine Doppelbremse (Dauerbremsleistung: 1.176 kW/1.600 PS) zur Auswahl. Außerdem war der Anbau eines Einspeiswandlers möglich,

[22] C. Lampe: »Die 6-achsige 3.000-PS-Diesellokomotive Bauart ML 3000«. In: *MTZ 21* (1960) Nr. 6.

[23] A. W. Puls: »Derzeitiger technischer Stand der Antriebsanlagen dieselhydraulischer Streckenlokomotiven«. In: *MTZ 26* (1965) Nr. 6.

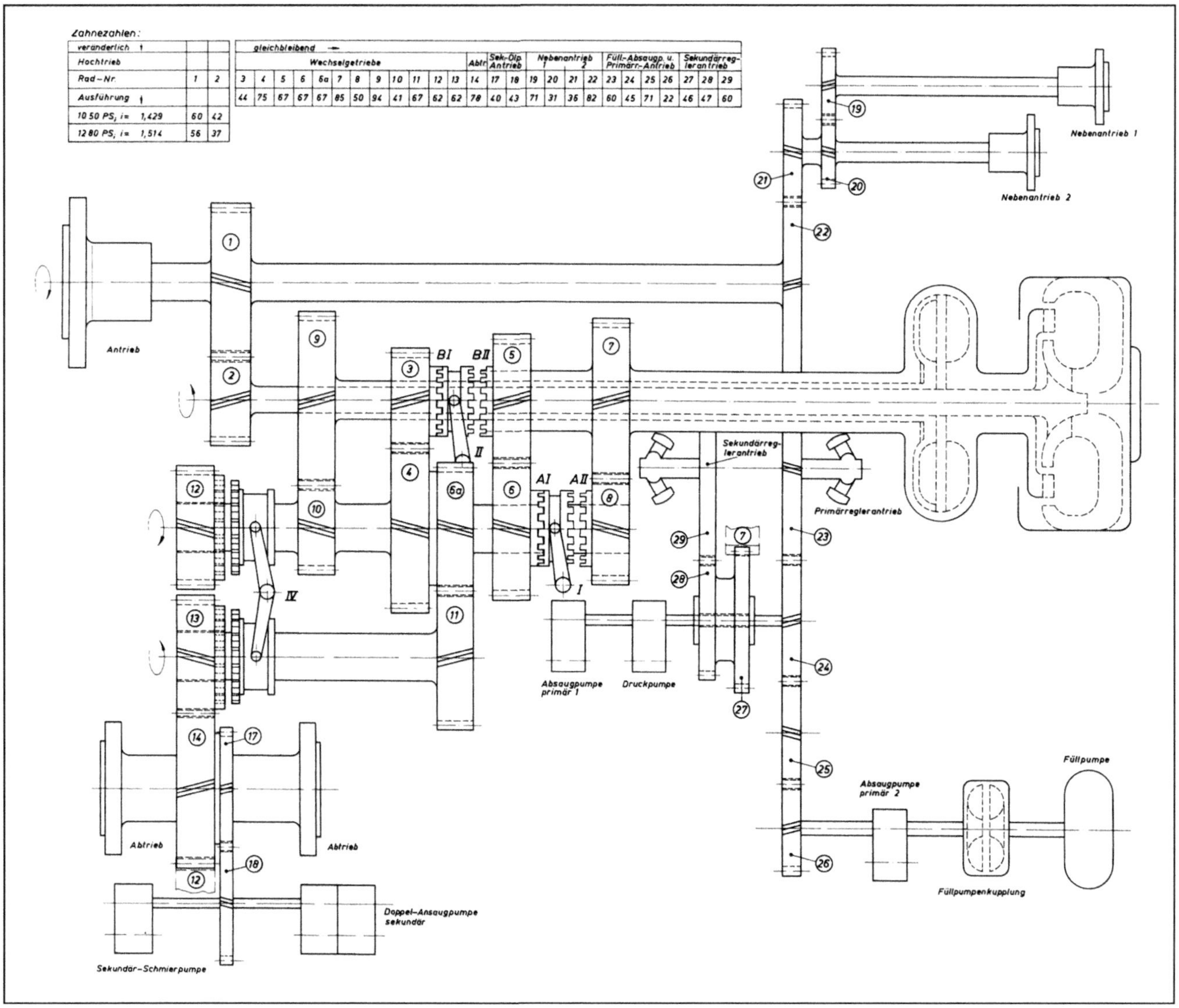

Abb. 23.21 Räderschema des Maybach-K-203-Getriebes für 1.470 kW (2.000 PS) Übertragungsleistung mit drei mechanischen Gängen

über den die Leistung eines zweiten Motors in das Getriebe eingespeist werden konnte[24], so auch die eines von der Fahrleitung her betriebenen Elektromotors.

Es sei noch kurz auf den hydraulischen Teil des K 252 eingegangen: Ein Hochtrieb treibt die für beide Wandler gemeinsame Pumpenwelle an. Der Marschwandler ist nicht, wie üblich, als normaler »dreikränziger Wandler«, d. h. bestehend aus dem Pumpenrad, der zentrifugal durchströmten Turbine und dem Leitrad ausgebildet, sondern hat eine zweistufige Turbine, deren erster Teil zentrifugal und zweiter Teil zentripetal (d. h. von außen nach innen) durchströmt wird. Der Grund für diese ungewöhnliche Konstruktion war der Wunsch nach einer mit dem Turbinen-Pumpendrehzahl-Verhältnis fallenden Leistungskurve, wie sie unter speziellen Bedingungen für den Motor von Vorteil ist. In der Ausführung K 252 SUEW wurden diese Getriebe in die Bundesbahn-Lokomotiven V 217 und als K 252 SUBB in die V 218 eingebaut (vgl. Tafel 24.12).

Eine modifizierte Abart des Mekydro-Getriebes stellte das K 203 dar, bestehend aus dem dreikränzigen Wandler, einer hydraulischen Kupplung und drei nachgeschalteten mechanischen Gängen. Die hydraulische Kupplung diente als Schalthilfe, um die Zugkraftunterbrechung beim Gangwechsel aufzufangen. Außerdem konnte sie als hydrodynamische Bremse fungieren; zu diesem Zweck war in ihren Ölkreis ein Wärmetauscher geschaltet (Abb. 23.21). Einige Exemplare des K 203 wurden gefertigt und an die Bundesbahn vermietet. Trotz guter Bewährung in Lokomotiven der Baureihen V 217/218 gab diese letztlich den K-252-Getrieben den Vorzug.

[24] Das ist im Zusammenhang mit dem Generator-Diesel für die elektrische Zugheizung von Interesse.

23.4 Achstriebe

Zusammen mit den Mekydro-Getrieben für Schienenfahrzeuge hatte der Maybach-Motorenbau auch Achstriebe, Gelenkwellen und Schwingmetall-Kupplungen entwickelt. Die Achstriebe (Tab. 23.2) übertragen das vom Getriebe über die Gelenkwellen abgegebene Drehmoment auf die Treibachsen des Schienenfahrzeugs. Der Achstrieb besteht aus dem Achstriebgehäuse, dem Kegelritzel und dem Tellerrad; die Kegelräder haben eine Bogenverzahnung. Das Ritzel ist antriebsseitig in zwei Kegelrollenlagern, auf der anderen Seite in einem Pendelrollenlager gelagert. Die Kegelrollenlager sitzen in einer Bundbüchse, sodass die ganze Einheit komplett montiert und demontiert werden kann. Das Tellerrad ist an einem Flansch der Treibachsen zentriert und verschraubt und beidseitig in Rollen- und Kugellagern im Achstriebgehäuse gelagert. Das Gehäuse stützt sich mit einer Drehmomentenstütze am Fahrzeug ab. Je nach Ausführung ist dem Kegelritzel eine Zwischenstufe vorgeschaltet, erkennbar an dem Nachsetzzeichen »V« (= Vorgelege) in der Typenbezeichnung (Abb. 23.22), die dazu diente, mehrere Achsen anzutreiben.

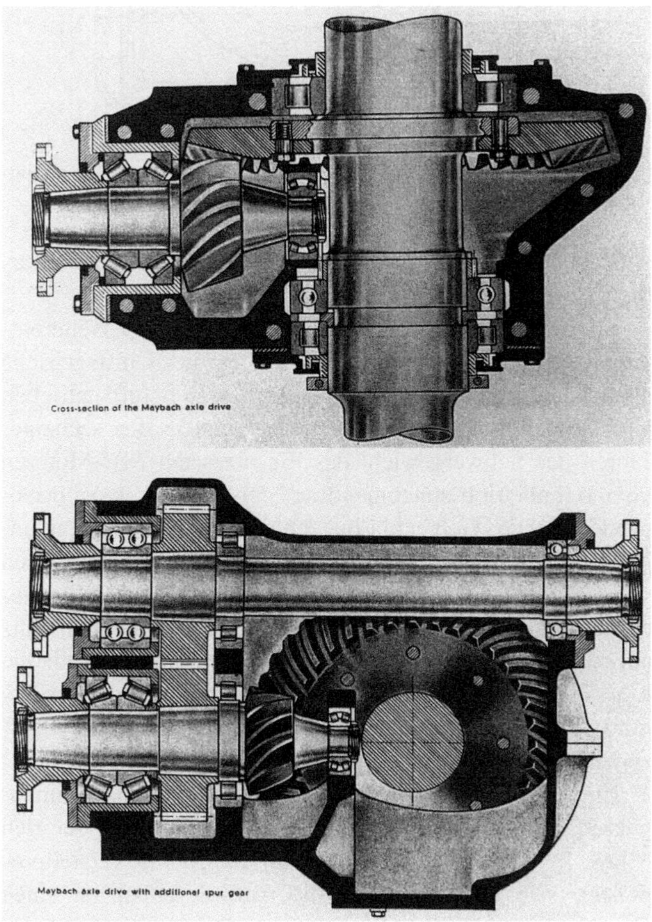

Abb. 23.22 Maybach-Achstrieb. *Oben*: ohne Vorgelege, *unten*: mit Vorgelege

23.5 Schiffsgetriebe

Bei der Einführung des schnellllaufenden Dieselmotors in die Schifffahrt zeigte sich, dass die auf dem Markt befindlichen Getriebe den Anforderungen der Maybach-Motoren hinsichtlich der Übertragungsleistung und der Untersetzungsverhältnisse nicht gerecht wurden. Somit musste der Maybach-Motorenbau auch auf diesem Gebiet aktiv werden und ein auf seine Motoren zugeschnittenes Schiffs-Wende- und Untersetzungsgetriebe entwickeln.

Der Schiffsbetrieb stellt an das Getriebe niedrigere Anforderungen als das Landfahrzeug, weil zum einen der Propeller im Wasser gleichsam eine Strömungskupplung darstellt und zum anderen die Leistungsaufnahme des Propellers – in der Tendenz zumindest – der Kennlinie hochaufgeladener Motoren entgegenkommt; allerdings zwingt der Abgasturbolader bei der Hochaufladung dem Kolbenmotor seine Strömungsmaschinen-Charakteristik auf. Ein Bootsgetriebe muss die Motordrehzahl auf die für den Propeller vorgegebene Drehzahl untersetzen und für den Fall, dass der Motor wie alle Maybach-Dieselmotoren nicht umsteuerbar ist, den Drehsinn des Propellers umkehren können: »Boots-Wende- und Untersetzungs-Getriebe«.

Schon Anfang der dreißiger Jahre hatte der Maybach-Motorenbau Schiffsgetriebe entwickelt: das UR 1 für die Sechszylinder-Motoren GO 4 und GO 5h (Abb. 23.23) und die UR-3/UR-4-Getriebe für den zwölfzylindrigen GO 5. Im Aufbau gleich, unterschieden sich diese Getriebe durch die übertragbare Leistung und die Übersetzung. Je nach Ausführung reduzierten sie die Motordrehzahl (1.400 min^{-1}) auf 500, 660 oder 750 min^{-1}. Es handelt sich hierbei um Drei-Wellen-Getriebe mit druckölbetätigter Lamellen-Kupplung, mit welcher der Kraftfluss über die einzelnen, ständig im Eingriff befindlichen Stirnräder geleitet wurde. Passend für die Motoren der MD-Baureihe brachte der Maybach-Motorenbau mit dem KS 12 das erste einer gan-

Tab. 23.2 Achstriebe

Typ	Drehmoment Nm	Untersetzung
C 22/C 22 V	9.000 ÷ 11.000	einfache Kegelradantriebe 2,4 ÷ 3,3 : 1
C 32	14.000	
C 33/C 33 V	14.000 ÷ 16.000	
C 34	14.000 ÷ 16.000	
C 34 V	14.000 ÷ 16.000	

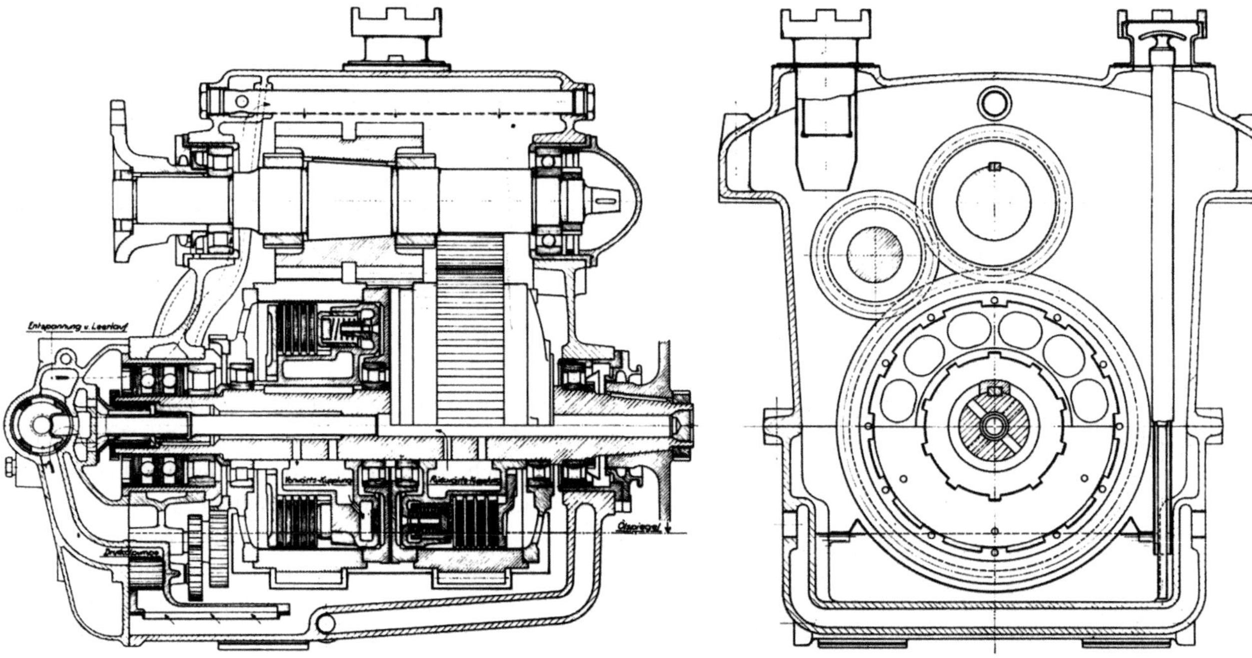

Abb. 23.23 Maybach-Schiffsgetriebe UR 1 (1929) mit Untersetzung und Rückwärtsgang. Die Eingangsleistung betrug mit 110 kW (1.500 PS) bei 1.300 min^{-1} ein Dreißigstel und weniger als die der späteren MTU-Schiffsgetriebe

zen Baureihe solcher Getriebe heraus. Ausgelegt für eine Übertragungsleistung von 882 kW (1.200 PS) und Eingangsdrehzahlen zwischen 1.500 und 1.800 min^{-1} ist dieses Getriebe in Drei-Wellen-Bauart mit koaxialer Anordnung der Wellen ausgeführt. Eine öldruckbetätigte Lamellen-Kupplung dient als Hauptkupplung. Zwei Radsätze mit je drei schräg verzahnten Stirnrädern untersetzen die Motordrehzahl und kehren – je nach Schaltung – den Drehsinn der Abtriebswelle um. (In der Maybachschen Typenbezeichnung kommt das durch »gs« (gleichsinnig) und »ugs« (ungleichsinnig) zum Ausdruck.) Diese Bauweise gestattet es, die volle Leistung dauernd sowohl in der einen als auch in der anderen Richtung abzugeben. Das ist nicht so sehr für die Rückwärtsfahrt von Belang, denn schließlich läuft ein Boot, z. B. ein Schnellboot (Motortorpedoboot) oder ein Schnelles Minensuchboot, nicht längere Zeit mit voller Kraft rückwärts, sondern für Zwei- und Mehrwellen-Anlagen, bei denen die Propeller gegenläufig drehen, um das jeweilige Reaktionsmoment aufzuheben.

Dank dieser Getriebebauart können die Motoren – unabhängig davon, welchen Propeller sie antreiben – mit derselben Drehrichtung laufen. Das ist natürlich für die Fertigung und Logistik von Vorteil. Neben dem Haupt- und dem Nebenabtrieb hat das Getriebe noch Hilfsabtriebe für den Antrieb z. B. von Feuerlöschpumpen. Das Untersetzungsverhältnis ist durch die Zahnrad-Paarung fest vorgegeben; der Kraftfluss zu den einzelnen, ständig in Eingriff befindlichen Radsätzen wird über die Abweisklauen-Kupplungen gesteuert, wobei eine Synchronisiereinrichtung für den Drehzahlausgleich beim Schaltvorgang sorgt. Die im Getriebe entstehende Wärme wird durch einen wassergekühlten Wärmetauscher abgeführt.

Mit der Erweiterung der MD-Baureihe und der Weiterentwicklung dieser Motoren mussten auch die Schiffsgetriebe an diese Leistungen angepasst werden. Den Schiffsgetrieben kam immer mehr Bedeutung zu, als sich in den sechziger Jahren das Schwergewicht des Einsatzes der MD-Motoren vom Bahnbetrieb zunehmend auf den Schiffssektor, insbesondere auf das Gebiet marinetechnischer Spezialanwendungen, verlagerte. Die Fertigung der »kleinen« MD-Motoren wurde zugunsten der Zwölf-, Sechzehn- und Zwanzigzylinder-Ausführungen eingeschränkt, um dann schließlich ganz aufgegeben zu werden. Die Getriebe mussten nun auf die Leistungen der MD-Marinemotoren (Höchst- und Überleistung), andererseits aber auch für die Dauerleistung bei entsprechend reduzierter Drehzahl ausgelegt sein.

Eine Sonderausführung ist das KS 30 als »unmagnetisches« (genauer: teilmagnetisches) Getriebe für den MD 871 »um« ohne Rückwärtskupplung (für Verstellpropeller). Wie unterschiedlich die Anforderungen an einen Getriebetyp sein können, sieht man an den Ausführungen des KS 40, das in folgenden Grundtypen angeboten worden ist:

- Als KSU 40 ist es ebenfalls ein reines Untersetzungsgetriebe mit Lamellen-Kupplung ohne Wendeteil für Boote mit Verstellpropeller. Die Drehrichtung kann gewählt werden, ist dann aber fest vorgegeben und kann nur durch Tausch der Räder geändert werden.
- In der Ausführung KS 40 handelt es sich um ein Wende- und Untersetzungsgetriebe, das durch Einbau einer zu-

Tab. 23.3 Maybach-Schiffsgetriebe (Stand September 1965)

Typ	Übertragungsleistung kW/PS	Motor-Drehzahl min^{-1}	Untersetzung	Untersetzung bei verminderter Leistung	Masse (trocken mit Wärmetauscher) kg
KS 12	882/1.200	1.500	1,5 : 1 bis 3,5 : 1[a]	–	1.400
KS 13	992/1.350	1.500	3,00 : 1	3,5 : 1	1.025
KS 15	1.100/1.500	1.500	1,85 : 1	3,5 : 1	1.465
KS 22	1.654/2.250	1.800	1,85 : 1	3,0 : 1	1.250
KS 30	2.200/3.000	1.800	1,85 : 1	3,0 : 1	1.250
KS 40	2.647/3.600	1.900	1,85 : 1	3,0 : 1	1.270
KS 50	3.309/4.500	1.900	1,85 : 1	2,5 : 1	1.600

[a] je nach Auftrag

sätzlichen Kupplung, deren Sekundärteil in umgekehrter Richtung läuft, umsteuerbar ist.

Durch die Hochaufladung nimmt zwar die Motorkennlinie immer mehr die Charakteristik einer Propellerkurve an, was aber nicht heißt, dass sie sich im Einzelfall mit ihr decken muss. Daher müssen die beiden Kennlinien durch getriebeseitige Maßnahmen in Einklang gebracht werden. Ein Mittel hierzu ist der hydrodynamische Wandler, der sich ja im Bahnbetrieb bestens bewährt hatte. Es lag deshalb nahe, auch Schiffsgetriebe mit einem Wandler zu versehen; ebenso bot sich die hydrodynamische Kupplung zum Umsteuern und für die Rückwärtsfahrt an. Zunächst wurde eine hydraulische Rückwärtskupplung in ein dafür besonders vorbereitetes KS 40 eingebaut, wobei der Sekundärteil der Kupplung in umgekehrter Richtung lief. Nach Vorerprobung auf dem Getriebeprüfstand wurde diesem Getriebe noch ein Wandler vorgeschaltet (KSW 40 FU, Abb. 23.24). Damit erreichte man Folgendes:

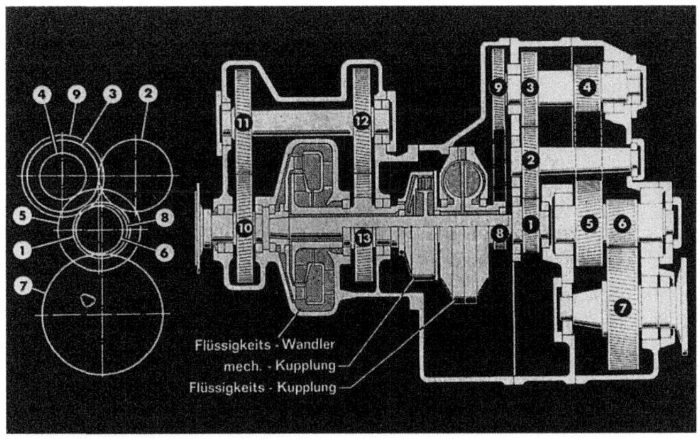

Abb. 23.24 Schema des MTU-Schiffsgetriebes KSW 40 FU mit hydrodynamischem Wandler und hydraulischer Kupplung zum Umsteuern. Eingangsleistung: 2.647 kW (3.600 PS)
Kraftfluss:
Anfahren und Schleichfahrt: 10-11-12-13, Flüssigkeitswandler 1-2-3-4-5-6-7
Dauerfahrt voraus: 10-11-12-13, mechanische Kupplung 1-2-3-4-5-6-7
Fahrt zurück: 10-11-12-13, Flüssigkeitskupplung 8-9-4-5-6-7

- Angleichung von Motor- und Propeller-Kennlinien,
- Umsteuerbarkeit,
- Veränderung des Untersetzungsverhältnisses in weiten Grenzen (wichtig für die »Schleichfahrt« bei bestimmten Marinefahrzeugen).

Von besonderem Interesse ist ein solches Getriebe für Tragflügelboote, deren Widerstand eingetaucht erheblich größer ist als im ausgetauchten Zustand; aber auch für kombinierte Motoren-Gasturbinen-Anlagen (CODOG, CODAG)[25] sind hydrodynamische Wandler von Vorteil.

[25] CODOG = Combined Diesel or Gas Turbine, CODAG = Combined Diesel and Gas Turbine.

Maybach-Dieselmotoren in Schnelltriebwagen der Deutschen Reichsbahn von 1932 bis 1951

24

Alfred Gottwaldt

24.1 Der »Schienenzeppelin« und seine Folgen

Bis zum Beginn der Zeiten Weltkrieges wurden rund 800 Maybach-Dieselmotoren unterschiedlicher Leistungsklassen für den Antrieb von Schienenfahrzeugen in Europa hergestellt. Mit ihnen errangen deutsche Schnelltriebwagen wie der »Fliegende Hamburger« und andere weltweites Aufsehen. Die Geschichte dieser Verkehrsmittel umfasst zwei Themenfelder, nämlich den Bau von Hochleistungsmotoren mit ihren Kraftübertragungsanlagen einerseits sowie die Entwicklung moderner Wagenbaukonzepte andererseits.

Die wenigen frühen Motortriebwagen, die seit der bekannten Berlin-Seddiner Verkehrsausstellung im Herbst 1924 über die Schienen der Reichsbahn fuhren, benutzten zumeist Benzolmotoren sowie eine mechanische Kraftübertragung mit Zahnrädern, Gangstufen und Kupplung. Karl Maybach hatte in Seddin (Abb. 4.12) hingegen einen Nebenbahn-Triebwagen aus der Waggonfabrik Wismar der Eisenbahn-Verkehrsmittel AG (Eva) mit dem ersten schnelllaufenden Sechszylinder-Dieselmotor des Typs G 4a gezeigt, der 150 PS bei 1.300 min^{-1} abgab (Abb. 9.12). Dieser Rohölmotor war im Drehgestell untergebracht. Über Vierganggetriebe, Blindwelle und Kuppelstangen wurde der »Eva-Maybach-Wagen« angetrieben. Die Deutsche Reichsbahn kaufte ihn an, erprobte ihn gewissenhaft und bestellte einige weitere Exemplare (Abb. 9.14).

Während der folgenden Jahre traten große Fortschritte ein. Viele Nebenbahntriebwagen hatten sich so gut bei der Reichsbahn bewährt, dass sie stärkere Dieseltriebwagen auch auf manchen Hauptstrecken einzusetzen wünschte. Dazu bot namentlich der ab 1927 entwickelte Maybach-Zwölfzylinder-Motor mit Druckeinspritzung, Typ GO 5 (Abb. 21.9), willkommene Gelegenheit. Er kam schon ohne Aufladung auf 410 PS Nennleistung bei 1.400 min^{-1}. Der Motor hatte 42,4 Liter Hubvolumen und wog ohne Zubehör 1.950 kg.

Im Frühjahr 1930 war der Auftrag, schnellstens drei große Dieseltriebwagen auf Probe zu liefern, an die Eisenbahn-Verkehrsmittel AG vergeben worden. Ihr Werk in Wismar nahm den Bau dieser ersten Eiltriebwagen mit den Betriebsnummern VT 872 bis VT 874 (Abb. 21.4) noch im April 1930 in Angriff. Da sie zwischen den Kopfbahnhöfen der Städte Wiesbaden und Frankfurt/Main im Pendelverkehr laufen sollten, wurden dazu aus der Eilzugwagenbauart C 4i noch passende vierachsige Steuerwagen ohne Motor abgeleitet.

Die Konstrukteure lagerten den Dieselmotor mit dem Generator in einem zweiachsigen Drehgestell und brachten die elektrischen Fahrmotoren im anderen Drehgestell des Eiltriebwagens unter. Die elektrische Ausrüstung kam von den Maffei-Schwartzkopff-Werken. Diese schweren »Frankfurter Eiltriebwagen« wurden zum Jahreswechsel 1931/32 geliefert. Obwohl der in konventioneller Weise genietete Eiltriebwagen mehr als 52 t Dienstgewicht hatte und sein Steuerwagen nochmals 38 t wog, erreichte er eine Höchstgeschwindigkeit von 90 km/h. Folgende Lieferungen mussten deutlich leichter werden (Abb. 9.51).

Zugleich waren in den späten 1920er Jahren von dem ehemaligen Luftschiffbauer Franz Kruckenberg (1882–1965) erste Impulse zum Schnellverkehr bei der Deutschen Reichsbahn-Gesellschaft ausgegangen. Er verhalf mit dem Propellerwagen seiner Flugbahn-Gesellschaft den Ideen von Leichtbau und Stromlinienform im Eisenbahnverkehr zum Durchbruch. Das Konzept getrennter Schnellbahngleise wurde noch nicht berücksichtigt. Im Oktober 1928 hatte die Reichsbahn nämlich Franz Kruckenberg beauftragt, in ihrem Ausbesserungswerk Hannover-Leinhausen einen ersten »Flugbahnwagen« für den Einsatz auf vorhandenen Gleisen anzufertigen. Ob es ein Propellerwagen werden sollte, war anfangs durchaus ungewiss.

Deshalb wandte sich Kruckenberg zu Beginn des Jahres 1929 an die Maybach-Motorenwerke, mit denen er schon als Luftschiffbauer zusammengearbeitet hatte. An der Spitze der Motorenfabrik, die bereits über zwanzig Jahre Erfahrung verfügte, wirkte damals Karl Maybach. Kruckenberg brach-

A. Gottwaldt (✉)
Frankfurt a. M., Deutschland
E-Mail: customerservice@springernature.com

E. Eckermann, W. Treue, S. Zima (Hrsg.), *Technikpionier Karl Maybach*, https://doi.org/10.1007/978-3-658-37065-7_24

Abb. 24.1 Der Propellerwagen von Franz Kruckenberg während seiner Rekordfahrt von Bergedorf nach Spandau am frühen Morgen des 21. Juni 1931 auf dem Bahnhof Neustadt an der Dosse

Abb. 24.2 Franz Kruckenberg mit seiner Frau Marie sowie den Oberingenieuren Curt Stedefeld und Fritz Heyner (*von rechts*) nach ihrer Ankunft am 21. Juni 1931 vor dem Propellerwagen in Spandau bei Berlin

te nun Gespräche zwischen ihm und den Siemens-Schuckert-Werken in Berlin zustande, um einen Doppelwagen entwerfen zu lassen, der zwei Maschinensätze aus Dieselmotoren, Generatoren und elektrischen Fahrmotoren enthalten sollte. Darin waren viele Elemente des »Frankfurter Eiltriebwagens« enthalten. Unverzüglich begannen die beiden Industrieunternehmen mit Konstruktion und Kalkulation des Projekts. Auch Kruckenberg und die Flugbahn-Gesellschaft bearbeiteten von Januar bis Mai 1929 vor allem den Entwurf eines solchen etwa 40 m langen, zweiteiligen Wagens mit dieselelektrischem Antrieb.

Als aber im Juni 1929 bei Kruckenberg in Hannover das Angebot von Maybach und Siemens über einen Doppelwagen mit Dieselmotoren und elektrischem Achsantrieb eintraf, konnte es in Bezug auf Gewicht und Preis mit seinem anderen Projekt der einfachen Kraftübertragung eines Propellerwagens per Kardanwelle zur Luftschraube kaum konkurrieren: Außer dem Motor sollten die weiteren Antriebsmaschinen im Schienenfahrzeug noch 9.000 kg gegen 350 kg wiegen. Auch im Preis bestand nach Kruckenbergs Erinnerung ein Unterschied von 75.000 RM für den dieselelektrischen Antrieb gegenüber 4.000 RM für den Propeller.

So fiel die Entscheidung Franz Kruckenberg leicht: Zu Probefahrten bei Großburgwedel stand sein Propellertriebwagen im Herbst 1930 bereit. Er bestand aus einem leichten Stahlrohr-Gittergerüst mit Stoffbezug, nur an dessen Front befand sich eine Verkleidung aus Aluminium. Ein Benzol-Flugzeugmotor des Typs BMW VI mit 550 bis 600 PS Nennleistung trieb die Luftschraube am Heck des eigenwilligen, nur 18,6 t schweren und 25,85 m langen Gefährts an. Der Propeller wies je nach Fahrtrichtung und Aufgabe zwei oder vier Blätter auf. Am 21. Juni 1931 fuhr der bald nur noch als »Schienenzeppelin« bezeichnete Wagen zwischen Bergedorf bei Hamburg und Spandau bei Berlin eine Höchstgeschwindigkeit von 230 km/h heraus (Abb. 24.1). Den populären Beinamen erhielt der Propellerwagen von Franz Kruckenberg, obwohl dieser ehemalige Luftschiffbauer im Ersten Weltkrieg bei dem Konkurrenten Schütte-Lanz in Mannheim gearbeitet hatte (Abb. 24.2).

Beeindruckend war die Durchschnittsgeschwindigkeit jener Rekordfahrt, die sich auf 157,3 km/h belief. Insgesamt wurden 184 Liter Kraftstoff verbraucht, was 71,5 Liter auf 100 km entsprach. Für die gleiche Distanz benötigten große viersitzige Tourenwagen wie der Maybach-Zwölfzylinder auf der Landstraße bis zu 25 Liter Benzin. Autobahnen gab es damals noch nicht. Zwölf Fahrgäste genügten für diesen Triebwagen also, und der Treibstoffbedarf je Passagier sank unter den des Automobils (Abb. 24.3).

Der »Schienenzeppelin« diente als Versuchsträger und war nicht für den öffentlichen Verkehr bestimmt. So regte Kruckenberg schon Ende 1931 an, nun auf Kosten der Reichsbahn einen anderen Wagenkopf mit neuem Maybach-Dieselmotor, zweiachsigem Drehgestell und Föttinger-Flüssigkeitsgetriebe herzustellen. Dieser Kopf sollte anstelle des Führerstands und des vorderen Einachslaufwerks an die Spitze des Flugbahn-Wagens montiert werden, um den hydraulischen Achsantrieb zu erproben (Abb. 24.4).

Die Reichsbahn-Hauptverwaltung stimmte diesem Projekt im Frühjahr 1932 zu, weil die hydrodynamische Kraftübertragung einen größten Wirkungsgrad von 85 % versprach. In Berlin erhoffte man sich von diesem Versuch auch Zahlenmaterial zum Vergleich mit dem eigenen dieselelektrischen Schnelltriebwagen, den das Reichsbahn-Zentralamt für Maschinenbau schon seit Anfang 1931 bearbeitete.

Abb. 24.3 Die Inneneinrichtung des »Schienenzeppelin« von 1930 mit Stahlrohr-Freischwingern sparte Gewicht und entfaltete eine ausgesprochen moderne Wirkung

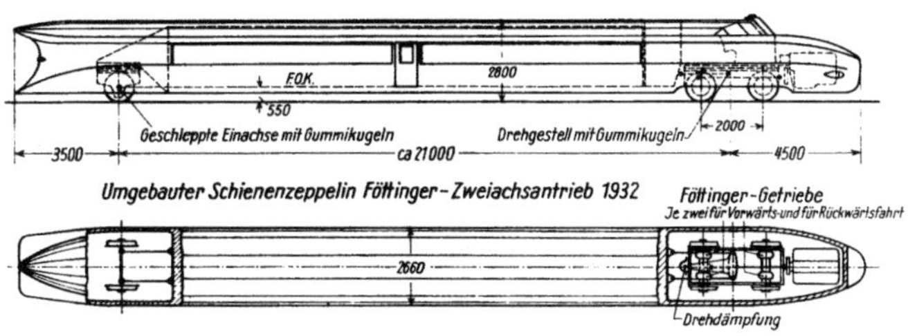

Abb. 24.4 Typenskizze des umgebauten Versuchsträgers namens »Schienenzeppelin« nach Ausrüstung mit einem vorderen Drehgestell, hydraulischem Getriebe und neuem Maybach-Dieselmotor, 1933

24.2 Bau und Bauart des »Fliegenden Hamburgers«

Als nämlich die Flugbahn-Gesellschaft nach der Anfrage Kruckenbergs vom Frühjahr 1929 sich für den Propellerantrieb entschieden hatte, gaben Karl Maybach und die Ingenieure von Siemens ihre umfangreichen Vorarbeiten zu einem Schnelltriebwagen nicht auf. Sie liefen auf Betreiben des Vorstandsmitglieds der Reichsbahn-Gesellschaft und Leiters ihrer Maschinentechnischen Abteilung, Direktor Richard Anger (1873–1938), bis zur Baureife eines Schnellfahrzeugs mit zwei Dieselmotoren weiter. Besonders der Referent für Triebwagen in der Reichsbahn-Hauptverwaltung, Reichsbahndirektor Friedrich Fuchs (1871–1958), nahm an dem Projekt großen Anteil. Im Verlauf des Jahres 1933 gab Fuchs in seinem Referat 31 der Hauptverwaltung die Zuständigkeit für Triebwagen wegen des angewachsenen Arbeitsanfalls bei den Lokomotivtypen ab. Der jüngere Maschinenbauer Hermann Stroebe (1894–1978) übernahm sodann in der Maschinentechnischen Abteilung ein neu geschaffenes Referat 33 für Triebwagenbau und Kraftfahrzeuge.

Die Anregung zur Durchbildung eines solchen Schnelltriebwagens wurde im November 1930 von der Hauptverwaltung der Deutschen Reichsbahn-Gesellschaft an das Reichsbahn-Zentralamt für Maschinenbau gegeben. Eine Genehmigung zur Beschaffung folgte im Februar 1931. Im Berliner Zentralamt war der Reichsbahn-Oberrat Max Breuer (1881–1966) mit seinem Dezernat 24 für den »Bau der Triebwagen (außer Wechselstromtriebwagen), Beleuchtung der Fahrzeuge und elektrische Zugheizung« zuständig.

Der Auftrag zu Entwicklung und Bau des 41,9 m langen Schnelltriebwagens erging an die Waggon- und Maschinenfabrik Aktiengesellschaft (WUMAG) in Görlitz als Generalunternehmerin. Franz Kruckenberg fühlte sich von diesem Vorhaben seiner Partner bei der Reichsbahn hintergangen und beklagte sich lautstark, war aber völlig machtlos.

Über seinen ersten Schnelltriebwagen hat sich Reichsbahndirektor Fuchs in einem Aufsatz in der Zeitschrift »Die Reichsbahn« vom Januar 1932 geäußert:

> »Die Reichsbahn ... hat für Strecken, die sich dafür eignen, einen Schnelltriebwagen durchbilden lassen, der in der Lage ist, auf der waagerechten Strecke auch bei starkem Gegen- und Seitenwind dauernd eine Fahrgeschwindigkeit von 150 km/h einzuhalten [Abb. 10.11 und 21.16]. Der Wagen ist als Doppelwagen entworfen. Die beiden Wagenhälften ruhen an dem einen Ende auf einem Drehgestell von 3,5 m Achsstand und sind in der Mitte auf einem gemeinsamen Jakobs-Drehgestell gelagert und durch einen Faltenbalg verbunden. In jedem der Enddrehgestelle ist ein Maybach-Motor von 410 PS Leistung eingebaut, der mit einer Dynamomaschine gekuppelt ist. Der von diesem erzeugte Strom wird zwei Tatzenlager-Elektromotoren zugeführt, die die Achsen des mittleren Drehgestelles antreiben. Die elektrische Ausrüstung wird von den Siemens-Schuckert-Werken nach dem Gebus-System geliefert ... «

Durch die symmetrische Anordnung waren in beiden Fahrtrichtungen gleichartige Laufeigenschaften zu erwarten. Mit dem Dieselmotor und dem elektrischen Generator im Drehgestell hoffte man, sämtliche aus der Maschinenanlage herrührenden Schwingungen vom Wagenkasten fernzuhalten. Auch konnte das Fahrzeug so möglichst leicht gebaut werden. Das Kastengerippe bestand aus genieteten Stahlprofilen und war mit dünnem Stahlblech verkleidet. Die Karosserie an beiden Enden des schnellen Wagens war abgerundet, auch das Dach erschien in eigentümlicher Weise

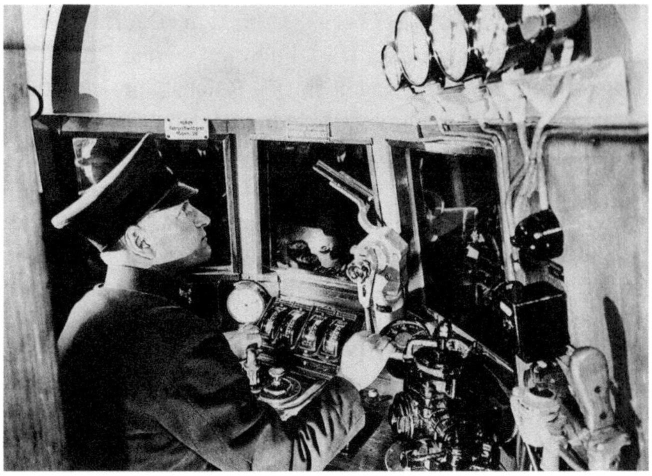

Abb. 24.5 Reservelokführer Fritz Naims von der Reichsbahn-Gesellschaft hält im Führerstand des »Fliegenden Hamburgers« in der rechten Hand das Bremsventil, in der linken den Fahrschalter

herabgezogen, um den Luftwiderstand zu vermindern. Aus diesem Grund waren auch die herablassbaren Seitenfenster und die Türen bündig eingesetzt, waren Griffe und Stangen sparsam angebracht, und deshalb fehlten selbst die großen Pufferteller. An ihrer Stelle waren zum Schutz des Wagens im rauen Bahnbetrieb flache, halbzylindrische Gummiarmierungen vorhanden. Der Schnelltriebwagen konnte also in reguläre Züge nicht eingestellt werden. Dem jüngsten Stand der Technik entsprachen seine Jaeger-Rollenlager, Trommelbremsen, neuartige Magnetschienenbremsen, die induktive Zugbeeinflussung und eine Sicherheitsfahrschaltung (Totmannknopf).

Der Fahrer saß in seiner Kabine auf einem Klappsitz, der vorn an der Motorverkleidung befestigt war, und hatte bei seiner Arbeit unter dem unglaublichen Lärm der Maschinenanlage zu leiden. Die niedrigen Stirnfenster machten größeren Männern den Blick aus dem Führerstand schwer. Zum Schutz vor Vögeln und Steinschlag war die mittlere Frontscheibe anfangs noch durch ein Gitter geschützt (Abb. 24.5).

Die Innenausstattung war darauf abgestimmt, dass der Wagen tariflich als Fernschnellzug verkehren sollte. Er hatte nur ein kleines Gepäckabteil sowie zwei Großräume für die Fahrgäste, die sich in offenen Abteilen gegenübersaßen. Auf der einen Seite des Mittelgangs befanden sich Einzelsessel, auf der anderen Seite aber Bänke von nur 1,58 m Breite für drei Personen nebeneinander, sodass insgesamt 98 Plätze der 2. Klasse zur Verfügung standen (Abb. 24.6). Immerhin hatte so jeder Fahrgast, wenn der Wagen zu drei Vierteln besetzt war, noch einen Eckplatz zur Verfügung. In der Fahrzeugmitte wurde eine kleine Küche der MITROPA mit Anrichte nebst vier Hockern eingebaut. Die Polster waren im Lieferjahr 1932 mit rotbraunem Stoff bezogen, in dessen Muster sich geometrische Strukturen und wolkige

Abb. 24.6 Der Innenraum des »Fliegenden Hamburgers« nach dem Geschmack von 1932 zeigte Anklänge an die Bauhaus-Architektur und bot Platz für vier Fahrgäste in einer Reihe

Wellen verbanden. Manche Fahrgäste fühlten sich damit an das avantgardistische Design des Bauhaus erinnert. Der Anstrich des Wagenkastens war in elfenbein-violetten Farben wie bei dem »Rheingoldzug« der Reichsbahn gehalten.

Im August 1932 war der erste Reichsbahn-Schnelltriebwagen in Görlitz so weit fertiggestellt, dass er dem Motorenwerk zur Fertigstellung übergeben werden konnte. Da Maybach am Bodensee vor der Ablieferung noch eigene Probefahrten mit dem dieselelektrischen Antrieb unternehmen wollte, hatte man nur eine Maschinenanlage montiert und den Einbau der zweiten deren Hersteller selbst überlassen. Der Wagen mit der amtlichen Betriebsnummer VT 877a/b wurde der Reichsbahndirektion Berlin zugeteilt.

24.3 Probefahrten in Friedrichshafen und Einsatz in Berlin

Im Oktober 1932 war der Wagen auch bei Maybach komplett ausgerüstet. Erste Versuchsläufe wurden zwischen Friedrichshafen und Ulm angesetzt. Auf den Abschnitten Ravensburg-Mochenwangen und Biberach-Erbach konnte bereits ein Tempo von 150 km/h erreicht werden. Von Ulm wurde auch die Geislinger Steige in Richtung Stuttgart befahren. In der zweiten Novemberhälfte des Jahres 1932 begannen eingehende Bremsproben.

Die Fahrten erbrachten auch Vergleichswerte mit den Ergebnissen der Windkanalversuche an Modellen und zeigten: Eisenbahnwagen waren nach anderen Methoden zu untersuchen als Luftfahrzeuge, die allseitig von der Luft umströmt werden. Danach wurde schon im Dezember 1932 ein völlig verändertes Konzept des Windkanals mit »laufender Fahrbahn« in Form eines angetriebenen Gummibandes entwickelt. Fortan musste auch der Unterboden des Fahrzeugs strömungsgünstig gestaltet werden (Abb. 10.10).

Am 2. Dezember 1932 berichtete das »Seeblatt« in Friedrichshafen in seiner Ausgabe Nr. 289 unter dem Titel »Maybach-Triebwagen und Stromlinienauto« über eine Schau von Neuheiten vor Mitgliedern des Oberschwäbischen Industrie-Verbandes und der Presse. Für die Straße zeigte Karl Maybach sein erstes Stromlinienauto mit 200-PS-Zwölfzylinder-Maschine (Abb. 9.45), für die Luftfahrt einen Vergasermotor mit 550 PS Leistung zum Einbau in das Luftschiff »Graf Zeppelin« (Abb. 19.3) und zuletzt eine Anwendung des schnelllaufenden 410-PS-Diesels GO 5 im Schienenfahrzeug (Abb. 21.9).

Der Bericht schloss mit den Worten:

> »Wo immer man heute von der Entwicklung des modernen Verkehrs spricht, da wird auch Friedrichshafen genannt werden müssen. Wie kaum in einer anderen deutschen Stadt arbeitet hier eine Industrie am gemeinsamen Werk, dem rastlos und stürmisch vorwärtsdrängenden Tempo des Heute die Verkehrsmittel zu bieten, die, in der Gegenwart führend, schon in die Zukunft weisen und Deutschland im allgemeinen gleich gerichteten Streben die Spitzenstellung sichern ... Die weitere Besichtigung unter Führung von Dr. Maybach und Direktor Bernhardt galt dem neuen Schnelltriebwagen der Reichsbahn. Neben einem gewöhnlichen Eisenbahnwagen stehend, wurde das Neue, das hier der Reichsbahn zur Verfügung gestellt wird, mit besonderer Klarheit erkannt ... Der Wagen ist übrigens in einem großen Teil Oberschwabens kein Unbekannter mehr. Manch einer, der sinnend und bedächtig sein herbstliches Feld bestellt, mag für ein paar Augenblicke aufgeschaut haben, als er das langgestreckte, violette Ungetüm daherbrausen sah mit einer Geschwindigkeit, die den schnellsten Schnellzug weit übertraf ... «

Gegen Ende des Monats November 1932 wurde der Schnelltriebwagen an die Reichsbahn übergeben. Am 19. Dezember 1932 nahm eine erste Probefahrt für geladene Gäste mit dem bald sogenannten »Fliegenden Hamburger« ihren Verlauf. Genau 286,8 km Strecke hatte er vom Lehrter Bahnhof in Berlin bis nach Hamburg Hauptbahnhof in 141 Minuten zurückzulegen (Abb. 21.16). Da dort schon seit dem Sommerfahrplan 1932 der schnellste Dampfzug der Reichsbahn verkehrte, waren für rund 1 Mio. Reichsmark die Abstände zwischen den Vorsignalen und den Hauptsignalen von 700 auf 1.200 m verlängert worden. Einige engere Gleiskrümmungen, so die bei Friedrichsruh, hatte man verlegt. Auch die Überholungsgleise auf kleineren Bahnhöfen mussten erweitert werden, um Personen- und Güterzüge vor dem schnellen Triebwagen auf die Seite nehmen zu können.

Als Kaufpreis für den Doppelwagen wurden 322.138 RM berechnet. Zum Fahrplanwechsel am 15. Mai 1933 nahm die Reichsbahn den öffentlichen Verkehr mit diesem Zug zwischen Berlin und Hamburg sowie Altona auf. Die Nachfrage war stark, und bald mussten Zulassungskarten eingeführt werden. Der Erfolg des Zuges wurde bald der neuen Hitler-Regierung als ein Fortschritt zugerechnet, obwohl er noch ein Produkt der Ära Brüning war.

Wenn der singuläre Schnelltriebwagen einmal nicht am Bahnhof stand und durch eine Dampflok mit drei modernen Wagen vertreten wurde, gab sich das Reisepublikum unzufrieden. Solche Fälle waren anfangs nicht selten: Der »Fliegende Hamburger« bildete den ersten Anwendungsfall für einen 410-PS-Dieselmotor von Maybach im Schnelltriebwagen. Ein solches Experiment konnte nicht ohne Rückschläge ausgeführt werden. Die unübersehbaren Schäden an den Motoren ließen sich teilweise auf Bedienungsfehler zurückführen. Das bedeutete für den Lieferanten, nicht nur die Konstruktion beständig zu verbessern, sondern auch die Schulung des Fahrpersonals bei dem Anwender zu intensivieren und bessere Überwachungsinstrumente einzubauen. Der Maybach-Motorenbau in Friedrichshafen empfahl den Eisenbahnen sogar, im Lieferwerk am Bodensee »in erster Linie junge Schlosser mit guter Auffassungsgabe und Geschicklichkeit« selbst kurz auszubilden oder durch eigene Monteure »mit dem neuen Aufgabengebiet vertraut zu machen«.

Maybach verstand sich inzwischen nicht mehr nur als Motorenhersteller, sondern als Anbieter vollständiger Antriebskonzepte auf der Grundlage seiner schnelllaufenden Motoren. Die Betriebsanleitungen wurden verfeinert und die »Maybach-Mitteilungen« lieferten durchaus Hintergrundinformationen.

Tatsächlich trieben Maybach und die Reichsbahn schon seit Mitte 1933 einen außerordentlich kostspieligen Tauschdienst mit mehreren Ersatzmotoren und Wechseldrehgestellen, um den Schnelltriebwagen möglichst kurz in der Werkstatt zu halten. Die Fahrgäste bekamen davon nur wenig mit, denn auch mit einem funktionierenden Dieselmotor konnte der Wagen zumindest seine Fahrt fortsetzen, und über Nacht war der schadhafte Motor gegen ein Tauschgestell gewechselt. Es dauerte sehr lange und kostete alle Beteiligten viel Geld, bis die Standzeiten der Motoren über 10.000 km oder gar über 50.000 km Laufleistung angehoben werden konnten: Im Jahr 1933 wurde am »Fliegenden Hamburger« der Dieselmotor 1 nicht weniger als zwölfmal getauscht, der Dieselmotor 2 hingegen nur einmal. Selbst 1934 machte der Motor 1 immer noch neunmal mit Totalausfall von sich reden, der Motor 2 aber auch siebenmal. Im Jahr 1936 wurden beide Anlagen des ersten Schnelltriebwagens noch jeweils zweimal, im folgenden Jahr jeweils dreimal ausgewechselt.

Man kann darüber streiten, ob diese Mängel durch die Konstruktion der Motoren oder durch deren allzu sorglose Bedienung hervorgerufen wurden. Ältere Monteure von Maybach wussten, dass der Motor GO 5 »den Leerlauf nicht vertragen« konnte, weil das Schmieröl sich dann leicht in den Zylindern festbrannte. Die Ventilschäfte der Dieselmotoren waren bei Betriebsschluss sorgfältig mit Petroleum zu reinigen, weil sie nach dem Fahren mit geringer Belastung, wie es vor dem Abstellen des Fahrzeugs unvermeidlich war, zum Verkleben und Hängenbleiben neigten.

1933 hatte auch der »Schienenzeppelin« von Franz Kruckenberg ein letztes Mal von sich reden gemacht. Der Umbau auf Radantrieb war in Hannover-Leinhausen schon im November 1932 abgeschlossen worden, um damit weitere Daten für den hydrodynamischen Antrieb im geplanten Schnelltriebwagen zu sammeln. Da die Flugbahn-Gesellschaft den bei Maybach bestellten 410-PS-Dieselmotor des Typs GO 5 wegen bevorzugter Bedienung der Deutschen Reichsbahn aber nicht pünktlich erhielt, musste sie den vorher schon zum Antrieb des Propellers benutzten BMW-Benzolmotor in den neuen, weit ausladenden Vorbau ihres Wagens einsetzen. Erst am 8. Oktober 1933 wurde von Maybach endlich der bestellte 410-PS-Motor in Hannover angeliefert und vorn in den »alten« Flugbahnwagen eingebaut. Die Versuchsfahrten machten Mut, für die Reichsbahn einen neuen Schnelltriebwagen der »Bauart Breslau« mit zwei Dieselmotoren und hydraulischen Getrieben zu entwerfen. Auch an einen entsprechenden Auftrag für einen Alternativentwurf von Kruckenberg wurde nun gedacht.

Abb. 24.7 Dreizehn Schnelltriebwagen der zweiteiligen »Bauart Hamburg« standen ab 1935 werktags zwischen Berlin einerseits sowie Köln, Frankfurt/Main, München und Stuttgart andererseits im Einsatz

Abb. 24.8 Fahrgastraum der Schnelltriebwagen »Bauart Hamburg« von 1935 mit geräumigen, hell gepolsterten Sitzen für jeweils drei Reisende in einer Reihe beiderseits des Mittelgangs

24.4 Entstehung von Schnelltriebwagen der »Bauart Hamburg«

Im Juli 1933 kündigte die Reichsbahn öffentlich an, auf Wunsch Hitlers als außerordentliche Arbeitsbeschaffungsmaßnahme etwa 250.000 Arbeiter neu einzustellen. Gleichzeitig sollten mehr Fahrzeuge beschafft werden. So wurden die Reichsbahn-Zentralämter für Einkauf und für Maschinenbau angewiesen, die Bestellung von zunächst vier weiteren zweiteiligen Schnelltriebwagen 2. Klasse vorzubereiten (Abb. 24.7).

Die neuen Wagen sollten vor allem durch mehr Bequemlichkeit für längere Strecken auffallen. Daher wurden Polstersessel mit Auflagekissen wie in den Wagenabteilen der 2. Klasse entworfen, die den eigenwilligen Bauhaus-Stil des Prototyps weit hinter sich ließen. Jedes der offenen Abteile enthielt beiderseits des Mittelgangs nur noch sechs Plätze anstelle der acht beim »Fliegenden Hamburger«. Durch die großzügige Sitzausstattung konnten die neuen Wagen – obwohl sie mit 44,2 m Länge mehr als zwei Meter länger waren als ihr Vorläufer – nur noch 77 Passagiere aufnehmen (Abb. 24.8).

Um auf besonders stark frequentierten Strecken dennoch genügend Plätze anbieten zu können, bereitete man sich auf den gemeinsamen Betrieb von zwei oder sogar drei gekuppelten Wagen im Fahrplan eines Zuges vor. Dazu wurden automatische Scharfenberg-Kupplungen in das verstärkte Fahrwerk einkonstruiert. Breitere Seitenfenster mit Doppelverglasung gaben dem Innenraum mehr Licht. Anstelle der handbedienten Kokskessel wurden Ölbrenner für die Heizung eingebaut. Der eigenwillige, schon legendäre Bug des »Fliegenden Hamburgers« mit dem heruntergezogenen Dach machte einer Stirnfront Platz, die nach langen Versuchen für den einmotorigen belgischen 410-PS-Triebwagen wieder im Windkanal des Luftschiffbaus Friedrichshafen entstanden war. Ihr Kennzeichen waren drei höhere Stirnfenster vorn und hinten, um eine bessere Sicht auf die Strecke zu erlauben. Das Fahrpersonal bemängelte bald aber die starke Blendung bei tief stehender Sonne, worauf die Scheiben im oberen Drittel einen undurchsichtigen Ölfarbenanstrich erhielten.

Die neuen zweiteiligen Triebwagen gerieten ein wenig schwerer als der »Fliegende Hamburger« und erhielten – wohl in Berufung auf den Prototyp – die Typenbezeichnung »Bauart Hamburg«. Sie trugen nach einem neuen Zahlensystem die vier Betriebsnummern SVT 137 149 bis SVT 137 152. Hersteller war wieder die WUMAG in Görlitz; der Beschaffungspreis war mit 411.210 RM pro Stück vereinbart. Bis zum April 1934 gab die Reichsbahn im »Fahrzeug-Zusatzprogramm 1934« weitere neun Einheiten gleicher Konstruktion bei der WUMAG in Auftrag, welche die neun Betriebsnummern SVT 137 224 bis SVT 137 232 erhielten. Mit dem Sommerfahrplan 1935 sollten die insgesamt 13 Wagen der »Bauart Hamburg« jeweils morgens von Köln über Düsseldorf/Wuppertal und Hannover nach Berlin, ebenso von Frankfurt/Main nach Berlin sowie von München/Stuttgart über Nürnberg nach Berlin fahren. Das Angebot der Reichsbahn sollte den Reisenden einen mehrstündigen Aufenthalt in der Hauptstadt ermöglichen und sie abends wieder an ihre jeweiligen Ausgangsorte zurückbringen.

24.5 Die dreiteiligen Schnelltriebwagen der »Bauart Leipzig«

Mit der Planung des zweiteiligen Schnelltriebwagens ab Juli 1933 war die Entwicklung einer dreiteiligen Version eng verknüpft, die unter dem vorläufigen Gattungsnamen »Bauart Breslau« entstand. Oberrat Breuer ließ dieses Modell aus der »Bauart Hamburg« durch Einfügen eines Mittelwagens auf Jakobs-Drehgestellen ableiten. Das dreiteilige Fahrzeug lief also auf insgesamt vier Drehgestellen. Seiner Entstehung lag ein Wunsch der Reichsbahn-Hauptverwaltung zugrunde, die wichtigsten Orte Ostpreußens, Schlesiens und Sachsens mit einem der publikumswirksamen Ferntriebwagen zu bedienen, der aber auch Plätze der 3. Wagenklasse führte. Besagte vier Züge erhielten nur 30 Sitzplätze in Abteilen der 2. Klasse und 109 Sitzplätze der 3. Klasse.

Zu dieser Vergrößerung der »Bauart Hamburg« war die Reichsbahn ermutigt worden, weil Maybach schon Anfang 1933 eine Weiterentwicklung des Dieselmotors GO 5 gelungen war. So konnte seine Leistung von 410 PS bei dem neuen Typ GO 6 auf nunmehr 600 PS gesteigert werden, ohne die Drehzahl über 1.400 min^{-1} anzuheben (Abb. 10.9 und 21.17). Dazu wurde nach den Ideen des schweizerischen Ingenieurs Alfred Büchi (1879–1959) eine Abgasturboladung verwendet, die bei Brown-Boveri gebaut wurde. Bei ihr trieben die Abgase ein Gebläse an, das die Ansaugluft vorverdichtet zu den Zylindern führte, womit die spezifische Leistung erhöht wurde. Zugleich entfiel der herkömmliche Abgasschalldämpfer.

Die zusätzlichen Einrichtungen des Motors waren dabei so kompakt ausgefallen, dass der nun 2.400 kg schwere Maybach-Motor weiter auf herkömmliche Weise im Drehgestell untergebracht werden konnte. Der Zylinderdurchmesser wurde geringfügig von 150 mm auf 160 mm vergrößert, während der Kolbenhub mit 200 mm unverändert blieb. So stieg der Hubraum der Zwölfzylinder-Maschine auf 48,23 Liter an. Die höhere Leistung gestattete es, den längeren Triebzug ebenfalls für 160 km/h Höchstgeschwindigkeit auszulegen. Zudem war diese Bauart darauf ausgerichtet, im Verbund mit einem zweiten oder sogar dritten Schnelltriebwagen gleichen Typs zu laufen.

Die dreiteilige »Bauart Breslau«, bald darauf in »Bauart Leipzig« umbenannt (Abb. 24.9), kam in zwei Spielarten heraus. 1934 wurden zwei Wagen mit dieselhydraulischem Antrieb unter den Betriebsnummern SVT 137 153 und SVT 137 154 bestellt, um die Erfahrungen Kruckenbergs mit dem Föttinger-Getriebe anzuwenden. Über die Lieferung der ersten beiden Schnelltriebwagen der »Bauart Leipzig« schloss die Reichsbahn einen Vertrag mit der Triebwagenbau AG als Generalunternehmerin ab. Sie wollte gemeinsam mit dem Turbinenhersteller J. M. Voith in Heidenheim die Entwicklung der Flüssigkeitsgetriebe vollenden, ließ ihrerseits die 60,15 m langen Wagen aber bei den Linke-Hofmann-Busch-Werken (LHB) in Breslau bauen. Der Beschaffungspreis pro Stück sollte sich auf 626.551 RM belaufen. Bei 1.200 PS Gesamtleistung und 107 t Gesamtgewicht belief sich die spezifische Antriebsleistung auf 11,2 PS/t.

Die Flüssigkeitsgetriebe verfügten über einen Anfahrwandler für Geschwindigkeiten bis etwa 108 km/h und einen Betriebswandler für das Tempo zwischen ungefähr 108 und 160 km/h. Der Marschwandler für höhere Geschwindigkeiten wies eher die Charakteristik einer hydraulischen Kupplung auf.

Bald folgte noch die Bestellung von zwei Exemplaren der dreiteiligen »Bauart Leipzig« in einer etwas schwereren dieselelektrischen Ausführung unter den Betriebsnummern SVT 137 233 und SVT 137 234. Ihre Kraftübertragung war dem Schnelltriebwagen der »Bauart Hamburg« ungefähr nachgebildet, doch sollten die aufgeladenen 600-PS-Dieselmotoren des Typs GO 6 von Maybach darin zwei stärkere Generatoren antreiben. Diese waren nun dazu eingerichtet, jeweils nicht nur einen Fahrmotor wie im zweiteiligen Schnelltriebwagen, sondern jeweils zwei Fahrmotoren an den Achsen des nächstliegenden Jakobs-Drehgestells zwischen den Endwagen und dem Mittelwagen mit Strom zu versorgen. Dagegen blieb die Aufteilung der Fahrgasträume in Plätze 2. und 3. Klasse wie bei der dieselhydraulischen Variante unverändert. Der Beschaffungspreis war mit 608.885 RM pro Zug vereinbart.

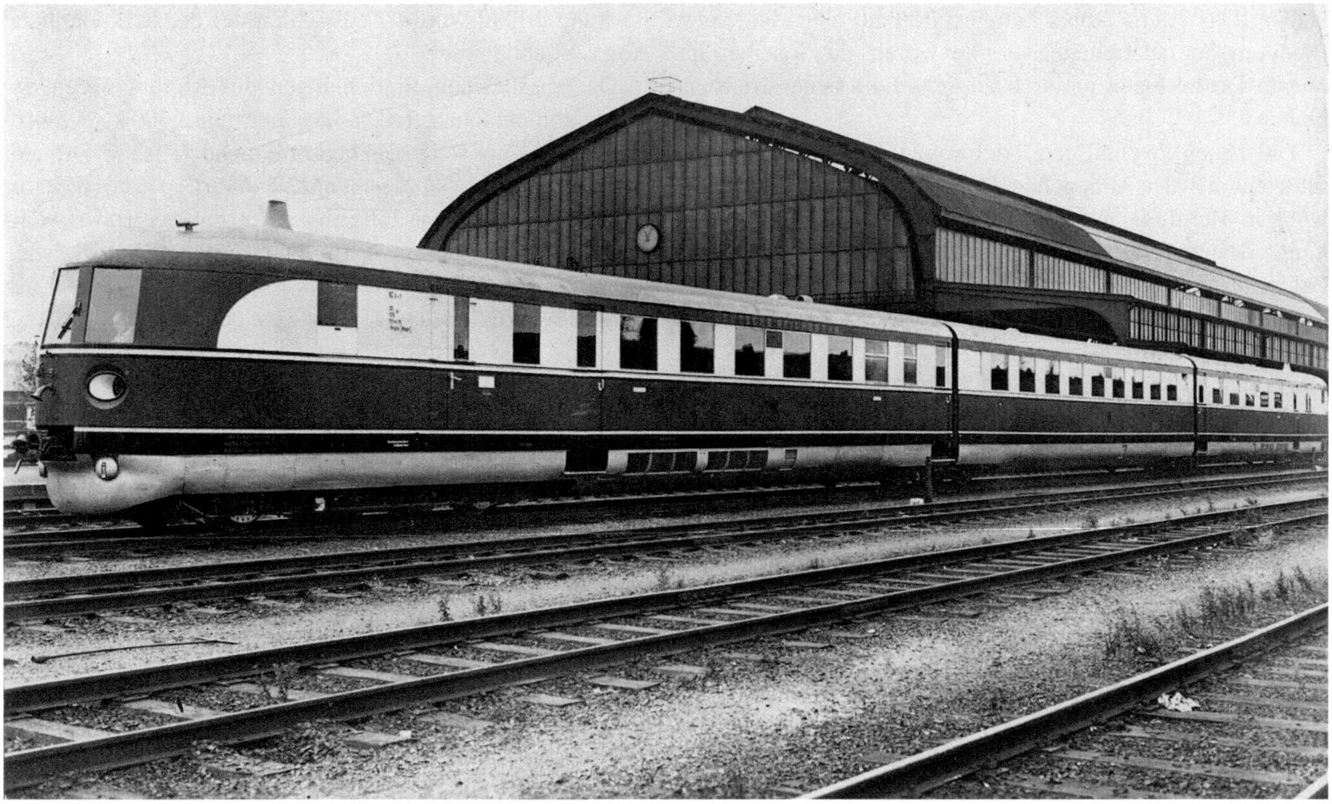

Abb. 24.9 Beim Einsatz als »Fliegender Schlesier« zwischen Beuthen und Berlin fuhren die Schnelltriebwagen der »Bauart Leipzig« ab 1936 den neuen Hauptbahnhof von Liegnitz an

Bei Probefahrten am Montag, dem 17. Februar 1936, berührte ein dieselelektrischer Schnelltriebwagen der »Bauart Leipzig« mit der Betriebsnummer SVT 137 234 zwischen Hamburg und Berlin erstmals die 200 km/h-Marke und erreichte sogar 205 km/h Höchstgeschwindigkeit! Die Reichsbahn hatte damit den Schnelligkeits-Weltrekord für Eisenbahnfahrzeuge in der Regelausführung an sich gerissen, denn außer einer erhöhten Selbsterregung der Generatoren waren alle Aggregate im Zug normal eingestellt.

Ein anderer Versuch ergab, dass der Zug bei Windstille mit nur einem Dieselmotor immer noch 148 km/h schnell fahren konnte. Die aufgeladenen 600-PS-Motoren des Typs GO 6 von Maybach hatten damit ihre Bewährungsprobe bestanden. Diese vier Wagen standen ab Mai 1936 als »Fliegende Schlesier« morgens zwischen Beuthen, Breslau und der Berliner Stadtbahn sowie abends zurück im Dienst, nachdem zuvor ein Vertrag mit den Polnischen Staatsbahnen über ihren Einsatz auf der Strecke Königsberg-Berlin nicht zustande gekommen war.

24.6 Kruckenbergs zweiter Schnelltriebwagen SVT 137 155

Selbst im Juli 1934, bei den allerletzten Fahrten des »Schienenzeppelins« mit dem 410-PS-Motor von Maybach auf der Berlin-Hamburg-Strecke und anderswo, war es Franz Kruckenberg nicht gelungen, von der Reichsbahn eine Mitteilung zu seinem Angebot über den geplanten dreiteiligen Schnelltriebwagen zu erhalten. Am Ende empfahl das Reichsbahn-Zentralamt Berlin am 2. Oktober 1935, seinen einstigen Propellerwagen auszumustern und einzelne Teile davon dem Verkehrs- und Baumuseum Berlin zur Verfügung zu stellen. Der wertvolle Maybach-Motor sollte ausgebaut werden, um damit in Grunewald eine neu errichtete Versuchseinrichtung für Verbrennungsmotoren zu erproben.

Die Ergebnisse umfangreicher Probefahrten mit der hydrodynamischen Kraftübertragung im umgebauten »Schienenzeppelin« während der Jahre 1933/34 waren indes so überzeugend geraten, dass Kruckenberg am 19. September 1934 den Auftrag erhielt, parallel zum Bau von vier Wagen der geplanten »Bauart Leipzig« einen eigenen dreiteiligen Schnelltriebwagen mit zwei Maybach-Motoren von jeweils 600 PS Nennleistung und mit Turbogetrieben anzubieten.

Für diesen wurde die Betriebsnummer SVT 137 155 freigehalten.

Die Konstruktion des Wagenteils enthielt abermals viele neue Elemente. Kruckenberg bot einen steifen Wagenboden mit leicht auswechselbaren Aufbauten an, doch auf Wunsch der Reichsbahn sah er auch im Dach ein steifes Gittertragwerk vor, das mit der Bodenwanne durch zahlreiche Pfosten zwischen den Fenstern verbunden war. Die Längsbleche und Querspanten wurden elektrisch verschweißt. Die mittleren Enden der Wagenkästen ruhten auf gemeinsamen Jakobs-Drehgestellen. Als Federelemente in den Drehgestellen sollten Gummikugeln benutzt werden.

Auf Anregung Kruckenbergs wurden die Maybach-Motoren von jeweils 600 PS Leistung hier aber nicht im Drehgestell untergebracht, sondern gemeinsam mit den AEG-Föttinger-Getrieben in den beiden Wagenköpfen aufgestellt. Per Kardanwelle wurde jeweils nur eine Achse angetrieben (Abb. 10.53). Klimaanlagen, Schwenkschiebetüren und geschlossene Wasserklosetts waren weitere Kennzeichen des ungewöhnlichen Zuges. Ein Blick auf den Grundriss (Abb. 24.10) lässt erkennen, dass sämtliche Toiletten in einem Wagen untergebracht waren, dass Abteile für Post und Gepäck recht viel Raum einnahmen und dass Speisen am Platz serviert werden sollten. Das errechnete Leergewicht lag vorläufig bei 82 t. Auf der Waage fiel das Fahrzeug im Jahr 1938 dann erheblich schwerer aus.

Die Herstellung des Wagens verzögerte sich aus vielen Gründen, denn Kruckenberg musste zunächst Erfahrungen mit dem Bau in einer großen Werkstatt der Vereinigten Westdeutschen Waggonfabriken (Westwaggon) in Köln-Deutz sammeln. Spät trafen auch die Dieselmotoren ein: So wurde Westwaggon in einer Notiz Maybachs vom 2. November 1934 wegen des Vorrangs anderer Kunden als »später zu beliefern« aufgeführt. Auf eine schriftliche Nachfrage in Deutz über den Bauzustand des Wagens SVT 137 155 erhielt das Reichsbahn-Zentralamt München im Sommer 1936 zur Auskunft, die mittlere Sektion sei im Gerippe fast fertig, ein Endwagen sei im Aufbau, der andere aber noch nicht begonnen. Durch das von der Flugbahn-Gesellschaft gemeinsam mit der Firma AEG entwickelte elektrische Punktschweißen schreite die Herstellung aber flott voran. Wenn die Motoren von Maybach im Dezember 1936 endlich einträfen, könnte der gesamte Triebzug bis zum Spätherbst 1937 abgeliefert werden.

Tatsächlich wurden die beiden Zwölfzylinder-Motoren GO 6 von Maybach für den Triebwagen SVT 137 155 erst am 31. August 1937 in Friedrichshafen abgenommen. Am 15. Februar 1938 waren zahlreiche Reichsbahnbeamte in Köln versammelt, um an einer ersten Vorführungsfahrt mit dem Triebwagen auf der Strecke über Wuppertal nach Hagen teilzunehmen (Abb. 21.18). Westwaggon hatte inzwischen einen zweifarbigen Faltprospekt für das Fahrzeug drucken lassen und an die Fahrtteilnehmer verteilt: »Dreiteiliger Schnelltriebwagen ›Bauart Kruckenberg‹, mit 2 × 600 PS Maybach-Dieselmotor und hydraulischer Kraftübertragung. Gebaut im Auftrage der Deutschen Reichsbahn« lautete seine Titelseite.

Als Kaufpreis für den Triebwagen wurden schließlich fast 900.000 RM abgerechnet, weil darin hohe Entwicklungskosten für das Einzelstück steckten. Eine Probefahrt am 27. Juni 1938 mit dem Schnelltriebwagen SVT 137 155 zwischen Berlin und Hamburg verlief vielversprechend, endete auf der Rückfahrt unglücklicherweise aber mit einem Achsbruch. Nach langwierigen Reparaturen erreichte der Wagen bei der nächsten Probefahrt am 23. Juni 1939 eine sensationelle Höchstgeschwindigkeit von 215 km/h (Abb. 10.52). Selbstverständlich machte auch der Maybach-Motorenbau die Ergebnisse dieser Schnellfahrt zum Gegenstand seiner Öffentlichkeitsarbeit und gab am 10. Juli 1939 eine englischsprachige Ausgabe der »Maybach-Mitteilungen« mit dem Titel »Record Run of a Three-Coach Fast Railcar of the German State Railways« heraus.

Leider nahm bei Probefahrten am 25. Juni 1939 das andere Antriebs-Drehgestell des Wagens SVT 137 155 nochmals so großen Schaden, dass er in den nächsten Jahren nicht mehr repariert werden konnte. Kruckenbergs Idee vom Einbau des Motors in den Wagenkasten war richtig, doch seine Konstruktion des Drehgestells erwies sich als unausgereift. Später ist dieser Wagen in der DDR verblieben und in Wittenberge allmählich zerfallen. Einzelteile wurden nach der Wende 1989 im Verkehrsmuseum Dresden gezeigt.

24.7 Alternativentwürfe zu Schnelltriebwagen der »Bauart Berlin«

Die Bauart mit zwei schnelllaufenden Dieselmotoren in einem Triebwagen für hohe Fahrgeschwindigkeiten wurde in zahlreichen europäischen Ländern realisiert und nicht nur von Maybach, sondern ähnlich auch von den Fabriken Renault, Fiat, Saurer, Ganz und anderen angeboten. Doppelte Maschinenanlagen an Bord garantierten eine hohe Zuverlässigkeit des Fahrzeugs.

Ein anderer großer Motorenlieferant der Reichsbahn, die Maschinenfabrik Augsburg-Nürnberg AG (MAN), reichte dagegen ein alternatives Projekt im »amerikanischen Stil« ein. Die MAN wollte mit Maybach in den grundsätzlichen Wettstreit eintreten, ob der von ihr produzierte langsamlaufende, schwere Großmotor in Schienenfahrzeugen nicht billiger und haltbarer wäre als das hochtourige leichte Triebwerk. Die vorgeschlagene Form kam aus dem Schiffsmotorenbau und wurde besonders in den Vereinigten Staaten von den im Lokomotivbau erfahrenen Firmen American Locomotive Company (ALCO), Baldwin, General Motors und Cooper-Bessemer angewandt.

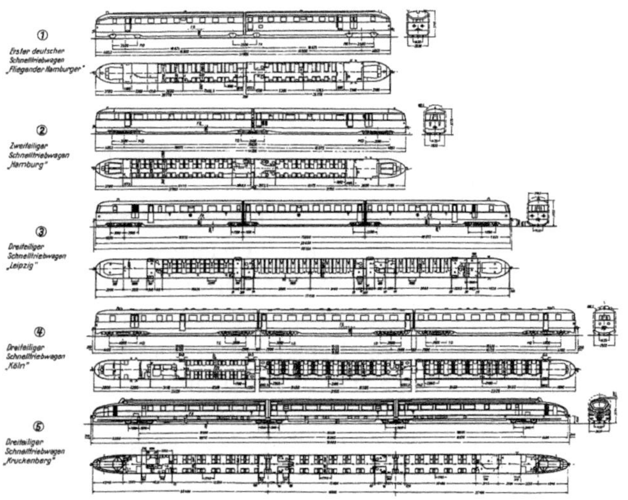

Abb. 24.10 Typenskizzen sämtlicher Schnelltriebwagen-Bauarten mit Dieselantrieb, die zwischen 1933 und 1939 von der Deutschen Reichsbahn in Dienst gestellt wurden

Die Reichsbahn griff dieses Projekt versuchsweise auf, weil an den schnelllaufenden Dieselsätzen von Maybach im angestrengten Betrieb immer wieder Kurbelwellenbrüche aufgetreten waren. Sie gab daher bei der MAN zwei Züge der »Bauart Berlin« in Auftrag, die aus jeweils einem Maschinenwagen, zwei Sitzwagen und einem Steuerwagen mit Sitzabteilen bestanden. Hinzu kam ein Maschinenwagen als Ersatzstück. Die Gesamtlänge dieser vierteiligen Züge erreichte 86,7 m. Sie waren für den Langstreckenverkehr zwischen Basel und Berlin vorgesehen. Bei ihrer Lieferung im Sommer 1939 erhielten sie die Betriebsnummern SVT 137 901 bis SVT 137 903. Durch den Krieg endete ihr Einsatz frühzeitig, und weitere Wagen wurden nicht beschafft.

24.8 Schnelltriebwagen im europäischen Ausland

Für die Exportmärkte druckte Maybach zahlreiche Prospekte in allen wichtigen Fremdsprachen. Mit Hinweis auf Erfolge bei der Reichsbahn gelang es bald, auch Triebwagen-Motoren für höhere Geschwindigkeiten ins Ausland zu verkaufen. Manche Bahnen entwickelten lieber eigene Typen und kauften Motoren an anderer Stelle, um nicht von deutschen Lieferanten abhängig zu sein. Nach einer Statistik der Zeitschrift »Diesel Railway Traction« vom September 1936 verkehrten in Europa bereits 34 Schnelltriebwagen-Einheiten mit 8.210 km täglicher Streckenleistung, die eine Durchschnittsgeschwindigkeit von 91,2 km/h erreichten.

Dafür einige Beispiele: Die Bahnverwaltung in den Niederlanden hatte schon ab Ende 1932 mit großem Unternehmungsgeist eine umfangreiche Palette moderner Triebwagen beschafft und dazu an Maybach einen großen Auftrag

Abb. 24.11 Beim Einsatz in den dreiteiligen Schnelltriebwagen der Niederländischen Staatsbahn kam es 1933 zu einer schweren Bewährungsprobe für die Dieselmotoren von Maybach

über 70 Stück seiner 410 PS-Motoren vergeben, von denen 20 Stück in Lizenz bei der Firma Werkspoor in Amsterdam abgewickelt wurde (Abb. 10.4). Bis zum 15. Mai 1934 hatten drei inländische Werke nicht weniger als 40 solcher dreiteiligen Schnelltriebwagen von 62 m Länge gebaut, davon 35 Stück mit Maybach-Motoren. Die Zwölfzylinder-Aggregate mit elektrischer Kraftübertragung waren hier nicht im Drehgestell untergebracht, sondern standen auf dem Wagenboden in einem Maschinenraum des Mittelwagens. Daneben waren zehn Ersatz-Motoren beschafft worden.

Jeder Zug bestand aus drei Wagenkästen (Abb. 10.51), die in Jakobs-Bauart auf vier Drehgestellen ruhten. Unter den beiden Endführerständen rollten zweiachsige Laufdrehgestelle, während an der Verbindung mit dem mittleren Sitz- und Maschinenwagen jeweils dreiachsige Drehgestelle vorgesehen waren. Von diesen wurde jede Endachse durch einen elektrischen Tatzlager-Motor angetrieben. Wichtigste Kennzeichen der Züge waren ihre Stahlleichtkonstruktion in Schweißbauweise mit Aluminium-Ausrüstungsteilen und Rollenlagern. Die Züge wiesen jeweils 48 Plätze in der 2. Klasse und 112 Plätze in der 3. Klasse auf. An der Entwicklung der Stromlinienform hatte wieder der Zeppelin-Luftschiffbau in Friedrichshafen mitgewirkt. Der elegante graue Anstrich mit dem roten Stirnband fiel allgemein auf (Abb. 24.11).

Aus dem ambitionierten Projekt entwickelte sich bald ein sehr schwieriges Sondergeschäft (vgl. dazu Treue, Abschn. 10.1). Die holländischen Dieseltriebwagen wurden nach nur dreimonatigem Einsatz durch eine Häufung von Motorschäden weitgehend lahmgelegt. Sie litten an mancherlei Kinderkrankheiten, vielleicht auch an unzureichender Betreuung. Vor allem traten Schäden an den Gehäuselagern und an den Pleuelstangenlagern auf. Kolbenfresser und Kurbelwellenbrüche waren etwas seltener als bei den Motoren der Reichsbahn, weil das Kühlwasser stets gut vorgeheizt wurde. Garantiearbeiten wurden durch eine Zahlungssper-

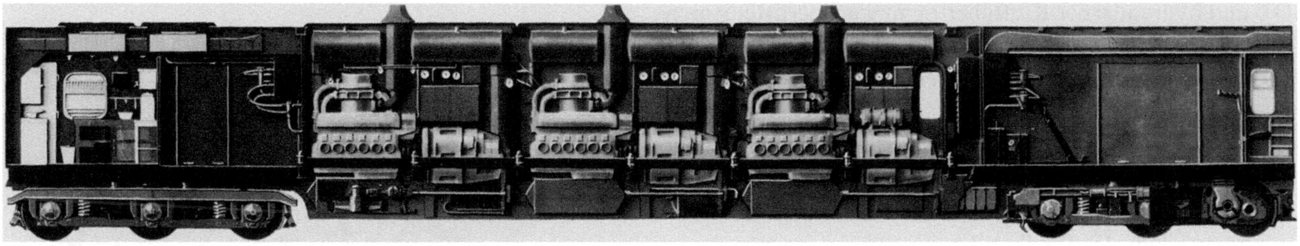

Abb. 24.12 Schnitt durch die jüngeren niederländischen Triebwagen, bei denen drei Maybach-Dieselmotoren von insgesamt 1.950 PS Leistung mit den Generatoren im Wagenkasten aufgestellt waren

re erzwungen. Maybach musste nach längerer Untersuchung ab September 1935 sämtliche Kurbelwellen der Motoren – wie auch in Deutschland – mit Gegengewichten versehen, um die Schwingungen zu beherrschen, und die Kraftstoff-Einspritzung modifizieren. Erst so gelang es, in den Niederlanden durchschnittliche Tageslaufleistungen von 600 km zu erzielen. Obwohl die Höchstgeschwindigkeit wegen des Oberbaus bald auf 100 km/h begrenzt wurde, legten die 40 niederländischen Wagen im Jahr 1936 täglich eine Strecke von 10.400 km Länge zurück.

Nur der unermüdlichen Arbeit der Konstrukteure bei Maybach um den Oberingenieur Richard Lang (1888–1964) sowie dem Einsatz der Monteure in den Bahnwerkstätten war es zu danken, dass diese in der internationalen Fachpresse breit erörterten Pannen überwunden wurden. Die britische Fachzeitschrift »Railway Gazette« schrieb im Frühjahr 1935 offen über »The Dutch Diesel Train Failures« (dt.: Fehlschläge bei den niederländischen Dieselzügen). Es dauerte noch eine ganze Weile, bis die Züge auf den Strecken Amsterdam-Utrecht-Arnhem und zwischen Den Haag/Rotterdam-Utrecht-Eindhoven im regelmäßigen Einsatz standen. Sie waren für 140 km/h Höchstgeschwindigkeit ausgelegt, wurden aber mit Rücksicht auf den Oberbau zumeist nur mit einem Tempo von 100 km/h betrieben. Die Abfederung erschien noch verbesserungsbedürftig.

Die holländischen Wagen wiesen Einmannbedienung und Einrichtungen zur Doppeltraktion auf. Sie hatten deshalb 1934 auch Kupplungseinrichtungen für Steuerleitungen oberhalb der erstmals bei Schnelltriebwagen angewandten Scharfenberg-Kupplungen erhalten. Es war möglich, drei oder sogar vier Zuggarnituren gemeinsam von einem der extrem einfachen Führerstände zu steuern, wenn auf den hinteren Zügen jeweils ein besonderer Wärter zur Überwachung der Maschinenanlagen mitfuhr.

1938 wurden von den Niederlanden am Bodensee nochmals 63 aufgeladene Motoren GO 6 zum Einbau in 20 Schnelltriebwagen für 160 km/h Höchstgeschwindigkeit bestellt. Die Maybach-Werbung konnte das als »ein überzeugendes Werturteil« rühmen. Die neuen fünfteiligen Fahrzeuge von fast 110 m Gesamtlänge liefen auf acht Drehgestellen. Sie bestanden aus zwei Steuerwagen mit Sitzplätzen, zwei weiteren Sitzwagen und einem regelrechten sechsachsigen Maschinenwagen mit Gepäckraum, Postabteil und Küche. Hintereinander angeordnet, befanden sich jetzt in seinem Wagenkasten drei aufgeladene Dieselmotoren zu jeweils 650 PS Leistung nebst elektrischen Generatoren (Abb. 24.12).

Diese Züge boten 224 Sitzplätze 3. Klasse in drei verbundenen Wagen sowie nochmals 52 Plätze 2. Klasse in dem anderen Endwagen an. Bei Probefahrten erreichten die von Werkspoor (Abb. 10.8), Beijnes und Allan erbauten Fahrzeuge bei einem Gesamtgewicht von 240 t noch im April 1940 eine Höchstgeschwindigkeit von 178 km/h. Die Bahngesellschaft dachte bereits an Fahrten in das Deutsche Reich hinein, doch brachte der Einmarsch der Wehrmacht in Holland am 10. Mai 1940 diesen Schnellverkehr mit den größten europäischen Schnelltriebwagen auf der Strecke Utrecht-Groningen zum Erliegen.

In Frankreich konnte sich Maybach mit seinen Dieselmotoren gegen die einheimischen Motor-Lieferanten Bugatti und Renault nur schwer durchsetzen. Lediglich die französische Nordbahn, damals noch eine Privatbahn, stellte 1934 auf der Strecke von Paris nach Amiens, Lille und Tourcoing ihre beiden Triebwagenzüge mit jeweils zwei Maybach-Motoren GO 5 von 410 PS Leistung als Ableitung aus dem »Fliegenden Hamburger« in Dienst. Diese dreiteiligen Fahrzeuge mit 146 Sitzplätzen 1./2. Klasse waren aus Einzelwagen auf jeweils zwei Drehgestellen zusammengesetzt.

Anlässlich ihrer Entwicklung konnte noch vor der Lieferung von dreiteiligen Schnelltriebwagen der deutschen »Bauart Leipzig« im Windkanal ermittelt werden, welchen Einfluss weitere Drehgestelle im Zugverband auf den Luftwiderstand ausübten. Acht Triebwagenzüge ähnlicher Bauart wurden 1937/38 geliefert; sie waren bereits mit den aufgeladenen 600-PS-Motoren GO 6 von Maybach ausgestattet.

In Belgien setzte die staatliche Bahngesellschaft seit Mai 1934 zunächst nur einen achtachsigen 410-PS-Doppeltriebwagen mit rund 200 Plätzen 2./3. Klasse im Schnellverkehr ein, der jährlich 110.000 km zurücklegte. Der einmotorige Wagen sollte 140 km/h erreichen, wurde planmäßig aber nur mit 110 km/h Höchstgeschwindigkeit eingesetzt. 1936 folgten nochmals fünf dreiteilige Triebwagenzüge, die zum Teil mit jeweils zwei aufgeladenen 650-PS-Motoren

GO 6 und hydraulischer Kraftübertragung ausgerüstet waren (Abb. 10.18).

Die Dänischen Staatseisenbahnen stellten im Mai 1935 ihre dreiteiligen dieselelektrischen Schnelltriebwagenzüge mit dem Beinamen »Lyntog« (Blitzzug) in Dienst, die aber mit zweimal zwei 200/275-PS-Dieselmotoren von Frichs in Aarhus ausgerüstet waren. Das Verkehrskonzept der Wagen ähnelte dem der Reichsbahn ab 1935, denn mit ihnen konnte man an einem Tag von Kopenhagen in die Provinz und wieder zurück reisen. Bestandteil jeder Tour war das einstündige Trajekt des Zuges auf Fähren über den Großen Belt. 1937 wurden in Dänemark nochmals ähnliche vierteilige Triebwagenzüge mit dem gleichen viermotorigen Antriebskonzept beschafft, um weitere Blitzzugverbindungen anzubieten. Diese längeren Züge mit acht Drehgestellen waren zum Trajekt über den Großen Belt hälftig teilbar.

Abb. 24.13 Aufgeladene Maybach-Dieselmotoren von 600 PS Leistung wurden mit dem Generator in die Triebdrehgestelle der »Bauart Köln« eingesetzt

24.9 Schnelltriebwagen der »Bauart Köln«

Die Reichsbahn-Schnelltriebwagen der »Bauart Hamburg« und der »Bauart Leipzig« hatten sich im Betriebseinsatz seit 1935/36 relativ gut bewährt, fanden jedoch weiterhin Kritik wegen ihrer geringen Sitzkapazitäten. Die Reichsbahn-Gesellschaft ließ mit den 600-PS-Motoren des Typs GO 6 von Maybach alsbald ein weiteres Modell aus drei längeren Einzelwagen auf insgesamt sechs Drehgestellen entwerfen. Sie sollten 70,2 m lang werden und mit zwei dieselelektrischen Maschinenanlagen an den Enden noch für 160 km/h Höchstgeschwindigkeit gut sein.

Unter der Bezeichnung »Bauart Köln« erhielt wiederum LHB in Breslau schon im Januar 1936 den Entwicklungs- und Bauvertrag über zunächst drei Triebzüge. Der Beschaffungspreis sollte sich auf 648.572 RM pro Zug belaufen. Mehrfach wurde die Bestellung über Fahrzeuge der »Bauart Köln« aufgestockt. Sie erhielten die sechs Betriebsnummern SVT 137 273 bis SVT 137 278 sowie die acht Betriebsnummern SVT 137 851 bis SVT 137 858.

Adolf Hitler hatte in Nürnberg am 8. Dezember 1935 beim Besuch der jüngsten Reichsbahn-Schnelltriebwagen erklärt, dass die Großräume mit Mittelgang nicht seinem Geschmack entsprächen. Auch deshalb war der Grundriss der »Bauart Köln« für den Langstreckenverkehr kräftig verändert worden und wies nun 17 geschlossene Abteile wie im D-Zug mit zusammen 102 Plätzen in zwei Wagen sowie einen regelrechten Speisewagen mit 30 Plätzen in einem Endwagen auf.

Am 15. April 1938 stellte LHB der Presse zwei Baumuster dieses Fernschnelltriebwagens der »Bauart Köln« vor. Die folgenden zwölf Einheiten der Serie kamen bis zum Dezember 1938 im Abstand von jeweils zwei Wochen zur Anlieferung. Für den Maybach-Motorenbau bildete es eine große Genugtuung, dass weiterhin sämtliche Schnelltriebwagen der Reichsbahn – ausgenommen nur die »Bauart Berlin« – mit seinen schnelllaufenden Motoren ausgestattet waren. Da der ohne Kühlwasser und Schmieröl nur 2.300 kg wiegende aufgeladene Zwölfzylinder-Motor des Typs GO 6 denselben Grundriss wie die 2.100 kg schwere 410-PS-Maschine des Typs GO 5 aufwies, konnte er in bekannter Weise mit dem Generator noch im Drehgestell eingebaut werden (Abb. 24.13).

Die drei Frontscheiben in den Führerständen waren nun wieder mit niedrigerer Bauhöhe ausgeführt als bei den Wagen der nur wenig älteren »Bauart Hamburg«, um der Blendung des Fahrpersonals zu begegnen. Unter diesen Fenstern wurde das Hoheitszeichen aus Adler und Hakenkreuz angebracht (Abb. 10.27). Auf dem Wagendach der neuen »Bauart Köln«, bald auch bei den Schnelltriebwagen der »Bauart Hamburg«, wurden drehbare Druckhutzen eingebaut, die genügend Verbrennungsluft in die innere Motorhaube zu befördern hatten. Dadurch wurde den Motoren kältere und reinere Luft als zuvor zugeführt, was die Güte der Verbrennung und die Zylinderabnutzung vorteilhaft beeinflusste. Später wollte man noch zu den von Maybach und Zeppelin gemeinsam neu entwickelten Auspuff-Drehhutzen übergehen, in denen die Funktionen der Luftzuführung und der Abgasabführung vereinigt waren, um zugleich den Luftwiderstand durch die große Zahl der Dachaufbauten zu vermindern. Messungen mit Modellen in Originalgröße hatten nämlich ergeben, dass an einem dreiteiligen Schnelltriebwagen fast 60 PS Motorleistung dafür verbraucht wurden, bei 160 km/h den Luftwiderstand der Dachaufbauten zu überwinden.

Der 600-PS-Dieselmotor des Maybach-Typs GO 6 und der 400 kW-Gleichstromgenerator von Siemens waren jetzt auf einem Hilfsrahmen gelagert, um von ihnen jegliche Verwindungen des Drehgestellrahmens fernzuhalten. Diese Konstruktionsänderung wurde auch bei schon vorhandenen Wagen ausgeführt. Dadurch war es möglich, im Schadensfall

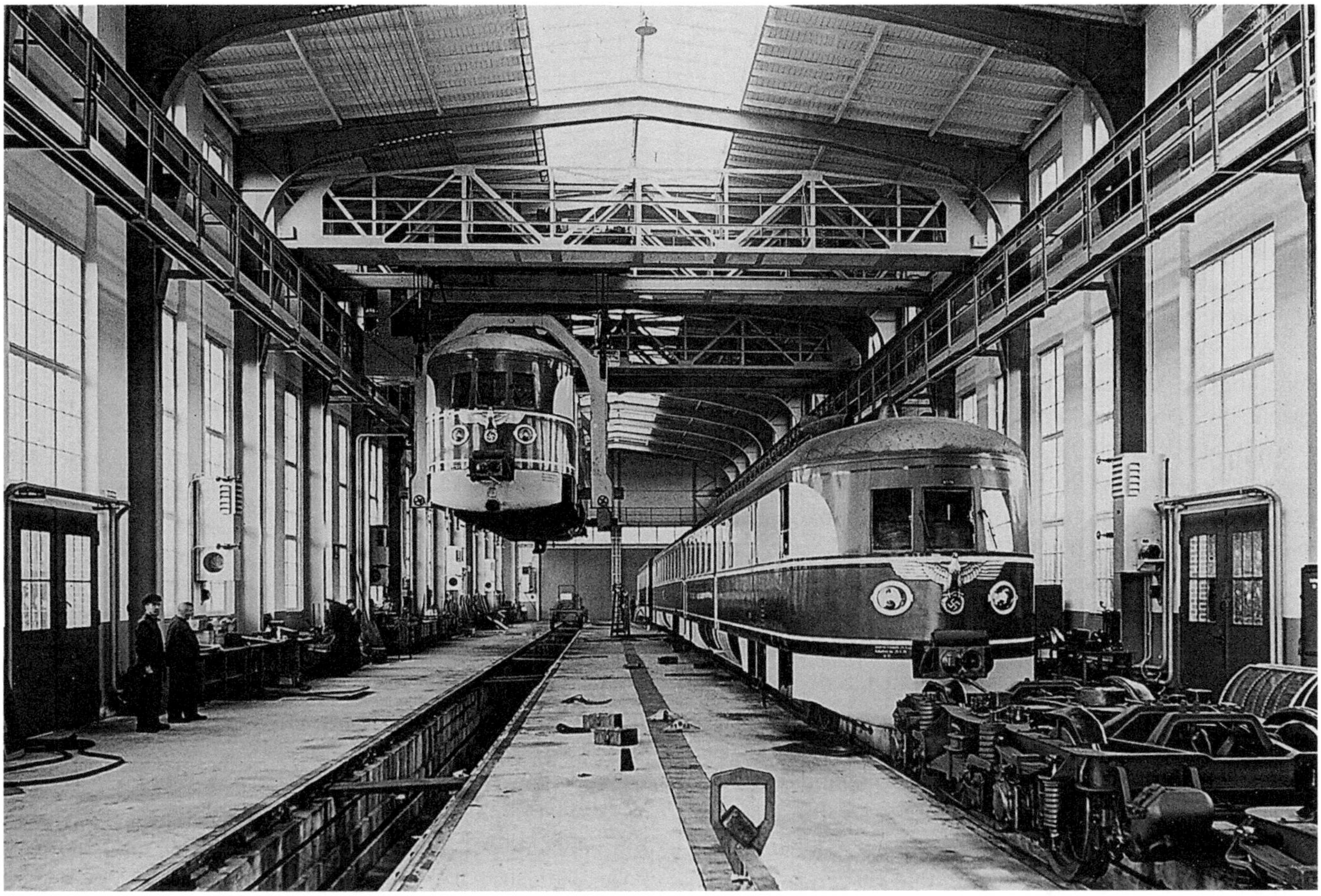

Abb. 24.14 Das moderne Reichsbahn-Ausbesserungswerk für ihre Schnelltriebwagen befand sich in Wittenberge an der Strecke Berlin-Hamburg, hier mit Wagen der »Bauart Köln« in der Hebehalle

die außerhalb des Zuges überholten Maschinentauschdrehgestelle binnen fünf Stunden wieder in den Zug einzusetzen (Abb. 24.14).

Die dreiteiligen Schnelltriebwagen der »Bauart Köln« machten auf den Langstrecken Köln/Frankfurt/Karlsruhe/Basel und München/Stuttgart einerseits sowie Berlin andererseits die zweiteiligen Schnelltriebwagen der »Bauart Hamburg« frei, für die im Laufe der Jahre 1938/39 zusätzliche Aufgaben im Reichsbahnnetz gefunden wurden (Abb. 24.15). Rechnete man jetzt die Länge aller Strecken zusammen, die im Sommerfahrplan 1938 täglich von den Schnelltriebwagen der Deutschen Reichsbahn befahren wurden, so ergab sich die beachtliche Summe von 13.306 km. Im Sommer 1937 waren es noch 9.906 km pro Tag gewesen. Das Spitzentempo bei den deutschen Diesel-Schnelltriebwagen belief sich nach wie vor auf 160 km/h.

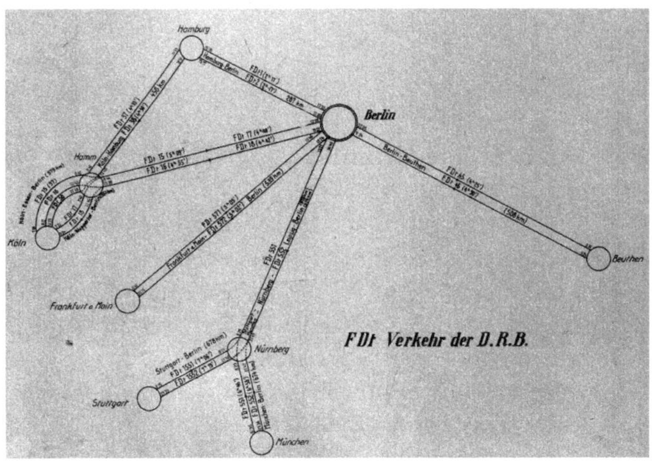

Abb. 24.15 Das Netz der Verbindungen mit Reichsbahn-Schnelltriebwagen im Sommer 1937 zeigt die doppelten Wagenläufe von Köln nach Berlin und zurück sowie von und nach Stuttgart/München

24.10 Das Projekt zu Schnelltriebwagen der »Bauart München«

Inzwischen war es Maybach gelungen, die Leistung des Zwölfzylinder-Dieselmotors GO 6 durch den Einbau einer Vorkammer bei gehaltenem Gewicht auf 650 PS zu steigern. Einige dieser Motoren wurden 1939 bereits in Schnelltriebwagen der »Bauart Köln« erprobt.

So wurde mit einer Gesamtleistung von 1.300 PS pro Zug noch ein neuer vierteiliger Reichsbahn-Schnelltriebwagen entworfen. Dessen Grundriss wurde ungefähr nach dem jüngsten dänischen Vorbild in zweimal zwei Wagen auf jeweils drei Drehgestellen verteilt, doch war der Zug unterwegs nicht trennbar. Die Schnelltriebwagen dieser »Bauart München« sollten in 20 geschlossenen Abteilen insgesamt 120 Sitzplätze 2. Klasse und daneben 30 Plätze im Speiseraum erhalten.

Während die Konstruktion des Motordrehgestells und des Laufdrehgestells in jeder Fahrzeughälfte weitgehend von den Schnelltriebwagen der »Bauart Köln« übernommen werden konnte, war das mittig angeordnete Triebdrehgestell in Jakobs-Bauart mit den beiden elektrischen Fahrmotoren neu durchzubilden.

Als Lieferwerk für die ersten acht Exemplare der »Bauart München« sollte – insgesamt war schon an 30 Garnituren gedacht – noch LHB in Breslau beauftragt werden. Der Luftschiffbau Zeppelin sollte bereits einige Einzelwagen sowie Bauteile aus Leichtmetall beistellen. Dabei ist immer zu bedenken, dass der Maybach-Motorenbau ein Tochterunternehmen von Zeppelin war. Man wollte vermutlich also über die Lieferung von Motoren in die Produktion von Schienenfahrzeugen hineinkommen. Der Krieg zwang zum Abbruch dieser Pläne.

24.11 Die Schnelltriebwagen in Krieg und Nachkriegszeit

Bereits wenige Tage vor Beginn des Zweiten Weltkrieges am 1. September 1939 stellte die Reichsbahn den Verkehr mit Schnelltriebwagen ein, um Kraftstoff einzusparen. Manche dieser Fahrzeuge wurden während des Krieges den Spitzen von Wehrmacht und NS-Regierung zur Verfügung gestellt, zum Beispiel dem Rüstungsminister Albert Speer. Wenn ihre Maybach-Dieselmotoren durch Verschleiß und Pflegemängel allmählich ausfielen, wurden die komfortablen Triebwagen mittels einer Hilfskupplung von Dampflokomotiven durch die Lande geschleppt.

Die Produktion von Eisenbahn-Dieselmotoren in Friedrichshafen kam bald zum Erliegen. Eine geplante Lieferung von 100 leistungsstarken 650-PS-Dieselmotoren nach Spanien wurde 1940 gestrichen. Karl Maybach hatte noch bis zur Jahresmitte 1942 an der Weiterentwicklung von Eisenbahn-Dieselmotoren arbeiten lassen, weil er ein baldiges Kriegsende erwartete. Dann setzte er seine Fachkräfte endgültig für die Entwicklung von Panzermotoren ein.

Abb. 24.16 Ein Schnelltriebwagen der »Bauart Köln« wurde nach dem Krieg für den amerikanischen Botschafter in der Bundesrepublik benutzt und war in Bonn-Mehlem stationiert

Bei Kriegsende Anfang Mai 1945 waren die deutschen Schnelltriebwagen auf zahlreiche europäische Länder bis in die Sowjetunion hinein zerstreut, wo sie zumeist verblieben. Ein Fahrzeug der »Bauart Köln« wurde 1947 als Kriegstrophäe an die amerikanische Ostküste verschifft.

Während bei der Reichsbahn vor dem Krieg alle größeren Wartungsarbeiten bei ihren Schnelltriebwagen stets im Ausbesserungswerk Wittenberge vorgenommen wurden, musste die westdeutsche Eisenbahn dafür eigene Kapazitäten in Nürnberg aufbauen: Vor allem amerikanische Generäle – zuletzt der Hohe Kommissar und Botschafter der USA (Abb. 24.16) – sowie Kranke und Verwundete ihrer Besatzungstruppen genossen in den westlichen Besatzungszonen den Komfort und die weitgehende Unabhängigkeit dieser Wagen (Abb. 24.17).

Ab 1950 nahm die Deutsche Bundesbahn für Westdeutschland den öffentlichen Schnelltriebwagenverkehr mit vorhandenen Fahrzeugen in einer zweifarbigen grau-blauen Lackierung wieder auf (Abb. 24.18). Einige dieser Vorkriegs-Schnelltriebwagen erhielten eine neue hydrodynamische Kraftübertragung. Manche dieser Wagen wurden zehn Jahre später über einen Zwischenhändler an die Reichsbahn in der DDR abgegeben und fortan von dieser im internationalen Verkehr eingesetzt.

Bei der Deutschen Bundesbahn kam 1952 ein erster Nachkriegsentwurf zu Schnelltriebwagen unter der Typenbezeichnung VT 08 heraus. Sie sollten wahlweise mit 800-PS-Dieselmotoren der drei Hersteller Daimler-Benz, MAN oder Maybach und mit hydrodynamischen Getrieben ausgestattet sein. Maybach war inzwischen mit einem neuen schnelllaufenden Triebwagenmotor herausgekommen, dem Zwölfzy-

Abb. 24.17 Dreiteiliger Schnelltriebwagen der »Bauart Köln« mit dem Anstrich der amerikanischen Armee im Ausbesserungswerk Nürnberg, um 1949

Abb. 24.18 Die Deutsche Bundesbahn baute mit Schnelltriebwagen der Vorkriegszeit, zu denen die »Bauart Köln« mit seitlich abgerundeten Stirnfenstern gehörte, ein eigenes Netz von Fernschnellzügen auf

linder-Typ MD 650 (Abb. 13.16), dessen Leistung allmählich auf 1.000 PS und zuletzt sogar bis auf 1.200 PS gesteigert wurde (Abb. 13.11).

Der Schnelltriebwagen VT 08 bestand anfangs aus nur einem Motorwagen mit Küche und Speiseraum zu 24 Plätzen, während sich zehn sowie neun Sitzabteile mit insgesamt 114 Plätzen im Mittelwagen und in einem nicht motorisierten Steuerwagen befanden. Das dreiteilige Fahrzeug auf sechs Drehgestellen hatte unbesetzt 119 t Gesamtgewicht. Es bot also 138 Plätze, war für die damals märchenhaft erscheinende Höchstgeschwindigkeit von 140 km/h ausgelegt und grub allmählich den älteren Fernschnelltriebwagen im Bestand der Bundesbahn das Wasser ab.

Die Nachfrage der Fahrgäste zwang bald dazu, ein bis zwei weitere Mittelwagen in den Zugverband des VT 08 einzustellen und den Steuerwagen am Ende durch einen zweiten Motorwagen mit Sitzabteilen zu ersetzen. Diese vier- oder fünfteiligen FT-Züge mit Namen wie »Roland«, »Saphir«, »Helvetia«, »Paris-Ruhr« oder »Hanseat« und anderen haben bis in die 1960er Jahre hinein sogar international Furore gemacht, ehe sie ab 1957 im hochwertigen Dienst allmählich von den TEE-Zügen der Bauart VT 11 abgelöst wurden. Deren Geschichte bildet nicht mehr den Gegenstand dieses Überblicks.

Noch heute ist im DB-Museum Nürnberg ein Kopfteil mit Motordrehgestell des »Fliegenden Hamburgers« vorhanden, des Wagens VT 877. Von November 1932 bis Mai 1957 hatte er eine Gesamtstrecke von 1,55 Mio. km zurückgelegt. Ein kompletter zweiteiliger Zug der »Bauart Hamburg« mit der früheren Nummer SVT 137 225 diente einmal dem DDR-Verkehrsminister Erwin Kramer und blieb auf diese Weise erhalten. Gleiches gilt für den dreiteiligen Schnelltriebwagen der »Bauart Leipzig« mit der alten Nummer SVT 137 234, der zeitweilig dem DDR-Staatsratsvorsitzenden Walter Ulbricht zur Verfügung gestanden hat. Der Zug wird neuerdings von dem Förderverein Diesel-Schnelltriebwagen (SVT) e. V. aufbewahrt.

Mehrere Einzelwagen aus dreiteiligen Zügen der »Bauart Köln« befinden sich jetzt bei dem Eisenbahner-Hochsee-Sportfischer-Verein in Lübeck-Travemünde sowie beim Eisenbahner-Sportverein in Konstanz. Zwei weitere Triebwagen dieses Typs ohne Mittelteil hielten Einzug in das Werksmuseum von Linke-Hofmann-Busch, heute Alstom, in Salzgitter-Watenstedt. Der vollständige Zug SVT 137 856 der »Bauart Köln« wurde vom Förderverein Diesel-Schnelltriebwagen (SVT) e. V. vor der Verschrottung gerettet und restauriert. Er befindet sich seit 2014 im Besitz der Maybach-Stiftung in Stuttgart.

25 Tafeln zu Teil III

Stefan Zima

Tafel 25.1 Während die Mechaniker des Luftschiffes angespannt am Motor arbeiten, halten ihre Crewkameraden wachsam und zugleich besorgt Ausschau nach feindlichen Fliegern. Der Marinemaler Felix Schwormstädt betitelte dieses aufgrund von Studien an Bord eines Luftschiffes entstandene Aquarell mit: »In der hinteren Maschinengondel eines Zeppelin-Luftschiffes während der Fahrt durch die feindliche Luftsperre nach einem erfolgreichen Angriff auf England«

Tafel 25.2 Dieses malerisch dargestellte Szenario einer Rollbahn im Osten zeigt den schweren Panzerkampfwagen VI »Tiger« (Maybach-HL-230-Motor und Maybach-Olvar-Getriebe), offensichtlich auf dem Weg zur Front, während der schadhafte Schützenpanzer auf dem Tieflader von einer schweren Halbketten-Zugmaschine (Maybach-HL-108-Motor und Maybach-Variorex-Getriebe) in die Etappe zu einem der Instandsetzungswerke gezogen wird

S. Zima (✉)
Gießen, Deutschland
E-Mail: customerservice@springernature.com

E. Eckermann, W. Treue, S. Zima (Hrsg.), *Technikpionier Karl Maybach*, https://doi.org/10.1007/978-3-658-37065-7_25

Tafel 25.3 Die sechsachsige ML 3000 C'C' wurde von Krauss-Maffei – auf eigene Kosten – gebaut. Die Leistung wurde durch zwei ladeluftgekühlte Maybach-MD-655-Motoren auf 2.200 kW (3.000 PS) angehoben. Nach gründlicher Erprobung auf Steigungsstrecken im Schwarzwald kaufte die Bundesbahn die Lokomotive V 300 (später: V 230) an und setzte dieses Unikat zur Beförderung schwerer Erzzüge ein

Tafel 25.4 Die sechsachsigen 150-Tonnen-Lokomotiven, Bauart Krauss-Maffei ML 4000 C'C', waren 1961 die größten und leistungsstärksten Diesellokomotiven der Welt (2.941 kW/4.000 PS). Als Antrieb dienten zwei Maybach-MD-870-Motoren, Voith-L-830-ru-Turbogetriebe und Maybach-C-33-V1-Achstriebe. Eingesetzt wurden diese Lokomotiven in den USA für die Traktion schwerer Güterzüge von der Denver and Rio Grande Western Railroad Co. (*Bild*) und von der Southern Pacific Co

Tafel 25.5 Für den Erztransport aus dem Minengebiet Itabira im brasilianischen Bundesstaat Espirito Santo zur Küstenstadt Vitoria auf einer 570 km langen Strecke mit Meterspur wurden diese Krauss-Maffei-Lokomotive M 4000 C'C' eingesetzt. Antrieb durch zwei Maybach-Motoren MD 870, Voith-Turbogetriebe L 830 ru und Maybach-Achstriebe

Tafel 25.6 Die Spanische Staatsbahn (RENFE) erteilte 1961 einen Auftrag über 50 Lokomotiven der Bauart Krauss-Maffei M 4000 C'C'. Ihre 2.941 kW (4.000 PS) wurden von zwei Maybach-MD-870-Motoren (16 V 538) dargestellt und durch Maybach-Mekydro-K-184-BT-Getriebe, Maybach-Gelenkwellen und -Achstriebe auf die (Breitspur-)Schiene (1.668 mm) gebracht

Tafel 25.7 Für den Eisenbahn-Fährverkehr auf der »Vogelfluglinie« zwischen Puttgarden und Rødby setzte die Bundesbahn ab 1957 ein dieselelektrisch angetriebenes Fährschiff, die »Theodor Heuss« (5.683 BRT), ein. Die Maschinenanlage bestand aus zwölf Maybach-MD-650-(12-V-538-)Motoren von je 882 kW (1.200 PS); acht davon trieben die Gleichstrom-Fahrgeneratoren, vier die Drehstrom-Generatoren für das Bordnetz an

Tafel 25.8 Nach einer Vorauslieferung von zwölf Stück wurden ab 1971 weitere 300 der auf dieser Jugendmarke der Deutschen Bundespost abgebildeten Lokomotive der Baureihe V 218 in Dienst gestellt. Diese Lokomotiven wurden erst mit dem Zwölfzylinder-Motor V 6 V 23/23 (MAN-Konstruktion), dann mit dessen von der MTU weiterentwickelter Ausführung, dem 12 V 956-01, ausgerüstet. Die hydraulischen Getriebe kamen von Voith (L 820 brs) und der MTU (K 252 SUBB) ◄

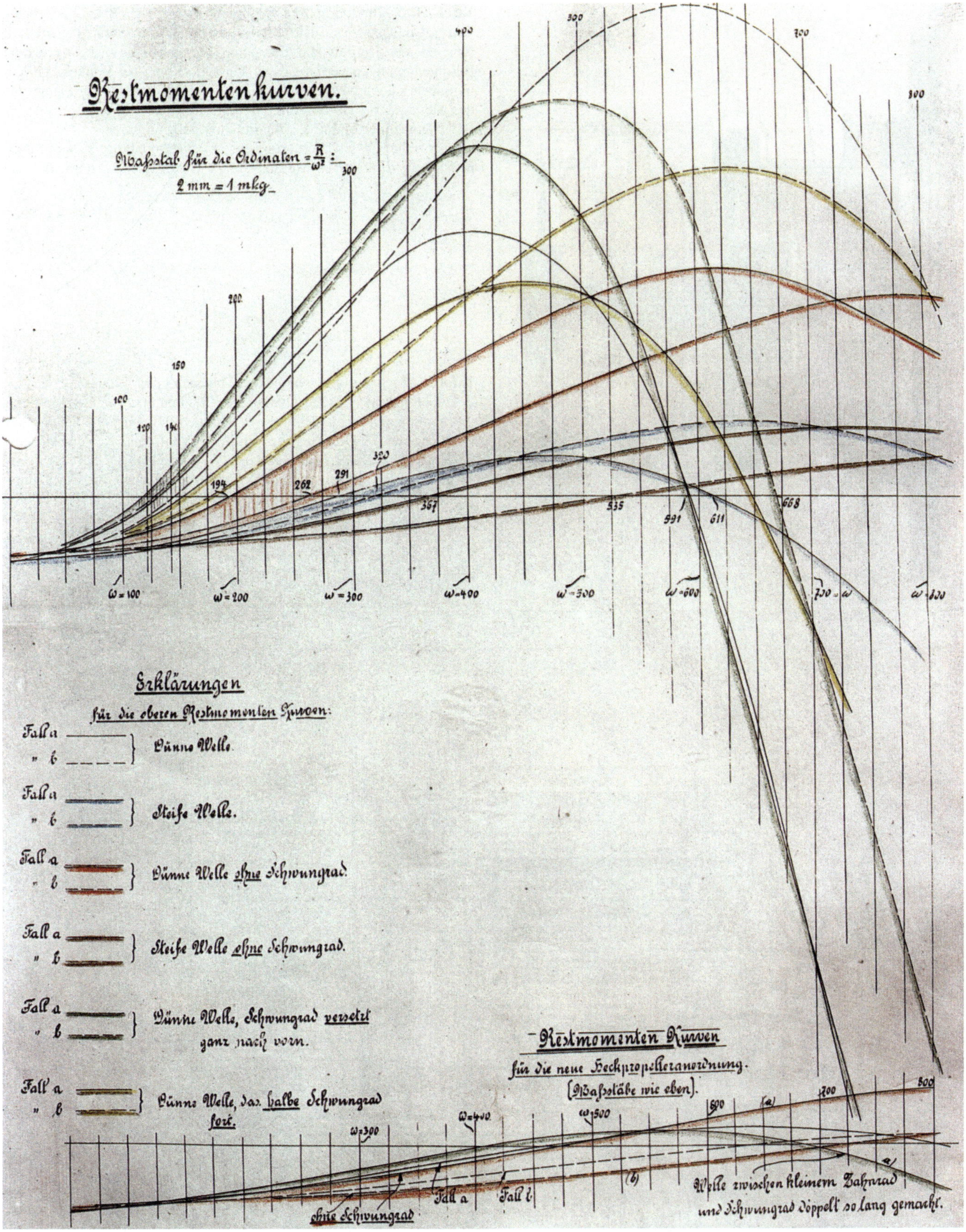

Tafel 25.9 »Restmomenten-Kurven« aus dem Gutachten von Prof. M. Tolle (1915). Das »Restmoment« ist das zur Aufrechterhaltung eines definierten Schwingungszustandes nötige Moment. Die Schnittpunkte dieser Kurven mit der Abszisse liefern die Eigenfrequenzen des Schwingungssystems

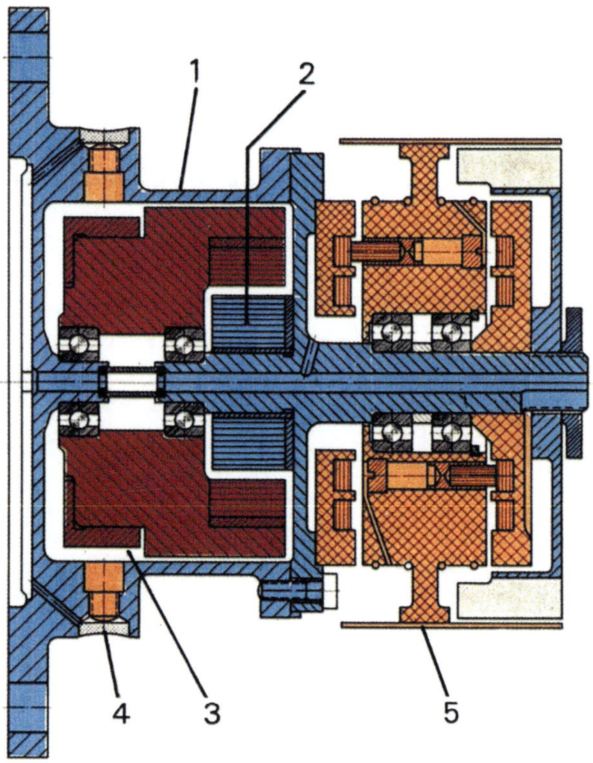

Tafel 25.10 Torsiograph (Schwingungsmessgerät), Bauart Maybach. Eine seismische Masse ist mittels einer berührungslosen Magnetkupplung mit der Kurbelwelle gekoppelt. Bei linearen Bewegungen oder Beschleunigungen verharrt diese Masse in Ruhe, bei Winkelbeschleunigungen jedoch bewegt sie sich relativ zum Gehäuse. Zur Dämpfung des Messsystems ist das Aufnehmergehäuse mit Silikonöl gefüllt. Die Bewegungen der Masse werden induktiv aufgenommen.
1 seismische Masse, *2* berührungslose Magnetkupplung, *3* Dämpfungsflüssigkeit, *4* induktives Abtastsystem, *5* Übertragungssystem ◄

Tafel 25.11 Steuerungsschema des Maybach-Olvar-Getriebes.
1 Hauptölpumpe, *2* Zusatzölpumpe, *3* Ölpumpe für Lenkgetriebe, *4* Kupplungsschieber, *5* Ventil, *6* Schmierölleitung zum Schalt- und Lenkgetriebe, *7* Druckregulierventil, *8* Wähl- und Schaltauslösehebel, *9* Schaltauslöser-Hauptschieber, *10* Schaltauslöser-Servoschieber, *11* Entkuppler, *12* Druckstange, *13* Öffnungskolben für Zusatzpumpe, *14* Kupplungskolben, *15* Feder, *16* Sperrschieber für Gangwähler, *17* Steuerschieber, *18* Rätsch-Servoschieber, *19* Steuerschieber, *20* Konusrad des Beschleunigers, *21* Konusrad der Bremse I, *22* Zwischenrad, *23* Haltebremse, *24* Druckknopfschieber für Haltebremse, *25* Anlegeschieber für Bremse II, *E* Entlüftung, ○‹ Messstellen ▼

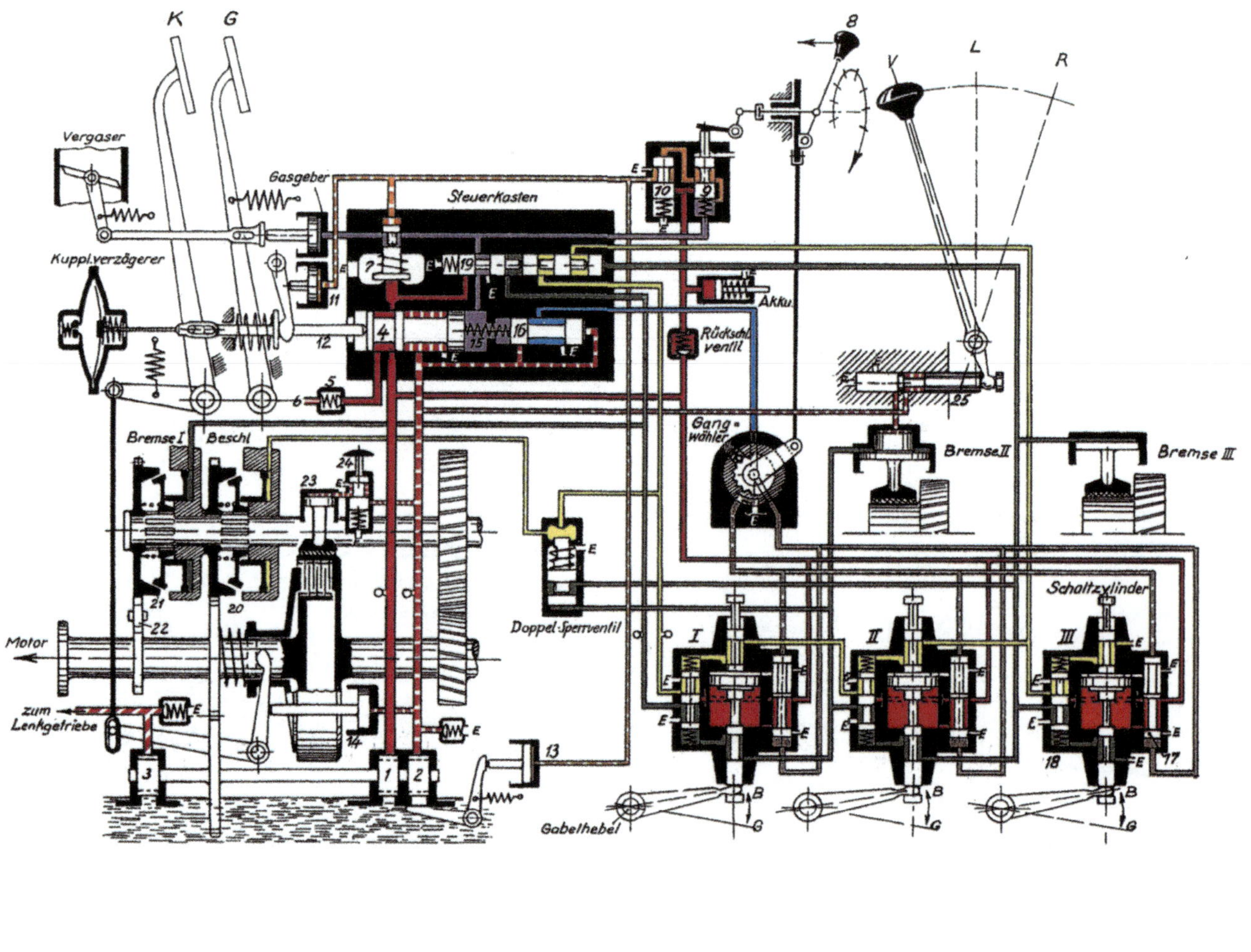

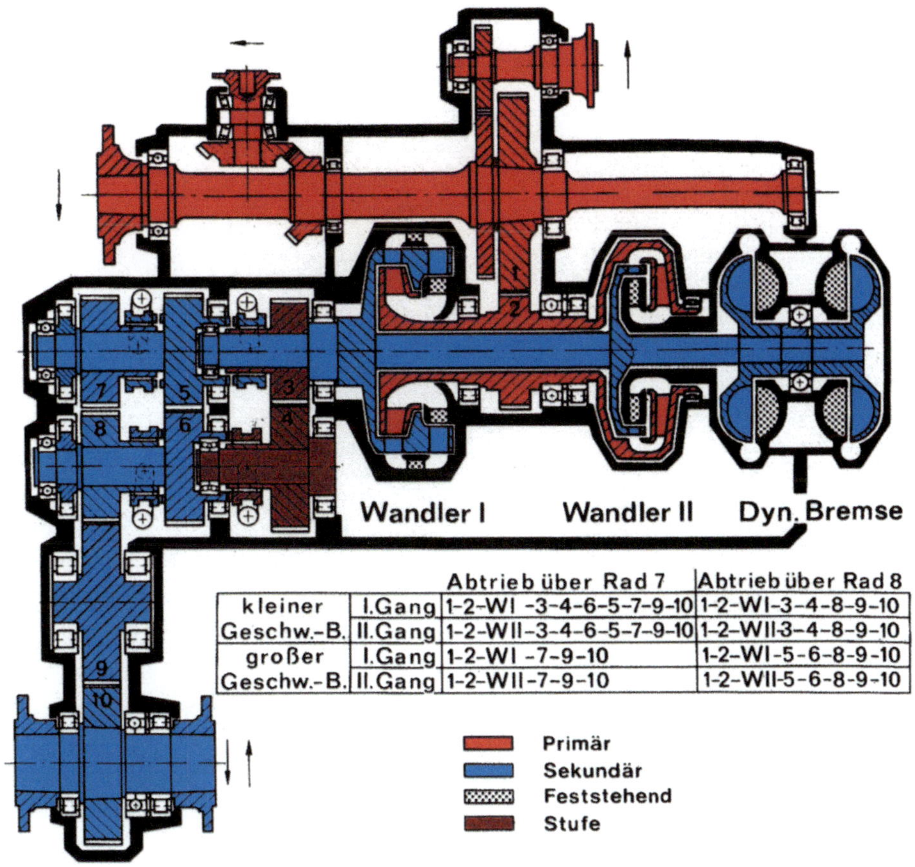

		Abtrieb über Rad 7	Abtrieb über Rad 8
kleiner Geschw.-B.	I. Gang	1-2-WI -3-4-6-5-7-9-10	1-2-WI-3-4-8-9-10
	II. Gang	1-2-WII-3-4-6-5-7-9-10	1-2-WII-3-4-8-9-10
großer Geschw.-B.	I. Gang	1-2-WI -7-9-10	1-2-WI-5-6-8-9-10
	II. Gang	1-2-WII-7-9-10	1-2-WII-5-6-8-9-10

Tafel 25.12 Aufbau und Kraftfluss des Maybach-K-252-SUBB-Getriebes für 1.838-kW-(2.500-PS-)Abtrieb seitlich und unten

Teil IV

Transportation-Design und der Neue Maybach

Konstruktion und Gestaltung in Zwischenkriegszeit und Neuzeit

Von Prof. Hartmut Seeger und Erik Eckermann

Einführung

26

Erik Eckermann

Der Personenwagen aus der Zeit vor dem Zweiten Weltkrieg (1939–1945) war nicht nur technisch, sondern auch mental zweigeteilt: hier das fahrfähige Fahrwerk, hergestellt vom eigentlichen Fahrzeughersteller, dort der Aufbau, eine meist nach Kundenwunsch angefertigte Karosserie; hier der wissenschaftlich orientierte, auf der Fachschule ausgebildete Techniker, dort der Handwerker mit einer zwei- bis dreijährigen Lehre im (Kutsch-)Wagen- oder Karosseriebau mit anschließender Walz (Gesellenwanderung). Obwohl auch die Handwerker Fortbildungsschulen[1] besuchen konnten und obwohl aus ihren Reihen wahre Künstler hervorgingen, die den Ruf des deutschen Karosseriebaus auf Weltniveau brachten, spürten sie die Geringschätzung der Techniker über Generationen hinweg.

Die Maybach-Motorenbau GmbH hat sich nicht mit der Gestaltung der Karosserien ihrer Automobile beschäftigt. Insbesondere von Karl Maybach wird berichtet, dass er, wie auch August Horch, kein Interesse an dieser Seite der Autos mit seinem Namen hatte und überhaupt keinen Einfluss auf ihre Gestaltung nahm. Dies wurde den einzelnen Karosseriebauern und ihren Gestaltern überlassen.

Aus heutiger Sicht ist das einigermaßen erstaunlich. Denn ein deutscher Teilnehmer auf der 4. Jahresversammlung der amerikanischen Karosseriebauer in Detroit 1924 hatte bemerkt, dass für die Amerikaner »... beim Automobil-Verkauf gegenwärtig die Karosserie ein wichtigerer Verkaufsfaktor ist als das Chassis. Vom Chassis weiß heute jeder, daß es ihn zuverlässig an seinen Bestimmungsort und wieder zurückbringt; aber die Frau ... sieht auf die Karosserie, den Komfort und die Bequemlichkeit ...«[2] Womit zwei in Europa und in Friedrichshafen kaum beachtete Faktoren artikuliert waren: professionelles Karosserie-Design und der Einfluss der Frau bei Kaufentscheidungen.

Unterschiedliche Interpretationen gab es auch beim Wort »Design«: Im deutschen Sprachgebrauch wurde Design ursprünglich nur im Sinne von Formgebung unter Berücksichtigung der Gebrauchsfunktion angewendet, im angloamerikanischen Sprachraum dagegen bedeutet Design zugleich Konstruktion technischer Bauteile. Ein Designer im deutschen Sinne war drüben ein *stylist.* Im Deutschen dagegen hat *styling* einen gewissen Beigeschmack, weil hier meist die Funktion zu kurz kommt, wenn es sich um Styling aus den USA handelt.

Auch das so oft benützte französische Wort »chassis« führt in die Irre. Übersetzt heißt Chassis Rahmen, im automobilen Bereich auch Fahrgestell. Ein Rahmen oder Fahrgestell ist stationär, demnach weder roll- noch fahrfähig, und kann verschiedenartig ausgebildet sein: Stahlrohrrahmen (1889 Daimler-Maybach-Stahlradwagen, Abb. 2.13), Zentralrohrrahmen (1923 Tatra 11), Tiefbett- oder Niederflurrahmen (1934 Mercedes 380; 1935 Maybach SW-Baureihe), X-Rahmen (1939 Mercedes 170 V), Plattformrahmen (1939/1945 VW Käfer), Kastenrahmen (1950 Porsche 356) oder Gitterrohrrahmen (1954 Mercedes 300 SL).

Häufigste Rahmen- oder Fahrgestellbauweise im Pkw-Bau war jedoch der Leiterrahmen, im Lkw-Bau heute immer noch Stand der Technik: zwei Stahlblech U-Profil- oder Kastenlängsträger mit Querversteifungen in Stab- oder X-Form oder als Stahlblechtraverse. Rahmen dieser Bauart wurden ausschließlich auch vom Maybach-Motorenbau in den 1920er und 1930er Jahren verwendet. Hängt man in einen Leiterrahmen oder in ein Fahrgestell anderer Bauweise den Antriebsstrang, Vorder- und Hinterachse einschließlich Federung/Dämpfung, Lenkung, Bremsen, Tank und die anderen zum Fahren benötigten Aggregate ein, spricht man von einem Fahrwerk. Ein Fahrwerk ist fahrfähig, was nicht extra betont werden muss.

[1] Royal Society of Arts, London (seit 1754/1847); Ecole Louis Dupont, Paris; Wagenbauschule Hamburg (seit 1885/1896); Schule Bergmann, Oskar Bergmann, Berlin (1911–1940er); Technische Lehranstalt Meißen (1923–{1928 Karosserietechniker}–1994).

[2] DFT Heft 19/1924, S. 414.

E. Eckermann (✉)
Dießen am Ammersee, Deutschland
E-Mail: autohistorica@t-online.de

E. Eckermann, W. Treue, S. Zima (Hrsg.), *Technikpionier Karl Maybach*, https://doi.org/10.1007/978-3-658-37065-7_26

Diese Definition gilt nur für das »zweigeteilte« Auto. Im Gegensatz zur getrennten Bauweise steht das »ungeteilte« Auto mit selbsttragender Karosserie: Hier werden in ein Gehäuse (Karosserie), das aus dünnen, miteinander verschweißten Profilstahlblechen besteht, die einzelnen Baugruppen und Aggregate eingehängt und verschraubt. Die Karosserie trägt selbst anstelle eines Rahmens (Chassis), angewendet bei allen modernen Pkw inklusive Maybach 57 und 62 aus den Jahren 2002 bis 2012. Die selbsttragende Bauweise setzt größere Stückzahlen voraus, in den 1930er Jahren etwa 30.000 Einheiten pro Jahr, um Kostendeckung zu erreichen. Nur Opel erreichte diese Zahl.

Selbst wenn die Maybach-Motorenbau GmbH die Automobilproduktion nach dem Zweiten Weltkrieg wieder aufgenommen hätte: Stückzahlen und Geschäftszweck – »Bau von Motoren«, verankert schon im Firmentitel – hätten den Übergang auf die selbsttragende Karosserie nicht zugelassen, ganz abgesehen vom Vollbluttechniker Karl Maybach, von dem nicht anzunehmen ist, dass er sich näher mit dem Blechbiegen beschäftigt hätte. Wenn über ein halbes Jahrhundert später dennoch Maybach-Automobile mit selbsttragender Karosserie gebaut wurden, so war das nur dank Rückgriffs auf vorhandene Modelle von Mercedes-Benz möglich.

Karl Maybach und die Gestaltung der Fahrzeugmotoren und der Fahrwerke

27

Hartmut Seeger

27.1 Fahrzeugmotoren

Karl Maybach war im wörtlichen wie im weiteren Sinne der »erste Konstrukteur« der Luftfahrzeug-Motoren-Gesellschaft mbH in Bissingen/Enz. Seit der Gründung 1909 beschäftigten sich Karl Maybach und seine wachsende Mannschaft von Konstrukteuren und Technikern ausschließlich mit der Entwicklung von Luftschiff- und Flugmotoren. Die Formgebung dieser Motoren war bestimmt durch die Anforderungen von Einsatzzweck und Fertigung, v. a. des Gießens der Gehäuse und Zylinder.

Die Zeichnungen der Motoren entstanden zunächst klassisch ingenieurmäßig als geometrische Konstruktionen mit Zirkel und Lineal. Doch ging die Arbeitsweise Karl Maybachs über die rein zeichnerische Lösung hinaus. Gerade in der Zeit des Ersten Weltkrieges und danach war er häufig in der Modellwerkstatt zugegen, um dort die äußere Form der Motorbauteile festzulegen. Umgeben von seinen Chefkonstrukteuren bestimmte er intuitiv die endgültige Form der Gussmodelle und somit für die ausgeführten Motoren, bis ihm die Form gefiel. Die Vorstellung eines günstigen Kraftflusses und einer niedrigen Beanspruchung des Bauteils entstand vor Maybachs innerem Auge.

Das Neue an der Motorengestaltung war der Übergang von der additiven oder offenen zur integralen oder geschlossenen Bauform, Beispiel Wagen-Motor W 2 von 1921 (Abb. 4.6, 18.3 und 18.4). Durch das hochgezogene Kurbelgehäuse erfolgte die Integration sämtlicher Triebwerks- und Steuerteile, die bisher außen an den Zylindern offen gelegen hatten. Die Saugleitungen wurden in dem Gehäuseoberteil eingegossen, das Unterteil diente wie üblich als Ölwanne. Durchgehende Schrauben (Zuganker) verbanden die Gehäuseteile.

Vorteile dieser Bauart waren Steifheit der Konstruktion, Dämpfung des Motorengeräuschs, gute Gemischvorwärmung, erschütterungsfreier Motorlauf und damit Schonung von Auto oder Boot. Gleichzeitig ergab die integrale Bauart eine besonders niederkomplexe Gestalt mit einem glatten Äußeren mit Designprädikaten wie einfach, fließend, organisch u. a.

Ein erwähnenswertes Designmerkmal war auch die Material- und Farbkombination: Gegossene Gehäuseteile in Silberfarben (Al-Legierung Silumin), lackierte Blechteile in Schwarz. Die Material- und Farbkombination ist eine uralte Wert- und Leistungskennzeichnung von Produkten, die zur Wert- und Leistungsprägnanz der MM-Wagen besonders passt.

Die integrale Bauart findet sich in allen späteren MM-Motoren und führte insbesondere bei den V-Motoren zu prägnanten und Maybach-typischen Motorengestalten, siehe GTO-6-Motor (Abb. 13.19), wobei dann später als weitere MM-Designmerkmale das Tunnelgehäuse und das Baukastenprinzip hinzukamen.

Auch wenn Kollmann[1] den Motor von der Daimler-Motoren-Gesellschaft[2] als den schönsten bewertete, so erzielte Karl Maybach nach seiner Methode nicht nur eine »forme pure utile« (Zweckform), sondern auch ein eigenständiges und typisches Motorendesign. Es war Karl Maybach sicherlich nicht bewusst, dass er sich mit seiner geometrischen Gestaltung in der französischen Tradition bewegte, die mit G. Monges Werk[3] u. a. in der Ingenieurausbildung begonnen hatte. Das Motorendesign war der Beginn einer Weiterentwicklung zum späteren Motorraum-Design.

27.2 Fahrwerke

Analyse und Beschreibung des Designs »zweigeteilter« Autos werden von manchen als komplex und kompliziert eingestuft, weil drei Parteien mitwirken: das Herstellerwerk des

H. Seeger (✉)
Stuttgart, Deutschland
E-Mail: Hartmut.Seeger@iktd.uni-Stuttgart.de

[1] Franz Kollmann: *Schönheit der Technik*. München 1928.

[2] Gemeint ist der Motor des Mercedes 24/100/140 PS mit Kompressor von 1925.

[3] Gaspard Monge: *Géométrie descriptive*. Paris 1827.

E. Eckermann, W. Treue, S. Zima (Hrsg.), *Technikpionier Karl Maybach*, https://doi.org/10.1007/978-3-658-37065-7_27

Tab. 27.1 Radstände und Produktionszahlen der Maybach-Fahrzeuge

Type	Bauzeit[a]	Radstand normal (mm)	Radstand lang (mm)	Circa-Einheiten gebaut[b]	Circa-Einheiten existent[c]
Starrachswagen 6 Zyl.					
W 1	1919–1921	Prototyp	Prototyp	1	0
W 2	1920–1925	Spyker	Spyker	150	n. a.
W 3	1922–1928	3.660	–	300	n. a.
W 5	1926–1929	3.660	–	300 (inkl. W 5 SG)	1
W 5 SG	1928–1929	3.660	–	300 (inkl. W 5)	1
W 6	1931–1934	3.660	3.735	100 (inkl. W 6 DSG)	1
W 6 DSG	1934–1935	–	3.735	100 (inkl. W 6)	2
DSH	1934–1937	–	3.735	40	15?
Starrachswagen V12-Zylinder					
12 DS	1929–1930	3.660	–	200 (inkl. DS 7 u. DS 8)	28 (inkl. DS 7 u. DS 8)
Zeppelin DS 7	1930–1934	3.660	3.735	200 (inkl. 12 DS u. DS 8)	28 (inkl. 12 DS u. DS 8)
Zeppelin DS 8	1930–1940	3.660	3.735	200 (inkl. 12 DS u. DS 7)	28 (inkl. 12 DS u. DS 7)
Schwingachswagen Sechszylinder					
SW 35	1935	3.080	3.480	900 (Gesamtzahl aller SW-Modelle)	112 (Gesamtzahl aller SW-Modelle)
SW 35	1935–1936	3.380	3.680	900 (Gesamtzahl aller SW-Modelle)	112 (Gesamtzahl aller SW-Modelle)
SW 38	1936–1939	3.380	3.680	900 (Gesamtzahl aller SW-Modelle)	112 (Gesamtzahl aller SW-Modelle)
SW 42	1939–1941	3.380	3.680	900 (Gesamtzahl aller SW-Modelle)	112 (Gesamtzahl aller SW-Modelle)
Maybach V12-Zylinder Einzelradaufhängung (zum Vergleich)					
57	2002–2012	3.390	–	3.300[d] (inkl. Type 62)	n. a.
62	2002–2012	–	3.827	3.300[d] (inkl. Type 57)	n. a.
Summe (ohne »Spyker« und 57/62)				1.841	160

Quellen:
[a] Werner Oswald: *Deutsche Autos 1920–1945*. Um meist ein Jahr abweichende Angaben in anderer Literatur.
[b] Unternehmensarchiv Rolls-Royce Power Systems AG. RRPS empfiehlt, von 1.800 gebauten Einheiten auszugehen.
[c] Museum für Historische Maybach-Fahrzeuge, Neumarkt/Oberpfalz.
[d] Circa-Angabe der Daimler AG.

Fahrwerks (hier Maybach), der Karosseriebauer (hier Spohn) und der Kunde, der Einfluss auf das Design (im deutschen Sinne) nimmt, was Karosserietyp, -ausführung und Innenraumgestaltung betrifft.

Die rund 1.800 in der Zwischenkriegszeit gebauten Maybach-Wagen[4] sind deshalb durchweg Solitäre, Unikate, Individualausführungen – und das nicht nur im Exterieur-, sondern insbesondere im Interieur-Design. Dies als Frage formuliert lautet: Welches Gestaltelement repräsentiert bei so viel Individualität eigentlich die Konstanz oder, moderner, Redundanz dieser vielen Fahrzeugausführungen? Die Antwort führt auf das Fahrwerk als Basis aller Maybach-Wagen.

Auch wenn die Karosserien der Maybach-Wagen ausnahmslos von spezialisierten Karosseriebaufirmen gefertigt wurden[5], lag noch vieles in der Hand des Maybach-Motorenbaus, der Einfluss auf das Äußere der Automobile und den inneren Fahrkomfort hatte. Das eigentliche Produkt von Maybach war das Fahrwerk. Es war die Basis für die Karosseriegestalter und -bauer. Nach dieser traditionellen Methode ergab sich der Fahrgastraum aus den technischen, fertigungstechnischen und wirtschaftlichen Anforderungen. Die Konsequenz lautete modern ausgedrückt: Wie viel »Mensch« bringt man in der Karosserie noch unter?

Demgegenüber entsteht dieser Raum nach der modernen und aktuellen Methode auf der Grundlage des »Package«, das neben dem Antriebsstrang auch das Maßkonzept, früher Sitzplan, für Fahrer und Fahrgäste einschließt. Das Fahrwerk der MM-Wagen umfasste Motor inkl. Kühler, Getriebe inkl. Schaltung, Lenkung, Vorder- und Hinterachse mit Federung, Dämpfung, Räder, Bremsen, ferner Beleuchtungskörper und Tank. Durch die Designerbrille betrachtet war das Fahrwerk mit Motorverkleidung und teilweise mitgelieferten Trittbrettern damit ein typisches MM-Design.

[4] Wegen der Kriegseinwirkungen können genaue Produktionszahlen heute nicht mehr genannt werden; die Schätzungen in der Literatur variieren zwischen 1.700 und 2.386 (Metternich, s. Literaturverzeichnis) Einheiten. Das Unternehmensarchiv der Rolls-Royce Power Systems AG als Nachfolgerin der Maybach-Firmen empfiehlt, von 1.800 gebauten Maybach auszugehen (Tab. 27.1), was im vierten und fünften Teil dieses Werks befolgt wird.

[5] Neben Spohn haben nach heutigem Stand der Forschung folgende Karosseriefirmen Aufbauten für Maybach gefertigt: Auer, Autenrieth, Baur, Dörr & Schreck, Drauz, Erdmann & Rossi, FIF, Fleetwood/USA, Friederichs, Gangloff/ex Widerkehr/F, Gastell, Gläser, Graber/CH, Hebmüller, Hibbard & Darrin/F(?), Kathe, Kellner Berlin, Köther, Kühlstein, Neuss, Nowack, Nysted/DK, Papler, Petera, Reutter, Rometsch, Rupflin, Saoutchik/F, Seegers, Sindelfingen (Daimler-Benz), Sodomka/CS, Troschke, Voll & Ruhrbeck, Wendler, Zeppelin Luftschiffbau, Zschau (Quelle: Metternich [29] und [30]).

Abb. 27.1 Ungekröpfter Tiefbett-Kastenrahmen mit hinterer Aufnahme für eine Rohrtraverse, die die pendelnden Antriebswellen aufnimmt. Die mangelnde Torsionssteife, die dem Betrachter geradezu ins Auge fällt, behob Maybach schon bei den nächsten Exemplaren des SW 35 mithilfe von X- und kastenförmigen Querträgern.
1935 Maybach SW 35, 6 Zylinder, 3.434 cm^3, 140 PS/103 kW

Mit Radstand, Spurweite und »karossabler Rahmenlänge«[6] bestimmten die Fahrwerksmaße Länge und Breite des Aufbaus. Bis zum Erscheinen der Schwingachswagen SW 35 bis SW 43 gab es nur zwei gleich bleibende Radstände (Tab. 27.1).

Besaßen die Starrachswagen noch einen U-Profil-Stahlblechrahmen mit vorderem Einzug für den Lenkeinschlag und hinterer Bauchung für das Spiel der starren Hinterachse (an Underslung-Blattfedern), so zeichnete sich die SW-Baureihe durch einen ungekröpften Tiefkastenrahmen mit hinterer Rohrtraverse aus, in der sich die Schwing- oder Pendelachsen (= Antriebswellen) befanden (Abb. 27.1). Sie wirkten auf je eine Schraubenfeder pro Seite und auf eine quer darüberliegende Blattfeder. Tiefbettrahmen setzen in der Regel Einzelradaufhängung (statt Starrachsen) voraus, beides erforderlich für eine verringerte Einstiegshöhe.

Wie bei den Autos der anderen Hersteller auch beanspruchten Kühler, Motor und Motorhaube einen beträchtlichen Teil des Radstands; in einigen Fällen, bei zweisitzigen Cabriolets etwa, saßen Fahrer und Beifahrer kurz vor der Hinterachse. Die Überbetonung des Antriebs ist ein Überbleibsel aus dem Pferdezug-Zeitalter, in dem ein dynamisches Pferd vor einem statischen Kutschkasten einen eigenartigen Kontrast bildete. Dessen ungeachtet definiert sich der klassische Sportwagen noch heute über lange Motorhaube, kurzes Heck und niedrige Kabine (Abb. 18.12).

Bei den Karosserien mit dritter Sitzreihe lag diese über der Hinterachse, und die Frage stellt sich, ob dort bei voll besetztem Fahrzeug noch genügend Fußraum war, die Beine übereinanderzuschlagen. Die Sitzposition in der dritten Sitzreihe beeinflusste natürlich auch die Karosseriehöhe.

Solche und viele andere Designaspekte werden heute durch das Maßkonzept vorgeklärt. Eine diesbezügliche Unterlage ist aber aus keinem Maybach-Archiv bekannt.

[6] Karossable Rahmenlänge: Abstand zwischen Spritzbrett und hinterem Rahmenende. Empfehlung um 1907: Nicht unter 2.250 mm für offene (Phaeton), 2.350 mm für halb offene (Landaulet) und 2.600 mm für geschlossene (Limousine) Wagen. Im Laufe der Jahre verschoben sich die Maße nach oben, z. B. für einen geschlossenen Maybach DS 8 auf ca. 3.150 mm.

28 Exterieur- und Interieur-Design der Karosserien der MM-Wagen

Hartmut Seeger

28.1 Kundschaft und Verkauf der Maybach-Wagen

Die Vorstellungen Karl Maybachs für einen Pkw, der in Technik wie Komfort eine Spitzenstellung einnehmen sollte, konnten nie zu einem Fahrzeug führen, das für eine breite Kundschaft gedacht war. Dem stand allein schon der Preis für ein solches Spitzenprodukt entgegen, was auch Karl Maybach bewusst und von ihm gewollt war.

Während des gesamten Produktionszeitraums der Maybach-Wagen von 1921 bis 1941 entstanden daher Fahrzeuge, die klar auf eine Klientel ausgerichtet waren, die komfortable Repräsentations- und Reisewagen, auch bei entsprechendem Preis, bevorzugte. Entsprechender Preis bedeutete beispielsweise allein für das Fahrwerk des Zwölfzylinder-Modells »Zeppelin DS 7 Liter« 27.000 RM, für das des leistungsstärkeren »Zeppelin DS 8 Liter« 29.500 RM, in Spezial- und Sportausführung jeweils 1.000 RM mehr[1]. Bei diesen Fahrzeugen handelte es sich zugegebenermaßen nicht nur um die Spitzenprodukte des Maybach-Motorenbaus, sondern um die teuersten Fahrzeuge aus deutscher Produktion zu diesem Zeitpunkt überhaupt.

Zum Fahrwerk kamen noch die Kosten für eine entsprechende Karosserie. Maybach bot eine »Standard«-Karosserie an, eine 6- bis 8-sitzige Pullman-Limousine für insgesamt 30.000 RM für den »Zeppelin DS 7 Liter« und 34.000 RM bzw. 36.500 RM für den »Zeppelin DS 8 Liter«[2]. Das heißt, eine Pullman-Karosserie von Spohn kostete durchschnittlich 7.000 RM. Zum Vergleich: BMW 327: 7.500 RM (1937); Opel Kapitän (1938): 5.940 RM, beides Sechszylinder-Wagen.

Den Maybach-Preisen waren nach oben hin theoretisch keine Grenzen gesetzt, da der Kunde bei Spohn oder den anderen Karosserieherstellern alle erdenklichen Extras und Änderungen bestellen konnte. Die kleineren Maybach-Modelle mit Sechszylinder-Motoren W 6, DSH sowie SW 35, 38 und 42 bewegten sich preislich zwar deutlich unter dem Spitzenmodell »Zeppelin«, waren aber ebenfalls keine billigen Fahrzeuge: Der W 6 kostete 22.000 RM, der DSH 24.300 RM, SW 38 und SW 42 18.300 RM, jeweils Pullman-Limousinen.

Es ist daher verständlich, dass Maybach-Fahrzeuge nur für einen kleinen, sehr exklusiven Kundenkreis erschwinglich waren. So sind denn auch nur rund 1.800 Wagen bei Maybach gebaut worden (Tab. 27.1). Die Kunden dieser exklusiven Fahrzeuge entstammten einer Käuferschicht, die mit Prominenz aus Politik, Wirtschaft, Sport und Kultur nur unzureichend bezeichnet werden kann. Es finden sich in den Wagenlaufakten indische Maharadschas, Parteikader des Dritten Reichs, (rheinische) Direktoren und Generaldirektoren ebenso wie begüterte Adlige und Künstler.

In Deutschland verfügte der Maybach-Motorenbau über eigene Verkaufsbüros in Berlin, Dresden, Frankfurt/Main und Köln. In anderen großen Städten wie Stuttgart oder München existierten Vertretungen wie auch in einigen Ländern Europas, in Britisch-Indien, USA und Venezuela. Daneben betrieb das Haus Werbung für seine Produkte[3]. In den Verkaufsbüros betreuten Verkäufer die potenziellen Kunden. Zu deren Information hatten die Käufer Verkaufsmappen mit den Unterlagen des Maybach-Angebots. Die jeweiligen Wagen waren in Angebotszeichnungen abgebildet (Abb. 28.1).

Von dem Verkaufsleiter V. S. in Friedrichshafen ist bekannt, dass er nicht nur Kundschaft in Deutschland betreute, sondern auch Auslandskunden wie Maharadschas in Indien. So waren die Wünsche und Extras für den Maybach-Wagen

[1] Maybach-Preisliste o. J. (um 1931).

[2] Werner Oswald: *Deutsche Autos 1920–1945*, S. 196, 197, 199, 202, 203.

[3] (Motoren-)Werbung für Luftschiff: Abb. 3.30; für Schiff: Tafel 6.9; für Luftschiff und Flugzeug: Abb. 8.31; für Luftschiff, Auto und Motorboot: Abb. 9.56; für Triebwagen: Abb. 10.29, 14.3 und Tafel 15.13; für Getriebe: Abb. 13.43; für Auto: Abb. 23.1.

H. Seeger (✉)
Stuttgart, Deutschland
E-Mail: Hartmut.Seeger@iktd.uni-Stuttgart.de

E. Eckermann, W. Treue, S. Zima (Hrsg.), *Technikpionier Karl Maybach*, https://doi.org/10.1007/978-3-658-37065-7_28

LIMOUSINE
6–8 SITZE / 4 TÜREN / 6 KURBELFENSTER MIT ODER OHNE TRENNUNGSSCHEIBE ZUM FÜHRERSITZ.

Maybach 12 Limousine – *"Als geschlossener Raum – über den Insassen ein festes Dach – ist die Limousine ein Stück eigenen Heimes – im Straßenbild der Ausdruck vornehmer Repäsentation – die Visitenkarte der bester Gesellschaft".*
Farbe der Zeichnung: Karosseriekörper: blau, unten grau abgesetzt: Verdeck und Kotflügel: grau.

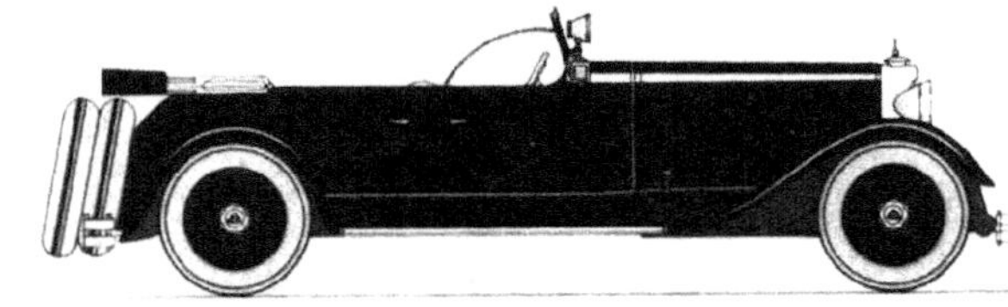

PHAETON

Maybach 12 Phaeton – *"Schon seine schlichte Art ist wie ein Freispruch vom konventionellen Leben – Licht – Luft – Sonne läßt sich in vollen Zügen trinken – zwangslos – dem frohgemuten Reisen hingegeben".*
Farbe rot, braun abgesetzt; Verdeck: braun.

INNENLENKER-CABRIOLET

Maybach 12 Innensteuer-Cabriolet – *"Die vornehme Eleganz des Äußeren verrät nichts von der traulichen Behaglichkeit – dem familiären Einschlag des Wageninnern – durch räumliche Begre n-zung geschaffen – ohne das Geringste von den gewohnten Bequemlichkeiten eines Wagens bester Klasse entbehren zu lassen".*
Farbe: grün; Haube weiß abgesetzt; Verdeck: hellblau; Felgen: grün.

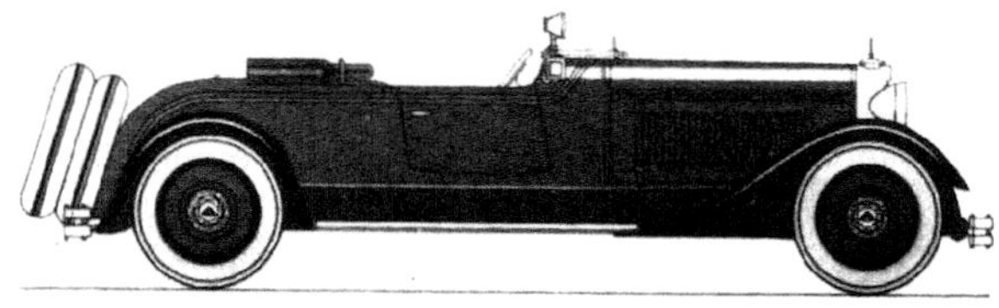

ROADSTER
2–3 SITZE / 2 NOTSITZE

Maybach 12 Roadster – *"Das Äußere schon ist wie Tatendrang.– Die Berge werden zahm – die Grenzen rücken zusammen – die Welt wird klein. – Das ist das Fahrzeug – das der Sport s-mann sucht – edelste Rasse und kraftvolle Schönheit".*
Farbe: grün, braun-gelb abgesetzt; Verdeck: braun-gelb; Karosserieunterteil über dem Trittbrett braun.

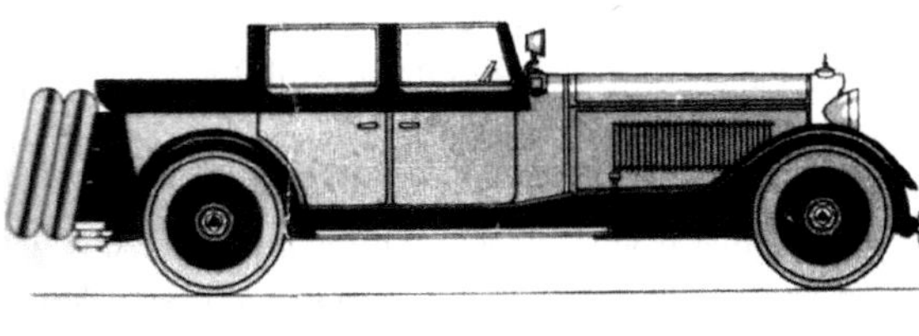

PULLMAN-CABRIOLET
b) GEÖFFNET / MIT HOCHGESTELLTEN SCHEIBEN

PULLMAN-CABRIOLET
6–8 SITZE / 4 TÜREN / 4 KURBELFENSTER / TRENNUNGS-SCHEIBE ZUM FÜHRERSITZ.
a) IN GESCHLOSSENEM ZUSTAND.

Abb. 28.1 Auszug aus einem Musterverzeichnis der lieferbaren Karosserieausführungen für den Maybach 12 mit Empfehlungen für die Außenlackierung. Kauft man sich einen Roadster, »werden die Berge … zahm, die Grenzen rücken zusammen, die Welt wird klein«, verheißt die Werbung 1929/30

des Maharadschas von Patiala vor Kaufabschluss genau definiert (Abb. 28.2). Der Verkaufsleiter führte aber auch die Motorboote in Friedrichshafen vor und fuhr damit Rennen.

Normale Kundenwünsche waren, dass der neue Wagen in seinem Design auf die Eleganz der Kundin abgestimmt war. Dies wurde auch in den Schönheitswettbewerben, den Concours d'Élégance, prämiert (Abb. 10.50). Ausgefallene Kundenwünsche waren die Vermeidung Maybach-spezifischer Merkmale oder die Verwendung bestimmter Karosserieelemente wie vergoldete Türgriffe oder eine goldplattierte Bar, wie sie in die USA geliefert wurde.

Abb. 28.2 Wie kommt ein indischer Großfürst in einem britisch dominierten Land dazu, sich statt eines Rolls-Royce – ca. 20 % der RR-Produktion vor dem Ersten Weltkrieg gingen nach Indien – einen Maybach zu kaufen? So geschehen 1933, als sich der Maharadscha von Patiala im Fürstenstaat Punjab ein DS-8-Zeppelin-Fahrwerk von Spohn karossieren ließ. Das fürstliche Stück, das 48.000 RM gekostet haben soll, befindet sich heute in den USA.
1993 Maybach »Zeppelin DS 8«, V12 Zylinder, 7.973 cm^3, 200 PS/147 kW

Abb. 28.3 Die wie ein Standardmodell aussehende Pullman-Limousine von Spohn hat in Wirklichkeit ein um 6 cm erhöhtes Dach. Üblich waren in dieser Wagenklasse Heck- und Seitengardinen, die vorderen Ausstellfenster hingegen waren selten anzutreffen. (Bestand Deutsches Museum)
1936 Maybach SW 38, 6 Zylinder, 3.815 cm^3, 140 PS/103 kW

Über Verkaufsbüros oder Vertretungen kaufte der Kunde das Fahrwerk, das nach Fertigstellung und Probefahrten auf eigener Achse zum gewünschten Aufbautenhersteller gefahren wurde. Dazu setzte man bei Maybach eine einfache Holzbank hinter das Lenkrad und Werksfahrer überführten das Fahrwerk (Abb. 9.10).

Dabei entwickelte sich der Karosseriebau Spohn in Ravensburg zum »Hoflieferanten« für Maybach und bot zusammen mit dem Maybach-Motorenbau Standardaufbauten an. Die weitaus meisten Maybach-Autos waren denn auch mit Spohn-Aufbauten versehen.

Bestellte der Kunde seinen Maybach im Verkaufsbüro gleich mit einem Spohn-Aufbau, entspann sich eine umfangreiche Korrespondenz zwischen dem Friedrichshafener Werk, Spohn, dem Verkaufsbüro und dem Kunden über alle Details des gewünschten Fahrzeugs. Dieser Ablauf schlug sich in der sogenannten Wagenlaufakte nieder, eine Vorstufe des heutigen Pflichtenhefts. Sie dokumentierte die Entstehung eines Maybach-Wagens. Wahl des Karosserietyps, Lackierung außen und innen waren hierbei die einfacheren Wünsche, die die Karosseriebauer und Lackierer erfüllen mussten. Doch war es für den Kunden auch möglich, durch die Wahl der Heckform oder die Höhe des Dachs (Abb. 28.3), falls auch mit aufgesetztem Zylinder Platz genommen werden sollte, direkt in die Planung einer Karosserie einzugreifen.

Im Inneren waren mit der Wahl des Stoffes oder Holzes die Entscheidungsmöglichkeiten noch nicht ausgeschöpft. Sitze etwa konnten nach Anforderung der Kunden verändert werden. Die Möglichkeiten, sich ein individuelles Fahrzeug zu erschaffen, waren vielfältig und unbegrenzt.

Begrenzt ist allerdings die Quellenlage darüber – und sie harrt noch einer wissenschaftlichen Bearbeitung und Dokumentation.

28.2 Karosseriegestaltung und -herstellung

Die Gestalter, also im heutigen Sinne Designer, waren zum überwiegenden Teil Karosserietechniker oder Wagner (süddeutsch) bzw. Stellmacher (norddeutsch), die sehr gute Zeichenfähigkeiten besaßen. Nur selten sind unter ihnen Absolventen der Kunstgewerbeschulen oder gar Künstler zu finden. Weder an Universitäten noch an technischen oder künstlerischen Hochschulen konnte man in Deutschland in den 1920er oder 1930er Jahren Fahrzeug-Design studieren. Vielmehr erhielten die Techniker und Wagenbauer ihre Ausbildung in einigen Fachschulen, wo sie sowohl in der Praxis des Handwerks als auch im Zeichnen von Fahrzeugen unterrichtet wurden (Kap. 26 Fußnote 1). An der Lehranstalt Meißen studierten der Stellmacher Friedrich Geiger, der ab 1955 der erste Chef der Stilistik-Abteilung von Daimler-Benz war, sowie der nachfolgend erwähnte Paul Albert im Hause Spohn, Ravensburg.

Das Fachwissen, das die angehenden Karosserietechniker und -gestalter auf diesen Fachschulen erwarben, bestand im Wesentlichen darin, bestimmte Aufbautypen wie Pullman-Limousinen, Cabriolets oder Roadster zu zeichnen, zu konstruieren und Modelle zu bauen. Über die gängigen Aufbautypen gab es Musterzeichnungen (Abb. 28.1). In der späteren Tätigkeit in einem Karosseriebetrieb mussten diese Vorlagen der jeweiligen Linie des Hauses angepasst werden. Weitere Veränderungen der Karosserie brachten die Kundenwünsche mit sich, die zu Modifikationen der Grundkonstruktion führten.

Eine weitere Aufgabe des Karosseriezeichners war es, farbige Angebotszeichnungen als Vorlage für das Verkaufsgespräch der Wagenverkäufer anzufertigen. Aus der Vita von Friedrich Geiger ist bekannt, dass sich diese ersten Gestalter auch mit der Spritztechnik beschäftigten, die sich in den Abbildungen aus dem Hause Spohn findet. Bei Spohn zeichnete Paul Albert wohl für die Mehrheit der Entwürfe in den 1930er Jahren verantwortlich.

Karosseriebau Spohn hatte nach Aussagen ehemaliger Firmenangehöriger zur Hochzeit des Baus von Maybach-Karosserien etwa 200 Mitarbeiterinnen und Mitarbeiter, die sich auf unterschiedliche Bereiche verteilten. Diese Konstruktions- und Fertigungsbereiche treten am besten zutage, wenn man die Entstehung eines Maybachs in den Werkstätten bei Spohn verfolgt.

Nachdem die Unterlagen für einen neuen Maybach mit allen Wünschen und Vorstellungen des Kunden in einem Verkaufsbüro oder von einem Vertreter der Marke zusammengestellt worden waren, ging der Auftrag ins Büro der Firma. Dort errechnete man den notwendigen Arbeitsaufwand und die Kosten für das Fahrzeug. In der Konstruktionsabteilung entstanden die notwendigen Konstruktionsunterlagen mit den eventuellen Kundenänderungen wie etwa einem erhöhten Dach (Abb. 28.3).

Nach diesen Plänen und Zeichnungen baute daraufhin die Wagnerei aus Eschen-, Eichen- und anderem Holz das Gerippe der Karosserie, das Flaschner/Spengler (süddeutsch) bzw. Klempner (norddeutsch) mit Blechen verkleideten.

Fertigungstechnisch war dieser Weg bis in die 1930er Jahre hinein der übliche. Erst Ende dieses Jahrzehnts gab es in Deutschland in größerem Umfang Ganzstahl-Karosserien ohne Holz. Diese Technik war zudem auf größere Werke, die mindestens mittlere Serien von gleichen Fahrzeugen produzierten, begrenzt. Für einen Hersteller wie Spohn, der nur kleine Stückzahlen mit vielen Unterschieden im Detail herstellte, war diese Fertigungstechnik nicht geeignet.

Schlosser und Schmiede bauten an die Karosserie die Scharniere für Türen und Verstärkungen für das Holzgerippe. Danach kamen die Karosserien zum Lackieren. Inzwischen hatten die Sattler mit der Herstellung des Interieurs begonnen. Sitze und Teile der Inneneinrichtung wurden für ein solches Luxusfahrzeug wie einen Maybach nur aus bestem Leder hergestellt. In der Schneiderei, die zur Sattlerei gehörte, arbeiteten vornehmlich Frauen an den Innenverkleidungen und Dachhimmeln aus Stoffen, deren Art und Farbe von den künftigen Eigentümern ausgesucht wurde. Gerade in den Details der Innenausstattung wie Ascher, Beleuchtung, eventuell Vorhänge und dergleichen mehr drückten sich die individuellen Kundenwünsche am umfangreichsten aus, wie den Wagenakten zu entnehmen ist.

Nach Einbau der Einrichtung setzten die Spohn-Mitarbeiter die fertige Karosserie auf das von Friedrichshafen angelieferte Chassis. Die Fahrt nach Ravensburg und wieder zurück ins Werk war als Einfahrstrecke für Motor und Technik willkommen. Das komplette Fahrzeug wurde in Friedrichshafen noch einmal überprüft und direkt ab Werk oder über die Vertretungen an den Kunden ausgeliefert.

Als große Repräsentationswagen waren die Maybachs hauptsächlich Chauffeurwagen. So kamen oft die Fahrer der Kunden nach Friedrichshafen und holten den neuen Maybach für ihre Herrschaften ab. Gelegentlich bemühten sich diese jedoch auch selbst zu Spohn, wenn es etwa darum ging, individuelle Anpassungen wie ein höheres Dach oder speziell angepasste Sitze abzunehmen.

28.3 Kommentar zum Exterieur-Design der Maybach-Wagen

Aufgrund der Quellenlage beschränkt sich dieser Kommentar auf das Exterieur-Design, das in verschiedenen ausführlichen Bilddokumentationen vorliegt.

Die Beurteilungskriterien sind maßgeblich ästhetischer Art. Dabei beschränkt sich dieser Kommentar aber nicht auf singuläre Prädikate eines Pauschalurteils wie z. B. »elegant« oder »wuchtig«, sondern im Sinne der modernen Informationsästhetik

- auf die Informationen und Bedeutungen über die aus der Fahrzeuggestalt »ablesbaren« Qualitäten und die Herkunft des Fahrzeugs (Semantik und Pragmatik der Gestalt) sowie
- auf die konstruktive und formale Gestalt des Fahrzeugs (Syntaktik der Gestalt).

28.3.1 Zur Design-Semantik

Gestalten ist eine visuelle, nonverbale Sprache über die Qualitäten und die Herkunft eines Produkts. Gestalten ergibt in seiner Dekodierung einen mehr-, viel- oder meistdeutigen Informations- und Bedeutungsumfang. Tab. 28.1 ist der Versuch, diesen komplexen Erkennungsvorgang für die MM-Fahrzeuge darzustellen.

Diese Erkennungsanalyse liefert viele positive Informationen und Bedeutungen eines MM-Fahrzeugs. Es entsteht – als Bewusstseinsinhalt – ein imaginärer oder virtueller Typ eines MM-Fahrzeugs.

Durch die Ergänzung dieser positiven Erkennungsinhalte mittels ihrer Negation ließe sich ein vollständiges Bedeutungsprofil (semantisches Differential) eines MM-Fahrzeugs generieren. Darin wäre dann auch die neutrale Erkennung enthalten, z. B. die Herstellerneutralität eines Wagens für einen Maharadscha. Das Individual-Design dominiert das firmenspezifische Design.

Ein Erkennungsdetail einer Karosserie können z. B. auch die Profile der Fugenabdeckleisten sein. Einzelne Fahrzeug-

Tab. 28.1 Semantik der MM-Wagen

Wahrnehmbare und wahrgenommene Fahrzeuggestaltsmerkmale	Erkennbare Fahrzeugqualität und -herkunft	Allgemeine Erkennungskategorien
Fahrzeugtyp und -größe, Anzahl der Fenster	Reisewagen, fahrender Raum	Zweck-Erkennung
Motor- und Radgröße	Hochleistungsfahrzeug	Leistungs-Erkennung
Singuläre Karosserie-Elemente	Einzelstück, Unikat, Solitär, Customization-Design	Fertigungs-Erkennung
Schwarz-Silber Fischlack	Hohe Wertanmutung	Wert-Erkennung
Kotflügel im Vintage-Stil	20er-Jahre-Design	Zeit-Erkennung
Karosserietyp	Deutscher Stil	Herstellungsort
Kühler, Logo und Figur	Marke	Hersteller-Erkennung
Streamlining	à la Jaray	Designer
Bekannter Karosserietyp	Klassische Limousine	Verwender-/Besitzer-Erkennung
Neues Farbdesign	Autobahnpolizei	
Karosserie ohne B-Säule und mit Trittbrett	Komfortabler Einstieg	Benutzungs-Erkennung (Pragmatik)

typen erhalten nach diesem heute im Fahrzeugdesign üblichen Bewertungsverfahren ihr typisches Bedeutungsprofil.

28.3.2 Zur Design-Syntaktik

Die bis heute bestehende Gültigkeit und Wertschätzung dieser Fahrzeuge von »nobler und zurückhaltender Eleganz« soll hier nicht infrage gestellt werden. Die oben genannte Zeitspanne aber legt es nahe, die Maybach-Karosserien als Spiegel der allgemeinen Entwicklung des Karosseriedesigns zu sehen und einige Aspekte näher zu beleuchten.

Grundlage des aktuellen Fahrzeugdesigns ist die dreidimensionale Entwicklung einer Fahrzeuggestalt aus den funktional vorgegebenen Baugruppen, maßgeblich mittels der Fahrzeugkarosserie. Bei den Maybach-Wagen entsteht diese Fahrzeuggestalt aus den originären MM-Baugruppen, den Karosserien und den Kundenanforderungen.

Aus heutiger Sicht sind die meisten Fahrzeuggestalten unterbaudominiert, d. h., der einheitliche Unterwagen aus Fahrgastzelle, Motorraum und Kofferraum mit integrierten Leuchten und Stoßstangen ist die Hauptteilgestalt, zu der die Räder und der Oberbau oder Aufbau (»greenhouse«) hinzukommen.

In der Entwicklungsgeschichte des Karosseriedesigns verbindet sich dieses Gestaltungsprinzip maßgeblich mit der Limousine, die beispielsweise von Renault schon 1899 gebaut wurde. Am Beginn des 20. Jahrhunderts wurde dieses integrale Gestaltungsprinzip durch die Stromlinienform maßgeblich gefördert. Limousinen- und Stromlinienkarosserie sind auch die beiden Typen am Beginn des Spohn-Karosseriebaus (1921). Der Ley T6 von 1922 (Abb. 28.4) mit einer Zweiflügelform nach Paul Jaray hatte schon einen sehr hohen Grad der Zusammenfassung und Integration. Allerdings besteht eine Gestalt nicht nur aus der Summe ihrer Elemente, sondern ist durch die Ordnungsbeziehungen der Elemente mehr.

Dieser gestalterische Sachverhalt wird insbesondere durch die Ordnungsprinzipien wie Symmetrien, Proportionen, Bündigkeiten, Formzentrierungen der geschlossenen Linien und Fugen (»linea serpentina«) u. a. gebildet. Bei den Farben und Oberflächen sind das insbesondere die Kontraste. Wenn man an dieser Stromlinienkarosserie nur den Ausschnitt der Motorhaube und die seitliche Gürtellinie betrachtet, dann fehlen hier und an anderen Stellen alle diesbezüglichen Ordnungsbeziehungen. Die Karosserie mag handwerklich ein Meisterwerk und technisch eine Pioniertat gewesen sein, gestalterisch war sie es aber keineswegs.

Die Limousinen und Pullman-Karosserien von Spohn auf den Maybach-Fahrwerken W 3, W 5, W 5 SG und DSH zeigen eine ganze Reihe von wichtigen Karosseriepartien und -weiterentwicklungen: den Übergang vom Motorraum zur Fahrgastzelle, die Integration des Kofferraums, die Gestaltung der Schutzbleche und ihre Verbindungen mit den Trittblechen und weitere.

Bei den früheren Karosserien war die Querschnittsform des Motorraums noch nicht auf diejenige der Fahrgastzelle bezogen. Beide stießen stumpf und unpassend aufeinander.

Abb. 28.4 Der Flugzeug-Aerodynamiker Paul Jaray ließ drei Serienfahrwerke mit einer Kombination aus den Profilen von Flugzeugflügel (Unterbau) und halbem Luftschiffkörper (Oberbau) anfertigen. Gegenüber den Serienausführungen stiegen die Höchstgeschwindigkeiten um 20–30 %, Verbräuche (ca. 20 %) und c_w-Werte (0,28–0,30) dagegen sanken deutlich – die Publikumsakzeptanz allerdings auch. *Von links*: 1922 Ley T6, Karosserie Spohn, 1923 Audi K und 1923 Dixi, beide mit Gläser-Karosserie

Ab etwa 1908 stellte ein als Torpedo oder Windlauf bezeichnetes Blech- oder Pressteil die Verbindung zwischen Motorhaube und Windschutzscheibe/A-Säule her. Der gleiche Tatbestand gilt auch für den Kofferraum.

Die Verbindungen der vorderen und hinteren Schutzbleche (Kotflügel) mit den Trittblechen und ihre Querverbindung vor dem Kühler führten zu einer Plattform des gesamten Karosseriebaus.

Trotz dieser gestalterischen Integration sind die Karosserien aber weiterhin sehr additiv geprägt und lassen deutliche Ordnungsbeziehungen vermissen. Die ausgeprägte Orthogonalität (Rechtwinkligkeit) ist gestalterisch das Gegenteil einer Aufbau- und Formzentrierung, z. B. der Holme, der Lüftungsschlitze, der Sicken u. a. Die Formzentrierung zu realen oder virtuellen Zentrierpolen als heute wichtigstes Ordnungsprinzip begann mit dem Streamlining nach dem Vorbild der Zeppeline (reale Zentrierung), mit dem Torpedo (virtuelle Zentrierung[4]) als Vorgänger.

Hingewiesen werden soll auf die allmähliche Reduzierung der Höhe des Wagenoberbaus zugunsten einer auch heute noch gültigen Proportionierung im Verhältnis 1 : 2. Hingewiesen werden soll aber auch auf sehr ähnlich aussehende Karosserien auf Fahrwerken von Maybach und beispielsweise Hispano-Suiza, was wirtschaftlich einleuchtend ist und auch von anderen Karosserieherstellern praktiziert wurde[5]. Gleichzeitig verweist dieser Tatbestand darauf, dass in dieser Zeit die Eigenständigkeit und damit auch die Schutzfähigkeit im Karosseriedesign noch nicht die Priorität hatte wie in der Gegenwart.

Einer der Höhepunkte deutschen Karosseriebaus waren die Stromlinienkarosserien auf Maybach-Fahrwerken:

- Karosserie Spohn:
  - 1932 Zeppelin DS 8 (siehe Abb. 9.45 und 10.2)
  - 1935 SW 35 (siehe Abb. 10.23)
- Karosserie Dörr & Schreck:
  - 1939 SW 38 (siehe Abb. 29.21)
- Karosserie Autenrieth:
  - 1937 SW 38 (siehe Abb. 10.47)
  - 1938 SW 38

Die Stromlinienkarosserie des 1932 »Zeppelin« DS 8 von Spohn (siehe Abb. 9.45 und 10.2) war konsequent als Ponton konzipiert und der seitliche Kotflügelverlauf bildete einen halben Stromlinienkörper, der im Heck zusammen mit dem Dachabschluss in einem Fließheck zusammenlief. Eingelassene Türgriffe, ein integrierter Kofferraum und einbezogene Reserveräder ergänzten diese Stromlinienkarosserie. Zwischen dieser Seitenform und derjenigen des Neuen Maybach (siehe Kap. 29) bestehen große Anklänge. Außerhalb dieser Gestaltungsprinzipien standen weiterhin der senkrechte Kühler und die waagerechte Motorhaube, überstehende Leuchten, Stoßstangen u. a.

Dieses Karosseriedesign war also ein Mix aus Stromlinie und traditionellen Kennzeichnungselementen des Hauses Maybach. Diese Formen waren sogar im Frontbereich konkav-konvex, was sicher von manchem Betrachter auch als Stilbruch bewertet wurde.

Der traditionelle Maybach-Kühler wurde insbesondere bei dem Schwingachswagen SW 35 (1935) aufgegeben zugunsten einer integrierten, allerdings anonymen Lösung. Die aufgesetzten Schutzbleche und der Aufbau, die überstehende Stoßstange und die seitlichen Leisten ergeben aber eine additiv erscheinende Karosserie ohne erkennbare formale Ordnung.

Gestalterische Meisterstücke waren unbestritten die Cabriolets auf SW-38-Fahrwerk von 1938 (Abb. 18.22) und auf SW-42-Fahrwerk von 1939 (Abb. 28.5), insbesondere mit dem versenkten Verdeck. Hinzu kam die Pfeilung des gesamten Unterbaus zum Kühler hin. Diese Gestaltordnung wurde durch die seitlichen Linien und Zierleisten noch betont. Auffallend ist auch die Ähnlichkeit der vorderen und hinteren Kotflügelformen, die ebenfalls durch Zierlinien betont wurden. Bei beiden Karosserien lief als gestalterische Raffinesse eine Kante über beide Kotflügel.

Ein letzter Karosserieentwurf auf SW-38-Fahrwerk kurz vor 1939 wäre möglicherweise die Krönung des Spohn-Karosseriebaus geworden. Integrierter Kühler, abgedeckte

Abb. 28.5 Mehr als die Sicken und Kanten auf vorderen und hinteren Kotflügeln beeindrucken die für einen Maybach ungewohnt mutige Seitenbemalung und das unter einer Klappe verborgene Verdeck, die diesem zweisitzigen Sportcabriolet seine rassige Note verleihen. Karosserie Spohn.
1939 Maybach SW 42, 6 Zylinder, 4.197 cm³, 140 PS/103 kW

[4] Torpedo: zigarrenförmiges Unterwassergeschoss. Der Belgier Camille Jenatzy erreichte auf seinem torpedoförmigen Elektro-Rekordwagen »La Jamais Contente« im April 1899 105,8 km/h, er durchbrach damit als erster Mensch mit einem Straßenfahrzeug die 100 km/h-Grenze. Eine Torpedo-angenäherte Karosserieform findet sich bereits beim Rennwagen Torpilleur (Torpedoboot) von Amédée Bollée des Jahres 1898.

[5] Um 1932 griffen Adler, Horch, Hanomag und Chrysler auf die »Jupiter«-Karosserie von Ambi-Budd zurück. Mit unterschiedlichen Detaillösungen (Kühlermaske, Motorhauben-Entlüftung, Scheinwerfer, Stoßstangen, Türgriffe etc.) sollte dennoch ein firmenspezifisches Erscheinungsbild erreicht werden.

Räder, durchlaufende Linien und Kanten, eine Hauptproportion von 1 : 4 waren Merkmale dieses leider nicht mehr realisierten Entwurfs.

Mit den dargestellten Entwicklungen war der Spohn-Karosseriebau ein interessanter Spiegel des Karosseriedesigns seiner Zeit zwischen Handwerk und Wissenschaft, zwischen Experiment und Norm, zwischen Tradition und Innovation. Bei einer Würdigung des Produktdesigns der Maybach-Wagen bildet das Karosseriedesign aber nur die eine Seite, die andere betrifft die Innovationen und Qualitäten der originären Maybach-Baugruppen wie beispielsweise der leichten Getriebeschaltung auch für Frauen.

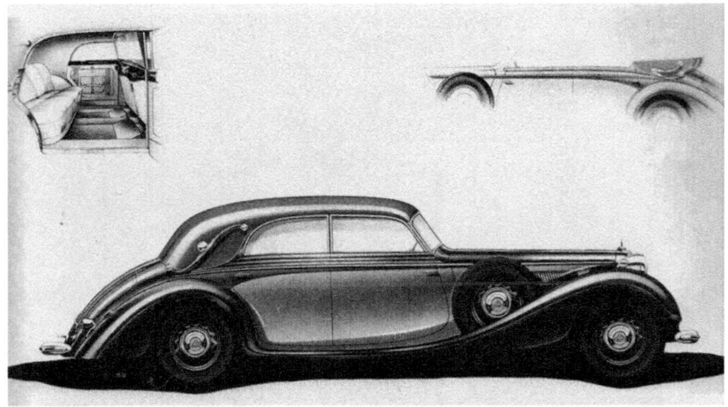

Abb. 28.7 Auch anderswo versuchte man mit einer besonderen Note, hier mit einer vagabundierenden zweiten Farbe auf den Türen, den individuellen Ansprüchen der Kundschaft entgegenzukommen. Angebotszeichnung für ein viertüriges Maybach Sportcabriolet von Erdmann und Rossi, Berlin, mit Skizze des Fonds (mit Separation). Um 1938

28.4 Interieur-Design

Wie schon erwähnt, betrafen die Kundenwünsche meist das Interieur-Design, nicht zuletzt durch die Auswahl der Bezugsmaterialien durch die Kundinnen.

Zudem soll die perfekte Verarbeitung durch die Schneidereien und Sattlereien der Karosseriebauer nicht bezweifelt werden. Diese betraf die klassischen Einrichtungselemente, vielfach nach dem Leitbild eines Salons oder gar Herrenzimmers, auch einer Clubeinrichtung: Sitze und Liegesitze einschließlich Schlummerrollen, Seiten- und Türverkleidungen, Dachverkleidung (Himmel), Bodenbeläge u. a. Eine Vergrößerung des Sitzkomforts in der dritten Sitzreihe ergab sich durch Klappsitze in der zweiten Sitzreihe (Abb. 28.6).

Aus dem verfügbaren Bildmaterial ergaben sich keine Gesamtentwürfe über die Korrespondenz von innen und außen.

Abb. 28.6 Mit Stoff ausgeschlagenes Interieur, ausfahrbare hintere Sitzbank mit Kurbel und Heizungsrosetten, Schlummerkissen, versenkbare Fußrasten und ungewohnt luxuriöse Klappnotsitze. Maybach DS 7 um 1933, Karosserie Gläser

Erste bescheidene Ansätze dazu sind allerdings die Aufnahme der Neigung der A-Säule in der Türverkleidung oder die Verwendung des gleichen Stoffs für Sitzbezüge und Verkleidungselemente.

Alle bekannten Fahrersitze sind Clubsessel und keine Arbeitssitze mit den heute üblichen Körperabstützungen (Kyphose und Lordose). Nicht unerwähnt soll bleiben, dass in den 1930er Jahren die Angebotszeichnungen der Karosseriebauer auch Vorschläge für das Interieur enthielten (Abb. 28.7).

28.5 Interface-Design

Über die Entwicklungs- und Produktionszeit der MM-Wagen wandelte sich das einfache Armaturenbrett zur komplexen Instrumententafel (Abb. 28.8). Diese Komplexität der Instrumentierung entstand aus Armaturen, Anzeigen und Stellteilen für den direkten Fahrbetrieb. Auch wenn sich z. B. die Schaltkraft verringerte, so verminderte sich nicht die Komplexität der Schaltelemente. So hatte das SG-Getriebe einen eigenen Schalthebel für den Schnellgang.

Hinzu kamen Elemente aus dem Sicherheitsbedürfnis und der Prestigeorientierung des Fahrers und Besitzers. Auffallend ist, dass die Instrumententafel bis zum Schluss der MM-Produktion auf der Achsmitte des Innenraums angeordnet war. Sie lag weder auf dem Sehstrahl des Fahrers, noch war sie diesem zugeneigt. Diese Anordnung mit einer großen Blickbewegung ist nur zulässig bei einer geringen Verkehrsdichte und Fahrgeschwindigkeit. Dieses Layout war und ist damit ein typisches Merkmal für die Historizität der MM-Wagen. Die mittig angeordneten Instrumente und Schalter verringerten auch die Breite des Handschuhkastens, was in einigen Fällen zu je einem kleineren Fach links und rechts führte.

Abb. 28.8 Brett für die Armaturen (**a**): Schaltkasten für Zündung, *links daneben* (wahrscheinlich) Geschwindigkeitsmesser, noch Rechtslenkung beim W 3, um 1923; Instrumententafel (**b**) mit Instrumentengruppe, verschließbarem Handschuhfach und je einem Scheibenwischermotor pro Windschutzscheibenhälfte; Linkslenkung beim DS 8 Zeppelin mit zwei kleinen Hebeln in Lenkradmitte für Unterdruck-betätigte Gangvorwahl, um 1938

29 Die Wiederbelebung der Automarke Maybach 2002 bis 2012

Erik Eckermann

29.1 Ohne Rolls-Royce kein neuer Maybach

Nach dem Zweiten Weltkrieg, der neben anderen Verwüstungen eine zerstörte Industrie und Verkehrsstruktur hinterlassen hatte, nahm das Volkswagen-Werk bereits 1945 die Produktion von Zivilfahrzeugen wieder auf. Es folgten Daimler-Benz 1946, Opel 1947, Ford 1948, Borgward 1949 und die im Westen neu gegründete Auto Union mit ihrer Marke DKW sowie Goliath, Lloyd, Gutbrod und Porsche 1950. Bis 1952, dem Ende der eigentlichen Wiederaufbauphase, kam BMW in München als letztes großes Autowerk hinzu. Bereits 1951 produzierten die westdeutschen Pkw-Werke mehr Einheiten als 1938 das Reichsgebiet – bei weniger Herstellern als vor dem Krieg und vor dem Hintergrund eines geografisch und ideologisch geteilten Landes: Stoewer in Stettin befand sich auf polnischem Gebiet, Hanomag konzentrierte sich auf Schlepper und Lkw, Adler, Wanderer, Horch und Maybach zogen sich ganz vom Autobau zurück.

Deutlich abgesetzt nach der von 1952 bis 1958 währenden Konsolidierungsphase kam ein erster Nachzügler hinzu: Die seit 1945/1949 in Ingolstadt ansässige Auto Union führte 1965 den seit einem Vierteljahrhundert nicht mehr benutzten Markennamen Audi wieder ein mit dem Versprechen, wie vor dem Krieg gediegene Autos von außerordentlichen Qualitäten herzustellen[1]. Einen noch höheren Anspruch stellte Daimler-Benz in Stuttgart. Unter dem Motto »für höchste automobile Ansprüche an Qualität, technische Perfektion, Präzision und zeitloses ästhetisches Design«[2] war für 2001 ein Luxuswagen unter dem Namen Maybach für das oberste Segment, also für die Rolls-Royce-Klasse, geplant. Damit sollte – immerhin nach 61 Jahren – an die mächtigen Repräsentationsautomobile angeschlossen werden, die die Maybach-Motorenbau GmbH in Friedrichshafen in der Zwischenkriegszeit hergestellt hatte und deren Bau kriegsbedingt 1941 ausgelaufen war.

Wieso die Daimler-Benz AG und nicht die Maybach GmbH? Wie schon in Kap. 14 beschrieben, kam es im Großmotorenbau 1960/61 zu einer Zusammenarbeit zwischen dem Maybach-Motorenbau (MM) und der Daimler-Benz AG (DBAG), die 1966 zur Fusion mit der Firmenbezeichnung »Maybach Mercedes-Benz Motorenbau GmbH«, Friedrichshafen, führte. Diese Firma ging 1969 in der Motoren- und Turbinen-Union GmbH (MTU) auf mit Werken in München (Flugzeugtriebwerke) und Friedrichshafen (Eisenbahn- und Schiffsdiesel), wobei die Namen der beteiligten Firmen nur noch im Untertitel »MAN Maybach Mercedes-Benz« auftauchten.

Bis 1984/85 erhöhte Daimler seinen Anteil auf 100 %, verkaufte dann jedoch 2005 die MTU an den Finanzinvestor EQT Partners der schwedischen Wallenberg-Gruppe. Der 2006 in Tognum umbenannte Firmenverbund MTU Friedrichshafen wurde 2011 von Daimler und Rolls-Royce (zurück-)gekauft und 2013 in »Rolls-Royce Power Systems AG« umbenannt. 2014 schließlich verkaufte Daimler erneut seinen 50 %-Anteil an Rolls-Royce, womit die Briten Alleineigentümer von Tognum und damit der einstmaligen MTU Friedrichshafen und des Maybach-Motorenbaus Friedrichshafen wurden. Daimler verblieben die Maybach-Namensrechte.

Das zuletzt Gesagte bezieht sich auf die Rolls-Royce-Triebwerksfirma, die 1971 vom Rolls-Royce Automobilbau abgetrennt und verstaatlicht worden war und der die Namensrechte zugestanden wurden. Zwanzig Jahre später, im Dezember 1991, bot der staatliche Rüstungskonzern Vickers plc., seit 1980 Eigentümer von Rolls-Royce Motor Cars Ltd., den Automobilbauer zum ersten Mal zum Verkauf an, weil infolge der weltweiten Rezession die Verluste bei Rolls-Royce den ganzen Konzern in den Abgrund zu reißen drohten. Im Gespräch waren BMW, Daimler, Toyota und Honda, zu einem Verkauf kam es indes nicht. Noch nicht.

Ende 1996 zeichnete sich eine für Rolls-Royce Motor Cars wiederum missliche Situation ab, nachdem ein Ge-

[1] Auto Union-Pressetext o. J. (1964/65).
[2] Prospekt Maybach 57/62, Stuttgart o. J. (ca. 2002).

E. Eckermann (✉)
Dießen am Ammersee, Deutschland
E-Mail: autohistorica@t-online.de

E. Eckermann, W. Treue, S. Zima (Hrsg.), *Technikpionier Karl Maybach*, https://doi.org/10.1007/978-3-658-37065-7_29

Abb. 29.1 Das englische »Car Magazine« veröffentlichte bereits im August 1995 den Entwurf eines zukünftigen Maybach, nicht Mercedes-Benz Maybach, mit Maybach-Grill und MM-Logos rundum. Demnach sollten Dach, Türen und Aufbau oberhalb der Gürtellinie (»greenhouse«) von der Mercedes-S-Klasse mit verlängertem Radstand übernommen werden, während leicht schräg gestellter Grill, konturierte Haube und Radhäuser sowie abgerundete Stoßfänger dem Wagen eine eigenständige (Maybach-)Note geben sollten.
1995 Maybach, V12 Zylinder, 6.400 cm^3, 425 PS/313 kW (vermuteter Antrieb)

Abb. 29.2 Daimler stellte in Tokio 1997 den 5,77 m langen Mercedes-Maybach aus, der in der 400.000+-DM-Klasse Rolls-Royce Konkurrenz machen sollte. Der sehr an eine vergrößerte S-Klasse erinnernde Maybach wies neben anderen Luxusattributen eine Kohlefaser-Karosserie mit bei Nacht bläulich schimmernden Folien an den Flanken auf, ferner Holz und Leder im Interieur sowie ein wärmeabsorbierendes Glasdach.
1997 Mercedes-Maybach, V12 Zylinder Biturbo, 5.984 cm^3, 394 PS/290 kW

winn 1995 wenig später in Verlust umgeschlagen war, die Verkäufe stagnierten und hohe Investitionen für eine neue Modell-Generation ins Haus standen. Nach langem Zögern entschloss sich Vickers zur Trennung von der Tochter Rolls-Royce. An einem am 27. Oktober 1997 ausgeschriebenen Bieterwettbewerb beteiligten sich außer Toyota, Fiat, Ford und zwei privaten Bietergruppen auch Daimler und BMW. Weil BMW wegen der Motoren- und Teilelieferungen seit 1995 sowie der Karosserie-Zulieferungen von der ab Januar 1994 zu BMW gehörenden Rover Group plc. bereits eng mit den Briten verbunden war, wurden den Bayern die größeren Chancen eingeräumt. Außerdem hatte BMW mit dem inzwischen privatisierten Flugzeug-Triebwerkshersteller Rolls-Royce plc. unter der Firmenbezeichnung BMW Rolls-Royce GmbH 1990 ein Gemeinschaftsunternehmen in Oberursel gegründet, was bedeutete, dass BMW indirekt über die Namensrechte an Rolls-Royce verfügte.

Doch auch Daimler, bis Juni 1926 Daimler-Motoren-Gesellschaft, ab Juli 1926 Daimler-Benz AG, ab Mai 1998 DaimlerChrysler AG, seit Oktober 2007 Daimler AG, hatte einen Pfeil im Köcher. Die Stuttgarter hatten sich seinerzeit bei dem Bieterwettbewerb für die Motorenlieferungen beteiligt und den Zuschlag an BMW 1995 als Schmach empfunden. In aller Stille holten sie zu einer Gegenmaßnahme aus und stellten, nachdem schon vorher erste Entwürfe und Informationen durchgesickert waren (Abb. 29.1), auf der 32. Tokyo Motor Show 1997 (24.10. bis 5.11.) eine Mercedes-Benz Maybach genannte Luxus-Limousine vor, mit der Daimler in die Rolls-Royce-Klasse vorstoßen wollte (Abb. 29.2 und 29.3, Tab. 29.1). Daimlers erklärtes Ziel, vom Maybach ab 2001 800 bis 1.000 Exemplare pro Jahr verkaufen zu wollen[3], musste für die finanziell labile Rolls-Royce Motor Cars Ltd. bedrohlich klingen, denn in der Luxusklasse ließen sich lediglich 2.000 Autos jährlich absetzen. Tatsächlich konnten, wie später verlautbart wurde, 1997 genau 1.918 Rolls-Royce- und Bentley-Autos verkauft werden, 10 % mehr zwar als 1996, aber 25 % weniger als geplant.

Mit dem Vorstoß in Tokio hatte Daimler nicht nur den Dementis produzierenden Vickers-Konzern zu einer klaren Verkaufsverlautbarung gezwungen, siehe oben. Denn, so die Überlegungen bei Vickers, Rolls-Royce müsse verkauft werden, bevor Daimler mit dem Maybach in das kleine Segment der Luxuswagen dränge und sich neben Luxusyacht, Privatjet und Villa an der Côte d'Azur als vierter Konkurrent bei der Geldanlage der Superreichen profilieren könne. Auch BMW war gewarnt: Zusammen mit Rolls-Royce würde Mercedes Maybach in der Luxusklasse eine fast uneinholbare Führungsposition besetzen. Sollte andererseits BMW Rolls-Royce erwerben, würde sich die Investition kaum lohnen, weil der Mercedes Maybach einen Teil der ohnehin kleinen RR-Kundschaft abziehen würde. Und die Investition war hoch: Vickers war sich des königlichen Images seiner Tochter bewusst und trieb den Preis auf deutlich mehr als 1,2 Mrd. DM.

Diesen Betrag konnte und wollte BMW unter Vorstandschef Bernd Pischetsrieder nicht aufbringen, denn gerade mit

[3] Wenig später erhöhte Daimler seine Schätzungen: Bei einem Gesamtvolumen von 3.000 Stück pro Jahr in der Luxusklasse sollte der Maybach-Anteil bei 1.500 Exemplaren liegen.

Tab. 29.1 1997 Mercedes-Benz-Maybach-Studie (Tokio 1997)

Motor	(M120) V12 Benzin, 5.984 cm^3, 394 PS/290 kW Alu, 4 Ventile/Zyl., paarweise Zylinderabschaltung V10, V8 oder V6
Kraftübertragung	Fünfstufen-Automatik, Hinterradantrieb
Fahrwerk	aktiv
Karosserie	Dreivolumen, 4 Türen, CFK-Beplankung mit Leuchtfolien
Assistenzsysteme	GPS-unterstützte Scheinwerfer, R-Fahrt-Kamera mit Farbmonitor/Computer/Navigationssystem mit Touch-Screen
Innenraum	Leder/Holz, 4 Einzelsitze mit Liegeposition, Bordbar, Kommunikationszentrum, Solarschiebedach mit regelbarem Lichteinfall
Länge, Radstand	5.770 mm, 3.540 mm
Leergewicht	1.900 kg

Abb. 29.3 Die Design-Studie Tokio 1997 aus einer Perspektive, die die Größe des Mercedes-Maybach deutlich macht. Mercedes-Embleme auf Radnaben und Klappen vorn und hinten, statt Cupholder eine kleine Bar zwischen den Vordersitzen. Gegenüber dem ein Jahr später herausgebrachten Rolls-Royce »Seraph« leichtfüßiger und ein eleganter Eindruck trotz größerer Länge

zwei englischen Firmen hatten sich die Münchner defizitäre Töchter ins Haus geholt: Die Triebwerkssparte in Oberursel mit Partner Rolls-Royce steckte in tiefroten Zahlen wie auch die Rover-Gruppe in England, die trotz Millionen-Transfers aus Deutschland ein ums andere Jahr Verluste erwirtschaftete (was im Mai 2000 zum Verkauf an ein Konsortium führte).

Unerwartet tauchten im November 1997 Gerüchte auf, wonach die Volkswagen AG an Rolls-Royce interessiert sei. Als Überraschungsei hatten die Wolfsburger auf der Tokyo Motor Show 1997 eine W12 genannte Studie eines von Italdesign gezeichneten Sportcoupés mit Zwölfzylinder-Motor ausgestellt. Damit erhob VW – mit Blick auf Rolls-Royce und dessen Motorenlieferanten BMW – Anspruch auf eine Führungsposition im Motorenbau, zumal der Motor ein kleines Meisterstück für sich darstellte: Anstatt, wie allgemein üblich, die 12 Zylinder auf zwei Reihen à 6 Zylinder zu verteilen (V-Motor), waren sie hier in vier Reihen à 3 Zylinder angeordnet. Der sich ergebende W-Motor, mit 51,2 cm kürzer als der 4-Zylinder-Reihenmotor des VW Golf, würde hinsichtlich der Abmessungen und auch des Gewichts also keine Schwierigkeiten bei gegebenen Einbauverhältnissen bereiten. Tatsächlich ging der W12-Motor 2002 im VW Phaeton in Serie, 2003 im Bentley Continental GT, 2004 im Audi A8.

Mit dem W12-Motor – das Coupé blieb Studie und diente nur als Mittel zum Zweck – wollte VW unter seinem Vorstandsvorsitzenden Ferdinand Piëch die bisher geltenden Schranken der Marke überwinden und in die Domäne der Premiumanbieter vordringen. Dabei muss nicht unbedingt Rolls-Royce das Ziel gewesen sein – ein königliches Automobil und ein Volks-Wagenbauer passten nach Ansicht der Analysten ohnehin schlecht zusammen – wohl aber Bentley. Die 1920 gegründete Bentley Motors Ltd. war 1931 in den Besitz von Rolls-Royce übergegangen, konnte ihren Ruf als Herstellerin potenter sportlicher Wagen zunächst halten, galt jedoch ab etwa 1951 als Schwestermarke von RR mit ebenfalls geheim gehaltenen Leistungsangaben. Der Unterschied lag hauptsächlich in dem markentypischen Kühlergrill, der den Bentley diskreter wirken ließ und Kunden mit Hang zum Understatement ansprach. Auch Bentley war finanziell anfällig.

Obwohl VW ein um viele Millionen Pfund höheres Angebot abgegeben hatte als BMW und damit den geschätzten Rolls-Royce-Wert von 150 Mio. Pfund (465 Mio. DM) auf deutlich über 1 Mrd. DM schraubte, empfahl das Vickers-Management seinen Aktionären noch im April 1998, das niedrigere BMW-Angebot zu akzeptieren. Dann die Kehrtwende: Auf Druck weniger Großaktionäre forderte Vickers im Mai 1998 seine übrigen Aktionäre auf, das BMW-Angebot auszuschlagen und die VW-Offerte anzunehmen. Rolls-Royce schreibe rote Zahlen, so Vickers, ein hoher Erlös sei vorrangig. Vermutlich hatte sich auch die Entscheidungsebene vom Vickers-Konzern zur englischen Regierung verlagert, denn der niedersächsische Ministerpräsident und Kanzlerkandidat Gerhard Schröder hatte als VW-Aufsichtsrat im März und April 1998 beim englischen Premierminister Tony Blair darum geworben, er möge doch den Verkauf von Rolls-Royce an VW unterstützen. Vickers war abhängig von den Militäraufträgen der Regierung.

So erhielt Volkswagen den Zuschlag und erwarb im Juni 1998 Rolls-Royce und Bentley für 1,44 Mrd. DM, die Vickers-Tochter und Motorenfabrik Cosworth für weitere 350 Mio. DM. In einem Vertrag vom Juli 1998 allerdings wurde festgelegt, dass VW den Markennamen Rolls-Royce nur bis Ende 2002 kostenlos verwenden dürfe, ab 1. Januar 2003 die Marke Rolls-Royce an BMW zurückgeben müsse und sich dann nur noch auf Entwicklung, Herstellung und Verkauf der Schwestermarke Bentley konzentrieren dürfe. Im Gegenzug verzichtete die BMW AG auf den Lieferstopp von Motoren und Teilen, den sie im Fall eines RR-Zuschlags an VW angedroht hatte. Zugleich überließ die Triebwerksfirma Rolls-Royce plc. gegen eine Gebühr von 40 Mio. Pfund (120 Mio. DM) ihr bisheriges Recht an der Marke Rolls-Royce und machte diese BMW verfügbar. Cosworth ging Mitte Juli 1998 an die VW-Tochter Audi AG.

Somit war unter großem Getöse das Kronjuwel der britischen (Auto-)Industrie in deutsche Hände gelangt und geteilt worden – sehr zur Verwunderung der Analysten, die verblüfft den Ehrgeiz der großen deutschen Autowerke verfolgten, in das Luxusauto-Segment vorzustoßen, und die den wirtschaftlichen Sinn der getätigten Investitionen infrage stellten. Während sich Volkswagen für knapp 1,8 Mrd. DM nur einen Teil des Unternehmens sichern konnte, bezog BMW weiter Einkommen aus der Teilelieferung an RR und hatte vor allem einen Weg gefunden, relativ preiswert in die oberste Luxusklasse vorzudringen. So wurde BMW allgemein als Gewinner der Firmenübernahmen angesehen.

Und Daimler? Nachdem Vickers Rolls-Royce zum Verkauf angeboten hatte, wollte Daimler-Vorstandsvorsitzender Jürgen Schrempp eine zweite Niederlage vermeiden, andererseits aber nicht kampflos das Feld räumen. Der Daimler-Vorstand entschloss sich deshalb zu einer Doppelstrategie: Einerseits hatten die Stuttgarter mit dem Mercedes Maybach bereits den Prototyp eines Konkurrenzmodells zum Rolls-Royce in der Hinterhand, der jederzeit zur Serienreife weiterentwickelt werden konnte. Andererseits ließ Daimler über die Investmentfirma Goldman Sachs ein Angebot abgeben. Weiter mitgeboten wurde nicht, doch erhielt Daimler über die Verkaufsprospekte einen intimen Einblick in die mittelfristige Planung von Rolls-Royce und damit wertvolle Anhaltspunkte für Auslegung und Lancierung des Mercedes Maybach.

Hätte Daimler Rolls-Royce übernehmen können, hätte es einen neuen Maybach nie gegeben, zitiert Classic Cars einen Daimler-Offiziellen: »Wir waren so enttäuscht über die Vorgehensweise von Vickers, Rolls-Royce plc. und BMW, dass der Vorstand beschloss zu beweisen, dass Mercedes in der Lage – und möglicherweise willens – ist, das beste Auto der Welt zu bauen.«[4]

29.2 Das Projekt Maybach und seine Realisierung

Im Juli 1998, unmittelbar nach Abschluss des Teilungsvertrags zwischen VW und BMW, beschloss der Aufsichtsrat von DaimlerChrysler, die Mercedes Maybach-Studie zur Serienreife weiterzuentwickeln und Rolls-Royce und damit später BMW im obersten Segment den Markt streitig zu machen. Der Entschluss kann im Hinblick auf die kleine Käuferschicht, auf die auf knapp 1 Mrd. DM veranschlagten Investitionen und auf die ernüchternden Verkaufszahlen des ehemaligen RR-Herausforderers Mercedes 600 nicht leicht gewesen sein. Von dem nämlich wurden während seiner 18-jährigen Produktionszeit (1964–1981) nur 2.677 Exemplare hergestellt, das sind noch nicht einmal 150 Stück pro Jahr. Noch entmutigender waren die Zahlen bei den Maybach-Autos aus der Zwischenkriegszeit: Rund 1.800 produzierte Einheiten innerhalb von 20 Jahren (1921–1941) macht 90 Autos pro Jahr. Selbst bei jährlich 2.000 Stück des neuen Maybach konnten nach Berechnungen die Renditeansprüche nicht erreicht werden. Die vom Spiegel zitierte Aussage eines Vorstandsmitglieds, Ziel sei es, »mit dem Auto kein Geld zu verlieren«[5] (18), durfte getrost als Eingeständnis für jahrelange Verluste gedeutet werden. Es ging, wie auch bei BMW und VW, um Prestige und die Hoffnung, dank des hinzugewonnenen Ansehens mehr von den weiter unten angesiedelten Modellen verkaufen zu können.

Die noch im Juli 1998 gebildete Projektgruppe »Maybach« sollte Auslegung und Design endgültig festlegen und die Fertigung vorbereiten. Als Standort für die neue Manufaktur – von einer Serienproduktion konnte bei der angepeilten Stückzahl kaum gesprochen werden – wurde Sindelfingen bestimmt. Neben der eigentlichen Manufaktur sollte potenziellen Kunden ein Service-Konzept geboten werden, das u. a. die Individualisierung des Fahrzeugs und eine Betreuung des Fahrzeugs ein Autoleben lang einschloss.

Die in dürren Worten umrissene Strategie setzte eine generalstabsmäßig geplante Projektorganisation voraus. Schon die Reaktivierung des Namens Maybach, nach etwa 60 Jahren beim allgemeinen Publikum jenseits der Motoren- und Autobranche nicht mehr präsent, entpuppte sich als Herausforderung für die PR-Abteilung. Der bei Projektbeginn vorgegebene knappe Terminrahmen zwang zu einer interdisziplinären Zusammenfassung der Kernfunktionen Gesamtfahr-

[4] *Car Magazine*, August 1995: »Mercedes may back new flagship with Maybach tag«.

[5] »Riskantes Investment« in: *Der Spiegel*, Heft 16 vom 13.4.1998.

zeugkonstruktion, Konstruktion Exterieur/Interieur, Design, Erprobung, Produktion, Logistik, Einkauf, Controlling und Vertrieb unter einem Dach, um eine direkte Kommunikation der Mitarbeiter untereinander vor Ort zu ermöglichen und schnelle Entscheidungen herbeiführen zu können. Weiterhin erhoffte man sich von der Fokussierung der Projektmannschaft auf nur ein Produkt und von der Beschränkung auf nur eine Motoren- und Getriebekombination einen kurzen Entwicklungszeitraum von nur 42 Monaten, gerechnet von der Verabschiedung des Lastenhefts am 3. Mai 1999 bis zum geplanten Markteintritt im August 2002. Tatsächlich wurde das erste Kundenfahrzeug am 14. Oktober 2002 ausgeliefert, und zwar an Frau Irmgard Schmid-Maybach. Die Enkelin von Wilhelm und Tochter von Karl Maybach übernahm den Wagen im Center of Excellence in Sindelfingen.

Das Center of Excellence entstand bis Sommer 2002 auf einer Grundfläche von 2.200 m^2 und diente als Begegnungsstätte von Kunden, Kundenberatern und Ingenieuren. Wie in der Zwischenkriegszeit konnte der Kunde hier sein Auto nach seinen Wünschen ausrüsten lassen, was technische Optionen, Innenausstattung oder Lackfarben betraf. Doch im Gegensatz zur Zwischenkriegszeit konnte der Kunde nicht über die Art der Karosserie und deren Design bestimmen. Es war zwar mal ein Coupé im Gespräch, doch letztlich beschränkte sich das Werk auf eine Limousine, diese allerdings in Normal- und Langausführung. Hatte der Kunde dann sein Fahrzeug übernommen, sorgten persönliche Kundenbetreuer (Personal Liaison Manager) für sein und des Fahrzeugs Wohl. Neben technischen Fragen und Wartungsterminen konnten auch andere Dienstleistungen oder Besuchsreisen zur Manufaktur abgerufen werden – per Tastendruck am Autotelefon und rund um die Uhr.

Außer in Sindelfingen sollten weitere Maybach-Zentren entstehen in Berlin und München, in Frankreich, den Niederlanden, Belgien, England, Italien, Spanien und der Schweiz sowie in den Golf-Staaten, Hongkong, Japan und USA. Hier konnten die Kunden, so die Planungen, auch ihre persönlichen Kundenbetreuer treffen und sich Eintrittskarten reservieren lassen, beispielsweise für Oberammergau oder Bayreuth. Von hier aus konnten sich eilige Besteller unter Umgehung des Center of Excellence per Videokonferenz mithilfe eines neuartigen computergestützten Systems von den Maybach-Fachleuten aus Technik, Interior-Design und Produktion beraten lassen. Die Maybach-Zentren waren zugleich Service-Stationen für Wartungsdienste und technische Probleme, sollten diese »wider Erwarten doch einmal … auftreten«, wobei »jeder Maybach wohlbehütet via LKW oder in speziellen See-Luftfrachtcontainern von seinem jeweiligen Einsatzort zum nächstgelegenen Servicestützpunkt gebracht« wird. Darüber hinaus stand ein Spezialistenteam zur Verfügung, »das in jedem Land binnen weniger Stunden zur Stelle ist und vor Ort schnelle, fachgerechte Unterstützung bietet«[6]. Weitere Sicherheiten bestanden in lebenslanger Mobilitätsgarantie, in jeweils vierjähriger Neuwagengarantie und in kostenlosen Inspektionen.

Leiter des Projekts, das offiziell am 1.10.1998 begann, wurde Hermann Gaus, zuletzt verantwortlich für die Gesamtentwicklung der E- und S-Klasse. Ihn unterstützten ca. 100 Mitarbeiter unmittelbar und etwa 250 temporäre Mitarbeiter aus der MB-Entwicklung und aus der Zulieferindustrie.

Mitte 1999 kristallisierten sich die Vorstellungen über die zukünftige Limousine heraus. Nach dem Maßkonzept sollte neben der Normalausführung 57 von 5.728 mm Länge, die damit das Luxus-Coupé CL als längsten Mercedes-Pkw um 675 mm überragte, noch eine Langversion 62 von 6.165 mm für Chauffeurbetrieb und mit optionaler Separation serienmäßig angeboten werden. Diese Maße stellten die seinerzeit lieferbaren Rolls-Royce- und Bentley-Modelle mit 5.390 mm und 5.350 mm buchstäblich in den Schatten.

Erst im Frühjahr 2001 setze sich in Stuttgart die Erkenntnis durch, dass die Wohlhabenden dieser Welt ihre Sammlungen hochkarätiger Autos sicherlich nicht mit einer Über-S-Klasse schmücken würden, auch nicht mit der Zusatzbezeichnung »Maybach«. Auf Beschluss des Aufsichtsrats erhielt das zukünftige Spitzenmodell deshalb die Bezeichnung »Maybach«, ohne ein vorangestelltes Mercedes-Benz. Damit hatte die DaimlerChrysler AG neben Smart, Mercedes-Benz, AMG, Chrysler, Dodge, Plymouth und Jeep eine weitere Pkw-Marke in ihren Geschäftsbereich aufgenommen, ganz im Sinne von Jürgen Schrempp, der eine Welt-AG anstrebte mit Auto-Modellen in möglichst allen Segmenten und Nischen.

Die Bezeichnung »Maybach« kann auf zweierlei Weise gedeutet werden. Zum einen als Würdigung Wilhelm Maybachs, Gottlieb Daimlers 1929 verstorbenem Kompagnon, einem der fähigsten Autoingenieure seiner Zeit und von den Franzosen neidlos als »Roi des Constructeurs« anerkannt. Zum anderen als Neubelebung der von Wilhelms Sohn Karl herausgebrachten exklusiven Maybach-Automobile der Zwischenkriegszeit, die der englische Auto-Historiker Michael Sedgwick schlichtweg als »Rolls-Royce of Germany« einstufte[7]. Mit der Rückbesinnung auf eine rein deutsche Tradition stellte sich DaimlerChrysler damit über die seit der Globalisierung grassierende, hin und wieder an verbogenes Latein erinnernde Kunstnamen-Welle, die uns u. a. Lexus, Infiniti und Acura bescherte, und ging mit dem Namen Maybach das Risiko ein, in manch wichtigem Markt nicht richtig ausgesprochen zu werden. In außereuropäische Länder sind

[6] *ATZ/MTZ*, Sonderheft September 2002 »Der neue Maybach«, S. 12. Das Sonderheft diente als offizielle Daimler-Dokumentation der Maybach-Entwicklung für das allgemeine Publikum.

[7] Michael Sedgwick: *Cars of the 1930s*. London 1970, S. 200.

Abb. 29.4 Stand der Dinge 2002: Serienausführung der Maybach-Modelle 57 (*rechts*) und 62. Maybach- statt Mercedes-Grill, geänderte Scheinwerferunterbringung und Schürzen sowie MM-Logos statt Stuttgarter Sterne an den üblichen Stellen. Auflösung der mächtigen Seitenwände durch dezente Chromzierleisten, zugleich Trennelemente bei Zweifarbenlackierung.
2002 Maybach 57/62, V12 Zylinder Biturbo, 5.511 cm^3, 550 PS/405 kW

die Vorkriegs-Maybach wenig exportiert worden, dort waren Name und Auto nur Wenigen bekannt. Denn im Gegensatz zu Rolls-Royce hatte der Maybach-Motorenbau kein Commonwealth im Rücken.

Die geänderte Bezeichnung bedeutete zugleich die Abkehr vom Mercedes-Kühlergrill und den Verzicht auf Mercedes-Sterne rund ums Auto. In Anlehnung an den Maybach-Kühlergrill der 1930er Jahre – senkrecht angeordnete, lackierte Streben beidseits einer verchromten Mittelstrebe – erhielt der neue Grill leicht V-förmig gestellte verchromte Stege in einem herausmodellierten Grillrahmen, der im Format weitgehend demjenigen des Mercedes Maybach entsprach (Abb. 29.4). Ihn schmückte nicht mehr der Stern, sondern zwei ineinandergestellte Ms für Maybach-Manufaktur (statt Maybach-Motorenbau). Und MM statt Sterne stand jetzt auch auf Heckklappe und Radnaben. Die S-Klasse-Anmutung der Karosserie, deren Form-Design-Professor Paolo Tumminelli als »Pure New Classic Design« einstufte[8], jedoch blieb.

Beim Design schienen Nachbesserungen erforderlich zu sein, denn die in Tokio 1997 und dann auch in Detroit im Januar 1998 gezeigte Studie stammte von Suichi Yamashita aus dem Mercedes-Benz Advanced Design Center in Tokio und fand nicht überall Beifall[9]. Der japanische Entwurf nahm das Motiv der Zweifarben-Lackierung auf, das an einigen Vorkriegs-Maybachs und nun auch hier die gewaltigen Proportionen der Seitenwände erträglicher machen sollte. »Das Bemühen« des japanischen und wenig später des deutschen Design-Teams »galt dem Erzeugen einer edlen Schlichtheit. Ganz ausdrücklich wurde jegliches Modische vermieden … Vom Archetypus her schwebte dem Design-Team ein Ausdruck von erhabener Souveränität vor.«[10]

Trotz der sparsam besetzten Projektgruppe entstanden auch für den Maybach zahlreiche Skizzen, Entwürfe und realistische zeichnerische Darstellungen (Renderings), wobei es nicht beabsichtigt war, sich vom Mercedes-Design zu distanzieren, weil »der Name Maybach … Teil der Mercedes-Benz Historie« ist[11]. Einen eigenständigen Maybach-Stil hatte es übrigens, im Gegensatz zu den Zwischenkriegsmodellen von Mercedes oder BMW, nicht gegeben, weil nicht das Werk in Friedrichshafen, sondern zahlreiche Karosseriebetriebe die Aufbauten herstellten (Fußnote 5, Kap. 27.2). Und diese bewegten sich meist im Bereich »stilvoller, aber einfallsloser Bürgerlichkeit«[12]. Ähnlich Rolls-Royce, »world's most overrated car«[13]: Tempelartiger Kühlergrill und »behäbige Eleganz«[14] konnten nicht so recht als stilistische Inspirationen dienen (und sollten es wohl auch nicht).

29.3 Hochleistungsmotor …

Als Reaktion auf die Verlautbarungen von Volkswagen, man könne auch ohne Rolls-Royce mit Namen wie Horch, Bugatti oder der später aus der Taufe gehobenen Bezeichnung Phaeton und mit Motoren bis zu 18 Zylindern in die Spitzenklasse

[8] Paolo Tumminelli: *Car Design*. Kempen 2004.

[9] Nach Meinung von Patrick le Quément, Designchef von Renault, war der Mercedes Maybach »eine Beleidigung für die Geschmacksnerven und das scheußlichste Auto des Salons«. Zitiert nach *ams*, Heft 23/1997 S. 10.

[10] *ATZ/MTZ*, Sonderheft September 2002 »Der neue Maybach«, S. 24.

[11] *ATZ/MTZ*, Sonderheft September 2002 »Der neue Maybach«, S. 28.

[12] Michael Graf Wolff Metternich: »Spohn«. In: Erik Eckermann (Hrsg.): *Auto und Karosserie. Geschichte – Fertigung – Design*. Wiesbaden 2015, S. 676.

[13] *Science and Mechanics*. New York, Juni 1962, S. 43.

[14] *VDI nachrichten magazin*, Heft 9/1991, S. 55: »Wie baut man eine Legende?«

Abb. 29.5 Im Vergleich zu anderen Mercedes-V12-Motoren im Hubraum reduziertes Aggregat für den Maybach mit einer kettengetriebenen Nockenwelle pro Zylinderbank, drei Ventilen pro Zylinder und zwei Abgasturboladern, die ab 2.300 min^{-1} das für damalige Verhältnisse beachtliche Drehmoment von 900 Nm bereitstellten. Ladeluftkühler hinter Luftfilter, Antrieb der Nebenaggregate über einen zehnrilligen, etwa 270 cm langen Keilrippen-Riemen.
2002 Mercedes-Motor Typ 12 M285, V12 Zylinder Biturbo, 5.511 cm^3, 550 PS/405 kW

vordringen, spielte die Maybach-Projektgruppe verschiedene Motorenkonfigurationen durch. Weil die vorhandenen V6-, V8- und V12-Motoren von Mercedes kompatibel ausgelegt waren, rückten 16, 18 oder sogar 24 Zylinder-Motoren in den Bereich des Denkbaren. So tauchten ein V18 und ein aus zwei V12-Zylindern gekoppelter V24 mit Mittelabtrieb in der Berichterstattung auf, möglicherweise um die Konkurrenz zu schrecken. Schließlich verblieben die vom SL 600 und CL 600 bekannten V12-Motoren mit 6 und 5,8 Liter Hubraum, mal mit, mal ohne Turbolader und mit Leistungen bis zu 440 PS – ein klares Wort gegenüber der nun nicht mehr geheim zu haltenden Leistungsangabe des um diese Zeit produzierten Rolls-Royce »Seraph«, der mit einem BMW-5,4-Liter-V12-Motor von 326 PS bestückt war.

Letztlich jedoch rückte ein auf 5,5 Liter Hubraum reduzierter V12 mit Aufladung in den Fokus (Abb. 29.5), weil höhere Zylinderzahlen oder großvolumige Saugmotoren – hier hätten Hubräume von 8 bis 15 Liter zur Diskussion gestanden – keine technischen Vorteile mehr bieten und selbst in der automobilen Spitzenklasse kaum noch zu vermitteln gewesen wären. Im Sinne einer evolutionären Motorenentwicklung dienten deshalb Bauteile des damals aktuellen V12-Saugmotors M137 aus dem S 600 – Kurbelgehäuse, Triebwerk, Steuerkasten, Doppelzündung, Dreiventil-Zylinderköpfe – als Bausteine für den Maybach-Motor, der die Kennziffer Typ 12 M285 erhielt. Bei ihm waren die Ansprüche nochmals höher geschraubt, was Ansprech-, Geräusch- und Schwingungsverhalten, Fahrleistungen, Kraftstoffunempfindlichkeit von ROZ 91 bis 98, Verbrauch, Abgasgrenzwerte und nicht zuletzt Abmessungen betrifft. Der beanspruchte Einbauraum fiel trotz zweier Turbolader (Ladedruck 1 bar), Ladeluftkühler und aufwendiger Luftfilteranlage nur wenig voluminöser aus als beim M137-Saugmotor.

Ergebnis der Änderungen, Feinanpassungen und Aggregateaufrüstung, die je zwei Startkatalysatoren und Kältemittelverdichter sowie einen zusätzlichen, neu entwickelten 320-Ampère-Generator mit Wasserkühlung einschloss, war der nach Werksangaben seiner Zeit leistungs- und drehmomentstärkste Serienmotor in einer Limousine. Er leistete aus 5,5 Liter Hubraum 550 PS bei 5.250 min^{-1} und

Tab. 29.2 Vergleich V12-Motoren Maybach/Rolls-Royce 1930/2003

	1930–1940: Maybach DS 8	2002: Maybach 57/62	2003: Rolls-Royce »Phantom«
Motortyp	Maybach DS 8	Mercedes M 285 Typ 12	BMW N73B68
Bauart/Zyl./Zyl.-Winkel	V12/60°	V12/60°	V12/60°
Bohrung × Hub (mm)	92 × 100	82 × 87	92 × 84,6
Hubraum (cm^2)	7.973	5.511	6.745
Leistung (PS/kW)	200/147	550/405	460/339
bei Drehzahl ($1\ min^{-1}$)	3.200	5.250	5.350
max. Drehzahl (Nm/min)	?	900/2.300	720/3.500
Verdichtung	6,3 : 1	9,0 : 1	11,0 : 1
Zündung	Einfachzündung	Doppelzündung	Einfachzündung
Gemischbildung	2 Solex Doppel-Steigstromvergaser, Saugmotor	elektronische Benzin-Saugrohreinspritzung, Biturbo/Ladeluftkühler	elektronische Benzin-Direkteinspritzung, Saugmotor
Ventile	1 Ein-, 1 Auslassventil	2 Ein-, 1 Auslassventil(e)	2 Ein-, 2 Auslassventile
Ventilsteuerung	1 NW unten im V	2 × 1 ohc Kette	2 × 2 ohc Kette
	Stoßstangen, Kipphebel	Rollenschwinghebel	Valvetronic/Doppel-Vano*
Kurbelwellenlager	8	7	7
Kurbelgehäuse	Leichtmetall, trockene GG-Laufbuchsen	Leichtmetall, nasse AlSi-Laufbuchsen	Leichtmetall, AlSi-beschichtet
Kolben	Alu (Nelson-Bohnalite)	Alu, spritzölgekühlt	Alu, spritzölgekühlt

* Valvetronic = variabler Ventilhub; Doppel-Vano = variable Ventilsteuerzeiten

lieferte ein Drehmoment von 900 Newtonmeter zwischen 2.300 min^{-1} und 3.000 min^{-1} (siehe Tab. 29.2). Im Vergleich zu den Zwölfzylinder-Motoren der Konkurrenz für Fahrzeuge der Ober- und Premiumklasse erreichte M285 eine höhere Nennleistung bei nicht komfortkritischen, moderaten Drehzahlen und ein höheres Drehmoment schon bei niedrigen Drehzahlen. Dank Alu- und Magnesium-Druckguss für Kurbelgehäuse, Zylinderkopfhauben und Ölwanne, Alu-Silizium-Zylinderlaufbuchsen, hohlgebohrter Nockenwellen und anderer Maßnahmen brachte das Triebwerk nur 270 kg auf die Waage und erfüllte die Abgasgrenzwerte nach EU 4 und LEV 1 (USA).

Den Motor stellte DaimlerChrysler als Maquette auf dem Genfer Salon 2002 (7.3.–17.3.) aus. Ihm gegenüber war ein V12-Motor aus dem Maybach Zeppelin 8 Liter aufgeständert, gebaut von 1930 bis 1940 (Abb. 18.11). Er forderte zu Vergleichen geradezu heraus:

Innerhalb eines dreiviertel Jahrhunderts erzielte demnach ein hubraummäßig um ein Drittel kleinerer Motor eine um das Zweidreiviertelfache höhere Leistung. Aus Raumgründen griff Daimler auf einen kompakteren Motor zurück, rüstete diesen aber mit zwei Turboladern und Wasser-/Luft-Interkühlern (Ladeluftkühlung) hoch. Anders dagegen BMW: Für die zum Jahresanfang 2003 wiederbelebte Rolls-Royce-Modellbezeichnung »Phantom«[15] erhöhten die Bayern den Hubraum des aus dem 760i bekannten V12-Motors deutlich, blieben leistungsmäßig dennoch unter den Werten des Maybach-Motors. BMW im Übrigen ließ sich nicht dazu verleiten, einen aufgeblasenen 7er als neuen »Phantom« herauszubringen, sondern griff auf die angeblichen Werte der englischen Marke zurück, die die schweizerische Automobil Revue so zusammenfasste: »Monumental im frontalen Auftritt, fliessend-elegant mit Ecken und Kanten in der Silhouette, imposant-schlanker – und möglichst geräuschloser – Abgang«.[16]

Außer den beiden Motoren war in Genf 2002 auch das neue Luxusfahrzeug zu sehen oder, besser gesagt, zu erahnen, denn es war nicht viel mehr als eine Silhouette hinter einer Glaswand zu erkennen, was Publikum und Fachwelt einigermaßen irritierte. Dazu erklärte Jürgen Hubbert, Vorstand für Entwicklung und Produktion für Mercedes-Pkw, dass es »uns ... ja nicht um eine Fahrzeugpräsentation [ging] ... Also müssen wir zunächst den Mythos der Marke (Maybach) aufbauen«[17].

29.4 ... und Hochleistungsfahrwerk

Antriebsstrang und Fahrwerk, die nachstehend im Einzelnen beleuchtet werden, wurden in mehr als 20 ältlichen gepanzerten Limousinen der S-Klasse (W140) erprobt. Gepanzert deshalb, um die Aggregate auf die mit 3 bis 4 Tonnen zulässigem Gesamtgewicht veranschlagte Masse der späteren Maybach-Modelle abzustimmen. Testfahrten am Großglock-

[15] BMW sprach seit der Markteinführung im Januar 2003 vom »Phantom«. Er müsste eigentlich »Phantom VII« heißen, weil er (2003) den vorläufigen Abschluss einer kontinuierlich produzierten Baureihe darstellte: Phantom I 1925–1929; Ph II 1929–1935; Ph III 1936–1939; Ph IV 1950–1956; Ph V 1959–1968; Ph VI 1968–1991; Ph (VII) 2003–2017, Ph VIII seit 2018. Die Produktion des ab 1998 produzierten »Seraph«/»Silver Seraph« lief Ende 2002 aus.

[16] *AR* vom 9.1.2003, »Phantom vor der Oper«.

[17] Zitiert nach *ams*, Heft 7/2002, S. 196: »Keiner von uns«.

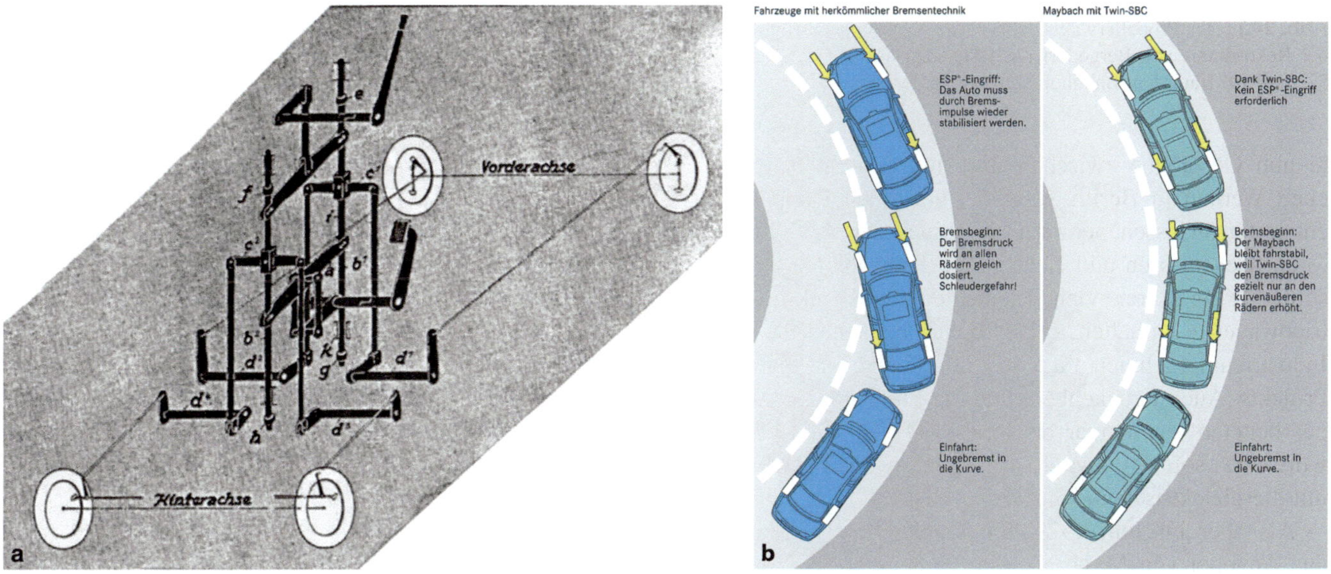

Abb. 29.6 Während beim Maybach von 2002 (**b**) Befehle elektronisch übertragen und die Räder unter Mithilfe anderer elektronischer Systeme individuell verzögert werden, versuchte man beim Maybach von 1922 (**a**, siehe auch Abb. 18.6) einen für alle Räder gleichmäßigen Bremsdruck durch ein kompliziertes Hebelwerk mit zahlreichen Reibungsflächen (= Schmierstellen) aufzubauen. Obwohl hydraulische Bremsanlagen bei amerikanischen Mittelklassewagen schon 1924 (Chrysler) auftauchten, hielt Maybach als Luxuswagenhersteller bis zum bitteren Ende (1941) an mechanischer Bremskraftübertragung fest.
a 1922–1928 Maybach 22/70 PS W 3, 6 Zylinder, 5.739 cm^3, 70 PS/52 kW bei 2.200 min^{-1}
b 2002–2012 Maybach 57, V12 Zylinder, 5.511 cm^3, 550 PS/405 kW bei 5.250 min^{-1}

ner z. B. führten zu überhitzten Bremsen, sodass auf 19-Zoll-Räder mit größer dimensionierten Scheibenbremsen umgestellt werden musste. Für die größeren Räder entwickelte Continental speziell für Maybach die Reifen PremiumContact 275/50 R19 W XL (Sommer) und TS 790 WinterContact 275/50 R19 H XL (Extra Load), beide mit einem zwischen Felge und Reifen montierten Stahlring als Pannenlaufsystem (Sonderwunsch). Von Conti stammten auch die von der S-Klasse schon bekannte Luftfederung, hier verfeinert, sowie Tempomat, Steuergeräte und weitere Bauteile.

Der Antrieb der Hinterräder – Vierrad- oder Elektroantrieb waren nicht vorgesehen – erfolgte auf konventionelle Weise über Differenzial, dreigeteilte Gelenkwelle und Fünfstufen-Automatik. Hier handelte es sich um das werkseigene W5A900-Getriebe für ein maximales Drehmoment von 900 Nm, Weiterentwicklung des W5A580-Getriebes mit 580 Nm. Ein neu entwickelter Wandler mit Überbrückungskupplung, verbreiterte Planetensätze, eine modifizierte elektrohydraulische Steuereinheit und weitere Anpassungen erhöhten die Drehmomentkapazität von 580 auf 900 Nm. Trotz höherer Drehmomentübertragung und eines um 12 mm längeren Getriebegehäuses »Leichtbau« auch hier, denn das 900er-Getriebe wog 1,5 kg weniger als das 580er aus der S-Klasse.

Das hohe Drehmoment erforderte auch bei Bauteilen, die seit rund 120 Jahren im Automobilbau üblich waren und die man im Griff zu haben meinte, Neu- und Weiterentwicklungen. So traten bei den Gelenkwellen in einem bestimmten Geschwindigkeitsbereich Schwingungen auf, die durch neu entwickelte Lager mit dämpfender Elastomermischung und zunehmender Steifigkeit beseitigt werden konnten. Auch das stärkste aus dem Werk stammende Hinterachsgetriebe für die S-Klasse »Sonderschutz« musste den hohen Drehmomenten und Gewichten durch Verstärkung des Gehäuses, der Ausgleichsverzahnung und durch weitere Modifikationen angepasst werden. Desgleichen die Antriebswellen: Hier traten hohe Drehmomente auf, die mit torsionssteifen, induktiv gehärteten Hohlwellen und mit neu entwickelten homokinetischen Ringgelenken in Monoblockbauweise beherrscht werden konnten.

Auch beim Fahrwerk griff man auf bestehende Aggregate zurück, entwickelte sie jedoch für die erhöhten Ansprüche im Maybach weiter. Zu nennen ist in erster Linie das 2001 von Mercedes bei der SL-Klasse eingeführte, dem Maybach angepasste elektrohydraulische Bremssystem SBC (Sensotronic Brake Control), bei dem Befehle des Fahrers nicht mehr mechanisch oder hydraulisch, sondern elektronisch per Kabel übertragen werden. Zwei Steuergeräte verarbeiten Druck und Geschwindigkeit der Bremspedalbetätigung und die Sensorsignale anderer elektronischer Assistenz-Systeme und stimmen den Bremsbefehl auf die tatsächlichen Verhältnisse an jedem einzelnen Rad ab. So wird bei Kurvenfahrt ein höherer Bremsdruck für die kurvenäußeren Räder aufgebaut als für die kurveninneren, weil außen der Aufstandsdruck größer ist als innen (Abb. 29.6). Das ergibt bei angepasster Verzögerung ein stabileres Bremsverhalten als bei einem

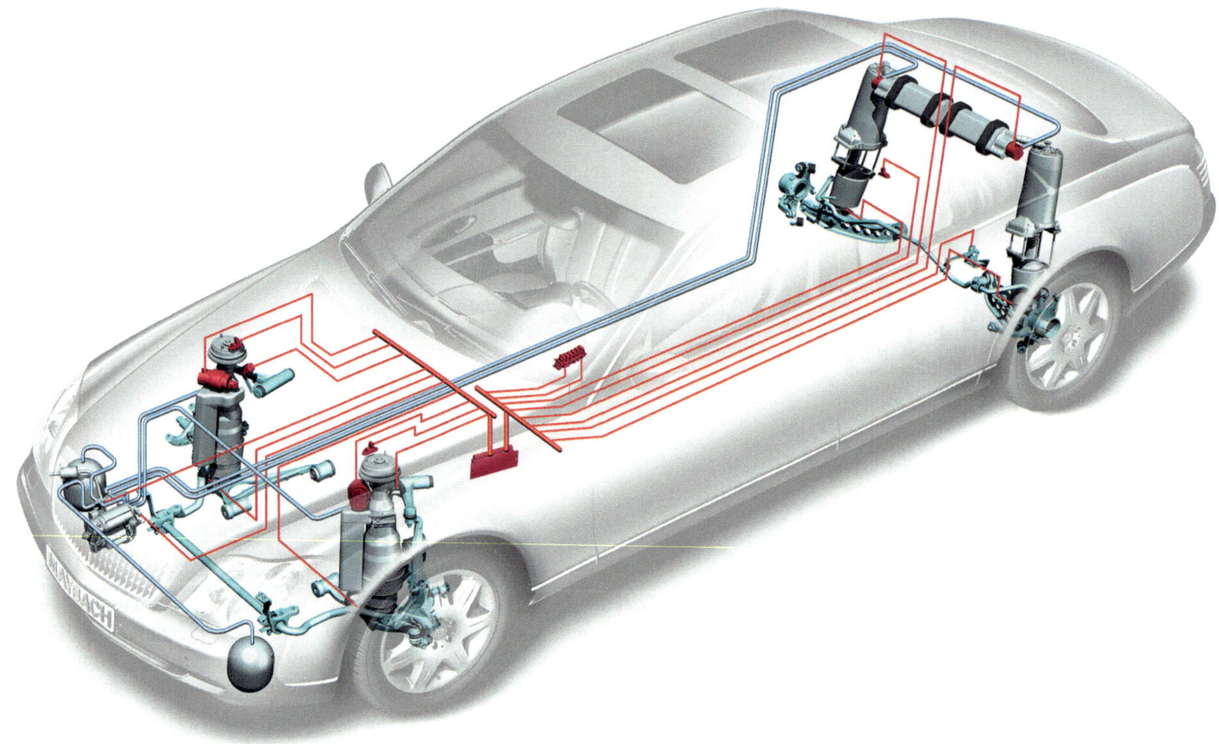

Abb. 29.7 Die bereits aus der S-Klasse bekannte, elektronisch gesteuerte Luftfederung AIRMATIC wurde für den Maybach angepasst und besteht aus Luftfederbeinen an allen vier Rädern mit ADS II-Verstelldämpfern, Kompressor und Verteilerblock, zwei parallel geschalteten Zentralspeichern, zwei Druckspeichern für schnellen Niveauausgleich, elektronischem Steuergerät mit CAN-Busvernetzung sowie Tastern und Sensoren für Drehwinkel, Lenkwinkel und Aufbaubeschleunigung

konventionellen Bremssystem, bei dem der Bremsdruck an allen vier Rädern gleich hoch dosiert ist und bei dem das Schleudern durch Bremsimpulse des ESP unterdrückt werden muss.

Weitere Vorteile des SBC sind:

- verkürzte Anhaltewege bei Notbremsungen durch Anlegen der Bremsklötze schon beim Gaswegnehmen;
- variable Bremskraftverteilung mit stufenloser Anpassung an die Räder vorn/hinten links/rechts in Abhängigkeit von Geschwindigkeit, Lenkeinschlag und Fahrtrichtung;
- keine Pedalpulsation (»Stottern«) bei ABS-Bremsungen;
- kein verzögertes Ansprechen wegen nasser Bremsscheiben, weil bei erkannter Nässe – hierzu wird die Bewegung der Wischerarme ausgewertet – die Bremsscheiben durch kurzzeitiges Anlegen der Bremsklötze trockengebremst werden;
- automatische Überwachung der Bremsanlage auf Dichtheit und Funktionsfähigkeit
- und weitere Vorteile.

Das Bremszeug selbst umfasst innenbelüftete Scheibenbremsen mit Durchmessern von 37,6 cm vorn (RR »Phantom« 37,4) und 35,5 cm hinten (RR »Phantom« 37), wobei die vorderen zwei Sättel mit jeweils vier Kolben statt von einem Achtkolbensattel verzögert werden. Untersuchungen hatten ergeben, dass der 2 × 4-Kolbensattel bei gleicher Bremsleistung Vorteile in den Disziplinen Achsschenkelbeanspruchung, Krafteinleitung, Belagführung und Geräuschkomfort aufwies und nur bei Kosten und Gewicht dem 8-Kolbensattel unterlegen war. Zwei unter 140 bis 160 bar stehende Speicher halten die Bremsflüssigkeit unter Druck, die in acht unabhängig voneinander wirkenden Bremskreisen über acht Raddruckmodulatoren auf die Bremszangen wirkt. Das Gesamtsystem ergibt bei kurzen Ansprechzeiten hohen Bremskomfort und größtmögliche Sicherheit.

Um hohe Fahrdynamik, Fahrsicherheit und Fahrkomfort zu erreichen, erhielt der Maybach ein Luftfedersystem in Verbindung mit einem ADS II genannten adaptiven Dämpfungssystem (Abb. 29.7). In Zusammenarbeit mit Continental entstand ein Federungs-, Dämpfungs- und Niveauregelsystem mit komfortablem Schwingungsverhalten bei nahezu konstanter Eigenfrequenz bei leerem oder beladenem Fahrzeug, mit vollem Federweg auch bei Beladung, mit Absenkung des Fahrzeugs um 15 mm ab 140 km/h zur Reduzierung des Luftwiderstands, mit manueller Niveauanhebung um 30 mm beispielsweise bei Garageneinfahrten, mit Dämpfkrafterhöhung bei plötzlichen Ausweichmanövern und mit einer Funktion, die noch vor dem Start die Karosserie auf Normalhöhe anhebt. Eine Vorauserkennung

Abb. 29.8 Vorderradaufhängung mit Dreiecksquerlenker unten aus geschmiedetem Stahl, oben aus Alu mit Abstützung unten gegen den Fahrschemel, oben gegen die Karosserie. Weit außen angebrachtes Federbein, bestehend aus Luftfeder und extern angebrachtem ADS-Modul. Der Fahrschemel aus Stahlblech ist von der Karosserie mit vier hydraulisch gedämpften Lagern von der Karosserie entkoppelt. 2 × 4-Kolbensättel auf innenbelüfteter Bremsscheibe; elektrisch höhen- und längsverstellbare Sicherheitslenksäule; Kugelumlauflenkung mit elektronisch geregelter hydraulischer Lenkkraftunterstützung; im Reifen Conti-Sicherheitsring (Sonderausstattung)

Abb. 29.9 Hinterachse mit Fahrschemel, bestehend aus zwei halbkreisförmigen Seitenteilen und zwei Querbrücken, die das Hinterachsgetriebe aufnehmen. Die Lager der im IHU-Verfahren geformten Seitenteile, die auch die Streben zur Radführung aufnehmen, sind als Hydrauliklager ausgebildet und koppeln Schwingungen und Stöße in allen drei Richtungen (Beschleunigungs-, Verzögerungs- und Seitenkräfte) ab. Darüber die aus den adaptiven Dämpfern gebildete »Brücke« der Luftfederung

der Straßenoberfläche per Stereokamera mit entsprechender Reaktion von Federung und Dämpfung gab es um das Jahr 2000 noch nicht, und auch mitlenkende Hinterräder waren beim Maybach nicht vorgesehen.

Zur Aufhängung der Vorderräder dienen die bei Mercedes und im allgemeinen Automobilbau üblichen Doppelquerlenker, hier mit Fahrschemel, der aus schwingungstechnischen Gründen mit vier Hydrolagern am Vorbau befestigt ist (Abb. 29.8). Sturz und Nachlauf können über Exzenter stufenlos eingestellt werden. Die Hinterachse (Abb. 29.9) ist, wie bei Mercedes ebenfalls üblich, als Raumlenkerachse ausgeführt, jedoch wurden nahezu alle Bauteile neu entwickelt. Wegen des hohen Motordrehmoments von 900 Nm und der hohen zulässigen Achslast von 2.080 kg besteht der eigentliche Fahrschemel, der Differenzial, Radaufhängungen und Luftfederbeine aufnimmt, aus Stahlblech, wobei die halbkreisförmigen Seitenteile die Kräfte über die Lager großflächig in den Rohbau leiten.

29.5 Karosserie-Exterieur und -Interieur

Bei weitgehender Teilegleichheit zwischen 57er und 62er Ausführung – Dach, Türen Kardanwelle u. a. ausgenommen – besteht der Karosserie-Rohbau im Gegensatz zur fachwerkartigen Aluminium-Tragstruktur des Rolls-Royce »Phantom« (VII) zu 81 % aus hoch- und höchstfesten Stahlblechen (Abb. 29.10), die trotz der geringeren Blechdicke genügend Sicherheit bieten und das Gewicht im Rahmen halten. Eine große Verformungszone im Vorbau mit Längsträgern und anschließenden Gabelträgern leitet die kinetische Energie im Fall einer versetzten oder Frontalkollision über Boden, Tunnel und Seitenwand sowie über A-Säulen und Dach und baut sie kontinuierlich ab. Ein Rohrrahmen aus höchstfestem Stahl in A-Säule, vorderem Dachrahmen und B-Säule schützt die Insassen zusätzlich bei Überschlägen, Frontal- und Seitenkollisionen. Selbstverständlich sind Rohbau und Karosserie nach Barényis Knautschpatent von 1951 ausgelegt[18].

Eine Besonderheit ist das Moduldach, das es ermöglicht, ohne weitere Änderungen am Rohbau unterschiedliche Dächer aufzusetzen, z. B. Alu-Festdach beim 57er oder Panoramadach beim 62er Maybach (Abb. 29.11). Karosserieteile wie Türen, vordere Kotflügel und Motorhaube sind aus Aluminium, die Heckklappe aus Kunststoff. Erwähnenswert ist der stufenlose Türhalter. Während konventionelle Türhalter die Tür in zwei definierten Positionen halten, hält der Maybach-Türstopper ab 15° Öffnungswinkel die Tür in jeder beliebigen Stellung. Die Fondtüren des Maybach 62 sind zudem mit einer Türzuziehung ausgestattet, bei der ein Elektromotor über ein Flaschenzugsystem die Tür aus jedem beliebigen Öffnungswinkel, der maximal 85° beträgt, auf Tastendruck zuzieht. Das System erkennt Hindernisse, gibt also eingeklemmte Gegenstände frei, auch kann die Tür manuell und ohne großen Kraftaufwand geschlossen werden.

[18] DE-Patent 854 157 vom 23.1.1951: Kraftfahrzeug, insbesondere zur Beförderung von Personen (»Knautschpatent«). Erfinder: Béla Barényi, Stuttgart.

Abb. 29.10 Rohbau des Maybach 57 mit gestaltfester Zelle, abnehmender Steife vorn und hinten und »hartem Rand« (Knautschpatent). Tunnel aus stärkerem Blech mit aufgesetzter Verstärkung, Bodenbleche mit Schwellern verschweißt und mit zusätzlichen Querbrücken aus Alu-Druckguss verschraubt gegen Seitenaufprall und Beanspruchungen um die Längsachse

Die Herstellung der Heckklappe aus harzgetränkten Glasfasermatten im Formpressverfahren (SMC) stellte wegen des weichen, umgreifenden Radius – zugleich Designelement – besondere Anforderungen an Ingenieure und Werkzeugmacher (Abb. 29.12). Der schließlich fertig grundierte Heckdeckel wird an die Karosserie montiert, durchläuft mit dieser den KTL- und Lackierprozess, erhält diverse Antennen- und Empfangsmodule, die mit Spreiznieten an der Innenschale der Heckklappe befestigt werden, und wird schließlich mit Leitungssätzen und Innenverkleidung betriebsbereit gemacht. Die Heckklappe kann manuell oder per Fernbedienung geöffnet und geschlossen werden.

Die Verglasung besteht, wie üblich im Autobau, aus Verbundsicherheitsglas, hier jedoch mit infrarot-(IR-)reflektierender Beschichtung. Sie reduziert den Anteil der nach innen strahlenden Wärme von 60 auf 47 % (Frontscheibe) bzw. von 44 auf 36 % (Seiten- und Heckscheibe, Werte angenähert). Polyvinyl-Folien rundum dämpfen den Schall um etwa 6 Dezibel und erschweren zusätzlich gewaltsames Einschlagen der Scheiben. Beim Anlegen einer Spannung an der IR-Schicht der Windschutzscheibe kann diese beschlagfrei gehalten und beheizt werden (Sonderausstattung) und entlastet damit die Defrosteranlage.

Angesichts der Tatsache, dass der Mensch einen beträchtlichen Teil seiner Lebenszeit auf der Straße verbringt,

Abb. 29.11 Elektrotransparentes Panoramadach für Typ 62 (Sonderausstattung), äußerlich erkennbar an einer durchgehenden Glasfläche. Unterteilung in eine vordere Glasfläche für 30 Silizium-Solarzellen, die Sonnenlicht in elektrische Energie umwandelt und das Lüftungsgebläse der Frontklimaanlage versorgt. Die hintere Glasfläche, bestehend aus transparenter äußerer Scheibe und innerer Scheibe mit Flüssigkristallfolie, wird bei angelegter Spannung durchsichtig und bleibt ohne Spannung diffus. Ein elektrisch angetriebener Schiebehimmel verschließt oder gibt die Durchsicht frei

Abb. 29.12 Die Heckklappe mit der die Seitenteile umgreifenden Bördelung wurde von den Maybach-Stilisten als Designelement aufgefasst. Die in Wagenfarbe lackierten Stoßfänger aus Kunststoff schließen fugenlos an die Karosserie-Beplankung an und können dank nachgelagerter Schaumelemente Karosserierempler bis 4 km/h schadlos überstehen. Das rot eingefärbte, die Rückleuchten verbindende Band oberhalb des Stoßfängers erinnert an japanische Massenautos und wirkt eher peinlich.
2002 Maybach 62, techn. Daten vgl. Abb. 29.4

Abb. 29.13 Ein Maybach bei Nacht bietet bei einiger Fantasie Kaminfeuer-Atmosphäre: Vordere Leuchtfläche, Fond- und Fußraumbeleuchtung, Einstiegsleuchte (Typ 62) sowie Deckenfluter an B- und C-Säulen erleichtern Ein- und Ausstieg; darüber hinaus Suchbeleuchtung für Anzeigesymbole, Aufhellung des Mittelkonsolenbereichs und Leuchtstreifen zwischen B- und C-Säulen beim 62er ohne Panoramadach

mutierte der einst karge, von Sitzbänken und Riesenlenkrad dominierte Innenraum des Automobils zu einer Wohnlandschaft mit allerlei Komfort- und Unterhaltungsmerkmalen, die zumal im Stau dankbar angenommen werden. Denn auch in einem Maybach ist es nicht jedem Fahrgast vergönnt, sein Ziel dank Polizeieskorte und Blaulicht unter Missachtung der Verkehrsregeln und damit des demokratischen Prinzips der Gleichheit schnellstmöglich zu erreichen.

So machen »zahlreiche Innovationen und Detailentwicklungen ... den Maybach-Innenraum zu einem einzigartigen Ambiente in der automobilen Welt«[19]. Hierunter fallen das optional erhältliche elektro-transparente Panoramadach (Abb. 29.11), dessen Glas auf Knopfdruck klar oder milchig wird, und Lichtquellen, die je nach Zweck und örtlicher Anordnung als Suchbeleuchtung, Lese-, Fond- und Einstiegsleuchten, Aufhellung, Ausleuchtung, Lichtkegel und Leuchtstreifen ausgebildet sind. Sie alle sollen bei Nachtfahrt Komfort, Sicherheitsgefühl und Wohlbefinden steigern und auf die Wertigkeit des Innenraums hinweisen (Abb. 29.13).

Zentraler Blickfang im Innenraum ist jedoch die Lenkrad und Mittelkonsole einbeziehende Instrumententafel, zweites Gesicht eines Autos (Abb. 29.14). Sie wird horizontal von einem Lammellenzierband aus Holz durchzogen, das sich über die Türen bis zum Fond hinzieht. Oberhalb des Zierbands nimmt die Instrumententafel die unter einem Blendschirm zusammengefassten Analog-Instrumente auf, ferner Defrosterkanal, Klimadüsen, Lautsprecheranlage und Beifahrer-Airbag. Unterhalb des Zierbands sind links von der Mittelkonsole Zündschloss und Drehschalter für die Klimaanlage, rechts Handschuhkasten- und Telefonfachmodule untergebracht. Als Modulträger dient ein Rahmen aus Magnesium-Druckguss, der als tragende Struktur auch für den Fall eines Knieaufpralls ausgelegt ist.

Die Vordersitze sind nach dem bei Mercedes üblichen Integralsystem aufgebaut, d. h., die Rückhaltesysteme – Dreipunktgurte mit automatischer Gurthöhenanpassung, Leis-

Abb. 29.14 Die Generalansicht des Cockpits zeigt das von Lenkrad, Instrumenten und Mittelkonsole geprägte Fahrerabteil mit den Grundelementen Leder, Holz, Metall und auch Kunststoff, wobei dem Kunden die Wahl über helle und dunkle Ausstattungsfarben überlassen blieb. Das die Instrumententafel horizontal unterteilende Holzlamellenzierband setzt sich in den Türen fort, besteht aus formgepressten, gefrästen und lackierten Alublechen, Blind- und Edelfurnierlagen und wurde in Handarbeit hergestellt

[19] *ATZ/MTZ*, Sonderheft September 2002 »Der neue Maybach«, S. 92.

tungsstraffer, Gurtkraftbegrenzer einschließlich elektrischem Gurttragekomfort, Gurtschlosssensorik und Seitenluftsäcke – sind direkt mit der Sitzstruktur verbunden und können damit in jeder Position ihre volle Schutzfunktion entfalten. Elektrische Längs-, Neigungs-, Lehnen- und Kopfstützenverstellung mit Memory-Funktion, dynamische Lordosenstütze, Massagefunktion, automatische Kindersitzerkennung, Sitzheizung, Farbbildschirm in der Rückenlehne und die Belüftung durch zehn Lüfter (optional) treiben das Gewicht eines Vordersitzes auf 47,5 bis 52,5 kg je nach Ausführung.

Noch aufwendiger sind die Fondeinzelsitze ausgelegt. So wird hier erstmals ein unter den Sitzen befestigter Endbeschlagstraffer für den Beckengurt verbaut, der zusammen mit dem in Schulternähe befindlichen Leistungsstraffer die Gurtlose reduziert. Zusätzlich kommen manuell einstellbare Seitenwangen der Kopfstützen zum Einsatz, um in der Ruheposition den Seitenhalt des Kopfes zu verbessern. Der Maybach 62 bietet darüber hinaus Ruhesitze, bei denen sich per Tastendruck die Rückenlehne nach hinten neigt, die Unterschenkelauflage nach vorn hinausschiebt und die Fußstütze aufrichtet (Abb. 29.15). Im Fall eines Aufpralls richtet sich die Rückenlehne wieder auf. Sieben Elektromotoren bringen dieses »technische Meisterwerk«[20] in Position, wobei ein elektronisches Steuergerät mit Memory-Funktion für drei individuelle Sitz-/Ruhepositionen die logische Abfolge überwacht. Ergebnis sind Liegesessel von einer »Bequemlichkeit, die schlicht einzigartig ist … Der Komfort im Fond der Langversion definiert den Begriff Luxus völlig neu … Wer dabei, was schwerfällt, nicht sanft entschlummert«, fuhr die Zeitschrift fort, »kann auf ein vielfältiges Unterhaltungsangebot zurückgreifen«[21]. Als da wären: ein digitales Dolby-Mehrkanal-System, DVD-Abspielgerät, CD-Wechsler und je ein für die beiden Fondpassagiere unabhängiges Musik- und Fernsehprogramm mit in die Vordersitzlehnen einbezogenen Farbbildschirmen. Ab Herbst 2004 (Pariser Salon) konnten statt zwei auch drei Sitze im Fond bestellt werden.

Die teils mit Leder, teils mit Holzfurnier ausgestattete, durchgehende Mittelkonsole beherbergt im Fond neben Klapptischchen, Schalterfeld und zahlreichen Ablagefächern auch ein Kühlfach mit einer Vorrichtung, die Champagnerflasche und zwei Kelche aus feinem Silber standsichert. In der Konsole untergebracht ist zudem eine zweite Klimaanlage, die schon wegen der optional erhältlichen Trennwand erforderlich wurde (Abb. 29.15). Zwei in der Separation am Fahrzeugboden untergebrachte Radialgebläse schaufeln warme oder kalte Luft über elektrisch betätigte Klappen in den acht Luftabgängen in den Fondbereich, und zwar zugfrei auch dann, wenn sich ein oder beide Passagiere in ihren Sitzen in Ruhestellung befinden. Die Klimaregelung erfolgt über Betätigungsfelder in der Mittelkonsole vorn und hinten. Sie bezieht ihre Informationen von Sensoren für Luftfeuchte, Schadstoffgehalt und Sonneneinstrahlung sowie von Fühlern für Außenluft- und Innenraumtemperatur. Die Außenluft, die über ein Einlassgitter in der Motorhaube mit anschließender Wasserabscheidung einströmt, wird zunächst auf Pollen und Partikel gefiltert, danach auf gasförmige Verunreinigungen. Eine Automatik regelt die Frischluftzufuhr ab, wenn die Außenluft übermäßig belastet ist, z. B. in Tunnels. Auf Wunsch gibt es auch noch eine Standheizung mit Eisfrei-Vorrichtung für die Windschutzscheibe, einzuschalten über Schalter, Fernbedienung oder Zeitprogrammierung.

Abb. 29.15 Mit Blick auf die Sessel in der Spitzenklasse moderner Flugzeuge erhielt der Maybach 62 vielfältig verstellbare Fond-Ruhesitze. Bis auf die manuell klappbare Fußstütze (mit weichem Fersenpolster) erfolgen alle Sitzveränderungen elektrisch, wobei Sensoren Hindernisse im Fußraum erkennen, die Bewegungen stoppen und ein Stück zurückfahren. Die mit Leder, Holz und Chrom ausgeschlagenen Türinnenverkleidungen nehmen mehrere Staufächer auf sowie Seitenfenstergardinen, zusammen mit den Heckfenstergardinen so ziemlich die einzigen nostalgischen Attribute im und am ansonsten modernen Maybach

All das kostet viel Strom, und so weist der Maybach ein leistungsfähiges Bordnetz auf. Der »in einem PKW bislang leistungsstärkste Generator«[22] speist als Energieerzeuger gleich zwei Energiespeicher: Die eine Batterie dient zum Starten, die andere der Versorgung der elektrischen Verbraucher und der Pufferung von Leistungsspitzen im Bordnetz. Das Bordnetzsteuergerät als dritte wesentliche Komponente der Fahrzeugelektrik/-elektronik schließlich übernimmt die Energieverwaltung, d. h. Batterieladung, Zuteilung/Abschaltung von Verbrauchern, Übergabe der Spannungsversorgung an die Starterbatterie bei entladener Versorgungsbatterie und

[20] *Maybach – Das Kompendium.* Presse-Information. Stuttgart 21. Oktober 2002, S. 25.

[21] *ams*, Heft 23/2002, S. 26 f.: »Maybach is my castle«.

[22] *ATZ/MTZ*, Sonderheft September 2002 »Der neue Maybach«, S. 120.

Tab. 29.3 Technische Daten 2002 Maybach 57 (und 62)

Motor	Wassergekühlter V12, 5.511 cm^3, 550 PS/405 kW; Maybach 57: W240; (Maybach 62: V240)
Kraftübertragung	5-Stufen-Automat auf Hinterräder: I. 3,59; II. 2,19; III.1,41; IV.1,00; V. 0,83; R. 3,16; Achse 2,82
Fahrwerk	VA: Doppelquerlenker, 4 Hydrolager am VA-Träger, Stabilisator; HA: Raumlenker mit Fahrschemel aus Stahl, Stabilisator
FDN[a]	Volltragende Luftfedersysteme an VA und HA mit Niveauregulierung AIRMATIC DC; Drehstab-Stabilisatoren; Anfahr- (nur HA) und Bremsmomentabstützung
Bremsen	Elektronisch geregeltes und überwachtes hydraulisches Bremssystem SBC mit acht Bremskreisen und mechanischer Hilfsbremsfunktion bei Systemstörungen; ABS; Bremsassistent; Feststell-Trommelbremse auf Hinterräder; ESP; innenbelüftete Bremsscheiben: VA: Ø 376 × 34, 4 × 4 Kolbenfestsattel; HA: Ø 355 × 32, 2 × 4 Kolbenfestsattel; Bremsverzögerung 100–0 km/h: kalt 39,8 m/warm 39,9 m
Lenkung	Kugelumlauflenkung mit geschwindigkeitsabhängiger Lenkkraftunterstützung und Lenkungsstoßdämpfer; elektrisch höhen- und längseinstellbare Lenksäule; Vierspeichenlenkrad mit Airbag, verformungsfähigen Speichen und beholzten Multifunktionsschaltern mit beleuchteter Symbolik
Räder/Reifen	Leichtmetallfelgen 8 J × 19 ET 67; Reifen 275/50 R 19 mit Notlaufstützring (a. W.) und Luftdrucküberwachung; Reserverad ohne Mehrpreis erhältlich
Kraftstoffanlage	Stahltank mit Aktivkohlefilter, crashsicher über HA; Tankinhalt/Reserve 110/14 l; Kraftstoffpumpe mit Bedarfs- statt Dauerförderung; ROZ 91 bis 98
Elektrik/Elektronik	Wassergekühlter Generator 350 A ca. 4,5 kW; 2 Akkus für Starterbatteriekreis und Bordnetzbereich; 4 CAN- und einige Sub-Bus-Systeme; MOST-basierter Telematikring
Abmessungen	L × B × H: 5728 × 1980 × 1572 mm (6165 × 1980 × 1573 mm); Radstand 3390 mm (3827 mm); Spur v/h 1.675/1.695; Wendekreis 13,4 m (14,8 m); Kofferraum 605 Liter (ohne Ersatzrad)
Gewichte	leer fahrfertig 2.735 (2.855) kg; max. zul. Gesamtgewicht 3.260 (3.380) kg; Zuladung 525 kg, Achslastverteilung $v : h = 52 : 48\,\%$
Fahrleistungen	V_{max} 250 km/h, abgeregelt; Beschleunigung 0–100 km/h: 5,2 (5,4) s; Leistungsgewicht 4,84 (5,05) kg/PS oder 6,57 (6,86) kg/kW; Verbrauch 17–21 l/100 (Testverbräuche) entsprechen 391–483 g/km CO_2 (Euro 3 ab 01.01.2001: Grenzwert 230 g/km CO_2)
Grundpreise	359.600 € (417.600 €)

[a] FDN = Federung, Dämpfung, Niveauregulierung

weitere Aufgaben. Vier CAN-Bussysteme, einige Sub-Bussysteme, insgesamt 76 Steuergeräte sowie »eine Vielzahl von Sensoren und Aktoren arbeiten für das Wohlbefinden des Kunden«[23], der sich letztlich in einem technischen Schlaraffenland wähnt: neben den bereits erwähnten Entertainment-Systemen eine komplette Business-Ausstattung mit Internet-Zugang, mit Anschlüssen für Fax und Laptop, mit zwei fest eingebauten, für Fahrer- und Fondabteil unabhängigen Telefonen, mit Gegensprechanlage für Fahrzeuge mit Trennwand, zusätzlich Elektrolumineszenz-Schiebehimmel, Multikonturlehnen an allen Sitzen, individuelle Klimatisierung und dergleichen Wunderdinge mehr. Die Errungenschaften moderner Technik, so ein Kommentar in der deutschen Tagespresse, »hatten sich dem Ziel eines maximalen Komforts und der Qualität des genießerischen Fahrens unterzuordnen«[24].

Wenn auch dem Komfort und damit dem Langstreckenkomfort, definiert durch die Kriterien Federung, Abrollen, Schwingungsverhalten und niedriges Geräuschniveau, ein hoher Stellenwert eingeräumt wurde, erhielten Fahrstabilität, Lenk- und Bremsverhalten sowie Aerodynamik mit ihren Schwerpunkten Scheiben-Schmutzfreihaltung und Aeroakustik nicht weniger Aufmerksamkeit. So ließ sich der Schalleintrag in den Innenraum, hervorgerufen durch Reifenabrollgeräusche und Geräuschreflexionen an Tunnelwänden, Leitplanken und Gegenverkehr, mit 7,2 mm dickem Verbundglas und Sperren in den unteren Türteilen deutlich verringern, unterstützt von großen Radien an der Außenhaut und zweckentsprechende Gestaltung der Türdichtungen. Textile Radlaufverkleidungen an den hinteren Radläufen, Schwerfolien in den Teppichen und das Ausschäumen von Karosseriehohlräumen tragen weiterhin zur Schalldämpfung bei.

Abstimmung und Erprobung der Karosseriekomponenten fanden zwischen 1999 und 2002 statt, sie umfassten Dauerläufe auf schlechten Wegen und guten Straßen unter allen klimatischen Bedingungen wie Kälte, Hitze, Staub und Regen in den entsprechenden Regionen Europas, Arabiens und den USA. Teilweise mussten die Funktionalität und das Zusammenspiel der einzelnen Systeme in 24-Stunden-Programmen durchgezogen werden, um September 2002 als Premierenmonat einzuhalten zu können.

Zu diesem Zeitpunkt und mit dieser Technik- und Komfortauslegung (vgl. Tab. 29.3 und 29.4) war der Maybach das wohl fortschrittlichste Automobil und den bis dato gebauten Rolls-Royce- und Bentley-Modellen überlegen. Denn die beiden Luxuswagen aus England waren nur exklusiv und

[23] ATZ/MTZ-Sonderheft September 2002 »Der neue Maybach«: Kraftfahrzeug, insbesondere zur Beförderung von Personen (»Knautschpatent«). Erfinder: Béla Barényi, Stuttgart.

[24] *FAZ* vom 2.3.2003: »Die Lust am Luxus des Phantoms«.

Tab. 29.4 Karosserie und Ausstattung 2002 Maybach 57 (und 62)

Karosserie	4-türige, selbsttragende Stahlblechkarosserie mit Moduldach-System und 3 (4) Querbrücken aus Alu-Druckguss in Bodenanlage; durchlaufender Stahlrohrrahmen von A- zu B-Säulen; Dach, Motorhaube, Türen und vordere Kotflügel aus Alu; Heckklappe aus Kunststoff und mit Spoilerkante für definierten Strömungsabriss; $c_w = 0{,}30$–$0{,}31$; Stirnfläche 2,62 m^2
Hersteller	DaimlerChrysler AG Werk Sindelfingen
Verglasung	Verbundglas rundum inkl. Schiebe-/Hebe-(Panorama-)Dach mit IR-reflektierender Beschichtung (Minderung Wärmestrahlung) und 2/4 Lagen PVB-Folie (Schalldämpfung, Einbruchsicherheit)
Beleuchtung	Xenon-Gasentladungslampe für Abblend- und Fernlicht mit autom. Leuchtweitenregelung; LEDs v/h; Heckleuchtband; Leuchten für Lesen, Fond, Einstieg, Ausleuchtung, Aufhellung
Klimatisierung	2 Klimaanlagen; 2 Bediengeräte; 4 Klimazonen mit autom. Luftmengensteuerung pro Luftauslass
Interieur-Sicherheit	10 Airbag-(Front-, Fenster-, Seiten-)Systeme; Sitz-integrierte Dreipunktsicherheitsgurte mit autom. Gurthöhenanpassung, Gurt- und Endbeschlagstraffern; Unfallschwere-Erkennung; Überrollsensor; Sitzbelegungs- und Kindersitzerkennung für Beifahrersitz; automatisches Notrufsystem
Korrosionsschutz	Verzinkte Feinbleche, Hohlraumkonservierung, PVC-Unterbodenverkleidung
Lackierung	17 Farbtöne, darunter 16 Metallic-Lackierungen, für Zweifarbenlackierungen kombinationsfähig; Klarlackaufträge
Ausstattung	Industrialisiertes Grundangebot. Individualisierung möglich. Serie 57: Bi-Xenonlicht; Nebelscheinwerfer; Fahrlichtassistent; Bordcomputer; Einparkhilfe; Fahrdynamikregelung/ESP; elektr. Fensterheber; autom. abblendbarer Innenspiegel; Staubpollenfilter; Klimaautomatik; elektr. einstellbares Lenkrad; Edelholz- und Lederausstattung; Navigationssystem; elektr. verstellbare Sitze; Sitzheizung; Radio mit CD-Laufwerk; Telefon mit Freisprechanlage; TV-Tuner und Bose-Surround-System; Regensensor; Servoschließung der Türen und Kofferklappe; Zentralverriegelung mit Fernbedienung; Leichtmetallräder; Reifendruckkontrolle; Tirefit/kein Reserverad Serie 62: wie Serie 57, zusätzlich: elektr. Fond-Ruhesitze mit programmgesteuerter Massagefunktion; Fond-Klapptische Auf Wunsch 57 (Euro): Abstands-Regeltempomat/Distronic 3.470; Glas-Dunkeltönung 1.450; Keyless-Go-System 1.120; Fond-Klapptische 4.700; Champagnerkühler 3.750; belüftete Komfortsitze hinten 1.680; Fond-Mobiltelefon 3.130; Kopfhörer 2-fach 1.120; heizbarer Lenkradkranz 500; fernbediente Standheizung 2.460; elektr. Fond-Scheibengardinen 3.360; Rechtslenkerzuschlag 11.190; Solarmodul für Innenraumbelüftung 2.240; Trochoid-Leichtmetall-Schmiederäder 2.240; Reserverad (kein Mehrpreis) Auf Wunsch 62: wie bei 57, zusätzlich: Gegensprechanlage 1.340; elektrotransparentes Panorama-Glasdach 16.230; Trennwand mit elektrotransparenter Scheibe 33.101

teuer, »von technischer Extraklasse konnte nicht die Rede sein«[25], weil den bisherigen Eigentümern die Investitionsmittel fehlten. Doch mit der Übernahme von Rolls-Royce durch BMW und von Bentley durch Volkswagen hatte sich eine neue Situation ergeben, die den Maybach nicht automatisch zum Favoriten machte.

29.6 Wiederauferstehung nach 61 Jahren

Der September 2002 sollte nach Vorgabe der Firmenleitung unbedingt eingehalten werden: erstens wegen des Pariser Salons, zweitens, um der Präsentation des Rolls-Royce »Phantom« auf der Detroit Auto Show Anfang 2003 zuvorzukommen. Überraschenderweise stellte DaimlerChrysler dem prestigeträchtigen Konkurrenten auch noch eine Uraufführung der besonderen Art entgegen: Um Amerika auf Maybach einzustimmen – Daimler hoffte, dorthin 40 % der Produktion verkaufen zu können –, verschifften die Stuttgarter einen Typ 62 in einem gläsernen Container auf der »Queen Elizabeth 2« nach New York (Abb. 29.16). Nach Ankunft dort verbrachte ein Transporthubschrauber den Maybach zur 55 Wall Street, wo dessen Reise am 2. Juli 2002 im Ballsaal des Regent Hotel in einer »schlichten Präsentation«[26] vor der Weltpresse ihr vorläufiges Ende fand.

Abb. 29.16 Der Maybach in seinem gläsernen Käfig verschwand nicht im Frachtraum der »Queen Elizabeth 2«, sondern wurde auf dem Sonnendeck deponiert. Drei Passagiere fanden Interesse am Maybach und setzten sich mit dem Maybach-Vertrieb in Verbindung

Am 24. Juni 2002 verließ das erste Exemplar des neuen Maybach die Manufaktur in Sindelfingen, die Publikumspremiere fand am 28. September 2002 auf dem Pariser Salon statt. Ausgestellt war Typ 57 in grüner Zweifarbenlackie-

[25] *ams*, Heft 23/2002, S. 3: »Maybach is my castle«.

[26] *AR* vom 11.7.2002: »Maybachs Reise nach New York«.

rung. Die Urteile von Messebesuchern und Publikum waren zwiespältig. Die einen sahen im Maybach eine »Art der Fortbewegung, die es in dieser Form noch nicht gegeben hat«[27], die anderen eine verlängerte S-Klasse, wieder andere »eine handgefertigte Monstrosität, ein(en) virtuellen Tabubruch im Zeitalter der Götterdämmerung«[28]. Die Zukunftsfähigkeit eines Maybach in Europa wurde angezweifelt, und für Mitglieder des 1966 gegründeten Maybach-Clubs »ist der Neue gar kein echter Maybach«[29].

In den Fachzeitschriften fanden sich Urteile statt Vorurteile: Die schweizerische »Automobil Revue« war beeindruckt von der Laufruhe, und »alles, was wir bisher über leise Autos geschrieben haben, bedarf der Revision ... Im Stand ist es auch in manchen anderen Luxuslinern still wie in einer Kirche ... aber wenn einzig die Tachonadel einen Hinweis darauf gibt, dass man sich der elektronisch gesetzten Grenze von 250 km/h nähert und man sich dabei auch von den weit entfernten Liegesesseln problemlos in normaler Tonlage mit dem Chauffeur unterhalten kann, dann kann es sich aktuell nur um einen Maybach handeln«[30]. Folgerichtig konnte eine ursprünglich für die Serie vorgesehene Gegensprechanlage entfallen, die dann nur noch bei eingebauter Trennwand benötigt wurde.

Begeisterung fand auch das »Wohnzimmer« mit seinen Sesseln, »gegen die selbst die Entspannungsliegen in Wellness-Hotels wie Pritschenbetten wirken dürften (Abb. 29.15). Sitzkissen, Oberschenkelpolster, Multikontur-Rückenlehne und Kopfstütze lassen sich elektrisch in der Länge bzw. im Neigungswinkel verstellen und passen sich so dem individuellen Körperbau an ... Die teleskopartig ausziehbare Fußstütze mit Unterschenkel-Abstützung und die Kopfstütze mit ausklappbaren Seitenwangen sorgen für eine perfekte Schlummerposition ... Im Maybach 62 ist das Nickerchen sogar während der Fahrt gestattet. Das neue Pre-Safe-System aus der Mercedes S-Klasse verhindert beim Frontalcrash selbst in Liegeposition ein Durchtauchen ... des Passagiers unter dem Beckengurt«[31].

Auch Motor und Antriebsstrang ernteten Lob. »Es gibt (wenige) Sportwagen«, so die Stimme aus der Schweiz[32], »die schneller aus dem Stand auf 200 km/h kommen, aber keiner von ihnen absolviert die Disziplin so unaufgeregt wie der neue Luxusliner aus Sindelfingen. Drehmoment ohne Ende, unwiderstehlich aus dem Stand heraus. Sanfteste Schaltmanöver selbst bei vollem Schub«. »Hinzu kommt eine Laufkultur, an der sich die weltweite Zwölfzylinder-Konkurrenz die Zähne ausbeißen dürfte«, echote es aus Deutschland[33].

Die weltweite Zwölfzylinder-Konkurrenz bestand im Wesentlichen aus deutschen Herstellern, was Limousinen betrifft: BMW 7er (seit 1987), Mercedes S-Klasse (seit 1991) und Neuling VW Phaeton ab Mai 2002, dessen W12-Maschine auch in den Konzern-Marken Bentley Continental GT seit 2003 und Audi A8 seit 2004 verbaut wird. Demnach bot Deutschland in diesem Jahr, Maybach hinzugerechnet, fünf Zwölfzylinder-Modelle plus Bentley an – die USA als vermeintlich potenteste Motornation kein einziges. Eine solche Konstellation hatte es noch nie gegeben. Cadillac und Lincoln, einzige Überlebende einer einst größeren Zwölf- und 16-Zylinder-Clique in den USA der 1930er Jahre, begnügten sich mit V8-, Dodge Viper und Ram mit V10-Motoren. Blieben lediglich die Rolls-Royce- und die nur in Asien angebotenen Toyota Century- und Hongqi-Limousinen mit Zwölfzylinder-Motoren. Die Sportwagenhersteller Ferrari und Lamborghini werden hier nur der Vollständigkeit aufgeführt, ebenso das Vanquish-Coupé von Aston Martin.

Mit dem Anspruch, »jeden Maybach zum Einzelstück und zur einzigartigen Kreation für seinen Besitzer werden ... und das endgültige Produkt zum Primus unter den Luxus-Limousinen werden [zu] lassen«[34], müssten demnach Maybach 57 und 62 die Zwölfzylinder-Konkurrenz und sämtliche darunter angesiedelten Personenwagen in Technik und Komfort überragen. Tatsächlich warf die Presse mit Superlativen um sich: »Weltweit einzigartig(e) Repräsentationslimousine«[35]; »Maybach toppt sogar Rolls-Royce«[36]; der »Maybach 62 ist eine ... Demonstration des technisch derzeit Machbaren«[37]; mit »den beiden neuen Luxuslimousinen Maybach 57 und 62 hat DaimlerChrysler Automobile aufgelegt, die derzeit das Beste vom Besten darstellen«[38]. Und so weiter.

Doch auch beim Maybach wurde nur mit Wasser gekocht. Während Fahrleistungen, Bremsverzögerungswerte, (Fond-)Ausstattung, Kofferraum und Verarbeitung höher eingestuft wurden als beim Rolls-Royce, fanden der überfrachtete Blinkerhebel, die zu kleinen Beschriftungen, der zu laute Scheibenwischer und die Unübersichtlichkeit der Karosserie leise Kritik, ebenso die Schräglage der Karosserie bei flotter Kurvenfahrt, das Fehlen einer Parkbremsentriegelung[39] und die etwas behäbige Lenkung. Wegen des bis oben hin gefüllten Motorraums fand eine Zahnstangenlen-

[27] *ams*, Heft 23/2002, S. 3: »Maybach is my castle«.
[28] *ams*, Heft 19/2002, Leserzuschrift.
[29] SZ vom 5.10.2002: »Luxus lebt länger«.
[30] *AR* vom 14.11.2002: »Die Meisterstücke aus der Maybach-Manufaktur«.
[31] *AZ*, Heft 22/2002, S. 70, 72: »Salonwagen«.
[32] *AR* vom 14.11.2002: »Die Meisterstücke aus der Maybach-Manufaktur«.
[33] *AZ*, Heft 24/2002, S. 52–54: »Nonplusultra«.
[34] »Maybach Moments« 01. Einmal jährlich erscheinende Zeitschrift der DaimlerChrysler AG. Stuttgart 2001, S. 111.
[35] *ams*, Heft 9/1999, S. 23: »Kerl der Große«.
[36] *AR* vom 6.6.2002: »Maybach toppt sogar Rolls-Royce«.
[37] *ams*, Heft 17/2002, S. 70: »Lang in Sicht«.
[38] *AZ*, Heft 24/2002, S. 52–54: »Nonplusultra«.
[39] Bei der Parkbremsentriegelung (Cadillac, Lincoln) wird die Fußfeststellbremse automatisch gelöst, sobald der Wählhebel von P auf D oder R geschoben wird und der Fuß auf der Bremse steht.

Abb. 29.17 An seinem tempelartigen Kühlergrill, gekrönt von Göttin Emily, ist ein Rolls-Royce seit Jahrzehnten als solcher zu erkennen. Zusammen mit einer massigen, nicht unbedingt schönen Karosserie und Rädern im Turbinendesign knüpfte der »Phantom« VII an die eindrucksvollen Vorgänger aus den 1980er und 1990er Jahren an. Besonderheiten sind die hinten angeschlagenen Fondtüren und die Leichtmetall-Space-Frame-Karosserie (aus Dingolfing).
2003 Rolls-Royce »Phantom« VII, V12 Sauger, 6.745 cm^3, 460 PS/339 kW (BMW)

kung keinen Platz mehr, was zum Einbau einer weniger präzisen Kugelumlauflenkung (mit geschwindigkeitsabhängigem Servo) führte.

Der nicht allzu große Einbauraum zwang auch zu einem relativ kleinen V12 und, entgegen Daimlers Vorliebe für Kompressoren bei Benzinmotoren, zu Turboaufladung mit Ladeluftkühlung. Um Platz zu sparen, bilden die Turbinengehäuse der 3K-Warner-Turbolader mit dem Abgaskrümmer eine bauliche Einheit, was zugleich eine Positionierung nahe den Auslassventilen erlaubte. Dank Wasserkühlung (mit einem separaten Niedertemperaturkreislauf) konnten die Kühlblöcke der Intercooler kompakter gehalten werden, sodass das gesamte Aufladesystem mit Luftfilter, Turbolader und Kühler direkt am Motor platziert werden konnte, und zwar doppelt, über jeder Zylinderbank einmal (Abb. 29.5). Die verdichtete und gekühlte Luft strömt über den E-Gas-Steller in den Ladeluftverteiler, der im V der Zylinderbänke angeordnet ist, und weiter vor die zwei Einlassventile pro Zylinder. Weil sich die kurzen Gemischwege mit geringen Strömungsverlusten in einem spontanen Ansprechverhalten äußern, sollte der Chauffeur »einen sensiblen Gasfuß haben, denn er befiehlt über einen 550 PS starken V12-Motor, dem zwei Turbolader zu dem Rekord-Drehmoment von 900 Newtonmetern verhelfen. Die gigantische Zugkraft steht zwischen 2.300 und 3.000 min^{-1} zur Verfügung und beflügelt den 2,8 Tonnen schweren Maybach zu ungeahnten Sportleistungen«[40].

Was lag näher als ein Vergleich mit dem ab Januar 2003 unter BMW-Regie herausgebrachten Rolls-Royce »Phantom« (VII) (Abb. 29.17)? Die Unterschiede »liegen nicht so sehr im Niveau der beiderseits sehr hoch stehenden Technik; sie liegen in der Weltanschauung«, befand »Auto Motor Sport«[41]. Während das Blatt den Maybach als »automobile[n] Praktiker, sachbezogen und konsequent logisch« bezeichnete, der »seinen Luxus auf leise, aber sehr selbstbewusste Weise dar[bietet]«, erschien dem Tester der Rolls-Royce als »lautlose[r] Romantiker«, womit er wohl die nach vorn öffnenden Fondtüren meinte. Denn »mitreisende Damen entsteigen dem hinteren Kutschenschlag wieder mit einer längst vergessenen Grazie« wie damals bei den pferdegezogenen Coaches, als Ladys sich voll im Türschlag zeigen konnten und herabgeleitet wurden. Das allerdings funktioniert beim »Phantom« nur bedingt, weil die Fondtüren zu niedrig und zu schmal sind. Dennoch bezeichnet Rolls-Royce die Türanordnung als »Coach door«. Über Ein- und Ausstieg beim Maybach mit den wie üblich nach hinten öffnenden Fondtüren berichtet das Blatt nichts, doch ist bei einem Öffnungswinkel von 85° und einer Türbreite von etwa 138 cm beim Typ 62 und rund 90 cm beim Typ 57 davon auszugehen, dass hier Ein- und Ausstieg bequemer sind.

Die Fahreindrücke mit den beiden Luxusautos brachten Schweizer Tester auf einen kurzen Nenner: »Der Maybach ist ein opulenter Mercedes, der Phantom ist ein gut im Futter stehender Rolls-Royce ... In keinem überschlägt sich der Kitsch, aber im Schwaben gibt es viel gut gemachten Protz ... [während] die in Bayern konzipierte Luxussuite ... britisches Understatement [vermittelt]«[42]. In Sachen Beschleunigung und Verbrauch musste sich der Brite dem Teutonen beugen: Wohl brachte der Rolls-Royce dank Alu-Space-Frame-Karosserie 150 kg weniger auf die Waage als der 57er Maybach, doch dem standen eine potentere Maschine mit 900 Nm (RR: 720 Nm) und 110 Mehr-PS zur Verfügung, sodass sich der Rolls »schon beim Standardsprint von 0 auf 100 km/h geschlagen geben muss«[43]. Auch im Verbrauch: Beim 57er sprudelten 18,5 Liter, beim »Phantom« 20,4 Liter je 100 km durch die Leitungen. Was potenzielle Käufer nicht sonderlich tangiert haben dürfte.

Nicht nur in der Weltanschauung unterscheiden sich Maybach und Rolls-Royce, sondern auch in der Statur. Bei vergleichbaren Außenabmessungen – der Rolls ist rund 10 cm länger und 6 cm höher als der 57 – spielt der »Phantom« den rollenden Herrensitz, der Maybach die schlanke Straßenyacht. Dem Engländer mit seiner tempelartigen Front ist Aerodynamik mit einem c_W-Wert von 0,38 ein Fremdwort, dem Maybach verhelfen die fließenden Linien zu respektablen 0,31. Stellt man sich den Rolls um 50 % kleiner vor, ist er immer noch als solcher zu erkennen, während der Maybach in der Masse der anderen Autos zum Mitschwimmer

[40] *AZ*, Heft 22/2002, S. 70, 72: »Salonwagen«.

[41] ams, Heft 5/2003 S. 69: »Luxus läuft«.

[42] AR vom 27.4.2005: »Die Unvergleichlichen im Vergleich«.

[43] AR vom 27.4.2005: »Die Unvergleichlichen im Vergleich«.

Abb. 29.18 Schon in den 1980er Jahren empfanden Kontinentaleuropäer »das Armaturenbrett … etwas verwirrlich … und die Bedienungsorgane wahllos verstreut« (*AR* vom 24.9.1987), wobei »für einmal … die Bezeichnung ›Brett‹ wirklich zu[trifft]« (*AR* vom 24.12.1987 über den »Phantom« VI). Daran änderte BMW/Rolls-Royce (im Sinne falsch verstandener Tradition) auch beim Phantom VII wenig mit dem Ergebnis einer archaischen Anmutung, die auch die passive Sicherheit ausblendet. Macht nichts, denn vorn sitzt ja der Chauffeur (vgl. Abb. 29.14)

verzwergt und nicht weiter auffällt. Ihm geht der Auftritt der Zwischenkriegs-Maybachs und die Wucht des Engländers ab, dessen Formgebung im Übrigen die Eleganz der Rolls-Royce-Karosserien aus den 1930er und 1950er Jahren nicht erreicht.

Auch die Ästhetik einzelner Baugruppen hinterlässt Fragezeichen: Das Armaturenbrett (Abb. 29.18) erinnert trotz hochwertiger Materialien an die »dashboards« der 1920er Jahre, rechteckige und runde Frontleuchten direkt übereinander und deren unmittelbares Umfeld disharmonieren miteinander, und die Schürzen vorn und hinten scheinen im Prototypenstadium stecken geblieben zu sein (Abb. 29.17). Da bietet der Maybach mehr, der in einem weiteren Vergleichstest »wegen seines exzellenten Sitzkomforts und der perfekten Verarbeitung … momentan um eine Nasenlänge in Front [liegt]. Ihm spürt man bis in die Aschenbecher an, dass DaimlerChrysler beweisen wollte, dass hier das beste Auto der Welt vor uns steht. Im Rolls-Royce stecken immer noch die Arroganz und das Selbstbewusstsein eines Herstellers, der es nie für nötig hielt, diesen Beweis tatsächlich anzutreten«[44].

[44] *AZ*, Heft 17/2003, S. 27: »Autos im Test«.

29.7 Sonderausführungen, Modellpflege, Versuchsträger

Offiziell bot Werk Sindelfingen nur eine Limousine mit einer einmal festgelegten Motor-Getriebe-Konfiguration an, wobei die Limousine mit zwei verschiedenen Radständen und damit Längen zur Wahl stand. Nur bei Lackfarbe, Interieur, Dach und Ausstattung hatte der Kunde Auswahlmöglichkeiten.

Es war abzusehen, dass sich diese der kurzen Entwicklungszeit geschuldete Firmenpolitik nicht lange würde halten können. So musste DaimlerChrysler auch im Fall Maybach der Erstausführung nach geraumer Zeit aktualisierte Versionen folgen lassen, um sich wieder ins Gespräch zu bringen mit der Hoffnung auf Verkäufe. Hinzu kamen die unerwartete Aktivität und Attraktivität der Volkswagen-Tochter Bentley, die unterhalb der beiden Titanen Käufer wegfischte, sowie die von BMW gesteuerte Rolls-Royce-Modellpolitik: Der »Phantom«-Limousine 2003 folgten 2005 der »Phantom« mit längerem Radstand, 2007 das »Drophead Coupé« genannte Cabrio, 2008 das »Phantom Coupé«. Zusätzlich erschienen 2009 der Rolls-Royce »Ghost« mit 570 PS, der 2013 mit längerem Radstand zu haben war und 2015 ein Facelift erhielt, flankiert vom »Wraith-Coupé« 2014 mit 632 PS und vom »Dawn-Cabrio« 2015/16 mit 570 PS. Die zuletzt genannten Modelle waren aus Sicht von DaimlerChrysler schon nicht mehr erheblich, weil die Maybach-Produktion Ende 2012 eingestellt wurde.

Ab 2003 bot DaimlerChrysler den Maybach »Guard« an, eine nach der Schutzklasse B4 gepanzerte Limousine. Dabei wurde die B4-Panzerung nicht nachträglich eingebracht, sondern exponierte Teile wie Türen, Seitenteile, Dach, Stirn-

Abb. 29.19 Tuning, Aufrüstung oder Veredelung? Maybach 57 von Brabus mit 21-Zoll-Leichtmetallrädern, erhöhter Motorleistung, Chromstreifen in der Frontschürze und aufgewertetem Interieur. Statt Zweifarbigkeit die Unfarbe Schwarz.
2004 Maybach 57 Brabus, V12 Zylinder Biturbo, 6.298 cm^3, 640 PS/471 kW

Tab. 29.5 2004 Maybach 57 Brabus

Motor	wie Maybach 57 (vgl. Tab. 29.2); abweichend: 6.298 cm^3, 640 PS/471 kW bei 5.100 min^{-1}, max. Drehmoment 1.026 Nm bei 1.750 min^{-1}
Fahrwerk	wie Maybach 57 (vgl. Tab. 29.3); abweichend: Reifen vorn 285/40 R 21, hinten 325/35 R 21
Karosserie	wie Maybach 57 (vgl. Tab. 29.4); abweichend: H = 1.557 mm; Leergewicht 2.735
Fahrleistungen	0–100 km/h: 4,9 s; V_{max} 300 km/h (abgeregelt)
Preis	564.779 €

Tab. 29.6 2005 Maybach 57 S und (62 S)

Motor	Motortyp M 285 wie Maybach 57 und 62 (vgl. Tab. 29.2); abweichend: 82,6 × 93,0 mm, 5.977 cm^3, 612 PS/450 kW/4.800 min^{-1}; max. Drehmoment 1.000 Nm bei 2.000 min^{-1}; Ladedruck 1,5 bar
Fahrwerk	wie Maybach 57 und 62 (vgl. Tab. 29.3); abweichend: Reifen 275/45 R 20 W; modifizierte Stabilisatoren, Bremsanlage, ADS II
Fahrleistungen	Beschleunigung 0–100 km/h: 5,0 s (5,2 s); V_{max} 275 km/h (250 km/h), abgeregelt
Preis	417.600 € (523.838 €)

und Rückwand erhielten den gewünschten Schutz schon im Rohzustand. Neben stählernen Panzerplatten kamen auch Verbundwerkstoffe zum Einsatz, die die kinetische Energie eindringender Geschosse auf kürzestem Weg abbauen und so die Insassen schützen können. Die Masse eines so aufgerüsteten Fahrzeugs konnte sich dabei schnell um 1.000 kg und mehr erhöhen, die Motorleistung blieb werkseitig jeweils unverändert. Den Umbau von Fahrzeugen nach den höheren Schutzklassen B6 und B7, die sich nach Masse, Mündungsgeschwindigkeit und Schussweite eines Projektils definieren, übernahmen Spezialbetriebe.

Wer wollte, konnte ab 2004 bei der Tuningfirma Brabus einen 57er mit den üblichen Zutaten erwerben: tiefergelegte Karosserie, 21-Zoll-Räder, Seitenchromleisten, Infotainment oder Büro-Arbeitsplatz, andere Materialien im Innenraum

Abb. 29.20 Concept Car Exelero genannter Versuchsträger der Fulda Reifen GmbH auf (geändertem) Maybach-57-Fahrwerk. Auffallend die überlange Motorhaube und die flach angestellte Windschutzscheibe, deren Wurzel um 40 cm gegenüber dem Serienwagen nach hinten verlegt wurde. Für die Hochgeschwindigkeitsversuche musste der Retro-Kühler teilweise abgedeckt werden.
Techn. Daten s. Abb. 29.21

und, als Krönung, einen 6,3-Liter-V12-Motor mit 640 PS (Abb. 29.19). Das alles verpackt in durchgehendem Schwarz, der Hausfarbe von Brabus (Tab. 29.5).

Wohl weniger die getunte Version von Brabus als vielmehr enttäuschende Verkaufszahlen werden Daimler veranlasst haben, dem 57er einen leistungsgesteigerten 57 S (Spezial) zur Seite zu stellen. Hubraum und Leistung des von AMG überarbeiteten Motors blieben unter den Brabus-Daten, modifizierter Kühlergrill, chromumrandete Nebelleuchten, trapezförmige Auspuff-Endrohre, 20-Zoll-Felgen und ein um 15 mm tiefergelegtes, straffer abgestimmtes Fahrwerk sollten den Selbstfahrer ansprechen, dem der Serien-57er zu unsportlich erschien (Tab. 29.6).

Von anderem Kaliber war das Concept Car Exelero (Abb. 29.20), das 2005 als Versuchsträger für den Ultra-High-Performance-Breitreifen »Carat Exelero« der Fulda Reifen GmbH & Co. KG diente. Aus Sicht des seit 1962 zur Goodyear Tire & Rubber Co. gehörenden Reifenherstellers existierte um diese Zeit kein »Serienprodukt, [das] das enorme Potenzial des Exelero [Reifens] auszuschöpfen« vermochte[45], sodass »zur Demonstration seiner Leistungsfähigkeit ein besonderes Auto gebaut werden« musste[46]. Weil Maybach schon in der Zwischenkriegszeit gelegentlich mit Stromlinienautos aufgefallen war (Abb. 9.45, 10.2 und 10.23), vor allem jedoch weil die Karosseriefirma Dörr & Schreck für Fulda 1939 eine »Sport-Karosserie für Höchstgeschwindigkeiten zum Zwecke von Reifenversuchen«[47] auf Maybach-Chassis geliefert hatte (Abb. 29.21),

[45] Conti hatte bereits im Frühjahr 2004 mit dem ContiSportContact 2 Vmax den weltweit ersten zugelassenen Straßenreifen für schnelle Super-Sportwagen im Tuningbereich herausgebracht, freigegeben bis 360 km/h, allerdings nur bis 19″-Felgen.

[46] *Das Projekt. Concept Car Exelero.* Königswinter, o. J. (2005), S. 3.

[47] »Aufgabenstellung« von Fulda an Aerodynamiker Reinhard Freiherr Koenig-Fachsenfeld, nach dessen Entwürfen Dörr & Schreck (Frankfurt/Main) eine Stromlinienkarosserie auf Maybach-SW 38-Chassis anfertigte. Auftragserteilung von Fulda an Maybach im Dezember 1938, Fertigstellung des Wagens bei Dörr & Schreck im Juli 1939.

Abb. 29.21 *Oben*: Reifenversuchswagen 1939 von Fulda mit Stromlinienkarosserie von Dörr & Schreck nach Vorgaben von Koenig-Fachsenfeld. Abfallender Wagenbug, geneigte und seitlich gerundete Frontscheibe, kleiner Kühllufteintritt, Kühlluftableitung durch Haubenschlitze und Kotflügelöffnungen. c_w 0,23 (geschätzt), V_{max} ca. 200 km/h (Serienwagen 140 km/h).
Unten: Reifenversuchswagen 2005 von Fulda mit Coupé-Karosserie von Stola nach Vorgaben von Burchardt. Aufragender Wagenbug, stark geneigte Frontscheibe, großer Kühllufteintritt, c_w n. a., V_{max} 351,45 km/h.
Beide Wagen mit Jaray-Hecks: pfeilförmig sich verjüngende Pavillons mit waagerechten Heckabschlüssen, Luftwirbelbildung wegen relativ steil abfallender Dächer und Entstehung von Eckgrenzschichten (Verschneidung beider Ebenen).
1939 Maybach SW 38, 6 Zylinder Saugmotor, 3.815 cm^3, 140 PS/103 kW
2005 Fulda »Exelero«, V12 Zylinder Biturbo, 5.977 cm^3, 700 PS/515 kW

ist somit »das Fulda-Maybach-Projekt von 1938 das historische Fundament für das Projekt Exelero. Die Wiederholung einer solchen ungewöhnlichen Zusammenarbeit war für mich in einer Zeit der Beweisstellung höchster technischer Kompetenz einfach nur logisch. Dieser Ansicht waren schließlich auch die Entscheidungsträger des DaimlerChrysler-Konzerns, sodass am Pressetag der IAA 2003 das Projekt abgesegnet und auf die Reise gebracht werden konnte. Die Basis sollte wieder ein Maybach sein«[48]. Zu gern wollte Daimler »Fulda dabei unterstützen, einen Traum nicht nur zu träumen, sondern ihn auch zu realisieren, durch eine historisch begründete Partnerschaft«[49].

Der »Exelero« sollte laut Fulda-Vorgaben keinesfalls auf Retro-Design zurückgreifen, mindestens 350 km/h erreichen und »... eine Hochleistungsmaschine werden, eingekleidet von einmalig bewegenden Formen, die den reinen Zweck gekonnt verhüllen sollten«[50]. Das mag die Formgebung des beinahe straßen- und serientauglichen Coupés erklären, die für den »reinen Zweck«, nämlich Hochgeschwindigkeits-Reifenversuche, eher ungeeignet erscheint. Vielleicht sollte auch nur Fuldas seit 1987 benutzter Slogan »Schwarz. Breit. Stark.« neu aufgeladen und in Materie gegossen werden.

Unter Federführung der DC Design-Abteilungen[51] entstanden im Studiengang »Transportation-Design« der Hochschule für Gestaltung, Technik und Wirtschaft in Pforzheim vier Entwürfe, von denen der von Student Fredrik Burchardt weiterverfolgt und schließlich umgesetzt wurde. Als Basis diente die Bodengruppe des Maybach 57, bei der nur Spur und Überhänge verändert werden sollten. Die alte Weisheit der Karosseriebauer, dass sich ein klassischer Sportwagen neben erhöhter Leistung über lange Motorhaube, kurzes Heck und niedrige Kabine definiert, fand auch hier Anwendung, erforderte jedoch weitere Veränderungen. So wuchs die ohnehin üppige Motorhaube des Serien-57ers um 40 cm in Richtung Heck mit der Folge, dass Spritzwand, Windschutzscheibenwurzel, Cockpit mit Lenkung und Pedalerie, A-Säule und Vordersitze ebenfalls um dieses Maß zurückversetzt werden mussten. Der Verzicht auf Rücksitze und Fondtüren erlaubte ein ab B-Säule abfallendes Dach, nahtlos von Heckfenster und Heckabschluss fortgesetzt bis zur Heckschürze (Abb. 29.21).

Um die angepeilte Höchstgeschwindigkeit von 350 km/h zu erreichen, musste das Triebwerk nach Berechnungen mindestens 680 PS leisten. Mit einem 5,9-Liter-Aggregat, Verbesserungen an der Ladeluftkühlung und weiteren Maßnahmen erzielten die Untertürkheimer Motorenbauer schließlich 700 PS (vgl. Tab. 29.7). Das Triebwerk fand Platz in dem vom DC-Prototypenbau modifizierten und fahrbereit gemachten Fahrwerk, das vom Karosserie- und Modellbauer Stola in Turin mit einem Rohrrahmen versteift und später in Sindelfingen mit Karbon-Karosserieteilen verklebt, verschraubt und vernietet wurde.

Für die Rekordfahrten auf der Pista di Nardò in Apulien[52], denen Abstimmungsfahrten auf dem DC-Testgelände in Papenburg bei Bremen vorausgingen, erhielt der Exelero einen dreigeteilten, verstellbaren Heckspoiler sowie Karbon-Abdeckscheiben für die Alu-Felgen. Nach einigen Anläufen knackte Ex-DTM-Spitzenfahrer Klaus Ludwig am 1. Mai 2005 mit 351,45 km/h das Limit von 350 km/h, selbst gestecktes Ziel für Reifenversuche. Den Weltrekord für straßenzugelassene Coupés zu brechen, sollte das denn beabsichtigt gewesen sein, gelang allerdings nicht, denn der lag bei 387,87 km/h, aufgestellt vom schwedischen Koenigsegg CCR kurz vorher im Februar 2005.

[48] Bernd J. Hoffmann, Vorsitzender der Geschäftsführung Fulda Reifen: »Die Einmaligkeit damals ist die Einmaligkeit heute«. In: *Das Projekt. Concept Car Exelero.* Königswinter, o. J. (2005), S. 7.
[49] *Das Projekt. Concept Car Exelero.* Königswinter, o. J. (2005), S. 9.
[50] *Das Projekt. Concept Car Exelero.* Königswinter, o. J. (2005), S. 33.
[51] Senior Vice President Design: Peter Pfeiffer; Leiter Advanced Design: Harald Leschke.
[52] Die Nardò-Piste ist eine Kreisstrecke mit überhöhten Kurven. Diese setzen die theoretisch erzielbare Höchstgeschwindigkeit um einige km/h herab, weil sich der Rollwiderstand erhöht. Auf den Salzseen in Utah lassen sich höhere Geschwindigkeiten erzielen.

Tab. 29.7 2005 Fulda »Exelero«

Motor	wie Maybach 57 (vgl. Tab. 29.2); abweichend: 5.977 cm^3, 700 PS/515 kW bei 5.100 min^{-1}; max. Drehmoment 1.020 Nm bei 2.500 min^{-1}
Fahrwerk	wie Maybach 57 (vgl. Tab. 29.3); abweichend: Reifen Fulda Carat Exelero 315/25 ZR 23 XL
Karosserie	Coupé, Rohrrahmen auf Bodengruppe, Karbon-Beplankung
Abmessungen	L × B × H: 5.890 × 2.140 × 1.390 mm
Gewichte	Leergewicht 2.730 kg, zul. Gesamtgewicht 2.900 kg
Fahrleistungen	Beschleunigung 0–100 km/h: 4,4 s; V_{max} 351,45 km/h
Preis	n. a. (Einzelanfertigung)

Öffentlich präsentiert wurde der »Exelero« am 11. Mai 2005 in Berlin. Schwarz und breit und stark stand er vor den Betrachtern, die sich wunderten über den Lancia-ähnlichen Retro-Kühlergrill mit seinen giftzahnartigen Chromstäben, über den bösen Blick der Bi-Xenon-Scheinwerfer, über die fehlenden Rücksitze bei einem 6-Meter-Auto und über die Seitenauspuffrohre ohne Endschalldämpfer, aus denen ein Höllenlärm tobt, wenn das Fahrzeug in Aktion ist. Nicht zu sehen waren das viel zu hohe Leergewicht von 2.730 kg[53], der zwischen 50 und 90 Liter pro 100 km liegende Volllastverbrauch, der mäßige c_W-Wert von 0,28[54] und die Kosten des Projekts, die sich irgendwo bei mehr als 10 Mio. € eingependelt haben dürften. Während ein Teil der Autopresse ihre Ergebenheitshaltung einnahm – »Dieses Auto ist pure Faszination deutscher Ingenieurkunst«[55] –, nahm das Publikum dieses Modell wohl nicht allzu ernst: »Glückwunsch an den Designer … einen würdigen Nachfolger des legendären Ford Edsel« entworfen zu haben, war zu hören oder: »… ein ganz, ganz dickes Kompliment an Fulda-Manager Bernd J. Hoffmann! Der Mann muss wirklich gut sein, wenn es ihm gelingt, Daimler-Chrysler davon zu überzeugen, seinen besten Markennamen zur Produktion eines ›Werbemittels‹ herzugeben!«[56]

Dazu muss richtiggestellt werden, dass sich Daimler-Chrysler im Fall Exelero als Dienstleister für Fulda verstand »mit dem sympathischen Zusatz der historischen Verbundenheit beider Marken durch die Realisierung des Stromlinienwagens SW 38 im Jahr 1938«[57], auf die immer wieder verwiesen wurde. Wegen der zahlreichen Veränderungen gegenüber dem Serien-57er galt der Exelero nicht als prototypischer Maybach und konnte deshalb nicht als DC-Versuchswagen zugelassen werden, d. h., Fahrzeughersteller ist die Fulda Reifen GmbH & Co. KG. Womit der Exelero das erste Auto der Marke Fulda ist, die im Übrigen 1900 gegründet wurde und ab 1906 (Vollgummi-)Reifen herstellte. Das Kunstwort Exelero soll wohl Assoziationen wecken an »exzellent« und »accelerate« (dt. beschleunigen), was für Reifen und Fahrzeug gleichermaßen gilt. Damit trägt das Fahrzeug die Handelsbezeichnung des Reifens.

Abb. 29.22 Eine der zweifelhaften Marketingentscheidungen stellten die »sportlichen« Modelle 57 S (*Bild*) von 2005 und 62 S von 2006 dar. Hier sollten mit auf 612 PS leistungsgesteigerten Motoren und geänderten Ausstattungsmerkmalen die Verkaufszahlen angehoben werden. Erfreulicherweise wurde auf Spoiler verzichtet.
2005 Maybach 57/62 S, V12 Zylinder Biturbo, 5.977 cm^3, 612 PS/450 kW

Unbenommen vom Exelero, der aus Daimler-Sicht »die höchste Stufe der Individualisierung demonstrieren«[58] und auch den Verkauf beleben sollte, brachte DaimlerChrysler ein Jahr später, 2006, den Maybach 62 S heraus (Abb. 29.22). Er kam in den Genuss der schon beim 57 S vorgenommenen Maßnahmen, nämlich eine von 550 auf 612 PS gesteigerte Motorleistung, ein überarbeitetes Fahrwerk und Bremssystem, getönte hintere Seitenscheiben, Einfarbenlackierung sowie Klavierlack und Karbon im Innenraum (siehe 57 S

[53] Zum Vergleich: Bugatti Veyron: 1.910 kg, 1.001 PS, 400 km/h; Koenigsegg CCR: 1.180 kg, 816 PS, 387 km/h; Gumpert Apollo: 1.200 kg, 650 PS, 360 km/h.
[54] Zum Vergleich: 1939 Maybach SW 38 Fulda-Versuchswagen c_W = 0,23 geschätzt; 2002 Maybach 57/62 c_W = 0,32; 1921 Rumpler Tropfenwagen c_W = 0,28.
[55] *Auto Bild* Nr. 19 vom 13.5.2005, S. 13: »Das Monster von Maybach«.
[56] Leserzuschriften in *ams*, Heft 12/2005, S. 120.
[57] *Das Projekt. Concept Car Exelero*. Königswinter, o. J. (2005) S. 137.
[58] *Das Projekt. Concept Car Exelero*. Königswinter, o. J. (2005), S. 215.

Abb. 29.23 Das Landaulet, eine Aufbauvariante aus der Kutschenzeit, ist für den Hausgebrauch ausgestorben, und auch Staatsmänner seilen sich lieber in gepanzerte Limousinen ab, als dass sie stehend und erhobenen Hauptes im halb offenen Auto die Huldigungen der Untertanen entgegennehmen. Umso erfreulicher ist dieses 2007 für einen arabischen Kunden angefertigte Exemplar auf Maybach-62-S-Basis, das wahrlich fürstlich anmutet.
2007 Maybach 62 S Landaulet, V12 Zylinder Biturbo, 5.977 cm^3, 612 PS/450 kW

Abb. 29.24 2009 schmückte Daimler die S-Ausführungen von 57 und 62 mit dem Namen Zeppelin, der in Deutschland zwar einen guten Klang hat, im Rest der Welt jedoch so fremdartig klingt wie das Wort Maybach selbst. Auffälligstes Merkmal des Zeppelin war eine hellbraun abgesetzte Schulterlinie. Von einer nochmals gesteigerten Motorleistung und einer auf 100 Exemplare limitierten Auflage versprach sich die Marketingabteilung anziehende Verkaufszahlen.
2009 Maybach 57/62 S Zeppelin, V12 Zylinder Biturbo, 5.977 cm^3, 640 PS/471 kW

und Tab. 29.6). Zu fragen jedoch ist, wer denn eigentlich eine komfortbetonte Chauffeurs-Limousine in Sportausführung haben wollte.

Auf der Dubai International Motor Show im November 2007 zeigte Daimler die Studie eines Landaulets (Abb. 29.23), eine aus dem Kutschwagenbau stammende Aufbauvariante. Bei ihr wird das hintere starre Dachteil durch ein Faltverdeck ersetzt, sodass die Fondpassagiere im Freien sitzen (oder stehen) können, der Chauffeur aber nach wie vor ein Festdach über dem Kopf hat. Beim Maybach müsste jedoch eigentlich von einem Semi-Landaulet gesprochen werden, denn die Dachholme bleiben stehen, im Gegensatz zu den Kutschenausführungen und auch zum Mercedes 600 Pullman Landaulet[59]. Die Dachholme erhöhen zwar die Karosseriesteife, beeinträchtigen aber die Sicht von außen nach innen (und umgekehrt).

Dafür war der Fond mit weißem Nappa-Leder ausgeschlagen, wie auch Verdeck und Außenlackierung in Weiß glänzten. Das Chauffeur-Abteil dagegen war mit schwarz gelederten Sitzen ausgestattet, auf dass der Blick nicht von den Hauptdarstellern im Heck abschweifen möge. Eine auf Knopfdruck dunkel einfärbbare Trennscheibe, möglich gemacht durch eine elektrisch ansteuerbare, im Glas eingebettete Flüssigkristallfolie, unterstrich die Vermögensdifferenz zwischen vorderem und hinterem Compartiment, das, ebenfalls auf Knopfdruck, von dem elektromotorisch betätigten Verdeck wieder geschlossen werden konnte.

Nach Dubai wurde die Studie auch auf dem Automobil-Salon Genf im März 2008 gezeigt und im Herbst 2008 an den Besteller ausgeliefert. Technisch orientierte sich das Landaulet am 62 S, der Grundpreis betrug 918.000 €. Mit ihm gab es im Maybach-Programm nun drei Karosserievarianten und fünf Modelle.

Aus Anlass des 100-jährigen Jubiläums der Maybach-Motorenbau GmbH (Abschn. 3.2) folgte 2009 mit dem Zeppelin ein sechstes Modell (Abb. 29.24). Die Namensgebung sollte an das Prunkstück des Maybach-Motorenbaus erinnern, das als DS 7 mit 150 PS und DS 8 mit 200 PS von 1930 bis 1940 gebaut worden war[60]. Der moderne Zeppelin (Tab. 29.8) wartete mit 640 PS und einer nochmals verfeinerten Innenausstattung auf, darunter ein mehrere tausend Euro teurer Flakon-Duftspender, der auf Knopfdruck individuell auswählbare Parfums im Innenraum versprühte. Der aus einer beleuchteten Acrylglaskugel auf der Mittelkonsole ausströmende Duft war so fein, »dass er nicht an Kleidung, Hut oder Turban haften bleibt«[61]. Der Zeppelin war in kurzer (57 S) und langer (62 S) Ausführung zu haben und auf 100 Stück limitiert.

Die Auto China in Peking im April 2010 nutzte DaimlerChrysler zur Modellpflege (Abb. 29.25). Bei den S-Modellen stieg die Motorleistung von 612 auf 630 PS bei etwas weni-

[59] Vom Mercedes 600 Pullman Landaulet (1964–1981) wurden 59 Exemplare gebaut, vom Maybach Landaulet ab 2008 nur einige wenige, jeweils in Weiß. Eine genaue Zahl ist angeblich nicht dokumentiert, da die Fahrzeuge kein eigenes Baumuster aufweisen.

[60] Siehe dazu den Zeppelin DS 8: Abb. 4.10, 4.33, 9.24, 9.27, 10.50, Tafel 15.7; Abb. 18.12.

[61] *SZ* vom 8.12.2009: »Liebe geht durch den Wagen«.

Tab. 29.8 2009 Maybach 57 (62) Zeppelin

Motor	wie Maybach 57 S und 62 S (vgl. Tab. 29.6); abweichend: 640 PS/471 kW bei 4.800 min^{-1}
Fahrleistungen	Beschleunigung 0–100 km/h: 4,9 s (5,1 s); Höchstgeschwindigkeit 275 km/h, abgeregelt
Preis	n. a. (560.000 €)

ger Verbrauch und Einhaltung der Euro 5-Abgasnorm. Eine geänderte Frontschürze mit LED-Tagfahrlicht, ein größerer Kühlergrill, dunkelrote Heckleuchten und neu gestaltete Alufelgen sollten die Modelle 57 und 62 attraktiver machen. Auf Wunsch gab es die Fond-Ruhesitze aus der 62er-Reihe jetzt auch bei dem kürzeren 57er-Modell. Weiter standen die Flakon-Beduftungsanlage, handgeflochtene Sitzleder und ein WLAN-Router für drahtlosen Internetzugang auf der Aufpreisliste. Und für Sonderwünsche wie Speziallackierung, Armaturenauflagen aus dünn geschliffenem Stein oder in das Sitzleder eingearbeitete Familienwappen war die Maybach-Manufaktur nach wie vor offen.

Möglicherweise angeregt von den bis dato erschienenen Rolls-Royce- und Bentley-Coupés tauchte Ende 2010 ein Maybach-Coupé auf, das allerdings nicht aus der Manufaktur in Sindelfingen, sondern vom Sonderfahrzeugbauer Xenatec in Weinsberg stammte. Xenatec war 2009 aus einer Abspaltung des Heilbronner Automobilzulieferers Thyssen-Krupp-Drauz-Nothelfer hervorgegangen, der wiederum auf die Karosseriefabrik Drauz in Heilbronn (1900–1965) zurückgeht. Xenatec spezialisierte sich neben dem Umbau von Maybach-Limousinen zu Coupés auf den Bau von gepanzerten Limousinen, musste jedoch bereits im Herbst 2011 Insolvenz anmelden.

Während seiner kurzen Lebenszeit hatte Xenatec vielleicht sieben oder acht Maybach-Coupés (Abb. 29.26) in Arbeit, die zum Teil nicht mehr fertiggestellt werden konnten. Als Basis dienten 57-S-Limousinen, bei denen die B-Säulen um 20 cm nach hinten gerückt wurden, um durch breitere (Vorder-)Türen besseren Einstieg zu den Fondsitzen sicherzustellen. Denn die Viersitzigkeit sollte erhalten bleiben. Auch A- und C-Säule, Dach, Front- und Heckscheiben mussten geändert, die Kotflügel weiter ausgestellt werden, um Platz für die optional erhältlichen 21-Zoll-Räder zu erhalten. Sportlichere Schürzen vorn und hinten, geänderte Schweller, neue Rückleuchten und anders gezeichnete Auspuffendrohre waren weitere Unterscheidungsmerkmale zur Limousine. Das Design gefiel; es stammte von Fredrick Burchard, der auch den Exelero gezeichnet hatte.

Unverändert blieben der Radstand mit 3,39 m und der Antriebsstrang mit dem 612 PS leistenden 6-Liter-Biturbo-V12-Motor. Sportsitze gab es serienmäßig, Individualisierung war auch hier möglich: Zweifarbenlackierung, Lederausstattung oder Glasdach nach Kundenwunsch. Preis ab

Abb. 29.25 *Von links*: 62 S Landaulet, 57 S, 62. Auffälligstes Merkmal der Modelle ab April 2010 waren die größer dimensionierten, jetzt aufrechter stehenden Kühlergrills, die bei den Modellen 57 und 62 zwanzig feine Längsstäbe, bei 57 S und 62 S zwölf massive Doppellamellen und einen Schattenstab aufwiesen. Weitere Änderungen: vergrößerte, aerodynamisch günstigere Rückblickspiegel, 19-Zoll-Räder mit 21 Speichen für 57 und 62, 20-Zoll-Räder im 12-Speichen-Design für 57 S und 62 S.
2010 Maybach 57/62: V12 Zylinder Biturbo, 5.977 cm^3, 612 PS/450 kW; 57 S/62 S: 630 PS/464 kW

Abb. 29.26 Doch noch ein Coupé von Maybach? Ja und nein, denn das Coupé war – im Gegensatz zum Exelero – zwar käuflich, trug aber nicht den Namen Maybach oder dessen Logos, weil der 2 + 2-Sitzer von der Weinsberger Firma Xenatec stammte. Als Basis des gefällig gezeichneten Coupés, das mit mehr als 800.000 € viel zu teuer ausfiel, diente der 57 S.
Xenatec Coupé, V12 Zylinder Biturbo, 5.977 cm³, 612 PS/450 kW

803.250 € inklusive Vierjahresgarantie. Die musste wohl als vertrauensgebende Maßnahme beigegeben werden, denn das Coupé durfte nicht unter der Marke Maybach verkauft werden.

Der verweigerte Firmenname, der für ein namenloses Coupé viel zu hohe Preis und die geplante Notüberstellung von 60 (unverkäuflichen) Maybach-Limousinen 57 S an Xenatec zum Coupé-Umbau zeigen, wie orientierungslos Daimler in dieser Zeit war. Die Marke Maybach selbst litt in den letzten Jahren unter Vertrauensverlust und Wahrnehmungsproblemen. Fehlende technische und elektronische Aktualisierungen, Kooperationsgespräche mit dem Kleinstserienhersteller Aston-Martin/Lagonda, ganz generell eine fehlende Perspektive für die Zukunft der Marke führten zu weiter sinkenden Verkaufszahlen, die Daimler nicht mehr monatlich bekannt gab, sondern nur noch in den jährlichen Geschäftsberichten. Auftritte in Golfclubs, Yachthäfen und an anderen Orten, wo Daimler die Vermögenden anzutreffen hoffte, näherten sich dem Niveau der BUNTEn Blätter.

Auch die Förderung vermeintlich zeitgenössischer Kunst erwies sich, ausgenommen Kooperationen mit der Fondation Beyeler in Basel oder dem Louvre in Paris, als Schuss in den Ofen: Ein vom Beschussamt Ulm mit Maschinengewehr- und Pistolensalven durchlöcherter gepanzerter Maybach 62 wurde von einem US-Künstler von Sindelfingen erworben und parallel zur Kunstbiennale in Venedig 2011 auf einem Ponton im Canal Grande zur Schau gestellt. Vor Ort malte man dem weißen Riesen noch ein paar Frauennamen in roter Farbe auf die Karosse und Waffen auf die zersplitterten Scheiben und hoffte, dass das Machwerk nicht als solches, sondern als Kunstwerk wahrgenommen würde.

29.8 Die Maybach-Autos sterben ein zweites Mal

Die genannten Faktoren deckten die Perspektivlosigkeit von Daimler auf. Um dem ein Ende zu setzen, verkündete Dieter Zetsche, Vorstandsvorsitzender der Daimler AG seit Januar 2006, in einem Interview mit der »Frankfurter Allgemeinen Zeitung« Ende November 2011, dass es nicht sinnvoll wäre, ein Nachfolgemodell für den jetzigen Maybach zu entwickeln. Die Produktion des Maybach werde spätestens dann auslaufen, wenn die neue Mercedes-S-Klasse 2013 auf den Markt komme. Tatsächlich verließ der letzte Maybach wegen der immer geringer werdenden Nachfrage schon am 17. Dezember 2012 das Werk Sindelfingen. Eine Pressemitteilung darüber gab es nicht.

In der mit viel Begeisterung (und Pathos) wieder ins Leben gerufenen Autofirma – welcher Vorstandsvorsitzende schreibt nicht gern Geschichte und gründet eine neue Automarke, welcher Ingenieur entwickelt nicht gern ein neues Auto – machte sich schon nach kurzer Zeit Ernüchterung breit, denn die erhofften Stückzahlen konnten bei Weitem nicht erreicht werden. Um 2001 ging DaimlerChrysler von 1.500 verkauften Exemplaren pro Jahr aus, Rolls-Royce von 1.000. Die Wirklichkeit sah anders aus: 2003 verkaufte Maybach 600, Rolls-Royce 300 Exemplare, im Jahr 2004 konnte Maybach 500, Rolls-Royce 800 Einheiten absetzen[62]. Der lachende Dritte war der Volkswagen-Konzern: Von den halb so teuren Bentley-Modellen konnten noch nie so viele Autos verkauft werden wie 2004, nämlich 5.000 (Zahlen gerundet).

Drei Jahre später meldete das »Manager Magazin«[63] einen Gesamtausstoß von bislang nur 1.900 verkauften Maybach-Fahrzeugen. Das entspräche einem Jahresdurchschnitt von 475 Exemplaren, gerechnet ab Januar 2003, also einem Drittel der vorhergesagten Zahlen. Doch selbst dieses Drittel wurde verfehlt: 2008 lieferte Maybach 300 Fahrzeuge aus, Rolls-Royce dagegen 1.212 Phantom-Limousinen, -Coupés und -Cabrios[64]. Keine Besserung in den folgenden Jahren: 2009 waren es 200 Maybach, 2010 dann nur 157 und 2012, im letzten Produktionsjahr, 234 Einheiten.

In den USA war die Lage noch heikler. Geplant war der Verkauf von 40 % der Jahresproduktion, was 600 Einheiten entspräche. Abgesetzt wurden nur zwischen 244 (2004) und 63 Stück (2010) jährlich. Die Amerikaner kritisierten das Design, gaben jedoch auch die Empfehlung, das aus US-Produktion stammenden SUV GL zum Maybach aufzuwerten, denn: »Cheap to build and expensive to buy, the Maybach GL would be the brand's first real moneymaker«. Weite-

[62] *FAZ* vom 18.4.2010: »Der Maybach stirbt zum zweiten Mal«; AZ vom 27.5.2009 S. 112: »Dekade der Gegensätze«.
[63] *Manager Magazine online* vom 7.2.2007: »Luxus auf 6,17 Meter«.
[64] *FAZ* vom 18.4.2010: »Der Maybach stirbt zum zweiten Mal«; AZ vom 27.5.2009, S. 112: »Dekade der Gegensätze«.

re Vorschläge, nämlich ein luxuriöses Viersitzer-Coupé à la Bentley zu einem vernünftigen Preis oder ein neues »midsize model« in der Preisklasse 225.000 bis 275.000 Dollar, wurden im Hinblick auf die Schwierigkeiten bei Chrysler – »You can't just fire a bunch of people at Chrysler and simultaneously spend millions on a new Maybach«[65] – sogleich wieder relativiert. Damit schlugen die Millionen-Verluste und die drohenden Massenentlassungen (ab 2006) bei Chrysler bis zu Maybach durch und mögen in Sindelfingen die Entwicklung eines neuen Modells oder einer zweiten Maybach-Generation mit verhindert haben.

Die enttäuschenden US-Verkäufe zwangen DaimlerChrysler, die Zahl der Maybach-Händler zu reduzieren. Von den ursprünglich 71 Franchise-Partnern wurden 2007 in einem ersten Schritt 29 Händlern das Recht entzogen, weiterhin Maybach zu verkaufen. Jeder der Franchise-Nehmer hatte zuvor rund 500.000 Dollar für spezielle Maybach-Studios investieren müssen, »that pampered the ultra-rich who were interested in a Maybach«[66]. Das Werk leistete zwar Ausgleichszahlungen, ersetzte jedoch nur 25 % der Aufwendungen.

Pikanterie der (Auto-)Geschichte: Just in Krisenjahren tauchten Zeppeline auf. Die teuersten Autos des Maybach-Motorenbaus, der Maybach 12 (1929) und der Zeppelin (1930), kamen pünktlich zur Weltwirtschaftskrise 1929–1932 auf den Markt, der Maybach 57/62 Zeppelin (2009) ebenso pünktlich zur Weltwährungskrise ab 2008. Das schlechte Timing blieb beide Male nicht ohne Folgen: Trotz Verlusten seit 1924 konstruierte Karl Maybach den Zwölfzylinder Zeppelin, »dessen Verkauf niemals die Kosten, die er verursachte, wieder einbringen« konnte (Treue, Abschn. 9.3), schlimmer noch: Der »geringe Verkauf des Zwölfzylinder-Pkw brachte ständig ›einen nicht unerheblichen Verlust‹« (Treue, Abschn. 9.3). So auch in der Neuzeit: Das englische »Car Magazine« errechnete einen Verlust von 330.000 € oder 437.000 Dollar pro Auto, was bei 3.000 gebauten Maybachs (Stand November 2011) die Summe von 990 Mio. € oder 1,31 Mrd. Dollar ergibt[67].

Gut gerechnet: In Interviews räumte Zetsche ein, dass 1 Mrd. Dollar für die Entwicklung des Maybach »kein gutes Investment für ein Auto mit geringem Absatzvolumen« gewesen sei[68] und die Wiedereinführung der Marke 2002 »unterm Strich ein Verlustgeschäft war«[69]. Es gibt noch weitere Parallelen zur Zwischenkriegszeit: Der Maybach Zeppelin wurde von 1930 bis 1940 gebaut, und zehn Jahre (von 2002 bis 2012) betrug auch die Lebensdauer des Maybach 57/62. Sie wäre in beiden Fällen vermutlich sehr viel kürzer ausgefallen, hätten nicht die Muttergesellschaften immer wieder Geld eingeschossen: in den 1930er Jahren der Luftschiffbau-Zeppelin-Konzern (Abschn. 10.2), im neuen Jahrtausend die DaimlerChrysler AG bzw. ab Oktober 2007 die Daimler AG.

Damit stellen sich sogleich die Fragen, warum nur etwa 3.300 Maybach, im Grunde großartige Autos, verkauft wurden und warum es zu diesen hohen Verlusten kam. Es soll hier keine postmortale Besserwisserei, wie sich Treue so treffend ausdrückt (Abschn. 9.2 Fußnote 7), betrieben, sondern das Scheitern der Marke Maybach untersucht werden.

Bei der Entwicklung des Maybach standen Komfort, Zuverlässigkeit, Fahrleistungen und Individualisierungsgrad im Vordergrund, auf technisches Neuland wie seinerzeit beim Mercedes 600 (Servo-Zweikreis-Bremssystem, Scheibenbremsen, Servo-Lenkung, Luftfederung/Niveauregulierung, Zentralverriegelung, Automat) wollte man sich nicht begeben. So baute der Maybach auf der Technik der bereits 1998 eingestellten S-Klasse W140 auf. Die Elektronik stammte im Wesentlichen von der Baureihe W211, die Anfang 2002 in Serie ging. Insofern war der Maybach nicht sonderlich fortschrittlich, für Spötter gar ein »fabrikneuer Oldtimer«[70]. So auch in den USA: »Rather than develop a new car from the wheels up, as BMW did with Rolls-Royce, or cleverly use the underpinnings of an existing model like the Audi A8 for a new Bentley, Mercedes took an aging S-class chassis and plopped an absurdly elongated body on it«[71].

Die Amerikaner hatten auch Schwierigkeiten, das Wort Maybach auszusprechen, vergleichbar mit den Mühen der deutschen Zunge, das Wort Michelin korrekt in die Umwelt zu entlassen. Heraus kam dann schließlich »MY-bock« – ein Namenlos, der Assoziationen mit Billigwaren aus dem Supermarkt weckt oder mit Starkbier aus Bayern. Generell war der Name Maybach nur Kennern bekannt, potenzielle in- und ausländische Käufer konnten mit ihm nichts anfangen. »Der Marke Maybach fehlte der internationale Ruf«[72], den die Marken Rolls-Royce und Bentley sich erarbeitet hatten. Daimler, so die Stuttgarter Zeitung, »habe es einfach nicht geschafft, die historische Marke Maybach, deren Glanzzeit zu lange zurücklieg[t], auf eine Ebene mit Rolls-Royce zu bringen«[73].

Wobei Rolls-Royce weniger dank des Phantom wuchs als vielmehr wegen des preislich darunter angesiedelten

[65] *Automobile Magazine online* (o. J.): »Can Maybach Be Mended?«

[66] John Neff/*Automotive News online* vom 1.10.2007: »Mercedes-Benz buys back and closes 29 Maybach dealers«; AR vom 8.10.2007: »Maybach-Handel ausgedünnt«.

[67] *Forbes/Autos online* vom 8.2.2012: »The $500.000 Mercedes-Benz Mistake«.

[68] *kfz-Betrieb online* vom 14.6.2011: »Daimler-Entscheidung zu Maybach rückt näher«.

[69] *kfz-Betrieb online* vom 25.11.2011: »Daimler gibt Maybach auf«.

[70] *Spiegel online* vom 3.7.2011: »Schickes Design, kaum Kundschaft«.

[71] *CNN Money online* vom 28.11.2011: »Mercedes puts Maybach out of its misery«.

[72] *Financial Times Deutschland online* vom 25.11.2011: »Daimler beendet Maybach-Ära«.

[73] *Stuttgarter Zeitung* vom 30.12.2012: »Für den Maybach war nichts zu teuer«.

»Ghost«. Der kostete in Deutschland 253.470 €, der »Phantom« dagegen 411.383 €, der Maybach 57 405.671 € (Limousinen-Grundpreise inkl. MwSt. 2009/2010). BMW, von Bentley »befreit«, konnte sich eine solche Politik leisten, Daimler nicht, weil zu befürchten stand, dass ein Maybach in der »Ghost«-Preisklasse den Verkäufen der S-Modelle hätte schaden können. Im Kräftemessen mit BMW (Rolls-Royce) und Volkswagen (Bentley) hatte Daimler das Nachsehen, denn auch Bentley entwickelte sich unter dem neuen Dach prächtig.

Waren Rolls-Royce und Bentley, fusioniert ab 1931, lange Zeit nur an Kühlerform und Markenemblemen zu unterscheiden, schaffte es Volkswagen nach der Übernahme 1998, Bentley ein eigenständiges Erscheinungsbild zu geben. Selbst der kränkelnden Chrysler Group gelang unter Chef-Designer Ralph Gilles mit dem 300 C von 2003 ein stämmig-stimmiges, »maskulines« Design – unter Mercedes-Regie wohlgemerkt, denn Chrysler war um diese Zeit Teil der DaimlerChrysler AG.

Dem Maybach dagegen fehlte die modellpolitische Eigenständigkeit, was weniger den Designern als vielmehr den Direktiven der Geschäftsleitung geschuldet ist. Denn ihr zufolge wollte man auf die zahlreichen Verbindungen zwischen den Personen Wilhelm und Karl Maybach und Gottlieb Daimler einerseits sowie zwischen den Firmen Maybach und Mercedes andererseits hinweisen. »Es gab keinen Grund, diese Nähe zu verbergen und für den neuen Maybach eine Formensprache zu entwickeln, die sich vor allem über die Distanz zu Mercedes-Benz definiert. Der Name Maybach und auch die Marke gleichen Namens sind seit Beginn der Automobilgeschichte miteinander verbunden. Sie sind Teil der Mercedes-Benz-Historie. Es bestand daher kein Grund, eine künstliche Distanz in gestalterischer Weise zu schaffen«[74].

Hehre Grundsätze, die Respekt verdienen, bedenkt man, dass die Leistungen von Wilhelm Maybach jahrelang von der Daimler-Motoren-Gesellschaft (bis 1926) und deren Chronisten ungewürdigt blieben, ja angezweifelt oder totgeschwiegen wurden. Doch verkaufsstrategisch waren die Designvorgaben eine Fehlentscheidung. Ende der 1990er Jahre bestand die Chance, ein neues Fahrzeug mit eigenständigem Design auf den Markt zu bringen – Daimler hat sie nicht genutzt. Ein Vorbild hätte es gegeben: NSU hatte 1967 mit dem wankelgetriebenen, von Claus Luthe gezeichneten Ro 80 ein neues Fahrzeug mit unverwechselbarem Design herausgebracht. Das hatte Mut erfordert, der Daimler fehlte. Die Direktionsdirektive klammerte sich stattdessen ängstlich an Vertrautes, was zwangsläufig zu einer Kopie der Mercedes-S-Klasse führen musste, »bei der deutlich zu dick aufgetragen wurde«[75]. Ihr Trauerweiden-Look mit den vorn und hinten abfallenden, wenig selbstbewussten Linien fand keinen Gefallen. Die Aussage eines Händlers für exklusive Autos, der Maybach sei kein Statussymbol[76], muss wie ein Faustschlag gewirkt haben, denn ein Auto in dieser Preisklasse soll ja gerade den Status des Käufers nach außen hin dokumentieren.

Zum Trost für Daimler sei an die Firmen erinnert, die im Laufe der Automobilgeschichte versucht haben, »bessere« Autos als Rolls-Royce zu bauen: Hispano-Suiza H6 von 1919 und Bugatti Royale 1926/27 aus Frankreich, Isotta-Fraschini Tipo 8 von 1919 und SPA 30/40 HP von 1922 aus Italien, Lanchester 40 HP von 1919 und Napier 40/50 HP von 1922 aus England sowie der Gaylord 1955 aus amerikanisch-deutscher Kooperation, den Mercedes 600 von 1964 nur der Vollständigkeit halber erwähnt. Mit Ausnahme des Gaylord bauten sie alle hervorragende Autos, doch »kein Hersteller der Welt wird – mit welchem Produkt auch immer – Rolls-Royce vom Thron stoßen können ... [denn] Rolls-Royce spielt in einer anderen Liga«[77].

So kann das Scheitern des Maybach 57/62, der anfänglich dem Rolls-Royce »Phantom« in Technik, Komfort und Fahrleistung überlegen war, zurückgeführt werden auf das Design, auf die Namensgebung, auf die fehlende Modellpflege und den zu hohen Aufwand auch auf der Marketing- und Dienstleistungsseite. Hinzu kommen zu hoch angesetzte Marktprognosen, Bentley als neuer Wettbewerber und wohl auch eine Kundschaft, die sich von jener der Zwischenkriegszeit deutlich unterscheidet.

29.9 Statt Maybach wieder Mercedes-Maybach

In seinem Interview mit der »FAZ« Ende November 2011 verkündete Daimler-Chef Dieter Zetsche nicht nur das baldige Aus für Maybach als eigenständige Marke, sondern auch den Ausbau der luxuriösen Mercedes-S-Klasse[78]. Sie bestand seinerzeit aus der Limousine in Kurz- und Langversion sowie dem CL-Coupé und sollte schrittweise um drei zusätzliche Modelle erweitert werden. Von einer besonderen Bezeichnung dieser Modelle z. B. durch den Namen Maybach war damals nicht die Rede.

Umso größer war die Überraschung, als Daimler auf den beinahe zeitgleich stattfindenden Automessen in Guangzhou und Los Angeles im November 2014 eine nochmals verlängerte S-Klasse als Mercedes-Maybach S 600 (W222) vorstellte. »We simply weren't expecting the new model to be adorned with the somewhat tarnished Maybach name«,

[74] *ATZ/MTZ*, Sonderheft September 2002 »Der neue Maybach«, S. 28.
[75] *Spiegel online* vom 4.12.2011: »Desaster mit Ansage«.
[76] *FAZ* vom 18.4.2010: »Der Maybach stirbt zum zweiten Mal«; *AZ* vom 27.5.2009, S. 112: »Dekade der Gegensätze«.
[77] *Stuttgarter Zeitung* vom 30.12.2012: »Für den Maybach war nichts zu teuer«.
[78] *kfz-Betrieb online* vom 25.11.2011: »Daimler gibt Maybach auf«.

echote es aus Amerika[79], »or to delete old Karl's family name all together in its naming of the Mercedes-Maybach S 600«. So ließ sich der Maybach-Zusatz entweder als Herabstufung der Marke Maybach zu einer Ausstattungsvariante deuten oder als Aufwertung einer Modellreihe, in diesem Fall der S-Klasse. Davon abgesehen war man wieder bei der Namensgebung der Luxus-Limousine angelangt, die Daimler 1997 in Tokio als Mercedes-Benz Maybach vorgestellt hatte.

Dank eines auf 3.365 mm verlängerten Radstands (Maybach 57: 3.390 mm) bietet der Mercedes-Maybach S 600 gegenüber den bisherigen S-Modellen ein nochmals üppigeres Platzangebot im Fond, die Gesamtlänge erreichte 5.453 mm (Maybach: 5.728 mm). Das Auto trägt den Mercedes-Stern auf der Motorhaube, das Doppel-M für Maybach-Manufaktur findet sich auf den Dachsäulen – und auch auf Manschettenknöpfen, die sich der stilsichere Mercedes-Maybach-Eigner unter anderen »Icons of Luxury« in der zur Premiere vorgestellten Accessoire-Kollektion aussuchen konnte. Darüber und über die dem S 600 (V12-Motor) und S 500 (V8-Motor) folgenden Mercedes-Maybach-Modelle zu schreiben, bleibt einer späteren Arbeit vorbehalten.

[79] *autoblog online* vom 19.11.2014: »Mercedes-Maybach S 600 is not the luxury limo we expected«.

Teil V

Maybach-Traditionspflege

Private und institutionelle Einrichtungen bewahren das Erbe von Familie und Firma

Von Andrea Böttcher, Erik Eckermann, Dr. Helmut Hofmann,
Siegfried Rehm, Klaus Schellenberger

30 Einführung

Erik Eckermann

Wenn zwei Deutsche zusammenstehen, so weiß der Volksmund, gründen sie einen Verein. Das muss nicht unbedingt anrüchig sein, denn schon unsere frühen Denker erkannten, dass es gut und sogar »göttlich« ist, einig zu sein (J. C. F. Hölderlin), und dass durch Eintracht kleine Dinge wachsen (Sallust). Das übrigens wussten vor den Klassikern schon die Höhlenmenschen, die sich zu Gemeinschaften zusammenschlossen, denn Einigkeit macht stark (Sigmund Graff).

So war es nur eine Frage der Zeit, wann sich die Eigner der nach dem Krieg übrig gebliebenen Maybach-Fahrzeuge einig sein und einen Club gründen würden. Das war zufällig jenes Jahr, in dem das seit der Währungsreform 1948 ungebrochene Wirtschaftswachstum, genannt Wirtschaftswunder, mit einer Rezession endete, nämlich 1966/67, sechs Jahre nach Karl Maybachs Tod.

Und wie durch Eintracht kleine Dinge wachsen können, belegt die geradezu unglaubliche Geschichte von der Auferstehung eines Maybach aus den 1930er Jahren, den es vorher gar nicht gegeben hatte. Dank der Beharrlichkeit eines Berufsschullehrers und mithilfe von einigen Schüler- und Lehrergenerationen sowie Sach- und Finanzhilfe aus Industrie und Gewerbe entstand in 18-jähriger Arbeit ein Maybach aus dem Nichts – fahrfähig, versteht sich.

Nachdem der spätestens seit den 1930er Jahren in England gepflegte Automobil-Historismus in den 1960er Jahren auch die Gestade Deutschlands erreicht hatte, wuchsen hier Clubs, Verbände, Museen und Messen mit Bezug auf historische Straßenfahrzeuge heran – mit Ausstrahlungen auch auf Maybach. Die sichtbaren Gründungen von Maybach-Club, -Museum, -Freundeskreis und -Stiftungen weckten das Interesse an den Männern, die dahinterstehen, an Wilhelm und Karl Maybach.

Ihren Arbeiten und Errungenschaften widmen sich neben den genannten Institutionen die Firmenarchive der beteiligten Unternehmen, i. e. der Daimler AG und der Rolls-Royce Power Systems AG als Nachfolgefirma der Keimzelle in Bissingen. Die dortige Luftfahrzeug-Motorenbau-GmbH wurde 1909, also vor 113 Jahren gegründet, legt man das Erscheinungsjahr dieser 4. Auflage zugrunde. Ein englischer Automobilhistoriker schätzte Wilhelm Maybach so ein: »Maybach must rank as the most accomplished mechanic of them all«[1], während Jean Raebel, Direktor der Maybach-Motorenbau GmbH, Karl Maybach und seine »genialen Konstruktionen« pries, die »dem Namen Weltruhm verschafft haben dank der hervorragenden Erzeugnisse dieses Werkes«[2].

E. Eckermann (✉)
Dießen am Ammersee, Deutschland
E-Mail: autohistorica@t-online.de

[1] L. J. K. Setright: *The Designers*. London 1976, S. 158.

[2] O. T.: Broschüre anlässlich der Enthüllung des Wilhelm-Maybach-Reliefs im Deutschen Museum. Maybach-Motorenbau GmbH, Friedrichshafen o. J. (1965), S. 10.

E. Eckermann, W. Treue, S. Zima (Hrsg.), *Technikpionier Karl Maybach*, https://doi.org/10.1007/978-3-658-37065-7_30

31 Wilhelm und Karl Maybach in Ordensregister, Ehrenlisten und Ruhmeshallen

Erik Eckermann

31.1 Wilhelm Maybach im Kreis »deutscher Geistesheroen«

Eigentlich wollte der bayerische König Ludwig I. mit dem Walhalla genannten tempelartigen Bauwerk bei Donaustauf ein »dauerndes Denkmal deutschen Ruhms und deutscher Größe«[1] schaffen. Über die mehr als 100 Bildnisbüsten sind seit 1842 so einige Kriege, Staatsformen, Nationalflaggen und Währungen hinweggerauscht, manch wackerer Teutscher ist in Vergessenheit geraten. Doch die Idee lebt weiter, und zwar heftig. Denn des Monarchen zweiter Gedenkstätte, der Ruhmeshalle gleich hinter dem Kolossalstandbild der Bavaria auf der Theresienhöhe in München, fertiggestellt 1850, folgte 1925 der Ehrensaal im Deutschen Museum, ebenfalls München. Und dort wurde am 15. Juli 1965 ein Relief des »unvergeßlichen Wilhelm Maybach«[2] enthüllt.

In seiner Laudatio lobte Jean Raebel »den eigentlichen Schöpfer des raschlaufenden Verbrennungsmotors; alle konstruktiven Einzelheiten ... stammen von ihm ... Gottlieb Daimlers großes Verdienst bleibt es, als erster und früher auch als Wilhelm Maybach erkannt zu haben, daß der Verbrennungsmotor als Schnelläufer gebaut werden kann ... und es dem mittellosen Wilhelm Maybach ermöglicht zu haben, seine wundervollen schöpferischen Leistungen zu vollbringen«[3]. Dann folgte unter allgemeinem Applaus (Abb. 31.1) die Enthüllung von Relief und Tafel, worauf zu lesen steht: »Gemeinsam schufen sie in der leichten schnellaufenden Verbrennungskraftmaschine den entwicklungsfähigen Fahrzeugmotor«. Relief-Nachbar Gottlieb Daimler wird's gefallen haben (Abb. 31.2).

Abb. 31.1 Die Festgäste im Ehrensaal des Deutschen Museums 1965. *1. Reihe v. l.*: Frau Gessler-Maybach; Friedl Raebel; Käthe Maybach (Ehefrau von Karl); Emma Maybach (Schwester von Karl); Walter Hitzinger (Generaldirektor Daimler-Benz); *2. Reihe v. l.*: Emmy von Miller (Frau von Rudolf von Miller); Frau Daimler; Frau und Herr Walter von Miller; Frau Hengstl-Maybach; Frau Günter Wilhelm Maybach; Markus von Kienlin (Direktor); Rudolf von Miller (Deutsches Museum); Rudolf Mosting (ASC-Präsident). *Im Hintergrund* Büsten und Gemälde von anderen Geehrten

Außer Gottlieb (Abb. 2.2) und Wilhelm (Abb. 2.1) sind noch Karl Benz, Nikolaus August Otto, Rudolf Diesel (und Alfred Krupp) aus der Motoren- und Automobilwirtschaft im Isar-Tempel vertreten, wo mit »Stolz und Erhebung des Beschauers die Bildnisse unserer Größen zu uns sprechen [und] die beigefügten Inschriften bezeugen [sollen], welche gewaltigen Schöpfungen auf allen Gebieten der Naturwissenschaften und Technik von Deutschen ausgegangen und

[1] Brockhaus Leipzig 1895, Bd. 16, S. 478.
[2] o. T.: Broschüre anlässlich der Enthüllung des Wilhelm-Maybach-Reliefs im Deutschen Museum. Maybach-Motorenbau GmbH, Friedrichshafen o. J. (1965), S. 4.
[3] o. T.: Broschüre anlässlich der Enthüllung des Wilhelm-Maybach-Reliefs im Deutschen Museum. Maybach-Motorenbau GmbH, Friedrichshafen o. J. (1965), S. 9.

E. Eckermann (✉)
Dießen am Ammersee, Deutschland
E-Mail: autohistorica@t-online.de

E. Eckermann, W. Treue, S. Zima (Hrsg.), *Technikpionier Karl Maybach*, https://doi.org/10.1007/978-3-658-37065-7_31

Abb. 31.2 Reliefs von Daimler und Maybach im Ehrensaal des Deutschen Museums mit Text auf Marmortafel

Abb. 31.3 Sonderausstellung der »Automotive Hall of Fame« 1998 in Indianapolis. *Vorn* die Daimler/Maybach-Motorkutsche von 1887, *links* ein Benz-Rennwagen, *im Hintergrund* eine Stellwand mit Wilhelm Maybach, Gottlieb Daimler und Mercédès Jellinek

der Welt gegeben worden sind«[4]. Zum Beispiel nach Japan. Von dort aus hat Mazda die Autowelt mit 2–3 Mio. Kreiskolbenmotoren nach Felix Wankel geflutet, was wohl zu wenig war. Denn dem Deutschen Museum war der Motorenerfinder bisher ein Relief nicht wert. In der illustren 36-köpfigen Reihe fehlen auch die beiden Männer, die statt der Technik die Unversehrtheit der Verkehrsteilnehmer, also lebensrettende Maßnahmen, in den Mittelpunkt ihrer Forschungsarbeiten gestellt haben: Béla Barényi mit »Knautschpatent« und Sicherheitslenkung in Sachen passiver, Fritz Ostwald mit ABS und kursstabilisierendem Lenkrollradius in Sachen aktiver Sicherheit.

Die Massierung »deutscher Geistesheroen«[5] blieb im Ausland nicht unbemerkt, und so gründeten ein paar Autopioniere 1939 nach deutschem Vorbild eine »Automobile Old Timers« genannte Vereinigung in New York City, aus der nach einigen Namensänderungen schließlich die »Automotive Hall of Fame« (AHOF) hervorging. Übersetzt heißt das Ruhmes- oder Ehrenhalle für herausragende Persönlichkeiten aus der Automobilwirtschaft. Nach einigen Ortswechseln ist die Organisation heute ansässig in Dearborn/Michigan, gleich neben dem Henry-Ford-Museum.

Die AHOF führt angeblich mehr als 800 Personen aus dem gesamten Bereich der – vorzugsweise amerikanischen – Automobilwirtschaft, praktiziert also keine Begrenzung auf Wissenschaftler und Techniker wie im Deutschen Museum, präsentiert zudem einige Nicht-Amerikaner. Unter diese fallen auch die hierzulande geehrten Benz, Daimler, Diesel und Otto. Zusätzlich ehren die Amerikaner Robert Bosch (aufgenommen 1984), Ferdinand Porsche (1987), Vater und Söhne Opel (1998), Ferdinand Graf von Zeppelin (1998), August Horch (2000), Wunibald Kamm (2009) und weitere, darunter Berta Benz, deren Verdienste (welche bitte?) offenbar höher eingeschätzt werden als die von Felix Wankel oder Fritz Ostwald. Ihnen blieben auch in der Neuen Welt höhere Weihen versagt. Und Wilhelm Maybach? Dank Antrag von Daimler-Benz wurde er, pünktlich zum 150. Geburtsjahr, 1996 »im Mausoleum heiliggesprochen«[6], wie Barényi 1994 seine eigene Aufnahme unter die so Geweihten sarkastisch kommentierte (Abb. 31.3).

31.2 Zwist und Versöhnung

Béla Barényi, Sicherheitsingenieur bei Daimler von 1939 bis 1972, genoss »als festbesoldetes Hausgenie«[7] Unterstützung von Generaldirektor Wilhelm Haspel und den Chefkonstrukteuren, litt jedoch ein Arbeitsleben lang unter Neid und Feindschaften seiner »Mit«-Arbeiter aus Konstruktion und Patentwesen. Bei Maybach war es umgekehrt: Hier intrigierten Aufsichtsrat und Vorstand der damaligen Daimler-Motoren-Gesellschaft (DMG). Eine Krankheit mit Abwesenheit vom Arbeitsplatz »benutzten seine Gegner, die er sich durch seine Leistungen geschaffen hatte, um auf sein Ausscheiden aus der Daimler-Motoren-Gesellschaft hinzuarbeiten«[8]. Der

[4] Walter von Dyck: Der Ehrensaal des Deutschen Museums. In: *Das Deutsche Museum. Geschichte – Aufgabe – Ziele*. Berlin/München 1925, S. 20.

[5] o. T.: Broschüre anlässlich der Enthüllung des Wilhelm-Maybach-Reliefs im Deutschen Museum. Maybach-Motorenbau GmbH, Friedrichshafen o. J. (1965), S. 11.

[6] Barényi in einem Interview mit dem Verfasser.

[7] *ams*, Heft 24/1976, S. 61.

[8] Friedrich Sass: *Geschichte des deutschen Verbrennungsmotorenbaues von 1860 bis 1918*. Berlin, Göttingen, Heidelberg 1962, S. 351.

österreichische Generalkonsul Emil Jellinek, Daimler-Vertreter in Südfrankreich, protestierte zwar schriftlich gegenüber dem Aufsichtsratsvorsitzenden Wilhelm Lorenz:

»... Maybach ist der größtlebende Konstrukteur von Benzin-Motoren ... Nicht Maybach ist Schuld an dem jetzigen Malheur, sondern die Eifersucht, der Haß ... Das Genie dieses Menschen werden Sie gewiß nicht durch die Nullitäten, von denen es in Ihrer Fabrik wimmelt, ersetzen ... Wenn ich Ihnen diesen langen Brief schreibe, so geschieht dies nur, weil ich wirklich tief betrübt bin, zu sehen, daß in Ihrem Lande der Undank wohl als die größte Tugend betrachtet wird ... «[9]

Doch eben diesem Vorsitzenden ging es gar nicht um Maybachs Verdienste, sondern um dessen Rauswurf.

Gesundheitlich angeschlagen verließ Wilhelm Maybach die DMG im Zorn und noch vor Ablauf seines Vertrags am 31. März 1907. Die Einführung der Kfz-Steuer im April 1906 mit höheren Steuersätzen für stärkere (Daimler-)Wagen, die Krise der (Automobil-)Wirtschaft 1907 und nicht zuletzt Maybachs Fortgang führten zu stark rückläufigen Absatzzahlen bei der DMG. Der Zwist zwischen ihr und Maybach belastete deren Verhältnis auf Jahre hinaus. Im Jubiläumsband zum 25-jährigen Bestehen der DMG wird Gottlieb Daimlers langjähriger Mitarbeiter zwar nebenbei erwähnt, an entscheidenden Stellen jedoch totgeschwiegen. Die Passage über den Mercedes 35 PS von 1900/01 (Abb. 2.11), Wilhelm Maybachs wohl größter Wurf, liest sich so:

»In diesem Jahre (1900) tauchte zum ersten Male der Mercedes-Motor auf ... Damit bog man gewissermaßen in neue Bahnen ein ... und als nun der neue Mercedes-Motor auftauchte – er war nach der Tochter Emil Jellineks ›Mercédès‹ benannt worden – da stand die Automobiltechnik der Welt vor etwas ganz Außerordentlichem ... Diese Type war es, die in der Folge einen Umschwung in der Automobil-Industrie aller Länder bewirkte ... «[10]

31.3 Anerkennung weltweit

Umso mehr sind die Bemühungen der Daimler Benz AG als Nachfolgerin (1926) der DMG zu honorieren, das Verhältnis zwischen Firma und Konstrukteur bzw. dessen Familie zu normalisieren und eine Versöhnung herbeizuführen. Die ist schon längst eingetreten, siehe Ehrensaal Deutsches Museum 1965, Automotive Hall of Fame 1996 und gipfelnd in der Namensgebung der von 2002 bis 2012 gebauten Maybach-Autos.

Schon lange vorher hatte der große Konstrukteur einige Ehrungen erfahren: 1905 Verleihung des Ritterkreuzes I. Klasse des Friedrichsordens durch den König von Württemberg; 1915 Ernennung zum Oberbaurat; 1916 Verleihung der Würde eines Dr.-Ing. E. h. durch die Technische Hochschule Stuttgart; 1916 Verleihung des Roten Adlerordens durch den deutschen Kaiser; 1922 Grashof-Gedenkmünze in Gold, höchste Auszeichnung des VDI; und nicht zuletzt als Namenspatron für Schulen in Heilbronn, Stuttgart-Bad Cannstatt, Reutlingen und Berlin-Spandau sowie für Straßen in vielen Kommunen der Bundesrepublik. Die Namen der Neider und der von Jellinek so bezeichneten »Nullitäten« dagegen sind in der Bedeutungslosigkeit versunken.

Wie seinem Vater verlieh die Württembergische Technische Hochschule zu Stuttgart, wie sich die TH Stuttgart damals nannte, auch Karl Maybach die Würde eines Doktor-Ingenieurs ehrenhalber »in Anerkennung seiner bedeutenden Leistungen auf dem Gebiet des Motorenbaus und des Kraftfahrwesens«. Das war im Jahre 1924. Fünf Jahre später (1929) folgte das Ehrenbürgerrecht der Stadt Friedrichshafen, das Karl Maybach wegen Differenzen mit der Stadtverwaltung 1950 zurückgab, den Verzicht nach Beilegung des Streits zwei Jahre später jedoch wieder rückgängig machte.

Statt Anerkennung durch den Kaiser, den es nun nicht mehr gab, verlieh Bundespräsident Theodor Heuss »in Anerkennung der um Staat und Volk erworbenen besonderen Verdienste« Karl Maybach im Juli 1954 das Große Bundesverdienstkreuz. Fünf Jahre später, zum 50-jährigen Jubiläum des Maybach-Motorenbaus und aus Anlass seines 80-jährigen Geburtstags, erhielt Karl Maybach das Große Bundesverdienstkreuz mit Stern sowie die Ernennungsurkunde zum Professor (Abb. 5.14).

Ob die Ehrungen dem pietistisch orientierten Karl Maybach ein besonderes Anliegen gewesen sind, sei einmal dahingestellt. Sein beruflicher Ehrgeiz und seine Arbeitswut begründeten sich wohl eher im Vorsatz, dem Vater nachzueifern, ihn zu rehabilitieren und nebenbei subtile Vergeltung an Paul Daimler zu üben, den er als einen der Urheber der dem Vater zugefügten Schmähungen betrachtete. Paul Daimler (Abb. 4.20), ältester Sohn von Gottlieb, wurde nach dem Ausscheiden Wilhelm Maybachs Chefkonstrukteur der DMG, wobei er klugerweise die Konstruktionen seines Vorgängers behutsam weiterentwickelte und somit dessen herausragende Fähigkeiten indirekt bestätigte. Dennoch muss es zwischen Paul Daimler und Wilhelm Maybach zu unliebsamen Zwischenfällen gekommen sein, denn Karl Maybach berichtete noch Jahrzehnte später (1955) einer dritten Person gegenüber,

»... dass ich mich in meinem Urlaub 1906 sozusagen verschworen habe, das Ansehen meines Vaters durch eigenes Zutun eines Tages in das richtige Licht zu stellen. Dass es mir dabei auch dann noch geglückt ist, Paul Daimler im ehrlichen Kampf von Konstrukteur zu Konstrukteur zunächst durch den 6-Zyl.-Luftschiffmotor [AZ, Abb. 8.7], dann durch den Höhenmotor [MB IVa, Abb. 3.20], und nach dem Krieg durch den ersten schnellaufenden Diesel, durch unsere Wagen und schließ-

[9] Brief Jellineks vom 8.1.1906, zitiert nach: F. Sass: *Geschichte des deutschen Verbrennungsmotorenbaues von 1860 bis 1918*, S. 356.
[10] *Zum 25-jährigen Bestehen der Daimler-Motoren-Gesellschaft*. Untertürkheim, 28. November 1915, S. 36.

lich durch unser sogen. Schnellganggetriebe, schrittweise so zu schlagen, dass er in den 20-er Jahren zum Austritt aus der DMG gezwungen wurde, wobei es dann seinem Nachfolger Porsche später ebenso erging«[11].

Zurück zur Ruhmeshalle im realen und neuerdings auch im virtuellen Raum: Inzwischen hatte nicht nur Deutschland mit Ruhmeshallen in Berlin (1891), Barmen (1900) und Oberlausitz/Görlitz (1902) nachgelegt, in denen jeweils die Reichsgründung 1871 besungen wurde, sondern auch das Ausland. Da gibt es die Hall of Fame für bedeutende Bürger amerikanischer Herkunft, für Disney-Comic-Zeichner, für Jazz, Big Bands, Radfahren, Erfinder, Raumfahrt, Segelregatten und vieles mehr, und das nicht nur in den USA, sondern weltweit. So gibt es auch eine weitere »Automotive Hall of Fame« mit der vorangestellten Bezeichnung »European«. Sie hat ihren Sitz in Genf und ehrte Wilhelm Maybach im Jahr 2004 mit dessen Aufnahme in die Ruhmeshalle (Abb. 31.4).

Abb. 31.4 Irmgard Schmid-Maybach, Tochter von Karl Maybach, und Jürgen Hubbert, Daimler-Vorstandsmitglied, mit der Wilhelm-Maybach-Mitgliedsurkunde der »European Automotive Hall of Fame«, Genf, im März 2004

[11] Zitiert nach: Harry Niemann: *Karl Maybach. Seine Motoren und Automobile.* Stuttgart 2004, S. 214 und 221, Anmerkung 26: Privatbesitz Familie Schmid-Maybach, Bestand »Privatarchiv Prof. Dr. Karl Maybach«, Ordner 1.

Der Club zum Auto

32

Erik Eckermann

32.1 Über exklusive Autos, Plebejer und Aristokraten

Ein kostbares Auto, zum Beispiel einen Rolls-Royce,

> »... lässt man nicht verschrotten. Anschaffungspreis und Status sprechen dagegen. Nach ein paar unbeschwerten Jahren wandert er in eine Sammlung und darf auf einem Teppich stehen. Brot- und Butter-Autos dagegen, bei denen mit zunehmendem Alter die Reparaturanfälligkeit zu- und Nachbars Wertschätzung abnimmt, sehen irgendwann den Hochofen von innen. Ein Zeugnis der Alltagskultur ist unwiederbringlich dahin mit der Folge, dass, setzt man die Produktionszahlen zueinander ins Verhältnis, die Anzahl der Plebejer geringer ist als die der Aristokraten. Im richtigen Leben ist es bekanntlich umgekehrt.«[1]

Das trifft auf den Luxuswagenbauer Rolls-Royce zu, von dem zwischen 80 und 90 % Überlebende von allen jemals gebauten Autos angenommen werden, nicht aber auf Maybach. Von den etwa 1.800 Personenwagen, die der Maybach-Motorenbau von 1921 bis 1941 hergestellt haben mag, sind heute etwa noch 160 Exemplare bekannt – das sind noch nicht einmal 9 %.

Natürlicher Schwund? Nicht so ganz. Im Zweiten Weltkrieg und davor verschlissen Offiziere die eingezogenen Maybachs für Führer und Vaterland, wenn sie nicht gleich an den Fronten in Flammen aufgingen. Um das Auto vor dem Zugriff der Wehrmacht zu retten, ließen Autobesitzer auch exklusiver Fahrzeuge die Karosserie hinter der vorderen Sitzbank wegschneiden und statt ihrer eine Ladefläche montieren – nicht selten im Selbstversuch. Und fertig war dann der Behelfslieferwagen (Blw), denn während des Krieges und danach war der Transport von Gütern wichtiger als die Beförderung von Personen (Abb. 11.46). Zumindest in Deutschland, wo die Behörden den Blw als eigenständige Fahrzeuggattung in Verordnungen und Erlassen erwähnten.

Abb. 32.1 Weil Kohle in Krieg und Nachkriegszeit knapp und damit ein Luxusartikel war, mussten mit Holz befeuerte Zimmeröfen Zentralheizungen in den städtischen Wohnblocks ersetzen und ländliche Katen wärmen. Fahrende Band- oder Kreissägen, nicht selten von Holzgasgeneratoren angetrieben, zerkleinerten »organisierte« Baumstämme und Äste zu ofentauglichen Stücken. Dabei half, welch Frevel, auch ein Maybach, der zuvor wohl als Behelfslieferwagen diente. Aufgehoben im Technik-Museum Sinsheim.
1935 Maybach DSH, 6 Zylinder, 5.181 cm^3, 130 PS/96 kW (ursprünglich), heute: MWM-Dieselmotor

Nach Ende der Notzeiten, in Deutschland also mit Beginn der 1950er Jahre, verschwand diese Spezies wieder von den Straßen, wenn nicht gerade eine Band- oder Kreissäge ihren Platz auf der Ladefläche fand. Eine solche fahrbare Säge auf Maybach-Fahrwerk hat überlebt (Abb. 32.1). Zudem trugen auch heimkehrende GIs[2] zur Ausdünnung bei und retteten so unbeabsichtigt manchen Maybach vor Verschrottung und Hochofen.

[1] Höfische Schausammlungen und Marstallmuseen. In: Erik Eckermann (Hrsg.): *Auto und Karosserie – Geschichte, Fertigung, Design*. Wiesbaden 2015, S. 151.

[2] GI (Government Issue), volkstümliche Bezeichnung für den einfachen Soldaten der USA.

E. Eckermann (✉)
Dießen am Ammersee, Deutschland
E-Mail: autohistorica@t-online.de

E. Eckermann, W. Treue, S. Zima (Hrsg.), *Technikpionier Karl Maybach*, https://doi.org/10.1007/978-3-658-37065-7_32

32.2 Ein Club entsteht

Um dem Schwund ein Ende zu bereiten und noch vorhandene Maybachs betreuen zu können, richtete Michael Graf Wolff Metternich, Maybach-Fahrer (Abb. 32.2) und Buchautor, mit einem Rundschreiben an alle ihm bekannten Maybach-Besitzer die Frage, ob es nicht »schön wäre, wenn sich diese letzten Maybach-Fahrer in einem zwanglosen Club, bar jeder Vereinsmeierei und Statuten, zusammenfänden? ... Reparaturen werden im Werk ... immer problematischer. Der Club könnte auch in dieser Hinsicht eher Gnade bei der Werksleitung finden«[3].

Das Echo auf das Rundschreiben muss erfreulich gewesen sein, »eine ganze Anzahl der angeschriebenen Maybach-Besitzer [hat] sich positiv geäußert«[4]. Woraufhin sich Metternich mit seinen Maybach-Freunden Ottmar Ballweg, Bruno Beck, Uwe Hucke, U. Jakobi und Kurt Lehmann zur Gründung eines Clubs entschlossen, der zunächst Deutscher Maybach-Club, seit Aufnahme des ersten ausländischen Clubmitglieds nur noch Maybach-Club heißt. Die Mitglieder wählten Metternich zum Präsidenten – ein Amt, das er von Beginn an bis 1990 ausfüllte. Als Gründungsjahr gilt dem Club 1966.

Abb. 32.2 Graf Metternich (1920–2018), Initiator des Maybach-Clubs, im Kreise seiner Lieben auf dem heimischen Hofgut in der Nähe von Frankfurt/Main um 1969.
1937 Maybach SW 38, 6 Zylinder, 3.815 cm^3, 140 PS/103 kW, 4-türiges Cabriolet, Karosserie Spohn
1937 Bugatti 57, 8 Zylinder, 3.256 cm^3, 135 PS/99 kW, 2-türiges Cabriolet »Stelvio« Karosserie Gangloff

32.3 Der etwas andere Club

Von Anfang an unterschied sich der Maybach-Club von anderen Clubs insofern, als weder eine Satzung verabschiedet noch Beiträge erhoben wurden. Der Club befasst sich weder mit Wertschätzungen noch mit Kauf oder Verkauf von Maybach-Fahrzeugen, handelt nicht mit Ersatzteilen und verfügt auch nicht über Souvenirs wie Poster, Manschettenknöpfe und andere lebensnotwendige Dinge. »Das Ganze funktioniert so wie die allerersten Clubs in Großbritannien – man trifft sich, man sitzt zusammen und freut sich an den Automobilen ... Es gibt einen gewählten Präsidenten, der dafür sorgt, daß das Clubleben funktioniert ...«[5] Die Aufnahmebedingungen waren leicht zu erfüllen, wenn man die Voraussetzungen mitbrachte: Besitz oder früherer Besitz eines Maybachs, Mitglied der Maybach-Familie oder (ehemaliger) Mitarbeiter der alten Firma Maybach-Motorenbau.

Ein Club der Snobs? Dazu eine Stellungnahme des seelenverwandten »Rolls-Royce Enthusiasts' Club« Sektion Schweiz:

> »Der R-R.E.C. ist eine lose, ungezwungene Vereinigung von Liebhabern dieser Marke, und der wahre Enthusiast hat des öfteren in seiner Freizeit schmutzige Hände, weil er sein Fahrzeug im Rahmen seiner Möglichkeiten weitgehend selbst pflegt und wartet. Für ihn ist der Besitz eines Rolls-Royce oder Bentleys nie die Bestätigung, einem ›Snob-Club‹ anzugehören, sondern das Vertrauen und das Wissen um die kompromisslose Qualitätsarbeit der Erbauer mit dem Grundsatz: ›The quality remains, long after the cost is forgotten!‹«[6]

Den Besitzern der Bodensee-Giganten ist hier aus der Seele gesprochen.

Die Schweizer Sektion des RREC besteht übrigens seit 1973, die englische Mutter RREC seit 1957. Da liegen die Deutschen ausnahmsweise nicht schlecht im Rennen. Zurzeit zählt der Maybach-Club rund 150 Mitglieder, die sich einmal im Jahr mit ihren Autos treffen (Abb. 32.3 und 32.4), seit 1999 zusammen mit dem »Mercedes-Benz Kompressor-Club«. Maybach-Spezialisten wie Alois Fehrenbach, Thomas Dangel, Erich Frey und – heute – Artur Schelkle hielten und halten mit Fachwissen, handwerklichem Geschick, Ersatzteilen und Reparaturen die Veteranen am Laufen. Die historische Aufarbeitung des Automobilbaus, der ja nur ein Teil der MM-Fertigungstiefe darstellte, leistete Metternich mit Fahrzeug-Registern und weiteren Büchern über die Maybach-Autos (siehe Literaturverzeichnis). Besonders erfreulich: Der Maybach-Club, der Maybach-

[3] Rundschreiben vom 30.11.1966.

[4] Rundschreiben vom 13.2.1967.

[5] *Der Maybach-Club.* Dreiseitiges Infoblatt des Sieger-Verlags, Lorch 2003.

[6] Harry Albrecht: Der Rolls-Royce Enthusiasts' Club oder: Wie alles begann. In: *Alpine Eagle.* Jahresheft der Schweizer Sektion. Nr. 6/1993, S. 13.

Abb. 32.3 Noch vor Gründung des Maybach-Clubs 1966/67 betätigte sich Graf Metternich im deutschen Clubwesen, hier als ASC-Sportkommissar auf einer Winterveranstaltung des Allgemeinen Schnauferl-Club am Schottenring. Es sollte bewiesen werden, dass historische Fahrzeuge auch im Winter fahrbereit sind.
1927–1930 NAG-Protos 12/60 PS Typ 201, 6 Zylinder, 3.095 cm^3, 60 PS/44 kW

Abb. 32.4 In den 1970er Jahren hielt der Maybach-Club vier Jahrestreffen ab, seit 1980 jährlich, und hin und wieder gibt hier ein neu aufgetauchter oder restaurierter Wagen seinen Einstand. Vor historischer Kulisse machen sich die Wagen besonders gut

Freundeskreis in Friedrichshafen, die Maybach-Stiftung in Stuttgart, das Museum für Historische Maybach-Fahrzeuge in Neumarkt sowie das Maybach-affine Zeppelin-Museum in Friedrichshafen arbeiten eng zusammen. Animositäten? Fehlanzeige. Adel verpflichtet eben.

Ein Maybach aus dem Nichts

33

Klaus Schellenberger

33.1 Eine Konstruktionszeichnung als Anregung

Zu Ehren des in Heilbronn geborenen Wilhelm Maybach beschloss der dortige Gemeinderat 1972, die Gewerbliche Berufs- und Fachschule I in »Wilhelm Maybach-Schule« umzubenennen. Als dort tätiger Lehrer veranstaltete ich im folgenden Jahr für Schüler und Kollegen eine kleine Ausstellung, die über Kopien von Geburts-, Heirats- und sonstigen Urkunden nicht hinauskam. Später abgehaltene Maybach-Club- und Jahrestreffen sowie Maybach-Jubiläen führten zu Bekanntschaften mit Wilhelms Enkelin Irmgard Schmid-Maybach, ferner mit MTU-Ingenieur und -Archivar Gustav Burr, mit MTU- und Daimler-Vorstandsmitgliedern, mit Alois Fehrenbach, einst Maybach-Werkmeister und letzter Fahrer von Karl Maybach, mit Alfons Hagmann, ehemaliger Maybach-Konstrukteur, sowie weiteren Personen mit Beziehungen zu Familie und Unternehmen. Sie alle unterstützten nicht nur meinen Vorschlag, alljährlich begabte Berufsschüler mit einem Wilhelm-Maybach-Preis auszuzeichnen, sondern auch ein Fahrgestell nachzubauen, aus dem dann im Verlauf von 18 Jahren trotz Rückschlägen und den stets auftauchenden Bremsern und Bedenkenträgern ein komplettes, fahrfähiges Auto entstand.

Auslöser war eine 1983 erhaltene Kopie einer Fahrgestell-Konstruktionszeichnung für den Maybach SW 38 sowie weitere Detailzeichnungen, die Gustav Burr nachreichte und anhand derer in der Schule versucht wurde, den Rahmen nachzubauen. Doch es stellten sich bei unseren Verhältnissen nahezu unüberwindliche Schwierigkeiten bezüglich der Rahmenlänge, dem Verzug beim Schweißen und der sich daraus ergebenden Maßungenauigkeiten ein – Schwierigkeiten, die schon bei der Produktion in den 1930er Jahren aufgetreten waren. Um die weiteren Arbeiten finanziell abzusichern, gründeten einige Lehrer zusammen mit dem neuen Schulleiter Willi Glasze 1985 einen Förderverein, über den fortan die gesamte finanzielle Abwicklung erfolgte.

33.2 Zufälle, Zuwendungen, Zugaben

Die Chancen, Originalteile für den Maybach SW 38 oder generell für die SW-Baureihe zu finden, waren schon in den 1980er Jahren äußerst gering. Denn von den SW-Typen 35, 38 und 42, gebaut von 1935 bis 1941, sind nur etwa 900 Exemplare hergestellt worden (siehe Tab. 27.1). Dennoch gelang es uns, Originalteile zu beschaffen, wobei oft der Zufall eine Rolle spielte.

So entdeckte ein Mitarbeiter in der MTU-Modellschreinerei unter einer handgezogenen Modell-Transportkarre vier gut erhaltene und bereifte Maybach-Lochscheibenräder in der Sonderausführung, wie sie damals im Werk für die SW-Typen verbaut wurden. In einem wüsten Zustand dagegen befand sich ein Chassis, das 1988 von einem Maybach-Clubmitglied erworben werden konnte (Abb. 33.1). Rost hatte das Heck zerfressen, sodass dieses einschließlich der Tankaufnahme neu angefertigt werden musste – wohlgemerkt von den Berufsschülern, und stets unter Anleitung ihrer Meister. Das Chassis sollte, so die Vorstellungen, an prominenter Stelle in der Schule an einer Wand befestigt werden, mit den Rädern darunter, ohne Motor und ohne Achsen – zur steten Erinnerung an die konstruktiven Leistungen Karl Maybachs. Denn an den Wiederaufbau eines kompletten Fahrwerks oder gar eines Autos wagte um 1989 noch niemand zu denken.

Just in diesem Jahr schenkte Maybach-Sammler Fritz Hardach der Schule einen HL-Motor, wie er außer in den SW-Modellen auch in den 1-Tonnen-Zugkraftwagen (Demag) der Wehrmacht eingesetzt worden war. Die Maybach-HL-Militärmotoren unterschieden sich von der Zivilausführung durch Fallstrom- statt Steigstromvergaser und Trockensumpfschmierung statt Ölwanne, erforderlich wegen Schräglagen im Gelände. Sie leisteten 100 statt 140 PS in der Personenwagen-Baureihe SW 35 bis SW 42.

K. Schellenberger (✉)
Heilbronn, Deutschland
E-Mail: customerservice@springernature.com

E. Eckermann, W. Treue, S. Zima (Hrsg.), *Technikpionier Karl Maybach*, https://doi.org/10.1007/978-3-658-37065-7_33

Abb. 33.1 Vom Schicksal schwer gezeichnet: von Rost zernagter Tiefbett-Kastenrahmen eines Maybach SW 38. Auffallend sind die stark dimensionierten Längsträger, die an den Waggonbau erinnern. Der Rahmen liegt mit der Oberseite auf dem Boden, das Heck mit dem Bügel für die Querfederaufnahme zeigt zum Betrachter (siehe auch Abb. 33.3)

Beim geschenkten Motor handelte es sich um einen festgefressenen Rumpfmotor (Abb. 33.2), in dem sich nichts mehr drehte und dessen Peripherieteile wie Benzinpumpe, Vergaser, Zündanlage, Anlasser, Ölfilter und Weiteres fehlten. Sie konnten im Laufe der folgenden Jahre beschafft werden wie auch das Differenzial, das Lenkgetriebe, der Kraftstofftank, andere Fahrwerksteile und das äußerst seltene DSG-35-Doppel-Schnellgang-Getriebe, das sich ein Clubmitglied beiseitegelegt hatte. Die beiden Hinterachswellen bezogen wir von den Industriewerken Saar. Derweil bemühten sich Azubis aus der Schule und vom Busbauer Drögmöller, eine Kühlermaske originalgetreu nachzufertigen. Damit kam allmählich der Wunsch auf, nicht nur das Fahrgestell mit einigen Aggregaten, sondern ein komplettes Fahrwerk aufzubauen.

Abb. 33.2 Des Restaurators helle Freude: ein von Rost, Metallabrieb und verschlissenen Teilen gezeichneter Motor, hier die Partie um das Antriebsrad der oben liegenden Nockenwelle mit Schwinghebeln und Schwinghebelwellenlagerung.
1939–1941 Maybach-Motor HL 42 TRKM, 6 Zylinder, 4.197 cm^3 (90 × 110), 100 PS/75 kW bei 3.000 min^{-1}
HL *H*och*l*eistungsmotor; *42* 4,2 Liter-Motor; *TRKM* *Tr*ockensumpf für Schräglagen bis 40°, *K*upplung und Kupplungsgehäuse und Schnapper-*M*agnetzünder

33.3 Schüler, zur Sonne!

Tatsächlich gelang es mithilfe von Oldtimer-Restaurator Thomas Dangel, das Fahrwerk pünktlich zum 9. Februar 1996 fahrfähig zu machen (Abb. 33.3), dem 150. Geburtstag von Wilhelm Maybach. Zu dem Festakt in der Wilhelm-Maybach-Schule zählten zu den 800 geladenen Gästen auch die beiden Daimler-Vorstandsmitglieder Helmut Petri und Klaus-Dieter Vöhringer, die ich für unser Vorhaben, nunmehr ein komplettes Auto aufzubauen, einnehmen konnte. Daimler stellte Finanzmittel bereit unter der Auflage, den SW 38 bis 2001 zu vollenden – dem 100. Geburtstag des Mercedes 35 PS, Wilhelm Maybachs wohl bedeutendster Konstruktion (Abb. 2.11).

Damit war der Förderkreis verpflichtet, innerhalb von fünf Jahren eine Karosserie entweder neu zu bauen, was trotz teilweiser Fremdfinanzierung aus Kostengründen ausschied, oder eine alte Maybach-Karosserie ausfindig zu machen – ein hoffnungsloses Unterfangen ... vermeintlich. Denn auf einer Reise durch Bulgarien erblickte Thomas Dangel mitten im Verkehr einen russischen Lkw mit aufgesetzter Maybach-Karosserie. Angehalten, verhandelt und – weil der Fahrer des Zwitters sehr schnell die günstige Situation erkannte – gekauft. Die Balkan-Kreation gelangte dann auf abenteuerliche Weise von Sofia über Konstanza, Moskau, St. Petersburg und Kiel nach Heilbronn (Abb. 33.4).

In Heilbronn zerlegten die Lehrlinge aus der Maybach-Schule und vom Mercedes-Werk Sindelfingen ab April 1997

Abb. 33.3 Erste Probefahrt des Fahrwerks mit Sitzkiste und provisorischer Instrumententafel im Februar 1996. Gut zu sehen die obere Hinterachs-Querfeder, die sich über je eine Schraubenfeder pro Seite gegen die schwingende Halbachse abstützt. (Eingelenk-)Schwing- oder Pendelachsen haben den Nachteil der Radsturzveränderung (X-Beine, Reifenverschleiß, eingeschränkte Kurvenstabilität)

Abb. 33.4 Einer der Zufallsfunde war dieses Gläser-Cabriolet für einen Maybach, das irgendwann nach dem Krieg einem Fahrwerk aus russischer Produktion übergestülpt wurde, äußerlich erkennbar an Rädern und Reifen. Das Verdeckgestänge entpuppte sich als komplett und funktionsfähig

den Aufbau, um zunächst feststellen zu können, welche Teile neu angefertigt werden müssen und welche restaurierungsfähig sind. Spezialisierte Betriebe übernahmen anschließend die Holzgerippe-, Blech-, Karosserie-, Polster-, Verdeck- und Lackierarbeiten. Ein Techniker-Schüler der Blechverarbeitungsfirma Läpple wählte die Anfertigung der Positionslampen auf den vorderen Kotflügeln inklusive Anfertigung eines Modells als seine Abschlussarbeit.

Hinter jedem dieser Gewerke steckt ein beträchtlicher Aufwand an Zeit und Geld. Allein für die Gestaltung des Innenraums und die Farbgebung der Karosserie stellte Mercedes Personal aus der Designabteilung ab, nach dessen Vorgaben die Polster- und Lackierarbeiten vergeben wurden. Alle Beteiligten diskutierten über Material und Farbton, die Vorkriegsausführungen stets im Blick: Schlingenteppich als Bodenbelag, schwarze Ledersitze mit farblich abgesetzten Kedern, schwarz-blaustichiges Verdeck mit Dachhimmel aus hellem Lodenstoff, elfenbein-lackierte Seitenflächen und Heckpartie sowie Kotflügel, Motorhauben-Oberteil, Motorraum-Entlüftungsklappen und Felgen in Dunkelblau. Die

Abb. 33.5 Ob offen oder geschlossen – der Maybach macht einen ausgewogenen Eindruck. Die Zweifarbenlackierung lässt das große Auto handlicher erscheinen, an das bei deutschen Cabrios zu voluminös gefaltete Verdeck (mit Hülle) hatte man sich irgendwann gewöhnt

Zweifarbenlackierung pflegte vor allem die Auto Union mit ihren Marken DKW, Wanderer, Audi und Horch, doch sind auch einige Maybach-Cabriolets zweifarbig ausgeliefert worden.

Am 17. Juli 2001, nach 18-jähriger Bauzeit, konnte der Maybach während einer Feier in der Wilhelm-Maybach-Schule der Öffentlichkeit vorgestellt werden (Abb. 33.5). In den folgenden Jahren wurde der SW 38, der wegen seines 4,2-Liter-Motors die Zahlenkennung 42 erhielt, nicht nur zu Hochzeitsfahrten, Fototerminen und Präsentationen in der näheren Umgebung und im Bundesgebiet eingesetzt, sondern auch als Botschafter der Marke in Mailand, Venedig, Paris, Kyoto, San Francisco und Hollywood. Dort erlebte er auch seinen bisher größten Auftritt, nämlich als Komparse in Steven Spielbergs Film »Die Geisha«. Auch an dieser Stelle ein Dankeschön an die 200 beteiligten Schüler, an die 14 Lehrer, an die Maybach-Familie, an die Mitarbeiter der Daimler AG und der ehemaligen MTU sowie an die zahlreichen Firmen, die beim Wiederaufbau dieses Autos mitgewirkt haben.

34 Museum für Historische Maybach-Fahrzeuge

Helmut Hofmann

34.1 Von der Schatzkammer zum Technikmuseum ...

Der Anfang der eigentlichen Museen liegt, von den Schatzkammern der Antike und des Spätmittelalters abgesehen, in der zweiten Hälfte des 16. Jahrhunderts. Damals legten meist Fürsten Sammlungen von Kuriositäten, Monströsem, seltsamen und ungewöhnlichen Gegenständen an, die sich zu Kunst- und Naturalienkammern entwickelten, in denen kunstgewerbliche, künstlerische, mechanische und technische Objekte aufgehoben wurden. Die Sammlungen waren nicht öffentlich, verliehen dem Besitzer jedoch die Aura von Wissenschaft und Macht.

Um die »Ordnung der ganzen Welt« zu erfassen, entwarf Samuel von Quiccheberg, Sammlungsbeauftragter und Leibarzt Herzog Albrechts V. in München, 1565 den Plan für ein Universalmuseum, wie wir es heute in Ansätzen vom Deutschen Museum kennen. Er unterteilte den Inhalt seines Idealmuseums nach Klassen und Gruppen, wobei die Klasse »Artificialen« neben Waffen auch Werkzeuge für alle möglichen Gewerke enthielt, ferner astronomische Apparaturen, Hebe- und Rammzeuge sowie Geräte für Jagd, Garten- und Ackerbau. Quiccheberg garnierte seinen Idealplan, der damals noch nicht in Materie gegossen wurde, mit Bibliothek und angeschlossenen Werkstätten.

Geistige Väter der rein technischen Museen waren René Descartes (Musée National des Techniques, früher Conservatoire National des Arts et Métier CNAM in Paris, seit 1794/1799, und das Technische Museum Wien, früher k.u.k. Fabriksprodukten-Kabinett, seit 1815), Francis Bacon (Science Museum London, früher South Kensington Museum, seit 1852/1883), und Gottfried Wilhelm Leibniz (Deutsches Museum in München, seit 1903). Sie schlugen außerdem vor, neben die jeweiligen Institute eine technische Schule (Descartes), Patentsammlungen (Bacon) und gelehrte Gesellschaften (Leibniz) zu stellen, was im Fall Deutschlands 1700 zur Gründung der heute als Berlin-Brandenburgische Akademie der Wissenschaften bezeichneten Gesellschaft führte.

Hatte Oskar von Miller, Gründer des Deutschen Museums, einst seine Anregungen vom Conservatoire und vom South Kensington Museum empfangen, übernahmen nun andere zum Teil die museologischen Grundsätze des Techniktempels an der Isar, z. B. das Technische Museum für Gewerbe und Industrie in Wien 1918, das Tekniska Museet in Stockholm und das Museum of Science and Industry in Chicago, beide 1933. Sie alle präsentierten ihre Exponate nach Fachgebieten, also nach Klassen und Gruppen im Sinne Quicchebergs. Die Ausgliederung von Fachgebieten, z. B. nicht spurgeführte (Kutschen, Zweiräder, Automobile) oder spurgeführte Landfahrzeuge (Eisenbahn) mit anschließender Zurschaustellung in Spezialmuseen, war nur noch eine Frage der Zeit.

34.2 ... über das Automuseum ...

Während der Regentschaft (1804–1835) von Kaiser Franz I. konnten die Kutschwagen des Wiener Hofes vom allgemeinen Publikum (kostenlos) besichtigt werden, es folgten die Sattel- und Wagenkammern des Königlich-Bayerischen Fuhrparks in München 1838, das Musée des Voitures im Trianon-Park von Versailles 1851, St. Petersburg 1891, Weimar 1899, Berlin 1902, Regensburg 1909 und Sigmaringen 1952.

Anstelle des ab 1918/19 abdankenden Adels wandten nun Verbände, Firmen und eine dank Industrialisierung zu Wohlstand gekommene Mittelschicht ihr Interesse dem Erhalt von Fahrzeugen zu. So entstanden besonders im 20. Jahrhundert einige Kutschwagen- und zahlreiche Auto-, Motorrad- und Fahrrad-Museen. Betrachten wir nur die Automobile, waren das Deutsche Museum (im Alten Nationalmuseum) 1906, das British Motor Museum (1912–1914) und das vom Touring Club de France 1927 eröffnete Musée National de la

H. Hofmann (✉)
Neumarkt, Deutschland
E-Mail: info@automuseum-maybach.de

E. Eckermann, W. Treue, S. Zima (Hrsg.), *Technikpionier Karl Maybach*, https://doi.org/10.1007/978-3-658-37065-7_34

Voiture et du Tourisme im Schlosskomplex von Compiègne wohl die ersten Museen, die Autos ausstellten, freilich je nach Ort neben Lokomotiven, Fahrrädern, Kutschen, Schlitten und auch Schiffstechnik.

Ein paar Jahre später, 1936, lud Daimler-Benz Kunden und Freunde des Hauses zu einer Besichtigung der Benz-, Daimler- und Mercedes-Benz-Fahrzeuge ein, die die Firma im Laufe der Jahrzehnte zusammengetragen hatte. Die Fabrikhalle, in der die Fahrzeuge in Reih und Glied aufgestellt waren, dürfte wohl die erste der Öffentlichkeit zugängliche reine Autosammlung in Deutschland gewesen sein. Mit dem 1961 vollzogenen Umzug in ein eigentliches Museumsgebäude, ebenfalls auf dem Werksgelände in Untertürkheim, bekannte sich die Firma demonstrativ zur heute viel beschworenen Tradition (und nutzte diese massiv als Marketinginstrument, von anderen deutschen Autofirmen lange Zeit nicht verstanden).

Mit dem Aufkommen des Automobil-Historismus nach dem Zweiten Weltkrieg schossen nun auch Privat-Automuseen aus dem Boden wie Schwammerl nach dem Regen: Baron Montagu (GB 1952), Henri Malartre (F 1959) oder Heinz Vogel mit der Autosammlung Gut-Hand in Aachen 1960. 1966 eröffnete Franz Hillers in Tremsbüttel »eine der Öffentlichkeit zugängliche Sammlung von Autos aus vergangenen Jahrzehnten«. Mit der blumigen Umschreibung hoffte er die Bedenkenträger in der schleswig-holsteinischen Bürokratie ruhigzustellen, denen das Wort Automuseum noch zu fremdartig klang. Dichtauf, nämlich 1968, folgten Uwe Hucke und Bernhard Reichert, die in Nettelstedt und in Marxzell ihre jeweiligen Automuseen eröffneten. Dann ging es Schlag auf Schlag: Kraft Prinz zu Hohenlohe-Langenburg und Richard von Frankenberg machten 1970 ihr Deutsches Automuseum auf Schloss Langenburg auf, Jürgen Viktor Mayr seinen Automobil-Veteranen-Salon 1972 in Gundelfingen, Fritz B. Busch sein Automobilmuseum Wolfegg sowie Willy Helmerding sein Auto- und Motorrad-Museum in Bad Oeynhausen im Jahre 1973, Otto und Marianne Künnecke ihr Kleinwagenmuseum in Störy 1974 und so weiter und so fort. Eine vollständige Aufzählung würde hier den Rahmen sprengen.

34.3 ... zum Markenmuseum ...

All diese Museen bieten eine bunte Mischung an Marken, Technik und Epochen, meist untermalt von Motoren, Motorrädern und Automobilia – auf dass sich der Besucher nicht langweile. Denn auf möglichst viele Besucher sind diese meist privat geführten Automuseen angewiesen, um wirtschaftlich überleben zu können. Markenmuseen dagegen sprechen nur eine eng begrenzte Klientel an, sie sind eine Domäne der Herstellerwerke: Daimler 1936/1961, MAN(-Motoren) 1938/1953, Lancia 1971, Alfa-Romeo 1976, Volkswagen 1985, Peugeot 1988 und weitere. Außerhalb der Herstellerwerke kam es wegen der zu erwartenden geringen Einnahmen zu Kooperationen von Markenclubs, gemeinnützigen Vereinen, Stadtverwaltungen, Firmen und anderen Organisationen oder Institutionen als Träger solcher Museen: Zweirad- und NSU-Museum in Neckarsulm 1956, Saurer-Museum in Arbon 1993, Dr. Carl Benz-Museum in Ladenburg 2005 und Unimog-Museum in Gaggenau 2006.

Markenmuseen von privat dagegen sind dementsprechend selten anzutreffen, doch auch hier gibt es Wagemutige wie Helmut Pfeifhofer mit seinem Porsche-Museum in Gmünd/Kärnten 1982, Paolo Gratton mit seiner Ford-Sammlung in Gorizia/Friaul 1987, Karl-Heinz Bonk mit dem Rosengart-Museum in Bedburg/NRW 1992 oder Franz und Hilde Vonier mit ihrem Rolls-Royce-Museum in Dornbirn/Vorarlberg 1999. Diesen wenigen schlossen wir uns 2009 an mit einem Maybach-Museum in Neumarkt.

34.4 ... und schließlich zum Maybach-Museum

Wie kommt jemand auf die Idee, quasi ein Maybach-Werksmuseum weit weg vom originalen Standort Friedrichshafen in Neumarkt in der Oberpfalz zu gründen? Irgendwie ging es uns wohl wie den Ausgräbern antiker Schätze, die Teile ihrer Funde auch außerhalb der ursprünglichen Kulturländer wie z. B. Ägypten oder Griechenland präsentierten und in ihre Heimatländer brachten, um sie dort in Museen der Öffentlichkeit zu zeigen und damit auch diese Hochkulturen in der Heimat bekannt und begreifbar zu machen.

Diese Außenstellen der Hochkultur sind wohl auch die besten Botschafter für die jeweiligen Ursprungsländer und

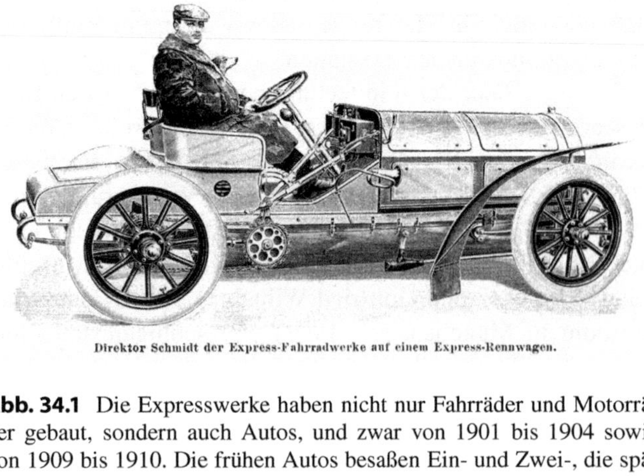

Abb. 34.1 Die Expresswerke haben nicht nur Fahrräder und Motorräder gebaut, sondern auch Autos, und zwar von 1901 bis 1904 sowie von 1909 bis 1910. Die frühen Autos besaßen Ein- und Zwei-, die späteren Vier- und Sechszylindermotoren (von Fafnir). Neben (angeblich) Elektromobilen gab es 1904 sogar einen Express-Rennwagen, hier mit Direktor Hans Schmidt am Lenkrad

Abb. 34.2 Der Käufer dieses Wagens und seine Nutzung während der ersten zehn Jahre sind unbekannt, ab 1936 Dienstwagen der Kurverwaltung Bad Mergentheim, entdeckt nach dem Zweiten Weltkrieg in Hamburg – mit hinter der B-Säule abgeschnittener Karosserie. Das deutet auf die Verwendung als Behelfslieferwagen (Blw) hin, ursprünglich ein Personenwagen mit später aufgesetzter Ladefläche, um das Auto vor dem Zugriff der Wehrmacht zu retten. Die Restaurierung ist noch nicht abgeschlossen. Karosserie vermutlich von Papler, Köln.
1926 Maybach W5 SG, 6 Zylinder, 6.992 cm^3, 120 PS/88 kW

ihre vergangene Kulturgeschichte. So ähnlich verstehen wir unser Handeln. Wir bewahren etwas von Maybach auf, von Wilhelm, dem Miterfinder des Automobils, und von Karl, dem Motorenbauer und Autohersteller.

Wilhelm Maybach hat es nur deswegen vom Waisenknaben bis zum »Vater des Mercedes« geschafft, weil er seine sicherlich reichlich vorhandenen Talente mit großem Fleiß, Disziplin, harter Arbeit und Durchhaltevermögen zur Perfektion reifen ließ. Trotz all seiner Erfolge blieb sein Lebensstil stets sehr bescheiden. Gleiches gilt auch für seinen Sohn Karl, der das vom Vater begonnene Lebenswerk trotz aller Rückschläge wie zwei Weltkriege und die Inflationsjahre bis zu seinem Tod im Jahre 1960 mit Erfolg weiterführte.

Unser »Museum für Historische Maybach-Fahrzeuge« in Neumarkt sehen wir daher als ganz bescheidenen Anteil, die Leistungen von Wilhelm und Karl Maybach einer noch größeren Gemeinde bekannt zu machen – so ähnlich, wie es das Ägyptische Museum in Berlin handhabt, nur dass wir in Neumarkt von Friedrichshafen nicht gar so weit entfernt sind wie Berlin von Ägypten. Dazu haben wir mit ausschließlich privaten Mitteln das Fabrikareal der einstigen Expresswerke AG, dem Hersteller von Fahrrädern, Mopeds, Motorrädern und Autos, zu einem stilgerechten und modernen Museum gestaltet.

Die 1884 gegründete Veloziped-Fabrik Goldschmidt & Pirzer, ab 1887 Gebr. Goldschmidt, verlegte 1884 die schon 1882 begonnene Produktion von Hochrädern von der Marktstraße 11 in Neumarkt in die heutige Holzgartenstraße, damals noch ein Areal außerhalb der Stadt. Nach dem Tod von Joseph Goldschmidt 1896 wurde die Veloziped-Fabrik

Abb. 34.3 Für einen deutschen Unternehmer in Venezuela angefertigtes Sportcabriolet von Spohn auf kurzem Radstand, das später mit 8-Liter-Motor und Karosserie-Veränderungen zum Zeppelin hochgerüstet wurde. Nach Beschlagnahmung während des Zweiten Weltkrieges und Teilrestaurierung in den USA kehrte das Fahrzeug 2004 nach Deutschland zurück und wurde wegen Salzwasserschäden einer anschließenden Komplettrestaurierung in den Originalzustand unterzogen.
1930 Maybach 12, V12 Zylinder, 6.967 cm^3, 150 PS/110 kW

1897 in die Express-Fahrradwerke-Aktiengesellschaft umgewandelt (Abb. 34.1), 1918 in Expresswerke AG. Erweiterungsbauten bis in die 1950er Jahre führten zu einem Fabrikkomplex, der nach der Fusion von Express, Victoria und der DKW-Zweiradsparte zur Zweirad-Union 1958 und der Verlegung der Produktion an einen anderen Standort wechselnden Nutzungen und einem allmählichen Verfall

Abb. 34.4 Zwei Restaurierungskandidaten: *im Vordergrund* ein Pullman-Cabriolet von Spohn, das vermutlich von der Wehrmacht eingezogen wurde und nach dem Krieg im heutigen Tschechien strandete. *Im Hintergrund* eine Pullman-Limousine von Spohn, die nach Krieg und mehreren Besitzern zu Schleppdiensten auf einem Segelfluggelände in Baden-Württemberg missbraucht worden war. Beide Fahrzeuge erwarb das Museum in erbärmlichem Zustand.
vorn: 1935 Maybach SW 35, 6 Zylinder, 3.434 cm^3, 140 PS/103 kW
hinten: 1939 Maybach SW 38, 6 Zylinder, 3.815 cm^3, 140 PS/103 kW

Abb. 34.5 1938 ausgeliefert als Pullman-Limousine SW 38 (3,8-Liter-Motor) für eine Tochtergesellschaft des Thyssen-Konzerns, erhielt der Wagen ab 1950 neben einer Vollrestaurierung einen 4,2-Liter-Motor, der ihn zum SW 42 machte, und eine Pontonkarosserie mit überlangem Vorbau, um noch Platz zu schaffen für das zwischen A-Säule und Radlauf untergebrachte Reserverad. Beide Karosserien stamm(t)en von Spohn.
1938 Maybach SW 38, 6 Zylinder, 3.815 cm^3, 140 PS/103 kW
ca. 1954 Maybach SW 42, 6 Zylinder, 4.197 cm^3, 140 PS/103 kW

unterlag. Die vom Abbruch bedrohten restlichen Industriegebäude wurden ab 2005 saniert, wobei das Architekturbüro historische Bausubstanz und zeitgemäße Architektur zu einem »harmonischen Zusammenspiel« (Museumskatalog) vereinen konnte.

Die Maybach-Fahrzeuge sind in einer der ehemaligen Produktionshallen ausgestellt, die über eine neu erbaute Vorhalle mit einer weiteren Halle verbunden ist, in der eine Sonderausstellung von Express-Fahrrädern und Motorrädern untergebracht wurde. Die Maybach-Sammlung besteht zurzeit aus 15 Fahrzeugen in den Zuständen »perfekt restauriert«, »wie gefunden« und »in Restaurierung begriffen« und umfasst den Produktionsquerschnitt der Zwischenkriegszeit, darunter: W-5-Limousine von 1926 mit Schnellganggetriebe (Abb. 34.2); DS 8 Zeppelin Roadster von 1930 (Abb. 34.3); SW 35 Pullman-Cabriolet von 1935 (Abb. 34.4) und eine SW-38-Limousine von 1938, die 1950 den größeren 4,2-Liter-Motor und eine Pontonkarosserie erhielt (Abb. 34.5).

Wir hoffen, dass unser ambitionierter Auftrag erfolgreich sein wird und dass sich noch viele Tausende Besucher aus aller Welt vom Lebenswerk von Wilhelm und Karl Maybach inspirieren lassen.

www.automuseum-maybach.de

35 Die Wilhelm und Karl Maybach Stiftung

Andrea Böttcher

35.1 Die Ursprünge der Stiftungsidee

Als »Vater des Mercedes« und »König der Konstrukteure« hat man Wilhelm Maybach bezeichnet, und in der Tat zählt er zu den großen Ingenieuren, die die Geschichte der Mobilität weitreichend beeinflusst haben. Sein Sohn Karl Maybach trat in seine Fußstapfen. Er schuf als Konstrukteur 80 Prozent der Motoren für die Luftschiffe des Grafen Zeppelin und konstruierte wegweisende Antriebssysteme für Flugzeuge, Schiffe, Züge und die berühmten Maybach-Automobile. Aus der von ihm mitgegründeten Maybach-Motorenbau GmbH entstand später die MTU Friedrichshafen, heute Rolls-Royce Power Systems AG.

Lesern dieses Buchs dürften die technologisch-ökonomischen Zusammenhänge mindestens in Grundzügen vertraut sein. Weniger bekannt ist womöglich, dass die Förderung junger Talente, der Wissenstransfer, die stetige Suche nach neuen Ideen nicht nur für die Maybach'schen Unternehmen von entscheidender Bedeutung waren, sondern auch im Leben der beiden Konstrukteure selbst eine besondere Rolle spielten. Wilhelm Maybach, geboren 1846 in Heilbronn, wurde im Alter von zehn Jahren als Vollwaise in das Bruderhaus in Reutlingen aufgenommen. Kinder in einer derartigen Lebenssituation hatten üblicherweise keine Chance auf höhere Bildung und gesellschaftlichen Aufstieg, und so war für den jungen Wilhelm Maybach eine Ausbildung zum Konditor vorgesehen, als Pfarrer Gustav Werner, der das Bruderhaus leitete und seine Schützlinge im gemeinschaftlichen Geist erzog, dessen Zeichentalent entdeckte.

Kurzerhand beschloss er, Wilhelm zum Technischen Zeichner ausbilden zu lassen, und zwar in der dem Bruderhaus angeschlossenen Fabrik. Diese bekam damals einen neuen Direktor, der die verfahrene wirtschaftliche Lage der Fabrik ordnen und zu Erfolg führen sollte. Sein Name: Gottlieb Daimler. Er erkannte das Potenzial des jungen Wilhelm Maybach, seine zeichnerischen Fähigkeiten, vor allem aber sein Talent, komplexe technische Konstrukte zu verstehen und zu entwerfen. Der zwölf Jahre ältere Daimler nahm sich des Jungen an und sorgte dafür, dass er fortan mit ihm arbeitete. Der gemeinsame Weg der beiden über Jahrzehnte ist bekannt. 1883 entwickelte Wilhelm Maybach im Daimler'schen Gartenhaus in Cannstatt den ersten schnelllaufenden Verbrennungsmotor und bahnte damit der Gesellschaft den Weg in die Mobilität, wie wir sie bis heute selbstverständlich nutzen.

35.2 Wissensweitergabe und Förderung

Wilhelm Maybachs Sohn Karl wurde 1879 geboren. Sein Vater ermöglichte ihm eine hervorragende Ausbildung. Er konnte studieren und – zu dieser Zeit ungewöhnlich – auch Auslandsaufenthalte absolvieren, bei denen er Englisch und Französisch lernte. Doch nicht nur das Studium und die Praxiserfahrungen, die Karl Maybach als junger Mann an verschiedenen Orten sammeln durfte, waren ausschlaggebend für sein späteres Wirken. Vor allem der stetige Wissenstransfer vom Vater zum Sohn, der rege Austausch beider über Konstruktionsthemen großer Bandbreite machten ihn zu einem der bedeutendsten Konstrukteure seiner Zeit. Seitenlange Briefwechsel dokumentieren die Weitergabe des Wissens, aber auch der Denkweise bei den erforderlichen Problemlösungen.

Als Karl Maybach den technischen Bereich der Maybach-Motorenbau GmbH lenkte, erkannte er bald, dass nur eigens ausgebildete Fachkräfte die perfektionistischen Maßstäbe erfüllen könnten, die er selbst bei seiner Arbeit ansetzte. Die von Karl Maybach 1919 begründete Lehrwerkstatt bekam zwei Jahre später eine angeschlossene Werkschule dazu, die Lehrlinge des gesamten Zeppelin-Konzerns besuchten sie. Damit hatte Maybach als einer der Ersten in Württemberg das duale Ausbildungsprinzip umgesetzt, das in der Mitte des 19. Jahrhunderts erdacht worden war. Die hohen Qualitätsansprüche, die die Maybach-Konstruktionen zu erfüllen hatten,

A. Böttcher (✉)
Friedrichshafen, Deutschland
E-Mail: corinna@maybach.org

E. Eckermann, W. Treue, S. Zima (Hrsg.), *Technikpionier Karl Maybach*, https://doi.org/10.1007/978-3-658-37065-7_35

übertrugen sich auf das Ausbildungsniveau, und die Ausbildung beim Motorenbau setzte Standards. Die Lehrwerkstatt besteht bis heute.

Das Erbe der großen Konstruktionen, der herausragenden Ingenieurleistungen und des Wissenstransfers zu würdigen, ist der lang gehegte Wunsch der Familie Schmid-Maybach. Gerade den Bildungsaspekten der Maybach-Geschichte widmet sich dabei die Wilhelm & Karl Maybach Stiftung. Sie wurde 2007 als Schwesterstiftung der amerikanischen Wilhelm & Karl Maybach Foundation gegründet, die ein Jahr zuvor in San Francisco, Kalifornien, entstand. Seit ihrer Gründung hilft die Stiftung jungen Menschen in Form von Einzelprojekten dabei, ihr besonderes Potenzial zu entfalten und eine Idee gezielt umzusetzen, die der Gesellschaft zugutekommen kann. Die Grundlage dieser Unterstützung bildet die gezielte Förderung insbesondere durch Mentoren, die aus dem weitreichenden Netzwerk der Stiftung stammen. Damit will die Stiftung das Band der Förderung und des stetigen Wissenstransfers, das Wilhelm und Karl Maybach erlebt und selbst geknüpft haben, fortführen.

Mit der Gründung der Stiftung schloss sich Karl Maybachs Enkel Ulrich Schmid-Maybach diesem Wunsch an und ermöglicht seither jungen Talenten, mit ihren Ideen und Begabungen Einfluss zu nehmen. Die Tradition des Wissenstransfers, der Qualitätsansprüche und nicht zuletzt der Inspiration zu neuen Wegen sind dabei der Ausgangspunkt für die Vision der Stiftung. Daraus erwuchs in den vergangenen Jahren ganz natürlich ein neuer Auftrag: Die Geschichte der Konstrukteure Wilhelm und Karl Maybach muss angemessen dargestellt werden, und von dieser Vergangenheit muss eine Brücke in die Zukunft geschlagen werden, damit neue Inspirationen und Innovationen entstehen können – das Vermächtnis der Maybach-Historie ist Botschafter der Innovation.

35.3 Die Stiftungsarbeit

Ein Beispiel für diese Entwicklung der Stiftungsarbeit ist das Projekt »Educational Train Journey«, das die Maybach Stiftung 2017 mit Unterstützung des DB Museums und der Deutsche Bahn Stiftung veranstaltete. In einem von einer historischen Diesel-Streckenlokomotive der Baureihe 218 gezogenen Zug aus dem Bestand des DB Museums (Abb. 35.1) fuhren 43 Schülerinnen und Schüler der Wilhelm-Maybach-Schule in Heilbronn in das Museum für Historische Maybach-Fahrzeuge nach Neumarkt in der Oberpfalz. Unterwegs lernten die Schüler die unterschiedlichen Antriebe, den Zug selbst und die Maybach-Historie kennen. Von der DB Stiftung wurde hierzu umfangreiches Ausbildungsmaterial zur Verfügung gestellt.

Abb. 35.1 Ankunft in Neumarkt: Die Schüler der Wilhelm-Maybach-Schule Heilbronn bei der Educational Train Journey der Maybach Stiftung 2017 neben der Diesellok des DB-Museums. Die Baureihe V 218 wurde von einem Maybach-Motor von 2.500 PS angetrieben. Siehe auch Abb. 21.51

Eigens für dieses Projekt war ein mobiles Maybach-Spiel entwickelt worden. In Gruppen lösten die Schüler die Aufgaben rund um die Themen Motoren, Innovationen und Geschichte und eigneten sich jede Menge Maybach-Wissen an. In Neumarkt angekommen, konnte Lok 218 dann besichtigt werden, und Dr. Helmut Hofmann, passionierter Sammler und Begründer des Museums für Historische Maybach-Fahrzeuge, führte die Schüler durch die Ausstellung. »So müsste es auch in der Schule sein«, lautete der Tenor der jungen Forscher auf der Rückfahrt.

http://www.maybach.org

Der Freundeskreis Maybach Museum e.V. 36

Siegfried Rehm

36.1 Schritt 1: Sammeln und Bewahren

Seit jeher pflegte Irmgard Schmid-Maybach, Tochter von Karl Maybach und Enkelin von Wilhelm Maybach, engen Kontakt zu einem Teil der leitenden Angestellten der MTU Friedrichshafen, dem Nachfolgeunternehmen der Maybach-Motorenbau GmbH, heute unter dem Dach der Rolls-Royce Power Systems AG. Sie selbst war über 20 Jahre Mitglied des Aufsichtsrats der MTU, danach Ehrenmitglied.

Die Pensionäre dieses Kreises bilden eine lose Gemeinschaft, die seit 1978 besteht. Dieser Personenkreis unterstützt Irmgard Schmid-Maybach seit 2012 in ihrem Vorhaben, ein Maybach-Museum in Friedrichshafen zu etablieren. Anfang 2014 wurde die Idee, das Wissen der ehemaligen Maybächler zu erhalten und Dokumente aus der Maybach-Zeit zu sammeln, durch die Pensionäre in die Tat umgesetzt.

Ab 2015 strukturierten die Maybach-Stiftung und ehemalige Maybächler ihr Vorhaben. Sie gründeten am 6. Juli 2015, dem 136. Geburtstag von Karl Maybach, den Freundeskreis Maybach Museum e. V. in Friedrichshafen. Damit begann für den vierköpfigen, ehrenamtlich arbeitenden Vorstand eine intensive Arbeit. Priorität hatte – neben der Sammlung von Dokumenten und dem Bewahren des Wissens von Zeitzeugen – die Mitgliederwerbung.

36.2 Schritt 2: Ausstellungen

Dazu wurden vielfältige Aktivitäten und Aktionen unternommen: Neben Vorträgen, Veranstaltungen und Exkursionen fanden Beteiligungen statt an der Ausstellung »Zeppelins Erben« im Friedrichshafener Dornier-Museum 2015 und an der »Klassikwelt Bodensee« in den Jahren 2016, 2017 und 2018. Die Ausstellung »In der Luft, zu Wasser und zu Land – Maybach'sche Genialität und Unternehmensgeschichte zwischen 1883 und 1969« vom September 2017 bis Januar 2018 im Stadtarchiv Friedrichshafen war eine vom Freundeskreis selbst inszenierte Veranstaltung, die 2000 Besucher anzog. Anhand von 120 ausgewählten Objekten (Abb. 36.1) und Dokumenten thematisierte die Ausstellung die breite Produktpalette, die Lebenswege von Wilhelm und Karl Maybach, die Unternehmungsgeschichte und -kultur, die vorbildliche Lehrlingsausbildung, die Kriegs- und Nachkriegszeit mit der »Gruppe M« in Vernon, die Wiederaufbauphase sowie den Übergang zur MTU Friedrichshafen. Begleitend zur Ausstellung veranstaltete der Freundeskreis ein Rahmenprogramm mit insgesamt 37 Gruppenführungen, fünf Vorträgen und zwei Filmabenden. Der Freundeskreis zählt heute etwa 200 Mitglieder.

Abb. 36.1 Der Freundeskreis Maybach Museum e. V. zeigte auf der Ausstellung im Stadtarchiv Friedrichshafen 2017 einige Modelle von Maybach-Fahrzeugen und auf die Marke bezogene Automobilia. *Links* ein Original-Kühlerverschluss für den Maybach Typ 12

Inzwischen ist die Sammlung auf rund 3.000 Objekte und Dokumente angewachsen, darunter eine von Karl Maybach angefertigte Pergamentzeichnung des ersten Diesel-Versuchsmotors G 1 von 1919 (siehe Abb. 4.2 und 21.1); die originale Arbeitskleidung, die die Werksfahrer bei der Überführung der Maybach-Fahrwerke zu den Karosseriebauern trugen, bestehend aus Ledermantel, Lederhandschuhen,

S. Rehm (✉)
Friedrichshafen, Deutschland
E-Mail: Sigfrid.Rehm@maybach.org

E. Eckermann, W. Treue, S. Zima (Hrsg.), *Technikpionier Karl Maybach*, https://doi.org/10.1007/978-3-658-37065-7_36

Ledermütze und Brille (Abb. 9.10); und nicht zuletzt 18 Zeitzeugen-Interviews, aus denen zeitgeschichtliche Dokumente von hoher Qualität entstanden sind.

36.3 Schritt 3: Maybach-Museum

Der Freundeskreis arbeitet mit dem Karl-Maybach-Gymnasium in Friedrichshafen, mit der Wissenswerkstatt in Friedrichshafen und mit der Dualen Hochschule Baden-Württemberg (DHBW) zusammen. Im Hinblick auf ein Maybach-Museum schlossen sich acht ehemalige Konstrukteure der MTU zu einer Arbeitsgruppe zusammen, um DHBW-Studierenden die Möglichkeit zu geben, Studienarbeiten über bedeutsame Maybach-Konstruktionen zu verfassen. Hieraus entwickelte sich eine weitere Aufgabenstellung, nämlich die großen Konstruktions- und Ingenieurleistungen von Wilhelm und Karl Maybach so aufzuarbeiten, dass sie in einem späteren Maybach-Museum für jedermann verständlich dargestellt werden können.

Der Freundeskreis hat mit der Arbeit seines ehrenamtlichen Personenkreises bereits nach drei Jahren einen großen Teil seiner Zielsetzungen umgesetzt. Er arbeitet dabei eng verzahnt mit der Maybach-Stiftung und der Familie Schmid-Maybach zusammen. Gemeinsames Ziel ist die Förderung und Entstehung eines Maybach-Museums, das die herausragenden Leistungen von Wilhelm und Karl Maybach einer breiten Öffentlichkeit zugänglich macht.

www.freundeskreis.maybach.org

37 Ausklang

Wilhelm Treue und Stefan Zima

Als 1959 mit dem 80. Geburtstag Karl Maybachs auch das 50-jährige Jubiläum der Maybach-Motorenbau GmbH gefeiert wurde, konnte Karl Maybach auf ein erfülltes und erfolgreiches Leben als Konstrukteur und Ingenieur zurückblicken. Ein halbes Jahrhundert hatte er der Motorentechnik wichtige Impulse gegeben und mit seinen Motoren und Getrieben Maßstäbe gesetzt.

Die Entwicklung schnelllaufender Hochleistungsmotoren hatte eine Vielzahl von Problemen aufgeworfen. In dieser Erschwernis lag auch ein Grund für den Erfolg der Maybachschen Konstruktionen: hoher entwicklungstechnischer Aufwand in Verbindung mit hochwertiger Präzisionsfertigung. Hierzu brauchte man fähige und qualifizierte Mitarbeiter, die Karl Maybachs Ideen verwirklichen konnten und die beste Gewähr dafür boten, sein Werk auch in der Zukunft fortzusetzen.

Karl Maybach hat im Laufe der Jahrzehnte viele Motoren entwickelt: Ottomotoren für Luftschiffe und Flugzeuge, hochwertige Automobilmotoren, aus denen immer stärkere Triebwerke für schwere Nutzfahrzeuge bis hin zu den Motoren für Kettenfahrzeuge abgeleitet wurden. Seine größte Leistung jedoch war der schnelllaufende Dieselmotor größerer Leistung, mit dem die Ära der Diesel-Schienentraktion in Deutschland eingeleitet wurde. Das war nicht nur eine Pioniertat, damit wurden auch die Weichen für die Zukunft gestellt.

Diese Bahnmotoren ermöglichten dem Unternehmen nach den militärischen, politischen und wirtschaftlichen Katastrophen beider Weltkriege das weitere Bestehen und bildeten die Grundlage des Erfolges der Maybach-Motorenbau GmbH und ihrer Nachfolgefirmen. Gerade mit der unter den schwierigen Verhältnissen der Zeit nach dem Zweiten Weltkrieg konzipierten Baureihe von Lokomotiv- und später auch Schiffsmotoren hatte Karl Maybach eine Voraussetzung für den Wiederaufbau seines Unternehmens geschaffen. Eine stimmige Konzeption und eine bis ins Kleinste ausgefeilte Konstruktion sind Gründe, warum diese Motoren über 40 Jahre lang (mit laufend erhöhter Leistung) gebaut wurden. Manche konstruktive Einzelheit, die seinerzeit von der Fachwelt als zu aufwendig, weil nicht erforderlich, abgelehnt wurde, gilt heute als Stand der Technik und wird als unabdingbar angesehen, um die Anforderungen der Zukunft zu erfüllen.

Durch Zusammenarbeit mit bisherigen Wettbewerbern gelang es, den Bedingungen einer sich rapide wandelnden Zeit Rechnung zu tragen und der Maybach-Motorenbau GmbH eine tragfähige wirtschaftliche Grundlage zu geben. Damit konnten gleichermaßen die technische Kontinuität gewahrt und neue Perspektiven für die Zukunft eröffnet werden – getreu der Maybachschen Maxime:

> »Im Zuvorkommen und Vorausdenken liegt das Geheimnis aller weiteren Fortschritte in der Technik ... «

W. Treue (✉)
Göttingen, Deutschland
E-Mail: customerservice@springernature.com

S. Zima (✉)
Gießen, Deutschland
E-Mail: customerservice@springernature.com

E. Eckermann, W. Treue, S. Zima (Hrsg.), *Technikpionier Karl Maybach*, https://doi.org/10.1007/978-3-658-37065-7_37

Dank

Danksagung zur 1. und 2. Auflage (1992/1995)

Die Verfasser danken der MTU Motoren- und Turbinen-Union Friedrichshafen GmbH für die Erlaubnis zur uneingeschränkten Benutzung des MTU-Zentralarchivs und zur Reproduktion zahlreicher Bilder. Dank gebührt in diesem Zusammenhang vor allem den Mitarbeitern des Fotolabors, der Zeichnungsverwaltung, Frau Karin Lechner von der Literaturstelle sowie Frau Sabine Schleidt von der Presseabteilung, die unermüdlich bei der Beschaffung von Archivunterlagen behilflich war. Zu danken ist ferner Herrn Dr. Harry Niemann vom Mercedes-Benz-Archiv, Herrn Josef Wittmann, Leiter des Historischen Archivs der MAN AG, Herrn Dr. Georg Wieland und seinen Mitarbeitern vom Stadtarchiv Friedrichshafen sowie den Herren Manfred Sauter, Dr. Wolfgang Meighörner-Schardt und Dirk Blübaum vom Archiv der Luftschiffbau Zeppelin GmbH, die zahlreiche Fotographien für dieses Buch zur Verfügung gestellt haben.

Ganz besonders zu danken ist Frau Irmgard Schmid-Maybach, die bereitwillig alle Fragen beantwortete und private Fotografien zur Verfügung stellte. Darüber hinaus überließ sie den Verfassern das Privatarchiv ihres Vaters zur Auswertung.

Besonderer Dank gilt allen Mitarbeitern von Karl Maybach, die mit ihren Ausführungen zur Klärung vieler Detailfragen beigetragen bzw. Bilddokumente zur Verfügung gestellt haben.

Zu danken ist ferner dem Centre d'Archives de 1'Armement in Châtellerault (Frankreich).

Herrn Siegfried Binder, Lektor des VDI-Verlages, danken die Verfasser für seinen großen Einsatz bei der redaktionellen Bearbeitung der Texte und des Bildteils sowie für seine fachlichen Anregungen bei der Gestaltung des Buches.

Wilhelm Treue

Stefan Zima

Danksagung zur 4. Auflage (2022)

Die sieben Autorinnen und Autoren, die die Abhandlungen im vierten und fünften Teil des Buchs zugeliefert haben, bedanken sich pauschal bei allen Einzelpersonen und Mitarbeitern in Firmen und Institutionen, die mit ihrer materiellen und immateriellen Unterstützung zum Gelingen des Werks beigetragen haben.

Erik Eckermann

E. Eckermann, W. Treue, S. Zima (Hrsg.), *Technikpionier Karl Maybach*, https://doi.org/10.1007/978-3-658-37065-7

Abkürzungsverzeichnis

Abkürzungen

AAZ Allgemeine Automobil-Zeitung, Berlin
ABOAG Allgemeine Berliner Omnibus-Aktien-Gesellschaft
ADS Adaptives Dämpfersystem
AEG Allgemeine Elektricitäts-Gesellschaft, Berlin
AHOF Automotive Hall of Fame, Dearborn/MI
Al Aluminium
ALCO American Locomotive Co, Providence/RI
AlSi Aluminium-Silizium-Legierung
ams Auto Motor Sport, Stuttgart
AR Aufsichtsrat/Automobil Revue, Bern
ASC Allgemeiner Schnauferl-Club
ASF Aluminum Space Frame
ATZ Automobiltechnische Zeitschrift, Stuttgart/Wiesbaden
AW Ausbesserungswerk
AZ Auto Zeitung, Köln
BBC Brown, Boveri & Cie, Baden/CH, Mannheim
Blw Behelfslieferwagen
BR Baureihe
BVG Berliner Verkehrs-Betriebe, Berlin
BW Bahnbetriebswerk
CAN-Bus Controller Area Network (Bordnetzwerk)
CEO Chief Executive Officer (Vorstandsvorsitzender)
CFK Kohlefaserverstärkter Kunststoff (Carbonfaser)
CODAG Combined Diesel and Gas Turbine
CODOG Combined Diesel or Gas Turbine
CO2 Kohlendioxid
DAF Deutsche Arbeitsfront
DB/DBAG Daimler-Benz AG, Stuttgart
DB Deutsche Bundesbahn
DC DaimlerChrysler AG, Stuttgart/Auburn Hills
DDR Deutsche Demokratische Republik
DE Direkteinspritzung
DEFA Direction des Etudes et Fabrications d'Armement, Paris
DELAG Deutsche Luftschiffahrts-Aktiengesellschaft, Frankfurt/M
DFT Deutsche Fahrzeug-Technik, Gera
DGEG Deutsche Gesellschaft für Eisenbahngeschichte
DGLR Deutsche Gesellschaft für Luft- und Raumfahrt, Berlin/Bonn
DHBW Duale Hochschule Baden-Württemberg
DL Diesellokomotive
DMG Daimler-Motoren-Gesellschaft, Cannstatt/Untertürkheim
dohc double overhead camshaft/zwei obenliegende Nockenwellen
DR Deutsche Reichsbahn
DRG Deutsche Reichsbahn-Gesellschaft
DRP Deutsche Reichspost
DTM Deutsche Tourenwagen-Meisterschaft/Masters
DVG Deutsche Vergaser-Gesellschaft mbH, Berlin/Neuss
DVL Deutsche Versuchsanstalt für Luftfahrt, Berlin
EDV Elektronische Datenverarbeitung
EQT EQT Partners, Stockholm
ERP European Recovery Program (Marshallplan)
ESP Elektronisches Stabilitäts-Programm
Eva Eisenbahn-Verkehrsmittel AG, Berlin/Wismar
Famo Fahrzeug- und Motorenbau GmbH, Breslau
FAZ Frankfurter Allgemeine Zeitung, Frankfurt/M
GE General Electric Co, New York
Gebus dieselelekrische Loks nach System Moriz Gelinek
GFD Gasmotoren-Fabrik Deutz AG, Köln-Deutz
GG Grauguss
GHH Gutehoffnungshütte, Oberhausen
GI Government Issue (volkstüml. Bez. für einfachen US-Soldaten)
GMC General Motors Corp, Detroit
GPS Global Positioning System
HA Hinterachse
HAPAG Hamburg-Amerikanische Paketfahrt-Actien-Gesellschaft
HK Halbkettenfahrzeug
HP Horsepower (Pferdestärke, PS)
HWA Heereswaffenamt, Berlin
IHU Innenhochdruckumformung
IR Infrarot
KHD Klöckner-Humboldt-Deutz AG, Köln-Deutz

E. Eckermann, W. Treue, S. Zima (Hrsg.), *Technikpionier Karl Maybach*, https://doi.org/10.1007/978-3-658-37065-7

KTL	Kathodische Tauchlackierung
KVG	Kraftverkehrsgesellschaft Sachsen AG, Dresden
KW	Kurbelwelle/Kurbelwinkel
KwK	Kraftwagenkolonne
LaS	Landwirtschaftlicher Schlepper
LED	Licht emittierende Diode
LEV	Low Emission Vehicle (Niedrig-Emissions-Fahrzeug)
LHB	Linke-Hofmann-Busch-Werke AG, Berlin/Breslau/Salzgitter
LMG	Luftfahrzeug-Motorenbau GmbH, Bissingen/Enz
Lok	Lokomotive
LRBA	Laboratoire des Recherches Ballistiques et Aerodynamiques, Vernon
LZ	Luftschiffbau Zeppelin, Friedrichshafen
MAN	Maschinenfabrik Augsburg-Nürnberg
MB	Mercedes-Benz
MBA	Maschinenbau und Bahnbedarf AG, Berlin
MBM	Mercedes-Benz Motorenbau GmbH, Friedrichshafen
MDF	Marine Diesel Fuel
MG	Maschinengewehr
MITROPA	Mitteleuropäische Schlafwagen- und Speisewagen-Aktien-Ges., Berlin
MM	Maybach Motorenbau GmbH, Friedrichshafen/ab 2002: Maybach-Manufaktur, Sindelfingen
MMB	Maybach Mercedes-Benz Motorenbau GmbH, Friedrichshafen
MOST	Media-Operated System Transport (Datenbus für Infotainment)
Motbau	Motorenbau GmbH
MTU	Motoren- und Turbinen-Union, München/Friedrichshafen
MTZ	Motortechnische Zeitschrift, Stuttgart
MWM	Motorenwerke Mannheim AG
n.a.	nicht anzugeben/not available
NAG	Neue (1908–1915) bzw. Nationale (1915–1934) Automobil-GmbH, Berlin
Nkw	Nutzkraftwagen
Nm	Newtonmeter
NS-	nationalsozialistische, -r, -s
NSDAP	Nationalsozialistische Deutsche Arbeiterpartei
NW	Nockenwelle
OBH	Oberbefehlsheber
ohc	overhead camshaft (obenliegende Nockenwelle)
OHL	Oberste Heeresleitung, Berlin
OKH	Oberkommando des Heeres, Berlin
OKW	Oberkommando der Wehrmacht, Berlin
OT	Oberer Totpunkt/Organisation Todt, Berlin
OZ	Oktanzahl
PaK	Panzerabwehrkanone
Pkw	Personenkraftwagen
plc	Public Limited Company (Aktiengesellschaft)
PSh	Pferdestärkenstunde
PVB	Polyvinylbutyral (Kunststoff)
Pz.-Kpfw.	Panzer-Kampfwagen (Wehrmacht-Abkürzung)
RENFE	Red Nacional de los Ferrocarriles Españoles, Madrid
RKM	Reichskriegsministerium, Berlin
RM	Reichsmark
RR	Rolls-Royce plc, Crewe/Goodwood
RREC	Rolls-Royce Enthusiasts Club
RWM	Reichswehrministerium, Berlin
SAE	Society of Automotive Engineers, Inc., Warrendale/Pa
SBC	Sensotronic Brake Control (elektrohydraulisches Bremssystem)
Sd.-Kfz.	Sonder-Kraftfahrzeug (Wehrmacht-Abkürzung)
SFM	Société Française Maybach, Paris
SLM	Schweizer Lokomotiv- und Maschinenfabrik, Winterthur
SMC	Sheet Moulding Compound (Formpressverfahren)
SNCF	Société Nationale de Chemins de Fer Français, Paris
SVT	Schnelltriebwagen (mit Verbrennungsmotor)
SW	Schwingachswagen (Maybach-Bezeichnung)
sWS	schwerer Wehrmachts-Schlepper
SZ	Süddeutsche Zeitung, München
TD	Technischer Direktor
TEE	Trans-Europ-Express
TH	Technische Hochschule
UIC	Union Internationale des Chemins de Fer, Paris
UT	Unterer Totpunkt/(Stuttgart-)Untertürkheim
V	Diesellokomotive (Lok-Vorsatzzeichen bei der DB)
V-(Zahl)	Zylinderanordnung in V-Form
VA	Vorderachse
VDI	Verein Deutscher Ingenieure, Berlin/Düsseldorf
VGO	Versuchsbau Gotha Ost, Gotha
VK	Vollkettenfahrzeug/Vorkammer(-Verfahren)
Vomag	Vogtländische Maschinenfabrik AG, Plauen
VT	Triebwagen (mit Verbrennungsmotor)
W-(Zahl)	Zylinderanordnung in W-Form
WE	Wageneinheit
WK	Weltkrieg (I und II)
WMS	Wilhelm-Maybach-Schule, Heilbronn
Wumag	Waggon- und Maschinenbau GmbH, Görlitz
WWiFü	Wehrwirtschaftsführer
ZF	Zahnradfabrik Friedrichshafen
Zgkw.	Zugkraftwagen (Wehrmacht-Abkürzung)
ZR	Zeppelin Rigid (Zeppelin-Starrluftschiff)
Z-VDI	Zeitschrift des Vereins Deutscher Ingenieure

Nomenklatur der Maybach-Motoren

Stefan Zima[1]

Die MM-Flugmotoren bis 1919 wurden durch zwei Buchstaben, der erste vom Anfang, der zweite vom Ende des Alphabets zählend, gekennzeichnet, ohne dass die sich hieraus ergebende Reihenfolge konsequent eingehalten worden wäre: AZ, CX, DW, HS, IR, KP. Der Zusatz Lu bzw. L weist auf die Verwendung in Luftschiffen hin, wenn der gleiche Typ auch in Flugzeuge eingebaut wurde: HSLu.

Mit MB IV a und Mb VII schloss sich MM der militärischen Kennzeichnung im Ersten Weltkrieg an: Mb = Maybach; IV = Leistungsklasse 200–300 PS (147–221 kW); VII = Leistungsklasse über 500 PS (368 kW); a = Abweichung vom Grundmuster.

Ab 1919 Verwendung einer Buchstaben-Zahlen-Kombination, deren Vorsatzbuchstabe wesentliche Merkmale des Motors angibt, die Zahl eine fortlaufende Nummer ist und der Nachsetzbuchstabe die Modifikation des Grundmusters darstellt: G4a demnach G = Gleichdruckmotor (= Dieselmotor); 4 = 4. Baumuster; a = GG-Kurbelgehäuse (b = Al-Kurbelgehäuse).

Neue Systematik ab den HL-Motoren, ebenfalls bestehend aus Vor- und Nachsetzbuchstaben sowie einer Zahl, welche sich aus dem Zehnfachen des (gerundeten) Hubraums ergibt: HL 120 TRK demnach HL = Hochleistung(smotor); 120 = ca. 12 dm^3 (Liter) Hubraum; TR = Trockensumpfschmierung; K = Kupplung mit Kupplungsgehäuse.

Bedeutung der Buchstaben *vor* der Baumusterzahl: DS = Doppel-Sechszylinder (= 12 Zylinder-Motor); DS-H/DSh = Doppel-Sechszylinder halber Motor (= 6 Zylinder-Reihenmotor); DSO = Doppel-Sechszylindermotor für Omnibus; FD = Fahrzeug-Dieselmotor; G = Gleichdruck-(Diesel)motor; GO = dto. ohne Lufteinblasung; GTO = dto. mit Tunnelgehäuse; GTU = dto. mit Muldenkolben für Umbaumotor; NL = Normalleistung(smotor); OS = Omnibusmotor; S = Schiffsausführung; VL = V-Motor für Luftschiffe; VZ = Versuchszylinder; W = Wagenmotor/Wagen.

Bedeutung der Buchstaben *nach* der Baumusterzahl: h = halber 12 Zylinder-Motor (= 6 Zylinder-Reihenmotor); P = Motor für Panzer; PL = Motor für leichte Panzerspähwagen; R = Rohölmotor (= Dieselmotor); RT = dto. mit Aufladeturbine; Spez. = Spezialausführung; TRKM = Motor mit Trockensumpfschmierung, Kupplung/Kupplungsgehäuse und Schnapper-Magnetzündung; TU = Motor mit tiefem Unterteil (Ölwanne); TUK = dto. mit Kupplung und Kupplungsgehäuse; TUKM = dto. mit Schnapper-Magnetzündung; TUKRM = dto. mit 8. Lager in Radiax-Ausführung; Z = Motorausführung für Zugmaschine.

*M*aybach-*D*ieselmotoren wurden mit MD gekennzeichnet mit nachfolgender Zahl, die in der Grundausführung wieder das Zehnfache des Hubraums angibt und in Fünfer-Sprüngen auf Abgas-Turboaufladung (ATL) und Ladeluftkühlung (LLK) hinweist: MD 860 = Maybach-Diesel mit ca. 86 dm^3 (Liter) Hubraum (Saugmotor); MD 865 mit ATL; MD 870 mit ATL und LLK; MD 870/24 dto. mit 2400 PS; MD 871 oder MD 872 mit ATL + LLK in Sonderausführung. MZD: Maybach-Zweitakt-Diesel.

[1] Komprimierte Fassung von ‚Nomenklatur der MM-Motoren…' in: Zima, Stefan: Entwicklung schnellaufender Hochleistungsmotoren in Friedrichshafen. Technikgeschichte in Einzeldarstellungen. Band 44, VDI-Verlag Düsseldorf 1987, S. 451–453.

Nomenklatur der Maybach-Getriebe

Erik Eckermann

Planeten	Umlaufgetriebe mit 2 Vorwärts- und 1 R-Gang für ruckfreie Schaltvorgänge durch Betätigen/Lösen der jeweiligen Kupplungsbremse. Für Personenwagen.
SG	Schnellgang-Getriebe für Personenwagen.
DSG	Doppel-Schnellgang-Getriebe für Personenwagen.
Schaltregler	Achtgang-Wechselgetriebe mit Gangvorwahl durch Wählhebel an Lenksäule und Schaltregler, Schaltvorgang durch leichtes Antippen des Kupplungspedals. Für Personenwagen. Vorläufer des Variorex.
Mekydro (MO)	mechanisches Viergang-Wechselgetriebe mit vorgeschaltetem hydraulischen Drehmomentwandler für Schienenfahrzeuge.
Variorex	halbautomatisches, vakuumgesteuertes Zehngang-Schaltgetriebe mit Gangvorwahl für Halbketten-Zugmaschinen und Panzer.
Olvar	(aus ‚Öl' und ‚Variorex'): halbautomatisches, öldruckgesteuertes Mehrgang-Schaltgetriebe für Panzer.
UR und KS	Für die nicht umsteuerbaren Maybach-Dieselmotoren ausgelegtes Untersetzungsgetriebe für Wasserfahrzeuge mit die Drehrichtung der Abtriebswellen umkehrenden Radsätzen, z. T. ‚unmagnetisch' (besser: teilmagnetisch).

Anmerkung Sodengetriebe

Erik Eckermann

Das Sodengetriebe ist ein Zahnrad-Wechselgetriebe mit manueller Gangvorwahl über Gangwähler (in Lenkradnabe oder im Armaturenbrett) und zwei flexible Drahtspiralleitungen, wobei der Gangwechsel zu beliebiger Zeit und ohne weiteres Schalten bei durchgetretenem Kupplungspedal erfolgt.

Noch vorhandene Fotos und Rechnungen über gelieferte Sodengetriebe lassen vermuten, dass Spyker sein vom Maybach W 2-Motor angetriebenes Modell C 4 von 1920 mit Sodengetriebe ausrüsten wollte, zumal auch Getriebe- und Motorflansche passgenau übereinstimmen. Die Insolvenz von Spyker und das Desinteresse der Autohersteller am Maybach-Motor jedoch zwang den Maybach-Motorenbau, selbst die Fabrikation von Personenwagen aufzunehmen. Der Öffentlichkeit wurde der erste Maybach-PKW als 22/70 PS Typ W 3 (mit W 2-Motor) auf der Automobil-Ausstellung in Berlin 1921 vorgestellt – „ohne Schaltung“, wie die Werbung versprach (Abb. 23.1). Ein überdimensionierter Anlasser setzte das Auto in Bewegung, für Berg- und Rückwärtsfahrten genügte ein zweistufiges Planetengetriebe. Später ging Maybach zum Schaltregler-Getriebe mit Vorwahlhebeln am Lenkrad über, das sich ähnlich komfortabel wie das Sodengetriebe mit seinem Gangwähler schalten ließ.

Zur Erinnerung: Kratzfreies und damit verschleißfreies Schalten der damaligen unsynchronisierten Getriebe mit meist noch geradverzahnten Zahnrädern erforderte Zwischengas, Doppelkuppeln und Schaltpausen, um Drehzahlausgleich zwischen Kurbelwelle und Getriebezahnrädern zu erreichen. „Dies wird nicht jedem sofort gelingen, da es zum größten Teile Sache des Gefühls ist“[2], was zu einer ‚Schaltfurcht‘ und damit zu untertourigem Fahren mit entsprechender Belastung der KW-Lager führte.

Sowohl der Maybach-Motorenbau als auch die Zahnradfabrik Friedrichshafen, Hersteller des Sodengetriebes, gehörten zum LZ-Konzern, zudem wirkte dessen Konstrukteur, Alfred Graf von Soden-Fraunhofen, als ZF-Vorstand. Warum das Sodengetriebe nicht von Anfang an serienmäßig in Maybach-Wagen verbaut worden ist, kann heute nicht mehr geklärt werden.

Der Maybach W 3 „ohne Schaltung“ schien nicht jedem Käufer zu gefallen. So hielt Georg Graf von Arco, Chef von Telefunken, „die bisherige Bauweise von Maybach ohne Wechselgetriebe ... für eine Abwegigkeit...“ und wollte zeigen, „um wieviel die Wagenleistung durch Benutzung eines Wechselgetriebes mit vier Geschwindigkeitsstufen steigen würde“[3]: Er setzte in ein zugekauftes Fahrgestell unbekannter Herkunft einen W 2-Motor samt Sodengetriebe und ließ für das aus Aggregaten verschiedener Hersteller zusammengebaute Fahrwerk von Neuss ein viertüriges Cabriolet anfertigen. Der nun SAM (für Soden-Arco-Maybach) genannte Eigenbau soll 135 km/h erreicht haben gegenüber 105 km/h eines Serien-W 3. So geschehen im Jahr 1925.

[2] Lehmbeck, Theodor: Das Buch vom Auto. Berlin 1920, S. 227.
[3] AAZ Heft 4/1931 S. 15.

Abbildungsverzeichnis

Der Bildnachweis gibt die bekannten Rechteinhaber an. Bei der Fülle der Bilder können Irrtümer nicht ausgeschlossen werden. In einigen Fällen konnten die Rechteinhaber nicht oder nur ungenau ermittelt werden. Sollten hierdurch Urheberrechte verletzt worden sein, wird der Verlag nach Anmeldung berechtigter Ansprüche diese entgelten.

- Tafeln 1–3
  Familie Maybach (Privatbesitz)
- Tafeln 4–5
  MTU Friedrichshafen GmbH/Gustav Burr, Markdorf

- American Embassy Photo Unit: Abb. 24.16
- Archive du Ministère Étrangère, Paris: Abb. 4.1
- Air Photo Library, University of Keele, Great Britain: Abb. 12.3
- Bildarchiv Foto Marburg: Abb. 9.34
- Bildarchiv Preußischer Kulturbesitz, Berlin: Abb. 3.29; 4.24; 5.2; 9.36; 9.39; 10.6; 10.48; 11.37; 12.14
- Siegfried Binder, Haan/Rheinland: Tafel 6.4
- Brabus, Bottrop: Abb. 29.19
- Archiv Karl Heinz Buchholz: Abb. 24.12
- Bundesarchiv, Koblenz: Abb. 10.36; 10.40; 11.8; 11.10; 11.31; 11.35; 11.48; 11.49; 11.51
- Bundesgrenzschutz See, Neustadt/Holstein: Abb. 14.13
- Gustav Burr, Markdorf: Abb. 4.8
- Car Magazine: Abb. 29.1
- Daimler-Benz AG, Stuttgart: Abb. 2.2; 2.4; 2.5; 2.7; 2.11; 2.12; 4.20; 8.3
- Mark Dean: Abb. 35.1
- Deutsche Bundesbahn, Film- und Bildstelle, Mainz: Tafel 15.12
- Deutsche Reichsbahn: Abb. 24.10
- Deutsches Museum, München: Abb. 3.26; 28.3; 31.1; 31.2
- Walter Dick, Köln: Abb. 12.10
- Dornier GmbH, Friedrichshafen: Abb. 8.28; 9.35
- dpa, Düsseldorf: Abb. 13.12
- Archiv Erik Eckermann, Dießen: Abb. 28.4; 29.6a; 34.1
- Eisenbahntechnische Rundschau: Abb. 24.10
- Helmuth Euler, Werl: Abb. 12.2
- Freundeskreis Maybach-Museum e. V., Friedrichshafen: Abb. 36.1
- Archiv Alfred Gottwaldt: Abb. 24.1; 24.11; 24.13; 24.18
- Gustav-Werner-Stiftung, Reutlingen: Tafel 6.1
- Holdermann: Abb. 21.45
- Archiv Walter Hollnagel: Abb. 24.14
- Keystone-Pressedienst GmbH, Hamburg: Abb. 9.37
- Klöckner-Humboldt-Deutz AG, Köln: Abb. 2.3
- Krauss-Maffei AG, München: Abb. 10.39; 13.32; 14.17; Tafeln 25.4 bis 25.6
- Franz Kruckenberg Nachlass: Abb. 24.2 bis 24.4
- Landesbildstelle Berlin: Abb. 12.18
- Landesbildstelle Württemberg, Stuttgart: Abb. 3.9
- Landesbildstelle Württemberg, Stuttgart/Heute: Landesmedienzentrum Baden-Württemberg: Abb. 8.4; 10.46
- Bruno Lange, Ludwigshafen: Abb. 8.29
- Robert Lebeck, Hamburg: Abb. 4.4; 4.25; 8.15; 9.3; 10.1; 11.12
- Linke-Hofmann-Busch-Werke: Abb. 24.9
- Luftschiffbau Zeppelin GmbH, Friedrichshafen: Abb. 2.16; 2.21; 3.1 bis 3.3; 3.5; 3.8; 3.12 bis 3.14; 3.17; 3.21; 4.13; 4.16; 4.17; 4.37; Tafel 6.3; Abb. 8.8; 8.9; 8.21 bis 8.23; 8.25; 8.28; 9.2 bis 9.4; 9.7; 9.15; 9.16; 10.5; 12.12; 12.13; 9.56; 9.57; 9.59 bis 9.61; 10.56
- Archiv Hermann Maey: Abb. 24.7
- MAN, Historisches Archiv, Augsburg: Abb. 14.9
- Familie Maybach (Privatbesitz): Abb. 2.6; 2.8; 2.9; 2.14; 3.18; 3.19; 4.19; 4.45; 4.46; 5.11; 7.1; 9.8; 9.9
- Mercedes-Benz Classic, Stuttgart: Abb. 29.3 bis 29.5; 29.6b; 29.7 bis 29.16; 29.20 bis 29.25; 31.3; 31.4
- Archiv Michael Graf Wolff Metternich, Flörsbach: Abb. 27.1; 28.1; 28.2; 28.5 bis 28.8; 29.2; 32.2; 32.3
- MTU Friedrichshafen GmbH: Abb. 2.1; 2.10; 2.15; 2.19; 2.17 bis 2.20; 2.22; 3.4; 3.6; 3.7; 3.10; 3.11; 3.15; 3.16; 3.22 bis 3.24; 3.27; 3.30; 4.3; 4.5 bis 4.7; 4.9 bis 4.12; 4.14; 4.15; 4.18; 4.21; 4.22; 4.27 bis 4.36; 4.38 bis 4.44; 4.47 bis 4.49; 5.3 bis 5.9; 5.12; 5.13; 5.15 bis 5.17; Tafeln 6.6 bis 6.10; 7.2; 8.2; 8.9; 8.12; 8.13; 8.17; 8.18; 8.22 bis 8.27; 8.30; 8.31; 9.1; 9.4 bis 9.6; 9.8; 9.10 bis 9.14; Bild 2 auf S. 119; 9.16; 9.19 bis 9.34; 9.40; 9.42 bis 9.55; 10.2 bis 10.4; 10.7 bis 10.12; 10.14; 10.16 bis 10.20; 10.23 bis 10.35; 10.37; 10.38; 10.41 bis 10.45; 10.47;

E. Eckermann, W. Treue, S. Zima (Hrsg.), *Technikpionier Karl Maybach*, https://doi.org/10.1007/978-3-658-37065-7

10.49 bis 10.52; 10.55; 11.1 bis 11.5; 11.7; 11.11; 11.14; 11.15; 11.18 bis 11.30; 11.32 bis 11.34; 11.38 bis 11.46; 11.53; 12.1; 12.4; 12.7; 12.15; 12.16; 12.19 bis 12.22; 13.1; 13.3; 13.5 bis 13.8; 13.10; 13.11; 13.13 bis 13.27; 13.29 bis 13.31; 13.33 bis 13.43; 14.1; 14.2 bis 14.6 bis 14.8 14.11; 14.12; 14.14 bis 14.22; Abschn. *Starten eines Eisenbahn-Dieselmotors,* Bilder 1 und 2; Abb. 17.1 bis 17.6; 17.9 bis 17.13; 17.17 bis 17.20; 18.1 bis 18.23; 19.1 bis 19.6; 20.1 bis 20.10; 20.12; 20.4 bis 20.19; 20.21 bis 20.23; 21.1 bis 21.5; 21.4 bis 21.18; 21.12; 21.14 bis 21.26; 21.28 bis 21.34; 21.36 bis 21.43; 21.46; 21.47; 21.49 bis 21.51; 22.1 bis 22.5; 23.1; 23.2; 23.4 bis 23.24; Tafeln 25.2; 25.3, 25.7; 25.9 bis 25.12
- Museum für Historische Maybach-Fahrzeuge, Neumarkt: Abb. 34.2 bis 34.5
- Archiv Gerd Neubauer: Abb. 24.7
- Archiv Hans-Otto Neubauer, Hamburg: Abb. 32.4
- Rolls-Royce Motor Cars Ltd, Crewe: Abb. 29.17; 29.18
- W. Seidler, Universität der Bundeswehr, München: Abb. 11.47
- Stadtarchiv Bietigheim-Bissingen: Abb. 8.6
- Stadtarchiv Friedrichshafen: Abb. 3.25; 5.1; 8.1; 8.9; 9.2; 11.36; 12.6; 12.11; 12.17
- Horst Stein: Abb. 33.5
- Strähle KG, Schorndorf: Abb. 9.57
- Rupert Stuhlemmer, Berlin: Abb. 13.9
- Süddeutscher Verlag, München: Abb. 10.13; 10.15; 12.5; 13.2
- Technik-Museum Sinsheim: Abb. 32.1
- Albrecht G. Thaer, Dettingen/Teck: Abb. 11.6
- Ullstein-Verlag, Berlin: Abb. 9.9; 13.28
- Universität der Bundeswehr, München: Abb. 11.13
- VDI-Verlag GmbH, Düsseldorf: Abb. 2.13; 3.20; 8.5; 8.7; 8.13; 9.17; 10.53; 11.16; 11.50; 11.52; 12.9; 13.4
- Verkehrswirtschaftliche Rundschau: Abb. 24.15
- Wilhelm Maybach-Schule, Heilbronn: Abb. 33.1 bis 33.4
- Wumag Görlitz: Abb. 24.6; 24.8.
- Xenatec, Weinsberg: Abb. 29.26
- Zeppelin-Museum, Neu-Isenburg: Tafel 15.2
- ZF Friedrichshafen AG: Abb. 8.20; 8.21
- Stefan Zima, Bad Nauheim: Abb. 4.2; 5.10; 11.9; 11.19; 12.8; 17.7; 17.8; 17.14 bis 17.16; 17.21; 20.11; 20.13; 20.20; 21.6; 21.7; 21.10; 21.11; 21.13; 21.35; 21.44; 21.48; 23.3; Tafel 25.8

Die Autoren und Herausgeber

Wilhelm Treue (1909–1992)

Prof. Dr. Dr. h. c. Wilhelm Treue VDI zählt zu den angesehensten Wirtschafts- und Technikhistorikern Deutschlands. Er studierte Geschichte und Biologie und war anschließend in der Redaktion des Propyläen-Verlages tätig. Da ihm die Machthaber des Dritten Reiches wegen »politischer Unzuverlässigkeit« die Hochschullaufbahn versagten, wirkte Treue als Mitarbeiter der kriegsgeschichtlichen Abteilung der Marine, später als Lehrer für Seekriegsgeschichte an der Marineschule Flensburg-Mürwik. Nach dem Krieg lehrte er zunächst Wirtschafts- und Neuere Geschichte an den Universitäten Göttingen und Würzburg. 1954 wurde er Professor und später Direktor des Historischen Seminars der TU Hannover, blieb aber zugleich Dozent an der Philosophischen Fakultät der Universität Göttingen. Als Gastdozent lehrte er außerdem in Oxford und als Honorarprofessor 1974 bis 1986 an der Universität Salzburg.

Weit über sein Hauptarbeitsgebiet, die Wirtschafts- und Sozialgeschichte Deutschlands, hinaus hat Wilhelm Treue im Bereich der Industrie- und Technikgeschichte grundlegende und beispielhafte Darstellungen gegeben und damit für die historische Wissenschaft wesentliche und wichtige Gebiete erschlossen. Darüber hinaus hat er sich zahlreichen Gemeinschaftsaufgaben gewidmet, unter anderem fast zehn Jahre als Vorsitzender der VDI-Hauptgruppe »Technikgeschichte«, des Bereiches Technikgeschichte der VDI-Hauptgruppe »Der Ingenieur in Beruf und Gesellschaft«, im Wissenschaftlichen Beirat der Georg-Agricola-Gesellschaft und als Leiter der Sektion »Kulturgeschichte« der Historischen Kommission zu Berlin. Der VDI ehrte ihn 1974 in Würdigung seiner Verdienste um die Technikgeschichte mit der Ehrenmünze des Vereins Deutscher Ingenieure.

Wilhelm Treue hat bis zu seiner Emeritierung 1974 und auch später eine Fülle hervorragender Arbeiten verfasst; über 50 Bücher sind von ihm erschienen, darunter eine umfangreiche »Wirtschafts- und Technikgeschichte Preußens« und das technikgeschichtliche Standardwerk »Achse, Rad und Wagen«. Seine »Deutsche Geschichte« erreichte bisher sechs, seine »Wirtschaftsgeschichte der Neuzeit« vier Auflagen. Zuletzt erschien »Wägen und Wagen – Die Geschichte des Bankhauses Oppenheim« (München 1989, Piper-Verlag).

Stefan Zima (1938–2004)

Prof. Dr.-Ing. Stefan Zima VDI kam schon während seines Maschinenbau-Studiums an der TU Berlin (Schwerpunkt: Kraft- und Arbeitsmaschinen) mit schnelllaufenden Hochleistungsmotoren aus Friedrichshafen in Berührung, als er nach dem Vordiplom bei der Deutschen Bundesbahn die Ausbildung zum Lokomotivführer auf Diesellokomotiven der Baureihen V 60, V 100, V 160 und V 200 absolvierte. Nach dem Humanistischen Examen legte er 1967 die Diplom-Hauptprüfung mit einer Arbeit über die experimentelle Untersuchung eines Wärmeübergangsproblems ab. Anschließend fuhr Stefan Zima als Ingenieurassistent auf Schiffen der Handelsmarine, wo er Fährbetrieb, Wartung und Instandsetzung von Schiffsmotorenanlagen, darunter auch solche mit schnelllaufenden Motoren, gründlich kennenlernte.

Von 1968 bis 1977 arbeitete Dipl.-Ing. Stefan Zima im Bereich Entwicklung der Maybach Mercedes-Benz Motorenbau (später MTU Friedrichshafen GmbH), zuletzt als stellvertretender Leiter einer Konstruktionsabteilung. 1977 folgte er dem Ruf an die FH Gießen-Friedberg als Dozent für das Fach Kolbenmaschinen und Leiter des Brennkraftlabors. 1979 wurde er zum Professor ernannt.

Den Bezug zur motorentechnischen Praxis pflegte Stefan Zima auf mannigfaltige Weise, z. B. durch Fahrten auf Motorschiffen oder eine Fahrausbildung und -prüfung auf Kettenfahrzeugen (Kampfpanzer »Leopard« 1 A 4). 1985 promovierte Stefan Zima an der TU Berlin mit einer Arbeit über »Die Entwicklung schnelllaufender Hochleistungsmotoren in Friedrichshafen« (Düsseldorf 1987, VDI-Verlag) zum Doktor-Ingenieur.

Das vorliegende Werk weist ihn als ebenso kenntnisreichen wie erfahrenen Ingenieur aus, der es dazu noch versteht, technische Sachverhalte und Zusammenhänge anschaulich darzustellen.

E. Eckermann, W. Treue, S. Zima (Hrsg.), *Technikpionier Karl Maybach*, https://doi.org/10.1007/978-3-658-37065-7

Gustav Burr (1921–2007)

Gustav Burr zählt zu den profundesten Kennern der Maybach-Motoren, -Getriebe und -Automobile. Sein Vater war einer der ersten Mitarbeiter Karl Maybachs. Er selbst trat 1936 in die Maybach-Motorenbau GmbH ein und absolvierte eine Elektromechanikerlehre. Nach dem Kriegsdienst folgte er Karl Maybach nach Vernon in Frankreich, wo dieser zusammen mit einer Gruppe von Mitarbeitern einen Panzermotor für die französische Armee entwickelte und so den Fortbestand seines Werkes in Friedrichshafen sicherte. Gustav Burr war in Vernon als Messtechniker tätig. 1953 kehrte er zum Maybach-Motorenbau nach Friedrichshafen zurück. 1961 wurde er zum Abteilungsleiter, 1962 zum Oberingenieur ernannt. Als solcher leitete er bis zu seiner Pensionierung im Jahre 1985 verschiedene Abteilungen des Unternehmens.

Seit den Sechzigerjahren beschäftigte sich Gustav Burr intensiv mit der Geschichte der Firma Maybach. Er hielt zahlreiche Vorträge zu diesem Thema und veröffentlichte 1981 eine Schrift mit dem Titel »Von Karl Maybach zur MTU«. Seit 1987 sorgte er als Generalsekretär des Maybach-Clubs für die technische Betreuung der rund 160 noch existierenden Maybach-Wagen.

Den Verfassern dieses Buches und dem Verlag stand er während der gesamten Entstehungszeit als »Maybach-Experte« zur Seite und half bei der Klärung zahlreicher Fragen.

Alfred B. Gottwaldt (1949–2015)

Dr. Alfred B. Gottwaldt studierte an der Universität Frankfurt/Main Rechts- und Staatswissenschaften sowie Neuere Geschichte. Daneben beschäftigte er sich mit Eisenbahngeschichte und wurde Mitglied der Deutschen Gesellschaft für Eisenbahngeschichte (DGEG). Nach dem Studium in den 1970er Jahren war er als Rechtsanwalt tätig. Von 1980 bis 1985 war er Herausgeber des »Lok-Magazins«, von 1983 bis 2014 leitete er als Oberkustos die Abteilung »Schienenverkehr und -technik« im Deutschen Technikmuseum Berlin. 2010 wurde er an der Technischen Universität Berlin zum Dr. phil. promoviert. Alfred Gottwaldt ist Autor mehrerer Bücher zur Eisenbahngeschichte.

Hartmut Seeger (1936–2020)

Prof. Hartmut Seeger studierte Maschinenbau an der TH Stuttgart und, als Zweitstudium, Design an der Hochschule für Gestaltung Ulm. Ab 1966 war er wissenschaftlicher Mitarbeiter und Lehrbeauftragter für Technisches Design an der TH Stuttgart. Von 1975 bis 1980 wirkte er als Dozent für Designwissenschaften und Abteilungsleiter für Industriedesign an der Fachhochschule für Gestaltung Pforzheim. 1980 erhielt er die Berufung als Hochschullehrer an die Universität Stuttgart und wurde mit der Leitung des Forschungs- und Lehrgebiets »Technisches Design« betraut (bis 2003). 1998 wurde er zum Ordinarius ernannt. Gastprofessuren bekleidete er an der ETH Zürich und der Universität Karlsruhe. Er ist Autor mehrerer Fachbücher aus der Designforschung und Designer vieler erfolgreicher Designprojekte, darunter vier Schiffsprojekte für den Bodensee sowie zahlreiche Corporate Designs. Seine aktuelle Forschung und Vorlesung befasst sich mit dem Thema Fahrzeugdesign und dessen Entwicklungslinien.

Erik Eckermann

Dipl.-Ing. (FH) Erik Eckermann studierte nach vierjähriger Tätigkeit als Außenhandelskaufmann und Leiter einer autorisierten Autowerkstatt (DKW, Simca, Krupp) in Ghana an der Ingenieurschule für Fahrzeugtechnik (Wagenbauschule) in Hamburg. Danach arbeitete er als Konservator im Deutschen Museum München und baute dort die Abteilungen »Erdöl/-Erdgas« und »Autohalle II« (Museumsinsel) auf. Seit 1978 ist er freiberuflich als Fahrzeughistoriker sowie für Planung und Ausführung von Fahrzeug- und Verkehrsausstellungen tätig. Sein Werk über die Geschichte des Automobils ist außer in Deutschland auch in den USA, Japan, China und Südkorea erschienen, weitere (Standard-)Werke über Holzgasgeneratoren und Karosserieentwicklung folgten. Für eine Firmenbiografie (Alfred Teves GmbH) erhielt er eine Auszeichnung der amerikanischen Society of Automotive Historians.

Helmut Hofmann

Dr. Helmut Hofmann studierte nach Ableistung des Grundwehrdienstes Zahnmedizin in Tübingen und legte sein Staatsexamen 1976 ab. Nach Weiterbildung zum Kieferorthopäden ließ er sich in Neumarkt/Oberpfalz nieder. Inspiriert von seinem autoaffinen Vater erwarb er bald ein historisches Fahrzeug, verlagerte seine Sammelleidenschaft in der Folgezeit dann auf die Marke Maybach. Im Oktober 2003 erfolgte die Wahl zum Präsidenten des Maybach-Clubs. Nach jahrelangem Sammeln entstand der Wunsch, ein Museum zu gründen, das im Beisein von Frau Irmgard Schmid-Maybach, Tochter von Karl Maybach, am 31. März 2009 eröffnet wurde. Pflege und Erhalt automobiler und architektonischer Kulturgüter sind ihm und seiner Familie eine Herzensangelegenheit.

Klaus Schellenberger (1947–2019)

Dipl.-Ing. (FH) Klaus Schellenberger absolvierte eine Lehre als Starkstromelektriker, studierte über den zweiten Bildungsweg Feinwerktechnik an der FH Heilbronn und arbeitete anschließend als Entwicklungsingenieur bei Telefunken. 1972 wechselte er zur Wilhelm-Maybach-Schule (WMS) in Heilbronn und war dort offiziell bis 2010 als Berufsschullehrer tätig. Unter anderem initiierte er dort das Projekt »Maybach SW 38« (1983–2001), das er bis heute betreut. Einem mehrjährigen Sonderarbeitsvertrag mit der WMS folgten Ausbildungslehrgänge für Elektrofachkräfte im Auftrag der IHK Heilbronn-Franken.

Andrea Böttcher

Die Kulturwissenschaftlerin Andrea Böttcher ist seit 2001 in den Bereichen Kulturmanagement und Bildung tätig. Unter anderem koordinierte sie den Internationalen Violin-Wettbewerb Hannover für die Stiftung Niedersachsen, arbeitete für die Berlin-Biennale für zeitgenössische Kunst und an der Hochschule für Musik und Theater Hannover. 2010 leitete sie das Auswahlverfahren und die Bewerberberatung der Zeppelin Universität in Friedrichshafen. Seit 2007 begleitet Andrea Böttcher als zertifizierter Systemischer Coach junge Menschen auf dem Weg in den Beruf und ermutigt die Coachees, ihren eigenen Weg zu gehen. Seit seiner Gründung 2015 engagierte sie sich ehrenamtlich im Vorstand vom Freundeskreis Maybach Museum e. V. Sie führte die Zeitzeugeninterviews mit ehemaligen Mitarbeitern der Maybach-Firmen im Auftrag des Freundeskreises sowie der Wilhelm und Karl Maybach Stiftung, deren Geschäftsführerin sie ab April 2018 war. Dort verantwortete sie unter anderem die Planung des Maybach-Museumsbereichs in Zusammenarbeit mit den unterschiedlichen Partnern und die Umsetzung der Stiftungsprogramme.

Siegfried Rehm

REFA-Ing. Siegfried Rehm trat 1952 in die damalige Maybach-Motorenbau GmbH ein und absolvierte eine Mechanikerlehre. Nach einer berufsbegleitenden Weiterbildung zum Ingenieur war Rehm zunächst als Abteilungsleiter für die Fertigungsplanung und das Arbeitsstudium, später dann zusätzlich für Werksplanung, Maschinenplanung, NC-Programmierung und Kostenplanung zuständig. Ab 1984 verantwortete er als Hauptabteilungsleiter die Produktgestaltung mit den Schwerpunktthemen Wertanalyse und Simultaneous Engineering. 1991 übernahm er die Technische Projektplanung, die Betriebsmittelkonstruktion und die Arbeitswirtschaft, zusätzlich im Ressort Operation das Controlling sowie die Rekrutierung von Nachwuchs-Führungskräften. Altersbedingt schied er 1997 aus dem Arbeitsleben aus. – Seit seinem Eintritt in die Maybach-Motorenbau GmbH beschäftigte sich Rehm mit deren Unternehmensgeschichte und hielt zahlreiche Vorträge zu Maybach-Themen. 2015 wurde er Gründungsmitglied und stellvertretender Vorsitzender beim Freundeskreis Maybach Museum e. V.

Tafeln

Tafeln 1–3

Wie sein Vater besaß Karl Maybach eine ausgeprägte zeichnerische Begabung, die es ihm ermöglichte, seine Ideen anschaulich darzustellen. Seine Skizzen und Zeichnungen sind daher trotz ihres prosaischen Inhalts auch von ästhetischem Reiz, zumal sie einen Einblick in seine Arbeitsweise vermitteln: Zeichnerische Darstellung und geschriebenes Wort durchdringen und ergänzen einander; sie ermöglichen so die knappe, aber umfassende Darstellung und Vermittlung komplexer Zusammenhänge (aus den nachgelassenen Privatakten Karl Maybachs, 1951).[4]

- Tafel 1, Zeichnung datiert vom 5.7.1951 (s. S. 538)
  Berechnung der axialen Einrücktiefe der Riegelklaue des Mekydro-Getriebes für eine Übertragungsleistung von 735 kW (1000 PS). Bei verringertem Beschleunigungsdrehmoment M_d vergrößert sich die Einrücktiefe der Klauen nicht proportional, was bei niedrigen Leistungen und Drehzahlen die Schaltzeitdauer beeinflusst.
- Tafel 2, Zeichnung datiert vom 20.10.1951 (s. S. 539)
  Zeichnerischer Lösungsentwurf für den versenkten Sitz einer Pleuelstangenschraube, wobei die Form des Schraubenkopfsitzes am Stangenauge (eben, abgeschrägt bzw. kugelförmig) zur Erzielung gleicher Festigkeit eine wichtige Rolle spielt.
- Tafel 3, Zeichnung datiert vom 24.11.1951 (s. S. 540)
  Ventil-Befestigungsring für den MD-650-Motor. Der bisher (fertigungstechnisch aufwendig) aus zwei verwechslungsgefährdeten gleichen Hälften hergestellte Ring kann aus einem Stück gefertigt werden, wenn der Ventilschaft S_1 zylindrisch auf S_2 abgeflacht wird. Da bei S_2 keine größere Wechselbeanspruchung als die durch die Federkraft erzeugte Massenbeschleunigung des Ventils auftreten kann, lässt sich die Beanspruchung dieser Stelle beherrschen und rechnerisch darstellen.

[4] Auf die Tafeln 1 bis 3 kann als Zusatzmaterial über folgenden Link zugegriffen werden https://doi.org/10.1007/978-3-658-37065-7_5.

E. Eckermann, W. Treue, S. Zima (Hrsg.), *Technikpionier Karl Maybach*, https://doi.org/10.1007/978-3-658-37065-7

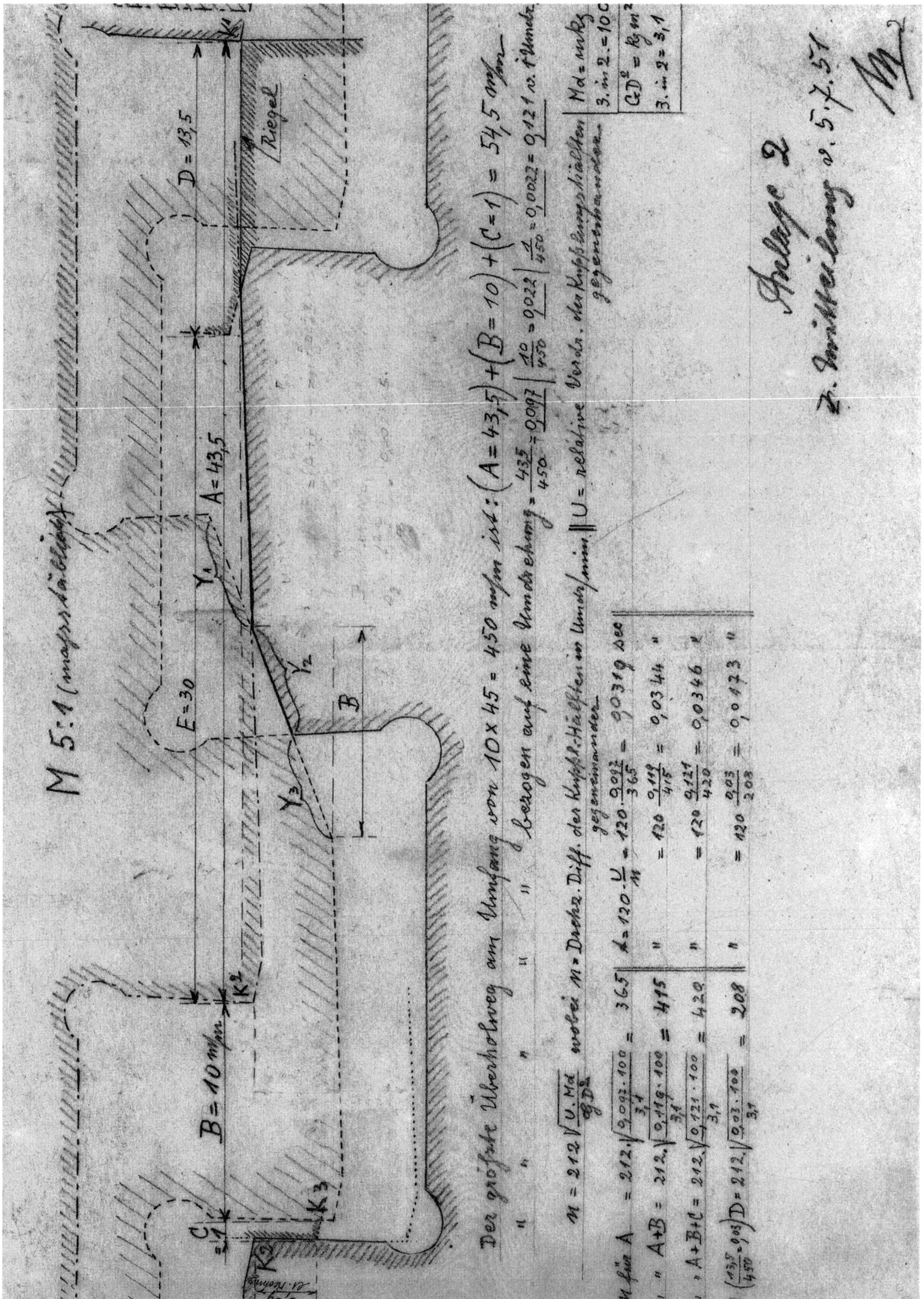
M 5:1
Riegel
D = 13,5
A = 43,5
E = 30
B = 10 m/m
Anlage 2

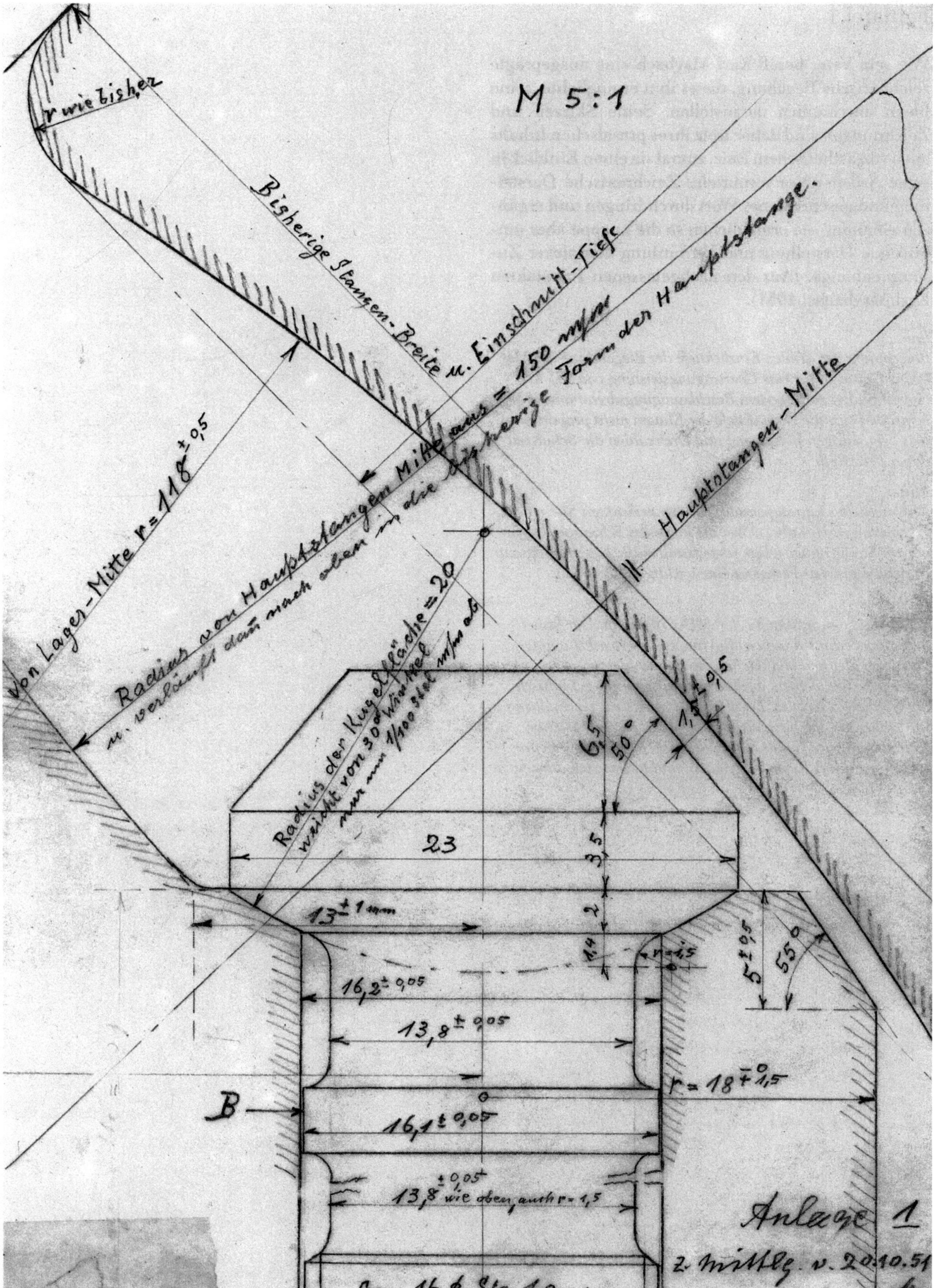
M 5:1
r wie bisher
Bisherige Stangen-Breite u. Einschnitt-Tiefe
Radius von Hauptstangen Mitte aus = 150 m/m
u. verläuft dan nach oben in die bisherige Form der Hauptstange.
Hauptstangen-Mitte
von Lager-Mitte r = 118 ±0,5
Radius der Kugelfläche = 20
weicht von 30 Winkel
nur um 1/100 stel m/m ab
6,5
50°
1,5 ±0,5
23
3,5
2
1,4
13 ±1 mm
r = 1,5
16,2 ±0,05
13,8 ±0,05
5 ±0,5
55°
r = 18 +0 -1,5
B
16,1 ±0,05
13,8 ±0,05 wie oben, auch r = 1,5
Gew. 16 ∅ Stg. 1,0 m/m
Anlage 1
z. Mittlg. v. 20.10.51

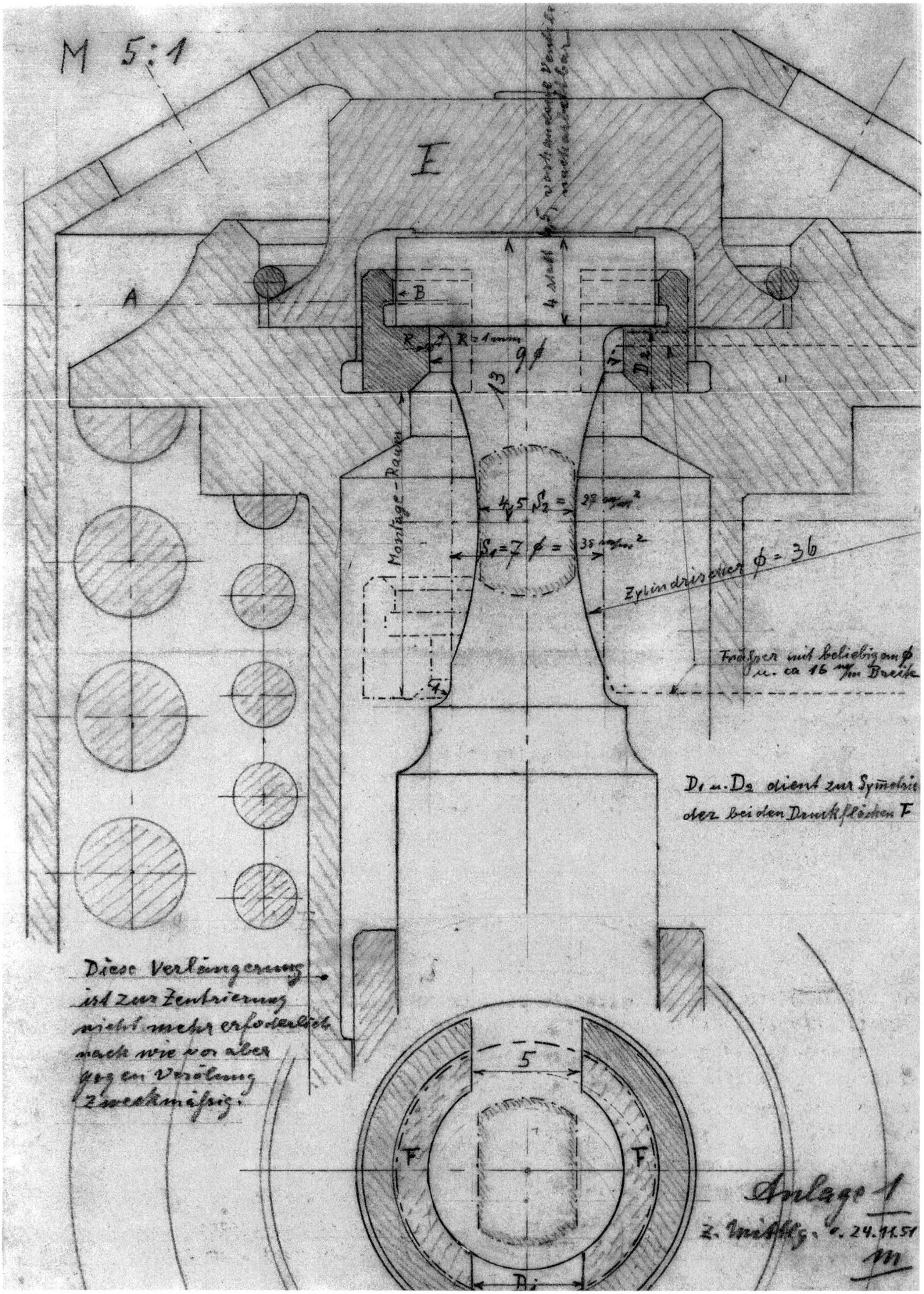
M 5:1
I
A
B
Montage-Raum
Zylindrischer φ = 36
Fräßer mit beliebigem φ
u. ca 16 m/m Breite
D1 u. D2 dient zur Symetrie
der beiden Druckflächen F
Diese Verlängerung
ist zur Zentrierung
nicht mehr erforderlich
nach wie vor aber
gegen Verölung
Zweckmäßig.
5
F
F
Anlage 1

Tafeln 4–5

Der Kampfwert eines Panzers hängt von der Güte seiner Kraftübertragung – also dem Getriebe – ebenso ab wie von Bewaffnung, Panzerung oder Motor. Ein gut abgestuftes und vor allem leicht zu handhabendes Getriebe ermöglicht überhaupt erst die Ausnutzung der Motorleistung im Gelände unter schwierigen Gefechtsbedingungen. Ein solches Getriebe war das »Maybach-Olvar«, welches im Zweiten Weltkrieg in allen deutschen Panzern der Typen »Tiger« (Pz.-Kpfw. VI Ausf. E), »Königstiger« (Ausf. B) und »Jagdtiger« sowie deren Abarten eingebaut war: ein öldruckgeschaltetes Wechselgetriebe, das z. B. dem 57.000 kg schweren »Tiger« bei der Verfolgung seiner leichteren Gegner fahrtechnische Überlegenheit verlieh (vgl. hierzu auch s. Tafeln 15.11 und 25.10 und Abb. 23.9). Insgesamt wurden rund 4000 dieser Getriebe gebaut.[5]

- Olvar-Getriebe, Längsschnitt (s. S. 542)
  Der Längsschnitt, markiert mit Bild 10 und nummeriert mit 40 12 16, fehlt durch das Olvar-Getriebe
  a Schaltmuffe, a1 Ausgleichscheibe, b Seegerring, b1 Ausgleichscheibe, c Scheibe, c1 Ausgleichscheibe, d Deckel, d1 Ausgleichscheibe, e Sechskantschrauben, e1 Ausgleichscheibe, f Antriebswelle, f1 Ausgleichscheibe, g Passstift, g1 Ausgleichscheibe, h Ring, h1 Ausgleichscheibe, i Seegerring, k Abtriebskeilwelle, l Lenkantriebswelle, m Scheiben, n Doppelklauenring, o Seegerring, p Sicherungsschraube, q Bolzen, r Hohlschraube, s Deckel mit Schmierrohr, t Scheiben, u Scheibe, v Scheibe, w Deckel, x Passfeder, y Büchse; E Einsteilmaß für Rad 5, H Einsteilmaß für Rad 6, K Einsteilmaß für Rad 4
- Olvar-Getriebe, Räderschema (s. S. 543)
  Olvar-Getriebe: Das Räderschema, handschriftlich datiert mit 9.7.42, fehlt und Schalthebelstellungen

[5] Auf die Tafeln 4 bis 5 kann als Zusatzmaterial über folgenden Link zugegriffen werden https://doi.org/10.1007/978-3-658-37065-7_15.

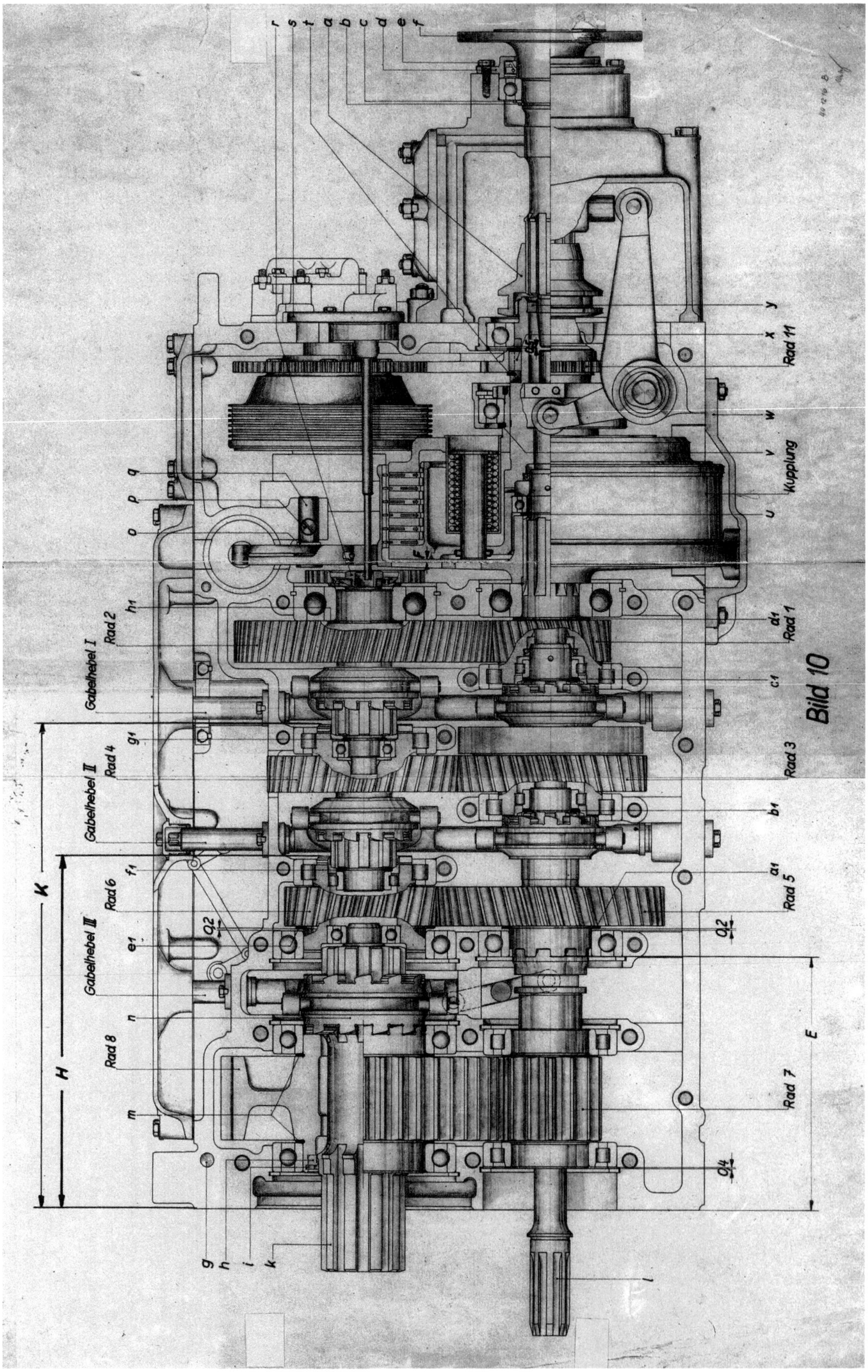
Bild 10
r
s
t
a
b
c
d
e
f
y
x
Rad 11
w
v
Kupplung
u
d1
Rad 1
c1
Rad 3
b1
a1
Rad 5
0,2
E
Rad 7
0,4
l
g
h
i
k
m
Rad 8
n
Gabelhebel III
e1
0,2
Rad 6
f1
Gabelhebel II
Rad 4
g1
Gabelhebel I
Rad 2
h1
o
p
q
K
H

Räderschema und Schalthebelstellungen OG 401216

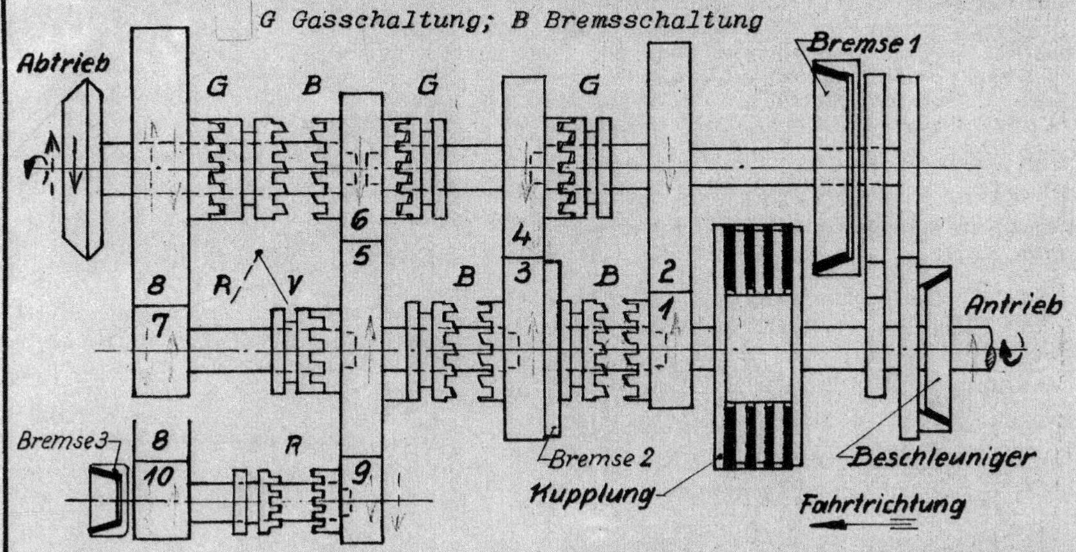

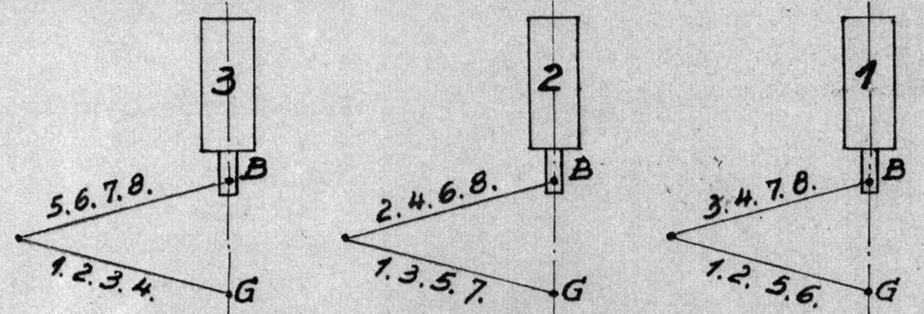

Schaltzylinder	Gang 1	2	3	4	5	6	7	8
1	G	G	B	B	G	G	B	B
2	G	B	G	B	G	B	G	B
3	G	G	G	G	B	B	B	B

Rückwärts Gang über Räder	Sprung
1-2 6-5-9-10-8	1:8,38
1-2 4-3 5-9 10-8	1:5,6
3-4 6-5-9-10-8	1:3,84
5-9 10-8	1:2,84

Gang	über Räder	i	Sprung	V km/h
1	1-2 6-5 7-8	1:11	1,49	2,8
2	1-2 4-3 7-8	1:7,38	1,465	4,2
3	3-4 6-5 7-8	1:5,05	1,485	6,1
4	7-8	1:3,4	1,525	9,1
5	1-2	1:2,2	1,49	13,9
6	1-2 4-3 5-6	1:1,495	1,455	21,3
7	3-4	1:1,025	1,49	30
8	5-6	1,455:1		45
RW	1-2 6-5-9 10-8	1:8,35		3,7
	Gesamtsprung 1:16,05			

MAYBACH-MOTORENBAU G. m. b. H. FRIEDRICHSHAFEN a. B. 160832/0

22 Nov. 1954 9. 7. 42.

Technische Daten

- Übertragungsleistung: 515 kW (700 PS)
- Acht Vorwärts- und vier Rückwärtsgänge
- Gesamt-Getriebesprung: 1 : 16
- Masse: ca. 650 kg
- Ölfüllung: ca. 301 Liter

Funktion

Das Olvar-Getriebe ist ein halbautomatisches mechanisches Vorwähl-Untersetzungsgetriebe.

Vier Radpaare sind dauernd im Eingriff (vgl. Abb. A.1).

Die Räder sind mit Maybach-Abweisklauen versehen (vgl. Abb. A.1).

Die Gänge werden mittels Schaltzylindern durch Verschieben von Schiebemuffen, die ebenfalls mit solchen Abweisklauen versehen sind, geschaltet (vgl. Abb. A.2).

Abb. A.1 Olvar-Getriebe, Abtriebseite, Seitenansicht.
Deutlich zu erkennen sind die Schaltriegel und Schaltmuffen mit den Abweisklauen; links in der unteren Bildhälfte der Vorwählapparat mit Hebel und Schaltsegmenten; rechts das Gehäuse der Lamellenkupplung

Abb. A.2 Olvar-Getriebe, Ansicht von oben.
Im Vordergrund die drei gekröpften Gabelwellen mit Vierkant zum Aufstecken des Notschalthebels

Abb. A.3 Olvar-Getriebe, Antriebseite, Ansicht von oben.
Links einer der Schaltzylinder; rechts Bremse 1, darunter die Kupplung und rechts davon das Gehäuse des Beschleunigers

Eine Vielfachlamellen-Ölkupplung, die ihren Anpressdruck durch das Öl erhält, dient zum Anfahren und Anhalten des Fahrzeuges (vgl. Abb. A.1 und A.3).

Ein automatischer Gasgeber sorgt dafür, dass beim Schalten immer die richtige Motordrehzahl gewährleistet ist.

Bedienung des Getriebes im »Tiger«

Anlassen:

- Fahrtrichtungshebel auf Leerlauf stellen.
- Kupplungsfusshebel durchtreten.
- Motor anlassen.
- Kupplungsfußhebel zurücknehmen.
- Motor und Getriebe kurz warmlaufen lassen.

Anfahren:

- Ist in den Gängen 1 bis 4 möglich (z. B. Straßenfahrt im 3. Gang).
- Kupplungsfußhebel durchtreten.
- Fahrtrichtungshebel auf V (für »voraus«) stellen.
- 3. Gang vorwählen.
- Vorwahlhebel gegen Getriebe andrücken
- Kupplungsfußhebel loslassen, dabei Gas geben.
- Fahrzeug rollt.

Schalten während der Fahrt:

- Gewünschten höheren Gang mit Vorwählhebel vorwählen.
- Vorwählhebel gegen Getriebe andrücken, Gang schaltet automatisch.
- (Gas wegnehmen oder Kuppeln nicht erforderlich; je nach Gelände können Gänge übersprungen werden.)

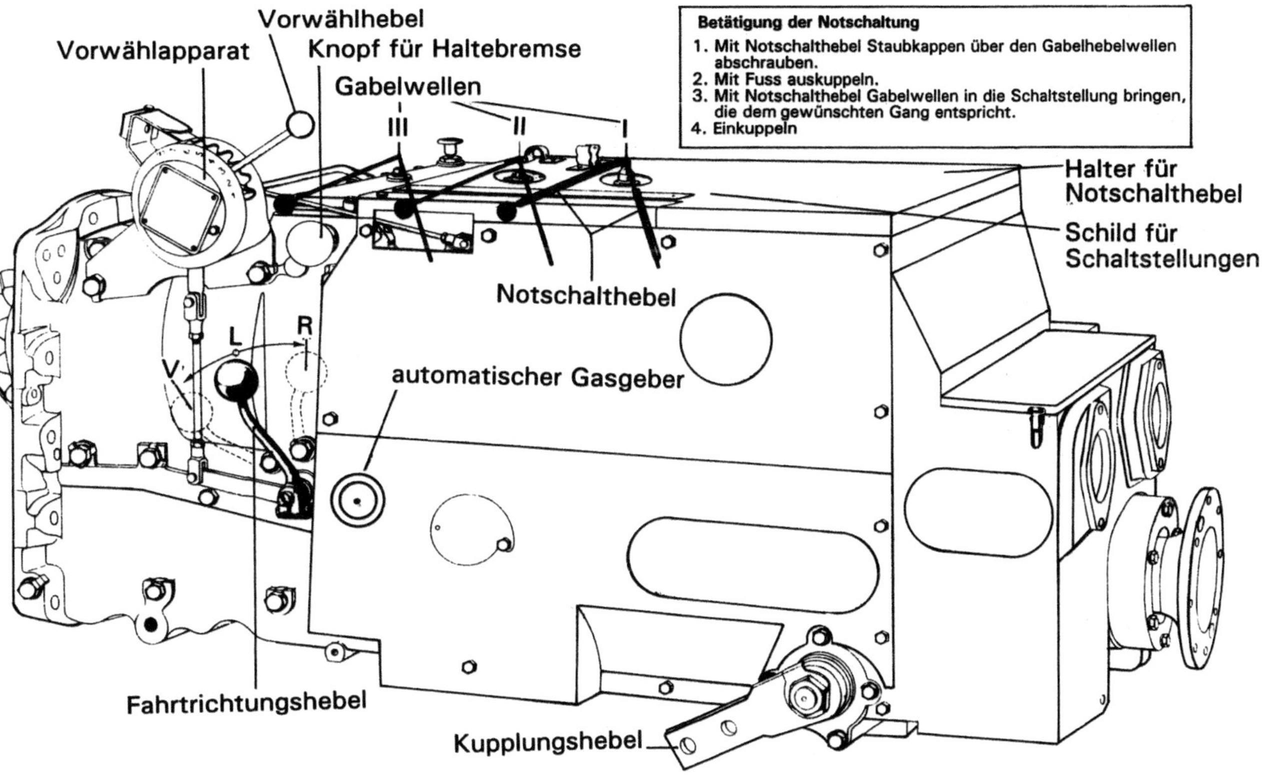

Abb. A.4 Olvar-Getriebe, Notschaltung

Anhalten:

- Fahrzeug abbremsen.
- Kupplungsfußhebel durchtreten.
- Vorwählhebel in 1.-, 2.-, 3.- oder 4.-Gang-Stellung bringen.
- Fahrtrichtungshebel in Leerlaufstellung bringen.
- Kupplungsfußhebel loslassen.
- Motor läuft bei stehendem Fahrzeug im Leerlauf weiter.

Kurzer Halt:

- Bei kurzem Halt kann ohne Betätigung des Kupplungsfußhebels der Vorwählhebel in jedem beliebigen Gang gegen das Getriebe angedrückt und gehalten werden; dabei wird die Kupplung automaisch hydraulisch gelöst.
- Zum Wiederanfahren wird der Vorwählhebel losgelassen; dadurch schließt die Kupplung wieder; das Fahrzeug rollt in dem gehaltenen Gang an.

Notschaltung:

- Die drei schwarz ausgezogenen Hebel sind Notschalthebel (vgl. Abb. A.4).
- Bei Schaltstörung kann nach Abschrauben von Gewindestopfen mit einem Vierkant-Notschalthebel nach einem Schaltschema der entsprechende Gang von Hand geschaltet werden.
- Anmerkung: Die im Bild gezeigten Notschalthebel sind am Getriebe im gewöhnlichen Betriebszustand nicht fest angebracht (s. oben). Sie sind in Abb. A.4 nur eingezeichnet, um die Schaltungen zu demonstrieren.

Literatur

Allgemeine Technikgeschichte

[1] Klemm, Friedrich: Die Idee eines technischen Museums. In: *Zur Kulturgeschichte der Technik. Deutsches Museum: Kulturgeschichte der Naturwissenschaften und der Technik*. Band 1. München 1979

[2] Sass, Friedrich: *Geschichte des deutschen Verbrennungsmotorenbaues von 1860 bis 1918*. Berlin, Göttingen, Heidelberg 1962

Unternehmen

[3] Burr, Gustav: *Von Karl Maybach zur Motoren- und Turbinen-Union*. Friedrichshafen GmbH. Markdorf 1982

[4] *Zum 25jährigen Bestehen der Daimler-Motoren-Gesellschaft*: Untertürkheim 1915

[5] *Das Deutsche Museum. Geschichte – Aufgabe – Ziele*. Berlin, München 1925

[6] Lutz, K.: *Maybach-Motorenbau GmbH, Friedrichshafen a. B*. MTU-Archiv o. J. (um 1919)

[7] Meighörner, Wolfgang: *Pioniere des industriellen Designs am Bodensee*. Friedrichshafen 2003

[8] Tognum AG: *100 Jahre Technikgeschichte, die bewegt*. Friedrichshafen 2009

[9] Zeppelin Museum Friedrichshafen: *Pioniere des industriellen Designs am Bodensee*. Ausstellungskatalog 2003

Motoren

[10] Burr, Gustav: *MTU Typenhandbuch. Daten aller Motoren der MTU Friedrichshafen und ihrer Vorgängergesellschaften von 1909 bis 1999*. Friedrichshafen 1999

[11] Kienlin, M. von: »Maßnahmen zur Leistungssteigerung eines schnelllaufenden Dieselmotors über 3000 PS«. In: *MTZ 23* (1962) Nr. 6

[12] Lang, R.: »Entwicklung der Anordnung des Triebwagenantriebs zur arteigenen Maschinenanlage«. In: *MTZ 2* (1949) Nr. 5/6

[13] N. N.: »Die Lehrwerkstätte des Maybach-Motorenbaus«. In: *Werkszeitschrift der Zeppelin-Betriebe*

[14] Sapper, A.: *Prof. Dr.-Ing. e.h. Karl Maybach und die Geschichte seines Motorenbaus*. MTU-Archiv

[15] Zima, Stefan: *Die Entwicklung schnelllaufender Hochleistungsmotoren in Friedrichshafen*. Bd. 1 und 2: Bad Nauheim 1984 (und Technikgeschichte in Einzeldarstellungen, Bd. 44, Düsseldorf 1987)

Getriebe, Kraftübertragung

[16] Beisel, Werner: *Das Sodengetriebe in Fahrzeugen der zwanziger Jahre*. Kressbronn 2018

[17] Lang, R.: »Betrachtungen über Kraftübertragungsanlagen für Eisenbahn-Motorfahrzeuge«. In: *MTZ 7* (1946) Nr. 2/3

[18] Lippl, E.: »Neue hydrodynamische Getriebe für Schienenfahrzeuge«. In: *Eisenbahningenieur 13* (1962) Nr. 2

Luftschiffe

[19] Burr, Gustav: *Maybach-Luftschiffmotoren von 1909 bis 1929*. DGLR-Bericht 87-03

[20] N. N. (vermutl. K. Maybach): *Die Entwicklung der Motoren der Marine-Luftschiffe von Mitte 1915 bis Ende des Weltkrieges*. MTU-Archiv

Automobile, Fahrzeuge

[21] Aichele, Tobias; Krimmel, Tobias: *Das Projekt. Concept Car Exelero*. Königswinter o. J. (2005)

[22] DaimlerChrysler AG: *Maybach Moments 01*. Stuttgart 2002

[23] Eckermann, Erik (Hrsg.): *Auto und Karosserie – Geschichte, Fertigung, Design*. Wiesbaden 2015

[24] Engelen, Günter (Hrsg.): *Das Maybach-Mosaik: Von der Vision zu einem Maybach-Automobil*. Vaihingen/Enz 2003

E. Eckermann, W. Treue, S. Zima (Hrsg.), *Technikpionier Karl Maybach*, https://doi.org/10.1007/978-3-658-37065-7

[25] Lewandowski, Jürgen und Monika: *Maybach. Der Weg zur Legende*. Bielefeld 2004

[26] Maybach Manufaktur: Presse-Informationen »Die Weltpremiere«, »Das Kompendium«. Stuttgart 2002

[27] Maybach Manufaktur: *Objekt und Emotion – Sammler und ihre Maybach*. Friedrichshafen 2005

[28] Metternich, Michael Graf Wolff: *Die Geschichte der Maybach-Automobile*. Nettelstedt o. J. (um 1970)

[29] Metternich, Michael Graf Wolff: *Maybach – Die Geschichte der Maybach-Automobile*. Lübbecke 1981

[30] Metternich, Michael Graf Wolff: *Distanz zur Masse – Ein Bilderbuch über die Vielgestaltigkeit der Maybach-Fahrzeuge*. Lorch 1990

[31] Metternich, Michael Graf Wolff: *Maybach-Register*. Lorch 1996

[32] Metternich, Michael Graf Wolff: *Maybach und der Motorsport*. Lorch 2009

[33] Mirsching, Gerhard: *Maybach-Karosserien aus Ravensburg. Hermann Spohn und sein Werk*. Friedrichshafen 2001

[34] Niemann, Harry: *Wilhelm Maybach – König der Konstrukteure*. Stuttgart 1997

[35] Niemann, Harry: *Mythos Maybach*. Stuttgart 2002

[36] Niemann, Harry: *Karl Maybach – Seine Motoren und Automobile*. Stuttgart 2004

[37] Oswald, Werner: *Deutsche Autos 1920–1945*. Stuttgart 1977

[38] Rathke, Kurt: *Wilhelm Maybach – Anbruch eines neuen Zeitalters*. Friedrichshafen 1953

[39] Seeger, Hartmut: *Vom Königsschiff zum Basic Car. Entwicklungslinien und Fallstudien des Fahrzeugdesigns*. Tübingen, Berlin 2007

[40] Seeger, Hartmut: *Basiswissen Transportation-Design. Anforderungen, Lösungen, Bewertungen*. Wiesbaden 2014

[41] Seeger, Hartmut: *Wechselwirkungen von Transportation-Design und Designwissenschaften an und nach der Hochschule für Gestaltung Ulm*. Lemgo 2017

[42] Vieweg, C.: *Design Interieur. Geschichte – Gegenwart – Zukunft. Die inneren Werte der Mercedes-Automobile*. Sindelfingen 2011

[43] Zeppelin Museum Friedrichshafen: *Sammler und ihre Maybachs*. Ausstellungskatalog. Friedrichshafen 2005

[44] Zima, Stefan: »Die Kfz-Motoren der Maybach-Motorenbau GmbH von 1920 bis 1940«. In: *Automobil-Industrie* (1986) Nr. 6

Triebwagen

[45] Born, Eberhard: *Die Schnell- und Leichttriebwagen der Deutschen Reichsbahn im Bild*. Darmstadt 1936

[46] Dietz, Günther; Jauch, Peter: *Deutsche Schnelltriebwagen. Vom »Fliegenden Hamburger« zum ET 403 der Deutschen Bundesbahn*. Freiburg 2003

[47] Fuchs, Friedrich: »Der Schnelltriebwagen der Deutschen Reichsbahngesellschaft«. In: *Die Reichsbahn 1933*, Heft 1

[48] Gottwaldt, Alfred: *Der Schienenzeppelin. Franz Kruckenberg und die Schnelltriebwagen der Vorkriegszeit 1929–1939*. Freiburg 2006

[49] Jauch, Peter: *Schnelltriebwagen im Dienst der US-Army*. Folge 31 der Serie »Eisenbahnen und Museen«. Karlsruhe 1983

[50] Kienlin, M. von; Maybach, G.: »High Speed High Output Diesel Engines – 35 Years of Development of Railroad and Marine Applications«. In: *SAE* (1961) No. 367 A

[51] Kruckenberg, Franz: *Fernschnellbahn und Verkehrshaus*. Heidelberg 1959

[52] Kurz, Heinz R.: *Fliegende Züge. Vom »Fliegenden Hamburger« zum »Fliegenden Kölner«*. Freiburg 1994

[53] Lang, R.: »Einiges über Triebwagen-Entwicklung«. In: *Werkzeitschrift der Zeppelin-Betriebe*, 1940

[54] Theurich, Wolfgang: *150 Jahre Waggonbau in Görlitz 1849 bis 1999*. Freiburg 1999

[55] Zima, Stefan: »Aus der Entwicklung des schnelllaufenen Dieselmotors für die Schienentraktion«. In: *MTZ 49* (1988) Nr. 4 und 7/8

Mess- und Versuchstechnik

[56] Dietrich, O.: *Die geschichtliche Entwicklung des Maybach-Dehnungslinienverfahrens im Zusammenhang mit der dynamischen Biegewechselprüfung der Baustoffe*. 22. Oktober 1931. MTU-Archiv

[57] Dietrich, O.; Lehr, E.: »Das Dehnungslinienverfahren, ein Mittel zur Bestimmung der für die Bruchursache bei Wechselbeanspruchung maßgebenden Spannungsverteilung«. In: *Z-VDI 76* (1932) Nr. 41

[58] Kienlin, M. von: Die Bestimmung der Dauerhaltbarkeit von mechanisch hochbeanspruchten Teilen in Verbrennungsmotoren mit Beispielen aus der Praxis. In: *MTZ 17* (1956) Nr. 2

Sach-, Schlagwörter- und Herstellerverzeichnis[6]

[6] Geordnet nach Fachgruppen, z. B. Schwingachse s. Achse; Scheibenbremse s. Bremse; Biturbo s. Abgasturboaufladung, Zeppelin-Konzern s. Luftschiffbau Zeppelin GmbH.
Fettgedruckte Zahl = Zentralinformation.

E. Eckermann, W. Treue, S. Zima (Hrsg.), *Technikpionier Karl Maybach*, https://doi.org/10.1007/978-3-658-37065-7

H

M

N

Personenverzeichnis

E. Eckermann, W. Treue, S. Zima (Hrsg.), *Technikpionier Karl Maybach*, https://doi.org/10.1007/978-3-658-37065-7